U0279252

美国金属学会热处理手册

D卷 钢铁材料的热处理

ASM Handbook
Volume 4D Heat Treating of Irons and Steels

美国金属学会手册编委会 组编

［美］ 乔恩 L. 多塞特 (Jon L. Dossett)
乔治 E. 陶敦 (George E. Totten) 主编

叶卫平 王天国 沈培智 等译

机械工业出版社

本书主要介绍了各类典型钢铁材料的热处理工艺，深入探讨了钢铁材料的热处理与性能的关系，详细介绍了整体淬火钢和表面强化钢的选材过程与步骤。本书将热处理工艺作为整个产品生产过程中的一个环节加以综合考虑，为热处理工程技术人员和产品设计人员提供了大量的实用技术资料。本书由世界上钢铁材料热处理各研究领域的著名专家撰写而成，反映了当代热处理工艺技术水平，具有先进性、全面性和实用性。

本书可供热处理工程技术人员参考，也可供产品设计人员和相关专业的在校师生及研究人员参考。

ASM Handbook Volume 4D Heat Treating of Irons and Steels/ Edited by Jon L. Dossett and George E. Totten/ ISBN：978-1-62708-066-8

Copyright © 2014 by ASM International.

Authorized translation from English language edition published by ASM International, All rights reserved. 本书原版由 ASM International 出版，并经其授权翻译出版，版权所有，侵权必究。

This title is published in China by China Machine Press with license from ASM International. This edition is authorized for sale in China only, excluding Hong Kong SAR, Macao SAR and Taiwan. Unauthorized export of this edition is a violation of the Copyright Act. Violation of this Law is subject to Civil and Criminal Penalties.

本书由 ASM International 授权机械工业出版社在中国境内（不包括香港、澳门特别行政区及台湾地区）出版与发行。未经许可之出口，视为违反著作权法，将受法律之制裁。

北京市版权局著作权合同登记 图字：01-2015-1922 号。

图书在版编目（CIP）数据

美国金属学会热处理手册.D卷，钢铁材料的热处理/（美）乔恩·L. 多塞特（Jon L. Dossett），（美）乔治·E. 陶敦（George E. Totten）主编；叶卫平等译. —北京：机械工业出版社，2018.1（2023.9重印）

书名原文：ASM Handbook，Volume 4D：Heat Treating of Irons and Steels

ISBN 978-7-111-58736-1

Ⅰ.①美… Ⅱ.①乔… ②乔… ③叶… Ⅲ.①钢-热处理-技术手册②铁-热处理-技术手册 Ⅳ.①TG15-62

中国版本图书馆 CIP 数据核字（2017）第 310722 号

机械工业出版社（北京市百万庄大街 22 号 邮政编码 100037）
策划编辑：陈保华   责任编辑：陈保华 臧弋心
责任校对：张晓蓉 张 征 封面设计：马精明
责任印制：单爱军
北京虎彩文化传播有限公司印刷
2023 年 9 月第 1 版第 3 次印刷
184mm×260mm · 44 印张 · 2 插页 · 1511 千字
标准书号：ISBN 978-7-111-58736-1
定价：239.00 元

凡购本书，如有缺页、倒页、脱页，由本社发行部调换

电话服务   网络服务
服务咨询热线：010-88361066   机 工 官 网：www.cmpbook.com
读者购书热线：010-68326294   机 工 官 博：weibo.com/cmp1952
           010-88379203   金 书 网：www.golden-book.com
策 划 编 辑：010-88379734   教育服务网：www.cmpedu.com
封面无防伪标均为盗版

译者序

自 1923 年美国金属学会发行小型的数据活页集和出版最早单卷《金属手册》（Metals Handbook），至今已有 90 余年的历史。2014 年前后，美国金属学会陆续更新出版了《金属手册》（ASM Handbook），该手册共计 23 分册（34 卷），热处理手册是其中第 4 分册。一直以来，该套手册提供了完整、值得信赖的参考数据。通过查阅《金属手册》（ASM Handbook），可以深入了解各种工业产品最适合的选材，制造流程和详尽的工艺。

随着科学技术的发展，以前出版的该套手册已难以完全容纳和满足当今热处理领域的数据更新和热处理技术发展的需要，出版更新和扩展日益增长的钢铁材料和有色金属材料热处理数据手册显得尤为重要和刻不容缓。2014 年由美国金属学会（ASM International）组织全面修订再版了《金属手册》（ASM Handbook），在该套手册中，将 1991 年出版的仅 1 卷的热处理部分扩充为 5 卷，本书为其中 D 卷《钢铁材料的热处理》，主要介绍了典型钢铁材料的热处理工艺。

本书共 6 章，由世界上钢铁材料热处理各研究领域的著名专家撰写而成。本书深入探讨了钢铁材料的热处理与性能的关系，详细介绍了整体淬火钢和表面强化钢的选材过程与步骤。本书将热处理工艺作为整个产品生产过程中的一个环节加以综合考虑，为热处理工程技术人员和产品设计人员提供了大量的实用技术资料。本书反映了当代热处理技术水平，翻译该书对推动我国金属热处理工艺的科学研究，技术改造，促进和提高产品零件的热处理质量具有较大的作用，可为产品设计者和热处理工程师借鉴和参考。

作为一名已从事金属材料热处理教学和科研 30 余年的专业人员，可以说《金属手册》（ASM Handbook）的热处理分册伴随着译者的专业成长。能承担 2014 年版的热处理分册 D 卷《钢铁材料的热处理》的翻译工作，译者感到非常荣幸，也倍感责任重大。该书的翻译工作量浩大繁重，好在有相关互联网词典，大大提高了工作效率。在翻译过程中，译者也努力学习更新专业知识，力求翻译做到"正确、专业、易懂"。

在家人的理解和默默支持下，经过一年多的不懈努力，翻译工作得以顺利完成。本书主要由译者本人翻译和统稿，王天国，沈培智翻译了第 2 章中的部分小节。参加翻译工作的其他人员还有孙伟、闵捷、任坤、耿泳、罗干、杨帆、李威、陈鹏。

由于本书篇幅大，且内容涉及热处理及诸多相关领域，加之译者水平有限，错误之处在所难免，恳请各位读者斧正，在翻译过程中，还发现了原书中存在的部分问题，也进行了注解和更正。

本书的引进与出版得到了好富顿国际公司的大力支持，在此表示感谢！

叶卫平

yeweip@whut.edu.cn

→ 序 ←

美国金属手册（ASM Handbook）第 4 分册热处理部分共有 5 卷。本书为 D 卷《钢铁材料的热处理》，该卷主要介绍典型钢铁材料的热处理工艺。A 卷介绍了钢的热处理基础和热处理工艺流程，B 卷介绍了钢的热处理炉设备与控制，C 卷介绍了钢的感应加热热处理，E 卷介绍了有色金属材料的热处理。

本书由世界上钢铁材料热处理各研究领域的著名专家撰写而成。本书主要介绍了各类典型钢材和铸铁的热处理与性能方面问题，详细介绍了整体直接淬火钢和表面强化钢的选材过程与步骤，为产品设计人员和热处理工作人员提供了大量的实用技术资料。

我们非常感谢主动自愿参与该书编写工作的编辑、作者和审阅人，是他们投入了大量心血和不懈的努力才使得该书得以出版。书中真实可信的研究成果反映出了热处理学会（Heat Treating Society）和美国金属学会（ASM International）一直坚持的承诺——致力于为解决生产实际中的问题提供有用的工具，此外，还要特别感激该卷主编 Jon L. Dossett 和 George E. Totten。

热处理学会主席　Roger A. Jones

美国金属学会主席　C. Ravi Ravindran

美国金属学会常务董事　Thomas S. Passek

➡ 前 言 ⬅

回顾 1991 年美国金属学会出版的美国金属手册（ASM Handbook）第 4 分册热处理部分，可以清楚地认识到，当时该手册仅一卷，现已完全无法容纳和满足当今热处理领域的数据更新和热处理技术发展的需要，出版更新和扩展日益增长的钢铁材料和有色金属材料热处理数据手册显得尤为重要和刻不容缓。此外，考虑到美国金属学会已收集和出版的大量有关钢铁材料热处理的参考资料，仅钢铁材料热处理原理和工艺流程的内容就需要一整册篇幅，才能将其囊括其中。在还未介绍特殊工艺过程和典型钢铁材料热处理和性能前，仅热处理基础及工艺流程控制、热处理炉和感应加热等重要内容，也各需要 1 册的篇幅才能确保将其涵盖。

通过艰苦卓绝的努力，在这次出版的金属手册（ASM Handbook）的热处理分册中，包括了 D 卷《钢铁材料的热处理》在内的 5 卷。

本手册详细介绍了不同类型钢铁材料的热处理和性能，介绍了热处理工艺对不同合金钢工艺过程选择和性能的影响。新出版的手册不仅在内容上进行了更新，而且在内容上也进行了较大扩充。例如，增加了工业中齿轮钢和轴承钢热处理的重要内容，增加了含硼钢、含铜钢和锻钢的热处理，扩充了作为主体钢铁材料的碳钢和低合金钢的热处理。此外，工具钢和不锈钢的热处理内容也进行了深度的扩充。虽然该手册进行了大量更新，但我们还得承认，本书不可避免地会存在一些缺点和错误。

在此，我们要由衷地感谢所有为该书出版付出辛勤劳动的编辑、作者、审阅人和美国金属学会的工作人员。此外，我们还要特别感谢自始至终在整个出版工作中起到至关重要作用的编辑们，他们是：

- 感应热处理设备公司（美）（Inductoheat Inc. INDUCTOHEAT），Valery Rudnev.
- 阿贾克斯托科感应设备有限公司（Ajax Tocco Magnethermic Inc.），Ronald R. Akers.
- 汉诺威莱布尼兹大学（Leibniz Universität of Hannover），Egbert Baake.
- 美国金属学会（ASM International），Vicki Burt.
- 鲍迪克技术有限公司（Bodycote），Madhu Chatterjee.
- 新莱昂州圣尼古拉斯·德洛斯加尔萨大学（Universidad Autónoma de Nuevo León），Rafael Colás.
- 墨尔本皇家理工学院（RMIT University），Edward（Derry）Doyle.
- 变形控制技术有限公司（FASM，Deformation Control Technology, Inc.），ASM 会员 B. Lynn Ferguson.
- 德纳有限公司（Dana Corporation），Gregory A. Fett.
- 移动和卫星通信技术研究所（顾问）（IMST Institute（Consultant）），Kiyoshi Funatani.
- 迪尔公司（美）（Deere & Company），Robert J. Gaster.
- 迪肯大学（澳），前沿材料学院（Institute for Frontier Materials, Deakin University），Peter Hodgson.
- 不来梅大学材料科学研究所（德）（IWT Bremen），Franz Hoffmann.
- 卡尔斯鲁厄理工学院（德）（Karlsruhe Institute of Technology），Jürgen Hoffmeister.
- 耐世特汽车公司（Nexteer Automotive Corp.），Ron Hoppe.

- 美国金属学会（ASM International），Steve Lampman.
- 材料科学基础研究所（德）[Stiftung Institut für Werkstofftechnik（Foundation Institute of Materials Science）]，Thomas Lübben.
- 好富顿国际公司（Houghton International），D. Scott MacKenzie.
- 科罗拉多矿业大学（Colorado School of Mines），David Matlock.
- 威廉尔金属公司（Villares Metals SA），Rafael A. Mesquita.
- 汉诺威大学（Leibniz Universität of Hannover），Bernard Nacke.
- 伊利诺伊斯理工大学（Illinois Institute of Technology），Philip Nash.
- 美国金属学会（ASM International），Amy Nolan.
- 阿贾克斯托科 股份有限公司（Ajax Tocco Incorporated），George Pfaffmann.
- 铁姆肯公司（The Timken Company），Michael J. Schneider.
- 上奥地利应用科学大学（University of Applied Sciences，Upper Austria-Wels），Reinhold E. Schneider.
- 卡尔斯鲁厄理工学院（Karlsruhe Institute of Technology），Volker Schulze.
- 伍斯特理工学院（FASM，Worcester Polytechnic Institute），ASM 会员 Richard Sisson.
- 科罗拉多矿业大学（Colorado School of Mines）Chester J. Van Tyne.
- 凯特林大学（退休）（Kettering University（retired）），Charles V. White.
- 铁热股份有限公司（Ferrotherm Incorporated），Stan Zinn.

Jon L. Dossett

Dr. George E. Totten

使用计量单位说明

　　根据董事会决议，美国金属学会同时采用了出版界习惯的公制计量单位和英美习惯的美制计量单位。在手册的编写中，编辑们试图采用国际单位制（SI）的公制计量单位为主，辅以对应的美制计量单位来表示数据。采用 SI 单位为主的原因是基于美国金属学会董事会的决议和世界各国现已广泛使用公制计量单位。在大多数情况下，书中文字和表格中的工程数据以 SI 为基础的公制计量单位给出，并在相应的括号里给出以美制计量单位的数据。例如，压力、应力和强度都是用 SI 单位中帕斯卡（Pa）前加上一个合适的词头，同时还以美制计量单位（磅每平方英寸，psi）来表示。为了节省篇幅，较大的磅每平方英寸（psi）数值用千磅每平方英寸（ksi）来表示（1ksi = 1000psi），吨（kg×10^3）有时转换为兆克来表示（Mg），而一些严格的科学数据只采用 SI 单位来表示。

　　为保证插图整洁清晰，有些插图只采用一种计量单位表示。参考文献引用的插图采用国际单位制（SI）和美制计量单位两种计量单位表示。图表中 SI 单位通常标识在插图的左边和底部，相应的美制计量单位标识在插图的右边和顶部。

　　规范或标准出版物的数据可以根据数据的属性，只采用该规范或标准制定单位所使用的计量单位或采用两种计量单位表示。例如，在典型美制计量单位的美国薄钢板标准中，屈服强度通常以两种计量单位表示，而该标准中钢板厚度可能只采用了英寸（in）表示。

　　根据标准测试方法得到的数据，如标准中提出了推荐特定的计量单位体系，则采用该计量单位体系表示。在可行的情况下，也给出了另一种计量单位的等效单位。一些统计数据也只以进行原始数据分析时的计量单位给出。

　　不同计量单位的转换和舍入按照 IEEE/ASTM SI-10 标准，并结合原始数据的有效数字进行。例如，退火温度 1570°F 有三位有效数字，转换的等效温度为 855℃，而不是更精确的 854.44℃。对于一个发生在精确温度的物理现象，如纯银的熔化，应采用资料给出的温度 961.93℃ 或 1763.5°F。在一些情况下（特别是在表格和数据汇编时），温度值是在国际单位制（℃）和美制计量单位（°F）间进行相互替代，而不是进行转换。

　　严格对照 IEEE/ASTM SI-10 标准，本手册使用的计量单位有几个例外，但每个例外都是为尽可能提高手册的清晰程度。最值得注意的一个例外是密度（每单位体积质量）计量单位使用了 g/cm^3，而不是 kg/m^3。为避免产生歧义，国际单位制的计量单位中不采用括号，而是仅在单位间或基本单位间采用一个斜杠（对角线）组合成计量单位，因此，斜杠前为计量单位的分子，斜杠后为计量单位的分母。

目 录

→ 第❶章 ←

概　　论

1.1　钢的选材和热处理设计问题

1.1.1　简介

成功的热处理取决于以下因素：

1）零件设计正确。

2）合适的材料。

3）在加工能力范围内的工程要求。

4）适当的加热设备。

5）正确的淬火工艺。

6）有责任心的员工。

7）经验。

并不是所有这些要求总是能得到满足，当存在

某些不足（或者存在疏忽或风险）时，问题就可能发生。发生的问题通常归因于以下方面：

1）错误的零件设计。

2）材料不合适。

3）工程需求难度大。

4）不正确的加热和其他操作。

5）不均匀淬火。

图 1-1 所示为钢的热处理开裂或过度变形因素图，表 1-1 中列出了与其相关的细节。畸变和开裂是淬火硬化过程中的热应力和相变应力产生的主要问题，在本章中重点介绍了调质钢的变形和开裂。成功的淬火硬化不仅取决于热处理过程，还与合理的钢材选择、零件设计及加工过程要求密切相关。

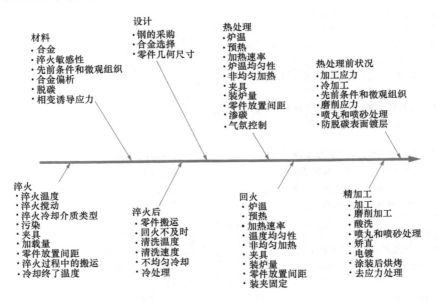

图 1-1　钢的热处理开裂或过度变形因素图

评定成功热处理的另一个重要方面是通过工艺评定和过程控制，来确保工件在热处理中进行适当的加热和冷却。必须采用合适大小与类型的热处理炉，每一操作步骤的温度必须严格控制在规定的范围内，以防止过热或非均匀加热/冷却。对热处理进行全面控制的唯一途径是，熟知每一操作步骤，并适当对工艺过程进行记录。如没有对工艺过程进行很好的如实记录，确定和消除热处理缺陷的根本原因是极其困难的。因此，大多数制造企业都需要有统计质量控制和统计过程控制程序，对材料及其制造工艺进行记录并分析。其中一些监测控制程序也集成到了现代热处理设备中。

表 1-1　钢的热处理变形或开裂原因及纠正措施

材料因素
- 合金
  - a. 当马氏体转变温度提高,畸变和开裂倾向降低
  - b. 奥氏体晶粒尺寸与淬火开裂之间的相关性不大
- 淬火敏感性
  - a. 钢中碳当量(C_{eq})提高,变形和开裂增加
  - b. 如果 $C_{eq} > 0.52\%$,钢的裂纹敏感性增大

$$C_{eq} = w(C) + \frac{w(Mn)}{5} + \frac{w(Mo)}{5} + \frac{w(Cr)}{10} + \frac{w(Ni)}{10}$$

- 先前条件和微观组织
- 合金偏析
  - a. 引起局部硬度和组织不均匀
  - b. 增加开裂倾向
- 脱碳
  - a. 表面贫碳
  - b. 抗拉强度低,开裂倾向增加
- 相变诱导应力
  - a. 奥氏体转变马氏体引起体积变化
  - b. 增加体积增加了畸变和开裂倾向
  - c. 只有通过控制碳含量进行控制

设计
- 钢的采购
  - a. 指定表面状况(最小的脱碳和氧化层)
  - b. 在牌号内,许可化学成分范围大
    - i. 性能和变形方面变化
    - ii. 合金化学规范("H"牌号)
    - iii. 淬透性的规范(在特定末端淬火"J"位置的硬度)
- 合金选择
  - a. 某些牌号的钢易于铬的宏观偏析(条带)或锰的宏观偏析(AISI 1340、1536、4140H、4340)
  - b. 淬火敏感性
    - i. 当 C_{eq} 增加变形和开裂可能性增加
    - ii. 如 $C_{eq} > 0.52\%$,钢的裂纹敏感性大
    - iii. 残留奥氏体数量增加也会增大变形和开裂趋势
  - c. 转变温度(马氏体转变开始温度)
- 零件几何尺寸
  - a. 大长径比零件或薄片状零件
  - b. 厚薄截面过渡剧烈变化的不对称形状零件
  - c. 有孔、深键槽和凹槽存在
  - d. 大的曲率半径
  - e. 非均匀加热和冷却

热处理前状况
- 加工应力
- 冷加工
- 先前条件和微观组织
  - a. 碳和合金元素的局部偏析
  - b. 某些牌号的钢易于铬的宏观偏析(条带)或锰的宏观偏析(AISI 1340、1536、4140H、4340)
  - c. 存在氧化皮或脱碳
- 磨削应力
  - a. 局部应力
  - b. 如果磨削不当,局部产生马氏体组织
  - c. 表面拉应力,而次表面压应力
- 喷丸和喷砂处理
  - a. 局部表面应力
  - b. 极浅层表面压应力
  - c. 次表面拉应力
- 防脱碳表面镀层
  - a. 表面状况的变化
  - b. 由于辐射系数改变,可能导致非均匀加热

热处理因素
- 炉温
  - a. 增高炉温或零件温度,增大变形
  - b. 可能会导致不均匀的晶粒长大或整体晶粒长大
    - i. 增加淬透性
    - ii. 可能引起局部淬透性变化
  - c. 可能引起逆正火或局部偏析和条带
- 预热
  - a. 消除应力
  - b. 缓解前工序应力
    - i. 加工
    - ii. 磨削
    - iii. 冷加工/形成
  - c. 使体积膨胀均匀一致
- 加热速率
  - a. 与预热类似
  - b. 快速加热消除了工件薄截面处应力而未消除厚截面处应力
  - c. 局部产生温度梯度,导致体积增长不均匀
- 炉温均匀性
  - a. 零件经历均匀温度加热
  - b. 均匀的组织
  - c. 均匀的体积增长
- 非均匀加热
  - a. 之前的残余应力消除不均匀
  - b. 局部产生温度梯度
- 夹具
  - a. 将零件屏蔽热源
  - b. 支撑零件不下垂
  - c. 保证气氛均匀通过工件
- 装炉量
  - a. 高密度装炉量屏蔽了加热零件的热源
  - b. 可能导致过热和非均匀加热
- 零件放置间距
  - a. 在高温下零件软化
  - b. 由于其他零件或夹具,容易造成零件弯曲和表面损坏
- 渗碳

具有碳梯度
  - i. 改变局部的碳当量
  - ii. 可增大变形或开裂趋势
  - iii. 由于相变应力,造成体积变形不一致

ⅳ．表面和芯部间马氏体转变开始温度不同
・气氛控制

淬火因素
・淬火温度
  a．通过较慢的加热速度降低温度梯度
  b．产生较小的变形
・淬火搅动
  a．使工件所有表面热传导均匀
  b．使工件间淬火冷却介质有足够的流动性
  c．非均匀搅动使工件间和工件产生温度梯度
  d．如可能造成非均匀性
    ⅰ．轧制表面不利于淬火搅动
    ⅱ．必须进行测量或模拟
・淬火冷却介质类型
  a．盐、水、油、聚合物、气体、空气
  b．淬火速度须在保证性能的前提下，尽可能地慢，以减少变形
・污染
  a．有机污染（液压油）产生气相
    ⅰ．增加了冷却速率产生对流
    ⅱ．增加了冷却速率
    ⅲ．增大了变形和开裂的倾向
  b．氧化
    ⅰ．增加了黏度
    ⅱ．淬火速度放缓；可能无法达到性能要求
    ⅲ．增加了废酸洗液
    ⅳ．增加了工件污染
  c．水
    ⅰ．增大了汽相的稳定
    ⅱ．最大冷却速率的温度大大降低
    ⅲ．冷却速率在对流区间显著增强
    ⅳ．造成工件质量不一致和促使了变形和开裂
    ⅴ．如果含水量超过 0.1%（质量分数），会造成安全隐患
  d．烟尘
    ⅰ．提高了莱顿弗罗斯特温度（Leidenfrost temperature）和降低了气相的稳定性
    ⅱ．增加最大的冷却速率和降低了最大冷却速率的温度
    ⅲ．增加对流阶段的冷却速率
    ⅳ．增加氧化率和污染工件
  e．制订维护计划是必要的
・夹具
  a．必须保证淬火冷却介质均匀流动
  b．空气动力学要求
    ⅰ．"工件应切入淬火冷却介质，而不是拍入淬火冷却介质
    ⅱ．工件最重的部分应该先进入淬火冷却介质
    ⅲ．应首选垂直夹持工件
・加载量
  a．在工件间保证淬火冷却介质均匀流动
  b．减少邻近工件的局部温度梯度
・零件放置间距
  a．工件缓慢进入淬火冷却介质
  b．工件由于淬火冷却介质流动受阻，造成局部热点
・淬火过程中的搬运
  工件的机械搬运会引起变形
    ⅰ．不平稳搬运会导致工件相互撞击或与装载篮筐碰撞
    ⅱ．工件被夹持
・冷却终了温度

冷却终了温度取决于马氏体转变开始温度
  ⅰ．较高的温度会减少变形和开裂
  ⅱ．因为工件表面温度高，可能使淬火油减少
  ⅲ．因为工件表面积大和有氧的存在，会增加油的氧化

淬火后因素
・零件搬运
・回火不及时
  a．增大开裂倾向
  b．回火转移时间取决于工件截面厚度、残留奥氏体数量和钢牌号
・清洗温度
  a．影响清洁和去除表面污垢的效率
  b．对工件造成应力和可能导致开裂
  c．通常变形和开裂受钢中残留奥氏体量影响
・清洗速度
・不均匀冷却
・冷处理
  a．消除残留奥氏体
  b．提高硬度和马氏体百分比
  c．降低由于残留奥氏体的存在造成的残余应力

回火因素
・炉温
  a．消除残余应力不均匀现象
  b．局部有温度梯度
・预热
・加热速率
  a．类似于预热
  b．快速加热释放了工件薄截面处应力，但未释放厚截面处应力
  c．局部造成温度梯度，导致体积增大不均匀
・温度均匀性
・非均匀加热
・夹具
  要求能够均匀传热
・装炉量
・零件放置间距
・装夹固定

精加工因素
・加工
  a．进给量和速度
  b．刀具形状与磨损
・磨削加工
  a．磨削介质
  b．磨削量
・酸洗
  a．去除表面层
  b．造成应力再分配
・喷丸和喷砂处理
  造成浅表面压应力层
・矫直
  造成应力再分配
・电镀
・涂装后烘烤
・去应力处理

1.1.2 热处理零件的钢种选择

在生产实践中，因为零件设计与钢种选择往往是相互依存的，因此很难将这两个方面分开。一般来说，需采用液体淬火冷却介质的钢种都需要精心进行工艺设计。相比之下，空气淬火（高淬透性）钢对工艺要求则没有那么严格。

由设计师根据总体技术要求确定选择合适的钢牌号，它仅是总体设计过程的一部分。对某个特定的应用的需求，对零件的性能要求（包括强度、韧性、耐磨性等）、零件几何尺寸和公差、零件某部位的硬度等也是不同的。当零件的服役条件包括加载（拉伸、弯曲、扭转、疲劳等）时，零件的关键部位就要求具有一定的硬度值，或要求零件具有与拉伸性能相对应的硬度值。

当轧制、锻造、正火或冷拔等工艺条件不能满足钢铁材料强度或强韧性配合时，必须采用淬火加回火获得所需要的性能。碳钢成本相对较低，通常需要对其进行合金化，以提高其淬透性。只有通过淬火和回火，合金钢的强度和韧性才能得到充分发挥和提高。不过也有例外。例如，低合金钢有类似于低碳结构钢成形或焊接的性能要求，同时又改善了力学性能。

根据零件强度和韧性的要求，选择调质钢时，首先应根据硬度，确定钢的最低碳含量。钢的硬度与淬火后马氏体量和钢中的碳含量有关（见图1-2）。当钢的微观组织95%为回火马氏体时，所需的强度与钢中最低碳含量的关系如图1-3所示，该最低碳含量为钢的力学性能优化组合提供了依据。在图1-3中，只要选择了高于该最低碳含量，淬火组织为95%马氏体时，就能得到零件所对应的最低硬度值。

一旦确定了所需的硬度，材料工程师（在设计阶段）必须解决如何在零件某些位置或整个零件，确保得到该硬度。钢的硬度与钢的成分和淬火方式相关，而采用的淬火冷却介质类型由合金成分和零件所要求的淬透性（淬硬层深度）来决定。

为满足不同的需求，选择不同的淬火冷却介质类型：

1）无过度或无法预料的变形。

2）无淬火裂纹。

3）得到正确的微观组织。

4）产生正确的残余应力分布。

5）利用合适的淬火设备。

材料工程师看零件图通常面对两个问题：如何在淬火硬化中不产生裂纹？如何在达到变形要求的前提下淬火硬化？这两个问题常常是在理论的指导下，依据实践经验进行解决。

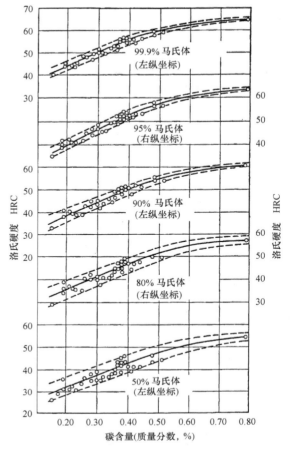

图1-2 马氏体组织硬度与碳含量的关系

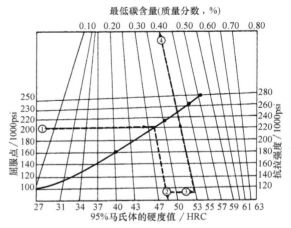

图1-3 根据屈服强度或抗拉强度确定最低碳含量和对应的硬度值

注：示例中，选择的材料屈服强度为200000psi（①点），相当于最终硬度值（回火后）为48HRC（②点）。推荐的淬火态硬度值至少应高5个点，即53HRC（③点），选择钢的最低碳含量建议为0.40%（④点。）

如果零件的截面变化大（1∶4 或更高），通常不能采用水作为淬火冷却介质。如果设计的零件有孔、沟槽或尖角时，通常也如此。为防止开裂，这种类型的零件需要采用油或熔盐淬火。

选择淬火冷却介质另一个重要因素是零件允许的变形范围。通常齿轮采用油进行淬火，以保证尽可能小的变形和尽可能降低不同炉号之间钢的性能差异。如果热处理后，零件不能有效地矫直至公差范围，应选择油、热油或盐浴淬火冷却介质进行淬火。

有时，淬火冷却介质的选择是为得到所需的微观组织。例如，在某些高合金钢中为得到最佳韧性的贝氏体组织，通常采用热油或熔盐作为淬火冷却介质。

由于其他的淬火冷却介质冷却速度慢，产生的表面残余应力低，因此为产生特定的残余应力分布通常采用水进行淬火。

淬火冷却介质的选择有时取决于生产厂的设备，这往往导致成本提高或质量不合格。采用带淬火油的热处理炉进行淬火通常很受欢迎，但与采用水淬火相比，往往需要选择合金度更高的钢。如果无法对水进行搅拌或搅拌不均匀，选择高淬透性合金钢进行油淬火可以有效减少变形和开裂。

为在淬火条件一定的情况下，选择合适的合金材料，必须确定（或至少估计）在临界截面或关键表面的冷却速率。一旦冷却速率、碳含量和要求的硬度已知，该钢的近似理想直径（D_I）可由图 1-4 和表 1-2 求出。

表 1-2　典型结构钢的最小理想直径（D_I）

牌号	最小 D_I[①]		牌号	最小 D_I[①]	
	mm	in		mm	in
1018[①]	11.9	0.47	4621H	44.4	1.75
1022[①]	14.5	0.57	4718H	53.8	2.12
1524[①]	25.9	1.02	4720H	34.8	1.37
1035[①]	16.8	0.66	4815H	53.8	2.12
1536[①]	26.9	1.06	4817H	58.4	2.30
1038H	20.3	0.80	4820H	65.5	2.58
1040[①]	18.0	0.71	5046H	37.3	1.47
1541H	44.4	1.75	5120H	29.4	1.16
1045H	25.4	1.00	5130H	58.1	2.29
1050[①]	20.6	0.81	5140H	62.2	2.45
1552[①]	34.0	1.34	51B60H	92.4	3.64
1060[①]	22.1	0.87	6118H	34.8	1.37
1080[①]	25.6	1.01	8617H	34.8	1.37
1117[①]	15.5	0.61	8620H	39.9	1.57
1118[①]	19.5	0.77	8622H	44.4	1.75
1141[①]	32.2	1.27	8625H	47.0	1.85
1144[①]	28.9	1.14	8627H	53.8	2.12
4027H	34.3	1.35	8630H	55.8	2.20
4028H	34.3	1.35	8640H	77.9	3.07
4032H	34.8	1.37	8645H	84.3	3.32
4042H	44.4	1.75	86B45H	127.0	5.00
4118H	29.4	1.16	8650H	92.4	3.64
4130H	53.8	2.12	8660H	157.4	6.20
4140H	101.5	4.00	8720H	44.4	1.75
4150H	129.4	5.10	8822H	49.0	1.93
4161H	137.1	5.40	9260H	53.8	2.12
4320H	53.8	2.12	9310H[②]	127.0	5.00
4340H	>177.7	>7.00	94B15H	65.5	2.58
4419H	29.4	1.16	94B17H	65.5	2.58
4620H	29.4	1.16	94B30H	92.4	3.64

① 计算值，其他为实际公布的成分和淬透性带宽。
② 电炉冶炼质量和品质。

可用图 1-3 确定所需的钢的硬度范围和最低碳含量。为保证最佳拉伸或剪切（或两者）性能，螺栓整个截面的回火马氏体组织应该保证在 90% 以上。一旦钢的最低硬度和最低碳含量确定，可以根据材料的拉伸和剪切力学性能，采用图 1-4、图 1-5 或表 1-2 进行选材。图 1-5 为一些价格低廉钢牌号的力学性能。其他相同淬透性牌号的钢，具有相同的力学性能，但成本相对较高。

为尽可能降低淬火开裂的可能性，得到理想的淬火态组织，应该尽可能选择低碳含量的钢。根据

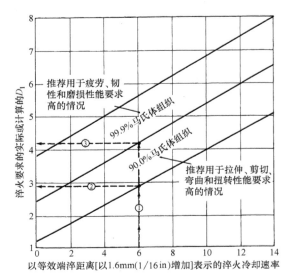

图 1-4 已知淬火冷却速率根据末端淬透性试样的距离（1/16in）确定实际的或计算得出的马氏体体积分数
注：例如，已知某工件在显著位置的冷却速度对应于以等效端淬距离 J6，为 90% 的马氏体组织，材料的实际的或计算的最小理想直径（D_1）约为 2.90（点①至点②）。如要求 99.9% 的马氏体组织，材料最小理想直径（D_1）约为 4.20（点①至点③）。

用途不一样，选择钢的碳含量也就不同。下面列出不同碳含量钢的主要用途：

1）碳的质量分数为 0.20% 的钢通常用于焊接或韧性要求高的工件。

2）碳的质量分数为 0.30% 的钢通常用于硬度（耐磨性）和韧性兼顾，具有综合力学性能的工件，例如，农耕工具和凿子。

3）碳的质量分数为 0.40% 的钢通常用于要求高强度的工件。

4）碳的质量分数为 0.50% 的钢适合用于高强度和耐磨性要求高的工件。

5）碳的质量分数为 0.60% 的钢通常用于热处理弹簧。

6）碳的质量分数大于 0.60% 的钢通常用于各种特殊场合，例如，各种工具和轴承套圈。

有关不同成分钢的热处理的详细资料参见本书的其他章节。

1.1.3 残余应力

所有热处理过程都会影响钢的性能、尺寸变化、残余应力分布和造成工件开裂。当钢奥氏体化后淬

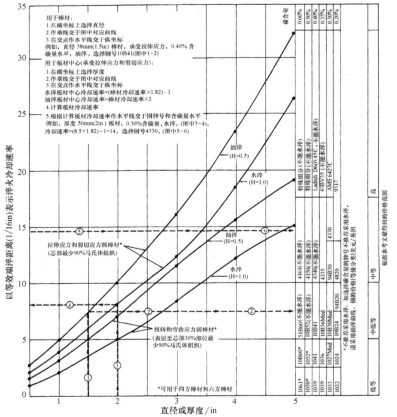

图 1-5 选用满足力学性能要求价格便宜的钢
WQ—水淬 H—淬冷烈度
注：该图采用了较温和的淬火工艺，因此采用该图表进行选材是安全可靠的。

火转变为马氏体组织，会产生明显的内应力。淬火内应力由两部分组成：一是淬火中有温度梯度存在会产生部分内应力（称为热应力）；二是密度较高的奥氏体组织转变为密度较低的马氏体组织造成的应力。钢的其他相变（铁素体相变、珠光体相变和贝氏体相变）也会产生体积变化，但奥氏体向马氏体转变产生的体积变化最大（见图1-6）。因此，可以认为马氏体相变是产生淬火变形和开裂主要原因。

经热处理的零件，残余应力可以是单独由温度梯度引起的，和由温度梯度与组织转变（相变）共同造成的。当经奥氏体化淬火到室温，由于温度梯度和相变产生体积膨胀，在钢零件中产生了残余应力分布。

由于工件表面和内部的冷却速率不同产生热收缩，导致了非均匀热（或淬火）应力。当奥氏体转变为马氏体或其他相变产物时，体积膨胀造成相变残余应力。表1-3列出了碳钢的淬火体积变化[7]。表1-4列出了部分材料与热应力相关的物理性能。

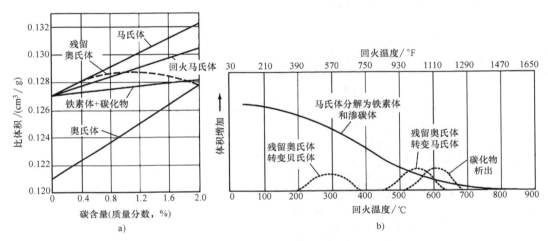

图 1-6　钢在热处理过程中的体积变化

a）碳钢在室温的比体积，回火马氏体［<200℃（390℉）］　　b）在回火过程中，组织变化对体积变化的影响

表 1-3　碳钢的淬火体积变化

相变过程	体积变化（%）	尺寸变化/（mm/mm）
球状珠光体→奥氏体	$-4.64+2.21w(C)$	$-0.0155+0.0074w(C)$
奥氏体→马氏体	$4.64-0.53w(C)$	$0.0155-0.0018w(C)$
球状珠光体→马氏体	$1.68w(C)$	$0.0056w(C)$
奥氏体→下贝氏体①	$4.64-1.48w(C)$	$0.0155-0.0048w(C)$
球状珠光体→下贝氏体①	$0.78w(C)$	$0.0026w(C)$
奥氏体→聚集铁素体+渗碳体②	$4.64-2.21w(C)$	$0.0155-0.0074w(C)$
球状珠光体→聚集状铁素体+渗碳体②	0	0

① 下贝氏体被认为是铁素体与 ε 碳化物的混合物。

② 上贝氏体和珠光体被认为是铁素体和渗碳体的混合物。

表 1-4　部分材料与热应力相关的物理性能

金属材料	弹性模量		膨胀系数		热导率	
	GPa	10^6 psi	10^{-6}/K	10^{-6}/℉	W/（m·K）	Btu·in/（ft²·h·℉）
纯铁（铁素体）	206	30	12	7	80	555
典型奥氏体钢	200	29	18	10	15	100
铝	71	10	23	13	201	1400
铜	117	17	17	9	385	2670
钛	125	18	9	5	23	160

（1）热收缩　冷却中的热应力 σ_{th} 与相应构件的温度梯度的关系由下式给出：

$$\sigma_{th}=E\Delta T\alpha$$

式中，E 是材料的弹性模量；α 是材料的线胀系数。很明显，材料的弹性模量和线胀系数越高，材料热应力越大，温度梯度也是热导率的函数。因此，在良好热导体材料中（例如，铜和铝），不可能得到大的温度梯度，而在钢铁和钛合金中则有可能。另一个与热导率相关的术语称为热扩散率（D_{th}），有时也与温度梯度一同使用。它被定义为 $D_{th} = k/\rho c$，其中 k 是热导率，ρ 是密度，c 是比热容。很明显，低的 D_{th}（或 k）将会促进大的温度梯度或热收缩。应该强调的是，对于大尺寸工件，加热速率高或冷却速率剧烈的淬火冷却介质也增加温度梯度，导致大量热收缩。

（2）热收缩产生的残余应力分布　热收缩产生的残余应力是在淬火中，钢工件还没有发生固态相变，而产生体积变化。该现象在钢工件低于 A_1 温度回火冷却时，也同样存在。图 1-7 是直径为 100mm（4in）钢材，在 850℃（1560°F）奥氏体化加热淬水后的热残余应力分布。在开始冷却，表面温度 S 的下降远大于中心温度 C（图 1-7 中左上角）。在时间为 w 时，表面与芯部之间的温差达到最大，约为 550℃（1020°F），由于线性收缩大约为 0.6%，此时如果没有产生应力松弛，则对应的热应力应为 1200MPa（80t/in²）。在该条件下，对应于上图时间 w 时，工件表面拉应力达到最大值 a，而此时芯部发生收缩，产生最大压应力 b。工件表面拉应力和芯部的压应力的综合作用产生残余应力，如图中曲线 C。在略低的温度 u 时，由于拉应力和压应力的中和作用，使工件的应力为零。当进一步降低温度时，表面纵向产生残余压应力，心部产生残余拉应力，如图 1-7 右下角所示。图 1-8a 是在整个截面上，淬火棒料分别沿纵向、切向和径向仅由热收缩产生的残余应力分布示意图。

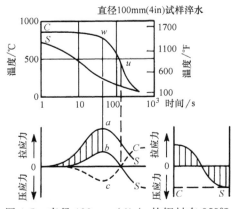

图 1-7　直径 100mm（4in）的钢材在 850℃
（1560°F）奥氏体化淬水后的纵向热残余
应力分布（未考虑相变应力）

随淬火温度提高和淬火冷却介质的冷却能力增强，残余应力达到最大。钢化玻璃的生产就是采用类似淬火技术，将玻璃表面均匀加热至玻璃化温度以上，然后迅速采用冷风冷却。此时在玻璃表面产生的压应力能抵消部分拉伸弯曲应力，从而增加其承载力。

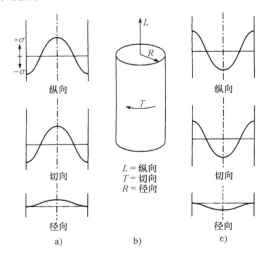

图 1-8　整个截面上淬火棒料分别沿纵向、
切向和径向残余应力分布示意图
a）由热收缩引起　b）方向和取向
c）由热收缩和相变体积变化共同引起

（3）热残余应力分布和相变体积变化　钢工件在淬火硬化过程中（或其他可淬火合金），表面伴随着体积膨胀，形成一层硬度高的马氏体组织，而工件其他的部位仍然是处在高温，为韧性奥氏体组织。随后冷却过程中，其余部分奥氏体也发生马氏体组织转变，但其体积膨胀受到表面硬化层限制。这种限制会导致工件中心部分受到压应力，而表面受到拉应力。图 1-8c 为在整个截面上，淬火棒料分别沿纵向、切向和径向由热收缩和相变共同作用产生的残余应力分布示意图。与此同时，在工件内部最后的冷却中，其收缩受限于表面硬化层，由此导致中心部分受到拉应力，而表面受到压应力。然而实际情况是，在表面已硬化后，如果工件内部净体积膨胀大于热收缩，情况则会如图 1-8c 所示。在某一特定冷却条件下，钢工件的体积变化很大，由此产生足够大的残余应力，导致翘曲或塑性变形。塑性变形可以有效减少淬火应力，但当淬火应力极大，不能通过足够的塑性变形释放出来，极大的残余应力达到甚至超过钢的断裂应力时，工件局部会产生裂纹或断裂，称为淬火开裂。

应该再次强调指出的是，在钢种一定的情况下，与马氏体相变的体积膨胀相比，大尺寸和高的淬火速度对工件热收缩的作用更大。相反，薄壁和淬火速率低对已硬化表面工件的热收缩的作用较小。同理，如淬火速率一定，随截面尺寸减小，工件的温度梯度和残余应力降低。

图 1-9a 为不同尺寸圆棒 DIN 22CrMo44 低合金钢试样，表面和心部奥氏体分解叠加连续冷却转变图。如果采用直径为 100mm（4in）大尺寸圆棒试样淬水（不完全淬火），在表面发生马氏体转变，心部发生珠光体+贝氏体转变，产生的残余应力分布如图 1-9 上部分图所示，与仅由热应力产生的应力分布图 1-8a 相似；如采用中等尺寸圆棒试样（30mm 或 1.2in）快速淬火，心部贝氏体转变与表层马氏体大约同时开始转变，由此导致表面和心部均为压应力，表面与心部的中间区域为拉应力如图 1-9 中部分图所示；当采用较小直径（10mm 或 0.4in）圆棒试样进行剧烈淬火（例如，盐水），整个圆棒试样转变为马氏体组织。此时试样表面与中心的温度差别很小，在这种情况下，在表面形成残余拉应力，而在中心形成压应力如图 1-9 下部分图所示。

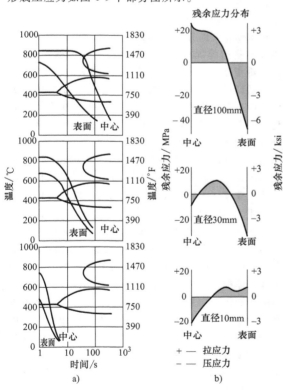

图 1-9　连续冷却转变图和残余应力分布
a）不同尺寸圆棒 DIN 22CrMo44 低合金钢试样，表面和中心奥氏体分解叠加连续冷却转变图
b）对应的由热应力和相变体积变化产生的残余应力分布

浅层硬化钢在淬火后具有更高的表层压应力。如采用剧烈淬火冷却介质水对深层硬化钢淬火，可以得到理想的表层压应力。如采用淬火能力较差的

淬火冷却介质对深层硬化钢进行淬火，钢的表面可能产生拉应力。Rose 指出相变对工件心部和表层应力反向，起到了非常重要的作用。根据他的研究，如表层相变在先，心部相变在后，此时表面产生残余拉应力，如图 1-8c 和图 1-9 下图所示。反之，如心部相变在先，表层相变在后，此时表面产生残余压应力如图 1-9 上图所示。由不同尺寸工件、淬火速率和钢淬透性所形成的各种组合的应力分布是多种多样的，该分析方法能够对此复杂应力分布进行解释。此外，还可通过不同的相变方法，回火工艺和精加工（淬火后），调整硬化钢的残余应力分布。

（4）消除应力　冷加工、冲压、挤压、锻造、焊接、机加工或镦压等加工工序会在零件中形成残余应力，由此大大增加了在淬火工艺中变形和开裂的可能。通常这些残余应力可以通过亚临界退火或正火消除。为避免淬火中的变形和开裂，必须要消除由残余应力和热应力叠加应力。如热处理后未进行消除应力处理，零件的大部分变形可以采用加大磨削量的方法在磨削工序中去除，但缺点是会消除大部分渗碳工件和淬火工件的硬化层，此外，加大磨削量可能会造成表面过热和产生表面裂纹。因此，通常在最终的加工和热处理前进行去应力处理。碳钢和低合金钢零件的去应力退火温度为 550~650℃（1020~1200°F），保温 1~2h；热模具钢和高速钢的去应力退火温度为 600~750℃（1110~1110°F），加工量大的工件或大尺寸工件的去应力退火温度为 650℃（1200°F），保温 4h。此外还有报道表示可采用亚共振方法，在不改变力学性能或形状的前提下，消除工件的残余应力。

1.1.4　变形

工件的尺寸和形状变化可分为可逆和不可逆两种。应力在弹性范围内或在一定温度范围内的变化为可逆的变形，此时，既没有超过材料的弹性极限也没有引起组织结构变化。在这种情况下，材料可恢复到原来的应力或温度状态。

工件的变形被定义为不可逆转时，通常情况是不可预测工件的尺寸变化的。当应力超过弹性极限或产生组织结构变化（例如相变），工件尺寸或形状则会发生不可逆变化。在很大程度上，工件变形的容许范围取决于服役条件。可以通过机械加工去除额外的和不需要的部分，或通过热处理（退火、回火或冷处理），校正工件尺寸变形。但如出现过量的变形，则工件报废。

可以将变形分为尺寸变形和形状变形（翘曲变形）两类。尺寸变形是指几何形状没有变化，相变前后工件比体积产生了净变化。而形状变形是指工

件几何形状发生变化而体积没有变化，工件发生了弯曲变形、扭转变形和/或非对称尺寸变化。形状变形有时也称平直度变化或倾斜度变化，尤其易发生在不对称工件的热处理过程中。在热处理中，这两类变形均可能发生，如图1-10所示，其可能产生原因总结在表1-5。

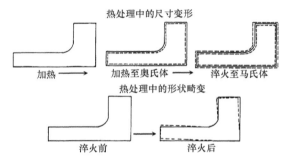

图1-10 淬火过程中尺寸变形和形状变形

表1-5 热处理过程中造成形状尺寸和形状变形的原因

工艺	工序	尺寸变形	形状变形
淬火	加热至奥氏体化温度并保温	形成奥氏体碳化物溶解	残余应力消除热应力应力松弛
	冷却	形成马氏体形成非马氏体产物	热应力相变应力导致残余应力
冷处理	冷却至零下温度并保温，而后回到室温	形成马氏体	热应力相变应力导致残余应力
回火	加热至回火温度并保温	马氏体分解残留奥氏体转变	消除应力热应力
	从回火温度冷却	残留奥氏体转变	热应力导致残余应力

1. 形状变形

由相变造成相变前后工件比体积的净变化称为尺寸变形。由于相变前后的相组织的单位晶胞的溶剂原子数、单位晶胞大小和点阵的相对原子质量不相同，因此相变前后相组织的比体积也不相同。例如，钢在淬火过程中，奥氏体组织向马氏体组织的转变。含碳量为1%的奥氏体相为面心立方晶体结构，单位晶胞原子数和尺寸大小分别为4个溶剂（铁）原子和 46.5×10^{-24} cm³，每个点阵的相对原子质量56.4g；而含碳量为1%C的马氏体相为体心四方晶体结构，单位晶胞原子数和尺寸大小分别为2个溶剂（铁）原子和 24.5×10^{-24} cm³，每个点阵的相对原子质量为56.4g。由此差异，造成奥氏体相的比体积约为0.1245cm³/g，而马氏体相的比体积约为

0.1296cm³/g。因此，当碳含量为1%的钢发生奥氏体向马氏体转变时，导致比体积增加为0.0051cm³/g，即与原始奥氏体相比，大约有4.1%的体积膨胀。

表1-5中列出了热处理过程中，造成尺寸变形的原因。随后还会用正负符号对尺寸变形大小进行说明。在"1.1.5尺寸变形计算"一节中也给出了一些估计尺寸变形数量级的公式和图表。

（1）加热（奥氏体化） 将退火钢从室温连续加热至 Ac_1 温度，热膨胀连续发生变化，而后发生从体心立方铁素体向面心立方奥氏体转变，钢的体积发生收缩。体积收缩的大小与钢中碳含量的增加有关，详见表1-3。进一步加热，将进一步提高新形成的奥氏体数量。

（2）淬火 退火组织通常由铁素体和球状碳化物组成，该相混合物称为球状珠光体。当加热超过 Ac_1 温度，球状珠光体转变形成奥氏体时，因为奥氏体化温度和保温时间影响碳在钢的奥氏体组织中的固溶度，因此也影响到钢的体积收缩大小。后续冷却至室温，大部分奥氏体向马氏体、贝氏体、珠光体或这些相的混合组织进行转变，造成体积膨胀。而最希望得到的马氏体组织会产生最大的体积膨胀。

低温形成的贝氏体组织产生中等大小的体积膨胀，而高温形成的贝氏体和珠光体类似铁素体和碳化物的混合物的球状珠光体，产生的体积膨胀与原球状珠光体奥氏体化加热时产生的体积收缩相当。从退火状态出发，如最终形成马氏体或低温贝氏体，整体体积产生膨胀；但如最终形成高温贝氏体和珠光体，整体体积则基本没有变化。如果奥氏体在冷却中相变未完全进行，形成马氏体和低温贝氏体的体积膨胀效果则会削弱，如果保留到室温的残留奥氏体数量足够多，则整体体积不是膨胀而是收缩。

在所有这些相变过程中，随奥氏体中的碳含量下降，体积膨胀减小（表1-3）。奥氏体转变为马氏体体积膨胀增加量最大；转变为下贝氏体产生中等大小的体积膨胀；而形成上贝氏体和珠光体，则体积膨胀最小（表1-3）。当碳的质量分数分别为1%和1.5%的碳钢的奥氏体转变为马氏体时，体积膨胀分别为4.1%和3.84%，而如转变为珠光体组织时，体积膨胀分别为2.4%和1.33%。合金钢的这种体积膨胀效应较低。应该指出的是，相变时产生塑性变形（或应变），低于这些相的屈服强度。这种塑性变形称为相变塑性效应，在钢工件的淬火硬化时，对钢中应力分布产生影响。当钢从奥氏体温度冷却至马氏体开始温度（Ms）期间，体积产生收缩，低于马氏体开始温度产生马氏体组织转变，造成体积膨胀，最后，进一步冷却到室温时发生热收缩。随着淬火

加热温度的提高，大量的碳化物溶入奥氏体，造成残留奥氏体数量和晶粒尺寸增大。同时也增加了钢的淬透性。

（3）回火 回火温度与体积变化之间具有一定的相关性。回火能减小马氏体的体积，但除非是使组织完全软化，一般是不足以平衡由于淬火时马氏体转变导致的体积增加的。低合金钢和碳钢（中碳和高碳）在第一和第三阶段回火，体积减少。第一阶段发生了高碳马氏体的分解成为低碳马氏体+ε碳化物，后一阶段低碳马氏体+ε碳化物聚合形成铁素体和渗碳体。然而在第二阶段回火，由于残留奥氏体分解转变成贝氏体使体积增大，该增大往往可以弥补早期的体积减少。随着回火温度的进一步增高至 A_1 温度，体积减小更加明显。高合金工具钢在马氏体回火转变时，由于存在大量残留奥氏体和合金度高的抗回火马氏体，此时，体积变化不明显。只有当回火温度达到 500~600℃（930~1110°F）温度范围，从残留奥氏体中析出细小弥散的合金碳化物，由此导致残留奥氏体的合金度贫化，并提高残留奥氏体的 Ms 温度。在回火冷却过程中，残留奥氏体进一步转变成马氏体，造成钢的体积进一步增加，硬度和体积迅速增高。

2. 形状变形（翘曲变形）

内部应力或外部应力均可导致工件变形。内部应力通常是由非均匀的温度分布和相变引起，可以加热零件至适中温度，消除剩余（内部）应力，但该过程也可能产生进一步的变形。

形状变形与塑性应变和弹性应变有关。由于形状变形各维度的应变相互弥补，因此不产生明显的体积变化。如果仅仅是由于形状变形导致圆柱工件的长度缩短，则需通过增加直径进行补偿，以保持体积不变。如果尺寸变形和形状变形同时发生，则很难分清形状变形在工件某一尺寸方向上对变形贡献的大小。

假设无孔的工件完全淬火后，各维尺寸的变化均由形状变形引起，该工件在单位长度上应该具有相同符号和大小。通过确定整个比体积的变化，则可计算完全由形状变形引起的各尺寸上的变化。即各维度尺寸的百分数变化，等于 1/3 体积分数的变化。观察尺寸的百分数变化和 1/3 体积分数的变化之间存在差异，该差异完全是由形状变形引起的。根据由两类变形对相对大小和正负的影响，在圆柱工件长度和直径上观察到的变化可以是相同或相反的。

在通常情况下，尺寸变形引起在每个维度的变化等于 1/3 体积的变化，但也有例外。如在热加工

之前出现择优取向，马氏体晶格中 c 轴形成的硬化比其他方向更大，则在择优取向方向的尺寸变化更大。

（1）奥氏体化 工具钢工件中的残余应力可能来自于机加工或冷加工工序，将这种具有残余应力的工件加热到奥氏体化温度，会发生大量的形状变形。即使是在均匀加热条件下，加热一个具有应力的工件，由于钢的弹性极限随着温度增加而减小，也会发生形状变形。工件的最大的残余应力通常在工件表面。随温度提高，残余应力最终超过弹性极限，发生塑性变形，从而导致工件表面和内部残余应力减少。随应力消除，尺寸发生变化，这是弹性应变和塑性应变重新调整的结果。

加热过程中的热应力和相变应力也会产生形状变形。升温速率越快、截面尺寸越大或截面尺寸变化悬殊，这种变形则越严重。在非均匀加热中，由于工件不同部位热膨胀不相同，由此产生热应力。

加热至奥氏体化温度，或在奥氏体化温度保温，由于重力引起蠕变，使工件下垂变形。炉内不平、破裂或支撑不足，均可能出现工件下垂变形。温度越高，炉内时间越长，下垂现象越为严重。

（2）淬火 在淬火过程中几何形状畸变的主要原因是冷却速率不均匀。外部非均匀淬火条件或零件的大小和形状差别均可能导致这种情况。不均匀淬火冷却过程中热收缩的差异，将导致工件产生热应力。

采用水或油淬火实践证明，由于钢的翘曲通常无法预测，翘曲往往比尺寸变形造成的危害更大，出现的问题也更多。翘曲可能是由以下因素叠加，共同作用的结果：

1）加热过快（或过热）、剧烈淬火或非均匀加热和冷却均会导致严重的形状变形。缓慢加热以及加热到奥氏体化温度前进行预热，则会得到满意的结果。在马氏体转变过程中，快速淬火会产生热应力。这对高淬透性钢影响不大，但对低淬透性钢，则会造成严重的后果。

2）热处理前工件中的残余应力。这些残余应力来自机加工、研磨、矫直、焊接、铸造、旋压、锻造和轧制工序，对形状变形有明显的影响。

3）外加应力引起塑性变形。热处理工件摆放不当或淬火炉炉底板变形，会发生工件下垂变形和蠕变。因此，大零件、长零件、形状复杂零件必须在关键位置有适当的支撑，以避免下垂，长轴零件最好是垂直吊挂在热处理炉中进行热处理。

4）非均匀搅拌/淬火或非均匀循环淬火冷却介质在零件周围产生冷却速率不均匀，导致变形产生。

不均匀淬火在造成增加软点的同时产生翘曲变形。同样，随渗碳层深度增加，尤其是表面淬硬钢出现不均匀的渗碳层深度，进一步增大了在淬火中的翘曲变形。

5）工件黏附牢固氧化皮和脱碳层。在采用高压烧嘴直燃式燃气炉加热的锻件淬火中，经常会遇到黏附牢固的氧化皮。与氧化皮脱落的工件相比，有氧化皮的工件淬火能力要差很多。为了改善这种情况，相关报道指出可以在工件入炉前，在工件表面涂抹氧化皮助脱剂。同样，与未脱碳工件相比，脱碳工件表面无法完全淬硬，脱碳层深度不同，软化的区域也不同。以上这些因素均会导致工件应力不平衡，产生变形畸变。

6）大长径比的工件（淬水 $L \geqslant 5d$，淬油 $L \geqslant 8d$，等温淬火 $L \geqslant 10d$，其中 L 为工件的长度，d 为工件的直径或厚度）。

7）薄壁大型工件（$A \geqslant 50t$，其中 A 为工件的截面积，t 为工件的厚度）。

8）工件表面不平或截面尺寸变化大。

9）晶粒尺寸（或硬化性）是工件（尤其是各尺寸差别大的工件）体积膨胀的另一个重要因素。与同成分粗晶粒高淬透性钢相比，截面小的工件除外，细晶粒低淬透性钢在淬火过程中体积变化要小一些。

1.1.5 尺寸变形计算

根据测量的晶格参数（表 1-6），可以采用下式计算碳钢中的重要相和混合物相的比体积（$\overline{V}$）：

表 1-6 测量的碳钢中的相的晶格参数

相	在 20℃（68℉）测量的点阵参数/Å	单位晶胞原子个数
奥氏体（面心立方）	$a = 3.548 + 0.044w(C)$	4
马氏体（体心正方）	$c = 2.861 + 0.116w(C)$	2
	$a = 2.861 - 0.013w(C)$	
铁素体（体心立方）	$a = 2.861$	2
渗碳体①	$a = 4.516$	12
	$b = 5.077$	
	$c = 6.727$	
ε 碳化物②	$a = 2.74$	
	$c = 4.34$	
石墨③	$a = 2.46$	1
	$c = 6.69$	

① 正交晶系。
② 六角密堆。
③ 六方晶系。

$$\overline{V} = \frac{V_c}{1.650nW_P} \quad (1\text{-}1)$$

式中，V_c 是以 Å³（$1\text{Å} = 0.1\text{nm}$）为单位的单位晶胞

体积；n 是单位晶胞原子个数；W_P 是每个点阵上原子的相对原子质量。表 1-7 给出了计算出的各相比体积公式。对各相来说，碳含量基本固定在一定的范围，而各相比体积明显随碳含量变化。公式表明，计算比体积与碳含量近似有线性关系，如图 1-6a 所示。

表 1-7 碳钢中各相的比体积

相和相混合物	碳含量范围（质量分数，%）	在 20℃（68℉）计算的比体积/（cm³/g）
奥氏体	0~2	$0.1212 + 0.0033w(C)$
马氏体	0~2	$0.1271 + 0.0025w(C)$
铁素体	0~0.02	0.1271
渗碳体	6.7±0.2	0.130±0.001
ε 碳化物	8.5±0.7	0.140±0.002
石墨	100	0.451
铁素体+渗碳体	0~2	$0.1271 + 0.0005w(C)$
低碳马氏体+ ε 碳化物	0~2	$0.1277 + 0.0015$ $(w(C) - 0.25)$
铁素体+ ε 碳化物	0~2	$0.1271 + 0.0015w(C)$

1. 淬火产生的尺寸变化

（1）淬火产生的尺寸变化 从退火组织为球状珠光体（铁素体+渗碳体）出发，在淬火过程中，组织发生了不同的变化。当加热到奥氏体化温度时，奥氏体组织形成和渗碳体溶解。当从奥氏体化温度冷却时，根据冷却速率不同，奥氏体可能转移为马氏体、下贝氏体、上贝氏体或珠光体组织。根据以下通用方程，可以计算这些组织转变时长度或体积变化分数：

$$\frac{\Delta L}{L} = \frac{\Delta V}{V_R} = \frac{V_P - V_R}{3V_R} \quad (1\text{-}2)$$

式中，$\Delta L/L$ 是长度变化分数；V_P 是淬火后工件体积；V_R 是原工件体积。表 1-3 给出尺寸变化的关系。虽然从球状珠光体加热转变形成奥氏体会产生体积收缩，但从奥氏体形转变为马氏体组织，通常体积膨胀更大。因此，从退火态到淬火态马氏体（100%），体积产生了净膨胀。图 1-11 表明，这种体积膨胀的大小随碳含量增加而增大。图 1-11 中给出的是由铁素体-渗碳体混合组织转变形成 100% 的马氏体体积膨胀数据，但在实际生产中，无法获得 100% 马氏体组织。淬火后还残留其他的组织，如未溶渗碳体、残留奥氏体和铁素体-碳化物混合物，造成体积膨胀一般比图 1-11 中要小。

（2）残留奥氏体 从退火态到淬火态，钢的体积膨胀的大小与钢中残留奥氏体的碳含量有关。淬火前奥氏体碳含量越高，则 Ms 点越低，因此淬火后奥氏体保留到室温的数量越多。在碳含量一定的条

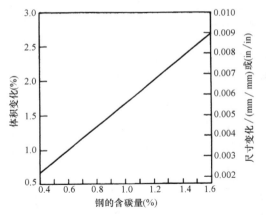

图 1-11　球状珠光体转变为 100% 马氏体尺寸变化

件下，增大残留奥氏体数量会增大体积收缩的效果。另一方面，随奥氏体中的碳含量增加，体积收缩效应降低，如图 1-12 所示。因此，钢的体积收缩效应的大小取决于残留奥氏体数量和奥氏体相的碳含量。

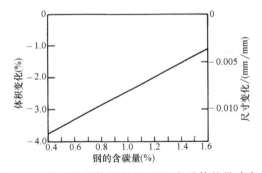

图 1-12　球状珠光体转变为 100% 奥氏体的尺寸变化

（3）未溶渗碳体　在实际碳素工具钢热处理中，将碳素工具钢在略高于 Ac_1 温度奥氏体化，而不是完全加热进入奥氏体相区，则出现如钢中碳的质量分数大于 0.80%，不管奥氏体化时间多长，一定会有部分平衡未溶渗碳体存在。奥氏体化时间较短，则超过平衡未溶渗碳体的数量越多。未溶渗碳体的存在，意味着马氏体和残留奥氏体中的碳含量低于钢的平均碳含量。马氏体（或残留奥氏体）碳含量近似计算公式如下：

$$w(C_m) = \frac{w(C_s) - 0.067V_c}{1 - 0.01V_c} \qquad (1-3)$$

式中，$w(C_m)$ 为马氏体（或残留奥氏体）中碳的质量分数；$w(C_s)$ 为钢中的平均碳的质量分数；V_c 为未溶渗碳体的体积分数（%）。图 1-13 为未溶渗碳体不同体积百分数（≤10%）对钢中马氏体的碳含量的影响。例如，碳的质量分数为 1% 的钢淬火

后组织为：体积分数为 2.5% 未溶渗碳体及体积分数为 97.5% 马氏体（残留奥氏体），则马氏体中碳的质量分数为约 0.85%。图 1-12 所示，随碳含量减少，马氏体体积膨胀也减小。因此，虽在淬火中未溶渗碳体不影响体积变化，但它降低了淬火马氏体中的碳含量，因此降低了体积膨胀。

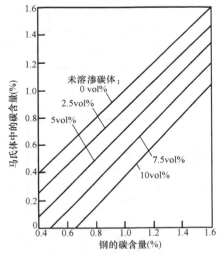

图 1-13　未溶渗碳体对马氏体中的碳含量影响

（4）有未溶渗碳体的残留奥氏体　随钢中未溶渗碳体数量增多，钢中固溶的碳含量以及残留奥氏体中的碳含量减少。由此残留奥氏体数量减少，增大了体积收缩效应。如未溶碳化物和残留奥氏体的数量已知，可以使用下列关系式，计算从退火态到淬火硬化态的体积相对膨胀：

$$V_m = 100 - V_c - V_a \qquad (1-4)$$

$$\left(\frac{\Delta V}{V}\right)_{net} = \frac{V_m}{100}\left(\frac{\Delta V}{V}\right)_m + \frac{V_a}{100}\left(\frac{\Delta V}{V}\right)_a \qquad (1-5)$$

式中，$(\Delta V/V)_{net}$ 为体积净膨胀百分比；$(\Delta V/V)_m$ 为由碳的质量分数为 $w(C_m)$，即 100% 马氏体组织的体积膨胀百分比；$(\Delta V/V)_a$ 为由碳的质量分数为 C_m，即 100% 残留奥氏体的体积收缩百分比；V_m、V_a 和 V_c 分别为马氏体组织的体积分数、残留奥氏体的体积分数和未溶渗碳体体积分数。因为马氏体和残留奥氏体的碳含量 $w(C_m)$，可以从式（1-3）求得，因此使用表 1-3 中给出的关系式，可以计算 $(\Delta V/V)_m$ 和 $(\Delta V/V)_a$。体积净膨胀百分比 $(\Delta V/V)_{net}$ 可采用式 1-6 方程求出：

$$\left(\frac{\Delta V}{V}\right)_{net} = \frac{100 - V_c - V_a}{100}[1.68w(C_m)]_a +$$

$$\frac{V_a}{100}[-4.64 + 2.21w(C_m)]_a \qquad (1-6)$$

（5）例子：求碳的质量分数为1%的碳钢淬火时体积净膨胀 根据式（1-6），碳的质量分数为1%时体积净膨胀与钢中残留奥氏体和未溶渗碳体量的关系曲线如图1-14所示。如果100%转变为马氏体，体积变化为+1.68%（+0.1421mm/mm 或0.0056in/in）。如果淬火后有体积分数为7.5%的未溶渗碳体和20%的残留奥氏体，体积净膨胀应该接近零；如果没有未溶渗碳体存在，则需要有体积分数大约为40%的残留奥氏体，体积净膨胀才会为零。通常情况为，约有体积分数为2.5%的未溶渗碳体和10%的残留奥氏体存在，则平均体积变化应该是+0.98%（+0.0033mm/mm）。

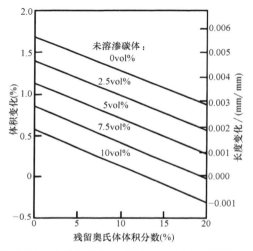

图 1-14 碳质量分数为1%碳钢淬火的尺寸变化

（6）淬透性 以上的计算是基于完全淬透的情况。对于碳的质量分数为1%的碳钢而言，只有截面尺寸小于约13mm（½in）用水或盐水淬火才能实现100%完全淬透，当截面更大或淬火冷却速度变慢，不完全淬火则成为尺寸变化的重要因素。可以近似认为，由奥氏体转变为珠光体而不是马氏体时，净尺寸变化为零。这意味着，体积净膨胀与淬火组织的体积成正比。因此，可以方便地根据测量的淬透性，计算出体积变化。例如碳的质量分数为1%的碳钢（淬火组织为87.5%马氏体+10%残留奥氏体+2.5%未溶渗碳体），对应10%淬透性的净体积变化只有约+0.10%（+0.00033mm/mm）。

（7）马氏体 使用表1-7中比体积计算公式，可以计算出回火过程中的尺寸变化。当回火的第一阶段结束时，得到100%回火马氏体，体积发生收缩，如图1-15所示。随原马氏体的碳含量增加，收缩的幅度变大，与是否进行退火（铁素体和渗碳体）或淬火（100%马氏体）没有明显关联。在图1-15中

还给出了从球状珠光体转变形成100%马氏体至回火的第一阶段的全部体积变化规律。对于碳的质量分数为1%的马氏体组织，由回火引起的体积变化为-0.67%（-0.0022mm/mm），而由淬火加回火引起的体积变化为+1.01%（+0.0034mm/mm）。

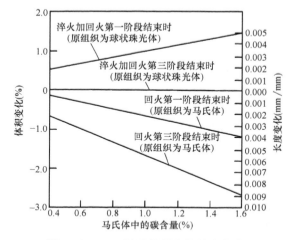

图 1-15 100%马氏体回火的尺寸变化

（8）例子 含碳量1%钢回火过程中的尺寸变化 计算碳的质量分数为1%碳钢回火第一阶段结束时的尺寸变化。假设淬火态组织为87.5%马氏体+10%残留奥氏体+2.5%未溶渗碳体，回火第一阶段结束时，一半的残留奥氏体（5%）转化为马氏体：

回火过程	体积变化（%）	长度变化/（mm/mm）
87.5%为马氏体分解（0.85% C）	-0.45	-0.0015
5%残留奥氏体转变为马氏体（0.85% C）	+0.2	+0.0007
5%马氏体分解（0.85% C）	-0.03	-0.0001
总尺寸变化	-0.28	-0.0009

前面计算的由淬火生产的体积膨胀为+0.98%（+0.0033mm/mm），调质处理后的总体积变化应该等于+0.70%（+0.0023mm/mm）。因此，这里的-0.28%（-0.0009mm/mm）的体积变化仅是由回火产生。

（9）淬透性 前面的计算是基于实现100%淬透性。当截面尺寸很大，淬透性可能小于100%，在上面的例子中，如果根据体积大小，只达到10%的淬透性，回火时体积变化只大约有-0.03%（-0.0001mm/mm），淬火和回火整体体积变化只大约有+0.07%（+0.0002mm/mm）。

（10）碳钢淬火和回火整体体积变化 上面的例子是计算含碳量1%碳钢淬火和回火第一阶段结束后

的体积变化。然而，随钢的碳含量不同，未溶渗碳体的数量、残留奥氏体数量以及回火的程度也不相同。下面公式分别可用于计算淬火后在 20～200℃（68～400°F）温度范围回火，以及在 200～480℃（400～900°F）温度范围回火时，体积变化总量。

在 20～200℃（68～400°F）温度范围回火：

$$\left(\frac{\Delta V}{V}\right)_{net} = \frac{100 - V_c - V_a^*}{100}[1.68w(C_m) - 0.89w(C_m - 0.25)f_1]_a + \frac{V_a^*}{100}[-4.64 + 2.21w(C_m)] \tag{1-7}$$

在 200～480℃（400～900°F）温度范围回火：

$$\left(\frac{\Delta V}{V}\right)_{net} = \frac{100 - V_c - V_a^*}{100}[1.68w(C_m)(1-f_3)] + \frac{V_a^*}{100}[-4.64 + 2.21w(C_m)] \tag{1-8}$$

式中，V_a^* 是回火后残留奥氏体体积百分数；V_c 是未溶渗碳体的体积百分数；$w(C_m)$ 是回火前马氏体和残留奥氏体中的碳含量；f_1 和 f_3 分别为完成回火第一阶段和回火第三阶段的程度。假设在 200℃（400°F）回火 1h，回火的第一阶段已完全完成［即式（1-7）中的 f_1 等于 1.0］，而在 480℃（900°F）回火 1h，回火的第三阶段已完全完成［即式（1-8）中的 f_3 等于 1.0］，在式（1-7）和式（1-8）中，还假设了第二阶段回火的体积膨胀为零，马氏体的回火程度相同。

1.1.6 变形控制技术

通常情况是，在采用一个或多个减少变形的有效方法中，成本是主要的考虑因素。因此在生产计划中，有必要认真选择采用成本最低、畸变最小的有效方法。在生产实例中，通常有以下三个办法可供选择：

1）选择另一个热处理工艺；

2）合理选择最后工序切削量，矫正变形；

3）根据需要组合矫直工序。

对大多数复杂零件是选择高淬透性钢，但在不改变钢的牌号，选择最小的变形的方法为采用较为缓慢淬火冷速来降低变形的。但在许多情况中，对工件立刻进行重新选材是不现实的。

在大多数情况下，选择合适的精加工余量（通常为磨削）是最经济的方法。通常在这种情况下，需要对热处理造成变形的大小进行研究，从而确定合理的加工余量。在热处理工序中采取有效预防措施（一些特殊工艺）降低变形，而后通过增加精加工中加工余量方法来满足控制变形的要求。

（1）机械矫直 为解决变形问题，通过对加工中或热处理后零件进行机械矫直，能有效解决变形。有时矫直是纠正变形的唯一方法，但通常是与切削加工配合使用。

轴和轴类零件出现翘曲可通过在淬火后进行矫直，而后经磨削加工到工件尺寸。对淬火后高强度工件矫直通常造成工件的疲劳性能下降和表面萌生裂纹。因此，必须对淬火后矫直进行严格控制和随后进行低温回火处理。矫直也可在回火过程中完成。由于表面硬化（如渗氮和渗碳）零件心部硬度较低，矫直范围通常很大。渗氮零件可在 400℃（750°F）温度下矫直。

（2）工件热处理支撑和装载夹具 在热处理过程中，由于工件自重，工件可能出现下垂和蠕变，这是造成变形的一个重要原因。例如，容易发生变形的一类工件环形齿轮，其尺寸精度要求如图 1-16 所示（图 1-17 提供了各种变形敏感形状的一般尺寸分类）。在热处理加热时，需要采用适当的支撑，以使工件的不平整和椭圆度降至最低。该方法可以有效减少研磨加工时间，降低过度切削，提高成品率和避免渗碳层厚度损失。为有效控制变形，需要采用定制热处理夹具和模压淬火方法。再例如，如小齿轮轴在热处理炉中加载不当，极易沿其长度方向弯曲。

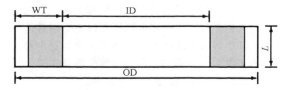

图 1-16 环形齿轮尺寸形状限度要求

注：长度/壁厚比≤1.5；内径（ID）/外径（OD）＞0.4.最小壁厚（WT）由 WT≥2.25×模数+［0.4×5（mod×L×OD³）^(1/2)］定义。

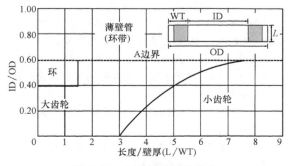

图 1-17 变形敏感形状分类

（3）淬火冷却介质 通常在淬火冷却中产生的

变形比在淬火加热时要大，淬火冷却速度越快（即淬火越剧烈），则变形的风险就越大。如采用温和的淬火冷却介质进行淬火，能有效地降低变形程度，如采用剧烈的淬火冷却介质进行淬火，则零件的变形程度加剧。为消除或减少变形，从采用水淬火转向采用较为温和的淬火冷却介质成为了发展的趋势，例如，油淬火和聚合物介质淬火。较为温和淬火冷却介质冷却速度慢，使工件更均匀的冷却，由此大大减少了潜在的变形。

按冷却能力，典型的淬火冷却介质的降序排列如下：

1）水。

2）盐水溶液（水）（译者注：这里有误，盐水和碱水的淬火冷却能力大于水）。

3）苛性碱溶液（水）。

4）聚合物溶液。

5）油。

6）熔盐。

7）熔融金属。

8）气体，包括静止或流动。

9）喷雾或喷雾状颗粒。

10）空气。

通过搅动盐水，可获得更高的冷却速率（淬火能力）。加热时工件垂直放置，然后在空中静止悬挂冷却（淬火）产生的变形最小，但该方法只适用于空冷淬火钢工件。选择淬火剂要考虑多个因素的影响，但其中钢的淬透性是关键因素。冷却速率对工件变形量有明显的影响，因此，当变形是主要矛盾时，淬火速度不应超过临界冷却速率。

当须采用水淬火或油淬火时，可以通过采用合适淬火夹具，强制阻止零件变形，使零件变形达到最小。这种设计的夹具必须满足以下要求：

1）在夹具上必须能准确对零件定位。只要有可能，在淬火过程中，圆棒零件应该旋转，并保证淬火冷却介质在喷射时压力均匀稳定。

2）应采用足够大的喷孔（直径 3.3~6.4mm 或 0.13~0.25in），以保证淬火冷却介质在喷涌时流动不受阻碍。对于大截面工件（如板）可采用直径 13mm（0.50in）大喷射孔，通过喷涌大量的淬火冷却介质去除工件表面的氧化皮。

3）喷射孔之间的间距应该足够大（如 4d，其中 d 是喷射孔直径）。

4）采用油淬火的夹具，应保证在淬火时零件完全浸入淬火油，以减少烟雾和闪光。

5）必须能高效清洁喷射孔。

6）淬火槽必须要有循环排水装置冷却淬火冷却

介质，以保证淬火冷却介质具有高效的淬火性能。

（4）改变加工工艺 通常有 2~3 种工艺方案可供选择，例如，从整体淬火钢改选为表面硬化钢，或改选用不需要最终热处理快速冷却的渗氮钢。最可能调整的工艺是局部加热工艺，如感应加热工艺，例如某轴类工件只需要在轴颈部分硬化，如采用感应淬火工艺，不仅可以降低畸变，而且工艺成本也更低。另一个例子为环齿轮类零件，改用感应淬火工艺，使变形降至允许范围内。

在渗碳过程中，当表面硬化零件加热次数较少时，成品零件的变形就较小。当减少零件变形为首要优先考虑因素时，应选择晶粒尺寸严格控制的油淬火钢，渗碳后采用直接马氏体分级淬火工艺。由于渗氮和铁素体气体碳氮共渗工艺均在较低的温度，未进入奥氏体化温度进行，所以这些表面硬化工艺也能降低变形。

（5）减少变形的热处理实践 热处理过程中不合理支撑，不良的夹具和淬火装置或不正确的装载工件均可能造成变形。在淬火加热温度下，碳钢和低合金钢的屈服强度都很低，工件在自重的作用下就能产生变形。因此，必须注意加热过程中的每一个细节，确保工件仔细在合理支撑或悬挂中进行加热，长工件最好是在井式炉中悬挂加热。在淬火中，工件应是上下运动，淬火冷却介质应是垂直搅动。同时还必须保证工件在淬火出炉时，也必须有良好的支撑，以防止工件变形失效。总之，只有确保工件在整个热处理中具有充分支撑和精良的夹具等等，才能有效地降低热处理中的变形。

常用其他降低变形的措施包括：

1）避免快速加热和冷却的形状不规则的零件。缓慢加热钢至淬火温度，或分级加热和均匀加热。为实现均匀快速加热，常用热盐浴加热。

2）小工件加热选择推荐淬火温度的下限，大工件加热选择推荐淬火温度的上限。避免采用过高温度或加热时间过长，以避免工件过热。

3）有效防止工具钢表面脱碳（例如，常用铸铁铁屑进行填充密封或使用真空炉）。如果没有单独的预热炉，可将工件放至冷炉加热至预热温度并保温均热，而后再加热至淬火温度。

工件在炉内的放置对变形有明显的影响，对长径比大的工件尤为明显。例如，对于长轴类零件（固体或管状），最差的装炉方式是随意水平堆放在炉膛中。在该情形下加热，零件立刻产生变形直至失去强度。因为炉膛底部的零件是在最大应力的条件下加热，因此他们的变形最大。

与上述最差的装炉方式相比，最好的装炉方式是选择井式炉并悬挂工件（最好是每个工件之间留有一定的空间）进行加热。通常，由于熔盐具有浮力效应，可以选择熔盐炉加热而不选择气体炉加热，进一步减少变形。

熔盐加热的一个缺点（关于变形）是加热速率。与在气体中加热相比，工件在熔盐中的加热速率要快 4~5 倍。快速加热有时会增加变形，尤其是工件具有不同的截面尺寸时。

在淬火中工件的摆放位置对变形影响也非常明显。工件垂直悬挂在炉中或垂直淬入淬火槽中，将有效降低变形，尤其采用深淬火槽更好。某些工件淬火时，为保证变形最小，多数情况下不搅动淬火冷却介质时，然而，为获得完全淬透工件，通常必须搅拌。如果变形要求严格，同时又需要搅拌，应该在淬火槽的底部搅动淬火冷却介质。

在实践中积累出了可以通过控制淬火温度、淬火冷却介质种类和温度等参数，减少淬火工件畸变。对不同零件，减少感应淬火工件畸变的方法也不完全相同。例如，在感应淬火中，采用夹具对小型主轴垂直夹持；为防止齿轮上孔产生裂纹，堵塞孔后进行淬火；为保证凸轮的平整度，将多个凸轮夹紧在一起后进行回火；对复杂形状工件，采用局部淬火。

（6）特殊淬火工艺　垂直加热工件和垂直淬入淬火冷却介质为特殊的淬火工艺。然而，一般认为特殊淬火工艺包括马氏体分级淬火淬火、压力淬火和冷模淬火。采用这些工艺方法可以有效地减少淬火变形，但是，这些工艺会增加工件产生成本。干模淬火（Dry die quenching）是另一个复杂且高成本的生产工艺，通常只有在高度专业化生产过程中才会考虑采用该工艺。

对工件单独进行热处理，则会大大提高工艺成本。例如，采用 52100 钢生产制造长度 1.2m（4ft）、直径 65mm（2.5in）、壁厚 3.175mm（0.12in）、最大压痕为 0.75mm（0.030in），硬度不小于 60HRC 的管型工件。由于没有足够深的盐浴槽，无法采用马氏体分级淬火工艺。进行了多种尝试，最终采用单根垂直悬挂加热和在不搅动油槽中淬火工艺，取得了成功。由于该工艺成本超过了多管捆绑淬火的 6 倍，因此这种工艺无法被接受。虽矫直工序也会增加成本，但在工艺中增加矫直工序则可以解决这个问题。

在许多情况下，马氏体分级淬火能有效地减少变形，因此在大规模生产中广泛应用。马氏体分级淬火在很大程度上取决于工件的形状和大小，例如，长轴类工件或大型工件通常是单个工件马氏体分级

淬火处理。因此，马氏体分级淬火相对工艺成本高，尤其是与矫直工序同时使用时。

压力淬火（Press quenching）是现仍使用的最古老的特殊淬火技术。由于采用篮筐批量淬火无法保证齿轮的尺寸精度，因此齿轮通常采用压力淬火。

压力淬火需要昂贵的费用和丰富的专业知识。额外增加费用主要包括昂贵的设备成本和模具成本。压力淬火生产效率低，其模具通常须根据工件定制，因此虽然压力淬火工件变形小，但热处理成本很高。

1）加压淬火（Pressure quenching）是结合高压和通过整个工作面积的气流，将工件从高温均匀冷却到室温方法。该方法通过均匀冷却和改善组织来减少变形，主要适用于大直径工具或齿轮淬火、大尺寸紧固件和需要垂直夹持的精密齿轮。

2）滚模淬火（Rolling Die Quenching）。滚动模淬火机可在工业化生产中，采用均匀水淬火实现工件最小变形。当加热工件被放置在辊轴上，模具闭合后辊轴转动，该工艺可以消除加热期间工件的任何变形。

3）超声波淬火（Ultrasonic quenching）。在水或油淬火的淬火槽里引入超声波（25kHz 频率），通过超声波打破工件周围刚形成蒸汽膜，实现均匀淬火，控制变形。

（7）尺寸稳定性　经热处理后的工件在室温下、加热条件下或受到应力条件下，其中残留奥氏体会发生缓慢的相转变，造成工件发生变形。为保证量规和量块长期尺寸稳定（即保留精确的尺寸大小和形状），必须有效地降低热处理零件中的残留奥氏体含量。

可以通过多次回火（同时延长回火时间）实现工件的稳定化。第一次回火降低内应力和促进马氏体转变。第二次回火和第三次回火降低由于残留奥氏体发生转变产生的内应力。

通常在初次回火后须进行一次或多次冷处理。冷处理通常在 -95~-70℃（-140~-100°F）温度下进行。在冷处理中，工件被冷却至马氏体转变终止温度以下，使残留奥氏体发生马氏体转变，转变的数量取决于工件是否经过回火。为减少内应力和提高新生马氏体的韧性，冷处理后的工具钢必须立即进行再回火，而后磨削加工到工件精度要求。也有人提出采用振动的方法可改善工件尺寸稳定性，但该方法不会改善工件的组织。

1.1.7　脱碳

前工序和材料的来料问题（如脱碳、折叠、裂痕或机加工的残余应力）会对热处理，特别是淬火造成严重影响，这需要通过切削加工去除。在前工

序中出现脱碳非常常见，它会导致钢在热处理出现问题。

脱碳的定义是"工件表面失去碳原子，由此造成表面的碳浓度梯度比次表层的低"。钢的强度取决于钢组织（碳化物）中的碳含量，因此脱碳对钢的性能影响非常大。脱碳层深度定义为"表层与心部的组织有明显区别的厚度"。全脱碳的组织为表层内100%铁素体组织，脱碳层深度即是这一层厚度。通常采用对抛光和浸蚀（3%硝酸浸蚀液）金相样品进行观察，判断是否脱碳。当需要分析脱碳层深度时，通过在横截面上测量其显微硬度梯度（如，SAE J419，"脱碳测量方法"）。

虽然高于700℃（1290°F）温度就可能发生脱碳，但脱碳最严重的情况是发生在将钢加热到高于910℃（1670°F）温度时。脱碳层深度取决于加热温度和保温时间，如图1-18所示。在相同的条件下，碳也可能发生氧化，导致金属氧化（出现氧化皮）。因此，尽管发生脱碳与出现氧化无关，但他们可能同时通常发生。在碳氧化时，会产生CO和CO_2。通常，控制脱碳的最重要的因素是控制金属中碳的扩散速度，取代挥发造成失碳。

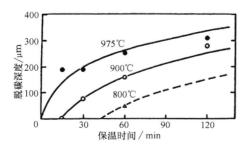

图 1-18　在大气流化床炉里的冷加工钢脱碳深度

淬火时，脱碳表面的硬度比心部硬度低。这个低硬度脱碳层可以是无碳（全脱碳）或贫碳（部分脱碳）。由于脱碳部分硬度低，因此会导致早期磨损失效。通常，如果渗碳钢表面碳含量大于0.6%，表面硬度在接受的范围，但如果表面碳小于或接近0.6%，对材料的主要性能都具有不良影响。例如，弯曲疲劳强度可能会降低50%。

淬火中产生脱碳也会发生失效。脱碳表面硬度较低，但残余拉应力提高，其原因为：

1）脱碳表面相变温度高于心部相变温度（Ms温度随碳含量降低而降低）。这将导致脱碳表面具有高的残余拉应力或表面与心部应力不平衡产生变形。

2）由于表面脱碳，使表层的淬透性比心部低。这将导致表层得到早期相变产物，并影响心部也出现不希望的组织。脱碳面比没有脱碳面的硬度低，

马氏体数量不同导致变形。

在前工序中或热处理中也都可能发生脱碳。在钢铁生产过程中，大多数含碳量超过0.30%的钢或多或少可能发生脱碳。热轧中，空气中的氧与加热的钢表面反应，产生脱碳。脱碳层深度取决于温度、保温时间、热轧时和成品的截面变化以及钢的种类。

锻件和冷拔坯料也会发生脱碳现象。用已脱碳的热轧钢坯料生产冷轧条钢，尽管冷轧减少了厚度，但表面脱碳现象仍会被保留下来。铸件表面也会发生脱碳，即使是采用已接近最终公差的熔模铸造生产产品，也可能出现脱碳现象。

在大气或不当的保护气氛热处理炉进行奥氏体化，零件可能会出现脱碳现象。脱碳深度取决于加热温度、保温时间、炉内气氛和钢种。热处理设备故障使保护不到位（例如，热处理炉缺陷、容器密封缺陷或阀门缺陷），不当的过程控制（例如，气氛监控设备不足，监管不力）以及炉内有脱碳气氛存在（例如，在吸热气体中含有CO_2、水蒸气和H_2）均可能造成脱碳现象。为防止脱碳、防止出现氧化皮以及其他不良的表面反应，通常采用放热气氛（放热气体）作为保护气氛。通过干燥气体，使露点为最小值，以达到最佳的结果。

根据脱碳程度，可采用不同方法去除脱碳的影响。例如，喷丸可用于降低浅脱碳层或部分脱碳的影响。采用进一步增碳工艺或切削加工方法去除更深的总脱碳或部分脱碳层，但进一步增碳的方法通常会伴随额外的变形。除非进行表面增碳工艺，在热处理前，必须去除脱碳层。由于感应加热工艺、火焰表面加热工艺或直接淬火工艺不具有对工件表面增碳作用，因此在采用这些工艺前，确保表面碳含量显得尤为重要。除非锻件表面碳含量达到要求，必须切削去除表面脱碳层。根据高应力的区域（脱碳导致表面硬度降低），脱碳锻件推荐的切削量见表1-8。其他脱碳表面的推荐切削量和其他表面的缺陷包括：

表 1-8　钢锻件典型脱碳深度

锻件截面尺寸		典型脱碳深度	
mm	in	mm	in
<25	<1	0.8	0.031
25~100	1~4	1.2	0.047
100~200	4~8	1.6	0.062
>200	>8	3.2	0.125

1）所有不加硫（nonresulfurized）冷轧钢，推荐的切削厚度为0.025mm/1.6mm（每1/16in切削量是0.001in）或0.254mm（0.010in）。选择其中切削量较大者。

2）加硫冷轧钢，推荐的切削厚度为 0.038mm/1.6mm（每 $\frac{1}{16}$ in 切削量是 0.0015in）或 0.38mm（0.015in）。选择其中切削量较大者。

3）直径为 38~75mm（1~3.5in）热轧材，建议切削量 3.18mm（$\frac{1}{8}$in）。更大直径的棒料，建议切削量 6.35mm（$\frac{1}{4}$in）。

通过气氛保护、磨削加工或增碳处理等方法，避免或去除钢部分脱碳现象，这点对高淬透性钢尤为重要。除了气氛保护外，可以采用盐浴、惰性气体或真空炉，获得所需工模具工件的表面性能。事实表明，部分脱碳残留研磨去除越干净，工具性能的一致性越好。

标准 SAE J419 中介绍了采用将实际表面碳含量与基体碳含量相比，将测量脱碳的方法分为三种类型（类型 1、2 和 3）。类型 1 为表面全脱碳层，类型 2 为表面碳含量为 0~50% 基体碳含量，类型 3 为表面碳含量大于 50% 以上基体碳含量。采用显微硬度从表面至心部测量横截面硬度梯度，确定脱碳层深度。如表面碳浓度未知，仅根据横截面显微硬度梯度，还无法确定脱碳的类型。相关文献介绍了一个根据横截面显微硬度梯度，以及心部和表面碳浓度，确定脱碳类型的切实可行方法。

另一个有关脱碳的标准是 ANSI/AGMA 2001-C95。该标准中将认为没有脱碳界限定为 1 级。除未磨削的根部外，2 级和 3 级在表层 0.13mm（0.005in）处应没有明显脱碳。有关脱碳的国际标准是 ISO 6336-5.2。该标准中的 MQ 和 ME 质量等级要求，脱碳试棒表层 0.1mm（0.004in）处的硬度应不比心部硬度低 2HRC。

1.1.8　加热中的问题

对任何热处理过程来说，精确控制温度和保证温度均匀性是非常重要的。ASM《钢热处理技术》4B 卷中"钢铁热处理过程控制概论"这篇文章对此问题进行了简要概述。加热或控制温度易出现的问题包括欠热、过热、加热时间过长或过短、加热速率过快（导致工件产生外层应力区）以及非均匀加热（导致局部过热甚至变形或开裂）。另一类加热问题是，不适当循环加热产生不良的微观组织或造成脆性。例如，不锈钢的敏化效应和在回火脆性的各种机制，如回火脆性、σ 相脆性和 475℃脆性。

选择调质钢的奥氏体化温度应该综合考虑快速固溶、保证碳的扩散和晶粒细化等因素。最优奥氏体化时间为炉内加热总时间，包括加热时间（工件升温至奥氏体化温度时间）和相变时间（相变获得所希望组织的时间或完成扩散过程的时间）。

如果奥氏体化温度太高或者保温时间过长，晶粒粗化会导致韧性下降或淬火开裂，在随后淬火中，导致在工件尖角处和横截面积突变区域（产生压力）产生淬火裂纹。当钢在晶粒粗化温度范围奥氏体化加热，会发生混晶（mixed-grain-size）组织现象，而混晶组织的淬火结果是很难预知。

对细晶粒钢进行感应加热奥氏体化，一般不会产生晶粒粗化危险，但可能产生工件局部过热问题。感应加热经常出现的问题是在试图增加工件热影响区深度时，工件表面产生过热。其他导致过热的原因包括，工件的感应线圈设计不当，或感应设备安装不当。

当钢的碳含量大于共析成分时，通常选择低于 Ac_{cm} 温度奥氏体化淬火（高于 Ac_{cm} 温度，渗碳体完全溶入奥氏体），使组织中有部分未溶解碳化物存在，由此减少残留奥氏体组织数量。而当加热温度过高，会产生大量残留奥氏体（畸变和开裂可能性增大）。但是，必须使未溶碳化物以球状均匀分布在基体中，不是晶界膜状形式存在。如未溶碳化物以晶界膜状形式存在，回火后产生脆性相。

（1）微观组织调整　通常需采用热处理对钢的微观组织进行调整，为后续热处理工序（如淬火）做准备。例如，铸钢（特别是高合金钢）采用均匀化退火处理，锻件采用正火细化晶粒。通常，严重过热的钢也需要采用热处理进行返修处理，轧制或锻造（和一些铸造）中严重过热或过烧的钢铁，经常是在热处理后才被发现。

低合金钢热加工前的预热温度过高，也会出现过热和过烧现象。过热是指在热加工前，钢在高温下［通常>1200℃，（或 2200°F）］长期预热，导致钢的性能严重下降。本质上讲，过热是一个在高温加热时，MnS 固溶于奥氏体中的可逆过程。随加热温度提高，MnS 溶于奥氏体中的数量增多，在后续以一定冷却速率冷却中，以极细小 MnS 颗粒（~0.5μm）沿奥氏体晶界沉淀析出，由此导致钢的韧性降低。

通常人们最关注锻件出现过热现象，但大截面铸件和铸件的焊缝热影响区中的过热现象现也已引起了重视（由于浇注温度和用于模具表面的晶粒变质剂效果不同）。对无法服役的过热工件，通常做法是直接废弃，但也可以通过以下热处理进行返修修复：

1）在高于标准正火温度 50~100℃（90~180°F），反复（可多达 6 次）正火。最后再进行一次标准正火。

2）在渗碳气氛 950～1150℃（1740～2100°F）长时间保温，而后反复进行油淬+回火处理。通常不能多于 3 次淬火。

3）在 900～1150℃（1650～2100°F）保温数小时，根据 Ostwald 熟化理论，MnS 颗粒发生长大。但该工艺会使锻件表面形成大量氧化皮并造成锻件尺寸精度超差。

高于过热温度加热则会发生过烧。其结果是低熔点的成分物质发生熔化，集中在晶界上形成脆性相。当低合金钢在 1400℃（2550°F）以上预热，磷、硫和碳在奥氏体晶界偏析，晶界发生局部熔化。在冷却过程中，树枝状硫化物（可能为 MnS-II 类型）首先在富磷奥氏体晶界上形成，而后转变为铁素体，由此晶界严重弱化。热处理后，工件的冲击韧性极差，冲击断口几乎完全为晶间断裂。如果锻造发生过烧，在锻造冷却时或后续热处理就会发生开裂。

（2）感应加热 过热和加热不均匀是感应淬火最常见的问题。很多情况是当试图增加热影响区深度时，造成工件表面过热。其他导致过热的原因包括，工件的感应线圈设计不当及感应设备安装不当。另一个感应淬火常出现的问题是加热不均匀，由此造成淬火后应力不均匀。引起的原因可能是感应圈位置偏心、分离式线圈旋转不良、感应线圈设计不当以及高通量密度区过热。对复杂铸铁件感应淬火，通常采用淬入盐浴保温，出盐浴空冷后淬热水，该方法可减少开裂风险。

1.1.9 热处理裂纹

有几个因素会导致淬火时变形过度或开裂。淬火开裂主要形式是晶间断裂，其开裂原因与钢的过热和过烧时的晶间断裂基本相同。淬火冷却介质可能是淬火变形或开裂的最主要的影响因素，其他主要影响因素还包括工件设计不合理、选材不当、工件有缺陷和/或热处理处理不当，其中包括了回火工艺和预防淬火后放置后裂纹的产生（其原因是，淬火温度梯度过大造成残余应力过高、截面尺寸突变、脱碳、或淬透性差异过大）。

过大的淬火应力是造成开裂的根本原因，ASM手册4B卷中"与热处理相关的问题"的内容对这方面问题进行了详细介绍。本节介绍与热处理实践相关的原因，本文其他部分介绍有关材料和零件设计等影响因素。热处理是造成开裂的主要原因，例如，正如前面加热问题章节中所提到的，选择过高的奥氏体化加热温度，增大了淬火开裂的倾向。在热处理工序中，特别是对有严重热应力的相变淬火

过程，非均匀加热和/或冷却是造成开裂另一个重要原因。

当出现过度变形或开裂问题时，通常首先是对淬火过程进行分析。表 1-9 和表 1-10 总结了油和聚合物淬火冷却介质存在的一般性问题。因为聚合物淬火冷却介质有许多优点，例如，不会由于微量水对淬火油污染，造成淬火软点，变形和开裂等问题，因此现已得到了广泛的使用。采用聚合物淬火冷却介质，淬火时的搅拌是一个重要的参数，既保证淬火工件表面有均匀的高分子膜，又能均匀地将热量从高温工件周围带走，防止淬火冷却介质局部热量的累积。淬火过程中有以下可能出现的问题和相应解决方法：

1）错误的淬火冷却介质：开裂或变形是由于错误选择了冷却速率高的淬火冷却介质。这可能是由于聚合物的浓度过低，使聚合物淬火冷却介质淬火能力过强。对某工件，选择了冷却速率高的油或无添加剂水作为淬火冷却介质。

2）淬火冷却介质浓度：低浓度聚合物的淬火冷却介质可引起高应力，导致开裂和/或变形。

3）淬火冷却介质温度：因为聚合物溶液对温度非常敏感，其温度过低也会导致开裂和/或变形这些问题。聚合物溶液温度越低，冷却速率越快。

4）淬火搅拌：淬火冷却介质不均匀或未搅拌会导致开裂和变形，因此，在感应淬火中常用喷洒淬火冷却介质方法。在整个淬火过程中，应尽可能搅拌，以保证均匀的应力分布。

5）淬火冷却介质曝气：淬火冷却介质不应储存在大气环境下。高压喷雾、淬火冷却介质在螺旋桨轴产生涡流、淬火冷却介质经多级沉淀返回存储槽和泡沫污染物都是产生曝气的原因。气泡的热传导很差，会造成不均匀淬火。

6）淬火冷却介质污染：淬火开裂另一个原因是淬火冷却介质受到了污染，使其冷却性能受到严重影响。淬火冷却介质中的污染种类很多，例如淬火油中的水，即使油中含水量小于 0.1%，也会严重影响到淬火工件尺寸。其他污染物还会引起淬火冷却介质导热特征变化。当采用折射计检测控制聚合物浓度时，污染物的存在会使用户错误认为淬火冷却介质的浓度高于真实浓度。

7）淬火冷却介质老化变质：在使用中，所有淬火冷却介质的淬火性能都会逐渐下降。淬火时与高温工件接触，会导致聚合物淬火冷却介质和油的分子链发生聚合或断裂。因此通常需要对淬火冷却介质进行再生处理，延缓其退化降解。必须对淬火冷却介质进行处理，使之达到淬火性能要求。

表 1-9 使用油淬火冷却介质淬火时可能引起的问题

变形和开裂	附着残留淬火油过多	硬度和性能偏低	淬火油闪燃	产生烟雾
非均匀搅拌 水污染 工件已受损 淬火油温过低 油氧化 脱碳 不正确的淬火冷却介质工件 过热材料缺陷	油氧化 工件的形状 淬火槽循环不足	淬火冷却介质选择不正确 受到水污染 搅拌不充分 工件欠热 脱碳	受到水污染 淬火油过热 淬火油流动不良 工件淬油速率过慢 有低闪点的污染物	淬火油过热 通风不良

表 1-10 使用聚合物淬火冷却介质淬火可能出现问题的原因

变形或开裂	硬度和性能偏低	气味问题	腐蚀	泡沫多	附着残留淬火冷却介质过多	微生物问题
聚合物浓度过低 淬火冷却介质温度过低 淬火冷却介质温度过高 搅拌不均匀 聚合物发生降解 聚合物淬火冷却介质选择不正确 工件几何形状问题 操作不正确	聚合物浓度过高 淬火冷却介质温度过高 搅拌不充分 产生过多泡沫 工件温度较低 脱碳 污染	微生物污染 工件移出淬火冷却介质温度过高 通风不良 回火工件附着聚合物	抑制剂耗尽 聚合物浓度低 微生物污染 材料不相容 污染	气泡卷入污染 淬火冷却介质喷射压力高 淬火冷却介质容量太小	工件移出淬火冷却介质温度过高 聚合物浓度过高 工件几何形状	被污染的水 油污 通风不良 淬火冷却介质污油 大气中污染源

（1）渗碳合金钢 渗碳合金钢渗碳和渗碳后淬火常出现显微裂纹和尖端开裂两种裂纹。淬火钢显微裂纹为沿马氏体片和原奥氏体晶界的微裂纹，它多以含铬和/或钼为主要合金元素，无镍或含镍的钢，在渗碳后直接淬火的工件中出现。尖端开裂裂纹常出现在平行于齿轮或运动部件轴的方向的齿根部。热处理工作者通过选择更低含碳量的钢和降低渗碳层深度或在齿轮毛坯滚齿前，对齿轮毛坯外径镀铜处理的方法，很好地解决了这个问题。

由于粗大片状马氏体会受到比片状马氏体更大的冲击力，所以通常在粗晶组织中，如粗大片状马氏体组织，观察到微观裂纹。微观裂纹的另一个原因是随奥氏体化温度和/或时间的增加，马氏体含碳量的增加（即增加了淬透性）。这个问题可以通过选择淬透性较低的钢（即奥氏体化温度较低）避免。另一个解决方案是将工件渗碳后缓慢冷至室温，重新加热至奥氏体温度淬火。例如，加热至 815～845℃（1500～1550°F）淬火。

由于渗碳过程中可能有吸氢现象，氢的存在会加剧表面硬化层的显微裂纹出现。通过淬火后立即在 150℃（300°F）回火，可以消除工件的这种氢致微裂纹。回火能消除这种显微裂纹的原因是，在回火的第一阶段，产生了体积变化和相应的塑性变形。

虽然还没有显微裂纹对力学性能不好影响的报道，但应该尽可能采用各种方法降低显微裂纹的出现。

（2）回火实践 淬火后通常应立即回火。特别是大截面 [直径＞75mm（3in）] 和高淬透性合金钢淬火后，淬火后应立即回火。因为，此时心部马氏体组织未完全转变，对应的体积膨胀未完全进行，而在回火中，工件的表面和/或凸出处，如法兰，发生体积收缩，心部和表面体积变化不一致导致产生径向裂纹。在快速加热工艺（例如，感应加热、火焰加热、铅浴和盐浴加热）后的回火中，该问题显得尤为突出。因此，大型或极复杂工具钢工件从淬火冷却介质移出后，在手摸工件仍感到有一定温度时 [～60℃（140°F）]，应立即进行回火。

在回火过程中，有两种情况导致回火裂纹。其一为淬火后回火太快，即淬火时组织还未完全转变为马氏体，就开始回火；其二为表层回火（skin tempering），表层回火常出现在最终硬度＞360HBW 的大截面 [板厚＞50mm（2in），圆棒直径＞75mm（3in）] 工件，其原因为是回火时间不够，可根据表面硬度是否低于心部硬度 5HRC 或更多，判断是否出现表层回火。回火裂纹通常在回火冷却数小时后出现，贯穿工件整个截面，可通过在原回火温度下再进行回火 3h，防止回火裂纹，其硬度值较原硬度值最大可改变 2HRC。

对含碳量大于 0.4% 碳钢和含碳量大于 0.35% 的合金钢，通常推荐淬火冷却低于 100~150℃（212~300℉）后，再转移到回火炉内回火。当心部完全转变为马氏体后，在室温至 100℃（212℉）停留时间越长，出现淬火开裂的可能性越大，其原因为残留奥氏体发生等温马氏转变体，导致体积膨胀。而在淬火油中进行回火（马氏体分级淬火）或淬火时不冷却低于 125℃（255℉）等热处理方法也常用于防止出现淬火开裂。已知对这种类型裂纹敏感的钢种包括 1060、1090、1340、4063、4150、4340、52100、6150、8650 和 9850。

其他碳钢和合金钢通常对延迟淬火开裂敏感性较低，但可能由于工件外形或表面缺陷导致开裂。对延迟淬火开裂敏感较低的钢种包括 1040、1050、1141、1144、4047、4132、4140、4640、8632、8740 和 9840。而有些钢种，如 1020、1038、1132、4130、5130 和 8630，对延迟淬火开裂不敏感。回火前工件应淬火至室温，确保大部分奥氏体组织转变为马氏体组织，实现最大的淬火态硬度。

低合金钢中的残留奥氏体在加热回火时转变为中间相，总体来说，会降低硬度。而含有奥氏体稳定化元素（例如，镍）的中合金钢和高合金钢中的残留奥氏体，在回火冷却时转变为马氏体组织，因此，对这类钢，需要增加回火次数（两次回火），以缓解相变应力。

1.1.10 与材料相关的问题

虽然钢开裂通常是由于非均匀的加热和冷却造成的，但也可能与材料有关。一些典型的材料问题包括：

1）应该检查钢的成分范围，以确保在合金标准规范内。

2）有些合金有特别问题。例如，有些钢牌号合金成分在标准规范下限时，必须水淬火。相反，如果合金成分在上限时，水淬常出现裂纹。具有这一问题的钢包括，1040、1045、1536、1541、1137、1141 和 1144。一般来说，碳含量和淬透性低于 1037 的钢，很难采用水淬。

3）部分含锰高的钢易产生锰的显微偏析、铬的宏观偏析，因此容易产生开裂。具有这一问题的钢包括 1340、1345、1536、1541、4140 和 4150。如有可能，采用 8600 系列的钢来代替 4100 系列的钢将是一个不错的选择。

4）含硫量大于 0.05% 的"不纯净"钢（如 1141 和 1144），更容易开裂。原因一是"不纯净"钢的合金元素偏析更大，会在钢中造成合金元素富集区和贫瘠区。原因二是这些钢通常会在表面形成翘皮，产生更多应力集中源。此外，往往在制造中为改善可加工性，"不纯净"钢和高硫含量钢的晶粒较粗大，这也带来更大的脆性和开裂倾向。

5）直径每 1.6mm（1/16in）出现达 0.06mm（0.0025in）的脱碳层。

前工序中的不良组织也会造成在淬火时工件开裂，因此好的热处理工艺必须考虑淬火前的预备热处理。例如，由于锻造不当，特别是复杂形状零件锻造，会生产局部合金偏析的粗大碳化物。为确保得到均匀细小的显微组织，须对锻造组织进行正火细化晶粒。其他预备热处理包括铸造组织（特别是高合金钢）的均匀化处理，冷加工组织的退火或正火处理。有文献建议在钢淬火前，采用正火和亚临界退火是理想的消除工件应力的预备热处理。亚临界退火也会降低奥氏体中的碳含量和合金碳化物含量，确保在淬火中得到更多的板条马氏体组织，使钢具有更高的断裂韧度和冲击韧度。

（1）钢的牌号 众所周知，随钢中碳含量增加，钢的开裂倾向增大。因此，钢的碳含量是选择淬火冷却介质的重要考虑因素之一。表 1-11 列出了选择水、盐水和碱水为淬火冷却介质的常用淬火钢的平均碳含量范围。通常可以看到，如钢的化学成分不对，选择淬火工艺不当，严重时会导致钢的开裂。

表 1-11 采用水、盐水和碱水淬火冷却介质的常用淬火钢的碳含量范围

	形状	最大的碳含量（质量分数，%）
整体淬火	通常形状	0.30
	简单的形状	0.35
	非常简单的形状（如棒材）	0.40
感应淬火	简单形状	0.50
	复杂形状	0.33

工件用钢的碳含量不应超过专业应用的要求。通常含碳量超过 0.35% 的钢须采用油淬，以避免开裂。这意味着当碳含量超过 0.35% 高成本的高合金钢淬火时，应采用冷速慢的淬火油。碳含量低于 0.35% 的碳钢，即使采用高冷速的淬火冷却介质，也很少在淬火时产生裂纹。有报道说，将火车车轮圈用钢的碳含量从 0.72% 降低到 0.61%，能改善淬火时的热裂抗力。

由于碳和合金元素的偏析，与比其钢相比，某些钢更容易产生淬火开裂，其中 4140H、4145H、4150H 和 1345H 最为明显。采用 8600 系列的钢来代替 4100 系列的钢将是一个很好的选择。1345H 钢的另一个缺点是冶炼时锰的上浮效应，其结果导致同炉钢中最后出炉钢锭中锰的含量极高。同理，"不纯净"钢（即钢中 S 含量超过 0.05%，如 AISI 1141 和 1144），比含硫量低的牌号更容易开裂。其原因是这些钢中合金元素更容易产生偏析。高硫热轧钢的表面更容易形成翘皮（seams），该缺陷在淬火过程中造成应力集中。硫通常是粗化晶粒元素（为了改善可加工性），从而增加脆性，造成开裂。采用钙处理钢或冷精轧含铅钢代替这些高硫牌号钢，可以解决上述问题。

1）水淬火钢。如果水淬火钢处理不当，很容易出现淬火裂纹。水淬火钢在淬火时，采用钳子夹取工件最容易出现软点。淬火前应清理的工件表面，而表面有氧化皮的工件淬火会造成淬火不足。可以采用锉刀进行检验。造成淬火软点的原因可能使用了淡水或油、皂液污染的水。大多数大型工具在淬火过程中，都会有一些淬火软点，然而如在不该出现淬火软点地方产生了淬火软点，应该进行调查和采取措施消除。

2）空气淬火钢。同样，对空气淬火钢处理不当，也可能会造成开裂。例如，空气淬火后没有进行回火处理，或采用油对空气淬火钢进行淬火都可能导致开裂。然而，空气淬火钢常用的热处理方法是先将工件淬入油中直到工件颜色变"黑"［约540℃（1000°F）］，随后空气冷却到 65℃（150°F），再进行回火。与直接从淬火温度空冷相比，该工艺非常安全，形成的氧化皮最少。

（2）部分造成热处理工序开裂的缺陷　供应商提供的钢材可能存在有缺陷，这些缺陷会导致在热处理工序中工件开裂和变形。粗晶、脱碳、轧制折叠/翘皮、粗大夹杂物、飞边、加工毛边、刀痕和冷冲压造成的高应力区等缺陷都会导致在淬火工序出现问题。表面缺陷或材料缺陷也可能导致开裂，例如，热轧和冷轧棒材表面深翘皮或非金属纵向夹杂物。建议采用切削掉棒材表层或采用磁粉检验对深翘皮缺陷进行检验。小型锻件锻造缺陷主要有翘皮、飞边或剪切裂纹，大型锻件锻造缺陷主要有氢致裂纹、内部裂纹和锻造开裂。同样，某些铸造缺陷也会加剧水冷铸件的断裂或开裂。

（3）合金元素的贫化　造成钢合金成分非均匀的另一个原因是合金元素的贫化。伴随非金属夹杂物的存在，合金元素的贫化会增大应力和开裂的危险。易受合金元素的贫化影响的合金钢主要有 AISI 4100，4300 和 8600 系列。

1.1.11　与设计相关的问题

造成钢材开裂和变形的另一个最主要的原因是零件设计问题。钢材选择和工艺设计固然非常重要，但良好的零件设计是达到性能要求的第一步。错误的零件设计，会造成非均匀和非对称加热和冷却，由此造成变形和开裂。经过多年积累，总结出了一些为满足热处理要求在零件设计时的基本原则，这些基本原则都是为保证工件均匀加热和冷却。

图 1-19 提供了为降低零件淬火开裂，正确设计零件的建议。如在设计中必须要采用避开淬火裂纹敏感（quench-crack-sensitive）设计，则在零件设计中应该考虑两种修改方案。首先是考虑采用机械连接或热套装配方法组装成零件，其次是从热处理工艺考虑，采用马氏体分级淬火或空冷淬火。这些设计方案可以降低应力和减少开裂。

如果在热处理过程中才发现零件设计有问题，则解决办法主要有，其一为改用其他淬透性高的材料；其二的解决办法是预淬火（prequench），即在工件上设计一个残余压应力内孔或键槽，使其比其他部分先冷却，这种残余压应力可具有更好的疲劳特性；其三个解决办法是修改零件设计；其四是采用温和的淬火冷却介质。

成功的零件设计应保证其形状尽可能降低在淬火时的温度梯度。虽然设计的基本要求，例如工件形状尽可能简单、对称、均匀、形状变化小、横截面尺寸变化小而平滑和过渡半径大已为人熟知，但在设计阶段，这些仍然常被人忽视。因此，成功的热处理对零件设计要求是零件无突变尖角和截面变化合理。常见造成零件变形和开裂问题的设计特点包括：

1）细长截面零件。细长的零件定义为，对水淬零件 $L>5d$，油淬火零件 $L>8d$，等温淬火和 $L>10d$。其中 L 是零件的长度，d 是零件的厚度或直径。可采用控制细长零件淬火变形的方法，如压力淬火。

2）具有横截面大（A）和壁薄（t）的薄壁零件，定义临界值为 $A=50t$。

此外，还应考虑以下问题：

1）保证工件不同部位的质量平衡。

2）避免尖角和凹角设计。

3）避免厚薄截面间存在尖角设计。

4）避免单独内部或外部键、键槽或花键设计。

5）在齿轮、花键和锯齿齿根设计应有过渡圆角或过渡弧。

6）避免孔洞与下切部分形成尖角。

7）因为在拉延模或冲孔模底部刀口部位易出现剥落，应避免在这些地方出现锐角。

8）因为可能出现凹状扭曲，保持齿轮刀具等的中心尽可能厚度相同。

为减少变形、开裂和软点，其他设计考虑包括：

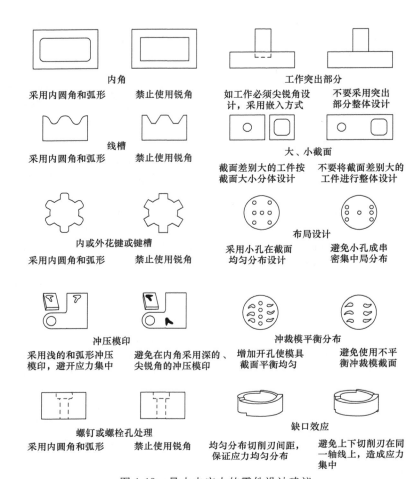

图 1-19　最小内应力的零件设计建议

1）订购足够大尺寸锻件，可加工去除表层脱碳和表面缺陷，如皱褶和接缝。

2）尽可能避免在距模具或大工件边缘小于 6.35mm（0.25in）处钻孔。尽可能降低钢的淬火剧烈程度或封闭螺栓孔，以减少淬火产生的热应力，防止开裂。

3）尽可能避免使用不通孔。

4）所有零件尽可能采用圆角和倒角设计。

5）采用空气淬火工具钢或高碳（油淬火和空气淬火）工具钢生产不对称和复杂形状模具。

6）在可能的情况下，对大截面和不对称的工件，增开额外的孔，以便更快、更均匀地淬火。

7）避免在刀片淬火前加工有锐利切削刃。

8）避免深划痕和刀痕。

9）在长细杆、轴等工件精加工前，对粗加工件进行去应力退火。

10）根据服役条件，选择最适合牌号的钢。

1.1.12　热处理设计实例

Roy Kern 在包括参考文献 45 在内的各种出版物中对热处理设计进行了很好的总结，下面为基于均匀化加热和冷却工件的经验性总结。

（1）不是所有工件都需要进行热处理　有时热处理工艺也会对工件造成麻烦，无法满足性能要求。例如，图 1-20 中长 1220mm（48in）的齿轮拉杆螺栓。为满足高拉伸载荷和轴向冲击载荷要求，工件采用经热处理处理的 SAE 4140 钢制造。传统工艺为热处理加矫直处理，会造成工件轻微的波状变形，无法满足工件后续螺纹加工的尺寸要求（见图 1-20）。

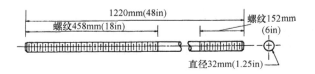

图 1-20　齿轮拉杆螺栓

注：齿轮拉杆螺栓改用 SAE 1144 钢冷拔加回火工艺
代替 SAE 4140 钢制造，节省了矫直的费用。

该工件如改用 SAE 1144 钢冷拔加回火工艺，最高屈服强度达到 690MPa（100ksi），满足性能要求。该设计成品率为 100%，并节省了热处理和矫直的费用。

另一个例子是采用冷轧态高碳钢或奥氏体锰钢生产抗磨板或抗磨带等工件。该拖拉机履带板运动时，可减少销孔磨损。与采用经热处理处理的材料相比，可节省一笔可观的费用。先采用 SAE 8620 钢渗碳后淬火处理，实测表明，该工件硬度远超过所需的水平。改用冷轧 SAE 1018 钢，就可以不进行热处理。

应尽量避免对大型、细长和薄板工件采用淬火加回火热处理工艺。一种方法是直接按强度要求选购材料。图 1-21 为一大型平板工件，如采用热处理会使边缘过烧，在磨削该工件焊接平面时，消耗大量刀具材料，因此不能采用经过热处理的板。虽然可改用压床淬火工艺，但工件的数量较少，不适合购买淬火压床。

图 1-21　大型平板工件

注：虽然大型平板工件（76cm×122cm×2.5cm，或 30in×48in×1in）需要采用矫正工艺，但工件的数量较少，不适合购买淬火压床。如采用热处理会使边缘过烧，在磨削该工件焊接平面时，严重影响刀具的使用寿命，因此不能采用经过热处理的板。

（2）均匀截面厚度　经热处理工件设计的重要原则是尽可能使截面均匀。理想情况下，工件所有部位都应该均匀吸收和释放热量。大部分工件变形原因是厚薄不同，加热或冷却速度不同造成的。

图 1-22 中，原来齿轮齿部比其中间部位薄很多。在炉内加热，齿轮齿部的加热率远高于中间部位，齿部试图“膨胀”更快，但受到中间部位的限制，因此局部受热金属膨胀挤压，发生热镦效应。淬火时，齿部的冷却速度比中间部位快，在相邻更大区域的金属发生热镦效应。当中心部位冷却至淬火冷却介质温度，则局部发生热镦部位几乎回到原始尺寸。因此，齿圈顶缘收缩，残余应力增大。为降低

应力，齿轮设计时降低齿轮中间部位厚度和重量，见剖视图 1-22。该改进不仅很好地解决了顶缘收缩问题，还将废品率从 28% 降至小于 1%。

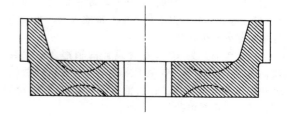

图 1-22　齿轮均匀截面厚度的实例

为便于热处理，有时在工件上增加一块背衬，使工件截面更加均匀。图 1-23 为 SAE 8620 钢渗碳加淬火齿轮，齿端宽度变形高达 0.08mm（0.003in），废品率为 100%。通过给齿背衬加强（见图 1-23）和在齿轮上增开 6 个通孔，便于淬火油流动，齿端宽度收缩减少到 0.05mm（0.002in），废品率降为零。

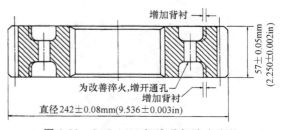

图 1-23　SAE 8620 钢渗碳加淬火齿轮

图 1-24 所示为通过改进设计改善工件均匀性的另一个例子。原拖拉机履带板采用 SAE 1037 钢水淬处理，为减轻重量，在履带板开有一个凹槽，但造成扭曲变形过大。如去除该凹槽，最大扭曲变形从 0.25mm 降至 0.075mm（0.010in 降至 0.003in）。

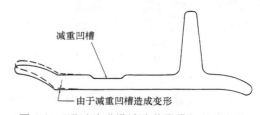

图 1-24　通过改进设计改善履带板的均匀性

带一个大薄法兰的轴是难处理工件，如图 1-25 所示。当水淬火时，法兰边缘几乎立即冷却收缩，但法兰与轴相邻部分仍保持较高温度，并受到边缘收缩影响。进一步冷却，轴和与轴相邻的法兰部分（已经收缩影响）冷却，由于热胀冷缩效应，在法兰与轴相邻处产生开裂。

在水淬时，近 100% 这种设计的轴都会产生裂纹，如图 1-25 所示。解决方案为：采用较厚法兰设计并在淬火时进行保护；使轴与法兰连接处平滑过渡；或正确选择钢种和淬火油。

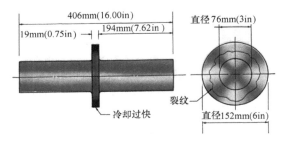

图 1-25 该设计的法兰在淬火时总是产生裂纹

有时，感应淬火钢也出现截面均匀性问题，需要设计一个非均匀截面使加热速率平稳，例如大直径、大节距链轮的淬火（见图 1-26）。另一个感应淬火问题如图 1-27 所示的工件，工件的钻孔区域周围薄壁处会在感应淬火严重过热而开裂。可通过感应淬火后再进行钻孔和攻丝解决。

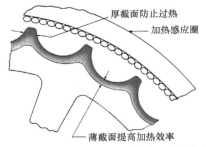

图 1-26 在感应淬火加热中采用非均匀截面加热速率平稳（如该大直径、大节距链轮）

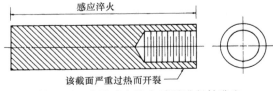

图 1-27 采用感应淬火后再进行钻孔和攻丝解决该工件的感应淬火开裂

因为在热处理中，金属的微观组织发生了变化，导致尺寸收缩和膨胀。因此，对称的设计意味着收缩和膨胀也是对称的，在热处理前可方便进行机加工。

在热循环加热中，对称性也影响工件变形，其典型例子如图 1-28 所示。热处理后，由于齿轮底部的冷却速度大于顶部，齿轮出现齿圈缘部收缩或翘曲，在轮辐至轮缘辋（web-to-rim）半径处，产生热镦效应。当齿轮冷却到室温，在该很小的区间内造成齿圈缘部收缩，如图 1-28 所示。改用对称工件设计后，消除了翘曲。

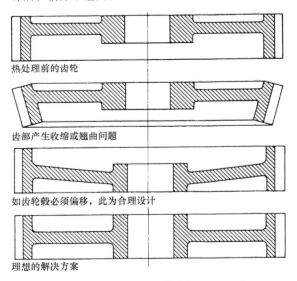

热处理前的齿轮

齿部产生收缩或翘曲问题

如齿轮毂必须偏移，此为合理设计

理想的解决方案

图 1-28 缺乏对称性设计的典型问题
注：齿轮在热处理时发生翘曲，
改进设计解决了这个问题。

（3）孔、键槽、沟槽问题 对热处理而言，最具破坏性的设计可能是在工件上开孔、深键槽或沟槽。由于有了这些开孔等设计，很难对工件均匀加热，造成淬火困难。

图 1-29 所示为加热孔时出现的问题。孔边缘加热速度比周围的金属快。因为它受到约束限制，无法自由膨胀，冷却到室温时孔洞边缘处在高应力状态。在没有回火的情况下，可能会产生开裂。采用热处理炉整体加热会出现该问题，在感应加热时，该问题更加严重。通过在孔的顶部倒角能减少其升温速率和分散冷却时收缩应力。

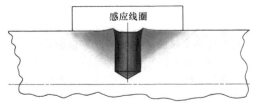

感应线圈

图 1-29 加热孔时出现的问题

图 1-30 所示为大口径长衬套，很难对其实施淬火。图中衬套采用 SAE 1018 钢制造，衬套长 200mm（8in），内径 44mm（1.75in），外径 70mm（2.75in），渗碳深度约 2mm（0.080in），采用盐水淬火。技术指标要求包括孔在内的所有表面硬度不低于 60HRC。几轮实验数据表明，孔内表面硬度很低，有些地方硬度低至 45HRC。其原因可能是，即使剧烈搅拌淬火冷却介质，当淬火冷却介质进入孔时形成了蒸汽泡，阻碍了更多的淬火冷却介质进入孔内。可以采用插入冷却喷头强制冷却或采用端部埋入强力淬火的方式改善。

图 1-30　很难实施淬火的大口径长衬套

为验证造成孔内硬度低的原因，采用在渗碳后将衬套底部焊接封闭然后淬火。硬度测试表明，与底部未封闭相比，孔内硬度相同，该试验证实了蒸汽膜阻止了几乎所有的淬火冷却介质进入衬套内，只有衬套外的淬火冷却介质具有淬火作用。解决衬套孔内硬度低的方法是将喷射装置插入套管内进行淬火。

（4）变形问题　图 1-31 为轴上的凹槽对工件造成扭曲变形的主要方式。工件上的凹槽、键槽和孔是造成应力集中主要地方。热处理还会在工件上增加残余拉应力，造成在这些应力集中处开裂。凹槽导致热处理时轴发生弯曲。有尖角的键槽经常出现淬火裂纹，采用圆弧设计可避免淬火裂纹，如图中所示。

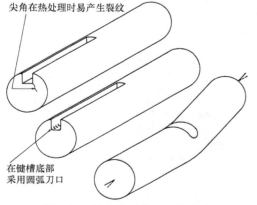

尖角在热处理时易产生裂纹

在键槽底部采用圆弧刀口

图 1-31　轴上的凹槽对工件造成
扭曲变形的主要方式

解决该问题的方法是尽量避免在工件高应力区

使用凹槽和键槽设计。如必须使用，则尽可能设计宽和浅凹槽和键槽。键槽应该设计为弧形，不能为锐角。另一个可能的解决方法是采用夹具，使孔或凹槽内部先淬火或比其他部分更剧烈淬火。

开孔，尤其是在齿轮轮辐（见图 1-32）上的开孔出现的问题。为减轻工件重量，往往会在工件上开孔，但这会造成孔出现变形。开孔的设计应遵循孔的直径为轮辐宽度的三分之一的原则。

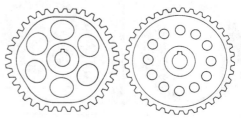

图 1-32　齿轮轮辐上开孔出现的问题

注：如果设计师为减轻工件重量，在齿轮轮辐上开孔，热处理可能导致每个孔发生变形，如左边所示。开孔设计应遵循孔的直径为轮辐宽度的三分之一的原则，如右边所示。

淬火时裂纹会在开孔周围形成。有 3 个 16mm（$\frac{5}{8}$in）螺纹孔的工件则非常容易出现淬火裂纹，裂纹源于工件外表面向孔扩展，如图 1-33 所示。改进的设计取消了螺纹孔，采用螺栓加垫圈通过中心大孔的设计方案。

图 1-33　SAE 10B40 钢工件的设计
（下图）在水淬火后回火中产生开裂

（5）夹具淬火　热处理中的手工矫直成本是非常昂贵的。因为该工序在很大程度上是靠工人技艺，工效很难提高。矫直不仅费用昂贵，而且也会损害工件的性能。

在工厂成本中矫直的费用的多少是否需要购买淬火压床或辊模机的依据。该机器能消除工件加热时的变形，配以适当的工具，可以保证工件均匀和一致性淬火。

然而，夹具淬火要求夹具准确地夹持工件（热处理之前），以保证工件淬火的一致性。对压床淬火，通常公差必须不超过±0.025mm（±0.001in），该公差包括不同平面间或同一平面上不同区域间的高度差。

图1-34所示工件加工时不能满足公差要求，允许采用塞子固定进行精度夹具淬火。重新设计后，其功能有所改变，该热处理问题也得到解决，但功能有所改变。

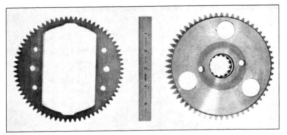

图1-34 采用塞子固定进行高精度夹具淬火

通常采用辊模生产的工件，工件正常要求其精度为0.025mm（0.001in），同心度在0.05mm（0.002in）以内的三个不同直径圆组成，这样工件的热处理很难保证公差。然而，降低变形通常是伴随要提高成本。为实现更高精确的加工，可能需要对工件重新设计，以适应夹具淬火，如图1-35所示。图中花键齿轮加工的精度不够，无法给夹具淬火时提供适当的夹持位置。淬火造成50%的废品率。采用两件组合设计和电子束焊接工件，该设计的拉削花键齿轮精度高，消除了在热处理中的废品。

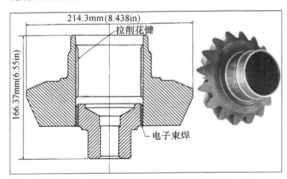

图1-35 对工件重新设计以适应夹具淬火

设计师已经认识到，热处理工序中，工件尺寸上不可能保持不变，例如，滚齿工件。通常应遵循的原则是工件热处理后不再进行机加工，机加工的公差应小于工件公差的三分之一，而热处理变形产生的公差应为三分之二。

（6）避免锐角 应该避免零件的锐角以防热处理的开裂。采用倒角或圆弧过渡以降低淬火速率，这可以减少开裂的倾向。同时，应尽可能保证表面的光洁度，减少裂纹的形成。

这种类型问题通常是在淬水时出现，有时也会在SAE4145，4150和4340等牌号的钢，采用油淬火中出现。

（7）残余应力造成的麻烦 在精度要求高的热处理中，消除铸造、锻造、机械加工、成形、或焊接中产生应力可能会导致变形。该问题导致需要过长时间的磨削，对弧齿锥齿轮和准双曲面齿轮这类易变形的齿轮尤为突出。

在工件尺寸与最终加工尺寸保证基本一致的前提下，退火或消除应力温度应该选择最高温度。正确的做法是，精确控制锻后冷却速率或精确控制锻件的退火或正火温度。

（8）一个工件上设计过多的机构 设计师常常试图在一个工件上设计过多的机构。图1-36a所示为一个加长齿轮套的典型例子。由于设计中采用锻造该工件，齿轮套截面变化相当大。该工件在热处理中，齿轮套变形为筒状，几乎没有办法可以弥补。加长的齿轮套为一个隔圈，它可以被渗碳钢管取代，建议按图1-36b进行修改。

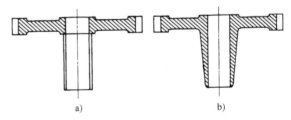

图1-36 由渗碳钢管取代锻件加长齿轮套
a）典型锻件加长齿轮套，该齿轮套采用有隔圈设计，由于截面差异导致热处理变形 b）一种节约成本的设计方案，加长齿轮套由渗碳钢管取代

设计师在同一工件上设计过多机构的另一个典型零件是塔式齿轮组（Cluster gears），其结果导致齿轮在淬火时变形过大。同样，图1-37中过多齿轮的齿轮组也会造成热处理问题。

图1-37 过多齿轮的齿轮组
注：该SAE 8617钢齿轮截面均匀性和对称性均差，很难采用渗碳淬火。

大小不同齿轮组也难以进行合适的热处理，由于高度不一致，整体工件无法采用压力淬火机床淬火，如图 1-38 所示。变形过大是大齿轮热处理的一个重要问题。采用两个齿轮组装设计方案，在热处理中大齿轮和小齿轮的尺寸都可得以精确控制。因为塔式齿轮组（左）的高度问题，不能采用压力淬火。因此，大齿轮易产生轮齿过度收缩。采用两件组合设计，可实现对更大齿轮进行压力淬火，不会造成轮齿锥收缩。

图 1-38　大小不同的齿轮组

参 考 文 献

1. R. Kern, Thinking Through to Successful Heat Treatment, *Met. Eng. Q.*, Vol 11（No.1）, Feb 1971, p 1-4.

2. R. Kern, *Met. Prog.*, Nov 1968.

3. Hardness and Hardenability of *Steels*, *Steel Heat Treating Fundamentals and Processes*, Vol 4A, *ASM Handbook*, ASM International, 2013.

4. R. Kern, *Met. Prog.*, Oct 1967.

5. G. E. Totten, M. Narazaki, R. R. Blackwood, and L. M. Jarvis, Failures Related to Heat Treating Operations, *Failure Analysis and Prevention*, Vol 11, *ASM Handbook*, ASM International, 2002, p 192-223.

6. M. Narazaki, G. E. Totten, and G. M. Webster, Hardening by Reheating and Quenching, *Handbook of Residual Stress and Deformation*, G. Totten, M. Howes, and T. Inoue, Ed., ASM International, 2002, p 248-295.

7. B. S. Lement, *Distortion in Tool Steels*, American Society for Metals, 1959.

8. R. W. K. Honeycombe, *Steels：Microstructure and Properties*, Arnold, 1982.

9. T. J. Baker and W. D. Harrison, *Met. Technol.*, Vol 2（No.5）, p 201-205.

10. H. C. Child, *Heat Treat. Met.*, No.4, 1981, p 89-94.

11. A. Rose and H. P. Hougardy, in *Proceedings of the Transformation and Hardenability in Steels Symposium*, Climax Molybdenum Company, 1967, p 155-167.

12. G. E. Dieter, *Engineering Design*, McGrawHill, 1982.

13. H. P. Kirchner, *Strengthening of Ceramics：Treatment Tests and Design Applications*, Marcel Dekker, 1979.

14. W. Baldwin, Jr., Residual Stresses, *Proc. ASTM*, Vol 49, 1949, p 539-583.

15. R. F. Kern, *Selecting Steels and Designing Parts for Heat Treatment*, American Society for Metals, 1969.

16. A. Rose, *Härt.-Tech. Mitt.*, Vol 21（No.1）, 1966, p 1-6.

17. S. L. Semiatin and D. E. Stutz, *Induction Heat Treatment of Steel*, American Society for Metals, 1986.

18. B. Hildenwall and T. Ericsson, in *Proceedings of Hardenability Concepts with Applications to Steel*, D. V. Doane and J. S. Kirkaldy, Ed., TMS-AIME, 1978, p 579-606.

19. T. E. Hebel, *Heat Treat.*, Vol 21（No.9）, 1989, p 29-31.

20. R. F. Kern, *Heat Treat.*, Vol 17（No.3）, 1985, p 41-45.

21. D. J. Grieve, *Metall. Mater. Technol.*, Vol 7（No.8）, 1975, p 397-403.

22. H. E. Boyer, *Quenching and Control of Distortion*, ASM International, 1988.

23. K. E. Thelning, *Steel and Its Heat Treatment*, Butterworths, 1985.

24. P. C. Clarke, Close-Tolerance Heat Treatment of Gears, *Heat Treat. Met.*, Vol 25（No.3）, 1998, p 61-64.

25. R. F. Kern, *Heat Treat.*, Vol 18（No.9）, 1986, p 19-23.

26. R. F. Harvey, *Met. Prog.*, Vol 79（No.6）, 1961, p 73-76.

27. G. Parrish, *Carburizing：Microstructure and Properties*, ASM International, 1999.

28. B. Liscic, Heat Treatment of Steel, *Steel Heat Treatment Handbook*, G. E. Totten and M. A. H. Howes, Ed., Marcel Dekker, 1997, p 527-662.

29. *Properties and Selection：Irons and Steels*, Vol 1, *Metals Handbook*, 9th ed., American Society for Metals, 1978.

30. R. Haimbaugh, *Practical Induction Heat Treating*, ASM International, 2001.

31. R. G. Baggerly and R. A. Drollinger, Determination of Decarburization in Steel, *J. Mater. Eng. Perform.*, Vol 2（No.1）, Feb 1993, p 47-54.

32. R. W. Bohl, "Difflculties and Imperfections Associated with Heat Treated Steel," Lesson 13, Heat Treatment of Steel, Materials Engineering Institute Course 10, ASM International, 1978.

33. G. E. Hale and J. Nutting, *Int. Met. Rev.*, Vol 29（No.4）, 1984, p 273-298.

34. T. J. Baker and R. Johnson, *J. Iron Steel Inst.*, Vol 211, 1973, p 783-791.

35. G. Wahl and I. V. Etchells, in *Proceedings of Heat Treatment '81*, The Metals Society, 1983, p 116-122.

36. R. F. Kern, *Heat Treat.*, Vol 17（No.4）, 1985, p 38-42.

37. D. S. MacKenzie, "Principles of Quenching," presented at the SME Induction Hardening Seminar, May 15, 2002（Novi, MI）.

38. G. Parrish, *The Influence of Microstructure on the Properties of Case-Carburized Components*, American Society for Metals, 1980.

39. T. A. Balliett and G. Krauss, *Metall. Trans.* A, Vol 7, 1976, p 81-86.

40. R. Kern, Distortion and Cracking, Part III: How to Control Cracking, *Heat Treat.*, April 1985, p 38-42

41. C. E. "Joe" Devis, *Ask Joe*, American Society for Metals, 1983.

42. D. H. Stone, in *Proceedings of the 1988 ASME/IEEE Joint Railroad Conference*, American Society of Mechanical Engineers, 1988, p 43-53.

43. R. N. Mittal and G. W. Rowe, *Met. Technol.*, Vol 9, 1982, p 191-197.

44. R. Kern, Distortion and Cracking, Part II: Distortion from Quenching, *Heat Treat.*, March 1985, p 41-45.

45. R. Kern, How to Design for Lower Cost, Higher Quality Heat Treatment, *Met. Prog.*, Oct 1967.

1.2 淬火钢的选择

在选择钢和采用热处理获得所需强度时，应掌握两个基本概念：①通过得到淬火态的硬度，使工件具有最高强度的微观组织；②工件表层需要达到所需的硬化层深度。

以前选择需热处理钢的原则为，钢的碳含量应低于所要求的淬火硬度的碳量，碳对钢的淬透性的影响不会改变这个原则。为选择适合的钢，应根据所需工件表面硬度和根据表 1-12 中钢中碳含量范围与能达到最高的硬度关系进行选择，而工业中能实际达到的回火表面硬度范围一般比表 1-12 中淬火硬度低 5HRC 点或 40HBW 点（布氏硬度数据对应于压痕钢球直径为 0.05mm）。

其次是确定必要的冷却速率和钢的淬透性。从成本考虑，肯定首选碳钢，但碳钢若要达到最高硬度需采用非常高的冷却速率。因此，通过采用合金化的方法，提高钢的淬硬深度或允许采用较为温和淬火冷却介质。与 1045 碳钢相比，部分合金钢的淬油最大淬透性截面尺寸如下：

牌号	最大淬透性断面尺寸	
	mm	in
1045	6	0.250
5140	20	0.750
4140	40	1.5
4340	75	3.0

表 1-12　钢的碳含量和对应的马氏体百分数对淬火态硬度的影响

碳含量（质量分数,%）	硬度（HRC）对应的马氏体（M）百分数					碳含量（质量分数,%）	硬度（HRC）对应的马氏体（M）百分数				
	99%M	95%M	90%M	80%M	50%M		99%M	95%M	90%M	80%M	50%M
0.10	38.5	32.9	30.7	27.8	26.2	0.36	53.9	50.4	47.9	44.4	40.5
0.12	39.5	34.5	32.3	29.3	27.3	0.38	55.0	51.4	49.0	45.4	41.5
0.14	40.6	36.1	33.9	30.8	28.4	0.40	56.1	52.4	50.0	46.4	42.4
0.16	41.8	37.6	35.3	32.3	29.5	0.42	57.1	53.4	50.9	47.3	43.4
0.18	42.9	39.1	36.8	33.7	30.7	0.43	57.2	53.5	51.0	48.0	44.0
0.20	44.2	40.5	38.2	35.0	31.8	0.44	58.1	54.3	51.8	48.2	44.3
0.22	45.4	41.9	39.6	36.3	33.0	0.46	59.1	55.2	52.7	49.0	45.1
0.23	46.0	42.0	40.5	37.5	34	0.48	60.0	56.0	53.5	49.8	46.0
0.24	46.6	43.2	40.9	37.6	34.2	0.50	60.9	56.8	54.3	50.6	46.8
0.26	47.9	44.5	42.2	38.8	35.3	0.52	61.7	57.5	55.0	51.3	47.7
0.28	49.1	45.8	43.4	40.0	36.4	0.54	62.5	58.2	55.7	52.0	48.5
0.30	50.3	47.0	44.6	41.2	37.5	0.56	63.2	58.9	56.3	52.6	49.3
0.32	51.5	48.2	45.8	42.3	38.5	0.58	63.8	59.5	57.0	53.2	50.0
0.33	52.0	48.2	46.5	43.0	39.0	0.60	64.3	60.0	57.5	53.8	50.7
0.34	52.7	49.3	46.9	43.4	39.5						

对各种钢淬火状态的硬度进行了总结和比较，列于表 1-13 中。

碳钢的淬透性很有限，所以通过添加合金元素（除钴外）增加钢的淬透性。合金化的最重要的功能（淬透性）是能在钢的碳含量较低的条件下，满足所需的性能要求。随着钢的含碳量降低，钢的淬透性的降低，这可通过添加合金元素弥补。含碳含量低于 0.25% 钢很少出现淬火开裂，降低钢中碳含量即降低了淬火开裂的敏感性，随碳含量的增加，淬火开裂敏感性增大。

其次，合金元素的作用是允许淬火时采用较慢的冷却速度，即在给定截面的条件下，增加了淬透性。可接受的变形量的大小取决于对淬火冷却介质和钢的选择。除了小于 $12.7mm\left(\dfrac{1}{2}in\right)$ 截面外，碳钢几乎总是采用水进行淬火，在该淬火条件下，性能达到最好，因此常用于变形要求不高的场合。如机加工后再进行热处理，采用水淬火可能会导致严重的变形和在工件的台阶、凹槽和键槽处开裂。但是采用水淬的成本比油淬火低，采用水淬火的钢也比油淬火的钢便宜。

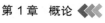

表 1-13　截面尺寸对低合金钢淬火态硬度的影响

钢牌号 AISI①	截面直径 13mm（0.5in）			截面直径 25mm（1in）			截面直径 50mm（2in）			截面直径 100mm（4in）		
	表面	1/2半径	心部	表面	1/2半径	心部	表面	1/2半径	心部	表面	1/2半径	心部
1015（水淬）	36.5	23	22	99	91	90	98	84	82	97	80	78
1020（水淬）	40.5	30	28	29.5	96	93	95	85	83	94	78	77
1021，1022（水淬）	45	29	27	41	95	92	38	88	84	34	84	81
1030（水淬）	50	50	23	46	23	21	30	93	90	97	88	85
1040	28	22	21	23	21	18	93	92	91	91	91	89
1040（水淬）	54	53	53	50	22	18	50	97	95	98	96	95
1050	57	37	34	33	30	26	27	25	21	98	95	91
1050（水淬）	64	59	57	60	35	33	50	32	26	33	27	20
1060	59	37	35	34	32	30	30.5	27.5	25	29	26	24
1080	60	43	40	45	42	39	43	40	37	39	37	32
1095	60	44	41	46	42	40	43	40	37	40	37	30
1118（水淬）	43	36	33	36	99	96.5	34	91	87	32	84	82
1117（水淬）	42	34.5	29.5	37	96	93	33	90	86	32	83	81
1137	48	43	42	34	28	23	28	22	18	21	18	16
1137（水淬）	57	53	50	56	50	45	52	35	24	48	23	20
1141	52	49	46	48	43	38	36	28	22	27	22	18
1144	39	32	28	36	29	24	30	27	22	27	98	97
1340，1340H	58	57	57	57	56	50	39	34	32	32	30	26
4027	50②	50②	50②	50	47	44	47	27	27	83	77	75
4118，4118H	33②	33②	33②	22	20	20	88	88	87	87	87	85
4130，4130H（水淬）	51	50	50	51	50	44	47	32	31	45.5	25	24.5
4140，4140H	57	56	55	55	55	50	49	43	38	36	34.5	34
4150，4150H	64	64	63	62	62	62	58	57	56	47	43	42
4320，4320H	44.5	44.5	44.5	39	37	36	35	30	27	25	24	24
4340,4340H,E4340,E4340H	58	58	56	57	57	56	56	55	54	53	49	47
4419，4419H	96HRB②	95HRB②	93HRB②	94HRB	93HRB	89HRB	94HRB	92HRB	88HRB	93HRB	90HRB	82HRB
4620，4620H	40	32	31	27	99HRB	97HRB	24	94HRB	91HRB	96HRB	91HRB	88HRB
4820，4820H	45	45	44	43	39	37	36	31	27	27	24	24
5140，5140H	57	57	56	53	48	45	46	38	35	35	29	20
5150，5150H	60	60	59	59	52	50	55	44	40	37	31	29
5160，5160H，51B60，51B60H	63	62	62	62	61	60	53	46	43	40	32	29
6150，6150H	61	60	60	60	58	57	54	47	44	42	36	35
8620，8620H	43	43	43	29	27	25	23	22	97	22	95	93
8630，8630H，86B30H（水淬）	52	49	47	52	48	43	51	31	30	47	25	22
8650，8650H，86B50	61	61	61	58	58	57	53	53	52	42	39	38
8740，8740H	57	56	55	56	56	54	52	49	45	42	37	36
9255	61	59	58	57	55	48	52	42	33	35.5	31.5	27.5
E9310，E9310H	40	40	38	40	38	37	38	35	32	31	30	29

① 除另有注明，均为油淬，硬度为 HRC。
② 尺寸为 14mm，0.57in。

此外，高淬透性的合金钢可采用等温淬火或马氏体分级淬火处理，因此，回火前残余应力水平可被降至最低。等温淬火是快速将工件冷却至下贝氏体温度区间进行等温，工件完全转变为贝氏体组织。由于相变温度相对较高，等温时间较长，相变应力和变形相对较低。

在马氏体分级淬火时，工件快速冷却至略高于 Ms 温度，在此温度进行等温直到工件内外温度达到一致，然后缓慢冷却（通常空气冷却）通过马氏体转变区间，工件整体在该过程基本上同时发生马氏体相变，相变应力低，变形和开裂风险小。

1.2.1　合金化

热处理的费用为工件总成本的主要因素之一。为达到工程要求，首先要清楚热处理工序是否必要。

由热处理造成的总成本增加大致如下。

1）低碳钢，如1020钢，不需要进行热处理。

2）高碳钢，如1095钢，不需要进行热处理。

3）直接淬火碳钢和低合金钢，整体淬火或感应加热或火焰加热淬火。

4）渗碳、氮碳共渗或碳氮共渗表面硬化低碳和低合金钢。

5）渗氮硬化的中碳铬钢或铬铝渗氮铬钢。

6）直接硬化高合金钢，如含未熔碳化物颗粒的D2高碳高铬工具钢（1.50%C-12%Cr）。

7）沉淀硬化不锈钢（主要用于高温和腐蚀性以及严重磨损环境）。

8）粉末冶金（PM）特殊钢。

在多数情况下，碳钢在热轧态、锻造态或冷拔状态都可以提供符合要求的性能。高碳钢在极高冷速下获得最高硬度（100%马氏体）的条件下，也能得到很好的力学性能。例如，1095大截面高碳钢工件淬火，可促成细片状珠光体的形成（可能有部分贝氏体），而不是粗片状珠光体。

（1）热加工和冷拔钢对比 低合金钢中的合金元素主要作用是提高淬透性。与热轧或冷拔碳钢相比，合金钢尽管性能好，但只有当经过淬火和回火后，合金化的优势才能体现出来，钢的性能充分发挥出来。

与低碳结构钢类似，"低合金高强度"（HSLA）钢构件具有易成形和焊接性能好的特点，而且力学性能有明显改善。可根据成形性能的要求，选择低合金高强度钢在轧制或退火状态下使用。

对用于热轧态钢（例如，板材），钢的含碳量是决定力学性能的最重要因素。其他影响因素包括脱氧工艺、热轧终了温度、板厚和镍、铬和钼等钢中残余元素。各类热轧低合金高强度钢，包括各种低碳微合金化钢的强化机制为晶粒细化和/或析出硬化。

图1-39给出截面直径为13～20mm（0.5～0.75in）热轧碳钢热轧冷却后，碳含量对力学性能的影响。在小截面条件下，锰含量小于1%的碳钢经热轧能得到良好的力学性能。如直径大于23～26mm（7/8～1in），需进行热处理的截面均匀的构件，几乎不采用该类碳钢生产。图1-40所示为碳含量为0.20%，板厚为13～125mm（0.5～5in）钢板，抗拉强度和伸长率与板材厚度的关系曲线。因为板厚小于13mm（$\frac{1}{2}$in）的钢热加工轧制量大，轧制后冷却速度快，其抗拉强度略高，伸长率较低。值得注意的是，也可以通过形变热处理（控制奥氏体温度和晶粒细化）提高低合金高强度热轧钢的强度和韧性。

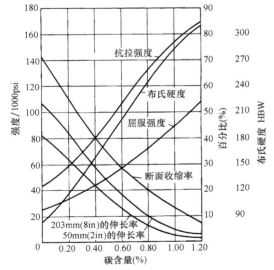

图1-39 碳含量对热轧态碳钢拉伸性能的影响

注：适用于截面尺寸约13～20mm（0.5～0.75in）厚热轧板。

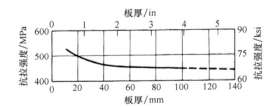

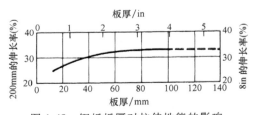

图1-40 钢板板厚对拉伸性能的影响

为提高强度，冷拔钢采用低成本的冷拔工艺提高材料的硬度、抗拉强度和屈服强度。热轧钢的屈强比约为55%，而冷拔钢约为85%。因此，在适合的情况下，采用冷拔钢，可有效提高材料的强度与重量比，降低材料成本和重量。采用特殊工艺，中碳牌号冷拔钢的抗拉强度和屈服强度可以相当于布氏硬度240HBW的经热处理的钢。冷拉钢不仅免去热处理成本，更重要的是消除了矫直的成本，因此已成功地应用于许多重要工程。此外，精确尺寸控制是冷轧工艺的另一个优点。

（2）合金元素对淬透性的影响 钢的淬透性是由奥氏体化温度下奥氏体的成分和淬火时奥氏体晶粒尺寸控制。

根据 Grossmann 的"理想临界直径"（D_I），钢的淬透性定义为，在圆棒表面理想烈度淬火条件下，圆棒心部淬火能得到 50% 马氏体的最大直径。各种钢的 D_I 值列于表 1-14。也可以采用钢的成分对淬透性的影响的淬透性系数对理想临界直径进行计算。

$$D_I = D_{IB} \times f_{Mn} \times f_{Si} \times f_{Cr} \times f_{Mo} \times f_V \times f_{Cu} \times f_{Ni} \times f_x$$

式中，D_{IB} 是与碳含量和晶粒尺寸相关的基本系数；f_x 是各合金元素的淬透性系数。表 1-15 为中淬透性中碳合金钢，不同奥氏体晶粒大小和不同碳含量的基本系数 D_{IB} 以及对应的合金元素的淬透性系数。例如，质量分数含量 0.30%C、0.20%Mn 和 0.25%Si，晶粒度为 7 的钢的理想临界直径 D_I 是：

$$D_I = 4.695mm(0.1849in) \times 1.667 \times 1.175$$

值得指出的是，表 1-15 是典型的钢中合金元素对钢淬透性的影响，Grossmann 系数不适用浅层硬化钢。表 1-15 中仅列出了部分合金元素的淬透性系数，仅适用于含碳量中等的中等淬透性合金钢。

还应该指出的是，因为部分碳化物可能在奥氏体化温度加热时并未溶解于奥氏体中，奥氏体的成分可能与钢的成分不一样，而淬透性系数计算要求采用完全溶入奥氏体中的合金元素。钢的化学成分分析包括了未溶碳化物和溶入奥氏体的碳化物中的合金元素，而未溶碳化物中的碳和合金元素不仅对钢的淬透性没有贡献，而且其形核产物会降低钢的淬透性。

表 1-14　各种不同钢的理想临界直径（D_I）值

钢号	D_I mm	D_I in	钢号	D_I mm	D_I in	钢号	D_I mm	D_I in
1045	22.9~33.0	0.9~1.3	4135H	63.5~83.8	2.5~3.3	8625H	40.6~61.0	1.6~2.4
1090	30.5~40.6	1.2~1.6	4140H	78.7~119.4	3.1~4.7	8627H	43.2~68.6	1.7~2.7
1320H	35.6~63.5	1.4~2.5	4317H	43.2~61.0	1.7~2.4	8630H	53.3~71.1	2.1~2.8
1330H	48.3~68.6	1.9~2.7	4320H	45.7~66.0	1.8~2.6	8632H	55.9~73.7	2.2~2.9
1335H	50.8~71.1	2.0~2.8	4340H	116.8~152.4	4.6~6.0	8635H	61.0~86.4	2.4~3.4
1340H	58.4~81.3	2.3~3.2	4620H	35.6~55.9	1.4~2.2	8637H	66.0~91.4	2.6~3.6
2330H	58.4~81.3	2.3~3.2	4620H	38.1~55.9	1.5~2.2	8640H	68.6~94.0	2.7~3.7
2345	63.5~81.3	2.5~3.2	4621H	48.3~66.0	1.9~2.6	8641H	68.6~94.0	2.7~3.7
2512H	38.1~63.5	1.5~2.5	4640H	66.0~86.4	2.6~3.4	8642H	71.1~99.1	2.8~3.9
2515H	45.7~73.7	1.8~2.9	4812H	43.2~68.6	1.7~2.7	8645H	78.7~104.1	3.1~4.1
2517H	50.8~76.2	2.0~3.0	4815H	45.7~71.1	1.8~2.8	8647H	76.2~104.1	3.0~4.1
3120H	38.1~58.4	1.5~2.3	4817H	55.9~73.7	2.2~2.9	8650H	83.8~114.3	3.3~4.5
3130H	50.8~71.1	2.0~2.8	4820H	55.9~81.3	2.2~3.2	8720H	45.7~61.0	1.8~2.4
3135H	55.9~78.7	2.2~3.1	5120H	30.5~48.3	1.2~1.9	8735H	68.6~91.4	2.7~3.6
3140H	66.0~86.4	2.6~3.4	5130H	53.3~73.7	2.1~2.9	8740H	68.6~94.0	2.7~3.7
3340	203.2~254.0	8.0~10.0	5132H	55.9~73.7	2.2~2.9	8742H	76.2~101.6	3.0~4.0
4032H	40.6~55.9	1.6~2.2	5135H	55.9~73.7	2.2~2.9	8745H	81.3~109.2	3.2~4.3
4037H	43.2~61.0	1.7~2.4	5140H	55.9~78.7	2.2~3.1	8747H	88.9~116.8	3.5~4.6
4042H	43.2~61.0	1.7~2.4	5145H	58.4~88.9	2.3~3.5	8750H	96.5~124.5	3.8~4.9
4047H	45.7~68.6	1.8~2.7	5150H	63.5~94.0	2.5~3.7	9260H	50.8~83.8	2.0~3.3
4047H	43.2~61.0	1.7~2.4	5152H	83.8~119.4	3.3~4.7	9261H	66.0~94.0	2.6~3.7
4053H	53.3~73.7	2.1~2.9	5160H	71.1~101.6	2.8~4.0	9262H	71.1~106.7	2.8~4.2
4063H	55.9~88.9	2.2~3.5	6150H	71.1~99.1	2.8~3.9	9437H	61.0~94.0	2.4~3.7
4068H	58.4~91.4	2.3~3.6	8617H	33.0~58.4	1.3~2.3	9440H	61.0~96.5	2.4~3.8
4130H	45.7~66.0	1.8~2.6	8620H	40.6~58.4	1.6~2.3	9442H	71.1~106.7	2.8~4.2
3132H	45.7~63.5	1.8~2.5	8622H	40.6~58.4	1.6~2.3	9445H	71.1~111.8	2.8~4.4

表 1-15　中碳中等淬透性合金钢淬透性的硬化因子

碳和其他合金元素含量（%）	碳含量和晶粒尺寸相关的基本系数						各合金元素的淬透性系数				
	6		7		8		Mn	Si	Ni	Cr	Mo
	mm	in	mm	in	mm	in					
0.05	2.0676	0.0814	1.9050	0.0750	1.7704	0.0697	1.167	1.035	1.018	1.1080	1.15
0.10	2.9286	0.1153	2.7051	0.1065	2.5273	0.0995	1.333	1.070	1.036	1.2160	1.30
0.15	3.5890	0.1413	3.3401	0.1315	3.0785	0.1212	1.500	1.105	1.055	1.3240	1.45

（续）

碳和其他合金元素含量（%）	碳含量和晶粒尺寸相关的基本系数						各合金元素的淬透性系数				
	6		7		8		Mn	Si	Ni	Cr	Mo
	mm	in	mm	in	mm	in					
0.20	4.1224	0.1623	3.8329	0.1509	3.5560	0.1400	1.667	1.140	1.073	1.4320	1.60
0.25	4.6228	0.1820	4.2621	0.1678	3.9624	0.1560	1.833	1.175	1.091	1.54	1.75
0.30	5.0571	0.1991	4.6965	0.1849	4.3180	0.1700	2.000	1.210	1.109	1.6480	1.90
0.35	5.4712	0.2154	5.0800	0.2000	4.6787	0.1842	2.167	1.245	1.128	1.7560	2.05
0.40	5.8420	0.2300	5.4102	0.2130	5.0190	0.1976	2.333	1.280	1.146	1.8640	2.20
0.45	6.1976	0.2440	5.7379	0.2259	5.3086	0.2090	2.500	1.315	1.164	1.9720	2.35
0.50	6.5532	0.2580	6.0452	0.2380	5.5880	0.2200	2.667	1.350	1.182	2.0800	2.50
0.55	6.934	0.273	6.375	0.251	5.867	0.231	2.833	1.385	1.201	2.1880	2.65
0.60	7.214	0.284	6.655	0.262	6.121	0.241	3.000	1.420	1.219	2.2960	2.80
0.65	7.493	0.295	6.934	0.273	6.375	0.251	3.167	1.455	1.237	2.4040	2.95
0.70	7.772	0.306	7.188	0.283	6.604	0.260	3.333	1.490	1.255	2.5120	3.10
0.75	8.026	0.316	7.442	0.293	6.858	0.270	3.500	1.525	1.273	2.62	3.25
0.80	8.280	0.326	7.696	0.303	7.061	0.278	3.667	1.560	1.291	2.7280	3.40
0.85	8.534	0.336	7.925	0.312	7.290	0.287	3.833	1.595	1.309	2.8360	3.55
0.90	8.788	0.346	8.153	0.321	7.518	0.296	4.000	1.630	1.321	2.9440	3.70
0.95	—	—	—	—	—	—	4.167	1.665	1.345	3.0520	
1.00	—	—	—	—	—	—	4.333	1.700	1.364	3.1600	

通常也采用端淬透性数据对钢的淬透性进行评价。例如，图 1-41 所示为锰对端淬火曲线的影响（锰是钢中常用的中等淬透性元素）。端淬透性试样的位置也等同于冷却速率，因此可以用在不同冷却条件下，截面中"等效冷速"来表示。例如，端淬透性曲线拐点的位置大约是 50% 的马氏体，因此可以建立起理想临界直径与末端淬透性曲线拐点位置之间的关系，详见图 1-42。图 1-43 为不同大小截面在不同深度的冷却率与等效端淬火距离之间的关系。

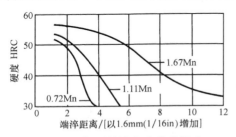

图 1-41　锰对端淬火曲线的影响

注：根据曲线，增加锰含量会提高钢的淬透性。
除锰外，钢的其他成分为：0.42C-0.43Si-0.035P-0.032S-0.14Ni-0.02Mo；
晶粒度为 8。

对于给定初始硬度比（IH）和距离的硬度（DH），也可以根据图 1-44 中的 D_I 值估计末端淬透性曲线。曲线上的数值是距末端淬透性端淬距离[以 1.6mm（1/16in）为单位增量]。因为在末端淬

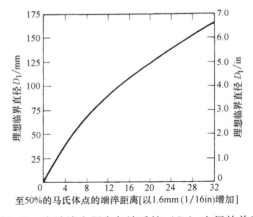

图 1-42　末端淬火距离与淬透性（D_I）之间的关系

透性试样端部得到约 100% 马氏体，初始硬度（在末端淬透性试样的端部）只与碳含量有关具体参见表 1-11。随末端淬透性试样端部距离变化，淬火硬度下降，因此 IH/DH 比值可用于计算淬透性 D_I（例如，计算见 2013 年出版的 ASM 手册《钢的热处理基础和过程》4A 卷"中低碳碳钢和低合金钢的淬透性计算"一文中的表 14）。同理，也可以根据图 1-44，从端淬透性曲线估计钢的 D_I 值。例如，如果在端淬曲线 6.4mm（4/16in）处的 IH/DH 比值为 1.5，该钢的 D_I 大约为 30mm（1.2in）。再比如在端淬曲线 13mm（8/16in）处的 IH/DH 比值为 1.5，钢的 D_I 大约为 75mm（3in）。

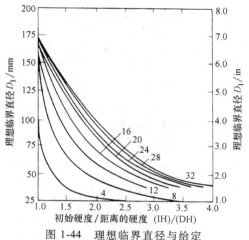

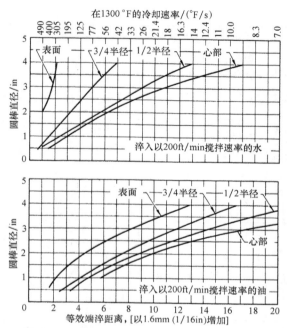

图 1-43 无氧化皮圆棒淬火试样直径与等效冷
却率（等效端淬火距离）的关系曲线

注：表面硬度数据是在轻微搅拌条件下获得，其他数据
是在 200ft/min 搅拌速率条件下获得。

图 1-44　理想临界直径与给定
端淬曲线上的硬度间的关系曲线

1.2.2　合金的选择

通过碳和合金元素不同组合，钢能得到足够的淬透性。此外除考虑合金元素成本外，合金元素的选择还应考虑其他因素。表 1-16 总结了一些合金元素的影响，可指导在特殊应用情况下钢的合金化。

表 1-16　钢中合金元素的特殊作用

合金元素	固溶度		形成碳化物的影响与作用				
	在奥氏体中	在铁素体中	对铁素体的影响	对奥氏体的影响（淬透性）	形成碳化物趋向	回火中的作用	主要功能
铝（Al）	1.1%（随碳含量增加而增加）	36%	固溶时，明显提高硬度	如溶解于奥氏体，适当增加淬透性	负的趋势（使石墨化）	—	1.有效脱氧 2.阻止晶粒生长（通过形成弥散的氧化物或氮化物） 3.渗氮钢中的合金元素
铬（Cr）	12.8%（当碳含量为 0.5%，为 20%）	无限固溶	略提高硬度。增加耐蚀性	适度增加淬透性	大于 Mn，小于 W	适当具有抗软化	1.增加抗腐蚀和抗氧化 2.增加淬透性 3.增加高温强度 4.增加抗磨损和磨损（高碳）
钴（Co）	无限固溶	75%	固溶时，明显提高硬度	溶解时，降低淬透性	与 Fe 类似	固溶时，提高硬度	通过提高铁素体硬度，提高红硬性
锰（Mn）	无限固溶	3%	显著提高硬度，但降低塑性	适度增加淬透性	大于 Fe，小于 Cr	在通常含量范围内，作用非常小	1.与硫结合降低脆性 2.廉价增加淬透性元素
钼（Mo）	3%±（8%，当碳含量为 0.3%）	37.5%（随温度降低而降低）	在高 Mo-Fe 合金中，具有时效强化	强烈提高增加淬透性（Mo>Cr）	很强，大于 Cr	通过二次硬化，提高抗回火软化	1.提高晶粒粗化奥氏体温度 2.提高淬火硬化 3.降低回火脆性倾向 4.提高高温强度，蠕变强度，热硬性 5.提高不锈钢的耐蚀性 6.形成耐磨颗粒

（续）

合金元素	固溶度		形成碳化物的影响与作用				
	在奥氏体中	在铁素体中	对铁素体的影响	对奥氏体的影响（淬透性）	形成碳化物趋向	回火中的作用	主要功能
镍（Ni）	无限固溶	10%（与碳含量无关）	固溶提高强韧性	适度增加淬透性。在较高的碳含量时，倾向于保留增加淬透性	负的趋势（使石墨化）	在含量很小时，作用非常小	1.强化不淬火钢或退火钢 2.提高珠光体-铁素体钢韧性（尤其是低温） 3.稳定高铬合金钢的奥氏体
磷（P）	0.5%	2.8%（与碳含量无关）	固溶提高强度	增加淬透性。	无	—	1.强化低碳钢 2.增加抗腐蚀性 3.改善易切削钢可加工性
硅（Si）	2%±（9%，当碳含量为0.35%）	18.5%（碳含量变化时，改变不明显）	提高强度，但损伤塑性（Mn < Si < P）	中等增加淬透性	负的趋势（使石墨化）	固溶时，提高硬度	1.作为通用的脱氧剂 2.电工钢和磁钢板的合金元素 3.提高了抗氧化性能 4.当不为石墨化元素时，提高钢的淬透性 5.强化低合金钢
钛（Ti）	0.75%（1%±当碳含量为0.20%）	6%±（随温度降低而会降低）	在高Ti-Fe合金中提供时效强化	当溶于奥氏体，强烈提高淬透性，但形成碳化物，则降低淬透性	已知的最大（2%Ti对0.50%碳钢不能淬火）	提高碳化物稳定性。具有二次硬化作用	1.形成强碳化物颗粒，具有固碳作用 2.降低马氏体硬度和中铬钢的淬透性 3.防止在高铬钢中的奥氏体形成 4.在铬不锈钢长时间加热时，防止局部贫铬
钨（W）	6%（11%当C含量为0.25%C）	33%（随温度降低而会降低）	在高W-Fe合金中提供时效强化	当含量小时，强烈提高淬透性	强	通过二次硬化，提高抗回火软化	1.在工具钢中形式耐磨碳化物 2.促进高温硬度和强度
钒（V）	1%（4%当C含量为0.20%C）	无限固溶	固溶时，适中提高硬度	固溶时，强烈提高淬透性	极强（V< Ti或Cb）	二次硬化效果最大	1.提高奥氏体晶粒粗化的温度（细化晶粒） 2.增加淬透性（溶解） 3.抗回火，导致明显二次硬化

根据淬透性选择合金钢时，可能会有几个淬透性基本相同的合金钢供选择，此时可通过在碳含量保持不变的条件下比较钢的淬透性，使合金钢之间淬透性的差异更加明显。在合金成分一定的条件下，碳对淬透性影响也是特定的。当对钢的淬透性没有选择经验时，可通过上述处理方法进行分析。虽然每个工厂都各有特殊性，钢的首选条件应该是在满足碳含量要求的前提下，考虑合金的价格。丰富的经验可能会改变这个选择。

在合金成分一定的条件下，碳对淬透性影响是特定的，具有实际意义。通过对合金元素基本相同，碳含量不同钢之间硬化层深度的比较，可得出碳对淬透性的影响。例如，图1-45为合金元素相似的两个保证淬透性钢（86XX）中碳对淬透性的影响。

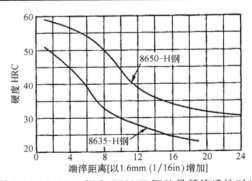

图1-45　8635-H钢和8650-H钢的最低淬透性对比

根据淬火冷却速率，应考虑钢中碳的淬硬性和淬透性的综合效应。图1-46和图1-47为不同牌号钢的淬透性系列图表。这些图表总结淬透性，有了这

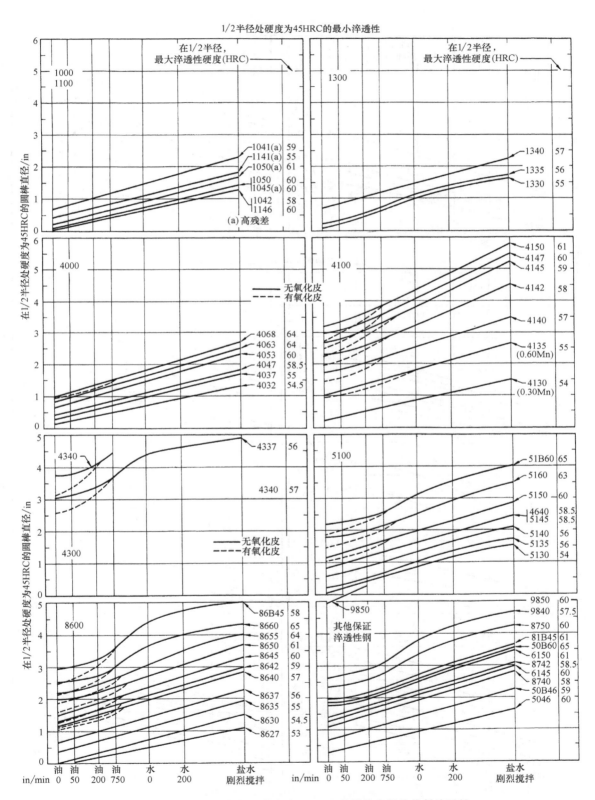

图 1-46　在 1/2 半径处硬度为 45HRC 的圆棒直径的最低淬透性

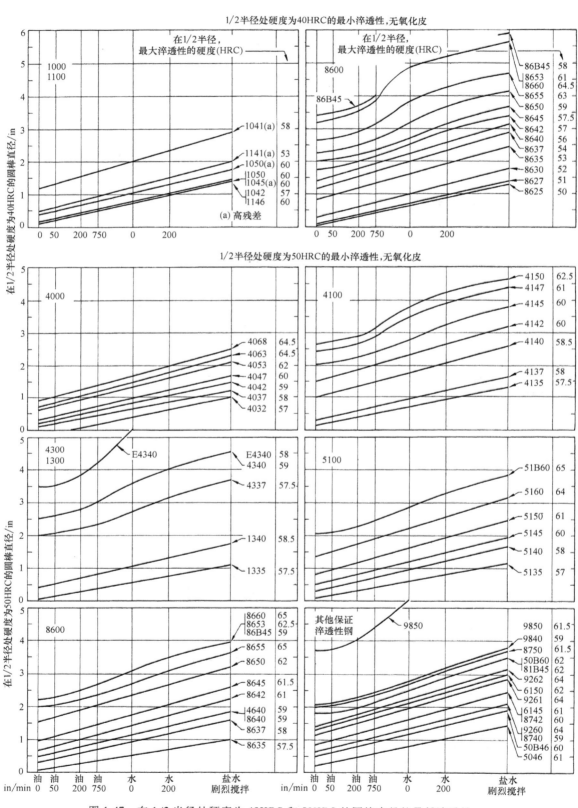

图 1-47 在 1/2 半径处硬度为 40HRC 和 50HRC 的圆棒直径的最低淬透性

些图表不再需要在各种钢淬透性带"图表之间来回翻阅",就可进行淬透性比较(本卷附录中给出"合金钢的淬透性带")。例如,直径为 50mm(2in)的 4150 钢棒,采用不搅拌油淬火,在 1/2 半径处硬度为 45HRC。同理,直径为 32mm(1.25in)的 5135 钢棒和 5150 钢棒,分别采用水淬加强烈搅拌和油淬火加中等强度搅拌,在 1/2 半径处硬度均为 45HRC。

由于碳对钢的性能影响显著,存在有大量碳钢和合金钢中的含量碳有密集的重叠。由于钢既有力学性能要求,又要求有低淬透性和高淬透性不同的临界截面,加热和淬火设备的差异等多种组合,导致会出现大量复杂的情况。鉴于这些错综复杂的变量,在大规模生产中,只采用成熟的钢种进行产生。在最初钢种的选择时,一种方法是考虑每次碳的增量为 0.05%(如 1035 钢、1040 钢和 1045 钢),然后逐步进行改进,以满足更严格要求,达到更满意的结果。

使用碳来进一步提高钢的淬透性具有一定的限制,并具有如下一些缺点:

1)增加钢在室温或零下温度的脆性。
2)增加钢在退火条件下的硬度和磨损性,使冷剪、锯、加工和冷加工困难。
3)增加热加工过热敏感性。
4)增加在热处理中变形和开裂的概率。

由于以上缺点,含碳量超过 0.60% 的钢很少用于制造机器零件(除弹簧外),采用含碳量 0.50%~0.60% 的钢比采用含碳量低于 0.50% 的钢要少得多。

1.2.3　淬火硬化层深度

淬火硬化层深度和硬化程度的要求(马氏体百分比)取决于对工程应力分析。对碳钢和低合金钢,抗拉强度与其硬度相关(图 1-48)。部分工件的 3/4 半径处淬火时得到 80% 马氏体,就足够能承受中等大小的弯曲应力。还有部分工件,例如低硬度的曲轴和转向节(表 1-17),对硬化层深度的要求浅一些。由于采用高安全系数设计,承受剧烈冲击载荷的转向节应力也较低。因此,在载荷的作用下,即使表层承受中等应力,设计的转向节也仅发生少量变形。

表 1-17　汽车零部件淬透性和钢牌号推荐和选择

回火后硬度范围	截面直径/in	淬火态硬度①HRC	最小淬透性深度	淬水工件		淬油工件	
				末端淬火淬透性	适用保证淬透性钢	末端淬火淬透性	适用保证淬透性钢
连杆 187~229HBW(10~20HRC)	3/4	48(水) 40(油)	心部	在 5/32 为 48	1335,3135,4135,5135,8635	在 5/16 为 40	1340,3135,5140,8635,9437
曲轴 229~269HBW(20.5~27.6HRC)	2 3/8	30	1/2 半径	在 7/16 为 30	1045(不是保证淬透性钢)	在 13/16 为 30	3140,4063,4135,5145,8637,9442
转向节 255~321HBW(25.4~34.3HRC)	1 1/2	42	1/2 半径	在 5/16 为 42	1335,3130,4132,5135,8632	在 8/16 为 42	3140,4137,5147,8642,8742
	1 3/16	42		在 11/32 为 42	1340,3135,4135,5140,8637	在 9/16 为 42	4140,6150,8647,8745
	2	40		在 6/16 为 40	1340,3135,4135,5145,8637	在 10/16 为 40	4140,6150,8650,8745
连杆螺栓 302~341HBW(32~36.6HRC)	1/4~5/16	47	心部	不推荐		在 5/32 为 47	1335,3135,4047,4132,5135,8635,8735,9437
	3/8~7/16	47	心部	不推荐		在 3/16 为 47	1335,3135,4047,4132,5135,8635,8735,9437
	1/2	47	心部	不推荐		在 7/32 为 47	1340,3135,4053,4135,4640,5140,8637,8735,9440
	9/16	45	心部	不推荐		在 7/16 为 45	1340,3135,4053,4135,5140,8635,8735,9440

（续）

回火后硬度范围	截面直径/in	淬火态硬度①HRC	最小淬透性深度	淬水工件		淬油工件	
				末端淬火淬透性	适用保证淬透性钢	末端淬火淬透性	适用保证淬透性钢
	5/8	45	心部	不推荐		在9/32为45	1340,3135,4053,4135,5140,8637,8735,9440
	3/4	45	心部	不推荐		在5/16为45	1340,3135,4053,4135,5140,8637,8735,9442
	7/8	45	心部	不推荐		在11/32为45	3140,4135,4640,5145,8640,8737,9445
	1	45	心部	不推荐		在6/16为45	3140,4135,5147,8640,8737,9445
半轴 302～340HBW (32～36.6HRC)	1 1/4	45	1/2半径	在3/16为45	1332,3130,4132,5135,8635	在13/32为15	4137,3142,5147,8640,8740,1345
341～388HBW (36.6～41.8HRC)	1 1/4～1 1/2	46	1/2半径	在4/16为46	3135,4135,5140,8637,8735	在13/32为16	4140,5147,8645,8742
388～444HBW (41.8～47.1HRC)	2 1/2	50	1/2半径	在15/32为50	4142,4337,8650,8787	在13/16为50	4150,4340
传动齿轮 455～525HBW (48～53HRC)	1/2～1②	50	心部	不推荐		在6/16为50	4140,4337,5147,6150,8645,8745

① 下一列为回火前最小深度。
② 节圆直径。

保证了规定的工件硬化层深度范围，就可以给工件提供足够的强度。除了单轴拉伸、单轴压缩和横向剪切载荷外，通常工件的表面应力最大，心部应力逐渐降低至为零。因此，不论从理论或实际的角度认为所有热处理工件都应该整体完全淬透是不合理的。

当淬火后要求马氏体分数达到大于80%时，淬火至要求硬化层深度随要求的马氏体百分数的提高迅速降低。因此，如8640H钢淬火得到马氏体分数95%，最低硬度为51HRC（表1-12）。工件在油中完全淬透的最大截面直径为5/8in。如工件截面为25mm（1in），淬火硬化层深度为3/4半径处。即使淬透性最大的4340H合金钢，如以得到95%马氏体分数为淬透，工件在油中完全淬透的最大截面为50mm（2in），但如以得到80%马氏体为淬透（HRC45），油中完全淬透的最大截面为110mm（35/8in）。

上述例子说明了，应谨慎考虑是否工件需要极高的淬火硬化层深度或极高的淬火马氏体分数，选择过高合金牌号的钢则会明显提高成本。

例如，因为在紧固螺母时，螺栓心部只存在稳定的拉应力，因此对螺栓整体淬火时，不需要心部的马氏体达到90%以上。螺栓不论是否完全淬透，当心部达到要求的回火硬度时，螺栓的抗拉强度是相同的。

但如主要承受的是拉应力，或其他的服役条件为高硬度的工件，如各类弹簧，通常要求工件整体淬透。汽车板簧的设计是在荷载方向截面模量较低，容许挠度大，截面的大部分承受高应力。

实际中通常认为得到90%马氏体即为完全淬透。受弯曲应力载荷工件，通常90%马氏体淬硬层深度为表面至$\frac{1}{4}$～$\frac{3}{4}$半径范围，该截面承受了绝大部分应力。表1-17给出了应用实例，表1-18给出了相应的硬度值和对应的马氏体体积分数。表1-19给出了典型零件要求的末端淬火淬透性数据。

表1-18 表1-17中列出工件列的硬度和马氏体体积分数

回火后硬度HRC	淬火硬度HRC	截面尺寸/in	推荐钢种	在$\frac{3}{4}$半径处硬度HRC	马氏体质量分数(%)		
					3/4半径	1/2半径	心部
连杆 20	心部48	3/4	1335WQ	51	98	①	—
	心部40	3/4	1340OQ	50	94	①	—
曲轴 20～47	1/2半径30	2 3/8	1045WQ	25	50	—	—
			4063OQ	33	50	—	—

（续）

回火后硬度 HRC	淬火硬度 HRC	截面尺寸/in	推荐钢种	在$\frac{3}{4}$半径处硬度 HRC	马氏体质量分数(%)		
					3/4 半径	1/2 半径	心部
转向节 25~34	1/2 半径 40	2	5145WQ	50.5	90	53	—
			6150OQ	47	70	50	—
连杆螺栓 32~36	1/2 半径 42	$1\frac{1}{2}$	8650OQ	50	83	50	—
			1335WQ	48	95	84	—
			5147OQ	53	90	80	—
	心部 45	至 1	5147OQ	54	93	90	77
	心部 47	至 1/2	4053OQ	58	97	96	62
半轴 42~47	1/2 半径 50	$2\frac{1}{2}$	8650WQ	55	95	83	—
			4337WQ	51.5	98	97	—
32~36	1/2 半径 45	$1\frac{1}{4}$	4150OQ	54	92	88	—
			5135WQ	48	95	91	—
			5147OQ	53	91	88	—
传动齿轮 48~53	心部 50	~1	6150OQ	56	95	93	83
			4337OQ	52	98	97	96

注：WQ＝水淬火。OQ＝油淬火。

① 工字形截面，不适用圆截面。

表 1-19　典型零件的末端淬透性要求

截面尺寸/in	最小淬透性硬度/HRC	截面尺寸/in	最小淬透性硬度/HRC
厚板弹簧①		前桥③	
0.300~0.625	在$\frac{8}{16}$为 52	$1\frac{3}{4}$	在$\frac{7}{16}$为 45
0.625~1.375	在$\frac{9}{16}$为 54		
1.375~2.000	在$\frac{10}{16}$为 50	离合器轴④	
		$1\frac{1}{2}$⑤	在$\frac{8}{16}$为 50
螺旋弹簧①			
0.500~0.750	在$\frac{8}{16}$为 50		
0.500~0.750	在$\frac{7}{16}$为 52	渗碳重型传动齿轮	
0.750~1.000	在$\frac{7}{16}$为 52	0.225max⑥	在$\frac{3}{16}$ 为 27
0.750~1.000	在$\frac{7}{16}$为 55	0.225~0.425⑥	在$\frac{3}{16}$ 为 35
1.000~1.750	在$\frac{9}{16}$为 54	0.425min⑥	在$\frac{3}{16}$ 为 39
1.750~2.500	在$\frac{10}{16}$为 50	0.25min⑦	在$\frac{3}{16}$ 为 41max⑧
		0.50min⑦	在$\frac{3}{16}$ 为 47max⑧
扭力杆②		油田配件(实心工件)⑨	
1.150	在$\frac{5.5}{16}$为 55	$5\frac{3}{4}$max⑩	在$\frac{16}{16}$为 42
1.335	在$\frac{6.5}{16}$为 55	$6\sim6\frac{3}{4}$⑩	在$\frac{16}{16}$为 50
1.430	在$\frac{7}{16}$为 55	7⑪	在$\frac{16}{16}$为 50
1.570	在$\frac{8}{16}$为 55	$7\frac{1}{4}\sim8\frac{3}{4}$⑪	在$\frac{16}{16}$为 55
1.670	在$\frac{8.5}{16}$为 55	$5\frac{1}{2}\sim7\frac{3}{4}$⑫	在$\frac{16}{16}$为 34
1.820	在$\frac{9}{16}$为 55		
1.900	在$\frac{9.5}{16}$为 55	油田配件(空心工件)⑨	
2.250	在$\frac{11}{16}$为 55	外径 $6\frac{3}{4}$内径 $4\frac{1}{2}$⑩	在$\frac{8}{16}$为 43
2.350	在$\frac{2}{16}$为 55	外径 $7\frac{3}{4}$内径 $4\frac{1}{2}$⑩	在$\frac{11}{16}$为 40.5

① 工程要求在最低硬度 375HB 时，比例极限 150000psi 和断面收缩率 30%。

② 工程设计要求扭转剪切应力 140000psi（循环疲劳寿命 50000 次）。所有圆棒淬火加回火至硬度 47~51HRC，而后喷丸和安装。

③ 工程设计要求弯曲应力 57000psi，轴调质至硬度 30~37HRC。

④ 工程设计指定扭转剪切应力峰值为 40000psi。对轴采用感应淬火工艺，在花键根部表层下 3/16in 处，硬度达到 50~57HRC。在感应淬火前，轴整体淬火硬度为 30~37HRC。

⑤ 在花键根部。

⑥ 弦齿齿厚；在齿的中心距的心部硬度 30~35HRC。

⑦ 齿轮的最小厚度。

⑧ 防止在渗碳传动齿轮轮幅部分开裂或心部硬度过高的最大淬透性。

⑨ 通过成分调整获得要求的最低淬透性。

⑩ 最低回火温度为 1000℉，使表层 25mm（1in）下硬度在 30~36HRC 范围，同时悬臂（Izod）冲击强度不低于 30ft-lb。

⑪ 最低回火温度为 1000℉，使表层 25mm（1in）下硬度在 28~34HRC 范围，同时悬臂（Izod）冲击强度不低于 30ft-lb。

⑫ 最低回火温度为 1000℉，使表层 25mm（1in）下硬度在 24~30HRC 范围，同时悬臂（Izod）冲击强度不低于 30ft-lb。

（1）最大截面处的最低淬透性 热处理工件的选材应着重考虑该工件临界截面的淬透性。工件的临界截面承受工作应力最大，因此该截面应具有最高的力学性能。例如，临界截面为直径62mm（2½in）的锻件，机加工后直径为50mm（2in），成品件淬火硬化层深度要求至3/4半径（即硬化层深度深¼in）。因此，必须选择锻件材料的淬硬层深度在13mm（½in）。

作为快速参考，表1-20列出了（根据成本估计）满足在要求3/4半径处，1/2半径处和最大截面心部硬度为45HRC的最低淬透性钢。除有更深淬透性要求外，通常可选择在3/4半径的硬度为45HRC的钢。

在表1-20的各列中，列出了最低淬透性可以满足在3/4半径处、1/2半径处和最大截面心部硬度为45HRC的钢。只有在淬火硬化前机加工去除表层和在保护气氛加热前提下，才可以达到表中的最低淬透性，否则，需从表中右边一列选择满足要求的钢。

所有钢的最大淬透性要求满足更大的工件尺寸。例如，8640H钢最低淬透性满足尺寸为9.5mm（6/16in）要求；其最大淬透性应超过尺寸5mm（3/16in）要求。

选材时可采用左列的钢号替换右列的钢号。也就是说，可采用截面尺寸较小的钢，但对较小截面的工件，应谨慎采用高碳钢。例如，最低淬透性要求为6.3mm（1/4in）时，不建议采用5160H钢油淬。

表 1-20 根据淬透性条件选择直接淬火钢

工件淬火直径/in						工件淬火直径/in					
≤½	½~1	1~1½	1½~2	2~3	3~4	≤¾	¾~1⅛	1⅛~1½	1½~2	2~3	3~4
末端淬火试样的等效位置						末端淬火试样的等效位置					
2/16	5/16	7/16	9/16	13/16	19/16	1/16	2/16	3/16	4/16	6/16	8/16
3/4 半径						选择在3/4半径处淬火硬度45HRC					
油淬						水淬					
C-1042	1340-H	4135-H	5147-H	4145-H	4150-H	C-1038	C-1040	C-1041	1340-H	4135-H	5147-H
C-1045	5140-H	4137-H	5160-H	4147-H	4337-H	C-1137	C-1042	C-1141	5140-H	4137-H	4140-H
C-1137	8635-H	8640-H	4140-H	8653-H	4340-H	8627-H	C-1045	C-1144	8635-H	8640-H	4142-H
C-1141	8637-H	8642-H	8545-H	8660-H			C-1137	1335-H	8637-H	8642-H	8645-H
C-1144	3135-H	8740-H	8742-H	9810-H			1330-H	5135-H	3135-H	8740-H	8742-H
1330-H		3140-H	6150-H				5130-H	4042-H		3140-H	
5130-H	6145-H						5132-H	3130-H		4640-H	
5132-H	4640-H						4032-H				
4037-H							4037-H				
4042-H							4130-H				
4130-H							8630-H				
8630-H											
3130-H											

工件淬火直径/in						工件淬火直径/in					
≤½	½~1	1~1½	1½~2	2~3	3~4	≤⅝	⅝~1⅛	1⅛~1½	1½~2	2~3	3~4
末端淬火试样的等效位置						末端淬火试样的等效位置					
3/16	5/16	7/16	10/16	15/16	20/16	1/16	3/16	4/16	6/16	9/16	12/16
1/2 半径						选择在1/2半径处淬火硬度45HRC					
油淬						水淬					
C-1041	1340-H	5147-H	5152-H	4337-H	4340-H	C-1038	C-1041	1340-H	4135-H	4140-H	4142-H
C-1141	5145-H	9261-H	8650-H	86B45-H		C-1137	C-1141	5140-H	4137-H		4145-H[1]
C-1144	9260-H	8645-H	8655-H			8627-H	C-1144	8635-H	8640-H		9840-H[1]
1335-H	8637-H	8742-H					1335-H	8637-H	8642-H		
5135-H	4053-H	6150-H					5135-H	3135-H	8740-H		
4042-H	3135-H						4042-H	3140-H			
3130-H							3130-H	4640-H			

（续）

工件淬火直径/in						工件淬火直径/in					
≤0.4	0.4~1	1~1½	1½~2	2~3	3~4	≤0.4	0.4~1	1~1½	1½~2	2~3	3~4
末端淬火试样的等效位置						末端淬火试样的等效位置					
3/16	6/16	8½/16	13/16	17½/16	26/16	1/16	3/16	5½/16	8/16	13/16	18/16
中心						选择在中心处淬火硬度45HRC					
油淬						水淬					
C-1041	4135-H	5160-H	4142-H	4150-H	E-4340①	C-1038	C-1041	1340-H	5147-H②	4145-H②	4337-H
C-1141	4137-H	4140-H	8653-H	4337-H	9850-H①	C-1137	C-1141	5145-H	4140-H	9840-H①	4340-H①
C-1144	8640-H	6150-H	8660-H	4340-H①		8627-H	C-1144	8640-H①	4142-H		
1335-H	8642-H						1335-H	3140-H	8645-H②		
5135-H	8740-H						5145-H	4640-H①	8742-H		
4042-H	3140-H						4042-H				
3130-H	6145-H						3130-H				
	4640-H										

注：在 3/4 半径、1/2 半径和中心处要求硬度为 45HRC 的最低淬透性钢，在其他列中列出了淬火最大截面。
① 淬透性稍高于最低要求。
② 因为含碳量高，这些钢更容易在淬火出现裂纹。

当表中一列的钢碳含量不同时（例如，1335H 和 1340H），碳含量高的具有更的高淬透性，但其最低淬透性不足以替代其列的钢。

因为有淬火开裂的危险，在 3/4 半径判据下，除最后一列的 5147H 钢（最高含碳量 0.52%C）外，表中所有含碳量大于或等于 0.50% 的钢，不论管淬透性如何，均不采用水淬火。由于铬含量的不同，虽然表中各列中 51xxH 钢碳含量以排序增加，但成本则不一定相同。

为简化起见，表 1-20 列出了马氏体百分数为 80%，硬度为 45HRC 不同碳含量钢的淬透性。当然，按表 1-12 这种简化并不十分严格，但对大多数商业应用，它能满足初步合理选材。更精确选择钢材步骤应为：

1）根据所需的硬度水平，选择所需马氏体的百分数。

2）然后根据所需的末端淬火距离，确定硬化层深度（同前图）。

3）根据适当末端淬火距离，选择能满足最低硬化层要求的钢。

尽管表 1-20 简化了选材过程，但它可满足作为一般选材指南。表 1-19 中六个典型工件尺寸列中的数据是任意的，他们不可能适合所有的场合。例如，如果想要知道最低成本 45mm（1¾in）圆棒钢在 3/4 半径处淬硬，末端油淬火淬火距离应该是 ~11mm（7/16in），可根据图 1-43。根据保证淬透性钢的淬透性图表，可以确定满足在末端淬火距离 11mm（7/16in）处，硬度达到 45HRC 的钢。

应该谨慎采用碳钢，尤其应谨慎考虑水淬火开裂的风险。如表 1-19 所示，碳钢不仅对最大截面的

最低淬硬性要求敏感，对最小截面的最大淬透性也极为敏感。

（2）最小截面的最大淬透性 在最小截面处的最大淬透性与最大截面的最低淬透性一样重要。当最小截面作为选材的主要因素时，与最大截面相比，钢材和加工工艺成为了两个优先考虑因素。这点适用于所有钢，但对碳钢尤为重要。这也解释了为什么表 1-20 中所有含碳量大于或等于 0.50% 的钢，（不管淬透性，除了 5147H）不采用水进行淬火。

例如，一端带 12.6mm（½in）厚的法兰，直径为 57mm（2¾in）的轴。法兰上的螺栓孔离其边缘仅有 9.5mm（3/8in）距离。对截面尺寸为 12.6~13mm（½in~3/8in），4137-H 钢的最大淬透性不算太高。表 1-12 和图 1-43 表明，4137-H 钢在硬度为 43HRC 处的马氏体百分数为 80%，其最低淬透性不能满足轴在 3/4 半径处淬火硬化的要求。4142-H 钢虽能满足轴的淬透性要求，但会在法兰螺栓孔处产生裂纹。补救措施为：

1）淬火和回火后再加工螺栓孔。

2）减少法兰外缘的淬火效应。

3）采用较低碳含量的钢并提高钢的合金度，满足轴的淬透性要求。

该例中，采用 4337-H 或 9840-H 钢进行油淬，能很好满足要求。因为法兰部分较薄，如采用除碳钢外的任何钢用水淬火，都会导致开裂；而采用碳钢，淬透性又不能满足轴的要求。考虑油淬火和合金钢成本因素，通常首先采用前两个补救措施。

1.2.4 拉伸力学性能

实际上对具有相同硬度，成分不同的淬回火钢能得到相同拉伸力学性能。因为图 1-48 中回火马氏

体钢的拉伸性能在一个相对狭窄的区间内，如果钢的淬透性及热处理能保证获得回火马氏体组织，则可以用图中曲线来预测（在±10%）常规合金钢的拉伸性能。进而可以根据钢的淬透性深度和淬硬性（表1-21、表1-22、表1-23、表1-24）与强度的相关性选择钢。

屈服强度和断后伸长率也与抗拉强度相关，但断面收缩率和抗拉强度之间的关系较为特殊（见图1-48b）。在淬回火至相同抗拉强度的情况下，碳钢的断面收缩率低于合金钢。在实际应用中，必须认真考虑到这种差异。值得注意的是，其一，当强度指标很高时，碳钢与合金钢断面收缩率差异很大；其二，在许多工程应用中（例如弹簧），延伸性指标略低并不影响工件的服役。

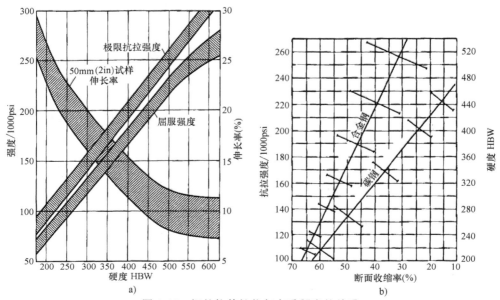

图 1-48　钢的拉伸性能与布氏硬度的关系

a）淬回火钢拉伸性能　b）碳钢和合金钢的抗拉强度与断面收缩率的关系

表 1-21　中等强度工件油淬钢

屈服强度/psi	回火后硬度HRC	50%马氏体淬火最小硬度HRC	圆棒截面						
			≤1/2in	1/2~1in	1~1½in	1½~2in	2~2½in	2½~3in	3~3½in
			淬火至50%马氏体						
			半径至中心	1/2半径处		1/4半径处			
			末端淬火试样参考位置						
			3½/16	6/16	7½/16	10/16	10½/16	13/16	15/16
20000~125000	23~30	42	1330H	8637H	3140H	4140H	—	—	—
			4130H	—	8740H		—	—	—
			5132H	—	—		—	—	—
125000~150000	30~36	44	1335H	3140H	4137H	—	4142H	4145H	4337H
			4042H	4135H	6150H				86B45
			5135H	8640H	8642H				9850
			—	8740H	8645H				
			—	8742H					
150000~17000	36~41	48	1340H	4137H	4142H		4145H	4147H	4340H
			3140H	4140H	50B50		8655H	4337H	—
			4047H	5150H	5147H		9840	81845	—
			4135H	8642H	—			86B45	
			50B40	8645H					
			5140H	8742H					
			8637H	—					

（续）

屈服强度/psi	回火后硬度 HRC	50%马氏体淬火最小硬度 HRC	圆棒截面 ≤½in	½~1in	1~1½in	1½~2in	2~2½in	2½~3in	3~3½in
			淬火至50%马氏体 半径至中心		1/2半径处		1/4半径处		
			末端淬火试样参考位置 $3\frac{1}{2}/16$	$6/16$	$7\frac{1}{2}/16$	$10/16$	$10\frac{1}{2}/16$	$13/16$	$15/16$
170000~185000	41~46	51	4063H	4142H	4145H	—	4147H	4150H	—
			4140H	4337H	50B60	—	4340H	9850	—
			50B44	50B50	81B45		51860		
			5145H	5147H	8650H		81B45		
			5150H	6150H	8655H		86B45		
			8640H	—	9260H		8660H		
			8642H	—	—				
			8740H	—	—				
			8742H						
			9260H						
>185000	46（最小）	55	4150H	50B60	8660H				
			5160H						
			8655H						
			9262H						

表 1-22　中等强度工件水淬钢

屈服强度/psi	回火后硬度 HRC	50%马氏体淬火最小硬度 HRC	圆棒截面 ≤½in	½~1in	1~1½in	1½~2in	2~2½in	2½~3in	3~3½in
			水淬火至50%马氏体① 半径至中心		1/2半径处		3/4半径处		
			末端淬火试样参考位置 $1\frac{1}{2}/16$	$3/16$	$4/16$	$6/16$	$5/16$	$6\frac{1}{2}/16$	$7\frac{1}{2}/16$
90000~125000	23~30	42	1040	1330H	—	—	1340H	—	3140H
			—	4037H	—	—	4135H	—	8640H
			—	4130H	—	—	8637H	—	8740H
			—	5130H					
			—	5132H					
			—	8630H					
125000~150000	30~36	44	1036	—	1335H	—	1340H	4135H	4737H
			1045	—	5135H	—	3140H	5150H	4140H
			1330H	—	—	—	5140H	8640H	50B40
			4130H	—	—	—	5145H	8740H	6150H
			8630H	—	—	—	8637H	—	8642H
			—	—	—	—	—	—	8645H
			—	—	—	—	—	—	8742H
150000~170000	36~41	48	1335H	4042H	1340H	—	4137H	4140H	50B50
			4037H	50B40	4135H	—	50B40	50B44	5147H
			5135H	—	50B40	—	5145H	6150H	9262H
			—	—	5140H	—	8640H	8645H	—
			—	—	8637H	—	8740H	8742H	—

① 除非对产生淬火裂纹的可能性进行过评价，名义碳含量大于或等于0.3%的工件禁止采用水淬火。

1.2.5　硬度和淬透性与耐磨性

当末端淬透性小试样［长100mm（4in），直径25mm（1in）］一端进行剧烈水淬时，在试样冷却一端1.6mm（1/16in）处，淬火冷却速率大约在270℃/s（500°F/s），并获得最高的硬度。然而，在生产条件下，长棒工件或重型锻件淬火时，由于质

表 1-23　高强度工件油淬钢

圆棒截面：油淬至80%马氏体；末端淬火试样参考位置（单位：1/16in）

屈服强度/psi	回火后硬度HRC	80%马氏体淬火最小硬度HRC	≤½in 半径至中心 3½/16	½~1in 半径至中心 6/16	1~1½in 1/2半径处 7½/16	1½~2in 1/2半径处 9/16	2~2½in 3/4半径处 10½/16	2½~3in 3/4半径处 13/16	3~3½in 3/4半径处 13/16
90000~125000	23~30	42	1330H	—	—	—	—	—	—
			4130H	—	—	—	—	—	—
			5132H	—	—	—	—	—	—
125000~150000	30~36	44	1335H	3140H	4137H	4142H	—	9840	4337H
			6135H	—	4135H	81B45	—	—	86B45
			—	—	50840	—	—	—	9850
			—	—	8640H	—	—	—	—
			—	—	8740H	—	—	—	—
150000~170000	36~41	48	1340H	5140H	4137H	4140H	4145H	4147	4340H
			3140H	8637H	8642H	—	9840	4147H	—
			4047H	—	8645H	—	—	—	4337H
			4135H	—	8742H	—	—	—	81B45
			50B40	—	—	—	—	—	86B45
170000~185000	41~46	51	4063H	8640H	50B50	4142H	8650H	51B60	4147H 4150H
			4140H	8642H	5147H	4145H	8655H	8660H	4340H 9850
			50B44	8740H	5160H	4337H	—	—	81B45
			50B50	8742H	6150H	50860	—	—	86B45
			5145H	9260H	9262H	81B45	—	—	—
			5150H	—	—	—	—	—	—
>185000	46（最小）	55	4150H	8655H	—	8660H	—	—	—
			50B60	9262H	—	—	—	—	—
			5160H	—	—	—	—	—	—

表 1-24　高强度工件水淬钢

圆棒截面：水淬至80%马氏体；末端淬火试样参考位置（单位：1/16in）

屈服强度/psi	回火后硬度HRC	80%马氏体淬火最小硬度HRC	≤½in 半径至中心 1½/16	½~1in 半径至中心 3/16	1~1½in 1/2半径处 4/16	1½~2in 1/2半径处 5/16	2~2½in 1/4半径处 6/16	2½~3in 1/4半径处 6½/16	3~3½in 1/4半径处 7½/16
90000~125000	23~30	42	—	—	1330H	—	—	—	—
			—	—	4130H	—	—	—	—
			—	—	5130H	—	—	—	—
			—	—	5132H	—	—	—	—
			—	—	8630H	—	—	—	—
125000~150000	30~36	44	1330H	5132H	5132H	—	1340H	4135H	4137H
			4130H	8630H	—	—	3140H	—	—
			5130H	—	—	—	50B40	—	—
			—	—	—	—	8637H	—	—

量大，热容量高，工件表面附近的冷却速率将大大低于270℃/s（500°F/s）。因此，此时工件表面硬度可能大大低于标准小试样在1.6mm（1/16in）处的硬度。

在某些应用场合，特别是需要耐磨场合，钢的淬火硬度是极为重要的。在给定断面尺寸工件，对应的淬火质量，必须考虑工件淬火表面能达到的硬度。

图 1-49 总结了不同直径圆棒碳钢和合金钢，直接淬火（整体淬火硬化）可以达到硬度。在低于 210℃（400 ℉）温度回火，该淬火态硬度值下降很小。可以认为，图表中最低淬透性适用于各种牌号的钢，该数据具有一定的保守性。此外，为根据该图表得到给定工件尺寸钢的最低表面硬度，根据该图表选择钢时，还必须考虑工艺因素。

例如，工件表面氧化皮的隔热效果会大大降低钢的淬透性，从而会影响到给定尺寸工件的淬火硬度。此外，高碳耐磨钢退火后存在一定数量的球状碳化物，通常需要增长淬火固溶加热时间，而延长加热时间又会进一步增加工件氧化皮的数量。图 1-49 和图 1-50 对不同截面、不同钢牌号和不同表面硬度，在工件淬火态 3/4 半径处的硬度进行了估计。这些数据将表面硬度作为唯一标准进行编排。下面用实例说明在钢的选择中，钢的表面硬度的重要性。

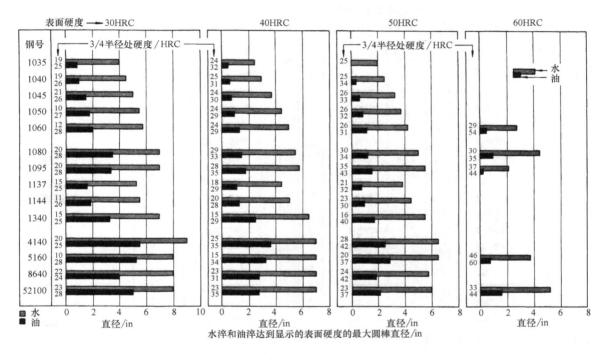

图 1-49　在水和油中淬硬的圆棒尺寸

实例 1：一些如滑板、研磨棒、耐磨衬板的耐磨器件，在被更换前允许有很大的磨损量。对这种器件，选择价格较高的淬透深度高的钢比选择淬透性低的钢更为经济。例如，根据图 1-49 和图 1-50，直径为 63.5mm（2⅛in）圆棒，表面硬度要求 50HRC 的器件可采用 1040 钢淬水或 5160 钢淬油得到。然而，当圆棒磨损至原来的直径 3/4 时，约 47.63mm（1⅞in）处，1040 钢表面硬度约为 25HRC，而 5160 钢在同一位置硬度为 37HRC，因此 1040 钢很有可能会以更快的速度磨损。

实例 2：4063H 钢适合制造直径 25.4mm（1in）的车轴。基于最低淬透性考虑，5150H 似乎也是可以接受的选择。该工件在 840℃（1550 ℉）奥氏体化，在适中搅动的 100℃（180 ℉）淬火油中淬火。最低淬火硬度估计为 555HBW（55HRC）。

对 271 炉 4063H 钢的调查表明，只有 4 炉未达到最低淬火硬度的要求。采用正常生产工艺对 5150H 钢进行了 36 炉次试验，其中 17 炉淬火硬度未能达到硬度 555HBW 的要求。为达到此要求，改用增大淬火油搅动和降低回火温度方法，但该方法增大了车轴变形量。尽管 5150H 钢与 4063H 的最低淬透性几乎相同，但 5150H 钢的含碳量较低，硬度达不到要求，因此被淘汰。5160H 钢后被证明是生产该车轴的理想材料。

实例 3：锰的微量变化对淬透性的影响，尤其是对感应淬火的影响非常明显。例如，采用 1050 和 1053 钢经感应淬火的主传动齿轮，淬火至 50% 马氏体的名义深度为 1.27mm（0.050in）。采用锰含量偏低炉次的钢无法胜任，选择锰含量偏高（仍低于 1.00%）炉次的钢能满足淬透性的要求，因此有意选择锰含量在规范上限炉次的钢解决该问题。采用降低钢中碳含量和同时增加锰含量已解决了部分感应淬火问题。

实例 4：原采用热处理碳钢制造（加工）的螺

栓（SAE 5 级），改用锰含量更高的钢能降低了成本。例如，原由 1038 钢（0.35% ~ 0.60% C，0.42% ~ 0.42% Mn）生产外径尺寸范围为 6.35 ~ 50mm（¼ ~ 2in）的螺栓，热处理后要求尽可能尺寸不发生改变。实际水淬火后，尺寸较大的螺栓硬度不均匀，经 500℃（950℉）回火后，螺栓硬度低于最低硬度要求。再例如，采用 1038 钢生产的直径为 22.3mm（7/8in）和 25.4mm（1in）的螺栓，需采用低于正常回火温度回火，才能满足硬度 22 ~ 32HRC 的要求；38mm（1½in）的螺栓棒料不能满

足回火后硬度为 19 ~ 30HRC 的要求。此外，由于采用了剧烈的水淬火工艺，造成零件翘曲变形，后需要采用矫直处理。

改用锰含量高的 1137 钢（0.32% ~ 0.39% C，1.35% ~ 1.65% Mn），采用油淬工艺处理得到满意的结果。虽然 1137 钢材料的成本较高，但由于对所有尺寸范围的螺栓采用了标准化淬火工艺，降低了废品率，免除了矫直工艺和减少了加工成本，实际成本还有所降低。（读者应该注意，这些螺栓从棒料直接加工，含硫钢不采用冷镦工艺）。

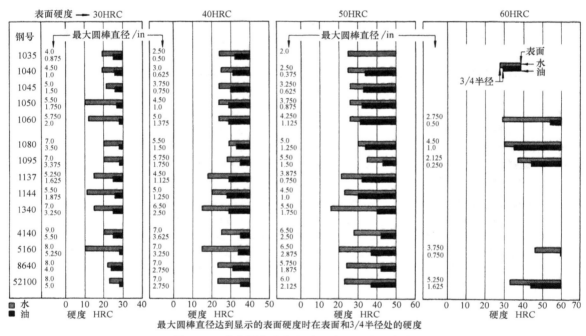

图 1-50　最大圆棒直径的表面和 3/4 半径硬度

1.3　钢的淬火开裂倾向模拟

热处理不仅要优化组织和残余应力分布，也要减少淬火变形和防止淬火开裂。现在人们已经着手开始对金属淬火裂纹的起因及在不同工艺条件下的敏感性进行广泛的研究。淬火开裂是一种脆性断裂现象，它的出现不仅取决于应力的变化，也取决于金属的力学性能。

近年来，对淬火过程的模拟使对淬火开裂分析成为可能。现有大量对淬火开裂的模拟，并已证实淬火工件的淬火开裂是马氏体相变产生拉应力而引起的。为更好地了解裂纹萌生的机制和防止裂纹的产生，还需要进一步系统地对钢的淬火开裂倾向进行研究。然而，当前的模拟技术仅是建立在有限研究基础上，在合理判据的基础上，找到防止淬火开

裂的一种实用方法。

1.3.1　淬火开裂的早期研究

自 20 世纪初，人们就开始了对淬火开裂进行了广泛的研究，其中部分研究工作在参考文献 [1-3] 中进行了介绍。这些研究主要分为两类：研究淬火开裂的萌生类和确定开裂敏感性类。这里，主要根据研究分类和按时间排序，对这些早期研究进行介绍。此外，对淬火 + 回火钢早期断裂，钢的回火脆化，高碳钢微裂纹也进行了介绍。

（1）淬火开裂萌生类研究　从根本上说，对淬火开裂起因的研究应着重关注应力和裂纹萌生之间的关系。因此，通常选择简单形状试样，如对圆筒试样的应力进行分析。在实验测试中，通过对各种因素，如钢种、圆筒试样直径、奥氏体化温度、冷却介质的冷却特性等等的变化，考察对裂纹产生的

贡献。其中 Scott，Buhler-Scheil 和 Isomura-Sato 等人的研究为这种研究类型：

Scott 的研究。采用成分为 0.9% C-1.2% Mn-0.2% Si-0.5% Cr-0.5% W 钢，长度为 100mm（4in）圆柱形试样，在剧烈搅拌下进行淬火。研究了不同圆柱直径和不同淬火冷却介质对淬火裂纹的影响（见表 1-25）。例如，直径 25mm（1in）试样加热至 820～850℃（1510～1560°F）淬火，虽然水淬火没有裂纹，但油淬火后引起淬火裂纹。加热至 850℃的情况下，试样直径为 20～25mm（0.75～1in），淬油产生裂纹，而试样直径为 13mm（0.5in），淬水产生裂纹。

表 1-25 实心圆柱体淬火裂纹的观察结果

淬火温度		直径		精制油		动物油		60%甘油水溶液		水	
℃	°F	mm	in	淬火态	深侵蚀	淬火态	深侵蚀	淬火态	深侵蚀	淬火态	深侵蚀
淬火温度的影响											
780	1435	25	1.0	否①	是	否	是	否	否	否	否
820	1510	25	1.0	是	—	是	—	否	否,是	否	否
850	1560	25	1.0	是	—	是	—	否	否	是	否
直径的影响											
850	1560	13	0.5	否	否	否	否	是	—	是	—
850	1560	20	0.75	否	—	是	—	否	是	否	是
850	1560	25	1.0	否	—	是	—	否	否	否	否
850	1560	38	1.5	否	是	是②	—	否	否	否	否
850	1560	50	2.0	否	否③	—	—	—	—	否	否

① "是"和"否"分别表示圆柱体产生或未产生裂纹。
② 试样淬火前经预冷。
③ 试样中心未淬硬。

采用热浓盐酸对淬火数天后无淬火裂纹试样进行深侵蚀，发现在淬火圆柱试样外表面有裂纹，如图 1-51 所示。Scott 认为经深侵蚀，有些裂纹沿纵向扩展。采用 Heyn 方法，测量了直径为 25mm 无裂纹的淬水试样轴向残余应力分布。测量表明，不论在高淬透性钢，还是表面硬化钢的表面，均为压缩应力，但在他们的心部应力分布是不同的。

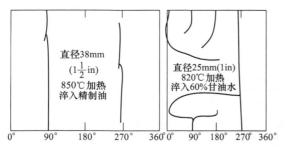

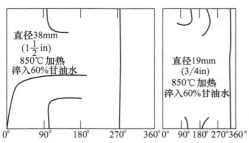

图 1-51 深侵蚀后的淬火圆柱体表面裂纹

Scott 通过对玻璃退火时应力分析，计算试样中的应力，结果为表面的拉应力源于油淬试样表面。由此，Scott 得出结论，认为钢中裂纹是表面的拉应力引起的。此外，他还发现了在拉伸应力下，中心开始产生裂纹的另一种方式。

Buhler 和 Scheil 的研究。图 1-52 为直径为 50mm（2.0in），长度为 350mm（14in）圆柱镍钢工件，炉冷至 360℃（680°F），随后淬入冰水的纵向淬火裂纹照片。在相同的条件下，采用 Sachs 方法测量了无淬火裂纹的试样淬火应力分布，如图 1-53 所示。值得指出的是，试样表层下的周向拉应力可能与开裂有关。

Scheil 认为，淬火开裂发生在只有拉应力和无塑性变形的情况下。图 1-54 为晶界裂纹的显微照片，裂纹的发展过程通常为不断改变方向的之字形曲线。

Isomura 和 Sato 的研究为采用 4 种碳素工具钢圆柱形试样，进行淬火开裂测试。表 1-26 为日本工业标准（JIS）钢（SK3，SK4 SK5，SK6）的化学成分，试样尺寸为直径 18mm（0.7in），长度 100mm（4in）。试样分别在 900℃、950℃和 1000℃（1650°F、1740°F 和 1830°F）温度下保温 30min 后，淬入水中。试样的条件完全相同，并在相同实验条件下，每组测试了 5 次，测试结果见表 1-27。

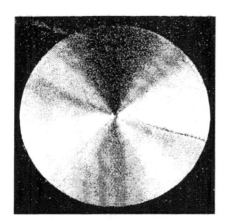

图 1-52　11.7%镍钢圆柱体淬火裂纹

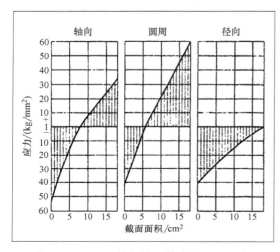

图 1-53　11.7%镍钢圆柱体应力测量分布

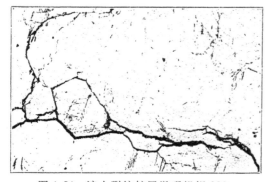

图 1-54　淬火裂纹扩展微观组织 200×

表 1-26　工具钢的化学成分表

钢号	化学成分（质量分数,%）				
	C	Si	Mn	P	S
SK6	0.73	0.31	0.34	0.013	0.015
SK5	0.82	0.30	0.41	0.013	0.016
SK4	0.94	0.21	0.44	0.017	0.021
SK3	1.05	0.24	0.38	0.021	0.016

表 1-27　工具钢试样淬火开裂测试结果

奥氏体化温度		SK6	SK5	SK4	SK3
℃	℉				
900	1650	○	○	○	▲
950	1740	○	○	▲	▲
1000	1830	○	▲	×	×

注：○，无裂纹；▲，部分裂纹，×，全部开裂。

采用 Sachs 方法，对无裂纹 SK6 钢试样进行了测量。发现拉应力峰值在试样表层出现，深度范围为 0.8~2mm（0.03~0.08in）。SK4 钢试样经 900℃ 淬火、酸腐蚀后，发现表层有深度为 0.5~0.8mm（0.2~0.3in）的纵向裂纹。由此得出，在这种情况下，裂纹由表层下的拉应力峰值引起。

该测试表明，试样的奥氏体化温度越高，淬火开裂敏感性越大，详见表 1-27。Isomura 和 Sato 认为这是由于奥氏体化温度越高，得到的马氏体强度越低。Iijima 在之后的研究中，采用静态扭转实验也发现了同样的现象。

采用 JIS SUJ2 轴承钢和同样尺寸圆柱形试样，进行了淬火开裂测试，试样化学成分见表 1-28。试样加热到 900℃ 后，进行水冷或在油中冷却 5~60s 后再进行水冷。试验条件见表 1-29，表中的 3 行的测试条件相同。

表 1-28　轴承钢化学成分表

钢种	化学成分（质量分数,%）					
	C	Si	Mn	P	S	Cr
SUJ2	0.98	0.30	0.36	0.012	0.006	1.39

表 1-29　轴承钢试样淬火开裂测试结果

水淬火	油冷却时间/s					
	5	10	15	20	30	60
○	○	○	×	○	○	○
○	×	×	×	×	○	○
○	×	×	×	○	○	○

注：○，无裂纹；×，开裂。

（2）确定开裂敏感性的研究　不论应力分布是否清楚，均需要通过试验，对不同钢，不同淬火冷却介质等因素进行淬火开裂敏感性分析。Udy-Barnett，Wells 等，Chapman-Jominy，Homma，Kunitake-Sugisawa，Moreaux 等，Abe 等和 Mikita 等分别对淬火开裂敏感性的测试方法进行了研究。

Udy-Barnett 的研究。采用淬火开裂测试对 120 种钢的淬火开裂敏感性进行了测试。采用有缺口，直径 25.4mm（1in）、长度 50.8mm（2in）的圆柱试样，如图 1-55 所示。在圆柱试样两个端面同时开宽度为 1.6mm（1/16in）缺口。试样缺口深度以 3.2mm（1/8in）间隔，最浅为 3.2mm（1/8in），最深为 22mm（7/8in）。

Udy-Barnett 提出了以缺口深度 3.2mm 为单位，在流动水淬火冷却介质中淬火，产生裂纹的淬火开裂敏感指数（I'）的概念，$I'=8-n$（n 表示最小缺口深度）。试样在淬火几小时后进行侵蚀，图 1-55 为采用外力楔入试样缺口后，典型裂纹分布图像。研究证实了碳、锰、铬和磷元素对淬火开裂敏感的影响，证实了马氏体开始转变温度较低（Ms）的钢开裂敏感性较高。

图 1-55　试样和典型的裂纹分布图

Wells 等的研究。采用类似 SAE 4335 钢制备了切口空心圆盘试样。试样厚度 13mm（0.5in），外径和内径分别为 165mm（6.5in）和 70mm（2.75in）。切口位于圆盘内曲面或外曲面处，以 1.6mm 间隔，最小深度为 1.6mm（1/8in），最大深度为 12.7mm（7/8in）。采用夹具夹持试样，用喷水对圆盘内曲面或外曲面进行冷却。通过观察切口根部淬火裂纹扩展情况，并以 1.6mm 为单位，测量产生裂纹时的最小切口，计算裂纹敏感性指数。

Spretnak 和 Busby 采用与 Wells 等相同的实验设备和试样，研究了试样预冷淬火对开裂的影响，当预冷时间为 10 ~ 20s，将会抑制裂纹在内外表面生成。

Chapman 和 Jominy 的研究。设计了带偏心孔的圆盘试样，如图 1-56 所示。为使试样容易产生裂纹，在孔的内外表面最薄处，开出 V 型缺口。采用该试样评价在油或盐浴冷却介质中淬火时，钢的淬火开裂敏感性。

根据测试结果，还可以分析奥氏体化温度、Ms、碳含量和理想临界直径（D_1）对淬火开裂的影响。例如，图 1-57 为试样从 900℃（1650℉）淬入 27℃

（80℉）淬火油后，D_1 和碳含量对淬火开裂的影响。结果表明，为避免淬火开裂，在提高了钢的淬透性时应该降低钢中碳含量。

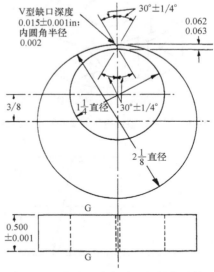

图 1-56　带偏心孔和缺口的圆盘试样

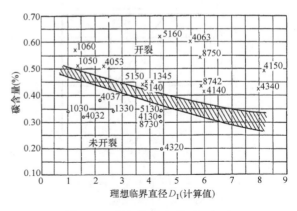

图 1-57　理想临界直径（D_1）和碳含量对淬火开裂的影响

Homma 的研究。采用开槽环型试样，研究了钢中合金元素对感应淬火钢开裂敏感性的影响。环型试样高度为 10mm，环外径和环内径分别为 30mm（1.2in）和 10mm（0.4in），试样如图 1-58 所示。采用高频感应炉冶炼了含锰、镍、铬、镍-铬、铬-钼和镍-铬-钼等不同牌号合金钢的试样。感应加热和水喷雾淬火冷却后观察淬火裂纹。图 1-59 为锰钢中合金元素锰和碳对淬火裂纹的影响；镍钢中合金元素镍和碳对淬火裂纹的影响。图中表明，为避免淬火开裂，需保持钢中碳含量与锰和镍含量之间的平衡。

高频感应炉炼钢中会产生硫化物（球状和共晶

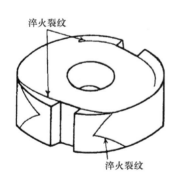

图 1-58 开槽环型试样上观察到的淬火裂纹

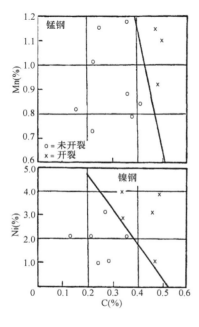

图 1-59 锰钢中锰和碳，镍钢中镍
和碳对淬火开裂敏感性的影响

类型）、Al_2O_3 和不同比例的硅酸盐等非金属夹杂物，Homma 研究了这些非金属夹杂物对感应淬火钢淬火开裂的影响。随着淬火测试次数增大，在环型试样外径、内径和高度上出现裂纹，以此确定淬火开裂敏感指数。可以确认的是，钢中共晶类硫化物的面积比对淬火开裂敏感度影响很大。

Kunitake 和 Sugisawa 的研究。按原成分冶炼制备了 10 余种 Mn、Ni-Cr-Mo 和 Mn-Al-Nb-B 钢淬火开裂环型试样。环型试样高度为 10mm（0.4in），环外径和环内径分别为 75mm（3.0in）和 35mm（1.4in）。将试样在 900℃（或 1650℉）加热 20min，而后采用喷雾冷却，进行淬火开裂试验。

试验研究了钢的碳含量、D_I、M_s、奥氏体晶粒尺寸和碳当量（C_{eq}）对开裂敏感性的影响。例如，

图 1-60 为淬火开裂分数与碳当量（C_{eq}）之间的关系。可以确认即使在碳当量高的情况下，铝、铌和硼合金元素也有抑制开裂作用。

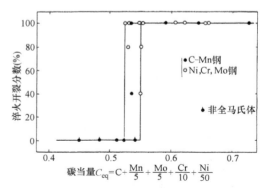

图 1-60 淬火开裂分数与碳当量（C_{eq}）之间的关系

此外，还对大气电解铁熔炼和真空自耗电极熔炼钢中的磷、硫、氮、氢、氧对淬火开裂敏感性进行了研究。结果表明，高纯度钢的抗开裂敏感性高。

Moreaux 等人的研究。采用圆柱试样，研究了不同水温和试样直径对淬火开裂的影响。试样钢成分为 0.6% C-1.6% Si-0.5% Cr，试样直径为 4～38mm（0.16～1.5in），试样长度为直径的 3 倍。淬火水温范围为 20～100℃（70～212℉）。不论水温高低，在直径小于 8mm（0.3in）试样上，均观察到了裂纹；而仅在水温高时，在直径大的试样上观察到了裂纹。

此外，Moreaux 等人对 0.55% C-1.7% Si 钢淬油扭力杆试样进行了淬火裂纹观察，发现由于有氧化的扭力杆表面在油淬火时，蒸汽膜形成阶段较短，降低了应力，因此比无氧化扭力杆的淬火裂纹要少。

Abe 等的研究。采用钻孔的圆柱试样研究了钢的化学成分对淬火开裂的影响，试样如图 1-61 所示。试样在真空加热后采用喷水 40s 冷却。对淬火后试样进行了横向切割，在孔的周围观察到明显有淬火裂纹（见图 1-62）。为评价钢的淬火开裂敏感性，采用裂纹总长度与试样横截面积之比定义为开裂指数（LA）。

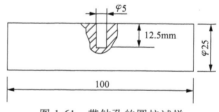

图 1-61 带钻孔的圆柱试样

在 JIS S35C 碳钢中添加铬、钼、锰、镍、碳和磷合金元素，并制备试样。图 1-63 为合金元素与开

图 1-62　切削表面孔的周围淬火裂纹

裂指数（LA）之间的关系。与其他元素相比，图中可以看出，磷对淬火裂纹影响最大。通过采用在硫酸溶液中电解氢改变钢中氢的含量，研究了 3 种 JIS 钢中氢（0.7~1.5ppm）对开裂指数的影响。随氢量增高，开裂指数增大，如图 1-64 所示。

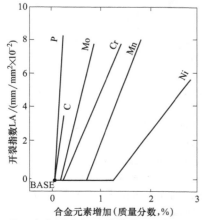

图 1-63　合金元素与开裂指数 LA 之间的关系
注：钢的基本化学成分（质量分数）为：0.35% C，0.25% Si，0.80% Mn，0.015% P。

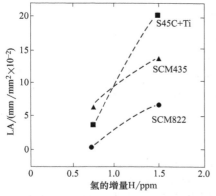

图 1-64　关系氢的增量与开裂指数 LA 的关系

Mikita 等的研究。采用 JIS SUJ2 轴承钢制备了带

翅片圆柱试样，系统地进行了不同奥氏体化温度和冷却条件对淬火开裂影响试验。图 1-65 所示为带翅片圆柱试样示意图和试验后垂直裂纹图。Chapman 和 Jominy 曾在其早期工作中也采用过该类型试样。

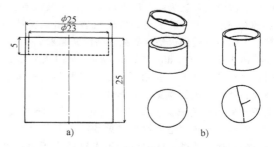

图 1-65　带翅片圆柱试样示意图和试验后垂直裂纹图
a）为带翅片圆柱试样　b）试样主体和翅片上的淬火裂纹

带翅片圆柱试样在 780~950℃（1435~1740℉）奥氏体化加热，淬水后出现淬火裂纹，而淬入 10% 聚二醇（PAG）聚合物溶液，则未出现淬火裂纹。880~900℃（1615~1650℉）奥氏体化加热，采用淬水和采用 10% 聚二醇（PAG）聚合物溶液淬火，均出现垂直裂纹。采用 7 种溶度（0~30%）不同的 PAG 聚合物溶液进行淬火试验，当溶度低时，在翅片处出现裂纹；而当溶度高时，出现垂直裂纹。

（3）钢轧辊的早期断裂　Melloy 报道了全球锻造淬火钢轧辊的生产出现早期断裂现象，其断裂通常为横向开裂。Melloy，Shimoda 和 Sakabe 对其进行了总结：

Melloy 的研究表明：轧辊的早期断裂出现在生产制造的某个环节，如热处理后、运输途中或在服役情况下。失效的最常见模式是轧辊出现横向开裂。经检测和计算得出的结论是，失效原因是在淬火硬化过程中，在轧辊内引起了高度的残余拉应力。

为改善轧辊性能，Melloy 采用端淬试验棒，设计了淬火裂纹测试方法。与传统淬火相同，将试样完全淬入盐水中，导致沿马氏体和奥氏体界面出现横向裂纹。采用该试验方法优化钢中碳、锰、钼、铬合金元素，并确认氢对开裂的影响。

Shimoda 和 Sakabe 的研究表明：与 Melloy 观察到的现象一样，Shimoda 根据对应力分布的测量和分析，确认了在轧辊上出现横向裂纹。根据他对断裂截面观察和应力检测，认为在珠光体区域产生了最大拉应力处萌生裂纹，造成开裂。

Sakabe 通过评估熔化钢液中的氢含量与断裂发生率之间的关系，研究了氢对轧辊断裂的影响。根据 Troiano 提供的试验数据，Sakabe 证实，取至轧辊裂纹附近区域的切口圆柱试样，具有更高的氢脆敏感性。

（4）钢的回火脆性　早在20世纪初，特别是合金钢的开发利用，人们就已知道了钢在回火过程的回火温度和冷却速率会降低钢的韧性。该现象被称为回火脆性。因为淬火和回火均有加热和冷却两个阶段，因此人们认为脆性回火可能与淬火裂纹有关。20世纪50年代，由于涡轮发电机转子出现脆性断裂，人们对钢的回火脆性研究开始活跃起来了。

Hollomon，Woodfine和McMahon对回火脆性的研究进行了综述，并介绍了合金元素和杂质元素对回火脆性的影响。例如，McMahon将Low等人研究杂质元素的影响研究总结于图1-66，图1-66中 $\Delta\theta$（韧-脆转变温度）是根据断口处50%的纤维状组织进行的评估。此外，McMahon等人对回火压力容器钢的研究发现，氢的存在是造成钢的脆化的原因。

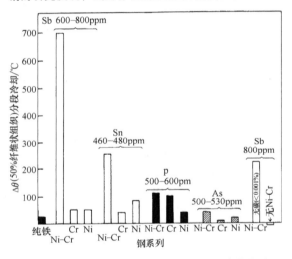

图 1-66　杂质元素（ppm）对钢的回火脆化影响

（5）高碳淬火钢的微裂纹　淬火高碳马氏体钢在侵蚀后观察到有微裂纹，如20世纪30年代早期，由Davenport等人拍摄到的显微照片，如图1-67所示。表1-30对含碳量为0.74%，直径为4.57mm（0.18in）的圆柱试样，经不同热处理工艺后出现不同的微裂纹进行了总结。结果发现，尽管两种试样的硬度几乎相同，但冲击韧度有较大的差别；结果还发现，细化热处理钢的奥氏体晶粒，能提高钢的冲击韧度。

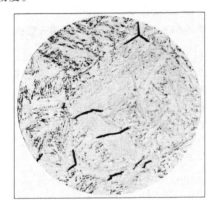

图 1-67　马氏体组织中典型的微裂裂纹
注：钢的含碳量为1.13%，原放大倍率：2200×。

1970年代，Davies和Magee对该研究领域进行概括性总结[35]。认为工具钢或渗碳零件表面的高碳马氏体容易形成微裂纹，造成工件早期失效。微裂纹是在片状马氏体形成时，马氏体片之间相互撞击而产生的。此外，奥氏体晶粒尺寸和 Ms 对微裂的生成有明显影响。

表 1-30　0.74C-0.37Mn-0.145Si-0.039S-0.044P 钢无和有微裂纹试样的力学性能

工　艺	力学性能（6个试样平均值）					
	硬度 HRC	抗拉强度/ MPa（ksi）	屈服点/ MPa（ksi）	断后伸长率（%）长度 15.2cm（6in）	断面收缩率（%）	冲击强度[3]/ J（ft-lb）
新工艺[1]直接奥氏体淬火，无微裂纹	50.4	1948（283）	1042（151）	1.9	34.5	47.9（35.3）
淬火和回火工艺[2]，有微裂纹	50.2	1700（247）	839（122）	0.3	0.7	3.6（2.9）

① 试样在790℃（1450℉）加热5min，淬入铅浴305℃（580℉）淬火，在铅浴停留15min后在水中淬火。
② 试样在790℃（1450℉）加热5min，淬入21℃（70℉）油，立即在铅浴315℃（600℉）回火30min，而后在水中冷却。
③ 4.57mm（0.180in）无缺口圆棒试样冲断后的吸收功。

1.3.2　淬火开裂的分析和模拟

早期的研究认为，淬火开裂通常为几乎没有塑性变形的脆性断裂。随着断裂力学的发展，开始认识到可以根据钢的韧性、缺陷的形成和材料内部的应力的分布而确定钢的脆性断裂，最后，通过系统的研究，可以根据断裂力学来解释淬火开裂现象。

在下面的章节中，主要采用断裂力学的方法，根据淬火金属断裂韧度、杂质元素、氢含量和表面粗糙度对开裂的影响，讨论钢的脆性断裂。此外，还介绍了采用有限元方法，模拟淬火开裂。

（1）依据断裂力学的脆性断裂　根据断裂力学，材料是否发生脆性断裂，取决于材料的韧性、材料内部的裂纹状况以及裂纹周围的弹性能。现用一个带有微裂纹的矩形板简单模型来进行说明。微裂纹长度为 2c，沿横向方向位于矩形板中心。在远离裂纹的矩形板有一个均匀的纵向拉应力（σ）。

脆性板材的裂纹扩展是需要一定能量的，该能量为裂纹表面面积的增加乘以表面能（γ）。如该能量大于裂纹周围的约束强度，裂纹就要发生扩展。应用能量平衡理论，Griffith 推导出了 1/2 临界裂纹长度（c_c）和断裂应力（σ_c）的关系为：

$$c_c = \frac{2\gamma E}{\pi \sigma_c^2} \qquad (1-9)$$

式中，E 是材料的弹性模量。相关人员通过采用含有裂纹的球形灯泡和充有一定内压的圆玻璃管进行破裂试验，验证该关系式。

采用应力强度因子公式 K_I（$= Y\sigma\sqrt{\pi c}$）可以确定裂纹周围应力分布。式中 K 的下标 I 表示为拉应力垂直于裂纹方向的一种断裂模式；Y 是一个常数，其值取决于裂纹的几何形状。当远离裂纹区域在应力 σ_c 的作用下，长度为 $2c_c$ 的裂纹发生快速扩展。此时的应力强度因子定义为材料的断裂韧度（K_{Ic}）：

$$K_{Ic}(= Y\sigma_c\sqrt{\pi c_c}) \qquad (1-10)$$

该公式既可以应用于脆性材料又可以应用于韧性材料。如果可以由实验测得材料的断裂韧度（K_{Ic}），则可以通过控制应力大小和裂纹长度防止材料断裂。

（2）淬火钢的断裂韧度 采用断裂力学研究淬火开裂钢构件，应该应用断裂韧度概念。早期研究发现，淬火裂纹主要发生在马氏体组织中，因此认为马氏体的断裂韧度可能会低于其他组织。

Muir 等，Winchell-Cohen，Iijima 和 Toshioka 等都对淬回火钢的力学性能进行了研究。但只有 Iijima 不仅研究了奥氏体化温度对强度的影响，还研究了单位体积静态扭转断裂总吸收能量的影响。在此基础上，Sato 和 Isomura 将 Iijima 的研究应用于淬火开裂的评价。

Toshioka 等采用 9 种低合金钢试样进行冲击拉伸试验，试样在特定温度加热奥氏体化后进行空气淬火。研究发现，当钢的碳含量等于或大于 0.47% 时，发生马氏体相变试样的断面收缩率为零。

Lai 等采用 ASTM 标准 E399-70T 对 AISI 4340 钢的断裂韧度进行了测量，试样分别在水中、油中和冰盐水中淬火。研究发现，在水中和冰盐水中淬火的部分试样出现裂纹。采用 Lai 等的研究方法，Wood 对 AISI 4130、4140、4330、3140 和 300-M 钢进行了研究，并进一步研究了不同回火温度和奥氏体化温度的影响。在此之后，Parker 和 Zackay 研究了

如何通过优化热处理工艺，提高高强度钢的断裂韧度。

Kubo 对经过热处理处理的 JIS SCM420、SCM440、SK5 和 AISI 4150 四种钢的断裂韧度进行了测量。四种钢的含碳量分别为 0.21%、0.38%、0.81% 和 0.5% C，测量按 ASTM 标准 E399-83 进行。试样加热至奥氏体相区，淬入搅拌水中，而后在 500℃（930℉）回火。研究发现，钢的断裂韧度与钢的碳含量和热处理工艺密切相关（见图 1-68）。

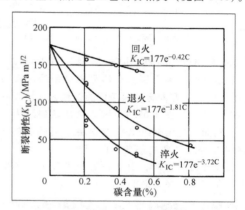

图 1-68 热处理钢的断裂韧度

为研究超合金的淬火开裂，Mao 等人采用液压闭环测试机，设计了一种测量淬火开裂韧性（KQ）的方法[46]。并将其应用于测量 Udimet720Li 合金。该方法是在骨板状试样上预制单边裂纹，通过测量在快速扩展时的失效载荷，计算材料的韧性。当晶粒度为 ASTM6～8，在 850～950℃（1560～1740℉）温度失效时，KQ 约为 35～50MPa m$^{1/2}$，而当晶粒为 ASTM10～12 细晶，在 550～600℃（1020～1110℉）温度失效时，KQ 约为 60～120MPa m$^{1/2}$。

为研究淬火开裂机制，Earle 等人测量了 7010 铝合金的断裂韧度。断裂韧度测试采用 25mm（1in）K_{Ic} 标准试样，符合 BS7448 标准。实验研究包括 7010 铝合金系列中不同化学成分以及不同取向晶粒对断裂韧度的影响。

（3）杂质元素和氢的影响 早期研究表明，如锑、锡、磷和砷等杂质元素会对钢的回火脆性造成影响。在此之后，McMahon 总结了合金钢在加热和缓冷温度范围内，磷、锑、锡或锰在晶界上偏析，造成回火脆性。此外，早期人们还对氢脆进行过研究，McMahon 根据氢致晶间断裂的观点，对这些研究进行了总结。

除磷外，在早期杂质元素对脆性敏感的研究之后，均未见到杂质元素对淬火开裂影响的报道。但最近对钢中氢的作用的研究显得较为活跃，Shiraga

等人和 Tada 等人研究由 JIS SCM435 钢和硼钢制备的高强度螺栓中氢的扩散。对螺栓加工中的酸洗工序、酸洗中和、球化退火、拉丝、冷锻各工序钢中氢进行检测，其中在中和酸洗后的氢含量约为 0.05ppm。不同热处理后的氢含量见表 1-31。在其他工序没有检测到氢的存在。

表 1-31　不同热处理后的氢含量

钢类型	强度级别	螺栓尺寸	热处理工艺	氢浓度/ppm
JIS SCM435	10.9	M20,$l=50$	860℃（1580℉），OQ	0.910
			860℃（1580℉），OQ，520℃（970℉）　回火（WC）	0.159
硼钢	12.9	M16,$l=50$	860℃（1580℉），OQ	0.599
			860℃（1580℉），OQ，490℃（915℉）　回火（WC）	0.092
	10.9	M16,$l=45$	860℃（1580℉），OQ	0.872
			865℃（1590℉），WQ	0.352

注：OQ—油淬火；WQ—水淬火；WC—水冷却。

Liu 和 McMahon 在 Ni-Cr-Mo 钢（AISI 4340）水淬火后试样观察到沿原奥氏体晶界典型的淬火裂纹（见图 1-69a），在同样淬火条件的未镀镍试样没有出现淬火裂纹（见图 1-69b），因此确认该裂纹为氢脆所致。然而，对无裂纹试样镀镍层磨削后观察，发现有缓慢裂纹扩展的迹象。Liu 和 McMahon 认为该氢致裂纹是在高温时，由于钢表面水分子分解出氢原子，在淬火时渗入钢中。

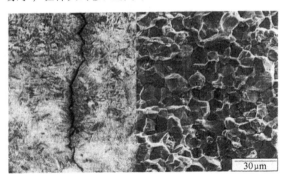

a)

b)

图 1-69　水淬 Ni-Cr-Mo 钢试样显微照片

a）AISI 4340 钢典型的淬火裂纹

b）没有化学镀钢淬火后

虽然 Moody 等人就氢对铁基合金断裂性能的影响的研究进行了总结，但未见有氢对淬火裂纹影响的报道。

（4）表面粗糙度的影响　Griffith 选择玻璃试样，来验证他提出的临界裂纹长度公式（如前所述）。他的研究还发现，较细的玻璃纤维的强度更接近理想强度。对此的解释是，由于正常尺寸的纤维中存在极小微裂纹，因此其强度低，而细纤维改善了微裂纹的影响。在 1960 年代，Hillig 的研究表明，纤维强度降低的外因是其表面存在有划痕。而粗糙表面的作用与划痕类似，这是造成脆性材料断裂的一个重要因素。

从查阅的资料看，很少有人对表面粗糙度对淬火开裂的影响作过研究，只有 Narazaki 等人采用带有偏心孔的试样，研究不同表面精加工对淬火开裂的影响。除尺寸不同和没有缺口外，试样形状类似于图 1-56。圆盘试样尺寸为直径 30mm（1.2in），厚度 10mm（0.4in）和在偏离圆盘中心 8mm（0.3in）处开有一个 10mm 的孔。

采用 JIS S45C 钢和不同表面精加工方法制备了 7 组各 10 个试样。试样在 10 m/s（3.3 ft/s）流速的水中淬火，并记录出现裂纹试样数量（见表 1-32）。结果表明，表面粗糙度对淬火开裂有明显影响。此外，通过测量试样不同位置的冷却曲线，但无法证实精加工方法对试样的冷却速率有明显的影响。

（5）淬火开裂有限元模拟　通常采用热处理模拟对金属零件加工过程中金属相组织、温度、应力、应变和变形的变化进行预测。因为应力和相组织分布是造成淬火开裂的主要原因，因此模拟的结果常用来评估裂纹的萌生。

热处理过程包括扩散、热传导和复杂形状工件的应力-应变行为等多重物理量，而有限元是采用数值方法求解多重物理量的有效方法，因此现在已在热处理模拟系统中采用。此外，为预测估计热处理过程中各相的体积分数和特性数据，该系统中还需要相变模型和推演出多相物理特性数据的混合法则。

表 1-32 S45C 钢试样采用不同精磨方法出现裂纹的结果

精磨方法	规范	$R_{max}/\mu m$	$R_z/\mu m$	出现裂缝试样个数（10 次测试）
磨削	WA#46J	1.0	0.75	3
砂纸	#800	0.15	0.13	0
	#320	1.1	1.0	0
	#240	2.2	2.0	6
研磨	WA#3000	1.1	0.88	2
	C#800	2.4	2.0	2
	C#500	3.0	2.9	8

注：R_{max} 最大粗糙度深度；R_z 表示 10 点粗糙度轮廓高度。

由于热传导，原子扩散和相变，工件产生局部微区体积膨胀/收缩应力-变形行为，进而引起弹性、塑性和蠕变变形。该变形可采用连续介质力学应变方程进行解释，在热处理中工件上任意点，该时刻 (t) 的总应变 $(t_{\varepsilon ij})$ 定义为各分应变之和，如下式。

$$t_{\varepsilon ij} = t_{ij}^E + t_{ij}^{TH} + t_{ij}^D + t_{ij}^{TR} + t_{ij}^P + t_{ij}^{TP} + t_{ij}^C \qquad (1-11)$$

式中，t_{ij}^E、t_{ij}^{TH}、t_{ij}^D、t_{ij}^{TR}、t_{ij}^P、t_{ij}^{TP} 和 t_{ij}^C 分别是弹性、热扩散、相变、塑性、相变塑性和蠕变应变。式 (1-11) 是在位移和应变极小的假设下推导出的。公式 (1-11) 中的扩散应变 (t_{ij}^D) 是宏观地描述扩散原子的晶格膨胀。

除了弹性应变，公式 (1-11) 右边的应变采用从初始时间到该时间 (t) 积分获得：

$$t_{\varepsilon ij}^K = \int_0^t \tau_{\varepsilon ij}^K d\tau, K = TH, D, TR, P, TP \text{ 和 } C$$

$$(1-12)$$

式中，$t_{\varepsilon ij}^K$ 为采用传统的方法模拟得到的各种应变的应变速率。此外弹性应变 $(t_{\varepsilon ij}^E)$ 与应力 $(\sigma_{\varepsilon ij})$ 线性关系式为：

$$t_{\varepsilon ij}^E = C_{ijkl}\sigma_{kl} \qquad (1-13)$$

式中，C_{ijkl} 为与弹性应变应力相关的张量，称为弹性柔度张量。公式 (1-13) 中是宏观地表述了原子力和原子距离变化之间的关系。

建立模拟模型不仅需要材料性能数据，也需要边界条件，特别重要的是，需要基于可靠实验数据估算出的冷却过程中的传热系数。

1.3.3 淬火开裂模拟实例

在模拟实际系统完成后，已开始采用热处理模拟研究淬火开裂。本节介绍已成功应用于淬火开裂模拟研究实例，其中包括采用模拟结果，解释裂纹的起源。下面按工件形状圆柱工件和复杂形状工件进行介绍。

1. 圆柱工件

如前所述，早期采用圆柱试样研究淬火开裂的有 Scott，Buhler 和 Scheil 和 Isomura-Sato，其中 Iso-

mura-Sato 对裂纹的起源进行了解释。这里主要介绍 Arimoto 等人采用 Isomura-Sato 和 Mikita 等人的试验数据，对简单形状，一维轴对称圆柱工件进行模拟。

（1）钢中碳含量的影响 Isomura-Sato 采用 JIS SK3、SK4、SK5 和 SK6 碳素工具钢制备圆柱试样，进行了淬火开裂试验，试验钢的碳含量见表 1-26。表 1-27 为淬火开裂试验结果，试样直径 18mm（0.7in），长 100mm（4in），试样分别加热至 900℃、950℃ 和 1000℃ （1650°F、1740°F 和 1830°F）保温 30 min 后，淬入水中。

Arimoto 等人选择了加热温度为 1000℃ 的数据进行模拟试验，模拟的周向应力分布如图 1-70 所示。为方便对比，图中虚线为 Isomura-Sato 对 SK6 钢 1000℃ 淬火后的周向残余应力测量数据，在试样心部测量数据和模拟数据均为压应力，拉应力强度峰值位于试样次表层，而表层为压应力。试验表明，SK6 钢试样的测量应力分布数据与模拟数据吻合较好。图 1-70 还表明，模拟拉伸应力峰值更接近表面，碳含量较高的钢材应力峰值降低更快。因为 Isomura 和 Sato 认为应力峰值是裂纹的萌生处，表 1-27 中的数据可以用模拟峰值位置加以解释。

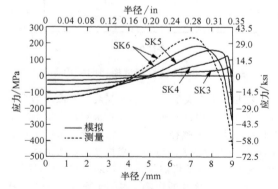

图 1-70 SK 工具钢试样上的周向应力分布

在参考文献中，Arimoto 等人并未给出模拟的应力分布变化，但在相关参考文献中 Arimoto 等人给出了含碳量为 0.83%，直径为 10mm （0.4in）的圆柱试样淬水后相组织和应变分布的变化。结果表明，表层和心部为压应力；当马氏体转变开始时出现拉应力峰值。当试样心部发生相变时，应力峰值移向心部，并在表层产生更大的压应力。最后，当相变趋于完成时，应力峰值移向次表层。在相关参考文献中，Arimoto 等人用模拟结果，特别是应变分布变化和其平衡条件〔公式（1-11）〕对应力变化的机制进行了解释。

（2）冷却特性的影响 为研究冷却特性对淬火开裂的影响，Isomura 和 Sato 采用 JIS SUJ2 轴承钢制备与上相同的圆柱试样进行淬火试验。钢的化学成分和冷却工艺的结果分别见表 1-28 和表 1-29。试样在 900℃（1650°F）加热水淬后未发现开裂，但在经 5～20s 油冷后水淬发生开裂（见表 1-29）。表 1-29 中 3 行数据为在同等工艺下进行了 3 次试验。

Arimoto 等人在参考文献中给出了在 900℃加热 1h，采用不同冷却工艺冷却后的周向残余应力分布模拟曲线，如图 1-71 所示。只有 850℃（1560°F）奥氏体化后水或油淬火的模拟应力分布与 Isomura 和 Sato 实测数据吻合。与水或油淬火相比，试样经 10～35s 油冷后水淬双液工艺的表面拉应力更高。虽然表 1-29 中经 30s 油冷后水淬试样没有开裂，但模拟的拉伸应力最高。

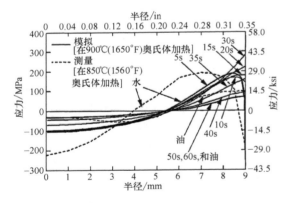

图 1-71 SUJ2 轴承钢试样周向应力分布

在相关参考文献的对油-水双液工艺冷却的残余应力分布模拟中，Arimoto 等人并未对其表面具有更高的拉应力做出解释。但在相关参考文献中，根据 Arimoto 等人验证了应力应变机制，认为油冷中表层的塑性应变降低可能是导致该残余应力分布原因。

（3）试样尺寸的影响 Mikita 等人研究了试样尺寸对淬火开裂的影响。圆柱试样采用成分为 0.98% C，0.8% Cr，0.7% W 的 JIS SKS3 钢制备。试样直径从 10mm 至 40mm（0.4in 至 1.6in），每隔 5mm（0.2in）一种，共 6 种试样规格，试样长度为

直径的 4 倍。试样在 750～950℃（1380°F 至 1740°F）范围，每隔 50℃（90°F）一种，共 5 种工艺规范奥氏体化加热后，淬入冰水。仅有直径为 25mm（1in）一种经 900℃和 950℃奥氏体化淬火出现纵向裂纹（平均 5 次试验出现 1 次）。

在相关参考文献中给出了图 1-72，Arimoto 等人在该图中提供了不同直径的试样，900℃淬火的模拟周向残余应力分布曲线。图中表明，试样的拉应力峰值随直径增加而增大。而当试样直径大于 30mm 时，在表层下出现非常窄的应力下降区间。可以用拉应力峰值，解释为什么只有直径为 25mm 的试样发生开裂现象。

相关参考文献中给出的图 1-72 还表明，当试样直径大于 30mm（1.2in），模拟得到表层下应力降低。但 Arimoto 等人对此没有进行解释。然而，基于 Arimoto 等人在相关参考文献中的观点，由于不同尺寸的试样的初始冷却速率不同，在表层附近的塑性应变大小影响了应力降低。

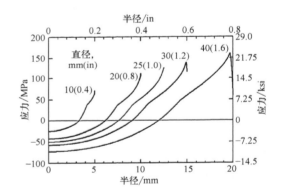

图 1-72 SKS3 工具钢试样周向应力分布

2. 复杂形状工件

由于圆柱形试样的应力分布进行测量和深入分析相对较为容易，多年来一直被用于研究淬火开裂的原因。然而，更为复杂形状的工件在各种不同的应力分布情况下，也会产生淬火开裂。这里，主要介绍 Arimoto 等人对台阶圆柱试样，Arimoto 等人、Uchida 等人和 Sugianto 等人对带偏心孔圆盘试样，Cai 等人对键槽轴试样，Horino 等人对环形槽圆柱试样及 Gallina 对锻造阀门淬火应力和开裂的研究。

（1）台阶圆柱试样 Arimoto 等人模拟有台阶圆柱试样淬火开裂，试样采用 2%～12%Cr 钢制备，由 Inoue 等人完成实验观察。台阶圆柱由上下两部分构成，上部分直径 50mm（2in），长度 20mm（0.8in）；下部分直径 100mm（4in），长度 100mm（4in）。试样从 1200℃（2190°F）淬水后，在试样台阶中间的

表面出现环状裂纹。模拟结果表明，淬火时，裂纹发生在试样台阶的表面径向拉应力集中处。进一步研究表明，该处马氏体发生转变完成与产生应力集中几乎同时发生。

Inoue 等人和 Arimoto 等人对淬火裂纹特征、裂纹萌生时的应力进行模拟，并对试样在多点（包括开裂点）的模拟应力发展历程进行了介绍。Wallis 在他的文章中也进行了转载。

（2）偏心孔圆盘试样 Arimoto 等人模拟偏心孔圆盘试样的淬火开裂，试样采用 JIS SK4 工具钢制备，由 Narazaki 等人完成对实验观察。圆盘试样直径 30mm（1.2in），厚度 10mm（0.4in），偏离圆盘中心 8mm（0.3in）处开有一个直径 10mm（0.4in）的孔。由于试样发生了完全解体脆断，采用实验视频确定了开裂时间。当裂纹萌生时，裂纹萌生处与最大主拉应力集中处和发生马氏体转变处的地方完全一致。

Narazaki 等人和 Arimoto 等人对试样几何形状和尺寸，发生开裂时模拟应力分布，试样在多点，包括开裂点的模拟应力发展历程，以及开裂后试样的照片进行了研究。Wallis 在他的文章中也进行了转载。

Uchida 等人采用了试样形状与 Narazaki 等人相同，但材料和尺寸不同的圆盘试样进行了淬火开裂研究。试样材料为 JIS SCM440 钢，试样尺寸为直径 100mm（4in），厚度为 70mm（2.75in），在偏离圆盘中心 33mm（1.3in）处开有一个直径 30mm（1.2in）的孔。水淬火后，采用显微镜观察到在孔附近有裂纹[61]。断口表面主要是晶间裂纹，少数为穿晶裂纹。

Uchida 等人采用终止试样在水中冷却时间实验来模拟确定裂纹萌生时间。试样在水中分别冷却 30s、40s、50s 和 250s，再在空气继续冷却 40s 时就观察到裂纹，而在空气冷却 50s 时，就能观察到不同裂纹形貌。此外，通过实验和模拟，Uchida 等人采用相同试样，研究了不同浓度聚二醇（PAG）溶液淬火冷却介质对淬火开裂的影响。在他们的研究里，预测了开裂和模拟了最大主应力，并与材料的抗拉强度进行了对比。

采用与 Narazaki 等人一样尺寸的试样，Sugianto 等人进行淬火开裂实验和模拟。试样材料为 JIS S45C 钢，试样加热后淬入静止水中。对模拟的最大主应力的两个点的应力发展历程进行记录，采用与材料屈服应力对比，预测试样开裂。

（3）键槽轴试样 Cai 等人模拟了轴上键槽根部的淬火开裂。轴的直径 50mm（2in），长度 200mm（8in），采用油和水进行淬火。键槽轴试样采用 SAE 1040 和 4140 钢制备，键槽宽度和深度均为 10mm（0.4in），在键槽底部分别加工为锐角（位置 A）和圆弧过渡角（位置 B）。除 SAE 1040 淬油试样外，所有位置 A 处模拟的最大拉伸主应力大于极限抗拉强度。

Cai 等人对轴的几何形状和特征位置，SAE 4140 的极限抗拉强度和屈服强度随温度变化曲线，特征位置，包括位置 A 和位置 B 应力发展历程的模拟进行了介绍。Wallis 在他的文章中也进行了转载。

（4）环形槽圆柱试样 Horino 等人对环形槽圆柱试样在感应淬火过程淬火开裂进行了研究。图 1-73 为试样尺寸和热感应器。试样采用碳含量分别为 0.35%、0.47% 和 0.55% 的 JIS S35C、S45C 和 S55C 钢制备。感应淬火硬化层深度 5mm（0.2in），在频率 10 kHz 下将试样加热至 1000℃（1830℉），而后喷水冷却。仅 S55C 钢试样在距离槽底部 0.8mm（0.03in）处，观察到环形裂纹（见图 1-74）。

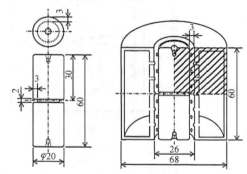

图 1-73　圆柱试样尺寸和热感应器

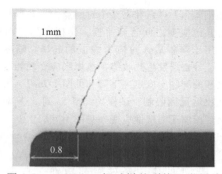

图 1-74　JIS S55C 钢试样的裂纹显微照片

采用轴对称有限元对图 1-73 中阴影区域进行模拟。图 1-75 为模拟得到的温度分布的变化，马氏体体积分数，冷却时沿槽表面的径向应力。当温度降至 Ms 温度时，试样表层开始马氏体转变，如图 1-75b 所示。在冷却开始 5.2s 后，在距环形槽底部 7.7mm（0.30in）半径位置，出现最大拉应力 393MPa（57ksi），如图 1-75c 所示。

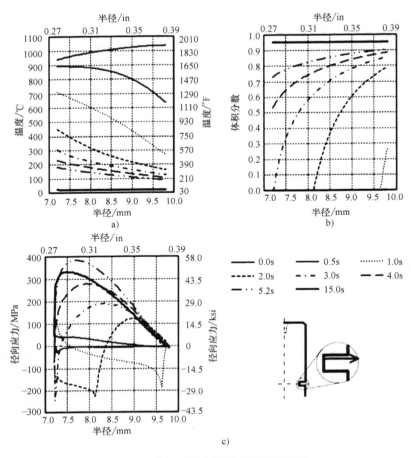

图 1-75　冷却过程中沿槽表面模拟结果
a）温度　b）马氏体　c）径向应力

根据式（1-11）和在某个时间点，沿环形槽的总应变与其他应变之间达到平衡，模拟得到了图1-76。该图可用于解释最大拉应力峰值的起源。随冷却开始，由于外表层发生热收缩，热膨胀应变和相变膨胀应变之和的膨胀应变迅速下降（见图1-76a）。因为试样内部收缩受到限制，试样冷却0.5s到3.0s时，该区间出现压缩压缩塑性应变（见图1-76b）。

当冷却1.0s后，开始马氏体转变（见图1-75b）。在马氏体转变区间，膨胀应变增大（见图1-76a），该处的应力条件引起塑性拉应变（图1-76c）。另一方面，根据上面的应变条件下和试样自身的约束，得到了弹性应变和总应变的变化（分别见图1-76e和图1-76d）。最后，采用式（1-13）和根据工件3个方向的弹性应变变化进行计算，得到应力变化曲线，如图1-75c所示。

（5）锻造阀门　Gallina采用水进行淬火，模拟锻造阀门开裂。选择占四分之一阀门（600mm×500mm×720mm，或24in×20in×28in）的中碳Cr-Mo

钢（AISI 413）建模。采用有限元分析方法模拟计算了淬火2s后的阀门温度、显微组织和最大主应力分布，如图1-77a、图1-77b和图1-77c所示。当表面温度低于Ms时，观察到马氏体组织，与此同时，最大拉伸主应力为1550MPa（225ksi）。

采用网格独立扩展有限元方法（XFEM）预测了裂纹形核和扩展。将工件区域细分为子模型进行分析和预测，如图1-77c和图1-77d所示。当增大了子模型的表层环向应力时，增加了淬火裂纹形核条件，促使裂纹在径向方向扩展。采用XFEM分析得到的模拟图，如图1-78所示。

裂纹萌生被定义为最大拉伸主应力等于许用应力，该许用应力为微观组织的极限抗拉强度。应该指出的是，对脆性马氏体组织，采用材料的屈服应力与极限抗拉强度解释裂纹萌生是相互吻合的。此外，还有采用张力-位移行为和裂纹开裂能量的损伤累积定律预测裂纹扩展，使用断裂韧度（K_{Ic}）评估断裂能量。

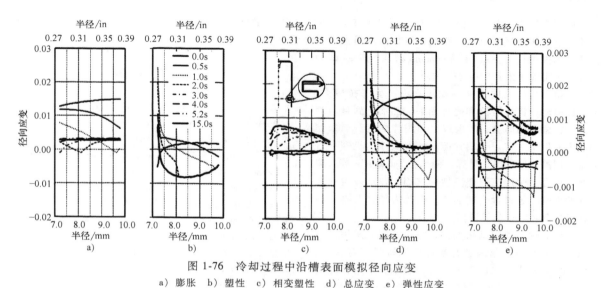

图 1-76　冷却过程中沿槽表面模拟径向应变
a）膨胀　b）塑性　c）相变塑性　d）总应变　e）弹性应变

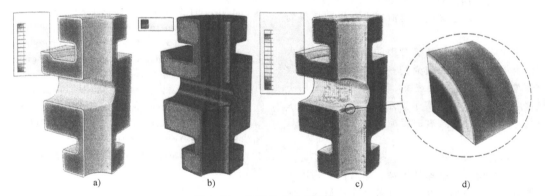

图 1-77　有限元温度模拟输出
a）温度　b）微观组织　c）模型中最大主应力　d）钢阀门模型淬火开始 2s 后的临界区域

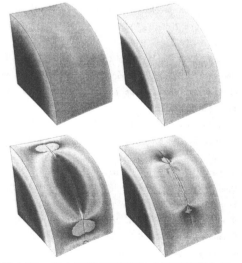

图 1-78　淬火开始后不同的时间的断裂分析

1.3.4　使用模拟预防淬火开裂

虽然传统的实验方法还在实际工程应用，最近已经应用模拟技术预测淬火开裂。与此同时，根据许多对开裂问题积累经验，提出了一些切实可行的解决方案。众所周知，每年钢的纯净化都不断改进；然而，淬火开裂问题尚未完全解决。这里主要通过对淬火裂纹的起因，裂纹的预防和预期效果的模拟，介绍防止淬火开裂的方法。

（1）淬火裂纹的起因　早期 Scott、Buhler-Scheil 和 Isomura-Sato 对淬火裂纹起因进行过研究，认为试样中的拉应力导致了裂纹的产生。实用的模拟系统开发以来，Arimoto 等人和 Uchida 等人采用圆盘试样验证了试样中的拉应力集中与裂纹产生的时间和位置是一致的。Horino 等人采用实验和模拟结果结合，解释了应力集中发生的机理。

为进一步对开裂进行解释，需要将淬火后钢的强度与模拟应力进行对比。Toshioka 等人和 Iijima 采用力学性能测试了材料的强度，但材料的强度大于实际和模拟应力。Liu 和 McMahon 以及 Shiraga 认为其原因可能考虑到钢中氢的作用。

由于脆性大的淬火钢在淬火中产生了拉应力，由此引起的淬火裂纹和脆性断裂。然而，到目前为止，在微观层面上，产生裂纹和脆性的机制尚未彻底为人们所了解。另一方面，回火脆性的机理一直是采用第一原理进行计算。例如，Yamaguchi 等人解释了镍合金中的硫引起脆性的起因，包括硫为什么和如何削弱了镍合金的晶界，以及为什么要将硫的含量控制在一个临界浓度。

（2）采用模拟结果判据，防止开裂　采用模拟以对淬火开裂的起因进行解释已取得了一定成绩。Uchida 等人和 Horino 等人的工作表明，采用合理地模型和数据，结合模拟技术能提供合理的模拟结果。Gallina 对锻造阀门工件的模拟进一步证实了这点。随着时间的推移，正确应用模拟技术和模型将得到进一步提高。

这里主要介绍采用正确合理的模拟，评估淬火开裂。由于过于粗糙的表面是一种缺陷，这会导致在钢铁零件表面萌生淬火裂纹。Narazaki 等人采用不同粗糙度表面的试样证实了这点。然而，采用有限元方法，建立微裂纹与表面粗糙度对应的模型是难以实现的。

如上所述，根据式（1-9），采用抗拉强度为门槛值，评估表面划痕玻璃的断裂。因为淬火马氏体的脆性可能会与玻璃一样大，可采用模拟最大拉应力等于或大于淬火钢的极限抗拉强度判据，评估淬火裂纹的产生。该判据已被一些学者采用。

（3）为改善模拟和判据的工作　尽管淬火钢极限抗拉强度已作为脆性开裂的阈值，但在测试工作中，还没有考虑奥氏体化温度、氢及其他杂质元素和表面粗糙度因素的影响。为达到此目标，应该在 Iijima 和 Toshioka 等人研究的基础上，使用有上述影响因素试样，进行力学性能测试，获得材料的强度。另一方面，根据 Mao 等人提出的断裂韧度测量，Gallina 对裂纹扩展的分析也应在考虑上述影响因素的前提下进行。

淬火开裂判据和模拟可以在实际应用中得到改进，对比实验和模拟结果有助于实现这一目标。虽然采用以前的实验解释开裂起因是有意义的，但应该看到这些早期工作的实验数据是不完整的。因此，有必要再次进行相同的验证试验。

因为在特定的条件下的拉应力集中是不同的，为在实际情况下为鉴别裂纹和寻找解决方案，需要在特定形状零件和冷却条件下进行系统地测试和研究。

参 考 文 献

1. G. E. Totten, C. E. Bates and N. A. Clinton, Residual Stress, Distortion, and Cracking, *Handbook of Quenchants and Quenching Technology*, ASM International, 1993, p 441-494.

2. M. Narazaki, G. E. Totten, and G. E. Webster, Hardening by Reheating and Quenching, *Handbook of Residual Stress and Deformation of Steel*, G. E. Totten, M. Howes, and T. Inoue, Ed. , ASM International, 2001, p 248-295.

3. R. A. Wallis, Modeling of Quenching, Residual-Stress Formation, and Quench Cracking, *Metals Process Simulation*, Vol 22B, *ASM Handbook*, ASM International, 2010, p 547-585.

4. H. Scott, Origin of Quenching Cracks, *Scientic Papers of the Bureau of Standards*, Vol 20, National Bureau of Standards, 1925, p 399-444.

5. K. Buhler and E. Scheil, Combined Effect of Thermal and Transformation Stresses in Quenched Steel, *Arch. Eisenhutten.*, Vol 6, 1933, p 283-288（in German）.

6. R. Isomura and K. Sato, On QuenchCracking Phenomena as Viewed from the Aspect of Quenching Stresses, *J. Jpn. I. Met.*, Vol 25, 1961, p 360-364（in Japanese）.

7. E. Heyn, Internal Strains in Cold-Wrought Metals, and Some Troubles Caused Thereby, *J. I. Met.*, Vol 12, 1914, p 3-37.

8. G. Sachs, The Determination of Residual Stresses in Rods and Tubes, *Z. Metallkunde*, Vol 19, 1927, p 352-357（in German）.

9. E. Scheil, Generation of Cracks in Steel in the Heat Treatment, *Arch. Eisenhutten.*, Vol 8, 1935, p 309-314（in German）.

10. K. Iijima, The Effect of Austenitizing Condition on Hardenability and on Mechanical Properties of Hardened Carbon Steel, *J. Jpn. I. Met.*, Vol 26, 1962, p 412-416（in Japanese）.

11. K. Iijima, The Effects of Austenitizing Temperature, Carbon Content and Subzero Treatment on the Mechanical Properties of Hardened Steels, *J. Jpn. I. Met.*, Vol 29, 1965, p 1227-1233（in Japanese）.

12. M. C. Udy and M. K. Barnett, A Laboratory Study of Quench Cracking in Cast Alloy Steels, *Trans. ASM*, Vol 38, 1947, p 471-487.

13. C. Wells, C. F. Sawyer, I. Broverman, and R. F. Mehl, A Quench Cracking Susceptibility Test for Hollow Cylinders, *Trans. ASM*, Vol 42, 1950, p 206-232.

14. R. D. Chapman and W. E. Jominy, A Test for Measuring Quench Crack Sensitivity of Engineering Alloy Steels, *Met. Prog.*, Sept 1953, p 67-72.

15. H. Homma, Effect of Alloying Elements on the Quench-Crack

Sensitivity and Hardness of Induction-Hardened Steels, *Tetsu-toHagane* (*J. Iron Steel Inst. Jpn.*), Vol 48, 1962, p 1752-1758 (in Japanese).

16. H. Homma, Effect of Nonmetallic Inclusions on Sensitivity of Steel to InductionHardening Crack, *Tetsu-to-Hagane* (*J. Iron Steel I. Jpn.*), Vol 48, 1962, p 953-959 (in Japanese).

17. T. Kunitake and S. Sugisawa, The Quench-Cracking Susceptibility of Steel, *The Sumitomo Search*, No. 5, May 1971, p 16-25.

18. F. Moreaux, A. Simon, and G. Beck, Relationship Between Quenching Process, Hardness Depth and Quench Defects in Steels, *J. Heat Treat.*, Vol 1, 1980, p 50-56.

19. T. Abe, T. Sampei, and H. Osuzu, Effect of Metallurgical Factors on Quenching Crack Sensitivity, *Tetsu-to-Hagane* (*J. Iron Steel I. Jpn.*), Vol 69, 1983, p S641 (in Japanese).

20. Y. Mikita, Y. Kawano, I. Nakabayashi, T. Mori, and K. Sakamaki, Shape Effects of the Test Piece on Quench Crack Susceptibility, *Bull. Facl. Eng. Univ. Tokushima*, Vol 33, 1988, p 39-49 (in Japanese).

21. Y. Mikita, I. Nakabayashi, and K. Sakamaki, How Quench Conditions Affect Cracking in Tapered Cylinders, *Heat Treat.*, Dec 1989, p 21-24.

22. J. W. Spretnak and C. C. Busby, Pre-Bore Quench for Hollow Cylinders, *Trans. ASM*, Vol 42, 1950, p 270-282.

23. G. F. Melloy, Development of an Improved Forged Hardened-Steel Roll Composition, *Iron Steel Eng.*, May 1965, p 117-126.

24. S. Shimoda, Quench Cracking, *Netsu-Shori* (*J. Jpn. Soc. Heat Treat.*), Vol 5, 1965, p 166-174 (in Japanese).

25. K. Sakabe, Some Consideration on the Premature Failure of Fully Hardened Roll, *Tetsu-to-Hagane* (*J. Iron Steel I. Jpn.*), Vol 53, 1967, p 611-628 (in Japanese).

26. A. R. Troiano, The Role of Hydrogen and Other Interstitials in the Mechanical Behavior of Metals, *Trans. ASM*, Vol 52, 1960, p 54-80.

27. J. H. Hollomon, Temper Brittleness, *Trans. ASM*, Vol 36, 1946, p 473-542.

28. J. Comon, P. F. Martin, and P. G. Bastien, Statistical Study of Factors Inuencing Impact Strength of Turbine Generator Rotors—Influence of Temper Embrittlement, " Temper Embrittlement in Steel," STP 407, ASTM International, 1968, p 74-89.

29. B. C. Woodfne, Temper Brittleness: A Critical Review of the Literature, *J. Iron Steel I.*, Vol 173, 1953, p 229-240.

30. C. J. McMahon, Jr., Temper Brittleness— An Interpretive Review, "Temper Embrittlement in Steel," STP 407, ASTM International, 1968, p 127-167.

31. C. J. McMahon, Jr., Temper Embrittlement of Steels: Remaining Issues, *Mater. Sci. Forum*, Vol 46, 1989, p 61-76.

32. J. R. Low, Jr., D. F. Stein, A. M. Tukalo, and R. P.

Laforce, Alloy and Impurity Effects on Temper Brittleness of Steel, *Trans. AIME*, Vol 242, 1968, p 14-24.

33. C. J. McMahon, Jr., K. Yoshino, and H. C. Feng, Hydrogen Embrittlement in Impure Steels, *Stress Corrosion Cracking and Hydrogen Embrittlement of Iron Base Alloys*, NACE, June 1977, p 649-658.

34. E. S. Davenport, E. L. Roff, and E. C. Bain, Microscopic Cracks in Hardened Steel, Their Effects and Elimination, *Trans. ASM*, Vol 22, 1934, p 289-310.

35. R. G. Davies and C. L. Magee, Microcracking in Ferrous Martensites, *Metall. Trans.*, Vol 3, 1972, p 307-313.

36. G. Krauss, Microstructures and Properties of Carburized Steels, *Heat Treating*, Vol 4, *ASM Handbook*, ASM International, 1991, p 363-375.

37. J. F. Knott, *Fundamentals of Fracture Mechanics*, Butterworth and Co., Ltd., London, 1977.

38. A. A. Griffth, The Phenomena of Rupture and Flow in Solids, *Philos. T. R. Soc. A*, Vol 221, 1920, p 163-198.

39. H. Muir, B. L. Averbach, and M. Cohen, The Elastic Limit and Yield Behavior of Hardened Steels, *Trans. ASM*, Vol 47, 1955, p 380-407.

40. P. G. Winchell and M. Cohen, The Strength of Martensite, *Trans. ASM*, Vol 55, 1962, p 347-361.

41. Y. Toshioka, M. Fukagawa, and Y. Saiga, Plasticity of Steels during Martensite Transformation and Quench Cracking in Heat Treatment of Steel, *Tetsu-to-Hagane* (*J. Iron Steel I. Jpn.*), Vol 59, 1973, p 308-312 (in Japanese).

42. G. Y. Lai, W. E. Wood, R. A. Clark, V. F. Zackay, and E. R. Parker, The Effect of Austenitizing Temperature on the Microstructure and Mechanical Properties of As-Quenched 4340 Steel, *Metall. Trans.*, Vol 5, 1974, p 1663-1670.

43. W. E. Wood, Effect of Heat Treatment on the Fracture Toughness of Low Alloy Steels, *Eng. Fract. Mech.*, Vol 7, 1975, p 219-234.

44. E. R. Parker and V. F. Zackay, Microstructural Features Affecting Fracture Toughness of High Strength Steels, *Eng. Fract. Mech.*, Vol 7, 1975, p 371-375.

45. M. Kubo, K. Sakaguchi, and T. Miyake, Effects of Heat Treatment on Fracture Toughness of Low Alloy Steels, *NetsuShori* (*J. Jpn. Soc. Heat Treat.*), Vol 30, 1990, p 104-109 (in Japanese).

46. J. Mao, V. L. Keefer, K. -M. Chang, and D. Furrer, An Investigation on Quench Cracking Behavior of Superalloy Udimet 720Li Using a Fracture Mechanics Approach, *J. Mater. Eng. Perform.*, Vol 9, 2000, p 204-214.

47. T. P. Earle, J. S. Robinson, and J. J. Colvin, Investigating the Mechanisms that Cause Quench Cracking in Aluminium Alloy 7010, *J. Mater. Process. Tech.*, Vol 153-154, 2004, p 330-337.

48. C. J. McMahon, Jr., Hydrogen-Induced Intergranular Fracture of

Steels, *Eng. Fract. Mech.*, Vol 68, 2001, p 773-788.

49. T. Shiraga, Hydrogen Embrittlement of Steel, *Zairyo-to-Kankyo*（*Corrosion Engineering*）, Vol 60, 2011, p 8-14.

50. M. Tada, K. Kikuchi, K. Tomita, and T. Shiraga, Hydrogen Absorption and Desorption of Steel in the High Strength Bolt Manufacturing, *ISIJ Int.*, Vol 52, 2012, p 281-285.

51. X. Y. Liu and C. J. McMahon, Jr., Quench Cracking in Steel as a Case of Hydrogen Embrittlement, *Mater. Sci. Eng. A*, Vol 499, 2009, p 540-541.

52. N. R. Moody, S. L. Robinson, and W. M. Garrison, Jr., Hydrogen Effects on the Properties and Fracture Modes of Iron-Based Alloys, *Res Mech.*, Vol 30, 1990, p 143-206.

53. W. B. Hillig, Sources of Weakness and the Ultimate Strength of Brittle Amorphous Solids, J. D. Mackenzie, Ed., *Modern Aspects of the Vitreous State*, Vol 2, Butterworth, Washington, 1962, p 152-194.

54. M. Narazaki, S. Fuchizawa, and M. Kogawara, Effects of Surface Roughness and Surface Texture on Quench Cracking of Steel, *Netsu-Shori*（*J. Jpn. Soc. Heat Treat.*）, Vol 33, 1993, p 56-63（in Japanese）.

55. K. Arimoto, T. Horino, F. Ikuta, C. Jin, S. Tamura, and M. Narazaki, Explanation of the Origin of Distortion and Residual Stress in Water Quenched Cylinders Using Computer Simulatiosn, *J. ASTM Int.*, Vol 3, 2006, Paper ID: JAI14204.

56. K. J. Bathe, *Finite Element Procedures*, Prentice Hall, New Jersey, 1996.

57. A. Mendelson, *Plasticity: Theory and Application*, The MacMillan Co., New York, 1968.

58. K. Arimoto, F. Ikuta, T. Horino, S. Tamura, M. Narazaki, and Y. Mikita, Preliminary Study to Identify Criterion for Quench Crack Prevention by Computer Simulation, 14th Congress of IFHTSE, Oct 26-28, 2004（Shanghai, China）; *Trans. Mater. Heat Treat.*, Vol 25, 2004, p 486-493.

59. K. Arimoto, G. Li, A. Arvind, and W. T. Wu, The Modeling of Heat Treating Process, *Heat Treating* 1998: *Proc. of the 18th Conf.*, R. A. Wallis and H. W. Walton, Ed., ASM International, 1998, p 23-30.

60. K. Arimoto, D. Lambert, K. Lee, W. T. Wu, and M. Narazaki, Prediction of Quench Cracking by Computer Simulation, *Heat Treating* 1999: *Proc. of the 19th Conf.*, S. J. Midea and G. D. Paffmann, Ed., ASM International, 1999, p 435-440.

61. F. Uchida, S. Goto, R. Shindo, and S. Nagata, Analysis of Quenching Crack Generation in Low Alloy Cast Steel by Using Heat Treatment Simulation, *J. Jpn. Foundry Eng. Soc.*, Vol 77, 2005, p 437-444（in Japanese）.

62. F. Uchida, S. Goto, S. Aso, R. Shindo, and S. Nagata, Effects of Specimen Thickness on Quenching Crack in Low Alloy Cast Steel, *J. Jpn. Foundry Eng. Soc.*, Vol 77, 2005, p 696-703（in Japanese）.

63. F. Uchida, H. Horie, S. Hiratsuka, R. Shindo, and M. Kato, Effects of Cooling Medium on Quenching Crack in Low Alloy Cast Steel, *J. Jpn. Foundry Eng. Soc.*, Vol 80, 2008, p 100-106（in Japanese）.

64. A. Sugianto, M. Narazaki, M. Kogawara, and A. Shirayori, Failure Analysis and Prevention of Quench Crack of Eccentric Holed Disk by Experimental Study and Computer Simulation, *Eng. Failure Anal.*, Vol 16, 2009, p 70-84.

65. J. Cai, L. Chuzhoy, and K. W. Burris, Numerical Simulation of Heat Treatment and Its Use in Prevention of Quench Cracks, *Heat Treating* 2000: *Proc. of the 20th Conf.*, K. Funatani and G. E. Totten, Ed., ASM International, 2000, p 701-707.

66. T. Horino, H. Inoue, F. Ikuta, and K. Kawasaki, Explanation by Computer Simulation about Quenching Crack Generation in Induction Hardening Process of Cylindrical Specimens with a Ring Groove, *Proc. IDE* 2011, Bremen, Germany, 2011, p 339-347.

67. D. Gallina, Finite Element Prediction of Crack Formation Induced by Quenching in a Forged Valve, *Eng. Failure Anal.*, Vol 18, 2011, p 2250-2259.

68. T. Inoue, K. Haraguchi, and S. Kimura, Stress Analysis during Quenching and Tempering, *J. Soc. Mat. Sci. Jpn.*, Vol 25, 1976, p 521-526（in Japanese）.

69. M. Yamaguchi, M. Shiga, and H. Kaburaki, Grain Boundary Decohesion by Impurity Segregation in a Nickel-Sulfur System, *Science*, Vol 307, 2005, p 393-397.

1.4　表面硬化钢的选择

有很多种钢的表面强化方法（见表1-33）。为实现下列设计目标或其组合设计目标，应该考虑利用每种方法独特的性能和选择不同的钢：

1）在压应力载荷具有耐磨性。

2）抗表面划伤或黏着。

3）弯曲或扭转强度。

4）弯曲疲劳强度。

5）抗接触疲劳、点蚀或表面开裂。

渗碳是最常见的表面强化方法，但没有任何一种表面强化方法适用于所有的场合。与整体淬火工件相比，高硬度硬化表层和低硬度心部工件的最大优势是具有更高的韧性，如图1-79所示。

表面硬化钢的选择要考虑载荷和工件的服役条件。当在低压缩应力或低弯曲应力的服役条件下，根据耐磨要求选择钢时，只需要考虑硬化层完全淬透的100%马氏体。对于这种服役条件，表面硬化层只要起到提高工件的磨损寿命的功能即可。

表 1-33 表面淬硬工艺及其特点

工艺	特 点
渗碳	高硬度,高度耐磨表面(中等硬化层深度);抗接触载荷优良;良好的弯曲疲劳强度,良好的抗黏着磨损;开裂淬火倾向极小;低至中等价格钢;成本高
碳氮共渗	高硬度,高度耐磨表面(硬化层深度浅);抗接触载荷良好;抗黏着磨损一般;变形小;开裂淬火倾向极小;低价格钢;资金投入中等
渗氮	高硬度,高度耐磨表面(硬化层深度浅);抗接触载荷良好;良好的弯曲疲劳强度;良好的抗黏着磨损;能实现高精度尺寸控制;淬火开裂倾向小(预处理中);中等至高价格钢;资金投入中等
感应淬火	高硬度,高度耐磨表面(硬化层深);抗接触载荷良好;良好的弯曲疲劳强度;高的耐磨表面深度(深度);良好的接触载荷的能力;良好的弯曲疲劳强度;抗黏着磨损一般;尺寸精度控制一般;具有一定淬火开裂倾向;低成本钢;资金投入中等
火焰淬火	高硬度,高度耐磨表面(硬化层深);良好的抗接触载荷能力;良好的弯曲疲劳强度;抗黏着磨损一般;尺寸精度控制一般;具有一定淬火开裂倾向;低成本钢;低资金投入

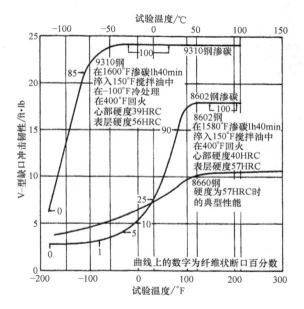

图 1-79 表面硬化工件具有硬度高的表层和硬度较低,韧性较高的心部

注:具有这种组织的工件断裂韧度比以前的表面硬化钢要更高。图中曲线为 8620 和 9310 钢渗碳,渗碳层深度为 0.381mm(0.015in)的韧性性能。为方便进行对比,图中增加了硬度为 57 HRC 的 8660 钢的典型数据。试样经磨削开缺口,而后进行渗碳。

但在高压应力载荷的服役条件下,对硬化层的要求就不一样了。硬化层不仅要足够深,以提高工件的磨损寿命,还要能承受高的接触载荷。硬化层必须为完全马氏体组织,并且要求支撑硬化层的基体材料具有足够的强度。

对于重载荷和滑动接触工件,表面硬化也是防止工件间表面划伤或黏着一种有效方法。在这种类服役条件下,硬化层必须为完全高碳马氏体组织。在表面硬化方法中,使用氮(如碳氮共渗、渗氮)也是一种有效防止工件间的表面划伤或黏着的方法。表面硬化也能有效地提高弯曲和接触疲劳寿命。

1.4.1 渗碳钢

用于表面硬度要求高,耐磨和抗疲劳性能好,心部塑性、韧性好工件的渗碳钢的种类和牌号有很多。在北美 SAE/AISI 系统中,包括有含碳量不同、易切削和各类合金的各种渗碳钢。渗碳钢的最明显的特点是低碳。渗碳钢经渗碳后,渗碳层的深度约在 0.075 ~ 6.35mm(0.003 ~ 0.250in),硬度约 58 ~ 62HRC。尽管有时在特殊应用场合,采用较高碳含量的钢,但常规渗碳钢的碳含量在 0.10 ~ 0.30% 范围。

渗碳钢包括碳钢和合金钢,渗碳合金钢中的合金元素主要由少量锰、铬、镍和钼。添加这些合金元素的主要目的是提高淬透性或增强其他性能,如冲击韧性。表 1-34 列出了一些常用在北美渗碳钢的牌号。全球不同地区使用的渗碳钢种类和牌号有很多,有些在 AISI 或 SAE 牌号中,只有类似牌号。表 1-35A 是部分国际渗碳钢牌号的成分和应用,表 1-35B 是这些牌号渗碳钢的渗碳工艺和性能数据。表 1-36 列出了一些合金渗碳钢的各种汽车典型零件。

渗碳钢的选择和使用取决于多种因素,在本章 1.5 节"渗碳钢的选择"中将会进一步深入进行介绍。这里首先介绍两个最基本要考虑的因素:

1)根据工件的截面大小、形状和形变要求,考虑渗碳后淬火冷却介质的选择。

2)成品工件的应力类型和大小。

其他影响选材因素还包括材料供应渠道,工厂的加工能力和设备,因为这些因素将决定热处理工艺的选择。显然,必须同时考虑钢的选择和工艺的选择。

表 1-34 常用渗碳钢

AISI 钢牌号	相对价格	化学成分(质量分数,%)					说　明
		C	Mn	Ni	Cr	Mo	
1020	很低	0.2	0.45	—	—	—	普通碳钢。心部淬透性低
4023	低	0.23	0.80	—	—	0.25	低淬透性牌号常用于汽车行业
4320	中等/高	0.2	0.55	1.82	0.50	0.25	淬透性高,对较厚截面工件提高心部性能。通常比 8620 钢的工艺时间长
4620	中等	0.2	0.55	1.85	—	0.25	镍/钼钢。在淬透性和心部性能要求一般情况下使用
4820	高	0.2	0.60	3.5	—	0.25	提高钢中镍的含量,提高心部韧性。导热较慢,导致工艺时间较长
5120	低	0.2	0.80	—	0.80	—	常在汽车行业应用。如果渗碳时间过长,有形成碳化物倾向
8620	低/中等	0.2	0.85	0.55	0.50	0.20	通常为渗碳指定钢。优良的渗碳能力,对于大多数工件尺寸,具有良好的淬透性
8720	中等	0.2	0.85	0.55	0.5	0.25	类似于 8620 钢但提高了钼含量,提高了心部淬透性
9310	很高	0.1	0.50	3.25	1.2	0.12	增加了镍含量,显著提高例如心部韧性。导热较慢,导致工艺时间较长

表 1-35A 常用渗碳钢国际牌号

牌号	等同牌号	ASTM 标准	平均成分(质量分数,%)					应　用
			C	Mn	Cr	Ni	Mo	
铬钢								
15H	~5117	A322-91	0.15	0.7	0.9	—	—	小尺寸工件,受中等大小应力。例如,凸轮轴、轮盘、螺栓、套筒、锭子
20H	~5120	A322-91	0.20	0.7	0.9	—	—	
铬-锰钢								
16HG	~5120H	A534-94	0.16	1.2	1.0	—	—	相对小尺寸工件,如齿轮、凸轮轴、螺丝、螺栓
20HG	—	—	0.20	1.3	1.2	—	—	中等尺寸齿轮、轴和其他承受高交变应力工件
18HGT	—	—	0.18	1.0	1.2	—	—	要求寿命长的重要高应力工件:齿轮和轴等。
铬-锰-钼钢								
15HGM	—	—	0.15	1.0	1.0	—	0.2	中等尺寸零件,如齿轮、轴和承担大应力的和交变应力零件
15HGMA	—	—	0.15	1.0	1.0	—	0.2	大尺寸零件,如齿轮、轴和其他具有高和交变应力零件
18HGM	—	—	0.18	1.1	1.0	—	0.2	
铬-镍-锰钢								
15HGN	—	—	0.15	0.9	1.0	1.5	—	高应力,小尺寸齿轮,高负荷工作齿轮,轴
17HGN	—	—	0.18	1.2	1.0	0.8	—	大载荷的极小齿轮,轴、螺丝、螺栓
铬-镍钢								
15HN	—	—	0.15	0.6	1.6	1.6	—	高应力,小尺寸齿轮,高负荷工作齿轮,轴
15HNA	—	—	0.15	0.6	1.6	1.6	—	高应力齿轮,卷轴,高负荷工作齿轮和交变应力齿轮
18H2N2	—	—	0.18	0.6	2.0	2.0	—	特殊载荷设备和内燃机零件
12HN3A	—	—	0.12	0.5	0.8	3.0	—	
12H2N4A	~E3310	A837-91	0.12	0.5	1.5	3.5	—	
20H2N4A	—	—	0.20	0.5	1.5	3.5	—	
铬-镍-钼钢								
17HNM	—	—	0.17	0.6	1.7	1.6	0.3	高负载齿轮,高负荷工作凸轮轴,轴和受高应力的其他零件
20HNM	8620H	A534-94	0.20	0.8	0.5	0.6	0.2	中等负荷齿轮、轴等零件,其他高应力零件
22HNM	8622H	A304-95	0.22	0.8	0.5	0.6	0.2	
铬-镍-钨钢								
18H2N4WA	—	—	0.18	0.4	1.5	4.2	—	特殊载荷设备,如通风设备和内燃机零件

表 1-35B　表 1-35A 中国际渗碳钢牌号的热处理工艺和性能

牌　号	温度/℃（℉）		力学性能（不小于）			
	淬火	回火	抗拉强度/MPa（ksi）	屈服强度/MPa（ksi）	延伸率（%）	冲击吸收能量/J（ft·lbf）
15H 20H	880/800（1620/1470）	180（360）	690（100）	490（71）	12	70（52）
16HG	860（1580）	180（360）	830（120）	590（85）	12	—
20HG	880（1620）	180（360）	1080（156）	740（107）	7	—
18HGT	870/820（1600/1510）	200（390）	980（142）	830（120）	9	80（59）
15HGM	840（1540）	180（360）	930（135）	780（113）	15	80（59）
15HGMA	840（1540）	180（360）	930（135）	780（113）	15	80（59）
18HGM	860（1580）	190（370）	1080（156）	880（128）	10	90（66）
15HGN	850（1560）	175（345）	880（128）	640（93）	10	59（44）
17HGN	860（1580）	160（320）	1030（149）	830（120）	11	70（52）
15HN	860（1580）	190（370）	980（142）	830（120）	12	80（59）
15HNA	860（1580）	190（370）	980（142）	830（120）	12	80（59）
18H2N2	860（1580）	190（370）	1230（178）	890（129）	7	—
12HN3A	860/790（1580/1450）	180（360）	930（135）	690（100）	11	90（66）
12H2N4A	860/790（1580/1450）	180（360）	1130（164）	930（135）	10	90（66）
20H2N4A	860/780（1580/1440）	180（360）	1270（184）	1080（156）	9	80（59）
17HNM	860（1580）	170（340）	1180（171）	830（120）	7	—
20HNM	880/820（1620/1510）	—	①	①	①	①
22HNM	880/820（1620/1510）	—	①	①	①	①
18H2N4WA	950/850（1740/1560）	180（360）	1130（164）	830（120）	12	100（74）

① 基于采购规范数据。

表 1-36　渗碳钢生产的典型汽车零件

表面渗碳合金钢牌号	直径 30mm（1.2in）试棒心部强度		应　用
	MPa	ksi	
SAE 5120	600~850	87~123	凸轮轴、滚轴、活塞销、汽车轴承
SAE 4620	750~1050	109~152	凸轮轴、凸轮、齿轮箱、转向臂轴、传动组件
DIN 16MnCr5	800~1100	116~159	小齿轮、轴、锥齿轮、变速箱
SAE 8620,8720	900~1150	131~167	齿轮、转向机构、齿轮箱和汽车传动组件
DIN 20MnCr5,BS815M17	1000~1300	145~189	中等齿轮、轴、转向后桥轴齿轮、转向螺母、蜗杆、变速箱齿轮、伞状齿轮、小齿轮、差速器十字轴
SAE 94B17	1000~1300	145~189	重载齿轮、重型车辆和汽车传动组件
EN 354,SAE 4320,SAE 4027	1200~1350	174~196	重载齿轮、差速齿轮和小齿轮、后桥驱动齿轮、重型车辆和汽车自动变速箱组件

有些渗碳钢适合用于特殊类型的零件，如轴承和齿轮（渗碳工艺应用的两个主要零件）。例如，表 1-37 列出了标准渗碳钢轴承（参见本卷文章"轴承热处理"）。其他广泛用于渗碳的渗碳钢牌号包括：

1) 20CrMn 铬钢（5115/5117/5120）。

2) 20CrMo 铬-钼钢（4118/4120/4121）。

3) 低碳镍-铬钢（例如 20CrNi 和 20CrNiMo）。

根据齿轮的硬度和应力要求，生产齿轮的渗碳钢种类是多样的。齿部受复杂应力和严重弯曲和接触载荷的齿轮，不仅要认真考虑表面硬度，而且还要考虑心部的淬透性和表层与心部间过渡层的残余应力分布。表 1-38 列出了常用渗碳齿轮钢的化学成分。有关

更多信息参见本卷"齿轮钢的热处理"一文。

表 1-37　常用渗碳轴承钢名义成分

钢号	化学成分（质量分数,%）					
	C	Mn	Si	Cr	Ni	Mo
4118	0.20	0.80	0.22	0.50	—	0.11
5120	0.20	0.80	0.22	0.80	—	—
8620	0.20	0.80	0.22	0.50	0.55	0.20
4620	0.20	0.55	0.22	—	1.82	0.25
4320	0.20	0.55	0.22	0.50	1.82	0.25
3310	0.10	0.52	0.22	1.57	3.50	—
SCM420	0.20	0.72	0.25	1.05		0.22
20MnCr5	0.20	1.25	0.27	1.15	—	

表 1-38　常用渗碳齿轮钢的化学成分

钢号（AISI）	化学成分（质量分数，%）										
	C	Mn	P	S	Si	Ni	Cr	Mo	V	W	Co
3310	0.08~0.13	0.45~0.60	≤0.025	≤0.025	0.20~0.35	3.25~3.75	1.40~1.75	—	—	—	—
3310H	0.07~0.13	0.30~0.70	≤0.035	≤0.040	0.20~0.35	3.20~3.80	1.30~1.80	—			
4023	0.20~0.25	0.70~0.90	≤0.035	≤0.040	—	—	—	0.20~0.30			
4027	0.25~0.30	0.70~0.90	≤0.035	≤0.040	—	—	—	0.20~0.30			
4118	0.18~0.23	0.70~0.90	≤0.035	≤0.040	0.20~0.35	—	0.40~0.60	0.08~0.15			
4118H	0.17~0.23	0.60~1.00	≤0.035	≤0.040	0.20~0.35	—	0.30~0.70	0.08~0.15			
4140	0.38~0.43	0.75~1.00	≤0.035	≤0.040	0.20~0.35	—	0.80~1.10	0.15~0.25			
4320	0.17~0.22	0.45~0.64	≤0.035	≤0.040	0.20~0.35	1.65~2.00	0.40~0.60	0.20~0.30			
4330M	0.30~0.33	0.96	≤0.008	0.006	0.30	1.82	0.88	0.44	0.09		
4620	0.17~0.22	0.45~0.65	≤0.035	≤0.040	0.20~0.35	1.65~2.00		0.20~0.30			
4815	0.13~0.18	0.40~0.60	≤0.035	≤0.040	0.20~0.35	3.25~3.75		0.20~0.30			
4820	0.18~0.23	0.50~0.70	≤0.035	≤0.040	0.20~0.035	3.25~3.75		0.20~0.30			
8617	0.15~0.20	0.70~0.90	≤0.035	≤0.040	0.20~0.35	0.40~0.70	0.40~0.60	0.15~0.25			
8617H	0.14~0.20	0.60~0.95	≤0.035	≤0.040	0.20~0.35	0.35~0.75	0.35~0.65	0.15~0.25			
8620	0.18~0.23	0.70~0.90	≤0.035	≤0.040	0.20~0.35	0.40~0.70	0.40~0.60	0.15~0.25			
8620H	0.17~0.23	0.60~0.95	≤0.035	≤0.040	0.20~0.35	0.35~0.75	0.35~0.65	0.15~0.25			
8720	0.18~0.23	0.70~0.90	≤0.035	≤0.040	0.20~0.35	0.40~0.70	0.40~0.60	0.20~0.30			
8822H	0.19~0.25	0.70~1.05	≤0.035	≤0.040	0.20~0.35	0.35~0.75	0.35~0.65	0.30~0.40			
9310	0.08~0.13	0.45~0.65	≤0.025	≤0.025	0.20~0.35	3.00~3.50	1.00~1.40	0.08~0.15			
HP9-4-30	0.30	0.20	0.005	0.007	0.01	7.50	1.00	1.00	0.08		4.0
Pyrowear	0.10	0.37	—	—	2.15	1.05	3.30	0.12			
17CrNiMo6	0.14~0.19	0.40~0.80	≤0.125	0.005~0.020	0.15~0.35	1.40~1.70	1.50~1.80	0.25~0.35	≤0.06		
VASCO X2M	0.15	0.30	≤0.15	≤0.01	0.90	—	5.00	1.40	0.45		1.35
M50NiL	0.15	0.25	—	—		3.5	3.5	4.0	1.0		
EX30	0.13~0.18	0.70~0.90	0.04	0.04	0.20~0.35	0.70~1.00	0.45~0.65	0.45~0.60	—		
EX55	0.15~0.20	0.20~1.00	0.04	0.04	0.20~0.35	1.65~2.00	0.45~0.65	0.45~0.80	—		

（1）普通碳素结构钢　该类钢仅含有碳（除了少量硅和锰等元素外）和少量合金元素。在通常情况下，该类钢渗碳后只有通过淬水，才能达到临界冷却速度。对于含碳量大于 0.25% 的碳素钢，完全淬透时心部脆性大，因此在生产中很少使用。通常，在保证心部足够韧性的前提下，该类钢的最大强度大约为 690MPa（100000psi）。此外，普通碳素结构钢热处理工艺简单，易于控制。

（2）低合金钢　该类钢合金元素总量约为 1%~2%，除碳外，主要合金元素为镍、铬、锰、钼以及它们之间适当的配比。低合金钢具有很高的淬透性，通过选择正确的低合金钢和采用油淬火工艺，表层达到最高硬度，同时心部在保证足够韧性的前提下，抗拉强度达到 1380MPa（200000psi）。为进一步提高心部的强度，低合金钢的碳含量可达 0.40%，通过添加的合金元素达到所需的韧性和淬透性。

由于很容易被加工工艺的影响所掩盖和个人偏好的差异，难以说明低合金钢中不同合金系列间的差异。由于中等淬透性 SAE 4620、8620 和 8720 低合金钢具有成本低，可加工性好和易获得等优点，在生产中广泛应用。

（3）高合金钢　由于工件和服役要求，为心部达到所要求的性能，需要采用合金元素总量超过 2% 的高合金钢。高合金钢中的合金元素种类与低合金钢相同，但碳含量不超过 0.25%。因为该类钢的淬透性高，心部能达到极高的韧性和强度。在工件截面尺寸小或未表面渗碳时，该类钢心部的硬度很容易过高，因此必须严格限制钢中最高碳含量。此外，由于该类钢材料及加工成本较高，需要采用复杂的热处理工序消除在淬火后残留奥氏体组织，因此限制了其使用范围。

用于重型载荷 EN 354 和 SAE 4320 钢和 4027 钢，属于高 Ni-Cr-Mo 钢。该类钢淬透性高，心部具有更高的强度和中等冲击韧性，但在锻造状态下，可加工性很差。因此，在正火后需再进行球化退火，改善可加工性。由于这类钢中存有残留奥氏体组织，最高硬度不在表面，而是在次表面。在渗碳中必须通过严格控制渗碳气氛，以避免变形和开裂。

（4）渗碳钢成分选择　渗碳工件的钢成分选择应该满足以下要求。

为获得最佳性能，硬化层的过共析组织淬火得到的组织应为马氏体和残留奥氏体，残留奥氏体量最好不要超过15%。组织不含贝氏体。

钢必须能得到所需的微观组织，并且要求在多次加热中消除淬火变形。

通过淬火，使亚共析的表层和心部均具有合适的强度。

如工件服役条件为长周期疲劳，应在工件表面得到适当的残余压应力。

渗碳后的工件须有足够的韧性，以保证其正常工作，不能由于脆性造成失效。

对大多数渗碳钢而言，当渗碳层碳浓度为0.75%~0.90%时，表面硬度最高。如4800和9300系列钢，采用直接淬火工艺。为控制残留奥氏体的数量，渗碳层碳浓度必须控制在0.60%~0.75%范围（否则必须采用冷处理促使其转变）。

圆钢棒料的参考合金水平如图1-80所示，这些牌号均为常用经济型的钢。根据图中截面大小，得到合适的表面组织。

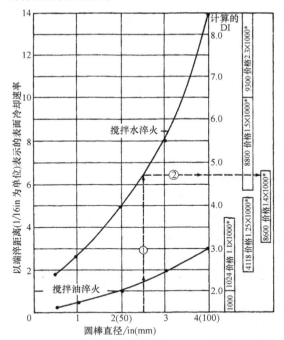

图 1-80　根据图表曲线选择经济型的渗碳钢

注：要求该渗碳钢渗层碳含量达0.85%时，二次加热淬入搅拌的油中或水中，硬度为60HRC。例如，一个直径60mm（2.5in）（图中①），采用油淬火，需要选择一个相当于8800钢和8600钢（图中②）的合金水平。* 表示近似合金成本相对于1000钢牌号。

当精确的控制热处理操作时，推荐使用图1-80中钢的牌号。热处理控制包括机加工前适当的退火或正

火，为得到合适的渗层的碳浓度，要控制渗碳气氛以及合理的淬火。此外，合金度更高的材料牌号，如4320钢，4820钢和9310钢。这些牌号的钢淬透性很高，不需要精确工艺控制，就能得到理想的组织。

棒料直径超过60mm（2.5in），渗碳较为困难，因此必须选择合金度很高的钢，才能实现在油中淬火完全淬透。对于大型零件，通常更好选择渗氮、感应加热或火焰淬火。选择图1-80以外牌号钢的理由包括：

1）可加工性。例如4000和4600系列牌号可加工性比1024钢好，建议用于汽车后桥齿轮。使用该系列牌号对保证精度、刀具的使用寿命和精加工非常重要。

2）易于获得性。如用户必须从一个仓库采购少量的钢，通常限制的选择为1018钢或8620钢，少数会选择3310钢或9310钢。

（5）晶粒细化　因为工业渗碳工序的温度高，时间长，可以会造成渗碳工件晶粒长大，因此应该对渗碳钢进行晶粒细化处理。渗碳钢通常应该首选晶粒度等于或大于5的钢。有些情况下，尽管晶粒较粗大的钢变形较大和韧性较低，但其淬透性高，因此也有少量应用实例。在晶粒尺寸测试中，有时发现细化晶粒经常会出现异常情况。在完全淬火冷却中，在成分相同条件下，出现异常钢的冷却速度必须大于正常钢，但只有碳素钢的临界速度变化显著。为避免钢在淬火中出现软点，通常采用NaCl或NaOH淬火冷却介质进行淬火。

（6）高温渗碳钢　多年来，人们认识到高温渗碳的优点能大幅度降低渗碳时间。然而，在995℃（1825℉）以上温度渗碳，减少渗碳时间并不是仅是考虑经济因素，还必须考虑炉体结构/材料、选择工艺（真空和/或气氛炉）、设备寿命和工件材料等因素。

提高渗碳温度能实现快速增加渗碳层厚度（见图1-81）。当要求的渗碳层厚度大于1.3mm（0.050in）时，采用高温渗碳被认为是明智的选择。图1-82所示为8620钢渗碳层深度与渗碳温度的关系。高温渗碳温度达1050℃（1920℉）时，能大大缩短渗碳时间。采用适当的设备和通过气氛控制，已实现了在传统（大气）渗碳炉中1040℃（1900℉）温度渗碳。

最近，进一步改进了真空（或低压）渗碳炉，并将其应用于高温渗碳。新的低压渗碳炉提高了渗碳炉温，无晶间氧化，而对大气渗碳炉提高炉温，由于有氧的存在，表面氧化加速。然而，高温渗碳的另一个重要限制是当温度高于980~1000℃（1800~

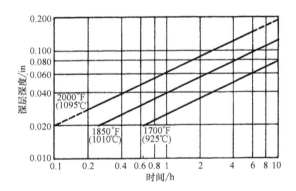

图 1-81 根据 F. E. Harris. 理论数据得到
的不同温度下渗层深度与时间的关系

1830℉），晶粒尺寸的稳定性显著降低。

虽然高温渗碳是提高渗碳效率的有效方法（尤其是深层渗碳），过度长大的晶粒可以通过再次晶粒细化热处理进行校正，但晶粒粗化问题在一定程度上还是限制了它在工业中的应用。细化晶粒热处理会提高工艺成本，但它可能是高温深层渗碳，减少渗碳时间的一个折中办法。

图 1-83 所示为早期高温渗碳的实际数据。从图中看出，在高温下不同钢材的晶粒生长速率是不一样的。可以通过微合金化析出碳化物钉扎晶界来控制奥氏体晶粒的长大。现在一致公认，通过微合金化沉淀析出作用，控制晶粒生长，是高温渗碳钢合金化处理的有效方法。

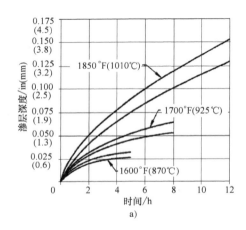

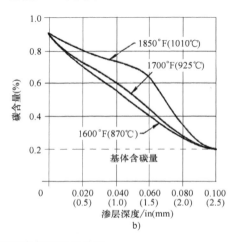

图 1-82 高温渗碳深层深度与时间的关系
a）在渗碳时间相同，AISI 8620 钢在 1010℃（1850℉）温度渗
碳比较低温度渗碳的渗层深度要深 b）零件在 1010℃（1850℉）
温度渗碳，在增加渗层深度同时，碳浓度梯度平缓

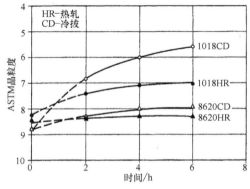

图 1-83 AISI 1018 和 8620 两个
牌号钢渗碳中的晶粒长大

注：与热轧（HR）钢相比，冷拔（CD）钢在 1010℃
（1850℉）温度下，随时间增加晶粒长大速率更快。

目前，世界各大炼钢企业都在开发新型微合金化高温渗碳钢，其中包括法国的 Ascometal 公司（牌号 Jomasco），德国的 BGH 公司，瑞典的 Ovako 钢铁公司（牌号 Ovatec 277），日本的大同特殊钢株式会社（牌号 DEG）以及铁姆肯钢铁公司（牌号 VacTec）都在进行这方面研究。他们的目标是设计和开发能用于真空高温渗碳（低压）炉的新型渗碳钢。近年来已开发出了采用铌和钛元素微合金化，通过调整钢中氮和铝含量的新型高温渗碳钢。这些钢在温度高达 1100℃（2010℉）奥氏体化，晶粒生长稳定。实践检测表明，在渗碳过程开始时，碳化物的析出状态是控制晶粒尺寸稳定关键参数。研究表明，在整个钢的生产流程中，包括热轧、退火、锻造和表面硬化，都会影响碳化物的析出状态，由此影响钢的微观组织的演化和成品工件的力学性能。

（7）钢的纯净度　为得到最好的抗滚动接触疲劳（剥落），必须尽可能降低钢中铝酸盐、硅酸盐和球状氧化夹杂物［在 ASTM E45Jernkontoret 钢中夹杂物含量的（JK）评定方法中，分别为 B、C 和 D 型夹杂物］的含量。一般认为硫化锰夹杂物（A 型）对滚动接触疲劳寿命而言不属于有害夹杂物。

自 1960 年代末以来，在夹杂物标准 ASTM A534 中的"渗碳减摩轴承钢"，对夹杂物含量的要求进一步不断提高，从中也反映了炼钢水平不断提高。个别钢铁供应商声称能够提供氧含量低于 15ppm，钛含量低于 30ppm，夹杂物评级大大优于 ASTM A534 标准的优质渗碳钢。因为可能会形成大型夹杂物，通常避免采用钙处理轴承质量钢的方法，调整铝酸盐类夹杂物含量，改善可加工性。

当表面为滑动摩擦加滚动摩擦时，次表层的夹杂物（包括在热处理中晶界形成的氧化物）促进了接触表面点蚀形成。与滚动摩擦相比，滑动摩擦界面多样化，更加难以描述，因此，在大多数形式的滑动磨损中，对夹杂物作用的认识不如对在滚动接触疲劳中的那么清晰。请参考有关机加工文献，了解夹杂物对滑动磨损可能的影响。众所周知，钢中有些夹杂物会加速刀具磨损，而有些则可以减少磨损。

（8）加工性　制造方面的因素也对合金选择有影响。SAE 8620 钢热轧、退火后，发生铁素体-珠光体转变组织（硬度 150～180HBW），具有良好的可加工性。与 8620 钢相比，SAE 4118 钢退火软化硬度更低和具有更好的塑性，因此如果不是采用机加工而是采用冷成形加工，则可选择 SAE 4118 钢。

小型汽车齿轮制造通常是采用对棒料退火，冷成形毛坯加工。毛坯经正火提高硬度，而后进行滚齿加工。

提高钢的淬透性带来的不利因素是增大了退火软化的难度，在 4815 和 9310 等合金钢中尤为明显。这些合金钢的珠光体转变非常缓慢，在 600℃（1110℉）退火，需要大约一天才能完成。这些合金的微观组织通常不是最佳组织，这会造成机加工难度增大。

（9）其他因素　现已开发了几个耐高温的二次硬化渗碳合金钢，用于直升飞机传动装置和岩石钻具。这些合金利用铜的析出沉淀和/或 M_2C 和 MC 碳化物析出，使钢的抗软化温度高达 550℃（1020℉）。此外，这些合金含有大量钼和钒，因此他们可以视为低碳的合金工具钢。这些合金钢中，有些含有高硅和高铬，渗碳困难，因此在渗碳前需进行预氧化工序，以便渗碳时，碳容易渗入钢中。二次硬化高温渗碳合金也可以用于在室温下润滑难

以进行的工作环境，在该工作环境下，工件间间歇性磨擦产生的热量不易软化该合金钢。

1.4.2　碳氮共渗钢

碳氮共渗工艺与渗碳工艺最主要的差别是工作气氛中引入了氨。因此有人会认为两种工艺的选材基本相似。但这实际上并不完全正确，其原因主要有：

氮扩散渗入渗碳层后，能大大增加钢的淬透性。图 1-84 所示为采用渗碳和碳氮共渗顶端淬火试样，进行对淬透性影响的对比。图 1-84 中曲线表明，8822 钢渗碳后淬火硬度要达到 60HRC，其冷却速率对应顶端淬火距离 J 需达到 2.7mm（8/16in），但如在工作气氛中引入了 3% 氨气，最低冷却速率降低对应的顶端淬火距离 J 为 17.5mm（11/16in）。

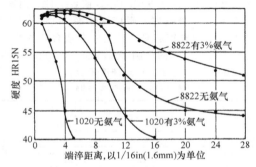

图 1-84　通过在渗碳气氛中加
入氨气，提高顶端淬火淬透性

注：图中曲线在以下工艺条件下得到：在 840℃（1550℉）温度下保温 3h 后水淬。采用两种炉内气氛工艺：一种为 90% 吸热载气和 10% 天然气；另一种为 87% 吸热载气，10% 天然气和 3% 氨气。

更重要的是，适量的氨能增加普通碳钢渗层的硬度，使之采用油淬火就能得到 100% 马氏体渗层组织。这样，采用油淬火的所有优点，如变形小和淬火一致性好等优点都可在碳氮共渗中体现出来。

在碳氮共渗温度范围内［770～870℃（1425～1600℉）］，碳和氮的扩散速率缓慢。渗层深度通常在 0.05～0.75mm（0.002～0.030in）范围。特别适合用于截面直径不大于 38mm（1.5in），接触磨损和抗咬合性要求高的工件。不同温度下渗层深度与时间的关系如图 1-85 所示。

碳氮共渗渗层深度的常规测量是通过抛光试样，并进行浸蚀，采用显微硬度仪测量渗层截面的硬度梯度。有时也采用断口试验测量渗层深度。

表 1-39 列出了不同牌号和尺寸的钢采用油淬火后，表面可获得的最低硬度为 88HR15N（55 HRC）。

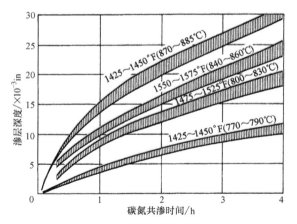

图 1-85　碳氮共渗渗层深度与时间和温度的关系

当表面硬度要求高于 90HR15N，或者工件截面厚度大于表 1-39 中数据时，则应该选择 4118、5120 和 8620 等合金渗碳钢牌号。随钢中合金含量的增加，碳氮共渗气氛中氨的比例必须减少，以防止渗层组织中残留奥氏体过多，导致硬度不合格。

表 1-39　碳氮共渗钢

牌　　号	Mn（%）	最大直径	
		mm	in
1010,1015,1020	0.30~0.60	13	0.50
1016,1018,1019	0.60~1.00	19	0.75
1117,1119	1.00~1.30	25	1.00
1024,1118	1.30~1.65	38	1.50

如果计算的接触应力表明有表面压溃的可能性，建议确定表层下不同深度所要求的硬度，选择合适的钢进行渗碳。其他重要的限制包括：

1）为避免碳氮共渗晶粒粗化，在重要关键工件，选择 1024、1117 和 1118 高淬透性钢时，应该注意产生微裂纹。

2）碳氮共渗后直接淬火工件，心部和渗层表层均获得最大淬透性，但渗层的淬透性太高会导致过多的残留奥氏体，心部的淬透性太高会导致心部硬度过高和脆性增大。

3）优先采用硅脱氧，细晶粒碳钢进行碳氮共渗。然而，对截面小于 6mm（0.25in）的半镇静钢和铝脱氧钢进行碳氮共渗后，进行淬油处理，最低硬度为 88HR15N。

一旦为得到理想的渗层组织确定了合金含量水平，可调整钢的碳含量调整心部硬度。当心部硬度为工件的重要性能指标时，在生产中需根据多次试验，通过金相分析，确定最佳淬火冷却速率。

1.4.3　渗氮钢

渗氮是工件经热处理提高基体强度后，在加工表面获得高硬度层的一种工艺。渗氮层能有效改善磨损或提高抗咬合性（或两者）或疲劳寿命。选择渗氮钢，应考虑能获得高硬化层和足够心部强度。

尽管在合适的温度和渗氮气氛下，所有钢表面都能形成氮化物，但含有氮元素形成的钢，表面更有利于形成氮化物。钢中氮化物形成元素主要有铝、铬、钒、钨和钼。在渗氮温度下，这些元素形成的氮化物更为稳定。铝是最强的氮化物形成元素，含铝钢（铝含量 0.85%~1.50%）具有最佳的渗氮效果。如钢中铬含量足够高，含铬钢也具有类似好的效果。合金元素钼除形成氮化物外，还降低在渗氮温度下产生脆性的危险。其他合金元素，如镍、铜、硅和锰，对渗氮的影响不明显。碳钢在气体渗氮时，易形成极脆，易剥落的渗氮层，渗层中的扩散层的硬度提高小，因此，不适合对碳钢进行气体渗氮处理。

渗氮最好是在基体为回火马氏体组织上进行。进行渗氮处理钢的淬火组织应该为全马氏体组织，并进行充分均匀回火，以保证优良的性能。

当可加工性很重要时，需要提高回火温度来降低硬度。回火温度的选择应保证组织不发生球化现象，因为如出现部分球化现象，会导致渗层硬度过低且不均匀。

所有可淬火强化的钢，必须进行调质后再进行渗氮处理。回火温度必须足够高，以保证在渗氮温度下组织的稳定性。最低回火温度通常应高于最高渗氮温度 30℃（50℉）。对某些合金钢，如 4100 系列和 4300 系列钢，渗氮层的硬度明显受心部硬度影响，较低的心部硬度会导致渗层的硬度下降。因此，为了获得最高的表面硬度，这些钢通常采用最低的容许回火温度进行回火，以保证得到最高的心部硬度。

对要进行渗氮处理钢，通常是选择淬透性高的钢，因为钢中合金含量是影响进行渗氮的必要条件。采用高淬透性钢制造的工件，具有优良的心部性能，可用于拉伸、剪切、弯曲和扭转服役条件。通常采用通过回火温度控制工件的性能。因为工件的精加工通常在零件渗氮前，而渗氮通常在 525~550℃（975~1025℉）进行，因此回火温度应不低于 580℃（1075℉）。如对心部硬度要求高于材料在 565~580℃（1050~1075℉）下回火的硬度，则应该选择回火稳定性高的材料，如选 H11 工具钢。

以下合金钢渗氮后可在特定条件下应用：

1）含铝合金钢（见表 1-40）。

2）中碳，含铬低合金钢的 4100、4300、5100、6100、8600、8700 和 9800 系列。

3）5% Cr 热作模具钢，如 H11，H12，H13。

4）低碳，含铬低合金钢的 3300，8600 和 9300 系列。

5）空气淬火工具钢，如 A2，A6，D2，D3 和 S7 等。

6）高速工具钢，如 M2 和 M4 等。

7）Nitronic 不锈钢，如 Nitronic30，Nitronic40，Nitronic50 和 Nitronic60。

8）铁素体-马氏体不锈钢的 400 和 500 系列。

9）奥氏体不锈钢的 200 和 300 系列。

10）沉淀硬化不锈钢，如 13-8 PH，15-5 PH，17-4 PH，17-7 PH，A-286，AM350 和 AM355。

最常用的渗氮钢为 41xx 系列，如 4140。为得到益于渗氮的微观组织和满足要求的力学性能，必须根据钢的淬透性来选择钢。当圆棒工件前工序和渗氮前的切削量约为 10% 时，淬硬层深度为圆棒工件半径的 20%，即可满足要求。图 1-86 所示为在圆棒半径 20% 处，得到完全马氏体组织的钢材选择参考图。

表 1-40　常用含铝低合金气体渗氮钢

| | 钢牌号 | | 化学成分（质量分数，%） | | | | | | | | 温度① | | | |
| | | | | | | | | | | | 奥氏体化 | | 回火 | |
SAE	AMS	氮化钢	C	Mn	Si	Cr	Ni	Mo	Al	Se	℃	℉	℃	℉
—	—	G	0.35	0.55	0.30	1.2	—	0.20	1.0	—	955	1750	565~705	1050~1300
7140	6470	135M	0.42	0.55	0.30	1.6	—	0.38	1.0	—	955	1750	565~705	1050~1300
	6475	N	0.24	0.55	0.30	1.15	3.5	0.25	1.0	—	900	1650	650~675	1200~1250
		EZ	0.35	0.80	0.30	1.25	—	0.20	1.0	0.20	955	1750	565~705	1050~1300

①工件直径小于或等于 50mm（2in），采用油淬火；工件直径大于 50mm（2in）的采用水淬火。

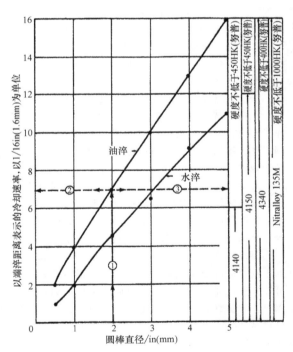

图 1-86　在圆棒半径 20% 处，得到完全马氏体组织的钢材选择参考图

注：回火马氏体是进行渗氮处理最理想的组织。因为普通碳素结构钢渗氮层非常脆且易剥落，一般不合适进行渗氮处理。图中为进行渗氮处理，确定得到淬火马氏体组织所需淬透性。选择钢棒直径①，作直线交于图中油淬曲线或水淬曲线，确定所需的冷却速率和渗氮钢硬度。图中例子为，如果最低努普硬度要求为 450HK，可以选择 4150 钢或 135M 渗氮钢。

1.4.4　感应或火焰淬火钢

感应淬火或火焰淬火不同于渗层表面硬化，感应淬火是通过局部加热淬火，通过钢中已有的碳含量达到表面高硬度的。

采用火焰淬火或感应淬火方法提高表面硬度主要用于耐磨工件，此外该工艺还可以提高工件的抗弯强度，抗扭强度和疲劳寿命。

当对零件进行感应淬火时，第一个问题是，"怎样对工件进行加热？"另一个问题是，"它的硬度要求是多少？"（即当钢中碳含量应不大于多少，可以防止工件开裂？）

感应淬火或火焰淬火局部加热的缺点是在表面形成残留拉应力。当工件的局部被加热，其他部分未加热，加热部分金属发生膨胀，而未加热部分限制其膨胀。如果约束力足够大，被加热的部分金属会产生应力和变形。

该部分金属冷却至室温，其工件表面处于拉应力状态，当应力足够大，就会产生工件开裂。应该强调的是，采用感应和火焰淬火时，材料工程师应与设计师密切合作，既要保持硬度水平和尽可能低碳，又要能满足工程应用要求。

（1）表面硬度　在为感应淬火或火焰淬火工件选择钢时，钢中碳含量是最重要的选择因素。碳含量控制表层硬度水平，工件开裂的倾向和表面残余应力的大小。因此，一旦选择好了钢，在淬火过程中应避免发生脱碳现象。

图 1-87 所示为不同碳含量钢，采用水淬火的最低表面硬度曲线，它适用于感应淬火和火焰淬火。

除含有铬和钒等稳定的碳化物形成元素的合金钢外，图1-87中曲线也适用于一般合金钢。在感应淬火和火焰淬火中，采用可溶性乳化液淬火冷却介质或油淬火冷却介质，减少开裂倾向，但产生烟雾制约其使用。

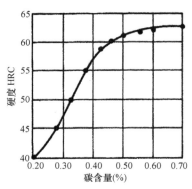

图 1-87　硬度与碳含量的关系
注：可以从该曲线确定实际最低碳含量。

（2）硬化层深度　对感应淬火或火焰淬火工件硬化深度的要求，通常取决于它与压缩、拉伸、剪切、弯曲和扭转应力的关系。现可以根据强度与硬度间的关系确定钢中最低碳含量，还可以确定距表层下任何距离的冷却速度，同时必须用显微镜对感应淬火处理工件进行金相检验，以确定在淬火前，工件表面已完全奥氏体化。

表层下冷的基体对感应加热表层或火焰加热表层造成自淬火效应。与传统淬火相比，其冷却速率极高。由此，在同钢种条件下，自淬火效应淬火硬化层的硬度等于或超过顶端淬火情况。

当输入功率有限的时，可通过对工件预热实现增加感应加热的硬化层深度，其原因是预热能有效减少从感应加热区到心部的传热。例如，直径为44mm（1.75in）的1050钢感应加热淬水处理。与不进行预热相比，采用540℃（1000°F）预热，硬度达45HRC的硬化层深度从原来 3.2mm（0.125in）增加到4.1mm（0.160in）。

普通碳素结构钢锰的含量为（0.60%～0.90%），当其硬化层深度不能达到要求时，可通过提高锰的含量范围有效地提高硬化层深度。例如，可将钢中锰的含量范围分别提高至 0.80%～1.10%，1.00%～1.30%，或 1.10%～1.40%。然而，这也增大了淬火开裂的可能，尤其是采用水淬火时。

在钢中添加硼，能有效提高钢的淬透性，而不降低马氏体转变开始温度（Ms），这对防止淬火开裂非常有利，因此硼钢特别适合采用感应淬火工艺。

提高钢中合金含量，不仅增加了硬化层深度还

可以获得最高的表面硬度。图1-88 为合金元素锰对的钢的硬度的影响。根据硬化层深度选择钢的原则是，按工件对淬透性的要求进行选择，而不是选择淬透性更高的钢。原因是一方面选择淬透性更高的钢会增加材料成本，而更重要的是会增大淬火开裂倾向。

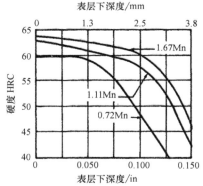

图 1-88　锰对直径 32mm（1.25in）试样表层下不同深度的硬度影响
注：采用 21.8mm/s（0.860in/s）水淬速度淬火。除锰外，钢（晶粒度8）的成分：0.42%C，0.43%Si，0.035%P，0.032%S，0.14%Ni，0.02%Mo

为达到最佳感应或火焰淬火效果，应该采用轧制、正火（特别是高温正火）、风冷淬火或调质处理作为感应或火焰淬火钢的前处理。采用这样的热处理工艺，得到有利于快速加热，完全奥氏体化淬火的微观组织。

对感应或火焰淬火钢的关键要求是，保证工件感应淬火区域无脱碳现象。根据坯料尺寸大小、钢种、生产制造厂以及许多其他因素不同，轧制钢材会有 0～3.2mm（0～0.125in）的脱碳层深度。

除按特定要求进行定制加工，车削加工和磨削加工钢棒也可能有脱碳现象。现在有很多轧钢厂已可以生产各种牌号的表面碳还原冷精轧钢和合金钢钢棒。与普通冷轧钢棒相比，该冷精轧钢棒的表面更容易进行感应淬火，同时可加工性好。冷精轧钢棒可加工性好的原因是其基体组织为软珠光体组织。表面无软点、软带和脱碳。

参 考 文 献

1. R. Kern, Selecting Steels for Heat Treated Parts（Part Ⅱ）: Case Hardening Grades, *Met. Prog.*, Dec 1968.

2. P. V. Ruffn and J. L. Sliney, "Assessment of 9310 Steel for Carburized Components in M14 Rifes," Technical Report WAL TR 739.1/4, Watertown Arsenal Laboratories, July

1962.

3. A. J. Fuller, Jr. , Introduction to Carburizing and Carbonitriding, *Steel Heat Treating Fundamentals and Processes*, Vol 4A, *ASM Handbook*, J. Dossett and G. E. Totten, Ed. , ASM International, 2013, p 505.

4. W. F. Gale and T. C. Totemeier, Ed. , Chap. 29, Heat Treatment, *Smithells Metals Reference Book*, Butterworth-Heinemann, 2003.

5. *Steel World*, March 2005.

6. *Heat Treatment of Gears*, ASM International, 2005.

7. W. H. Graves, What Steel Is Best for This or That Part, *Met. Prog.*, Vol 29, April 1936, p 36.

8. G. T. Williams, Selection of Carburizing Steels, Case Depth, and Heat Treatments, *Metals Handbook*, American Society for Metals, 1948, p 681.

9. W. E. Jominy, High Temperature Carburizing—The Process Works, *Met. Prog.*, May 1964.

10. E. E. Staples, High Temperature Carburizing—Furnaces Do the Job, *Met. Prog.*, May 1964.

11. U. Prahl and S. Konovalov, "Microalloyed Case Hardening Steels for High Temperature Carburizing," Institut für Eisenhüttenkunde, Aachen University.

12. F. Hippenstiel, Tailored Solutions in Microalloyed Engineering Steels for the Power Transmission Industry, *Mater. Sci. Forum*, Vol 539-543, 2007, p 4131-4136.

13. M. Frotey, T. Sourmail, C. Mendibe, F. Marchal, M. A. Razzak, and M. Perez, "Grain Stability during High Temperature Carburizing: Influence of Composition and Manufacturing Route," Presented at Haerterei Kongress, Oct 10-12, 2012 (Wiesbaden, Germany).

14. P. Tardy, Arch. *Eisenhüttenwes.*, Vol 43, 1972, p 583-587.

15. F. W. Boulger, Machinability of Steels, *Properties and Selection: Irons, Steels, and High-Performance Alloys*, Vol 1, *ASM Handbook*, ASM International, 1990, p 591-602.

16. M. L. Schmidt, *J. Heat Treat.*, Vol 8, 1990, p 5-19.

17. C. A. Stickels and C. M. Mack, *J. Heat Treat.*, Vol 4, 1986, p 223-236.

1.5 渗碳钢的选择

通常根据钢的淬透性要求，选择渗碳钢的合金元素含量。虽然与其他种类钢的选择原则基本相同，但应注意渗碳钢的特殊性。渗碳钢要综合考虑渗碳硬化层深度和心部硬度，此外还要考虑热处理能得到理想的渗层残余应力分布和理想的表层至心部的过渡区。为获得理想的残余应力分布渗碳层，选择渗碳钢和钢的淬透性要考虑以下因素：

1）淬火冷却介质。

2）应力大小。

3）硬化层深度和类型。

4）热处理方法。

本节先简要介绍渗碳钢的淬透性，而后对上述选择因素进行介绍。应该认识到，根据实际要求，选择渗碳钢是复杂的过程，因此即使在有经验的工程师之间，也可能出现意见分歧。尽管如此，在下面两个应用方面，则选择渗碳钢问题可以进行简化：其一是需要认真考虑变形要求的齿轮和类似零件；其二是变形不是主要考虑因素的零件。

为尽可能降低变形，齿轮几乎总是采用油进行淬火或加压气淬工艺。这意味着齿轮通常采用合金钢制造；具体合金选择要考虑多种因素。如零件变形不是考虑的主要因素，零件的直径小于50mm（2in）时，则可采用碳钢在水中进行淬火。如零件的尺寸大于该尺寸，可采用5120、4023和6120低合金钢和采用水进行淬火，但必须考虑如何防止淬火变形和开裂。

1.5.1 渗碳钢的淬透性

对表面硬化钢，必须同时考虑表层和心部的淬透性。由于表层和心部的碳含量差别很大，淬透性差别也相当大。这种差别对某些钢来说，比其他的钢差别更大。此外，在服役的条件下，表层和心部的作用也有很大差别。直到引入含硼或不含硼的低合金钢，如86xx系列等开发应用，则不必再考虑表层淬透性问题，其原因是钢中合金与碳结合，能达到足够的淬透性。如对该钢采用渗碳后直接淬火，表层中的碳和合金元素固溶在奥氏体里，也具有足够的淬透性。如采用该钢制造的大截面零件渗碳后二次加热淬火，则应对表层和心部的淬透性进行认真评估。

可用渗碳钢的末端淬透性带比较钢的淬透性。为确保硬化层有足够的淬透性，需要知道钢的基本成分。同样，碳含量大约提高0.4%（质量分数）的末端淬透性带（假定碳含量等于或大于0.4%的硬化层完全淬硬）。常见的合金钢，如1524、4023、5120、8620和8720钢的硬化层末端淬透性曲线下限分别可由1541、4042、5140、8640和8740钢给出。其他渗碳钢的淬透性必须根据其成分估计或者通过试验测定。有关钢的淬透性计算在2013年版的ASM手册4卷《钢热处理基本原理和过程》，"高碳钢淬透性计算"一文中进行了讨论。本卷中"低合金钢的热处理"部分给出了钢的淬透性数据。

钢的淬透性主要是指心部的淬透性。低碳钢淬硬层浅，如表面硬化工件的尺寸变化大，根据淬透性选择钢必须要考虑工件的临界截面。例如，齿轮的节线或齿轮的根部。最好先采用已知淬透性的钢制备工件和进行热处理，而后通过等效硬度，根据钢的基体碳含量和渗碳表层碳含量，确定端淬淬火试样合适位置所对应的临界截面的淬透性。

与采用硬度方法测量渗碳淬火零件的硬化层深度相比，采用通过测量温度梯度和碳浓度梯度（淬透性）的关系测量硬化层深度，可能会产生差别。即在碳含量一定的条件下，基体的淬透性增加会提高马氏体的比例，从而提高硬化层深度。因此，在通过选择合适的钢后，可采用较缓的碳浓度梯度和缩短渗碳时间来达到期望的结果。

如果零件在工作中承受高的接触载荷（例如，滚动轴承），未渗碳的心部应该为马氏体组织，以防止次表层产生屈服现象，因此必须选择在淬火中完全淬透的合金钢。选择心部具有足够淬透性的钢，一般都能保证表层具有足够的淬透性。当表层能承受接触应力工作载荷时，通常心部则没有必要完全淬火成马氏体组织。在淬火过程中，钢在相对较高的转变温度下，心部转变为非马氏体组织时，产生的变形通常要小一些。对于这样的零件，只需要根据硬化层的淬透性选择合金。

对于工件的心部硬度，通常会出现要求的硬度范围过窄的错误。当最终淬火温度足够高，心部完全淬硬时，任何位置的硬度变化，都可以在端淬试样的淬透性带上找的对应的位置。改变这种状况的一种方法是选用合金度更高的合金钢。常用合金钢合金元素总数不超过2%，生产的零件心部（例如，齿轮齿部）硬度范围为洛氏硬度12~15HRC。高合金钢的心部硬度范围要比这窄；例如，对于4815钢和3310钢，心部硬度范围为洛氏硬度10HRC和8HRC。只有在严酷服役条件或特殊应用场合才选择这类钢。

如不是按淬透性购买钢，而是按钢的标准成分购买钢，硬度范围差别可能为20HRC以上。例如，8620钢在末端淬透位置4/16in（6.4mm）处，硬度范围为20~45HRC。这么大的硬度范围（差别25HRC），充分说明在钢的标准化学成分范围内，性能变化过大，不能满足要求，而根据淬透性技术规范购买钢材具有明显的优势。通过选择高合金钢可以控制心部硬度在狭窄的范围内，但另一种有效的方法是选择较低的淬火温度。这样在淬火时硬化层完全淬硬，而心部不会出现硬度过高的缺点。

1.5.2　淬火冷却介质

渗碳件的最佳淬火冷却介质通常很容易确定。水或水溶液具有成本低、冷速却率高和工件易清洗的特点，因此通常为首选淬火冷却介质。无论简单

形状或大截面工件，都可以使用这种淬火冷却介质。高精度的薄壁工件（如齿轮）易产生开裂或变形，则需要采用较慢冷却速率的淬火冷却介质（通常是油）。因此可以根据要求的淬透性和可选择的钢，选择淬火冷却介质。

选择的淬火冷却介质必须满足渗碳表面硬度的要求，在许多情况下，还要满足表层下一定深度处心部的硬度和强度。当然，钢的临界冷却速度也是一个控制因素。如果最大表面硬度是唯一性能要求，则应该选择低碳素钢和水或水溶液作为淬火冷却介质。如果采用水或水溶液淬火，低碳素钢变形过大或开裂，则应该选择满足淬透性要求的合金钢和油作为淬火冷却介质，并保证油的冷却速率大于钢的临界冷却速率。分级淬火（即将工件淬入盐浴，在马氏体转变开始点（Ms）以上保温，然后空冷）对降低变形是十分有效。

1.5.3　渗碳应力分析

根据工件在服役条件下的应力类型和大小，对工件心部的力学性能，硬化层理想的金相组织和深度提出不同的要求。如工件受到垂直于表面的压缩载荷，为防止硬化层受力变形，要求硬化层足够深和心部硬度高。在载荷的作用下，硬化层太浅和心部硬度过低都会造成表面变形。因为这种失效类似在硬化表面打布氏硬度试验压头的效果，因此称为淬硬表面变形压痕（brinelling）。提高硬化层硬度，降低残留奥氏体数量，能有效提高表面耐磨性。如增大硬化层深度，则可以提高工件的使用寿命。磨损的类型有多种，也有一些与前面介绍有所差别。一般硬化层的类型应根据所遇到的磨损工况选择。例如，对于滑动（磨料）载荷磨损，莫氏矿物（或压痕）硬度越高越好。对于冲击磨损载荷，如允许有少量金属塑变，则允许硬化层有部分残留奥氏体组织。

在弯曲应力条件下，须同时考虑心部硬度和硬化层深度以及它们间的关联。下面对受弯曲应力工件进行分析，受弯曲应力横梁表面承受的应力最大，应力大小与中性轴距离成正比，必须要求硬化层硬度高，抗疲劳性能好。如不考虑残余应力影响，根据图中尺寸进行预测硬化层，只需要硬化层足够深或心部硬度高，则中性轴至表面的强度均大于相应的应力。然而，实际情况要复杂得多，因为淬火发生相变，表层体积膨胀受到心部约束，硬化层为压应力状态。此外，即使为理想的加工，表面应力增加也大于简支梁。图1-40为硬化层的实际应力分布。图中折线表示残余应力（不考虑外加载荷）；表面受压应力，次表层为平衡的拉应力。虚线为静载荷应

力，实线为包括表面应力在内的总应力分布。由于表面应力使中性轴位于压缩应力一侧，导致在 T2 和 T3 处的拉应力增大。通常认为拉应力是导致疲劳失效主要原因，因此应特别注意硬化层内 T3 处的高应力，该处总的应力降低，残余应力急剧变化。随渗碳层深度增加，会进一步增大次表层的拉应力和中性轴位移，因此认为，不宜增加渗碳层深度。由于齿轮工作时根部受弯曲应力载荷，其根部表面受到拉应力造成失效，因此上述应力分析也适用于弯曲应力载荷。当表面受压应力（如滚动轴承或齿轮的齿距线），次表层为拉应力，如材料强度低于该拉应力，将导致表面点蚀失效。

在硬度相同条件下，硬化层的成分对强度的影响很小，即钢中合金元素不一定会提高硬化层的强度。应该清楚的认识到是，极高硬度表面的缺口敏感性高，机加工中的刀痕、尖角或粗糙磨痕都可能使工件失效。

综合考虑渗碳层深度和心部强度，在服役条件下，要求在渗碳层的任何地方，工作应力必须不超过工件的强度。应该清楚的是，增加渗碳层深度可能不会提高工件的整体强度，成品工件的心部强度是非常重要的。提高心部强度可能比增加渗碳层深度，更能有效防止压缩载荷导致的疲劳失效。另一方面，增加了心部硬度和强度，则降低了表层的压应力，因此可能对弯曲疲劳寿命不利。在大多数严苛的服役条件下，均希望心部完全淬透，因为不完全淬火得到的混合组织性能较差。

基于上述分析，选择合适的钢是非常重要。除高速淬火，如薄壁工件急冷外，仅考虑钢中碳含量则是无法得到和实现高性能的心部组织，甚至无法得到性能一致的心部组织。为避免变形和当工件尺寸大时，必须采用较慢的冷却介质（油）进行淬火和选择淬透性更高的钢。因为钢的合金度与钢的成本成正比，此外，高合金钢机加工和热处理难度大，因此通常选择碳含量略高于前者 0.08% ~ 0.25% 的低合金钢。例如，承受高应力齿轮及其他汽车零部件目前选择碳含量约 0.40% 的合金钢，这样可以减少汽车零部件的渗碳层深度。当工件尺寸很大，选择高淬透性高合金钢能确保心部完全淬透。为避免心部硬度过高，必须严格限制钢的最大含碳量，这对淬火后必须对未渗碳表面加工的工件尤为重要。

1.5.4　渗碳层深度和类型

（1）渗碳层深度　对于普通工程应用，可根据渗碳层深度和钢成分的组合进行多种选择。依据渗碳层应力图，见图 1-89 所示，可通过增加合金含量

和碳含量或两者兼顾，提高心部强度，降低渗碳层深度，满足工件受拉应力的要求。同理，如果工件受到压缩加载，通过增加心部硬度或增加渗碳层深度能达到防止硬化层变形。如工件仅承受摩擦应力载荷，工件的使用寿命通常与渗碳层深度成正比。总之，生产中应根据工件的整体性能要求和制造成本选择钢和确定渗碳层深度范围。

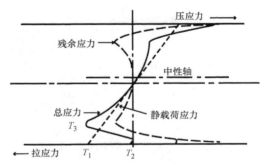

图 1-89　与表面硬化工件应力情况相同预应力梁的应力图

根据渗碳时间与渗层深度关系，在温度一定的条件下，渗碳层深度的增加速率随时间增加而降低。这意味每增加一个小时都会增加工艺成本。如在选择技术参数时，选择渗层深度最低值，则渗碳时间不会过长。

如进行深层渗碳，其成本非常高，只有当工件服役有特殊要求情况下才会采用。例如，重型齿轮渗碳层深度通常为 1.5 ~ 2.3mm（0.060 ~ 0.090in）；长期服役，高磨耗零件渗碳层深度可达 3.2mm（0.13in）。如果工件的大部分硬化层在研磨时被磨削掉，在渗碳时就要考虑到留有加工余量。由于渗碳层渗碳成本和磨削加工都会增加成本，在磨削加工中可能会产生表面磨削烧蚀和表面裂纹，渗碳层最外层的抗磨损性能最好，因此生产中磨削掉的硬化层应尽可能少。在磨削加工中，会磨削掉部分应力层和产生磨削热消除了部分应力，因此降低了硬化层的压应力。

选择渗碳层深度与渗碳层最高含碳量和最高表面硬度相对是独立的。然而，如果在硬度试验中，选择大载荷压痕压入工件，则较深的硬化层硬度测量较为准确。例如，只有当硬层深度超过 0.63mm（0.025in），才可测得高的洛氏硬度值；当硬化层深度只有 0.13mm（0.005in）时，采用锉刀硬度试验方法才可测得与深硬化层相同的洛氏硬度值。测得的硬度值还与心部基体硬度有关，因此对薄渗碳层应考虑选择硬度试验方法。表 1-41 列出了一些典型汽车渗碳零件和性能要求。

表 1-41 典型汽车渗碳零件和要求

渗碳层深度		低碳钢的典型零件	处理后表面条件	要 求	中碳钢的典型零件	要 求
mm	in					
<0.5	<0.020	推杆球和电源转换插座 里程表齿轮 钩环螺栓 拨叉 拉杆球头螺栓和球头螺栓套接字	热处理后精加工(除抛光外)	高耐磨性 热处理后清洁表面	传动齿轮 传动主轴和同步器齿轮 (热处理后表面精加工)	为提高耐磨性和抗疲劳性能,保证或提高表面碳含量。具有冲击载荷抗力
		水泵轴	为保证最高耐磨性,渗氮后每边磨削 0.0076~0.025mm(0.0003~0.001in)	—	—	热处理后清洁表面
0.5~1.0	0.020~0.040	转向臂球头螺栓 转向臂球头螺栓	热处理后精加工(除抛光外)	高耐磨性 具有足够强度满足服役载荷 热处理后表面清洁	传动齿轮 环齿轮 传动小齿轮 (热处理后表面精加工,研磨除外)	为提高耐磨性,承载负荷能力和抗疲劳性能,提高表面碳含量。热处理后清洁表面
		转向臂衬套 气门摇臂和摇臂轴 变速杆轴 制动器和离合器踏板轴 水泵轴	热处理前通常半精加工,热处理后精磨	渗层足够深,有足够的磨削精加工余量,高耐磨性	—	—
1.0~1.5	0.04~0.060	环齿轮 传动小齿轮 传动齿轮 半轴齿轮 侧面小齿轮	热处理后精加工(除研磨外)	具有高耐磨性,能承受滑动、滚动和磨料磨损。具有高的压碎强度和高的交变弯曲强度	—	—
		活塞销 转向节销① 侧齿轮轴① 反托辊齿轮轴① 反转齿轮轴①	热处理前通常半精加工,热处理后精磨	常与青铜轴套配套使用 高耐磨性 具有相对高的单位硬淬表面变形压痕载荷抗力。高交变弯曲应力抗力。用于要求高的瞬间载荷或冲击载荷的主销	—	—
		滚动轴承	—	高的滚压载荷抗力	—	—
1.5	>0.060	凸轮轴②	热处理前通常半精加工	高耐磨性。高的冲击韧度。具有相对高的单位快速滑动载荷抗力	—	—

注:为满足更严酷的服役条件,如货车和公共汽车,对应的零件硬化层深度要更深一点。总的趋势是,改用力学性能更好的材料,以满足性能,尤其心部性能要求。

① 硬化层深度必须大于服役要求,以留出磨削余量,对长尺寸渗碳零件应避免在研磨前精确矫直。

② 为弥补长尺寸渗碳零件加工误差,热处理变形和保证在磨削加工后有足够的硬度和耐磨性,渗碳层深度应大于服役要求。

（2）渗碳层类型 有两种情况不希望得到过共析渗碳层。首先，如果渗碳件渗碳后缓冷，先生成共析渗碳体会沿晶界网状析出，在随后奥氏体化加热时渗碳体重新溶解需要很长时间，尤其是复杂类型碳化物和加热温度仅略高于 A_{cm}。残存工件中的晶界网状碳化物通常在磨削加工时引起脆性开裂。其次，即使采用直接淬火和抑制先共析渗碳体分解，由于过共析渗碳层碳含量高，会增加残留奥氏体的数量。对于大多数零件，一般都不希望在马氏体硬化层中有残留奥氏体组织。因此，如果选择高合金渗碳钢，易于产生较多的残留奥氏体组织。应该在满足硬度要求下，将渗碳层碳含量保持最低，通常为共析成分。固体渗碳很难做到限制碳含量低于

1.0%，通常采用气体渗碳工艺得到低碳含量的渗碳层。

在一些工件中，渗碳层中的渗碳体能有效提高工件的耐磨性。对于这些工件，渗碳层应该选择高碳含量，并使过剩的碳化物以球状形式存在。

1.5.5 热处理工艺

渗碳工件表面高碳，心部低碳，并有一个从高碳到低碳的过渡区，因此可以认为是一种复合材料。在淬火加热时，应考虑表面和心部两个临界温度和过剩碳化物是否溶解。

图 1-90 所示对渗碳工件的热处理工艺进行了总结。表 1-42 为常用渗碳钢的相变温度和首选热处理工艺。

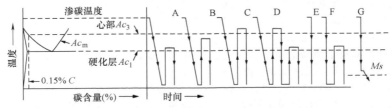

工艺（见图）	硬化层	心部
A（最好采用细晶粒钢）	细化晶粒；过剩碳化物不溶解	未细化晶粒；硬度低，加工性好
B（最好采用细晶粒钢）	晶粒略粗；过剩碳化物部分溶解	部分细化晶粒；比A好，不稳定
C（最好采用细晶粒钢）—参见看文稿	晶粒有点粗；有些过剩碳化物溶解；高合金钢中残留奥氏体数量增加	细化晶粒；心部硬度和强度。强度和塑性综合性能比B好
D（处理粗晶粒钢最好）	细化晶粒；有些过剩碳化物溶解；残留奥氏体数量少	细化晶粒；硬度低，加工性好；韧性和抗冲击性最大
E（仅适用于细晶粒钢）	未细化晶粒；过剩碳化物溶解；变形小；当碳含量高时采用锉刀硬度法验证	完全硬化
F（仅适用于细晶粒钢）	细化晶粒；有些过剩碳化物溶解；残留奥氏体数量少	低硬度，高韧性
G（双液淬火；分级淬火）	未细化晶粒；过剩碳化物溶解；变形小；当碳含量高时采用锉刀硬度法验证	完全硬化

图 1-90 在完全淬透的前提下，渗碳钢各种
淬火热处理和表层和心部性能总结图

表 1-42 常用渗碳钢的相变温度和首选热处理工艺

钢号[①]	合金含量	相变温度				首选热处理工艺（见图1-90）	淬火介质	残留奥氏体量
		表面 Ac_1		心部 Ac_3[②]				
		℃	℉	℃	℉			
1015	无（0.4% Mn）	735	1355	865	1585	A，D，F	水或3% NaOH 溶液	非常少
1019	无（0.85% Mn）	730	1350	845	1550	A，D，F	水或3% NaOH 溶液	非常少
1117	1.5% Mn	730	1345	825	1520	A，D，F	水或3% NaOH 溶液	少
1320	1.75% Mn	720	1325	815	1500	E，C	油	少
3115	1.25% Ni，0.5% Cr	735	1355	815	1500	E，C	油	适中

（续）

钢号[①]	合金含量	相变温度				首选热处理工艺（见图 1-90）	淬火介质	残留奥氏体量
		表面 Ac_1		心部 Ac_3[②]				
		℃	℉	℃	℉			
3310	3.5% Ni，1.5% Cr	720	1330	780	1435	C，D，F	油	多[③]
4119	0.5% Cr，0.25% Mo	755	1395	815	1500	E，C	油	适中
4320	1.75% Ni，0.5% Cr，0.25% MO	732	1350	800	1475	C，E	油	多[③]
4615	1.75% Ni，0.25% Mo	725	1335	805	1485	E，C	油	适中
4815	3.5% Ni，0.25% Mo	705	1300	780	1440	C，E	油	多[③]
8620	0.5% Ni，0.5% Cr，0.25% Mo	730	1350	840	1540	E，C	油	适中
8270	0.5% Ni，0.5% Cr，0.25% Mo	730	1350	840	1540	E，C	油	适中

① 所有钢晶粒尺寸最好为 5 级或更细。
② 随碳含量增加，心部的 Ac_3 下降。
③ 淬火前过剩碳化物在亚临界进行球化热处理，能降低残留奥氏体量。

（1）退火　为达到所需的可加工性和细化晶粒，应选择正确的退火温度和冷却方法。当采用大进给量切削加工和工件精度要求高时，在粗加工和精加工工序之间应该对工件进行去应力退火。

（2）渗碳　必须严格控制渗层的类型和深度。为了不增加渗碳炉成本，保证一定的效率，渗碳温度通常为 900～925℃（1650～1700℉）。当选择碳含量较高的钢（例如，0.40%C）进行浅层渗碳时，为更好地控制硬化层深度，渗碳温度通常为 845～875℃（1550～1600℉）。为控制工件变形，必须保证渗碳温度和淬火加热温度均匀。

（3）渗碳后冷却　因为渗碳温度是高于钢的表层和心部相变温度，在淬火时冷却速率大于临界冷却速率时，表层和心部都会淬硬。在细晶粒钢被开发应用以前，因为渗碳温度高，工件变形和开裂危险大，因此只有形状简单的零件才采用直接淬火工艺。如粗晶粒钢直接淬火，经常出现开裂，须采用更为复杂的热处理工艺。采用细晶粒合金钢和合适的热处理设备，渗碳后降温至略高于心部临界温度后直接淬油（见图 1-90 中工艺 C）。这种工艺比渗碳并缓冷后再二次加热的淬火工艺，变形要小和更容易控制。如工件渗碳加热温度更高，渗碳出炉后预冷后淬火，则比二次加热淬火更加难以控制；因此，通常采用二次加热淬火工艺。渗碳出炉后不预冷淬火（见图 1-90 中工艺 C），除非采用高合金钢和控制渗层低碳，会造成渗层中残留奥氏体数量过多。残留奥氏体数量过多会造成在工作载荷下工件（如螺旋或准双曲面齿轮）表面出现不平整。正是这个原因，高合金钢几乎不采用直接淬火工艺；对残留奥氏体数量有严格要求时，低合金钢也不采用直接淬火工艺。典型的问题就是在工作载荷下，工件（如螺旋或准双曲面齿轮）表面出现波纹。为降低直接淬火工艺的残留奥氏体数量和减少变形，渗碳后可采用预冷接近于 Ar_1 温度，再进行淬火。也可以通过将工件转移到略高于 Ar_1 温度的炉内进行稳定，而后进行淬火。渗碳温度淬火后，也可以将工件再加热至表层的 Ac_1 以上温度，进一步细化晶粒，降低残留奥氏体数量。直接淬火工件得到心部强度和硬度最高，但韧性不是最高。可采用锉刀检测渗碳层硬度，由高合金钢有残留奥氏体存在，硬度可能较低。该工艺还会减少晶界上的渗碳体。

当需对渗碳表面进行机加工时，必须采用缓慢冷却或退火。若选择高淬透性钢或受设备影响，即使采用缓慢冷却，表层仍然硬度很高，对于这种情况，则必须采用软化处理。必须采用中等冷却速率，才可避免网状碳化物析出。在缓慢冷却时应采用一定预防措施防止脱碳。

随后要采用水淬的钢，渗碳后可以采用缓冷或在无严重变形或开裂的前提下，采用油淬细化心部晶粒。

（4）多次加热淬火　渗碳冷却后各种再加热淬火的热处理工艺如图 1-90 所示。通过这些工艺，可实现表层或表层和心部都淬火。对于合金含量更高的钢，最好是采用最接近于直接淬火的工艺方法，即二次加热到心部相变点温度以上 15～25℃（25～50℉）（当然，也超过了表层的相变范围）。采用这种热处理工艺，心部可得到最高强度，并兼顾有良好的韧性，几乎所有表层的剩余碳化物都发生了溶解。虽然这些工艺钢中残留奥氏体含量会少于直接淬火，但会部分被保留下来。变形程度会大于直接淬火，但在可接受的范围内。与直接淬火一样，该工艺几乎不用于普通碳钢。

渗碳缓冷或淬火后，可将钢重新加热到略高于渗碳层相变温度以上。如渗碳缓冷后重新加热，由于心部没有细化晶粒和淬火，因而硬度较低，变形小和韧性适中；表层有未溶碳化物，因而硬度高，脆性大；如从渗碳后淬火后重新加热，则晶粒得到了充分的细化，心部韧性高，硬度低，表层无网状渗碳体，因而硬度高，韧性好，但缺点是变形较大。

渗碳缓冷后，也可将钢重新加热到略高于心部相变温度以上淬火，最后，再次加热至渗碳层相变温度以上进行淬火。该工艺晶粒也得到了更加充分的细化，但缺点是变形也很大。该工艺通过控制钢的晶粒长大，使心部的强度和韧性都很高，但在很多情况下，工件的心部韧性不需要这样高，因此现已少使用。

可以将渗碳的钢重新加热到高于渗碳层相变温度以上、心部相变温度以下进行淬火。采用这种淬火工艺，心部晶粒得到部分细化，而表层碳化物部分溶解，性能略有改善。但不推荐该工艺用于关键零件。

对某些零件，采用分级淬火，如马氏体分级淬火可有效降低变形。马氏体分级淬火是将钢淬入高于钢的 Ms 点的盐浴中进行保温（通常为 260~370℃或 500~700℉），然后在空气中冷却。由于在盐浴的冷却速度较慢，如要求心部和表面都进行淬火，则要求钢具有较高的淬透性。与常规淬火工艺相比，该工艺的成本较高。

在回火后进行冷处理，可用于消除钢中的残留奥氏体，是高合金钢渗碳层得到高硬度的唯一方法，特别是过共析碳含量的渗碳层。

（5）回火　回火能消除淬火残余应力和防止磨削加工中裂纹产生。在 135~170℃ 或 275~350℉ 温度回火，不会明显降低渗碳层的硬度和耐磨性能。通常工件回火可通过在沸水温度进行洗涤替代。

1.5.6　渗碳齿轮钢

为控制变形，渗碳齿轮通常选择低合金钢和采用油淬火。广泛应用的低合金钢含碳量在 0.15%~0.25% 范围，牌号为 4023、5120、4118、8620 和 4620，在大多数条件下都能满足要求。首选渗碳齿轮钢通常为 8620 和 4620 钢，能满足生产几乎所有常用零件。根据服役情况和测功试验，其中 4620 钢价格最经济并能满足性能要求。上面提到的钢中还应该加上 1524 钢，该型号的钢虽不是合金钢，但钢中锰含量很高，采用油淬火对应于端淬硬度距离为 4.8mm（3/16in）。

对于重载荷零件，基于实际性能测试，应选择牌号为 4320、4817 和 9310 高合金钢。台架寿命试验证明，齿轮的设计与选材同样非常重要。

碳氮共渗工艺也可采用牌号为 1016、1018、1019 和 1022 碳钢和油淬，生产八径节齿和更小的轻载荷齿轮。用于该场合的钢应是采用硅脱氧细晶粒钢，以确保均匀的表面硬度及尺寸。当然，这种齿轮心部性能与低碳钢淬油相同。例如截面薄的细牙齿轮硬度达 25 HRC。出于成本考虑，碳氮共渗通常硬化层最深约为 0.6mm（0.025in）。

（1）齿轮设计要求　施加在齿轮载荷就像悬臂梁上的剪切应力引起的弯曲应力，集中在根圆角处，造成弯曲疲劳。啮合齿轮对相对速度很高，工作时产生热能，使润滑油膜分解，导致划痕出现。

齿轮啮合具有高接触应力，压痕裂纹倾向和有磨料存在，为保证齿轮具有高耐磨性能，要求表面硬度很高。齿轮组工作时偶尔会严重超载，高韧性要求（渗碳齿轮最大优点之一）也是至关重要的。

钢的选择应考虑是否易得、成形性能（采用冷锻时需要）、可加工性以及不同炉号钢尺寸变化的一致性，这些工程性能要求主要与齿轮表面及次表面的性能有关。而类似于悬臂梁中性轴的齿轮齿形对称面处应力较低，因此对该处的力学性能关注较小。

完整的齿轮设计应包括确定下列因素：

1）齿轮径节处有必要的静强度和刚度。

2）作用于主动齿轮上单齿接触最低点的压应力（通常称为赫兹应力）。

3）在齿根圆角处的弯曲应力，特别是小齿轮。

4）小齿轮齿面接触最低点处的硬化层压碎载荷。

5）在预期速度下，齿轮组界面温度。

6）零件过载水平和比例（该因素可采用应变计和高速应变测量仪确定）。

可根据相关参考文献计算这些因素（除过载比例外）。

如果设计师不受空间、重量或成本限制，他们可以绕过选择冶金质量好的材料，采用超裕度设计齿轮。然而，在大多数时候，要考虑价格因素或者要考虑一个或多个过于严苛的要求进行计算（在适用的情况下，按照美国齿轮制造协会方法计算）：

1）压应力：1520MPa（220000psi）。

2）弯曲应力：620MPa（90000psi）。

3）表面碎裂载荷（在表面下任何地方）：55%的最大剪切屈服强度。

4）刮伤温度：260℃（500℉），在 95℃（200℉）的 SAE50 工业油中。

采用单独添加或复合添加铬、镍、钼合金元素的合金钢齿轮能满足这些性能要求，而碳素钢，碳-锰钢或碳-硼钢大约可以承受约 80% 的应力性能要求。

（2）选材过程　设计师根据最大承载能力选择齿轮钢，首先应该排除在机加工或采用现有热处理设备可能出现的问题，或出现性能不稳定的所有牌号钢。例如：

1）含有大量非金属夹杂物的钢，如典型的半镇静冶炼钢或加硫（S>0.04%）钢。

2）可加工性差的钢，如 AISI 1524 和其他类似高锰钢。

3）粗晶粒钢或铝脱氧钢（首选硅脱氧细晶粒钢；铝的添加会细化晶粒）。粗晶粒钢韧性低，而钢仅采用铝脱氧，会导致异常渗碳（即显微组织中的铁素体和渗碳体区域溶解慢，导致出现软点）。

4）如牌号为 5120 和 6120，特别是在二次加热淬火中，碳化物形成元素与基体固溶强化难以兼顾性的钢。可考虑采用 4118 钢和控制热处理气氛，使钢渗碳层的碳含量低于 1.10%。

5）热处理中尺寸不稳定的钢。

① 淬火冷却速度 下一步是确定齿轮根圆角表面处的淬火冷却速度。使用图 1-91（有轮辐齿轮，左图，和实心小齿轮，右图）估计该冷却速率。在这些图中，因为洛氏硬度无法准确测量齿轮横截面最外层硬度，采用测量距离表面下 1.5mm（0.060in）处的硬度。注意采用搅动油淬火与喷液冲击淬火具有很大的区别。

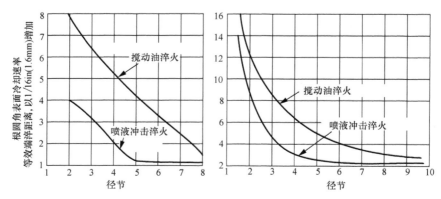

图 1-91 轮辐齿轮（左图）和实心小齿轮（右图）表面冷却速率（根据表面下 1.5mm 或 0.060in 处测量的硬度）与齿轮径节和不同淬火方法的关系

② 冶金质量 选择钢时应考虑其冶金质量。由于受以前设计限制，推荐的渗碳层完全淬火后，无上贝氏体组织，但碳化物为连续网状。虽然该组织的比例很小，但显著降低齿轮的静强度、滚动接触强度和弯曲疲劳强度。齿轮在受到冲击载荷时，网状碳化物会造成齿根部产生裂纹。

如不考虑齿轮最大承载能力，齿轮设计的主要性能指标为渗碳层硬度，可从表 1-43 中进行选材。表 1-43 为典型渗碳顶端淬火试样数据。例如，采用搅拌油淬火，径节为 5mm 的轮辐齿轮选材。首先根据 1-91（左图），径节为 5mm 的轮辐齿轮表面的冷却速率为 4.2（以 1/16in 增加），再根据表 1-43，为保证齿轮根部硬度不低于 60HRC，可选择 4118 钢采用直接淬火或选择 8620 钢，采用二次加热淬火。对最高质量的齿轮（不允许在表层出现贝氏体），应该选择渗层淬透性更高的钢。

（3）防止渗碳层碎裂 当根据表面硬度和显微组织选择好齿轮材料后，渗碳层具有一定厚度，以防止表面碎裂（也称为剥落，心部发生屈服和变形）。该现象认为是在剪切应力下，次表层发生疲劳破坏。渗碳增加了次表层的强度，因此提高了表面压溃抗力。

表 1-43 根据硬度选择齿轮钢

冷却速率[①] 等效端淬距离 [1/16in（1.6mm）]	直接淬火齿轮			二次加热淬火齿轮		
	渗碳层碳含量（%）					
	1.10	0.90	0.80	1.10	0.90	0.80
1	1018	1018	1018	1018	1018	1018
2	1524	1524	1524	1524	1524	1524
3	4026	4026	4026	8620	8620	4118
4	4118	4118	4118	8620	8620	8620
5	4118	4118	4118	8620	8620	8620
6	8620	8620	8620	8720	8620	8620
7	8620	8620	8620	8720	8720	8720
8	8720	8720	8720	8822[②]	8822	8822
9	8822[②]	8822	8822	8822	8822	8822
10	8822	8822	8822	8822	8822	8822
11	8822	8822	8822	4320	8822	8822
12	8822	8822	8822	4320	4320	4320
13	8822	8822	8822	4320	4320	4320
14	8822	8822	8822	4320	4320	4320
15	8822	8822	8822	4820	4820	4820
16	8822	8822	8822	4820	4820	4820
18	4320	4320	4320	4820	4820	4820
20	4320	4320	4320	4820	4820	4820
>20	4320	4820	4820	9310	9310	9310

① 硬度不小于 60HRC 的淬火冷却速率。

② 如果齿轮淬火后要求机加工，8822 钢需要降低碳含量。

例如根据图 1-92，比较次表层应力与剪切屈服强度，确定齿轮所需的强度。如果次表层下，剪切屈服强度与剪切应力之比不超过 0.55，则渗碳层不会产生压溃。

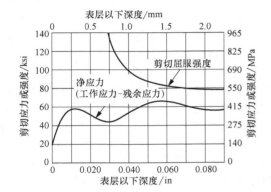

图 1-92 根据剪切屈服强度（顶部曲线）和渗碳齿轮表层下不同深度应力的测定，可用于确定渗碳齿轮在什么地方产生表层压溃失效

注：以图中为例，在渗碳表层以下大于 1.3mm（0.050in）区间，应力与剪切屈服强度比值大于 0.55，因此会产生表层压溃。

下面为采用渗碳层硬度为 50HRC 的最小深度，确定渗碳层是否产生压溃的方法：

1）在单齿接触最低点，作表面垂线，与齿轮齿的径向中心线相交，找到交线的中点，确定该处的淬火冷却速率（见图 1-93）。

2）选择合适淬透性钢系列，并根据所需的齿面微观组织，在前面提到的热处理工艺中进行选择。

3）在该钢系列中选择能得到心部硬度 30～45HRC 的碳含量（如果齿轮在弯曲疲劳应力下要求具有最大耐久强度，则限制碳含量不超过 0.30%）。

4）按下式计算渗碳层硬度达到 50HRC 的最小深度：

$$CD = \frac{12 \times 10^{-6} Wt}{F \cos \theta}$$

式中，CD 为渗碳层硬度达到 50HRC 的最小深度（in）；Wt 为齿切向载荷（lb）；F 为表面宽度（in）；θ 为压力角。

次表层能获得的最大硬度主要取决于钢的碳含量或渗碳层的碳含量，其次随钢的合金含量增加而增加（在碳含量相同的情况下），并受淬火冷却介质的淬火能力（它决定了淬火冷却速率）影响。例如，要在一定深度的次表层达到一定的硬度，可选择中合金钢，深层渗碳和剧烈喷液淬火。

再例如，选择高淬透性钢和激烈搅拌的淬火冷

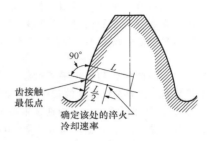

图 1-93 确定淬火冷却速率

注：根据前面介绍的确定钢的碳含量和渗碳层硬度达到 50HRC 的最小深度，确定防止表层碎裂的渗碳层的深度。

却介质和进行浅层渗碳。当齿轮尺寸很大，生产批量不大时，选择高合金钢和温和的淬火冷却介质是切实可行的方法。

根据齿轮热处理和灵活应用设备，工程师可以通过改变渗碳层深度达到所要求的强度。如淬火冷却速率对应于末端淬透性（J）的距离在 J3～J9 范围内，中合金钢（如 4320 和 4820）在表层下约 1.5mm（0.06in）处的碳含量每增加 0.10%，洛氏硬度增加 3HRC。为确保得到合理的扩散层，这需要大约增加 0.5mm（0.020in）的渗碳层深度。小模数齿轮对扩散层的要求更浅，则需要额外增加 0.25mm（0.010in）渗碳层深度。

上述钢在给定渗碳层碳含量的条件下，每增加实际单位格罗斯曼（Grossmann）D_I 的冷却速率，次表层硬度增加大约 3+2/3（J 距离以 1/16in 为单位）。例如，次表层碳含量为 0.40%，实际的 D_I 以 J9 的冷却速率增加 25mm（1in），则使硬度增加了 3+(2/3×9)，大约 9HRC。这适用于名义碳含量为 0.17%～0.25% 的钢。但随淬透性 D_I 达到 152mm（6.0in），则每单位 D_I 的硬度增量要小得多。通过剧烈淬火也会增加次表层硬度。

可以看出很难决定采用哪一种工艺路线获得足够的次表层硬度。采用更深渗碳层会直接增加成本和耗费工时，采用高合金钢不仅增加材料成本，还降低了可加工性。

作为替代方案，采用碳含量高的牌号可以增加心部的淬透性（例如，可以使用 8622 代替 8620）。必须对增大淬火的速率进行仔细研究，确定夹具或更剧烈的搅拌淬火冷却介质是否会增加成本（非均匀搅拌会增大变形，甚至开裂）。企业的具体的工艺设备条件也会影响工艺路线的决定。

（4）选择碳含量 实践经验表明，大多数齿轮表面碳含量应不低于 0.70%，最好应该是在 0.85%～1.00% 范围。表面含碳量取决于齿轮在啮合时，齿

之间滑动摩擦的程度。为防止齿面划伤，滑动摩擦越大，要求的碳含量应该越高（有证据表明，渗碳层有15%～25%残留奥氏体，能提高滑动磨损抗力）。

为使表层至心部的金相组织平缓过渡，碳含量也应该平滑渐变。推荐浓度梯度的斜率为每0.25mm（0.010in），碳含量降低0.10%，特别是重载齿轮深层渗碳的情况（渗碳深度超过1.3mm，或0.050in）。对小模数齿轮，该浓度梯度不易实现，但该问题也应该考虑。

（5）热处理后微观组织　齿轮淬火后，渗碳层应无连续网状碳化物。对不含镍合金钢，二次加热到845℃（1550℉）淬火，要求渗碳碳势不超过0.90%。而直接淬火几乎不会形成网状碳化物。

渗碳层的组织与淬火工艺相关；齿轮可以采用二次加热淬火，直接从渗碳温度淬火或渗碳降温，如降温至845℃（1550℉）淬火（降温淬火的主要目的是控制残留奥氏体数量）。

齿轮的承载能力和弯曲疲劳强度使两种淬火方法都有一定限制。直接淬火通常有两个优点：一是低合金钢就可以使表层获得不含贝氏体的组织；二是热处理变形小。其缺点是更易出现微裂纹，特别是钢中含有相当比例的碳化物形成元素或存在有大量残留奥氏体和马氏体组织。当近表面出现微裂纹，齿轮的抗疲劳性能大大降低。

通过限制渗碳层碳含量和淬透性可以控制产生微裂纹。通常不含镍，通过添加合金元素锰、铬和钼提高淬透性的钢，出现微裂纹的可能性很大。

渗碳齿轮采用直接淬火，渗碳层通常有15%～30%的残留奥氏体组织。只要最终硬度不低于57HRC，残留奥氏体一般不会对齿轮性能产生不利的影响。事实上，一些制造商认为部分残留奥氏体的存在是必要的。研究发现，齿轮齿部含有25%或更多的残留奥氏体，进行喷丸处理后，表面具有最大的长周期弯曲疲劳强度。

为在渗碳齿轮二次加热淬火中得到理想的微观组织，可采用合金含量更高的钢或选择烈度更大的淬火冷却介质。由于直接淬火通常受夹具限制，在有些情况下，二次加热淬火工艺的成本可能等于或低于直接淬火。虽然直接淬火有产生微裂纹的可能，但二次加热有时会造成网状碳化物或脱碳。尽管大多数的渗碳齿轮都采用直接淬火，实际选择主要取决于所选钢材的特性和设备等情况。

齿轮在CO和少量的CO_2气氛气体渗碳炉中渗碳，表面和晶间会产生深度最深约为0.0125mm（0.0005in）的氧化，其主要原因为钢中硅的氧化和

锰（较小程度上）的氧化。对大多数齿轮来说，一般不认为这种现象有明显坏处，但可以通过选择真空脱气和采用碳脱氧的低硅钢。2014年起大多数渗碳工艺采用富CO载气。

（6）心部硬度和组织　如渗碳层出现早期压溃现象，齿轮心部硬度，尤其是齿形对称面中心的硬度，相对就不重要了。如齿轮要求高的弯曲疲劳强度，设计师应该确保表面具有合理的高压应力。为了达到这种应力状态，应尽可能选择碳含量低的钢并尽可能采用浅层渗碳。淬火加热时，心部组织应该完全奥氏体化，避免块状铁素体出现，以保证钢材有最大的韧性。

（7）界面温度　齿轮组啮合时的界面温度并不是完全属于钢材选择问题，面对齿轮表面划痕问题，材料工程师还是会经常要考虑其金相组织的影响因素。当齿轮齿面出现划痕，但无部分脱碳和出现上贝氏体组织，改用其他材料或热处理是很难消除的。划痕与工作油温，齿轮齿面间的相对速率，两种材料间的摩擦因数和齿面压强有关。通常采用下式计算界面啮合温度：

$$T_t = \frac{T_B + 1.297f\left(\dfrac{W}{\cos\theta}\right)^{3/4}(V_1 - V_2)}{\left(1 - \dfrac{F}{50}\right)\left(\dfrac{P_P - P_G}{P_P + P_G}\right)^{1/4}}$$

式中，T_t为界面温度（℉）；T_B为工作油温（℉）；f为摩擦因数，W为接触面载荷（lb/in）；V_1和V_2为齿轮齿接触点的表面速率（in/s）；θ是压力角（度）；F是磨合期表面光洁度（粗糙度μin）；P_P和P_G分别为小齿轮和大齿轮的顶圆半径（in）。应采用数个不同的预期的运行速率进行计算T_t，以保证温度不超过260℃（500℉）。另一种计算方法可参考相关齿轮手册。

（8）表面硬度　渗碳齿轮的表面硬度通常应该为62～63HRC，可按照SAE J 864标准使用硬度为65HRC的锉刀进行表面硬度测试。该方法尽管看上去原始，锉刀表面硬度测试通常可以检测部分脱碳或出现上贝氏体组织是否存在。

当最大划痕抗力和磨损寿命为主要性能要求时，锉刀表面硬度检测最低要求硬度为60HRC。选择等于或低于150℃（300℉）回火（一些汽车准双曲面齿轮不回火），取代175℃（350℉）正常温度。采用这种工艺生产齿轮需要防止磨削裂纹产生。另一方面，一些大型齿轮制造商，采用在190～205℃（375～400℉）将硬度回火至55HRC。采用这种方法制造的齿轮齿面工作时产生磨合，齿面上载荷更均匀和降低了工作噪声。

（9）韧性和短周期疲劳 当齿根圆角的弯曲应力大大超过 690MPa（100ksi），设计的齿轮为有限使用寿命，则出现短周期疲劳。例如，通常在变速箱换挡冲击时，齿的载荷超过稳态工作时的 8 倍。在这种级别的应力下，疲劳寿命通常是低于 20 万次。由于材料的强度和韧性的要求，对材料金相组织都提出了严格的要求。为保证具有高的划痕抗力和耐磨损性能，这种齿轮也需要高的硬度。

尽管这些性能要求似乎相互之间有些矛盾，一个低成本折中的方法是对齿轮进行回火，将硬度降低。例如，将齿轮表面硬度降低至 55～60HRC。应该清楚地看到，这一折中方法会降低接触和弯曲疲劳强度，降低耐磨损和抗划痕性能。间歇工作的零件常用选择较低的硬度。在零件要求具有良好的韧性时，可采用含镍的合金钢。

（10）疲劳麻点 通常可以通过改善金相组织的方法，解决渗碳齿轮在齿根出现断裂问题。如果零件运行到几十万周次后出现失效，可采用在更高温度回火，使用高镍钢或喷丸处理进行改善。如果零件运行到数百万周次后出现失效，可改用低碳高合金钢，并采用更高淬冷烈度的淬火冷却介质淬火。此时在渗碳层产生较高的残余压应力，进一步提高材料的疲劳极限。如果疲劳失效与大型夹杂物（通常是氧化铝类型）有关，应该选择超纯钢。当齿轮产生疲劳麻点造成失效，则必须重新对齿轮进行设计，降低接触应力（当然，这是在热处理工艺和齿轮校正都满足要求的前提下）。接触应力过大可能是对赫兹应力计算出现错误，但通常是齿轮啮合不良，导致应力最终加载在某一个齿上。

疲劳麻点失效的机制是疲劳失效，疲劳麻点萌生于受赫兹应力零件上最大拉应力处，由于接触最低点产生摩擦和产生热，该应力得到进一步增大。疲劳麻点也会在非金属夹杂物处萌生。有大量证据表明，除非是大尺寸夹杂物，疲劳麻点的损伤在工作中会被"治愈"。

参 考 文 献

1. G. Williams, Selection of Carburizing Steels, Case Depth, and Heat Treatment, *Metals Handbook* 1948 *Edition*, American Society for Metals, 1948, p 681.

2. R. Kern, Selecting Steels for Carburized Gears, *Met. Prog.*, July 1972.

3. A. L. Boegehold and C. J. Tobin, Factors Governing Selection of Type of Carburized Case, *Trans. ASM*, Vol 26, 1938, p 493.

4. D. W. Dudley, Ed., *Gear Handbook*, 1st ed., McGraw-Hill, 1962.

5. D. W. Dudley, *The Handbook of Practical Gear Design*, Technomics Publishing Co., Inc., Lancaster, PA, 1994.

1.6 渗碳钢的微观组织和性能

渗碳是一种有效提高工件表面性能的方法，它可以用于轴、齿轮、轴承和其他受高应力机器零件的表面的改性。通过锻造和机加工将低碳钢加工成机器零件，然后通过渗碳，得到表层为高碳渗碳层，心部为低碳的复合钢材零件。该复合钢材零件进行马氏体淬火和回火后，表层得到高硬度和高强度的硬化层组织，而淬火时由于受到表层与心部的过渡区的影响，在渗碳层还形成了有利的残余压应力。该硬化层耐磨性高，具有很高的抗弯曲疲劳和抗滚动接触疲劳性能。

本节主要介绍渗碳钢的微观组织和性能。渗碳钢的微观组织看起来很简单，从表层至心部随距离变化，组织从高碳马氏体逐步变化为低碳马氏体。正常的渗碳钢主要微观组织是低温回火马氏体，并随距表面的距离变化，马氏体的形态、数量和性能也发生改变。在渗碳组织中可能还会有其他组织存在，例如还可能有残留奥氏体、各类不同大小和形态的碳化物、夹杂物、加工中产生的表面氧化物、奥氏体晶界产生脆性的磷偏析和淬火中出现的贝氏体和珠光体等非马氏体组织。这些组织可能会显著影响渗碳零件的性能。

因为大多数渗碳零件都经受循环荷载作用，因此衡量他们最重要的性能指标是疲劳强度。尽管这里所有提到的渗碳钢的微观组织都会对疲劳性能产生影响，但很难确定渗碳钢疲劳强度的最佳成分和微观组织。常采用硬度方法测量钢的渗碳层硬度、渗碳层深度和控制渗碳质量。尽管许多渗碳钢渗层具有相同的硬度分布，但它们的微观组织和性能有很大差异。对渗碳组织而言，由于从表层至心部的微观组织和性能呈梯度变化，因此采用拉伸试验测量其力学性能意义不大。断裂韧度指标对评价临界缺陷或裂纹大小非常有用，已采用渗碳试样测得了部分断裂韧度数据，但主要的强度和断裂韧度数据还是从中碳或高碳整体淬火钢借鉴得到。

本节介绍了各种渗碳的微观组织，并介绍了微观组织对性能，主要为对硬度和抗疲劳性的影响。

现已有大量有关渗碳工艺和渗碳计算机辅助建模和控制的文献资料。然而，对渗碳微观组织在优化钢渗碳性能方面的研究还在不断继续深入。有关主要文献资料包括：Parrish 对到 1977 年为止有关钢的渗碳微观组织和性能的研究进行了全面的总结，并在 1999 年进行再版更新；Harper 对有关气体渗碳进行全面总结和评述；有关钢的渗碳微观组织的金相图集；最新的渗碳会议论文集包括了组织-性能的关系以及渗碳工艺的进展。上述列出的只是文献中的一部分，还有很多文章是发表在期刊上。但是，这些文献为感兴趣的读者打开了一扇了解有关渗碳钢的工艺、选择材料和了解性能的大门，为他们提供了很多有用的信息。

1.6.1 渗碳浓度和硬度梯度

渗碳的目的是为了在低碳和低到中等硬度材料的心部上，得到高碳和高硬度渗碳层。该目标是通过各种气体-金属表面反应，将碳渗入奥氏体表面，并进一步向奥氏体基体扩散。而后奥氏体在淬火冷却中，通过相变转变为具有梯度的微观组织，得到具有硬度梯度的渗碳层。图 1-94 和图 1-95 分别为 SAE 8620 钢试样气体渗碳的典型渗碳浓度和硬度梯度曲线。本节主要对与碳浓度和硬度梯度相关的微观组织梯度进行介绍。有关淬火冷却中相变引起的残余应力梯度在"残余应力"一节中进行介绍。

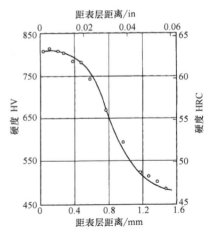

图 1-95　直径为 16mm（0.63in）的 8620 钢试棒，925℃（1700℉）气体渗碳的硬度梯度

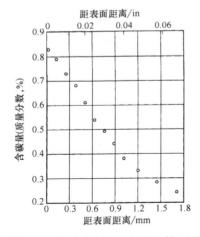

图 1-94　直径为 25mm（1in）的 8620 钢试棒，925℃（1700℉）气体渗碳的碳浓度梯度

（1）渗碳层深度检测　在给定渗碳时间的条件下，有几种测量渗碳层深度的方法。其一是通过侵蚀渗碳试样截面，根据表层至心部的组织差异测量渗碳层总深度；但最常用的方法是检测渗碳试样截面的硬度梯度，测量垂直表面硬度达到给定硬度值，通常达到硬度为 50HRC（510HV）处的距离为渗碳层深度。

（2）影响渗碳层深度的因素　影响表面碳浓度的因素有不同渗碳阶段的时间和温度，通过控制这些因素可以控制渗碳层深度。渗碳的第一阶段为强

渗期，根据在该奥氏体温度下，奥氏体中碳的最大溶解度，表面碳质量分数可高达 1.1%～1.2%，这种碳浓度可能会产生不良的淬火微观组织。为得到最佳表面碳浓度 0.8%～0.9%，渗碳的第二阶段采用较低的渗碳碳势，使在第一阶段已渗入工件表面的碳在该阶段进行调整，向心部扩散。这种渗碳方法通常称为两段渗碳方法。

采用硬度方法测量的淬透性也会影响渗碳层深度。通常认为，一定碳浓度的奥氏体转换为的马氏体硬度是一定的。然而，如果是低淬透性钢渗碳或大量渗碳零件缓冷条件下，奥氏体可能转变为硬度低于马氏体的贝氏体或珠光体组织。因此，在碳浓度梯度相同条件下，如钢的淬透性不同，可能会产生完全不同的硬度梯度。零件形状也会影响渗碳层深度。复杂零件形状会影响渗碳气氛渗入或淬火程度。例如，渗碳齿轮的齿节线和齿根部的渗碳层深度是不同的。图 1-96 为推荐的检测齿轮齿的横向硬度分布和心部硬度位置。图 1-97 为 8620H 钢渗碳齿轮不同的节线和根部横向硬度分布。根部的有效硬化层深度比节线处的浅。

1.6.2 马氏体和残留奥氏体

图 1-98 为渗碳钢渗碳后直接淬火近表层典型马氏体和残留奥氏体组织。高碳马氏体（黑色）是由奥氏体非扩散切变转变形成，其形态为非平行片状。片状马氏体的 {225} 和 {259} 晶体有各种等价的晶面，因此在金相组织看到片状马氏体具有多个方向。片状马氏体的尺寸取决于奥氏体晶粒大小和连续降温过程。在温度降至马氏体开始温度（Ms），第一片马氏体形成，其片的长度为奥氏体晶粒大小；

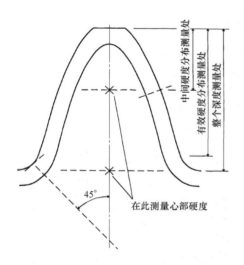

图 1-96 测量齿部横向硬度分
布推荐位置（虚线垂直齿表面）

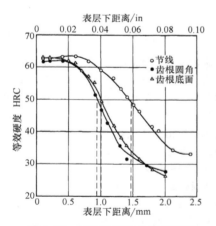

图 1-97 8620H 钢齿轮渗碳和淬
火后齿根部和节线位置硬度梯度和
至硬度为 50 HRC 有效硬化深度

可以认为，最长片状马氏体尺寸相当于奥氏体晶粒尺寸。随着温度进一步降低，奥氏体相变不断进行，更多的马氏体片在长片状马氏体之间形成，它们的尺寸变得细小。根据该马氏体形成规律，奥氏体晶粒尺寸越细，则片状马氏体尺寸越小。

由于高碳的奥氏体稳定性好，在冷却中被保留了下来，称为残留奥氏体。图 1-98 中白色区域的组织即为残留奥氏体。提高钢的碳含量会显著降低马氏体开始转变温度（Ms），并将马氏体转变温度范围降低到室温以下。因此渗碳后淬火到室温，渗碳层中总有大量残留奥氏体组织存在。例如，渗碳后直接淬火试样的渗碳层中通常具有 30%~35%残留奥氏体组织。残留奥氏体对

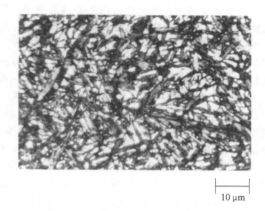

图 1-98 SAE4121（旧牌号 EX24 钢）钢
（0.89Mn-0.55Cr-0.24Mo）渗碳
后直接淬火渗碳层片状马氏体+
残留奥氏体显微组织照片

渗碳钢的疲劳性能起着重要作用。

渗碳件渗碳冷却到室温后，可采用再次加热淬火工艺，再次加热淬火工艺能有效地细化奥氏体晶粒尺寸。如果二次加热温度高于相图中临界温度 A_{cm}，则组织完全转化为奥氏体，通过选择奥氏体化温度略高于 A_{cm} 温度进行细化晶粒尺寸。

渗碳钢在低于 A_{cm} 温度再次加热，碳化物球化并被保留在渗层奥氏体中。由此造成奥氏体的碳含量降低，提高了马氏体开始转变温度 Ms，使淬火组织中残留奥氏体数量更少。此外，碳化物颗粒抑制晶粒生长，细化了奥氏体晶粒。图 1-99 为 8620 钢渗碳再次加热淬火得到的马氏体和碳化物微观组织。图中白色球状颗粒为淬火保留下来的碳化物，黑色为侵蚀后细小的马氏体和残留奥氏体组织。由于该组织很细小，在金相光学显微镜下难以进一步分辨。

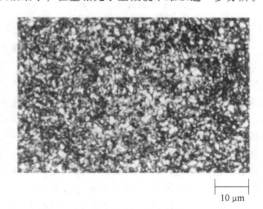

图 1-99 8620 渗碳钢再次加热和淬火渗碳层马氏
体基体上分散碳化物微观组织照片

注：白色圆形碳化物分散在黑色马氏体基体上。

随碳含量增加，马氏体的硬度和强度增加。因此渗碳后淬火钢的最高硬度在表面在或近表层。如果有大量硬度较低的残留奥氏体存在，抵消近表层马氏体的高硬度，而表层碳含量以及残留奥氏体最高，由此硬化层硬度峰值可能会出现在距表面一段距离。随距表面距离增加，渗碳层中马氏体的碳浓度减少，硬度下降（见图1-95和图1-97）。此外，随距表面距离增加，由于残留奥氏体中碳含量减少，残留奥氏体数量也减少（图1-94），马氏体开始转变温度 Ms 提高，当冷却到室温，形成的马氏体数量更多。图1-100 为8620钢直接淬火和渗碳后二次加热淬火试样的残留奥氏体的梯度。当二次加热温度低于 A_{cm} 时，残留奥氏体数量明显减少。

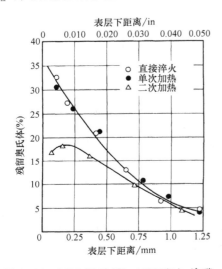

图1-100　8620钢925℃（1700℉）渗碳，碳含量与表层下距离的关系

注：采用 X 射线衍射测量残留奥氏体量，单次加热和二次加热分别为加热到845℃和790℃（1550℉和1450℉）。

渗碳后钢的心部微观组织取决于的钢的低碳含量和渗碳钢基体的淬透性。如果钢的淬透性低，根据淬火速率不同，低碳心部可能转变为铁素体和少量珠光体组织。如果钢淬透性高，心部可能转变为马氏体组织。对于大多数受高应力的零件，希望心部得到马氏体组织。与铁素体和珠光体组织相比，低碳马氏体组织具有更高的强度和断裂韧度。为防止次表层裂纹萌生，也称为表面碎裂，必须提高心部强度。当重型接触载荷的应力超过表层下某距离组织的强度时，这种断裂就发生在表层至心部界面处。有多种阻止次表层裂纹萌生的方法。可通过增长渗碳时间，提高渗碳层深度；可通过采用较高淬透性合金钢，使心部和渗碳层完全转变为马氏体组

织；或通过增加心部的碳含量。这样材料强度得到提高并大于次表层处的应力。

图1-101 所示为8719钢气体渗碳后的心部马氏体组织。钢的成分为 1.06% Mn，0.52% Cr，0.50% Ni 和 0.17% Mo。低碳马氏体称为板条马氏体，其形态为互相平行排列细板条束。光学显微镜下板条束可见，但由于大部分板条或马氏体晶体太细，光学显微镜无法分辨。

10 μm

图1-101　8719钢气体渗碳后的心部马氏体组织

渗碳钢淬火后通常在 150～200℃（300～400℉）低温回火。低温回火通过微观尺度组织的改变，略增加零件的韧性，降低残余应力，保留大部分表面硬度和残余压应力。主要变化包括，从淬火的过饱和马氏体中析出过渡碳化物，称为 η 碳化物。该碳化物为斜方晶系晶体结构，尺寸约2nm，在马氏体片中以细小颗粒排列析出。由于该析出碳化物太细小，无法通过光学显微镜直接观察到，但会增加马氏体片在侵蚀后颜色的深度。在低于 200℃（400℉）回火，残留奥氏体不发生转变。因此，典型抛光和侵蚀后渗碳钢组织为在残留奥氏体基体上有大量黑色马氏体片，如图1-98所示。

图1-102 所示为淬火 52100 钢的冲击韧度和断裂韧度与回火温度的关系。其微观组织为回火马氏体基体上保留有未溶碳化物，为典型的轴承钢或渗碳钢在 A_{cm} 以下温度加热的渗碳层组织（图1-99）。即使在200℃（400℉）回火，52100钢的韧性仍然很低。有关研究表明，高碳马氏体奥氏体微观组织在 150～200℃（300～400℉）回火后，相当于渗碳钢次表层的微观组织，其应变断裂韧度 K_{IC} 在 15～25MPa $\sqrt{m}$（14～23ksi$\sqrt{in}$）。

1.6.3　合金元素的影响

在渗碳钢中，选择添加的合金元素主要是为了提高淬透性。因为渗碳钢的淬透性对渗碳层和心部均非常重要，因此钢中的合金元素必须在碳含量为

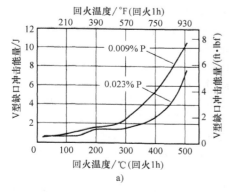

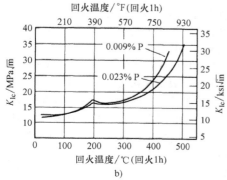

图 1-102　淬火 52100 钢的冲击韧度
和断裂韧度与回火温度的关系

a）夏比 V 型缺口冲击吸收能量　b）平面应变断裂韧度 K_{IC}

注：采用 850℃ 或 1560℉ 油淬。组织为回火马氏体
基体上分散球形碳化物，类似于低于 A_{cm} 温度
重新加热渗碳钢渗碳层组织。

一定范围内，保证钢具有足够的淬透性。如前所述，渗碳钢中的合金元素的主要作用是能够保证得到高碳马氏体表层（提高磨损和疲劳强度），和同时具有高强度的低碳马氏体心部，以防止表层至心部过渡区失效。

高淬透性是指，在优先形成硬度较低的组织前，淬火得到硬度高的马氏体组织。可以在炼钢中采用控制冶金因素，如添加置换合金元素，延缓和降低受控于扩散的奥氏体向贝氏体、珠光体或铁素体的固相转变；也可以采用控制工艺的方法，如选择淬火冷却介质或采用相应手段提高大截面工件冷却速率。因为在缓冷下，有足够的时间转变为非马氏体组织。渗碳钢中提高淬透性的主要合金元素有锰、铬、钼和镍。适量的多个元素复合添加比单个元素添加更加有效。硼是最有效提高低碳钢淬透性的元素，但随着碳含量的增加，对淬透性的影响减弱，因此可能不会提高渗碳层的淬透性。然而，德国牌号渗碳钢，20MnCr5B，用硼去除了固溶体中氮，从而提高了钢的韧性。

为控制晶粒长大，大多数渗碳钢采用铝脱氧。铝与氮结合形成氮化铝，在渗碳过程中阻止了奥氏体晶粒生长。细晶粒会降低钢的淬透性，Cook 研究表明，在碳素钢中添加铝细化晶粒会降低表层淬透性，但铝在合金渗碳钢中对淬透性的影响还未见报道。

（1）合金元素对淬透性的影响。渗碳钢的淬透性对表层和心部都非常重要。渗碳钢必须在一定碳含量范围内具有足够的淬透性。图 1-103 所示为 SAE 4620 渗碳钢心部碳含量至 0.9% 的末端淬透性顶端淬火数据，碳提高淬透性的作用非常明显。但对大截面工件，由于冷却速率很低，甚至在表层也会得到非马氏体组织。Jatczak 研究了合金元素对高碳钢淬透性的影响。研究表明，较高的奥氏体化温度通过溶解更多的合金碳化物，提高了碳和合金元素在奥氏体中固溶度，增加钢的淬透性。其他研究人员也对渗碳钢淬透性的诸方面进行了研究。

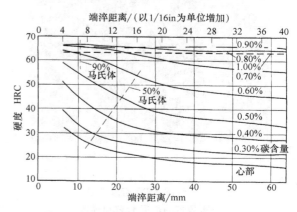

图 1-103　碳含量对 SAE 4620 钢直接淬火
试样末端淬透性曲线淬透性的影响

（2）合金元素的其他影响。选择渗碳钢和进行合金化时，考虑合金元素的主要作用是淬透性，但合金元素也会影响到微观组织的其他方面。许多合金元素，特别是铬和钼，是强碳化物形成元素同时也是铁素体形成元素。这些元素使 A_{cm} 温度发生移动（见图 1-104）和提高平衡条件下奥氏体最低稳定温度 Ae_1。由于碳化物形成元素对 A_{cm} 的影响，降低了奥氏体中碳溶解数量，增加渗碳钢中碳化物形成可能性。许多合金元素同时也降低 Ms 温度和降低了马氏体转变温度范围。因此增加合金元素，也增加了渗碳后淬火钢中残留奥氏体量。

1.6.4　奥氏体晶间断裂

图 1-105 所示为 8620 钢渗碳后，在原奥氏体晶

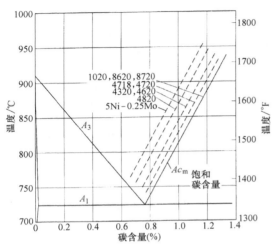

图 1-104　在不同渗碳钢中合金
含量对 A_{cm} 温度的改变

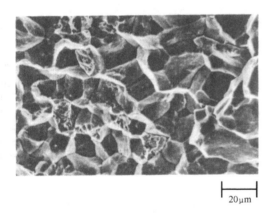

图 1-105　SAE 8620 钢渗碳表层过
载断裂带的晶间断裂扫描电
子显微镜（SEM）显微照片

界渗碳层的过载断裂区出现晶间断裂照片。这种晶间开裂是高碳钢淬火加热为多晶奥氏体组织的主要断裂模式。因此常出现在渗碳后直接淬火的硬化层中，但在钢渗碳后二次加热的细晶粒和未溶碳化物组织中很少出现。而后者断裂的微观组织是低韧性塑性断裂，其特征是在分散碳化物颗粒周围形成密集微孔。即使渗碳钢在 150～200℃（300～400℉）回火后，由于回火温度太低，引起回火马氏体脆裂，也会发生晶间断裂。

（1）高碳渗碳层微观组织晶间断裂原因　因为采用光学显微镜无法观察到有关晶间特性，高碳渗碳层微观组织晶间断裂原因的很难深入了解。然而，一些研究表明，晶间断裂的敏感性与渗碳工艺中两

个阶段有关：首先是在渗碳或奥氏体化加热阶段，磷向奥氏体晶界偏析；第二是淬火冷却阶段，很薄的渗碳体粒子在奥氏体晶界上形核和生长。磷偏析和碳化物形核都为原子大小尺度，但他们的综合效应足以在低于马氏体和奥氏体基体强度的应力下，造成晶间断裂。

俄歇电子能谱（AES）分析技术具有很高的分辨率，可以对晶间断裂微观特征进行深入分析。在高真空室里，电子束扫描试样表面，从表面特定原子上发出特定能量的俄歇电子。俄歇电子能量很低，来自深度小于 1nm 的试样表面。

图 1-106 所示为 8620 渗碳钢表面的渗碳层断裂面的俄歇谱。图 1-106a 和图 1-106b 分别为穿晶断裂表面和晶间断裂表面的俄歇谱。在穿晶断裂表面没有检测到磷的峰值，而在晶间断裂表面有磷的一个小峰，用 10× 倍率在图中标出。这些观察与其他人的研究一致，表明磷在奥氏体化时，向奥氏体晶界偏析。两个谱线之间的主要区别是晶间断裂表面碳的俄歇谱峰值明显要高。根据碳的主峰和辅峰的形状特点，AES 分析结果是渗碳体。因此 AES 分析提供了渗碳体在奥氏体晶界上形成的证据。

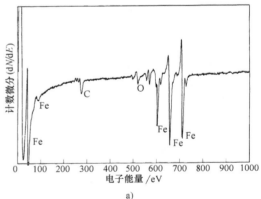

a)

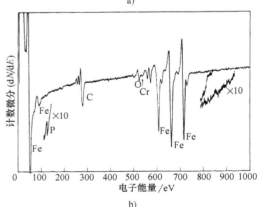

b)

图 1-106　8620 渗碳钢表面的渗碳层断裂俄歇谱

a）穿晶断裂表面　b）晶间断裂表面

采用一组含 0.85% C，0.044% P（0.002% P）的 EX24 钢（或 SAE 4121）的断裂韧度试样，对上述观测进行验证。采用高碳试验钢是为了模拟渗碳试样的高碳渗碳层。磷含量高的试样增大了晶间断裂，磷含量低试样晶间断裂显著降低，但不能完全消除。与采用盐水淬火试样相比，采用油淬火试样出现晶间断裂的更多，该结果解释了采用慢的淬火速度淬火，会有更多扩散的时间，造成奥氏体晶界上渗碳体膜增加。

Ando 针对高碳 Fe-Cr-C 合金，建立了渗碳体无定形膜（cementite allotriomorphs）的生长动力学模型，图 1-107 为渗碳体生长的几个阶段。第一阶段只受控于碳的扩散，铬无重新分配，渗碳体快速增厚。然而，在第二阶段，从平衡考虑形成碳化物颗粒，最终需要铬的扩散，因此在该阶段，晶间的渗碳体增长显著放缓。因此，即使渗碳钢采用油淬火，在第一阶段也能快速形成极薄的渗碳体膜，如图 1-107 所示。磷含量高已证明也能够加速晶间渗碳体无定形膜的形成。

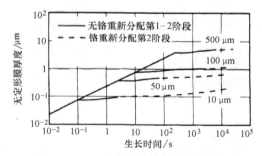

图 1-107　奥氏体晶界的渗碳体无定形膜生长动力学模拟曲线 Fe-Cr-C 合金（铁，4.5% 体积分数的 C，1.5% 体积分数的 Cr）奥氏体 740℃（1365°F）

（2）防止晶间断裂　在本节后面的"疲劳机制"中会介绍在渗碳钢中，晶间裂纹经常会引起疲劳裂纹。低磷含量会减少晶间裂纹，但要将磷降低到能完全消除晶间裂纹的极低水平，炼钢的成本较高。再次加热淬火正常磷含量的渗碳试样，能得到非常细的奥氏体晶粒。可能是由于晶界增多，降低了磷偏析，消除晶间裂纹。最后，可以用合金化的方法来消除晶间断裂。高镍渗碳钢具有高的韧性，对晶间断裂不敏感。

1.6.5　渗碳钢中的微裂纹

微裂纹常出现在高碳钢片状马氏体中，典型马氏体微裂纹如图 1-108 所示。Marder 和 Benscoter 采用切片连续金相照片显示微裂纹的形式，微裂纹是通过马氏体片形成时之间发生撞击，在撞击接触点

出现微裂纹。因为微裂纹通过非平行片状马氏体撞击形成，随从片状马氏体过渡到板条马氏体，微裂纹的密度降低。较小的片状马氏体产生的应力不足以产生微裂纹，因此细小的奥氏体晶粒从根本上限制了微裂纹扩展。

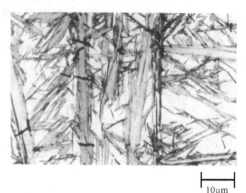

图 1-108　Fe-1.86C 钢马氏体片微裂纹电镜照片

人们很早就知道在渗碳钢渗碳层组织，尤其是在粗大片状马氏体组织中有微裂纹存在。微裂纹会使渗碳的钢的疲劳性能下降。然而，鉴于前一节介绍的，许多疲劳裂纹是在脆化的奥氏体晶界上萌生，片状马氏体中的微裂纹对疲劳性能的影响较小。这些脆化奥氏体晶界的晶间裂纹能有效地绕过晶内的片状马氏体微裂纹，因此马氏体组织中的微裂纹存在与否就显得对疲劳性能的影响不大了。另一方面，片状马氏体微裂纹对穿晶裂纹的扩展会有影响。

采用 Fe-1.22%C 合金研究了晶粒尺寸对微裂纹的影响，建立了微裂纹和晶间断裂之间的联系。在该研究中，在片状马氏体和原奥氏体晶界上均有微裂纹。随着晶粒尺寸减小，这两种类型的微裂纹减少，但晶界上的微裂纹占有比例更高。晶间微裂纹形成的部分原因是片状马氏体撞击脆化的晶界，如果渗碳钢的晶界有这样的微裂纹存在，晶间疲劳裂纹将在较低应力下萌生。

1.6.6　过多的残留奥氏体和碳化物

适量的残留奥氏体是有益的，在渗碳钢的高碳渗碳层组织中一定会有残留奥氏体存在。然而，当残留奥氏体量大于 50%，会显著降低硬度，降低抗弯曲疲劳性能。残留奥氏体过多的最重要原因是表层碳含量过高，导致 Ms 温度下降，将马氏体转变区间降低到室温以下，钢中合金含量高也会降低 Ms 温度。

（1）表面碳浓度过高常见位置　表面碳浓度过高常见位置是试样转角处。在渗碳工艺的第一周期，试样转角处奥氏体中的碳饱和，碳会同时渗入试样

平面区域和转角处，但在扩散期渗入试样平面区域的碳很少。因此，尽管在扩散期，碳含量下降到预期水平，但工件曲面转角处的碳含量仍远高于预期。图 1-109 所示为 8620 钢试样在 1050℃（1920 ℉）渗碳试样转角处碳的轮廓曲线，试样转角处的碳含量高达 1.20%。图 1-110 所示为 4121 渗碳试样夹角处具有过多残留奥氏体组织的金相照片。图 1-111 所示为 8620 钢在 930℃（1700 ℉）渗碳试样角落和平面

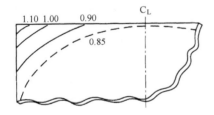

图 1-109　8620 钢试样在 1050℃（1920 ℉）
渗碳试样转角处碳的轮廓曲线
注：基于对试样不同部位粉末取样化学分析。

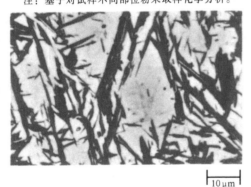

图 1-110　4121 渗碳试样夹角处具有过
多残留奥氏体组织的金相照片
注：SAE 4121 钢（旧牌号 EX24）试样在 1050℃
（1920 ℉）温度渗碳，试样夹角处残留奥氏体量高。

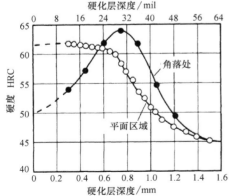

图 1-111　8620 钢在 930℃（1700 ℉）渗碳试样
夹角和平面区域的硬度分布曲线

区域的硬度分布曲线。由于角落里残留奥氏体数量多，夹角处表面的硬度比平面区域低得多。渗碳直接淬火后再次加热工艺，能消除过多的残留奥氏体，提高了表面硬度。

表面碳含量过高的另一个后果是会形成大量的碳化物。根据钢的合金含量，在奥氏体晶界上会形成不同形态的碳化物。图 1-107 表明在奥氏体晶界上形成大量渗碳体无定形膜，需要长时间扩散生长，因此通常是在高温渗碳阶段或工件降低至 845℃（1550 ℉）淬火前阶段形成。图 1-112 为两张渗碳试样夹角处大块碳化物形态照片。其中图 1-112a 为含 0.5% Cr，0.5% Ni 和 0.2% Mo 的 8620 钢，试样夹角处的块状和晶界角状碳化物形态，图 1-112b 为含 0.55% Cr 和 0.24% Mo，无 Ni 的 4121 钢的细长条状碳化物形态。

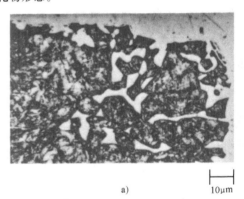

a)

b)

图 1-112　渗碳试样夹角处大块碳化物形态照片
a）8620 钢块状和晶界角状碳化物
b）4121 钢的细长条状晶界碳化物

（2）对疲劳裂纹的影响　如在试样的夹角处有过多的残留奥氏体和大量的碳化物，伴随着截面急剧变化和应力集中，导致疲劳裂纹萌生。图 1-113a 为 SAE 4121 钢渗碳试样夹角处疲劳裂纹萌生照片。图 1-113b 为沿着大块碳化物在夹角发生断裂的照片。在晶界上碳化物膜通过晶界壁上生长，构成了碳化

物与马氏体-残留奥氏体基体间的界面，这些界面为发生断裂的优先通道。

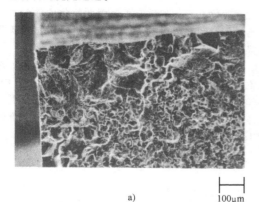

a)

100μm

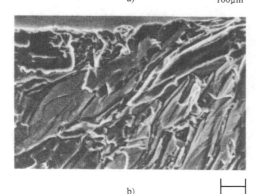

b)

10μm

图 1-113　SAE 4121 钢渗碳的断裂表面
a) 低放大倍率观察角落起始处　b) 在碳化物与基体界面断裂细节。扫描电镜照片

对大多数渗碳工件，渗碳层中存在有大量网状碳化物对弯曲疲劳和断裂性能是有害的，但在特殊场合，也有采用过度渗碳（supercarburizing）的特例。在过度渗碳过程中，表面碳含量达到 1.80% ~ 3.0%，过饱和碳与钢中易形成碳化物颗粒，提高表面耐磨损性能，但与此同时，可能会造成表面磨削加工非常困难。

1.6.7　残余应力

渗碳工艺的最主要的一个优点是在渗碳工件表面产生了残余压应力。该残余压应力能均衡工作中拉应力，提高工件弯曲疲劳性能。由于残余应力对渗碳零件性能起到了重要作用，长期以来人们一直努力致力于渗碳层残余应力的建模、检测和分析。

图 1-114 所示为渗碳后淬火渗碳层的残余应力分布示意图。在距渗碳工件表层下某一距离，抗压应力达到最大值，而后逐渐降低，最后与心部残余拉应力达到平衡。对大量渗碳的工件进行检测表明，测量的压应力峰值范围从 -200 ~ -450MPa（-29 ~ -65ksi）。

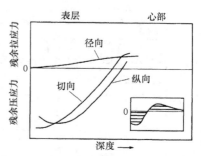

图 1-114　钢经渗碳后的残余应力示意图
注：图中插入的小图表明，表面残余压应力与内部拉应力达到平衡。

渗碳钢表面残余压应力是在冷却过程中，奥氏体组织转变为马氏体组织，产生体积膨胀以及工件表面与心部间的温度梯度引起的。渗碳工艺产生的深层碳浓度梯度决定了 M_s 温度和相变的梯度：表面的碳含量最高，M_s 温度最低；随着距表面距离增加，M_s 温度提高，直至碳含量接近心部的碳含量。由于热流量和热导率引起工件温度梯度。在淬火过程中，工件表面温度低于其内部温度。

在淬火冷却的早期阶段，温度低于 M_s，马氏体在距表层下某一距离处首先形成。由于温度较高和材料的屈服应力较低，该阶段体积变化很容易与周围的奥氏体组织相适应。由于表面的 M_s 温度比距表层下某一距离处的低，此时表面的奥氏体没有发生马氏体转变。直至表面温度降低至 M_s 温度以下，表面才发生马氏体转变。表面形成马氏体产生体积膨胀，但受到距表层下先形成马氏体的约束，会造成压应力。有许多因素，包括钢的合金含量和含碳量、渗碳层深度、淬火开始冷却温度、淬火冷却介质温度以及随温度变化的马氏体和奥氏体塑性变形行为，会影响到这一过程。在这些因素中，钢的合金含量和含碳量含量决定了钢的淬透性和 M_s 温度。尽管上述因素之间的相互作用很复杂，影响到残余应力的形成，但如渗碳零件淬火得到的是马氏体和残留奥氏体组织，则会在表面形成有利的压应力。

采用喷丸工艺可以有效提高表面的残余压应力。图 1-115 为不同喷丸速度对渗碳钢渗碳层残余压应力的影响。这些残余压应力有效地改善了材料的弯曲疲劳性能。

气体渗碳中产生的表面氧化会对残余应力会造成有害的影响。正如在下一节将要讨论的，某些合金元素如未固溶于奥氏体中，而是优先形成氧化物，会降低钢的淬透性，严重时表层不是形成马氏体组织，而是形成珠光体组织。因此，如表层相变发生在较高温度，淬火无法得到理想的马氏体组织。即使在表面氧

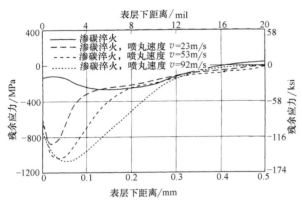

图 1-115 不同喷丸速度对 16MnCr5 钢（1.23%Mn，

1.08%Cr）渗碳层残余压应力的影响

化不太严重，未形成珠光体组织的情况下，由于形成氧化物，降低了表面合金元素含量，造成表面的 Ms 温度提高，也会导致表层残余压应力降低。

采用冷处理工艺降低残留奥氏体含量，能有效提高表面硬度。由于冷处理降低了在服役条件下，通过应力-应变机制下残留奥氏体转变为马氏体组织，因此提高了尺寸的稳定性。然而，一些研究表明，经冷处理工艺的渗碳零件的疲劳性能有所降低。此时表面残留奥氏体将继续进行淬火至室温的相变过程，即产生新的马氏体组织和造成体积膨胀，提高残余压应力。很多研究现已测得，经过冷处理的试样马氏体中的残余压应力有所提高。然而，Kimet 等人的研究认为，在冷处理后留下的残留奥氏体中是拉应力，这种局部的拉应力会降低疲劳裂纹萌生和传播时所需的工作应力。

1.6.8 表面和内氧化

气体渗碳中的 H_2O/H_2 和 CO_2/CO 平衡气氛使渗碳钢中某些合金元素与氧结合产生晶界氧化。图 1-116所示为不同合金元素在930℃（1700 ℉）吸热

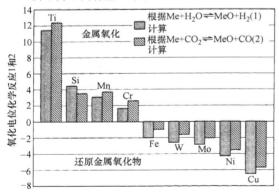

图 1-116 不同合金元素在930℃（1700 ℉）

吸热气体中的氧化电位

气体中的氧化电位。渗碳钢中常见的铬、硅和锰合金元素都易产生氧化，而钼、镍和铁元素不易产生氧化。氧化过程与扩散有关，因此氧化的深度和程度与渗碳时间和温度有关。氧化物可能在原奥氏体晶界上形成，也可能在奥氏体晶内形成。

图 1-117 为渗碳钢渗碳试样表面内氧化照片，渗碳钢主要成分为 1.06% Mn，0.21% Si，0.52% Cr，0.50% Ni 和 0.17% Mo。氧化沿晶粒尺寸 10μm 的奥氏体晶界进行，同等氧化深度典型的渗碳层深度约为 1mm（0.04in）。

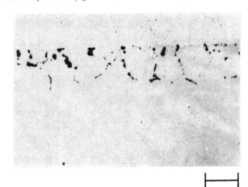

图 1-117 渗碳钢气体渗碳试样表面晶

界氧化（黑色）光镜照片

注：渗碳钢主要成分（质量分数）为 1.06% Mn，

0.21% Si，0.52% Cr，0.50% Ni 和 0.17% Mo。

图 1-118 所示为 20MnCr5 钢渗碳表面内氧化照片，渗碳钢主要成分为 1.29% Mn，0.44% Si，1.25% Cr，0.25% Ni 和 0.0015% B。试样外侧区域为富 Cr 氧化物，渗透奥氏体的晶内约为 5μm。其他区域为富锰和富硅氧化物，沿原奥氏体晶界渗透深度约为 30μm。这些氧化物化物的成分和形态与 Chatterjee-Fischer 报道的相同。此外，还发现了沿晶

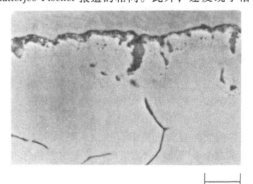

图 1-118 20MnCr5 钢渗碳表面内氧化 SEM 照片

注：渗碳钢主要成分（质量分数）为 1.29% Mn，

0.44% Si，1.25% Cr，0.25% Ni 和 0.0015% B。

间分布形成的硅氧化物颗粒。

图 1-118 为在不连续晶界上的氧化物，相同渗碳钢断裂试样的照片见图 1-119。图中晶间氧化物以不连续或胞状生长，转变为层片状氧化物。因此，奥氏体晶间的硅和锰分解为合金氧化物，造成奥氏体出现贫硅和贫锰。由于通过氧化物和层片状奥氏体的分割效果，产生了图 1-118 中的不连续氧化物形貌。

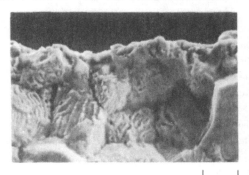

10μm

图 1-119　含 B 的 20MnCr5 钢渗碳试样断裂表面上的层片状生长晶间氧化物 SEM 照片

内氧化对疲劳性能的影响大小取决于氧化的程度。如残余应力一节中所述，如果钢的合金元素严重贫化，则钢的淬透性会明显降低，出现珠光体或其他非马氏体组织，造成表面残余拉应力，降低表面硬度和疲劳性能。出现内氧化的渗碳钢的表面硬度下降也往往会同时伴随钢的脱碳。

如果内氧化深度和程度有限，同时渗碳钢的表面马氏体和残留奥氏体混合组织，应力状态仍为残余压应力，则晶间氧化对疲劳性能的影响很小或几乎没有。Parrish 的研究表明，氧化深度小于 13μm 的氧化对疲劳性能影响不大。Pacheco 和 Krauss 的研究表明，只要表层的马氏体和残留奥氏体组织是由细晶粒奥氏体转变而成，即使出现如图 1-117 中的内氧化，渗碳试样也能达到很高的疲劳强度。

1.6.9 疲劳机制

前面章节描述的所有微观组织都会对疲劳性能产生影响，但对高疲劳强度渗碳钢，很难确定最佳成分和组织。早期对各种合金钢性能研究认为，弯曲疲劳强度在 700～1000MPa（100～145ksi）范围的为中等强度级别钢。人们已对各种合金元素的优点进行了研究，但对合金元素与微观组织和微观断口之间关系的研究几乎为空白。根据保守的机械设计，低-中等疲劳强度级别渗碳钢是生产常用渗碳零件的材料，广泛应用在生产中，并有大量的成功设计案例。然而，渗碳零件还是时有发生失效现象，并且有时原因

也不清楚。为了持续改善和提高渗碳零件的性能，必须对渗碳零件失效的原因进行分析和研究。

研究表明，渗碳零件可在很高的弯曲疲劳极限（≥1400MPa，或 200ksi）的拉-拉循环荷载（$R=0.1$）条件下工作，现已开展微观组织与不同范围疲劳性能之间关系的研究。为了能深入了解微观组织对疲劳性能的影响，避免其他因素的影响，对试样必须采用抛光表面、消除加工刀痕和其他表面缺陷以及采用圆角试样设计等方法，减少应力集中效应，避免疲劳在表面萌生处。

基于疲劳实验研究（$R=0.1$），从微观组织的角度看，弯曲疲劳裂纹萌生主要有两种机制，简称为机制类型 1 和机制类型 2。机制类型 1 为奥氏体晶界上含磷碳化物处萌生晶间疲劳裂纹机制。通常可以在直接淬火和持久疲劳极限达 1260MPa（183ksi）的渗碳试样上观察到，其原因为疲劳应力达到了渗碳钢晶间敏感开裂的条件。机制类型 2 为穿晶疲劳裂纹萌生机制。其对应的弯曲疲劳寿命大于 1400MPa（200ksi）。图 1-120 和图 1-121 分别为机制类型 1 机

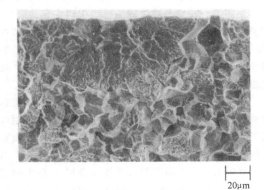

20μm

图 1-120　类型 1 弯曲疲劳断裂裂纹 SEM 显微照片
注：图中有短的晶间裂纹萌生点，穿晶裂纹扩展的区域和过载晶间断裂表层。试验钢经离子渗碳，主要成分为：1.06% Mn，0.52% Cr，0.30% Ni 和 0.1% Mo。

10μm

图 1-121　类型 2 弯曲疲劳断裂裂纹 SEM 显微照片
注：图中有穿晶裂纹萌生和扩展。8719 钢气体渗碳。

制和机制类型 2 机制裂纹萌生断口 SEM 照片。

　　Zaccone 等人采用模拟渗碳层微观组织研究了疲劳裂纹萌生。研究表明，类型 1 疲劳裂纹在疲劳循环次数很少时就可能萌生。如载荷应力大于晶界开裂的阈值，有可能在第一次循环时，就在晶间产生小裂纹，萌生类型 1 疲劳裂纹。类型 1 裂纹产生后在裂纹尖端应变诱发残留奥氏体向马氏体相变，引起残余压应力，阻止裂纹进一步扩展，因此该裂纹仅扩展几个晶粒。正是该原因，残留奥氏体有利于提高低循环高应变疲劳条件下的疲劳寿命。尽管残留奥氏体数量多时，疲劳裂纹扩展速率低，但当疲劳循环次数达到一定数量后，裂纹达到临界尺寸，最终发生不稳定的过载断裂。一旦晶间裂纹扩展受阻，裂纹改变为穿晶裂纹扩展方式如图 1-120 所示。过载断裂的试样也通常出现类型 1 晶间疲劳裂纹直到遇到低碳马氏体组织。

　　类型 2 机制为在循环荷载下，穿晶疲劳裂纹通过滑移萌生。与类型 1 机制相比，这种机制的主要特性为裂纹不会在第一次循环时立即产生。当晶间开裂受阻后，在细晶粒渗碳层组织中萌生穿晶裂纹。少量均匀分布的残留奥氏体也有利于类型 2 疲劳裂纹萌生。因为在细小晶粒和主要为马氏体组织的材料中，滑移较为困难，因此在高周疲劳条件下，这种组织的材料具有优良的性能。

　　用于生产轴承和齿轮的必须具有高的抗滚动接触疲劳性能。在接触疲劳载荷下，疲劳裂纹在距表层下剪切应力峰值处萌生。因此导致在次表层微观组织不连续处，如氧化夹杂物颗粒，产生开裂。极端剥落的情况为表层碎裂或裂纹在表层-心界面处萌生。图 1-122 所示为 SAE 4118 渗碳钢在表层-心部

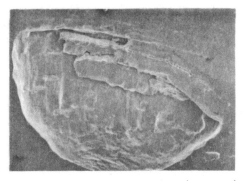

1mm

图 1-122　在滚动接触载荷下，SAE 4118
渗碳钢产生剥落 SEM 照片
注：本图由科罗拉多矿业学院的 R·米勒和
卡特彼勒公司的 T·克莱门茨提供。

界面处产生剥落的 SEM 照片。如果接触载荷伴有滑动，则在表面会产生点蚀坑。相关文献通过不同的侵蚀方式揭示了在极高的接触载荷条件下，会引起了高碳马氏体组织发生相变。通常认为残留奥氏体是有利于提高滚动接触疲劳的组织。

参 考 文 献

1. D. E. Diesburg, Ed., *Case-Hardened Steels：Microstructural and Residual Stress Effects*, TMS-AIME, 1984.

2. D. V. Doane, Carburized Steel—Update on a Mature Composite, in *Carburizing：Processing and Performance*, G. Krauss, Ed., ASM International, 1989, p 169-190.

3. *Carburizing and Carbonitriding*, ASM Committee on Gas Carburizing, American Society for Metals, 1977.

4. H. E. Boyer, Ed., *Case Hardening of Steel*, ASM International, 1987.

5. J. Grosch and J. Wunning, Ed., *Einsatzharten*, Arbeitsgemeinschaft Warmebehandlung und Werkstofftechnik, 1989. Some articles from this Proceedings have been reprinted in *Härt.-Tech. Mitt.*, Vol 45 (No. 2), 1990.

6. G. Krauss, Ed., *Carburizing：Processing and Performance*, ASM International, 1989.

7. G. Parrish, *The Influence of Microstructure on the Properties of Case-Carburized Components*, American Society for Metals, 1980；and *Carburizing：Microstructures and Properties*, ASM International, 1999.

8. G. Parrish and G. S. Harper, *Production Gas Carburizing*, Pergamon Press, 1985.

9. C. A. Stickels and C. M. Mack, Overview of Carburizing Processes and Modeling, in *Carburizing：Processing and Performance*, G. Krauss, Ed., ASM International, 1989, p 1-9.

10. U. Wyss, Grundlagen des Einsatzhartens, *Härt.-Tech. Mitt.*, Vol 45, 1990, p 44-56.

11. J. I. Goldstein and A. E. Moren, Diffusion Modeling of the Carburization Process, *Metall. Trans. A*, Vol 9A, 1978, p 1515-1525.

12. K. A. Erven, "The Effects of Sulfur and Titanium on Bending Fatigue Performance of Carburized Steels," M. S. thesis, Colorado School of Mines, 1990.

13. L. E. Alban, *Systematic Analysis of Gear Failures*, American Society for Metals, 1985.

14. K. D. Jones, "Effects of Partial Pressure Carburizing on the Microstructure and Bending Fatigue Behavior of SAE 8620 and EX24 Steels," M. S. thesis, Colorado School of Mines, 1978.

15. G. Krauss and A. R. Marder, The Morphology of Martensite in Iron Alloys, *Metall. Trans.*, Vol 2, 1971, p 2343-2357.

16. G. Krauss, *Steels, Heat Treatment and Processing Principles*,

ASM International, 1990.

17. G. Krauss, The Microstructure and Fracture of a Carburized Steel, *Metall. Trans. A*, Vol 9A, 1978, p 1527-1535.

18. C. A. Apple and G. Krauss, Microcracking and Fatigue in a Carburized Steel, *Metall. Trans.*, Vol 4, 1973, p 1195-1200.

19. V. K. Sharma, G. H. Walter, and D. H. Breen, An Analytical Approach for Establishing Case Depth Requirements in Carburized Gears, *J. Heat Treat.*, Vol 1 (No. 1), 1979, p 20-29.

20. J. L. Pacheco and G. Krauss, Microstructure and High Bending Fatigue Strength in Carburized Steel, *J. Heat Treat.*, Vol 7, 1989, p 77-86; also, in *Härt. -Tech. Mitt.*, Vol 45, 1990, p 77-84.

21. D. L. Yaney, "The Effects of Phosphorus and Tempering on the Fracture of AISI 52100 Steel," M. S. thesis, Colorado School of Mines, 1981.

22. G. Krauss, The Relationship of Microstructure to Fracture Morphology and Toughness of Hardened Hypereutectoid Steels, *Case Hardened Steels: Microstructure and Residual Stress Effects*, TMSAIME, 1984, p 33-56.

23. D. V. Doane and J. S. Kirkaldy, Ed., *Hardenability Concepts with Applications to Steel*, American Institute of Mining, Metallurgical, and Petroleum Engineers, 1978.

24. C. A. Siebert, D. V. Doane, and D. H. Breen, *The Hardenability of Steels—Concepts, Metallurgical Influences, and Industrial Applications*, American Society for Metals, 1977.

25. H. Treppschuh and R. Randak, Verfahren zur Herstellung Besonders Zaher, Borhaltiger Stahle, West German Patent 1608632, 1969.

26. W. T. Cook, The Effect of Aluminum Treating on the Case-Hardening Response of Plain Carbon Steels, *Heat Treat. Met.*, Vol 11 (No. 1), 1984, p 21-23.

27. C. F. Jatczak, Hardenability of High Carbon Steels, *Metall. Trans.*, Vol 4, 1973, p 2267-2277.

28. D. V. Doane and A. T. DeRetana, Predicting Hardenability of Carburizing Steels, *Met. Prog.*, Vol 100 (No. 3), 1971, p 65-69.

29. J. M. Tartaglia and G. T. Eldis, Core Hardenability Calculations for Carburizing Steels, *Metall. Trans. A*, Vol 15A, 1984, p 1173-1183.

30. D. H. Breen, G. H. Walter, C. J. Keith, and J. T. Sponzilli, Computer Based System Selects Optimum Cost Steels, article series, *Met. Prog.*, Dec 1972, and Feb, April, June, Dec 1973.

31. U. Wyss, Kohlenstoff und Harteverlauf in der Einsatzhartungsschicht Verschieden Legierter Einsatzstahle, *Hart. -Tech. Mitt.*, Vol 43, 1988, p 27-35; J. A. Halgren and E. A. Solecki, "Case Hardenability of SAE 4028, 8620, 4620, and 4815 Steels," Technical Paper 149A, Society of Automotive Engineers, 1960.

32. Modern Carburized Nickel Alloy Steels, Reference Book Series 11, 005, Nickel Development Institute, 1989.

33. K. W. Andrews, Empirical Formulae for the Calculation of Some Transformation Temperatures, *J. Iron Steel. Inst.*, Vol 203, 1965, p 721-727.

34. H. K. Obermeyer and G. Krauss, Toughness and Intergranular Fracture of a Simulated Carburized Case in EX-24 Type Steel, *J. Heat Treat.*, Vol 1 (No. 3), 1980, p 31-39.

35. T. Ando and G. Krauss, The Effect of Phosphorus Content on Grain Boundary Cementite Formation in AISI 52100 Steel, *Metall. Trans. A*, Vol 12A, 1981, p 1283-1290.

36. J. I. Goldstein and H. Yakowitz, *Practical Scanning Electron Microscopy*, Plenum Press, 1975, p 87-91.

37. H. Ohtani and C. J. McMahon, Jr., Modes of Fracture in Temper Embrittled Steels, *Acta Metall.*, Vol 23, 1975, p 337-386.

38. T. Ando, "Isothermal Growth of Grain Boundary Allotriomorphs of Cementite in Ternary Fe-C-Cr Austenite," Ph. D. thesis, Colorado School of Mines, 1982.

39. T. Ando and G. Krauss, The Isothermal Thickening of Cementite Allotriomorphs in a 1. 5Cr-1C Steel, *Acta Metall.*, Vol 29, 1981, p 351-363.

40. D. Wicke and J. Grosch, Das Festigkeitsverhalten von Legierten Einsatzstahlen bei Sclagbeanspruchung, *Härt. -Tech. Mitt.*, Vol 32, 1977, p 223-233.

41. B. Thoden and J. Grosch, Crack Resistance of Carburized Steel under Bend Stress, in *Carburizing: Processing and Performance*, G. Krauss, Ed., ASM International, 1989, p 303-310.

42. A. R. Marder, A. O. Benscoter, and G. Krauss, "Microcracking Sensitivity in Fe-C Plate Martensite," *Metall. Trans.*, Vol 1, 1970, p 1545-1549.

43. A. R. Marder and A. O. Benscoter, Microcracking in Fe-C Acicular Martensite, *Trans. ASM*, Vol 61, 1968, p 293-299.

44. M. G. Mendiratta, J. Sasser, and G. Krauss, Effect of Dissolved Carbon on Microcracking in Martensite of an Fe-1. 39 pct C Alloy, *Metall. Trans.*, Vol 3, 1972, p 351-353.

45. R. P. Brobst and G. Krauss, The Effect of Austenite Grain Size on Microcracking in Martensite of an Fe-1. 22C Alloy, *Metall. Trans.*, Vol 5, 1975, p 457-462.

46. A. H. Rauch and W. R. Thurtle, Microcracks in Case Hardened Steel, *Met. Prog.*, Vol 69, 1956, p 73-76.

47. L. Jena and P. Heich, Microcracks in Carburized and Hardened Steel, *Metall. Trans.*, Vol 3, 1972, p 588-590.

48. K. D. Jones and G. Krauss, Microstructure and Fatigue of Partial Pressure Carburized SAE 8620 and EX24 Steels, *J. Heat Treat.*, Vol 1 (No. 1), 1979, p 64-71.

49. K. D. Jones and G. Krauss, Effects of HighCarbon Specimen Corners on Microstructure and Fatigue of Partial Pressure Car-

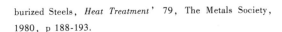

burized Steels, *Heat Treatment* ' 79, The Metals Society, 1980, p 188-193.

50. R. F. Kern, Super Carburizing, *Heat Treat.*, Oct 1986, p 36-38.

51. T. Ericsson, S. Sjostrom, M. Knuuttila, and B. Hildenwall, Predicting Residual Stresses in Cases, *Case-Hardened Steels*: *Microstructural and Residual Stress Effects*, D. E. Diesburg, Ed., TMS-AIME, 1984, p 113-139.

52. B. Scholtes and E. Macherauch, Residual Stress Determination, *Case-Hardened Steels*: *Microstructural and Residual Stress Effects*, D. E. Diesburg, Ed., TMS-AIME, 1984, p 141-151.

53. J. A. Burnett, Prediction of Residual Stresses Generated during Heat Treating of Case Carburized Parts, *Residual Stresses for Designers and Metallurgists*, American Society for Metals, 1981, p 51-69.

54. L. J. Ebert, The Role of Residual Stresses in the Mechanical Performance of Case Carburized Steel, *Metall. Trans. A*, Vol 9A, 1978, p 1537-1551.

55. D. P. Koistinen, The Distribution of Residual Stresses in Carburized Steels and Their Origin, *Trans. ASM*, Vol 50, 1938, p 227-241.

56. B. Hildenwall and T. Ericsson, Residual Stresses in the Soft Pearlite Layer of Carburized Steel, *J. Heat Treat.*, Vol 1 (No. 3), 1980, p 3-13.

57. C. Kim, D. E. Diesburg, and R. M. Buck, Influence of Sub-Zero and Shot-Peening Treatment on Impact and Fatigue Fracture Properties of Case-Hardened Steels, *J. Heat Treat.*, Vol 2 (No. 1), 1981, p 43-53.

58. M. A. Panhans and R. A. Fournelle, High Cycle Fatigue Resistance of AISI E9310 Carburized Steel with Two Different Levels of Surface Retained Austenite and Surface Residual Stress, *J. Heat Treat.*, Vol 2 (No. 1), 1981, p 55-61.

59. R. Chatterjee-Fischer, Internal Oxidation during Carburizing and Heat Treating, *Metall. Trans. A*, Vol 9A, 1978, p 1553-1560.

60. I. S. Kozlovskii, A. T. Kalinin, A. J. Novikova, E. A. Lebedeva, and A. I. Festanova, Internal Oxidation during Case-Hardening of Steels in Endothermic Atmospheres, *Met. Sci. Heat Treat.*, No. 3, 1967, p 157-161.

61. C. Van Thyne and G. Krauss, A Comparison of Single Tooth Bending Fatigue in Boron and Alloy Carburizing Steels, *Carburizing*: *Processing and Performance*, G. Krauss, Ed., ASM International, 1989, p 333-340.

62. S. Gunnarson, Structure Anomalies in the Surface Zone of Gas-Carburized Case-Hardened Steel, *Met. Treat. Drop. Forg.*, Vol 30, 1963, p 219-229.

63. T. Naito, H. Ueda, and M. Kikuchi, Fatigue Behavior of Carburized Steel with Internal Oxides and Nonmartensitic Microstructures near the Surface, *Metall. Trans. A*, Vol 15A,

1984, p 1431-1436.

64. R. L. Colombo, F. Fusani, and M. Lamberto, On the Soft Layer in Carburized Steels, *J. Heat Treat.*, Vol 3 (No. 2), 1983, p 126-128.

65. R. A. DePaul, High Cycle and Impact Fatigue Behavior of Some Carburized Gear Steels, *Met. Eng. Q.*, Vol 10, 1970, p 25-29.

66. T. B. Cameron, D. E. Diesburg, and C. Kim, Fatigue and Overload Fracture of Carburized Steels, *J. Met.*, 1983, p 37-41.

67. D. J. Wulpi, *Understanding How Components Fail*, American Society for Metals, 1985.

68. L. Magnusson and T. Ericsson, Initiation and Propagation of Fatigue Cracks in Carburized Steel, *Heat Treatment* ' 79, The Metals Society, 1980, p 202-206.

69. H. Brandis and W. Schmidt, Contribution to the Influence of Retained Austenite on the Mechanical Properties of Case Hardened Steels, *Case-Hardened Steels*: *Microstructural and Residual Stress Effects*, D. E. Diesburg, Ed., TMS-AIME, 1984, p 189-209.

70. M. A. Zaccone and G. Krauss, Fatigue and Strain Hardening of Simulated Case Microstructures in Carburized Steels, *Heat Treatment and Surface Engineering*, G. Krauss, Ed., ASM International, 1988, p 285-290.

71. M. A. Zaccone, J. B. Kelley, and G. Krauss, Strain Hardening and Fatigue of Simulated Case Microstructures in Carburized Steel, *Carburizing*: *Processing and Performance*, G. Krauss, Ed., ASM International, 1989, p 249-265.

72. M. M. Shea, "Impact Properties of Selected Gear Steels," SAE Report 780772, Society of Automotive Engineers, 1978.

73. M. Meshii, Ed., *Fatigue and Microstructure*, American Society for Metals, 1979.

74. H. Swahn, P. C. Becker, and O. Vingsbo, Martensite Decay during Rolling Contact Fatigue in Ball Bearings, *Metall. Trans. A*, Vol 7A, 1976, p 1099-1110.

75. J. A. Martin, S. F. Borgese, and A. D. Eberhardt, Microstructural Alterations of Roller-Bearing Steel Undergoing Cyclic Stresses, *J. Basic Eng.*, 1966, p 555-567.

76. V. Bhargava, G. T. Hahn, and C. A. Rubin, Rolling Contact Deformation, Etching Effects, and Failure of High Strength Bearing Steel, *Metall. Trans. A*, Vol 21A, 1990, p 1921-1931.

77. C. A. Stickels, Rolling Contact Fatigue Tests of 52100 Bearing Steel Using a Modifled NASA Ball Test Rig, *Wear*, Vol 98, 1984, p 199-210.

78. L. Kiessling, Rolling-Contact Fatigue of Carburized and Carbonitrided Steels, Heat Treat. Met., Vol 7 (No. 4), 1980, p 97-101.

79. R. S. Hyde, Contact Fatigue of Hardened Steels, *Fatigue and Fracture*, Vol 19, *ASM Handbook*, ASM International, 1996, p 691-703.

1.7 渗氮层组织和性能

渗氮工艺是将氮原子渗入钢的表面，其中还可包括添加碳、氧或硫等其他间隙原子，同时渗入钢的表面。例如，将碳原子添加到渗氮的工艺中，称为氮碳共渗。尽管氮碳共渗名字中有碳，但他不是渗碳而是渗氮，不要将他们混淆。不论是哪种工艺，在改善材料疲劳强度和表面耐腐蚀等其他性能外，其最主要目的就是提高钢的表面耐磨性能。

1.7.1 渗氮层

在分析渗氮层结构和性能时，必须考虑两类不同性能：即功能性能和结构性能。实际上钢的性能可能是复杂和相互依存的，但从概念上讲，可以将它们分开定义和理解。渗氮层的功能性能包括：

1）物理性能（热、电、光/光电子性能）。

2）生物性能（生物相容性、耐磨性、稳定性）。

3）外观装饰性能。

渗氮层的结构性能通常为工业应用联系更加紧密。它们包括：

1）摩擦性能（磨损、摩擦）。

2）化学性能（在不同的化学介质中的腐蚀和氧化行为）。

3）力学性能（硬度、强度、疲劳）。

渗氮（包括氮碳共渗）对钢的表面性能的影响非常复杂，通过修改工艺参数，可以获得最佳性能，以满足不同特定场合应用的要求。

渗氮（包括氮碳共渗）不同于渗碳和其他扩散型表面处理工艺的最主要差别是：渗氮层由化合物表层和扩散层两层构成（见图 1-123）：

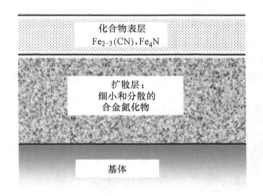

图 1-123　渗氮层结构示意图

1）扩散层。扩散层正位于氮化物强化的表层下，由铁和合金元素析出的氮化物组成。该氮化物越细和均匀分散在扩散层中，则扩散层基体强度和硬度越高。在扩散层基体的氮化物产生应压力，有效提高了钢的疲劳极限。

2）化合物表层。因为侵蚀试样表面在金相显微镜下，呈白色外观，化合物表层，亦称白亮层。通常情况下，该层可由单相或由渗氮中形成的铁氮化物、碳氮化物、碳化物和氧化物多相复合构成。化合物表层具有优良的摩擦特性和耐蚀性。化合物复合层中氮化物的存在与渗氮时的氮势有关，如图 1-124 所示。

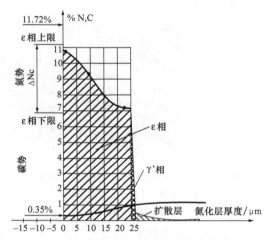

图 1-124　氮化物相与氮势和碳势的关系

不同钢的渗氮性能不同，渗氮层的相结构也不同。在温度范围 0~591℃（32~1095 ℉），氮在铁素体的溶解度非常低。根据 Lehrer 图，最有可能形成的氮化物为 Fe_4N，称为 γ'。钢中其他合金元素根据与氮的亲和力不同，形成各种不同的氮化物。钢中最主要的氮化物形成元素为铝、锆、铌、铬、钼和钒。

根据工艺不同，渗氮层中的化合物表层和扩散层并不一定总是存在，它们的存在与否取决于钢的成分和渗氮工艺参数。渗氮工艺的本质就是根据特定的要求，通过控制化合物表层和扩散层达到理想效果。当耐磨性能或耐腐蚀性能为主要性能要求时，则具有陶瓷属性的化合物表层为主要考虑因素；当承载能力和磨料磨损和疲劳磨损为主要性能要求时，则扩散层为主要考虑因素。最佳的渗氮层为化合物层和扩散层优化组合。

1.7.2 渗氮钢类型

根据钢的表面组织变化和性能，渗氮钢可分为不同类型。以下是最常见的三种类型的渗氮钢：

1）碳钢。除含碳外，不含其他合金元素的钢。在这些钢中，由于氮原子的扩散，在近表面析出粗大氮化物，如图 1-125 所示，但这种氮化物对钢的力学性能没有明显改善。在渗氮时，表层形成包括 Fe_4N（γ'）和 $Fe_{(2\sim3)N(\varepsilon)}$ 在内的氮化物。由于碳在 ε 氮化物中具有很高的溶解度，因此，根据钢的碳含量不同，碳也可能出现在渗氮层里。这种碳从基体向表层的逆向扩散（retro-diffusion），导致即使在没有含碳的介质里进行渗氮，表层也可能有部分氮碳化物存在。

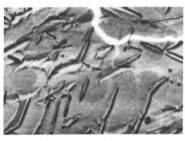
a)   b)

图 1-125　普碳钢气体渗氮层中的粗大氮化物
a）粗大氮化物针　b）粗大氮化物针高
放大倍率透射电镜微图像

2）合金钢。含氮化物形成元素的钢。氮的扩散在基体上弥散析出合金氮化物，氮化物的大小取决于钢中合金含量和渗氮工艺参数。细小和均匀弥散的氮化物能有效改善钢的性能，在钢表面也会形成改善摩擦性能的化合物表层。合金钢的化合物层不同于碳钢的化合物层，但与高合金工具钢中的化合物基本上相同，如图 1-126 所示。

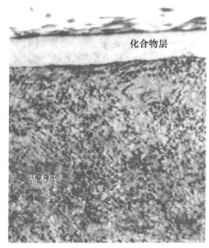
化合物层

基本层

图 1-126　合金钢中的化合物层和扩散层

3）奥氏体不锈钢。根据渗氮温度不同，可得到不同类型的氮化物。在低于 430℃（805 ℉）进行渗

氮，形成过饱和富氮奥氏体如图 1-127 所示，能有效防止表面贫铬。该渗氮层具有优良的耐磨损和耐腐蚀性能，但其温度稳定性有限。

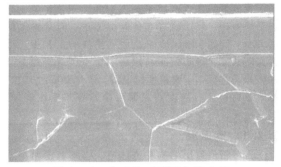

图 1-127　奥氏体不锈钢中的 S-相
（氮过饱和奥氏体）层

以上三种类型钢渗氮后具有不同的组织/功能特性。下面结合钢的表面微观组织讨论这些特性。

事实上，很难通过渗氮得到纯的氮化物。只有对等离子体表面处理进行精确控制，在基体中，特别是扩散层中形成氮化物，才可以获得纯氮化物组织。一旦多相化合物表层形成，该化合物层就有碳和/或氮碳化物以及氮化物。该现象可以用碳在氮化物中，尤其是在 ε 型氮化物（$Fe_{(2\sim3)}N$）中，具有很高的溶解度进行解释。通常区分渗氮和氮碳共渗的区别为，后者是通过表面与含氮和含碳的介质同时进行反应，在钢的表面形成化合物层。在氮碳共渗工艺中，以（N+H）混合气体为介质，可防止形成化合物层，实现只在扩散层形成弥散氮化物。相比之下，因为碳原子总在表面进行反应，盐浴氮碳共渗工艺可以得到双倍厚的氮碳化物复合层和扩散层。对具有化合物层的钢表面组织进行研究，发现一个有趣的现象，珠光体组织中的碳化物发生溶解，并进入 ε 型氮化物，出现了氮化物插入"rooting"珠光体基体的脉状组织的现象，如图 1-128 所示。辉光放电发射光谱（GDOES）分析也证明，碳扩散进

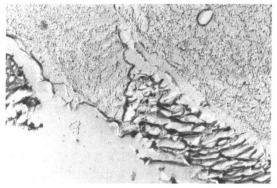

图 1-128　在化合物层界面附近溶解的珠光体组织

入了化合物层（见图 1-129）。

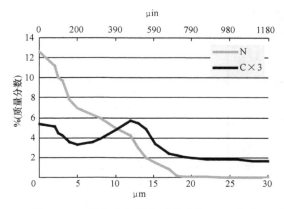

图 1-129　低合金钢等离子体渗氮后，采用
辉光放电发射光谱（GDOES）测得的化
合物层中的碳和氮浓度分布图

本章的重点是实际工程应用，而不是理论/学术研究。因此，介绍的重点是不同工艺技术制备渗氮层的组织和性能，而对渗氮层生成过程中的复杂反应不作详细介绍。现有大量的对盐浴、气体和等离子体渗氮表面反应和反应动力学研究的报道。其中尽管氧在渗氮过程中的重要性得到人们普遍的共识，但它的作用仍有一些争议。也有一些有关活性屏离子渗氮（active screen plasma nitriding）反应动力学的开放式讨论问题引起人们关注，这些问题毫无疑问对工业应用是非常重要的，但这不是本文讨论的范围。

众所周知，与碳一样，氮以原子状态与钢表面进行反应。区分各种工艺的主要特点是获得氮原子的方法。在渗氮气氛中不一定有碳原子，但在钢的组织中有碳的存在。钢表面和环境中的氧对氮吸附在工件表面具有催化作用影响，并促使了 ε 型氮化物的形成，提高了其稳定性。碳化物的溶解对试样表面疲劳性能有明显影响，在复杂的碳化物溶解过程中，一些表面微缺陷（源自机加工或精加工工序）的萌生点被湮灭，从而增加了材料动态载荷的疲劳极限。此外，具有高残余压应力的化合物表层对提高材料疲劳极限也十分有利。

1.7.3　渗氮工艺及其对组织和性能的影响

渗氮层的组织和性能取决于采用的渗氮工艺流程。尽管不同渗氮工艺的渗氮层组织基本相同，但气体渗氮、盐浴渗氮和等离子渗氮之间仍有显著差异。这些差异主要总结如下：

1）因为"对象"不同，气体渗氮、盐浴渗氮和等离子渗氮工艺温度不同。气体渗氮（不含气体氮碳共渗）和等离子渗氮的侧重点是扩散层，其温度一般都选择在 500～520℃（930～970 ℉）范围。为保证得到化合物复合层和扩散层，盐浴渗氮（包括氮碳共渗）和气体软氮化的温度范围一般都选择在 560～590℃（1040～1095 ℉）范围。在更高的温度下，扩散速度提高，但析出的氮化物粗大，这种温度差异会对扩散层产生影响。对于不锈钢，如果处理温度选择在较低的 380～420℃（715～790 ℉）范围，则这种差异会对扩散层产生影响更加显著。

2）不同的处理工艺的环境也不相同。气体渗氮（不含气体氮碳共渗）和等离子渗氮是在一个氮、氢的环境下进行，而气体氮碳共渗和盐浴渗氮中还有碳的存在。

3）不同处理工艺的反应动力学和反应速率也不同。

这些差异反映在渗氮层的组织和性能上。这里对不同工艺的组织进行简要分析和介绍。

1. 气体渗氮

气体渗氮是由氨裂解或 H_2 与 N_2 混合气体产生的氮原子，吸附于钢的表面并进一步向基体内扩散。由于形成了过饱和不稳定铁素体组织，则多余的氮会析出为氮化物。当钢中没有氮化物形成元素存在时，则以粗大薄片状氮化铁（Fe_4N）出现，如图 1-124 所示。如有氮化物形成元素存在，由于他们与氮的亲和力更高，将阻止薄片状氮化铁形成，而在扩散层中生成各种细小弥散的氮化物。这些氮化物能有效提高钢的硬度和强度，此外钢的硬度和强度还与以下因素有关：

1）. 钢的成分，即钢中合金元素种类与的相对数量。

2）渗氮工艺温度和氮势。虽然氮势主要影响表层化合物的外观、数量和深度，它也会影响氮化铁的形成。通常通过控制炉内未裂解氨的比例，采用先进的仪器设备，对氮势进行精确控制。为了获得析出的细小氮化物，渗氮温度通常控制在 510～520℃（950～970 ℉）范围。

3）渗氮前钢的组织。为尽量减少残余应力引起的工件变形，建议渗氮前采用调质热处理工艺。调质的回火温度至少高于渗氮温度 20℃（40 ℉）以上，这样保证工件具有最稳定的组织，并能保证渗氮后工件无变形。

下面为尺寸稳定性实例。

圆形针织机的针床圆环工件，以前（直到 1970 年代末）采用合金钢锻造生产，通过在圆环的外圆开出滚针道槽。圆环的直径在 76～1140mm（3～45in）范围，而加强筋壁厚小于 1mm（0.04in）（见图 1-130）。在高速运行的圆形针织机上加强筋磨损

图 1-130　大直径精细轨距的圆型
针织机气体渗氮针床

涉及复杂的动态载荷，包括滚针在轨道上的滑动磨损和弯曲疲劳应力。由于针织品的特殊需求，很难对其进行润滑（针在轨道有边界润滑，不可采用液体动力润滑）。圆环/针/控制凸轮构成该机器的总成是关键部件。

　　为提高该总成的使用寿命和改善服役条件，特别是减少滚针与圆环间的摩擦因数，对圆环采用气体渗氮工艺处理。圆环采用 40MoCr5 钢，调质处理后硬度为 280～300HBW［回火温度为 540～550℃（1005～1020 ℉）］。为了避免加强筋出现脆性和使表面硬度达到要求，扩散层要求控制在 0.1mm，或 0.004in（尽管圆环轨距有明显误差），因此必须对渗氮工艺进行严格控制。表面经 510℃（950 ℉）渗氮处理，得到厚度为 0.07～0.1mm（0.003～0.004in），硬度为 800～860HV 的渗氮层。

　　虽然圆环直径的公差范围极小，直径 760mm（30in）的圆环公差仅为 ±0.1mm，还要求大批量生产，圆环工件都不会出现精度问题。为此，保持未裂解氨含量为 30%～35%，除了在加强筋上的轨距外，其他部位不形成化合物层，因此不会影响其功能。

　　气体渗氮中的表面活化是一个难题。有许多方法可对表面进行活化，但这些方法中有些难以实际采用（例如，在渗氮开始时，将聚氯乙烯添加进炉内），有些效果不佳。向渗氮炉内输入少量的氧（<2%），有利于表面活化。在这个过程中，氧作为催化剂，通过表面氧化起到媒介作用。大量调查表明，氧能提高渗氮反应系数，如图 1-131 所示。

　　因为不同的表面精加工工序会导致不同程度表面钝化，要进行渗氮的实际零件表面粗糙度是一个关键参数。采用对碳钢薄板气体渗氮试样增重的研

究表明，试样增重随表面粗糙度的改变而改变，如图 1-132 所示。

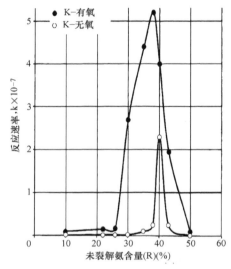

图 1-131　氧对气体渗氮中化学反应速率的影响

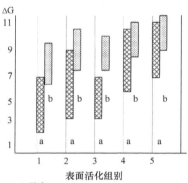

1.抛光
2.粗抛，磨
3.轧态
4.喷砂
5.化学侵蚀
a.氮化介质中无氧
b.氮化介质中有氧

图 1-132　表面加工精度对气体
渗氮薄铁板增重的影响

　　在实践中，只有合金钢（首选是渗氮钢），适用气体渗氮工艺。典型渗氮钢有 1.8503（27CrAl6），1.8507（34CrAlMo5），1.8550（34CrAlNi7）（德国），Nitralloy135，A355/D（美国）和 34CrAlMo5-10（欧洲）。

　　气体渗氮在钢的基体（通常为调质组织）生成细小弥散的合金氮化物扩散层，而不生成白亮层或在后续工序中去除白亮层。根据钢的成分和工艺温度，典型表层的硬度在 650～1200HV 范围，渗氮层能达到零点几毫米的厚度，但需要 48～72h 或更长的渗氮时间。可通过两段渗氮工艺得到更理想的结果。

第一阶段，在较低的温度下进行，以防止粗大氮化物的形成；第二阶段，提高温度，以增加扩散深度。

与等离子渗氮工艺不同的是，气体渗氮不易受边缘效应或空心阴极效应的影响，因此可作为复杂形状零件高硬度，高耐磨表面的渗氮工艺。甚至可以用于非常特殊的场合，如飞机机载机枪管等武器的渗氮，如采用专用夹具，保持均匀的气体流通，能得到很好的渗氮效果。

2. 等离子渗氮

自 1930 年代以来，人们已经了解了等离子渗氮的原理，但直到 20 世纪末，等离子渗氮的设备及检测仪器得到了快速发展，等离子渗氮才得到广泛应用。目前直流装置、脉冲等离子体技术和最近的活性屏离子渗氮技术的发展都达到了一个很高的水平，此外传感器技术也经历了高速的发展，现可以实现高精度控制等离子渗氮工艺。

与常规渗氮相比，等离子渗氮的主要优点是缩短了工艺时间，渗氮效率大大提高。等离子渗氮的另一个优点是由于采用阴极溅射，表面活化效率高。但等离子渗氮存在的问题是，对大尺寸平面表面或工件边缘，阴极溅射较为困难。等离子渗氮的边缘效应和空心阴极效应经常使处理一些复杂机器零件的内部凹槽、孔和锋利的边缘很难。尤其重要的是，应特别注意装炉负荷和装载工件的夹具。如果边缘过热，可能会导致脆性，过热的现象也可能在工件内部凹槽或孔中出现。为了消除这种现象，现已开发了活性屏等离子渗氮工艺。

活性屏是连接到阴极，辉光放电不是在工件上，而是在活性屏上进行。炉中的负荷是与屏隔离，250~300V 偏置电压仅作用于活性屏上，如图 1-133 所示。

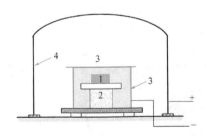

1. 炉中负荷
2. 隔离负荷的支撑
3. 连接到阴极的活性屏
4. 连接到阳极的炉壁

图 1-133　活性屏等离子渗氮设备示意图

渗氮往往与随后氧化工序结合，以获得黑色光洁表面。氧化工序通常在渗氮工艺后，在离子渗氮炉内进行，（见图 1-134 和图 1-135）。炉温大约降到 430℃（805 ℉）将 CO_2 或水蒸气引入炉内，并对真空设备进行适当地调整。现该工艺有很多工艺名称，但渗氮与氧化结合的工艺通常被称为氧氮共渗（oxynitriding）或氮氧共渗（nitrooxidizing）。经过该工序，在工件化合物外表层形成薄薄的氧化膜，提高零件耐腐蚀性能和外观性能，如图 1-136 所示。

图 1-134　伯明翰大学活性屏等离子渗氮设备
注：本图由 ANG Luxembourg 提供。

a)　　　　　　　　　　b)

图 1-135　活性屏等离子渗氮设备零件
注：本图由罗马尼亚 Plasmaterm SA 提供。

图 1-136　等离子渗氮后的氧氮共渗零件

3. 气体氮碳共渗

如果氮、碳原子能同时渗入钢的表面，碳钢和低合金钢就具有良好的表面性能。气体氮碳共渗与渗氮主要区别是氮碳共渗能获得具有优良的耐磨性的化合物层。因为化合物层具有陶瓷性能，因此氮碳共渗也常被称为陶瓷转变工艺（ceramic conversion process）。

扩散层对提高氮碳共渗工件的承载能力和抗疲劳性能起到了非常重要作用。通常是在含氨、含碳和有空气的气氛中，或在添加了氨的吸热或放热气氛（endo- exo-atmosphere）中进行氮碳共渗，共渗工艺温度在 560～590℃（1040～1095°F）范围。通常在工件表层形成 5～30μm 的化合物层和 0.2～0.5mm（0.008～0.02in）的扩散层。化合物层的显微硬度在 750～800MHV，而扩散层的显微硬度取决于钢的牌号，尤其与钢中合金元素密切相关。由于氮碳共渗工艺温度比气体渗氮要高一些，对于工业中最常用的钢，硬度在 550～850HV，略比气体渗氮低。

图 1-137 所示为中碳结构钢的氮碳共渗硬度分布曲线和相应的微观组织。厚的疏松化合物层的显微硬度剧烈变化，耐磨性较差。

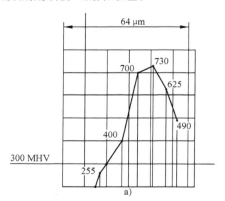

a)

b)

图 1-137　中碳结构钢的氮碳共渗硬度
分布曲线和相应的微观组织
a）显微硬度分布曲线　b）16MnCr4 钢的氮碳共渗
层组织（放大倍率：800×）

反向临界试验（The reverse impending test）为一种用于表面薄层裂纹行为观察的特殊试验，并进一步开发为埃里克森深拉试验（Erichsen deep drawing test）。采用该试验方法对化合物层断裂行为进行测试，显示化合物层具有良好的结合性能，电子显微镜对化合物层裂纹分析表明，裂纹穿过化合物层，但没有出现分层或剥落，（见图 1-138、图 1-139）。

将厚度为 1mm（0.04in）的碳素钢条，在 570℃

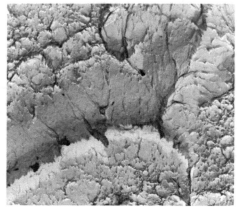

图 1-138　化合物层中的微裂纹
注：透射电镜照片；放大倍率：10000×。

图 1-139　化合物层中的微裂纹横截面
注：透射电镜照片；放大倍数：20000×。

（1060°F）下，$NH_3 + CH_4 + O_2$ 混合气氛中气体氮碳共渗 3 h，而后进行分析研究。

由于在多数为 $\varepsilon(Fe_{2-3}C，N)$ 的化合物层中，碳的溶解度较高，因此具有不易碎和耐磨性好的优点。采用改性的法兰克斯摩擦磨损试验（Falex tests）对试样进行滑动磨擦表明，不仅磨擦表面光滑，而且摩擦因数也很低，（见图 1-140、图 1-141）。

图 1-140　渗碳钢试样滑动磨痕
注：法兰克斯摩擦磨损试验，透射电镜图像。

图 1-141 氮碳共渗试样磨痕

注：法兰克斯摩擦磨损试验，透射电镜图像。

摩擦因数取决于化合物层的形貌。结构紧凑，多数为 ε 型层的磨擦系数变化如图 1-142 所示。

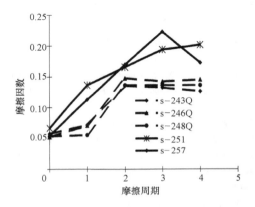

图 1-142 在测试系列中使用不同的载荷氮碳共渗试样摩擦因数的变化

在特殊磨损测试中，经去除连续膜层的化合物层具有不同形貌变化。去除外表层或疏松少量膜层（2 个摩擦周期），摩擦因数稳定在 0.12～0.15 之间。

4. 盐浴氮碳共渗

盐浴氮碳共渗表层与气体氮碳共渗的类似。盐浴氮碳共渗反应动力学通常取决于盐浴中碳氮氧（CNO）成分的分解。经典盐浴软氮化过程（也称为 Tufftride）是基于碱-氰化物、氰酸盐和碳酸盐的混合物的软氮化。

盐浴氮碳共渗工艺具有许多优点，其中包括工艺时间周期短、工艺控制方便、结果可靠，表面钝化不敏感等，因此铁素体盐浴氮碳共渗在工业中具有广泛应用前景。但是由于盐浴氮碳共渗环境问题，盐的混合物剧毒问题，现还无法在工业中广泛应用。现已开发出许多环境友好型盐浴氮碳共渗工艺，其中主要包括有 Durferrit GmbH 公司（德国曼海姆）和 Kolene 公司（密歇根州，底特律）的专利工艺，但由于盐浴氮碳共渗现在存在成本较高，污水处理问题，共渗盐的再生等问题，现还无法取代等离子氮碳共渗或气体氮碳共渗工艺。

典型盐浴氮碳共渗工艺为在 570℃（1060 ℉）下共渗 2~4h。表面化合物层厚度为 15～25μm（通常由 ε 碳氮化物为主）和扩散层厚度为 0.3～0.5mm（0.01～0.02in）。因为共渗层由 ε（$Fe_{(2-3)}C$，N）碳氮化物和一些氧化物组成，因此具有优良的摩擦性能。

最重要的是要防止化合物层中出现过度疏松，因为盐浴氮碳共渗工艺会对钢造成污染，导致产生有害的疏松化合物层，这需要严格控制盐浴的成分（见图 1-143）。

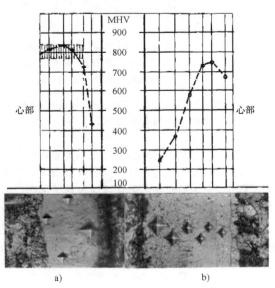

a) b)

图 1-143 显微硬度分布曲线和组织

a）正常化合物层　b）厚的疏松化合物层

对盐浴渗氮试样检测表明，在化合物外层存在有小颗粒盐类夹杂物，但不影响其耐磨性能。图 1-144 所示为经反向临界试验后试样表面化合物层中

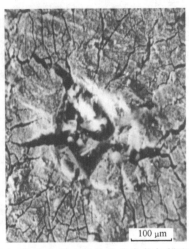

图 1-144 化合物层中的盐类夹杂物扫描电镜照片

的盐类夹杂物照片。

　　盐浴处理试样的化合物层中可看到三个区间

（见图 1-145）。其中化合物层外层区为疏松多孔，含有氧化物和微观盐类夹杂物。

 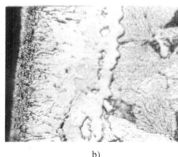 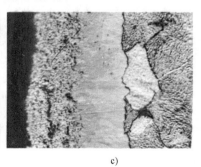

a)　　　　　　　　　　　　　　　　　　b)　　　　　　　　　　　　　　　　　　c)

图 1-145　盐浴处理试样的化合物层中可看到三个区间

a）正常的化合物层，放大倍率：500×　b）化合物层，放大倍率：1500×，苦味
酸浸蚀液侵蚀　c）疏松多孔外层和次表层，放大：1500×，苦味酸侵蚀液侵蚀

　　接下来为关键的次表层区，约占化合物层 80%，由密实的氮化物和碳氮化物组成，主要提高零件的耐摩性能。

　　最内层区（与扩散层结合一起）主要提高零件的疲劳性能和有机地与基体结合。通过基体碳的扩散，影响内层区的性能。化合物层包括了从珠光体基体中溶解的碳化物。

　　盐浴处理的两个最明显优势是工件渗层均匀（因为所有的表面都或多或少均匀地参与了化学反应）和高效的表面活化。盐浴处理的另一个优点是工艺时间短（一般 120~180min 或更短），尤其是对专用工具钢进行处理时。

　　还开发了保持自身优点的其他工艺技术，代替盐浴工艺。其中典型的是流化床气体氮碳共渗。尽管该工艺能得到良好的表面性能，但该技术由于成本原因，目前尚未达到广泛实用水平。

1.7.4　展望

　　渗氮和氮碳共渗工艺技术无疑将得到进一步发展和多样化，人们对低压（真空）工艺和双渗层或复杂渗层在各个应用领域的兴趣一直不断增加。传感器技术的快速发展，研究方法和设备以及数据处理方面不断开创新的研究和应用领域。

参 考 文 献

1. E. Lehrer, Uber das Eisen-Wasserstoff-Ammoniak Gleichgewicht, *Zeitschrift fur Elektrochemie*, Vol 36, 1930, p 383-392.

2. F. K. Naumann and G. Langenscheid, Beitrag zum System Eisen-StickstoffKohlenstoff, *Arch. Eisenhuttenwes.*, Vol 36 (No. 9), 1962, p 677-682.

3. J. Kunze, Thermodynamische Gleichgewichten im System Eisen-Stickstoff-Kohlenstoff, *HTM-J. Heat Treat. Mater.*, Vol 51 (No. 6), 1996, p 348-354.

4. A. Molinarietal., Wear Behavior of Diffusion and Compound Layers in Nitrided Steels, *Surf. Eng.*, Vol 14 (No. 6), 1998, p 489-495.

5. O. Felgel, Einfluss der Legierung der dem Nitrieren vorangehenden Warmebehandlung und der Nitrierbedingungen auf die Oberflachen- und Kernharte nach dem Nitrieren im Ammoniakstromm, Stickstoff in Metallen Akademie-Verlag, Berlin, 1965, p 181-190.

6. M. F. Danke and F. G. Worzala, The Structure and Properties of Ion Nitrided 410 Stainless Steel, *Mater. Sci. Forum*, Vol 102-104, 1992, p 259-270.

7. Y. Sun, T. Bell, Z. Kolozsváry, and J. Flis, Response of Austenitic Stainless Steel to Low Temperature Plasma Nitriding, *Heat Treat. Met.*, Vol 1, 1999, p 9-18.

8. S. Janosi, Z. Kolozsváry, V. Sandor, and C. Ruset, "Consideration on Plasma Nitriding Austenitic and Martensitic Stainless Steel," presented at Seminar on Surface Engineering (Warsaw), Polish Academy of Sciences, 1997.

9. M. Samandi, B. A. Shedden, T. Bell, G. A. Collins, R. Hutchins, and J. Tendys, Significlance of Nitrogen Mass Transfer Mechanism on the Nitriding Behavior of Austenitic Stainless Steel, *J. Vac. Sci. Technol. B*, Vol 12 (No. 2), 1994, p 935-939.

10. M. J. Somers, Development of Compound Layer during Nitriding and Nitrocarburizing, *Proceedings of the European Conference of Heat Treatment*, April 29-30, 2010 (Aachen), p 1-8.

11. Z. Kolozsváry, Observation Concerning the Characteristics of Soft Nitriding in Controlled Atmosphere, *Casting and Forging*, (No. 2), 1972, Japan, p 43-47.

12. "Optimization of the Plasma Nitrocarburizing Process," Scientific Report, Joint Res. Proj. EU-Copernicus, CIPA-CT-

93-0254，unpublished.

13. Z. Kolozsváry, Influence of Surface Conditions on the Formation and Properties of Nitrocarburized Layers, *Neue Hütte*, Vol 31（No. 1）, 1986, p 121-128.

14. H. -J. Spies, P. Schaaf, and F. Vogt, Influence of Oxygen Addition during Gas Nitriding on the Structure of the Nitrided Layers, *Mater. wiss. Werkst. tech.*, Vol 29, 1998, p 588-594.

15. Z. Kolozsváry, Residual Stresses in Nitriding, *Handbook of Residual Stress and Deformation of Steel*, ASM International, 2002, p 209-220.

16. C. Ruset, V. Stoica, S. Jánosi, Z. Kolozsváry, A. Bloyce, and T. Bell, The Influence of Oxygen Contamination on Plasma Nitrided and Nitrocarburised Layers, *Proceedings of the 11th Congress of the IFHTSE, 4th ASM Heat Treatment and Surface Engineering Conference in Europe*（Florence, Italy）, Vol 1, Associazione Italiana di Metallurgia, 1998, p 271-279.

17. H. J. Spies, B. Reinhold, and H. Berg, Einfluss von Sauerstoffbeim Plasmanitrieren, *Z. Werk. Warmebehandlung und Fertigung*, 2007, 1.

18. Z. Kolozsváry, A Gázlégkörben Végzett Lágynitridálás Néhány Jellegzetessége, *3rd International Conference on Heat Treating*, Budapest, 1971, p 43-51.

19. K. M. Winter, St. Hoja, and H. KlümperWestkamp, Controlled Nitriding and Nitrocarburizing, *Proceedings of the European Conference of Heat Treatment*, April 29-30, 2010（Aachen）, p 26-31.

20. H. J. Spies, H. J. Berg, and H. Zimdars, Forschritte beim Sensorkontrollierten Gasnitrieren und -Nitrokarburieren, *HTM-J. Heat Treat. Mater.*, Vol 58（No. 4）, 2003, p 189-198.

21. S. Jánosi, Z. Kolozsváry, and A. Kis, Controlled Hollow Cathode Effect: A New Possibility for Heating Low-Pressure Furnaces, *Proceedings of the 9th International Seminar of IFHTSE: Nitriding Technology—Theory and Practice*（Warsaw, Poland）, 2003, p 289-298.

22. C. X. Li, Active Screen Plasma Nitriding—An Overview, *Surf. Eng.*, 2010, Vol 26（No. 1-2）, p 135-141.

23. A. Nishimoto, T. E. Bell, and T. Bell, Feasability Study of Active Screen Plasma Nitriding of Titanium Alloy, *Surf. Eng.*, Vol 26（No. 1-2）, 2010, p 74-79.

24. "S3Tech Active Screen Plasma Surface Engineering of Austenitic Stainless Steel Components," EU contract number G5STCT-2001-00352.

25. H. -J. Spies, H. Le Thien, and H. Biermann, Verhalten von Stählen beim Plasmanitrieren mit einem Aktivgitter, *HTM Z. Werkst. Wärmebehandlung und Fertigung*, Vol 60, 2005, p 240-246.

26. P. Hubbard, S. J. Dowey, E. D. Doyle, and D. G. McCulloch, Influence of Bias and In-Situ Cleaning on Through Cage, *Surf. Eng.*, Vol 22, 2006, p 243-247.

27. E. D. Doyle, S. J. Dowey, P. Hubbard, and D. G. McCulloch, A Study of Key Processing Parameters in the Active Screen Plasma Nitriding（ASPN）of Steels, *Proc. 2nd Int. Conf. Heat Treat. Surf. Eng. Automotive Applic.*, Riva- Del-Garda, 2005, paper 67.

28. Z. Kolozsváry and P. Teszler, Gaskarbonitrieren bei tiefen emperaturen, Patent BRD 2133284, 1975.

29. J. Wunning, Karbonitrieren nach dem NITROC-Verfahren, INMETHERM 75. V. Internationales Symposium Metallkunde und Warmebehandlung, 1975, Karl Marx Stadt. DK 621. 785. 53.

30. Z. Kolozsváry, A New Method for Testing Fracture Toughness of Nitrided Compound Layers, *Proceedings of the 2nd International Congress on Heat Treatment of Materials of IFHT, 1st National Conference on Metallurgical Coatings of AIV*（Florence, Italy）, Associazione Italiana di Metallurgia, 1982, p 973-982.

31. H. Pedersen, Christiansen, Somers, *Proceedings of the European Conference of Heat Treatment*, April 29-30, 2010（Aachen）, p 9-16.

32. "Method for Measuring the Coefficient of Friction, Scientific Report," Joint Res. Proj. EU-Copernicus, CIPA-CT-93-0254, unpublished.

33. Z. Kolozsváry, Observations Concerning the Salt Bath Nitriding and Salt Bath Sulphurizing of Machine Parts, *Härt. -Tech. Mitt.*, O. Schaaber and W. Stuhlmann, Ed., Rudolf Haufe Verlag, 1969, p 286-291.

34. J. Boβlet, "Tufftride-/QPQ-Process," Durferrit GmbH, www. durferrit. de/media/pdf/ Tenifer _ QPQ _ eng. pdf（accessed March 5, 2014）.

35. E. D. Doyle and P. Hubbard, Innovation in Nitriding, *1st Mediterranean Conference on Heat Treating and Surface Engineering*, Dec 1-3, 2009（Sharm El Sheikh, Egypt）, 2010.

36. M. MainkaandJ. Bosslet, New Developments in Salt Bath Nitrocarburizing, *Proceedings of the 9th International Seminar Nitriding Technology*, Warsaw, 2003, p 269-277.

37. P. C. King, R. W. Reynoldson, A. Brownrigg, and J. M. Long, Ferritic Nitrocarburising of Tool Steels, *Surf. Eng.*, Vol 21（No. 2）, 2005.

第2章

碳钢和低合金钢的热处理

2.1 碳钢的热处理

普通碳素结构钢是目前最常使用的钢，根据钢的碳含量不同，普通碳素钢分为：

1) 低碳钢：碳的质量分数不高于 0.30% 的钢。

2) 中碳钢：除碳的质量分数为 0.30%~0.60%，锰的质量分数为 0.60%~1.65% 外，其余与低碳钢类似。

3) 高碳钢：碳的质量分数为 0.60%~1.00% 范围，锰的质量分数为 0.30%~0.90% 的铜。

4) 超高碳钢（Ultrahigh-carbon steels）：碳的质量分数高达 1.25%~2.0% 的铜。

普通碳素结构钢不含有铬、钴、铌、钼、镍、钛、钨、钒、锆或其他合金元素，碳钢不是通过添加合金元素，得到所需性能要求。通常碳素结构钢允许最大残存磷和硫的质量分数分别为 0.04% 和 0.05%，对下列元素，如锰的质量分数不超过 1.65%，硅和铜的质量分数均不超过 0.60%。通常来说，普通碳钢中元素总的质量分数不超过 2%。

碳是影响钢的硬度和力学性能的主要因素，如图 2-1 所示。提高钢中碳含量，能增加所有钢组织的硬度（强度），其中得到马氏体组织时硬度最高。低碳钢能得到马氏体组织，但低的含碳量会限制钢的淬透性低（快速冷却得到的马氏体组织深度）。除了极薄的工件外，由于低碳钢淬透性不够，无法得到完全马氏体组织。因此，对于碳的质量分数不大于 0.30%，锰的质量分数不大于 1.5% 的低碳钢，主要用于生产轧制结构钢板（材），其组织以铁素体为主。

当钢中碳的质量分数提高到大约 0.5%，锰含量也相应增加，则得到中碳钢，可以进行调质处理。低碳钢和中碳钢之间的界限并不十分清晰，但通常碳的质量分数为 0.2% 是钢可进行淬火强化的下限。随高强度低碳薄钢板和厚板的大量开发利用，低碳回火马氏体钢的应用日益更为广泛；而通常传统中碳和高碳钢在淬火加回火后使用。超高碳钢为实验钢，通过采用形变热处理工艺，获得超细等轴铁素

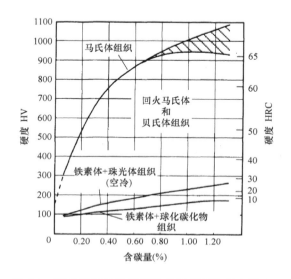

图 2-1　碳含量对各种不同微观组织钢的硬度影响。阴影区域为残留奥氏体的影响

体晶粒和均匀分布的细小球状、不连续先共析碳化物微观组织。

通常中碳钢采用冷加工或热处理提高硬度和进行强化，用于力学性能要求更高的工况。其中在该类钢中，碳和锰含量较低的钢主要用于制备冷成形工件。对于某些应用工件，常采用含碳较高的钢牌号，不进行热处理，而通过冷拔达到所需的力学性能。可以采用锻造工艺将中碳钢加工成锻件，但是取决于工件断面尺寸和热处理后的力学性能要求。由于高碳钢的生产成本更高，成形性和焊接性差，因此在使用上会受到比中碳钢更多的限制。

部分普通中碳和高碳钢的产品按美国钢铁协会（AISI）的牌号总结于表 2-1。表 2-2 所列为美国钢铁协会（AISI）普碳钢牌号的成分和与之对应的美国统一编号系统（UNS）、德国工业标准（DIN）和日本工业标准（JIS）等其他国家的钢牌号。通常，中国普通碳素结构钢按 GB/T 700—2007 生产，规定钢中的 S≤0.050% 和 P≤0.045%。表 2-3 为中国高品位中碳钢和高碳钢的成分，在该标准中，钢中的残留元素更低（P≤0.035% 和 S≤0.035%），并对其他

残留元素进行了严格的限制，如 Cr≤0.25%、Ni≤0.30%和 Cu≤0.25%，这与 AISI 标准中的要求非常接近。为进一步降低回火（高温）脆性或降低低温脆性断裂的危险，在优质钢（A）和高级优质钢（E）中，硫和磷的限制更低，硫和磷含量分别为 S≤0.030%，P≤0.030%和 S≤0.025%，P≤0.025%。

表 2-1　中碳钢和高碳钢的用途

AISI 牌号	用　途
1030,1034,1035	AISI 的 1030、1030 和 1034 牌号的钢用于制造撬杠、螺钉、螺栓、螺母和类似有头螺栓，膨胀螺栓或挤压件。这些牌号钢线材的用途包括高刚度和高强度的淬硬钢钉
1038,1038H,1039,1040	采用 AISI 的 1038、1038H、1039 和 1040 牌号的钢制造机械、犁、车用螺栓、轮胎钢丝、气缸盖螺栓和机加工零件。也用这些牌号生产 U 型螺栓、混凝土加强钢筋、锻件和非重要的弹簧零件。采用 1038 牌号钢生产等级为 5 的 SAE 5429 紧固件
1044,1045,1045H,1046	采用 AISI1044、1045、1044H 和 1046 牌号的钢生产齿轮、轴类零件、螺钉、螺栓和机器零件
1050	该中碳钢也用在退火或回火条件下，经冷轧为带钢制作弹簧
1055	用途包括生产冲击工具、热顶锻模具、环轧工具、耐磨零件、手工工具和低成本高强度的农机具零件
1059,1060	AISI1059 和 1060 牌号的钢用途与 AISI1055 相同
1064,1065,1070,1074	这些退火状态下高碳钢，经冷轧为带钢制作弹簧。油淬-回火线材生产用于高频应力的弹簧。然而，通常采用冷拔或冷轧钢，生产服役于静载荷或相对低频应力弹簧。当终端产品是经成形后淬火加工处理的，采用成形可热处理的高碳弹簧钢丝。其他用途，包括大变形线材或要求高硬度的线材。可在未回火或球化退火状态下，购买得到该成品尺寸的弹簧钢丝。为确保热处理后的钢丝性能的一致性，钢丝的成分是至关重要的
1080	AISI1080 钢其性能和用途与 AISI 1055 类似
1090,1095	AISI 1090 和 1095 钢的用途包括有刃具、耐磨零件、高应力板弹簧、热卷成形弹簧、犁辕、犁铧，刮刀片，制动盘，割草机刀片和耙齿

表 2-2　AISI 的中碳钢和高碳钢成分和与之对应其他国家的钢牌号

AISI 牌号	化学成分（质量分数，%）				对应其他国家钢牌号			
	C	Mn	P,max	S,max	UNS	DIN	JIS	GB
中碳钢								
1025	0.22~0.28	0.30~0.60	0.040	0.050	G10250	C25	S25C	25
1026	0.22~0.28	0.60~0.90	0.040	0.050	G10260	CK25	—	25Mn
1029	0.25~0.31	0.60~0.90	0.040	0.050	G10290	28Mn4	S28C	—
1030	0.28~0.34	0.60~0.90	0.040	0.050	G10300	C30	S30C	30
1034	0.32~0.38	0.50~0.80	0.040	0.050	G10340	—	—	—
1035	0.32~0.38	0.60~0.90	0.040	0.050	G10350	C35	S35C	35
1037	0.32~0.38	0.70~1.00	0.040	0.050	G10370	31Mn4	S35C	35Mn
1038	0.35~0.42	0.60~0.90	0.040	0.050	G10380	1.1176	—	—
1038H[①]	0.34~0.43	0.50~1.00	0.040	0.050	H10380	1.1157	—	—
1039	0.37~0.44	0.70~1.00	0.040	0.050	G10390	Ck42Al	—	40Mn
1040	0.37~0.44	0.60~0.90	0.040	0.050	G10400	C40	S40C	40
1042	0.40~0.47	0.60~0.90	0.040	0.050	G10420	D45-2	S43C	—
1043	0.40~0.47	0.70~1.00	0.040	0.050	G10430	GS-60.3	S43C	—
1044	0.43~0.50	0.30~0.60	0.040	0.050	G10440	D45-2	S45C	—
1045	0.43~0.50	0.60~0.90	0.040	0.050	G10450	C45	S45C	45
1045H[①]	0.42~0.51	0.50~1.00	0.040	0.050	H10450	Ck45	S45C	—
1046	0.43~0.50	0.70~1.00	0.040	0.050	G10460	C45	S50C	45Mn
1049	0.46~0.53	0.60~0.90	0.040	0.050	G10490	Cm45	S50C	—
1050	0.48~0.55	0.60~0.90	0.040	0.050	G10500	C50	S53C	50
1053	0.48~0.55	0.70~1.00	0.040	0.050	G10530	Ck53	S53C	50Mn
1055	0.50~0.60	0.60~0.90	0.040	0.050	G10550	C55	S55C	55

（续）

AISI 牌号	化学成分（质量分数，%）				对应其他国家钢牌号			
	C	Mn	P , max	S , max	UNS	DIN	JIS	GB
高碳钢								
1059[②]	0.55~0.65	0.50~0.80	0.040	0.050	G10590	D58-2	—	—
1060	0.55~0.65	0.60~0.90	0.040	0.050	G10600	C60	S58C	60
1064	0.60~0.70	0.50~0.80	0.040	0.050	G10640	D63-2	—	—
1065	0.60~0.70	0.60~0.80	0.040	0.050	G10650	C68	—	65
1069	0.65~0.75	0.60~0.90	0.040	0.050	—	D70-2	—	70
1070	0.65~0.75	0.60~0.90	0.040	0.050	C10700	C67	—	70
1074	0.70~0.80	0.50~0.80	0.040	0.050	C10740	C75	—	75
1075	0.70~0.80	0.40~0.70	0.040	0.050	—	D75-2	—	75
1078	0.72~0.85	0.30~0.60	0.040	0.050	G10780	D78-2	—	—
1080	0.75~0.88	0.60~0.90	0.040	0.050	G10800	80Mn4	—	80
1084	0.80~0.93	0.60~0.90	0.040	0.050	G10840	C85W	—	—
1085	0.80~0.93	0.70~1.00	0.040	0.050	—	85M3	—	85
1086[②]	0.80~0.93	0.30~0.50	0.040	0.050	C10860	D85-2	—	85
1090	0.85~0.98	0.60~0.90	0.040	0.050	C10900	90M4	SK90	T9A
1095	0.90~1.03	0.30~0.50	0.040	0.050	C10950	D95-2	—	T10

注：AISI 表示美国钢铁协会；UNS 表示统一编号系统（美国）；DIN 表示德国工业标准（德国）；JIS 表示日本工业标准（日本）；GB 表示国家标准（中国）。

① AISI-SAE 标准中 H 钢，如 1038H 和 1045H 的 Si 含量 0.15%~0.35%。

② 仅为盘条和钢丝标准钢牌号。

表 2-3　中国高品位中碳钢和高碳钢的成分

中国 GB	AISI	化学成分（质量分数，%）					
		C	Si	Mn	Cr , max	Ni , max	Cu , max
30	1030	0.27~0.34	0.17~0.37	0.50~0.80	0.25	0.30	0.25
35	1035	0.32~0.39	0.17~0.37	0.50~0.80	0.25	0.30	0.25
40	1040	0.37~0.44	0.17~0.37	0.50~0.80	0.25	0.30	0.25
45	1045	0.42~0.50	0.17~0.37	0.50~0.80	0.25	0.30	0.25
50	1050	0.47~0.55	0.17~0.37	0.50~0.80	0.25	0.30	0.25
55	1055	0.52~0.60	0.17~0.37	0.50~0.80	0.25	0.30	0.25
60	1060	0.57~0.65	0.17~0.37	0.50~0.80	0.25	0.30	0.25
65	1065	0.62~0.70	0.17~0.37	0.50~0.80	0.25	0.30	0.25
70	1070	0.67~0.75	0.17~0.37	0.50~0.80	0.25	0.30	0.25
75	1075	0.72~0.80	0.17~0.37	0.50~0.80	0.25	0.30	0.25
80	1080	0.77~0.85	0.17~0.37	0.50~0.80	0.25	0.30	0.25
85	1084	0.82~0.90	0.17~0.37	0.50~0.80	0.25	0.30	0.25

典型残留合金元素（钼、镍、铬）对碳钢的热处理也会造成影响。目前大多数的钢均利用废弃钢铁原料，采用转炉或平炉熔炼生产。与采用铁矿石炼钢相比，采用废钢铁熔炼的钢中残留元素数量多和波动变化程度更大。为防止淬火开裂（特别是对碳含量较高的，或截面及厚度尺寸显著变化的碳钢），应考虑到当残留元素更高时，其对钢的淬透性能的影响更大。

2.1.1　统一编号系统（UNS）

现已有数百个钢和其他合金的标准和编号系统。在这些标准中，有些着重考虑钢的力学性能和产品规格，而不是成分，因此过分强调不同标准和编号系统之间钢号的等价（或相似）已超出了本文讨论

的范围。出于这个原因，除了由美国材料和试验协会 ASTM（ASTM E527）和国际汽车工程师学会 SAE（SAE J 1086）建立的统一编号系统（UNS）中的碳钢外，目前还没有组织尝试建立涵盖世界上所有钢的牌号。UNS 编号的钢是基于北美 AISI-SAE 系统内钢的成分（见表 2-4～表 2-8）。UNS 编号中前四位数字通常对应于 AISI-SAE 标准中钢的编号，而最后一位数字（除 0 外）表示一些附加成分要求，如铅或硼的成分含量；当该数字为 6 时，通常用于指定钢是采用碱性电炉和特殊的工艺冶炼。

表 2-4～表 2-8 中的 AISI-SAE 牌号的成分广泛作为钢的规范和参考。四位数字中的前两位数表明钢的类型如下：

1）10xx：不添加 S，Mn 的最高质量分数不超过 1.00%。

2）11xx：加 S。

3）12xx：加 P 和加 S。

4）15xx：不添加 S，Mn 的最高质量分数超过 1.00%。

例如，数字为 10xx 的钢表示锰的质量分数不大于 1.0% 的普通碳钢。四位数字中的后两位数字表示钢的平均碳含量，这样 1040 钢是普通碳钢，其名义碳的质量分数为 0.40%。10xx 完整系列钢包含了 47

个钢牌号，但有些仅是碳和/或锰含量略有不同，表 2-4 中列出了 10xx 系列中主要 21 个成分不同的钢。为便于钢铁生产商生产，设计有大量成分略有不同的钢，但这对热处理工作者意义不大。由于 1012、1017、1037、1044、1059 和 1086 牌号钢在该系列钢中有成分相近的牌号，因此未列于表 2-4 中。此外，有些牌号的钢仅有盘条和钢丝产品。从表 2-4 中可以很明显看出，钢中碳的质量分数涵盖了 0.08%～0.95% 整个范围，钢与钢之间碳含量的间隔均较小。

表 2-4　部分标准不添加硫碳素结构钢的成分（Mn 的质量分数小于 1.0%）

AISI 或 SAE 牌号	UNS 编号	化学成分（质量分数，%）			
		C	Mn	P，max	S，max
1008	G10080	0.10max	0.30～0.50	0.040	0.050
1012	G10120	0.10～0.15	0.30～0.60	0.040	0.050
1015	G10150	0.13～0.18	0.30～0.60	0.040	0.050
1018	G10180	0.15～0.20	0.60～0.90	0.040	0.050
1020	G10200	0.18～0.23	0.30～0.60	0.040	0.050
1022	G10220	0.18～0.23	0.70～1.00	0.040	0.050
1025	G10250	0.22～0.28	0.30～0.60	0.040	0.050
1029	G10290	0.25～0.31	0.60～0.90	0.040	0.050
1030	G10300	0.28～0.34	0.60～0.90	0.040	0.050
1035	G10350	0.32～0.38	0.60～0.90	0.040	0.050
1038	G10380	0.35～0.42	0.60～0.90	0.040	0.050
1040	G10400	0.37～0.44	0.60～0.90	0.040	0.050
1045	G10450	0.43～0.50	0.60～0.90	0.040	0.050
1050	G10500	0.48～0.55	0.60～0.90	0.040	0.050
1055	G10550	0.50～0.60	0.60～0.90	0.040	0.050
1060	G10600	0.55～0.65	0.60～0.90	0.040	0.050
1070	G10700	0.65～0.75	0.60～0.90	0.040	0.050
1080	G10800	0.75～0.88	0.60～0.90	0.040	0.050
1084	G10840	0.80～0.93	0.60～0.90	0.040	0.050
1090	G10900	0.85～0.98	0.60～0.90	0.040	0.050
1095	G10950	0.90～1.03	0.30～0.50	0.040	0.050

表 2-5　部分标准不添加硫碳素结构钢的成分（Mn 的质量分数大于 1.0%）

AISI 或 SAE 牌号	UNS 编号	化学成分（质量分数，%）			
		C	Mn	P，max	S，max
1513	G15130	0.10～0.16	1.10～1.40	0.040	0.050
1522	G15220	0.18～0.24	1.10～1.40	0.040	0.050
1524	G15240	0.19～0.25	1.35～.165	0.040	0.050
1526	G15260	0.22～0.29	1.10～1.40	0.040	0.050
1527	G15270	0.22～0.29	1.20～1.50	0.040	0.050
1541	G15410	0.36～0.44	1.35～1.65	0.040	0.050
1548	G15480	0.44～0.52	1.10～1.40	0.040	0.050
1551	G15510	0.45～0.56	0.85～1.15	0.040	0.050
1552	G15520	0.47～0.55	1.20～1.50	0.040	0.050
1561	G15610	0.55～0.65	0.75～1.05	0.040	0.050
1566	G15660	0.60～0.71	0.85～1.15	0.040	0.050

表 2-6　标准保证淬透性碳钢和标准保证淬透性碳-硼钢的成分

AISI 或 SAE 牌号	UNS 编号	化学成分(质量分数,%)				
		C	Mn	P, max	S, max	Si
标准保证淬透性碳钢						
1038H	H10380	0.34 ~ 0.43	0.50 ~ 1.00	0.040	0.050	0.15 ~ 0.30
1045H	H10450	0.42 ~ 0.51	0.50 ~ 1.00	0.040	0.050	0.15 ~ 0.30
1522H	H15220	0.17 ~ 0.25	1.00 ~ 1.50	0.040	0.050	0.15 ~ 0.30
1524H	H15240	0.18 ~ 0.26	1.25 ~ 1.75[①]	0.040	0.050	0.15 ~ 0.30
1526H	H15260	0.21 ~ 0.30	1.00 ~ 1.50	0.040	0.050	0.15 ~ 0.30
1541H	H15410	0.35 ~ 0.45	1.25 ~ 1.75[①]	0.040	0.050	0.15 ~ 0.30
标准保证淬透性碳硼钢						
15B21H	H15211	0.17 ~ 0.24	0.70 ~ 1.20	0.040	0.050	0.15 ~ 0.30
15B35H	H15351	0.31 ~ 0.39	0.70 ~ 1.20	0.040	0.050	0.15 ~ 0.30
15B37H	H15371	0.30 ~ 0.39	1.00 ~ 1.50	0.040	0.050	0.15 ~ 0.30
15B41H	H15411	0.35 ~ 0.45	1.25 ~ 1.75[①]	0.040	0.050	0.15 ~ 0.30
15B48H	H15481	0.43 ~ 0.53	1.00 ~ 1.50	0.040	0.050	0.15 ~ 0.30
15B62H	H15621	0.54 ~ 0.67	1.05 ~ 1.50	0.040	0.050	0.40 ~ 0.60

① 标准 AISI-SAE 中保证淬透性钢，Mn 含量不大于 1.75% 被归类为碳钢。

表 2-7　标准加硫碳钢的成分

AISI 或 SAE 牌号	UNS 编号	化学成分(质量分数,%)			
		C	Mn	P, max	S
1108	G11080	0.08 ~ 0.13	0.50 ~ 0.80	0.040	0.08 ~ 0.13
1110	G11100	0.08 ~ 0.13	0.30 ~ 0.60	0.040	0.08 ~ 0.13
1113	G11130	0.13max	0.70 ~ 1.00	0.07 ~ 0.12	0.24 ~ 0.33
1117	G11170	0.14 ~ 0.20	1.35 ~ 1.60	0.040	0.08 ~ 0.13
1118	G11180	0.14 ~ 0.20	1.35 ~ 1.60	0.040	0.08 ~ 0.13
1137	G11370	0.32 ~ 0.39	1.35 ~ 1.65	0.040	0.08 ~ 0.13
1139	G11390	0.35 ~ 0.43	1.35 ~ 1.65	0.040	0.13 ~ 0.20
1140	G11400	0.37 ~ 0.44	0.70 ~ 1.00	0.040	0.08 ~ 0.13
1141	G11410	0.37 ~ 0.45	1.35 ~ 1.65	0.040	0.08 ~ 0.13
1144	G11440	0.40 ~ 0.48	1.35 ~ 1.65	0.040	0.24 ~ 0.33
1146	G11460	0.42 ~ 0.49	0.70 ~ 1.00	0.040	0.08 ~ 0.13
1151	G11510	0.48 ~ 0.55	0.70 ~ 1.00	0.040	0.08 ~ 0.13

表 2-8　标准加磷和加硫碳钢的成分

AISI 或 SAE 牌号	UNS 编号	化学成分(质量分数,%)				
		C	Mn	P	S	Pb
1211	G12110	0.13max	0.60 ~ 0.90	0.07 ~ 0.12	0.10 ~ 0.15	—
1212	G12120	0.13max	0.70 ~ 1.00	0.07 ~ 0.12	0.16 ~ 0.23	—
1213	G12130	0.13max	0.70 ~ 1.00	0.07 ~ 0.12	0.24 ~ 0.33	—
1215	G12150	0.09max	0.75 ~ 1.05	0.04 ~ 0.09	0.26 ~ 0.35	—
12L14	G12144	0.15max	0.85 ~ 1.15	0.04 ~ 0.09	0.26 ~ 0.35	0.15 ~ 0.35

2.1.2　热处理工艺

表 2-9 列出了部分主要中碳钢和高碳钢加热（Ac_1、Ac_3）和冷却（Ar_1、Ar_3）的临界转变点温度。表 2-10 列出了典型的奥氏体化淬火、正火和完全退火的加热温度，所有奥氏体化加热温度均高于 A_3 点，所不同的是冷却速率不同。完全退火为将钢加热到奥氏体相区，而后在炉内缓冷（例如，在炉内保温数小时），降低钢的硬度。表 2-11 为典型碳钢小型锻件完全退火温度、冷却速度和所对应得到的硬度。

正火为加热到奥氏体相区，保温后空冷。正火主要用于改变高温处理（如热锻）过程中，钢出现不均匀的组织结构，获得更均匀细小的组织。典型的正火温度约为高于淬火加热温度 40 ~ 55℃（75 ~ 100℉）的温度范围，详见表 2-10 所示。

表 2-9　部分中碳钢和高碳钢近似的 Ac_1，Ac_3，Ar_1 和 Ar_3 温度

AISI 牌号	相变点温度[1]								空冷的硬度范围 HBW
	Ac_1		Ac_3		Ar_3		Ar_1		
	℃	℉	℃	℉	℃	℉	℃	℉	
1030	730	1340	815	1495	790	1450	675	1250	207~170
1035	730	1345	800	1475	790	1455	690	1275	217~179
1040	725	1340	795	1460	755	1395	670	1240	229~187
1044[2]	725	1340	780	1435	750	1385	680	1260	241~197
1050	730	1340	770	1415	740	1365	680	1260	244~197
1055	725	1340	755	1350	730	1350	680	1260	255~207
1060	725	1340	745	1375	725	1340	685	1265	269~217
1070	725	1340	730	1350	710	1310	690	1275	302~241
1080	730	1345	735	1355	700	1290	695	1280	—
1090	730	1345	745	1370	700	1290	690	1270	321~255
1095	730	1340	770	1415	725	1340	700	1290	321~255

① 除在 Ms 温度以外，以 28℃（58℉）/h 速率加热和冷却。
② 包括 1044，1045，1045H 和 1046 钢。

表 2-10　部分普通碳素钢的热处理温度

牌号	直接淬火的奥氏体化温度		正火温度范围		完全退火温度范围	
	℃	℉	℃	℉	℃	℉
碳钢						
1025	855~900	1575~1650	870~955	1600~1750	855~900	1575~1650
1030	845~870	1550~1600	855~925	1575~1700(1650)	845~885	1550~1625
1035	830~855	1525~1575	855~915	1575~1675(1625)	845~885	1550~1625
1037	830~855	1525~1575	885~915	1625~1675	845~885	1550~1625
1038①	830~855	1525~1575	885~915	1625~1675	845~885	1550~1625
1039①	830~855	1525~1575	885~915	1625~1675	845~885	1550~1625
1040①	830~855	1525~1575	850~915	1560~1675(1600)	790~870	1450~1600
1042①	800~845	1475~1550	830~900	1525~1650(1575)	790~870	1450~1600
1043①	800~845	1475~1550	830~900	1525~1650(1575)	790~870	1450~1600
1045①	800~845	1475~1550	830~900	1525~1650(1575)	790~870	1450~1600
1046①	800~845	1475~1550	830~900	1525~1650(1575)	790~870	1450~1600
1050①	800~845	1475~1550	830~900	1525~1650(1575)	790~870	1450~1600
1055	800~845	1475~1550	830~900	1525~1650(1575)	790~870	1450~1600
1060	800~845	1475~1550	800~885(830)	1475~1625(1525)	790~845	1450~1550
1065	800~845	1475~1550	800~885(830)	1475~1625(1525)	790~845	1450~1550
1070	800~845	1475~1550	800~885(830)	1475~1625(1525)	790~845	1450~1550
1074	800~845	1475~1550	800~885(830)	1475~1625(1525)	790~845	1450~1550
1080	790~815	1450~1500	800~885(830)	1475~1625(1525)	790~845	1450~1550
1090	790~815	1450~1500	845~900(830)	1550~1650(1525)	790~830	1450~1525
1095	790~815①	1450~1500②	845~900(830)	1550~1650(1525)	790~830	1450~1525
易切削碳钢						
1137	830~855	1525~1575	860~940	1580~1725	830~875	1525~1605
1141	800~845	1475~1550	855~910	1570~1670	800~860	1475~1580
1144	800~845	1475~1550	855~910	1570~1670	800~860	1475~1580
1145	800~845	1475~1550	855~910	1570~1670	800~860	1475~1580
1151	800~845	1475~1550	855~910	1570~1670	800~860	1475~1580
1548	815~845	1500~1550	870~910	1600~1670	815~860	1500~1580

① 常用于工件感应淬火工艺。含碳量高于 SAE 1030 的所有钢均可以进行感应淬火工艺。
② 该温度范围可用于 1095 钢采用水、盐水或油作为淬火介质。如采用油淬火，1095 钢还可以采用 815~870℃（1500~1600℉）温度范围进行奥氏体化加热。

表 2-11 小截面碳钢锻件推荐完全退火温度

锻钢[①]	完全退火温度[②]		冷却循环[③]				硬度 HBW
	℃	°F	℃		°F		
			开始	终止	开始	终止	
1018	855~900	1575~1650	855	705	1575	1300	111~149
1020	855~900	1575~1650	855	700	1575	1290	111~149
1022	855~900	1575~1650	855	700	1575	1290	111~149
1025	855~900	1575~1650	855	700	1575	1290	111~187
1030	845~885	1550~1625	845	650	1550	1200	126~197
1035	845~885	1550~1625	845	650	1550	1200	137~207
1040	790~870	1450~1600	790	650	1450	1200	137~207
1045	790~870	1450~1600	790	650	1450	1200	156~217
1050	790~870	1450~1600	790	650	1450	1200	156~217
1060	790~845	1450~1550	790	650	1450	1200	156~217
1070	790~845	1450~1550	790	650	1450	1200	167~229
1080	790~845	1450~1550	790	650	1450	1200	167~229
1090	790~830	1450~1525	790	650	1450	1200	167~229
1095	790~830	1450~1525	790	655	1450	1215	167~229

① 锻件截面不大于 75mm（3in）的数据。
② 当截面不大于 25mm（1in）时，在该温度的保温时间不小于 1h；当截面每增加 25mm，保温时间增加 0.5h。
③ 以 28℃（58°F）/h 速率炉冷。

表 2-10 中推荐的奥氏体化温度范围为实现完全奥氏体化，同时避免奥氏体过度晶粒生长的温度。在大多数情况下，与其他参数，如最高加热温度、温度均匀性、保温时间和冷却速度相比，淬火过程中的奥氏体化加热速率是次要影响晶粒长大的因素。钢的热导率、炉内气氛性质（氧化或无氧化）、工件厚度、工件装载方法（间隔或堆叠）以及炉内气氛的流通程度均会影响钢工件的加热速率。

在进行淬火加热时，可以降低奥氏体化温度，以降低变形。图 2-2 为采用水和油淬火的奥氏体化温度的范围。当采用传统淬火方法存在有潜在变形和开裂问题时，可采用中断淬火方法，如采用等温

淬火或分级淬火，其方法是先淬火至中间某一温度（等温）停留。马氏体分级淬火使工件缓慢冷却通过马氏体转变温度；而贝氏体等温淬火，等温时间为一直等温至贝氏体转变完成。

热处理还包括有亚临界退火和临界区间退火。亚临界热处理（低于临界温度，A_1）包括消除应力和再结晶退火，如图 2-2 所示。当消除应力温度足够高，能促使微观组织发生回复过程，即通过位错重组为低能组态，消除组织中内应变，而不出现任何晶粒形状和取向的变化。在热处理过程中，回复过程开始非常迅速，而后随着时间延迟而减缓。再结晶过程是形核和长大的过程，在该过程中，产生了新的晶粒，但不发生相变。再结晶过程中，开始的速度缓慢，迅速达到最大速度，而后速度趋于平稳状态。

（1）再结晶退火 提高加热温度，再结晶过程发生更快。通常再结晶温度定义为在 30min 产生 50% 再结晶组织，在约 1h 完成再结晶过程的温度。虽然再结晶在时间和温度之间相互影响，但温度因素比时间更为主导影响因素。对于大多数动力学过程，提高温度约 11℃（20°F），可成倍提高反应速率。

再结晶温度并不是一个精确的温度，他与合金的成分，特别是与冷加工的变形量有关。回复可能影响再结晶温度。如材料发生了明显回复现象，则降低再结晶倾向，即需要加热至更高的温度发生再结晶过程。此外，晶粒尺寸也影响再结晶形核和再结晶温度。如在冷加工变形量相同的情况下，细晶粒比粗晶粒发生再结晶温度低，所需再结晶时间短。当再结晶过程完成后，延长加热时间会导致晶粒长大。再结晶晶粒尺寸与再结晶时间和再结晶温度有关，其主要

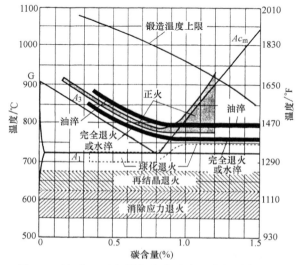

图 2-2 铁-碳二元相图与完全退火、中间退火、球化退火、正火和奥氏体化加热淬火温度范围叠加图

影响因素为温度。提高温度会促进晶粒粗大。

（2）球化处理　根据钢的加热温度和保温时间，钢中的渗碳体形态不同。如珠光体中的渗碳体为片状渗碳体，过共析钢在原奥氏体晶界出现网络渗碳体。热处理可以改变渗碳体的形状和分布；通常采用球化处理加速形成球状碳化物，以提高钢的塑性。球化处理通常采用在高于亚临界或临界区温度（高于 A_1 温度，但低于完全奥氏体化温度）进行。

球化处理过程可能需要几个小时才能完成，对亚共析钢（$w(C) < 0.77\%$），在略低于 Ae_1 温度长时间保温，加速球化处理过程。为改善完全球化处理的动力学，可采用在略高于 Ac_1 温度和略低于 Ar_1 温度之间交替加热和冷却。低碳钢的球化处理的主要目的是改善冷成形性。根据钢中珠光体的渗碳体为球状体或片状，钢的成形性发生显著改变。几乎不对机加工的低碳钢进行球化处理，因为球化处理会造成钢的硬度过低，机加工时出现粘刀、铁屑过长和断屑难等问题。

对过共析体钢（$w(C) > 0.77\%$），球化退火处理通过在临界区间进行，即在渗碳体和奥氏体两相地区（A_1 和 Ac_m 之间）。在该温度范围内退火处理的目的是，分解原奥氏体晶界上形成的连续网先共析渗碳体。对过共析钢进行临界区间退火的好处是，改善了渗碳体分布和形貌，得到球状渗碳体，改善了材料的可加工性和韧性。

（3）奥氏体化时间和极软钢（Dead-Soft Steel）过共析钢在奥氏体化温度下长时间保温，可得到硬度极低的完全退火钢。虽然在奥氏体化温度的保温时间可能会对实际硬度影响不大（如变化在 241～229HBW 之间），但对可加工性或冷成形性能的影响非常明显。

如对过共析体钢进行长时间奥氏体化，会使奥氏体中残余碳化物产生聚集。粗大的碳化物会进一步降低最终产品的硬度。在含碳较低钢中，在高于 A_1 温度的条件下，碳化物是不稳定的，倾向缓慢溶解于奥氏体。

如果进行长时间奥氏体化，共析成分的钢通常形成片状渗碳体。如在略高于 A_1 温度长时间保温，能有效地溶解奥氏体中的碳化物。与短时间在更高温度保温相比，在略高于 A_1 温度长时间保温，能有效均匀碳的浓度分布。

（4）普通碳钢的表面硬化　有各种方法对碳钢和合金钢进行表面强化。普通碳素结构钢不进行渗氮处理，但可以采用火焰淬火、感应淬火、渗碳和碳氮共渗进行表面强化。通常，火焰淬火和感应淬火的钢类似；通常碳含量足够高的碳钢都可以采用感应或火焰加热进行表面淬火。感应淬火工件虽然可采用油作为淬火冷却介质，但通常还是采用水基

淬火冷却介质（各种添加剂）淬火。

渗碳的高碳淬火后得到高硬度的硬化层。渗碳的优点是采用低碳钢，得到高韧性心部和高硬度硬化层的工件。当采用中碳钢（0.30%～0.50%C）渗碳，可以得到更深的高硬度硬化层。渗碳钢工件也可以渗碳后直接进行淬油或淬水；但通常是在 900～925℃（1650～1700℉）渗碳后缓冷至室温，而后加热到奥氏体化温度进行淬火。渗碳碳钢的二次加热温度在 760～790℃（1400～1450℉）。如是渗碳合金钢，根据钢的合金元素含量，调整和提高钢的二次加热温度。

碳氮共渗工艺是在渗碳的基础上发展起来的，在碳氮共渗中，碳和氮同时渗入钢的表面，通过淬火进行表面强化。一般来说，碳氮共渗的硬化层比渗碳浅，但硬度比渗碳的硬化层高。由于氮提高了钢的淬透性，碳氮共渗的碳氮化物层可采用油淬火（而不是水淬火）。尽管渗碳和碳氮共渗非常相似，但在选材时有所差异。

2.1.3　碳钢的热处理分类

为简化各种不同产品的热处理，可按碳含量将碳素结构钢的热处理分为以下 3 类：

1）第一类：0.08%～0.25%C。
2）第二类：0.30%～0.50%C。
3）第三类：0.55%～0.95%C。

其中有些钢，如 1025 和 1029，根据其具体的碳含量，可以分在不同类中。

（1）第一类（0.08%～0.25%C）低碳钢　可采用以下三种类型的热处理工艺：

1）为材料后续工序进行的热处理。
2）成品零件改善力学性能的热处理。
3）表面强化，主要是渗碳或碳氮共渗。

为消除应变，以便下一步冷加工工序进行，在冷拔工序之间，常常需要进行中间退火处理。该退火通常选择在再结晶温度与较低的相变温度之间进行。通过铁素体再结晶降低硬度，此外还需要保持再结晶晶粒尺寸细小。可通过快速加热和缩短保温时间，进一步细化晶粒。

该工艺可用于处理采用冷拔钢丝制成低碳钢冷成形单头螺栓。由于冷加工时螺栓头处变形最为严重，在额外的应变作用下，螺栓头易产生开裂。采用中间退火工艺，可以避免螺栓头产生开裂现象。在约540℃（1000℉）温度进行消除应力处理，比采用保留螺栓杆部正常力学性能的退火处理效果更好。

通常采用热处理，可以改善工件的可加工性。除含硫或其他添加有易切削元素的钢外，低碳钢的可加工性一般都较差，其主要原因是钢中游离铁素体与碳

化物的比例很高。可以采用正火，通过在钢中形成最大量的碳化物（即提高珠光体分数）和细化铁素体中的珠光体组织，改变这种现象；将钢在 815～870℃（1500～1600℉）加热淬油，其效果最佳。除了含碳量接近 0.25%的钢外，钢中几乎或根本不会形成马氏体，因此不需要对工件进行回火处理。

（2）第二类（0.30%～0.50%C）　该类钢碳含量较高，淬火及回火工艺对其性能影响很大。通过适当的工艺控制，可在很宽的范围内，改变该类钢的淬透性，因此用途广泛。在这组钢中，有很多可以选择水淬或选择油淬的钢。钢的淬透性受化学成分变化影响很大，尤其是钢中的锰、硅和其他残余元素含量。此外，钢的淬透性还受晶粒尺寸的影响。这类钢对工件的断面尺寸的变化也非常敏感。

为使中碳钢获得最佳淬火加回火后的力学性能，淬火前必须对中碳钢进行正火或退火处理。采用棒料生产的工件在淬火前通常不进行处理（已经在钢厂进行过预先处理），但对锻件通常需要进行正火或退火处理。

除碳含量较高的牌号和小尺寸工件外，这类钢不论是进行了热加工或冷成形，不论是已经过机加工或仍需要进行机加工的棒料，为降低原始硬度，均需要进行退火处理。与完全退火得到的组织相比，采用正火能细化锻件锻态组织，因此能有效改善工件的可加工性。

在淬火过程中，需要根据钢的成分、工件尺寸设计、钢的淬透性、成品工件所要求的硬度，选择淬火冷却介质。由于碳钢的淬透性低，最常用的淬火冷却介质是水。除薄截面工件外，为改善淬火效果和提高工件的力学性能，有时采用冷却速率更快的氢氧化钠溶液（5%～10%NaOH）进行淬火。采用氢氧化钠溶液时，操作人员应进行防护，避免直接接触，以免造成危险。采用盐水淬火不会对操作人员造成伤害，但盐水对钢材工件或设备具有腐蚀作用。如工件很薄或热处理后工件性能要求不是很高，可采用油进行淬火。此外，中碳钢很容易通过火焰或感应淬火进行表面热处理。

（3）第三类（0.55%～0.95%C）　应对该类钢锻件应进行退火处理。其退火作用主要有细化锻造组织，提高锻件淬火后品质；此外是降低锻件硬度，工件经锻造后硬度太高，难以进行修边处理和无法进行机加工。采用普通退火炉冷至约 595℃（1100℉），能满足大部分工件要求。

该类钢生产的大部分工件均可采用常规淬火工艺强化，但有时也需要采用特殊的工艺。可采用油或水作为淬火冷却介质，当工件较厚时，采用水作

为淬火冷却介质。通常采用等温淬火工艺对高碳牌号的钢进行处理。

有时采用盐浴加热，对有切削刃口的工具进行淬火。选择最低但能淬硬的淬火温度进行加热，而后在盐水进行淬火。盐浴加热速率快，加之选用的淬火加热温度低，钢中的碳不会完全固溶于基体中，因此，刃口工具的组织为低于钢的碳含量的马氏体加大量嵌入马氏体基体的碳化物。这种组织保证了工具硬度约为 55～60HRC，使工具具有最佳的韧性和硬度配合，其中嵌入基体的碳化物提高了工具的使用寿命。这类钢也常采用火焰或感应加热方法进行淬火。

2.1.4　组织转变图

在冷却过程中，根据钢的碳含量和冷却速率，奥氏体组织可以分解为铁素体（F）、渗碳体（Fe₃C）、珠光体（P）、马氏体（M）和贝氏体（B）组织。这些奥氏体分解组织可以采用连续冷却或快速淬入较低温度进行等温得到。过冷奥氏体的这两种分解过程可采用温度-时间转变（TTT）图进行描述，其中包括有等温转变（IT）图和连续冷却转变图。

可采用两种类型的温度-时间转变图，对钢的热处理组织和硬度进行预测；反之也可根据温度-时间转变图，设计热处理工艺，来得到所需要的组织和硬度。应该注意的是，等温转变和连续冷却转变存在有重要的区别，在等温转变条件下，可获得更精确奥氏体分解的数据，因此常用于科学分析。此外，可采用等温转变图对等温退火、贝氏体等温淬火和马氏体等温淬火进行分析。

（1）等温转变量　与连续冷却转变量不同的是，等温转变量不提供适用于工件内部的即时淬透性。然而，可以通过等温转变图，大致估计出避免产生铁素体-珠光体组织，淬火得到马氏体的冷却速率。根据 Hougardy 研究，在等温转变过程中，受控于扩散的铁素体、珠光体和贝氏体相变的转变量遵循式（2-1）：

$$M = 1 - \exp(-bt^n) \qquad (2\text{-}1)$$

式中，M 为新相的转变分数；t 和 b 与时间有关。当 $bt^n = 1$ 时，新相转变分数为 63.2%。根据测试数据，采用拟合方法，可以得到式（2-1）中的 n，参数 n 取决于相变转变的方式。式（2-1）中 b 与产生新的界面和形核能垒有关，因此取决于相变转变的方式和温度。如相变为非扩散型马氏体相变，则相变遵循：

$$M_a = 1 - 0.929 \exp\left[-0.976 \times 10^{-2} (Ms - T)^{1.07}\right]$$

$$(2\text{-}2)$$

式中，M_a 为马氏体转变量；Ms 为马氏体开始转变

温度；T 为低于 Ms 的某一温度。

图 2-3 为普通高碳钢（0.89% C）的等温转变图，图中包括了奥氏体在临界温度以下等温分解的微观组织。在临界温度以下较高的温度区间（图中右上部分）等温，转变为粗片状珠光体。当奥氏体快速冷却（在 1s 以内）至低于马氏体开始转变温度（Ms）等温，则奥氏体部分转变成马氏体组织。由于马氏体有变温转变的特点，在等温转变过程中，不

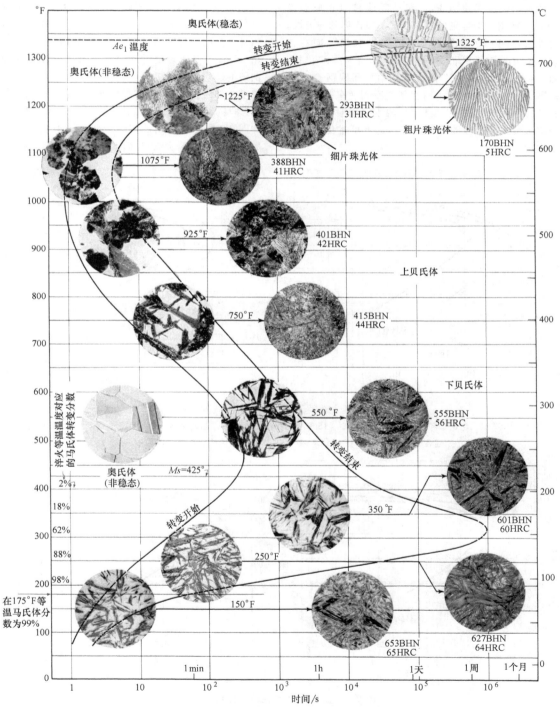

图 2-3　0.89% C 高碳钢（0.29 Mn）等温转变图

（采用 885℃（1625℉）奥氏体化加热；晶粒度 ASTM 4~5）

117

是所有的奥氏体转变为马氏体。当等温温度越低，马氏体组织转变量越大，如图2-3所示。

随钢中的碳含量增加，在等温和变温转变条件下，除形成碳化物（Fe_3C）的数量增多外，降低马氏体开始转变温度（Ms）和马氏体转变完成温度（Mf）。随钢中碳含量增加，改变了奥氏体的稳定性，将等温转变（IT）图中C曲线的"鼻尖"向右移动，这表明需要更长的时间才会开始形成碳化物。图2-4为碳含量对两个锰含量基本相同碳钢C曲线的影响。如对1095钢采用剧烈的冷却速率冷却，可避开的等温转变图中"鼻尖"温度；而对1035钢，即使采用极其剧烈的冷却速率，也不可避免会形成碳化物。

所有合金元素（除钴外）抑制了碳的扩散，从而降低碳化物形成的动力学。这种效应使等温转变图中C曲线的"鼻尖"右移，在工件截面更厚或冷却速度更慢的条件下，形成更多的马氏体（即提高了钢的淬透性）。按升序近似排序，合金元素对淬透性的影响为镍、硅、锰、铬、钼、钒和硼。锰是碳钢种常见的一种残留元素，有中等提高淬透性的作用。图2-5为锰含量对两个碳含量基本相同碳钢C曲线的影响。与大多数合金元素一样，锰还降低Ms温度，如图2-6所示。我们应该知道，几乎很难得到100%马氏体组织，组织中总会有部分残留奥氏体，如图2-4所示。随钢的成分变化，钢中残留奥氏体数量发生变化，含碳量高的钢，合金元素含量多的

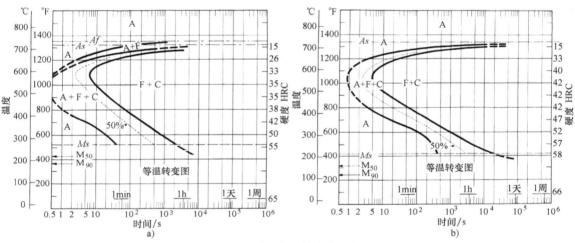

图 2-4　碳含量对等温转变曲线的影响

a）1060钢（0.63C和0.87Mn）在815℃（1500℉）奥氏体化加热，晶粒度5~6　b）1080钢0.79C和略低的锰含量（0.76Mn）在885℃（1625℉）温度奥氏体化加热，晶粒度4~5。

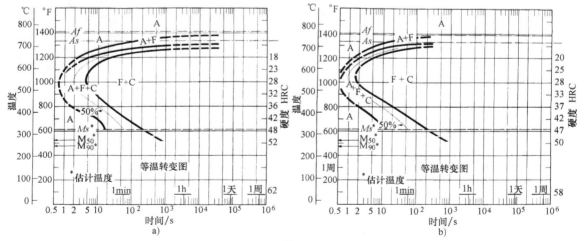

图 2-5　锰含量对等温转变曲线的影响

a）1050钢（0.50C和0.91Mn）在910℃（1670℉）奥氏体化加热，晶粒度7~8　b）1055钢[0.54C和0.46Mn（低锰）]在910℃（1670℉）奥氏体化加热，晶粒度7~8。

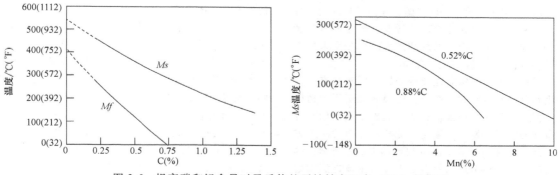

图 2-6 提高碳和锰含量对马氏体的开始转变温度（*Ms*）的影响

钢（因为高碳和合金往往会降低 *Mf* 温度），残留奥氏体增多。

（2）连续冷却曲线 在热处理的冷却条件下，连续冷却曲线更符合实际零件冷却情况，更能表明钢的淬透性（马氏体的形成）所进行的程度。图 2-7

为两个普通中碳钢和两个高碳钢的连续冷却转变图。连续冷却转变图的主要用途为：

1）直接淬火获得完全马氏体组织。

2）缓慢冷却获得所需硬度的铁素体-珠光体组织。

3）控制连续冷却，得到混合组织。

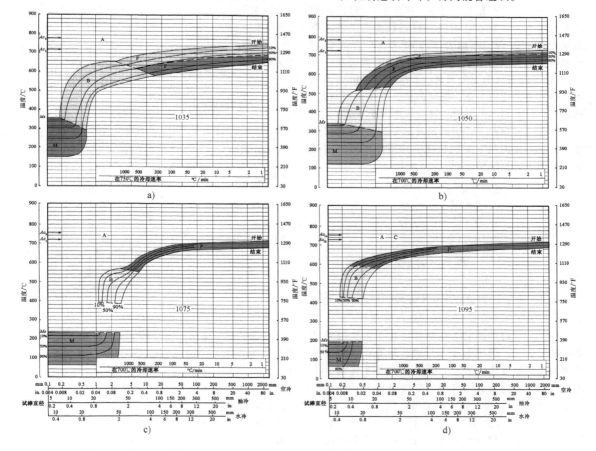

图 2-7 两个中碳钢（1035 和 1050）和两个高碳钢（1075 和 1095）的连续冷却图

a）1035（0.38%C，0.20%Si，0.70%Mn，0.20%P，0.20%S）在 860℃（1580℉）奥氏体化加热，晶粒度 8～10

b）（0.51%C，0.75%Si，0.30%Mn，0.20%P，0.20%S）在 830℃（1525℉）奥氏体化加热，晶粒度 8

c）（0.75%C，0.33%Si，0.70%Mn，0.017%P，0.016%S）在 800℃（1470℉）奥氏体化加热，晶粒度 5～6

d）（0.96%C，0.20%Si，0.60%Mn，0.02%P，0.02%S）在 780℃（1435℉）奥氏体化加热，晶粒度 5～7

Liscic 采用连续冷却转变图，预测了淬火钢工件的组织和硬度。因为连续冷却转变图描述的是连续冷却，淬油和空气冷却的冷却速率可以分别采用等效钢棒直径和淬透性带进行表示。

采用实验方法建立连续冷却转变图存在有一定难度和具有不确定性，而建立等温转变图更加精确和方便。出于这个原因，有学者提出了从更精确等温条件的数据出发，构建连续冷却转变图的多个方法，其中包括 Bain 和 Paxton 提出的方法。下面根据共析碳钢（0.8%C）的等温数据，采用该方法构建该钢的连续冷却转变图的例子。

（3）根据等温转变曲线估算连续冷却曲线 采用等温转变曲线对共析钢从奥氏体冷却形成珠光体的定性研究表明，在低于 A_1 温度，很小过冷度的条件下，形核速率缓慢；随过冷度增大，形核速率迅速增加（根据形核理论和定量参数，可得到正式的表达式，但由于过程相当复杂，这里不做探讨）。如认为片状珠光体只存在有某一种形核类型的话，则在单元时间 dt 内，当温度下降 dT 单元，就可能产生形核。形核只与在 A_1 以下温度停留时间有关，而与 A_1 以下温度间隔无关。显然，单元时间 dt 内形核数量随温度变化而变化，温度越低，形核速率越高。原则上，对不同温度设定合理的权重因子 $W(T)$，该权重因子与该温度下开始形核时间 $t_N(T)$ 存在有倒数的关系。在满足下式的情况下，可以对珠光体开始有效形核进行预估：

$$-\int_{A_1}^{T'} W(T)\, dT = 1$$

此处

$$\int_{0}^{t_N(T)} W(T)\, dt = 1$$

为简化起见，假设 dT/dt 为常数。T'是冷却曲线上与给定 dT/dt 相交，并分析有关的温度。

（4）连续冷却图的简化建立 由于无法提供足够准确的数据，利用上述方程进行计算，因此需要采用其他近似方法来进行计算。相关参考文献中给出的方法具有简单与实验数据吻合好等优点，该文献参照图 2-8，做了两个明确的假设：

1）与直接淬火至 T_X 温度进行等温相比，当连续冷却至等温冷却曲线交点 X 处，在该瞬间奥氏体转变形核率要少。换句话说，需要进一步延长冷却时间，才可以测量得出之前发生了相变。

2）当冷却通过有限的温度范围，如温度范围在 $T_X \sim T_O$ 时，连续冷却相变转变量与在平均温度 $(T_X+T_O)/2$ 处等温冷却 (I_O-I_X) 时间相比，两者

的转变量大体相等。

第二个假设容易为人所接受，但还必须清楚认识到，该假设所带来的两个限制。首先，形核类型不能改变（例如，不能将珠光体开始形成的曲线用于预测贝氏体形成）；其次，奥氏体相变迅速释放出的相变潜热对热流量产生影响，导致冷却过程发生变化，有时甚至会产生重新加热的效果（温度回升）。而这种效果会导致在实际冷却过程中 dT/dt 不为常数，由此产生根本性的错误。因此，必须根据具体情况，对每条曲线进行确定。

根据第二个假设，在给定的某一冷却速率下（如图 2-8 所示），采用试错法可以找到一个 B 点，使 I_B-I_X 等于在 $(T_X+T_O)/2$ 温度的 t_N。由于珠光体在该温度区间形成，采用其他不同的冷却速率，也可找到与 B 点类似相同的点。通过对珠光体整个相变区间分析，可以得到共析碳钢的连续冷却曲线，该图说明建立冷却与等温温度之间关系的步骤，如图 2-9 所示。

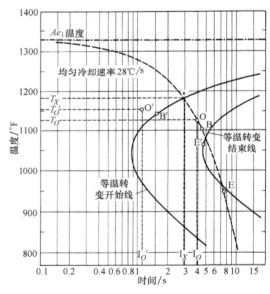

图 2-8 共析碳钢的部分等温转变图和采用均匀冷却速率 28℃/s（50℉/s）从 Ae_1 温度冷却

在该条曲线上有两个主要感兴趣地方。首先，图中可以看到，与等温转变曲线相比，连续冷却曲线在较低的温度和需要较长时间才开始发生相变，由此可能导致滥用普通碳钢连续冷却的淬透性大于等温冷却图上淬透性概念。其次，普通碳素结构钢（淬透性低）在连续冷却中，基本上不会形成贝氏体。其原因可能是两种，要么是几乎所有的奥氏体在该温度区间已经转变为珠光体；或者也有可能是部分的奥氏体在 400~450℃（750~840℉）温度区

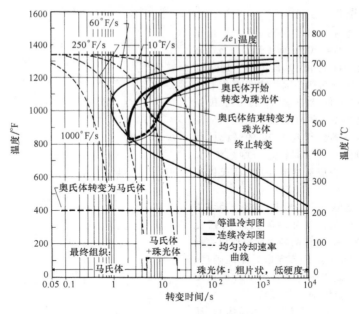

图 2-9　根据共析碳钢等温转变曲线和均匀冷却速
率得到的连续冷却奥氏体转变曲线

间残存，但此时上贝氏体最有利形核位置——奥氏体晶界已优先被 500~550℃（930~1020℉）温度区间所形成的细球状珠光体所占有。

3）推广至更复杂的合金钢。然而，高合金钢的情况则截然不同。碳化物形成元素，如铬和钼，推迟珠光体转变的作用远大于对贝氏体转变的影响。由此导致等温转变曲线发生明显的变化，SAE 4340 钢的等温转变曲线如图 2-10 所示。这类钢在实际连续冷却过程中，冷却曲线不与珠光体或先共析铁素体曲线相交，而与贝氏体曲线相截，由此产生大量的贝氏体组织。

样，对有些简化的计算，通常还是可以达到足够接近程度的。当计算的曲线与实测曲线存在有不一致，则采用更低转变温度和更长转变时间的实测曲线代替计算得到的曲线，如图 2-11 所示。

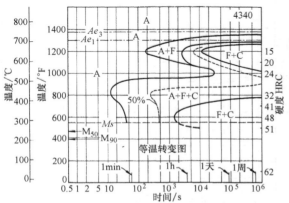

图 2-10　SAE 4340 钢等温转变曲线，采用 845℃
（1550℉）奥氏体化加热

采用上述方法，可以计算得到相变过程中的连续冷却曲线，但与实测曲线会有一定差距。即使这

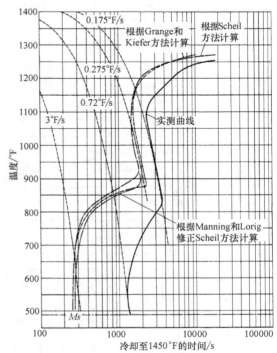

图 2-11　共析合金钢实测与采用各种计算
方法得到连续冷却曲线对比

2.1.5 碳钢的淬透性

钢的硬度与碳含量密切相关。图 2-1 中给出了在不同含碳量条件下，得到 100%的马氏体的最高硬度。由于低碳钢（如 1008）碳含量不高，即使加热至相变温度以上，进行剧烈淬火，也不可能获得很高的硬度。而 1095 高碳钢淬火后，可获得 66HRC 的硬度。根据图 2-3 的 0.89%C 高碳钢的温度时间转变图，想要高碳钢得到 100%的马氏体组织，也需要进行剧烈淬火。对碳钢进行剧烈淬火，只有薄壁工件或工件的表层能达到 100%马氏体组织的硬度。

应该根据工件性能要求，确定是否整个截面需要完全形成马氏体组织。例如，薄壳淬火强化（shell hardening）工艺为在工件的外表面层形成高硬度马氏体组织，而在次表层下保持相对低的硬度。碳钢通过热处理，还可以得到力学性能良好的极细珠光体组织。例如，对超厚壁工件进行淬火，可以有效形成细珠光体组织（也可能有部分贝氏体），而不是形成粗片珠光体。有些巨型工件，如采用类似于 1045 或 1050 钢生产的大型轴锻件，不是进行淬火，而是加热到约 900℃（1650℉）温度，在静止空气冷却，进行正火处理，随后在约 540℃（1000℉）进行回火处理，得到细化的微观组织。

有两种测量钢的淬透性方法，包括格罗斯曼（Grossmann）临界直径测试法（定义为采用给定介质条件下淬火，在试棒直径中心形成 50%马氏体）和末端淬透性，其中末端淬透性测试法是广泛采用的评估钢的淬透性的试验方法。当钢的成分和晶粒尺寸在一定的条件下，末端淬透性测试法提供了钢的合理淬透性数据。图 2-12 为不同牌号碳钢的末端淬透性曲线。图 2-13 为通过将低碳钢渗碳至不同含碳水平，研究了碳对淬透性的影响。

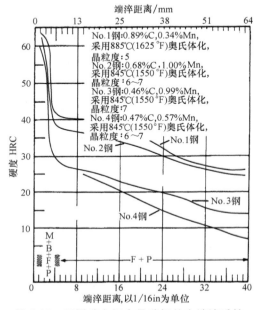

图 2-12　不同碳和锰含量碳钢的末端淬透性

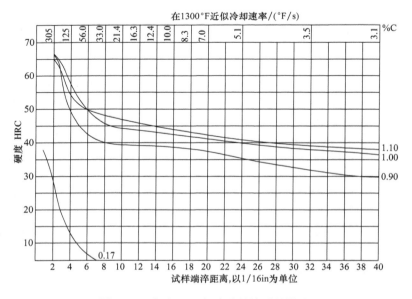

图 2-13　碳对 1018 钢渗碳的淬透性影响

注：钢的成分为 0.17% C，0.72% Mn，0.01% Si，0.01% Cr，0.007% Mo；晶粒度 6 ~ 8；所有试棒采用 925℃（1700℉）温度正火；心部在 925℃ 奥氏体化加热 20min。采用 925℃ 固体渗碳 9h 后直接淬火。

由于 Grossmann 方法是根据淬火强度因子（H）（淬冷烈度）定义淬火条件，对钢的淬透性进行了定量处理，因此也是一种非常有用淬透性测试方法。当强度因子为无限大时，在 Grossmann 方法中，还定义了钢的理想临界直径（D_I）。图 2-14 为普通碳素结构钢的理想临界直径（D_I）与钢的碳含量和奥氏体晶粒尺寸的关系。在理想直径和淬火强度因子（H）已知的条件下，可以确定钢的临界直径（D_{crit}）（试棒中心马氏体分数为 50%），如图 2-15 所示。图 2-16 为淬冷烈度与温度、淬火冷却介质、试棒直径和测量温度位置间的关系。对于简单形状工件和简化的传热条件，末端淬透性试样上的每个点对应于一个冷却速率，如图 2-17 所示。可以在一定尺寸范围内，用该冷却速率建立简单形状工件的

"等效冷却速率"关系。

表 2-4 中所列出的钢均为淬透性非常低的钢。为提高钢的淬透性，开发出了不同系列高淬透性碳钢，其中包括本节后面将要讨论的高 Mn 系列和含 B 系列钢，详见表 2-5 和表 2-6 所列。这些牌号的碳钢有的还包括带后缀字母 H，SAE/AISI 钢牌号后缀字母 H，表示生产的钢有一个淬透性带要求。钢的淬透性受其成分变化的影响，即使同一牌号，不同炉次钢的淬透性也会有所差异。采用废钢重熔炼的钢，残余元素变化差异大，因此，部分用户按末端淬透性试验，对钢的淬透性带宽提出要求。

表 2-4 中的碳钢没有后缀 H，不是保证淬透性钢的牌号，但表 2-6 中 1038 H 和 1045 H 两个 10xx 牌号碳钢，对钢的淬透性钢带提出了要求，如图 2-18a

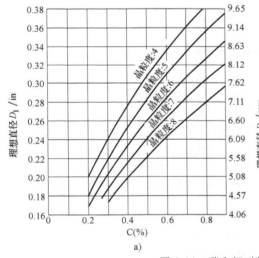
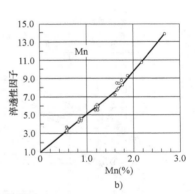

图 2-14　碳和锰对钢的淬透性的影响

a）碳的影响　b）锰的影响

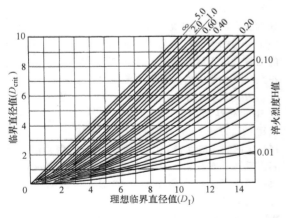
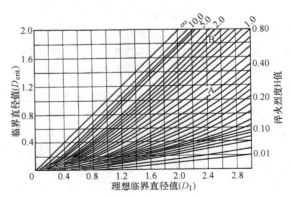

图 2-15　在不同淬冷烈度（H 值）条件下，理想临界
直径（D_I）与临界直径（D_{crit}）之间的关系

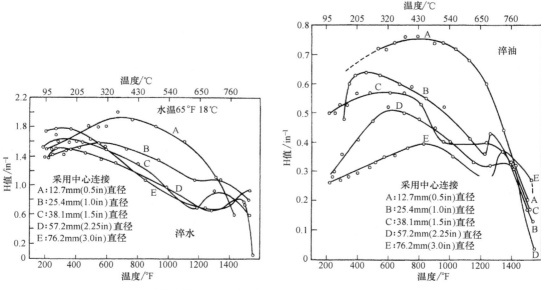

图 2-16　不同直径的 1080 普通碳钢棒，温度对淬冷烈度（H）的影响

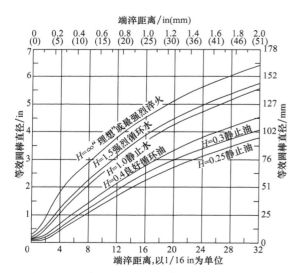

图 2-17　末端淬透性位置和等效圆棒直径的关系

注：当采用不同方法淬火，沿末端淬透性试样上的连续位置的淬火冷却时间与不同直径圆棒中心的冷却时间相同。

和图 2-18b 所示。与不带后缀字母 H 的 10xx 钢相比，这两个带 H 碳钢的锰和硅含量稍高。钢中锰和硅量在很少时，也会对钢的淬透性造成影响。评价合金元素对低淬透性钢淬透性的影响时，很难确定碳、锰和硅元素的组合淬透性因子。Grossmann 和后来的其他人指出，由于需要采用小截面试样和了解淬火速率对低淬透性钢临界的影响，很难确定碳单独对低淬透性钢淬透性的影响。

（1）含锰高的碳钢　在商业用钢的成分中，锰、磷、硫可以残余元素或添加合金元素出现。锰有中等提高淬透性的作用，锰还会增加渗碳中碳的渗入速度，是一种温和的脱氧剂。通常在碳钢中添加少量的锰，其热处理的作用类似在合金钢中。

已将含锰较高的碳钢从 10xx 系列分配到 15xx 系列。虽然这些钢属于碳钢，但由于他们性能有明显的差异，特别热处理有其特点，所有对他们采用专门系列的牌号进行命名。15xx 系列中的前两位数字 15 表示高锰（高达 1.65%），后两位数字表示钢的平均碳含量。例如，1551 钢的碳含量在 0.45 ~ 0.56% 的范围。

可以注意到，在表 2-5 中的 11 个 15xx 钢牌号，没有一个有 H 后缀，这类高锰碳钢是不保证淬透性的钢。与 10xx 系列钢（表 2-4）相比，高锰碳钢的锰含量有明显的提高，见表 2-5。其中 1524 和 1541 两个牌号的钢，锰含量的上限已达到了碳钢锰含量的上限。由于锰含量会出现波动变化，造成这类钢在热处理过程中的淬透性差异很大。

表 2-6 为不同牌号带后缀 H 碳钢，还包括带后缀 H 的高锰碳钢。与锰含量在 0.60 ~ 0.90% 范围，低锰的 1038H（图 2-18a）钢的淬透性相比，对 1541H 钢的淬透性带（图 2-18c）分析表明，锰对提高淬透性具有积极的作用。1038H 钢末端淬火试样顶端淬火后，最高硬度接近 60 HRC，但随距离变化，硬度急剧下降，这表明该钢的淬透性非常低。相比之下，由于高锰对淬透性的影响，1541H 钢的淬透性硬度曲线下降较平缓。此外由于 1541H 钢的含碳量略高于 1038H 钢，其末端淬透性试样的最高

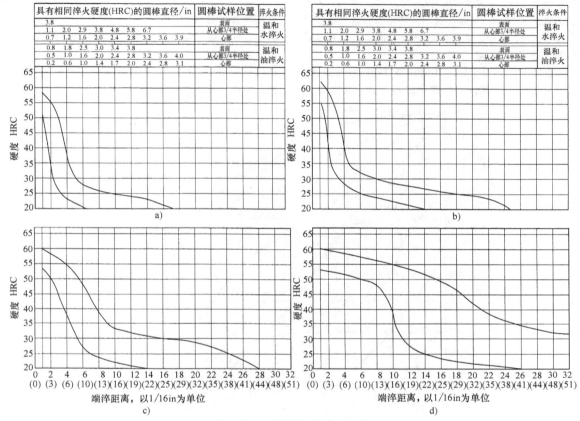

图 2-18 H 型碳钢的淬透性带

a) 1038H b) 1045H c) 1541H d) 15B41H 硼钢

注：所有钢均采用如下推荐热处理：采用在 870℃（1600℉）正火（仅锻造或轧制试样）；

在 845℃（1550℉）奥氏体化加热淬火。

硬度（100%马氏体）也略高于 1038H 钢。

（2）含硼碳钢 另一种提高碳钢淬透性的方法是添加微量的硼。该方法不需要添加昂贵的合金元素，但能有效提高钢的淬透性，已经广泛为钢的生产商所采用。

添加微量的硼（0.0005%～0.003%），使含硼钢的淬透性得到显著提高，通常被认为是用硼处理（boron treated），而不将硼看成为合金元素。在 AISI 钢牌号中，含硼碳钢在第二个数字与第三个数字之间插入字母 B。例如，含硼的 1541 碳钢，其牌号为15B41。表 2-6 中列出了 6 个标准含硼碳钢牌号的成分。此外，还可以对其他需要进行硼处理的碳钢进行订货。

图 2-18c 和图 2-18d 分别为两个成分相同的钢的淬透性带，其中一个进行了硼处理（15B41H）。比较这两个钢的淬透性曲线，可以清楚看到，硼对淬透性的影响是显著的。目前人们对硼提高钢的淬透性的确切机制（特别是在微量的情况下）还不完全清楚，但对硼能推迟铁素体开始转变（形核）和降低转变速度，使在较慢的冷却速度下，主要形成马氏体组织的观点，达成了一致和共识。图 2-19 为在等温冷却图中，硼对相变的影响。

（3）碳钢的淬透性是合金钢淬透性的基准 如碳钢的淬透性不足，可以通过选择合金钢实现较高的淬透性。在钢的选材过程中，首先要考虑的是选择较低碳含量的钢（在满足硬度和强度要求的前提下），其次要考虑工件的淬硬深度，根据这两点选择具有足够淬透性的钢。

评价合金元素对淬透性影响的方法与评价碳的作用类似。碳是最有效提高淬透性的元素，而合金元素的作用与钢中的碳含量有关。所有钢均含有一定的锰，碳和锰对淬透性的影响必须结合起来加以考虑。例如，早期对淬透性的研究表明，碳对淬透性的影响有两种截然结果，可比较图 2-14a 和图 2-20a。图 2-20a 中的碳含量远高于图 2-14a 中的碳含量，但图 2-20b 中的锰也低于图 2-14b。如果将这些图中碳和锰淬透性因子进行组合，这两种方法得出的结果非常相似。为避免错误组合碳和锰淬透性因子，Grossmann 提出一种将碳和锰淬透性因子组合到一张图中，如图 2-20c 所示。图 2-20 中最显著的差别是在低碳区域。

保证淬透性合金钢（H 钢）对淬透性带有要求，可以将他们与保证淬透性碳钢进行对比。为方便进行综合对比，在图 2-21 和图 2-22 的图中，比较不同保证淬透性合金钢的淬透性下限和和淬透性上限，图中保证淬透性合金钢分别与 1038H 或 1045H 碳钢的碳含量相似。ASM 手册 4A 卷《钢的热处理基础和过程》52~55 页中"钢的硬度和淬透性"的表 7将各种碳钢与保证淬透性合金钢进行了对比。

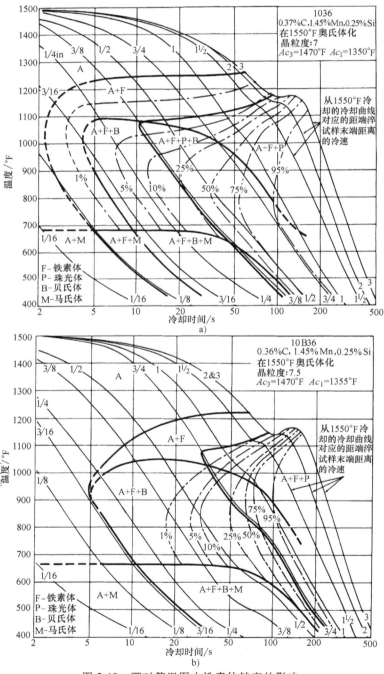

图 2-19 硼对等温图中铁素体转变的影响

a）1036 钢　b）10B36 钢

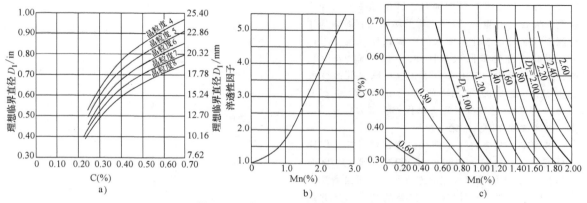

图 2-20 碳和锰与钢的淬透性的关系

a) 碳效应高于图 2-14a b) 相关的锰淬透性因子低于图 2-14b c) 根据图 2-20a 和图 2-20b,
在晶粒度 7 的情况下,碳和锰的组合(增加)对淬透性(译者注:理想临界直径)的影响图

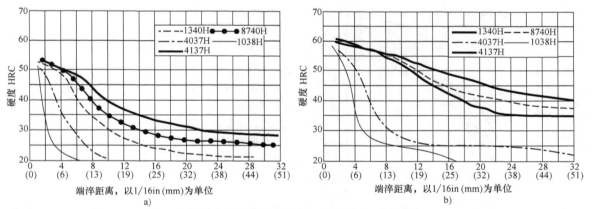

图 2-21 1038H 钢与碳含量相近的各种保证淬透性合金钢淬透性的上下限对比

a) 淬透性的下限 b) 淬透性的上限

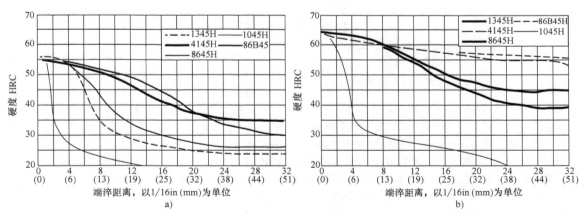

图 2-22 1045H 钢与碳含量相近的各种保证淬透性合金钢淬透性的上下限对比

a) 淬透性的下限 b) 淬透性的上限

2.1.6 回火

所有碳钢淬火至接近室温后应立即进行回火,这适用于整体淬火工件和表面强化工件(尤其是渗碳或碳氮共渗工件),但对含碳量高的整体淬火工件,进行立即回火显得更为重要。许多渗碳或碳氮共渗工件不进行回火,但这种工艺不可取。

当淬火马氏体数量增加时，这种亚稳态的马氏体脆性极高（易脆），需要进行及时回火。因为采用侵蚀剂侵蚀时，这种未回火的组织在显微镜中呈白色，因此被称为未回火马氏体（white martensite）。这种亚稳马氏体在室温条件下，也会随时间改变而发生某种程度的变化。如进行加热至约 85℃（185℉），则迅速完成从正方马氏体转变为立方马氏体，这通常称为回火的第一阶段。

尽管在 85℃ 条件下，回火过程已经开始，但通常最低回火温度为 150℃ （300℉）至约 200℃（400℉）。在该低温回火范围进行回火，能提高淬火态马氏体的韧性，同时仍然保持高的硬度和高的强度，如图 2-23 所示。碳化物的颗粒大小取决于回火温度，可参考图 2-24。虽然有人研究了不同的回火时间与温度的关系，但典型回火的保温时间为 1h。

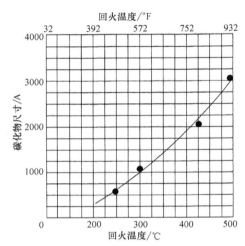

图 2-24　0.8%C 碳钢回火温度与碳化物近似大小的关系

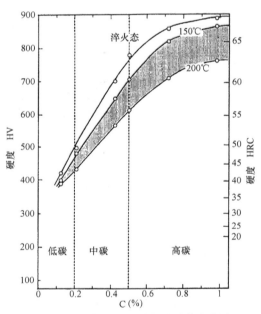

图 2-23　在低温回火碳钢马氏体的硬度

图 2-25 和图 2-26 为 14 种碳钢回火温度与硬度的关系曲线。在试样冷却至室温后进行硬度测量，所有的数据都是基于薄片试样，得到约 100%（或接近 100%）马氏体。根据碳含量在容许范围内的波动，淬火态硬度也可能在一定范围内波动。随钢中的非马氏体组织增多，淬火态的硬度也会降低，整条回火曲线硬度也会略有下降。

对图 2-25 和图 2-26 研究表明，随回火温度提高，所有牌号的碳钢的马氏体逐步发生分解，曲线特征是硬度逐渐下降的。

钢的回火温度完全取决于力学性能要求，但有两个应该遵守的基本原则。在达到满足工件特定服役硬度的条件下，应该尽可能选择高的回火温度；回火温度应该高于工件的服役工作温度。

2.1.7　热处理指导

表 2-10 为各种 AISI-SAE 牌号的碳素结构钢完全退火、奥氏体化淬火加热和正火温度范围。如前所述，通常正火温度大约 40~55℃ （75~100℉）高于直接淬火的奥氏体化加热温度。根据需要不同，完全退火温度可接近或略高于下临界温度（A_1）。表 2-11 中给出了小型锻件的完全退火工艺。

下面总结了部分特定牌号或系列碳素结构钢的典型的淬火及回火，表 2-12 给出了工件质量对各种碳钢淬火态硬度的影响。

（1）表面强化的低碳钢（牌号 1008 钢至 1019 钢）　除进行最常见的中间退火外，低碳钢还可采用碳氮共渗或渗碳处理，对工件进行表面强化。其中常用的碳氮共渗工艺可以得到约 0.08 ~ 0.75mm（0.003~0.030in）的硬化层深度。对截面尺寸变化较小的大型工件，可采用深层渗碳和采用水淬火强化。对碳氮共渗，通常从碳氮共渗温度（在 760~870℃，或 1400~1600℉ 范围）直接进行淬油，得到最高表面硬度。尽管绝大多数零件碳氮共渗表面强化后可不进行回火，但如在 150 ~ 200℃ （300~400℉）温度进行回火，一般能减少脆性，不会降低表面硬度。

（2）1020 钢的表面强化　可以采用几种表面强化工艺对低碳 1020 钢进行处理，其中包括浅硬化层的碳氮共渗工艺到深硬化层的气体、固体或液体渗碳。大多数渗碳都是在甲烷与载气的混合气体中进行，渗碳温度在 870~955℃ （1600~1750℉）范围。渗碳层深度与渗碳时间和温度有关，通常在 0.90 的

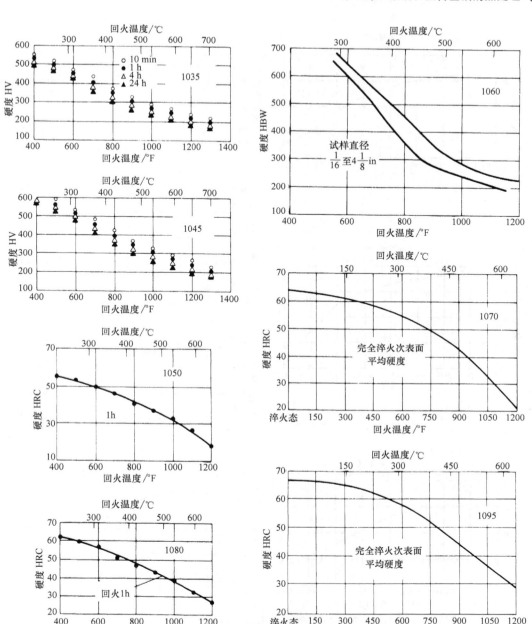

图 2-25　几个 10xx 系列高碳钢的回火曲线

碳势条件下，可达到希望得到的渗碳层深度。采用 955℃（1750℉）温度渗碳，不会对大多数热处理炉造成过度损伤。随着真空渗碳工艺的出现，渗碳温度可高达 1095℃（2000℉）。与在传统渗碳温度 925℃（1700℉）渗碳达到所要求的渗碳层深度相比，真空高温渗碳所需时间仅约一半。

通常渗碳后是从渗碳温度直接淬入水或盐水中，进行强化。当完成了所要求的渗碳工艺，可降低炉温或采用连续炉的低温区 845℃（1550℉）进行扩散处理。淬入水或盐水后，应立即在 150℃（300℉）进行回火。

（3）1030 钢的强化　在 860℃（1580℉）奥氏体化加热淬火，淬火冷却介质采用水或盐水，淬火态硬度约达到 425HBW。表面强化工艺包括火焰淬火、感应淬火、碳氮共渗和渗碳。直径不大于 6.35mm（¼in）的工件采用淬油，可完全淬硬。按所需最终硬度要求进行回火。

129

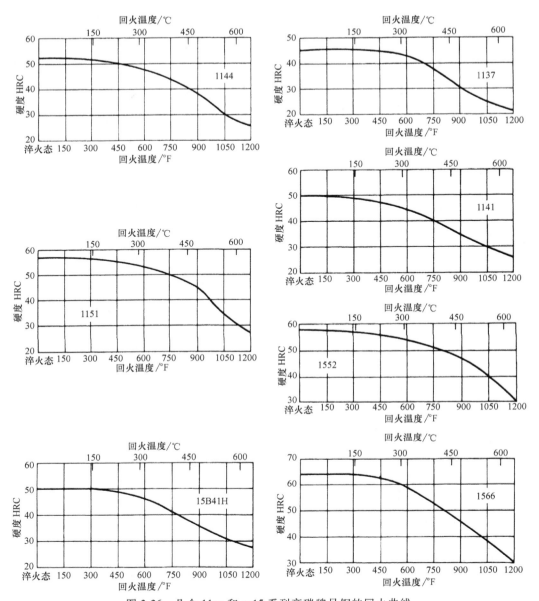

图 2-26　几个 11xx 和 xx15 系列高碳牌号钢的回火曲线

（4）1035 钢的强化　除直径不大于 6.35mm（1/4 in）的工件采用淬油处理外，其余的在 855℃（1575℉）奥氏体化加热，水淬或盐水淬。生产航空工件，采用 845℃（1555℉）奥氏体化加热，淬水、聚合物或油。淬火态硬度约达到 45HRC，通过回火可以调整硬度（见图 2-25 中的曲线）。如采用水作为淬火冷却介质，工件在 455℃（850℉）回火，抗拉强度在 620~860MPa（90~125ksi）的范围；如采用聚合物或油作为淬火冷却介质，工件在 370℃（700℉）回火，抗拉强度也在 620~860MPa（90~125ksi）的范围。此外，该

材料还适合采用火焰淬火、感应淬火、等温淬火、液体渗氮和碳氮共渗等工艺。

（5）1037 钢和 1038 钢（1038H）的强化　在 855℃（1575℉）奥氏体化加热，淬水或盐水。直径不大于 6.35mm（1/4 in）的工件可以采用淬油，淬火态硬度应该在 45HRC。这些钢适合进行碳氮共渗表面强化处理。

（6）1039 钢的强化　在 845℃（1555℉）奥氏体化加热，淬水或盐水　直径不大于 6.35mm（1/4 in）的工件采用淬油，可完全淬硬，淬火态硬度应该在 52HRC。通过回火可降低硬度。

表 2-12 工件质量对各种碳钢淬火态硬度的影响

直径 mm	in	表面	1/2 半径	心部
1015 钢淬水				
13	0.5	36.5HRC	23HRC	22HRC
25	1	99HRB	91HRB	90HRB
50	2	98HRB	84HRB	82HRB
100	4	97HRB	80HRB	78HRB
1020 钢淬水				
13	0.5	40.5HRC	30HRC	28HRC
25	1	29.5HRC	96HRB	93HRB
50	2	95HRB	85HRB	83HRB
100	4	94HRB	78HRB	77HRB
1021, 1022 钢淬水				
13	0.5	45HRC	29HRC	27HRC
25	1	41HRC	95HRB	92HRB
50	2	38HRC	88HRB	84HRB
100	4	34HRC	84HRB	81HRB
1030 钢淬水				
13	0.5	50HRC	50HRC	23HRC
25	1	46HRC	23HRC	21HRC
50	2	30HRC	93HRB	90HRB
100	4	97HRB	88HRB	85HRB
1040 钢淬油				
13	0.5	28HRC	22HRC	21HRC
25	1	23HRC	21HRC	18HRC
50	2	93HRB	92HRB	91HRB
100	4	91HRB	91HRB	89HRB
1040 钢淬水				
13	0.5	54HRC	53HRC	53HRC
25	1	50HRC	22HRC	18HRC
50	2	50HRC	97HRB	95HRB
100	4	98HRB	96HRB	95HRB
1050 钢淬油				
13	0.5	57HRC	37HRC	34HRC
25	1	33HRC	30HRC	26HRC
50	2	27HRC	25HRC	21HRC
100	4	98HRB	95HRB	91HRB
1050 钢淬火				
13	0.5	64HRC	59HRC	57HRC
25	1	60HRC	35HRC	33HRC
50	2	50HRC	32HRC	26HRC
100	4	33HRC	27HRC	20HRC
1060 钢淬油				
13	0.5	59HRC	37HRC	35HRC
25	1	34HRC	32HRC	30HRC
50	2	30.5HRC	27.5HRC	25HRC
100	4	27HRC	26HRC	24HRC
1080 钢淬油				
13	0.5	60HRC	43HRC	40HRC
25	1	45HRC	42HRC	39HRC
50	2	43HRC	40HRC	37HRC
100	4	39HRC	37HRC	32HRC
1095 钢淬油				
13	0.5	60HRC	44HRC	41HRC
25	1	46HRC	42HRC	40HRC
50	2	43HRC	40HRC	37HRC
100	4	40HRC	37HRC	30HRC
1117 钢淬水				
13	0.5	42HRC	34.5HRC	29.5HRC
25	1	37HRC	96HRB	93HRB
50	2	33HRC	90HRB	86HRB
100	4	32HRC	83HRB	81HRB
1137 钢淬水				
13	0.5	57HRC	53HRC	50HRC
25	1	56HRC	50HRC	45HRC
50	2	52HRC	35HRC	24HRC
100	4	48HRC	23HRC	20HRC
1137 钢淬油				
13	0.5	48HRC	43HRC	42HRC
25	1	34HRC	28HRC	23HRC
50	2	28HRC	22HRC	18HRC
100	4	21HRC	18HRC	16HRC
1141 钢淬油				
13	0.5	52HRC	49HRC	46HRC
25	1	48HRC	43HRC	38HRC
50	2	36HRC	28HRC	22HRC
100	4	27HRC	22HRC	18HRC
1144 钢淬油				
13	0.5	39HRC	32HRC	28HRC
25	1	36HRC	29HRC	24HRC
50	2	30HRC	27HRC	22HRC
100	4	27HRC	98HRB	97HRB

（7）1040 钢、1042 钢和 1043 钢的强化 名义奥氏体化加热温度为是 845℃（1555℉），采用水或盐水淬火。直径不大于 6.35mm（¼in）的工件采用淬油，可完全淬硬，淬火态硬度应该在 52HRC。

（8）1045 钢和 1045H 钢的强化 在 845℃（1555℉）奥氏体化加热，淬水或盐水。壁厚不大于 6.35mm（¼in）的工件采用淬油。其他淬火冷却介质包括水溶性聚合物。

当采用了合适的奥氏体化加热和淬火工艺，硬度应不低于 55 HRC。通过回火，可以调整硬度（见图 2-25 中的曲线）。该钢和碳含量在 0.35~0.55% 范围的钢，通常淬火后需立即进行回火。

如采用水淬火，为工件的抗拉强度在所要求的范围，应按以下温度范围进行回火：

1）要求的抗拉强度 620~860MPa（90~125ksi），采用 565℃（1050℉）回火。

2）要求的抗拉强度 860~1035MPa（125~150ksi），采用 480℃（895℉）回火。

3）要求的抗拉强度 1035~1175MPa（150~170ksi），采用 370℃（700℉）回火。

如采用油或水溶性聚合物作为淬火冷却介质，工件应采用以下温度范围进行回火：

4）要求的抗拉强度 620~860MPa（90~125ksi），采用 540℃（1000℉）回火。

5）要求的抗拉强度 860~1035MPa（125~150ksi），采用 425℃（795℉）回火。

（9）1050 钢 1053 和 1055 钢的强化 在 830℃（1525℉）奥氏体化加热，水淬或盐水淬。壁厚不大于 6.35mm（¼in）的工件采用淬油。淬火态硬度是：

1）1050 钢 58~60HRC。

2）1053 钢 58~60HRC。

3）1055 钢 60~64HRC。

这些钢的正火和回火与 1045 钢的相同。通过适当的回火，可以向下调整最高硬度，如图 2-25 所示。

（10）1060 钢的强化 在 815℃（1500℉）奥氏

体化加热，水淬或盐水淬。壁厚不大于 6.35mm（¼ in）的工件采用油淬淬火态硬度为 62～65HRC。通过适当的回火，可以向下调整最高硬度，如图 2-25 所示。

1060 碳钢贝氏体等温淬火。薄片截面（典型如弹簧）采用贝氏体等温淬火，淬火得到贝氏体组织，硬度约 46～52HRC。在 815℃（1500℉）奥氏体化加热，淬入 315℃（600℉）熔融盐浴，保温不小于 1h，而后空冷。空冷后不需要进行回火。

（11）1070 钢的强化 在 815℃（1500℉）奥氏体化加热，水淬或盐水淬。壁厚不大于 6.35mm（¼ in）的工件采用淬油。淬火态硬度约为 65HRC。通过适当的回火，可以向下调整最高硬度，如图 2-25 所示。

1）1070 碳钢的贝氏体等温淬火工艺与 1060 钢基本相同。

2）1070 碳钢的马氏体等温淬火。在 845℃（1555℉）奥氏体化加热，淬入 175℃（345℉）油中。

（12）1080 钢和 1084 钢的强化 在 815℃（1500℉）奥氏体化加热，水淬或盐水淬。壁厚不大于 6.35mm（¼ in）的工件采用油淬。淬火态硬度约为 65HRC。通过适当的回火，可以向下调整最高硬度，如图 2-25 所示。

因为广泛用于生产小截面薄片板弹簧，因此常采用贝氏体等温淬火。可采用与 1060 碳钢相同的贝氏体等温淬火工艺，淬火得到贝氏体组织，硬度约 46～52HRC。

（13）1095 钢的强化 在 800℃（1475℉）奥氏体化加热，水淬或盐水淬。壁厚不大于 4.78mm（3/16in）的工件采用淬油。淬火态硬度约为 66HRC。通过适当的回火，可以向下调整最高硬度，如图 2-25 所示。

1095 碳钢贝氏体等温淬火。该钢非常适用于采用贝氏体等温淬火。在 800℃（1475℉）奥氏体化加热，淬入 315℃（600℉）熔融盐浴，保温 2h 后空冷。

（14）1522/1522H 钢的强化 该钢可采用几种表面强化处理工艺进行热处理。采用碳氮共渗或如 1008 钢采用液体渗氮工艺，得到浅层硬化层；或如 1020 钢采用气体、固体或液体进行渗碳，得到深层硬化层。对于 1522H 钢，采用 900～925℃（1650～1700℉）温度渗碳和采用油作为冷却介质。与 1020 钢相比，1522H 钢的淬透性较高，较厚的工件油淬，也能完全淬硬。请参考 1020 钢的表面强化工艺。回火在 150℃（300℉）保温 1h，如可考虑牺牲部分硬

度，也可选择更高的温度进行回火。

（15）1552 钢的强化 在 830℃（1525℉）奥氏体化加热，由于该钢锰含量高，具有较高的淬透性，大截面工件，采用油淬也能完全淬硬。如进行感应淬火，采用较低冷却速率的淬火冷却介质，表面也能完全淬硬，并降低了淬火开裂的危险。淬火态硬度 58～60HRC，通过适当的回火，可以向下调整淬火硬度，如图 2-26 所示。

（16）1566 钢的强化 该牌号与 1070 钢相比，仅锰含量略高。因此，该钢的用途与 1070 钢基本相同，但淬透性更高。1566 钢可用于生产弹簧、锯子和锤子等手工工具。

采用在约 815℃（1500℉）奥氏体化加热。为避免淬火开裂，选择较低冷却速率的淬火冷却介质，请参考 1070 钢的工艺。最高淬火硬度接近 65 HRC，通过适当的回火，可以向下调整淬火态硬度，如图 2-26 所示。

1566 钢贝氏体等温淬火。对薄截面工件（典型如弹簧），适合采用该钢进行贝氏体等温淬火。淬火得到贝氏体组织，硬度约 46～52HRC。在 815℃（1500℉）奥氏体化加热，淬入 315℃（600℉）熔融盐浴，保温 1h 后空冷，不需要进行回火。

（17）15B41H 钢的强化 该钢含有硼，与传统 1541 钢相比，大大提高了淬透性（参见图 2-18d），因此该钢可看作为合金钢，选择约 845℃（1550℉）奥氏体化加热淬火和选择油作为淬火冷却介质。

该钢的淬火态硬度通常约在 52HRC，通过适当的回火，可以向下调整淬火态硬度，如图 2-26 所示。对于大截面工件，常采用正火处理，得到细珠光体组织，正火后大约在 540℃（1000℉）回火。采用该正火工艺的力学性能不如进行淬火加回火的性能，但比退火得到的粗珠光体组织要好。

2.1.8 易切削钢

通常，硫和磷被视为杂质元素，应尽可能降低其在钢中的含量。但为提高和改善钢的可加工性，在钢中添加一定数量这类元素，得到易切削钢碳。通常，易切削添加元素对钢的力学性能，特别是塑性和韧性是有害的。因此，对易切削钢碳的生产商而言，必须是在牺牲部分钢的力学性能与得到更好的可加工性之间做出权衡。

主要有两类易切削碳钢，分别为加硫碳钢（见表 2-7）和加磷、硫碳钢（见表 2-8）。在易切削钢中，磷的添加量很低，因此对力学性能的影响很小，对热处理工艺的影响几乎为零。与两种元素同时添加相比，添加硫可能对钢的力学性能影响

更大。

　　添加有易切削元素的碳钢，尤其是添加有硫的钢，不能用于生产需进行冷成形的产品。同样，尽管易切削钢可以进行锻造加工，但易出现锻造开裂的问题。因此，对这类钢的锻件，应采用较为温和的锻造工艺。易切削元素可能在钢中产生分散微孔，这会导致在热处理过程中出现开裂。

　　通常，硫对钢的热处理工艺的影响很小，也就是说，加硫和未加硫的钢（碳含量相同）的热处理工艺基本是相同的。我们应该知道，如1144等高硫牌号钢，钢中的硫与锰结合，会形成硫化锰，造成基体出现贫锰化，降低钢的淬透性。例如，1144钢含有高达1.65%的锰，其淬透性可能约等于1541钢。但实际情况是，1144钢的硫含量高（0.24%~0.33%），可能对钢中部分锰形成束缚。

　　表2-8还列出了含铅易切削钢（12L14），该钢是唯一含铅和添加了适量硫和/或磷的标准牌号钢。可以通过订货方式，在一般易切削钢和10xx和15xx系列等钢中添加铅，预定含铅易切削钢。与添加硫和/或磷相比，虽然通过添加铅改善钢的可加工性的效果相同，但对钢的力学性能的影响要小。

　　在钢中添加0.15%~0.35%Pb改善可加工性不如添加硫和/或磷，而且对环境造成的影响更大。在正常生产条件下，在钢的组织中形成非常细小铅的颗粒，但如铅产生偏析，则对钢的热处理造成严重危害。几乎所有大量处理过含铅易切削钢工件的热处理工作者，都有过由于钢中铅产生偏析，铅在热处理过程中发生熔化，造成热处理的工件出现微孔和疏松的问题。

　　下面对典型钢的淬火强化工艺进行总结。含硫和含磷的牌号几乎不要求进行正火处理，但可以在典型正火的温度范围（即大约40~55℃或75~100℉高于奥氏体化温度）进行直接淬火处理。对低碳易切削钢生产的工件，可进行渗碳或碳氮共渗表面强化处理。

　　（1）1137钢的强化　在845℃（1550℉）奥氏体化加热淬火，淬火冷却介质采用水或盐水，壁厚不大于9.52mm（3/8in）的工件采用油淬，可完全淬硬。淬火态硬度约达到45HRC，通过回火可以向下调整硬度，如图2-26所示。

　　1137钢的棒材以及其他加硫中碳钢通常可不进行淬火处理，通过10%~35%冷拔，使强度高于正火条件的强度和达到所要求的性能。通过在约315℃（600℉）加热，消除应力。在钢棒直径不大于20mm（3/4in）的条件下，屈服强度可达到690MPa

（100ksi）以上。该钢具有良好的可加工性。

　　（2）1141钢的强化　在830℃（1525℉）奥氏体化加热淬火，淬火冷却介质采用水或盐水。壁厚不大于9.52mm（3/8in）的工件采用油淬，可完全淬硬。根据钢的实际碳含量，钢的淬火态硬度通常在48~52HRC。通过回火可以向下调整硬度，如图2-26所示。1141钢也可以采用冷拔和消除应力处理，其工艺参考上面介绍的1137钢。

　　（3）1144钢的强化　该牌号钢不用于生产锻造或焊接处理的工件，是一种特殊用途的钢。与1213钢相当，该钢的硫含量很高，如表2-7所示。该钢可加工性非常好。允许进行大吃刀量和高速切削加工，此外，该钢的精加工性能良好。然而，由于含硫量高，降低了钢的韧性和塑性。

　　可以热加工产品在370℃（700℉）温度进行塑性加工。采用该工艺，可以提高工件的强度和硬度（达到35HRC），可广泛用于生产制备不进行热处理并在机加工后直接服役的零件。该钢的可加工性极好。

　　可以对冷拔的1144钢进行热处理。根据钢的具体碳含量，1144钢完全淬硬淬火态硬度约为52~55HRC。在830℃（1525℉）奥氏体化加热淬火，淬火冷却介质采用水或盐水。壁厚不大于9.52mm（3/8in）的工件采用油淬，可完全淬硬。根据钢的实际碳含量，钢的淬火态硬度通常在52~55HRC。通过回火，可以降低硬度，如图2-26所示。

　　（4）1151钢的强化　在830℃（1525℉）奥氏体化加热淬火，淬火冷却介质采用水或盐水。壁厚不大于6.35mm（1/4in）的工件采用淬油。钢的淬火态硬度通常不低于55HRC。如进行了正确的奥氏体化加热和淬火，通过回火可以调整硬度，如图2-26所示。

　　（5）12L14钢的强化　该钢添加了硫、磷和铅，是最有代表性的易切削钢牌号之一。该钢不适用锻造或焊接的产品，所以很少进行正火或退火处理。

2.1.9　铸造碳钢

　　与锻钢相同，根据钢的碳含量，可将铸造碳钢分为成三大类：

　　1）低碳铸钢：0.20%或更低。

　　2）中碳铸钢：0.20%~0.50%。

　　3）高碳铸钢：0.50%或更高。

　　铸造碳钢中还包括有为脱氧而添加的少量其他元素。通常，铸造碳钢中的硅和锰大约分别在0.25%~0.80%和0.50%~1.00%范围。此外还可能有少量镍、铬、铜、钼等残余元素。

通常，含碳量低于 0.10% 的铸造碳钢进行完全退火热处理，主要用于生产电磁设备。与锻钢相同，低碳钢铸件也可以进行表面强化热处理。中碳钢铸件在铸件产品中占有很大的比例，其中大部分采用在高于上临界温度约 55℃ （100℉）进行正火，然后空冷。可以用去应力处理消除铸件冷却或焊接工艺所产生的应力，降低焊接热影响区的硬度。

铸钢件最常选择的牌号是中碳钢，对应于 SAE J435c 标准中的 0030 钢或 ASTM A27 标准中的 65-35 钢（铸造碳钢件的通用产品）。如需要得到更高强度的铸钢件，可采用 SAE J435c 标准中的 0105 钢或 ASTM A148 标准中的 105-85 钢（铸造碳钢件的通用产品）。根据淬透性要求，SAE J435c 标准中还包括有 HA，HB 和 HC 三个等级。图 2-27 为这些钢的最低和最高淬透性要求。其他技术参数是在末端淬火试样上的一个或两个位置上，要求最低硬度。一般来说，淬透性是确保在淬火过程中，在所需的厚度处，奥氏体转变为马氏体的数量。这对韧性和抗疲劳有严格要求的关键工件十分重要。

当对铸件进行热处理，铸件的成分范围除硅允许稍高外，其余与 AISI-SAE 标准中锻钢成分非常接近。和其他铸钢件一样，最好不要对钢的硅含量进行完全限定，而是允许铸造厂合理选择硅锰组合，达到所需理想的工件形状和尺寸。通常，铸钢的硅含量高于同一牌号锻钢的名义硅成分。当钢中硅含量达到 0.80% 以上，通常认为此时硅的添加是提高合金的抗回火软化。铸钢的碳含量是影响钢的力学性能的主要因素，其他因素还包括热处理工艺。图 2-28 为在 4 种热处理工艺条件下，铸钢件的碳含量与力学性能的关系。

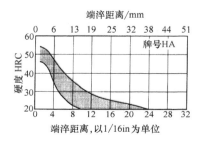
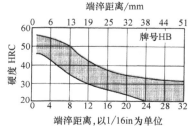
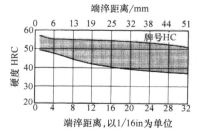

图 2-27　SAE J435c 标准中铸钢端淬试验的淬透性曲线

注：这些钢名义碳含量 0.30%，通常添加锰和其他合金元素，以满足生产铸件淬透性要求。

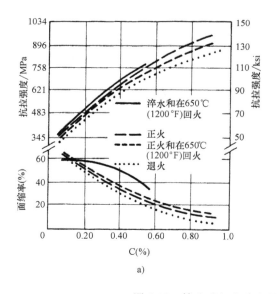
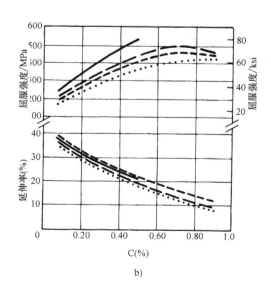

图 2-28　铸造碳钢的碳含量和热处理与其力学性能的关系

a）抗拉强度和断面收缩率　b）屈服强度和伸长率

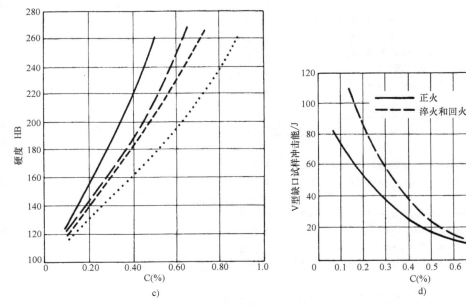

图 2-28　铸造碳钢的碳含量和热处理与其力学性能的关系（续）

c）布氏硬度　d）夏比 V 形缺口冲击吸收能量

参 考 文 献

1. G. Krauss, Physical Metallurgy and Heat Treatment of Steel, *Metals Handbook Desk Edition*, H. E. Boyer and T. L. Gall, Ed., American Society for Metals, 1985, p 28-2 to 28-10.

2. G. Krauss, Heat Treated Martensitic Steels：Microstructural Systems for Advanced Manufacture, *ISIJ Int.*, Vol 35（No. 4），1995, p 349-359.

3. M. A. Grossmann and E. C. Bain, *Principles of Heat Treatment*, 5th ed., American Society for Metals, 1964.

4. P. D. Harvey, *Engineering Properties of Steels*, American Society for Metals, 1982.

5. C. R. Brooks, Principles of the Heat Treatment of Plain Carbon and Low Alloy Steels, ASM International, 1996.

6. A. K. Sinha, C. Wu, and G. Liu, Steel Nomenclature, *Steel Heat Treatment Handbook*, 2nd ed., G. E. Totten and M. A. H. Howes, Ed., CRC, Boca Raton, FL, 2007.

7. X. Zhu, Ed., *Steel Heat Treatment Handbook*, China Zhijian（Quality Control）Publishing House, Beijing, China, 2007（in Chinese）.

8. "Quality Carbon Structure Steels," National Standard GB/T 699-1999, China Communications Standards Association, 1999（in Chinese）.

9. H. P. Hougardy, *Härt.-Tech. Mitt.*, Vol 33（No. 2），1978, p 63-70.

10. "Metal Progress Datasheet 44," 1954.

11. *Atlas of Isothermal Transformation and Cooling Transformation Diagrams*, American Society for Metals, 1977.

12. M. Atkins, *Atlas of Continuous Transformation Diagrams for Engineering Steels*, British Steels Co., Sheffield, U. K., 1977.

13. B. Liscic, Steel Heat Treatment, *Steel Heat Treatment Handbook*, 2nd ed., G. E. Totten, Ed., CRC Press, 2007.

14. E. C. Bain and H. W. Paxton, *Alloying Elements in Steel*, American Society for Metals, 1966, p 252-254.

15. R. Grange and J. Kiefer, *Trans. ASM*, Vol 29, 1941, p 85.

16. "Atlas of Isothermal Transformation Diagrams," United States Steel Corp., 1951.

17. *Atlas：Hardenability of Carburized Steels*, Climax Molybdenum Co., 1960.

18. M. A. Grossmann, *Elements of Hardenability*, American Society for Metals, 1952.

19. D. J. Carmey, *Trans. ASM*, Vol 45, 1954, p 883.

20. A. Siebert, A. Doane, and D. Breen, *The Hardenability of Steels*, American Society for Metals, 1977, p 73.

选择阅读

· B. L. Bramfitt, Annealing of Steel, *Heat Treating*, Vol 4, *ASM Handbook*, ASM International, 1991.

· W. D. Callister, *Materials Science and Engineering*, Wiley, New York, 1985.

· C. R. Crooks, *Heat Treatment of Ferrous Alloys*, Hemisphere Publishing Cooperation/McGraw-Hill Book Company, New

York, 1979.

· C. H. Gur and J. Pan, Ed., *Handbook of Thermal Process Modeling of Steels*, CRC Press, Boca Raton, 2009.

· *Heat Treater's Guide: Practices and Procedures for Irons and Steels*, 2nd ed., ASM International, 1995.

· W. E. Jominy and A. L. Boegehold, *Trans. ASM*, Vol 26, 1938, p 574.

· J. R. Keough, W. J. Laird, Jr., and A. D. Gooding, *Heat Treating*, Vol 4, *ASM Handbook*, ASM International, 1991, p 152.

· D. P. Koistinen, The Distribution of Residual Stresses in Carburized Cases and Their Origin, *Trans. ASM*, Vol 50, 1958, p 72.

· *Metallography and Microstructures*, Vol 9, *Metals Handbook*, 9th ed., American Society for Metals, 1985.

· Moser and Legat, *Hüt.-Tech. Mitt.*, Vol 24, 1969, p 100.

· H. Muir, B. L. Averback, and M. Cohen, *Trans. ASM*, Vol 47, 1955, p 380.

· *Properties and Selection: Irons and Steels*, Vol 1, *Metals Handbook*, 9th ed., American Society for Metals, 1978.

· R. A. Range, C. R. Hribal, and L. F. Porter, *Met. Trans.*, Vol 8A, 1977, p 1775.

· C. A. Siebert, D. V. Doane and D. H. Breen, *The Hardenability of Steels*, American Society for Metals, 1977.

· A. V. Sverdlin and A. R. Ness, Chapter 3 in *Steel Heat Treatment Handbook*, 2nd ed., G. E. Totten, Ed., CRC, 2007, p 124.

· M. Tartaglia, G. Teldis, and J. J. Geisser, *Hyperbolic Secant Method for Predicting Jominy Hardenability*, *J. Heat.*, Vol 4 (No. 4), 1986, p 352-364.

· K.-E. Thelning, *Steel and its Heat Treatment*, 2nd ed., Butterworths, London, 1986.

· G. F. Vander Voort, Ed., *Atlas of Time-Temperature Diagrams for Iron and Steels*, ASM International, 1991.

· H. Webster and W. J. Laird, Jr., *Heat Treating*, Vol 4, *ASM Handbook*, ASM International, 1991, p 137.

2.2　低合金钢的热处理

　　由于碳钢的淬透性有限，因此通常采用低合金钢代替碳钢，以获得较高的淬透性。在一定程度上，所有合金元素（除钴外）均可提高碳钢的淬透性，典型提高淬透性合金元素（以添加单位元素对提高钢的淬透性影响排序）是镍、硅、锰、铬、钼、钒和硼。锰是一个可中等提高淬透性的元素，通常在给定的碳含量的条件下，添加锰是最经济的提高钢淬透性的方式。铬和钼是可提高钢淬透性的单位最经济元素，镍是可提高钢淬透性的单位最昂贵元素，但当钢的韧性是首要考虑因素时，应首选

镍作为添加合金元素。为提高钢的淬透性，也采用硼对钢进行处理，但由于硼的添加量非常低（0.0005% ~ 0.003%，质量分数），通常不视硼为一种合金元素。

　　在低合金钢中，添加合金元素的最主要目的是提高钢的淬透性，此外添加合金元素，还可改善钢的韧性、抗大气腐蚀和高温性能。例如，镍有中等提高钢的淬透性的作用（在合金含量高时，效果较弱），除此以外，镍能提高钢的韧性，提高耐蚀性能。铬存在于固溶体中（比镍对淬透性的影响大），提高钢的耐腐蚀，如铬在回火过程中形成稳定的碳化物，能有效提高钢的回火稳定性。与铬相同，钼也是碳化物形成元素，也能在较高回火温度下，有效提高钢的回火稳定性。与铬和钼相比，钒是更强形成碳化物的元素，但由于在钢中的溶解度有限，通常不作为提高钢的淬透性的元素添加。

　　本节总结了合金元素在低合金钢中的主要作用、低合金钢常用热处理工艺。覆盖范围包括下列常见低合金钢系列：

　　1）锰低合金钢（13xx 系列）。

　　2）钼低合金钢（40xx 和 44xx 系列）。

　　3）铬-钼低合金钢（41xx 系列）。

　　4）镍-铬-钼低合金钢（43xx、47xx、81xx、86xx、87xx/88xx、93xx 和 94xx 系列）。

　　5）铬低合金钢（50xx 和 51xx 系列）。

　　6）铬-钒低合金钢（61xx 系列）。

　　7）硅-锰低合金钢（92xx 系列）。

　　本节所介绍的低合金钢的内容来源广泛，其中包括 2011 年由铁姆肯钢铁公司出版的第 17 版《冶金学家实践数据手册》，以及以下出版物：

　　1）美国金属学会出版的《钢的工程性能》。

　　2）美国材料信息学会出版的《热处理工程师指南》。

　　3）美国材料信息学会出版的《合金文摘》中的数据表。

　　4）美国材料信息学会出版的《钢铁材料的时间——温度转变图集》。

　　5）美国金属学会 1977 年出版的《等温转变图和连续冷却转变图集》。

　　6）M. Atkins《工程用钢的连续冷却转变图集》，1977 年美国金属学会和英国钢铁公司合作编辑（1980 年美国出版）。

　　7）Climax Molybdenum 公司 1960 年出版的《渗碳钢淬透性图集》。

2.2.1　低合金钢的分类

　　低合金钢最常见的分类方法是按成分分类。通

常低合金钢的定义是，合金元素总的质量分数不超过 10%（质量分数），此外还对钢的成分有限制：

1）钢中有超过 1.65% Mn，0.60% Si 或 0.60% Cu（碳钢中有少量这类残存元素）。

2）根据需要添加铝、硼、铬（不大于 3.99%）、钴、铌、钼、镍、钛、钨、钒、锆或其他合金元素，以实现所需达到的合金化效果。

根据低合金钢中的碳含量，可进一步将低合金钢分为：

1）低碳低合金钢（<0.30%，质量分数）。

2）中碳低合金钢（0.30%~0.60%，质量分数）。

可以对碳含量不超过 0.3%（质量分数）的合金钢（名义碳含量 0.25%（质量分数）牌号的钢）进行表面强化热处理（渗碳、碳氮共渗、渗氮）。可以对碳含量高于 0.25%（质量分数）的合金钢进行淬火加回火处理。与中碳低合金钢相比，低碳低合金钢更容易进行冷加工和焊接处理。

与碳钢和加硫碳钢的分类方法一样，本节采用 AISI-SAE 编码系统，对低合金钢进行四位数字编码。表 2-13 对合金钢牌号的四位数字中的前两位数进行了归纳总结，牌号的后两位数字表示钢的碳含量范围的中间值。然而，由于钢中的锰、硫、铬或其他元素含量的波动，碳含量可在钢的名义碳含量范围内，出现少量偏差。

由于可能出现许多非标准合金钢牌号，随着时间的推移，有许多标准牌号钢的使用变得不如非标准牌号那么普遍（见 SAE J1249 标准中的 "SAE 老标准和 SAE 老钢号"）。本节重点介绍常用低合金钢以及典型应用，见表 2-14。表 2-15 给出了这些低合金钢的成分。很多合金钢为特殊用途钢，适合用于生产特定的产品。例如，52100 钢主要用于生产滚动轴承；而 92xx 系列的合金钢主要用于制备弹簧和耐冲击的工件。而有些钢，如 4340、8640 和 8740 钢，在大多数情况下，可以用于生产各种不同用途的产品。

表 2-13　AISI-SAE 编码系统的合金钢牌号数字含义

数字编码	类型和合金元素近似值	数字编码	类型和合金元素近似值
13xx	1.75% Mn	5xxxx	1.04% C；1.03% 或 1.45% Cr
40xx	0.20% 或 0.25% Mo	61xx	0.60% 或 0.95% Cr，0.13% 或 0.15% V
41xx	0.50%，0.80% 或 0.95% Cr；0.12%，0.20% 或 0.30% Mo	86xx	0.55% Ni；0.50% Cr；0.20% Mo
43xx	1.83% Ni；0.50% 或 0.80% Cr；0.25% Mo	87xx	0.55% Ni；0.50% Cr；0.25% Mo
44xx	0.53% Mo	88xx	0.55% Ni；0.50% Cr；0.35% Mo
46xx	0.85% 或 1.83% Ni；0.20% 或 0.25% Mo	92xx	2.00% Si
47xx	1.05% Ni；0.45% Cr；0.20% 或 0.35% Mo	50Bxx	0.25% 或 0.50% Cr
48xx	3.50% Ni；0.25% Mo	51Bxx	0.80% Cr
50xx	0.40% Cr	81Bxx	0.30% Ni；0.45% Cr；0.12% Mo
51xx	0.80%，0.88%，0.93%，0.95% 或 1.00% Cr	94Bxx	0.45% Ni；0.40% Cr；0.12% Mo

表 2-14　常用低合金钢牌号和典型用途（含低碳钢）

AISI 牌号	合金说明和典型用途
Mn 系列	
1330,1335,1340,1345	中碳锰钢。建筑和机加工零件用钢。冷加工棒料可用于冷加工。高强度螺栓、螺钉、内六方螺钉，十字头螺钉
Mo 系列	
4023,4024,4027,4028	低碳钼钢；渗碳钢。推荐用于齿轮、齿轮轴、凸轮轴、离合器推杆、犁铧、主轴、轴、锁紧垫圈、螺栓、车轴、链销、万向节、滚柱轴承、压力容器和同时具有高耐磨高硬度表面和高韧性心部的零件
4032,4037,4042,4047	中碳钼钢；高强度螺钉、螺栓、螺钉、内六方螺钉、自攻螺钉
4422,4427	低碳钼钢（Mo 高于 40xx 系列钢），渗碳钢；表面渗碳齿轮、齿轮轴、轴和一般用途
Cr-Mo 系列	
4118	低碳铬-钼钢，渗碳钢；汽车齿轮、活塞销、球头螺栓、滚柱轴承
4130, 4135, 4137, 4140, 4142,4145,4147,4150,4161	中碳铬-钼钢。通用型钢、飞机、薄壁压力容器、小齿轮、轴齿轮、球头螺栓、高强度螺栓、螺钉、沉头螺钉、内六方螺钉和渗氮工件
Ni-Cr-Mo 系列	
4320,（HY-80）,（HY-100）	低碳镍-铬-钼钢，渗碳钢；拖拉机和汽车齿轮、球形和滚柱轴承、活塞销、球头螺栓、通用十字节、芯轴、镗杆、轴套、凸轮、齿轮、齿轮轴、链条、卡盘爪、模具架、主轴、气门挺杆、抽油杆和蜗杆和十字轴。HY-80 和 HY-100 可用于船体、潜艇、桥梁和越野车架

（续）

AISI 牌号	合金说明和典型用途
4340，E4340，（300M），（D-6A）	中碳镍-铬-钼钢，建筑用钢、飞机起落架、高强度螺栓、飞机大梁。也用于齿轮配件、锻造模具、机床工具刀杆，压力容器。大截面尺寸零件可整体强化淬透。这些牌号可进行渗碳或渗氮
4718，4720	低碳镍-铬-钼钢（比 43xx 系列镍含量低）；渗碳钢。拖拉机和汽车齿轮、活塞销、球头螺栓、通用十字节、滚柱轴承。可以在不渗碳条件下使用
8115	低碳镍-铬-钼钢（镍和钼含量是镍-铬-钼钢中最低的牌号）。渗碳钢；渗碳齿轮、齿轮轴、机架、轴承座、轴、扳手、车轴、螺钉、螺栓、配件、手工工具。可以在不渗碳条件下使用
81B45	中碳镍-铬-钼钢（比 43xx 系列钢中的铬含量低，镍和钼含量是镍-铬-钼钢中最低的牌号）。齿轮、轴、车轴、止推垫圈、弹簧、扳手和许多其他的设备、工具和机具
8615，8617，8620，8622，8625，8627	低碳镍-铬-钼钢（比 43xx 系列钢中的镍和钼含量低）。渗碳钢。渗碳齿轮、轴齿轮、轴、差速器、齿轮、转向蜗杆、发动机曲轴、花键轴、链条、风钻零件、卡盘爪、石油钻具、铰刀、活塞销、气动卡盘、高强度螺栓、紧固件、手工工具
8630，8637，8640，8642，8645，86B45，8650，8655，8660	中碳镍-铬-钼钢（比 43xx 系列钢中的镍、铬和钼含量低）。轴齿轮、齿轮、机架、铲斗、外壳、轴、滑轮、扳手、轴、螺杆、螺栓、工具锻件、连杆、机身零件
8720	低碳镍-铬-钼钢（比 86xx 系列钢中的钼含量略高），渗碳钢。抗震件、渗碳齿轮、轴齿轮、轴、差速器齿轮、转向蜗杆、曲轴、花键轴、链条、气钻零件、卡盘爪、石油钻具、铰刀、活塞销、卡盘
8740	中碳镍-铬-钼钢（比 86xx 系列钢中的钼含量略高），齿轮、齿轮轴、轴、凸轮轴、活塞销、离合器压杆、机床配件、螺栓、轴承座、外壳、变速箱体、扳手、车轴、螺栓、工具锻件、连杆、扭力杆、弹簧、紧固件、冷加工工件和高强度铸件
8822	低碳镍-铬-钼钢（比 87xx 系列钢中的钼含量略高），渗碳钢。渗碳齿轮、齿轮轴、机架、轴承座、轴、扳手、车轴、螺钉、螺栓、机械零件和风钻零件。可以在不渗碳条件下使用
9310	低碳镍-铬-钼钢（在镍-铬-钼钢中镍和铬是最高的，钼是最低的牌号），渗碳钢。飞机齿轮和轴齿轮、轴、离合器压杆、活塞销、镗杆、卡爪、刀杆、拉刀夹、棘轮、穿孔器、离合器操作杆、套筒链、气动工具零件、活塞销、链条滚子
94B15，94B17	低碳镍-铬-钼钢（镍含量非常低，铬、钼含量很低——与 81xx 系列钢相似，但添加有硼，镍含量略高），渗碳钢。航空螺纹规、无缝油管、有顶端淬火硬度要求的棒料
94B30	中碳镍-铬-钼钢（镍含量非常低，铬、钼含量很低——与 81xx 系列钢相似，但添加有硼，镍含量略高），渗碳钢。齿轮、轴齿轮、轴、螺栓、外壳、变速器、车轴、连杆，机床配件，链条、联接件、压力容器
Ni-Mo 系列	
4615，4617，4620，4626	低碳镍-钼钢，渗碳钢。凸轮轴、半轴、凸轮、齿轮、轴齿轮、滚柱轴承座圈、轴、十字轴锻件、链轮和抽油杆箍
4815，4817，4820	低碳镍-钼钢（比 46xx 系列钢中的镍含量高），渗碳钢。拖拉机和汽车齿轮、牙轮钻具、抗磨损泵零件、渗碳航空零件和花键轴
Cr 系列	
50B40，50B44，5046，50B46，50B50，50B60	中碳铬钢（有些添加有硼）。低淬透性低合金铬钢。添加硼，提高淬透性
5115，5117，5120	低碳铬钢（比 50xx 系列钢中的铬含量高），渗碳钢
5130，5132，5135，5140，5147，5150，5155，5160，51B60	中碳铬钢（比 50xx 系列钢中的铬含量高）
Cr-V 系列	
6118	低碳铬-钒钢，渗碳钢。浅层淬透性，低到中等心部淬透性。用于低载荷小工件
6150	中碳铬-钒钢。浅层淬透性，高疲劳强度和冲击韧度。齿轮、轴齿轮、弹簧、轴、离合器，小型工具、重载荷销和螺栓、机械零件
Si-Mn 系列	
9254，9260	中碳硅-锰钢，具有良好冲击韧度的弹簧钢，可在中等高温服役。螺旋弹簧和板弹簧、锁紧垫圈、轴、凿子、手工工具、连杆螺栓、机床夹头

注：AISI 钢牌号中第二位与第三位数字之间的"B"表示含硼钢。前缀"E"表明由电炉冶炼。在 AISI 钢牌号中没有的合金钢用加括号表示。

表 2-15　普通低合金钢牌号和成分（含低碳钢）

牌号		化学成分（质量分数，%）								
AISI	UNS	C	Mn	P	S	Si	Ni	Cr	Mn	V
Mn 系列										
1330	G13300	0.28~0.33	1.60~1.90	0.035	0.040	0.15~0.35	—	—	—	—
1335	G13350	0.33~0.38	1.60~1.90	0.035	0.040	0.15~0.35	—	—	—	—
1340	G13400	0.38~0.43	1.60~1.90	0.035	0.040	0.15~0.35	—	—	—	—
1345	G13450	0.43~0.48	1.60~1.90	0.035	0.040	0.15~0.35	—	—	—	—
Mo 系列										
4023	G40230	0.20~0.25	0.70~0.90	0.035	0.040	0.15~0.35	—	—	0.20~0.30	—
4024	G40240	0.20~0.25	0.70~0.90	0.035	0.035~0.050	0.15~0.35	—	—	0.20~0.30	—
4027	G40270	0.25~0.30	0.70~0.90	0.035	0.040	0.15~0.35	—	—	0.20~0.30	—
4028	G40280	0.25~0.30	0.70~0.90	0.035	0.035~0.050	0.15~0.35	—	—	0.20~0.30	—
4032	G40320	0.30~0.35	0.70~0.90	0.035	0.040	0.15~0.35	—	—	0.20~0.30	—
4037	G40370	0.35~0.40	0.70~0.90	0.035	0.040	0.15~0.35	—	—	0.20~0.30	—
4042	G40420	0.40~0.45	0.70~0.90	0.035	0.040	0.15~0.35	—	—	0.20~0.30	—
4047	G40470	0.45~0.50	0.70~0.90	0.035	0.040	0.15~0.35	—	—	0.20~0.30	—
4422	G44220	0.20~0.25	0.70~0.90	0.035	0.040	0.15~0.35	—	—	0.35~0.45	—
4427	G44270	0.24~0.29	0.70~0.90	0.035	0.040	0.15~0.35	—	—	0.35~0.45	—
Cr-Mo 系列										
4118	G41180	0.18~0.23	0.70~0.90	0.035	0.040	0.15~0.35	—	0.40~0.60	0.08~0.15	—
4130	G41300	0.28~0.33	0.40~0.60	0.035	0.040	0.15~0.35	—	0.80~1.10	0.15~0.25	—
4135	G41350	0.33~0.38	0.70~0.90	0.035	0.040	0.15~0.35	—	0.80~1.10	0.15~0.25	—
4137	G41370	0.35~0.40	0.70~0.90	0.035	0.040	0.15~0.35	—	0.80~1.10	0.15~0.25	—
4140	G41400	0.38~0.43	0.75~1.00	0.035	0.040	0.15~0.35	—	0.80~1.10	0.15~0.25	—
4142	G41420	0.40~0.45	0.75~1.00	0.035	0.040	0.15~0.35	—	0.80~1.10	0.15~0.25	—
4145	G41450	0.41~0.48	0.75~1.00	0.035	0.040	0.15~0.35	—	0.80~1.10	0.15~0.25	—
4147	G41470	0.45~0.50	0.75~1.00	0.035	0.040	0.15~0.35	—	0.80~1.10	0.15~0.25	—
4150	G41500	0.48~0.53	0.75~1.00	0.035	0.040	0.15~0.35	—	0.80~1.10	0.15~0.25	—
4161	G41610	0.56~0.64	0.75~1.00	0.035	0.040	0.15~0.35	—	0.70~0.90	0.25~0.35	—
Ni-Cr-Mo 系列										
4320	G43200	0.17~0.22	0.45~0.65	0.035	0.040	0.15~0.35	1.65~2.00	0.40~0.60	0.20~0.30	—
(HY-80)	K31820	0.12~0.18	0.10~0.40	0.025	0.025	0.15~0.35	2.00~3.25	1.00~1.80	0.20~0.60	—
(HY-100)	K32045	0.12~0.20	0.10~0.40	0.025	0.025	0.15~0.35	2.25~3.50	1.00~1.80	0.20~0.60	—
4340	G43400	0.38~0.43	0.60~0.80	0.035	0.040	0.15~0.35	1.65~2.00	0.70~0.90	0.20~0.30	—
E4340	G43406	0.38~0.43	0.65~0.85	0.025	0.025	0.15~0.35	1.65~2.00	0.70~0.90	0.20~0.30	—
(300M)	K44220	0.40~0.46	0.65~0.90	0.010	0.010	1.45~1.80	1.65~2.00	0.70~0.95	0.30~0.45	—
(D-6A)	K24728	0.42~0.48	0.60~0.90	0.010	0.010	0.15~0.30	0.40~0.70	0.90~1.20	0.90~1.10	—
4718	G47180	0.16~0.21	0.70~0.90	0.040	0.040	0.15~0.35	0.90~1.20	0.35~0.55	0.30~0.40	—
4720	G47200	0.17~0.22	0.50~0.70	0.035	0.040	0.15~0.35	0.90~1.20	0.35~0.55	0.15~0.25	—
8115	G81150	0.13~0.18	0.70~0.90	0.035	0.040	0.15~0.35	0.20~0.40	0.30~0.50	0.08~0.15	—
81B45	G81451	0.43~0.48	0.75~1.00	0.035	0.040	0.15~0.35	0.20~0.40	0.35~0.55	0.08~0.15	—
8615	G86150	0.13~0.18	0.70~0.90	0.035	0.040	0.15~0.35	0.40~0.70	0.40~0.60	0.15~0.25	—
8617	G86170	0.15~0.20	0.70~0.90	0.035	0.040	0.15~0.35	0.40~0.70	0.40~0.60	0.15~0.25	—
8620	G86200	0.18~0.23	0.70~0.90	0.035	0.040	0.15~0.35	0.40~0.70	0.40~0.60	0.15~0.25	—
8622	G86220	0.20~0.25	0.70~0.90	0.035	0.040	0.15~0.35	0.40~0.70	0.40~0.60	0.15~0.25	—
8625	G86250	0.23~0.28	0.70~0.90	0.035	0.040	0.15~0.35	0.40~0.70	0.40~0.60	0.15~0.25	—
8627	G86270	0.25~0.30	0.70~0.90	0.035	0.040	0.15~0.35	0.40~0.70	0.40~0.60	0.15~0.25	—
8630	G86300	0.28~0.33	0.70~0.90	0.035	0.040	0.15~0.35	0.40~0.70	0.40~0.60	0.15~0.25	—
8637	G86370	0.35~0.40	0.75~1.00	0.035	0.040	0.15~0.35	0.40~0.70	0.40~0.60	0.15~0.25	—

（续）

牌号		化学成分（质量分数，%）								
AISI	UNS	C	Mn	P	S	Si	Ni	Cr	Mn	V
Ni-Cr-Mo 系列										
8640	G86400	0.38~0.43	0.75~1.00	0.035	0.040	0.15~0.35	0.40~0.70	0.40~0.60	0.15~0.25	—
8642	G86420	0.40~0.45	0.75~1.00	0.035	0.040	0.15~0.35	0.40~0.70	0.40~0.60	0.15~0.25	—
8645	G86450	0.43~0.48	0.75~1.00	0.035	0.040	0.15~0.35	0.40~0.70	0.40~0.60	0.15~0.25	—
86B45	G86451	0.43~0.48	0.75~1.00	0.035	0.040	0.15~0.35	0.40~0.70	0.40~0.60	0.15~0.25	—
8650	G86500	0.48~0.53	0.75~1.00	0.035	0.040	0.15~0.35	0.40~0.70	0.40~0.60	0.15~0.25	—
8655	G86550	0.51~0.59	0.75~1.00	0.035	0.040	0.15~0.35	0.40~0.70	0.40~0.60	0.15~0.25	—
8660	G86600	0.56~0.64	0.75~1.00	0.035	0.040	0.15~0.35	0.40~0.70	0.40~0.60	0.15~0.25	—
8720	G87200	0.18~0.23	0.70~0.90	0.035	0.040	0.15~0.35	0.40~0.70	0.40~0.60	0.20~0.30	—
8740	G87400	0.38~0.43	0.75~1.00	0.035	0.040	0.15~0.35	0.40~0.70	0.40~0.60	0.20~0.30	—
8822	G88220	0.20~0.25	0.75~1.00	0.035	0.040	0.15~0.35	0.40~0.70	0.40~0.60	0.30~0.40	—
E9310	G93106	0.08~0.13	0.45~0.65	0.025	0.025	0.15~0.35	3.00~3.50	1.00~1.40	0.08~0.15	—
94B15	G94151	0.13~0.18	0.75~1.00	0.035	0.040	0.15~0.35	0.30~0.60	0.30~0.50	0.08~0.15	—
94B17	G94171	0.15~0.20	0.75~1.00	0.035	0.040	0.15~0.35	0.30~0.60	0.30~0.50	0.08~0.15	—
94B30	G94301	0.28~0.33	0.75~1.00	0.035	0.040	0.15~0.35	0.30~0.60	0.30~0.50	0.08~0.15	—
Ni-Mo 系列										
4615	G46150	0.13~0.18	0.45~0.65	0.035	0.040	0.15~0.25	1.65~2.00	—	0.20~0.30	—
4617	G46170	0.15~0.20	0.45~0.65	0.035	0.040	0.15~0.35	1.65~2.00	—	0.20~0.30	—
4620	G46200	0.17~0.22	0.45~0.65	0.035	0.040	0.15~0.35	1.65~2.00	—	0.20~0.30	—
4626	G46260	0.24~0.29	0.45~0.65	0.035	0.04max	0.15~0.35	0.70~1.00	—	0.15~0.25	—
4815	G48150	0.13~0.18	0.40~0.60	0.035	0.040	0.15~0.35	3.25~3.75	—	0.20~0.30	—
4817	G48170	0.15~0.20	0.40~0.60	0.035	0.040	0.15~0.35	3.25~3.75	—	0.20~0.30	—
4820	G48200	0.18~0.23	0.50~0.70	0.035	0.040	0.15~0.35	3.25~3.75	—	0.20~0.30	—
Cr 系列										
50B40	G50401	0.38~0.43	0.75~1.00	0.035	0.040	0.15~0.35	—	0.40~0.60	—	—
50B44	G50441	0.43~0.48	0.75~1.00	0.035	0.040	0.15~0.35	—	0.40~0.60	—	—
5046	G50460	0.43~0.48	0.75~1.00	0.035	0.040	0.15~0.35	—	0.20~0.35	—	—
50B46	G50461	0.44~0.49	0.75~1.00	0.035	0.040	0.15~0.35	—	0.20~0.35	—	—
50B50	G50501	0.48~0.53	0.75~1.00	0.035	0.040	0.15~0.35	—	0.40~0.60	—	—
50B60	G50601	0.56~0.64	0.75~1.00	0.035	0.040	0.15~0.35	—	0.40~0.60	—	—
5115	G51150	0.13~0.18	0.70~0.90	0.035	0.040	0.15~0.35	—	0.70~0.90	—	—
5117	G51170	0.15~0.20	0.70~0.90	0.040	0.040	0.15~0.35	—	0.70~0.90	—	—
5120	G51200	0.17~0.22	0.70~0.90	0.035	0.040	0.15~0.35	—	0.70~0.90	—	—
5130	G51300	0.28~0.33	0.70~0.90	0.035	0.040	0.15~0.35	—	0.80~1.10	—	—
5132	G51320	0.30~0.35	0.60~0.80	0.035	0.040	0.15~0.35	—	0.75~1.00	—	—
5135	G51350	0.33~0.38	0.60~0.80	0.035	0.040	0.15~0.35	—	0.80~1.05	—	—
5140	G51400	0.38~0.43	0.70~0.90	0.035	0.040	0.15~0.35	—	0.70~0.90	—	—
5147	G51470	0.46~0.51	0.70~0.95	0.035	0.040	0.15~0.35	—	0.85~1.15	—	—
5150	G51500	0.48~0.53	0.70~0.90	0.035	0.040	0.15~0.35	—	0.70~0.90	—	—
5155	G51550	0.51~0.59	0.70~0.90	0.035	0.040	0.15~0.35	—	0.70~0.90	—	—
5160	G51600	0.56~0.64	0.75~1.00	0.035	0.040	0.15~0.35	—	0.70~0.90	—	—
51B60	G51601	0.56~0.64	0.75~1.00	0.035	0.040	0.15~0.35	—	0.70~0.90	—	—
Cr-V 系列										
6118	G61180	0.16~0.21	0.50~0.70	0.035	0.040	0.15~0.35	—	0.50~0.70	—	0.10~0.15
6150	G61500	0.48~0.53	0.70~0.90	0.035	0.040	0.15~0.35	—	0.80~1.10	—	0.15min
Si-Mn 系列										
9254	G92540	0.51~0.59	0.60~0.80	0.035	0.040	1.20~1.60	—	0.60~0.80	—	—
9260	G92600	0.55~0.65	0.70~1.00	0.040	0.040	1.80~2.20	—	—	—	—

注：AISI 钢牌号中第二位与第三位数字之间的"B"表示含硼钢。前缀"E"表明由电炉冶炼。在 AISI 钢牌号中没有的合金钢用加括号表示。

（1）低碳低合金钢　低碳低合金钢通常是渗碳钢，典型的渗碳工艺是在 900～925℃（1650～1700℉）温度渗碳，直接淬火或重新加热淬火。表 2-16 列出与各种牌号低碳低合金钢的渗碳工艺。如工件渗碳后需进行机加工，渗碳后采用空冷。如工件渗碳空冷后经机加工或采用二次淬火工艺，则工件需采用重新加热淬火。渗碳淬火工件需进行回火，通过回火，可部分消除淬火应力和减少磨削工序中产生开裂。通常，回火温度在 120～175℃（250～350℉）范围，但有些情况下，可选择更高的回火温度。

通常低碳低合金钢的热处理工艺为渗碳，但有些用途的产品不需要进行渗碳。例如，有大量低碳低合金钢通过淬火加回火（QT）获得良好的屈服强度（350～1035MPa，或 50～150ksi）和高缺口韧性、高塑性、耐蚀性和可焊接性综合性能。在美国材料信息学会（ASM International）标准中，涵盖大量这类钢，此外还有部分钢（如 HY-80 和 HY-100）属于军用规格。部分典型淬火加回火（QT）低碳钢的化学成分列于表 2-17。表 2-17 中的钢主要是板材，此外部分钢以及其他类似的钢，可用于生产锻件或铸件。

（2）耐高温低合金 Cr-Mo 钢　合金 Cr-Mo 钢是另外重要一类低碳低合金钢。通常，这类钢碳含量低于 0.20%，含有 0.5%～9% Cr 和 0.5%～1.0% Mo（见表 2-18）。钢中的铬提高了抗氧化性和耐蚀性，钼可提高材料的高温强度。通常这类钢进行正火加回火、淬火加回火、退火热处理。Cr-Mo 钢广泛应用于石油、天然气、化工、常规燃料和核能发电厂。表 2-19 为 ASTM 国际标准中这类钢的各种产品对应的牌号。

（3）H-钢　这类钢带后缀字母"H"，可按指定的淬透性要求供货，也称为保证淬透性钢。如果钢必须满足淬硬性要求，标准的 H-钢应该对淬透性进行严格的规定。此外，还有一类标准的限制淬透性钢，与 H-钢相比，这类钢具有更严格的淬透性带（更窄淬透性带）限制要求。

与表 2-15 中类似牌号钢的成分相比，对限定了合金元素的 H-钢（见表 2-20）的成分限制较少，这样可以通过钢中的残留元素和合金元素的变化和组合，满足指定钢的限制淬透性带的要求。本卷附录"合金钢的淬透性带"中以图的形式给出了 H-钢淬硬性带。

表 2-16　低碳低合金钢渗碳后淬火和回火温度

SAE 钢号	渗碳温度/℃（℉）	重新加热温度/℃（℉）	冷却介质	回火温度[1]/℃（℉）
1320	900～955（1650～1750）	760～790（1400～1450）[2] 800～830（1475～1525）[3] 815～845（1500～1550）[3]	油	120～175（250～350）
2317	900～955（1650～1750）	745～775（1375～1425）[2] 790～815（1450～1500）[3]	油	120～175（250～350）
3115,3120	900～955（1650～1750）	760～790（1400～1450）[2] 800～830（1475～1525）[3] 815～845（1500～1550）[3]	油	120～175（250～350）
3310,3316	900～955（1650～1750）	760～790（1400～1450）[2] 800～815（1475～1500）[3]	油	120～175（250～350）
4017,4023,4024,4027,4028,4032	900～955（1650～1750）	— —	—	120～175（250～350）
4119,4125	900～955（1650～1750）	— —	—	120～175（250～350）
4317,4320,4608,4615,4617,4620,4621	900～955（1650～1750）	775～800（1425～1475）[2] 800～830（1475～1525）[3]	油	120～175（250～350）
4812,4815,4817,4820	900～955（1650～1750）	745～775（1375～1425）[2] 790～815（1450～1500）[3]	油	120～175（250～350）
5115,5120	900～955（1650～1750）	775～800（1425～1475）[2] 815～845（1500～1550）[3]	油	120～175（250～350）
8615,8617,8620,8622,8625,8720	900～955（1650～1750）	800～830（1475～1525）[2] 830～855（1525～1575）[3]	油	120～175（250～350）
9310,9315,9317	900～955（1650～1750）	760～790（1400～1450）[2] 815～830（1500～1525）[3]	油	120～175（250～350）

① 可选择回火处理。通常进行回火消除部分应力和提高磨削加工裂纹抗力。在有些情况下，根据需要可选择更高的温度。
② 这种工艺适用与硬化层硬度是最重要的工艺要求。
③ 这种工艺适用于心部要求获得更高的硬度的工件。

表 2-17　部分淬火加回火低碳低合金钢的化学成分

牌号	化学成分（质量分数，%）								
	C	Si	Mn	P	S	Ni	Cr	Mo	其他
A 514/A 517 A 级	0.15～0.21	0.40～0.80	0.80～1.10	0.035	0.04	—	0.50～0.80	0.18～0.28	0.05～0.15Zr 0.0025 B
A 514/A 517 F 级	0.10～0.20	0.15～0.35	0.60～1.00	0.035	0.04	0.70～1.00	0.40～0.65	0.40～0.60	0.03～0.08 V 0.15～0.50 Cu 0.0005～0.005 B
A 514/A 517 R 级	0.15～0.20	0.20～0.35	0.85～1.15	0.035	0.04	0.90～1.10	0.35～0.65	0.15～0.25	0.03～0.08 V
A 533 A 型	0.25	0.15～0.40	1.15～1.50	0.035	0.04	—	—	0.45～0.60	—
A 533 C 型	0.25	0.15～0.40	1.15～1.50	0.035	0.04	0.70～1.00	—	0.45～0.60	—
HY-80	0.12～0.18	0.15～0.35	0.10～0.40	0.025	0.025	2.00～3.25	1.00～1.80	0.20～0.60	0.25 Cu 0.03 V 0.02 Ti
HY-100	0.12～0.20	0.15～0.35	0.10～0.40	0.025	0.025	2.25～3.50	1.00～1.80	0.20～0.60	0.25 Cu 0.03 V 0.02 Ti

表 2-18　耐热 Cr-Mo 合金钢的名义成分

类型	UNS 牌号	化学成分[1]（质量分数，%）						
		C	Mn	S	P	Ni	Cr	Mo
$\frac{1}{2}$Cr-$\frac{1}{2}$Mo	K12122	0.10～0.20	0.30～0.80	0.040	0.040	0.10～0.60	0.50～0.80	0.45～0.65
1Cr-$\frac{1}{2}$Mo	K11562	0.15	0.30～0.60	0.045	0.045	0.50	0.80～1.25	0.45～0.65
1$\frac{1}{4}$Cr-$\frac{1}{2}$Mo	K11597	0.15	0.30～0.60	0.030	0.030	0.50～1.00	1.00～1.50	0.45～0.65
1$\frac{1}{4}$Cr-$\frac{1}{2}$Mo	K11592	0.10～0.20	0.30～0.80	0.040	0.040	0.50～1.00	1.00～1.50	0.45～0.65
2$\frac{1}{4}$Cr-1Mo	K21590	0.15	0.30～0.60	0.040	0.040	0.50	2.00～2.50	0.87～1.13
3Cr-1Mo	K31545	0.15	0.30～0.60	0.030	0.030	0.50	2.65～3.35	0.80～1.06
3Cr-1MoV[2]	K31830	0.18	0.30～0.60	0.020	0.020	0.10	2.75～3.25	0.90～1.10
5Cr-$\frac{1}{2}$Mo	K41545	0.15	0.30～0.60	0.030	0.030	0.50	4.00～6.00	0.45～0.65
7Cr-$\frac{1}{2}$Mo	K61595	0.15	0.30～0.60	0.030	0.030	0.50～1.00	6.00～8.00	0.45～0.65
9Cr-1Mo	K90941	0.15	0.30～0.60	0.030	0.030	0.50～1.00	8.00～10.00	0.90～1.10
9Cr-1MoV[3]	—	0.08～0.12	0.30～0.60	0.010	0.020	0.20～0.50	8.00～9.00	0.85～1.05

① 单值为最大值。
② 还含有 0.02%～0.030%V，0.001%～0.003%B 和 0.015%～0.035%Ti。
③ 含 0.40%Ni，0.18%～0.25%V，0.06%～0.10%Nb，0.03%～0.07%N 和 0.04%Al。

表 2-19　ASTM 国际标准中 Cr-Mo 钢的各种产品对应的牌号

类型	锻件	管材	输油管	铸件	板材
$\frac{1}{2}$Cr-$\frac{1}{2}$Mo	A 182-F2	—	A 335-P2 A 369-FP2 A 426-CP2	—	A 387-Gr 2
1Cr-$\frac{1}{2}$Mo	A 182-F12 A 336-F12	—	A 335-P12 A 369-FP12 A 426-CP12	—	A 387-Gr 12
1$\frac{1}{4}$Cr-$\frac{1}{2}$Mo	A 182-F11 A 336-F11/F11A A 541-C11C	A 199-T11 A 200-T11 A 213-T11	A 335-P11 A 369-FP11 A 426-CP11	A 217-WC6 A 356-Gr6 A 389-C23	A 387-Gr 11
2$\frac{1}{4}$Cr-1Mo	A 182-F22/F22a A 336-F22/F22A A 541-C22C/22D	A 199-T22 A 200-T22 A 213-T22	A 335-P22 A 369-FP22 A 426-CP22	A 217-WC9 A 356-Gr10	A 387-Gr22 A 542

（续）

类型	锻件	管材	输油管	铸件	板材
3Cr-1Mo	A 182-F21 A 336-F21/F21A	A 199-T21 A 200-T21 A 213-T21	A 335-P21 A 369-FP21 A 426-CP21	—	A 387-Gr 21
3Cr-1MoV	A 182-F21b	—	—	—	—
5Cr-½Mo	A 182-F5/F5a A 336-F5/F5A A 473-501/502	A 199-T5 A 200-T5 A 213-T5	A 335-P5 A 369-FP5 A 426-CP5	A 217-CS	A 387-Gr 5
5Cr-½MoSi	—	A 213-T5b	A 335-P5b A 426-CP5b	—	—
5Cr-½MoTi	—	A 213-T5c	A 335-P5c	—	—
7Cr-½Mo	A 182-F7 A 473-501A	A 199-T7 A 200-T7 A 213-T7	A 335-P7 A 369-FP7 A 426-CP7	—	A 387-Gr7
9Cr-1Mo	A 182-F9 A 336-F9 A 473-501B	A 199-T9 A 200-T9 A 213-T9	A 335-P9 A 369-FP9 A 426-CP9	A 217-C12	A 387-Gr9

表 2-20　按指定限制淬透性带要求供货的钢（H-钢）成分

H-钢		钢包中的成分[1],[2]（质量分数,%）						
UNS 牌号	SAE 或 AISI 牌号	C	Mn	Si	Ni	Cr	Mo	V
H13300	1330H	0.27~0.33	1.45~2.05	0.15~0.35	—	—	—	—
H13350	1335H	0.32~0.38	1.45~2.05	0.15~0.35	—	—	—	—
H13400	1340H	0.37~0.44	1.45~2.05	0.15~0.35	—	—	—	—
H13450	1345H	0.42~0.49	1.45~2.05	0.15~0.35	—	—	—	—
H40270	4027H	0.24~0.30	0.60~1.00	0.15~0.35	—	—	0.20~0.30	—
H40280[3]	4028H[3]	0.24~0.30	0.60~1.00	0.15~0.35	—	—	0.20~0.30	—
H40320	4032H	0.29~0.35	0.60~1.00	0.15~0.35	—	—	0.20~0.30	—
H40370	4037H	0.34~0.41	0.60~1.00	0.15~0.35	—	—	0.20~0.30	—
H40420	4042H	0.39~0.46	0.60~1.00	0.15~0.35	—	—	0.20~0.30	—
H40470	4047H	0.44~0.51	0.60~1.00	0.15~0.35	—	—	0.20~0.30	—
H41180	4118H	0.17~0.23	0.60~1.00	0.15~0.35	—	0.30~0.70	0.08~0.15	—
H41300	4130H	0.27~0.33	0.30~0.70	0.15~0.35	—	0.75~1.20	0.15~0.25	—
H41350	4135H	0.32~0.38	0.60~1.00	0.15~0.35	—	0.75~1.20	0.15~0.25	—
H41370	4137H	0.34~0.41	0.60~1.00	0.15~0.35	—	0.75~1.20	0.15~0.25	—
H41400	4140H	0.37~0.44	0.65~1.10	0.15~0.35	—	0.75~1.20	0.15~0.25	—
H41420	4142H	0.39~0.46	0.65~1.10	0.15~0.35	—	0.75~1.20	0.15~0.25	—
H41450	4145H	0.42~0.49	0.65~1.10	0.15~0.35	—	0.75~1.20	0.15~0.25	—
H41470	4147H	0.44~0.51	0.65~1.10	0.15~0.35	—	0.75~1.20	0.15~0.25	—
H41500	4150H	0.47~0.54	0.65~1.10	0.15~0.35	—	0.75~1.20	0.15~0.25	—
H41610	4161H	0.55~0.65	0.65~1.10	0.15~0.35	—	0.65~0.95	0.25~0.35	—
H43200	4320H	0.17~0.23	0.40~0.70	0.15~0.35	1.55~2.00	0.35~0.65	0.20~0.30	—
H43400	4340H	0.37~0.44	0.55~0.90	0.15~0.35	1.55~2.00	0.65~0.95	0.20~0.30	—
H43406[4]	E4340H[4]	0.37~0.44	0.60~0.95	0.15~0.35	1.55~2.00	0.65~0.95	0.20~0.30	—
H46200	4620H	0.17~0.23	0.35~0.75	0.15~0.35	1.55~2.00	—	0.20~0.30	—
H47180	4718H	0.15~0.21	0.60~0.95	0.15~0.35	0.85~1.25	0.30~0.60	0.30~0.40	—
H47200	4720H	0.17~0.23	0.45~0.75	0.15~0.35	0.85~1.25	0.30~0.60	0.15~0.25	—
H48150	4815H	0.12~0.18	0.30~0.70	0.15~0.35	3.20~3.80	—	0.20~0.30	—

（续）

H-钢		钢包中的成分[①][②]（质量分数,%）						
UNS 牌号	SAE 或 AISI 牌号	C	Mn	Si	Ni	Cr	Mo	V
H48170	4817H	0.14~0.20	0.30~0.70	0.15~0.35	3.20~3.80	—	0.20~0.30	—
H48200	4820H	0.17~0.23	0.40~0.80	0.15~0.35	3.20~3.80	—	0.20~0.30	—
H50401[⑤]	50B40H[⑤]	0.37~0.44	0.65~1.10	0.15~0.35	—	0.30~0.70	—	—
H50441[⑤]	50B44H[⑤]	0.42~0.49	0.65~1.10	0.15~0.35	—	0.30~0.70	—	—
H50460	5046H	0.43~0.50	0.65~1.10	0.15~0.35	—	0.13~0.43	—	—
H50461[⑤]	50B46H[⑤]	0.43~0.50	0.65~1.10	0.15~0.35	—	0.13~0.43	—	—
H50501[⑤]	50B50H[⑤]	0.47~0.54	0.65~1.10	0.15~0.35	—	0.30~0.70	—	—
H50601[⑤]	50B60H[⑤]	0.55~0.65	0.65~1.10	0.15~0.35	—	0.30~0.70	—	—
H51200	5120H	0.17~0.23	0.60~1.00	0.15~0.35	—	0.60~1.00	—	—
H51300	5130H	0.27~0.33	0.60~1.10	0.15~0.35	—	0.75~1.20	—	—
H51320	5132H	0.29~0.35	0.50~0.90	0.15~0.35	—	0.65~1.10	—	—
H51350	5135H	0.32~0.38	0.50~0.90	0.15~0.35	—	0.70~1.15	—	—
H51400	5140H	0.37~0.44	0.60~1.00	0.15~0.35	—	0.60~1.00	—	—
H51470	5147H	0.45~0.52	0.60~1.05	0.15~0.35	—	0.80~1.25	—	—
H51500	5150H	0.47~0.54	0.60~1.00	0.15~0.35	—	0.60~1.00	—	—
H51550	5155H	0.50~0.60	0.60~1.00	0.15~0.35	—	0.60~1.00	—	—
H51600	5160H	0.55~0.65	0.65~1.10	0.15~0.35	—	0.60~1.00	—	—
H51601[⑤]	51B60H[⑤]	0.55~0.65	0.65~1.10	0.15~0.35	—	0.60~1.00	—	—
H61180	6118H	0.15~0.21	0.40~0.80	0.15~0.35	—	0.40~0.80	—	0.10~0.15
H61500	6150H	0.47~0.54	0.60~1.00	0.15~0.35	—	0.75~1.20	—	0.15
H81451[⑤]	81B4S5[⑤]	0.42~0.49	0.70~1.05	0.15~0.35	0.15~0.45	0.30~0.60	0.08~0.15	—
H86170	8617H	0.14~0.20	0.60~0.95	0.15~0.35	0.35~0.75	0.35~0.65	0.15~0.25	—
H86200	8620H	0.17~0.23	0.60~0.95	0.15~0.35	0.35~0.75	0.35~0.65	0.15~0.25	—
H86220	8622H	0.19~0.25	0.60~9.95	0.15~0.35	0.35~0.75	0.35~0.65	0.15~0.25	—
H86250	8625H	0.22~0.28	0.60~0.95	0.15~0.35	0.35~0.75	0.35~0.65	0.15~0.25	—
H86270	8627H	0.24~0.30	0.60~0.95	0.15~0.35	0.35~0.75	0.35~0.65	0.15~0.25	—
H86300	8630H	0.27~0.33	0.60~0.95	0.15~0.35	0.35~0.75	0.35~0.65	0.15~0.25	—
H86301[⑤]	86B30H[⑤]	0.27~0.33	0.60~0.95	0.15~0.35	0.35~0.75	0.35~0.65	0.15~0.25	—
H86370	8637H	0.34~0.41	0.70~1.05	0.15~0.35	0.35~0.75	0.35~0.65	0.15~0.25	—
H86400	8640H	0.37~0.44	0.70~1.05	0.15~0.35	0.35~0.75	0.35~0.65	0.15~0.25	—
H86420	8642H	0.39~0.46	0.70~1.05	0.15~0.35	0.35~0.75	0.35~0.65	0.15~0.25	—
H86450	8645H	0.42~0.49	0.70~1.05	0.15~0.35	0.35~0.75	0.35~0.65	0.15~0.25	—
H86451[⑤]	86B45H9[⑤]	0.42~0.49	0.70~1.05	0.15~0.35	0.35~0.75	0.35~0.65	0.15~0.25	—
H86500	8650H	0.47~0.54	0.70~1.05	0.15~0.35	0.35~0.75	0.35~0.65	0.15~0.25	—
H86550	8655H	0.50~0.60	0.70~1.05	0.15~0.35	0.35~0.75	0.35~0.65	0.15~0.25	—
H86600	8660H	0.55~0.65	0.70~1.05	0.15~0.35	0.35~0.75	0.35~0.65	0.15~0.25	—
H87200	8720H	0.17~0.23	0.60~0.95	0.15~0.35	0.35~0.75	0.35~0.65	0.20~0.30	—
H87400	8740H	0.37~0.44	0.70~1.05	0.15~0.35	0.35~0.75	0.35~0.65	0.20~0.30	—
H88220	8822H	0.19~0.25	0.70~1.05	0.15~0.35	0.35~0.75	0.35~0.65	0.30~0.40	—
H92600	9260H	0.55~0.65	0.65~1.10	1.70~2.20	—	—	—	—
H93100[④]	9310H[④]	0.07~0.13	0.40~0.70	0.15~0.35	2.95~3.55	1.00~1.45	0.08~0.15	—
H94151[⑤]	94B15H[⑤]	0.12~0.18	0.70~1.05	0.15~0.35	0.25~0.65	0.25~0.55	0.08~0.15	—
H94171[⑤]	94B17H[⑤]	0.14~0.20	0.70~1.05	0.15~0.35	0.25~0.65	0.25~0.55	0.08~0.15	—
H94301[⑤]	94B30H[⑤]	0.27~0.33	0.70~1.05	0.15~0.35	0.25~0.65	0.25~0.55	0.08~0.15	—

① 某些合金钢中可能会发现的少量不要求的偶存元素，他们可接受的最大含量如下：0.35%Cu，0.25%Ni，0.20%Cr，0.06%Mo。

② 对平炉和碱性氧气转炉钢，最大含硫量为 0.040%，最大的磷含量是 0.035%。对碱性电炉钢，最大含硫和最大含量磷均为 0.025%。

③ 含硫量范围是 0.035~0.050%。

④ 电炉钢。

⑤ 这些钢含有 0.0005%~0.003%B。

2.2.2　合金元素的作用

合金钢的热处理工艺与本章 2.1 节 "碳钢的热处理" 中所介绍的碳钢的热处理工艺基本相同，与碳钢热处理的主要差别有以下几点：

1）用于正火、退火和奥氏体化淬火的温度通常高于碳含量相同碳钢的 15~40℃（25~75℉）。当然，也有例外，例如高镍 4820 等牌号的钢。

2）随着钢中合金含量的增加，退火工艺变得更复杂。主要是由于退火温度冷却的速率更慢，对特定的合金钢和所要求得到的组织，必须采用特殊的退火工艺。

3）在剧烈淬火条件下，合金钢比碳钢更容易产生淬火开裂。由于合金钢的淬透性高，不需要采用快速冷却。

4）添加有合金元素的钢，提高了钢的回火稳定性；添加有易形成碳化物元素（铬、钼）的钢，在回火期间可能会产生二次硬化。

表 2-21～表 2-24 总结给出了近似的相变温度和球化、正火和完全退火工艺的温度。在后续部分中，给出了具体各种类型的低合金钢的奥氏体化加热、淬火和回火工艺。其中包括锰钢（13xx 系列）、钼钢（40xx 和 44xx 系列）、铬-钼钢（41xx 系列）、镍-铬-钼钢（43xx、47xx、81xx、86xx、87xx/88xx、93xx 和 94xx 系列），镍-钼钢（46xx 和 48xx 系列）、铬钢（50xx 和 51xx 系列）、铬-钒钢（61xx 系列）和硅-锰钢（92xx 系列）。

表 2-21　低合金钢相变温度近似值

钢号		相变温度/℃（℉）				
		加热①		冷却②		Ms
AISI	UNS	Ac_1	Ac_3	Ar_3	Ar_1	
Mn 系列						
1330	G13300	718（1325）	800（1470）	730（1350）	630（1170）	355（675）
1335	G13350	720（1330）	780（1440）	725（1340）	625（1160）	340（640）
1340	G13400	715（1320）	775（1430）	720（1330）	620（1150）	320（610）
1345	G13450	715（1315）	765（1410）	705（1300）	625（1160）	287（550）
Mo 系列						
4023/4024	G40230/G40240	730（1350）	840（1540）	780（1440）	670（1240）	405（775）
4027/4028	G40270/G40280	725（1340）	805（1485）	760（1400）	670（1240）	400（755）
4032	G40320	725（1340）	815（1500）	730（1350）	675（1250）	325（620）
4037	G40370	725（1340）	815（1495）	755（1390）	655（1210）	365（690）
4042	G40420	725（1340）	795（1460）	730（1350）	655（1210）	343（650）
4047	G40470	725（1340）	780（1440）	720（1330）	650（1200）	325（615）
4422	G44220	730（1350）	845（1550）	810（1490）	645（1195）	415（780）
4427	G44270	720（1330）	840（1540）	775（1425）	650（1200）	400（750）
Cr-Mo 系列						
4118	4118	750（1380）	825（1520）	775（1430）	680（1260）	400（750）
4130	4130	755（1395）	810（1490）	755（1390）	695（1280）	365（685）
4135	4135	755（1390）	805（1485）	750（1380）	695（1280）	340（640）
4137	4137	755（1390）	795（1460）③	745（1435）③④	740（1360）⑤	355（635）③
4140	4140	730（1350）	805（1480）	745（1370）	680（1255）	340（640）
4142	4142	730（1350）	805（1480）	745（1370）	680（1255）	315（595）
4145	4145	725（1340）	800（1470）	750（1380）	675（1250）	300（570）
4147	4147	735（1355）	790（1455）	730（1350）	670（1240）	290（555）
4150	4150	745（1370）	765（1410）	730（1345）	670（1240）	275（530）
4161	4161	740（1365）③	750（1385）③	745（1370）③④	725（1340）③⑤	254（490）③
Ni-Cr-Mo 系列						
4320	G43200	725（1335）	810（1490）	740（1365）	630（1170）	380（720）
（HY-80）	K31820	720（1330）	860（1580）	—	—	—
（HY-100）	K32045	—	—	—	—	—

（续）

钢号		相变温度/℃（℉）				
		加热①		冷却②		Ms
AISI	UNS	Ac_1	Ac_3	Ar_3	Ar_1	
Ni-Cr-Mo 系列						
4340	G43400	725(1335)	775(1425)	710(1310)	655(1210)	285(545)
E4340	G43406	725(1335)	775(1425)	710(1310)	655(1210)	285(545)
(300M)	K44220	760(1400)	805(1480)	—	—	300(575)
(D-6A)	K24728	—	—	—	—	—
4718	G47180	695(1285)	820(1510)	755(1395)	635(1175)	395(740)
4720	G47200	—	—	—	—	—
8115	G81150	720(1330)	840(1540)	790(1450)	670(1240)	440(820)
81B45	G81451	710(1310)	790(1450)	720(1325)	655(1215)	315(600)
8615	G86150	740(1360)	845(1550)	790(1455)	685(1265)	405(760)
8617	G86170	745(1370)	845(1550)	775(1430)	680(1260)	405(760)
8620	G86200	730(1350)	830(1525)	770(1415)	660(1220)	395(745)
8622	G86220	735(1355)	840(1545)	825(1520)④	720(1325)⑤	400(750)
8625	G86250	730(1350)	805(1485)	755(1390)	660/1220	375(710)
8627	G86270	740(1360)	815(1495)	800(1475)④	720(1330)⑤	382(720)
8630	G86300	735(1355)	795(1460)	745(1370)	660(1220)	360(680)
8637	G86370	730(1350)	790(1450)	730(1345)	665(1225)	340(640)
8640	G86400	730(1350)	780(1435)	725(1340)	665(1230)	320(610)
8642	G86420	730(1350)	780(1435)	715(1320)	665(1230)	313(595)
8645	G86450	730(1350)	775(1430)	710(1310)	665(1230)	300(575)
86B45	G86451	720(1330)	770(1420)	695(1280)	650(1200)	304(580)
8650	G86500	730(1350)	770(1420)	700(1295)	655(1210)	285(545)
8655	G86550	730(1345)	765(1410)	690(1270)	660(1220)	270(515)
8660	G86600	730(1345)	765(1410)	690(1270)	665(1230)	250(485)
8720	G87200	730(1350)	830(1530)	770(1420)	660(1220)	395(740)
8740	G87400	730(1345)	780(1435)	720(1330)	660(1220)	320(605)
8822	G88220	720(1330)	840(1540)	785(1445)	645(1195)	385(725)
E9310	G93106	715(1320)	820(1510)	665/1230	580(1080)	365(685)
94B15	G94151	—	—	—	—	—
94B17	G94171	705(1300)	840(1540)	770(1420)	640(1180)	415(780)
94B30	G94301	720(1330)	805(1485)	750(1380)	655(1210)	370(695)
Ni-Mo 系列						
4615	G46150	725(1340)	810(1490)	760(1400)	650(1200)	415(780)
4617	G46170	—	—	—	—	—
4620	G46200	720(1330)	800(1475)	750(1380)	645(1190)	400(755)
4626	G46260	706(1302)	810(1490)	795(1465)④	705(1300)⑤	—
4815	G48150	690(1275)	790(1450)	710(1310)	425(800)	385(725)
4817	G48170	638(1180)	784(1443)	—	—	—
4820	G48200	690(1270)	780(1440)	675(1245)	415(780)	370(695)
Cr 系列						
50B40	G50401	—	—	—	—	—
50B44	G50441	—	—	—	—	—
5046	G50460	715(1320)	770(1420)	730(1350)	680(1260)	325(620)

（续）

钢号		相变温度/℃（℉）				
		加热①		冷却②		Ms
AISI	UNS	Ac₁	Ac₃	Ar₃	Ar₁	
		Cr 系列				
50B46	G50461	720(1330)	780(1440)	725(1340)	655(1210)	325(620)
50B50	G50501	730(1350)③	775(1425)③	765(1405)③④	720(1330)③⑤	285(545)③
50B60	G50601	730(1345)	770(1420)	730(1345)	675(1250)	270(515)
5115	G51150	—	—	—	—	—
5117	G51170	745(1375)③	835(1535)③	825(1515)③④	735(1355)③⑤	430(805)③
5120	G51200	765(1410)	840(1540)	800(1470)	700(1290)	405(760)
5130	G51300	745(1370)	810(1490)	745(1370)	695(1280)	360(680)
5132	G51320	745(1370)	810(1490)	800(1470)③④	730(1350)③⑤	365(690)③
5135	G51350	745(1375)	805(1480)	795(1460)③④	735(1355)③⑤	357(675)③
5140	G51400	745(1370)	810(1490)	745(1370)	695(1280)③	360(680)
5147	G51470	745(1370)	810(1490)	745(1370)	695(1280)③	360(680)
5150	G51500	720(1330)	770(1420)	720(1330)	700(1290)	290(555)
5155	G51550	740(1365)③	—	—	730(1350)③⑤	260(500)③
5160	G51600	710(1310)	765(1410)	715(1320)	675(1250)	255(490)
51B60	G51601	725(1335)	770(1420)	730(1345)	675(1250)	255(490)
		Cr-V 系列				
6118	G61180	760(1400)	850(1560)	775(1430)	690(1270)	—
6150	G61500	750(1380)	790(1450)	745(1370)	695(1280)	285(545)
		Si-Mn 系列				
9254⑥	G92540	766(1410)	820(1510)	—	—	275(527)
9260	G92600	745(1370)	815(1500)	750(1380)	715(1315)	270(515)

① 按每小时~28℃（50℉）加热。
② 按每小时~28℃（50℉）冷却。
③ 估计值。
④ Ae₁。
⑤ Ae₃。
⑥ 计算值。

表 2-22　低合金钢球化退火工艺

钢号		加热至：	快冷至：	慢冷		等温	
				冷却至	冷却速率	等温温度	等温时间
AISI	UNS	℃（℉）	℃（℉）	℃（℉）	℃/h（℉/h）	℃（℉）	h
		Mn 系列					
1330	G13300	750(1380)	730(1350)	640(1185)	6(10)	640(1185)	10
1335	G13350	750(1380)	730(1350)	640(1185)	6(10)	640(1185)	10
1340①	G13400	750(1380)	730(1350)	610(1130)	6(10)	—	—
			640(1185)	—	—	640(1185)	8
1345①	G13450	750(1380)	730(1350)	610(1130)	6(10)	—	—
			640(1185)	—	—	640(1185)	8
		Mo 系列					
4023②	G40230	—	—				
4024②	G40240						
4027	G40270	775(1425)	745(1370)③	640(1185)	6(10)	660(1220)③	8
4028	G40280						
4032	G40320	775(1425)	745(1370)③	640(1185)	6(10)	660(1220)③	8
4037	G40370	760(1400)	745(1370)③	630(1170)	6(10)	660(1220)③	8
4042	G40420	760(1400)	745(1370)③	630(1170)	6(10)	660(1220)③	8
4047	G40470	760(1400)	730(1350)③	630(1170)	6(10)	650(1200)③	9

（续）

钢号		加热至：	快冷至：	慢冷		等温	
				冷却至	冷却速率	等温温度	等温时间
AISI	UNS	℃（℉）	℃（℉）	℃（℉）	℃/h（℉/h）	℃（℉）	h
Mo 系列							
4422[②]	G44220	—	—	—	—	—	—
4427[②]	G44270	—	—	—	—	—	—
Cr-Mo 系列							
4118[②]	G41180	—	—	—	—	—	—
4130	G41300	750（1380）	—	665（1230）	6（10）	675（1245）	8[③]
4135	G41350	750（1380）	—	665（1230）	6（10）	675（1245）	8[③]
4137	G41370	750（1380）	—	665（1230）	6（10）	675（1245）	9[③]
4140	G41400	750（1380）	—	665（1230）	6（10）	675（1245）	9[③]
4142	G41420	750（1380）	—	665（1230）	6（10）	675（1245）	9[③]
4145	G41450	750（1380）	—	670（1230）	6（10）	660（1220）	10[③]
4147	G41470	750（1380）	—	670（1230）	6（10）	660（1220）	10[③]
4150	G41500	750（1380）	—	670（1230）	6（10）	660（1220）	10[③]
4161[④]	G41610	760（1400）	—	705（1300）	6（10）	660（1220）	10[③]
Cr 系列							
4230[⑤]	G43200	775（1450）	—	—	—	650（1200）[③]	8
（HY-80）	K31820	—	—	—	—	—	—
（HY-100）	K32045	—	—	—	—	—	—
4340[⑤]	G43400	750（1380）	705（1300）[③]	565（1050）	3（5）	650（1200）[③]	12
E4340[⑤]	G43406	750（1380）	705（1300）[③]	565（1050）	3（5）	650（1200）[③]	12
（300M）[⑥]	K44220	775（1425）		480（895）	10（20）	—	—
（D-6A）	K24728	730（1350）[⑦]				690（1275）[③]	10
4718[②]	G47180	—	—	—	—	—	—
4720[②]	G47200	—	—	—	—	—	—
50B40	G50401	760（1400）	760（1400）	665（1230）	6（10）	665（1230）[②]	8
50B44	G50441	760（1400）	760（1400）	665（1230）	6（10）	665（1230）[②]	8
5046	G50460	760（1400）	760（1400）	665（1230）	6（10）	665（1220）[②]	8
50B46	G50461	760（1400）	760（1400）	665（1230）	6（10）	665（1230）[②]	8
50B50[④]	G50501	750（1380）	705（1300）	650（1200）	6（10）	675（1245）[②]	12
50B60[④]	G50601	750（1380）	700（1290）	655（1210）	6（10）	650（1200）[②]	12
5115	G51150	②				—	—
5117	G51170	②				—	—
5120	G51200	②				—	—
5130	G51300	790（1455）	690（1275）	—	—	690（1275）[②]	8
5132	G51320	790（1455）	690（1275）	—	—	690（1275）[②]	8
5135	G51350	750（1380）	690（1275）	—	—	690（1275）[②]	8
5140	G51400	750（1380）	690（1275）	—	—	690（1275）[②]	8
5150	G51500	750（1380）	705（1300）	650（1200）	6（10）	675（1245）[②]	10
5155	G51550	750（1380）	705（1300）	650（1200）	6（10）	675（1245）[②]	10
5160	G51600	750（1380）	705（1300）	650（1200）	6（10）	675（1245）[②]	10
51B60[④]	G51601	750（1380）	700（1290）	655（1210）	6（10）	650（1200）[②]	12
8115[②]	G81150	—	—	—	—	—	—
81B45	G81451	750（1380）	725（1335）[③]	640（1185）	6（10）	660（1220）[③]	10
8615[②]	G86150	—	—	—	—	—	—
8617[②]	G86170	—	—	—	—	—	—
8620[②]	G86200	—	—	—	—	—	—
8622[②]	G86220	—	—	—	—	—	—
8625[②]	G86250	—	—	—	—	—	—

（续）

| 钢号 | | 加热至： | 快冷至： | 慢冷 | | 等温 | |
AISI	UNS	℃（℉）	℃（℉）	冷却至 ℃（℉）	冷却速率 ℃/h(℉/h)	等温温度 ℃（℉）	等温时间 h
				Cr 系列			
8627	G86270	760(1400)	730(1350)③	650(1200)	6(10)	665(1230)③	8
8630	G86300	760(1400)	730(1350)③	650(1200)	6(10)	665(1230)③	8
8637	G86370	750(1380)	725(1335)③	640(1185)	6(10)	665(1230)③	8
8640	G86400	750(1380)	725(1335)③	640(1185)	6(10)	665(1230)③	8
8642	G86420	750(1380)	725(1335)③	640(1185)	6(10)	665(1230)③	8
8645	G86450	750(1380)	715(1320)③	650(1200)	6(10)	650(1200)③	10
86B45	G86451	750(1380)	725(1335)③	640(1185)	6(10)	665(1230)③	10
8650	G86500	750(1380)	715(1320)③	650(1200)	6(10)	650(1200)③	10
8655②	G86550	750(1380)	700(1290)③	655(1210)	6(10)	650(1200)③	10
8660②	G86600	750(1380)	700(1290)③	655(1210)	6(10)	650(1200)③	10
8720②	G87200	—	—	—	—	—	—
8740	G87400	750(1380)	725(1335)③	640(1185)	6(10)	665(1230)③	8
8822②	G88220	—	—	—	—	—	—
E9310⑤	G93106	845(1550)	—	—	—	595(1100)③	14~18
94B15	G94151	800(1475)	—	—	—	665(1230)③	10
94B17	G94171	800(1475)	—	—	—	665(1230)③	10
94B30	G94301	760(1400)	730(1350)③	650(1200)	6(10)	665(1230)③	10
				Cr-V 系列			
6118②	G61180	—	—	—	—	—	—
6150	G61500	760(1400)	—	675(1245)	6(10)	650(1200)③	10
				Si-Mn 系列			
9254	G92540	—	—	—	—	—	—
9260	G92600	760(1400)	—	705(1300)	6(10)	665(1230)③	10

① 高碳合金钢可采用两种工艺缓慢冷却至室温，或快速冷却至某温度进行等温。
② 锻后或轧制后进行正火或等温退火，改善机加工性能。
③ 从加热温度快速冷却至该温度。
④ 球化退火比正火或退火获得更好的机加工或成型加工性能。
⑤ 正火后进行球化退火处理，比正火或退火获得更好的机加工或成型加工性能。
⑥ 与完全退火工艺相同。
⑦ 在该温度保温 5h；加热至 760℃（1400℉）保温 1h；炉冷却至等温温度，保温规定的时间；空冷至室温。

表 2-23　低合金钢正火温度

| 钢号 | | 正火温度 | 钢号 | | 正火温度 |
AISI	UNS	/℃（℉）	AISI	UNS	/℃（℉）
Mn 系列			Cr-Mo 系列		
1330	G13300	900(1650)	4118①	G41180	925(1695)
1335	G13350	900(1650)	4130	G41300	900(1650)②
1340	G13400	870(1600)	4135	G41350	900(1650)②
1345	G13450	870(1600)	4137	G41370	870(1600)
Mo 系列			4140	G41400	870(1600)②
4023/4024	G40230/G40240	925(1695)①	4142	G41420	870(1600)
4027/4028	G40270/G40280	900(1650)①	4145	G41450	870(1600)
4032	G40320	900(1650)①	4147	G41470	870(1600)
4037	G40370	870(1600)②	4150	G41500	870(1600)②
4042	G40420	870(1600)	4161	G41610	855(1570)
4047	G40470	870(1600)	Cr 系列		
4422	G44220	925(1700)①	4320	G43200	925(1695)
4427	G44270	925(1700)①	4340	G43400	845~900(1555~1650)②

（续）

钢号		正火温度	钢号		正火温度
AISI	UNS	/℃（℉）	AISI	UNS	/℃（℉）
Cr 系列			8627	G86270	900（1650）
E4340	G43406	870（1600）	8630	G86300	900（1650）[2]
（300M）[3]	K44220	915~940（1680~1725）[4][5]	8637	G86370	870（1600）
（D-6A）	K24728	870~955（1600~1750）[6][7]	8640	G86400	870（1600）
47181	G47180	925（1695）	8642	G86420	870（1600）
47201	G47200	925（1695）	8645	G86450	870（1600）
50B40	G50401	870（1600）	86B45	G86451	870（1600）
50B44	G50441	870（1600）	8650	G86500	870（1600）
5046	G50460	870（1600）	8655	G86550	870（1600）
50B46	G50461	870（1600）	8660	G86600	870（1600）
50B50	G50501	870（1600）	87201	G87200	925（1695）
50B60	G50601	870（1600）	8740	G87400	870（1600）[2]
5115[1]	G51150	925（1695）	88221	G88220	925（1695）
5117[1]	G51170	925（1695）	E9310	G93106	925（1695）
5120[1]	G51200	925（1695）	94B15	G94151	925（1695）
5130	G51300	900（1650）	94B17	G94171	925（1695）
5132	G51320	900（1650）	94B30	G94301	900（1650）
5135	G51350	870（1600）	Ni-Mo 系列		
5140	G51400	870（1600）	4615	G46150	925（1695）
5147	G51470	870（1600）	4617	G46170	925（1695）
5150	G51500	870（1600）	4620	G46200	925（1695）
5155	G51550	870（1600）	4626	G46260	900（1695）
5160	G51600	870（1600）	4815	G48150	925（1695）[8]
51B60	G51601	870（1600）	4817	G48170	925（1695）[8]
81151	G81150	925（1695）	4820	G48200	925（1695）[8]
81B45	G81451	870（1600）	Cr-V 系列		
86151	G86150	925（1695）	6118[1]	G61180	925（1695）[1]
86171	G86170	925（1695）	6150	G61500	900（1650）[1][2]
86201	G86200	925（1700）	Si-Mn 系列		
86221	G86220	925（1695）	9254	G92540	900（1650）
86251	G86250	925（1695）	9260	G92600	900（1650）

① 正火温度至少应与渗碳温度一样高。

② 在航空件的热处理中，采用 900℃（1650℉）正火。

③ 可采用正火改善这些合金钢的机加工性能。

④ 在航空件的热处理中，采用 925℃（1695℉）正火。

⑤ 如果通过正火改善工件的切削加工性能，在工件达到室温前在 650~675℃（1200~1245℉）进行回火。

⑥ 在航空件的热处理中，采用 940℃（1725℉）正火。

⑦ 经正火但未回火的工件，在奥氏体化淬火加热前必须在回火温度进行预热。

⑧ 正火后在 650℃（1200℉）进行回火。

表 2-24 低合金钢的完全退火工艺

钢号		备注	退火加热温度	传统慢冷工艺			等温冷却工艺	
AISI	UNS			开始冷却温度[1]	结束冷却温度	冷却速率	温度[1]	保温时间
			/℃（℉）	/℃（℉）	/℃（℉）	/（℃/h（℉/h）	/℃（℉）	/h
Mn 系列								
1330	G13300	—	855（1570）[2]	735（1350）	620（1150）	10（20）	620（1150）	4.5
1335	G13350	—	855（1570）[2]	735（1350）	620（1150）	10（20）	620（1150）	4.5
1340	G13400	—	830（1525）[2]	730（1350）	610（1130）	10（20）	620（1150）	4.5
1345	G13450	—	830（1525）[2]	730（1350）	610（1130）	10（20）	620（1150）	4.5

（续）

钢号		备注	退火加热温度	传统慢冷工艺			等温冷却工艺	
AISI	UNS			开始冷却温度[①]	结束冷却温度	冷却速率	温度[①]	保温时间
			/℃（℉）	/℃（℉）	/℃（℉）	/℃/h（℉/h）	/℃（℉）	/h
Mo 系列								
4023	G40230	[③]	—	—	—	—	700（1290）[④]	8
4024	G40240	[③]	—	—	—	—	700（1290）[④]	8
4027	G40270	—	855（1570）[②⑤]	750（1380）	640（1185）	11（20）	660（1220）	5
4028	G40280							
4032	G40320	—	855（1570）[②⑤]	750（1380）	640（1185）	11（20）	660（1220）	5
4037	G40370	—	845（1555）[②⑥]	745（1370）	630（1170）	11（20）	660（1220）	5
4042	G40420	—	845（1555）[②]	745（1370）	630（1170）	11（20）	660（1220）	5
4047	G40470	—	830（1525）[②]	730（1350）	630（1170）	11（20）	660（1220）	5
4422	G44220	[⑦]	845（1550）[②]	745（1370）	630（1170）	11（20）	—	—
4427	G44270	[⑦]	845（1550）[②]	745（1370）	630（1170）	11（20）	—	—
Cr-Mo 系列								
4118	G41180	[③]	—	—	—	—	700（1290）[④]	8
4130	G41300	[⑧]	855（1570）[②]	760（1400）	665（1230）	18（35）	675（1245）	4
4135	G41350	—	855（1570）[②]	760（1400）	665（1230）	19（35）	675（1245）	4
4137	G41370	—	845（1555）[②]	755（1390）	665（1230）	14（25）	675（1245）	5
4140	G41400	[⑧]	845（1555）[②]	755（1390）	665（1230）	14（25）	675（1245）	5
4142	G41420	—	845（1555）[②]	755（1390）	665（1230）	14（25）	675（1245）	5
4145	G41450	—	830（1525）[②]	745（1370）	670（1240）	8（15）	675（1245）	6
4147	G41470	—	830（1525）[②]	745（1370）	670（1240）	8（15）	675（1245）	6
4150	G41500	[⑨]	830（1525）[②]	745（1370）	670（1240）	8（15）	675（1245）	6
4161	G41610	[⑩]	—	—	—	—	—	—
Ni-Cr-Mo 系列								
4340	G43400	[⑪]	830（1525）[②⑫]	705（1300）	565（1050）	8（15）	650（1200）	8
E4340	G43406	[⑪]	830（1525）[②]	705（1300）	565（1050）	8（15）	650（1200）	8
（300M）	K44220	[⑪⑬]	775（1425）[②⑭]	—	480（895）	10（20）	—	—
（D-6A）	K24728	[⑪]	830（1525）[②⑮]	—	540（1000）	28（50）	—	—
81B45	G81451	—	830（1525）[②]	725（1335）	640（1185）	11（20）	660（1220）	7
8627	G86270	—	845（1555）[②]	730（1350）	640（1185）	11（20）	665（1230）	6
8630	G86300	—	845（1555）[②⑭]	730（1350）	640（1185）	11（20）	665（1230）	6
8637	G86370	—	830（1525）[②]	725（1335）	640（1185）	11（20）	665（1230）	6
8640	G86400	—	830（1525）[②]	725（1335）	640（1185）	11（20）	665（1230）	6
8642	G86420	—	830（1525）[②]	725（1335）	640（1185）	11（20）	665（1230）	6
8645	G86450	—	830（1525）[②]	710（1310）	650（1200）	8（15）	650（1200）	8
86B45	G86451	—	830（1525）[②]	725（1335）	640（1185）	11（20）	665（1230）	7
8650	G86500	—	830（1525）[②]	710（1310）	650（1200）	8（15）	650（1200）	8
8655	G86550	[⑪]	—	—	—	—	—	—
8660	G86600	[⑪]	—	—	—	·	—	—
8740	G87400	—	830（1525）[②⑮]	725（1335）	640（1185）	11（20）	660（1220）	6
94B30	G94301	—	845（1555）[②]	730（1350）	640（1185）	11（20）	665（1230）	7
Cr 系列								
50B40	G50401	—	830（1525）[②]	740（1365）	670（1240）	11（20）	675（1245）	6
50B44	G50441	—	830（1525）[②]	740（1365）	670（1240）	11（20）	675（1245）	6
5046	G50460	—	830（1525）[②]	755（1390）	655（1220）	11（20）	665（1230）	4.5
50B46	G50461	—	830（1525）[②]	740（1365）	670（1240）	11（20）	675（1245）	6
50B50	G50501	[⑪]	—	—	—	—	—	—
50B60	G50601	[⑪]	—	—	—	—	—	—
5115	G51150	[⑯]	—	—	—	—	—	—

（续）

钢号		备注	退火加热温度	传统慢冷工艺			等温冷却工艺	
AISI	UNS			开始冷却温度①	结束冷却温度	冷却速率	温度①	保温时间
			/℃（℉）	/℃（℉）	/℃（℉）	/℃/h（℉/h）	/℃（℉）	/h
Cr 系列								
5117	G51170	⑯	—	—	—	—	700（1290）③	8
5120	G51200	⑯	800（1475）②	—	—	—	675（1245）	10
5130	G51300	—	845（1555）②	755（1390）	670（1240）	11（20）	675（1245）	6
5132	G51320	—	845（1555）②	755（1390）	670（1240）	11（20）	675（1245）	6
5135	G51350	—	830（1525）②	740（1365）	670（1240）	11（20）	675（1245）	6
5140	G51400	—	830（1525）②	740（1365）	670（1240）	11（20）	675（1245）	6
5150	G51500	—	830（1525）②	705（1300）	650（1200）	11（20）	675（1245）	6
5155	G51550	—	830（1525）②	705（1300）	650（1200）	11（20）	675（1245）	6
5160	G51600	—	830（1525）②	705（1300）	650（1200）	11（20）	675（1245）	6
51B60④	G51601							
Cr-V 系列								
6118	G61180	⑰	825（1625）	—	—	—	690（1275）	4
6150	G61500	—	830（1525）	760（1400）	675（1245）	8（15）	675（1245）	10
Si-Mn 系列								
9254	G92540	—	—	—	—	—	—	—
9260	G92600	—	860（1575）	760（1400）	705（1300）	8（15）	660（1225）	6

① 从退火温度迅速冷却至该温度。

② 当工件厚度为 1in，保温时间不至少 1h，工件厚度每增加 1in，保温时间增加 30min。

③ 锻造或轧制后，采用正火和等温退火能有效地改善切削加工性能。

④ 直接加热至该温度。

⑤ 等温过程的退火温度是 870℃ （1600℉）。

⑥ 在航空件的热处理中，加热至 845℃ （1555℉），以不超过 110℃/h（200℉/h）的冷却速度冷却至低于 400℃ （750℉）。

⑦ 可采用本章节文字所介绍的循环退火工艺。

⑧ 在航空件的热处理中，加热至 845℃ （1555℉），以不超过 95℃/h（170℉/h）的冷却速度冷却至低于 540℃ （1000℉）。

⑨ 在航空件的热处理中，加热至 830℃ （1525℉），以不超过 95℃/h（170℉/h）的冷却速度冷却至低于 540℃ （1000℉）。

⑩ 与正火或退火相比，球化退火处理是改善机加工或制造的首选方案。

⑪ 对于这类合金钢，球化退火处理比完全退火更好。

⑫ 在航空件的热处理中，在 845℃ （1555℉）退火，以不超过 95℃/h（170℉/h）的冷却速度冷却至低于 425℃ （795℉）。

⑬ 这是球化退火处理工艺相同的工艺。

⑭ 在航空件的热处理中，在 845℃ （1555℉）退火。

⑮ 在航空件的热处理中，在 845℃ （1555℉）退火，以不超过 95℃/h（170℉/h）的冷却速度冷却至低于 54℃ （1000℉）。

⑯ 这类合金钢通常不需要进行完全退火。正火或亚临界退火能够有效改善切削加工性能。锻造或轧制后可进行等温退火处理。

⑰ 该合金钢采用正火能获得优良的切削加工性能。

1. 合金元素对相图的影响

添加合金元素能改变相图，从而改变钢的相变过程。通常，可以将合金元素分为奥氏体稳定化元素和铁素体稳定化元素两大类，每大类又可进一步细分为两种类型（见图 2-29）：

1）Ⅰ型奥氏体稳定化元素。这类合金元素为完全扩大奥氏体区的元素，通过降低 α-γ 转变温度和提高 γ-δ 转变温度，扩大奥氏体稳定温度区间。这类合金元素在缩小 α 或 δ 相区时，不形成富铁的化合物（或合金元素的固溶体）。γ+δ 两相区一直提高到熔化温度范围，而 α+γ 两相区一直降低到室温，

这类合金元素有锰、镍和钴。

2）Ⅱ型奥氏体稳定化元素。这类合金元素仅部分缩小 α 或 δ 相区，除了与铁形成化合物（或合金元素的固溶体），为部分扩大奥氏体区元素外，其余与Ⅰ型奥氏体稳定化元素相同，这类合金元素有铜、锌、金、氮和碳。

3）Ⅰ型铁素体稳定化元素。这类合金元素将奥氏体限制在一个狭窄的温度范围内，最后使奥氏体完全消失。奥氏体相区完全被两相区（α+γ 或 γ+δ）连续包围封闭，这类合金元素有硅、铬、钨、钼、磷、钒、钛、铍、锡、锑、砷和铝。

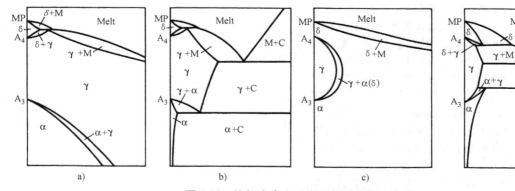

图 2-29 按钢中合金元素对相图的影响分类

a）Ⅰ型奥氏体稳定化元素（Mn, Ni, Co） b）Ⅱ型奥氏体稳定化元素（Cu, Zn, Au, N, C）

c）Ⅰ型铁素体稳定化元素（Si, Cr, Mo, P, V, Ti, Be, Sn, Sb, As, Al）

d）Ⅱ型铁素体稳定化元素（Ta, Zr, B, S, Ce, Nb）

4）Ⅱ型铁素体稳定化元素。除形成金属间化合物或除形成 α-Fe 和 γ-Fe 部分被两相区封闭外，其余与Ⅰ型铁素体稳定化元素相同，这类合金元素有钽、锆、硼、硫、铈和铌。

在上面所介绍的合金元素中，有两种合金元素（Cr 和 Co）对钢的影响特别有趣。当 Cr 含量不大于 8% 时，降低 α-γ 转变的温度范围；但如进一步提高 Cr 含量，则会提高 α-γ 转变的温度范围。然而，在 Cr 含量不大于 8% 时，降低 γ-δ 的相变温度的速度比降低 α-γ 的相变温度的速度要快。因此，可以说铬均匀缩小奥氏体稳定范围。

钴的行为正好相反，在钴含量很低时，提高 α-γ 转变温度，但它实际上是扩大奥氏体温度范围。

2. 合金元素对淬透性的影响

钢中的合金元素对淬透性有两个基本作用，第一，也是最重要的，在给定的性能要求的条件下，可以降低钢的碳含量。由于减少了碳含量，会降低钢的淬透性，但这可以很容易通过添加合金元素得到补偿。降低钢的碳含量还可以有效地降低钢的淬火开裂敏感性。其原因是低碳马氏体形成的温度范围更高，塑性更高。几乎很难看到碳含量为 0.25% 或更低的钢出现淬火开裂现象。随钢中碳含量不断增加，钢的淬火开裂敏感性增大。

合金元素对淬透性的第二个作用是，对给定的工件尺寸的情况下，可以采用较慢的冷却速率，降低工件的温度梯度，从而降低了淬火应力。值得注意的是，由于淬火裂纹与存在的淬火应力的大小和方向有关，因此降低某方向的应力可能并不一定是完全有益的。为防止产生裂纹，淬火应为压应力或相对较低的拉应力。一般来说，使用较温和且适合钢的淬透性的淬火冷却介质，有助于降低工件变形

和免除开裂。

此外，通过合金化提高了钢的淬透性，可对钢实现贝氏体等温淬火或马氏体分级淬火，以保证在回火前，使工件中有害的残余应力降低到最小。在贝氏体等温淬火中，工件快速冷却至下贝氏体区间进行保温，使工件的整个截面完全转变为贝氏体组织。由于相变在相对较高的温度进行，相变过程相对缓慢，相变造成的应力相对较低，变形达到最小。

在分级淬火中，工件快速冷却至略高于马氏体开始转变温度（Ms）的温度，保温至工件温度均匀，然后缓慢冷却（通常空冷）通过马氏体转变区间。该工艺或多或少使马氏体在整个工件同时形成，保证使相变应力保持在一个非常低的水平，从而减少变形和避免开裂的危险。

低合金钢的淬透性与钢中合金元素种类、数量、钢的碳含量和奥氏体晶粒尺寸有关。合金元素对淬透性的定量影响也可以根据合金钢的成分进行计算。这些定量方法通常是基于钢的端淬淬透性试验数据和/或 Grossmann 理想临界直径，即棒材试样中间淬火得到 50% 马氏体组织的直径，假设理想淬火的散热率是受金属的热扩散系数控制。

采用单独添加或复合添加这些合金元素，构成了具有类似性能，但属不同合金系列的合金钢。与合金元素量添加量较大，但仅为一两个元素添加相比，采用少量多元添加合金元素对淬透性的提高更为显著有效。在合金元素的作用中，还存在有交互作用。例如，钼是非常有效提高淬透性的元素，但如有铬的存在，则会降低对淬透性的影响；而镍的存在会增强对淬透性的影响。

因为碳含量对钢的硬度和淬透性均有影响，选择淬火强化的合金钢应考虑其钢的碳含量。碳含量

对 6 种主要低合金系列钢的淬透性（理想临界直径）的影响如图 2-30 所示。提高碳含量增加钢的淬透性，但对不同系列的钢提高的速率不同。合金元素对淬透性的影响也随碳含量变化而改变。在某些情况下，低淬透性高碳合金钢比高淬透性的低碳合金钢具有更好的淬透性。

图 2-31 为低合金钢中 5 种碳含量为 0.40%，保证淬透性钢（H-钢）的端淬火曲线上的最低淬透性带。可以从曲线开始端斜率的变化和曲线拐点右移分析钢的淬透性的变化，钢的淬透性随底部曲线至顶部曲线逐步提高。曲线上的拐点近似等于试棒上产生 50% 马氏体转变的距离。

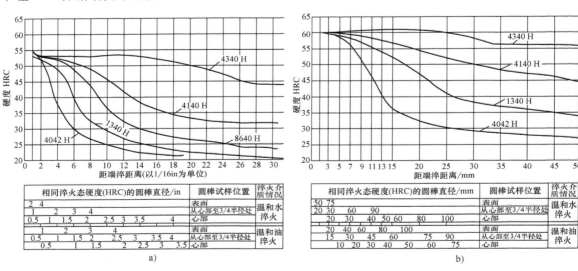

图 2-30　碳含量对理想临界直径的影响

图 2-31　不同牌号名义碳含量为 0.40% 的低合金 H-钢的淬透性带
a）最低硬度限制曲线图（上部）和列表数据（下部）　b）最高硬度限制曲线图（上部）和列表数据（下部）

理想临界直径方法和端淬试验方法只是采用的试样尺寸不同，但实质上对马氏体形成冷却速率的表述是等价的。这种等价使得可以将理想临界直径转换端淬试样上不同位置上的每个点的硬度比。该表建立了碳的硬度因子等同的理想的临界直径（D_I）与对应的端淬淬透性曲线上的相对位置的关系。

例如，根据某钢的理想临界直径计算端淬火曲线。第一步是根据钢的碳含量确定可得到的最高硬度（见表 2-25）。然后将该最高硬度除以初始硬度/距离硬度（IH/DH）比率（2013 年出版的 ASM 手册第 4A 卷《钢的热处理基础和过程》第 74 页上的表 14），得到已经计算出的 D_I。

下面为计算 D_I 等于 1.7in，碳含量为 0.20% 钢的端淬透性曲线步骤。根据表 2-25，确定当碳含量 0.20% 时，钢的最高硬度为 44HRC；随后在相应表格中的 D_I 列找到 1.7in 的行，找到并利用该行相关数据，计算曲线上各点处的硬度值。

表 2-25　碳的硬度因子

℃（%）	硬度 HRC	℃（%）	硬度 HRC	℃（%）	硬度 HRC
0.10	38	0.27	49	0.44	58
0.11	39	0.28	49	0.45	58
0.12	40	0.29	50	0.46	59
0.13	40	0.30	50	0.47	59
0.14	41	0.31	51	0.48	59
0.15	41	0.32	51	0.49	60
0.16	42	0.33	52	0.50	60
0.17	42	0.34	53	0.51	60
0.18	43	0.35	53	0.52	61
0.19	44	0.36	54	0.53	61
0.20	44	0.37	55	0.54	61
0.21	45	0.38	55	0.55	61
0.22	45	0.39	56	0.56	61
0.23	46	0.40	56	0.57	62
0.24	46	0.41	57	0.58	62
0.25	47	0.42	57	0.59	62
0.26	48	0.43	58	0.60	62

1）J1（端淬 1/16in 处）处硬度 = 44/1HRC = 44HRC。

2）J2 处硬度 = 44/1.04HRC = 42HRC。

3）J3 处硬度 = 44/1.18HRC = 37HRC。

4）J4 处硬度 = 44/1.43HRC = 31HRC。

……

反之，也可利用这些表，根据钢的碳含量、硬度和末端淬透性等效冷却速率（J_{ec}），求得近似的 D_I 值。例如，考虑 0.30%C 钢的齿轮，节线心部具有与 J5 的等效冷却速率。如果测量齿轮节线心部的硬度 33HRC，则：

$$IH/DH = 50/33 = 1.51,$$

由此可得到 D_I 为 1.9in。

采用这些表进行计算的准确性受到用于计算 D_I 值的乘积因子的限制。此外，采用 IH/DH 比的方法预测 C-Mn-B 钢的淬透性曲线的吻合度不理想。

3. 合金元素作用小结

低合金钢中的主要合金元素是锰、铬、镍、钼、钒、硅。下面对每个元素的一般作用，及钢中其他常见元素进行小结。

（1）锰　通过降低相变点温度，提高钢的淬透性，通过阻止碳化物聚集，防止晶粒长大，提高回火硬度。主要功能是形成对性能无害，但有利于可加工性的硫化物；以适中的成本提高钢的淬透性；生产高碳奥氏体钢；生产低碳 Cr-Ni-Mn 奥氏体钢，与 300 系列不锈钢形成竞争。锰提高铁素体的强度，但降低其塑性。锰的其他性能还包括：

1）在纯 γ 铁中的最大固溶度：无限。

2）在纯 α 铁中的最大固溶度：在 245℃（475℉）温度约 10%。

3）形成碳化物能力：略大于铁，小于铬。

4）中等提高钢的淬透性：在一般含量范围，提高钢的淬透性大于镍，与铬相当。对高碳钢，由于锰显著影响 *Ms* 温度，淬火后的残留奥氏体数量多。

（2）铬　主要作用是提高钢的抗腐蚀、抗氧化性和淬透性；具有提高高温强度和高碳钢的耐磨性。铬的其他性能还包括：

1）最大固溶度：在纯 γ 铁中约为 12.0%；在约 0.5%C 的奥氏体中约为 20%。

2）纯 α 铁中固溶度：无限。

3）形成碳化物能力：大于锰，小于钨。

4）中等提高钢的淬透性：在含量小于或等于 1%时，与提高淬透性成正比，其效果与锰相当。回火过程中，形成适中碳化物，具有一定回火稳定性。

（3）镍　主要功能是与高铬形成奥氏体组织；使钢具有中等或高淬透性（取决于其他元素），具有相对低的奥氏体化加热温度；通过回火，使钢提高钢的韧性，尤其是低温韧性；提高珠光体-铁素体钢的韧性。此外，得到高铁镍合金，使钢具有特殊的热膨胀和磁性性能。镍的其他性能包括：

1）在纯 γ 铁中最大固溶度：无限。

2）纯 α 铁中最大固溶度：约 25%～30%，当含碳量较高时，仍存在于铁素体中。

3）碳化物形成能力：比铁低；促进石墨化形成。

4）中等提高钢的淬透性：有利于提高对快冷不敏感成分钢的淬透性。在中碳和高碳钢中，当镍的含量达到一定时，镍增加淬火态残留奥氏体的数量。它在铁素体中，即使高含碳，也具有很高的固溶度，因此可用于不进行淬火强化钢的固溶强化。

（4）钼　主要作用是细化奥氏体晶粒，显著提高淬透性，提高钢的高温强度和蠕变强度，提高不锈钢的耐蚀性，尤其是在氯溶液中耐蚀性。钼的其他性能包括：

1）在纯 γ 铁中的最大固溶度：当碳含量为 0.25%～0.30%时，固溶度约 3%；奥氏体中的最大的固溶度约为 8%。

2）在纯 α 铁最大固溶度：大约 32%。随温度降低，固溶度下降；在时效强化过程中，析出 Fe_3Mo_2。

3）碳化物形成能力：与铬或钨相比，为更易形成碳化物元素；具有抗回火软化和二次硬度效应。与含钨强化的钢相比，在钨含量要求更高的情况下，钼产生二次硬度温度稍低。

4）当固溶于钢中，大大提高钢的淬透性：当含量不大于 1%时，显著提高钢的淬透性，其效果比铬或钨更高。

（5）磷　主要功能是强化低碳钢，提高钢的抗腐蚀性能，进一步改善高硫易切削钢的可加工性，在有些塑性要求高的高碳钢中，磷被限制低于 0.05%。磷可能造成材料产生回火脆性。磷的其他性能包括：

1）在纯 γ 铁中最大固溶度：大约 0.5%。

2）在纯 α 铁最大固溶度：约 2.5%；不随碳含量增加而降低。

3）碳化物形成能力：不形成碳化物。

4）提高淬透性能力：即使含量很低时，提高淬透性能力极高。不清楚对淬火后残留奥氏体增加的影响。当在铁素体中的固溶含量在约 0～0.20%范围，对铁素体固溶强化效果显著。

（6）硅　广泛用于低碳硅钢，获得所需的晶体取向和提高钢的电阻率；在耐热钢中提高抗氧化能力；当钢不含其他非石墨化元素时，能适中提高钢的淬透性；提高淬火加回火钢和强度，提高对塑性要求不高的珠光体钢的强度；是一个通用脱氧剂。硅的其他性能包括：

1）在纯 γ 铁最大固溶度：大约 2%；如碳含量约 0.35%，奥氏体的最大固溶度约为 9%。

2）在纯 α 铁最大固溶度：大约 18.5%；即使钢中有碳的存在，固溶度仍然很高。

3）碳化物形成能力：不形成碳化物；促进石墨化。

4）提高淬透性能力：中等；少量提高残留奥氏体数量。

5）相当有效强化铁素体元素：比锰效果更高，但远低于磷；当含量在小于 1% 范围，在提高强度的同时，会对塑性有所降低。

（7）钛 主要作用是固定钢中的碳元素，降低钢的马氏体硬度，降低中铬钢特别是在焊接时的淬透性；防止高铬钢中的奥氏体的形成；对奥氏体不锈钢在高温下，起固碳作用，防止晶间形成碳化铬，造成晶界贫铬，产生晶间腐蚀；在含镍奥氏体高温合金中，作为沉淀硬化元素。钛也是脱氧剂。钛的其他性能包括：

1）在纯 γ 铁最大固溶度：大约为 0.75%；当在约 0.18%C 的钢中，在奥氏体固溶度增加约 1.0%。

2）在纯 α 铁最大固溶度：大约为 6%。当钛约 7% 时，由于固溶度降低和析出铁-钛化合物，使其成为强沉淀硬化铁素体的铁钛合金。

3）碳化物形成能力：除铌外，是碳化物形成能力最强的合金元素。即使钢中钛含量很低，也明显能降低奥氏体的碳含量，含钛 1.5% ~ 2.0% 和含碳 0.50% 的钢几乎无法进行淬火强化。对含钛 1%，和含碳 0.2% 的合金进行高温淬火，由于有少量的钛和碳固溶在钢中，淬火得到的马氏体很难通过回火降低硬度，但钢的二次硬化效果小于含钼和含钨的钢。当钛固溶于钢中，对淬透性的贡献是相当大，但在碳含量较高的钢中，可固溶的钛是微量的，因此钛对整体淬透性的影响通常是被抵消掉了。形成稳定的碳化物，阻止了晶粒长大，从而降低了钢的淬透性。

（8）钨 主要作用是用于在工具钢中形成高硬度、高耐磨、高稳定碳化物；开发出在淬火加高温回火后具有高温硬度的钢，在有些高温合金中，能提高高温蠕变强度。钨的作用通常与钼相似。钨的其他性能包括：

1）在纯 γ 铁中最大固溶度：约 6%；当钢的碳含量约 0.25% 时，在奥氏体的固溶度增加到 11% 左右。

2）在纯 α 铁中最大固溶度：约 32%，随温度下

降，固溶度减少；在时效强化中，会析出 Fe_3W_2 相。

3）碳化物形成能力：强碳化物形成元素；当钨的质量分数为钼的两倍时，碳化物形成能力比钼略高。形成特殊碳化物，提高钢的回火稳定性。

4）提高淬透性能力：当固溶于基体时，明显提高淬透性能力；少量添加效果更加明显。

（9）钒 主要功能是细化奥氏体晶粒，提高奥氏体化温度；当部分钒溶解于基体，提高钢的淬透性和回火稳定性，在中等含量条件下，提高二次硬化效应。钒的其他性能包括：

1）在纯 γ 铁中最大固溶度：约 1% ~ 2%；当碳含量增加到约 0.2%，在奥氏体固溶度增加到大约 4%。

2）在纯 α 铁中最大固溶度：即无限固溶；当 V 含量达到 30% 以上，可能形成 FeV 化合物；时效硬化与 Fe-Cr 体系中的 σ 相类似。

3）碳化物形成能力：很强，但低于钛或铌。在高温下，可固溶足够的碳和钒，在回火过程中，会形成非常有效的特殊碳化物，造成明显二次硬化效果。因为只有在进一步提高温度，含钒钢才出现晶粒粗化。因此富钒碳化物有明显阻碍奥氏体晶粒长大，细化晶粒的作用。

4）提高淬透性能力：当少量固溶于基体，具有明显提高淬透性的作用。

2.2.3 锰系低合金钢

锰系低合金钢包括四个主要中碳中淬透性合金钢牌号（1330、1335、1340 和 1345），其中 1345 现已不再是一个常用的合金钢牌号。1320 低碳钢已于 1956 年不再是标准的 SAE 牌号。

图 2-32 为部分锰系低合金钢的等温转变图，四种常用锰系低合金钢近似相变点（Ar_1、Ac_1、Ac_3、Ar_3 和 Ms）被列于表 2-21。因为均为亚共析钢，提高钢的碳含量，会降低相变点温度。

为达到最佳可加工性，锰系低合金钢应在机加工前进行退火（或正火）处理。如果是经过锻造或轧制的钢件，在退火前推荐先进行正火处理。这些合金钢亚临界退火或中间退火温度通常为 595 ~ 650℃（1100 ~ 1200℉）。如退火的目的仅为消除应力，可选择较低的温度范围。

表 2-24 为钢的典型完全退火工艺，有慢冷工艺和等温两种退火工艺。两种退火工艺的第一步均是加热到表中的退火加热温度，通常，最少保温时间按工件首个 25mm（1in）厚度保温 1h，每增加 25mm（1in），保温时间增加 30min。在慢冷工艺中，快冷至开始冷却温度，然后慢冷至结束冷却温度。在等温退火工艺中，快冷至等温温度并按要求的保温时间进行保温。在慢冷工艺慢冷至结束冷却温度

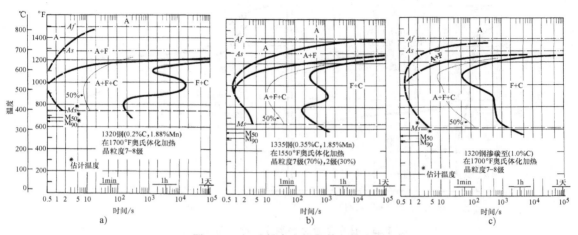

图 2-32　锰系低合金钢的等温转变图

a）1320 钢　b）1335 钢　c）1320 碳含量为 1.0%钢渗碳

或等温工艺保温时间结束后，继续冷却至室温的冷却速率并不是关键的控制参数，但通常也会以合理的冷却速率冷却，以避免工件引起残余热应力。

表 2-22 为钢的典型的球化退火工艺。1330 和 1335 为两个碳含量相对较低的钢，可采用慢冷后进行等温两步的球化退火工艺。该工艺先加热到 750℃（1380℉），迅速冷却到 730℃（1350℉）；以 6℃/h（10℉/h）缓慢冷却至 640℃（1185℉）保温 10h，最后在空气中冷却到室温。

表中的两个碳含量较高的钢也可采用慢冷工艺和等温两种退火工艺。慢冷工艺为先加热到 750℃（1380℉），迅速冷却到 730℃（1350℉）；以 6℃/h（10℉/h）缓慢冷却至 610℃（1130℉），而后在空气中冷却到室温。等温工艺为加热到 750℃（1380℉），迅速冷却到 640℃（1185℉）保温 8h，而后在空气中冷却到室温。

表 2-23 给出了钢的典型正火温度。采用更高的正火温度（超过规定的正火温度 55℃，或 100℉）可缩短保温时间，提高偏析合金钢的组织均匀。也可采用偏低的正火温度（低于规定的正火温度 28℃，或 50℉），但想达到所需的要求，需要增加保温时间。为达到最佳可加工性，锰系低合金钢在机加工前需进行正火（或退火）处理。

通常，正火保温时间可按 1h/in 进行计算，但对很高碳含量的钢或易出现合金元素偏析的钢，可增加保温时间，正火保温时间还与正火温度有关。当工件心部低于 Ar_1 温度，可提高冷却速率，以减少总冷却时间。

锰系低合金钢的淬透性略低于铬系低合金钢（50xx）。可提高锰系低合金钢的碳含量，增加钢的淬透性至铬系低合金钢（50xx）基本相同。图 2-33 为锰系低合金钢的端淬曲线，图 2-34 为锰系和铬系 2 种钢的连续冷却转变图。

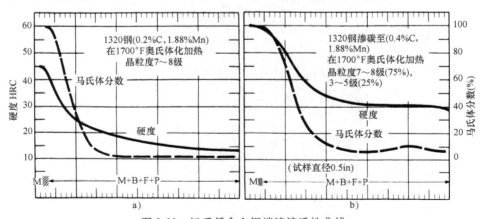

图 2-33　锰系低合金钢端淬淬透性曲线

a）1320 钢　b）1320 钢渗碳至碳含量 0.4%

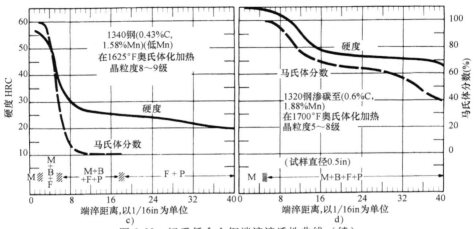

图 2-33　锰系低合金钢端淬淬透性曲线（续）

c）1340 钢（低锰）　d）1320 钢渗碳至碳含量 0.6%

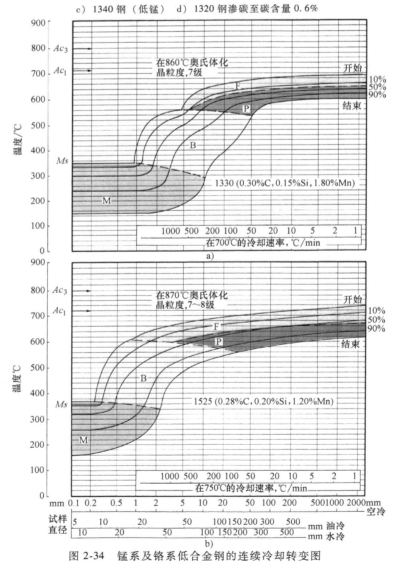

图 2-34　锰系及铬系低合金钢的连续冷却转变图

a）1330 钢　b）1525 钢

典型锰系低合金钢的奥氏体化淬火加热温度如下：

AISI 钢号	温度	
	℃	℉
1330	860	1580
1335	855	1570
1340	830	1525
1345	830	1525

锰系低合金钢的淬火温度大致与退火温度相同。建议该类钢的锻件或轧制工件在淬火前进行正火处理。

与中等淬透性钢相同，锰系低合金钢通常是采用油进行淬火，较厚的工件可采用水或盐水进行淬火。但与水或盐水接触后，该类钢易出现氧化生锈。由于1340 和 1345 钢碳含量较高，淬火开裂的敏感性也随之增加。因此该类钢易出现淬火开裂。如果工件存在有锐角或尺寸变化大，淬火时必须小心注意。

上述钢均有保证淬透性的牌号供货（1330H、1335H、1340H 和 1345H）。表 2-26 列出了四个牌号 13xxH 钢的端淬淬透性上限和下限数据。图 2-35 为端淬淬透性曲线，正如所料，随碳和锰的增加，钢的淬透性提高。当钢的碳含量从 1330 钢提高到 1345 钢，钢的理想临界直径从 30mm 增加到 40mm（从 1.2in 增加到 1.6in）。

表 2-26 锰系低合金保证淬透性钢（13xxH 钢系列）和锰-碳钢（15xxH 钢系列）的端淬淬透性上下限对比
（单位：HRC）

端淬距离，以 1/16in 为单位	1330H max	1330H min	1335H max	1335H min	1340H max	1340H min	1345H max	1345H min	1541H max	1541H min	15B30H max	15B30H min	15B35H max	15B35H min	15B41H max	15B41H min
1	56	49	58	51	60	53	63	56	60	53	55	48	58	51	60	53
2	56	47	57	49	60	52	63	56	59	50	53	47	56	50	59	52
3	55	44	56	47	59	51	62	55	57	44	52	46	55	49	59	52
4	53	40	55	44	58	49	61	54	55	38	51	44	54	48	58	51
5	52	35	54	38	57	46	61	51	52	32	50	32	53	39	58	51
6	50	31	52	34	56	40	60	44	48	27	48	22	51	28	57	50
7	48	28	50	31	55	35	60	38	44	25	43	20	47	24	57	49
8	45	26	48	29	54	33	59	35	39	23	38	—	41	22	56	48
9	43	25	46	27	52	31	58	33	35	23	33	—	—	—	55	44
10	42	23	44	26	51	29	57	32	33	22	29	—	30	20	55	37
11	40	22	42	25	50	27	56	31	—	—	27	—	27	—	54	32
12	39	21	41	24	48	27	55	30	32	21	26	—	27	—	53	28
13	38	20	40	23	46	26	54	29	—	—	25	—	—	—	52	26
14	37	—	39	22	44	25	53	29	31	20	24	—	26	—	51	25
15	36	—	38	22	42	25	52	28	—	—	23	—	—	—	50	25
16	35	—	37	21	41	24	51	28	30	—	22	—	25	—	49	24
17	—	—	—	—	—	—	—	—	—	—	—	—	—	—	—	—
18	34	—	35	20	39	23	49	27	30	—	20	—	—	—	46	23
19	—	—	—	—	—	—	—	—	—	—	—	—	—	—	—	—
20	33	—	34	—	38	23	48	27	29	—	—	—	24	—	42	22
21	—	—	—	—	—	—	—	—	—	—	—	—	—	—	—	—
22	32	—	33	—	37	22	47	26	28	—	—	—	—	—	39	21
23	—	—	—	—	—	—	—	—	—	—	—	—	—	—	—	—
24	31	—	32	—	36	22	46	26	26	—	—	—	22	—	36	21
25	—	—	—	—	—	—	—	—	—	—	—	—	—	—	—	—
26	31	—	31	—	35	21	45	25	—	—	—	—	—	—	34	20
27	—	—	—	—	—	—	—	—	—	—	—	—	—	—	—	—
28	31	—	31	—	35	21	45	25	—	—	—	—	20	—	33	—
29	—	—	—	—	—	—	—	—	—	—	—	—	—	—	—	—
30	30	—	30	—	34	20	45	24	—	—	—	—	—	—	31	—
31	—	—	—	—	—	—	—	—	—	—	—	—	—	—	—	—
32	30	—	30	—	34	20	45	24	—	—	—	—	—	—	31	—

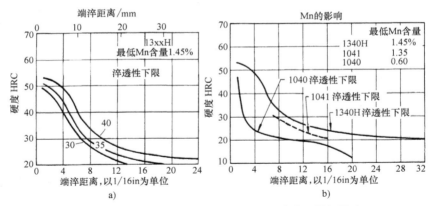

图 2-35 合金元素对 13xxH 锰钢端淬火曲线下限的影响

a）碳的影响（通过 13xxH 钢号后两位数字表示） b）锰的影响

（1）回火 根据硬度，在 200～650℃（400～1200℉）温度范围回火。由于在室温下淬火马氏体组织存在较高的应力，有潜在开裂的风险，因此 1340 和 1345 钢淬火后应立即进行回火。

通过推迟碳化物的聚集，防止基体铁素体晶粒长大，锰提高回火马氏体的硬度。回火马氏体的硬度随钢中锰含量的增加而提高。图 2-36 为 1330 钢回火温度对硬度的影响。表 2-27 为工件的质量对硬度和拉伸性能的影响。

（2）马氏体分级淬火 因为 13xx 钢具有淬火开裂风险，因此采用马氏体分级淬火是一种理想淬火工艺。由于该类钢淬透性中等，因此马氏体分级淬火受到一定的限制。该类钢马氏体分级淬火的最大厚度约为 16～19mm（⅝～¾in）。该工艺可降低淬火和马氏体相变的内应力，提高了钢的抗冲击性能。

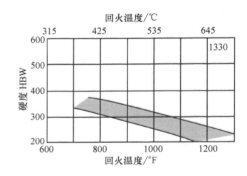

图 2-36 回火温度对锰系低合金钢的硬度的影响

注：1330 钢采用 870℃（1600℉）温度奥氏体化加热和淬油，采用不同回火温度回火后的表面硬度范围。工件断面尺寸 11mm（7/16in）

表 2-27 1340 钢的工件质量对力学性能的影响

工艺条件	试样直径		抗拉强度		屈服强度		延伸率[①]	断面收缩率	硬度/
	mm	in	MPa	ksi	MPa	ksi	（%）	（%）	HB
退火［加热至 800℃（1475℉），按 11℃/h（20℉/h）冷却速率炉冷至 600℃（1110℉）；而后空冷］	25	1	703	102	434	63	25.5	57.3	207
正火（加热到 870℃（1600℉），而后空冷）	13	0.5	910	132	565	82	20.0	51.0	269
	25	1	834	121	558	81	22.0	62.9	248
	50	2	827	120	524	76	23.5	61.0	235
	100	4	827	120	496	72	21.7	59.2	235
在 830℃（1525℉）奥氏体化加热，淬油；在 540℃（1000℉）回火	13	0.5	979	142	910	132	18.8	55.2	285
	25	1	951	138	834	121	19.2	57.4	285
	50	2	827	120	579	84	21.2	60.7	248
	100	4	800	116	572	83	21.7	57.9	241
在 830℃（1525℉）奥氏体化加热，淬油；在 595℃（1100℉）回火	13	0.5	876	127	814	118	21.0	57.9	255
	25	1	814	118	676	98	21.7	60.1	241
	50	2	752	109	565	82	24.7	64.3	217
	100	4	710	103	490	71	25.5	64.5	217

（续）

工　艺　条　件	试样直径		抗拉强度		屈服强度		延伸率[①]	断面收缩率	硬度/
	mm	in	MPa	ksi	MPa	ksi	（%）	（%）	HB
在830℃（1525℉）奥氏体化加热，淬油；在650℃（1200℉）回火	13	0.5	814	118	745	108	22.1	59.5	241
	25	1	772	112	662	96	23.2	62.4	229
	50	2	731	106	552	80	25.5	66.2	217
	100	4	703	102	496	72	26.0	64.8	212

① 试样直径为50mm（2in）

　　将钢加热到奥氏体化淬火温度，然后迅速冷却至略高于 Ms 点的温度，保温直到工件的内外温度均匀（小于10s）。根据钢的等温转变特点，通常随碳含量提高，保温时间增加。如果钢在分级淬火温度保温时间过长，可能会出现不希望得到的贝氏体组织。为防止出现工件内外过大的温度梯度，工件在空气中，以中等冷却速率冷却。在完成了马氏体分级淬火后，应进行回火处理。

　　改进的马氏体分级淬火为淬火（从奥氏体化温度）冷却到略低于 Ms 点，保温到工件的内外温度均匀（因为在 Ms 点以下等温，奥氏体不会转变为下贝氏体组织，因此该工艺保存时间不是关键工艺参数）。为防止出现工件内外过大的温度梯度，工件在空气中以中等冷却速率冷却。

　　马氏体分级淬火工件的回火与常规淬火工件的回火基本相同，但由于马氏体分级淬火工件内应力大大降低，因此与常规淬火工件的回火不同的是，淬火后转移至回火工艺过程中的停留时间不是关键因素。可根据钢的等温转变图，确定选择马氏体分级淬火工艺。

　　（3）贝氏体等温淬火　13xx钢有淬火开裂的危险，采用贝氏体等温淬火工艺是适合的。由于这类钢的时间-温度转变图上的"鼻尖"温度位置和 Ms 温度较高的特点，使得该类钢有足够的时间完成奥氏体向贝氏体转变。

　　该工艺由以下几步组成：

　　1）加热到奥氏体化温度。

　　2）淬入高于 Ms 温度的恒温淬火槽中。

　　3）等温转变为贝氏体组织（用等温转变曲线估计保温时间）。

　　4）在空气中冷却到室温。

　　贝氏体等温淬火后不需要进行回火。可以根据等温转变图，近似确定等温所需时间。基于1335和1340钢的等温转变图，1340钢的转变时间大约是1335钢的4倍。

　　（4）渗碳、碳氮共渗　由于锰会降低 Ms 温度，导致产生残留奥氏体组织，因此锰系低合金钢不适合进行渗碳处理。由于四个锰系低合金钢（1330、1335、1340和1345）碳含量较高，因此也不适合进行渗碳处理。

　　可以对锰系低合金钢进行碳氮共渗处理，得到0.3~0.5mm（0.010~0.020in）高硬度的硬化层。工件经在790~815℃（1455~1555℉）温度碳氮共渗后，直接从碳氮共渗温度淬入油中。大多数碳氮共渗工件服役前没有进行回火；如碳氮共渗工件需要进行回火，通常在150~260℃（300~500℉）温度进行。

2.2.4　钼系低合金钢

　　钼系低合金钢由低碳40xx、中碳40xx和低碳44xx三个子系列组成。图2-37为部分牌号钢的等温转变图，其钢的近似相变临界点（Ar_1、Ac_1、Ac_3、Ar_3、Ms）也在表2-21中列出。由于所有的钼系低合金钢均为亚共析合金钢，随钢中碳含量增加，相变临界点降低。

　　在低碳40xx牌号中，为改善钢的可加工性，除4024钢和4028钢添加稍多的硫外，其余分别与4023钢和4027钢相同。所有的40xx牌号的钢（低碳和中碳）的唯一区别是碳含量，钢中其余的合金元素锰、钼、磷、硅相同。44xx牌号钢除钼含量高于40xx牌号的钢，钼含量分别为0.35%~0.45%和0.20%~0.30%，其余合金元素完全相同。钼系低合金钢有保证淬透性H-钢供货，其牌号主要有4027H、4028H、4037H、4042H和4047H。

　　该系列钢的亚临界退火或中间退火温度在595~650℃（1100~1200℉）范围，退火冷却采用空冷。除非进行了大变形量冷加工外，通常对4422钢和4427钢进行中间退火，能很好达到要求。

　　表2-24还包括有各种牌号钼系低合金钢典型完全退火工艺。采用4037钢生产航空零件的热处理在该表的脚注中进行了介绍。两种典型退火工艺分别为慢冷工艺和等温工艺，两种退火工艺的第一步均是加热到退火加热温度，工件首个25mm（1in）厚度通常保温时间1h，后每增加25mm（1in），保温时间增加30min。控制炉内慢冷至630~640℃（1170~1185℉）或快速冷却到中间温度660℃（1220℉）进行保温，直至相变转变完成，得到珠光体为主的组织。在慢冷工艺慢冷至结束温度或等温工艺保温时间结束后，继续冷却至室温的冷却速率并不是关键控制参数。

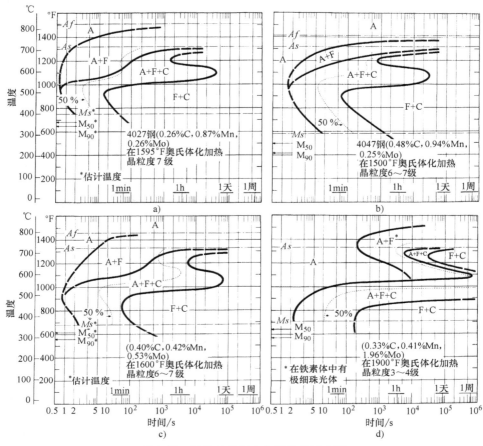

图 2-37　部分钼系低合金钢等温转变图
a) 4027 钢　b) 4047 钢　c) 0.53%Mo 钢　d) 2%Mo 钢

因为 4023 钢和 4024 钢可以通过正火或等温退火（加热到 700℃，或 1290℉，保温 8h 空冷），得到合适的硬度和理想的组织，因此通常该合金的工件经锻造或轧制后，进行正火或等温退火处理，而不采用完全退火处理。除非进行了大变形量的冷加工，4422 钢和 4427 钢也不采用完全退火处理，而可选择采用循环退火工艺。在循环退火工艺中，工件被加热到奥氏体化温度（至少高达渗碳温度），使工件温度达到均匀，迅速冷却到 535～675℃（995～1245℉），保温 1～3h，而后采用炉冷或空冷。

因为低碳钼低合金钢（4023、4024、4422、4427）通过正火或等温退火后，具有很好的冷加工和可加工性，因此通常不进行球化退火处理。由于 4027 钢的碳含量接近中碳钢，所以有时进行球化退火处理。对低碳钼系低合金钢进行球化退火处理，会使钢的硬度降低，机加工时出现黏刀和铁屑过长和断屑难等问题，造成可加工性差。只有在进行了大变形冷加工后，才会对低碳钼低合金钢工件进行

球化退火处理，其球化退火工艺与前面钢号相同。

表 2-22 给出了钢的典型球化退火工艺，每个牌号的钢可采用两种球化退火工艺。第一种工艺为，加热到 775～760℃（1425～1400℉），保温后迅速冷却到 745～730℃（1370～1350℉），按 6℃/h（10℉/h）冷却速率缓慢冷却到 640～630℃（1185～1170℉），而后空冷到室温。第二种工艺（等温工艺）为，加热到 775～760℃（1425～1400℉），保温后迅速冷却到 660～650℃（1220～1200℉）保温 8h，而后空冷到室温。

表 2-23 给出了钢的典型正火工艺，采用 4037 钢生产航空零件的热处理在该表的脚注中进行了介绍。正火温度至少与渗碳温度一样高。含有碳化物形成元素的钢淬火前通常需要进行正火处理。

表 2-28 为典型钼系合金钢的奥氏体化加热淬火温度。因为钼是碳化物形成元素，应该保证奥氏体化加热温度足够高，使所有碳化物都溶解于奥氏体中。

表 2-28　钼系低合金钢奥氏体化加热温度、淬火冷却介质和回火温度

钼系低合金钢		奥氏体化温度		淬火介质[①]	回火温度	
AISI	UNS	℃	℉		℃	℉
4023	G40230	855[②]	1575[②]	油	150~175[③]	300~345[③]
4024	G40240				200~650[④]	400~1200[④]
4027	G40270	855[②]	1570[②]	油或水	150~175[③]	300~345[③]
4028	G40280				200~650[④]	400~1200[④]
4032	G40320	855	1570	油或水	150~175[③]	300~345[③]
					200~650[④]	400~1200[④]
4037	G40370	845	1555	油或水	200~650	400~1200
4042	G40420	845	1555	油或水	200~650	400~1200
4047	G40470	830	1525	油	200~650	400~1200
4422	G44220	925[②]	1700[②]	油	150~175[③]	300~345[③]
					200~650[④]	400~1200[④]
4427	G44270	925[②]	1700[②]	油或水	150~175[③]	300~345[③]
					200~650[④]	400~1200[④]

① 采用水淬火时，必须小心，防止淬火开裂。
② 通常不考虑对这些合金钢进行直接淬火而考虑进行渗碳。
③ 渗碳零件的回火温度。
④ 直接淬火（未渗碳）工件的回火温度，回火至所要求的硬度。

图 2-38 和图 2-39 分别为部分钼系低合金钢的端淬曲线和连续冷却转变图。表 2-29 列出了 40xxH 系列钢的端淬淬透性上下限数据，图 2-40 为合金元素对钢的淬透性的影响。当从 4023 钢改变提高为 4047 钢，理想的临界直径从约 20mm 增加到 25mm（0.8in 增加到 1.0in）。

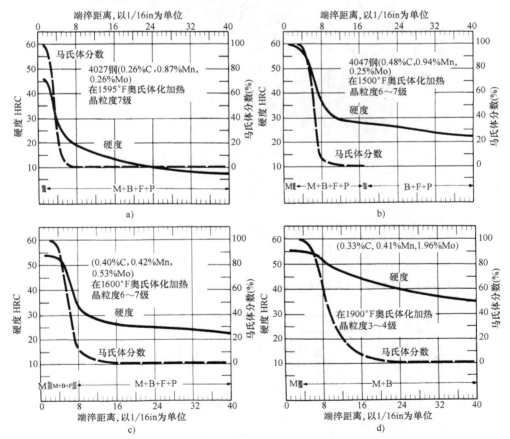

图 2-38　钼系低合金钢端淬淬透性硬化曲线
a）4027 钢　b）4047 钢　c）0.53%Mo 钢　d）2%Mo 钢

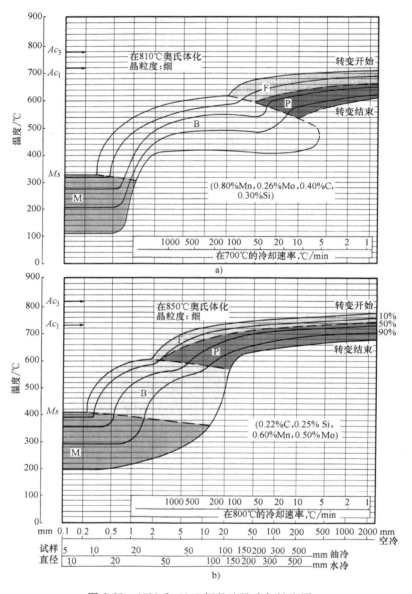

图 2-39 4023 和 4047 钢的连续冷却转变图

表 2-29 钼系低合金保证淬透性钢端淬淬透性上下限硬度值（40xxH 系列）

（单位：HRC）

端淬距离，以 1/16in 为单位	4028H max	4028H min	4027RH max	4027RH min	4032H max	4032H min	4037H max	4037H min	4042H max	4042H min	4047H max	4047H min
1	52	45	51	46	57	50	59	52	62	55	64	57
2	50	40	48	42	54	45	57	49	60	52	62	55
3	46	31	43	34	51	36	54	42	58	48	60	50
4	40	25	37	28	46	29	51	35	55	40	58	42
5	34	22	32	24	39	25	45	30	50	33	55	35*
6	30	20	28	22	34	23	38	26	45	29	52	32
7	28	—	26	20	31	22	34	23	39	27	47	30
8	26	—	24	—	29	21	32	22	36	26	43	28

（续）

端淬距离，以 1/16in 为单位	4028H		4027RH		4032H		4037H		4042H		4047H	
	max	min	max	min	max	min	max	min	max	min	max	min
9	25	—	23	—	28	20	30	21	34	25	40	28
10	25	—	22	—	26	—	29	20	33	24	38	27
11	24	—	22	—	26	—	28	—	32	24	37	26
12	23	—	21	—	25	—	27	—	31	23	35	26
13	23	—	21	—	24	—	26	—	30	23	34	25
14	22	—	20	—	24	—	26	—	30	23	33	25
15	22	—	—	—	23	—	26	—	29	22	33	25
16	21	—	—	—	23	—	25	—	29	22	32	25
17	—	—	—	—	—	—	—	—	—	—	—	—
18	21	—	—	—	23	—	25	—	28	21	31	24
19	—	—	—	—	—	—	—	—	—	—	—	—
20	20	—	—	—	22	—	25	—	28	20	30	24
21	—	—	—	—	—	—	—	—	—	—	—	—
22	—	—	—	—	22	—	25	—	28	20	30	23
23	—	—	—	—	—	—	—	—	—	—	—	—
24	—	—	—	—	21	—	24	—	27	—	30	23
25	—	—	—	—	—	—	—	—	—	—	—	—
26	—	—	—	—	21	—	24	—	27	—	30	22
27	—	—	—	—	—	—	—	—	—	—	—	—
28	—	—	—	—	20	—	24	—	27	—	29	22
29	—	—	—	—	—	—	—	—	—	—	—	—
30	—	—	—	—	—	—	23	—	26	—	29	21
31	—	—	—	—	—	—	—	—	—	—	—	—
32	—	—	—	—	—	—	23	—	26	—	29	21

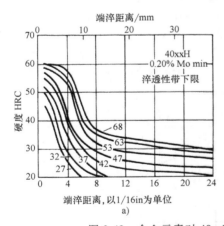
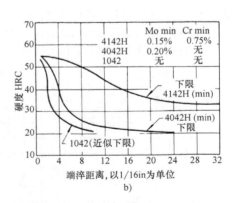

图 2-40　合金元素对 40xxH 钢端淬淬透性带下限的影响

a）碳含量的影响（以 40xxH 钢号后两位数字表示）　b）钼含量的影响

与碳含量相同的碳钢相比，钼系低合金钢的淬透性要高于碳钢，但属于淬透性最低的低合金钢。当提高钢的碳含量时，对钼系低合金钢提高淬透性最少。碳含量较高钼系低合金钢的淬透性与低碳锰系低合金钢的相同。

中碳钼系低合金钢（4037、4042 和 4037）通常直接采用油淬处理。如果采用水淬，必须十分小心谨慎，避免出现淬火开裂。尽管低碳钼系低合金钢（4023、4024、4027、4028、4419 和 4427）可以进行淬火强化，见表 2-28，但通常不进行淬火处理。4027 钢工件质量对淬火的影响也列在表 2-30 中。

表 2-30 不同热处理工艺条件下 4027 钢工件质量对力学性能的影响

工艺条件	试样直径		抗拉强度		屈服强度		延伸率[①]	断面收缩率	硬度
	mm	in	MPa	ksi	MPa	ksi	（%）	（%）	HBW
退火（加热至 865℃（1585℉），按 11℃/h（20℉/h）冷却速率炉冷至 425℃（800℉）；而后空冷）	25	1	515	75	325	47	30.0	52.9	143
正火（加热到 905℃（1660℉），而后空冷）	14	0.57	650	94	425	62	25.5	60.2	179
	25	1	640	93	420	61	25.8	60.2	179
	50	2	595	86	385	56	27.7	57.1	163
	100	4	565	82	350	51	28.3	55.9	156
在 865℃（1585℉）奥氏体化加热，淬水；在 480℃（900℉）回火	14	0.57	1075	156	986	143	15.8	58.4	321
	25	1	1035	150	917	133	16.0	57.8	311
	50	2	786	114	615	89	22.0	66.6	229
	100	4	696	101	540	78	25.0	68.3	201
在 865℃（1585℉）奥氏体化加热，淬水；在 540℃（1000℉）回火	14	0.57	993	144	896	130	17.7	61.3	302
	25	1	968	139	841	122	18.8	60.1	285
	50	2	766	111	686	85	23.7	67.2	223
	100	4	689	100	510	74	25.2	67.4	201
在 865℃（1585℉）奥氏体化加热，淬水；在 595℃（1100℉）回火	14	0.57	896	130	800	116	20.0	64.5	262
	25	1	786	114	640	93	23.0	67.6	229
	50	2	717	104	550	80	24.8	68.3	212
	100	4	655	95	490	71	26.6	68.0	192

① 标距 50mm（2in）

（1）回火 在钢中添加钼，对钢的回火产生几个方面的影响。在所有回火温度范围内，钼会阻碍马氏体组织软化。当回火温度超过 540℃（1000℉），钼形成细小弥散的合金碳化物，阻止晶粒长大。此外，钼也可以降低钢的回火脆性。

对直接淬火工件，通常在 200～700℃（400～1300℉）温度范围进行回火，达到所需的硬度；对如表 2-28 中所列的渗碳工件，回火温度范围通常在 150～175℃（300～345℉）。图 2-41 和图 2-42 为回火

温度对部分钼系低合金钢硬度的影响。请参考 AMS 2759/1E 标准中推荐的航空零件回火温度。

（2）马氏体分级淬火 可以对 40xx 和 44xx 系列钢进行马氏体分级淬火。由于该类钢淬透性低，因此马氏体分级淬火受到一定的限制。该类钢马氏体分级淬火的最大厚度约为 16～19mm（⅝～¾in）。可对低碳牌号的钢（4023、4024、4422 和 4429）先进行渗碳，而后进行马氏体分级淬火。

将钢加热到奥氏体化淬火温度，然后迅速冷却

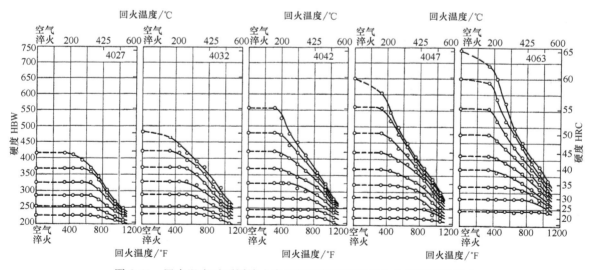

图 2-41 回火温度对不同淬火态组织和硬度钼系低合金钢硬度的影响

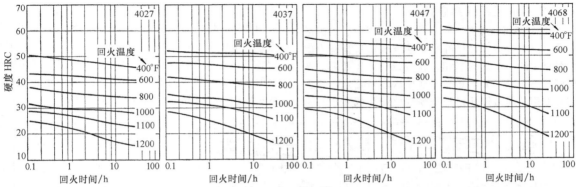

图 2-42　在不同回火温度条件下，回火时间对不同碳含量马氏体组织钼系低合金钢硬度的影响

至略高于 M_s 点的温度，保温直到工件的内外温度均匀，具体等温时间根据钢的等温转变图，但通常随钢的碳含量增加，等温时间增加。如果钢在分级淬火温度等温时间过长，可能会出现不希望得到的贝氏体组织。为防止出现工件内外过大的温度梯度，工件在空气中以中等冷却速率冷却。在完成了马氏体分级淬火后，应进行回火处理。

改进的马氏体分级淬火为淬火（从奥氏体化温度）冷却到略低于 M_s 点，保温直到工件的内外温度均匀（因为在 M_s 点以下等温，奥氏体不会转变为下贝氏体组织，因此该工艺保存时间不是关键工艺参数）。为防止出现工件内外过大的温度梯度，工件在空气中以中等冷却速率冷却。

马氏体分级淬火工件的回火与常规淬火工件的回火基本相同，但由于马氏体分级淬火工件内应力已大大降低，因此与常规淬火工件的回火不同的是，无需考虑淬火后转移至回火的停留时间。

（3）贝氏体等温淬火　由于 4037 钢至 4047 钢

的时间-温度转变图上的"鼻尖"温度位置和 M_s 温度较高的特点，使得该类钢有足够的时间，完成奥氏体向贝氏体转变。因此对该类钢适合进行贝氏体等温淬火。根据钢的等温转变图确定具体的等温时间，等温淬火后不需要进行回火。

（4）渗碳、碳氮共渗　钼系低碳合金钢（4023、4024、4027、4028、4419 和 4427）被分类为渗碳合金钢。这些合金钢在 900～925℃（1650～1700℉）温度渗碳，通常采用直接淬油处理或冷却后重新加热到 775～860℃（1425～1575℉）进行淬油处理。钢的典型的回火温度范围为 150～175℃（300～345℉）。4028 钢和 4427 钢渗碳后的端淬透性曲线如图 2-43 所示。

所有的钼系低合金钢均可进行碳氮共渗处理。工件经在 790～815℃（1455～1555℉）温度碳氮共渗后，直接从碳氮共渗温度淬入油中。大多数碳氮共渗工件服役前可不进行回火；如碳氮共渗工件需要回火，通常采用在 150～260℃（300～500℉）温度进行。

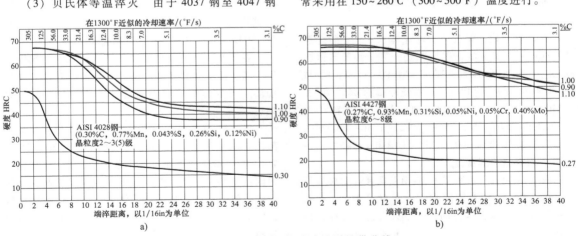

图 2-43　渗碳后钢的端淬淬透性带曲线

a）4028 钢　b）4427 钢

注：试样经在 925℃（1700℉）正火，心部在 925℃（1700℉）奥氏体化加热 20min。

采用在 925℃（1700℉）固体渗碳 9h 和直接淬火。

2.2.5 铬-钼系低合金钢

铬-钼系低合金钢（41xx）包括有低碳、中碳的牌号。除碳含量不同以外，低合金牌号钢只含有中碳牌号钢中约一半的铬和钼，其余成分大体相同。低碳牌号（4118）是渗碳钢，而中碳牌号是直接淬火强化的钢。因为钼和铬都是强碳化物形成元素，奥

氏体化淬火加热温度必须加以考虑，以确保在淬火前钼和铬碳化物完全溶解于基体中。为充分发挥钢中铬、钼合金元素的作用，回火温度必须高于540℃（1000℉）。图2-44是部分铬-钼系低合金钢的等温转变图，表2-21中也列出了铬-钼系低合金钢的近似相变临界点温度（Ar_1、Ac_1、Ac_3、Ar_3、Ms）。

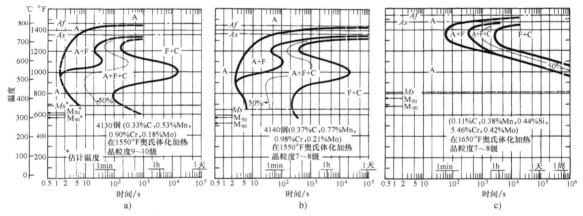

图 2-44　铬-钼系低合金钢的等温转变图
a）4130 钢　b）4140 钢　c）高铬（5.5%Cr）钢

通常4135钢和4147钢冷加工后，在595～650℃（1100～1200℉）范围进行亚临界退火或中间退火，退火冷却采用空冷。高碳牌号（4150钢和4161钢）需要进行球化退火处理。球化退火主要是改善4161钢可加工性和冷加工性。因为4118钢可以通过正火或等温退火获得理想的冷加工和可加工性，因此通常不对其进行球化退火处理。低碳铬-钼合金钢进行球化退火处理，会使钢的硬度过低，机加工时出现黏刀、铁屑过长和断屑难等问题，造成加工困难。

表2-22给出了钢的典型球化退火工艺，每个牌号的钢可采用两种球化退火工艺。第一种工艺（慢冷工艺）为加热到750～760℃（1380～1400℉），按6℃/h（10℉/h）冷却速率，缓慢冷却到665～705℃（1230～1300℉），而后空冷至室温；第二种工艺（等温工艺）为加热到750～760℃（1380～1400℉），保温后迅速冷却到660～675℃（1220～1245℉）保温8h，而后空冷至室温。

表2-24包括有各种牌号铬-钼系低合金钢典型完全退火工艺。其中在表的脚注中介绍了4130、4140和4150钢生产航空零件的完全退火工艺。两种典型退火工艺分别为慢冷工艺和等温工艺，两种退火工艺的第一步均是加热到退火温度，工件首个25mm（1in）厚度通常保温时间1h，然后厚度每增加25mm（1in），保温时间增加30min。控制炉内慢冷至665～

670℃（1230～1240℉）或快速冷却到中间温度675℃（1245℉）进行等温，直至相变转变完成，得到珠光体为主的组织。在慢冷工艺慢冷至结束温度或等温工艺保温时间结束后，继续冷却至室温的冷却速率并不是关键控制参数。

通常，由于4118钢碳含量很低，通过正火或等温退火可以得到所需的微观组织，而4161钢碳含量较高，不适合进行普通退火，必须采用球化退火，因此通常不对4118钢和4161钢进行完全退火处理。4118钢的等温退火工艺与4023/4024钢相同：加热到700℃（1290℉），保温8h后空冷。

表2-23给出了钢的典型正火温度。渗碳钢的正火温度至少应与渗碳的温度一样高。对含有碳化物形成元素的钢进行淬火前，通常需要进行正火处理。

表2-31为典型铬-钼系低合金钢的奥氏体化加热温度，其中在该表的脚注中介绍了4130、4135、4140和4150钢生产航空零件的工艺。因为铬和钼均为碳化物形成元素，奥氏体化温度应足够高，以保证淬火前碳化物固溶于奥氏体中。铬碳化物比钼碳化物更稳定，因此需要对奥氏体化温度进行更精准控制。

尽管低碳4118合金钢可以进行淬火（包括回火），见表2-31，但该钢为渗碳钢，通常不直接进行淬火处理。中碳铬-钼系低合金钢均可采用油淬火冷

表 2-31　铬-钼系低合金钢的奥氏体化加热温度，淬火冷却介质和回火温度

铬-钼系低合金钢		奥氏体化温度		淬火介质	回火温度	
AISI	UNS	℃	℉		℃	℉
4118①	G41180	900	1650	油	150~175②	300~345②
					200~700③	400~1300③
4130	G41300	870④	1600④	油，水⑤，聚合物	200~700③	400~1300③
4135	G41350	870④	1600④	油，聚合物	200~700③	400~1300③
4137	G41370	855	1570	油，水⑤	200~700③	400~1300③
4140	G41400	855⑥	1570⑥	油	200~700③	400~1300③
4142	G41420	855	1570	油	200~700③	400~1300③
4145	G41450	845	1555	油	200~700③⑦	400~1300③⑦
4147	G41470	845	1555	油	200~700③⑦	400~1300③⑦
4150	G41500	845⑧	1555⑧	油或聚合物	200~700③⑦	400~1300③⑦
4161	G41610	830	1525	油，水⑤⑨	200~700③⑩	400~1300③⑩

① 这类合金钢通常用于不直接淬火和而采用渗碳工艺。
② 渗碳零件采用的回火温度。
③ 直接淬火（未进行渗碳）工件的回火温度。回火至所要求的硬度。
④ 在生产航空工件时，采用在 855℃（1570℉）温度奥氏体化加热。
⑤ 采用适当的预防措施。
⑥ 在生产航空工件时，采用在 845℃（1555℉）温度奥氏体化加热。
⑦ 淬火后立即进行回火。
⑧ 在生产航空工件时，采用在 830℃（1525℉）温度奥氏体化加热。
⑨ 薄壁工件可采用空气淬火，完全淬硬。
⑩ 当工件淬火达到室温之前，最好是当工件达到 38~50℃（100~120℉）温度时，进行回火。

却介质进行淬火强化，也有部分钢可采用聚合物淬火冷却介质进行淬火强化。如采用水作为冷却介质进行淬火，必须格外小心，避免淬火开裂。

图 2-45 和图 2-46 分别为部分中碳铬-钼系低合金

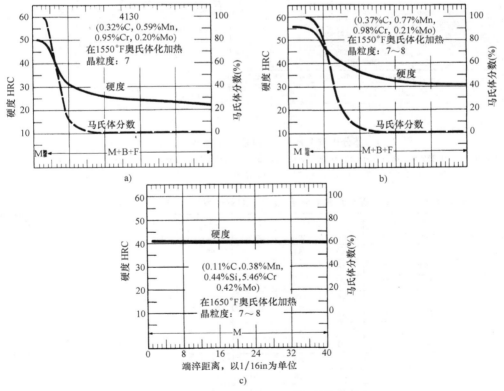

图 2-45　铬-钼系钢的端淬淬透性带曲线

a）4130　b）4140　c）高铬钢

钢（例如 4130 钢）和低碳高铬牌号的端淬火曲线和连续冷却转变图，可以清楚看到铬对淬透性有显著的影响。与同等合金含量，仅含钼的低合金钢（40xx 和 44xx）或仅含铬的低合金钢（50xx 和 51xx）相比，铬-钼系低合金钢具有更高的淬透性。表 2-32 列出了 41xxH 保证淬透性钢的端淬淬透性数据。

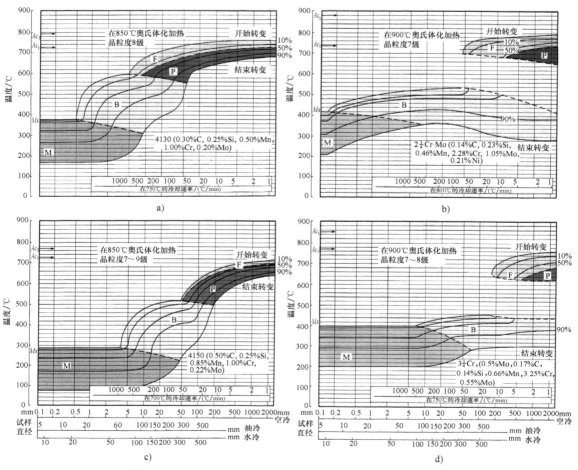

图 2-46 部分中碳和耐热铬-钼系低合金钢的连续冷却转变图

a）4130（0.30%C，0.25%Si，0.50%Mn，0.020%P，0.020%S，1.0%Cr，0.20%Mo） b）低碳 2.25Cr-1.0Mo 耐热合金钢构件
c）4150（0.50%C，0.25%Si，0.85%Mn，0.020%P，0.020%S，1.0%Cr，0.22%Mo） d）低碳 3.25Cr-0.5Mo 钢

表 2-32A 铬-钼系保证淬透性低合金钢（41xxH 系列）淬透性下限硬度 （单位：HRC）

端淬距离，以 1/16in 为单位	4118H min	4120H min	4130H min	4135H min	4137H min	4140H min	4142H min	4145H min	4147H min	4150H min	4161H min
1	41	41	49	51	52	53	55	56	57	59	60
2	36	37	46	50	51	53	55	55	57	59	60
3	27	32	42	49	50	52	54	55	56	59	60
4	23	37	38	48	49	51	53	54	56	58	60
5	20	23	34	47	49	51	53	53	55	58	60
6	—	21	31	45	48	50	52	53	55	57	60
7	—	—	29	42	45	48	51	52	55	57	60
8	—	—	27	40	43	47	50	52	54	56	60
9	—	—	26	38	40	44	49	51	54	56	59
10	—	—	26	36	39	42	47	50	53	55	59
11	—	—	25	34	37	40	46	49	52	54	59

（续）

端淬距离，以 1/16in 为单位	4118H min	4120H min	4130H min	4135H min	4137H min	4140H min	4142H min	4145H min	4147H min	4150H min	4161H min
12	—	—	25	33	36	39	44	48	51	53	59
13	—	—	24	32	35	38	42	46	49	51	58
14	—	—	24	31	34	37	41	45	48	50	58
15	—	—	23	30	33	36	40	43	46	48	57
16	—	—	23	30	33	35	39	42	45	47	56
17	—	—	—	—	—	—	—	—	—	—	—
18	—	—	22	29	32	34	37	40	42	45	55
19	—	—	—	—	—	—	—	—	—	—	—
20	—	—	21	28	31	33	36	38	40	43	63
21	—	—	—	—	—	—	—	—	—	—	—
22	—	—	20	27	30	33	35	37	39	41	50
23	—	—	—	—	—	—	—	—	—	—	—
24	—	—	—	27	30	32	34	36	38	40	48
25	—	—	—	—	—	—	—	—	—	—	—
26	—	—	—	27	30	32	34	35	37	39	45
27	—	—	—	—	—	—	—	—	—	—	—
28	—	—	—	26	29	31	34	35	37	38	43
29	—	—	—	—	—	—	—	—	—	—	—
30	—	—	—	26	29	31	33	34	37	38	42
31	—	—	—	—	—	—	—	—	—	—	—
32	—	—	—	26	29	30	33	34	36	38	41

表 2-32B　铬-钼系保证淬透性低合金钢（41xxH 系列）淬透性上限硬度　（单位：HRC）

端淬距离，以 1/16in 为单位	4118H max	4120H max	4130H max	4135H max	4137H max	4140H max	4142H max	4145H max	4147H max	4150H max	4161H max
1	48	48	56	58	59	60	62	63	64	65	65
2	46	47	55	58	59	60	62	63	64	65	65
3	41	44	53	57	58	60	62	62	64	65	65
4	35	41	51	56	58	59	61	62	64	65	65
5	31	37	49	56	57	59	61	62	63	65	65
6	28	34	47	55	57	58	61	61	63	65	65
7	27	32	44	54	56	58	60	61	63	65	65
8	25	30	42	53	55	57	60	61	63	64	65
9	24	29	40	52	55	57	60	60	63	64	65
10	23	28	38	51	54	56	59	60	62	64	65
11	22	27	36	50	53	56	59	60	62	64	65
12	21	26	35	49	52	55	58	59	62	63	64
13	21	25	34	48	51	55	58	59	61	63	64
14	20	25	34	47	50	54	57	59	61	62	64
15	—	24	33	46	49	54	57	58	60	62	64
16	—	24	33	45	48	53	56	58	60	62	64
17	—	—	—	—	—	—	—	—	—	—	—
18	—	23	32	44	46	52	55	57	59	61	64
19	—	—	—	—	—	—	—	—	—	—	—
20	—	23	32	42	45	51	54	57	59	60	63
21	—	—	—	—	—	—	—	—	—	—	—
22	—	23	32	41	44	49	53	56	58	59	63
23	—	—	—	—	—	—	—	—	—	—	—
24	—	23	31	40	43	48	53	55	57	59	63

（续）

端淬距离，以 1/16in 为单位	4118H max	4120H max	4130H max	4135H max	4137H max	4140H max	4142H max	4145H max	4147H max	4150H max	4161H max
25	—	—	—	—	—	—	—	—	—	—	—
26	—	23	31	39	42	47	52	55	57	58	63
27	—	—	—	—	—	—	—	—	—	—	—
28	—	22	30	38	42	46	51	55	57	58	63
29	—	—	—	—	—	—	—	—	—	—	—
30	—	22	30	38	41	45	51	55	56	58	63
31	—	—	—	—	—	—	—	—	—	—	—
32	—	22	29	37	41	44	50	54	56	58	63

表 2-32C 铬-钼系限制淬透性（RH）低合金钢（41xxRH 系列）淬透性上下限硬度

（单位：HRC）

端淬距离，以 1/16in 为单位	4118RH max	4118RH min	4120RH max	4120RH min	4130RH max	4130RH min	4140RH max	4140RH min	4145RH max	4145RH min	4161RH max	4161RH min
1	47	42	47	42	55	50	59	54	62	57	65	60
2	44	38	45	39	54	48	59	54	62	57	65	60
3	38	30	41	35	52	44	59	54	61	56	65	60
4	33	25	38	30	49	40	59	53	61	56	65	60
5	29	22	34	26	46	36	58	52	60	55	65	60
6	27	20	31	24	44	34	57	51	60	55	65	60
7	25	—	29	22	41	32	56	50	59	54	65	60
8	24	—	28	21	39	30	55	49	59	53	65	60
9	23	—	26	20	37	28	54	48	58	52	65	60
10	22	—	25	—	35	27	53	46	58	52	65	60
11	21	—	24	—	33	26	52	44	58	51	65	60
12	20	—	23	—	32	26	52	43	57	50	64	59
13	—	—	23	—	32	26	51	42	57	49	64	59
14	—	—	22	—	31	25	50	41	56	48	64	59
15	—	—	22	—	31	25	50	40	56	47	63	58
16	—	—	21	—	31	25	49	39	55	46	63	57
17	—	—	—	—	—	—	—	—	—	—	—	—
18	—	—	20	—	30	24	48	38	54	44	62	56
19	—	—	—	—	—	—	—	—	—	—	—	—
20	—	—	—	—	30	23	47	37	53	43	62	54
21	—	—	—	—	—	—	—	—	—	—	—	—
22	—	—	—	—	30	23	46	37	52	42	61	53
23	—	—	—	—	—	—	—	—	—	—	—	—
24	—	—	—	—	29	22	45	36	51	40	60	51
25	—	—	—	—	—	—	—	—	—	—	—	—
26	—	—	—	—	29	22	44	35	51	40	59	49
27	—	—	—	—	—	—	—	—	—	—	—	—
28	—	—	—	—	28	21	43	35	50	39	58	47
29	—	—	—	—	—	—	—	—	—	—	—	—
30	—	—	—	—	28	21	42	34	50	38	57	46
31	—	—	—	—	—	—	—	—	—	—	—	—
32	—	—	—	—	27	20	41	33	49	37	57	45

在低合金钢中，铬-钼系低合金钢属于淬透性最高的钢。与钼系低合金钢（40xx 和 44xx）或铬系低合金钢（50xx 和 51xx）相比，随钢的碳含量增加，对铬-钼系低合金钢的淬透性提高更为显著（见图 2-47）。例如，当钢牌号从 4118 变为 4161，理想的临界直径从 50mm 增加至 85mm（2.0in 增加至

3.3in）。4160 钢的淬透性还高于具有最高淬透性一类钢中的 4320 钢。4161 钢薄壁工件采用在空气中淬火，可以完全淬硬。

（1）回火 铬和钼均会推迟马氏体软化，提高回火温度的合金元素。当回火温度超过 540℃（1000℉）时，这些元素析出均匀细小弥散的碳化物，可有效阻止晶粒长大。铬通过置换渗碳体中的铁，推迟碳化物的聚集。钼具有降低回火脆性的作用，但当钢中添加有铬，则降低回火脆性作用明显减弱。所有 4118 钢至 4161 钢在 455～595℃（850～1100℉）温度范围回火，均易产生回火脆性。应尽量避免在该温度区间回火或采用回火后快冷，以避免出现回火脆性。

对直接淬火工件，根据所需工件的硬度，在 200～700℃（400～1300℉）温度范围回火。对直接淬火 4118 钢工件，通常在 200～700℃（400～1300℉）温度范围进行回火，则能达到所需的硬度；对渗碳工件，回火温度范围通常为 150～175℃（300～345℉）。为充分发挥钢中铬碳化物和钼碳化物的作用，回火温度必须高于 540℃（1000℉）。图 2-48 为回火温度对 4140 钢硬度的影响。工件尺寸对 4130 和 4150 钢性能的影响列于表 2-33 和表 2-34。

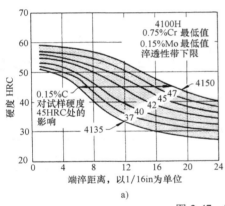
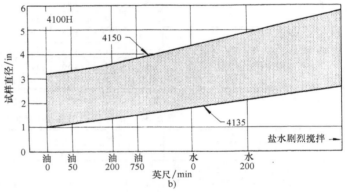

图 2-47　碳对铬-钼系低合金钢淬透性的影响

a）碳含量（41xxH 钢号后两位数字表示）对 41xxH 系列钢端淬淬透性下限的影响

b）碳含量对无氧化皮圆棒试样淬火 1/2 半径处最低硬度为 45 HRC 的影响

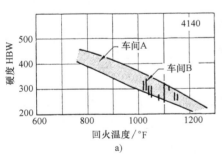
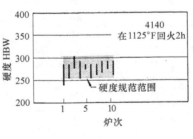
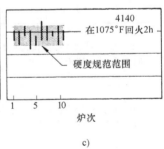

图 2-48　回火温度对铬-钼系钢硬度的影响

a）4140 钢采用 845℃（1550℉）奥氏体化加热和淬油，回火后的表面硬度范围。车间 A 采用试样断面尺寸为 25mm（1in）和车间 B 采用试样直径为 40～200mm（1.5～8in）　b）直径为 75mm（3in）同炉热轧 4140 钢阀帽。工件在 870℃（1600℉）奥氏体化温度加热淬油，在 605℃（1125℉）回火，达到 255～302HBW 的硬度规范要求
c）工件尺寸为 13～25mm（0.5～1in）同炉热轧 4140 钢阀体。工件在 870℃（1600℉）奥氏体化温度加热淬油，在 580℃（1075℉）回火温度回火，达到 321～363HBW 的硬度规范要求

表 2-33　试样质量对 4130 钢力学性能的影响

工艺条件	试样直径		抗拉强度		屈服强度		延伸率[①]	断面收缩率	硬度
	mm	in	MPa	ksi	MPa	ksi	（%）	（%）	HBW
退火（加热至 865℃（1585℉），按 11℃/h（20℉/h）冷却速率炉冷至 680℃（1255℉）；而后空冷）	25	0.5	560	81	460	67	21.5	59.6	217

（续）

工艺条件	试样直径		抗拉强度		屈服强度		延伸率[①]	断面收缩率	硬度
	mm	in	MPa	ksi	MPa	ksi	（%）	（%）	HBW
正火（加热到 870℃（1600℉），而后空冷）	13	0.5	731	106	460	67	25.1	59.6	217
	25	1	670	97	435	63	25.5	59.5	197
	50	2	615	89	425	62	28.2	65.4	167
	100	4	615	89	400	58	27.0	61.2	163
在 855℃（1575℉）奥氏体化加热，淬水；在 480℃（900℉）回火	13	0.5	1145	166	1110	161	16.4	61.0	331
	25	1	1110	161	951	138	14.7	54.4	321
	50	2	917	133	758	110	19.0	63.0	269
	100	4	841	122	655	95	20.5	63.6	241
在 855℃（1575℉）奥氏体化加热，淬水；在 540℃（1000℉）回火	13	0.5	1040	151	979	142	18.1	63.9	302
	25	1	993	144	896	130	18.5	61.8	293
	50	2	841	122	685	99	21.2	66.3	241
	100	4	800	116	635	92	21.5	63.5	235
在 855℃（1575℉）奥氏体化加热，淬水；在 595℃（1100℉）回火	13	0.5	917	133	841	122	20.7	69.0	269
	25	1	883	128	779	113	21.2	67.5	262
	50	2	786	114	635	92	21.7	67.7	229
	100	4	703	102	540	78	24.5	69.2	197

① 试样标距为 50mm

表 2-34　试样质量对 4150 钢力学性能的影响

工艺条件	试样直径		抗拉强度		屈服强度		延伸率[①]	断面收缩率	硬度
	mm	in	MPa	ksi	MPa	ksi	（%）	（%）	HBW
退火（加热至 830℃（1525℉），按 11℃/h（20℉/h）冷却速率炉冷至 645℃（1190℉）；而后空冷）	25	1	731	106	380	55	20.2	40.2	197
正火（加热到 870℃（1600℉），而后空冷）	13	0.5	1340	194	896	130	10.0	24.8	375
	25	1	1160	168	731	106	11.7	30.8	321
	50	2	1095	159	717	104	13.5	40.6	311
	100	4	1005	146	635	92	19.5	56.5	293
在 830℃（1525℉）奥氏体化加热，淬油；在 540℃（1000℉）回火	13	0.5	1310	190	1215	176	13.5	47.2	375
	25	1	1205	175	1105	160	14.0	46.5	352
	50	2	1165	169	1040	151	15.5	51.0	341
	100	4	1095	159	883	128	15.0	46.7	311
在 830℃（1525℉）奥氏体化加热，淬油；在 595℃（1100℉）回火	13	0.5	1170	170	1076	156	14.6	45.5	341
	25	1	1145	166	1034	150	15.7	51.1	331
	50	2	1035	150	910	132	18.7	56.4	302
	100	4	910	132	675	98	20.0	57.5	269
在 830℃（1525℉）奥氏体化加热，淬油；在 650℃（1200℉）回火	13	0.5	1020	148	945	137	17.4	53.3	302
	25	1	972	141	883	128	18.7	55.7	285
	50	2	931	135	814	118	20.5	60.0	269
	100	4	855	124	625	91	21.5	61.4	255

① 试样标距为 50mm

　　由于有些钢易出现淬火开裂，则淬火后至回火的转移时间是至关重要的。4161 钢必须在工件淬火至室温前，最好是淬火工件温度达到约 40～50℃（100～120℉）时，进行回火。4145、4147 和 4150 钢淬火后，应立即进行回火。请参考 AMS 2759/1E 标准中推荐的航空零件回火温度进行回火。

　　（2）马氏体分级淬火　41xx 合金钢可采用马氏体分级淬火。低碳牌号的钢（4118 钢牌号至 4137 钢牌号）淬透性比高碳牌号的钢（4140 钢牌号至 4161 钢牌号）低。由于该低碳牌号钢淬透性较低，因此这类钢马氏体分级淬火受到一定的限制，其最大厚度约为 16～19mm（⅝～¾in）。4140 钢至 4161 钢采用马氏体分级淬火，可整体淬透，通常分级淬火后需要进行回火。

（3）贝氏体等温处理　含碳较高的 4150 钢和 4161 钢具有淬火开裂的危险，因此这些钢适合采用贝氏体等温处理。4161 钢典型的贝氏体等温处理工艺是加热到 830℃（1525℉）温度进行奥氏体化，淬入 315℃（600℉）的搅拌熔融盐浴等温 2h，而后空冷。

（4）渗碳　4118 钢是一种铬-钼渗碳钢，其渗碳后的端淬曲线如图 2-49 所示。工件在渗碳前应在高于渗碳温度进行正火处理。通常，工件可从渗碳温度 925℃（1695℉）降温至略低温度 845℃（1555℉）后，直接淬火。工件也可渗碳冷却后，重新加热到 845℃（1555℉）温度进行油淬处理。

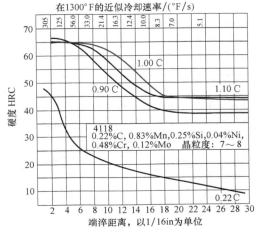

图 2-49　4118 钢渗碳后的端淬淬透性曲线

注：试样采用在 925℃（1700℉）正火，心部在 925℃（1700℉）温度加热 20min。在 925℃（1700℉）温度固体渗碳 9h 后直接淬火。

典型的渗碳过程是在 0.9% 碳势的气氛中，加热到 925℃（1695℉）温度，保温约 4h，使渗碳层达到 1.27mm（0.050in），降温至 845℃（1555℉），适当调整碳势，保温约 1h 进行扩散，而后油淬。淬火后在 150~175℃（300~345℉）进行回火。

（5）碳氮共渗　铬-钼系低合金钢的所有牌号均适合进行碳氮共渗处理。该工艺仅对工件表面进行处理，因此该工艺应该在最终机加工完成后进行。工件在碳氮共渗前，应在高于碳氮共渗温度下进行正火处理。

典型的碳氮共渗工艺是在 10%（体积分数）无水氨碳氮共渗气氛中，加热到 815℃（1500℉）温度，保温约 45min 后淬油，得到 0.127mm（0.005in）深的硬化层。通过调整碳氮共渗时间和温度，可以控制硬化层深度。常用的碳氮共渗温度在 790~845℃（1455~1555℉）范围。大部分碳氮共渗工件可不进行回火，但如有需要，可在 150~260℃（300~

500℉）温度进行回火。

（6）气体渗氮和离子渗氮　铬-钼系低合金钢的所有牌号也均适合进行气体渗氮和离子渗氮处理。这些工艺也仅对工件表面进行处理，因此这些工艺应该在最终机加工完成后进行。

因为渗氮温度比淬火和回火工艺温度低，因此渗氮应在工件完成淬火和回火工艺后进行。钢的奥氏体化淬火温度约低于该钢正常淬火加热温度 10℃（15℉）。淬火冷却介质通常采用油，回火温度通常高于渗氮温度 30℃（55℉）。

有一段和两段两种气体渗氮工艺。一段气体渗氮工艺为，采用 30% 的裂解氨在 525℃（975℉）条件下渗氮 24h。两段气体渗氮工艺为，采用 25% 的裂解氨在 525℃ 条件下渗氮 5h，再采用 75~80% 的裂解氨在 565℃ 条件下渗氮 20h。

（7）火焰淬火　4135、4142、4145、4147 和 4150 钢适合采用火焰淬火。

2.2.6　镍-铬-钼系低合金钢

镍-铬-钼系低合金钢由 43xx、47xx、81xx、86xx/87xx/88xx、93xx 和 94Bxx 6 个子系列组成。它们的特点为：

1）93xx 系列。93xx 系列（9310）是镍-铬-钼系低合金钢中镍含量最高的钢。

2）43xx 系列。在镍-铬-钼系低合金钢中，43xx 系列的镍含量次之。中碳 43xx 合金铬含含量高于低碳 43xx 合金大约 60%。

3）47xx 系列。是低镍的 43xx 系列，镍含量约为 43xx 系列的 60%，但铬和钼含量基本相同。

4）86xx 系列。是低镍的 43xx 系列，镍含量约为 43xx 系列的 30%，在低碳合金钢中，钼含量较低；在中碳合金钢中，铬和钼含量较低。

5）87xx/88xx 系列。在 86xx 系列钢的基础上逐渐提高的钼含量。

6）81xx 和 94Bxx 系列。在镍-铬-钼系低合金钢中，镍、铬和钼含量最低。94Bxx 系列比 81xx 系列钢的镍含量高 50%。

除 47xx 和 93xx 子系列只有低碳合金渗碳钢外，其余子系列都有低碳和中碳合金钢。表 2-21 列出了这些钢的近似相变临界点温度（Ar_1、Ac_1、Ac_3、Ar_3、Ms），部分合金钢的等温转变图如图 2-50 所示。由于所有合金钢均为亚共析钢，随钢的碳含量增加，相变临界点温度，尤其是 Ac_3 和 Ar_3 点温度降低。

通常不需要对这类合金钢采用亚临界退火和中间退火工艺。表 2-22 列出了钢的球化退火工艺。由于通过正火或退火工艺，低碳镍-铬-钼系低合金钢能获得理想的可加工性，所以通常不对低碳镍-铬-钼系

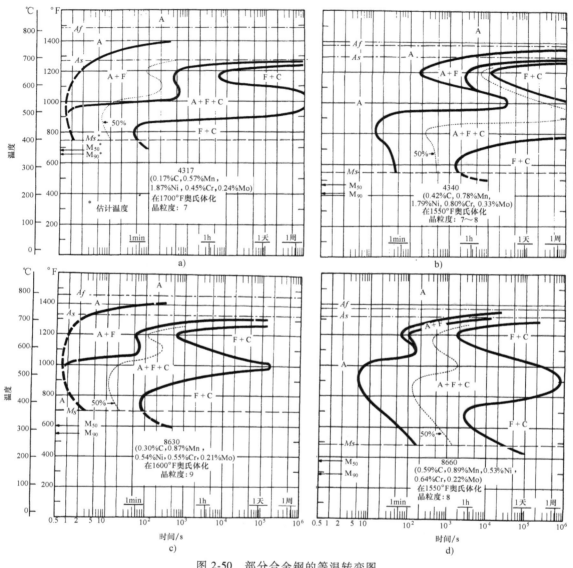

图 2-50 部分合金钢的等温转变图
a) 4317 钢　b) 4340 钢　c) 8630 钢　d) 8660 钢

低合金钢进行球化退火处理。为改善钢的可加工性，高淬透性 Ni-Cr-Mo 合金通常进行球化退火（而不是退火）处理。由于 E9310 钢的相变动力学过程极其缓慢，该钢的等温球化退火时间（14～18h）是镍-铬-钼系低合金钢中最长的。

在表 2-24 中，列出了镍-铬-钼系低合金钢典型完全退火工艺。中碳合金的完全退火可在炉内，通过控制在一定温度范围慢冷完成或采用等温处理工艺。表 2-24 中的脚注有 4340、300M、D-6A、8630和 8740 钢的航空零件热处理工艺。

在表 2-35 中，列出低碳渗碳合金钢的典型完全退火工艺。大多数低碳合金钢首选的退火工艺为等

温退火。4320 钢首选的退火工艺为球化退火工艺。对大多数低碳镍-铬-钼系低合金钢，采用正火处理可获得理想的机加工组织。等温退火工艺包括加热到退火加热的奥氏体化温度，保温至工件温度均匀，快速冷却到等温温度，按要求的等温时间进行保温，而后在空气中冷却到室温。由于 E9310 钢具有相变极慢的特点，使退火工艺不具实用价值，因此表 2-35中没有列出该钢的退火工艺。

另一种完全退火工艺类似于传统的缓冷工艺，可用于所有其他低合金钢。该工艺为加热到奥氏体化温度，保温 45min，采用对冷却速率没有具体要求的随炉冷却。

表 2-35　低碳 Ni-Cr-Mo 系低合金渗碳钢完全退火工艺

AISI	UNS	传统工艺			等温工艺				
		退火温度[①]		冷却方式	退火温度		等温温度		等温时间/h
		℃	℉		℃	℉	℃	℉	
4320[②]	G43200	—	—	—	—	—	—	—	—
(HY-80)	K31820	—	—	—	—	—	—	—	—
(HY-100)	K32045	—	—	—	—	—	—	—	—
4718[③]	G47180	925	1700	炉冷	925[④]	1700[④]	540~675	1000~1250	3
4720[③]	G47200				925[④]	1700[④]	540~675	1000~1250	3
					815	1500	650	1250	8
8115[③]	G81150	925	1700	炉冷	—	—	—	—	—
8615[③]	G86150	870	1600	炉冷	885	1625	660	1220	4
					790	1455	660	1220	8
8617[③]	G86170	870	1600	炉冷	885	1625	660	1220	4
					790	1455	660	1220	8
8620[③]	G86200	870	1600	炉冷	885	1625	660	1220	4
					790	1455	660	1220	8
8622[③]	G86220	855	1575	炉冷	885	1625	660	1220	4
					790	1455	660	1220	8
8625[③]	G86250	845	1550	炉冷	885	1625	660	1220	4
					790	1455	660	1220	8
8720[③]	G87200	870	1600	炉冷	885	1625	660	1220	4
					790	1455	660	1220	8
8822[③]	G88220	830	1525	炉冷	885	1625	665	1230	4
					790	1455	665	1230	8
E9310[⑤]	G93106	—	—	—	—	—	—	—	—
94B15	G94151	—	—	—	900	1650	665	1230	5
94B17	G94171	—	—	—	900	1650	665	1230	4

① 保温 45min。
② 该合金钢采用球化退火处理工艺优于完全退火工艺。
③ 这些合金通常不需要进行完全退火。采用正火或等温退火处理可以获得理想的机加工组织。
④ 加热至少到渗碳温度后快速冷却到等温温度。
⑤ 该合金钢相变过程非常缓慢，不适合采用传统的退火工艺。

在表 2-23 中，给出了钢的典型正火温度。在该表的脚注中，有 4340、300M、D-6A、8630 和 8740 钢的航空零件热处理工艺。对大多数镍-铬-钼系低合金钢，可采用正火处理代替工件锻造后退火或作为在退火前的调整处理，改善可加工性。如果锻造后不进行机加工，为使充分溶解铬和钼的碳化物，充分发挥合金元素的作用（提高淬透性），在工件渗碳或直接淬火之前，也需要进行正火处理。为进一步改善可加工性，300M 和 D-6A 合金钢在正火后，通常还需进行回火处理。如果这些合金钢正火后没有进行回火处理，在淬火奥氏体化加热过程前，必须在回火的温度进行预热。

1. 淬火和回火

在表 2-36 中，给出了镍-铬-钼系低合金钢的典型淬火奥氏体化加热温度。在该表的脚注中，有 4340、300M、D-6A、8640 和 8740 钢的航空零件热处理工艺。必须保证奥氏体化加热温度足够高，保温时间足够长，所有的碳化物在淬火前充分溶解。

中碳牌号的钢通常可直接采用油淬处理。4330 和 8630 钢也成功采用聚合物淬火冷却介质进行淬火。部分合金钢也可采用水作为冷却介质进行淬火，但需要选择较低的奥氏体化加热温度或淬火前预冷，降低奥氏体化温度。采用极高淬透性的钢（4340 和 D-6A）的薄壁工件，可采用在空气中淬火。8660 合金钢也具有非常高的淬透性，接近空冷淬火钢。虽然大多数低碳镍-铬-钼系低合金钢需进行渗碳，为体现该表的完整性，表 2-36 中还是给出了钢的直接淬火工艺（包括回火工艺）。

表 2-36　镍-铬-钼系低合金钢直接淬火的奥氏体化加热温度，淬火冷却介质和回火温度

镍-铬-钼系低合金钢		奥氏体化加热温度[①]		淬火介质	回火温度[②]	
AISI	UNS	℃	℉		℃	℉
4320	G43200	845	1550	油	200~650	390~1200
(HY-80)	K31820	900	1650	水	620~675[③]	1150~1250[③]
(HY-100)	K32045	900	1650	水	565~675[③]	1050~1250[③]
4340	G43400	825[④]	1515[④]	油[⑤]	200~650[⑥]	390~1200[⑥]
E4340	G43406	825	1515	油[⑤]	200~650[⑥]	390~1200[⑥]
(300M)	K44220	870[⑦]	1600[⑦]	油	260~315[⑧]	500~600[⑧]
(D-6A)	K24728	870[⑨]	1600[⑨]	油[⑤]	200~650[⑧]	390~1200[⑧]
4718	G47180	840	1540	油或水	200~650	390~1200
4720	G47200	830	1525	油	200~650	390~1200
8115	G81150	855	1575	油	200~650	390~1200
81B45	G81451	845	1555	油	200~650[⑩]	390~1200[⑩]
8615	G86150	845	1550	油或水[⑪]	200~650	390~1200
8617	G86170	885	1625	油或水	200~650	390~1200
8620	G86200	845	1550	油或水[⑪]	200~650	390~1200
8622	G86220	905	1660	油或水	200~650	390~1200
8625	G86250	845	1550	油或水	200~650	390~1200
8627	G86270	870	1600	油或水	200~650	390~1200
8630	G86300	870[④]	1600[④]	油,聚合物或水	200~650	390~1200
8637	G86370	855	1570	油,聚合物或水	200~650[⑩]	390~1200[⑩]
8640	G86400	855	1570	油	200~650[⑩]	390~1200[⑩]
8642	G86420	855	1570	油	200~650[⑩]	390~1200[⑩]
8645	G86450	845	1555	油	200~650[⑫]	390~1200[⑫]
86B45	G86451	845	1555	油	200~650[⑩]	390~1200[⑩]
8650	G86500	845	1555	油	200~650[⑫]	390~1200[⑫]
8655	G86550	830	1525	油	200~650[⑫]	390~1200[⑫]
8660	G86600	830	1525	油	200~650[⑫]	390~1200[⑫]
8720	G87200	845	1550	油或水[⑪]	200~650	390~1200
8740	G87400	855[⑬]	1570[⑬]	油	200~650[⑩]	390~1200[⑩]
8822	G88220	845	1550	油	200~650[⑩]	390~1200[⑩]
E9310	G93106	915	1675	油	200~650	390~1200
94B15	G94151	915	1675	油	200~650	390~1200
94B17	G94171	915	1675	油	200~650	390~1200
94B30	G94301	865	1590	油	200~650[⑩]	390~1200[⑩]

① 直接淬火。
② 回火至所要求的硬度。
③ 不要在最低回火温度以下温度回火。
④ 在生产航空工件时，采用在 855℃（1570℉）温度奥氏体化加热，采用油或聚合物淬火介质淬火。
⑤ 薄壁工件可采用空气淬火，完全淬硬。
⑥ 当工件淬火达到室温之前，最好是当工件达到 38~50℃（100~120℉）温度时，进行回火。
⑦ 在生产航空工件时，采用在 870℃（1600℉）温度奥氏体化加热，采用油或聚合物淬火介质淬火。
⑧ 强烈推荐进行两次回火。
⑨ 在生产航空工件时，采用在 885℃（1625℉）温度奥氏体化加热，采用油或聚合物淬火介质淬火。
⑩ 淬火后立即进行回火。
⑪ 采用在 830℃（1525℉）温度奥氏体化加热，水淬。
⑫ 当工件淬火达到有一定温度时，如在 150℃（300℉）或更高温度时进行回火。
⑬ 在生产航空工件时，采用在 845℃（1555℉）温度奥氏体化加热，采用油或聚合物淬火介质淬火。

图 2-51 和图 2-52 分别给出了 Ni-Cr-Mo 系低合金钢的端淬火曲线和连续冷却转变图。43XX 低合金钢是 Ni-Cr-Mo 系合金钢中淬透性最高的钢。86XX 系列的淬透性介于 51XX 系列和 41XX 系列之间。由于 87XX 和 88XX 系列中钼的含量逐渐增加，其淬透性比 86XX 系列高。在低碳合金钢中，9310 钢的淬透性最高。

在表 2-37 和表 2-38 中，分别给出了中碳 Ni-Cr-Mo 低合金保证淬透性钢（H-钢）的淬透性上下限。

在碳含量相同的条件下，43XXH 系列钢的透性钢高于 86XX 系列钢。碳和硼对淬透性的影响如图 2-53 所示。在低碳牌号的钢（见表 2-38）中，9310H 钢的镍含量较高，尽管碳含量低，其淬透性也很高。与 86XX 系列钢相比，由于 87XX 和 88XX 系列钢中的钼含量逐步提高，其淬透性也逐步增加。表 2-39 至表 2-41 分别列出了 4340、8630 和 8650 钢工件的质量对性能的影响。

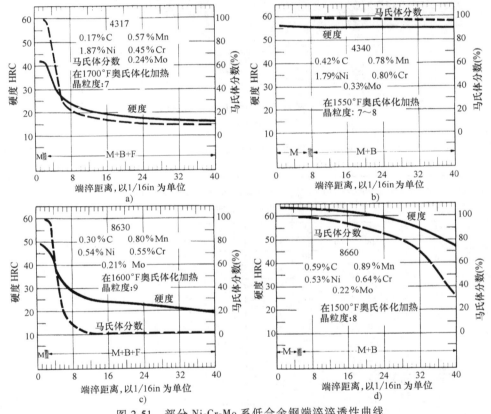

图 2-51 部分 Ni-Cr-Mo 系低合金钢端淬淬透性曲线

a）4317 钢 b）4340 钢 c）8630 钢 d）8660 钢

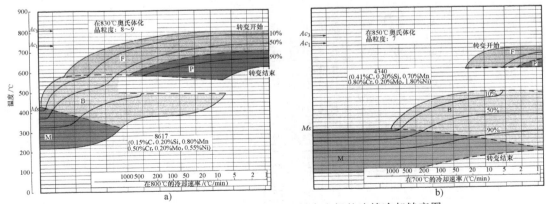

图 2-52 不同碳和镍含量 Ni-Cr-Mo 低合金钢的连续冷却转变图

a）8617 钢 b）4340 钢

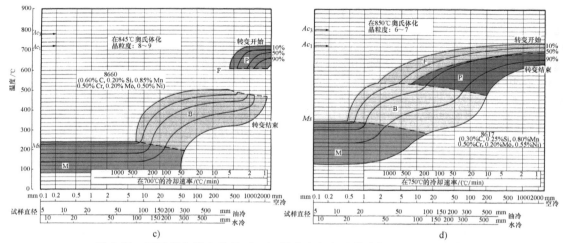

图 2-52 不同碳和镍含量 Ni-Cr-Mo 低合金钢的连续冷却转变图 （续）

c) 8660 钢 d) 8630 钢

表 2-37A 中碳 Ni-Cr-Mo 低合金保证淬透性钢 （名义碳含量质量分数为 0.30% 或更高） 的淬透性下限硬度

（单位：HRC）

端淬距离，以 1/16in 为单位	4340H min	E4340H min	81B45H min	8630H min	86B30H min	8637H min	8640H min	8642H min	8645H min	86B45H min	8650H min	8655H min	8660H min	8720H min	8740H min	9260H min	94B30H min
1	53	53	56	49	49	52	53	55	56	56	59	60	60	41	53	60	49
2	53	53	56	46	49	51	53	54	56	56	58	59	60	38	53	60	49
3	53	53	56	43	48	50	52	53	55	55	57	59	60	35	52	57	48
4	53	53	56	39	48	48	51	52	54	54	57	58	60	30	51	53	48
5	53	53	55	35	48	45	49	50	52	54	56	57	60	26	49	46	47
6	53	53	54	32	48	42	46	48	50	53	54	56	59	24	46	41	46
7	53	53	53	29	48	39	42	45	48	52	53	55	58	22	43	38	44
8	52	53	51	28	47	36	38	42	45	52	50	54	57	21	40	36	42
9	52	53	48	27	46	34	36	39	41	51	47	52	55	20	37	36	39
10	52	53	44	26	44	32	34	37	39	51	44	49	53	—	35	35	37
11	51	53	41	25	42	31	32	34	37	50	41	46	50	—	34	34	34
12	51	52	39	24	40	30	31	33	35	50	39	43	47	—	32	34	34
13	50	52	38	23	39	29	30	32	34	49	37	41	45	—	31	33	30
14	49	52	37	22	38	28	29	31	33	48	36	40	44	—	31	33	29
15	49	52	36	22	36	27	28	30	32	46	35	39	43	—	30	32	28
16	48	51	35	21	35	26	28	29	31	45	34	38	42	—	29	32	27
17	—	—	—	—	—	—	—	—	—	—	—	—	—	—	—	—	—
18	48	51	34	21	34	25	26	28	30	42	33	37	40	—	28	31	25
19	—	—	—	—	—	—	—	—	—	—	—	—	—	—	—	—	—
20	46	50	32	20	32	25	26	28	29	39	32	35	39	—	28	31	24
21	—	—	—	—	—	—	—	—	—	—	—	—	—	—	—	—	—
22	45	49	31	20	31	24	25	27	28	37	31	34	38	—	27	30	23
23	—	—	—	—	—	—	—	—	—	—	—	—	—	—	—	—	—
24	44	48	30	—	29	24	25	27	28	35	31	34	37	—	27	30	23
25	—	—	—	—	—	—	—	—	—	—	—	—	—	—	—	—	—
26	43	47	29	—	28	24	24	26	27	34	30	33	36	—	27	29	22
27	—	—	—	—	—	—	—	—	—	—	—	—	—	—	—	—	—
28	42	46	28	—	27	24	24	26	27	32	30	33	36	—	27	29	21
29	—	—	—	—	—	—	—	—	—	—	—	—	—	—	—	—	—
30	41	45	28	—	26	23	24	26	27	32	29	32	35	—	26	28	21
31	—	—	—	—	—	—	—	—	—	—	—	—	—	—	—	—	—
32	40	44	27	—	25	23	24	26	27	31	29	32	35	—	26	28	20

表 2-37B　中碳 Ni-Cr-Mo 低合金保证淬透性钢（名义碳含量质量分数为 0.30% 或更高）的淬透性上限硬度

（单位：HRC）

端淬距离，以 1/16in 为单位	4340H max	E4340H max	81B45H max	8630H max	86B30H max	8637H max	8640H max	8642H max	8645H max	86B45H max	8650H max	8655H max	8660H max	8720H max	8740H max	9260H max	94B30H max
1	60	60	63	56	56	59	60	62	63	63	65	—	—	48	60	—	56
2	60	60	63	55	55	58	60	62	63	63	65	—	—	47	60	—	56
3	60	60	63	54	55	58	60	62	63	62	65	—	—	45	60	65	55
4	60	60	63	52	55	57	59	61	63	62	64	—	—	42	60	64	55
5	60	60	63	50	54	56	59	61	62	62	64	—	—	38	59	63	54
6	60	60	63	47	54	55	58	60	61	61	63	—	—	35	58	62	54
7	60	60	62	44	53	54	57	59	61	61	63	—	—	33	57	60	53
8	60	60	62	41	53	53	55	58	60	60	62	—	—	31	56	58	53
9	60	60	61	39	52	51	54	57	59	60	61	—	—	30	55	55	52
10	60	60	60	37	52	49	52	55	58	59	60	65	—	29	53	52	52
11	59	60	60	35	52	47	50	54	56	59	60	65	—	28	52	49	51
12	59	60	59	34	51	46	49	52	55	59	59	64	—	27	50	47	51
13	59	60	58	33	51	44	47	50	54	59	58	64	—	26	49	45	50
14	58	59	57	33	50	43	45	49	52	59	58	63	—	26	48	43	49
15	58	59	57	32	50	41	44	48	51	58	57	63	—	25	46	42	48
16	58	59	56	31	49	40	42	46	49	58	56	62	65	25	45	40	46
17	—	—	—	—	—	—	—	—	—	—	—	—	—	—	—	—	—
18	58	58	55	30	48	39	41	44	47	58	55	61	64	24	43	38	44
19	—	—	—	—	—	—	—	—	—	—	—	—	—	—	—	—	—
20	57	58	53	30	47	37	39	42	45	58	53	60	64	24	42	37	42
21	—	—	—	—	—	—	—	—	—	—	—	—	—	—	—	—	—
22	57	58	52	29	45	36	38	41	43	57	52	59	63	23	41	36	40
23	—	—	—	—	—	—	—	—	—	—	—	—	—	—	—	—	—
24	57	57	50	29	44	36	38	40	42	57	50	58	62	23	40	36	38
25	—	—	—	—	—	—	—	—	—	—	—	—	—	—	—	—	—
26	57	57	49	29	43	35	37	40	42	57	49	57	62	23	39	35	37
27	—	—	—	—	—	—	—	—	—	—	—	—	—	—	—	—	—
28	56	57	47	29	41	35	37	39	41	57	47	56	61	23	39	35	35
29	—	—	—	—	—	—	—	—	—	—	—	—	—	—	—	—	—
30	56	57	45	29	40	35	37	39	41	56	46	55	60	22	38	35	34
31	—	—	—	—	—	—	—	—	—	—	—	—	—	—	—	—	—
32	56	57	43	29	39	35	37	39	41	56	45	53	60	22	38	34	34

表 2-38A　低碳 Ni-Cr-Mo 低合金保证淬透性钢（名义碳含量质量分数为 0.30%）的淬透性下限硬度

（单位：HRC）

端淬距离，以 1/16in 为单位	4320H min	4320RH min	4718H min	4720H min	8617H min	8620H min	8622H min	8625H min	8627H min	8720H min	8822H min	9310H min	9310RH min	94B15H min	94B17H min
1	41	42	40	41	39	41	43	45	47	41	43	36	37	38	39
2	38	40	40	39	33	37	49	41	43	38	42	35	36	38	39
3	35	37	38	31	27	32	34	36	38	35	39	35	36	37	38
4	32	34	33	27	24	27	30	32	35	30	33	34	35	36	37
5	29	31	29	23	20	23	26	29	32	26	29	32	34	32	34
6	27	29	27	21	—	21	24	27	29	24	27	31	33	28	29
7	25	27	25	—	—	22	25	27	22	25	30	32	—	25	26
8	23	25	24	—	—	20	23	26	21	24	29	31	—	23	24
9	22	24	23	—	—	—	22	24	20	24	28	30	—	21	23

（续）

端淬距离，以1/16in为单位	4320H min	4320RH min	4718H min	4720H min	8617H min	8620H min	8622H min	8625H min	8627H min	8720H min	8822H min	9310H min	9310RH min	94B15H min	94B17H min
10	21	23	22	—	—	—	—	21	24	—	23	27	29	20	21
11	20	22	22	—	—	—	—	20	23	—	23	27	29	—	20
12	20	21	21	—	—	—	—	—	22	—	22	26	28	—	—
13	—	20	21	—	—	—	—	—	21	—	22	26	28	—	—
14	—	—	21	—	—	—	—	—	21	—	22	26	28	—	—
15	—	—	20	—	—	—	—	—	20	—	21	26	28	—	—
16	—	—	20	—	—	—	—	—	20	—	21	26	27	—	—
17	—	—	—	—	—	—	—	—	—	—	—	—	—	—	—
18	—	—	—	—	—	—	—	—	—	—	20	26	27	—	—
19	—	—	—	—	—	—	—	—	—	—	—	—	—	—	—
20	—	—	—	—	—	—	—	—	—	—	—	25①	26	—	—

① 9310H 钢在端淬距离22至28处的最低硬度要求为25HRC，在30和32处的硬度要求为24HRC（以1/16in为单位）

表 2-38B　低碳 Ni-Cr-Mo 保证淬透性低合金钢（名义碳含量质量分数为0.30%）的淬透性上限硬度

（单位：HRC）

端淬距离，以1/16in为单位	4320H max	4320RH max	4718H max	4720H max	8617H max	8620H max	8622H max	8625H max	8627H max	8720H max	8822H max	9310H max	9310RH max	94B15H max	94B17H max
1	48	47	47	48	46	48	50	52	54	48	50	43	42	45	46
2	47	46	47	47	44	47	49	51	52	47	49	43	42	45	46
3	45	44	45	43	41	44	47	48	50	45	48	43	42	44	45
4	43	41	43	39	38	41	44	46	48	42	46	42	41	44	45
5	41	39	40	35	34	37	40	43	45	38	43	42	41	43	44
6	38	36	37	32	31	34	37	40	43	35	40	42	40	42	43
7	36	34	35	29	28	32	34	37	40	33	37	42	40	40	42
8	34	32	33	28	27	30	32	35	38	31	35	41	39	38	41
9	33	31	32	27	26	29	31	33	36	30	34	40	38	36	40
10	31	29	31	26	25	28	30	32	34	29	33	40	37	34	38
11	30	28	30	25	24	27	29	31	33	28	32	39	37	33	36
12	29	26	29	24	23	26	28	30	32	27	31	38	36	31	34
13	28	25	29	24	23	25	27	29	31	26	31	37	35	30	33
14	27	24	28	23	22	25	26	28	30	26	30	36	34	29	32
15	27	24	27	23	22	24	26	28	30	25	30	36	34	28	31
16	26	23	27	22	21	24	25	27	29	25	29	35	33	27	30
17	—	—	—	—	—	—	—	—	—	—	—	—	—	—	—
18	25	22	27	21	21	23	25	27	28	24	29	35	33	26	28
19	—	—	—	—	—	—	—	—	—	—	—	—	—	—	—
20	25	22	26	21	20	23	24	26	28	24	28	35	32	25	27
21	—	—	—	—	—	—	—	—	—	—	—	—	—	—	—
22	24	21	26	21	—	23	24	26	28	23	27	34	—	24	26
23	—	—	—	—	—	—	—	—	—	—	—	—	—	—	—
24	24	21	25	20	—	23	24	26	27	23	27	34	—	23	25
25	—	—	—	—	—	—	—	—	—	—	—	—	—	—	—
26	24	21	25	—	—	23	24	26	27	23	27	34	—	23	24
27	—	—	—	—	—	—	—	—	—	—	—	—	—	—	—
28	24	21	24	—	—	22	24	25	27	23	27	34	—	22	24
29	—	—	—	—	—	—	—	—	—	—	—	—	—	—	—
30	24	21	24	—	—	22	24	25	27	22	27	33	—	22	23
31	—	—	—	—	—	—	—	—	—	—	—	—	—	—	—
32	24	21	24	—	—	22	24	25	27	22	27	33	—	22	23

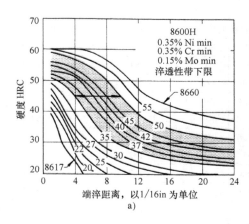
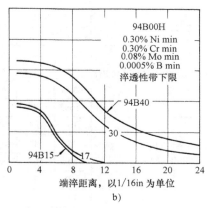

图 2-53 碳含量对 Ni-Cr-Mo 保证淬透性钢（H-钢号后两位数字表示）端淬淬透性下限的影响

a）86xxH 系列 b）94BxxH 硼钢

表 2-39 不同热处理工艺条件对 4340 钢工件力学性能的影响

工 艺 条 件	试样直径		抗拉强度		屈服强度		延伸率[①]	断面收缩率	硬度
	mm	in	MPa	ksi	MPa	ksi	（%）	（%）	HBW
退火（加热到 810℃（1490℉），按 11℃/h（20℉/h）冷却速率炉冷至 355℃（670℉）；而后空冷）	25	1	745	108	470	68	22.0	50.0	217
正火（加热到 870℃（1600℉），而后空冷）	13	0.5	1448	210	972	141	12.1	35.3	388
	25	1	1282	186	862	125	12.2	36.3	363
	50	2	1220	177	786	114	13.5	37.3	341
	100	4	1110	161	710	103	13.2	36.0	321
在 800℃（1475℉）奥氏体化加热，淬油；在 540℃（1000℉）回火	13	0.5	1255	182	1165	169	13.7	45.0	363
	25	1	1207	175	1145	166	14.2	45.9	352
	50	2	1172	170	1103	160	16.0	54.8	341
	100	4	1138	165	1000	145	15.5	53.4	331
在 800℃（1475℉）奥氏体化加热，淬油；在 595℃（1100℉）回火	13	0.5	1145	166	1117	162	17.1	57.0	331
	25	1	1138	165	1096	159	16.5	54.1	331
	50	2	1014	147	958	139	19.0	60.4	293
	100	4	924	134	786	114	19.7	60.7	269
在 800℃（1475℉）奥氏体化加热，淬油；在 650℃（1200℉）回火	13	0.5	1000	145	938	136	20.0	59.3	285
	25	1	958	139	883	128	20.0	59.7	277
	50	2	931	135	834	121	20.5	62.5	269
	100	4	855	124	731	106	21.7	63.0	255

① 试样标距为 50mm（2in）。

表 2-40 不同热处理工艺条件对 8630 钢工件力学性能的影响

工 艺 条 件	试样直径		抗拉强度		屈服强度		延伸率[①]	断面收缩率	硬度
	mm	in	MPa	ksi	MPa	ksi	（%）	（%）	HBW
退火（加热到 845℃（1550℉），按 11℃/h（20℉/h）冷却速率炉冷至 625℃（1155℉）；而后空冷）	25	1	565	82	370	54	29.0	58.9	156

（续）

工艺条件	试样直径		抗拉强度		屈服强度		延伸率[1]（%）	断面收缩率（%）	硬度 HBW
	mm	in	MPa	ksi	MPa	ksi			
正火（加热到870℃（1600℉），而后空冷）	13	0.5	655	95	425	62	25.2	60.2	201
	25	1	650	94	425	62	23.5	53.5	187
	50	2	640	93	425	62	26.2	59.2	187
	100	4	635	92	385	56	24.5	57.3	187
在845℃（1550℉）奥氏体化加热，淬水；在480℃（900℉）回火	13	0.5	1050	152	1035	150	16.4	59.4	302
	25	1	1015	147	910	132	16.2	56.5	293
	50	2	895	130	738	107	19.2	63.7	269
	100	4	780	113	595	86	21.2	64.7	235
在845℃（1550℉）奥氏体化加热，淬水；在540℃（1000℉）回火	13	0.5	958	139	910	132	18.9	58.1	285
	25	1	931	135	850	123	18.7	59.6	269
	50	2	827	120	689	100	21.2	65.6	235
	100	4	738	107	565	82	23.0	63.0	217
在845℃（1550℉）奥氏体化加热，淬水；在595℃（1100℉）回火	13	0.5	924	134	910	132	19.2	61.0	269
	25	1	814	118	695	101	18.7	58.2	241
	50	2	765	111	615	89	22.5	68.6	223
	100	4	660	96	495	72	25.5	68.1	197

[1] 试样标距为50mm（2in）。

表 2-41　不同热处理工艺条件对 8650 钢工件力学性能的影响

工艺条件	试样直径		抗拉强度		屈服强度		延伸率[1]（%）	断面收缩率（%）	硬度 HBW
	mm	in	MPa	ksi	MPa	ksi			
退火（加热到795℃（1465℉），按11℃/h（20℉/h）冷却速率炉冷至460℃（860℉）；而后空冷）	25	1	1255	182	1076	156	22.5	46.4	212
正火（加热到870℃（1600℉），而后空冷）	13	0.5	1255	182	903	131	10.3	25.3	363
	25	1	1020	148	689	100	14.0	40.4	302
	50	2	993	144	660	96	15.5	44.8	293
	100	4	958	139	640	93	15.0	40.5	285
在800℃（1475℉）奥氏体化加热，淬油；在540℃（1000℉）回火	13	0.5	1225	178	1165	169	14.6	48.2	363
	25	1	1185	172	1105	160	14.5	49.1	352
	50	2	1140	165	1020	148	17.0	55.6	331
	100	4	986	143	779	113	18.7	54.9	285
在800℃（1475℉）奥氏体化加热，淬油；在595℃（1100℉）回火	13	0.5	1060	154	1040	151	17.8	54.9	321
	25	1	1060	154	986	143	17.7	57.3	311
	50	2	1000	145	903	131	20.0	61.0	293
	100	4	869	126	675	98	22.0	61.2	255
在800℃（1475℉）奥氏体化加热，淬油；在650℃（1200℉）回火	13	0.5	1020	148	945	137	18.5	54.8	293
	25	1	972	141	910	132	19.5	59.8	285
	50	2	931	135	834	121	21.2	62.3	277
	100	4	841	122	650	94	22.5	59.8	241

[1] 试样标距为50mm（2in）。

（1）回火　钢中添加的镍，具有较弱固溶强化作用，对回火马氏体的硬度影响不大。铬和钼均具有推迟马氏体回火软化、提高回火温度的作用。当回火温度超过540℃（1000℉），铬和钼元素会形成均匀细小的弥散碳化物，阻止晶粒生长。铬置换渗碳体中的铁，推迟这类碳化物聚集长大。钼还具有降低回火脆性的作用。镍-铬-钼系低合金钢不易产生回火脆性。

在表 2-36 中，总结了镍-铬-钼系低合金钢的回火温度，通过在 200~650℃（390~1200℉）回火，大多数直接淬火工件均可达到所需的硬度。但 HY-80 和 HY-100 钢是例外，这两种钢的回火温度范围狭窄（通常为回火温度的上限），回火温度分别为 620~675℃（1150~1250℉）和 565~675℃（1050~1250℉）。还有一个例外是 300M 钢，该钢的回火温度范围也非常狭窄（通常为回火温度的下限），回火温度为 260~315℃（500~600℉）。对 300M 和 D-6A 钢，建议采用两次回火工艺。

由于部分合金钢具有淬火开裂的风险，因此淬火后至回火的转移时间至关重要。8645、8650、8655 和 8660 钢在淬火冷却到触有余温 150℃（300℉）或更高温度时，就应该进行回火。4340 和 4340E 钢在工件淬火冷却到室温前，最好是达到 38~50℃（100~120℉）温度，就应该进行回火。81B45、8637、8640、8642、86B45、8720、8822 和 94B30 钢在淬火完成后，应立即进行回火。

图 2-54 为回火温度（保温 2h）对完全淬硬的各种 Ni-Cr-Mo 系低合金钢硬度的影响。回火温度对含量碳基本相同的钢 4320（4720、8620 和 8720）的影响基本相同。请参考 AMS 2759/1E 标准中推荐的航空工件的回火工艺。

（2）马氏体分级淬火　通常直接淬火钢，如牌号 4340、300M 和 8640 的钢可采用马氏体分级淬火，其他可以进行马氏体分级淬火的直接淬火钢牌号还有 8630 和 8740。通常进行马氏体分级淬火（渗碳后）的低碳渗碳牌号包括 8620 和 9310。其他可以进行马氏体分级淬火的渗碳钢牌号还包括 4320、4720、8617、8622、8625、8720 和 8822。通常分级淬火后，需要进行回火处理。

8115 合金钢被认为是可进行马氏体分级淬火的临界牌号。该钢的分级淬火的最大厚度大约是 16~19mm（⅝~¾in）。因为该牌号为渗碳钢，可以在渗碳后进行分级淬火。分级淬火后，通常需要进行回火处理。

（3）贝氏体等温淬火　4320、8617、8620、8640、8655、8660、8740 和 9310 合金钢可采用贝氏体等温淬火工艺。8655 或 8660 钢典型贝氏体等温淬火如下：

1）在 830℃（1525℉）进行奥氏体化加热。

2）淬入 345℃（655℉）的搅拌的熔融盐槽中。

3）在 345℃（655℉）等温 1h。

4）空冷至室温。

5）热水清洗。

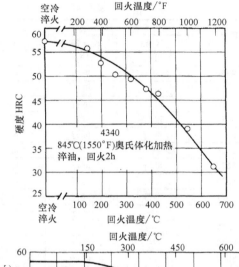

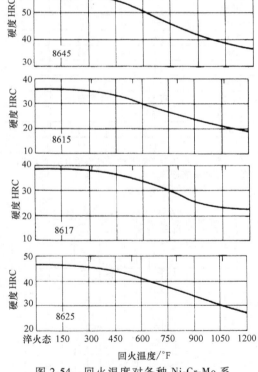

图 2-54　回火温度对各种 Ni-Cr-Mo 系
合金钢回火硬度的影响

可根据等温转变图上的贝氏体等温淬火温度，近似估计所需的等温时间。等温处理后不需要进行回火处理。

2. 表面强化

可提高镍-铬-钼系低合金钢的表面硬度和耐磨性的表面强化工艺有很多，表 2-42 列出常用的 Ni-Cr-Mo 系低合金钢表面强化工艺。渗碳后的镍-铬-钼系低合金钢端淬曲线如图 2-55 所示。

表 2-42　低合金 Ni-Cr-Mo 钢常用的表面强化工艺

钢牌号	表面强化工艺						
	渗碳	碳氮共渗	离子氮化	气体氮化	盐浴氮化	流态床氮化	火焰淬火
4320	可行	可行①	可行	—	—	—	—
4340	—	可行	可行	可行	—	—	可行
4718	可行	可行	—	—	—	—	—
4720	可行	可行	—	—	—	—	—
8615	可行	可行	可行	—	—	—	可行
8617	可行	可行	可行	可行	—	—	可行
8620	可行②③	可行	可行	可行	—	—	—
8622	可行	可行	可行	—	—	—	—
8625	可行	可行	可行	—	—	—	—
8627	可行	可行	可行	—	—	—	—
8630	—	可行	可行	—	—	—	可行
8637	—	可行	可行	—	可行	—	可行
8640	—	可行	可行	可行	可行	—	可行
8642	—	可行	可行	可行	可行	—	可行
8645	—	可行	可行	可行	—	可行	可行
8650	—	可行	可行	可行	—	—	可行
8655	—	可行	可行	可行	—	—	可行
8660	—	可行	可行	可行	—	—	可行
8720	可行	可行	可行	—	—	—	—
8740	—	可行	可行	可行	可行	—	—
8822	可行	可行	—	—	—	—	—
E9310	可行③	—	可行	—	—	—	—
94B15	可行	可行	—	—	—	—	—
94B17	可行	可行	—	—	—	—	—

① 大部分采用该合金制备的工件不适合这个工艺，所以很少使用。
② 离子渗碳和液体渗碳。
③ 也可采用真空渗碳。

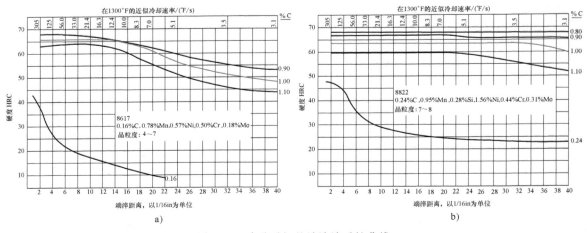

图 2-55　渗碳后钢的端淬淬透性曲线
a）8617 钢　b）8822 钢
注：试样采用在 925℃（1700℉）温度正火。心部加热到 925℃（1700℉）温度保温 20min。
采用在 925℃（1700℉）固体渗碳 9h，直接淬火。

（1）渗碳　有数种牌号的镍-铬-钼系低合金渗碳钢。通常采用气体渗碳，典型的工艺归纳于表 2-16。8620 钢和 9310 合金钢可采用更高温度的真空渗碳，采用更高渗碳温度可以减少深层渗碳的时间。如渗碳后工件需进行机加工，渗碳后采用空气冷却。如果工件采用空冷和渗碳后进行了加工，需进行重新加热的二次淬火工艺。

4320、4718 和 472 合金钢的渗碳与铬-钼系合金钢部分中所介绍的 4118 钢的工艺过程一样。8615、8617、8620、8622、8625、8627、8720、8822、9310、94B15 和 94B17 合金钢可采用 8620 钢的渗碳工艺进行渗碳，该工艺与 4118 钢的渗碳工艺非常类似。主要的区别在于，8620 钢渗碳工艺中在 1h 扩散周期中采用的碳势略低。

8620 钢常用渗碳工艺为，0.9% 碳势的气氛中，加热到 925℃（1700 °F）温度，保温约 4h 可获得深度约 1.3mm（0.050in）的渗碳层，降温到 845℃（1555 °F），将碳势控制在共析成分附近，保温 1h 进行扩散后油淬，最后在 150℃（300 °F）回火。如需要适当降低硬度，可选择略高的温度回火，以提高钢的韧性。

（2）碳氮共渗　4320 钢制备的大部分工件并不太适合进行碳氮共渗处理。43xx 系列和 47xx 系列的钢进行碳氮共渗的工艺与与铬-钼系合金钢部分中所介绍的 4118 钢的工艺过程基本一样。86xx 系列、87xx 系列、88xx 系列和 94Bxx 系列钢的碳氮共渗工艺与 8620 钢的基本一样。这两个工艺之间的主要区别是 8620 钢的碳氮共渗温度略高，直接从碳氮共渗淬火温度开始淬火的工件应在碳氮共渗前进行正火处理。

8620 钢典型的碳氮共渗工艺是在 10%（体积分数）无水氨碳氮共渗气氛中，加热到 845℃（1550 °F）温度，保温约 45min 油淬，得到 0.305mm（0.012in）深的硬化层。通过调整时间和温度，可以控制硬化层深度。通常碳氮共渗温度在 790 ~ 900℃（1455 ~ 1650 °F）。碳氮共渗工艺推荐的回火温度为 150 ~ 260℃（300 ~ 500 °F）。

（3）气体渗氮和离子渗氮　很多镍-铬-钼系合金钢均适合进行气体渗氮和离子渗氮处理。因为渗氮温度通常低于淬火和回火温度，因此渗氮也通常在工件进行了淬火和回火工序后进行。钢的淬火奥氏体化温度约低于该钢正常淬火加热温度 10℃（15 °F）。淬火冷却介质通常采用油，回火温度至少高于渗氮温度 30℃（55 °F）。

镍-铬-钼系低合金钢常用的渗氮工艺如下，工件经奥氏体化加热后淬火，并在 540℃（1000 °F）温度或更高温度进行回火。精加工后，工件在 25% ~ 30% 裂解氨气气氛中进行 10 ~ 12h 渗氮，渗氮温度通常低于回火温度 30℃（55 °F）。

2.2.7　镍-钼系低合金钢

镍-钼系低合金钢由 46xx 和 48xx 两个子系列组成。这两个子系列都是低碳渗碳钢，他们之间最主要区别是镍的含量不同，48xx 系列钢中的镍含量几乎是大多数 46xx 系列的两倍。4626 钢的镍含量约为其他 46xx 系列钢的一半。

在表 2-21 中，还给出了 46xx 和 48xx 系列钢的近似相变临界点（Ar_1、Ac_1、Ac_3、Ar_3、Ms）。图 2-56 为镍和碳对部分镍-钼低合金钢等温转变图的影响。随钢中含镍量的提高，钢的淬透性提高。现有包括 4620H、4626H、4815H、4817H 和 4820H 等商用保证淬透性镍-钼系低合金钢供货。

1. 退火

该系列合金钢通常不采用亚临界退火和中间退火。由于低碳镍-钼合金钢可以通过正火或退火工艺，达到理想的可加工性和冷成形性能，因此通常不采用球化退火处理。

表 2-43 为钢的等温退火和循环退火工艺。由于采用成本较低和工时较少的工艺，能达到理想的可加工性和冷成形性能，因此这类合金钢通常不进行完全退火处理。

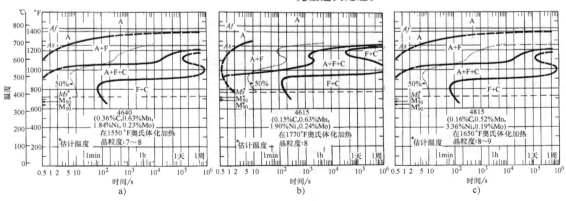

图 2-56　镍和碳对部分镍-钼钢等温转变图的影响

a）4640　b）4615　c）4815 钢

表 2-43 镍-钼低合金钢退火工艺

镍-钼低合金钢牌号		等温退火					循环退火				
		加热至：		冷却至：		等温时间[1]	加热至[2]		快速冷却至		保温时间[3]
AISI	UNS	℃	℉	℃	℉	h	℃	℉	℃	℉	h
4615	G46150	700	1290	—	—	8	925	1695	540~675	1000~1250	1~3
4617	G46170	—	—	—	—	—	925	1695	540~675	1000~1250	1~3
4620	G46200	775	1425	650	1200	6	925	1695	540~675	1000~1250	1~3
4626	G46260	815	1500	675	1200	8	925	1695	540~675	1000~1250	1~3
4815	G48150	745	1370	605	1125	8	925	1695	540~675	1000~1250	1~3
4817	G48170	745	1370	605	1125	8	925	1695	540~675	1000~1250	1~3
4820	G48200	745	1370	605	1125	8	925	1695	540~675	1000~1250	1~3

① 当完成保温后，采用空冷。
② 加热温度不低于渗碳温度；根据工件最大厚度，按不小于 1h/25mm（1in）进行保温。
③ 当完成保温后，采用炉冷或空冷。

循环退火工艺为将钢加热到奥氏体化温度，迅速冷却到亚临界温度 540~675℃（1000~1250℉），等温 1~3h。该工艺适用于所有 46xx 和 48xx 系列的合金钢，也适用于 4422 和 4427 合金钢。

另一种等温退火为加热到两相区退火温度（Ac_1 和 Ac_3 之间），迅速冷却到亚临界温度 605~630℃（1125~1170℉）等温 6~8h，随后空冷。除了 4615 钢外，该工艺适用于所有 46xx 和 48xx 系列的钢。4615 钢的等温退火工艺与 4023/4024 和 4118 钢相同：加热到 700℃（1290℉）保温 8h，而后空冷。

在表 2-23 中，也给出了镍-钼系低合金钢的常用的正火温度。渗碳合金钢的正火温度至少应与钢的渗碳温度一样高。高镍合金钢（48xx）通常是正火后进行退火处理。退火工艺为加热到 650℃（1200℉），根据工件尺寸，按 1h/25mm（1in）保温（不小于 4h）后空冷。对含有碳化物形成元素的钢进行淬火前，通常需要进行正火处理。

2. 淬火和回火

（1）淬火 表 2-44 给出了镍-钼系低合金钢的典型的奥氏体化温度。图 2-57 和图 2-58 分别为典型

镍-钼系低合金钢端淬曲线和连续冷却转变图，图 2-58 说明了镍对钢的淬透性影响。低碳牌号的钢通常是进行渗碳处理。与其他的牌号相比，由于 4626 钢的碳含量较高，通常采用直接淬火处理。表 2-45 给出了保证淬透性镍-钼系低合金钢（H-钢）的淬透性数据。

表 2-44 采用油淬的低合金镍-钼钢奥氏体化
加热温度和回火温度

镍-钼低合金钢牌号		奥氏体化温度		回火温度[1]	
AISI	UNS	℃	℉	℃	℉
4615[2]	G46150	925	1695	150~620	300~1150
4617[2]	G46170	925	1695	150~620	300~1150
4620[2]	G46200	925	1695	150~620	300~1150
4626	G46260	870	1600	150~620	300~1150
4815[2]	G48150	845	1555	150~620	300~1150
4817[2]	G48170	845	1555	150~620	300~1150
4820[2]	G48200	845	1555	150~620	300~1150

① 直接淬火工件的回火温度范围。如允许降低工件的硬度，通常采用高于最低回火温度，回火至所要求的硬度。
② 这些合金钢很少采用直接淬火，通常采用渗碳工艺生产工件。

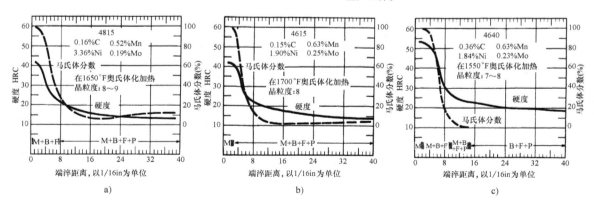

a)　　　　　　　　　　b)　　　　　　　　　　c)

图 2-57 镍-钼钢端淬淬透性曲线
a）4815 钢　b）4615 钢　c）4640 钢

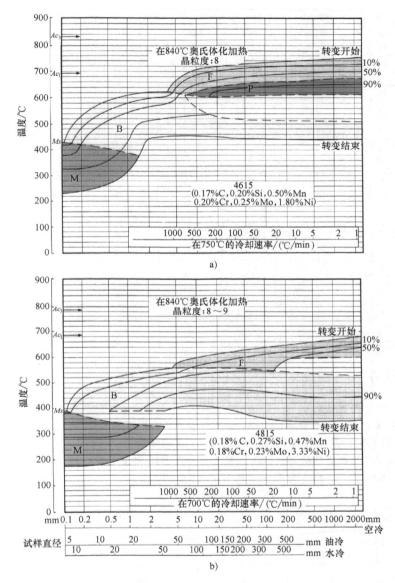

图 2-58 镍对镍-钼钢的连续冷却转变图的影响

a) 4615 钢 b) 4815 钢

表 2-45 碳含量相同镍-钼低合金保证淬透性钢 (H-钢) (46xxH 系列和 48xxH 系列) 与

镍-铬-钼低合金保证淬透性钢淬透性的对比 (单位：HRC)

端淬距离，以 1/16in 为单位	4620H		4620RH		4815H		4817H		4820H		4820RH		4120H		4320H		8620	
	max	min	max	min	max	min	max	min	max	min	max	min	max	min	max	min	max	min
1	48	41	47	42	45	38	46	39	48	41	47	42	48	41	48	41	48	41
2	45	35	44	37	44	37	46	38	48	40	47	42	47	37	47	38	47	37
3	42	27	40	30	44	34	45	35	47	39	46	41	44	32	45	35	44	32
4	39	24	37	27	42	30	44	32	46	38	45	40	41	37	43	32	41	27
5	34	21	32	24	41	27	42	29	45	34	43	36	37	23	41	29	37	23
6	31	—	29	21	39	24	41	26	43	31	41	33	34	21	38	27	34	21
7	29	—	27	20	37	22	39	25	42	29	40	32	32	—	36	25	32	—

（续）

端淬距离，以 1/16in 为单位	4620H		4620RH		4815H		4817H		4820H		4820RH		4120H		4320H		8620	
	max	min	max	min	max	min	max	min	max	min	max	min	max	min	max	min	max	min
8	27	—	25	—	35	21	37	23	40	27	38	30	30	—	34	23	30	—
9	26	—	24	—	33	20	35	22	39	26	36	28	29	—	33	22	29	
10	25	—	23	—	31	—	33	21	37	25	35	27	28	—	31	21	28	
11	24	—	22	—	30	—	32	20	36	24	34	26	27	—	30	20	27	
12	23	—	21	—	29	—	31	20	35	23	33	25	26	—	29	20	26	
13	22	—	20	—	28	—	30	—	34	22	32	24	25	—	28	—	25	
14	22	—			28	—	29	—	33	22	31	24	25	—	27	—	25	
15	22	—			27	—	28	—	32	21	30	23	24	—	27	—	24	
16	21	—			27	—	28	—	31	21	29	23	24	—	26	—	24	
17	—	—			—	—	—	—	—	—	—	—	—	—	—	—	—	
18	21	—			26	—	27	—	29	20	28	22	23	—	25	—	23	
19	—	—			—	—	—	—	—	—	—	—	—	—	—	—	—	
20	20	—			25	—	26	—	28	20	27	22	23	—	25	—	23	
21	—	—			—	—	—	—	—	—	—	—	—	—	—	—	—	
22					24	—	25	—	28	—	26	21	23	—	24	—	23	
23					—	—	—	—	—	—	—	—	—	—	—	—	—	
24					24	—	25	—	27	—	25	20	23	—	24	—	23	
25					—	—	—	—	—	—	—	—	—	—	—	—	—	
26					24	—	25	—	27	—	25	20	23	—	24	—	23	
27					—	—	—	—	—	—	—	—	—	—	—	—	—	
28					23	—	25	—	26	—	25	—	23	—	24	—	23	
29					—	—	—	—	—	—	—	—	—	—	—	—	—	
30					23	—	24	—	26	—	24	—	22	—	24	—	22	
31					—	—	—	—	—	—	—	—	—	—	—	—	—	
32					23	—	24	—	25	—	23	—	22	—	24	—	22	

（2）回火　直接淬火（不是渗碳）工件，通常至少应在150℃（300℉）温度进行回火。如工件硬度许可，通常实际可采用更高的回火温度（最高可达620℃，或1150℉）。图2-59为回火温度对6种淬火后得到马氏体组织镍-钼系低合金钢硬度的影响（4615、4620、4626、4815、4817和4820）。表2-46和表2-47介绍了不同处理工艺对钢性能的影响。

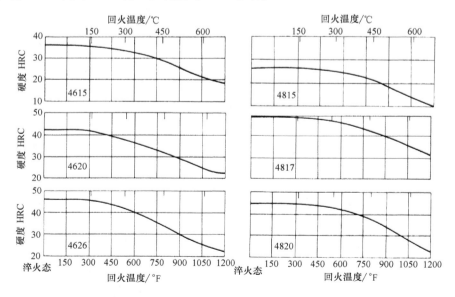

图 2-59　回火温度对部分镍-钼钢硬度的影响

表 2-46　不同热处理工艺对 4620 钢试样力学性能的影响

工艺条件	试样直径		抗拉强度		屈服强度		延伸率①	断面收缩率	硬度	艾氏冲击能	
	mm	in	MPa	ksi	MPa	ksi	（%）	（%）	HBW	J	ft lb
退火（加热到 855℃（1575℉），按 17℃/h（30℉/h）冷却速率炉冷至 480℃（900℉）；而后空冷）	25	1	510	74	370	54	31.3	60.3	149	—	—
正火（加热到 900℃（1650℉），而后空冷）	13	0.5	600	87	380	55	30.7	68.0	192	—	—
	25	1	570	83	365	53	29.0	66.7	174	—	—
	50	2	550	80	365	53	29.5	67.1	167	—	—
	100	4	530	77	360	52	30.5	65.2	163	—	—
在 925℃（1700℉）伪渗碳 8h；再次加热至 815℃（1500℉），淬油，在 150℃（300℉）回火	13	0.5	876	127	620	90	20.0	59.8	255	58	43
	25	1	675	98	460	67	25.8	70.0	197	135	98
	50	2	660	96	450	65	27.0	69.7	192	138	102
	100	4	585	85	360	52	29.5	69.2	170	136	100
在 925℃（1700℉）伪渗碳 8h；再次加热至 815℃（1500℉），淬油，在 230℃（450℉）回火	13	0.5	814	118	560	81	21.4	65.3	241	—	—
	25	1	675	98	455	66	27.6	68.9	192	—	—
	50	2	660	96	425	62	26.8	69.2	187	—	—
	100	4	580	84	365	53	29.8	70.3	170	—	—

① 试样标距为 50mm（2in）。

表 2-47　不同热处理工艺对 4820 钢试样力学性能的影响

工艺条件	试样直径		抗拉强度		屈服强度		延伸率①	断面收缩率	硬度
	mm	in	MPa	ksi	MPa	ksi	（%）	（%）	HBW
退火（加热到 815℃（1500℉），按 17℃/h（30℉/h）冷却速率炉冷至 260℃（500℉）；而后空冷）	25	1	685	99	460	67	22.3	58.8	197
正火（加热到 860℃（1580℉），而后空冷）	13	0.5	772	112	495	72	26.0	57.8	235
	25	1	758	110	485	70	24.0	59.2	229
	50	2	738	107	475	69	23.0	59.8	223
	100	4	717	104	470	68	22.0	58.4	212
在 925℃（1700℉）伪渗碳 8h；再次加热至 800℃（1475℉），淬油，在 160℃（300℉）回火	13	0.5	1440	209	1195	173	14.2	54.3	401
	25	1	1170	170	869	126	15.0	51.0	352
	50	2	938	136	640	93	19.8	56.3	277
	100	4	820	119	560	81	23.0	59.4	241
在 925℃（1700℉）伪渗碳 8h；再次加热至 800℃（1475℉），淬油，在 230℃（450℉）回火	13	0.6	1415	205	1170	170	13.2	52.3	388
	25	1	1125	163	827	120	15.5	53.1	331
	50	2	896	130	635	92	19.0	62.7	269
	100	4	807	117	550	80	21.0	63.8	235

① 试样标距为 50mm（2in）。

4615、4620 和 4815 钢可进行马氏体分级淬火。4615 和 4820 钢可进行贝氏体等温淬火。

3. 表面强化

（1）渗碳　如上所述，低碳镍-钼系低合金钢通常进行渗碳处理。不同铬含量 8620 钢渗碳后端淬透性曲线如图 2-60 所示。低碳镍-钼系低合金钢典型的渗碳工艺也列于表 2-16。采用的渗碳及回火工艺与所介绍的铬-钼系列钢中的 4118 低合金钢基本相同，不同的是镍-钼合金钢通常采用 900~925℃（1650~1700℉）温度渗碳。常用的淬火工艺是渗碳后直接油淬。为了减少淬火变形和残留奥氏体数量，对 46xx 系列合金钢和 48xx 系列合金钢渗碳后，应分别降温至 845℃（1550℉）和 815℃（1500℉）后进行淬火。对渗碳后需进行机加工的工件，采用从渗碳温度缓慢冷却，然后再将工件加热至淬火温度油淬和回火。典型的回火温度范围 120~175℃（250~350℉）。

两次淬火工艺曾经一度被广泛应用，但现在很少使用。可采用两次淬火工艺可细化晶粒，或当工件渗碳后需要进行精磨的情况，第二次淬火加热至淬火温度，油淬和回火。

（2）碳氮共渗　46xx 系列钢合适采用碳氮共渗工艺，但 48xx 系列钢很少进行碳氮共渗处理。46xx 系列钢采用的碳氮共渗及回火工艺与所介绍的铬-钼系中的 4118 低合金钢基本相同。由于碳氮共渗仅局

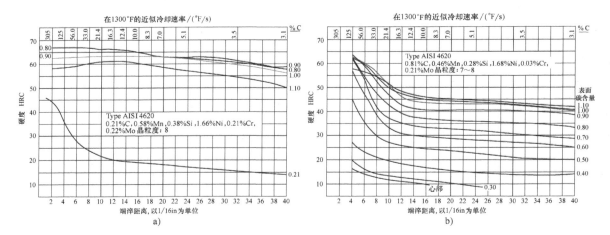

图 2-60　不同铬含量 8620 钢渗碳后端淬淬透性曲线

a）8620 钢 0.21%（质量分数）Cr　b）8620 钢 0.031%（质量分数）Cr

注：试样在 925℃（1700℉）正火，工件心部在 925℃（1700℉）温度奥氏体化加热 20min。

采用在 925℃（1700℉）温度渗碳 9h 后直接淬火。

限于工件表面，因此必须是工件完成了所有的机加工后再进行该处理。直接从碳氮共渗温度进行淬火的工件，应在碳氮共渗前进行正火处理。

（3）火焰淬火　4615 钢和 4620 钢可采用火焰淬火处理。

2.2.8　铬系低合金钢

铬系低合金钢由中碳 50xx 子系列、低碳 51xx 子系列和中碳 51xx 三个子系列组成。低碳牌号钢（5115、5117 和 5120）为渗碳钢，通常不采用直接淬火处理。5046 碳牌号钢中的铬含量仅为其余 50xx 系列钢的一半。51xx 系列钢的铬含量约是大部 50xx 系列钢的两倍。图 2-61 为 5140 和 5160 钢的等温转变图。所有的 50xx 系列和 5160 钢均有添加了硼的商用合金钢供货，详见表 2-15。

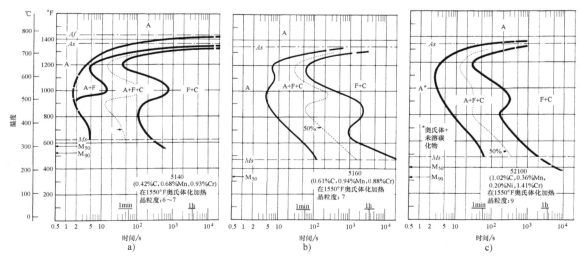

图 2-61　铬系低合金钢的等温转变图

a）5140 钢　b）5160 钢　c）52100 钢

该类钢的通常在 595℃～650℃（1100～1200℉）温度进行亚临界退火或中间退火，退火后采用空冷。5115、5117 和 5120 低碳合金钢通常不采用中间退火

处理工艺。所有中碳铬系低合金可进行球化退火处理，表 2-22 包括有其典型的球化退火工艺，表中包含有缓慢冷却和或等温冷却（在钼系低合金钢中进

行了介绍）两种工艺的温度。对于含碳量高的并进行了硼处理的铬系合金钢，如 50B50、50B60 和 51B60，采用球化退火工艺优于正火处理工艺。低碳铬系合金钢（5115、5117 和 5120）采用正火或普通退火就能获得良好的可加工性和冷加工性能，因此不需要进行球化退火处理。

铬系低合金钢有两种完全退火工艺（在钼系低合金钢中进行了更详细的介绍），表 2-24 所列为钢的典型完全退火工艺。由于 50B50、50B60 和 51B60 铬系合金钢球化退火性能优于完全退火，因此这三个含碳量高并进行保硼处理处理的钢不采用完全退火处理。低碳铬系合金钢（5115、5117 和 5120）通常采用等温退火工艺进行退火。对 5117 钢，采用直接加热到等温温度进行保温，而不是通常采用的加热较高温度，快速冷却到等温温度进行保温。

在表 2-23 中，给出了钢的典型的正火温度。渗碳合金钢的正火温度至少应与钢的渗碳温度同样高。对含有碳化物形成元素的钢淬火前通常进行正火处理。

1. 淬火和回火

中碳铬系低合金钢可直接进行淬火强化，通常淬火冷却介质会选用油，但对 50xx 合金钢和 5115 至 5132 合金钢也可选用水。不建议对碳含量 0.35% 及更高的 51xx 系合金钢进行淬水。淬火的奥氏体化加热温度应该足够高，以保证所有的碳化物溶解于基体。中碳 50xx 和 51xx 系合金钢，如 5130 和 5132 钢的奥氏体化温度通常为 845 ~ 855℃（1555 ~ 1570℉）。低碳牌号钢（5117、5120）的奥氏体化温度通常为 885℃（1625℉）。

图 2-62 和图 2-63 分别为部分铬系低合金钢的端淬曲线和连续冷却转变图。表 2-48 列出了 50xxH、51xxH 和 61xxH 系列钢的端淬淬透性上下限数据。可以通过对 5160H 和 51B60H 的数据分析，了解硼处理对钢的淬透性的影响。通过对 50B60H 和 51B60H 的数据对比，可了解增加铬含量对钢的淬透性影响。图 2-64 为不同碳含量对 51xx 系合金钢淬透性的影响。

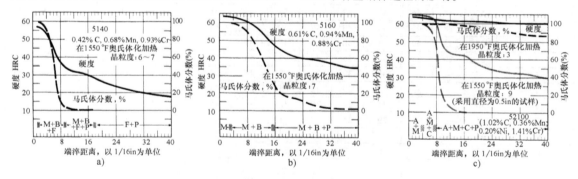

图 2-62　铬系低合金钢的端淬淬透性曲线
a）5140 钢　b）5160 钢　c）52100 钢

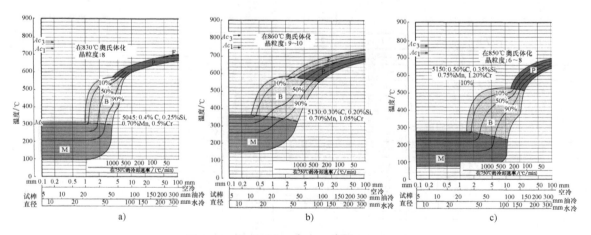

图 2-63　铬系低合金钢的连续冷却转变图
a）5045 钢　b）5130 钢　c）5150 钢

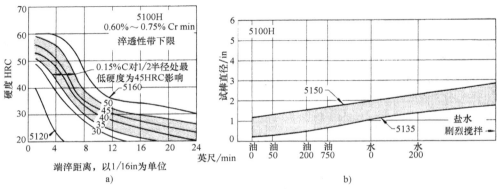

图 2-64 碳含量对保证淬透性铬系低合金钢淬透性的影响

a) 端淬淬透性下限，图中每条曲线相邻的数字表明钢的碳含量

b) 碳含量对无氧化皮圆棒试样淬火 1/2 半径处最低硬度为 45HRC 的影响

表 2-48A 保证淬透性铬系低合金钢（50xxH，51xxH 和 61xxH 系列）端淬淬透性下限硬度值

（单位：HRC）

端淬距离，以 1/16in 为单位	5046H min	5120H min	5130H min	5130RH min	5132H min	5135H min	5140H min	5140RH min	5147H min	5150H min	5155H min	5160H min	5160RH min	6118H min	6150H min
1	56	40	49	50	50	51	53	54	57	59	60	60	60	39	59
2	55	34	46	47	47	49	52	53	56	58	59	60	60	36	58
3	45	28	42	44	43	47	50	51	55	57	58	60	60	28	57
4	32	23	39	41	40	43	48	49	54	56	57	59	59	24	56
5	28	20	35	37	35	38	43	45	53	53	55	58	58	22	55
6	27	—	32	35	32	35	38	41	52	49	52	56	57	20	53
7	26	—	30	33	29	32	35	38	49	42	47	52	54	—	50
8	25	—	28	31	27	30	33	36	45	38	41	47	50	—	47
9	24	—	26	29	25	28	31	34	40	36	37	42	45	—	43
10	24	—	25	27	24	27	30	33	37	34	36	39	42	—	41
11	23	—	23	26	23	25	29	32	35	33	35	37	40	—	39
12	23	—	22	25	22	24	28	31	34	32	34	36	39	—	38
13	22	—	21	24	21	23	27	30	33	31	34	35	38	—	37
14	22	—	20	23	20	22	26	29	32	31	33	35	37	—	36
15	21	—	—	22	—	21	26	28	32	30	33	34	36	—	35
16	21	—	—	21	—	21	25	27	31	30	32	34	36	—	35
17	—	—	—	—	—	—	—	—	—	—	—	—	—	—	—
18	20	—	—	20	—	20	24	26	30	29	31	33	35	—	34
19	—	—	—	—	—	—	—	—	—	—	—	—	—	—	—
20	—	—	—	—	—	—	23	25	29	28	31	32	34	—	32
21	—	—	—	—	—	—	—	—	—	—	—	—	—	—	—
22	—	—	—	—	—	—	21	24	27	27	30	31	33	—	31
23	—	—	—	—	—	—	—	—	—	—	—	—	—	—	—
24	—	—	—	—	—	—	20	23	26	26	29	30	32	—	30
25	—	—	—	—	—	—	—	—	—	—	—	—	—	—	—
26	—	—	—	—	—	—	—	22	25	25	28	29	31	—	29
27	—	—	—	—	—	—	—	—	—	—	—	—	—	—	—
28	—	—	—	—	—	—	—	21	24	24	27	28	30	—	27
29	—	—	—	—	—	—	—	—	—	—	—	—	—	—	—
30	—	—	—	—	—	—	—	20	22	23	26	28	29	—	26
31	—	—	—	—	—	—	—	—	—	—	—	—	—	—	—
32	—	—	—	—	—	—	—	—	21	22	25	27	29	—	25

表 2-48B　保证淬透性铬系低合金钢（50xxH，51xxH 和 61xxH 系列）端淬淬透性上限硬度值

（单位：HRC）

端淬距离，以 1/16in 为单位	5046H max	5120H max	5130H max	5130RH max	5132H max	5135H max	5140H max	5140RH max	5147H max	5150H max	5155H max	5160H max	5160RH max	6118H max	6150H max
1	63	48	56	55	57	58	60	59	64	65	—	—	65	46	65
2	62	46	55	53	56	57	59	58	64	65	65	—	65	44	65
3	60	41	53	51	54	56	58	57	63	64	64	—	65	38	64
4	56	36	51	49	52	55	57	55	62	63	64	65	65	33	64
5	52	33	49	46	50	54	56	53	62	62	63	65	64	30	63
6	46	30	47	44	48	52	54	51	61	61	63	64	63	28	63
7	39	28	45	42	45	50	52	48	61	60	62	64	62	27	62
8	35	27	42	39	42	47	50	46	60	59	62	63	60	26	61
9	34	25	40	37	40	45	48	44	60	58	61	62	58	26	61
10	33	24	38	35	38	43	46	43	59	56	60	61	56	25	60
11	33	23	37	34	37	41	45	41	59	55	59	60	55	25	59
12	32	22	36	33	36	40	43	40	58	53	57	59	53	24	58
13	32	21	35	32	35	39	42	39	58	51	55	58	51	24	57
14	31	21	34	31	34	38	40	37	57	50	52	56	50	23	55
15	31	20	34	30	34	37	39	36	57	48	51	54	48	23	54
16	30	—	33	29	33	37	38	35	56	47	49	52	47	22	52
17	—	—	—	—	—	—	—	—	—	—	—	—	—	—	—
18	29	—	32	28	32	36	37	34	55	45	47	48	44	22	50
19	—	—	—	—	—	—	—	—	—	—	—	—	—	—	—
20	28	—	31	27	31	35	36	33	54	43	45	47	43	21	48
21	—	—	—	—	—	—	—	—	—	—	—	—	—	—	—
22	27	—	30	26	30	34	35	32	53	42	44	46	42	21	47
23	—	—	—	—	—	—	—	—	—	—	—	—	—	—	—
24	26	—	29	25	29	33	34	31	52	41	43	45	41	20	46
25	—	—	—	—	—	—	—	—	—	—	—	—	—	—	—
26	25	—	27	24	28	32	34	30	51	40	42	44	40	—	45
27	—	—	—	—	—	—	—	—	—	—	—	—	—	—	—
28	24	—	26	23	27	32	33	30	50	39	41	43	39	—	44
29	—	—	—	—	—	—	—	—	—	—	—	—	—	—	—
30	23	—	25	22	26	31	33	29	49	39	41	43	39	—	43
31	—	—	—	—	—	—	—	—	—	—	—	—	—	—	—
32	23	—	24	21	25	30	32	29	48	38	40	42	38	—	42

表 2-48C　保证淬透性含硼铬系低合金钢（50BxxH 和 51BxxH 系列）端淬淬透性上下限硬度值

（单位：HRC）

端淬距离，以 1/16in 为单位	50B40H max	50B40H min	50B40RH max	50B40RH min	50B44H max	50B44H min	50B46H max	50B46H min	50B50H max	50B50H min	50B60H max	50B60H min	51B60H max	51B60H min
1	60	53	59	54	63	56	63	56	65	59	—	60	—	60
2	60	53	59	54	63	56	62	54	65	59	—	60	—	60
3	59	52	58	53	62	55	61	52	64	58	—	60	—	60
4	59	51	58	53	62	55	60	50	64	57	—	60	—	60
5	58	50	57	52	61	54	59	41	63	56	—	60	—	60
6	58	48	56	50	61	52	58	32	63	55	—	59	—	59
7	57	44	55	47	60	48	57	31	62	52	—	57	—	58
8	57	39	54	43	60	43	56	30	62	47	65	53	—	57
9	56	34	52	38	59	38	54	29	61	42	65	47	—	54
10	55	31	50	35	58	34	51	28	60	37	64	42	—	50
11	53	29	49	33	57	31	47	27	60	35	64	39	—	44

（续）

端淬距离，以 1/16in 为单位	50B40H		50B40RH		50B44H		50B46H		50B50H		50B60H		51B60H	
	max	min	max	min	max	min	max	min	max	min	max	min	max	min
12	51	28	47	32	56	30	43	26	59	33	64	37	65	41
13	49	27	45	31	54	29	40	26	58	32	63	36	65	40
14	47	26	44	30	52	29	38	25	57	31	63	35	64	39
15	44	25	41	29	50	28	37	25	56	30	63	34	64	38
16	41	25	38	28	48	27	36	25	54	29	62	34	63	37
17	—	—	—	—	—	—	—	—	—	—	—	—	—	—
18	38	23	36	26	44	26	35	23	50	28	60	33	61	36
19	—	—	—	—	—	—	—	—	—	—	—	—	—	—
20	36	21	34	24	40	24	34	22	47	27	58	31	59	34
21	—	—	—	—	—	—	—	—	—	—	—	—	—	—
22	35	—	33	23	38	23	33	21	44	26	55	30	57	33
23	—	—	—	—	—	—	—	—	—	—	—	—	—	—
24	34	—	32	22	37	21	32	20	41	25	53	29	55	31
25	—	—	—	—	—	—	—	—	—	—	—	—	—	—
26	33	—	31	21	36	20	31	—	39	24	51	28	53	30
27	—	—	—	—	—	—	—	—	—	—	—	—	—	—
28	32	—	30	20	35	—	30	—	38	22	49	27	51	28
29	—	—	—	—	—	—	—	—	—	—	—	—	—	—
30	30	—	29	—	34	—	29	—	37	21	47	26	49	27
31	—	—	—	—	—	—	—	—	—	—	—	—	—	—
32	29	—	28	—	33	—	28	—	36	20	44	25	47	25

（1）回火　钢中的合金元素铬对钢的回火有以下几个方面的影响。铬提高了马氏体抗回火软化温度。在超过540℃（1000℉）温度回火，在钢的基体中，会析出均匀细小弥散的碳化物，阻止晶粒长大。铬还能置换钢材渗碳体中的铁，阻碍碳化物的聚集长大。为充分发挥析出的铬碳化物的作用，回火温度必须超过540℃（1000℉）。当回火温度在455～595℃（850～1100℉）范围，铬系低合金钢容易产生回火脆性。可采用从回火温度迅速冷却，避免产生回火脆性。

表2-49～表2-51为工件质量对直接淬火强化51xx合金钢性能的影响。直接淬火强化的工件在200～700℃（400～1300℉）温度范围进行回火。为了防止淬火开裂，回火应在工件淬火冷却至室温前，最好是当工件温度在38～50℃（100～120℉）时就进行回火。这对所有采用硼处理的钢（如50B40、50B44、50B46、50B50、50B60和51B60）都至关重要。含铬较高的51xx系列钢（相对于50xx系列钢）提高了钢的抗回火软化温度，如图2-65所示。低碳牌号钢（如5115、5117和5120）的渗碳工件，采用在150～230℃（300～450℉）温度回火。

（2）马氏体分级淬火　50xx和51xx合金钢可采用马氏体分级淬火。5040至5046钢为可进行分级淬火的边界的合金。通常，5140合金钢采用分级淬火，可得到最高的硬度。低碳合金钢如5120通常渗碳后，可采用分级淬火。根据钢的等温转变图中曲线的"鼻尖温度"的位置、钢具有较高的 Ms 温度和具有合理的奥氏体转变为贝氏体时间，5140至5160钢可以进行贝氏体等温淬火。根据等温转变图，可近似确定等温的时间。5160合金钢典型的贝氏体等温处理工艺为：加热到845℃（1555℉）温度，淬入315℃（600℉）的熔盐，等温1h后空冷。贝氏体等温淬火后不需要进行回火处理。

表 2-49　不同热处理工艺对 5140 钢试样力学性能的影响

工艺条件	试样直径		抗拉强度		屈服强度		延伸率[①]	断面收缩率	硬度
	mm	in	MPa	ksi	MPa	ksi	（%）	（%）	HBW
退火（加热到830℃（1525℉），按17℃/h（30℉/h）冷却速率炉冷至650℃（1200℉）；而后空冷）	25	1	570	83	290	42	28.6	57.3	167
正火（加热到870℃（1600℉），而后空冷）	13	0.5	827	120	525	76	22.0	62.3	235
	25	1	793	115	470	68	22.7	59.2	229

（续）

工艺条件	试样直径		抗拉强度		屈服强度		延伸率[①]	断面收缩率	硬度
	mm	in	MPa	ksi	MPa	ksi	（%）	（%）	HBW
正火（加热到 870℃（1600℉），而后空冷）	50	2	779	113	455	66	21.8	55.8	223
	100	4	765	111	415	60	21.6	52.3	217
在 845℃（1550℉）奥氏体化加热，淬油；在 540℃（1000℉）回火	13	0.5	1015	147	910	132	17.8	57.1	302
	25	1	972	141	841	122	18.5	58.9	293
	50	2	883	128	689	100	19.7	59.1	255
	100	4	862	125	565	82	20.2	55.4	248
在 845℃（1550℉）奥氏体化加热，淬油；在 595℃（1100℉）回火	13	0.5	896	130	779	113	20.2	61.4	269
	26	1	876	127	724	105	20.5	61.7	262
	50	2	814	118	615	89	22.0	63.2	241
	100	4	800	116	510	74	22.1	59.0	235
在 845℃（1550℉）奥氏体化加热，淬油；在 650℃（1200℉）回火	13	0.5	827	120	703	102	22.2	63.4	241
	25	1	807	117	650	94	22.5	63.5	235
	50	2	758	110	565	82	24.5	67.1	223
	100	4	731	106	470	68	24.6	63.1	217

① 试样标距为 50mm（2in）。

表 2-50　不同热处理工艺对 5150 钢试样力学性能的影响

工艺条件	试样直径		抗拉强度		屈服强度		延伸率[①]	断面收缩率	硬度
	mm	in	MPa	ksi	MPa	ksi	（%）	（%）	HBW
退火（加热到 825℃（1520℉），按 11℃/h（20℉/h）冷却速率炉冷至 645℃（1190℉）；而后空冷）	25	1	675	98	360	52	22.0	43.7	197
正火（加热到 870℃（1600℉），而后空冷）	13	0.5	903	131	565	82	21.0	60.6	262
	25	1	869	126	530	77	20.7	58.7	255
	50	2	848	123	495	72	20.0	53.3	248
	100	4	841	122	435	63	18.2	48.2	241
在 830℃（1525℉）奥氏体化加热，淬油；在 540℃（1000℉）回火	13	0.5	1095	159	1000	145	16.4	52.9	311
	25	1	1055	153	910	132	17.0	64.1	302
	50	2	910	132	670	97	18.5	55.5	256
	100	4	862	125	595	86	20.0	57.6	248
在 830℃（1525℉）奥氏体化加热，淬油；在 595℃（1100℉）回火	13	0.5	993	144	903	131	19.2	55.2	285
	25	1	945	137	793	115	20.2	59.5	277
	50	2	876	127	600	87	20.0	58.8	255
	100	4	827	120	550	80	19.7	56.4	241
在 830℃（1525℉）奥氏体化加热，淬油；在 650℃（1200℉）回火	13	0.5	938	136	834	121	21.7	59.7	269
	25	1	883	128	745	108	21.2	61.9	255
	50	2	821	119	605	88	22.7	63.0	241
	100	4	793	115	525	76	21.5	60.8	235

① 试样标距为 50mm（2in）。

表 2-51　不同热处理工艺对 5160 钢试样力学性能的影响

工艺条件	试样直径		抗拉强度		屈服强度		延伸率[①]	断面收缩率	硬度
	mm	in	MPa	ksi	MPa	ksi	（%）	（%）	HBW
退火（加热到 815℃（1495℉），按 11℃/h（20℉/h）冷却速率炉冷至 480℃（900℉）；而后空冷）	25	1	724	105	275	40	17.2	30.6	197
正火（加热到 870℃（1600℉），而后空冷）	13	0.5	1025	149	650	94	18.2	50.7	285
	25	1	958	139	530	77	17.5	44.8	269
	50	2	924	134	510	74	16.0	39.0	262
	100	4	924	134	485	70	14.8	34.2	255

（续）

工艺条件	试样直径		抗拉强度		屈服强度		延伸率①	断面收缩率	硬度
	mm	in	MPa	ksi	MPa	ksi	（%）	（%）	HBW
在830℃（1525℉）奥氏体化加热，淬油；在540℃（1000℉）回火	13	0.5	1170	170	1070	155	14.2	45.1	341
	25	1	1145	166	1005	146	14.5	45.7	341
	50	2	1060	154	703	102	17.8	51.2	293
	100	4	965	140	703	102	18.5	52.0	285
在830℃（1525℉）奥氏体化加热，淬油；在595℃（1100℉）回火	13	0.5	1050	152	924	134	16.6	50.6	302
	25	1	1000	145	869	126	18.0	53.6	302
	50	2	931	135	635	92	20.0	54.6	277
	100	4	889	129	615	89	21.2	57.0	262
在830℃（1525℉）奥氏体化加热，淬油；在650℃（1200℉）回火	13	0.5	917	133	793	115	19.8	55.5	269
	25	1	889	129	765	111	20.7	55.6	262
	50	2	779	113	580	84	21.8	57.5	248
	100	4	827	120	540	78	22.8	60.8	241

① 试样标距为50mm（2in）。

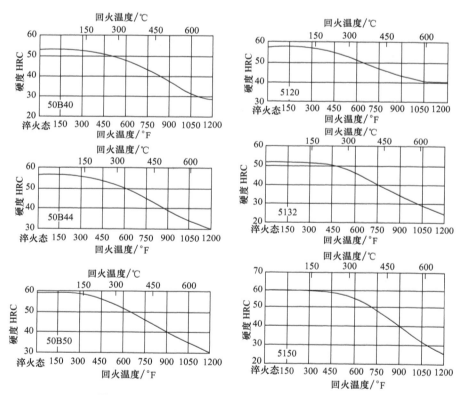

图 2-65　回火温度对部分系铬低合金钢硬度的影响

2. 表面强化

（1）渗碳　低碳铬系列低合金钢（5115、5117和5120）可以进行渗碳及回火处理，其渗碳工艺与4118铬-钼系低合金钢基本相同。低碳铬系列低合金钢通常采用925℃（1700℉）或更高温度进行渗碳。为减少变形和减少残留奥氏体含量，通常渗碳后降温至渗碳温度与Ac_3温度之间，随后油淬。渗碳工件的回火温度为150~230℃（300~450℉）。如为渗碳工件能进行其他加工处理，渗碳后采用缓冷，工件需再加热到高温（渗碳温度与Ac_3温度之间），油淬和回火。

（2）碳氮共渗　低碳铬系列渗碳钢（5115、5117和5120）也可进行碳氮共渗。其碳氮共渗及回火工艺与在铬-钼系列低合金钢中所介绍的4118钢基本相同。

（3）气体渗氮和离子渗氮　所有51xx铬系低合

金钢均可进行气体渗氮和离子渗氮。5150 钢可采用流化床进行渗氮处理。由于渗氮仅限于处理工件的最表层，因此应该在其他加工后进行渗氮。

2.2.9 铬-钒系低合金钢

钒是一种比铬更强的碳化物形成元素。由于钒在钢中的溶解度非常有限，对钢的淬透性的影响很小。但它如在奥氏体化温度下得到充分固溶，对提高淬火后回火稳定性非常有用。必须对钢的奥氏体化加热温度和保温时间进行认真选择，以确保钒和铬的碳化物在淬火前完全溶解于奥氏体基体中。

6118 和 6150 钢分别为常用的低碳和中碳铬-钒低合金钢牌号。除 6150 钢碳含量更高以外，6150 钢中的锰、铬及钒含量也比 6118 钢略高。两个钢牌号均有商用的保证淬透性钢牌号（H-钢）供货，表 2-48（A）和表 2-48（B）分别为保证淬透性钢的淬透性上下限硬度数据。钢的亚临界退火工艺或中间退火工艺采用加热到 595～650℃（1100～1200℉）温度，保温后采用空冷。通过正火或等温退火，6118合金钢可获得理想的可加工性，因此，通常低碳铬-钒低合金钢不需要采用中间退火工艺。6150 钢典型的球化退火工艺也列于表 2-22。对 6118 合金钢，通常采用正火工艺（见表 2-23）或等温退火工艺（见表 2-24）代替完全退火工艺。

6118 和 6150 钢的典型奥氏体化加热温度分别是925℃（1700℉）和 870℃（1600℉）。由于钒和铬是碳化物形成元素，奥氏体化加热温度应该足够高，

以保证淬火前所有碳化物溶解于基体中。应该将 6150合金钢缓慢预热到 650～700℃（1200～1290℉），直到工件的温度达到均匀后，再加热到奥氏体化温度，保温至工件温度均匀，而后进行淬火。

（1）回火 在钢中添加钒和铬，对钢的回火有几个方面影响。钒和铬能提高马氏体回火软化温度；当回火温度超过 540℃（1000℉），钒和铬形成弥漫的均匀细小碳化物，阻止晶粒生长；钒和铬置换渗碳体中铁，阻止这些碳化物聚集长大。为充分发挥钒和铬碳化物的这些优点，回火温度必须超过 540℃（1000℉）。

对直接淬火强化的工件，在 200～700℃（400～1300℉）温度范围回火，达到所需的硬度。通常6150 钢的回火温度在 425～540℃（800～1000℉）范围。由于该钢存在有淬火开裂敏感性，淬火后转移到回火的时间则至关重要。该钢应该在淬火冷却达到室温前（最好是当工件达到 38～50℃，或 100～120℉），立即进行回火。经过不同热处理处理后的性能列于表 2-52。

（2）渗碳 6118 钢的渗碳工艺与 4118 钢的基本一样。6118 钢的典型渗碳温度为 900℃（1650℉）。与 6118 钢的淬透性进行对比，经渗碳后的 6120 钢的淬透性曲线如图 2-66 所示。6118 钢经渗碳和淬火的工件应该在 150～230℃（300～450℉）温度范围进行回火，典型渗碳后回火温度为 165℃（325℉）。

表 2-52 不同热处理工艺对 6150 钢试样力学性能的影响

| 工艺条件 | 试样直径 | | 抗拉强度 | | 屈服强度 | | 延伸率[1] | 断面收缩率 | 硬度 |
	mm	in	MPa	ksi	MPa	ksi	（%）	（%）	HBW
退火（加热到 815℃（1495℉），按 11℃/h（20℉/h）冷却速率炉冷至 670℃（1240℉）；而后空冷）	25	1	670	97	415	60	23.0	48.4	197
正火（加热到 870℃（1600℉），而后空冷）	13	0.5	972	141	640	93	20.6	63.0	285
	25	1	938	136	615	89	21.8	61.0	269
	50	2	896	130	515	75	20.7	56.5	262
	100	4	883	128	460	67	18.2	49.6	255
在 845℃（1550℉）奥氏体化加热，淬油；在 540℃（1000℉）回火	13	0.5	1240	180	1225	178	14.6	49.4	363
	25	1	1200	174	1160	168	41.5	48.2	352
	50	2	1145	166	1000	145	14.5	46.7	331
	100	4	1050	152	876	127	16.0	48.7	302
在 845℃（1550℉）奥氏体化加热，淬油；在 595℃（1100℉）回火	13	0.5	1105	160	1090	158	16.4	52.3	321
	25	1	1090	158	1035	150	16.0	53.2	311
	50	2	1020	148	910	132	17.7	55.2	293
	102	4	896	130	745	108	19.0	55.4	262
在 845℃（1550℉）奥氏体化加热，淬油；在 650℃（1200℉）回火	13	0.5	1015	147	979	142	17.8	53.9	293
	25	1	972	141	896	130	18.7	56.3	293
	50	2	924	134	800	116	19.5	57.4	269
	100	4	841	122	650	94	21.0	59.7	241

① 试样标距为 50mm（2in）。

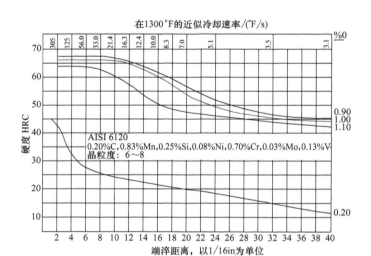

图 2-66 6120 钢渗碳后端淬淬透性曲线

注：试棒采用在 925℃（1700℉）正火。心部在 925℃（1700℉）奥氏体化加热 20min。

采用在 925℃（1700℉）固体渗碳 9h，直接淬火。

（3）马氏体分级淬火 经马氏体分级淬火，6150 钢可完全淬硬。典型马氏体分级淬火工艺为：

1）在氯盐浴中加热到 845～905℃（1550～1600℉）。

2）根据工件质量，保温 10～20min。

3）迅速淬入温度为 232～260℃（450～500℉）的中性硝酸盐浴。

4）在盐浴中等温直到工件温度达到均匀。

5）空冷淬火至室温。

6）回火达到所要求的硬度。

（4）贝氏体等温淬火 对生产弹簧类产品，可采用贝氏体等温淬火工艺。通常做法是提高盐浴的温度，典型贝氏体等温淬火工艺为：

1）在氯盐浴中加热到 845～870℃（1550～1600℉）。

2）根据工件质量，保温 10～20min。

3）迅速淬入温度 290～315℃（550～600℉）的搅拌中性硝酸盐浴。

4）等温 30min。

5）空冷淬火至室温。

6）最好在工件空冷至 38～50℃（100～120℉）温度，进行回火，或淬火后立即进行回火，以达到所要求的硬度。

2.2.10 硅-锰系低合金钢

硅-锰系低合金钢主要用于生产重型弹簧。9254 和 9260 两个主要牌号为中碳合金钢。与 9260 合金钢相比，9254 钢的碳、锰和硅含量较低，但添加了与铬系低合金钢相同的铬（9260 钢不含铬）。9260 钢有商用的保证淬透性钢（H-钢）供货。

在钢中添加硅，提高了钢的共析点温度。在合金含量较低的范围，硅比锰能更有效地提高钢的淬透性，具有强化低合金钢的效果。当钢中硅和锰的含量超过 1% 时，强化效果逐渐减弱，其中锰的强化效果和提高钢材淬透性的效果更弱。硅对淬透性的影响随钢中碳含量的变化而变化，在碳含量较高的钢中，硅对淬透性影响效果显著。

9260 钢的淬透性与碳当量相同锰系低合金钢相同。钢的近似相变临界点（Ar_1、Ac_1、Ac_3、Ar_3、Ms）列于表 2-21 中。图 2-67 为 9260 钢和用作对比的硅含量较高钢的等温转变图。9260H 钢的端淬曲线和淬透性带如图 2-68 所示。

（1）完全退火 表 2-24 中给出了 9260 合金钢的完全退火工艺，其中包括传统的缓冷工艺和等温工艺。9254 钢通常采用派登脱（译者注：中文习惯称为在珠光体转变鼻尖温度等温铅浴淬火）退火工艺（patent annealing process）。该工艺主要目的是将冷拔钢丝处理成细小珠光体组织。该工艺为将材料加热到奥氏体化温度 845℃（1550℉），迅速淬火到 640℃（1180℉）后空气冷却，可以使用该工艺对丝进行连续退火。由于熔融态金属导热性极好，使用铅浴奥氏体化加热和淬火，可以尽可能地减少加热保温和等温时间。

（2）球化退火 9260 钢的球化退火工艺列于表 2-22，但很少对 9254 钢进行球化退火处理。进行了球化退火处理工件在淬火前，应先进行正火处理。9254 和 9260 钢典型的正火处理工艺也列于表 2-23 中。对含有碳化物形成元素的钢，在进行淬火前，应先进行正火处理。

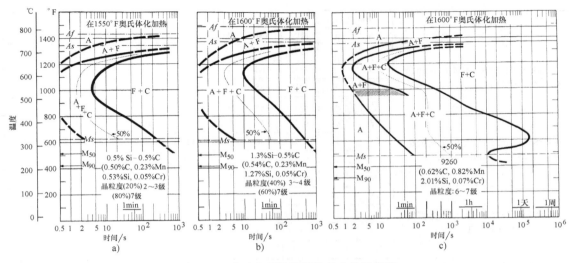

图 2-67 硅对中碳钢等温转变曲线的影响

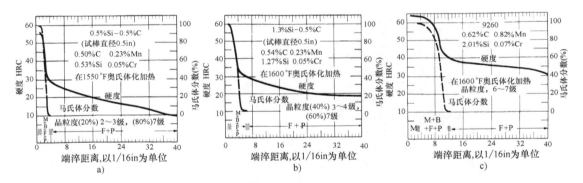

图 2-68 硅-锰系低合金钢端淬淬透性曲线

（3）淬火和回火 典型的奥氏体化加热温度和回火温度如下：

钢牌号	奥氏体化加热温度		回火温度	
	℃	℉	℃	℉
9254	870	1600	425~540	800~1000
9260	870	1600	150~620	300~1150

为避免 9254 和 9260 钢淬火开裂，应选择油作

为淬火冷却介质。在淬火冷却至室温前［最好在工件空冷至 38~50℃（100~120℉）］进行回火。对直接淬火工件，在 425~650℃（800~1200℉）温度范围回火，可得到所需要的硬度。为充分发挥铬碳化物的作用，回火温度必须超过 540℃（1000℉）。通常采用较高的回火温度，以获得钢的最大韧性。表 2-53 和图 2-69 分别为 9255 钢和 9260 在不同条件下的力学性能。

表 2-53 不同热处理工艺条件对 9255 钢力学性能的影响

工艺条件	试样直径		抗拉强度		屈服强度		延伸率[①]	断面收缩率	硬度
	mm	in	MPa	ksi	MPa	ksi	（%）	（%）	HBW
退火（加热到 845℃（1550℉），按 11℃/h（20℉/h）冷却速率炉冷至 660℃（1220℉）；而后空冷）	25	1	779	113	485	70			
正火（加热到 900℃（1650℉），而后空冷）	13	0.5	951	138	585	85	20.0	45.5	277
	25	1	931	135	580	84	19.7	43.4	269
	50	2	931	135	565	82	19.5	39.5	269
	100	4	917	133	550	80	18.7	36.1	269

（续）

工 艺 条 件	试样直径		抗拉强度		屈服强度		延伸率[①]	断面收缩率	硬度
	mm	in	MPa	ksi	MPa	ksi	（%）	（%）	HBW
在885℃（1625℉）奥氏体化加热，淬油；在540℃（1000℉）回火	13	0.5	1170	170	1007	146	14.9	40.0	331
	25	1	1130	164	924	134	16.7	38.3	321
	50	2	1070	155	703	102	18.0	45.6	302
	100	4	1025	149	650	94	19.2	43.7	293
在885℃（1625℉）奥氏体化加热，淬油；在595℃（1100℉）回火	13	0.5	1070	155	910	132	18.1	45.3	302
	25	1	1035	150	814	118	19.2	44.8	293
	50	2	1005	146	635	92	20.0	48.7	293
	100	4	945	137	570	83	21	46.0	277
在885℃（1625℉）奥氏体化加热，淬油；在650℃（1200℉）回火	13	0.5	1000	145	848	123	21	50.4	285
	25	1	951	138	731	106	21.2	48.2	277
	50	2	951	138	600	87	21	50.7	277
	100	4	910	132	565	82	21.7	48.3	262

① 试样标距为50mm（2in）。

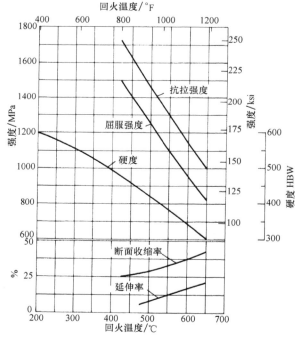

图 2-69　回火温度对9260钢硬度和拉伸性能的影响

注：试样采用在900℃（1650℉）正火，870℃（1600℉）加热淬火，淬火冷却介质选用油。

（4）马氏体分级淬火　由于需要很长的时间完成马氏体转变，因此9260钢不适合进行马氏体分级淬火。

（5）贝氏体等温淬火　不对这类合金钢进行贝氏体等温淬火。

（6）渗碳、碳氮共渗　不对这类合金进行渗碳、碳氮共渗处理。

参 考 文 献

1. *Practical Data for Metallurgists Handbook*, 17th ed., Timken Steel, 2011.

2. P. D. Harvey, *Engineering Properties of Steel*, American Society for Metals, 1982.

3. *Heat Treater's Guide*, ASM International, 1996.

4. *Alloy Digest*, Data Sheets, ASM International.

5. G. F. Vander Voort, Ed., *Atlas of Time-Temperature Diagrams for Irons and Steels*, ASM International, 1991.

6. *Atlas of Isothermal Transformation and Cooling Transformation Diagrams*, American Society for Metals, 1977.

7. M. Atkins, *Atlas of Continuous Cooling Transformation Diagrams for Engineering Steels*, American Society for Metals, in cooperation with British Steel Corporation, 1977（U. S. edition, 1980）.

8. *Atlas: Hardenability of Carburized Steels*, Climax Molybdenum, 1960.

9. J. A. Cruz, Jr., T. F. M. Rodrigues, V. D. C. Viana, H. Abreu, and D. B. Santos, Influence of Temperature and Time of Austempering Treatment on Mechanical Properties of SAE 9254 Commercial Steel, *Steel Res. Int.*, Vol 83（No. 1）, 2012.

10. *Heat Treating, Cleaning and Finishing*, Vol 2, *Metals Handbook*, 8th ed., American Society for Metals, 1964.

2.3　空冷淬火高强度结构钢的热处理

空冷淬火钢具有极高的淬透性，该钢生产的厚壁工件可采用空冷淬火强化。空冷淬火钢的基本特征如下：

1) 为保证得到足够高的淬透性，钢要有足够高的碳和合金元素含量。

2) 当钢加热至高于相变临界点以上温度，在空气中冷却可以完全淬硬。不需要采用油或水进行快速淬火。

3) 当钢的工件尺寸相当大时，如直径或厚度大于 50mm（2in），能采用空冷淬火强化。

采用空气淬火，显著减少了工件的变形风险。高速钢是其中最早使用的空冷淬火钢。大多数空冷淬火钢是工具钢，如 A 系列中合金钢和 D 系列工具钢，而空冷淬火结构钢只有少数牌号。通常，这类钢合金含量很高，因此具有很好的淬透性和很高的强度。有几个系列的高淬透性超高强度钢属于空冷淬火结构钢。商用空冷淬火结构钢主要用于高强度

要求的应用场合，例如，管道、汽车、压力容器、船舶、海上平台、飞机起落架军工零件和反冲发动机壳体。表 2-54 列出了几种典型超高强度空冷淬火结构钢。此外，还有许多标准和非标准专有牌号的马氏体不锈钢，特别是那些含碳较高的钢（如 420、431 和 440 钢），具有非常好的淬透性。这些牌号的钢通常采用空冷淬火强化，广泛用于制造有特殊性能要求的工程构件。表 2-55 为部分典型空冷淬火不锈钢的化学成分。由美国材料和试验协会（ASTM International）、汽车工程师学会（Society of Automotive Engineers）、科技学会、贸易协会和美国政府机构合作，根据金属和合金钢的化学成分，对这类钢建立了统一的编号系统。

表 2-54　典型空冷淬火高强钢的化学成分

钢牌号	UNS 牌号	化学成分（质量分数，%）									
		C	Mn	Si	P	S	Cr	Ni	Mo	V	Co
H11 改进型	T20811 K74015	0.37~0.43	0.20~0.40	0.80~1.00	0.035 max	0.040 max	4.75~5.25	—	1.20~1.40	0.40~0.60	—
H13	T20813	0.32~0.45	0.20~0.50	0.80~1.20	0.035 max	0.040 max	4.75~5.50	—	1.10~1.75	0.80~1.20	—
300M	K44220	0.40~0.46	0.65~0.90	1.45~1.80	0.035 max	0.040 max	0.70~0.95	1.65~2.00	0.30~0.45	0.05 min	—
D-6A	K24728	0.42~0.48	0.60~0.90	0.15~0.30	0.035 max	0.040 max	0.90~1.20	0.40~0.70	0.90~1.10	0.05~0.10	—
AF1410	K92571	0.13~0.17	0.10 max	0.10 max	0.008 max	0.004 max	1.60~2.20	9.50~10.50	0.90~1.10	—	13.50~14.50

表 2-55　典型空冷淬火不锈钢的化学成分

钢牌号	UNS 牌号	化学成分（质量分数，%）							
		C	Mn	Si	P	S	Cr	Ni	其他
420	S42000	0.15min	1.00	1.00	0.06	0.06	12.0~14.0	—	—
420F	S42020	0.15min	1.25	1.00	0.06	0.15min	12.0~14.0	—	0.6Mo
422	S42200	0.20~0.25	1.00	0.75	0.04	0.03	11.5~13.5	0.5~1.0	0.75~1.25Mo；0.75~1.25W；0.15~0.3V
431	S43100	0.20	1.00	1.00	0.04	0.03	15.0~17.0	1.25~2.50	—
440A	S44002	0.60~0.75	1.00	1.00	0.04	0.03	16.0~18.0	—	0.75Mo
440B	S44003	0.75~0.95	1.00	1.00	0.04	0.03	16.0~18.0	—	0.75Mo
440C	S44004	0.95~1.20	1.00	1.00	0.04	0.03	16.0~18.0	—	0.75Mo
TrimRite	S42010	0.15~0.30	1.00	1.00	0.04	0.03	13.5~15.0	0.25~1.00	0.40~1.00Mo
420F Se	S42023	0.30~0.40	1.25	1.00	0.06	0.06	12.0~14.0	—	<0.15Se；0.6Zr；0.6Cu
Lapelloy	S42300	0.27~0.32	0.95~1.35	0.50	0.025	0.025	11.0~12.0	0.50	2.5~3.0Mo；0.2~0.3V
440F	S44020	0.95~1.20	1.25	1.00	0.040	0.10~0.35	16.0~18.0	0.75	0.08N
440F Se	S440203	0.95~1.20	1.25	1.00	0.040	0.030	16.0~18.0	0.75	<0.15Se；0.60Mo

2.3.1　空冷淬火钢的热处理原理

为确保钢的淬透性，空冷淬火钢含有足够高的合金含量。与其他钢相比，该类钢的连续冷却转变曲线明显右移，因此采用缓慢的冷却速度，可以在空冷条件下完全淬透。由于空冷淬火钢的淬透性很高，如果处理不当，很可能造成淬火开裂。例如，

淬火后未及时进行回火或不当使用油淬，均可能导致开裂。因此，对空冷淬火钢热处理的最基本要求是避免淬火开裂。空冷淬火钢的热处理通常做法是，不是从淬火温度直接采用空冷淬火，而是先采用在油或盐浴淬火至钢的颜色"变暗"（约 540℃，或 1000℉），随后空冷至工件温度为 65℃（150℉）时

立即进行回火。这种工艺既减少了氧化皮的形成，又完全安全可靠。

空冷淬火高强度结构的主要热处理包括以下几点：

1）通过热处理（正火/球化退火/退火/淬火/回火）工艺，保证足够的可加工性。

2）机加工、成形加工或焊接工序后，进行消除应力处理。

（1）机加工前的热处理　在中碳低合金钢进行机加工、成形加工和焊接加工前，通常在870～925℃（1600～1700℉）进行正火和650～675℃（1200～1250℉）温度回火。如采用高淬透性的空冷淬火钢，通常在机加工前，采用在815～845℃（1500～1550℉）退火，炉冷约540℃（1000℉）出炉冷却。采用这些机加工前的热处理，获得了适中的机加工硬度和理想的组织。

（2）消除应力　经锻造、机械加工、成形加工或焊接工序后，在淬火和回火前后均可以进行消除应力处理。为防止空冷淬火造成应力开裂（尤其是截面尺寸变化大的工件），锻件可采用缓慢炉冷或在其他隔热介质中冷却。在这类钢的热处理过程中，如何防止钢工件出现脱碳是控制工艺的关键。在淬火和回火前，应进行消除钢的高温应力处理。消除应力既可提高钢的可加工性，也可作为焊后的处理。对淬火和回火工件的机加工应力或冷成形应力，应采用在低于回火温度25℃（45℉）的温度进行消除应力处理。对于焊接构件，尤其是复杂焊接构件，应在焊后立即消除应力处理。通常在淬火和回火前，采用正火消除应力。空冷淬火高强度结构钢典型消除应力温度为650～675℃（1200～1250℉）。

2.3.2　空冷淬火高强度结构钢的热处理实践

改进型 H11（H11 Mod）和 H13 超高强度钢为5%Cr 系热作模具钢。这类钢具有极高的淬透性，在空冷的条件下，厚壁工件可完全淬透。这类钢具有良好的断裂韧性和理想的力学性能。由于性能优良，除广泛用于制作热作模具外，这类钢还广泛用于制作承载结构件。

采用空冷淬火，这类钢产生的淬火应力最小，此外在成分、热处理工艺和性能上有许多相似之处。改进型 H11（H11 Mod）和 H13 钢均为二次硬化钢，当回火温度高于510℃（950℉）二次硬化峰值温度，钢可获得最佳的力学性能。该类钢采用较高的回火温度，不仅消除了应力，而且稳定了力学性能，工件可在更高的温度下使用。此外，对经过高温回火的工件进行焊接前，可采用在低于回火温度55℃（100℉）的温度进行预热。

因为 H11 Mod 和 H13 为空冷淬火钢，为防止锻件应力开裂，锻后必须缓冷。对锻造后的锻件，应该立即装入温度约为790℃（1450℉）的炉内保温，当工件温度均匀后采用随炉慢冷，或采用在如草木灰、石灰、云母等隔热介质中冷却，冷却后的锻件应进行球化退火处理。对焊接构件，尤其是大截面焊接构件，焊接后应在加热的预热炉中缓慢炉冷或立即在隔热介质中冷却。冷却后的锻件应进行球化退火处理。

1. 改进型 H11 钢（H11 Mod 钢）

改进型 H11 钢（H11 Mod）是在 H11 马氏体热作模具钢的基础上发展起来的，与 H11 钢的最主要差异是略提高了钢的碳含量。下面为 H11 Mod 钢的标准热处理。

（1）正火　通常不推荐进行正火处理。为有效地进行均匀化处理，加热到约1065℃（1950℉），按工件厚度，每25mm（1in）保温1h后空冷。当工件达到室温后立即进行退火。采用该工艺，尤其是在工件表面出现脱碳的情况下，H11 Mod 钢有可能出现开裂。

（2）退火　最好在控制气氛中，随炉将工件加热至845～900℃（1550～1650℉），使工件温度达到均匀；而后在炉内缓慢冷却至约480℃（900℉），然后采用快速冷却至室温。该退火工艺得到无晶界网状碳化物的完全球化组织。

（3）淬火　加热到760～815℃（1400～1500℉）温度进行预热，然后进一步加热到995～1025℃（1825～1875℉），以 20min＋每 25mm（1in）厚度增加 5min 保温（最少不小于25min）；在静止空气中空冷。可以根据条件，采用中性盐浴炉或可控气氛炉进行加热。对于少数工件，可采用淬火温度下限加热和采用油淬火冷却介质冷却。空冷淬火产生的变形低于油淬，因此使用更为普遍。

（4）回火　如在约540℃（1000℉）二次硬化峰值温度回火，钢能获得最高硬度和强度；如在高于二次硬化峰值温度回火，适当降低了钢的硬度和强度，但可以改善钢的塑性和韧性。可采用在回火温度进行不短于 2h 一次回火，但最好是采用两次回火工艺［第一次回火在回火温度保温2h，冷却至室温，第二次回火在高于第一次回火温度～15℃（25℉）再回火 2h］。对于关键工件，最好采用三次回火工艺。对用于高温的工件，为避免工件在服役中性能发生变化，回火温度应高于最高的服役工作温度。

（5）消除应力　消除应力为加热至650～675℃（1200～1250℉），缓慢冷却到室温。采用该工艺的热处理零件，消除粗加工工件的应力，而后通过精加工和最终热处理达到工件所需的硬度，实现高精度和高的尺寸稳定。

（6）力学性能 图 2-70 为回火温度对改进型 H11 钢硬度的影响；表 2-56 中给出了该钢在不同回火温度下，典型的纵向室温力学性能。作为高淬透性空冷淬火钢［淬透厚度大于 300mm（12in）］，表 2-57 对比给出了 H11 Mod 钢大块坯料在大气熔炼和真空电弧重熔（VAR）条件下抗拉强度和塑性。表中数据表明，通过 VAR 冶炼工艺，提高了钢的塑性。表中每个数据为四次测试的平均值（其中两个试样取自钢锭的顶部，两个试样取自钢锭的底部）。

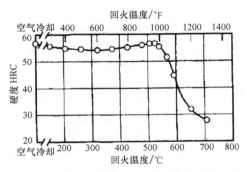

图 2-70 回火温度对 H11Mod 钢硬度的影响
注：所有试样从 1010℃（1850℉）空冷淬火；
在不同回火温度采用 2+2h 两次回火。

表 2-56 H11 Mod 钢典型的纵向力学性能

回火温度		抗拉强度		屈服强度		延伸率（%）	断面收缩率	硬度	冲击吸收能量（V 型缺口）	
℃	℉	MPa	ksi	MPa	ksi	标距 50mm（2in）	（%）	HRC	J	ft·lbf
510	950	2120	308	1710	248	5.9	29.5	56.5	13.6	10.0
540	1000	2010	291	1675	243	9.6	30.6	56.0	21.0	15.5
565	1050	1950	283	1565	227	11.0	34.5	52.0	26.4	19.5
595	1100	1540	223	1320	192	13.1	39.3	45.0	31.2	23.0
650	1200	1060	154	850	124	14.1	41.2	33.0	40.0	29.5
705	1300	940	136	700	101	16.4	42.2	29.0	90.6	66.8

表 2-57 块坯料尺寸和冶炼方式对 H11 Mod 钢典型的横向力学性能的影响

坯尺寸		冶炼方式[①]	抗拉强度		断面收缩率
mm	in		MPa	ksi	（%）
150×150	6×6	大气熔炼	1965	285	16.1
		VAR	1985	288	25.7
300×300	12×12	大气熔炼	1972	286	7.2
		VAR	2013	292	19.7

注：从 1010℃（1850℉）风冷；在 540℃（1000℉）进行 2h+2h+2h 三次回火。

① VAR，真空电弧重熔。

2. H13 钢

与 H11 Mod 相比，H13 钢的钒含量更高，能形成数量更多弥散的钒碳化物，耐磨性更好。为进一步提高耐磨性，可对 H13 钢工件进行渗氮处理。此外，H13 钢碳含量范围比 H11 Mod 钢的略宽，可在 H13 钢的碳含量范围内，根据用户的实际要求，选择钢的碳含量上限或下限，以在特定的热处理工艺条件下，获得所要求的最佳力学性能。

下面为 H13 钢标准的热处理工艺。

（1）正火 不推荐对 H13 钢进行正火处理。为改善钢的均匀性，可以通过加热至约 790℃（1450℉）预热温度，再缓慢加热到 1040～1065℃（1900～1950℉），按工件厚度每 25mm（1in）保温

1h 后空冷。当工件还未完全冷却至室温或刚达到室温时，将工件重新放进炉内，进行完全球化退火处理。采用该工艺，尤其是在没有可控气氛热处理炉中处理，工件表面出现脱碳的情况下，工件存在有较大开裂的风险。

（2）退火 为防止脱碳，采用在可控气氛炉或中性气氛中将工件均匀加热到 845～900℃（1550～1650℉），保温使工件达到平衡温度；在炉中缓慢冷却至约 480℃（900℉），然后可采用较快的速度冷却至室温。采用该退火工艺，得到完全球化的无网状碳化物组织。

（3）淬火 加热到 760～815℃（1400～1500℉）温度进行预热，然后进一步加热到 995～1025℃（1825～1875℉），按 20min+每 25mm（1in）厚度增加 5min 保温（最少不小于 25min），在静止空气中空冷。对于少数工件，可采用淬火温度下限加热和采用油作为淬火冷却介质冷却，但该工艺存在有变形或开裂的危险。通常应首选空冷淬火和采用淬火温度上限加热。

（4）回火 H13 钢在约 510℃（950℉）温度下回火，得到最高的硬度和强度，但最好采用更高的回火温度，以适当降低钢的硬度和强度，提高钢的韧性和塑性。

（5）应力消除 消除应力为加热至 650～675℃（1200～1250℉），保温 1h 以上后缓慢冷却到室温。采用该热处理工艺的零件，消除了粗加工产生的应力，而后通过精加工和最终热处理达到工件所需的硬度，实现高精度和高尺寸稳定性。

（6）力学性能 图 2-71 为回火温度对 H13 钢硬度的影响；表 2-58 中给出了该钢在不同回火温度下，典型的纵向室温力学性能。与 H11 Mod 钢相比，H13 钢的淬透性略低，但也属于极高淬透性钢。例如，直径为 330mm（13in），长度为 2745mm（108in）的 H13 钢棒材，采用 1010℃（1850℉）空冷淬火，淬火态硬度为 45HRC。

3. 300M 钢

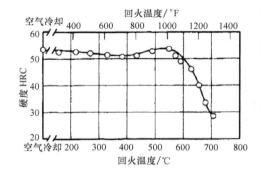

图 2-71 回火温度对 H13 钢硬度的影响
注：所有试样采用 1025℃（1875℉）空冷淬火；
在不同回火温度采用 2h 回火。

表 2-58 H13 钢典型的室温纵向力学性能

回火温度		抗拉强度		屈服强度		延伸率	断面收缩率	硬度	冲击吸收能量（V 型缺口）	
℃	℉	MPa	ksi	MPa	ksi	（%）	（%）	HRC	J	ft·lbf
525	980	1960	284	1570	228	13.0	46.2	52	16	12
555	1030	1835	266	1530	222	13.1	50.1	50	24	18
575	1065	1730	251	1470	213	13.5	52.4	48	27	20
595	1100	1580	229	1365	198	14.4	53.7	46	28.5	21
605	1120	1495	217	1290	187	15.4	54.0	44	30	22

300M 合金钢是在 4340 钢的基础上，除稍调高了钢的碳含量和钼含量，还增加了钒，调整硅含量为 1.6%。在钢中添加硅，提高了钢的回火温度，由此改善了钢的韧性。该钢具有极高的淬透性，在抗拉强度达到 1860～2070MPa（270～300ksi）的情况下，具有很高的塑性和韧性。300M 钢的很多力学性能与 4340 钢类似，钢中硅含量除提高了 300M 钢的淬透性外，还提高了钢的固溶强化效果，在高温条件下，提高了钢的抗回火软化性能。在达到 4340 钢同样强度级别的条件下，300M 钢可采用在更高的回火温度，从而可有效地降低淬火应力，此外，还将所谓的 260℃（500℉）脆性向高温端移动。由于 300M 钢中硅和钼含量较高，容易出现脱碳现象，因此在热加工过程中，应注意避免出现脱碳。如出现脱碳，应在热加工过程后及时去除脱碳层。通过热处理，300M 钢的强度高于 1380MPa（200ksi）时，容易出现氢脆。如果 300M 钢在电镀后进行了合理的烘焙，其性能将优于同等强度的 4340 钢或 D-6AC 钢。

300M 钢采用在 1065～1095℃（1950～2000℉）温度锻造，终锻温度不应该低于 925℃（1700℉）。锻造后的工件最好应采用在炉内缓慢冷却，也可在干燥空气中空冷。尽管很容易对 300M 钢进行气体或电弧焊接，但一般不推荐对 300M 钢进行焊接；如需要进行焊接，应选择使用与母材相同成分的焊条。

因为 300M 钢是一个空冷淬火钢，焊接后的工件应进行退火或正火加回火处理。进行了退火处理的 300M 钢可加工性等级大约为 45%（B1112，100%）。通过正火和在 650～675℃（1200～1250℉）温度回火，得到部分球化组织，该组织具有最佳的可加工性。300M 钢有棒材、板材、线材、管材以及锻件和铸件供货，典型的产品为飞机起落架、飞机机身骨架、紧固件和压力容器。

300M 钢的硅和钼含量高，因此比大多数的钢更容易产生脱碳问题，应在热处理过程中注意避免和防范。

下面为 300M 钢标准的热处理工艺。

（1）正火 加热到 915～940℃（1675～1725℉），按工件厚度每 25mm（1in）保温 15～20min 后空冷。如正火是为了提高钢的可加工性，则应该在 650～675℃（1200～1250℉）温度进行回火。

（2）淬火 在 855～885℃（1575～1625℉）温度进行奥氏体化加热，油淬至低于 70℃（160℉）空冷；或淬入 200～210（390～410℉）的盐浴等温 10min，然后空冷却至 70℃ 以下温度。为保证得到最佳尺寸稳定性，先将工件进行过冷奥氏体稳定湾淬火（aus-bay quench），即冷却至温度为 525℃（975℉）的淬火等温炉或盐浴炉，当温度平衡后，淬入温度为 60℃（140℉）的淬火油或淬入温度为 205℃（400℉）的盐浴，然后空冷。

（3）回火 在 300±15℃（575±25℉）温度回火 2~4h；建议采用两次回火工艺。通过该回火工艺，得到高屈服强度和高冲击韧度俱佳的综合力学性能。回火温度高于或低于 300℃，会严重降低钢的力学性能。

（4）球化退火 加热至不高于 730℃（1350℉）温度，根据工件壁厚或装炉负荷确定保温时间。当加热温度高于 730℃ 可能易出现脱碳和发生相变。按不超过 5.5℃/h（10℉/h）的冷却速度冷却至 650℃（1200℉），再按不超过 10℃/h（20℉/h）

的冷却速度冷却至 480℃（900℉），最后空冷至室温。

（5）退火 与球化退火工艺基本相同。

（6）力学性能 表 2-59 为回火温度对 300M 钢硬度和力学性能的影响。该钢具有很高的淬透性，直径 75mm（3in）的棒材基本与直径 25mm（1in）的棒材具有相同的力学性能。但当棒材直径达到 145mm（5.75in）以上，其抗拉强度、韧度和冲击韧度会有明显的下降。表 2-60 为不同截面尺寸的 300M 钢力学性能变化数据。

表 2-59 300M 钢的典型力学性能

回火温度		抗拉强度		屈服强度		延伸率（%）	断面收缩	硬度	冲击吸收能量（V 型缺口）	
℃	℉	MPa	ksi	MPa	ksi	标距 50mm（2in）	率（%）	HRC	J	ft·lbf
90	200	2340	340	1240	180	6.0	10	56.0	17.6	13.0
205	400	2140	310	1650	240	7.0	27.0	54.5	21.7	16.0
260	500	2050	297	1670	242	8.0	32.0	54.0	24.4	18.0
315	600	1990	289	1690	245	9.5	34.0	53.0	29.8	22.0
370	700	1930	280	1620	235	9.0	32.0	51.0	23.7	17.5
425	800	1790	260	1480	215	8.5	23.0	45.5	13.6	10.0

注：圆棒试样，900℃（1650℉）正火，860℃（1575℉）奥氏体化加热淬油，315℃（600℉）回火。

表 2-60 试样质量对 300M 钢拉伸和冲击性能的影响

棒材直径		抗拉强度		屈服强度		延伸率（%）	断面收	在不同试验温度下的冲击吸收能量（V 型缺口）					
						标距 50mm	缩率	21℃（70℉）		-46℃（-50℉）		-73℃（-100℉）	
mm	in	MPa	ksi	MPa	ksi	（2in）	（%）	J	ft·lbf	J	ft·lbf	J	ft·lbf
25	1	1990	289	1690	245	9.5	34.1	30	22	26	19	24	18
75	3	1940	281	1630	236	9.5	35.0	26	19	19	14	12	9

4. D-6A 和 D-6AC 钢

D-6A 钢是 Ladish 公司设计的用于室温下条件下、拉伸强度为 1800~2000MPa（260~290ksi）且比 4340 淬透性更高的合金钢。D-6A 钢采用电炉大气熔炼，D-6AC 钢采用电炉大气熔炼加真空电弧重熔（VAR）。除 D-6AC 钢熔炼工艺与 D-6A 钢不同，详见表 2-61，改善了钢的纯净度和力学性能外，两个牌号其他特点基本相同。

表 2-61 D-6AC 钢采用电弧炉/真空电弧重熔（EAF/VAR）或电弧炉/氩氧脱碳/真空电弧重熔（EAF/AOD/VAR）炼钢方法典型断裂韧度

	抗拉强度		屈服强度		延伸率（%）	断面收	断裂韧度	
	MPa	ksi	MPa	ksi	标距 50mm（2in）	缩率（%）	MPa·m$^{1/2}$	ksi·in$^{1/2}$
EAF/VAR								
5 炉均值	1434	208	1324	192	14	50	110	100
5 炉数据范围	1373~1469	199~213	1270~1352	184~196	14~15	48~52	107~114	98~104
EAF/AOD/VAR								
5 炉均值	1448	210	1345	195	14	52	122	111
5 炉数据范围	1435~1462	208~212	1330~1365	193~198	14~15	51~53	114~127	104~116

注：所有试样从纵向取样。试样采用 900℃（1650℉）正火，865℃（1590℉）奥氏体化加热 1h，淬入 163℃（325℉）盐浴，随后在 570℃（1060℉）进行两次回火。每炉钢锭在三个位置上取样。

下面为 D-6A 和 D-6AC 钢标准的热处理工艺：

（1）正火 加热到 870~955℃（1600~1750℉），按工件厚度每 25mm（1in）保温 15~20min 后空冷。

（2）退火 加热到 815~860℃（1500~1575℉）温度，根据工件截面尺寸或装炉负荷确定保温时间，

按不超过 28℃/h（50℉/h）的冷却速度冷却至 650℃（1200℉），而后空冷至室温。或者采用正火在 690~705℃（1275~1300℉）回火（按截面尺寸每英寸保温 1h）。正火加回火工艺所达到的硬度和可加工性与退火工艺相当，但所需工时数较少。

（3）淬火　在 845～940℃（1550～1725℉）奥氏体化加热保温 0.5～2h。工件厚度或截面直径不超过 25mm（1in）的可以采用空冷淬火。大尺寸工件可以采用油淬至 65℃（150℉）或 205℃（400℉）盐浴淬火，然后进行空冷。为保证得到最佳尺寸稳定性，先将工件淬入过冷奥氏体稳定湾（aus-bay），即温度为 525℃（975℉）的淬火等温炉或盐浴炉，当温度平衡后，再淬入温度为 60℃（140℉）的淬火油或淬入温度为 205℃（400℉）的盐浴，然后空冷（见图 2-72）。淬火冷却速率显著影响钢的断裂韧

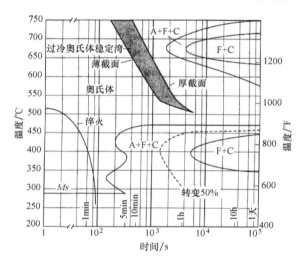

图 2-72　提高尺寸稳定性的过冷奥氏体稳定
湾淬火（Aus-bay quenching）工艺
注：D-6AC 钢的等温转变图具有较深和较宽的过冷奥氏
体湾区域，由于有该奥氏体湾区域，在冷却至 540℃
（1000℉）以下且在一定冷却速率范围内，热处理工
作者可在工件不同截面实现不同的冷却速率。工件
在该奥氏体湾区域停留，使工件各截面均达到中间
温度，而后再淬入热油或盐浴。在过冷奥氏体稳定
湾（aus-bay）附近的冷却曲线显示了该工艺过程。
M_s 表示马氏体开始转变温度；A 表示奥氏体，F 表
示铁素体；C 表示渗碳体。

性。为得到高断裂韧性（会伴随少量降低钢的抗拉强度），特别是对于厚壁工件，采用在 925℃（1700℉）奥氏体化加热，进行在 525℃进行过冷奥氏体稳定湾淬火（aus-bay quench），当温度平衡后，再淬入温度为 60℃（140℉）的淬火油。

（4）回火　根据所需的强度和硬度，淬火后立即在 315～650℃（600～1200℉）回火 2～4h。为优化屈服强度和冲击韧性，推荐采用两次回火工艺。

（5）球化退火　为防止过度的脱碳和出现相变，加热温度不要超过 730℃（1350℉），在加热温度保温 5～6h，炉冷却至 690℃（1275℉）保温 10h，炉冷却至 650℃（1200℉）保温 8h；空冷至室温。

（6）消除应力　加热至 540～675℃（1000～1250℉）保温 1～2h，空冷至室温。对淬火强化钢，采用在回火温度以下约 25℃（45℉）温度进行消除应力处理。

（7）力学性能　回火温度对 D-6A 钢室温硬度的影响如图 2-73 所示，D-6A 钢棒材的其他典型力学性能列于表 2-62 中。D-6AC 钢坯料经热处理的拉伸性能列于表 2-63。

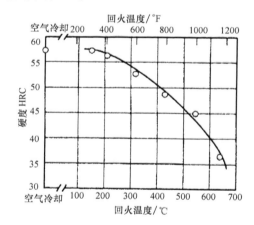

图 2-73　回火温度对 D-6A 钢硬度的影响
注：所有试样均采用 845℃（1550℉）奥氏体化加热油淬；
在不同回火温度回火 2h。

表 2-62　D-6A 钢棒材的典型力学性能

回火温度		抗拉强度		屈服强度		延伸率（%）	断面收缩	冲击吸收能量（V 型缺口）	
℃	℉	MPa	ksi	MPa	ksi	标距 50mm（2in）	率（%）	J	ft·lbf
150	300	2060	299	1450	210	8.5	19.0	14	10
205	400	2000	290	1620	235	8.9	25.7	15	11
315	600	1840	267	1700	247	8.1	30.0	16	12
425	800	1630	236	1570	228	9.6	36.8	16	12
540	1000	1450	210	1410	204	13.0	45.5	26	19
650	1200	1030	150	970	141	18.4	60.8	41	30

注：采用在 900℃（1650℉）正火，在 845℃（1550℉）温度奥氏体化加热淬油，在不同温度进行回火。

表 2-63　D-6AC 钢坯料两次回火后典型拉伸性能

第二次回火温度		抗拉强度		屈服强度		延伸率（%）	断面收缩率（%）
℃	℉	MPa	ksi	MPa	ksi	标距 50mm（2in）	
480	900	1686.5	244.6	1540.3	223.4	11.1	40.0
510	950	1652.7	239.7	1519.7	220.4	13.2	44.1
540	1000	1613.4	234.0	1483.8	215.2	13.7	47.2

注：在 900℃（1650℉）奥氏体化加热 1h，淬入 205℃（400℉）熔盐等温 5min，然后空冷到室温。

5. AF1410 钢

AF1410 钢（成分见表 2-54）截面直径小于或等于 75mm（3in）时，可采用空冷淬火强化。AF1410 钢是美国空军赞助，在低碳 Fe-Ni-Co 型合金钢的基础上研发的先进潜艇钢。该合金钢具有很高的抗应力腐蚀开裂性能。通过提高钢中钴和碳的含量，其抗拉强度可达到 1615MPa（235ksi）。钢的强度和韧性综合性能超过其他商用钢，已考虑替代钛合金用于生产部分飞机零部件。

AF1410 合金钢通常先采用真空感应熔炼（VIM），而后采用 VAR 来进一步降低钢中杂质含量。为改善或细化晶粒，生产商通常建议在比 900℃（1650℉）低 40℃的温度下锻造。该牌号钢通常在正火和过时效条件下供货，具有优良的可加工性。用户对该钢进行再次正火和奥氏体化加热或采用两次奥氏体化加热，空冷淬火冷却到 -75℃（-100℉），而后进行时效达到最高力学性能。

（1）正火和过时效　为获得最佳可加工性，该合金钢通常是采用正火和过时效处理。加热至 880～910℃（1620～1670℉）温度范围，根据工件厚度，每 25mm（1in）保温 1h；空冷至室温，过时效工艺为在 675℃（1250℉）保温不小于 5h。

（2）退火　通常采用正火和过时效（如前所述）对工件进行软化和消除应力。可采用在 675℃（1250℉）消除机加工应力。

（3）奥氏体化加热　用两次奥氏体化加热工艺，第一次加热至 870～900℃（1600～1650℉），按工件厚度，每 25mm（1in）保温 1h，根据工件厚度选择淬油、淬水或空冷；第二次奥氏体化加热至 800～815℃（1475～1500℉）；然后淬油、淬水或空冷。此外，还有一次奥氏体化加热工艺，加热至 800～815℃，按工件厚度，每 25mm（1in）保温 1h，根据工件厚度选择淬油、淬水或空冷。

（4）淬火冷却　当工件尺寸小于 75mm（3in），从奥氏体化温度空冷后的抗拉强度、韧性、疲劳强度基本上与淬油或淬水相当。淬火后可选择在 -73℃（-100℉）进行冷处理，其目的是减少残留奥氏体的数量。没有着实的证据表明，冷处理对该材料力学性能有实质性的影响。

（5）时效　在 480～510℃（900～950℉）温度时效 5～8h，然后空冷至室温。

（6）力学性能　表 2-64 为采用 VIM/VAR 熔炼

表 2-64　第二次奥氏体加热和时效温度对 AF1410 钢力学性能的影响

时效温度		时效时间/h	抗拉强度		屈服强度		延伸率（%）	断面收缩率（%）	冲击吸收能量（V 型缺口）	
℃	℉		MPa	ksi	MPa	ksi			J	ft·lbf
第二次奥氏体化在 815℃（1500℉）加热，保温 1h										
495	925	5	1806	262	1613	234	16	67	77	57
510	950	5	1730	251	1537	223	18	71	87	64
510	950	8	1606	233	1489	216	18	70	92	68
525	975	5	1579	229	1447	210	19	71	89	66
第二次奥氏体化在 830℃（1525℉）加热，保温 1h										
495	925	5	1847	268	1592	231	17	67	65	48
510	950	5	1716	249	1551	225	18	72	88	65
510	950	8	1620	235	1482	215	18	70	95	70
525	975	5	1599	232	1420	206	19	72	99	73
第二次奥氏体化在 860℃（1575℉）加热，保温 1h										
495	925	5	1813	263	1585	230	18	68	80	59
510	950	5	1709	248	1551	225	19	72	94	69
510	950	8	1620	235	1509	219	18	71	84	62
525	975	5	1572	228	1447	210	19	72	99	73

注：所有试样采用在 900℃（1650℉）正火和采用 675℃（1250℉）进行过时效。第一次奥氏体化加热采用在 900℃（1650℉）保温 1h；快速空冷；第二次奥氏体化加热温度见表中列出数据。在 115mm（4.5in）尺寸的材料上取样，所有数据至少为两个试样测试的平均值。

棒材，经不同奥氏体化加热淬火和时效的力学性能。图 2-74～图 2-76 进一步对表 2-64 进行补充，通过拉森-米勒（Larson-Miller）参数，说明了给定的时效处理工艺对钢的力学性能的影响。采用 VIM/VAR 熔炼的板材，奥氏体化加热后空冷淬火、淬水或采用蛭石缓冷的抗拉强度和冲击能力学性能见表2-65。热处理工艺对尺寸为 15mm 和 75mm（⅝和 3in）板材抗拉强度和冲击能具有一定的影响。

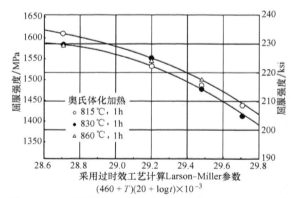

图 2-75　过时效热处理工艺对 AF1410 钢屈服强度的影响

　　注：拉森-米勒（Larson-Miller）参数中温度（T）
　　　单位为华氏温标（℉），时间（t）单位为 h。

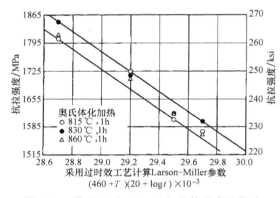

图 2-74　热处理对 AF1410 钢抗拉强度的影响

　　注：拉森-米勒（Larson-Miller）参数中温度（T）
　　　单位为华氏温标（℉），时间（t）单位为 h。

采用 VIM/VAR 熔炼，尺寸为 50mm（2in）经过预备热处理的板材，经不同淬火冷却介质淬火后和在 510℃（950℉）时效的断裂韧性、拉伸性能和冲击能见表 2-66。

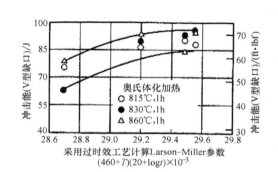

图 2-76　热处理工艺与 AF1410 钢冲击能之间关系

　　注：拉森-米勒（Larson-Miller）参数中温度（T）
　　　单位为华氏温标（℉），时间（t）单位为 h。

表 2-65　不同热处理工艺对钴-镍钢力学性能的影响（真空感应重熔/真空电弧熔炼 AF1410 钢板材）

热处理工艺[①②]	抗拉强度		屈服强度		延伸率（%）	断面收缩率（%）	冲击吸收能量（V型缺口）	
	MPa	ksi	MPa	ksi			J	ft·lbf
15mm（⅝in）板材								
X+[③]+Z	1580	229	1515	220	16	60	91	67
X+[④]+Z	1650	239	1550	225	17	69	83	61
X+[⑤]+Z	1620	235	1490	216	17	70	84	62
X+[⑥]+Z	1660	241	1525	221	17	73	113	83
数炉均值[⑦]	1675	243	1590	231	—	—	92	68
75mm（3in）板材								
Y+[③]+Z	1585	230	1540	223	16	66	65	48
Y+[④]+Z	1680	244	1540	223	17	70	81	60
Y+[⑤]+Z	1480	215	1380	200	18	68	58	43
Y+[⑥]+Z	1670	242	1540	223	17	69	95	70

① 在 900℃ 或 815℃（1650℉或 1500℉）的保温时间为：15mm（⅝in）板材保温 1h，或 75mm（3in）板材保温 3h。
② 初始和最终热处理工艺：X=加热至 900℃（1650℉）保温 1h 空冷，再加热至 675℃（1250℉）保温 8h 空冷；Y=加热至 900℃（1650℉）保温 3h 空冷，再加热至 675℃（1250℉）保温 8h 空冷；Z=加热至 510℃（950℉）保温 5h 空冷。
③ 在 815℃（1500℉）温度按①的保温时间保温，而后采用水淬。
④ 在 815℃（1500℉）温度按①的保温时间保温后空冷，在-73℃（-100℉）进行冷却处理。
⑤ 在 815℃（1500℉）温度按①的保温时间保温后在蛭石中缓冷，随后在-73℃（-100℉）进行冷却处理。
⑥ 在 900℃（1650℉）温度按①的保温时间保温后空冷，在 815℃（1500℉）温度按①的保温时间保温后空冷，随后在-73℃（-100℉）进行冷却处理。
⑦ 在 900℃（1650℉）温度按①的保温时间保温后水淬，分别在 815℃（1500℉）保温 5h 空冷和在 510℃（950℉）保温 5h 空冷。

表 2-66 钴-镍合金钢 （AF1410） 采用不同淬火冷却介质处理的力学性能

淬火介质	抗拉强度		屈服强度		延伸率（%）	断面收缩率（%）	冲击吸收能量（V 型缺口）		断裂韧性（K_{IC}）	
	MPa	ksi	MPa	ksi			J	ft·lbf	MPa·$m^{1/2}$	ksi·$in^{1/2}$
空气	1680	244	1475	214	16	69	69	51	174	158
油	1750	254	1545	224	16	69	65	48	154	140
水	1710	248	1570	228	16	70	65	48	160	146

注：试样为真空感应熔炼/真空电弧重熔的 50mm （2in） 板材。热处理工艺为：加热到 675℃ （1250℉） 保温 8h 后空冷；加热到 900℃ （1650℉） 保温 1h 淬火，加热到 830℃ （1525℉） 保温 1h 淬火；在-73℃ （-100℉） 进行冷处理 1h；加热到 510℃ （950℉） 保温 5h 空冷。

2.3.3 空冷淬火马氏体不锈钢的热处理实践

由于空冷淬火不锈钢碳的合金含量较高，具有很高的淬透性，通常可采用空冷淬火。马氏体不锈钢与碳钢和低合金钢相比，其热处理过程基本相同，最高强度和硬度主要取决于钢材中的碳含量。马氏体不锈钢与碳钢和低合金钢的主要冶金区别在于，钢的合金含量高，可明显推迟珠光体等相变过程，使钢具有极高的淬透性，以至尺寸为 305mm （12in） 厚的工件采用空冷淬火，心部也能达到最高硬度。

因此，为防止工件开裂，必须在热加工过程中采取相应预防措施。当马氏体钢锻件冷却时，尤其碳含量高的空冷淬火不锈钢，应将工件在隔热介质埋放或放置于均温热处理炉，缓慢冷却至 595℃ （1100℉） 温度。应避免采用直接喷雾这种用于模具冷却的方法冷却锻件，防止产生锻件开裂。淬火马氏体不锈钢，通常在经热加工后冷却后，需在 650 ~ 760℃ （1200 ~ 1400℉） 进行约 4h 的退火。中间退火工艺不同于完全退火工艺，通常加热至 815 ~ 870℃ （1500 ~ 1600℉），在炉内采用 40 ~ 55℃/h （75 ~ 100℉/h） 的冷却速度冷却至约 540℃ （1000℉），然后在空气中冷却到室温。马氏体不锈钢有时也以回火状态供货，这可能是钢通过直接轧制冷却淬火，然后再加热至回火温度，即 540 ~ 650℃ （1000 ~ 1200℉）；也可能是将钢加热到 1010 ~ 1065℃ （1850 ~ 1950℉） 淬火温度淬火，然后进行回火得到。

对热处理的马氏体不锈钢，约 480℃ （900℉） 的加热温度对淬火钢的拉伸性能影响很小，因此被称为消除应力温度。加热温度 540 ~ 650℃ （1000 ~ 1200℉） 被称为回火温度，加热温度 650 ~ 760℃ （1200 ~ 1400℉） 被称为退火温度。

（1） 热处理前清洗 为了避免污染，所有工件和热处理夹具在进炉前必须彻底清洗。对保护气氛热处理，进行适当的清洁尤为重要。油脂、机油甚至由普通铅笔划的位置线都可能导致渗碳。指纹和汗渍是氯的污染源，可能在氧化气氛中，产生严重的氧化皮。此外，必须保证保护气氛在炉内流通，使其与金属表面完全接触。

（2） 预热 420、431 和 440 高碳型马氏体不锈钢比 403、410 和 416 型马氏体钢更需要进行预热。空冷淬火不锈钢通常是加热到 925 ~ 1065℃ （1700 ~ 1950℉） 奥氏体化温度范围，然后采用空冷或油冷淬火。为避免加热速率高产生温度梯度过大和应力过高，使工件产生翘曲和开裂，通常推荐对马氏体不锈钢进行预热。在退火或淬火加热时，以下类型的工件应进行预热：

1） 厚壁工件。

2） 厚薄不均匀的工件。

3） 有锐角和凹角的工件。

4） 与炉底大面积接触的工件。

5） 进行了大切削量加工的工件。

6） 进行了冷成形或校直的工件。

7） 已经过了淬火的返修工件。

通常采用在 760 ~ 790℃ （1400 ~ 1450℉） 温度预热，保温时间需保证工件的各部分均达到预热温度。有时对大型、重型工件需在加热到 790℃ （1450℉） 前，先在约 540℃ （1000℉） 进行预热。

（3） 奥氏体化加热 当需达到最高耐蚀性和最高强度，应采用钢的奥氏体化温度上限加热。如为提高钢的塑性和抗冲击性能，应采用钢的奥氏体化温度下限加热和在 565℃ （1050℉） 以上温度回火。

（4） 保温时间 壁厚小于或等于 13mm （½in） 的工件，推荐保温时间为 30 ~ 60min。对大多数工件，已证明工件壁厚每增加 25mm（1in），保温时间增加 30min 即可。然而，如果需进行淬火强化的工件进行了完全退火或等温退火，淬火保温时间应该

增加一倍。图 2-77～图 2-79 为奥氏体化温度下的保温时间以及其他因素对 420 和 431 钢冲击韧度和室温下硬度的影响。

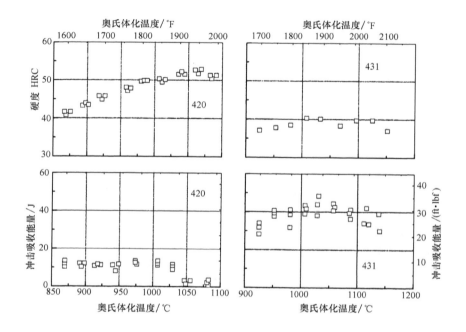

图 2-77　不同奥氏体化温度对马氏体不锈锻钢硬度和冲击韧度的影响

试样在 480℃（900℉）温度回火 4h。

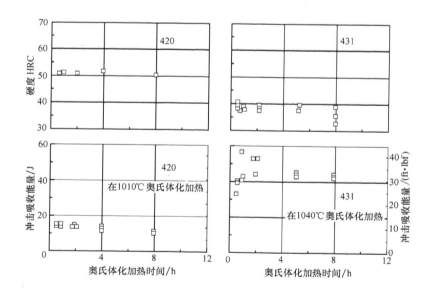

图 2-78　不同奥氏体化保温时间对马氏体不锈锻钢硬度和冲击韧度的影响

试样在 480℃（900℉）温度回火 4h。

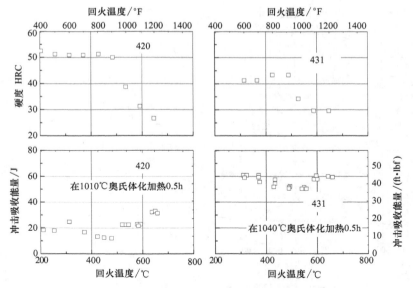

图 2-79　不同回火温度对马氏体不锈锻钢硬度和冲击韧度的影响

（5）淬火　如这类钢的大截面工件在淬火过程中缓慢通过 870~540℃（1600~1000°F）温度范围，可能在晶界出析出碳化物。采用空冷淬火，钢的耐腐蚀性能和塑性可能会有所降低。虽然认为可以采用油作为淬火介质，但对大型或复杂工件，为防止变形或开裂，还是采用空冷淬火。

（6）残留奥氏体　高碳马氏体牌号，如 440C 型钢和高镍 431 钢的淬态组织中，可能会保留大量未转变的高达 30% 残留奥氏体组织。在约 150℃（300°F）进行消除应力处理，几乎对残留奥氏体没有任何影响。推迟转变的残留奥氏体，特别是 440C 型钢，可能会由于服役温度波动出现转变，从而导致工件脆变和尺寸超差。

（7）低温冷处理　淬火后立即在约 -75℃（-100°F）进行低温冷处理，部分淬态残留奥氏体会发生转变。为使残留奥氏体得到充分的转变，最好采用两次回火，两次回火间的冷却应采用空冷至室温。低温冷处理主要用于处理高尺寸稳定性要求的淬火强化工件，如滑动阀门的滑套和阀体以及高精度轴承等。

（8）重新加热　对完全淬火强化钢，通过以下加热方法进行调整钢的性能：

1）在 150~370℃（300~700°F）加热进行消除应力，对钢的微观组织和钢的力学性能影响不大，但能降低淬火产生的相变应力。

2）在中间温度进行回火，能调整钢的力学性能。

3）在铁素体上部区间进行亚临界退火（也被称为中间退火或低温退火），即在略低于 Ac_1 临界温度退火。在未重新加热进入奥氏体相区的条件下，可最大程度软化钢材。

4）最大程度软化的完全退火，重新加热进入奥氏体相区，随后缓慢冷却。

图 2-80~图 2-82 为回火温度对 420、431 钢和 440C 型钢力学性能的影响。图中的强度、伸长率和硬度变化与低合金钢的类似，不同的是经过 400~510℃（750~950°F）区间回火，钢的强度和硬度增加，但缺口韧性明显下降。在回火温度的上限范围回火，通常还伴随着钢的耐蚀性下降。

（9）退火　表 2-67 中给出了钢的中间（亚临界）退火、完全退火和等温退火工艺以及相应的硬度值。推荐的退火如下：

1）完全退火。完全退火是耗时且高成本的处理工艺，仅在后续工序中有大变形成形时采用。414 和 431 型钢在短于合理保温时间内，难以达到完全退火或等温退火效果。

2）等温退火。当要求得到钢的最低硬度和难以通过炉内缓冷实现时，建议采用等温退火工艺。

3）亚临界退火。不要求产品硬度最低时，采用亚临界退火。完全退火、等温退火，尤其是反复进行中间退火工艺，会粗化碳化物，导致在奥氏体化温度加热时，需要更长时间来溶解碳化物。

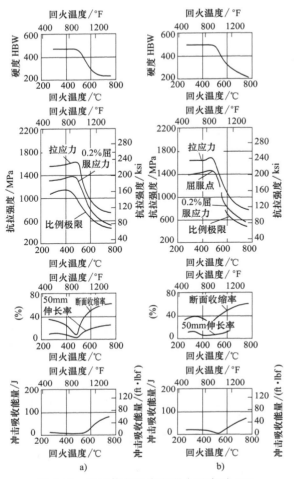

图 2-80 奥氏体化温度和回火温度对 420
马氏体型不锈钢力学性能的影响
a）从 925℃（1700℉）淬火 b）从 1025℃（1875℉）淬火
注：奥氏加热保温时间 30min；淬入油中，当工件温度
达到 65～95℃（150～200℉）出油；在 175℃（350℉）
保温 15min 淬水，重复两次消除应力处理；回火 2h。

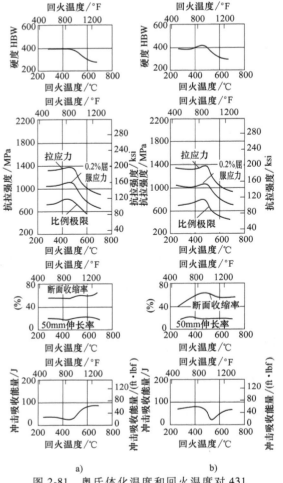

图 2-81 奥氏体化温度和回火温度对 431
马氏体型不锈钢力学性能的影响
a）从 925℃（1700℉）淬火 b）从 1025℃（1875℉）淬火
注：奥氏体加热保温时间 30min；淬入油中，当工件温度
达到 65～95℃（150～200℉）出油；在 175℃（350℉）
保温 15min 淬水，重复两次消除应力处理；回火 2h。

表 2-67 典型空冷淬火马氏体不锈钢的退火温度和工艺

钢号	中间（亚临界）退火			完全退火			等温退火工艺[④]	
	温度[①]		硬度	温度[②③]		硬度		硬度
	℃	℉		℃	℉		℃（℉）	
420	675～760	1245～1400	94～97HRB	830～885	1525～1625	86～95HRB	加热至 830～885（1525～1625），在 705（1300）保温 2h	95HRB
431	620～705	1150～1300	99HRB～30HRC	无推荐			无推荐	
440A	675～760	1245～1400	90HRB～22HRC	845～900	1555～1650	94～98HRB	加热至 840～900（1555～1650），在 690（1275）保温 4h	98HRB
440B	675～760	1245～1400	98HRB～23HRC	845～900	1555～1650	95HRB～20HRC	与 440A 相同	20HRC
440C、440F	675～760	1245～1400	98HRB～23HRC	845～900	1555～1650	95HRB～25HRC	与 440A 相同	25HRC

① 从加热温度空冷；如选择加热温度范围上限加热，硬度最低。
② 在温度范围内保温完全热透；炉冷至 790℃（1455℉）；按 15～25℃/h（27～45℉/h）冷却速率继续冷却到 595℃（1100℉）；空冷至室温。
③ 推荐用于充分利用快速冷却至相变温度而后冷却至室温。
④ 为避免开裂和变形，特别是采用 420、431 和 440A，440B，440C 和 440F 钢生产的薄壁工件、大截面工件、已淬火工件、截面变化大的工件、有尖角和凹角的工件、进行了校直的工件及进行了大量磨削加工、切削加工的工件，推荐在中间退火温度范围进行预热。

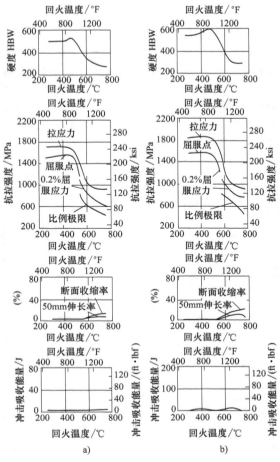

图 2-82 奥氏体化温度和回火温度对 440C
马氏体型不锈钢力学性能的影响

a) 从 925℃（1700℉）淬火 b) 从 1040℃（1900℉）淬火
注：在 925℃（1700℉）奥氏体化加热 1h，在 1040℃（1900℉）奥氏体化加热 2h，淬入油中，当工件温度达到 65~95℃（150~200℉）出油；在 175℃（350℉）保温 15min 淬水，重复两次消除应力处理；回火 2h。

参 考 文 献

1. "Air-Hardening Steel," About. com, http：// metals. about. com/library/bldef-Air-Hardening- Steel. htm .

2. B. A. Becherer and T. J. Witheford, Heat Treating of Ultrahigh-Strength Steels, *Heat Treating*, Vol 4, *ASM Handbook*, ASM International, 1991, p 207-218.

3. T. V. Philip and T. J. McCaffrey, Ultrahigh-Strength Steels, *Properties and Selection：Irons，Steels，and High-Performance Alloys*, Vol 1, *ASM Handbook*, ASM International, 1990, p 430-448.

4. J. R. Davis, Ed. , *Tool Materials*, *ASM Specialty Handbook*, ASM International, 1995.

5. J. R. Davis, Ed. , *Stainless Steels*, *ASM Specialty Handbook*, ASM International, 1994.

6. D. K. Subramanyam, A. E. Swansiger, and H. S. Avery, Austenitic Manganese Steels, *Properties and Selection：Irons，Steels，and High-Performance Alloys*, Vol 1, *ASM Handbook*, ASM International, 1990, p 822-840.

2.4 硼钢的热处理

在 70 多年前，人们已经认识到在钢中添加微量元素硼，对钢淬透性具有潜在的影响作用，但在钢铁工业中充分利用硼的进程一直较为迟缓。到目前为止，硼的很多重要作用还不为人类所知，因此我们不仅应注意硼具有重要的经济价值，而更应进一步深入研究其作用的机理及如何正确控制添加硼的工艺，以确保实现硼钢性能的一致性。

硼的最大优势是添加极低的含量，就能极大地提高钢的淬透性，但这也给炼钢工艺造成了相应的困难，在炼钢过程中要求对硼的含量进行精确控制。在过去的 30 年中，为解决硼钢的这些问题，冶金工作者一直致力于对硼钢冶金的深入研究。现代炼钢工艺已能够在生产硼钢时，实现最佳硼的添加量和保证硼钢淬透性的一致性。

我们发现，当人们在材料可持续发展中面临成本问题和更重要的能耗问题时，钢铁的生产商和用户都重新对硼钢产生了极大的兴趣。在开发高强度低合金（HSLA）钢的框架内，将硼作为合金元素添加入钢中，应该是极具潜力、非常有吸引力的设想和方案。在钢的新型节能工艺开发研究中，如钢的轧制后直接淬火工艺中，硼与其他合金元素（如铌等元素）的交互作用效应或作为微合金化元素，引起了人们越来越多的重视。

在很多材料中，硼都是作为合金元素添加，这里所介绍是硼在钢中作为提高钢淬透性合金元素。即使硼的添加量低于 100ppm，对钢材淬透性的影响也与添加较多其他昂贵元素相当。近年来，通过热模拟方法对硼对淬透性的影响进行了研究，本节主要介绍硼在钢的热处理的作用以及硼钢的热处理模拟。

2.4.1 硼钢的淬透性

硼作为合金元素，具有极高提高钢的淬透性效果，由此引起许多材料科学家的极高的兴趣。自 20 世纪 40 年代以来，人们对硼在钢中的作用、需要控制它在钢中的位置以及化学状态已有所了解。由于早期人们很难确保硼以理想的形式存在于钢中，那时尝试生产的商业可热处理强化硼钢的性能不够稳定且一致性差。钢中硼以固溶的形式存在，可提高钢的淬透性。但在随后，人们认识到强氮化物形成元素如钛，对硼的作用具有明显的抑制效果，由此出现了要求钢的性能一致性的问题。可以看到，硼处理（boron-treated）钢的淬透性带比等当量铬/钼/镍钢的淬透性带更宽。此外，未添加抑制元素的硼处理钢的其他性能，例如，低碳钢的塑性或成形性能也可能出现一致性不良的问题。

（1）硼提高淬透性机制 硼通过抑制钢的铁素体转变、珠光体转变和贝氏体转变（这些相组织硬度均比马氏体低）来提高钢的淬透性。而钢的这些非马氏体组织在钢奥氏体化加热后，在退火冷却或热加工冷却过程中形成。当钢中硼浓度达到一定水平，许多学者提出了不同的硼阻碍铁素体成核机制，例如，降低奥氏体晶界能、降低了扩散系数和减少了铁素体在硼碳化物（borocarbides）上的形核位置等。所有学者得出观点除了硼对铁素体 C 曲线改变等细节有所不同外，硼提高钢的淬透性机制非常相似。有关硼对钢的晶粒尺寸、奥氏体化温度和硼碳化物含量等影响的预测基本相同。产生这样结论的原因是，所有的机制都是直接或间接根据在奥氏体化中，奥氏体晶界硼的浓度所得出的。根据这些理论预测，实现的最大浓度自由硼（可能是通过避免硼与氧或氮相互作用）是优化添加硼效果的关键。

（2）成分对淬透性的影响 钢的成分无疑会使硼对其淬透性构成影响。自 20 世纪 90 年代末起，人们一直认为只需要少量的硼溶解于钢中，就能提高钢的淬透性。该观点机制是基于硼以元素的形式偏析在奥氏体晶界，抑制形成铁素体，从而提高淬透性。因此，硼提高淬透性的有效性取决于在硼在钢中存在形式。硼存在的形式受钢中其他元素（如氧、氮、钛和锆）的影响。硼与氧能形成 B_2O_3，与氮能形成 BN，与碳能形成铁硼碳化物 $Fe_{23}(CB)_6$ 和 $Fe_3(CB)$。当硼添加至硅-铝脱氧（silicon-aluminum-killed）钢，采用良好浇包和浇注工艺并避免钢浇注时出现二次氧化，则可以防止形成 B_2O_3，从而保证硼的作用效果。当氮与强碳化物形成元素结合，不形成 BN，则硼的作用能更有效地发挥出来。为防止硼与氮结合，常采用添加强碳化物形成氮化钛的方法。在钢凝固前液态时，钛与氮形成氮化钛（TiN），氮化钛在固态非常稳定，不会在热处理中发生分解。因此，当添加适量的钛，能有效防止硼与氮结合，保证硼的作用效果。

Kapadia 等人研究了在合金结构钢中氮、钛和锆对硼诱发淬透性（boron-induced hardenability）的影

响，得到了硼与钢淬透性之间具有实际意义的关系式：

$$B_{eff} = \left[B - \left\{ (N-0.002) - Ti/5 - Zr/15 \right\}_{\geqslant 0} \right]_{\geqslant 0}$$

在该关系中式中，各元素符号代表钢中元素的质量分数，其中 B_{eff} 是硼对提高钢的淬透性的有效硼含量。根据该方程，氮与钢中的铝、硅和钒（约需要质量分数为 0.002% N）结合后，余下的氮能与硼有效结合。图 2-83 是试验钢有效硼含量与钢淬透性之间的关系。

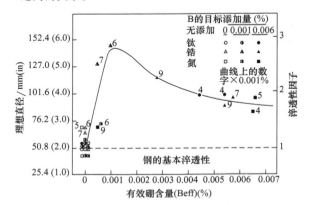

图 2-83 有效硼含量对钢淬透性的影响

当硼含量约为 0.001% ~ 0.003%，均值约 0.0015% 时，对淬透性影响最大。当硼含量高于最佳含量，则会促使在晶界析出富硼相，在奥氏体晶界产生硼原子的贫化，降低硼原子有效含量，造成钢的整体淬透性下降。并能导致钢出现脆化和热脆。

碳是另一个在钢中对硼诱发（boron-induced）淬透性有明显影响的元素。图 2-84 和图 2-85 所示给出了碳含量对含硼钢淬透性的影响。可以看出，在低碳钢中，淬透性受先共析铁素体析出的影响，硼

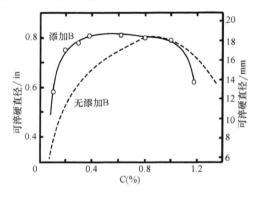

图 2-84 含硼和无硼 Fe-0.5%Mn 合金钢
可淬硬直径（采用淬水处理，心部
90%马氏体组织）与碳含量的关系

是最有效提高这些钢的淬透性的元素；此外，在提高淬透性方面，细晶粒钢比粗晶粒钢更明显。业已证明，随钢的碳含量增加，硼对淬透性的影响减弱，当钢的碳含量达到共析成分时，硼对钢的淬透性影响几乎可以忽略不计。硼对于合金钢的影响可概括为，淬透性越高的合金钢，硼对其影响就越小，最好选择在低碳低合金钢中添加硼。

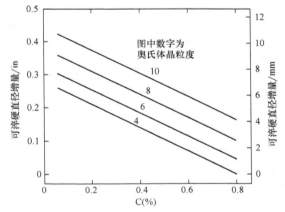

图 2-85　在不同奥氏体晶粒大小的条件下，钢的碳含量对含硼 Fe-C-0.5%Mn 合金钢淬透性的影响

以下结果说明碳含量、钢的基本成分的淬透性以及硼因子之间的普遍关系。图 2-86 表明，当钢的基本成分的淬透性提高时，硼因子的作用有明显下降的趋势，但试验结果数据分散性很大。图 2-87 表明，将硼因子与碳含量进行比较，可以将钢分为两组类型，硼因子对所有碳-锰钢的影响大于其他合金系列的钢。

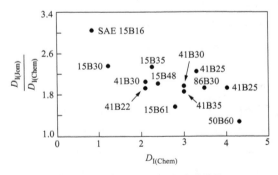

图 2-86　采用了校正碳因子计算的 D_1 与硼因子的关系

（3）热处理参数对淬透性的影响　其他影响硼对钢淬透性的因素有，预备热处理中奥氏体化时间和温度。这些热处理参数会影响硼以固溶形式存在还是以硼碳化物析出，如造成氮化物在晶内或晶界析出时，会减弱硼对淬透性的作用。通过适当的热

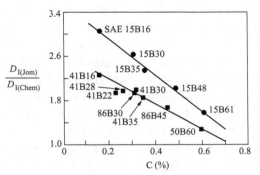

图 2-87　采用了校正碳因子计算的碳含量与硼因子的关系

处理工艺，可以避免这些复杂反应的发生，但如果处理不当，这些因素会使钢脆化或降低钢的淬透性。

通常当加热温度超过 1000℃ （1830℉），硼钢的淬透性会下降，硼钢回火温度也比相同淬透性的其他合金钢低。随奥氏体化温度提高，含氮低的钢淬透性也提高。在这种情况下，硼对奥氏体晶粒尺寸影响不大。当奥氏体化温度为 875℃ （1605℉），晶粒尺寸为 ASTM 8～9，当奥氏体化温度为 950℃ （1740℉），晶粒尺寸为 ASTM 5～6 和当奥氏体化温度为 1100℃ （2010℉），晶粒尺寸为 ASTM 2～3。但对硼-氮钢或更复杂的 Al-B-N 钢的情况，还必须考虑元素之间的交互作用。我们可以明显看出，与不含硼的钢相比，硼钢的晶粒尺寸对提高马氏体的淬透性影响较小。

在 $10～30×10^{-4}$% 最优硼含量范围内，采用较低或中等的奥氏体化温度加热，硼对淬透性的影响最为明显（除非高温下铌发生溶解而提高了硼的作用）。在热轧后直接冷却，硼对淬透性的影响可能增加或维持不变。

2.4.2　硼钢的热处理工艺

在前一节中介绍了硼对淬透性的作用受到很多因素的影响，例如受到钢中碳含量高低、钢中的合金元素种类、奥氏体化加热温度高低，最明显的是淬火冷却速率高低等因素的影响。这些参数和因素显著影响硼的偏析和析出，从而影响最终钢的力学性能。试验结果表明，其中冷却速率对硼的淬透性影响最大。

（1）硼处理的碳钢　一项对无硼（boron-free）和含硼（boron-added）低碳钢淬火的研究表明，通过改变热处理工艺中的奥氏体化温度和冷却条件，对钢的最终力学性能具有显著的影响。图 2-88 为无硼和含硼低碳铝脱氧钢（0.05% C，0.2% Mn，0.05%Si，$25×10^{-4}$% B）在不同热处理条件下的屈服强度（YS）和抗拉强度（UTS）。热处理条件为采

用三个不同的奥氏体化温度（850℃、890℃和850℃，或1560℉、1635℉和1705℉）加热，随后采用空气冷却（AC）、油淬火（OQ）和水淬火（WQ）三种冷却速率冷却。在850℃加热和采用空冷的条件下，无硼和含硼低碳钢的屈服强度基本相同（见图2-88a）；采用油淬火条件，与无硼低碳钢相比，含硼低碳钢屈服强度的增加较少；随冷却速度的进一步提高，在水淬情况下，含硼低碳钢屈服强度的增加程度大于无硼低碳钢。而提高奥氏体化温度，增加钢的屈服强度的趋势与采用850℃加热，提高冷却速率相同。所不同的是，采用油淬与水淬，钢的屈服强度值有明显的差异（见图2-88b及图2-88c）。当进一步提高奥氏体化温度至930℃，两种钢油淬的屈服强度差异大于水淬的情况（图2-88a至图2-88c）。

在850、890和930℃奥氏体化和提高冷却速率的极限抗拉强度曲线（见图2-88d至图2-88f）的趋势，与观察到的屈服强度曲线类似。在空冷和采用三种奥氏体化温度条件下，无硼和含硼低碳钢的极限抗拉强度基本相同。在890℃奥氏体化加热和采用油作为冷却介质淬火，含硼低碳钢抗拉强度的提高小于无硼低碳钢。当进一步提高冷却速率达到水淬火时，含硼低碳钢极限抗拉强度的提高大于无硼低碳钢。两种钢在采用930℃奥氏体化加热淬火，随冷却速率的提高，抗拉强度提高的趋势相同。从图中可见，含硼低碳钢采用890℃奥氏体化加热的屈服强度和抗拉强度，均高于采用930℃奥氏体化加热的处理效果。

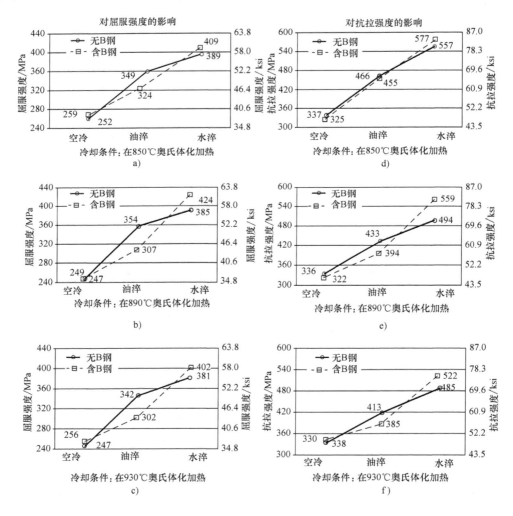

图 2-88 硼对不同奥氏体化温度和不同冷却速度钢的屈服强度和抗拉强度的影响

a)、d) 采用850℃（1560℉）奥氏体化 b)、e) 采用890℃（1635℉）奥氏体化

c)、f) 采用930℃（1705℉）奥氏体化

值得一提的是，采用 930℃加热，含硼低碳钢固溶的硼较高，但采用 890℃加热和水淬火冷却，屈服强度和抗拉强度值达到最高，而对于无硼碳钢则差别不大，这种现象可以用硼在晶界处偏析进行解释。硼钢的淬透性主要受晶界处硼原子的浓度控制。可以确认当硼扩散偏析至奥氏体晶界时，抑制了奥氏体向铁素体转变；相反如硼原子聚集或析出时，则会提高向铁素体转变的效果。偏析的硼能有效提高淬透性，而析出化合物的硼对提高淬透性是无效的。可以定义在相变前，偏析至原奥氏体晶界的硼为"有效硼含量"。此外，有效硼含量与奥氏体范围的热滞有关。这里实验选择在 890℃的奥氏体化加热，该温度接近 Ac_3 温度，根据前面介绍的理论，有效硼含量大于在 930℃加热的情况。图 2-89 为钢在 890℃奥氏体化后，采用油淬火和水淬火冷却的透射电镜显微照片。可以清楚地看到，水淬得到的组织为板条马氏体，这表明对无硼低碳钢，在介于油淬火和水淬火冷速之间，存在有一个临界冷却条件。

前面所介绍是采用低碳、低锰碳钢的研究结果。随着钢中碳和锰含量增加，硼钢的淬透性的大幅增加。现已开发出碳含量（0.2%~0.4%）和锰含量（1.0%~1.5%）相对较高，可淬火强化硼钢。这些牌号的钢主要用于耐磨性能要求高的场合。经热处理后，这些钢具有极高硬度，特别适合用于高耐磨/高磨耗的工况。在生产结构件和汽车零部件时，与 HSLA 钢相比，可显著节约 50% 的材料。阿塞洛-米塔尔钢铁公司（俄亥俄州，里奇菲尔德）Arcelor Mittal（Richfield，Ohio）生产的可淬火强化硼钢有：22MnB5 AM FCE、30MnB5 AM FCE 和 38MnB5 AM FCE（见表 2-68）。与传统碳钢相比，这些牌号的钢

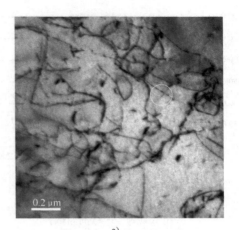

a)

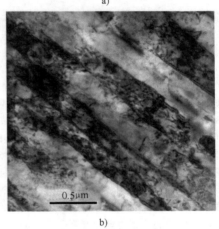

b)

图 2-89　钢在 890℃奥氏体化后采用油淬火和水淬火冷却的透射电子显微照片

a) 明场像（放大倍率 8000×），油淬，无板条马氏体组织

b) 明场像（放大倍率 8000×），水淬，板条马氏体组织

表 2-68　可淬火硼钢的成分

牌号	化学成分（质量分数，%）							
	C	Mn	P	S	Si	Al	Ti	B
22MnB5 AM FCE	0.200~0.250	1.10~1.40	≤0.025	≤0.008	0.15~0.35	≥0.015	0.020~0.050	00.0020~0.0050
30MnB5 AM FCE	0.270~0.330	1.15~1.45	≤0.025	≤0.005	0.17~0.35	≥0.015	0.020~0.050	0.0010~0.0050
30MnB5 EN 10083	0.270~0.330	1.15~1.45	≤0.025	≤0.035	0.17~0.35	—	—	0.0010~0.0050
30MnB5 DRUM AM FCE	0.270~0.330	1.15~1.45	≤0.025	≤0.020	0.17~0.35	≥0.015	0.020~0.050	0.0010~0.0050
38MnB5 AM FCE	0.360~0.420	1.15~1.45	≤0.025	≤0.005	0.17~0.35	≥0.015	0.020~0.050	0.0010~0.0050

适合采用水淬火，这使淬火工艺更加环保（减少了废水处理）。采用液体和气体淬火，这些牌号具有极好的淬火硬化性能。经热处理后，这些牌号的钢主要用途包括农业机械（耙盘和犁铧）、公共工程机械、采矿和切割工具。30MnB5 DRUM AM FCE 钢为 30MnB5 钢的改进牌号主要用途为制造混凝土搅拌机

械，这里使用未经处理的钢。图 2-90 为标准结构钢与改进牌号钢的磨损测试对比结果，图 2-90 中显示改进牌号钢具有更好的耐磨损性能，失重越低，耐磨性越好，因此工件的使用寿命更长。图 2-91 为 22MnB5 AM FCE 和 30MnB5 AM FCE 钢的端淬淬透性曲线，淬火硬度随淬火距离变化。

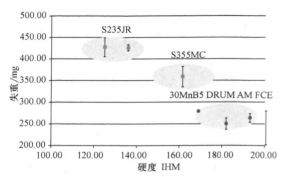

图 2-90　没有进行处理的 30MnB5 AM FCE
钢和标准结构钢耐磨性对比
（采用 ASTM G65 标准测试）

　　推荐 22MnB5 AM FCE 钢的奥氏体化温度为
880℃（1615℉）。淬火开始（即在最大冷却速率
时）温度为 750℃（1380℉）。在加热升温速率为
5℃/s（9℉/s），Ac_3 温度和 Ac_1 温度分别为 860℃
（1580℉）和 750℃（1380℉），该钢马氏体转变开
始温度（Ms）为 400℃（750℉）。拉伸试验试样采
用在 850℃（1560℉）奥氏体化加热 5min，随后水
淬，所得组织为 100% 马氏体。推荐 30MnB5 AM
FCE 钢的奥氏体化温度为 830～850℃（1525～
1560℉），淬火开始（即在最大冷却速率时）温度为
730℃（1345℉）。可以对这些牌号的钢进行冷成形
或热成形。试样尺寸为 6mm（0.2in），取样为轧制
方向，淬火前后的典型力学性能列于表 2-69。

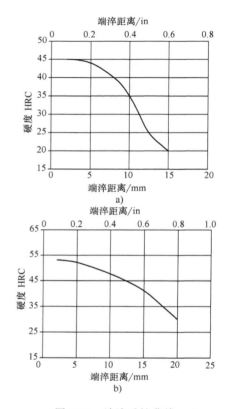

图 2-91　端淬透性曲线
a）22MnB5 AM FCE 钢
b）330MnB5 AM FCE 钢

表 2-69　试样尺寸为 6mm（0.2in），取样为轧制方向，淬火前后典型力学性能

牌号	供货态				淬火					
	屈服强度		抗拉强度		断面收缩率（%）	硬度	屈服强度		抗拉强度		断面收缩率（%）
	MPa	ksi	MPa	ksi		HRC	MPa	ksi	MPa	ksi	
22MnB5 AM FCE	350	50.8	520	75.4	27	45	1100	159.5	1500	217.6	10
30MnB5 AM FCE 和 EN 10083	440	63.8	660	95.7	25	50	1200	174.0	1700	246.6	8
30MnB5 DRUM AM FCE	530	76.8	750	108.8	21	未有数据					
38MnB5 AM FCE	480	69.6	760	110.2	18	55	1300	188.5	2000	290.1	7

　　对 22MnB5 AM FCE 钢试样采用在 950℃
（1740℉）奥氏体化加热 5min，采用不同方式冷却。
试样厚度 2.65mm（0.1in），采用载荷比为 R_s = 0.1
周期拉伸疲劳试验进行测试。抗疲劳强度的测试结

果列于表 2-70。阿塞洛-米塔尔钢铁公司生产的含硼
可淬火强化钢疲劳强度高于 S355MC AM FCE 低合金
钢 40%～60%。如出现了全脱碳情况，则疲劳强度可
能会下降超过 30%。

表 2-70　22MnB5 AM FCE 钢的疲劳强度

在 950℃（1740℉）奥氏体化加热 5min，采用下面方式冷却	疲劳极限（sD）		应力幅		最大应力（sD）	
	MPa	ksi	MPa	ksi	MPa	ksi
淬水	253	36.7	6	0.9	562	81.5
淬油	260	37.7	5	0.7	578	83.8
淬水后在 200℃（390℉）回火 20 min	293	42.5	26	3.8	651	94.4
sD = ($s_{max} - s_{min}$)/2						

（2）硼处理低合金钢　硼处理的 C-Mn-Mo-Cr 钢的淬透性比不添加合金元素的碳钢提高了许多倍，在该类钢中，有许多含硼钢可通过热处理，提高硬度和耐磨性，属可热处理强化钢（见表 2-71）。这些钢的临界冷却速度大大低于 C-Mn-B 钢。汽车工程师协会（SAE）采用在钢号后缀 H，表示对钢的淬透性有一定的要求。碳钢和合金钢牌号由 4 位数字表示，其中第一位数字表示主要的合金元素，第二位数字表示次要的合金元素，牌号后两位数字以质量分数形式表示碳含量。

表 2-71　含硼可热处理 SAE 牌号钢

SAE 牌号		化学成分（质量分数,%）								
		C	Mn	Si[①]	P[①]	S[①]	Cr	Ni[①]	Mo[①]	B
标准 合金钢	50B46	0.44~0.49	0.75/1.00	0.15~0.35	0.035 不大于	0.040 不大于	0.20~0.35	0.25 不大于	0.06 不大于	0.0005~0.003
	51B60	0.56~0.64	0.75/1.00	0.15~0.35	0.035 不大于	0.040 不大于	0.70~0.90	0.25 不大于	0.06 不大于	0.0005~0.003
标准保证 淬透性 合金钢	50B40H[②]	0.37~0.44	0.65~1.10	0.15~0.35	0.030 不大于	0.040 不大于	0.30~0.70	0.25 不大于	0.20 不大于	0.0005~0.003
	50B44H[②]	0.42~0.49	0.65~1.10	0.15~0.35	0.030 不大于	0.040 不大于	0.30~0.70	0.25 不大于	0.20 不大于	0.0005~0.003
	50B46H[②]	0.43~0.50	0.65~1.10	0.15~0.35	0.030 不大于	0.040 不大于	0.13~0.43	0.25 不大于	0.20 不大于	0.0005~0.003
	50B50H[②]	0.47~0.54	0.65~1.10	0.15~0.35	0.030 不大于	0.040 不大于	0.30~0.70	0.25 不大于	0.20 不大于	0.0005~0.003
	50B60H[②]	0.55~0.65	0.65~1.10	0.15~0.35	0.030 不大于	0.040 不大于	0.30~0.70	0.25 不大于	0.20 不大于	0.0005~0.003
	51B60H[②]	0.47~0.54	0.65~1.10	0.15~0.35	0.030 不大于	0.040 不大于	0.60~1.00	0.25 不大于	0.20 不大于	0.0005~0.003
	81B45H[②]	0.42~0.49	0.70~1.05	0.15~0.35	0.030 不大于	0.040 不大于	0.30~0.60	0.15~0.45	0.08~0.15	0.0005~0.003
	86B45H[②]	0.42~0.49	0.70~1.05	0.15~0.35	0.030 不大于	0.040 不大于	0.35~0.65	0.35~0.75	0.15~0.25	0.0005~0.003
	94B15H[②]	0.12~0.18	0.70~1.05	0.15~0.35	0.030 不大于	0.040 不大于	0.25~0.55	0.25~0.65	0.08~0.15	0.0005~0.003
	94B17H[②]	0.14~0.20	0.70~1.05	0.15~0.35	0.030 不大于	0.040 不大于	0.25~0.55	0.25~0.65	0.08~0.15	0.0005~0.003
	94B30H[②]	0.27~0.33	0.70~1.05	0.15~0.35	0.030 不大于	0.040 不大于	0.25~0.55	0.25~0.65	0.08~0.15	0.0005~0.003
标准碳钢 和含硼保 证淬透性 碳钢	15B21[①]	0.17~0.24	0.70~1.20	0.15~0.35	0.03 不大于	0.05 不大于				0.0005~0.003
	15B28H	0.25~0.34	1.0~1.5	0.15~0.35	0.03 不大于	0.05 不大于				
	15B30H	0.27~0.35	0.70~1.20	0.15~0.35	0.03 不大于	0.05 不大于				
	15B35H[①]	0.31~0.39	0.7~1.20	0.15~0.35	0.03 不大于	0.05 不大于				0.0005~0.003
	15B37H[①]	0.30~0.39	1.0~1.5	0.15~0.35	0.03 不大于	0.05 不大于				0.0005~0.003
	15B41H[①]	0.35~0.45	1.25~1.75	0.15~0.35	0.03 不大于	0.05 不大于				0.0005~0.003
	15B48H[①]	0.43~0.53	1.0~1.5	0.15~0.35	0.03 不大于	0.05 不大于				0.0005~0.003
	15B62H[①]	0.54~0.67	1.0~1.5	0.40~0.60	0.03 不大于	0.05 不大于				0.0005~0.003

注：对于电炉钢，磷和硫不大于 0.025%，在钢号前冠以 E。

① 除非另指定。

② 钢中硼含量为 0.0005%~0.003%。

图 2-92 为低合金硼钢（13MnCrB5）与不含硼低合金钢（16MnCr5）的淬透性对比曲线。与不含硼的同成分的钢相比，在 0.15% C、1% Mn、0.9% Cr 钢中添加 30ppm 硼，钢的淬透深度有明显提高，距表面硬度 50% 硬度的距离有明显增加。根据图 2-92，含硼低合金钢和不含硼低合金钢的表面硬度之间没有区别。钢的表面硬度不取决于是否含硼，而取决于钢的碳含量和相应的马氏体组织。硼仅对钢的淬透深度有明显的影响。

22MnB5 为含硼合金钢，经热冲压成形后得到板条马氏体组织，具有良好的淬透性能。在深入对可热处理强化 C-Mn-Cr-B 钢的研究表明，经热冲压成形后，钢的屈服强度和抗拉强度分别达到约 1000MPa（145ksi）和 1500MPa（217.5ksi）。图 2-93 为不同冷却条件下锰硼低合金钢（0.2% C，1.25% Mn，0.28% Si，0.023% Ti，0.15% Cr，25ppm B）的

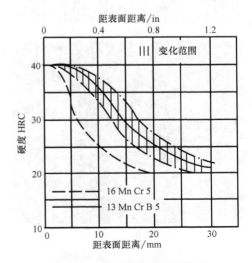

图 2-92　硼对钢的淬透性影响

屈服强度和抗拉强度曲线。将试样加热至奥氏体单相区（900℃或1650℉），保温300s，采用空气、油和水作为不同淬火介质淬火。虽然提高冷却速率，提高钢的强度趋势与低碳钢类似，但可以观察到，不同冷却速率下，钢的强度绝对值具有显著不同。与空冷淬火相比，在油冷淬火条件下，屈服强度的提高较多。与油冷淬火相比，水冷淬火屈服强度的

提高相对较小。在抗拉强度的数据中，也观察到有类似的趋势。水冷淬火条件下的屈服强度比空冷淬火高2.25倍，而抗拉强度高2.57倍。图2-94为采用空冷和油冷淬火的微观组织，我们可以看到，采用油冷淬火微观组织为马氏体组织。而对于低碳钢，则必须采用水冷淬火，才可以观察到马氏体组织。

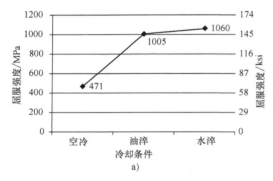
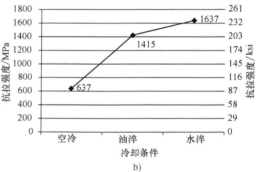

图 2-93 不同冷却条件对锰硼低合金钢力学性能的影响

a）对屈服强度的影响 b）对极限抗拉强度的影响

注：采用900℃（1650℉）温度奥氏体化加热和不同冷却速度冷却。

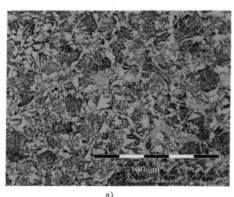

a)

b)

图 2-94 热处理试样的微观组织

a）空冷 b）油淬火

以上研究结果清楚地表明，单独合硼对提高钢的淬透性并不显著，必须要与其他合金元素交互作用，才能显著提高钢的淬透性。当对钢进行了奥氏体化加热淬水处理，硼与铬和锰的交互作用效应，提高轧制状态钢强度的2.5倍，而对无合金元素的碳钢，仅提高1.5倍。

（3）渗碳的状态 表层渗碳低合金钢含镍、铬、钼等合金元素，具有良好的力学性能，广泛用于生产汽车变速器齿轮。为了降低成本和节约稀缺材料（如节约战略资源镍和钼），人们开发出了硼合金钢，其性能优于传统的硼钢（CBS），可与Ni-Cr-Mo合金钢相当。在其发展工艺过程中，必须确保硼的析出，从而产生析出强化效果。

表2-72为三种钢的化学成分，表2-73为新开发出的高纯净度硼钢（DBS），按ASTM E 45标准对钢的夹杂物进行评级，研究结果表明：

1）新开发硼钢性能优于传统的硼钢（20MnCr5B），与现有Ni-Cr-Mo合金齿轮钢（EN353 BS 970标准）性能相当。例如，新开发硼钢试样平均冲击载荷53.1kN，高于传统硼钢的38.68kN，与Ni-Cr-Mo合金钢54kN相当。

2）新开发硼钢的最高抗拉强度为789MPa（114.4ksi），而传统的硼钢抗拉强度为679MPa（98.5ksi），最高伸长率为11.73%。Ni-Cr-Mo合金钢的伸长率为9.18%，介于两种硼钢之间。

表 2-72　传统硼钢、新开发硼钢和 Ni-Cr-Mo 钢成分

钢类型	化学成分(质量分数,%)								
	C	Si	Mn	Cr	Ni	Mo	B	Al	Ti
Ni-Cr-Mo 钢	0.17	0.35	0.80	0.98	1.6	0.17	无	0.020	微量
传统硼钢	0.17	0.24	1.20	1.23	0.11	0.07	0.0019	0.020	0.020
新开发硼钢	0.18	0.22	1.24	1.21	0.14	0.04	0.0017	0.020	0.0019

表 2-73　新开发硼钢的夹杂物评级（按 ASTM E 45 标准）

夹杂物分类	A（硫化物）	B（氧化铝）	C（硅酸盐）	D（氧化物）
细系	2.5	1.5	0	1.5
粗系	1.0	0.5	0	0.5

3) 新开发硼钢和 Ni-Cr-Mo 合金钢生产的齿轮因渗碳造成的变形相当，内径（ID）和宽度变形平均值分别为 0.225mm（0.009in）和 0.05mm（0.002in）。而传统的硼钢齿轮渗碳内径（ID）和宽度变形更大，变形平均值分别为 0.400mm（0.016in）和 0.09mm（0.004in）。

4) 与传统的硼钢相比，降低 Ni-Cr-Mo 合金钢的变形，势必会产生更多的残留奥氏体。然而，新开发硼钢齿轮是通过均匀控制晶粒尺寸分布来降低变形。

5) 与传统的硼钢相比，新开发硼钢工件变形低，由此降低了工件的精加工成本，延长了工具维修或更换周期，从而提高生产率。

6) 新开发硼钢具有提高钢力学性能、降低原材料和加工成本的巨大潜力，因此可视为能替代高价位 Ni-Cr-Mo 合金钢钢和代替性能较差的传统硼钢，生产传动齿轮理想材料。

2.4.3　硼钢热处理模拟

添加硼可以提高淬火加回火钢的淬透性。然而，淬火的程度还取决于奥氏体向铁素体的转变特征和钢中其他合金元素等因素。采用新开发的热模拟机，可以对钢的热处理过程进行更深入细致的研究。奥氏体向铁素体的转变伴随着转变相的原子体积增加，试样的膨胀与转变动力学密切相关。采用模拟机提供的超灵敏膨胀仪记录在冷却过程中试样直径的变化，通过输出绘制膨胀曲线，可确定相变转变开始和结束温度。图 2-95 是根据采用不同的冷却速率，记录得到相变转变开始和结束时间，构造出含硼碳钢的典型连续冷却转变图。图中可以看出，随着冷却速率增加，铁素体开始转变温度向低温方向移动。

图 2-96 含硼钢试样采用 950℃（1740°F）较低的奥氏体化温度加热，采用不同的冷却率冷却，钢的 Ar_3 温度变化；并将该结果与采用膨胀方法对碳钢（0.04%C，0.22%Mn）的测试结果进行对比。采用不同的冷却速度，两种钢随冷却速率的增加，

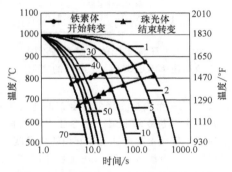

图 2-95　含硼碳钢的连续冷却转变图

Ar_3 温度具有类似的趋势。该结果证明了采用较低的温奥氏体化（950℃），硼会以氮化硼形式析出，使固溶的硼降低。由于硼与氮结合，清除了自由氮作用，从而导致硼对钢的淬透性不产生影响，钢的硬度降低。相比之下，如采用更高的奥氏体化温度（1200℃，或 2190°F）加热，并采用更高冷却速度冷却，情况则完全不同了，如图 2-97 所示。随冷却速率的增加，采用更高的奥氏体化温度（>950℃，或 1740°F）加热，钢的 Ar_3 温度显著下降，当加热温度为 1200℃（2190°F），这种效果尤为明显。

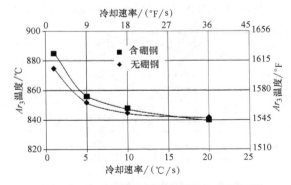

图 2-96　对比含硼碳钢和无硼碳钢采用不同
冷却率冷却 Ar_3 温度变化
（奥氏体化温度：950℃，或 1740°F）

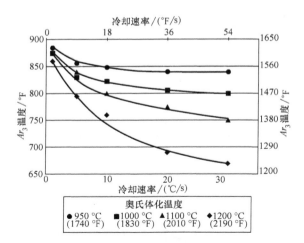

图 2-97 不同奥氏体化温度与不同
冷却速率含硼碳钢 Ar_3 温度的变化

图 2-98 为一个典型含硼低合金钢的连续冷却转变图。在图中每条冷却曲线上，标注出先共析铁素体开始转变温度（Ar_3）、珠光体开始转变温度（Ps）和珠光体转变结束温度（Pf）。根据图中冷却曲线上的转变温度，可以推断出，随着冷却速率的增加，转变温度差别有减少的倾向。但当冷却速率小于或等于 5℃/s（9℉/s）时，减少差别较为平缓。当冷却速率达到 10℃/s（18℉/s），转变温度下降倾向相当剧烈，这种剧烈倾向一直到冷却速率达到和超过 20℃/s（36℉/s）。在连续冷却转变图中，奥氏体在标注 Ar_3 温度处，首先转变形成先共析铁素体，随冷却速率不同，该温度变化不大。当冷却速率小于或等于 5℃/s（9℉/s）时，代表 Ps 和 Pf 的线几乎平行。当冷却速率进一步提高，Ps 与 Pf 之间差别逐步增大，明显分离。因此，冷却速率 5℃/s（9℉/s）为临界冷却速率，这标志着高于该冷却速率，不仅只有珠光体-铁素体混合组织形成，可能会有贝氏体

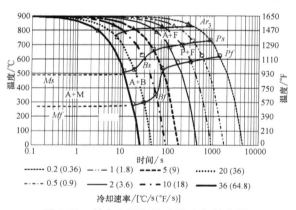

图 2-98 低合金硼钢的连续冷却转变图

组织形成。

图 2-99 为不同冷却速度的扫描电镜照片，图 2-99a 和图 2-99b 分别采用冷却速度 0.5℃/s（0.9℉/s）和 2℃/s（3.6℉/s），为完全珠光体-铁素体混合组织，其中后者珠光体区域尺寸略大。先共析铁素体在原奥氏体晶界生成，根据晶界处的先共析铁素体，可估计原奥氏体晶粒平均尺寸约为 130μm。图 2-99c 为开始形成贝氏体组织，随冷却速率进一步提高，贝氏体体积分数增加。图 2-99d 为冷却速率为 20℃/s（36℉/s）的组织。这些扫描电镜微观组织的与采用连续冷却转变图分析结果是一致的。

为深入了解硼对低碳碳钢电阻焊焊缝组织的影响，对钢原时间-温度转变图进行了修改。在该图中我们发现从奥氏体转变为铁素体的开始温度，受钢中固溶于奥氏体中硼浓度的影响，因此，时间-温度转变图中给出了珠光体、贝氏体和马氏体转变开始和结束温度。该图由两个等温转变图组成，其中在较高温度的等温转变图，转变为同素异构的铁素体和珠光体组织，为晶体重构相变（reconstructive transformation），而在较低温度下，由于原子扩散困难，相变为切变式相变（displacive transformation），转变的组织为魏氏体组织、贝氏体和针状铁素体组织（见图 2-100）。硼对较高温度下的晶体重构转变等温转变图有最大的影响，但对较低温度下的等温转变图几乎没有影响。在图 2-100 中，给出了冷却速率对微观组织变化的影响，进一步证实了硼对较高温度等温转变图有明显影响。

Pickering 定量研究了钢中固溶硼浓度对晶体重构相变前孕育期的关系。在硼浓度达到约 20ppm 前，相变的孕育期正比于硼浓度。当进一步提高硼浓度，则硼对孕育期的影响不敏感。相比之下，对中碳高锰钢（0.4%C，1.5%Mn）钢添加 40 ppm 硼的研究表明，采用 0.6℃/s（1℉/s）低的冷却速率，也能得到贝氏体和马氏体组织；采用小于 1℃/s（2℉/s）的冷却速率，就能抑制珠光体的形成。出现这种情况的原因是，硼右移较高温度下的等温转度图，而碳和锰同时右移较高温度和较低温度的等温转度图，因此大幅提高了钢的淬透性。

2.4.4 硼钢的应用

作为耐磨材料和高强度结构钢，硼钢可应用于各种场合。例如，冲压工具、锹、刀具、锯片、铲土机零件、履带链、轧辊、驱动链轮、轴组件、曲轴、安全梁等。与同等淬透性的合金钢相比，C-Mn-B 钢价格要经济很多。此外，硼钢在 HSLA 钢和其他结构钢领域的应用也在不断扩大。这些钢可

图 2-99　扫描电镜照片

a）0.5℃/s（0.9℉/s）　b）2℃/s（3.6℉/s）　c）10℃/s（18℉/s）　d）20℃/s（36℉/s）

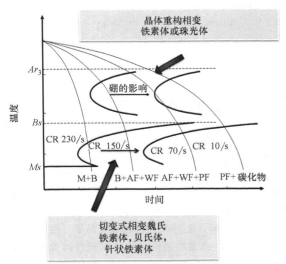

图 2-100　硼对较高温度的等温转变图
由明显影响示意图

CR—冷却速度（℃/s）；M—马氏体；B—贝氏体；
AF—针状铁素体，WF—魏氏铁素体；PF—珠光体-铁素体

能是以热轧或淬火加回火状态供货（现硼钢以淬火加回火状态供货更为常见）。对厚壁工件，硼保证了钢具有足够的淬透性。当今，用于车辆工程硼钢的屈服强度约在 1350～1400MPa（196～203ksi），大约高于高强钢平均强度的四倍。主要应用包括缓冲梁、后保险杠、侧门防撞杆、立柱、加固保险杠、防撞梁和车身后围板等。

有时也在不需要热处理钢中添加硼，在钢中添加硼铁，有意使之与汽车带坯板材中的氮结合，通过避免在钢中出现间隙氮原子，硼可以提高钢的成形性能。铝在钢中也可起类似的作用，但 AlN 析出缓慢，需要采用较高的退火温度。添加了硼，使钢的成形性能更好，不需要进行抑制应变时效（strain-age-suppressing）退火。硼具有高的中子吸收能力，因此在某些类型不锈钢中添加硼，可应用于核工业。现已有采用添加达 4% 或更高硼含量的钢材用于中子吸收的场合，但钢的热塑性和可焊接性能很低。因此，现用于中子吸收场合钢的硼含量约 0.5%～

1.0%。然而，即使在这样硼含量下，仍须保证添加硼铁具有很高的纯度。

硼钢的优点是，改善了钢的冷成形性能，降低了供货硬度，延长了冲裁工具寿命；由于低碳当量，改善了钢的焊接性；可采用更低的回火温度，节约了能源；此外，硼钢还具有良好的表面强化性能。

参 考 文 献

1. R. A. Grange and T. M. Garvey, *Trans. ASM*, Vol 37, 1946, p 136.

2. R. A. Grange and J. B. Mickel, *Trans. ASM*, Vol 53, 1961, p 157.

3. P. Maitrepierre, J. Rofes-Vernis, and D. Thivellier, *Boron in Steel: Proceedings of the International Symposium on Boron Steels*, S. K. Banerjee and J. E. Morral, Ed., The Metallurgical Society of AIME, Warrendale, PA, 1980, p 1.

4. K. Yamanaka and Y. Ohmari, *Trans. ISIJ*, Vol 17, 1977, p 92.

5. Boron in Steel: Part Two, *Total Materia Metal Database*, 2007, Key to Metals AG, accessed March 2014.

6. J. E. Morral and T. B. Cameron, *Boron in Steel: Proceedings of the International Symposium on Boron Steels*, S. K. Banerjee and J. E. Morral, Ed., The Metallurgical Society of AIME, Warrendale, PA, 1980, p 19.

7. S. Pakrasi, E. Just, J. Betzold, F. Hollrigi-Rosta, *Boron in Steel: Proceedings of the International Symposium on Boron Steels*, S. K. Banerjee and J. E. Morral, Ed., The Metallurgical Society of AIME, Warrendale, PA, 1980, p 147.

8. B. M. Kapadia, R. M. Brown, and W. J. Murphy, *Trans. AIME*, Vol 242, 1968, p 1689.

9. G. D. Rahrer and C. D. Armstrong, *Trans. ASM*, Vol 40, 1948, p 1099.

10. C. T. Kunze and J. E. Russel, *Hardenability Concepts with Applications to Steel: Proceedings of a Symposium Held at the Sheraton-Chicago Hotel*, Oct 24-26, 1977 (Chicago, IL), D. V. Doane and J. S. Kirkaldy, Ed., *AIME*, 1978, p 290.

11. Y. Ohmori and K. Yamanaka, *Boron in Steel: Proceedings of the International Symposium on Boron Steels*, S. K. Banerjee and J. E. Morral, Ed., The Metallurgical Society of AIME, Warrendale, PA, 1980, p 44.

12. K. Banks, W. Stumpf, and A. Tuling, *Mat. Sci. Eng. A*, Vol 421, 2006, p 307.

13. E. D. Hondors and M. P. Seah, *Int. Met. Rev.*, Vol 22, 1977, p 262.

14. T. Gladman, *The Physical Metallurgy of Microalloyed Steels*. The Institute of Metallurgy, Mineral and Mining, 1997, p 104.

15. A. Deva, N. K. Jha, and B. K Jha, *Int. J. Metall. Eng.*, Vol 1 (No. 1), 2012, p 1.

16. J. M. Dong, J. S. Eun, and M. K. Yang, *Nucl. Eng. Technol.*, Vol 43, 2011, p 1.

17. "A54: Quenchable Boron Steels," brochure, ArcelorMittal, 2011.

18. M. Ueno and T. Inoue, *Trans. ISIJ*, Vol 13, 1973, p 210.

19. The Timken Company, "Boron Steels," 2014, www. timken. com/en-US/products/Steel/productlist/types/Pages/boron. aspx (accessed March 2014).

20. N. Malek, Hot Stamping of Ultra High Strength Steels Master of Science thesis, Teheran, Iran, 2007.

21. O. Smriti, Effect of Alloy Chemistry and Processing Parameters on Manganese-Boron Steel MTech thesis, National Institute of Forge and Foundry Technology, Hatia, Ranchi, 2012.

22. A. Verma, K. Gopinath, and S. B. Sarkar, *J. Eng. Res.*, Vol 8 (No. 1), 2011, p 12-18.

23. A. Deva, S. K. De, and B. K. Jha, *Mater. Sci. Technol.*, Vol 1, 2008, p 124.

24. A. Deva, K. Vinod, S. K. De, B. K. Jha, and S. K. Chaudhuri, *Mater. Manuf. Process.*, Vol 25, 2010, p 99.

25. A. Deva, S. K. De, V. Kumar, M. Deepa, and B. K. Jha, *Int. J. Metall. Eng.*, Vol 2 (No. 1), 2013, p 47.

26. A. C. Perry, S. W. Thompson, and J. G. Speer, 41st *Mechanical Working and Steel Processing Conf. Proceeding*, ISS, Vol 37, 1999, p 935.

27. H. K. D. H. Bhadeshia and L. E. Svensson, *International Conference on Modeling and Control of Joining Processes*, American Welding Society, 1993, p 153.

28. F. B. Pickering, *Physical Metallurgy and the Design of Steel*, Applied Science Publisher, London, 1978, p 50.

29. C. F. Zurhippe and J. D. Grozier, *Metal Process*, Vol 95 (No. 2), 1969, p 88.

2.5　铜析出强化钢的热处理

铜析出强化钢是一类具有独特物理性能和力学性能的钢。在相关文献资料中，这类钢有很多名称，例如，铜合金钢、含铜钢、铜时效硬化钢、铜析出硬化钢或铜析出强化钢。此外，某些含铜钢，具有较高的大气耐蚀性，被称为耐候钢。还有铜析出硬化铁-铬不锈钢，他们含有相当数量的铜，通过铜诱导析出强化。通过对铜析出强化钢进行热处理，可以改变钢的微观组织特征、析出相特征和力学性能。可以对这类钢进行形变热处理（thermomechanical treatment，TMT），而后采用一个简单的两步热处理工艺，进行析出强化。形变热处理工艺是将加工硬化和热处理集合为一个工艺过程，随后是奥氏体化固溶加热淬火、析出强化或时效处理。还可采用更为复杂的热处理工艺，得到所希望的组织、析出相分数和力学性能。铜析出强化钢的热处理工艺、合金元素、晶粒大小、析出相情况和力学性能之间具有相当复杂的关系。例如，热处理过程受合金元素的影响，他们的共同作用对钢的组织和析出相体积分数产生影响，最终对钢的性能产生影响。

本节首先对铜析出强化钢及其应用进行简要回顾。然后对当下适用的美国材料和试验协会（ASTM International）标准，铜析出强化钢中常见的相组织和合金元素进行介绍。具体来说，介绍了合金元素对加工工艺、相图、微观组织和力学性能的影响。在简要介绍 TMT 过程后，详细讨论了固溶和时效热处理两步热处理工艺。在本节中，对钢的晶粒尺寸、微观组织、碳化铌（NbC）和铜析出相的形成进行了分析讨论。在本节最后一部分中，对热处理工艺、微观组织、强度和韧性等力学性能之间的关系进行了总结。

2.5.1 概述

在一定程度上，通过对 TMT 后热处理工艺的控制，通过铜诱导析出强化，提高这类钢的屈服强度和抗拉强度。为获得所需的力学性能和微观组织，在该类钢中还添加了其他合金元素，其中有些元素还会影响到钢的加工处理工艺。铌为 MC 型碳化物形成元素，会促使析出 NbC 碳化物，而钼和铬为 M_2C 型碳化物形成元素，诱导 Mo_2C 碳化物析出。通过这两种类型的合金碳化物析出，均能提高钢的强度。铌还能细化晶粒，从而提高钢的强度和冲击韧性。钢中的铬、镍与铜协同，进一步提高耐蚀性。这类钢多为多元合金钢，具有低碳含量和低碳当量的特点，具有良好的焊接性能。低碳含量也降低了钢在热处理中的淬透性，抑制马氏体组织的形成。因此，这类钢的典型显微组织是铁素体。然而，钢在实际生产中的组织是复杂的，取决于钢中合金元素含量、热处理工艺和工件的尺寸和厚度。钢中可能出现的组织包括等轴铁素体、等轴铁素体加珠光体团、多边形铁素体、针状铁素体、粒状铁素体、魏氏铁素体、贝氏体和马氏体。

这类钢中某些牌号的钢，除含碳外，还含有大量提高淬透性元素，如镍、锰、硅、铬、钼，在经淬火及回火处理后，主要组织为回火马氏体或贝氏体。高强度低合金钢 HSLA-100 为一个美国海军军方使用的钢（HSLA-100，其中 100 表示屈服强度 100ksi），其主要组织为回火马氏体。此外，牌号为 BA160 实验合金钢的组织为马氏体和贝氏体的混合

组织；还有一实验渗碳钢，其组织为马氏体。析出硬化（PH）不锈钢，如 15-5PH（15% Cr，5% Ni）或 17-4 PH（17% Cr，4% Ni）不锈钢，它们的组织也均是马氏体。马氏体不锈钢可通过热处理强化，其抗拉强度和屈服强度比传统铜析出强化钢高，抗拉强度达到 1380MPa（200ksi）或更高，PH 不锈钢还具有很高的耐腐蚀。

2.5.2 应用

铜析出强化钢是重要的一类商用钢。通过合金设计，铜析出强化钢能满足特定性能要求，可广泛应用于各种服役条件。结合钢的强度、韧性、焊接性和耐蚀性，该类钢已在交通、基础设施和国防工业中得到了应用。最新开发铜析出强化钢已在海军船体、舱壁、甲板等方面得到了实际应用。与马氏体 HY-80 钢相比，该钢在焊接工艺中，减少了预热工序（铁素体组织），明显降低了制造成本。现正在开发更高强度的实验铜析出强化钢，计划用于生产船体结构和航母的飞行甲板。这类钢在铁路交通运输业中，可用于生产动车结构件。此外，该类钢具有良好的耐大气腐蚀性，在基础设施建设中，可用于桥梁、海上平台、钻井、矿业、疏浚设备，其他潜在应用还包括重型车架、农业机械、工业设备、储罐、灯杆和输电塔等。

PH 不锈钢也同样具有非常重要商用价值，由于具有良好的力学性能和极高的耐腐蚀综合性能，作为结构材料，广泛应用于航空航天、化工、石化、电力行业。此外，它们还具有良好的铸造性能和良好的焊接性。

2.5.3 美国材料和试验协会标准

与铜析出强化钢相关的美国材料和试验协会（ASTM International）标准为 ASTM A 710-02（2007 年重新审定）和 ASTM A 736-03（2007 年重新审定）两个标准。前者适用于结构钢板，后者是用于焊接压力容器板材和管材。在这些标准中，对钢的化学成分、热处理类型（工艺）和力学性能进行了规定。ASTM A 710 标准规定了两个等级（grades A 和 grades B）钢的成分，每个等级的钢各规定了三种热处理类型（classes 1、classes 2 和 classes 3）。尽管采用同样命名方法命名热处理类型，但在两个 ASTM 标准之间或在同一 ASTM 标准中，热处理类型之间存在有细微的差别。例如，在 ASTM A 710 标准中，等级 A 的类型 1 热处理不同于等级 B 的类型 1 热处理，T9074-BD-GIB-010/ 0300（第 2 次修订）是相关的军用标准。

表 2-74 总结了美国材料和试验协会标准中不同等级铜析出强化钢的化学成分。表 2-75 总结了两个

ASTM 标准中钢的热处理类型。每个等级钢和热处理要求的屈服强度和抗拉强度与板材厚度有关，这些相关信息在两个 ASTM 标准中可以查到。表 2-76 对不同等级钢的屈服强度和抗拉强度要求上下限范围、热处理类型和板材厚度之间的关系进行了总结，一般来说，在给定钢的等级和热处理类型的条件下，薄钢板的强度更高，而厚板的强度较低。但在两个标准中，对不同等级的钢中进行类型 1 热处理是个例外，在 ASTM A 710 标准和 ASTM A 736 标准中，采用类型 1 热处理的钢板较薄，分别小于 25.4mm（1in）和小于 20mm（3/4in），在标准中没有对厚板进行该热处理类型规定。

表 2-74　ASTM A710-02 和 A 736-03 标准中铜析出强化钢化学成分范围

ASTM 标准	等级	化学成分（质量分数，%）										
		C	Mn	P，max	S，max	Si	Ni	Cr	Mo	Cu	Nb	Ti
A 710-02	Grade A	0.07 max	0.40～0.70	0.025	0.025	0.40，max	0.70～1.00	0.60～0.90	0.15～0.25	1.00～1.30	0.02，min	—
	GradeB	0.03～0.09	0.45～1.30	0.025	0.025	0.30～0.50	0.80～1.00	0.30，max	0.25，max	1.25～1.50	0.02～0.06	0.01～0.03
A 736-03	Grade A	0.09	0.35～0.78	0.025	0.025	0.45，max	0.67～1.03	0.56～0.94	0.12～0.28	0.95～1.35	0.01，min	—
	GradeC	0.09	1.21～1.77	0.025	0.025	0.45，max	0.67～1.03	—	0.12～0.28	0.95～1.35	0.01，min	—

注：成分仅为 ASTM 710-02 和 ASTM 736-02 标准中的产品和热分析结果。

表 2-75　ASTM A710-02 和 A 736-03 标准中铜析出强化钢热处理类型

ASTM 标准	等级	热处理类型	说　明
A 710-02	A	1	轧制态和在 540～705℃（1000～1300℉）温度进行析出热处理
		2	在 870～925（1600～1700℉）温度正火，在 540～705℃（1000～1300℉）温度进行析出热处理
		3	在 870～925（1600～1700℉）温度固溶后淬火，在 540～705℃（1000～1300℉）温度进行析出热处理
	B	1	轧制态
		2	热轧后在 870～925（1600～1700℉）温度正火，在静止空气中冷却
		3	在 870～925（1600～1700℉）温度正火，在 540～705℃（1000～1300℉）温度进行析出热处理
A 736-03	A	1	轧制态和在 540～705℃（1000～1300℉）温度进行析出热处理
		2	在 870～930（1600～1705℉）温度正火，在 540～705℃（1000～1300℉）温度进行析出热处理
		3	在 870～930（1600～1705℉）温度固溶后淬火，在 540～705℃（1000～1300℉）温度进行析出热处理
	C	1	轧制态和在 540～705℃（1000～1300℉）温度进行析出热处理
		2	在 870～930（1600～1705℉）温度正火和在 540～705℃（1000～1300℉）温度进行析出热处理
		3	在 870～930（1600～1705℉）温度固溶后淬火，在 540～705℃（1000～1300℉）温度进行析出热处理

表 2-76　ASTM A710-02 和 ASTM A 736-02 标准中不同等级钢和热处理类型的屈服强度和抗拉强度要求

ASTM 标准	等级	类型	屈服强度		抗拉强度		延伸率（%）
			MPa	ksi	MPa	ksi	
A 710-02	A	1	550～585	80～85	620	90	20
		2	345～450	50～65	415～495	60～72	20
		3	415～550	60～80	485～585	70～85	20
	B	1	485	70	550	80	20
		2	485	70	550	80	20
		3	485	70	550	80	20
A 736-07	A	1	550	80	620～760	90～110	20
		2	345～450	50～65	415～635	60～92	20
		3	415～515	60～75	485～725	70～105	20
	C	1	620	90	690～725	100～120	20
		2	—	—	—	—	20
		3	550～585	80～85	620～795	90～115	20

注：列出的拉伸性能为 ASTM 标准中不同厚度板材的性能范围。

虽然铜析出强化钢存在有偏离 ASTM 标准中规范要求的情况，但可根据美国材料和试验协会标准对他们进行分类，这些铜析出强化钢可以分为符合 ASTM A 710 和 A 736 标准中的成分、热处理工艺和力学性能规范的标准类别和超出 ASTM 标准规范的非标类别。非标类别包括新开发、有专利和实验型铜析出强化钢。符合 ASTM 标准的钢，屈服强度小于 689MPa（100ksi），进行淬火和析出强化处理的实验型钢的屈服强度高达 1190MPa（170ksi）。标准中规定在 -45℃（-50℉）温度条件下，钢的冲击韧性不小于 27J（20ft·lbf），低强度牌号的这类钢在 -40℃（-40℉译者注：此处华氏温标温度有误）温度条件下，要求冲击韧性值大于 361J（264ft·lbf）。

HSLA-80 钢（"80"表示屈服强度为 80ksi）是美国海军一种牌号的钢，属于铜析出强化铁素体钢，符合美国材料和试验协会标准。HSLA-80 钢成分要求等同于 ASTM A 710-02 标准中的等级 A 钢的成分规范。在形变热处理后的热处理工艺中，时效处理使铜化合物在钢中析出。此时铜化合物的析出对钢的强度不是最佳的，但时效处理有利于钢的冲击韧性。

NUCu-140、NUCu-170 和 BA160 为实验型铜析出强化钢，属于不符合 ASTM 标准的非标类别，它们的成分、热处理工艺和力学性能不同于 ASTM 标准中的规定。例如，NUCu-140 非标类别钢（"140"表示屈服强度为 140ksi）的镍和铝含量已大大超过了 ASTM 标准。在形变热处理后的热处理工艺中，在时效硬化峰值附近进行时效，铜化合物在钢中析出，此时铜化合物析出对钢强度的贡献，大于时效时析出的情况。

2.5.4　铜析出强化钢的相组织

铜析出强化钢有多种相组织。在热处理中，这些相在不同的转变温度下形成，并共存于钢中。可能出现的相与钢中合金元素和采用热处理工艺有关，其中在大多数铜析出强化钢的相组织有以下几种。室温下的基体组织由铁素体、贝氏体、马氏体或这些相组织混合共存。最常见的析出相为铜化合物和合金碳化物两种，合金碳化物析出相通常包括 MC 型（如 NbC）和 M_2C 型（如 Mo_2C），此外，还可能出现 M_3C 型析出碳化物。

（1）α-Fe　α-Fe 称为铁素体，属体心立方（bcc）晶体结构，是铁碳合金室温的平衡相。α-Fe 相是铁素体铜析出强化钢的主要基体组织。有多种铁素体形态存在于铜析出强化钢中。根据相变温度不同，主要铁素体形态包括等轴铁素体、多边形铁素体、魏氏铁素体、针状铁素体、粒状铁素体和贝

氏体铁素体。

（2）γ-Fe　γ-Fe 是高温下的奥氏体相，属于面心立方（fcc）晶体结构。对于铜析出强化钢，根据 Fe-Cu 二元相图（见图 2-101），当温度高于 700℃（1290℉），铁素体发生同素异形转变，转变后的组织为奥氏体，图 2-101 中表明了铜在 α-Fe（铁素体）最大固溶度和固溶度曲线。当在钢中添加了合金元素，铁素体向奥氏体转变的温度范围增大。热处理后室温下残存的奥氏体被称为残留奥氏体。

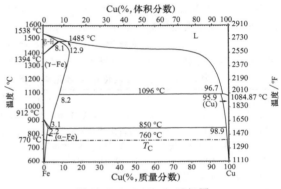

图 2-101　Fe-Cu 二元相图

（3）Fe_3C　Fe_3C 在室温下是一种亚稳相，称为渗碳体。尽管铜析出强化钢的碳含量很低，但渗碳体为该钢中的常见相。渗碳体是中间过渡金属碳化物，晶体结构属于正交晶系，在室温下与铁素体共存，在高温下与奥氏体共存。尽管 Fe_3C 是一个亚稳相，但即使加热到很高的温度下，分解非常缓慢。渗碳体硬度高而脆性大，具有显著强化的效果。

（4）贝氏体　有些铜析出强化钢在奥氏体分解时，转变为贝氏体组织。贝氏体组织由铁素体和渗碳体组成，其形态为在铁素体基体上，分布有细长针状或片状渗碳体。在铜析出强化钢中，贝氏体存在于室温。贝氏体的形态取决于转变温度，根据具体的形态，有上贝氏体和下贝氏体之分。

（5）马氏体　有些铜析出强化钢在快速冷却（淬火）时，奥氏体发生非扩散相变，转变为非平衡马氏体组织。马氏体为体心四方晶体结构，尽管马氏体是非平衡相，但它能在室温下长期存在。几个高强度等级铜析出强化钢的主要组织为马氏体。

（6）铜析出相　富铜析出相在形变热处理过程或在固溶加时效过程中形成。最初为不稳定的 bcc 晶体结构，在热处理过程中，bcc 晶体结构按 9R、3R 转变序列转变，最终转变为稳定的 fcc 结构。当析出相转变成为 fcc 结构，被称为 ε-Cu 相。最初析出的相含有铜、铁和其他元素，随时效时间延长，析出相达到该时效温度下的平衡成分。富铜析出相

确切的成分与钢中的合金元素、热处理工艺和析出相尺寸有关，富铜析出相主要由铜原子加少数其他合金元素原子组成。

（7）MC（NbC）型碳化物 在形变热处理过程或在固溶加时效过程中析出形成 MC（NbC）型碳化物。分子式中的"M"为碳化物中合金元素总称，主要代表铌（或钛）及其他大量的铁、钼、铬元素，具体组成取决于钢中的合金元素。这些 MC（NbC）析出相称为合金碳化物或间隙相，MC（NbC）型碳化物为 NaCl 型晶体结构，由两个穿插的 fcc 晶体结构组成，在铜析出强化钢中是一个稳定平衡相。

（8）M_2C（Mo_2C）型碳化物 在形变热处理过程或在固溶加时效过程中析出形成 M_2C（Mo_2C）型碳化物，分子式中的"M"为碳化物中合金元素总称，主要代表钼、铬、铁元素。与 MC 型碳化物相同，也被称为合金碳化物或间隙相。在铜析出强化钢中，特别是钢中铬和钼含量低时，析出 M_2C 型碳化物的可能性较低。

2.5.5 铜析出强化钢的成分和合金元素作用

表 2-74 中给出了 ASTM A 710 和 A 736 标准中这类钢的主要化学成分，此外，这类钢还可能含有表 2-74 中未列出的其他合金元素。这类钢是根据工艺要求和合金设计进行的合金化，合金元素会影响钢的热处理工艺，对钢的力学性能造成影响。这类钢中常见合金元素的使用和对工艺过程、热处理工艺及力学性能的影响归纳见表 2-77。

表 2-77 铜析出强化钢合金元素对钢的力学性能和形变热处理工艺及热处理的影响

元素	铜析出强化钢中合金元素的作用
Cu	析出强化；提高了耐大气腐蚀；降低韧-脆转变温度（DBTT）；稳定奥氏体；造成热脆性；降低钢的冲击韧性
Ni	防止热脆性；降低 DBTT；析出强化；稳定奥氏体；提高淬透性和碳当量
Cr	铁素体稳定化元素；碳化物形成元素；提高耐大气腐蚀；提高淬透性和碳当量
Mo	铁素体稳定化元素；碳化物形成元素；提高碳当量
Al	脱氧剂；细化晶粒；析出强化
Nb	细化晶粒；碳化物形成元素；铁素体稳定化元素
Mn	与硫形成硫化夹杂物；奥氏体稳定化元素；提高碳当量
Si	脱氧剂；固溶强化
Ti	碳化物形成元素；细化晶粒；铁素体稳定化元素；提高冲击韧性

（1）铜 铜含量约为 0.6%～0.8%，通过对形变热处理过程中或形变热处理后的热处理进行控制，促进富铜析出相析出。在铜的含量小于或等于 0.5%（质量分数）时，在正火和回火过程中，几乎检测不出铜析出强化的效果。在 850℃（1560℉）温度下，铜在 α-Fe（铁素体）中最大的固溶度小于或等于 2.2%（质量分数）。

图 2-101 为 Fe-Cu 二元相图。根据 Fe-Cu 二元相图，共析温度为 850℃。由于最大固溶度较低和随温度下降，固溶度曲线急剧下降，铜在钢中固溶度也急剧减少，使大量富铜析出相在 α-Fe 基体中，高密度形核析出。最初析出相铜的浓度小于 50%（体积分数），随时效时间延长，析出相铜的浓度增加。在温度为～700℃（1290℉）时，铜的固溶度明显小于 1%（质量分数）。由于铜析出相的析出，显著提高了钢的强度。通过控制轧制条件，可改善和细化了轧制态钢的晶粒尺寸。根据 Hall-Petch 关系，这进一步提高了钢的强度。此外，这些含铜钢，即使铜含量只有 0.1%（质量分数），仍具有良好的耐大气腐蚀性能。

在钢中添加铜，还有降低韧-脆性转变温度（ductile to brittle transition temperature，DBTT）的优点，但不利方面是降低了轧制态的冲击韧性值。钢中的铜对时效处理钢的冲击韧性影响十分复杂，采用某些时效温度和时间时效，对钢的 DBTT 和冲击韧性有明显的不利影响，但采用其他不同的时效温度和时间时效，对钢的 DBTT 和冲击韧性没有明显的不利影响。在形变热处理过程中或铸造过程中，由于铜不像铁一样易于氧化，引起钢出现脆性，这种不利作用称为热脆性。其过程是铜在钢表面氧化皮下形成一层极薄的纯铜层，由此导致在铸造或 TMT 处理中，出现脆性和边缘开裂。通过与镍元素合金化和通过精确控制 TMT 处理温度和轧制时间，可以减轻铜引起的潜在热脆问题。

（2）镍 在这类钢中添加镍，主要作用是减轻铜引起的热脆问题。镍提高铜在 γ-Fe 中的固溶度，从而阻碍了在钢的氧化皮下形成纯铜层。在钢中添加镍，有益于提高钢的冲击韧性和降低钢在热轧态和时效后的 DBTT。镍还对钢的淬透性造成影响，提高钢的碳当量（CE）。当镍含量足够高并在与其他提高淬透性元素复合作用下，镍能促进形成马氏体组织。此外，镍还引起更高的铜析出量，进一步提高析出强化的效果。

镍与钢中其他合金元素结合，可形成镍铝化合物（NiAl）或 B2 复杂结构的 NiAl0.5-xMnx 相，具有改善和细化这类钢轧制状态的铁素体晶粒尺寸。根据 Hall-Petch 关系，镍与铜共同作用细化晶粒，进一步提高钢强化效果。此外，镍是奥氏体相稳定化元素，降低了奥氏体向铁素体的相变温度，减缓铜析出的动力。铜在奥氏体中固溶度大于铁素体，在固溶加热后连续冷却过程中，稳定化奥氏体阻碍铜的析出。因此，在时效过程中，铜在固溶体中的过饱度更高，析出量更大。

（3）铬　在这类钢中，铬以 M_2C 型碳化物析出，提高了钢的整体析出强化效果。铬也对钢淬透性产生影响，在快速冷却时，促进贝氏体和马氏体的形成。此外，铬还提高了钢的 CE 值，是一个较弱的铁素体稳定化元素。铬能提高钢的耐大气腐蚀性能，当与钢中的铜结合，有效地降低了钢在海洋环境下的腐蚀。当钢中铬含量超过 ~11%（质量分数），则成为不锈钢。高铬含量能显著改变铁-碳相图，高铬含量能在钢的表面形成氧化铬钝化层，使钢具有很高的耐蚀性。

（4）钼　钼以 M_2C 型碳化物析出，提高了钢的整体析出强化的效果。钼在快速冷却中，促进钢中贝氏体和马氏体的形成，有效提高钢的淬透性。与铬相比，钼是一个较强的铁素体稳定化元素，此外，它还提高了钢的 CE 值。

（5）铝　铝是钢液中一种有效的脱氧剂，添加到钢中，以满足加工工艺的需求。铝还可以细化钢的奥氏体晶粒。此外，与镍结合，以 NiAl 型化合物（B2 结构）析出。铝在钢中不形成碳化物，但它通过固溶强化，可提高钢的整体强度。

（6）铌　通常钢中铌含量小于 0.1%（质量分数），但以 MC 型合金碳化物析出，可提高钢的整体强度。在热轧和奥氏体化加热中，NbC 在奥氏体晶界上析出并起钉扎作用，因此铌是一种有效细化晶粒元素。由于 NbC 在钢中析出，细化了铁素体晶粒，根据 Hall-Petch 关系式，这进一步提高了钢的强度。此外，如果奥氏体化温度足够高，很低含量的铌就能降低奥氏体向铁素体转变温度。

（7）锰　在该类钢中，锰起固溶强化作用；形成硫化锰（MnS）夹杂物，降低硫引起的脆化。锰也能有效降低奥氏体转变为铁素体温度。锰还提高了钢的 CE 值。此外，锰是一个有效的脱氧剂，添加到钢中，以满足加工工艺的需求。

（8）硅　硅在该类钢中也起固溶强化作用；硅也是一个有效的脱氧剂，添加到钢中，以满足加工工艺的需求。硅在钢中不形成碳化物。

（9）钛　钛在钢中的作用类似铌。钛是强碳化物形成元素，与铌相同，形成 MC 型碳化物类型，具有明显细化晶粒的作用。此外，钛还提高钢的冲击韧性。

2.5.6　形变热处理

形变热处理将加工硬化和高温热处理整合为一个工艺过程。通常对铜析出强化合金钢进行形变热处理，改变工件形状和改善原铸件的微观组织。该工艺过程与本节中的 2.5.7 "热处理工艺" 部分所介绍的两步热处理工艺截然不同，它是在热处理之前，通过轧制引起铜析出相析出。TMT 工艺至少包括铸件保温、初轧和终轧三个步骤。铸件通常加热到高于 1200℃（2190℉）温度下保温。在热轧过程中，通过控制喷水，对每次变形后的钢件进行冷却。根据预期钢件的变形要求和希望得到的微观组织，在初轧和终轧之间，可以增加附加的热轧工艺过程。

初轧温度通常低于重新加热温度，但一般要求高于 1100℃（2010℉）。在该温度下，原始粗晶粒组织发生再结晶和晶粒长大，后续的轧制细化晶粒。在含铌铜析出强化合金钢中，由于 NbC 析出，抑制了再结晶过程，保留了变形的奥氏体晶粒和位错亚结构，而位错亚结构又可作为 NbC 析出形核的位置。由此影响了轧制工艺，细化了晶粒。具体采用多少次的热轧工艺、多高的热轧温度和轧后冷却速率与很多因素有关，例如，与钢中的合金元素、奥氏体转变为铁素体的温度、奥氏体晶粒大小形态和变形的亚结构等因素有关。虽然终轧温度可选在温度高达 1000℃（1830℉）的 α+γ 相区，但根据相图，终轧温度通常选择在高温铁素体相区。

在反复的热轧过程中，降低了铸造的组织和成分不均匀问题，得到了更加均匀组织。此外脆性夹杂物，如氧化物和硫化物等被打碎，以更加均匀的方式分布于基体中。因此，TMT 工艺提高了钢的屈服强度和冲击韧性值。但应认识到，通过该工艺提高强度是有一定实际极限的。对铜析出强化钢，可采用后续的热处理工艺，在钢的基体上产生高密度纳米尺度的铜析出相，进一步提高钢的强度。

2.5.7　热处理工艺

为促进铜析出相在钢的基体中均匀分布，通常在形变热处理工艺后，采用两步热处理工艺。该工艺包括由奥氏体化加热和随后快速冷却至室温，而后在时效温度进行时效处理，时效后采用快速冷却至室温组成，如图 2-102 所示。然而，不一定需要进行奥氏体化加热和冷却，富铜相才会析出，在形变热处理（热轧）后，可直接进行时效处理，析出铜相进行强化。此外不一定在等温时效时才有铜相析出，在形变热处理过程中或奥氏体化加热和冷却过程中，也会有部分铜相析出。

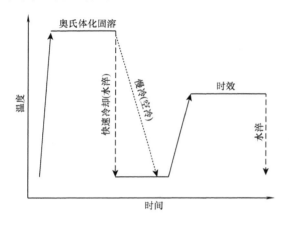

图 2-102 两步热处理示意图
注：步骤是固溶加热（奥氏体化）快速冷却
或缓慢冷却，然后等温时效快速冷却

表 2-75 为 ASTM A 710 和 A 736 标准中钢的热处理温度规范。在 ASTM A 710 标准中，等级 A 钢类型 1 热处理的具体工艺为不进行奥氏体化加热，热轧态的钢只进行析出时效热处理。等级 A 钢类型 2 热处理包括正火（在上临界温度以上进行奥氏体化加热）和空气冷却，随后进行析出时效热处理。等级 A 钢采用类型 3 热处理包括奥氏体化加热淬火和进行析出时效热处理。类型 3 热处理称为淬火和时效（Q&A）。此外，在 ASTM 710 标准中，等级 B 钢类型 1 热处理为保留轧制状态。等级 B 钢类型 2 热处理为仅进行正火处理。等级 B 钢类型 3 热处理为正火后进行析出时效处理。根据所要求厚度钢材的屈服强度和抗拉强度，选择相应的处理工艺。在 ASTM A 736 标准中，钢的类型 1 热处理为不进行奥氏体化加热，仅对轧制态的钢进行析出热处理。类型 2 热处理包括进行正火和随后析出时效热处理。类型 3 热处理包括淬火和析出时效热处理。在该标准中，对等级 A 和等级 C 钢的类型 3 热处理相同。

（1）固溶热处理 固溶温度和连续冷却速率影响微观组织、铜析出相和碳化物析出动力学，因此影响到钢的力学性能。

1）固溶加热温度。铜析出强化钢的固溶加热温度必须足够高，以确保加热至相图的 γ-Fe（奥氏体）相区；钢的固溶保温时间必须足够长，以确保形变热处理工艺过程中形成的析出相铜重新溶解并充分扩散，使铜原子均匀的固溶于 γ-Fe 中。根据钢的成分、铜的含量和钢的相图，选择固溶加热温度。此外，微观组织与 NbC 析出相的交互作用对确定固

溶加热温度也有影响。通常，对于美国材料和试验协会的铜析出强化钢，采用 870～925℃ 或 930℃（1600～1700℉ 或 1705℉）固溶加热温度范围。该温度范围略高于钢的 A_3 点，或称为上临界温度。加热至该温度，完成铁素体向奥氏体转变。

对于铜析出强化钢，这里限于温度范围也在正火温度范围内，在低于 A_1 点下临界温度的 α-Fe 相区加热，由于铜在铁素体中的溶解性小，钢不可能实现有效固溶加热。对于美国材料和试验协会的铜析出强化钢，下临界温度约为 700℃（1290℉）。在 A_1 与 A_3 温度之间加热，钢被加热至 α-Fe 和 γ-Fe 两相区。此时保留有部分 α-Fe 相，铜析出相未完全重新溶入固溶体。因此，在两相区进行固溶加热是不可取的。在高于 925℃（1700℉）温度加热，NbC 明显溶入固溶体，造成奥氏体平均晶粒尺寸粗大，因此高于 925℃ 温度进行固溶加热也是不可取的处理方式。

钢的确切固溶加热温度范围取决于其成分，在本节的 2.5.5 "铜析出强化钢的成分和合金元素作用"中，介绍了在钢中添加某些合金元素，会降低 A_3 和 A_1 温度和降低奥氏体向铁素体转变温度，由此稳定了奥氏体，使析出相铜更均匀分布在基体里并可保证力学性能的一致性，例如，当钢中的镍增加到一定数量，可明显降低 A_3 和 A_1 温度。此外，在钢的镍含量一定条件下，A_1 温度比 A_3 温度下降的更多，由此导致 γ-Fe 和 α-Fe 两相区比原来的更大；铬、钼、锰也有相似的作用。随着钢中总的合金含量的增多，对相变转变温度的下降影响更大。最近根据 Thermo-Calc 对实验含铜钢计算的相图结果表明，相应钢的 A_3 和 A_1 温度和相变温度范围均有所降低。此外，计算相图还表明，随钢中铜含量增加，A_3 温度略有降低。所有的计算相图都表明，随温度降低，铜在钢中的固溶度有所下降。

2）固溶加热温度和连续冷却速率对微观组织的影响。根据研究，固溶加热温度、连续冷却速率和合金元素的共同作用，会对铜析出强化钢组织产生重要的影响，固溶加热温度对钢的晶粒尺寸和形态产生影响，可提高固溶加热温度，粗化晶粒尺寸。最近有人研究了固溶加热温度对含铜钢平均晶粒尺寸的影响，当试验采用 900℃（1650℉）固溶加热温度，平均晶粒尺寸为 7μm；而采用 1100℃（2010℉）固溶温度加热，平均晶粒尺寸为 42μm。此外晶粒形态也随固溶加热温度改变而改变。采用 900℃（1650℉）固溶加热温度，主要晶粒形态为多边形铁素体；而采用 1100℃（2010℉）固溶温度加热，针状铁素体的体积分数明显增多。

研究还表明，试验用铜析出强化钢的平均晶粒尺寸和晶粒形态的变化，与 γ-Fe 中平衡析出的 NbC 密切相关。采用更高的固溶温度加热，由于 NbC 发生溶解，奥氏体晶粒迅速长大。而在含铌钢中，如阻碍了 NbC 析出，也会引起奥氏体晶粒长大和粗化，从而导致铁素体晶粒粗大。晶粒形态的变化也与粗化的奥氏体有关。有关固溶温度的影响，在本节 2.5.7 中的"连续冷却过程中的 NbC 析出"部分，对析出平衡 NbC 相和在连续冷却过程中形成的关系进行讨论。在某个特定温度下，进行固溶加热，晶粒尺寸变化与保温时间、冷却速率和合金含量有关。延长固溶温度下的保温时间，也会引起奥氏体晶粒粗化，从而导致铁素体晶粒粗大。

同样，连续冷却速率也会对铁素体平均晶粒尺寸和形态造成影响。采用热膨胀法方法，对该类钢固溶温度的 γ-Fe 分解进行测试，得到了钢的连续冷却转变曲线。相关参考文献给出了 HSLA-80 钢的连续冷却转变曲线；对 ASTM A710 标准中的钢成分进行调整，给出调整成分钢的连续冷却转变图；给出了 HSLA-100 钢的连续冷却转变曲线。相关文献还探讨了铜对钢的连续冷却转变图的影响。钢的试验条件和钢的成分会对连续冷却转变图造成影响，影响包括了曲线的大小、形状、各组织的区域和位置。合金元素，如锰、镍、钼、铬，对钢连续冷却转变图区域的大小和形状产生明显的影响，这些元素改变了奥氏体向铁素体转变的温度，影响了钢的淬透性，从而影响了相变特征。

图 2-103 为 HSLA-80 钢（等同 ASTM A 710-02 标准中等级 A 钢）的连续冷却转变图。图中冷却曲线为恒速冷却曲线，表示在固溶加热后的 γ-Fe 相在不同冷却条件下，转变开始和结束的温度。冷却速率不同，转变的微观组织也不同，图中字母"A"表示奥氏体，"PF"表示先共析铁素体，"WF"表示魏氏铁素体，"AF"表示针状铁素体，"GF"表示粒状铁素体，"UB"表示上贝氏体，"LB"表示下贝氏体，"M"代表马氏体，图 2-103 中还给出了上临界点和下临界点温度。在图中的不同冷却速率曲线下，还给出了不同冷却速率下的维氏显微硬度值（VHN）。

根据 HSLA-80 钢的连续冷却转变图，在很宽的冷却速率范围，HSLA-80 钢都有很大的先共析铁素体区域，在该区域存在有魏氏铁素体和 ε-Cu 析出相。在低于上临界温度，钢开始发生奥氏体转变为铁素体组织。在给定的奥氏体加热温度下，得到的微观组织与冷却速度密切相关。采用中等及以上的冷却速度冷却［大于 5℃/s（9°F/s）］，在温度低于先共析铁素体的区域，出现了与其相邻的针状铁素体和粒状铁素体区域。采用较慢冷却速度冷却至更低的温度（略低于 5℃/s），则出现上贝氏体和下贝氏体区域，该区域并不与先共析铁素体区域相邻，所以形成贝氏体需要明显的过冷形核。在低于约 300℃（570°F）温度，为马氏体开始转变温度（Ms）。该牌号钢主要组织为先共析铁素体，这种铁素体具有多边形的特点，所以也被称为多边形铁素体。根据冷却速率不同，余下组织可由针状铁素体、粒状铁素体、马氏体组成，或由上贝氏体、下贝氏体和马氏体组成。此外，该钢组织中可能还包含有少量残留奥氏体。

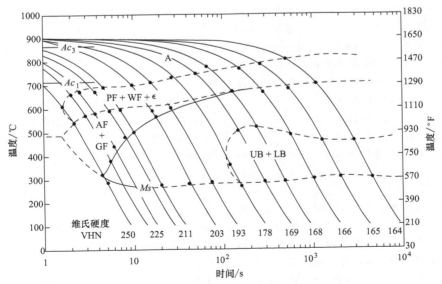

图 2-103　HSLA-80 钢连续冷却转变图

图 2-104 为 HSLA-100 铜析出强化钢连续冷却转变图，对比图 2-203 和图 2-204，可以了解钢中成分对相区和转变温度的影响。HSLA-100 钢中成分与 HSLA-80 钢类似，但钢中锰、镍和铜含量更高。这些元素提高了钢的淬透性，右移了连续冷却转变图中的相区。因此，根据 HSLA-100 钢的连续冷却转变

图，采用更快的冷却速率冷却，也能得到马氏体组织。采用较慢的冷却速度，可转变为粒状贝氏体，采用更慢的冷却速度，可能有少量的先共析体组织。这种钢的主要组织为马氏体，可以是由全部马氏体组织组成，也可能出现少量贝氏体组织。

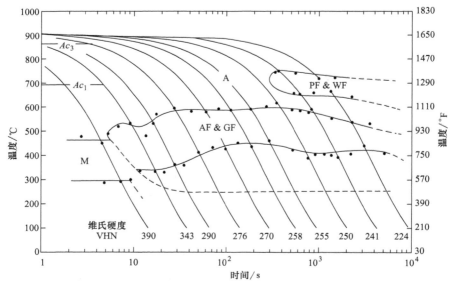

图 2-104 HSLA-100 铜析出强化钢连续冷却转变图

在连续冷却的条件下，铜析出强化钢奥氏体向铁素体转变的动力学过程和得到的组织相当复杂，现已有学者对此进行了深入的研究。转变机制为受奥氏体/铁素体非均相界面上碳的扩散控制，界面上置换溶质原子的偏析也影响了铁素体形核与长大过程。此外，转变机制与析出相，如 NbC 和在非均相边界铜析出相的形核与长大有一定关联耦合。在较快冷却速度下，更多先共析铁素体（多边形铁素体）在奥氏体晶界处形核，但体积分数和尺寸较小。当奥氏体基体向铁素体组织转变，奥氏体/铁素体晶粒间存在有 Kurdjumov-Sachs 取向关系：

$$(111)_{\gamma\text{-Fe}} // (110)_{\alpha\text{-Fe}}$$
$$[110]_{\gamma\text{-Fe}} // [111]_{\alpha\text{-Fe}}$$

在奥氏体/多边形铁素体界面处，片状魏氏组织转变为多边形铁素体。间隙碳原子沿非均相的界面扩散，造成界面富碳。当 γ-Fe 转变为 α-Fe，碳原子扩散到周围的奥氏体中。但与此同时，尺寸更大的置换原子无法进行长距离扩散。随着继续冷却，周围的奥氏体转变形成粒状铁素体和针状铁素体。当冷却温度达到足够低时，未转变的奥氏体转变为马氏体或成为残留奥氏体。在冷却速度较慢的情况下，具有类似的动力学过程，不同的是当冷却速率足够

慢，允许间隙碳原子和置换溶质原子在非均相界面上扩散。碳原子和溶质原子分配到周围的奥氏体中，从而相对于铁素体，合金元素溶度增高。这些碳和溶质原子阻碍了非均相界面的迁移，进而抑制了多边形铁素体的生长。此外，较慢的冷却速度加上奥氏体的碳和置换溶质原子重新分配，转变形成贝氏体组织。与快速冷却一样，在足够低的温度下，最后未转变的奥氏体转变为马氏体或保留为残留奥氏体。

图 2-105 为 HSLA-80 钢在 10℃/s（18°F/s）连续冷却的速度下，得到的多边形铁素体为主的显微组织照片。根据相关参考文献的研究，该组织中还有魏氏铁素体、粒状铁素体、针状铁素体、马氏体和残留奥氏体。根据铁素体的形态，很容易确定其类型。多边形铁素体尺寸较大，浸蚀颜色较浅（light-etching），界面较为平直，这种类型的铁素体也可能有块状形貌。粒状铁素体具有不规则形貌特征，而针状铁素体的特征是细长板条状形貌。此外，粒状和针状铁素体平均晶粒尺寸较小，位错密度高，比多边形铁素体具有更高的位错配度。马氏体和奥氏体微观组织的浸蚀颜色较深。该马氏体组织由细板条和很多孪晶组成，组织中也有高的位错密

度。如前所述，在给定的固溶加热温度下，微观组织的组成和相对体积分数与冷却速度密切相关。总体而言，随着冷却速度降低，相对于其他组织，多边形铁素体数量增多。

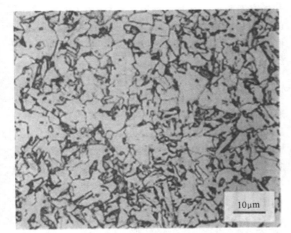

图 2-105　HSLA-80 钢以 10℃/s（18℉/s）
冷却速率冷却，得到多边形铁素体为
主的显微组织光学显微照片

3）连续冷却中的 NbC 析出。在美国材料和试验协会大多数的铜析出强化钢中，最常见的析出的合金碳化物有两种。在合金钢中析出的合金碳化物类型取决于钢中合金元素种类、含量以及相图。析出的合金碳化物分为 MC 型和 M_2C 型。形成 MC 型碳化物中的元素主要有铌、钛，形成 M_2C 型碳化物中的元素主要有铬、钼和铁。在所有 ASTM 铜析出强化钢中，均含有合金元素铌，但不含有钛（见表 2-74）。由于所有 ASTM 铜析出强化钢，包括许多实验钢和新开发的铜析出强化钢，均有 NbC 析出，这里主要重点讨论固溶温度对 NbC 析出的影响。在铜析出强化钢中，有关 NbC 在连续冷却过程析出的讨论，通常也可以应用于 M_2C 型碳化物析出。在相关参考文献中对 BA-160 实验铜中 M_2C 型碳化物析出进行了深入的介绍。

在铜析出强化钢中，固溶温度显著影响 NbC 析出相的形成和平衡溶解度，而 NbC 析出相通过 Zener 机制对奥氏体晶界钉扎，可有效细化晶粒。最初，NbC 析出相在形变热处理过程中形成，阻碍再结晶过程和晶粒长大。NbC 析出相也会在奥氏体向铁素体转变的过程中和转变完成后形成。在相关参考文献中，对形变热处理过程中 NbC 析出相对微观组织的影响进行了讨论。因此，可以看到，这类钢在固溶加热和时效两步热处理前，已经有 NbC 碳化物析出。

在固溶加热过程中，随温度提高，铌和碳在钢中的固溶度提高，NbC 析出相发生溶解，进入固溶体中。NbC 析出相在 γ-Fe 中的固溶度比在 α-Fe 中的固溶度约大 1 个数量级。在固溶加热过程中，铌和碳在固溶体和 NbC 碳化物之间的平衡分配与温度有关。随温度提高，铌和碳在 γ-Fe 中的固溶度提高。例如，在 900℃（1650℉）和在 1100℃（2010℉），铌在 γ-Fe 中的固溶度分别为 $2.92×10^{-3}$% 和 $3.98×10^{-2}$%。再例如，在 900℃（1650℉）和在 1100℃（2010℉），碳在 γ-Fe 中的固溶度分别为 $4.95×10^{-3}$% 和 $5.43×10^{-2}$%。因此，当固溶加热温度高于 925℃（1700℉），NbC 析出相开始明显溶入固溶体；随固溶加热温度的进一步提高，NbC 析出相溶入固溶体的分数增加，固溶体中的铌和碳的含量提高。据对铜析出强化钢的研究报道，当固溶加热温度提高到 1093℃（2000℉），铌完全固溶于奥氏体中。确切铌在 γ-Fe 饱和温度取决于钢的成分，最近采用 Thermo-Calc 软件，计算了铜析出强化钢中铌与相图的关系，当 γ-Fe 在约 1050~1100℃（1920~2010℉）温度范围，铌的饱和浓度在 0.02%~0.08% 之间。

在固溶加热后，在奥氏体向铁素体转变和继续冷却至室温过程中，碳化物在铁素体基体中析出。NbC 析出的动力学相当复杂。在相应参考文献中，介绍了通过非均相（heterophase）析出，促使奥氏体向铁素体分解和形成 NbC 析出相。通过台阶长大机制（ledge-growth mechanism），在 γ-Fe/α-Fe 非均相界面的铁素体一侧，有稳定的 NbC 形核和析出。

这些 NbC 析出相对非均相界面起钉扎作用，通过铌和碳原子沿界面扩散，NbC 析出相在台阶上长大。随着非均相界面不断发展，会出现新的 NbC 相形核。这些 NbC 析出相伴随高温下的奥氏体向铁素体相变，以线性带状阵列或弯曲阵列形貌特点析出。采用较快的连续冷却速率和在较低的相变温度下，由于导热通道来不及与碳化物析出区域交集，可能不会出现非均相析出。此外，在较低的温度下，铌和碳的迁移动能降低，NbC 在奥氏体析出形核，与奥氏体的取向关系为：

$$[100]_{NbC}//[100]_{γ-Fe}$$
$$[010]_{NbC}//[010]_{γ-Fe}$$

NbC 析出相具有 NaCl 晶体结构，与 fcc 奥氏体基体的晶体结构平行。在奥氏体转变为铁素体后，在奥氏体形核的 NbC 析出相与转变后的铁素体具有 Kurdjumov-Sachs 位向关系：

$$(111)_{NbC}//(110)_{α-Fe}$$
$$[110]_{NbC}//[111]_{α-Fe}$$

该位向关系与奥氏体与铁素体的相同。

当相变完成后，还可能发生额外的析出，尤其是在冷却速度足够慢，铌含量足够高的情况下。析出通常发生在铁素体的晶体缺陷处，比如在位错、孪晶、堆积层错、铁素体晶粒的亚晶界、晶界和非均相界面析出。具有 NaCl 型晶体结构的 NbC 析出相与 bcc 结构铁素体基体具有很高的位错配度。在缺陷处形核，降低基体的弹性应变能。在铁素体中形核析出的 NbC 相与铁素体具有变体的 Baker-Nutting 取向关系：

$$[100]_{NbC} // [100]_{\alpha\text{-Fe}}$$
$$[011]_{NbC} // [010]_{\alpha\text{-Fe}}$$

然而，如果冷却速度足够高，铌在铁素体中以过饱和形式存在，则可能出现在时效过程中析出额外的 NbC。

NbC 析出相形貌有薄片、盘状等，如图 2-106 所示。在连续冷却过程中形成的 NbC 相，与在形变热处理过程中形成的体态不同。据报道，在奥氏体中作为非均相析出形核处的 NbC 相，比在形变热处理过程中形成的尺寸要小。此外，在奥氏体中析出的 NbC 相，比在铁素体形成的尺寸要大。NbC 碳化物析出的确切形态大小与形变热处理工艺温度和时间，与热处理的温度和时间相关。在连续冷却过程中，根据奥氏体化温度和冷却速率不同，较大体积的 NbC 吞并尺寸较小的 NbC，于是发生粗化现象。研究还发现，碳化物体积的改变与析出的碳化物成分有关。较小体积的 NbC 碳化物含有部分铁和钼等元素，这些元素置换了亚点阵中的铌，而在较大体积的 NbC 碳化物中，铌与碳的化学计量比接近 1：1。

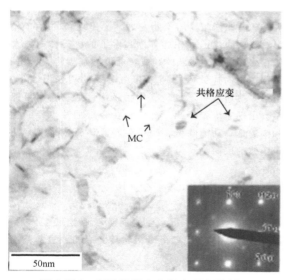

图 2-106 高强度低合金钢中 MC 型 NbC
薄片、盘状析出相透射电镜照片

4）连续冷却过程中的铜析出相。在固溶热处理

中，在形变热处理过程中形成的铜析出相发生溶解，导致形成铜原子的过饱和 γ-Fe 固溶体。在连续冷却或时效过程中，产生铜析出相。铜析出相在非等温连续冷却过程中形核和长大，如图 2-103 中的连续冷却转变图所示，有非均相析出（heterophase precipitation）和自行时效（autoaging）两个可能的析出机制，铜析出相的体积分数与冷却速度和形成的微观组织有关。

当冷却速率足够慢，在奥氏体分解为铁素体过程中，类似于 NbC 的非均相析出，铜析出相主要是通过非均相析出机制析出。这种形式的析出伴随有多边形铁素体和魏氏铁素体组织的形成，铜的非均相析出有界限清晰行阵列形式和不清晰的或随机弯曲行阵列两种形态，图 2-107 为非均相析出的显微照片。铜析出相初始是通过台阶长大机制形核和长大的。

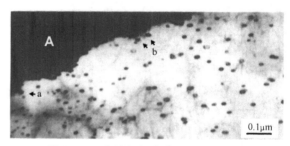

图 2-107 非均铜相在多边形铁素体和
奥氏体界面析出的透射显微照片
注：A-710 标准改进型钢试样，以 0.1℃/s
（0.2℉/s）冷却速率冷却。

相对于 γ-Fe 相中的铜的固溶度，α-Fe 相中的铜的固溶度明显要低，铜原子易在 α-Fe/γ-Fe 非均相界面扩散和分布。在形核位置上，亚稳态原子簇形成并长大至临界尺寸，从而完成了稳定的铜析出相形核。铜原子也可能在已存在的铜析出相稳定长大，随 α-Fe/γ-Fe 非均相界面进一步发展，造成新的形核位置，使析出相具有相同的晶体取向关系，极大地减少了形核的应变能。

析出相的第二种形态是通过弯曲机制（bowing mechanism）形成的。其过程为铜原子沿非均相界面扩散和重新分配，通过在稳定的铜析出相周边弯曲和拱出移动形成。虽然两种类型铜析出相形成的机制不同，但它们均受铜原子扩散驱动。当冷却速度足够慢，例如空冷，这些析出相在时效过程中会发生粗化，尺寸可达 30nm。这些析出的铜非均相不与铁素体基体或晶界处的位错发生作用，也不与针状铁素体、贝氏体或马氏体的形成发生作用。此外，如铜析出强化钢的多边形铁素体相区较小，则不会发生明显非均相析出。在奥氏体分解为铁素体的过程中，铜析出相的密度比析出的 MC 型碳化物要大。

在足够缓慢连续冷却过程中，铜相析出的第二个析出方式是通过自行时效机制。该机制主要发生在奥氏体转变为铁素体的温度较低，或发生在相变过程已完成的情况下。该机制是在铁素体晶界、位错处，也可以在铜的过饱和 α-Fe 固溶体晶内析出铜。这种类型的析出通常发生在下临界点温度附近范围。随铜原子沿非均相界面运动降低，提高了铁素体形成的驱动力，形成过饱和铁素体固溶体。铜原子在晶界和位错不均匀形核，在 α-Fe 基体中通过短程扩散机制，即原子跳跃机制形核与析出。通过自行时效机制析出的铜相体积分数小于通过非均相析出机制析出的析出相。

在较快的冷却速度下，没有发现明显的铜的非均相析出。此时主要组织是粒状铁素体、针状铁素体或马氏体。根据铁素体形成驱动力和铜相形核驱动力，当微观组织主要是多边形铁素体，也没有铜的非均相析出。这些微观组织中未出现非均相析出的原因可能是：

1）针状铁素体和马氏体的相变的切变特性阻碍了稳定的形核。

2）由于温度太低，铜原子无法进行长距离扩散，从而阻碍铜以台阶长大机制形核。

3）形成铁素体组织的速度太高，使得在铁素体/奥氏体非均相界面上，稳定的铜析出相无法形核。

如果采用足够快的冷速，如淬水冷却至室温，在这种情况下，铜的扩散可忽略不计，铜原子在铁素体基体中形成过饱和固溶体，几乎不会发生非均相析出。因此，该非平衡组织很容易通过等温时效过程，析出铜。

（2）等温时效热处理（析出热处理）　等温时效热处理步骤主要会对铜相析出的动力学产生影响。时效温度也会影响碳化物析出动力学和钢的微观组织。

1）等温时效温度。等温时效温度通常位于相图的 α-Fe 相区。时效时间为在时效温度下，铜原子扩散和随后铜析出相形核、长大和粗化所需的时间。所需的力学性能与在时效温度下时效时间有关。根据美国材料和试验协会标准，铜析出强化钢的等温时效温度在 540～705℃（1000～1300℉）范围，但在该时效温度范围时效，通常会导致钢出现过时效现象。对生产实践中使用的钢、新开发的钢和实验钢，均在该时效温度范围进行了时效研究。也可以选择在低于该温度范围进行时效。实际生产中的下限时效温度大约在 450℃（840℉）。在较低的时效温度时效，析出的动力受阻，导致需要更长的时效时间；而在较高的时效温度时效，析出的动力大，所需时效时间短。然而，采用较高的时效温度时效，难以对材料的力学性能，如对强度进行控制。在高于上述温度范围进行时效，由于钢的临界温度较低，可能已经进入了 α-Fe 和 γ-Fe 两相区，因此时效处理是不切实际的。如钢中含有大量的镍、锰、铬、钼合金元素，钢的下临界温度会进一步降低。这会使钢在时效过程中，出现重新转变为奥氏体（reaustenitized），造成对微观组织影响。

2）等温时效对微观组织的影响。在 α-Fe 相区温度进行时效，微观组织主要发生了回复和再结晶。回复和再结晶的程度取决于时效温度和时间。在约 450℃（840℉）温度时效，扩散缓慢，位错密度变化不明显。随着时效温度提高，由于原子扩散和位错运动增强，位错湮灭和形成亚晶界，即组织产生多边化过程（或低能位错组态），位错密度下降，消除了组织内部的应变能。在约 450～600℃（840～1110℉）温度范围时效，位错密度仅略有下降，回复的程度很小。在高于 600℃温度时效，回复的程度适中；此外，铁素体发生了再结晶。在更高的温度时效，通过位错湮灭和多边化导致位错密度大大降低。在 540～650℃（1000～1200℉）温度时效 30min，对钢的平均晶粒尺寸影响不大。如果时效温度高于下临界温度，会出现奥氏体重新形核。在时效冷却时，由于溶质元素的重新分配，新形成的奥氏体会转变成马氏体或贝氏体组织。

3）等温时效对 NbC 析出的影响。根据铜析出强化钢的固溶温度和冷却速率，在等温时效前，铌和碳原子可能存在于过饱和固溶体中。铌在 α-Fe 的扩散系数大约是在 γ-Fe 的 100 倍。铌原子在较低温度下的铁素体基体中扩散的距离更远，铌原子沿铁素体中的位错和晶界扩散能力更高。因此，在等温时效时，可以有更多的 NbC 析出相在位错和晶界处形核。在固溶热处理和时效热处理中，形成的 NbC 析出相的数量和形貌有明显的区别，其成分也可能发生变化。即使 NbC 析出相尺寸相同，但成分也可能不相同。

针对淬火态试验钢和 HSLA 钢，有学者研究了等温时效对钢中 NbC 析出相的影响。研究的时效温度范围为铜析出强化钢的时效温度。由于碳和铌原子在 α-Fe 相的扩散系数不同，间隙碳原子扩散系数明显高于置换铌原子，以及早期 α-Fe 相与 NbC 析出相的晶格参数错配度高，因此析出动力学是相当的复杂。通过形成碳、铌、铁原子扩散气团（diffuse atmospheres），NbC 析出相在形成的亚稳原子簇群中形核。在缺陷处，如位错、堆积层错、孪晶和晶界，通过非均相形核析出 NbC 相。最初，这些亚稳原子簇群富含碳原子和铁原子，但铌原子贫化，在后续的时效过程中，铌原子扩散至亚稳原子簇群，形成稳定的（Nb, Fe）C 晶核。通过进一步扩散，铌的浓度不断提高，形成稳定的 NbC 析出相。在 600℃（1110°F）时效达到 30min 后，NbC 析出相接近 NbC 相的平衡化学计量成分。在等温时效过程中，NbC 相在铁素体基体形核析出，与基体维持变体的 Baker-Nutting 取向关系：

$$[100]_{NbC}//[100]_{\alpha-Fe}$$
$$[011]_{NbC}//[010]_{\alpha-Fe}$$

延长等温时效时间，会导致析出的碳化物持续长大和粗化。在形变热处理过程中或在奥氏体转变为铁素体的早期形成 NbC 析出相尺寸较大，在时效中，通过小尺寸析出碳化物不断溶解，大尺寸 NbC 析出相不断长大和粗化（Ostwald 熟化机理）。该粗化过程受扩散控制，对改变析出相的形态和成分也有影响。小尺寸碳化物析出相中的碳、铌原子扩散到大尺寸碳化物析出相周围，提高了大尺寸碳化物与基体界面的浓度，引起大尺寸 NbC 析出相不断长大和粗化。在这个过程中，析出相的平均直径和间距增加，析出相密度降低。在 750℃（1380°F）温度进行加速时效，时效 60min 后，NbC 碳化物析出相的直径达到 30nm，但保留原来的盘状形态。

4）铜析出相在等温时效中形核、长大和粗化。因为铜为面心立方晶体结构，在 fcc 奥氏体中铜的固溶度要比在 bcc 铁素体中高。在较高的温度固溶，能溶解更多的铜，在固溶后快速冷却得到铜原子过饱和的 α-Fe 固溶体。快速冷却可采用空冷或采用室温的水、油或聚合物溶液作为淬火冷却介质淬火。快速冷却是一个非平衡过程，结合铜在 850℃（1560°F）α-Fe 相中最大固溶度极限 ≤ 2.2%，随温度降低，铜的固溶度急剧下降，能有效促进析出。在等温时效过程中，铜析出相从过饱和固溶体中析出。在时效温度的保温时间应保证充分的扩散，满足析出相形核、长大并可达到理想的力学性能。

在等温时效过程中，铜原子扩散形成亚稳簇群。在达到临界尺寸后，亚稳簇群变得稳定，形成铜析出相。通过铜原子扩散，较小的析出相被溶解，大的析出相持续长大。析出相的实际大小（直径）、密度和分布取决于时效时间和温度，现已有学者采用实验方法和计算的方法，详细研究了不同等温时效温度的二元、三元、四元合金的析出动力学模型，

还有学者对析出相的晶体结构的演化、形貌和成分进行了详细研究。这种类似的研究还包括商业和实验牌号的铜析出强化钢。

在等温时效过程中，铜析出相经历一个复杂的微观结构演化，其中包括晶体结构、晶体取向和成分。提高时效温度，加快析出相的形核、长大和粗化，反之，降低时效温度，则推迟减慢该动力学过程。在析出的早期阶段，铜析出相形核为 bcc 晶体结构，并与基体保持共格；其形态为球状，直径小于 2nm。通过扩散，析出相长大到直径大于 4nm，通过马氏体相变转变方式，晶体结构转变为孪晶的 9R、具有高缺陷的 fcc 结构。通过继续扩散，铜析出相长大到直径大于 17nm，进行第二次马氏体相变，转变为非孪晶的 3R 结构。该转变相为一个变形的 fcc 结构，具有椭圆形态，取向稍微偏离了 Kurdjumov-Sachs 取向关系。再进一步扩散，析出相长大转变得到 ε-Cu 析出相，该相具有细棒状的形态如图 2-108 所示，与基体保持 Kurdjumov-Sachs 取向关系，该相变过程伴随着复杂的成分演化。铜析出的最初成分为铜和铁为主，其他元素取决于钢中添加的合金元素。在等温时效过程中，钢中成分发生演化，每个元素在析出相、基体相或非均相界面重新分布，如图 2-109 所示。例如，NUCu-170 实验钢，铁和硅分布在 α-Fe 相基体中，而铜分布在分析出相。镍、铝和锰分布在非均相界面，随后在铜析出相的 α-Fe 基体界面非均匀相形核为 $NiMn_{0.5-x}Al_x$ 相。同时，在等温时效过程中，析出相的数量和密度降低，间距增大。图 2-110 为铜析出相的形态、数量和密度演变的示意图。

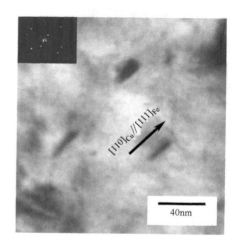

图 2-108 透射电镜照片

注：细棒状面心立方 ε-Cu 析出相形貌，具有 Kurdjumov-Sachs 取向关系。

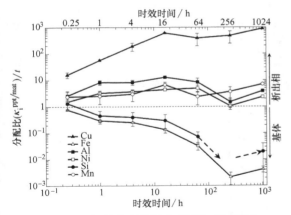

图 2-109　铜析出强化钢在 500℃ （930℉）
等温时效合金元素的演化分配比与时效时间的关系

注：铜原子在界面上偏析，而铁和硅原子分布于基体。
　　镍、铝和锰原子在非均相界面偏析。

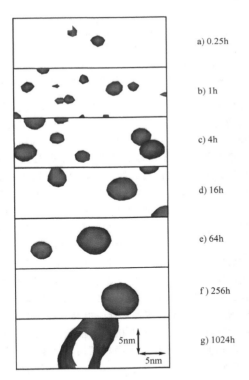

a) 0.25h

b) 1h

c) 4h

d) 16h

e) 64h

f) 256h

g) 1024h

图 2-110　根据对铜析出强化钢原子探针
断层重建确定的富铜析出相形貌

注：析出相是根据 10at%Cu 等浓度表面绘出。
　　说明了析出相的尺寸与时效时间的关系，
　　析出相形核密度、长大和粗化变化。

2.5.8　热处理工艺、微观组织和力学性能之间的关系

固溶加热温度和连续冷却速率，对钢的微观组

织和后续 NbC 碳化物及铜析出相的析出动力学有显著影响，因此会对钢的力学性能产生显著的影响。同样，等温时效热处理，对 NbC 碳化物和铜析出相的密度和平均间距产生影响；因此也影响到钢的微观组织和力学性能。铜析出强化钢的总强度由不同的强化机制共同作用的结果。其中最主要的是固溶强化、细晶强化（Hall-Petch）和析出强化。

固溶强化通过添加合金元素，细晶强化通过细化晶粒，而析出强化通过控制析出相密度和析出相（NbC 和铜析出相）间距，这些强化机制通过阻碍位错的运动，提高了钢的塑性流变抗力。从而提高了钢的屈服强度。钢的冲击韧性和断裂韧性也受钢的微观组织、晶粒尺寸和位错密度的影响。同理，NbC 碳化物和铜析出相的密度和平均间距对钢的韧性也产生影响，合理的选择合金元素、固溶温度、连续冷却速率和等温时效温度和保温时间，保证铜析出强化钢具有足够强度、塑性和韧性，以用于特定要求的场合。铜析出强化钢屈服强度和韧性的最佳组合是采用 600 ~ 640℃ （1110 ~ 1185℉） 温度进行时效。

（1）固溶强化　采用高的固溶温度和快速连续冷却速率（例如，水淬火），使间隙碳原子和置换元素保持在 α-Fe 固溶体晶格中。由于原子间不匹配，产生弹性应变能，增加微观区域的应力场。原子的微区应力场与可动位错的应力场交互作用，提高了钢的强度和显微硬度。这类钢的碳含量低，碳浓度的微小变化，就会显著增加或降低钢的强度。例如，将 HSLA-100 铜析出强化钢中碳的质量分数从 0.04% 提高到 0.06 %，强度可增加约 172MPa （25ksi）。在等温时效过程中，随着间隙碳原子和置换原子扩散至位错、晶界和相界面（如在 α-Fe 基体/NbC 析出相界面，和 α-Fe 基体/铜析出相界面）处，降低了钢的弹性应变能。

（2）细晶强化　固溶加热温度和保温时间影响到钢的晶粒平均尺寸。较高的奥氏体固溶加热温度使 NbC 相发生溶解，NbC 相不再对奥氏体晶界起钉扎作用，从而促使晶粒明显长大或粗化。因此，由于晶界阻碍位错运动能力减弱，细晶强化对钢的总体强度的贡献降低。然而，采用更高的固溶加热温度和快速连续冷却，提高了高位错密度的马氏体或针状铁素体体积分数，从而使钢的淬火态的强度和显微硬度提高。针状铁素体的位错密度也大于多边形铁素体的位错密度。采用较慢的连续冷却速率，如空冷，由于得到的微观组织主要是多边形铁素体和部分贝氏体，从而降低了钢的强度和显微硬度。具体钢的微观组织取决于钢中合金元素和相应连续

冷却转变图。

（3）析出强化　等温时效最主要是通过析出强化提高钢的强度。时效对晶粒平均尺寸影响不大，特别是采用较低的时效温度和短的保温时间条件下。不管采用什么样的时效温度，铜析出相经历形核、长大和粗化过程，这些过程均对析出强化造成影响。不同时效时间与温度对钢的硬度影响如图 2-111 所示。在约 450～500℃（840～930℉）温度进行时效处理，钢的屈服强度、抗拉强度和显微硬度得到明显提高。

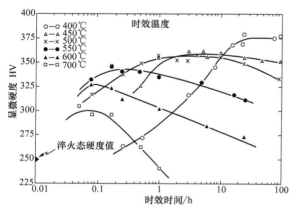

图 2-111　时效温度和时间对实验
强化钢显微硬度的影响

注：在形核过程中，显微硬度随析出相密度增加而提高。
当形核密度近似常数时，在析出相长大中，显微硬
度为常数。当形核密度减少，析出相粗化时，显微
硬度降低。

从动力学上看，该析出过程是缓慢的，需要在该温度区间内时效几个小时，钢才达到硬化峰值的强度。与采用较高的时效温度相比，在该温度区间内进行时效处理，需要更长的形核和长大时间，但可以达到该钢的最高强度和显微硬度。较高的铜析出相密度可有效阻碍位错运动，当铜析出相与 NbC 共存，则会进一步提高钢的强度和显微硬度。在等温时效过程中，由于 NbC 析出相析出较为缓慢，NbC 析出相将进一步延伸铜析出强化钢的硬化峰值或形成两个硬化峰值，这可以降低时效处理中钢的强度变化。随时效时间延长，析出相粗化，钢出现过时效。此时铜析出相密度降低，间距增大，铜析出强化钢的屈服强度、极限抗拉强度和显微硬度显著降低。相比之下，NbC 析出相时效粗化较为缓慢。当时效温度大于 500℃（930℉），形核和长大时间减少，铜析出相快速粗化。钢的强度和显微硬度达到峰值时间短，而后迅速降低。与此同时，钢的基体发生回复和再结晶，导致钢的硬度进一步降低。美国材料和试验协会标准中所规定时效温度范围为

540～705℃（1000～1300℉），根据该温度范围，钢在很短的时间内会迅速出现过时效，如图 2-112 所示。采用过高的时效温度，很难对短时间的时效工艺进行控制，会造成材料的强度变化大，不够稳定。

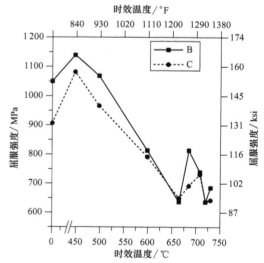

图 2-112　屈服强度与时效温度的关系

注：两个成分稍有不同 HSLA-100 铜钢，时效时间 1h。

（4）冲击韧度　钢的成分和热处理工艺影响到钢的微观组织和析出相形态和行为，从而影响到钢的冲击韧度。微观组织和晶粒尺寸直接对钢的冲击韧性产生影响。当钢的主要组织为回火马氏体时，铜析出强化钢具有高的韧性，但如出现贝氏体组织，则钢的韧性下降。当出现大量针状铁素体组织时，由于位错密度提高，钢的韧性下降。当微观组织中的位错亚结构较稀疏，钢的塑性和韧性提高，但强度下降。当晶粒平均直径增大，韧性降低，反之则提高韧性。此外，随晶粒尺寸减小，DBTT 降低。与普通热轧工艺相比，对热处理前的形变热处理进行控制，提高钢的韧性和降低 DBTT。NbC 相具有细化晶粒作用，因此间接提高韧性，但会提高 DBTT，造成韧性下降。当 NbC 析出相密度较低，并保持一定的析出间距，可在细化晶粒同时，对 DBTT 没有负面影响。

铜析出相对韧性的影响是复杂的，与时效温度和时间有关。当处于时效硬化峰值时，对冲击韧性产生不利的影响；然而，在过时效的情况下，可以实现高强度而又不影响冲击韧性。在 450～500℃（840～930℉）温度范围进行时效，冲击韧性明显降低。图 2-113 为时效温度对夏比 V 形缺口冲击韧性的影响。在图中温度范围时效，提高了铜析出相密度，提高了硬化峰强度。一般来说，在高于 500℃（930℉）温度时，铜析出相迅速长大和粗化，与

此同时析出相密度降低，间距增大。通过位错湮灭使位错亚结构变得较为稀疏。因此，可提高冲击韧性，但降低钢的屈服强度和抗拉强度。

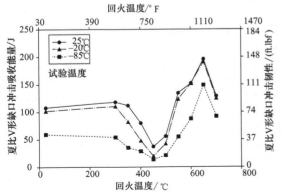

图 2-113 夏比 V 形缺口冲击韧性与
回火（时效）温度的关系
注：HSLA-100 铜钢时效处理 1h。

致谢

R. Prakash Kolli 博士对马里兰大学帕克分校的 Sreeramamurthy Ankem 教授的支持表示感谢。美国海军研究办公室（ONR）的 Julie Christodoulou 博士和 W Mullins 博士提供他们关于铜析出强化钢的研究成果，David N. Seidman 教授对此表示感谢。

参 考 文 献

1. I. L. May and L. M. Schetky, Ed., *Copper in Iron and Steel*, John Wiley and Sons, Inc., 1982.

2. C. H. Lorig and R. R. Adams, *Copper as an Alloying Element in Steel and Cast Iron*, McGraw-Hill Book Co., 1948.

3. C. S. Smith and E. W. Palmer, The Precipitation-Hardening of Copper Steels, *Trans. AIME*, Vol 105, 1933, p 133-168.

4. J. L. Gregg and B. N. Daniloff, *The Alloys of Iron and Copper*, McGraw-Hill Book Company, Inc., New York, 1934.

5. G. E. Hicho, C. H. Brady, L. C. Smith, and R. J. Fields, Effects of Heat Treatment on the Mechanical Properties and Microstructures of Four Different Heats of a Precipitation Hardening HSLA Steel, J. *Heat Treat.*, Vol 5, 1987, p 7-19.

6. S. Vaynman, M. E. Fine, G. Ghosh, and S.P. Bhat, Copper Precipitation Hardened, High Strength, Weldable Steel, *Proceedings of the Fourth Materials Engineering Conference*, Vol 2, K.P. Chong, Ed., ASCE, Washington, D.C., 1996, p 1551-1560.

7. S. Vaynman, I. J. Uslander, and M. E. Fine, High-Strength, Weldable, Air-Cooled, Copper-Precipitation-Hardened Steel, *39th Mechanical Working and Steel Processing Conference Proceedings*（Indianapolis, IN）, Iron and Steel Society, 1997, p 1183-1190.

8. S. Vaynman and M. E. Fine, High-Performance, Weatherable, Copper-Precipitation-Hardened Steel, *Conference Proceedings for the International Symposium on Steel for Fabricated Structures*, R. Asfahani and R. L. Bodnar, Ed. （Cincinnati, OH）, ASM International, 1999, p 59-66.

9. S. Vaynman, M. E. Fine, R. I. Asfahani, D. M. Bormet, and C. Hahin, High Performance Copper-Precipitation-Hardened Steel, *Conference Proceedings from Materials Solutions* 2002, R. I. Asfahani, R. L. Bodnar, and M. J. Merwin, Ed. （Columbus, OH）, ASM International, 2002, p 43-48.

10. S. W. Thompson, D. J. Colvin, and G. Krauss, Austenite Decomposition during Continuous Cooling of an HSLA-80 Plate Steel, *Metall. Mater. Trans. A*, Vol 27, 1996, p 1557-1571.

11. S. Vaynman, D. Isheim, R. P. Kolli, S. P. Bhat, D. N. Seidman, and M. E. Fine, High-Strength Low-Carbon Ferritic Steel Containing Cu-Fe-Ni-Al-Mn Precipitates, *Metall. Mater. Trans. A*, Vol 39, 2008, p 363-373.

12. R. A. DePaul and A. L. Kitchin, The Role of Nickel, Copper, and Columbium （Niobium） in Strengthening a Low-Carbon Ferritic Steel, Metall. *Mater. Trans. B*, Vol 1, 1970, p 389-393.

13. M. T. Miglin, J. P. Hirth, A. R. Rosenfield, and W. A. T. Clark, Microstructure of a Quenched and Tempered Cu-Bearing High-Strength Low-Alloy Steel, *Metall. Trans. A*, Vol 17, 1986, p 791-798.

14. A. D. Wilson, High Strength, Weldable Precipitation Aged Steels, *JOM*, Vol 39, 1987, p 36-38.

15. A. D. Wilson, E. G. Hamburg, D. J. Colvin, S. W. Thompson, and G. Krauss, Properties and Microstructure of Copper Precipitation Aged Plate Steels, *Proceedings of Microalloying' 88*, American Society of Metals, 1988, p 259-275.

16. S. W. Thompson, D. J. Colvin, and G. Krauss, Continuous Cooling Transformations and Microstructures in a Low-Carbon, High-Strength Low-Alloy Plate Steel, *Metall. Trans. A*, Vol 21, 1990, p 1493-1507.

17. G. E. Hicho, S. Singhal, L. C. Smith, and R. J. Fields, Effect of Thermal Processing Variations on the Mechanical Properties and Microstructure of a Precipitation Hardening HSLA Steel, J. *Heat Treat.*, Vol 3, 1984, p 205-212.

18. D. P. Dunne, S. S. G. Banadkouki, and D. Yu, Isothermal Transformation Products in a Cu-Bearing High Strength Low Alloy Steel, *ISIJ Int.*, Vol 36, 1996, p 324-333.

19. S. W. Thompson, Microstructural Characterization of an As-Quenched HSLA-100 Plate Steel via Transmission Electron

Microscopy, *Mater. Charact.*, Vol 77, 2013, p 89-98.

20. S. W. Thompson, A Transmission Electron Microscopy Investigation of Reaustenitizedand-Cooled HSLA-100 Steel, *Metallogr. Microstruc. Anal.*, Vol 1, 2012, p 131-141.

21. E. J. Czyryca, R. E. Link, R. J. Wong, D. A. Aylor, T. W. Montemarano, and J. P. Gudas, Development and Certification of HSLA-100 Steel for Naval Ship Construction, *Nav. Eng. J.*, Vol 102, 1990, p 63-82.

22. M. Mujahid, A. K. Lis, C. I. Garcia, and A. J. DeArdo, HSLA-100 Steels: Influence of Aging Heat Treatment on Microstructure and Properties, *J. Mater. Eng. Perform.*, Vol 7, 1998, p 247-257.

23. A. Saha, J. Jung, and G. B. Olson, Prototype Evaluation of Transformation Toughened Blast Resistant Naval Hull Steels: Part II, *J. Comput.-Aided Mater. Des.*, Vol 14, 2007, p 201-233.

24. B. Tiemens, A. Sachdev, and G. Olson, Cu-Precipitation Strengthening in Ultrahigh-Strength Carburizing Steels, *Metall. Mater. Trans. A*, Vol 43, 2012, p 3615-3625.

25. M. Murayama, K. Hono, and Y. Katayama, Microstructural Evolution in a 17-4 PH Stainless Steel after Aging at 400℃, *Metall. Mater. Trans. A*, Vol 30, 1999, p 345-353.

26. H. R. Habibi Bajguirani, The Effect of Ageing upon the Microstructure and Mechanical Properties of Type 15-5 PH Stainless Steel, *Mater. Sci. Eng. A*, Vol 338, 2002, p 142-159.

27. W. D. Callister and D. G. Rethwisch, *Materials Science and Engineering: An Introduction*, 9th ed., Wiley, 2013.

28. T. W. Montemarano, B. P. Sack, and J. P. Gudas, High Strength Low Alloy Steelsin Naval Construction, *J. Ship Prod.*, Vol 2, 1986, p 145-162.

29. S. Vaynman, M. E. Fine, and S. P. Bhat, High-Strength, Low-Carbon, Ferritic, Copper-Precipitation-Strengthening Steels for Tank Car Applications, *AIST Process Metallurgy* (New Orleans, LA), ASM International, 2004, p 417-421.

30. S. Vaynman, M. E. Fine, C. Hahin, N. Biondolilo, and C. Crosby, New Span, New Steel, *Mod. Steel Constr.*, Vol 3, 2007, p 16-20.

31. R. A. Weber, B. R. Somers, and E. J. Kaufmann, "Low-Carbon, Age-Hardenable Steels for Use in Construction: A Review," U. S. Army Corps of Engineers, Construction Engineering Research Laboratories, Champaign, IL, 1996.

32. A01 Committee, "Specification for Precipitation-Strengthened Low-Carbon Nickel-Copper-Chromium-Molybdenum-Columbium Alloy Structural Steel Plates," A 710-02, ASTM International, West Conshohocken, PA, 2007.

33. A01 Committee, "Specification for Pressure Vessel Plates, Low-Carbon Age-Hardening Nickel-Copper-Chromium-Molybdenum-Columbium and Nickel-Copper-Manganese-Molyb-

denum-Columbium Alloy Steel," A 736-07, ASTM International, West Conshohocken, PA, 2007.

34. "Base Materials for Critical Applications: Requirements for Low Alloy Steel Plate, Forgings, Castings, Shapes, Bars, and Heads of HY-80/100/130 and HSLA-80/100," Naval Sea Systems Command, 2012.

35. R. P. Kolli and D. N. Seidman, The Temporal Evolution of the Decomposition of a Concentrated Multicomponent Fe-Cu-Based Steel, *Acta Mater.*, Vol 56, 2008, p 2073-2088.

36. R. P. Kolli, R. M. Wojes, S. Zaucha, and D. N. Seidman, A Subnanoscale Study of the Nucleation, Growth, and Coarsening Kinetics of Cu-Rich Precipitates in a Multicomponent Fe-Cu Based Steel, *Int. J. Mater. Res.*, Vol 99, 2008, p 513-527.

37. R. P. Kolli and D. N. Seidman, Coarsening Kinetics of Cu-Rich Precipitates in a Concentrated Multicomponent Fe-Cu Based Steel, *Int. J. Mater. Res.*, Vol 102, 2011, p 1115-1124.

38. T. B. Massalski, in *Binary Alloy Phase Diagrams*, Vol 1, 2nd ed., T. B. Massalski, H. Okamoto, P. R. Subramanian, and L. Kacprzak, Ed., ASM International, Materials Park, OH, 1990.

39. S. W. Thompson and G. Krauss, Copper Precipitation during Continuous Cooling and Isothermal Aging of A710-Type Steels, *Metall. Mater. Trans. A*, Vol 27, 1996, p 1573-1588.

40. D. Isheim, R. P. Kolli, M. E. Fine, and D. N. Seidman, An Atom-Probe Tomographic Study of the Temporal Evolution of the Nanostructure of Fe-Cu Based High-Strength Low-Carbon steels, *Scr. Mater.*, Vol 55, 2006, p 35-40.

41. M. S. Gagliano and M. E. Fine, Precipitation Kinetics of Niobium Carbide and Copperin a Low Carbon, Chromium-Free Steel, *Calphad*, Vol 25, 2001, p 207-216.

42. S. W. Thompson, D. J. Colvin, and G. Krauss, On the Bainitic Structure Formed in a Modified A710 steel, *Scr. Metall.*, Vol 22, 1988, p 1069-1074.

43. E. Hornbogen and R. C. Glenn, A Metallographic Study of Precipitation of Copper from Alpha Iron, *Trans. AIME*, Vol 218, 1960, p 1064-1070.

44. E. Hornbogen, Aging and Plastic Deformation of an Fe-0.9% Cu Alloy, *Trans. ASM*, Vol 57, 1964, p 120-132.

45. G. R. Speich and R. A. Oriani, The Rate of Coarsening of Copper Precipitates in an Alpha-Iron Matrix, *Trans. AIME*, Vol 233, 1965, p 623-630.

46. P. J. Othen, M. L. Jenkins, G. D. W. Smith, and W. J. Phythian, Transmission Electron Microscope Investigations of the Structure of Copper Precipitates in Thermally-Aged Fe-Cu and Fe-Cu-Ni, *Philos. Mag. Lett.*, Vol 64, 1991, p 383-391.

47. P. J. Othen, M. L. Jenkins, and G. D. W. Smith, High-

Resolution Electron Microscopy Studies of the Structure of Cu Precipitates in α-Fe, *Philos. Mag.* A, Vol 70, 1994, p 1-24.

48. M. D. Mulholland and D. N. Seidman, Nanoscale Co-Precipitation and Mechanical Properties of a High-Strength Low-Carbon Steel, *Acta Mater.*, Vol 59, 2011, p 1881-1897.

49. T. Abe, M. Kurihara, H. Tagawa, and K. Tsukada, Effect of Thermomechanical-Processing on Mechanical Properties of Copper Bearing Age Hardenable Steel Plates, *Trans. ISIJ*, Vol 27, 1987, p 478-484.

50. R. A. Grange, V. E. Lambert, and J. J. Harrington, Effect of Copper on the Heat Treating Characteristics of Medium-Carbon Steel, *Trans. ASM*, Vol 59, 1959, p 377-393.

51. G. Salje and M. Feller-Kniepmeier, The Diffusion and Solubility of Copper in Iron, *J. Appl. Phys.*, Vol 48, 1977, p 1833-1839.

52. M. Perez, F. Perrard, V. Massardier, X. Kleber, A. Deschamps, H. de Monestrol, P. Pareige, and G. Covarel, Low-Temperature Solubility of Copper in Iron: Experimental Study Using Thermoelectric Power, Small Angle X-Ray Scattering and Tomographic Atom Probe, *Philos. Mag.*, Vol 85, 2005, p 2197-2210.

53. E. O. Hall, The Deformation and Ageing of Mild Steel, Part III: Discussion of Results, *Proc. Phys. Soc.* B, Vol 64, 1951, p 747-753.

54. N. J. Petch, The Cleavage Strength of Polycrystals, *J. Iron Steel Inst. London*, Vol 173, 1953, p 25-28.

55. C. P. Larabee and S. K. Coburn, The Atmospheric Corrosion of Steels Influenced by Changes in Chemical Composition, *Proceedings of the First International Congress on Metallic Corrosion*, Butterworths, London, U.K., 1961, p 276-285.

56. S. Vaynman, R. S. Guico, M. E. Fine, and S. J. Manganello, Estimation of Atmospheric Corrosion of High-Strength, Low-Alloy steels, *Metall. Mater. Trans.* A, Vol 28, 1997, p 1274-1276.

57. P. P. Hydrean, A. L. Kitchin, and F. W. Schaller, Hot Rolling and Heat Treatment of Ni-Cu-Cb (Nb) Steel, *Metall. Trans.*, Vol 2, 1971, p 2541-2548.

58. C. Asada and T. Watanabe, On Improvement in Notch Toughness of Copper-Nickel-Aluminum Age-Hardenable Steel, *Mater. Trans. JIM*, Vol 9, 1968, p 387-393.

59. R. P. Kolli, Z. Mao, D. N. Seidman, and D. T. Keane, Identification of a $Ni_{0.5}$ ($Al_{0.5-x}Mn_x$) B2 Phase at the Heterophase Interfaces of Cu-Rich Precipitatesin an α-Fe Matrix, *Appl. Phys. Lett.*, Vol 91, 2007, p 241903.

60. Z. Zhang, C. T. Liu, M. K. Miller, X.-L. Wang, Y. Wen, T. Fujita, A. Hirata, M. Chen, G. Chen, and B. A. Chin, A Nanoscale Co-Precipitation Approach for Property Enhancement of Fe-Base Alloys, *Sci. Rep.*, Vol 3, 2013, p 1-6.

61. Y. R. Wen, A. Hirata, Z. W. Zhang, T. Fujita, C. T. Liu, J. H. Jiang, and M. W. Chen, Microstructure Characterization of Cu-Rich Nanoprecipitates in a Fe-2. 5Cu-1. 5Mn-4. 0Ni-1. 0Al Multicomponent Ferritic Alloy, *Acta Mater.*, Vol 61, 2013, p 2133-2147.

62. R. A. Ricks, P. R. Howell, and R. W. K. Honeycombe, The Effect of Ni on the Decomposition of Austenite in Fe-Cu Alloys, *Metall. Trans.* A, Vol 10, 1979, p 1049-1058 .

63. H. K. D. H. Bhadeshia and R. W. K. Honeycombe, *Steels*: *Microstructure and Properties*: *Microstructure and Properties*, Butterworth-Heinemann, 2011.

64. R. Honeycombe, Transformation from Austenite in Alloy Steels, *Metall. Trans.* A, Vol 7, 1976, p 915-936.

65. R. W. K. Honeycombe, 29th Hatfield Memorial Lecture, *Met. Sci.*, Vol 14, 1980, p 201-214.

66. A. J. DeArdo, Niobium in Modern Steels, *Int. Mater. Rev.*, Vol 48, 2003, p 371-402.

67. G. E. Dieter, *Mechanical Metallurgy*, 3rd ed., McGraw-Hill, Boston, MA, 1986.

68. J. D. Boyd, A Note on the Microstructure of Reheated, Quenched, and Tempered Low Carbon-Manganese-Niobium Steel, *Metall. Trans.* A, Vol 7, 1976, p 1604-1609.

69. E. J. Palmiere, C. I. Garcia, and A. J. DeArdo, Compositional and Microstructural Changes which Attend Reheating and Grain Coarsening in Steels Containing Niobium, *Metall. Mater. Trans.* A, Vol 25, 1994, p 277-286.

70. G. R. Speich and T. M. Scoonover, Continuous-Cooling-Transformation Behavior of HSLA-100 (A710) Steel, *Proceedings of an International Symposium on Processing*, *Microstructure, and Properties of HSLA Steels*, A. J. DeArdo, Ed., TMS International, Pittsburgh, PA, 1987, p 263-286.

71. S. K. Dhua, D. Mukerjee, and D. S. Sarma, Influence of Tempering on the Microstructure and Mechanical Properties of HSLA-100 Steel Plates, *Metall. Mater. Trans.* A, Vol 32, 2001, p 2259-2270.

72. S. Dhua, A. Ray, and D. Sarma, Effect of Tempering Temperatures on the Mechanical Properties and Microstructures of HSLA-100 Type Copper-Bearing Steels, *Mater. Sci. Eng.* A, Vol 318, 2001, p 197-210.

73. H. I. Aaronson, W. T. Reynolds, Jr., and G. R. Purdy, Coupled-Solute Drag Effects on Ferrite Formationin Fe-C-X Systems, *Metall. Mater. Trans.* A, Vol 35, 2004, p 1187-1210.

74. J. K. Chen, R. A. Vandermeer, and W. T. Reynolds, Effects of Alloying Elements upon Austenite Decomposition in Low-C Steels, *Metall. Mater. Trans.* A, Vol 25, 1994, p 1367-1379.

75. M. D. Mulholland and D. N. Seidman, Multiple Dispersed

Phases in a High-Strength Low-Carbon Steel: An Atom-Probe Tomographic and Synchrotron X-Ray Diffraction Study, *Scr. Mater.*, Vol 60, 2009, p 992-995.

76. J. -S. Wang, M. D. Mulholland, G. B. Olson, and D. N. Seidman, Prediction of the Yield Strength of a Secondary-Hardening Steel, *Acta Mater.*, Vol 61, 2013, p 4939-4952.

77. H. I. Aaronson, M. R. Plichta, G. W. Franti, and K. C. Russell, Precipitation at Interphase Boundaries, *Metall. Trans. A*, Vol 9, 1978, p 363-371.

78. F. Danoix, E. Be'mont, P. Maugis, and D. Blavette, Atom Probe Tomography, Part I: Early Stages of Precipitation of NbC and NbN in Ferritic Steels, *Adv. Eng. Mater.*, Vol 8, 2006, p 1202-1205.

79. E. Be'mont, E. Cadel, P. Maugis, and D. Blavette, Precipitation of Niobium Carbides in Fe-C-Nb Steel, *Surf. Interface Anal.*, Vol 36, 2004, p 585-588.

80. K. Miyata, T. Kushida, T. Omura, and Y. Komizo, Coarsening Kinetics of Multicomponent MC-Type Carbidesin High-Strength Low-Alloy Steels, *Metall. Mater. Trans. A*, Vol 34, 2003, p 1565-1573.

81. R. A. Ricks, P. R. Howell, and R. W. K. Honeycombe, Formation of Supersaturated Ferrite during Decomposition of Austenite in Iron-Copper and Iron-Copper-Nickel Alloys, *Met. Sci.*, Vol 14, 1980, p 562-568.

82. M. R. Krishnadev and A. Galjbois, Some Aspects of Precipitation of Copper and Columbium (Nb) Carbide in an Experimental High Strength Steel, *Metall. Trans. A*, Vol 6, 1975, p 222-224.

83. Z. W. Zhang, C. T. Liu, Y. R. Wen, A. Hirata, S. Guo, G. Chen, M. W. Chen, and B. A. Chin, Influence of Aging and Thermomechanical Treatments on the Mechanical Properties of a Nanocluster-Strengthened Ferritic Steel, *Metall. Mater. Trans. A*, Vol 43, 2012, p 351-359.

84. Z. W. Zhang, C. T. Liu, X. -L. Wang, K. C. Littrell, M. K. Miller, K. An, and B. A. Chin, From Embryos to Precipitates: A Study of Nucleation and Growth in a Multicomponent Ferritic Steel, *Phys. Rev. B*, Vol 84, 2011, p 174114.

85. E. Clouet, C. Hin, D. Gendt, M. Nastar, and F. Soisson, Kinetic Monte Carlo Simulations of Precipitation, *Adv. Eng. Mater.*, Vol 8, 2006, p 1210-1214.

86. A. Youle and B. Ralph, *Met. Sci.*, A Study of the Precipitation of Copper from α-Iron in the Pre-Peak to Peak Hardness Range of Ageing, *Met. Sci.*, Vol 6, 1972, p 149-152.

87. G. M. Worrall, J. T. Buswell, C. A. English, M. G. Hetherington, and G. D. W. Smith, A Study of the Precipitation of Copper Particlesin a Ferrite Matrix, *J. Nucl. Mater.*, Vol 148, 1987, p 107-114.

88. K. Osamura, H. Okuda, K. Asano, M. Furusaka, K. Kishida, F. Kurosawa, and R. Uemori, SANS Study of Phase Decomposition in Fe-Cu Alloy with Ni and Mn Addition, *ISIJ Int.*, Vol 34, 1994, p 346-354.

89. S. R. Goodman, S. S. Brenner, and J. R. Low, An FIM-Atom Probe Study of the Precipitation of Copper from Iron-1.4 at. pct Copper, Part II: Atom Probe Analyses, *Metall. Trans.*, Vol 4, 1973, p 2371-2378.

90. S. R. Goodman, S. S. Brenner, and J. R. Low, An FIM-Atom Probe Study of the Precipitation of Copper from Iron-1.4 at. pct Copper, Part I: Field-Ion Microscopy, *Metall. Trans.*, Vol 4, 1973, p 2363-2369.

91. A. Deschamps, M. Militzer, and W. J. Poole, Precipitation Kinetics and Strengthening of a Fe-0.8wt% Cu Alloy, *ISIJ Int.*, Vol 41, 2001, p 196-205.

92. S. K. Lahiri, D. Chandra, L. H. Schwartz, and M. E. Fine, Modulus and Mossbauer Studies of Precipitationin Fe-1.67 at. pct Cu, *Trans. AIME*, Vol 245, 1969, p 1865-1868.

93. F. Soisson, A. Barbu, and G. Martin, Monte Carlo Simulations of Copper Precipitationin Dilute Iron-Copper Alloys during Thermal Ageing and under Electron Irradiation, *Acta Mater.*, Vol 44, 1996, p 3789-3800.

94. R. Kampmann and R. Wagner, Phase Transformations in Fe-Cu-Alloys—SANS Experiments and Theory, *Atomic Transport and Defects in Metals by Neutron Scattering*, P. C. Janot, D. W. Petry, D. D. Richter, and P. D. T. Springer, Ed., Springer, Berlin, Heidelberg, 1986, p 73-77.

95. A. Deschamps, M. Militzer, and W. J. Poole, Comparison of Precipitation Kinetics and Strengthening in an Fe-0.8% Cu Alloy and a 0.8%Cu-Containing Low-Carbon Steel, *ISIJ Int.*, Vol 43, 2003, p 1826-1832.

96. T. Koyama and H. Onodera, Computer Simulations of Phase Decomposition in Fe-Cu-Mn-Ni Quaternary Alloy Based on the Phase-Field Method, *Mater. Trans.*, Vol 46, 2005, p 1187-1192.

97. T. Koyama, K. Hashimoto, and H. Onodera, Phase-Field Simulation of Phase Transformation in Fe-Cu-Mn-Ni Quaternary Alloy, *Mater. Trans.*, Vol 47, 2006, p 2765-2772.

98. R. Monzen, K. Takada, and C. Watanabe, Coarsening of Spherical Cu Particles in an α-Fe Matrix, *ISIJ Int.*, Vol 44, 2004, p 442-444.

99. R. Monzen, M. L. Jenkins, and A. P. Sutton, The bcc-to-9R Martensitic Transformation of Cu Precipitates and the Relaxation Process of Elastic Strains in an Fe-Cu Alloy, *Philos. Mag. A*, Vol 80, 2000, p 711-723.

100. M. Charleux, F. Livet, F. Bley, F. Louchet, and Y. Bréchet, Thermal Ageing of an Fe-Cu Alloy: Microstructural Evolution and Precipitation Hardening, *Philos. Mag. A*, Vol 73, 1996, p 883-897.

101. N. Maruyama, M. Sugiyama, T. Hara, and H. Tamehiro, Precipitation and Phase Transformation of Copper Particles

in Low Alloy Ferritic and Martensitic Steel, *Mater. Trans. JIM*, Vol 40, 1999, p 268-277.

102. K. Osamura, H. Okuda, S. Ochiai, M. Takashima, K. Asano, M. Furusaka, K. Kishida, and F. Kurosawa, Precipitation Hardening in Fe-Cu Binary and Quaternary Alloys, *ISIJ Int.*, Vol 34, 1994, p 359-365.

103. J. Z. Liu, A. van de Walle, G. Ghosh, and M. Asta, Structure, Energetics, and Mechanical Stability of Fe-Cu bcc Alloys from First-Principles Calculations, *Phys. Rev. B*, Vol 72, 2005, p 144109.

104. F. Maury, N. Lorenzelli, M. H. Mathon, C. H. de Novion, and P. Lagarde, Copper Precipitation in FeCu, FeCuMn, and FeCuNi Dilute Alloys Followed by X-Ray Absorption Spectroscopy, *J. Phys.*, *Condens. Matter*, Vol 6, 1994, p 569-588.

105. W. J. Phythian, A. J. E. Foreman, C. A. English, J. T. Buswell, M. Hetherington, K. Roberts, and S. Pizzini, The Structure and Hardening Mechanism of Copper Precipitation in Thermally Aged or Irradiated Fe-Cu and Fe-Cu-Ni Model Alloys, *Effects of Radiation on Materials: 15th International Symposium*, R. E. Stoller, A. S. Kumar, and D. S. Gelles, Ed., ASTM International, West Conshohocken, PA, 1992, p 131-148.

106. S. Pizzini, K. J. Roberts, W. J. Phythian, C. A. English, and G. N. Greaves, A Fluorescence EXAFS Study of the Structure of Copper-Rich Precipitatesin Fe-Cu and Fe-Cu-Ni Alloys, *Philos. Mag. Lett.*, Vol 61, 1990, p 223-229.

107. M. Ludwig, D. Farkas, D. Pedraza, and S. Schmauder, Embedded Atom Potential for Fe-Cu Interactions and Simulations of Precipitate-Matrix Interfaces, *Model. Simul. Mater. Sci. Eng.*, Vol 6, 1998, p 19.

108. Y. Le Bouar, Atomistic Study of the Coherency Loss during the bcc-9R Transformation of Small Copper Precipitates in Ferritic Steels, *Acta Mater.*, Vol 49, 2001, p 2661-2669.

109. J. J. Blackstock and G. J. Ackland, Phase Transitions of Copper Precipitates in Fe-Cu Alloys, *Philos. Mag. A*, Vol 81, 2001, p 2127-2148.

110. P. J. Pareige, K. F. Russell, and M. K. Miller, APFIM Studies of the Phase Transformations in Thermally Aged Ferritic FeCuNi Alloys: Comparison with Aging under Neutron Irradiation, *Appl. Surf. Sci.*, Vol 94-95, 1996, p 362-369.

111. D. Isheim, M. S. Gagliano, M. E. Fine, and D. N. Seidman, Interfacial Segregation at Cu-Rich Precipitates in a High-Strength Low-Carbon Steel Studied on a Sub-Nanometer Scale, *Acta Mater.*, Vol 54, 2006, p 841-849.

112. D. Isheim and D. N. Seidman, Nanoscale Studies of Segregation at Coherent Heterophase Interfacesin α-Fe Based

Systems, *Surf. Interface Anal.*, Vol 36, 2004, p 569-574.

113. R. Fleischer, Substitutional Solution Hardening, *Acta Metall.*, Vol 11, 1963, p 203-209.

114. R. Fleischer, Solution Hardening, *Acta Metall.*, Vol 9, 1961, p 996-1000.

115. J. Friedel, *Dislocations*, Vol 3, 1st English ed., Pergamon Press, Oxford, U. K., 1964.

116. K. C. Russell and L. Brown, A Dispersion Strengthening Model Based on Differing Elastic Moduli Applied to the Iron-Copper System, *Acta Metall.*, Vol 20, 1972, p 969-974.

117. M. S. Gagliano and M. E. Fine, Characterization of the Nucleation and Growth Behavior of Copper Precipitates in Low-Carbon Steels, *Metall. Mater. Trans. A*, Vol 35, 2004, p 2323-2329.

118. M. T. Miglin, J. P. Hirth, and A. R. Rosenfield, Effects of Microstructure on Fracture Toughness of a High-Strength Low-Alloy Steel, *Metall. Trans. A*, Vol 14, 1983, p 2055-2061.

2.6　钢制齿轮的热处理

在轿车、航空、船舶、越野车和工业应用中，齿轮是传递动力，产生运动的关键部件。齿轮制造业每年产值估计超过 450 亿美元，其中仅汽车行业就占 75%。图 2-114 为典型钢制齿轮的生产工艺。齿轮的原材料可为锻件、无缝钢管或热轧棒材，经过 5 个重要步骤，加工成齿轮：

1）锻造/成形和淬火前预备热处理。

2）齿轮切削。

3）软齿面精加工。

4）热处理。

5）硬齿面精加工。

可以采用齿轮模锻净成形工艺，生产汽车差速器锥齿轮，从而无需对齿轮进行机加工或淬火前的软齿面精加工。齿轮的热处理占齿轮生产成本约 30%，是重要的工序之一，对齿轮的最终力学性能和使用寿命产生重要的影响。很容易对退火状态的齿轮进行机加工，但齿轮在淬火后组织转变为马氏体，机加工困难且加工成本高。因此，齿轮设计的策略是尽可能少对热处理后硬化齿轮进行机加工，而采用珩磨或研磨等精加工方法。然而在齿轮制造中，热处理工序常出现问题。例如，在同批次中或批次之间齿轮的变形量不一致，这使得必须进行齿轮珩磨工序，由此造成齿轮加工成本增加。此外，

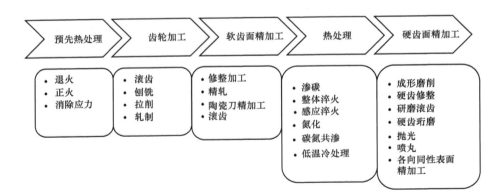

图 2-114　齿轮制造过程主要步骤和可用工艺

精磨还减少了表面淬火齿轮的表面硬化层深度，对齿轮的耐磨性和疲劳寿命产生不利的影响。

随着齿轮传递功率密度提高、效率增加、可靠性提高和噪声降低，可以预计采用齿轮传递动力，仍将是首选方案。通过齿轮设计和创新，齿轮材料改进，制造工艺革新的共同作用，可以来实现这些目标。材料科学与工程的四个相互联系基本要素为材料加工、微观组织、物理和力学性能以及产品性能，该四个基本要素同样适用于齿轮设计。预计到2025年，综合集成计算材料工程将走向成熟，将极大加快高效齿轮设计和齿轮工业的发展。

在齿轮制造过程中，热处理工艺是一个重要环节，包括机加工或淬火前的预备热处理和淬火处理。淬火前的预备热处理主要目的是降低工件硬度，以便对齿轮进行机加工。预备热处理工序有退火、消除应力处理和正火。在齿轮机加工至近最终成形时，可在五种常用强化工艺中，选择其中之一进行强化。这五种强化工艺是渗碳和淬火、整体淬火、感应淬火、渗氮和碳氮共渗。其中由渗碳和淬火两步组成的工艺，由于其性能优和成本低的特点，成为最常用的齿轮强化热处理工艺。

热处理过程中的变形是影响齿轮质量、性能和制造成本的最重要因素之一。21世纪初，针对齿轮整个生产链中的每个环节，对其变形进行了广泛深入的研究。由于变形造成齿轮成本提高，按其影响因素大小降序排列分别是几何设计、材料选择、制造过程和热处理过程。通过对整个生产链中环节的每个关键参数进行优化，采用杠杆式设计（leveraging design）和工艺建模方法，在设计阶段采取措施对变形进行补偿，对齿轮变形进行有效的控制。通过对整个综合过程的研究，确定了贯穿整个工艺环节中，造成变形的关键因素（例如，铸造合金偏析，切削加工和热处理中的残余应力）。充分对

这些重要因素进行分析了解，有助于确定合适的制造工艺过程和步骤。比如合理进行切割、机加工和淬火控制，在合适的阶段进行消除产生的变形处理。在齿轮制造业中，这种方法已成为确认影响齿轮变形工艺参数的有效方法，而这种方法也适用于对成品齿轮变形进行分析和控制。由于变形的重要性，由国际智能制造系统（Intelligent Manufacturing Systems）开展了一项标准的基准项目研究，即虚拟热处理（Virtual Heat Treatment）。该项目针对渗碳过程中的圆棒料、机加工毛坯齿轮和弧齿轮成品的变形量和残余应力进行了研究与精确测量。

在本卷和相关卷中，有多处介绍了有关渗碳、渗氮，氮碳共渗，奥氏体加热淬火强化工艺。此外，美国材料信息学会（ASM International）还出版有专业的齿轮热处理书籍。为能给本书的相关部分和相关卷的手册提供参考，本节采用简洁方法，对大量文献进行整理加工，综述了齿轮热处理工艺。此外，本节还给出了在齿轮产品的生产中，应注意的各种重要热处理工艺事项和细微差别。最后，鉴于数学建模和优化的新起，对其在齿轮工艺和产品设计优化方面的发展进行了简要概述。

2.6.1　齿轮热处理的概述

1. 淬火前的预处理

齿轮制造过程通常始于轧材。在齿轮生产制造过程中，采用退火、正火、去应力等热处理，对生产各阶段的轧材进行预热处理。有关退火的详细内容，请参看相关参考文献。

退火是加热到适当的温度并保温，然后在炉中以合适的冷却速度冷却的一种热处理工艺，主要用于降低金属材料的硬度。经退火后的钢，可进行冷加工或机加工，改善材料的机械和电学性能，并提高工件尺寸的稳定性。根据原始条件和工件要求进

行的工艺，可采用以下四种预备热处理工艺：完全退火、亚临界退火、正火、消除应力处理。

退火后的材料硬度很低，可改善切削加工性能，有利于齿轮的机加工，但退火组织不利于在淬火过程中，马氏体组织的转变。正火改善了组织的均匀性，具有很好的机加工微观组织并易于后续热处理控制变形。此外，正火组织更有利于在淬火过程中，转变为马氏体组织。消除应力处理通常用于消除齿轮制造中间环节产生的内应力。

2. 渗碳淬火

渗碳是一种受控扩散，为获得高碳表层和低碳芯部的表面强化工艺。通过渗碳，在表层至心部，碳溶度呈梯度分布，通过渗碳后淬火，在表层获得高硬度，高耐磨的马氏体组织，在心部得到低碳马氏体、贝氏体、珠光体和铁素体混合组织，具有高的韧性和塑性。这种具有独特复合力学性能的组织非常适合于齿轮的服役条件。淬火强化表面硬度高达50~60HRC，具有高的耐点蚀、磨损、弯曲和疲劳性能，而心部硬度在30~40 HRC 范围，具有高强韧性能，能有效防止和避免在受到冲击/脉冲/高峰载荷条件下，出现断齿。表2-78 为工业中部分常用的齿轮材料、齿轮类型和用途。

表 2-78 工业中常用的渗碳齿轮材料、类型和用途

典型齿轮材料	齿轮类型	用途
美国牌号		
1020, 1117, 1118, 4027, 4028, 4118, 4140, 4142, 4145, 4150, 4320, 4340, 4620, 4817, 4820, 5120, 5130, 5140, 8620, 8625, 8622, 8626, 8822, 9310, SAE J403, J404, J1268	半轴齿轮，弧齿齿轮，交错轴斜齿轮，人字齿轮，双曲面齿轮，内齿轮，斜齿轮，弧齿/直齿锥齿轮，直齿轮齿条和齿轮，蜗轮	差速器（轿车和越野车），驱动器（工业用-拖拉机配件），发动机，设备（越野车用，钢厂/造纸厂，采矿），启动装置，变速箱
欧洲牌号		
20NiCrMo2, 16MnCrB5, 20CrMo2, 17CrNiMo6, 20MoCr4, 18MnCrB5, 20CrMo4, 20MnCr5, 18NiCrMo5, 18MnCrMoB5, 27MnCr5, 27CrMo4, 23MnCrMo5, 17CrNi6-6, 16CrMnCr5, 18CrNiMo7-6		

在渗碳工艺中，钢被加热至奥氏体化温度，在渗碳气氛中，完成碳扩散后进行淬火冷却。渗碳介质可以是气体、液体或固体，其中吸热性气体是齿轮渗碳热处理中最常用的气氛。在相关文献中，对气体渗碳的关键问题，包括渗碳动力学、渗碳建模、渗碳设备和质量控制进行全面的介绍。齿轮通常在850~985℃（1560~1805℉）温度进行气体渗碳，其中大多数齿轮钢的渗碳温度为925~950℃（1700~1740℉）。根据所期望的渗碳深度（典型约1mm，或0.04in）和渗碳温度选择渗碳时间，通常为4~24h。表2-79 为常用渗碳钢重要的渗碳工艺参数。

气体渗碳通常可在密闭分批式淬火炉、连续式炉或真空炉中进行，相关参考文献对渗碳设备进行了详细介绍。在分批式淬火式炉中，通过控制炉内温度和不同时间碳势变化，实现对渗碳工艺的控制；在连续式炉中，通过控制不同区域的温度和碳势变化，实现对渗碳工艺的控制。

通常，渗碳工艺与淬火工序整合为一体，将渗碳后的齿轮直接在冷却介质中淬火。淬火过程对渗碳齿轮的很多重要参数产生显著影响，其中包括渗层微观结构、有效渗层深度、残留奥氏体体积分数和残余应力分布。而这些参数对齿轮的力学性能和使用性能产生影响。必须选择冷却速度足够快的淬火冷却介质，应保证渗层得到马氏体组织，心部不产生先共析铁素体和珠光体组织。过高的冷却速度会导致产生淬火裂纹或残留奥氏体含量过多。在采用油或聚合物淬火冷却介质淬火前，通常降温预冷至较低的奥氏体化温度，例如降温至800~850℃（1470~1560℉），而后淬火。采用预冷的方法，可减少了渗碳齿轮的残余应力、变形及开裂。在连续式炉的情况下，为最大限度地减少变形和开裂，有时将渗碳后的齿轮取出，放入夹具进行压模淬火。

有时为了获得预期的渗层微观组织和减少变形，某些类型的齿轮采用渗碳后空冷，然后重新加热淬火的二次淬火工艺。为实现渗碳层硬度均匀和不同批次间产品质量的一致性，关键工艺参数是确保淬火冷却介质温度和对淬火冷却介质充分循环。在淬火的料盘中，必须保证齿轮间具有充足的间距，必须保证淬火冷却介质以230~260L/min速率进行循环，这些是实现工件良好一致性的重要因素。详细

表 2-79　常用渗碳钢重要的渗碳工艺参数

AISI 钢号	正火温度 ℃	正火温度 ℉	退火温度 ℃	退火温度 ℉	淬火温度 ℃	淬火温度 ℉	渗碳温度 ℃	渗碳温度 ℉	重新加热淬火温度 ℃	重新加热淬火温度 ℉	Ms 温度 ℃	Ms 温度 ℉
3310	900~950	1650~1750	860	1575	775~800	1425~1475	900~930	1650~1700	790~815	1450~1500	350	655
3140	815~930	1500~1700	790~840	1450~1550	815~840	1500~1550	—	—	—	—	310	590
4028	870~930	1600~1700	830~860	1525~1575			870~930	1600~1700	790~815	1450~1500	400	750
4047	840~950	1550~1750	830~860	1525~1575	800~840	1475~1550						
4130	870~930	1600~1700	790~840	1450~1550	840~900	1550~1650	—	—	—	—	365	685
4140	870~930	1600~1700	790~840	1450~1550	830~885	1525~1625	—	—	—	—	315	595
4320	870~930	1600~1700	860	1575	—	—	900~930	1650~1700	775~800	1425~1475	380	720
3440	870~930	1600~1700	590~660	1100~1225	800~830	1475~1525					285	545
4620	930~980	1700~1800	860	1575	—	—	900~930	1650~1700	800~830	1475~1525	290	555
4640	870~930	1600~1700	790~840	1450~1550	790~840	1450~1550	—	—	—	—	320	605
4820	900~950	1650~1750	875	1575	—	—	900~930	1650~1700	790~815	1450~1500	365	685
5145	870~930	1600~1700	790~840	1450~1550	800~830	1475~1525					—	—
6120	930~980	1700~1800	870	1600			930	1700	775~800	1425~1475	400	760
6150	900~950	1650~1750	840~900	1550~1650	840~900	1550~1650					285	545
8620	870~930	1600~1700	860	1575	—	—	930	1700	775~840	1425~1550	395	745
9310	900~950	1650~1750	860	1575	—	—	900~930	1650~1700	775~840	1425~1550	345	650
EX 24	900~950	1650~1750	870	1600	870	1600	900~930	1650~1700	815~840	1500~1550	445	830
EX 29	900~950	16501750	870	1600	870	1600	900~930	1650~1700	815~840	1500~1550	445	830
EX 30	900~950	1650~1750	840	1550	870	1600	900~930	1650~1700	815~840	1500~1550	445	830
EX 55	900~950	1650~1750	830	1525	870	1600	900~930	1650~1700	815~840	1500~1550	420	790

的淬火操作请参见相关参考文献。

常采用矿物油作为齿轮渗碳后淬火的淬火冷却介质。矿物油在淬火工件表面几乎同时出现蒸汽膜形成、泡沸腾和对流冷却三个阶段，每个阶段都有独特的冷却方式和传热特性，这种现象会造成在淬火工件产生温度梯度和变形。此外，淬火油的特性不仅与淬火槽温度和搅拌速度有关，还与油的使用时间有关，因此对淬火齿轮质量控制是一个极为复杂的问题。可以通过混合各种淬火油，来对淬火油的冷却能力和淬冷烈度进行调整。此外，在淬火油中添加如烯基琥珀酰亚胺类，磺酸钙类，石油磺酸钠类，环烷酸钙类添加剂，往往可以提高淬火冷却介质的淬冷烈度。

淬火槽的温度对淬火操作和产品质量具有很重

要的意义。随着淬火槽温度提高，或淬火油的使用时间增长，工件变形和硬度降低。最佳淬火槽温度选择应综合考虑这些相互对立的因素，在淬火油的使用中出现氧化，会导致其导热特性变化，由于膜沸腾时间缩短，提高了高温冷却区域的冷却速率，由此提高了在淬火过程中贝氏体形成的倾向。淬火槽中出现水渍和污染也是工业生产中常见的问题，由此会造成产品硬度不均匀和软点。为确保淬火均匀、减少变形和开裂并提高操作安全，建议根据 ASTM D6710 标准，每个季度对淬火油进行水爆（water crackle）、水含量、油黏度和沉淀物检测。

图 2-115 为齿轮单齿轮廓关键特征，对齿轮轮廓和工作载荷情况进行认识，有助于深入了解和掌握齿轮的渗碳工艺。设计师应清楚，对小齿轮而言应应按单齿接触最高点（HPSTC），沿轴载荷为最大接触应力进行设计；而啮合齿轮应按单齿接触最低点（LPSTC），沿轴载荷为最大接触应力进行设计。由于在 HPSTC 或 LPSTC 处的接触应力大，通过疲劳裂纹萌生而随后产生点蚀，将导致轮齿失效。很多因素，如表面硬度、表面粗糙度、接触载荷、润滑条件及工作温度都会引起点蚀。渗碳齿轮性能的三个至关重要的参数是渗层深度、表面硬度和心部硬度。

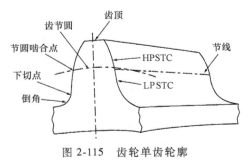

图 2-115　齿轮单齿轮廓

有效硬化层深度是渗碳工件最重要的参数，在诸多部门（如设计、热处理、质量工程）有必要对其含义进行统一。有效硬化层深度的定义是，从成品齿轮表面到表层下特定硬度处的距离。在美国齿轮制造商协会（AGMA）923-B05 信息表（译者注：AGMA923-B05 为齿轮冶金质量规范）中，对渗碳淬火齿轮进行了定义，有效硬化层深度为，从成品齿轮表面垂直测量至硬度值为 50HRC 的距离，通过显微硬度测试，而后转换为洛氏硬度。随在齿轮上测量的位置不同，渗碳淬火齿轮的有效硬化层深度亦不相同。

对渗氮齿轮，测量至硬度为 40.8HRC 处的距离。AGMA923-B05 信息表对渗碳淬火齿轮以及渗氮齿轮，有效渗碳深度的具体位置进一步进行了说明，测量位置应在齿高的½处。渗碳齿轮的总渗碳层深度是碳扩散的最大深度，即硬度等于心部硬度时的距离。在渗氮的情况下，对总渗氮层深度，参考硬度达到心部硬度 1.1 倍处的距离。该标准还提供了采用显微硬度测试方法，测试渗碳淬火齿轮渗层深度为 0.05 ~ 0.10mm（0.002 ~ 0.004in）薄层的测量规范，对于渗氮工艺，可采用表面硬度作为渗层硬度。

由于同批次可能处理多种齿轮，因此应采用标准程序控制试样，对渗碳过程进行监控。AGMA923—B05 信息表推荐的试样尺寸为，直径 16mm（0.6in）、长度 50mm（1.9in）和法向径节 4.5 圆柱小试样，以及直径 25mm（1in）、长度 50mm（1.9in），法向径节 1.5mm 的粗圆柱试样。通过试验，在试样和实际齿轮的预期位置之间，建立起两者有效渗层深度的对应关系，对渗碳过程进行监控具有非常重要的意义。

在承受持续载荷载的齿轮中，渗层深度是一个非常重要的参数。最佳的渗层深度是，即不出现较低渗层深度的点蚀倾向，也不出现较高渗层深度下的脆性齿体开裂，在此渗层深度之间为最佳的渗层深度。图 2-116 为 8620H 钢齿轮在节线、齿根以及齿根圆角处硬度和有效渗层深度（50HRC 处测量）的变化。由于扩散动力学的表面曲率效应，产生了齿根和齿顶之间渗层深度的差异，如图 2-117 所示。这导致相对于平直的表面，凸表面渗层深度更深，而凹面渗层深度更浅。节线上的有效渗层深度影响齿轮点蚀寿命，而齿根圆角处的渗层深度影响齿轮弯曲疲劳寿命。渗碳淬火过程中会产生残余应力，在心部产生三维拉应力，并伴随在渗层-心部界面残余应力不连续，这可能导致裂纹萌生。所以应以径节为基础，调整齿部的总渗碳层深度，如图 2-118 所示。表 2-80 给出了径节与推荐渗层深度之间的关

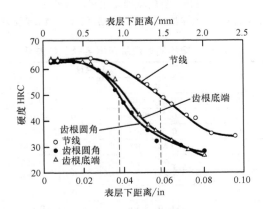

图 2-116　8620H 钢表面渗碳和淬火齿轮随着表层下距离变化硬度的变化

系。在服役过程中，齿轮心部硬度对齿轮的弯曲强度有明显影响。

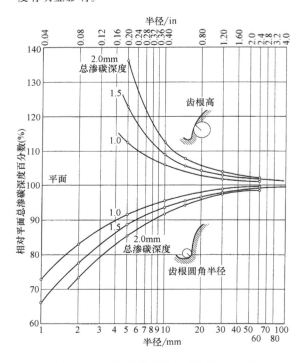

图 2-117 表面曲率对总渗碳深度的影响

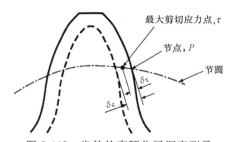

图 2-118 齿轮轮廓硬化层深度测量
注：δ_c 是总硬化层深度，δ_τ 总硬化层深度处的最大剪应力

表 2-80 推荐的渗碳层深度与径节的关系

径节	渗碳层深度	
	mm	in
20	0.25~0.46	0.010~0.018
16	0.30~0.58	0.012~0.023
10	0.50~0.90	0.020~0.035
8	0.64~1.02	0.025~0.040
6	0.76~1.27	0.030~0.050
4	1.02~1.52	0.040~0.060
2	1.78~2.54	0.070~0.100
1	2.29~3.30	0.090~0.130

对于渗碳齿轮，表面碳含量是另一个重要的参

数。表面碳含量过高，会造成脆性网状碳化物，有延贝氏体组织淬火开裂倾向，同时齿轮的接触疲劳性能较差。而脱碳现象会造成表面碳含量过低，导致齿轮的耐磨性和其他力学性能降低。由于齿轮在弯曲和过载、弯曲或接触疲劳以及磨料或粘附磨损条件下，所期望的表面碳含量是不一样的，因此必须根据齿轮的临界载荷条件进行优化。对于常见钢牌号，认为表面碳含量 0.8% 是渗碳齿轮的最佳碳含量。图 2-119 为两种常见齿轮钢理想的碳浓度分布。目前最常用的渗碳工艺为两段渗碳工艺，该工艺可以对碳浓度分布进行良好的控制。在强渗阶段，表面上高碳势加速碳扩散，而在扩散阶段，碳通过向内和向外扩散，在表面形成理想的碳浓度分布。除了表面碳含量之外，通过改变淬火油温度和搅拌，可以对渗层硬度、微观组织以及表面均匀性进行调整。

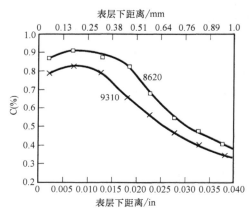

图 2-119 两种常见齿轮钢的
典型渗碳浓度分布

渗碳齿轮中残留奥氏体含量是影响性能的一个重要参数。随碳含量增加，马氏体开始转变温度（Ms）降低。图 2-120 为 3%Ni-Cr 钢碳含量对马氏体开始转变温度的影响。由于渗碳钢工件表面碳含量高，典型渗碳齿轮钢的马氏体转变温度范围降低到 $-100 \sim 200 \, ^\circ\!C$（$-150 \sim 390 \, ^\circ\!F$）。这类钢淬火后，残留奥氏体数量明显增多。根据 Koistinen 和 Marburger 方程，残留奥氏体体积分数（V_γ）与 Ms 和淬火冷却介质温度（Tq）之间的关系表示为：

$$V_\gamma = e^{-1.1 \times 10^{-2}(Ms-Tq)}$$

对低碳钢，式中的 Ms 温度可以采用 Steven 和 Haynes 公式近似表示：

$$Ms(^\circ\!C) = 561 - 474C - 33Mn - 17Ni - 17Cr - 21Mo$$

在该方程中，碳前面的系数越大，对降低 Ms 温度的影响越大。由于渗碳表面的碳含量显著增加，

导致 Ms 温度下降，残留奥氏体数量增加。例如，3%Ni-Cr 钢在 865℃（1590°F）奥氏体化，当碳含量从 0.2% 提高到 0.8% 时，Ms 温度由 400℃（750°F）降低至 100℃（210°F），残留奥氏体的体积分数从 1% 增加到 35%，如图 2-121 所示。对于表面渗碳钢，由于脱碳、内氧化或基体碳化物析出造成贫碳，致使在次表面下残留奥氏体的体积分数更高。渗碳前残余应力分布、微应变相变和奥氏体稳定化也可能导致出现这种情况。

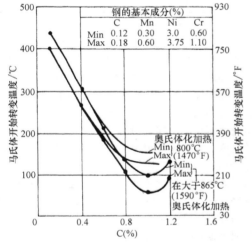

图 2-120 碳含量对马氏体开始转变温度的影响
注：分别采用规范中成分的上下限和两个淬火温度。

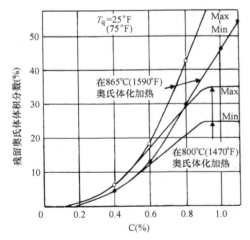

图 2-121 3%Ni-Cr 钢碳含量与
残留奥氏体的关系

在随后的深冷处理中，残留奥氏体转变为马氏体或贝氏体组织，或在回火过程中，残留奥氏体析出细小碳化物。随着残留奥氏体数量增多，钢的表面硬度降低，呈负线性相关。例如，3.5%Ni 低合金

钢经表面渗碳、淬火和回火，当钢的表面残留奥氏体体积分数分别 10%、30% 和 50% 时，对应的表面硬度为 710 HV、610HV 和 500 HV。随残留奥氏体数量增加，钢的抗拉强度也降低。在 4076 钢中，当钢中的残留奥氏体数量从 10% 增加到 50%，拉伸屈服强度从 600MPa（87ksi）降低到 150MPa（22ksi）。随残留奥氏体增多，钢的强度和残余压应力降低，所以钢的疲劳抗性也降低。图 2-122 为 8620 渗碳钢中残留奥氏体和相应的残余应力分布。残留奥氏体体积分数及其分布对抗疲劳性能具有显著的影响。细小均匀分布的残留奥氏体具有最佳的抗疲劳性能。尽管残留奥氏体会降低钢的硬度，也会降低抗磨料磨损性能，但如残留奥氏体发生塑性变形和进行强化，则此时残留奥氏体使黏着磨损过程相当复杂。

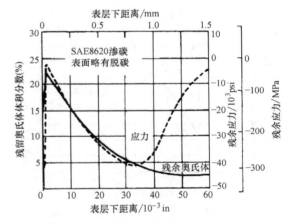

图 2-122 8620 渗碳钢试样残留奥氏体
分布和相对应的残余应力分布

控制齿轮钢中残留奥氏体的主要方法为合金化，通过合金化，对钢的 Ms、表面碳含量和淬火温度产生影响。此外，渗碳后的深冷处理和回火也是附加控制残留奥氏体的方法。但这些工序只有在特殊条件下，才被采用。

AGMA923-B05 信息表为中、高等级的齿轮提供技术规范，采用金相分析法，该类齿轮可接受最大数量的残留奥氏体是 30%。因为残留奥氏体数量与渗层硬度相关，该信息表对废品零件进行了进一步规定，要求在表层下 0.1mm（0.004in）处，显微硬度不低于 58HRC 或该区域残留奥氏体不得超过最高数量，否则零件报废。

在批次之间和同批次内，残余应力波动变化对疲劳寿命性能影响很大。表 2-81 为在渗碳齿轮和感应淬火齿轮中可能出现的波动变化。与感应淬火齿轮相比，渗碳齿轮的残余应力更高，波动变化更大，这主要是由于装料盘中不同位置齿轮的渗碳和冷却

表 2-81　JIS SCr420 钢齿轮表面渗碳和感应

淬火齿根表面测量的残余应力的变化

热处理方法	试样上残余应力/(kg/mm²)					
	A-1	A-2	A-3	B-1	B-2	B-3
感应加热淬火						
平均值	−33.8	−42.7	−31.3	−40.0	−32.7	−32.8
偏差值	±2.8	±2.4	±1.6	±5.6	±8.8	±4.4
渗碳后淬油						
平均值	−30.0	−15.4	−12.4	−0.2	−19.5	−27.1
偏差值	±3.1	±2.3	±1.4	±5.0	±17.2	±5.4

注：齿轮齿根处测量 3 点。平均应力值±σ（kg/mm²）。A 和 B 表示不同热处理批次，1～3 为不同部位。在连续气体渗碳炉渗碳和在 160℃（320℉）回火 2h。

条件不同。这种变化也导致拉应力存在，如图2-123所示。这对齿轮的性能和寿命非常有害。

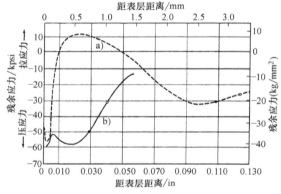

图 2-123　AISI 4320 钢生产的 40 齿轮
产品中的残余应力分布
a）大型齿轮　b）中型齿轮

为了减少热应力和提高尺寸稳定性，渗碳齿轮通常淬火后进行低温回火。通常回火温度范围为115～175℃（240～350℉），保温时间为 2～10h。回火温度对渗层硬度、渗层深度和芯部硬度有显著的影响。随回火温度提高，淬火齿轮的表面硬度降低。为保证在临界载荷下，齿轮具有高的抗断裂性能，渗碳淬火航空齿轮必须进行回火。表面渗碳层的碳梯度可能导致微观组织变化，在含碳量约 1% 的表面具有相当多的残留奥氏体；在含碳量约 0.5% 中碳区，出现有针状马氏体；到接近心部含碳量小于0.3%，则为板条马氏体区域。在回火过程中，三种微观组织对应的力学性能是不同的。回火过程有三个不同的阶段：

1）阶段Ⅰ：80～200℃（175～390℉）温度范围，形成亚稳过渡相。

2）阶段Ⅱ：150～300℃（300～570℉）温度范围，残留奥氏体转变。

3）阶段Ⅲ：200℃（390℉）以上，亚稳过渡相转变为稳定碳化物，伴随有基体回复和再结晶。

对渗碳淬火齿轮回火，三个阶段中的阶段Ⅰ和阶段Ⅱ更为重要。在淬火过程中，在表层下及芯部有碳化物析出、出现自回火，发生板条状和针状马氏体转变。在回火过程中，温度和时间是两个重要工艺参数，回火温度越高，则要求的回火时间越短。回火对表面硬度影响很大，在回火过程中表面硬度可下降 50～150HV。通过低温回火，渗碳层淬火的抗拉强度和屈服强度略有提高。

回火也会降低渗层残余压应力，把压应力的最大值向渗层-心部界面推移。在回火的初期阶段，碳化物出现偏析和聚集，轻微减小了残余压应力；随后 η-碳化物析出并伴随体积的收缩和马氏体四方度丧失，造成表面残余压应力显著下降，如图2-124所示。在低于 100℃（210℉）回火，弯曲疲劳强度保持不变；而当回火温度提高到 200℃（390℉），弯曲疲劳强度会降低 20%。

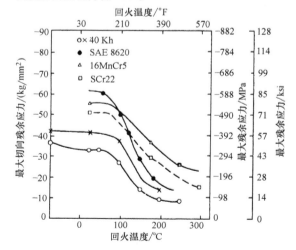

图 2-124　渗碳淬火后，通过回火
降低残余应力峰值

业已证明，回火对裂纹扩展产生影响，当回火出现残留奥氏体转变，则对低周循环疲劳寿命产生显著的影响。虽然回火对低负荷高周循环疲劳有不利影响，但对于有高负荷的低周循环疲劳的应用场合，回火是至关重要的。在滚动接触疲劳条件下，具有类似的情况，例如在齿轮节线处接触，随回火温度提高到 250℃（480℉），疲劳极限提高，但在高负荷低周循环情况下，接触寿命具有下降趋势。回火降低了表面硬度，降低了表面抗磨料磨损性能。在黏着磨损的工况下，残留奥氏体可提供更好的抗黏着磨损性能，所以回火过程中出现残留奥氏体转变，则可能导致钢的黏着磨损性能下降。

不同工序之间相互作用，以及其对微观组织、力学性能和性能的影响如图 2-125 所示。渗碳齿轮表面富碳，导致表层残留奥氏体增多，可以引起残余应力、变形、甚至开裂。对要求达到理想性能的齿轮，具有均衡的残留奥氏体数量是非常重要的。控制适量的残留奥氏体数量（~20%），使齿轮具有高的抗滑动磨损和抗点蚀性能，但过多的残留奥氏体数量会导致渗层硬度过低，耐磨性能降低。另一方面，较低的残留奥氏体数量，可能在接触载荷的作用下，发生组织转变，引起加工硬化。有时采用冷处理或低温处理，转变渗碳齿轮中的残留奥氏体和改善尺寸稳定性。从淬火到低温处理之间的停留时间显著影响后续过程的效果，建议淬火后立即进行低温冷处理。冷处理最常用的温度在 -75 ~ -100℃（-100~-150℉）范围；很少在 -185~-150℃（-300~-240℉）温度范围进行低温冷处理。

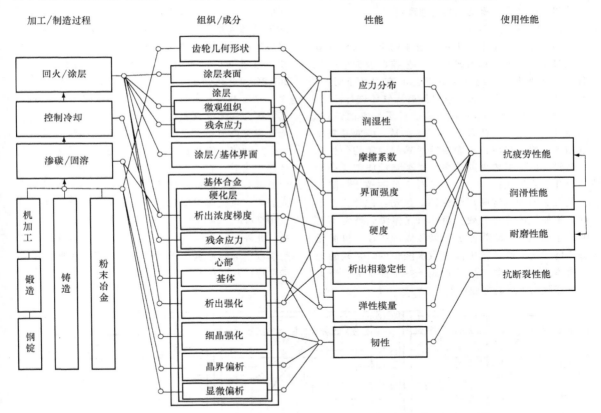

图 2-125　在生产制造过程的气体渗碳中，显微组织、力学性能和使用性能之间的相互关系

渗碳齿轮热处理出现的一些常见问题都与钢的化学成分、工艺控制和尺寸有关。例如，从渗碳温度直接淬火会导致铬系钢（8600 系列钢）中出现微裂纹和渗层含碳量超过 0.9%；以及会在钢中产生过多的残留奥氏体组织（>30%），例如高镍钢（4800，9300 系列钢），当渗层碳含量超过 0.75%，则出现过多的残留奥氏体。对渗碳工艺参数的控制，如强渗期和扩散期的时间，工件表面获得一定的碳分布，防止炉中形成积碳都是具有重要影响。对淬透性控制是控制变形的另一个重要方面，往往淬火冷却介质热均匀性差和淬火槽中的循环速率不足，在不同批次热处理齿轮中，造成硬度和变形分散度大，一致性差。淬火油中如出现水、炭黑、沉淀物甚至滞留气泡的污染，也能造成齿轮变形或开裂。

虽然渗碳层存在有残余压应力，但在很大的弯曲或拉伸应力下，仍会出现沿晶界开裂失效。可采用在两相区奥氏体化加热，降低沿晶开裂的敏感性。

有时，可采用碳氮共渗对齿轮进行表面处理，这是一种向渗碳气氛中引入氮（如利用氨）的改进渗碳工艺，碳氮共渗温度略低 [700～900℃（1290～1650℉）]，时间更短。由于有氮的存在，碳的扩散受到抑制，渗层均匀但较浅，深度范围在 0.075～0.75mm（0.003～0.03in）之间。碳氮共渗主要优势是，形成的氮化物使表面硬度显著增加，可提高钢表面淬硬性。与气体渗碳工艺相比，较低的碳氮共渗温度可减少齿轮的变形。适用于细径节齿轮，使其具有更好的抗磨损、抗变形和回火稳定性。渗入氮还提高了钢的表面淬透性，降低了转变形成非马氏体组织的倾向，得到理想的微观组织。

3. 齿轮的低压渗碳

在过去的十年中，出现了齿轮的低压渗碳或真空渗碳工艺，由于具有较好的工艺控制及力学性能优势，已成为了传统气渗碳工艺的有力竞争对手。在真空渗碳后，通入氮气或氢气高压气体进行淬火。相关参考文献对低压气体渗碳进行了详细的综述。齿轮采用低压气体渗碳的主要优点是，即使是复杂和精细结构的齿轮，也能获得优异的渗碳均匀性和一致性；由于工艺周期较短，显著降低或避免晶间氧化和表面氧化；由于改进了对变形的控制、降低了同批次内和批次间产品性能的波动。此外，由于油淬不如气体淬火有效，而低压气体渗碳通常不需要采用油淬，由此降低了污染和碳的排放，可简化去除传统气渗碳工艺中油淬后水洗步骤。新兴的低压气体渗碳工艺的主要缺点是，投资成本高、淬火强度有限和工件心部硬度低。

通过对 AISI 8620 齿轮的齿根和齿节线处硬度的分布比较，相关参考文献就真空渗碳与气体渗碳进行了对比，对真空渗碳的优点和功效进行了全面地论述。在气体渗碳的齿轮齿根和齿节线处，深度至 0.36mm（0.014in）处硬度还有 58HRC，随后陡然下降。在节线处的有效硬化层深度（50HRC）为 1.33mm（0.05in），而齿根处仅为 0.70mm（0.028in），如图 2-126a 所示。此结果称为渗碳过程中形状效应，与平直表面相比，凹形表面如在根部处的渗层深度较浅，凸表面如齿顶处的渗层深度更深。根部渗层较浅不利于齿轮的弯曲疲劳性能。与气体渗碳相比，同样的齿轮经真空渗碳和油淬，硬度达到 58 HRC 的渗层深度提高了一倍，可达 0.81mm（0.032in），而且在齿根与齿节线之间，硬度均匀性和一致性有明显的提高，如图 2-126b 所示，齿根处的有效硬化层 50HRC 深度达到 1mm（0.04in）。通过真空渗碳高压气体淬火，齿轮的硬度分布和一致性得到进一步改善，如图 2-126c 所示，齿轮根部的有效硬化层 50HRC 深度达到了 1.2 mm（0.047in）。采用气体淬火齿轮齿根和节线处的有效硬化层深度一致性更高，其原因为气体淬火不会出现油淬中的蒸汽膜，这使冷却速率更加均匀。与真空渗碳后油淬齿轮或气体渗碳后油淬齿轮相比，由于真空渗碳后采用高压气体淬火齿轮，在齿根和节线渗层深度的一致性高，因此具有更高的抗弯疲劳强度性能。另一项相关研究表明，与气体渗碳油淬相比，8620H 低压渗碳和采用 20bar（2MPa）氮气淬火，表面残余压应力更高。此外，对四种不同表面强化钢的研究表明，真空渗碳中钢的吸氢低于气体渗碳情况，由此真空渗碳可降低氢脆和工件失效的概率。

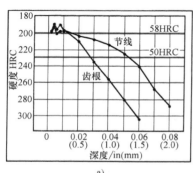 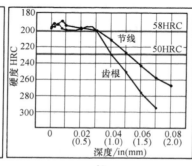 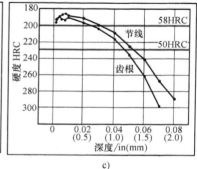

a)　　　　　　　　b)　　　　　　　　c)

图 2-126　8620 钢齿轮的节线和齿根处的显微硬度梯度比较

a）气体渗碳，油淬火　b）真空渗碳，油淬火　c）真空渗碳和高压气体淬火

低压渗碳除了上述提及的技术优势外，一个大的汽车制造商还报道了低压渗碳具有节约成本的优点。如采用真空渗碳技术，可采用较为经济的 20MnCr5 钢，代替含镍和钼价格较贵的 AISI 8620 合

金钢，因此实现了降低成本。在气体渗碳中，由于8620合金钢具有更高的抗氧化性和更低变形性能，成为渗碳齿轮材料的首选。而改用了真空渗碳技术，降低氧化和更容易控制变形，使得可以采用较经济型合金钢替代价格昂贵的合金钢，制作机械传动齿轮部件。

渗碳是一个扩散的过程，随温度提高，扩散系数呈指数增加，使达到预期渗层深度所需的时间缩短。因此，采用高于1000℃（1830℉）温度渗碳，大幅提高渗碳炉的生产效率。例如，渗碳层深度指标为1.5mm（0.06in），当将18CrNiMo7-6钢的渗碳温度从930℃（1705℉）提高到1030℃（1885℉），工时减少了40%（渗碳和扩散时间占64%）。对于更深的渗层深度指标，生产效率还会进一步提高。例如，对于15CrNi6钢，渗层深度要求为3mm（0.12in），当将渗碳温度从950℃（1740℉）提高到1050℃（1920℉），工时减少了55%。由于可如此大幅度减少渗碳时间，使集成有机械加工和渗碳工序的生产线成为可能。在该生产线中，可在严格控制渗碳工件变形的前提下进行渗碳。然而，尽管高温渗碳具有明显的优势，但由于高温渗碳晶粒粗化和变形过大，损伤了钢的疲劳及冲击性能，此外高温渗碳提高了炉子的维护成本。这两个缺点阻碍了高温渗碳的推广。通过采用微合金化钢，在钢中析出细小的碳化物，钉扎晶界防止了晶粒粗化，再结合采用低压渗碳工艺方法，弥补了高温渗碳的这两个缺点。

采用优化的生产工艺，通过在钢中析出细小弥散的AlN和Nb（CN）析出相，开发出了细化晶粒钢。人们对AlN和Nb（CN）析出相的动力学和析出特性已进行了广泛研究，发现钢中最佳的铌和铝含量分别为0.02%和0.03%。在奥氏体化加热过程中，均有AlN和Nb（CN）析出物相形成，而在随后的冷却过程中，只有Nb（CN）析出相析出。因为加热过程是整体的渗碳工艺一部分，在该过程中，不需要进行额外的热处理就会引起析出相析出。针对工件不同的工艺路线，对细化晶粒钢的抗晶粒粗化能力进行了研究：

1）轴类工件，热轧、冷加工和高温渗碳。

2）小齿轮和渗碳轴承，热轧、球化退火、冷加工和高温渗碳。

3）深层渗碳大型齿轮，热锻、正火和高温渗碳。

结果表明，采用温度高达1050℃（1920℉）渗碳，该类钢未出现晶粒粗大现象。

现已证明，采用低压渗碳炉，在高达1050℃的温度能进行高效渗碳。对Ferrium C61钢在1000℃

（1830℉）进行高温渗碳，得到非常细小显微组织和具有优异的疲劳性能。除了齿轮钢，还有对高速钢刀具（丝锥）在1040℃（1900℉）进行渗碳的报道。此外，高温低压渗碳具有避免碳化物形成，改善内氧化性抗力的优势。这些高温渗碳钢淬透性更高，工件的变形显著降低。因此，在关键应用场合，低压渗碳技术已越来越广泛得到应用。

4. 齿轮的感应淬火

可以择性地对齿轮的齿面、齿根、齿顶或齿廓进行感应淬火强化。通过电磁感应快速加热工件，随后淬火冷却。该强化工艺周期很短（以秒计算），并能批量精确定点淬火。感应淬火的最大优势是不需要对整个齿轮加热，可通过感应线圈的频率和功率密度来控制加热深度。此外，感应淬火具有加热周期快和设备投资成本较低等优点。该工艺方法的一些关键研究方向有，如何控制齿轮齿面处硬化层仿型和深度、如何控制渗层-心部界面区域残余应力和如何控制感应淬火齿轮变形。感应淬火工艺主要用于高表面硬度轮齿的齿轮和采用渗碳淬火难以控制变形的齿轮。感应淬火齿轮的典型应用包括外啮合正齿轮和斜齿轮、蜗杆传动付、内齿轮、齿条和链轮。有关齿轮感应淬火的更多内容，请参考相关文献。

5. 齿轮的整体淬火

整体淬火的齿轮通常用于表面硬度要求为32～48HRC的低载荷齿轮。根据该类齿轮性能要求，通常选择中碳低合金钢。整体淬火的齿轮通常被加热到所需的温度，通过在空气或液体淬火冷却介质中冷却，具体工艺过程可以是正火、正火加回火，或者奥氏体化加热后进行淬火和回火。与其他表面强化工艺制得的相比，整体淬火齿轮表面硬度较低，降低了接触应力和扭矩的承载能力。整体淬火处理在机械加工前后均可进行，对于整体淬火钢齿轮，钢的等级、材料成分、齿面及心部的淬透性与硬度以及齿轮质量水平要求，都是需要详细说明的关键参数。与表面渗碳淬火齿轮相比，虽然整体淬火齿轮变形较少，但通常需要后续精加工，尤其是对于需要淬火加回火处理的齿轮。对于可预测且变形均匀的材料，有可能设计出零件，使其在淬火后不需要进行精加工。表2-82为各种淬火齿轮的变形评级。

在动力传动装置应用中，淬火硬化齿轮的使用是有限的，然而通常采用整体淬火来改善机械加工性能，均匀晶粒组织。整体淬火齿轮由于其低表面硬度低，滑动摩擦系数也低，主要用于抗咬合性要求不高的场合。

6. 齿轮的渗氮

表 2-82　整体淬火齿轮变形评级

钢牌号	AMS 标准	AMS 质量	硬度 HRC	变形评级
AISI4340	6414	2300	48/50	好
Maraging 250	6520	2300	49/52	变形可预料，好
Maraging 300	6521/6514	2300	52/56	变形可预料，好
AISI 4140	6382	2300	48/50	好

表 2-83　渗氮对两个渗氮钢力学性能的影响

合金钢牌号	抗拉强度		屈服强度		延伸率（%）（标距 2in）	断面收缩率（%）	心部硬度 HBW
	MPa	ksi	MPa	ksi			
Nitralloy 135 M							
氮化前	950	138	830	120	26	60	320
氮化后	950	138	760	110	4	17	310
Nitralloy N							
氮化前	910	132	790	114	2	59	277
氮化后	1310	190	1240	180	6～15	43	415

在合金钢表面强化工艺中，气体渗氮工件的变形最小。齿轮的渗氮是在密闭的容器或炉中，通过可控方法注入氨气，并加热至 480～565℃（895～1050℉）温度进行的表面处理。在渗氮处理中，氨分解为氮原子和氢原子，扩散进入钢表面，与铝、铬和钒等合金元素形成高硬度的氮化物。这些合金元素各具特性，铝的氮化物具有高表面硬度，其他氮化物则能改善渗层的深度和韧性。虽然炉内氮势是一个关键工艺参数，但钢的化学成分和表面条件对产品性能也有明显的影响。为得到高品质的氮化物层，常采用喷丸、浸蚀和特种涂层等方法对工件进行预处理。除了工艺参数外，钢的化学成分、渗氮前的显微组织和心部硬度也是获得一致性好氮化物渗层和可预测工件尺寸变化的关键因素。在渗氮过程中，在表面形成化合物层，表层下形成扩散层。通过 10～80h 渗氮处理后，获得 0.20～0.65mm（0.008～0.026in）典型渗层深度。和其他的表面渗碳工艺相比，渗氮处理温度低，可减少相变引起变形的风险。此外，通过在精加工和渗氮处理前，进行消除应力工序，可以消除已存在的残余应力。由于变形低，可对精加工后的零件进行渗氮处理。采用低合金钢进行气体渗氮的齿轮，具有高硬度、高耐磨的渗层且成本合理。相对来说，气体渗氮工艺容易控制，产品质量一致性好。该方法主要限制是渗层浅，要求使用特定的渗氮合金钢，以及会形成脆性表层（也被称为白亮层）。该工序在齿轮齿面上形成抗磨损和抗疲劳表面，适合用于低冲击载荷或低接触应力的场合。渗氮齿轮另一个特点是，在较高的温度下可保持高的表面硬度。渗氮钢齿轮齿面硬度可高达 92.5HRC，而对于 AISI 4140、4330 和 4340 钢，表面硬度可高达 85.5HRC。钢渗氮后力学性能变化见表 2-83。

因为齿面的富氮表层硬度高，脆性大，对齿轮寿命有不利影响，因此对其控制显得非常重要。如采用两段气体渗氮代替一段气体渗氮，该白亮层可以减少 50%，厚度从 0.025mm（0.001in）减少到 0.0127mm（0.0005in）。通过珩磨、酸洗或喷细砂工

艺，可除去该白亮层。表 2-84 为不同合金钢采用两段气体渗氮工艺的硬度和白亮层数据。两段渗氮工艺不仅减少了白亮层厚度，还适当改善了其韧性，使它经得起轻微的弹性变形。渗氮层的硬度梯度远比渗碳层陡峭，如图 2-127 所示。如渗氮齿轮齿面具有较低的表面粗糙度和高的表面硬度，齿轮的耐磨寿命得到显著提高。由于过载造成弯曲疲劳和点蚀产生的疲劳累积损伤，因此过载明显降低渗氮齿轮的疲劳寿命。提高齿根圆角表面残余压应力，可以有效地提高弯曲疲劳寿命，尤其对小径节的齿轮。

气体渗氮工件可以得到有益的残余应力，例如，低合金淬火和回火试样在 480℃（895℉）离子渗氮 24h 后，相对光滑试样和缺口试样，疲劳极限分别提高了 55% 和 110%。鉴于合金设计对钢的渗氮性能的重要性，人们在开发定制渗氮钢的合金化方面做了大量的研究工作。奥瓦科公司（Ovako AB）（斯德哥尔摩，瑞典）已开发出 Ovako 225A 钢，该钢成分为 0.17% C、0.85% Mn、1.85% Cr 和 0.55% Mo。该钢含碳量低，使钢具有渗氮效率高、良好的机加工性能和焊接性能以及良好的基体韧性。钢中合金元素铬、钼和锰保证钢具有良好的淬透性和回火稳定性。业已证明，与传统的 31CrMoV9 或 41CrAlMo7 钢相比，Ovako 225A 号钢的渗氮时间减少 30%～50%。此钢号适用于生产用于具有严格变形和公差要求，具有优良疲劳性能要求的液压齿轮泵中轴齿轮。为提高和改善钢的渗氮性能，新日铁和住友金属公司（东京，日本）也开发出了 Sumitoughnit CM1（1.0%Cr，0.1% V，0.2% Mo）和 Sumitoughnit CR1（1.0%Cr，0.1% V）钢。由于在渗氮中可形成较高的残余应力，与传统的 S43C 以及 SCM435 钢号的弯曲疲劳极限（325～365MPa，或 47～53ksi）相比，这些钢的弯曲疲劳极限（425～450MPa，或 62～65ksi）有明显的提高。这些钢适用于生产汽车变速器中高强度的精密齿轮。

表 2-84　不同合金钢的两段气体渗氮的性能

钢牌号	氮化工艺	硬度为 50HRC 的有效深度		白亮层最大厚度		表面最小硬度 HR15N	心部硬度 HRC
		mm	in	mm	in		
Nitralloy 135M	在 525℃（975℉）氮化 10h,28%分解；在 550℃（1025℉）氮化 50h,84%分解	0.457	0.018	0.0127	0.0005	91～92	32～38
Nitralloy N	在 525（975℉）氮化 10h,28%分解；在 525℃（975℉）氮化 50h,84%分解	0.356	0.014	0.0127	0.0005	91～92	38～44
AISI 4140	在 525℃（975℉）氮化 10h,28%分解；在 525℃（975℉）氮化 50h,84%分解	0.635	0.025	0.0178	0.0007	85～87	32～38
AISI 4340	在 525℃（975℉）氮化 10h,28%分解；在 525℃（975℉）氮化 50h,84%分解	0.635	0.025	0.0178	0.0007	84.5～86	32～38
31CrMoV9	在 525℃（975℉）氮化 10h,28%分解；在 525℃（975℉）氮化 50h,84%分解	0.559	0.022	0.0178	0.0007	89.3～91	27～33

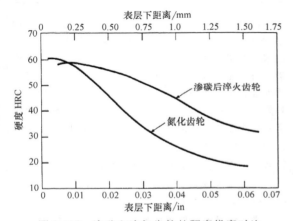

图 2-127　渗碳和渗氮齿轮的硬度梯度对比

齿轮的等离子渗氮是在的大电流等离子体炉内进行，齿轮为阴极，容器壁为阳极。在离子渗氮过程中，容器内抽真空后通入 0.1～10 torr(0.013～1.3 kPa) 氮气。在电压的作用下，产生等离子体，使氮离子轰击齿轮阴极表面并与铁原子结合，在齿轮表面沉积形成氮化铁，随后，氮进一步扩散进入钢表面。等离子渗氮可得到较厚，韧性较高和耐磨性更好的硬化层。此外，离子渗氮工艺的白亮层厚度小于 0.0127mm(0.0005in)，通过更严格工艺控制，可以得到更薄的硬化层。表 2-85 为不同合金钢等离子渗氮后的性能。与常规气体渗氮处理相比，等离子渗氮可以获得更深的硬化层深度。此外，因为可以对白亮层厚度进行更严格控制，等离子渗氮工件具有更高的抗疲劳性能。通过零件在离子渗氮前去应力退火，可对工件变形进行有效控制。

2.6.2　大型齿轮的热处理

针对越野设备、风力发电设备、航空航天设备及轧钢设备所使用的大型齿轮，需要对其热处理工艺进行特别考虑。根据应用的具体需要，可采用前面已介绍的传统工艺，对大型齿轮进行热处理。常采用井式渗碳炉或真空渗碳炉，对大型齿轮进行渗碳。由于大型齿轮绝对变形量明显更高，而变形是渗碳过程中的关键因素，所以热处理后通常需要进行精磨工序。采取一切可能措施，包括严格控制齿轮的淬透性、工件最佳炉内放置、均一的炉温和碳势、控制油淬冷却速度防止或降低变形。即使这样，大型齿轮仍存在有变形，例如在大型环形齿轮的生产过程中，渗碳产生的变形过大。对于这种情况，必须考虑采用渗氮或感应淬火替代渗碳。

在过去的几十年里，已有采用感应加热方法，对齿轮的齿部和轴承的座圈选择性淬火强化，以降低变形，得到细晶马氏体的渗层。对于这些齿轮，表面的高压应力和心部的高韧性，使工件具有高的抗弯疲劳性能。感应淬火工艺适合用于对齿轮的局部，如齿部侧面、根部和齿轮轮齿进行淬火强化。大型齿轮进行感应淬火可采用固定感应加热器和旋转齿轮，或固定齿轮和旋转感应加热器两种淬火结构。风力发电机组大型迴转轴承座的渗层深度要求范围为 2.5～3.5 mm(0.1～0.14in)（见图 2-128）。对于这样关键工件，要专门认真考虑感应圈的精确定位和调整问题。该过程对不同的装置，采用专用工序进行调整，整个过程可实现高度的自动化。对感应器的功率、扫描速度和位置进行优化，以达到所需均匀的温度的要求。在这种大型齿轮感应淬火中，感应淬火的顺序能最大限度降低变形。例如，每间隔跳过两个或三个轮齿，对轮齿进行顺序淬火，可显著减少变形。与齿轮整体加热渗碳相比，感应淬火仅对表面加热淬火。除了对感应器控制外，还可对冷却喷雾装置进行调控，以防止出现不希望的回火现象。也可采用单个或多个感应线圈，对大型座圈进行感应加热。采用单个感应线圈和扫描淬火工艺进行感应淬火是成本最低方法。为了减少软点

表 2-85 常用齿轮材料等离子渗氮的性能

钢牌号	心部硬度 HRC	氮化温度		表面硬度 HR15N	总硬化层深度		白亮层厚度		白亮层组成
		℃	℉		mm	in	mm×10⁻⁴	in×10⁻⁴	
AISI 9310	28~32	520~550	970~1020	89.0	0.305~ 0.711	0.012~ 0.028	38.10~ 80.01	1.50~ 3.15	Fe$_4$N
AISI 4130	28~36	510~ 550	950~ 1020	89.0	0.203~ 0.660	0.008~ 0.026	38.10~ 80.01	1.50~ 3.15	Fe$_4$N
AISI 4140	34~38	510~ 550	950~ 1020	89.0	0.203~ 0.610	0.008~ 0.024	38.10~ 80.01	1.50~ 3.15	Fe$_4$N 或没有
AISI 4340	38~42	510~ 550	950~ 1020	89.0	0.254~ 0.635	0.008~ 0.025	38.10~ 80.01	1.50~ 3.15	Fe$_4$N 或没有
Nitralloy 135M	28~32	510~ 550	950~ 1020	92.0	0.203~ 0.508	0.008~ 0.020	20.32~ 100.33	0.8~ 3.95	Fe$_4$H
Nitralloy N	25~32	510~ 550	950~ 1020	92.0	0.203~ 0.508	0.008~ 0.020	25~ 100.33	1~ 3.95	Fe$_4$N

图 2-128 大型齿轮逐齿（Tooth-by-tooth）感应淬火设置和淬火的风力发电机的大型轴承环
注：大型轴承环外径达 3.5m（138in），重 5 公吨（11000lb）。

和余热回火（temper-back）的影响，可采用彼此呈 180°方向的两个感应器同时进行感应加热。

对用于风力发电机的大型齿轮，渗碳也是一种重要的热处理手段。以前，采用井式渗碳炉处理这样的大型零件。然而，经井式炉渗碳之后，必须将齿轮取出淬火冷却，这会导致表面产生脱碳。最近，通过设计处理这类零件的大型整体密封式淬火炉，解决了该问题。可选择采用高铬、高钼钢生产典型大型齿轮，如采用 4320、4820、9310 和 18CrNiMo7-6 钢可生产直径达 900mm（35in），重量约为 1350 kg（2980 lb）的齿轮。现已开发出了均匀性好，气氛控制的整体密封式淬火炉。此外，采用调整气氛及最

先进的控制系统，可最大限度地减少这些大工件的晶间氧化。根据所规定的硬化层深度要求，典型的渗碳工艺是在 925℃（1700℉）温度进行 24~36h 渗碳。通过注入氨和其他吸热气体，还可进行碳氮共渗处理。如前所述，这类大型齿轮渗碳产生变形最为严重也是最需要注意的问题。采用控制油或水基淬火冷却介质的流速和均匀性，是成功控制淬火变形的关键步骤。

2.6.3 工艺过程建模与设计优化

1. 工业渗碳操作的集成与概率建模（Integrated and Probabilistic Modeling）

热处理工艺是能源密集型生产过程，数学模型是分析和优化这些高能耗工艺的有效工具。开发工业过程模型的总目标是开发出模拟工具，在输入一组参数（如材料、尺寸、工艺过程）后，模拟预测实际生产的质量控制参数（如渗层深度、显微组织、硬度和变形）。在没有大量生产实验的情况下，可采用该模拟工具，通过举一反三设计工艺过程，优化工业工序。工业热处理工艺的建模引入了一些复杂的，困难的工艺参数和影响因素，这类因素包括准确掌握上下游工艺的相互依存关系，随时间改变以及批次不同，钢的成分变化波动，或原料尺寸变动。这些工艺参数变化无法避免。虽然这些变化和波动变化通常是在许可范围以内，但仍可能对产品质量产生重大影响。

人们对渗碳过程中的数学模型和计算机建模已经进行了几十年研究。这些模型已用于：

1) 钢中碳扩散数值检验。

2) 评估渗碳过程中，合金元素对碳迁移到钢表面动力学，以及奥氏体中碳的扩散的影响。

3) 设计工艺流程参数，即温度、时间和碳势，以及优化工业渗碳工艺。

4）通过在线控制系统对生产过程中的碳势进行控制。

此外，残余应力控制和变形控制的建模和控制，对渗碳齿轮而言也是极为关键的辅助手段。

成本建模（cost modeling）的方法是同时考虑工艺过程中所有的关键指标，建立统一的框架，优化工业过程。成本建模的总目标是将工艺参数与性能指标相互关联，进而与总的工艺成本建立联系。成本模型可用于优化工艺参数，并以最低生产成本

运营。

图 2-129 为采用成本建模方法，设计渗碳的全过程优化方法。该步骤如下：

1）用数学模型表示实际工艺过程，从影响工艺的参数（输入参数和控制参数）获得成本动因值（values of cost drivers）。

2）使用成本函数（cost functions），把单个成本动因值转换成整体成本。

3）通过优化控制参数，使整体成本最小化。

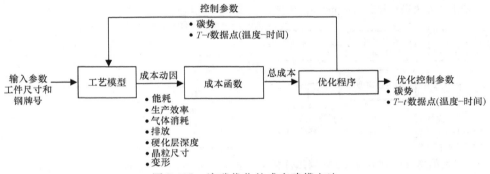

图 2-129　渗碳优化的成本建模方法

事实上，热处理过程建模有确定的解，即每一组条件得到唯一解。然而在现实中，产品中有同批次内和批次之间变化，这种情况无法通过传统的建模方法表现出来。一种能反应批次间工艺参数变化，特别是温度和碳势的概率处理方法（probabilistic approach），在工业渗碳工艺得到应用。通过该方法可对渗碳层深度变化进行预测。该方法包括四个步骤，如图 2-130 所示：

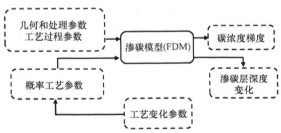

图 2-130　采用概率建模捕获渗碳工艺中的参数，根据渗碳层深度变化预测质量变化
FDM—有限差分法

1）工艺参数变化的统计特性，例如对于不同批次，在工艺流程中的不同阶段（如强渗和扩散阶段）温度和碳势的均值和标准差。

2）在统计范围之内，从工作数据中获得温度和碳势的随机分布。

3）使用有限差分的渗碳模型，对所有的随机分

布进行模拟，获得渗层碳浓度分布和渗层深度。

4）整合模拟结果，并与实验测量值进行对比。

采用一个月的大型渗碳炉的工作记录数据，全面验证了这种方法是有效的。采用该方法，通过观察渗碳工艺参数变化，可以准确预测引起的质量变化。与传统有确定性解的模型相比，该方法通过捕获过程和质量的变化，可提供一个优化工艺流程更可靠的方法。图 2-131 为采用概率建模处理方法，对连续气体渗碳工艺中的时间周期进行了优化。

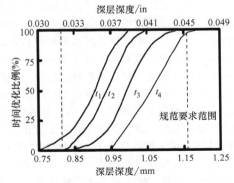

图 2-131　采用概率建模法对渗碳
工艺中时间周期优化

2. 齿轮渗碳过程中降低变形的概率建模（Probabilistic Modeling）方法

以采有限元分析（FEA）为基础，建立了渗碳

过程综合模型。采用该模型对渗碳过程中的温度、显微组织、相结构、残余应力和变形进行了预测。采用相关文献资料中的基准数据和实际参数，对该模型进行了广泛验证。然而，由于需要大量的计算时间，难以将该模型集成到一个优化的框架中。此外，对于一个确定性的模型，难以给出不同批次的工艺过程或材料的变化。

商用钢中化学成分变化，即使在钢的成分规范内，也可能导致力学性能和产品性能产生重大变化。合金元素变化对渗碳工件变形波动的影响，可以用图 2-132 中给出的方法进行捕获（captured）确定：

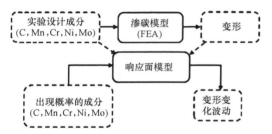

图 2-132　采用概率方法对不同批次渗碳工件合金元素进行捕获，对工件变形变化进行预测

1）渗碳模型。采用基于有限元分析的综合渗碳模型，计算随合金成分变化而产生的变形。在这组模拟中，齿轮几何结构和渗碳工艺保持不变。合金成分在商用钢成分规范内变化。通过模拟结果获得变形的结果。

2）响应面模型（Response surface model）。在实验设计框架（design-of-experiment framework）中，采用了渗碳模型和有中心点的半析因设计（half-factorial design）方法。该综合模型的输出为变形和残余应力。将合金元素作为输入，残余应力和变形作为输出，创建一个响应面。用帕累托分析方法从响应面模型中去除不重要的合金元素变量。响应面模型的主要优势是它的计算速度快，这使它可用于优化设计框架。与采用综合渗碳模型计算需要数小时相比，响应面模型模拟时间仅为几秒钟。然而，必须清楚地认识到，响应面模型应用受其开发的约束条件限制，在目前的情况下，模型中渗碳工艺、输入材料和几何形状因素保持不变，只有合金元素在规范范围内变化，模型最重要的输出是表面最大变形量和最大残余应力。因此，采用响应面模型预测残余应力和变形，仅可研究钢成分变化的影响。

1）最佳成分。通过穷举搜索（exhaustive search）方法以及基于梯度的优化方法和采用响应面模型，可以确定引起的最小变形的最佳成分。

2）概率模型（Probabilistic model）。在当前同种钢的规范范围内，合金元素可随机生成 200 种可能的组合。将这些随机选择数据作为响应面模型的输入，可获得变形的量化数据。该方法是通用的，在响应面模型的开发过程中，可使用任何有意义的输入或输出参数。

例如，模拟的齿轮材料为 SAE 8620 钢，表 2-86 中给出了该钢的成分规范。加热至 930℃（1705℉）温度，在 1.05% 碳势下强渗 3h，而后在 0.8% 碳势下扩散 1h，随后在 840℃（1545℉）温度均热 30min，油淬冷却的小齿轮渗碳工艺进行模拟。采用这些实验数据对综合模型进行了验证。

表 2-86　SAE 8620 钢的成分范围

合金元素	下限（质量分数,%）	上限（质量分数,%）
C	0.17	0.23
Mn	0.7	0.9
Cr	0.4	0.6
Ni	0.4	0.7
Mo	0.15	0.25

为了评估 SAE 8620 钢中化学成分在规范内变化的影响，在规范成分内（见表 2-86）随机为生成 200 组数据。对于这 200 组的数据集，采用响应面模型确定工件变形的变化。在模拟中，表面硬度值为 58HRC，渗层深度值约为 1.2mm（0.05in）。研究了钢成分规范范围基线（100%），以及缩小成分规范范围的 75%、50%、25%、10% 后变形的变化结果如图 2-133 所示。正如所料，随着以均值为中心成分的规范范围缩小，变形波动显著降低，但变形的绝对值并未降低。

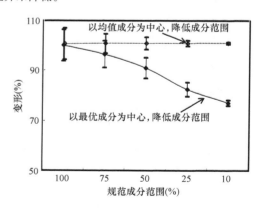

图 2-133　SAE 8620 钢成分在规范范围变化，造成小齿轮渗碳变形的变化

在另一组模拟中，使用穷举搜索法以及基于梯度的优化方法，采用响应面模型，确定钢最小变形的最佳成分。研究发现，最佳成分是 0.17% C、

0.7%Mn、0.4%Cr、0.4%Ni 和 0.25%Mo。除钼位于钢的规范范围的上限外，其他所有合金元素位于规范范围的下限。随后以最佳化学组成范围为中心，该规范成分范围降低到 75%、50%、25% 和 10%。图 2-133 给出了这些模拟的结果。以最佳化学成分为中心，随成分规范范围的减少，变形波动和变形绝对值降低。以最佳成分为中心，钢的成分范围降低 50%，绝对变形量下降了 9%，变形波动减少了 33%。这与采用平均化学成分降低的模拟结果形成强烈反差对比，在后面模拟中，假定绝对变形值保持不变。

在渗碳淬火工序中，齿轮钢中化学成分对变形产生影响，这可以用钢的成分对钢的淬透性和相变的影响进行解释。淬透性对变形有很大的影响。现钢铁制造商已通过控制淬透性和钢的成分规范，来控制钢的变形。

上述研究结果可为渗碳工艺中控制变形提供参考意见。对于本节中的小齿轮渗碳，如采用表 2-86 中 SAE 8620 钢的成分范围，变形波动在 13% 范围。通过缩小商用钢规范中的成分范围，可以显著降低钢的变形波动。然而，对于降低绝对变形量，以最佳成分为中心，紧缩钢的规范成分范围更为有效。

上述工作提供一种研究方法，研究在渗碳期间由于化学成分变化而引起的变形波动。同时也提供一个减少变形波动和减少绝对变形方法。此外，采用两个等效牌号的钢，研究和评估他们在渗碳过程中行为。

2.6.4 综合计算材料工程和设计优化

综合计算材料工程（Integrated computational ma-terials engineering，ICME）是一门跨学科（设计、制造、材料工程）且具有综合特色的新兴学科，其中对计算模型、实验设计和制造工艺进行优化，以减少开发材料体系或制备工艺的时间和成本。为在汽车、航空航天和海洋运业中快速实现 ICME，已经推荐了详细的框架、具体工作流程、方法和行动准则。

采用材料设计框图，计算设计出了三种不同齿轮合金的优化成分，即 Ferrium C61、C64 和 C69。为得到高抗疲劳性、高抗拉强度、高淬透性、高热稳定性和低变形性能的材料，采用了纳米尺度的碳化物强化，对这些合金进行计算设计，设计内容包括了如低压渗碳和回火等所有生产环节。这些合金钢适用于制作高性能齿轮、凸轮轴和轴承，此外还可以用于生产包括越野赛车主轴和直升机旋翼主轴零件。与材料设计的试错法（trial-and-error）相反，计算方法中采用了数据库和数学模型。在优化的框图内，采用的数据库热力学合金设计数据库和能够预测力学性能变化的制造模拟模型。代替试错法的反复尝试和重复试验，这种方法使用虚拟模拟，在要求的过程、成本、环境和寿命的约束条件下，设计出满足性能竞争需求的材料。表 2-87 为采用该计算方法开发的 Ferrium 合金和传统合金的力学性能对比。Ferrium 合金的抗拉强度提高了 35%，可明显降低工件的重量，实现轻量化。此外，高表面硬度提高了钢的疲劳强度，这是齿轮设计的一个关键参数。采用 Ferrium C61 合金制作环形齿轮和小齿轮，其寿命比传统的 8620 或 9310 钢制作的更高。

表 2-87　传统齿轮合金与 Ferrium 合金力学性能对比

钢牌号	屈服强度		抗拉强度		心部硬度	延伸率	断裂韧性		表面硬度
	MPa	ksi	MPa	ksi	HRC	(%)	MPa$\sqrt{m}$	ksi$\sqrt{in}$	HRC
AISI 9310	1069	155	1207	175	34~42	16	93	85	58~62
Pyrowear alloy 53	966	140	1172	170	46~44	16	126	115	59~63
Ferrium C61	1552	255	1655	240	48~50	16	143	130	60~62
Ferrium C64	1372	199	1579	229	48~50	18	93	85	62~64
Ferrium C69	1345	195	1621	235	48~50	19	44	40	65~67

必须强调指出，ICME 是通用的方法，其中集成了设计、制造和材料工程，加速和有效地开发产品。该方法可从多个角度，加快产品的开发，其中包括对特定工件的高效设计。图 2-134 中提出一个综合设计框图，其中耦合了设计、工艺过程和产品验证各阶段，以求获得最优质且耐用的产品。在这个设计框图中，为了优化的目的，设计和有限元分析步骤中耦合了加工和工艺过程的有关内容。这种耦合大大减少了设计中有限元分析的迭代次数，使产品优化设计成为可能。此外，在这个设计框图中，成本和性能已经整合到整体设计之中，将过程模拟中的残余应力分析也并入设计阶段。

渗碳工艺过程在渗碳工件的表面产生残余压应力。综合渗碳模型能够预测工件中的残余应力，并通过试验进行验证。然而，在普遍的被动研究方法中，制造过程和由此产生的残余应力对力学性能的影响被量化，如图 2-135 所示。通过利用设计阶段并入残余应力分析，来生产最优质且耐用的工件，是

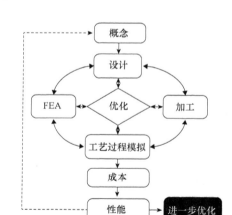

图 2-134　设计优化综合框图
FEA—有限元分析

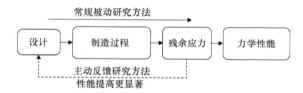

图 2-135　在常规被动研究方法中，通过制造过程产生的残余应力提高了疲劳寿命，但没有杠杆效应；采用主动反馈研究方法，在设计阶段结合考虑残余应力的作用，疲劳寿命提高更明显

提升创造价值的重要机会。

　　在渗碳和其他工艺过程中，在工件的表面产生的残余压应力，提高了疲劳寿命，其原因主要是残余压应力降低了在服役中总的应力。残余压应力也阻止了疲劳裂纹的萌生和扩展。为评价渗碳过程中残余应力的影响和作用，采用行星齿轮的疲劳寿命进行评估。由于减少了平均应力，残余压应力可提高工件疲劳寿命。因此，有残余压应力的工件，在同样的疲劳寿命的条件下，可以承受更大的应变振幅。根据实验测得行星齿轮节圆表面处有约 -250MPa(-36ksi) 的残余压应力，采用综合模型对该齿轮的疲劳寿命进行计算。结合了残余压应力，在 600MPa(87ksi) 的应力条件下，疲劳寿命增加几乎七倍。此外，在高频应力条件下，残余压应力的优势要高于低频应力条件。显然，根据该研究结果，可以进行优化设计和减轻工件重量。例如，可选择采用具有残余应力更小直径的轴，在达到同样疲劳寿命的情况下减少大约 12%重量。再例如，在设计中考虑到残余应力因素，通过喷丸处理，工件的重量也可减少 5%~8%。

参 考 文 献

1. *Gear Industry Vision*：*A Vision of the Gear Industry in* 2025，developed by the gear community (Publisher)，Sept 2004.

2. F. J. Otto and D. H. Herring，Gear Heat Treatment，Part I，*ASM Heat Treat. Prog.*，June 2002，p 55-59.

3. A. K. Rakhit，*Heat Treatment of Gears*：*A Practical Guide for Engineers*，ASM International，2000.

4. H. W. Zoch，Distortion Engineering—Interim Results after One Decade Research within the Collaborative Research Center，*Mater. wiss. Werkst. tech.*，Vol 43，2012，p 9-15.

5. B. Clausen，F. Frerichs，T. Kohlhoff，T. Lübben，C. Prinz，R. Rentsch，J. Sölter，H. Surm，D. Stöbener，and D. Klein，Identification of Process Parameters Affecting Distortion of Disks for Gear Manufacture，Part II：Heating，Carburizing，Quenching，*Mater. wiss. Werkst. tech.*，Vol 40，2009，p 361-367.

6. E. Brinksmeier，T. Lübben，U. Fritsching，C. Cui，R. Rentsch，and J. Sölter，Distortion Minimization of Disks for Gear Manufacture，*Int. J. Mach. Tools Manuf.*，Vol 51，2011，p 331-338.

7. T. Inoue，Y. Watanabe，K. Okamura，M. Narazaki，H. Shichino，D. Y. Ju，H. Kanamori，and K. Ichitani，A Cooperative Activity on Quenching Process Simulation—Japanese IMS-VHT Project on the Benchmark Analysis and Experiment，*Trans. Mater. Heat Treat.*，*Proc. 14th IFHTSE Congress*，Vol 25，2005，p 28-34.

8. Y. Watanabe，D. Y. Ju，H. Shichino，K. Okamura，M. Narazaki，H. Kanamori，K. Ichitani，and T. Inoue，Cooperative Research to Optimize Heat Treating Process Condition by Computer Based Technology，*Solid State Phenom.*，Vol 118，2006，p 349-354.

9. G. Parrish，*Carburizing*：*Microstructures and Properties*，ASM International，1999.

10. S. S. Sahay，Annealing of Steel，*Steel Heat Treating Fundamentals and Processes*，Vol 4A，*ASM Handbook*，ASM International，2013，p 289-304.

11. O. K. Rowan and G. D. Keil，Gas Carburizing，*Steel Heat Treating Fundamentals and Processes*，Vol 4A，*ASM Handbook*，ASM International，2013，p 528-559.

12. G. E. Totten，J. L. Dossett，and N. I. Kobasko，Quenching of Steel，*Steel Heat Treating Fundamentals and Processes*，Vol 4A，*ASM Handbook*，ASM International，2013，p 91-157.

13. D. S. MacKenzie and I. Lazerev，Care and Maintenance of Quench Oils，*Proc. 23rd ASM Heat Treating Conference*，Sept 2005，p 196-202.

14. C. A. Stickels，Gas Carburizing，*Heat Treating*，Vol 4，*ASM Handbook*，ASM International，1991，p 312-324.

15. K. Funatani, Residual Stresses during Gear Manufacture, *Handbook of Residual Stress and Deformation of Steel*, G. Totten, M. Howes, and T. Inoue, Ed., ASM International, 2002, p 437-457.

16. M. Przylecka, W. Gestwa, L. C. F. Canale, X. Yao, and G. E. Totten, Sources of Failures in Carburized and Carbonitrided Components, *Failure Analysis of Heat Treated Steel Components*, L. C. F. Canale, R. A. Mesquita, and G. E. Totten, Ed., ASM International, 2008, p 177-240.

17. V. Heuer, Low-Pressure Carburizing, *Steel Heat Treating Fundamentals and Processes*, Vol 4A, ASM Handbook, *ASM International*, 2013, p 581-590.

18. G. D. Lindell, H. H. Herring, D. J. Breuer, and B. S. Matlock, Atmosphere vs. Vacuum Carburizing, *ASM Heat Treat. Prog.*, Nov 2001, p 33-41.

19. C. Zimmerman, J. Hall, D. McCurdy, and E. Jamieson, Comparison of Residual Stresses from Atmosphere and Low Pressure Carburization, *ASM Heat Treat. Prog.*, July 2007, p 41-46.

20. C. Laumen, B. Clausen, and F. Hoffmann, Hydrogen Pick-Up during Low Pressure Gas Carburising Compared with Traditional Gas Carburizing Process, *Proc. 24th ASM Heat Treating Society Conference*, Sept 17-19, 2007, p 369-375.

21. V. Heuer, K. Loeser, G. Schmitt, and K. Ritter, "Integration of Case Hardening into the Manufacturing Line: One Piece Flow," AGMA Technical Paper 11FTM23, 2011.

22. M. Kubota and T. Ochi, "Development of Anti-Coarsening Extra Fine Steel for Carburizing," Nippon Steel Technical Report 88, July 2003, p 81-86.

23. R. Gorockiewicz, A. Adamek, and M. Korecki, The LPC Process for High Alloy Steels, *Gear Solutions*, Sept 2008, p 40-51.

24. V. Rudnev, D. Loveless, R. Cook, and M. Black, Induction Hardening of Gears: A Review, *Heat Treat. Met.*, Vol 4, 2003, p 97-103.

25. V. Rudnev and J. Storm, Induction Hardening of Gears and Gearlike Components, *Induction Heating and Heat Treatment*, Vol 4C, *ASM Handbook*, ASM International, 2014.

26. K. Funatani, Nitro-Carburizing and Nitriding Technology, The State and Development of Processing Technology, *Proc. 23rd ASM Heat Treating Society Conference*, Sept 25-27, 2005, p 141-146.

27. R. Leppänen and H. Jonsson, "Properties of Nitrided Components—A Result of the Material and the Nitriding Process," Technical Report 1, Ovako Steel Sweden, 1999, p 1-14.

28. Y. Kurikawa, Y. Kamada, and K. Nishida, Soft-Nitriding Steel, *Sumitomo Search*, No. 59, Sept 1997, p 71-73.

29. M. Jaster, Manufacturer's Guide to Heat Treating, *Gear Technol.*, March 2012, p 43-48.

30. G. Doyon, D. Brown, V. Rudnev, F. Andrea, C. Sitwala, and E. Almeida, Induction Heating Helps Put Wind Turbines in High Gear, *ASM Heat Treat. Prog.*, Sept 2009, p 55-58.

31. M. LaPlante, Carburizing Wind Turbine Gears, *Gear Solutions*, May 2009, p 32-37.

32. W. Titus, "Improving Heat Treating Flexibility for Wind Turbine Gear Systems through Carburizing, Quenching and Material Handling Alternatives," AGMA Technical Paper 10FTM02, American Gear Manufacturers Association, p 1-19.

33. S. S. Sahay, Modeling of Industrial Heat Treatment Operations, *Handbook of Thermal Process Modeling Steels*, C. H. Gur, Ed., CRC Press, 2009, p 313-339.

34. C. A. Stickels, Analytical Models for the Gas Carburizing Process, *Metall. Trans. B*, Vol 20, 1989, p 535-546.

35. O. Karabelchtchikova and R. D. Sisson, Carbon Diffusion in Steels: A Numerical Analysis Based on Direct Integration of the Flux, *J. Phase Equilibria Diffus.*, Vol 27, 2006, p 598-604.

36. O. K. Rowan and R. D. Sisson, Effect of Alloy Composition on Carburizing Performance of Steel, *J. Phase Equilibria Diffus.*, Vol 30 (No. 3), 2009, p 235-241.

37. S. S. Sahay and K. Mitra, Cost Model-Based Optimization of Carburizing Operation, *Surf. Eng.*, Vol 20, 2004, p 379-384.

38. S. S. Sahay and C. P. Malhotra, Cost Model for Gas Carburizing, *ASM Heat Treat. Prog.*, Vol 2, March 2002, p 29-32.

39. T. Re'ti, Residual Stresses in Carburized, Carbonitrided, and Case-Hardened Components, *Handbook of Residual Stress and Deformation of Steel*, G. Totten, M. Howes, and T. Inoue, Ed., ASM International, 2002, p 189-208.

40. Z. Li, L. Ferguson, X. Sun, and P. Bauerle, Experiment and Simulation of Heat Treatment Results of C-Ring Test Specimen, *Proc. 23rd ASM Heat Treating Society Conference*, Sept 25-28, 2005, p 245-252.

41. S. S. Sahay, A Probabilistic Modeling Approach for Industrial Carburizing Operation, *Proc. 24th ASM Heat Treating Society Conference*, Sept 17-19, 2007, p 261-264.

42. S. S. Sahay, V. Deshmukh, and M. El-Zein, A Probabilistic Approach to Examine the Effect of Chemistry Variations on Distortion during Industrial Gas Carburizing, *J. Mater. Eng. Perform.*, Vol 22, 2013, p 1855-1860.

43. V. Deshmukh, S. S. Sahay, G. Deshmukh, E. M. Johnson, and M. El-Zein, Simulation and Optimization of Distortion in the Carburized Components, *Proc. ASM*

M&MT Conference (Mumbai), 2011, p 1-4.

44. J. Goldak, J. Zhou, S. Tchernov, and D. Downey, "Validation of VrHeatTreat Software for Heat Treatment and Carburization," Goldak Technologies Inc., Ottawa, Canada, 2007.

45. J. M. Tartaglia and G. T. Eldis, Core Hardenability Calculations for Carburizing Steels, *Metall. Trans. A*, Vol 15, 1984, p 1173-1183.

46. W. T. Cook, P. F. Morris, and L. Woollard, Calculated Hardenability for Improved Consistency of Properties in Heat Treatable Engineering Steels, *J. Mater. Eng. Process.*, Vol 6, 1997, p 443-448.

47. M. Cristinacce, Distortion in Case Carburized Components—The Steel Makers View, Heat Treating: *Proc. of the 18th Conference*, R. A. Wallis and H. W. Walton, Ed., ASM International, 1999, p 5-11.

48. "Integrated Computational Materials Engineering (ICME): Implementing ICME in the Aerospace, Automotive, and Maritime Applications," a study organized by TMS, Warrendale, PA, 2013.

49. J. A. Wright, J. T. Sebastian, C. P. Kern, and R. J. Kooy, Design, Development and Application of New, High-Performance Gear Steels, *Gear Technol.*, Jan/Feb 2010, p 46-53.

50. S. S. Sahay and M. El-Zein, Technology Vision: Residual Stress Engineering for Leaner, Greener and Safer Design, *Surf. Eng.*, Vol 27, 2011, p 77-79.

51. A. P. Zhigun, G. P. Guslyakova, A. B. El'kin, and L. D. Sokolov, Fatigue Strength of Straightened Machine Parts, *Met. Sci. Heat Treat.*, Vol 22, 1980, p 256-259.

2.7 轴承的热处理

使用滚动部件来方便移动重物的做法可追溯到古代，正如人们所知，滚动轴承概念是由列奥纳多·达·芬奇提出的[1]，但它实际上是工业革命的产物。机械设备承受中等至重型载荷时，运动部件几乎都需要采用滚动轴承，使工作更可靠、寿命更长久且所需输入功率更少。随着货运（从货车，铁路到轮船）和客运（从自行车，汽车到飞机）发展，机械设备使用不断增多，轴承的数量和类型需求也日益增加。热处理理论和工艺的不断发展，并广泛用于包括轴承在内的各个领域。有很多类型的滚动轴承，它们由各种各样的零部件所构成。重载轴承通常由内圈和外圈（滚道）以及位于它们中间的球状或柱状滚动体组成，以保证轴承具有最小的滚动摩擦系数。在大多数情况下，每个零部件都需经过专门的热处理。通过选择热处理工艺和具体热处理参数，使轴承部件达到所要求的冶金、力学性

能及使用特性。选择和设计合理的热处理工艺，取决于诸多因素。需要考虑生产能力、性能、成本、适用性等因素，此外，还必须了解最终产品的技术要求。必须将质量工程与所有工程学科和经济学科作为一个整体综合考虑，其中，热处理工艺需满足各种可能相互矛盾条件，需要实现优化。在作各种设计和热处理决定时，必须回答的以下两个基本问题："产品要求是什么？"和"工艺要求是什么？"

（1）产品要求 在服役期间，轴承/轴承部件必须承受什么，严酷的应用条件是什么以及设计使用年限是多少，轴承能否性能优越或是否能满足使用设计年限（例如，是否有其他因素会导致轴承早期失效）？在工作中，轴承的载荷、润滑油、温度和涉及污染物是什么？此外，还必须考虑很多其他的服役和性能问题。

（2）工艺要求 如何生产加工轴承零件，最重要的热处理设备是否已经到位或采购的新设备是否在决策流程中，如何实现具体的冶金和力学性能要求，采用热处理或机械设备，或二者兼顾，是否能获得特殊的力学性能？对轴承的表面特殊性能要求方面，又如何优化最终的精加工，以满足工件要求？此外，还必须考虑很多其他工艺因素。

工艺开发和产品开发二者是不可分割的，它们相互高度依存，当设计或选择何种热处理工艺时，二者都必须要认真考虑。在考虑产品成本时，常需仔细考虑很多因素，例如需要考虑材料、热处理和其他设计选择，以及满足物流、供应链和库存等方面的要求。这并不意味着热处理的设计不重要，如果热处理工艺正确，能在满足所有产品和工艺要求的同时，实现经济与制造和性能统一的目标。

2.7.1 轴承类型

有许多不同标准轴承类型，在许多情况下，每种类型中又细分为几个子类：

（1）滚珠轴承

1）径向接触轴承：深沟单列轴承、深沟双列轴承、仪表轴承。

2）角接触轴承：单列角接触轴承、双列角接触轴承、调心双列角接触轴承、双半内圈角接触轴承。

（2）推力轴承

1）球型推力轴承。

2）滚柱推力轴承：圆柱形推力轴承、滚针推力轴承、球面形推力轴承、锥形滚柱轴承。

（3）滚柱轴承

1）径向滚柱轴承：圆柱形轴承、滚针轴承。

2）球面形轴承。

3）锥形轴承。

（4）轮毂轴承

1）第 1 代轴承。

2）第 2 代轴承。

3）第 3 代/环形轴承。

4）卡车轴承。

（5）直线运动轴承

（6）关节轴承

（7）滑动轴承

通常，轴承可以分为点接触轴承和线接触轴承。在很大程度上，根据相关的载荷和应力要求，决定了每种轴承设计时采用最适合的材料和热处理工艺。由于接触区几何形状和面积的差异，对于等效最大赫兹接触应力，线接触轴承接触应力相对较低，但最大切应力深度比点接触轴承明显要深。相比之下，点接触轴承具有更高的静态载荷，在接触区具有 0.0001×滚动体直径的永久塑性变形。例如，相对于材料 580ksi（4.0GPa）的抗压强度，承受 609/667ksi（4.2/4.6GPa）的应力。

点接触轴承具有更高压强，历史上通常采用均匀的高碳钢作为其材料，其热处理通常采用奥氏体化加热，淬火至马氏体，而后经回火。线接触轴承也可采用整体淬火钢，但其热处理通常采用表面强化工艺（如渗碳、渗氮、感应淬火或它们的组合），达到和实现服役性能。由于有较高的切应力要求，就需要保证表面强化后就有足够深度的硬化层。

2.7.2　轴承的设计参数、性能特点和材料要求

与轴承相关的各种设计参数包括有：

1）化学污染。

2）机械污染。

3）最小摩擦力。

4）高精度及优化的尺寸。

5）轴向载荷。

6）径向载荷。

7）推力载荷。

8）复合载荷。

9）弯矩（扭转）载荷。

10）偏移度。

11）噪声。

12）定位。

13）浮动位置。

14）速度。

15）刚度。

16）表面粗糙度。

以上这些并未涵盖全部的设计参数，但给出了不同类型轴承所需的基本要求。在相关参考文献中，Harris 和 Kotzalas 对滚动轴承的理论和工程应用，进行了深入的分析及详细的介绍。由于这些参数随不同的应用而变化，需针对具体的服役条件，对轴承工作性能和寿命提出要求。在大多数情况下，要求轴承能在受以下一个或多个要求下工作：

1）降低润滑剂效用。

2）降低润滑油清洁度。

3）提高连续载荷。

4）增加环境恶劣程度。

5）提高冲击载荷。

6）提高速度。

7）提高温度。

为维持轴承使用性能，需要具有以下各种材料性能：

1）耐蚀性。

2）抗疲劳性能。

3）热稳定性能。

4）抗磨料磨损。

5）抗黏着磨损。

6）抗突然失效。

轴承损坏或失效的原因各有不同，这是由于不同失效方式之间相互制约的结果。这里也并未列出所有失效的原因和方式，但通过这些，可以清楚采用什么样的热处理方法，才能获得满意的性能要求。

2.7.3　金相组织要求和热处理工艺选择

当了解轴承的工作环境，并明确了使用性能和材料特性，则可以清楚地知道轴承的金相组织要求。轴承的理想金相组织和性能要求为：

1）钢的纯净度/内在品质要求。

2）晶界析出。

3）晶粒度。

4）硬度/强度。

5）显观组织控制：贝氏体、铁素体、马氏体、珠光体、残留奥氏体、第二相粒子、相稳定性。

6）表面钝化。

7）残余应力/表面压应力。

8）韧性。

9）性能一致性。

应根据前面提及的材料和性能特性的要求，选择不同的热处理。各种轴承常用的热处理设备和工艺包括：

1）整体淬火：热处理炉、马氏体淬火和回火、分级淬火、贝氏体等温淬火。

2）感应深层加热淬火：马氏体淬火和回火。

3）回火：热处理炉回火、感应加热回火。

4）表面硬化：渗碳（直接淬火、二次加热淬火）、碳氮共渗、感应加热表面淬火、渗氮、铁素体氮碳共渗、复合强化。

热处理的选择取决于轴承的服役条件以及轴承制造工艺，每个轴承组件所需要进行的热处理都不同，在根据轴承组件的性能要求，确定每个轴承组件采用不同的热处理工艺，使其具有应具备的性能。例如，采用不同材料制作的轴承滚道，彼此间性能就不同。此外，在设计参数上，内滚道和外滚道会有很大差异，这样即使采用相同的材料制作，热处理的技术条件也应该不同。因此，必须为每个轴承组件的热处理工艺进行设计和实施。在本手册各章节中，对各种具体热处理工艺过程（如渗碳、渗氮、感应淬火等）进行了介绍。这里主要介绍选择工艺过程要考虑的因素，即为什么针对该工件，这是最佳热处理工艺？

针对各种轴承类型，有许多材料、热处理工艺以及各种材料和工艺组合可供选择。根据选择的材料和工艺不同，生产的轴承性能也不同。在轴承选材和热处理工艺设计和实施过程中，建议热处理工程师需与轴承设计和材料专家紧密配合。在轴承生产中，这种相互协同使得许多新的热处理技术被采用。这些热处理技术大多需要专门的热处理设备和工艺辅助设备。

2.7.4 整体淬火

在 19 世纪后期，人们发现有些钢经过热处理后，硬度会变得非常高。在 20 世纪初，人们开发出了现代轴承，该轴承采用高碳钢生产，通过热处理提高硬度和强度，以达到理想的轴承寿命。

最早使用的轴承钢是 19 世纪末，法国人发明用于生产餐具和工具的钢种，钢成分为 1%C 和 1.5%Cr。该种钢具有很高的硬度，用这种钢生产轴承，性能得到广泛认可。该钢经热处理后，在常见轴承厚度范围内，形成均匀马氏体组织，因此成为最早的整体淬火（through-hardening）轴承钢。到 1920 年，在世界范围内，化学成分为 1%C 和 1.5%Cr 的轴承钢被工业发达国家所广泛接受，并被给予认可的钢牌号。部分国家大气冶炼高碳铬（1%C 和 1.5%Cr）轴承钢的标准和牌号为：

国家	国家标准/钢牌号	国际标准化组织	ISO 683-17
加拿大/美国	ASTM A295/52100	高淬透性牌号	
英国	BS970/EN-31	美国	ASTM A485 Grades 1-4
法国	NF A35-552/100C6	日本	JIS G 4805
德国	DIN 17230;2011-12/100Cr6		SUJ3（~A485 Grade 1）
日本	JIS G 4805/SUJ2		SUJ5（~A485 Grade 3）
中国	GB/T 18254-2002/GCr15	德国	100CrMnSi4-4（~A485 Grade 1）
俄国	GOST 801-78/ShKh15G		100CrMnSi6-6（~A485 Grade 2）
印度	BS970/EN-31		

有关轴承和轴承材料的历史可在相关文献中找到。

2.7.5 马氏体热处理

在北美，这种 1%C 和 1.5%Cr 整体淬火钢被命名为 52100。这种轴承钢得以广泛使用的主要原因是，采用盐浴炉或热处理炉进行油淬火性能一致性好（假设原料满足硬度、显微组织、晶粒尺寸等规格要求）。52100 轴承钢马氏体强化的标准热处理工艺为：

1）在 0.9%~1%碳势的吸热式气氛或中性气氛下，在 815~855℃（1500~1570℉）奥氏体化加热 15~40min，工件每增加 1in 厚度，保温时间增加 30min。

2）淬火，淬入低于或等于 150℃（300℉）的搅拌淬火油（马氏体淬火）；或淬入大于或等于 230℃（445℉）的熔融盐（贝氏体淬火）。

3）在 150~230℃（300~445℉）温度下回火 2~4h（58~64HRC）。

热处理后淬火态硬度通常为 64~67HRC，图 2-136 为 52100 钢回火温度与硬度的关系。

52100 轴承钢回火目的是保持高回火硬度的同时，使钢具有一定的韧性。轴承硬度应不小于 58HRC，以保证在服役中，具有理想的滚动接触疲劳性能。该标准要求最高回火温度不大于 260℃（500℉），轴承钢回火的另一个目标是达到标准 DIN-623 中要求的尺寸稳定性。该问题将在接下来部分进行更全面的讨论。

2.7.6 热处理变形控制

自从对第一个环形轴承套圈进行热处理开始，轴承制造商就面对轴承套圈不圆和超差的问题。人们对该问题已进行了广泛研究，采纳了许多新技术，解决了不同程度的复杂问题。该问题棘手的主要原因是，它涉及到许多因素之间的相互作用，其中包括原材料中的残余应力、轴承套圈加工制备中产生

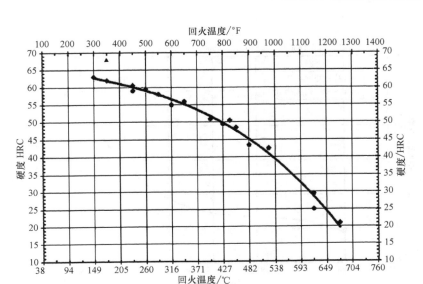

图 2-136　52100 钢回火温度与硬度的关系

的残余应力、奥氏体化加热过程中应力松弛的位置和程度、轴承套圈在淬火过程中引起的新残余应力，以及轴承套圈精磨工序对这些应力之和的影响。在相关文献中，分别对轴承套圈制造加工和热处理引起变形进行了研究。有大量控制轴承套圈热处理变形的方法，但超出本节讨论范围，如需要进一步深入研究，请参考有关参考文献。

2.7.7　整体淬火轴承钢尺寸的稳定性

52100 轴承钢淬火态微观组织中有一定数量残留奥氏体，通过热处理工艺，可以对残留奥氏体的数量进行控制。整体淬火轴承钢显微组织中残留奥氏体数量对滚动轴承的工作运行至关重要，尤其是精密轴承，在生产制造中，常采用万分之一英寸精度控制间隙，采用百万分之一英寸精度控制公差。

轴承的尺寸稳定性是倍受关注的问题，这意味着轴承的热处理要考虑和防止在服役条件下轴承径向尺寸变形过大问题。产生服役条件下变形过大的原因有，随温度提高或在低于零下温度服役，残留奥氏体转变为马氏体组织，导致套圈径向尺寸膨胀，或由于轴承在高温服役，造成马氏体连续回火，引起尺寸收缩。整体淬火轴承钢的显微组织要求均匀分布，因此残留奥氏体组织也要求分布均匀。如果在服役中残留奥氏体转变为马氏体，可能会失去轴承滚动体与滚道之间的间隙，轴承会出现"抱死（lock up）"现象，从而导致机器损坏或发生故障。由于直径较大的轴承，尺寸变化（径向增长）比例更大，会完全消除轴承的间隙，因此对于直径较大的轴承，该问题尤为重要。为防止出现该情况，必须仔细地测量和控制钢中残留奥氏体的数量。常采用 X 射线衍射技术，精确测定轴承钢中残留奥氏体含量。

为控制轴承在服役中的残留奥氏体数量，必须控制 52100 轴承钢的热处理工艺。通常认为，对大多数普通应用，残留奥氏体数量应控制在小于 10%（非稳态），而对与高精密应用轴承，奥氏体数量应控制在小于 3%（稳态）。图 2-137 为通过控制奥氏体化温度和回火温度，将成品轴承中的残留奥氏体控制在较低的数量。实际上，采用 232℃（450℉）的回火温度，可以有效地将残留奥氏体转变为回火马氏体。国际标准 DIN 623《滚动轴承》为 52100 钢在具体的服役温度下实现尺寸稳定性，提供了回火工艺制定指导。

组织为非稳态的轴承组件含有一定数量的残留奥氏体，当奥氏体分解为马氏体或贝氏体组织时，轴承尺寸可能发生变化。这些组件稳定性取决于轴承的服役工作温度。图 2-138 和图 2-139 分别为非稳态和稳态 52100 钢轴承组件在不同温度下时效时尺寸的变化。与非稳态组件相比，经 230℃回火的稳定组件，在 150℃（300℉）和 175℃（350℉）时效，径向尺寸变化极小。只有在 220℃（430℉）时效后，由于发生了马氏体回火，稳定轴承组件才显示出径向尺寸发生了变化（收缩）。高精度和极高精密轴承组件间的径向间隙极其微小，因此，必须进行稳定化处理。基于这个原因，高精度轴承套圈在回火之前，通常采用-85℃（-120℉）温度进行冷处理，使残留奥氏体转变为淬火马氏体。冷处理对减少或消除淬火钢中的残留奥氏体非常有效。

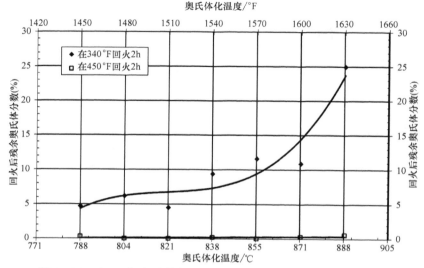

图 2-137 52100 钢奥氏体化温度和回火温度对残留奥氏体的影响

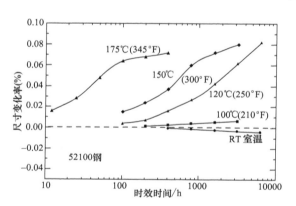

图 2-138 52100 钢非稳态轴承组件在
不同的温度时效尺寸变化

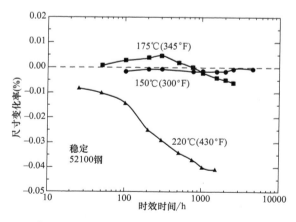

图 2-139 52100 钢稳态轴承组件在不同的
温度失效尺寸变化

当奥氏体化温度超过推荐或传统奥氏体化温度时，钢的组织中残留奥氏体数量会显著增多，如图 2-137 所示。钢中残留奥氏体数量的增多，不利于整体淬火轴承钢淬火态硬度。经过合适的热处理后，52100 轴承钢的淬火态硬度为 64~67HRC。如果淬火硬度偏低，则通常表明采用的淬火工艺不正确，这也可作为对热处理工艺评价的依据。

2.7.8 整体淬火轴承钢晶粒尺寸

经过适当热处理，52100 等整体淬火轴承钢得到细小晶粒，有利于提高钢的韧性（抗断裂性能）和滚动接触疲劳性能。获得细晶粒尺寸（ASTM E112 标准 晶粒度 8 或更细），其部分原因是炼钢过程（脱氧）中形成氮（碳）化铝，在钢的热加工过程中，这些氮（碳）化铝阻止了晶粒粗化。获得细晶的另一个原因是，由于组织中有大量球状碳化物（渗碳体和富铬碳化物）的存在。在较低奥氏化温度或在相对短的保温时间内，这些碳化物钉扎晶界，阻止了晶粒长大。图 2-140 为 52100 钢，经适当热处理后的理想显微组织。如果淬火温度过高或是保温时间过长，大量的球状碳化物溶解于基体，造成马氏体尺寸增大，晶粒尺寸粗化。如出现这种组织变化，则钢的脆性增大，韧性降低，轴承的使用寿命降低。对整体淬火轴承钢而言，钢的晶粒度为 ASTM E112 5 或更粗，则轴承的抗疲劳性能明显下降。

2.7.9 影响整体淬火轴承钢的淬火问题

52100 钢是中等淬透性低合金钢。钢中氮（碳）化铝颗粒细化了晶粒，提高了韧性，但细晶的组织也降低钢的淬透性。在完全淬火的条件下，

图 2-140　52100 钢的轴承经适当热处理后
的理想显微组织

注：黑色基体相是细小的回火马氏体，白色相为点状渗
碳体；4%硝酸浸蚀液腐蚀，放大倍率 1000×。

52100 钢最大淬透截面约为 19mm（0.75in.）。如
果轴承的截面尺寸比最大淬透截面大，或者是淬火
工件尺寸超过淬火的散热能力，则会导致工件的淬
火转移时间过长，出现不完全淬火情况。如出现不
完全淬火，导致淬火中出现非马氏体组织（深色浸
蚀组织，缓冷组织和上贝氏体）。非马氏体组织以
明显深色分布在马氏体基体中，如图 2-141 所示。

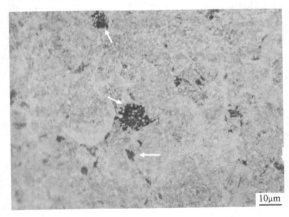

图 2-141　52100 钢不完全淬火非马氏体组织
（深色浸蚀区域）4%硝酸浸蚀液轻度腐蚀

图 2-142 为 52100 钢的时间-温度转变图。从图
中可以看到，工件在淬火过程中，必须迅速冷却避
开贝氏体"鼻尖"温度，避免形成非马氏体组织。
工件必须在 10s 以内，冷却到 450℃（840℉）以下
温度，以避免形成贝氏体组织。图 2-142 中的虚线
表示为不完全淬火的冷却速度，在该冷却速度下，
与贝氏体的"鼻尖"温度相交。生产实践中判断是
否出现非马氏体组织或者其他问题的简单方法是：
检查淬火态试样硬度是否低于 63HRC。

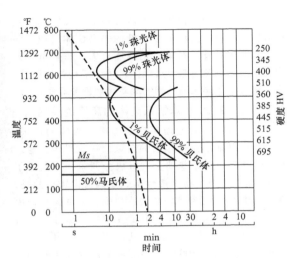

图 2-142　经 860℃（1580℉）奥氏体化
加热 10min 的 52100 钢的时间-温度转变图

虚线模拟工件不完全淬火，与贝氏体的"鼻尖"
温度相交后再到达马氏体开始（Ms）温度，冷却到室
温。组织为马氏体基体加少量贝氏体的组织。

端淬试样上的 3 个点代表不同的冷却速度，左
边点为非常快的冷却速率，右边点为相对慢的冷却
速率，每条冷却曲线与不同的相转变区相交，得到
不同的显微组织。

图 2-143 为采用 52100 钢端淬试样，经 845℃
（1550℉）奥氏体化加热的连续冷却转变图。试样以

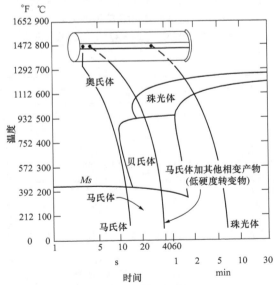

图 2-143　采用 52100 钢端淬试样，经 845℃
（1550℉）奥氏体化加热的连续冷却转变图

不同的速度冷却，通过不同的相转变区，得到不同
的显微组织。采用端淬试样第二点的冷却速度，预

期得到的组织为马氏体加上部分如上贝氏体等非马氏体转变产物。这种硬度较低的非马氏体组织，弱化了马氏体基体，对轴承钢性能有害。非金属夹杂物和孔洞，以及类似上贝氏体组织为不均匀的组织，均会降低整体淬火轴承钢的滚动接触疲劳寿命。

2.7.10　52100 轴承钢系列中的高淬透性钢

为了克服产品截面厚度受淬透性影响的局限，为了防止出现不完全淬火的现象，一直以来，通过在 52100 钢的成分基础上进行成分调整，开发出了 52100 钢系列中的高淬透性钢。尤其值得指出的是，在 ASTM A485 标准 52100 钢系列中，通过提高钢中锰和钼合金的含量，开发出了 4 种高淬透性钢。通过端淬淬透性试验的计算机模拟，得到了 ASTM A295 标准中的 52100 大气熔炼轴承钢与 ASTM A485 标准中的高淬透性轴承钢之间淬透性差异，如图 2-144 所示。可以看出，高淬透性轴承钢的淬透性有明显的提高，这使得整体淬火轴承钢有望可用于生产大型轴承的厚套圈，以及有望可采用控制轴承套圈变形的压力淬火工艺。推荐的高淬透性轴承钢的热处理是：

1）在 0.9%～1% 碳势的吸热式气氛或中性气氛下，在 815～830℃（1500～1525℉）奥氏体化加热 30～60min，工件每增加 1in 厚度，保温时间增加 30min。

2）淬火，淬入低于或等于 150℃（300℉）的搅拌淬火油（马氏体淬火）；或淬入大于或等于 230℃（445℉）的熔融盐（贝氏体淬火）。

3）在 220～245℃（430～475℉）温度下回火 4h（58～62HRC）。

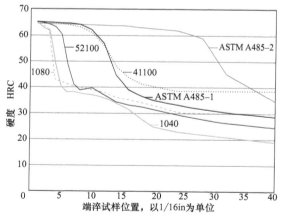

图 2-144　不同整体淬火轴承钢淬透性结果

即使低淬透性钢能得到完全马氏体显微组织，但在很多情况下，还是采用高淬透性的整体淬火钢代替低淬透性钢（如 ASTM-A485 等级 1 取代

52100）。通过附加热处理和整体淬火钢选材，提高了轴承在污染环境中的疲劳寿命。从淬透性的角度看，使用高淬透性钢是大材小用了，但提高了钢的淬透性，可以采用较慢的淬火冷却速率，减少残留奥氏体形成量。此外，还可以选择较低的淬火温度，得到超细、碳含量较低的马氏体组织。

如前所述，不是对所有的轴承，都可采用同一种材料和热处理工艺达到最佳性能的，必须根据实际要求，选择最佳的工艺。有关这一点，可以用钢组织中残留奥氏体的作用进行说明。当轴承尺寸稳定性是关键技术要求时，必须尽可能降低钢中的残留奥氏体，而在一定范围内，随残留奥氏体含量的增加，钢的疲劳寿命提高。较高的残留奥氏体数量、超细晶粒尺寸和较低含碳量的马氏体组织相结合，可使钢具有很好的塑性和韧性，能有效提高在清洁或污染环境服役轴承的疲劳寿命。

2.7.11　贝氏体热处理（贝氏体等温淬火）

贝氏体热处理是代替整体淬火轴承钢马氏体热处理的另一种热处理工艺，也称为贝氏体等温淬火（austempering）。与马氏体淬火相比，贝氏体等温淬火是一个等温的过程。贝氏体是铁素体和渗碳体的混合物，受碳在铁素体和渗碳体之间扩散控制。与马氏体相似，贝氏体中的铁素体为位错亚结构，具有片状或板条形态，在某种程度上，贝氏体的形成机制为切变和扩散。通常需要几个小时，才能完成贝氏体热处理，特别是对工件有高硬度要求时。为了获得对滚动接触疲劳性能有利的高硬度，必须采用较低的等温转变温度（接近 Ms，或马氏体开始转变温度），因此需要延长等温转变时间，才能得到完全的贝氏体组织。贝氏体转变温度越低，碳化物越细，且贝氏体结构的强度和硬度就越高。

贝氏体组织为铁素体片中分布有超细弥散的渗碳体，如图 2-145 所示。贝氏体组织提高了钢的疲劳强度，如图 2-146 所示，同时改善力学性能；在保证高的尺寸稳定性同时，提高钢的塑性和韧性见图 2-147。因此，在某些应用场合，采用贝氏体组织代替马氏体组织。100Cr6 钢和高淬透性 100CrMo7 钢在硬度分别达到 61HRC 和 62HRC 的同时，且能保证整个截面上硬度均匀。在抗疲劳裂纹扩展方面与马氏体组织相比，贝氏体组织具有更高的抗疲劳裂纹扩展阈值。贝氏体组织的抗疲劳裂纹扩展阈值（ΔK_{th}）是回火马氏体组织的两倍；贝氏体组织为 $8MPa\sqrt{m}$，而回火马氏体组织为 $4MPa\sqrt{m}$，如图 2-148 所示。这表明与马氏体相比，贝氏体组织可以承受两倍的应力强度（K），而不发生裂纹扩展。另一项研究表明，当贝氏体和回火马氏体的硬度均处理为 60~62HRC，其疲劳裂纹扩展门槛值基本相同，变化范围为 3~6MPa$\sqrt{m}$（图 2-149）。但当 52100 钢中出现氢脆时，在较高的转变温度得到的硬度较低的贝氏体组织，其韧性和塑性胜过马氏体组织。

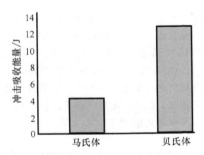

图 2-147 52100 钢马氏体和贝氏体钢的冲击韧性对比

图 2-145 52100 钢在 230℃（445℉）等温 10 h，得到下贝氏体组织

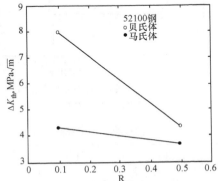

图 2-148 52100 钢分别得到马氏体组织和贝氏体组织时，应力强度阀值与 R 值（载荷比）的关系

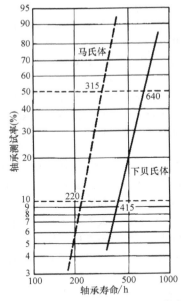

图 2-146 贝氏体等温淬火对 52100 钢轴承在污染环境中性能的影响

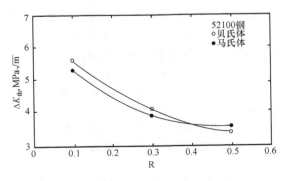

图 2-149 52100 钢分别得到马氏体组织和贝氏体组织时，疲劳强度阀值与 R 值的关系

下贝氏体组织韧性越高，滚动接触疲劳寿命比马氏体组织越长。

贝氏体组织的应力强度阀值为回火马氏体的两倍。

当两种组织处理成相同的硬度（60~62HRC），钢的疲劳强度阀值基本相同。

完全转变为贝氏体组织需要数小时，例如在 230℃（445℉）完全转变为贝氏体需 4h。与马氏

体热处理相比，贝氏体热处理会增加成本。选择更低的转变温度，则所需的处理时间更长。与马氏体淬火相比，可以通过贝氏体等温淬火处理降低零件变形，来弥补贝氏体等温淬火高成本，而且贝氏体等温淬火得到的完全贝氏体组织可不进行回火处理。

用两步贝氏体处理工艺可加速贝氏体转变，不会对贝氏体的硬度或力学性能造成不利影响。在两

步贝氏体处理过程中，先在较低温度但略高于 Ms 温度进行等温，以获得高硬度，然后提高转变温度到高于初始转变温度，但低于贝氏体开始转变温度，以完成贝氏体转变。在较低温度的等温转变，贝氏体转变量要到达至约 50%~70%，而后再提高转变温度，完成转变。图 2-150 为一步贝氏体处理工艺与两步贝氏体转变工艺的对比。

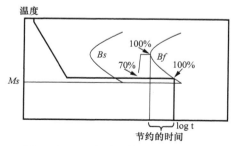

图 2-150 一步贝氏体转变工艺和两步贝氏体转变工艺对比

一步和两步贝氏体处理工艺参数如下：

处理工艺	温度，℃（℉）/时间，h	温度，℃（℉）/时间，h	硬度 HRC
HT1（一步）	250（480）/3		59.8
HT2（两步）	210（410）/ 2	250（480）/ 1	61.0
HT1（一步）	225（435）/ 7.5		61.1

HT1 是一个标准的贝氏体等温热处理工艺，HT2 是一个经优化的两步处理工艺，HT3 是到达与两步处理工艺同样硬度的贝氏体等温热处理工艺。

2.7.12 特殊用途整体淬火轴承钢

ASTM A295 和 A485 系列的整体淬火轴承钢，经过了典型热处理，可在 120~135℃（250~275℉）工作温度范围工作运行良好。多年来开发出了其他专用整体淬火轴承钢，可用于高温或腐蚀性气体环境中。部分此类钢及其工作服役环境为：

（1）工具钢

1）M50（喷气发动机，其他航空航天领域，工作温度可达 430℃（800℉）。

2）M62（高温、高应力应用场合）。

3）T5 和 T15（高温、高应力应用场合）。

（2）耐腐蚀钢

1）Cronidur 30（高温、腐蚀性应用场合）。

2）BG42（高温、腐蚀性应用场合；稳定至 430℃，或 900℉）。

3）XD15NW（高温、腐蚀性应用场合）。

4）Type 440C（常温、大气腐蚀）。

5）440 N-DUR（常温、大气腐蚀）。

这些特殊用途钢经过了调整和改性，适用于它们各自特殊的服役环境。其中有几个用于航空航天应用的钢，采用了特殊的熔炼工艺。例如，采用了真空自耗电极熔炼（CEVM）和真空感应熔炼-真空电弧重熔（VIM-VAR），经过这些特殊的熔炼工艺的钢，夹杂物含量极低。由于这些高纯净特殊钢首先受到采用整体淬火钢空气熔炼工艺的限制，因此在热处理过程中，必须小心处理。部分在热加工温度下和热处理过程中要采取预防措施包括：

1）在高温形变热处理过程中，要避免钢过烧、表面裂纹以及晶粒粗化。

2）在长期高温环境下工作，要实现并保持高硬度。

3）高温热处理过程中，要避免表面污染。

4）高温热处理过程中，要避免出现晶界偏析和晶粒长大。

5）避免出现高合金含量导致铸锭成分偏析，避免出现高碳含量，并避免形成粗大的一次碳化物，这会影响热处理性能（高合金含量很好地解决了缓冷中的淬透性问题）。

在喷气发动机上，采用 M50 钢制作的轴承已使用多年。M50 是一种二次硬化合金钢，通常多次回火，以获得高硬度和尺寸稳定。在高于二次硬化峰值温度 10~15℃（20~30℉）回火，高合金高碳钢能得到稳定的性能。通过合金化，稳定残留奥氏体组织。在二次硬化过程中，析出了碳化物，消耗了固溶的合金元素，使得奥氏体在回火冷却过程中和第二次回火过程中，易于转变。图 2-151 为 M50 采用 1095℃（2000℉）温度奥氏体化，回火温度与硬度和残留奥氏体含量的关系。图 2-152 为室温时效时间对经不同回火温度和回火次数 M50 钢的尺寸稳定性的影响，经五次回火的稳定性要优于三次回火的。热循环试验是另一种量化测量轴承稳定性的试验方法。在 510~525℃（950~975℉）温度回火三次的 M50 钢试样，从 20℃（68℉）到 260℃（500℉）热循环 20 次，尺寸产生了 23~15 微英寸/英寸（micro-in/in）增长，但在 540℃（1000℉）回火三次和五次，在热循环 20 次后，尺寸仅产生了 2~3 微英寸/英寸的增长，两者几乎没有区别。

440C、BG-42 以及 440 N-DUR（卡彭特技术公司）是高碳高铬马氏体不锈钢，主要用于制造使用在腐蚀性环境中的轴承。BG-42 是马氏体高速不锈钢（high-speed stainless steel），该钢同时兼有 M-50 钢的回火稳定、热硬性和硬度和 Type 440C 钢高耐蚀性和高抗氧化性特点。Grade 440 N-DUR 钢是 Type 440C 钢的低碳低铬版本，具有 Type 440C 钢高耐蚀

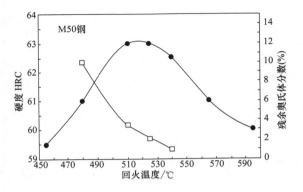

图 2-151 回火温度（三次回火，每次 2h）
对硬度和残留奥氏体的影响

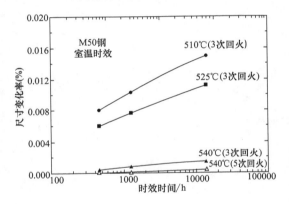

图 2-152 回火温度（采用三个不同温度和工艺
回火）对室温时效 M50 钢尺寸变化的影响

性，并具有改善了碳化物尺寸和分布的优点。Grade 440 N-DUR 钢除了降低了钢中碳和铬含量外，添加了氮以实现硬度高于 60HRC。

这些合金钢的热处理包括淬油或高压气体淬火冷却，深冷处理和回火。根据具体情况确定淬火温度、深冷处理、回火温度和回火次数。典型的淬火加热温度为：

合金牌号	淬火加热温度/℃（℉）
440C	1040~1080（1900~1975）
BG-42	1110~1135（2030~2075）
440-N-DUR	1050~1110（1920~2030）

对于在热加工过程中，经多次退火小型棒材加工的产品，二次碳化物尺寸较大，更稳定，在奥氏体化加热过程中更难溶解。因此需要采用更高的淬火加热温度。无论是采用更高的奥氏体化温度还是在增加较低温度下的保温时间，或者采用两者，都要求在奥氏体化中，固溶体中溶解足够的碳，以达到 58HRC 最低淬火硬度的要求。

图 2-153 为 440C 钢经 1065℃（1950℉）奥氏体化淬火，回火温度对钢的硬度及残留奥氏体含量的影响。图 2-154 为奥氏体化温度和回火温度对 440 N-DUR 钢硬度的影响。为获得 440C 和 440 N-DUR 钢的最高耐蚀性，两种钢都应避免在二次硬化温度附近回火，而应选择较低温度回火。为避免对耐蚀性有不利影响的碳化铬在晶界析出，对两种钢都应采取快速淬火冷却（油冷或气冷）。BG-42 主要用于对热硬性（高温硬度）和耐蚀性有要求场合，其高温应用的典型热处理工艺为：

1) 采用盐浴或在氮气分压真空条件下，在 1115~1130℃（2040~2065℉）奥氏体化加热 30min，工件每增加 1in 厚度，保温时间增加 30min。

2) 油淬至室温，或淬入 565℃（1050℉）的盐浴，而后空冷至室温。

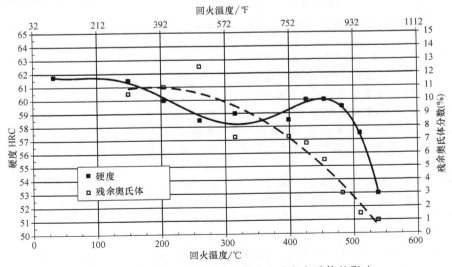

图 2-153 回火温度对 440C 钢硬度和残留奥氏体的影响

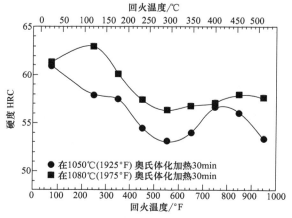

图 2-154 奥氏体化温度和回火温度对
440 N-DUR 钢硬度的影响

3）立即在 150℃（300℉）温度回火 1h。

4）在 -75℃（-100℉）温度进行冷处理。

5）在 525℃（975℉）温度进行两次回火。

440C 钢钢采用 1065℃（1950℉）奥氏体化加热，淬入 55℃（130℉）油中，并在 -85℃（-120℉）进行低温冷处理。

可采用含氮不锈钢，替代高碳高铬整体淬火马氏体不锈钢生产轴承。在这些合金中，碳部分被氮取代。当在含铬大于 12%（质量分数）的马氏体不锈钢中添加氮，钢的耐蚀性显著提高。此外，氮合金化不锈钢中形成的氮化物和氮（碳）化物比仅含碳不锈钢中的碳化物细小，因此具有很好的合金化效果。Cronidur 30（德国埃森，能源技术公司（Energietechnik））、N360（奥地利百禄钢厂（Bohler Edelstahl GmbH））、以及 XD15NW（法国奥伯杜瓦公司（Aubert & Duval））是三种氮合金化轴承不锈钢。图 2-155 对比氮合金化不锈钢和 Type 440C 钢的显微组织。

Cronidur 30 钢和 N360 钢均采用加压电渣重熔（PESR）工艺技术生产，以保持钢具有高的氮含量（0.4%）。XD15NW 钢的氮含量相对较低（0.20%），是在大气环境下，采用传统电渣重熔（ESR）工艺开发研制的。钢材除 PESR 工艺要在压力高达 42bar 密闭容器中进行外，两种工艺过程在原理上基本相同。

XD15NW 钢和 Cronidur 30 钢（N360）是马氏体整体淬火钢。热处理包括采用油淬或高压气淬火冷却、深冷处理和回火。根据具体的性能要求，确定钢的淬火加热温度、深冷处理、回火温度和回火次数。对于 Cronidur 30 钢和 N360 钢，典型的淬火加热温度范围为 1020～1050℃（1870～1920℉）；对于

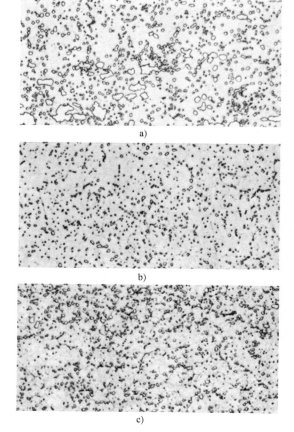

图 2-155 氮合金化不锈钢和 Type
440C 钢的显微组织

a）Type 440C 钢 b）Cronidur 30（N360）钢
c）XD15NW 钢

注：Cronidur30 和 XD15NW 含氮合金钢组织中碳化物细小弥散。放大倍率：1000×。

XD15NW 钢，为 1050～1075℃（1920～1970℉）。经过热处理并在 180℃（355℉）回火后，三种材料的硬度均可大于 58HRC（见图 2-156）。也可采用更高回火温度（二次硬化），获得高的硬度。

与 440C 和其他轴承钢相比，Cronidur 30 在充分润滑和边界润滑条件下，以及在人工压痕和边界润滑条件下，滚动接触疲劳寿命得到改善。与 440C 钢相比，当在充分润滑和在低温介质中滚动加滑动摩擦条件下测试，XD15NW 钢的疲劳寿命得到改善。这两种材料疲劳寿命得到改善的原因是，组织中避免出现 440C 钢中的大块碳化物和条状碳化物，显微组织均匀细小。440C 钢中出现的大块碳化物和条状碳化物是疲劳裂纹扩展捷径，从而降低钢的疲劳寿命。

与 440C 钢相比，Cronidur 30 和 XD15NW 钢都有良好的耐盐雾腐蚀性能，采用较高的温度回火，两

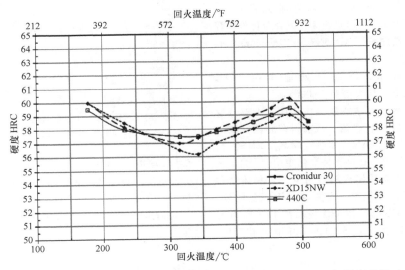

图 2-156 回火温度对 Cronidur 30（N360）和 XD15NW，440C 钢硬度的影响

种钢的耐蚀性都略有下降。如采用同样的回火温度回火，两种钢的耐蚀性都优于 440C 钢。采用电化学（ECHEM）技术，对两种钢在 3.5%（质量分数）氯化钠溶液中耐蚀性进行了评估。试验结果表明，在低温回火的条件下，这两种材料的耐蚀性相似，但均优于 440C 钢（见图 2-157）。

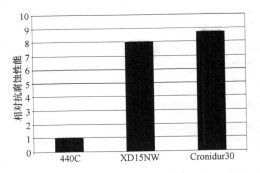

图 2-157 Type 440C，XD15NW 和 Cronidur 30
三种钢在 3.5% 的盐溶液中的相对耐蚀性

除了对氮合金化的钢进行整体淬火外，马氏体不锈钢可以采用氮气，在热处理过程中对表面进行强化，该工艺称为固溶渗氮（solution nitriding）。该过程采用氮气而不是常规渗氮中所使用的氨气作为氮源。氮气在低于 900℃（1650℉）温度下，作为保护气体，但在更高的温度下，发生热分解变得非常活泼。固溶渗氮通常是在 1040~1150℃（1900~2100℉）的温度范围进行。由于这些合金的高铬含量阻碍氮的扩散，所以必须采用车高温下进行处理。影响钢的表层氮平衡含量的三个因素是温度、炉内氮气压力和钢的合金成分。

奥氏体中氮的溶解度随温度的降低而增加。材料中氮的溶解度遵循 Seivert 定律，即氮的溶解度与炉内气氛中氮分压的平方根呈线性增长关系：

$$N_{surf} = (P_{N_2})^{1/2}$$

合金元素如铬、钼、和锰，可提高氮在钢中的溶解度。热处理可以采用一次淬火冷却（直接淬火）或两次淬火冷却处理工艺。一次淬火冷却工艺包括固溶渗氮、采用油或高压气淬火冷却、深冷处理和回火。该工艺过程得到的组织粗大，并有大量的残留奥氏体存在，在有些应用场合，这种组织是适合的，但不适用热稳定要求高和速度要求高的使用场合。两次淬火冷却处理工艺包括有固溶渗氮、采用油或高压气体淬火冷却、退火、再次奥氏体化加热、油或高压气体淬火冷却、深冷处理和回火。根据具体应用要求，确定回火温度和回火次数。再次奥氏体化加热可细化晶粒组织，由细小奥氏体晶粒得到更细小、韧性更高的淬火组织。表面强化处理的主要优点是在硬化层产生压缩残余应力。提高表面或次表面区域中压缩残余应力，则有利于提高轴承的寿命。在轴系统中，不论是存在有已知的（过盈配合）或者是未知（微观应力）拉应力，压缩的残余应力都可以抵消部分拉应力，因此是有益的。

淬火冷却过程是成功固溶渗氮的关键工序。淬火冷却过程中，如果超过临界冷却时间，铬和氮的溶解度减少，氮化物和碳（氮）化物在晶界析出。如氮化物和碳/氮化物析出，则钢的耐蚀性显著降低。

可以对 420 和 422 不锈合金钢进行固溶渗氮处理，处理后表面硬度超过 58HRC，可以用于生产航空以及食品加工行业的轴承。422 不锈钢固溶渗氮的显微组织（见图 2-158）和耐蚀性与氮合金化整体淬火钢的相当，但硬度超过 XD15NW 和 Cronidur30 钢，如图 2-159 所示。

采用气体淬火，低温冷处理和在 180℃（355℉）温度回火。放大倍率：1000×。

幸运的是，在关键航空航天应用中，大部分这些钢都有可循的热处理规范。目前，在北美，在美国汽车工程师学会（SAE）和航空材料（AMS）组织的标准中，在欧洲，在国际标准化组织（ISO）文件中，对这些专用整体淬火钢的制造工艺和热处理的工艺进行了规范和控制。有关这些钢工艺指导，可以在相关的 SAE-AMS 和 ISO 最新版的文件中找到。美国材料信息学会（ASM International）出版的

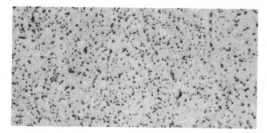

图 2-158 Type 422 不锈钢固溶氮化的组织

《热处理指南：钢铁的工艺规程和实践》（The Heat Treater's Guide：Practices and Procedures for Irons and Steels）（第二版），也提供了这些特殊钢有价值的热处理信息。表 2-88 列出了这些钢相关的 AMS 文件编号。

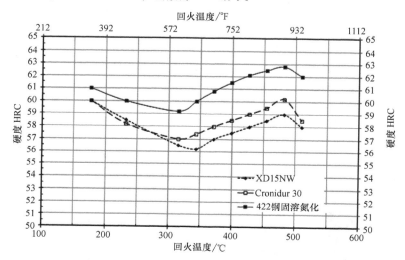

图 2-159 回火温度对 422、Cronidur 30 和 XD15NW 钢固溶氮化硬度的影响

表 2-88 专用整体淬火轴承钢的管理规范

钢 号	相关的 AMS 热处理文件	相关的 AMS 和 ASTM 材料控制文件	有用的热处理信息
M50	AMS 2759，AMS 2759/2，AMS 2769	AMS 6490，AMS 6491，ASTM A600	可以采用大气或真空热处理。为了防止脱碳和淬火开裂，需要小心操作
M62	AMS 2769	ASTM A600	由于钢的表面非常干净，在真空热处理中表面易发生相互作用，相邻工件之间或与货架发生黏连。所以不要将工件相互接触和采用喷雾状氮化硼，防止表面黏连
T5 和 T15		ASTM A600	因为热处理温度距液相线仅只有 6℃（10℉），可能出现初熔现象
Cronidur 30		AMS 5898	推荐采用有氮分压的真空热处理炉。快速淬火，以避免晶界析出
BG-42	AMS 5749，AMS 2769	AMS 5749	推荐采用有氩分压的真空热处理炉。快速淬火，以避免晶界析出
XD15NW	AMS 2769	AMS 5925	推荐采用有氮分压的真空热处理炉。快速淬火，以避免晶界析出
Type440C	AMS 2759，AMS 2759/5，AMS 2769	AMS 5630，AMS 5880，AMS 5618	推荐采用有氮分压的真空热处理炉。极快速淬火（采用油或气体淬火），以避免晶界析出铬的碳化物
440 N-DUR	AMS 2769		推荐采用有氮分压的真空热处理炉。快速淬火，以避免晶界析出

2.7.13　复合强化

在本手册的其他章节，对铁素体渗氮，或铁素体氮碳共渗（FNC）进行了详细的介绍，但由于该工艺产生的应力场超过了工艺的硬化层深度［通常远小于 0.75mm（0.030in）］，所以在大多数轴承体系中，该工艺很少单独使用。然而，M-50 和 M50NiL钢采用复合强化（duplex hardening），给轴承组件提供了高硬度、高耐磨的表面，使轴承对硬颗粒污染物具有高损伤容纳能力和抗损伤性能。复合强化定义为常规马氏体淬火（M-50），或渗碳和马氏体淬火（M-50NiL），随后进行渗氮。

在复合强化工艺中，典型渗氮处理是采用等离子渗氮或气体渗氮。处理温度通常为 500℃（930℉），以确保在合理的渗氮时间内，有足够深的渗氮深度。这里的渗氮温度应比 M50 和 M50NiL 钢的回火温度低，以保证常规淬火热处理之后的硬度不会降低。M-50 和 M50NiL 钢通常需要进行多次回火（3 次或更多）。M50 一般在 540～550℃（1000～1020℉）温度回火，M50NiL 钢的回火温度略低，在525～540℃（980～1000℉）范围。

必须小心对渗氮工艺进行控制，以避免晶间析出氮化物。高的氮势可得到高的表面硬度，但显微组织中晶间会产生有析出相。这些析出相层降低钢的强度和抗疲劳性能。图 2-160 为有害析出相的渗氮组织和理想渗氮组织的照片。在渗氮处理之后，M50 钢的表面硬度可达到 1000HV（69HRC），M50NiL 钢的表面硬度可达到 950HV（68HRC）。图2-161 为 M50 和 M50NiL 钢渗氮层的典型硬度分布曲线。渗氮处理后，在位于距表层下 0.1～0.2mm（0.004～0.008in）处，压缩残余应力达到峰值，约为 1300MPa（188.5ksi），如图 2-162 所示。

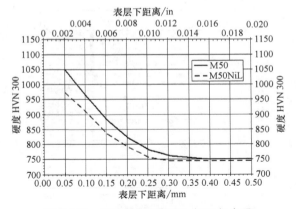

图 2-161　M50 钢和 M50NiL 钢经复合强化工件典型硬度分布

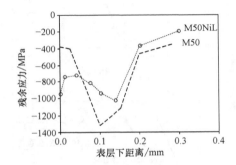

图 2-162　M50 钢复合强化后（渗氮态，asnitrided）和 M50NiL 钢复合强化（精加工后）残余应力分布

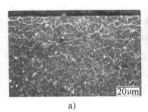 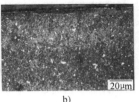

a)　　　　　　　　　　b)

图 2-160　M50 钢渗氮微观组织

a）有析出相　b）无析出相

高的表面硬度结合次表层区域的高的压缩残余应力，使钢具有高的抗表面剥落性能。在边界润滑条件下和污染工作环境中，进行了滚动接触疲劳试验，实验结果如图 2-163 所示。图中表明，与未经复合强化处理的轴承组件相比，进行了复合强化工艺处理的 M50 和 M50NiL 钢具有卓越的性能。

2.7.14　渗碳

在各类工业机械和设备中，广泛使用滚动轴承，而且对轴承的工作条件提出了越来越高的要求。此外，用户希望轴承具有更长寿命和更大承载能力，特别是能承受更高的抗冲击载荷。渗碳工艺是理想的工艺，可用于这种最严苛工作条件下滚动轴承处理的最佳工艺，这已成为滚动轴承发展以来不争的事实。在第 19 世纪后期，大部分滚动轴承不进行强化处理或采用 52100 钢生产。在 1901 年，一个主要轴承制造商开始采用渗碳工艺生产轴承零件，并采用含有少量铬镍的合金钢，这样使轴承同时具有抗磨损和抗冲击载荷的优点。由于技术的发展、经济效益的驱动和供货问题的解决，在对钢的成分调整的基础上，开发出了渗碳钢。在本手册丛书中"轴承钢"章节，对该问题进行了更详细的介绍。

轴承滚道渗碳是在奥氏体化温度下，碳通过扩散到低碳钢轴承套圈或滚动体的表面，通过淬火冷却和回火形成一个由回火马氏体、残留奥氏体和细

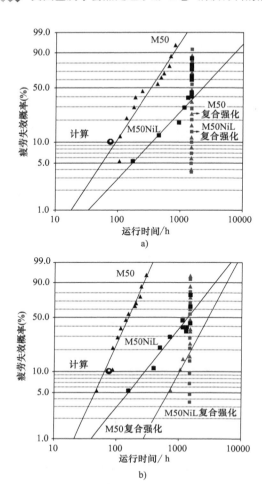

图 2-163　在边界润滑和在赫兹接触应力
条件下轴承寿命试验结果
a）赫兹接应力为 2500MPa（362ksi）且在弹性流体
动力润滑（EHL）条件下　b）在赫兹接触应力
2500MPa（362ksi）加人工刻痕条件下
DH-复合强化

小碳化物组成的复合显微组织。滚道表层下碳的浓度梯度产生显微组织和硬度梯度，得到高硬度、耐磨的表面层和低硬度、高韧性的心部。根据截面厚度和钢的淬透性，心部硬度一般在 25~45HRC 范围。表面和心部都具有足够高的强度，承受极大的表面接触应力和表层下剪切应力，以防止渗层开裂或塌陷。

与心部相比，虽然渗层区域硬度很高（一般可达 58~64HRC），但韧性低，仍处于残余应力压缩状态。正是这个原因，渗碳工艺在轴承、齿轮和其他机械系统零件中得以广泛使用。渗碳的一个优点是，在相对薄的表层中，残留奥氏体含量允许高于整体淬火工件基体中残留奥氏体量，这是热稳定的状态。

也可以通过渗碳方法，将轴承、轴、齿轮等结构件处理成不同的表面性能，以适合各自不同的用途。线接触轴承在工作时，受到高强度、高韧性和冲击载荷，而采用渗碳工艺的轴承能很好地满足这些性能要求。在轴承系统中，拉应力主要源于高过盈配合，高转速，如在工作中受到弯曲载荷（法兰），或系统中未知的微观应力。拉应力会降低轴承疲劳寿命，造成严重故障，而压应力能有效抵消拉应力的不利作用。

图 2-164 对涉及选择渗碳工艺的因素进行了总结。

热处理工程师必须对这些因素选择所用的钢牌号。世界上有许多渗碳钢牌号，但是通常都是围绕钢的基本要求进行调整成分。在很大程度上，轴承钢材的选择取决于轴承部件的硬化层和心部淬透性要求。

渗碳钢的碳含量通常为 0.10%~0.35%。要根据轴承组件截面尺寸和特定工作要求，如强度、韧性/冲击载荷、残屑污染、耐高温、抗氧化、抗腐蚀等性能要求，选择合适钢的硬化层与芯部的淬透性和力学性能（例如，合金含量）。有多个钢中可满足各种不同的需要。渗碳中需考虑的最常见工艺事项是：

1）渗碳碳源。

2）渗碳炉类型，炉内气氛和冷却系统。

3）温度。

4）时间。

5）碳势。

6）工艺流程设计，包括单次淬火（直接淬火），两次淬火（重新加热淬火）和回火。

（1）一次淬火（直接淬火）　包括渗碳、降温至淬火温度并使工件温度达到平衡，淬火冷却和回火。

（2）两次淬火（重新加热淬火）　包括渗碳、淬火、重新加热至淬火温度、淬火冷却和回火。

对于大多数工程应用而言，这两种工艺均可选择，但两次淬火工艺能更好的控制最终微观组织。两次淬火工艺通过控制重新加热温度，获得超细微观组织，改善抗疲劳性能。典型表层微观组织为高碳马氏体和 15%~40% 的残留奥氏体组成。心部的微观组织以低碳马氏体为主，可含有极少量的铁素体。图 2-165 为典型的表层和心部微观组织。

在污染环境中，轴承性能会有所下降。可以通过精确地控制残留奥氏体数量，以提高在污染环境中的容纳性能。杂质颗粒或残屑落入滚动体与滚道之间，会损伤轴承滚道表面。杂质颗粒使滚道表面产生塑性变形，形成凹坑和麻点。塑性变形的材料

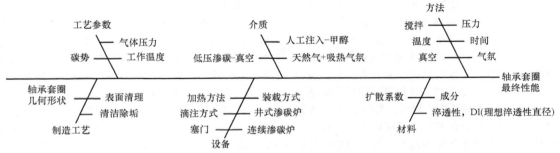

图 2-164　选择轴承组件渗碳工艺过程影响因素因果图

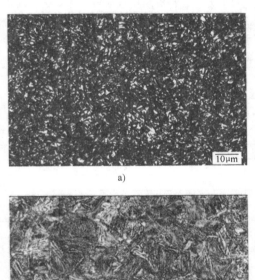

a)

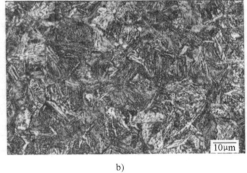

b)

图 2-165　渗碳轴承组件典型微观组织
a) 表层　b) 心部

发生滑动，在凹坑边界形成唇状凸起，唇状部位受到巨大的接触应力。在多次反复后，最终在凸起唇部或凹坑后缘处，产生"剥落"和开裂失效。

在润滑油受污染情况下，有两种途径提高轴承抗疲劳性能。其一为提高滚动接触面的表面硬度，减轻污染物的损伤；其二是使滚动接触面具有更高的耐损坏性能，使污染物无法引发疲劳裂纹扩展并造成损坏。

渗碳和碳氮共渗工艺是用以提高轴承在有外来粒子污染润滑环境中工作性能最常用的工艺，是提高轴承耐磨和抗疲劳性能的有效方法。渗碳和碳氮共渗工艺的目的是提高表面硬度，优化渗层中残留

奥氏体数量和残余应力大小。渗碳和碳氮共渗组织限制唇状凸起的高度并修正（平滑）其形状，残留奥氏体具有良好的塑性，能有效地阻碍疲劳裂纹扩展。与整体淬火钢或具有较低残留奥氏体量的渗层相比，在含有磨屑的环境中，较高残留奥氏体含量的渗碳层性能得到了显著提高，如图2-166 所示。

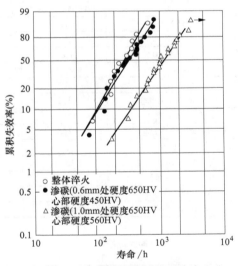

图 2-166　在有磨屑杂质的环境中和
在 17.6 kN（3956 lbf）载荷和 2000 转速/min 的
工作条件下，整体淬火和渗碳轴承性能对比

尽管人们对在 1050℃（1920℉）高温渗碳，尤其是真空高温渗碳具有较高的兴趣，但通常渗碳温度还是在 900～995℃（1650～1825℉）范围。如要求在很高渗碳温度下得到细晶，则需采用专门设计的钢。

2.7.15　专用渗碳钢

为满足高温性能、高断裂韧性和/或抗氧化性和耐蚀性等特殊要求，开发出了一些专用渗碳钢。其牌号包括有 M50NiL 和美国卡彭特技术公司（Carpenter Technology Corp.）的 CSS-42L、Pyrowear

53 和 Pyrowear 675。表 2-89 和图 2-167 将这些合金钢的断裂韧性和红硬度与整体淬火钢及其他渗碳钢进行了对比。Pyrowear 53 钢主要用于齿轮制作，在轴承行业应用较少。CSS42L 钢具有优良的渗层性能包括硬度、热硬性、显微组织和残余应力分布，但由于渗层与芯部界面处存在有残留奥氏体层，限制了该合金钢在轴承行业中广泛使用，见图 2-168。在轴承组件中，残留奥氏体区域的任何相变都会引起有害的尺寸变化。尺寸稳定性是航空航天轴承组件的关键性能。尺寸变化过大，会引起轴承内部间隙变化，引起轴承内套圈与轴的不正确过盈配合。M50NiL 钢是在 M50 钢的基础上开发出的低碳渗碳钢，钢中添加有 3.5% Ni，以控制显微组织。NiL 中

Ni 代表镍，而 L 代表低碳，M50NiL 钢主要用于制作喷气发动机轴承。Pyrowear 675 是耐腐蚀渗碳钢，其渗层的耐蚀性与 Type 440C 的性能相当，并具有优良的心部韧性与热硬性，主要用于许多飞机机身控制部件，如杆端轴承、螺柱型滚轮轴承等，以及喷气发动机中的有关零件。

为提高飞机效率与性能，必须提高喷气发动机转速。因此，必须提高喷气发动机轴承的截面韧性，以承受由旋转离心力引起的环向拉应力。当 DN〔此处 D 为轴承套圈内径（mm），N 为每分钟的转数〕超过 200 万时，在滚动接触疲劳的作用下，轴承滚道上会产生细小表面裂纹，并高的环向拉应力的作用下，裂纹迅速扩展，造成套圈断裂。

表 2-89　ASTM E399 标准中专用合金钢平面应变断裂韧性数据

钢牌号	平面应变断裂韧性 (K_{1C}，MPa$\sqrt{m}$（ksi$\sqrt{in}$）)		疲劳裂纹扩展门槛值 (ΔK_{th}，MPa$\sqrt{m}$（ksi$\sqrt{in}$）)		回火温度，℃（℉）
	K_{1C}		ΔK_{th}		
	MPa（m）$^{1/2}$	ksi（in）$^{1/2}$	MPa（m）$^{1/2}$	ksi（in）$^{1/2}$	
52100	16.5~19.8	15~18	3.85~7.7	3.5~7	205（400）
M50	17.6	16	≤4.4	≤4	540（1000）
18-4-1	21.4	19.5	<4.95	<4.5	560（1040）
VIM-CRU 20	13.2	12	<4.4	<4	—
440C	20.9	19	≤3.3	≤3	150（300）
BG-42	17	15.5	<3.85	≤3.5	495（925）
Pyrowear 53（心部）	132	120			205（400）
CSS-42L（心部）	148.8	135.3			495（925）
Pyrowear 675（心部）	165	150			315（600）
9310	99	90			150（300）
M50NiL（表层）	15.4	14	4.4	4	525（975）
M50NiL（心部）	51.7	47	3.85	3.5	525（975）
CBS-1000（表层）	14.3	13	4.4	4	510（950）
CBS-1000（心部）	49.5	45	3.85	3.5	510（950）

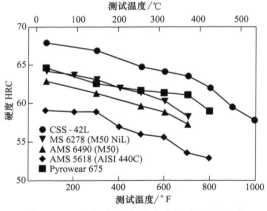

图 2-167　几个专用渗碳合金钢合金热硬性

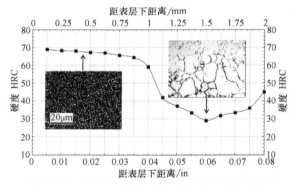

图 2-168　CSS42L 钢硬度分布曲线和微观组织

注：在 955℃（1750℉）温度渗碳和在 1105℃（2025℉）重新加热淬火。

传统整体淬火轴承钢主要用于生产燃气轮机主轴承，但主要用于生产轴转速 DN 小于 200 万的轴

承，因此限制了涡轮机速度进一步提高。此外，轴承凸缘方法不需要使用外壳，为一种安装轴承便利

的方法，但受发动机结构影响，会产生弯曲应力。高的断裂韧性轴承凸缘可阻止或降低裂纹扩展，使用户在发生灾难性失效前检测到裂纹，避免灾难性事故发生。

为深入了解轴承钢（特别是整体淬火轴承钢）在关键应用中的断裂和疲劳裂纹扩展行为，需要使用和掌握有关断裂力学的知识。有关该应用力学中断裂力学分支的详尽内容，可查阅理查德·亨利伯格李察赫茨伯格（Richard Hertzberg）的《工程材料的变形和断裂力学》（Deformation and Fracture Mechanics of Engineering Materials）。

参数 K 为应力强度因子：

$$K = \frac{P}{\sqrt{\pi a}}$$

式中，P 是外加载荷，以 psi 为单位；a 为裂纹长度。应力强度因子考虑了系统的载荷和初始裂纹尺寸的影响。如根据应力状态和裂纹的几何形状，对应力强度因子进一步定义，该参数反映了系统中材料的抗断裂性特征。断裂韧性（K_{IC}）为断裂力学参数，表征了材料性能。K_{IC} 值为平面应变断裂韧性参数，代表在拉伸载荷下，材料发生快速、灾难性断裂所需的应力强度。

ΔK_{th} 值表示应力强度值的范围（$K_{max} - K_{min}$），疲劳裂纹扩展门槛值域，处在该应力条件下，材料中疲劳裂纹不发生扩展。这意味着作用于疲劳裂纹上的应力强度因子 K_{max}，不足以使疲劳裂纹扩展，使材料发生断裂。

采用不同淬火和回火及低温冷处理工艺，处理了最常用整体淬火轴承钢，对他们的断裂韧性行为进行研究。研究表明，这类钢硬度高，塑性和夹杂物含量低，平面应变断裂韧性值（K_{IC}）较低，此外，材料的疲劳裂纹扩展门槛值（ΔK_{th}）很低。这表明，一旦这些材料中出现疲劳裂纹，在很低的应力强度下，裂纹就会发生扩展。这些材料的两种断裂力学性能数据都列于表 2-89 中。

研究还表明，微观组织和基体碳含量对断裂韧性性能的影响，比二次碳化物更大。Beswick 对 52100 钢的研究表明，基体马氏体中的碳含量与平面应变断裂韧性成反比，如图 2-169 所示。

在 860℃（1580℉）温度奥氏体化加热 20min 淬火，在 160℃（320℉）温度回火 1.5h。

以上研究结果表明，通过热处理或对钢的成分略为调整，都不可能使整体淬火轴承钢的断裂韧性有显著的提高，使它们适合于更高 DN 数值要求的现代航空燃气涡轮发动机。只有采用像 M50NiL 和 Pyrowear 675 表面改性轴承钢，才能满足高 DN 条件

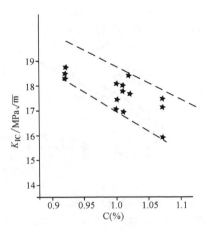

图 2-169　碳含量对 52100 钢平面
应变断裂韧性的影响

（DN 大于 200 万）现代高速燃气轮机轴承的要求。这是另一个根据应用要求，采用合理的冶金方案，通过选择热处理工艺，解决实际问题的成功例子。

表 2-89 中的 K_{IC} 值数据表明，表面改性轴承钢的心部具有更高的断裂韧性，达到了使用的目的。这种钢渗层强度和硬度高，使轴承表面保持良好的耐磨性能，但表层的 K_{IC} 值与整体淬火轴承钢基本相同，相对较低。表 2-89 中 M50NiL 钢心部的 ΔK_{th} 值与 M50 整体淬火钢基本相同，其原因是复杂的，主要包括显微组织、应力状态、环境、以及平均应力、温度、裂纹长度和局部残余应力。此外，疲劳裂纹闭合现象也影响 ΔK_{th} 值。图 2-170 中的 3 条 "S" 形曲线，表明了一个非常重要的疲劳裂纹行为。改善 M50NiL 心部抗疲劳裂纹扩展的关键是图中曲线的线性部分。M50NiL 心部疲劳裂纹扩展曲线上升较为平缓，线性部分远长于整体淬火 M50 钢曲线（与它相交）。这表明心部疲劳裂纹扩展虽然是持续的，但在 K_{max} 条件下，处于长期稳定扩展状态。相比之下，M50 钢整体淬火曲线在与 M50 心部疲劳裂纹扩展曲线相交处向上弯曲，随后迅速进入不稳定裂纹扩展阶段，直至快速到达断裂韧性值（K_{IC}），产生断裂。与此同时，M50NiL 心部疲劳裂纹是稳态扩展。因此，稳态（线性）疲劳裂纹扩展是图中所描述的最重要行为，比 ΔK_{th} 值更重要，是衡量材料抗疲劳裂纹扩展性能重要指标，是在疲劳裂纹缓慢扩展下，所需的应力强度大小。

2.7.16　专用钢的渗碳和渗氮

由于 M50NiL 和 Pyrowear 675 钢的铬含量高，采用气体渗碳较为困难。铬在钢的表面形成一层薄而致密的氧化层，阻碍了碳扩散进入钢中。因此，

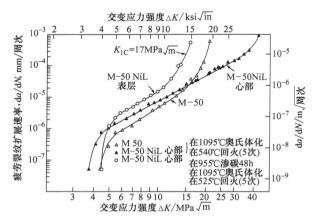

图 2-170 整体淬火 M50 钢和渗碳处理
M50NiL 钢的疲劳裂纹扩展曲线

M50NiL 和 Pyrowear 675 钢在渗碳之前，通常需要进行去氧化（preoxidation）处理。如采用等离子渗碳或低压气体渗碳，可不进行去氧化处理。这两种渗碳方法都可以精确控制碳流量，防止晶界上出现有害的碳过饱和现象，造成晶界上形成连续或半连续网状碳化物。采用强渗-扩散型（boost-diffusion）工艺，可以控制进入工件表面的碳流量。在强渗阶段，碳被输送到工件的表面；强渗阶段后是扩散阶段，在该阶段碳扩散进入工件。通过设计，每个强渗阶段要达到预期目标，但不要超过奥氏体基体的碳固溶度极限。在每个强渗阶段之后，停止输入并排空渗碳气体，维持扩散阶段的惰性气体（氮气或氩气）分压。在整个渗碳工艺过程中，强渗持续时间可由需要调整。由于碳需要很长时间才能扩散进入工件深层中，因此扩散阶段通常时间较长。

在等离子渗碳中，强渗阶段 1~5min。通过调整气体混合物、等离子压强、脉冲/间歇比和等离子电流密度，调整每个强渗阶段的碳流量。气体混合物包括碳氢化合物（通常是甲烷或丙烷）、氢气和氩气。每次强渗后，要关闭等离子体，排空气体混合物。扩散阶段明显长于强渗阶段，根据工件渗层深度要求，扩散时间为 30~120min 或更长。图 2-171 为典型等离子渗碳工艺。

在真空渗碳中，强渗阶段从几秒到几分钟（例如，30s~2min）间变动。每次强渗的碳流量随烃类气体、气体压力和气流速率而进行调节。强渗阶段使用的碳氢化合物包括有（但不限于），丙烷（C_3H_8）、乙炔（C_2H_2）、乙烯（C_2H_4）、环己烷（C_6H_{12}）以及乙烯、乙炔和氢气的混合物。扩散阶段与等离子体渗碳的扩散阶段基本相同。

M50NiL 钢典型渗碳温度在 930~955℃（1700~1750℉）范围，Pyrowear 675 钢则在 885~915℃

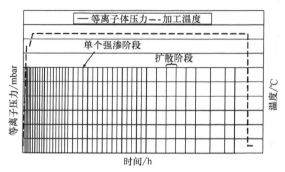

图 2-171 典型等离子强渗阶段和扩散阶段渗碳工艺

（1625~1680℉）范围。M50NiL 钢的典型热处理工艺是：

1）采用盐浴炉或氩气分压真空炉，在 1080~1095℃（1975~2000℉）温度奥氏体化加热 10~20min，工件每增加一英寸厚度，增加 30min。

2）采用油淬或气淬，冷却至室温；或淬入 595℃（1100℉）盐浴中，然后空冷至室温。

3）深冷处理（可选）至 -75℃（-100℉）或更低温度。

4）在 540~550℃（1000~1025℉）回火 2.5h（采取 3~5 次回火）。

Pyrowear 675 钢典型的热处理工艺是：

1）采用氩气分压真空炉，在 1040~1080℃（1900~1975℉）温度奥氏体化加热 15~30min，工件每增加 1in 厚度，增加 30min。

2）采用油淬或气淬，冷却至室温（快速淬火冷却，防止晶界析出）。

3）深冷处理（可选）至 -75℃（-100℉）或更低温度。

4）在 540~550℃（1000~1025℉）回火 2.5h（采取 1~2 次回火）（为得到最大的韧性和耐蚀性）。

5）在 495~510℃（925~950℉）回火 2.5h（采取 2 次回火）（为得到较好的高温性能）。

图 2-172 和图 2-173 分别为 M50NiL 和 Pyrowear 675 钢硬度和残余应力分布对比图，图 2-174 为该两个钢的显微组织的对比。

32CrMoV13 航空航天材料是一种可以进行表面渗碳和整体淬火的合金钢，在某些应用场合，还可以用作渗氮钢。主要用于薄壁、形状复杂和变形敏感的工件。

对于已进行预处理（后续不再淬火）的钢，采用在 500~550℃（930~1020℉）相对较低温度进行渗氮处理。采用这样的渗氮工艺，在保证力学性能的情况下，工件变形很低。为在合理的时间内（<100h），达到 0.6mm（0.024in）渗层厚度（高于

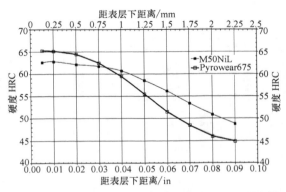

图 2-172　M50NiL 钢（淬火后）和 Pyrowear 675 钢
（精磨后）的硬度分布曲线

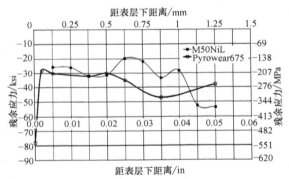

图 2-173　M50NiL 钢（淬火后）和 Pyrowear 675 钢
（精磨后）的残余应力分布曲线

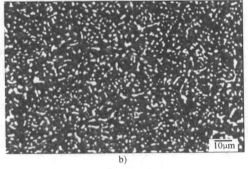

图 2-174　微观组织

a）M50NiL 钢（淬火后）　　b）Pyrowear 675 钢（精磨后）

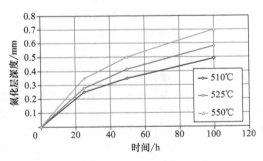

图 2-175　渗氮时间和渗氮温度对 32CrMoV13
钢氮化深度的影响

心部硬度 100HV 处），推荐的氮化温度在 525～
550℃（980～1020℉）（见图 2-175）。

预处理工艺包括在 900～925℃（1650～1700℉）温度奥氏体化加热，油淬冷却和回火。渗氮过程中产生变形的一个主要原因是，在该附加回火过程中，基体发生软化，而后续尺寸变化与过度回火有关。为使渗氮处理对基体性能影响最小，回火预处理应在 625～650℃（1160～1200℉）温度范围进行。在此温度范围回火，硬度 380～400HV（39～42.5HRC）和具有极高的断裂韧性（K_{IC}），130MPa$\sqrt{m}$（119 ksi$\sqrt{in}$）。回火后，渗氮之前工件机械加工至近终形尺寸。

渗氮层有化合物层和扩散层两个区域组成。化合物层，或称白亮层，为铁碳氮化物相，硬度非常高；不适合用于滚动轴承，应在滚道及工作面将其磨去。扩散层由氮固溶的基体和氮化物（在基体中析出碳氮化物）组成。

渗氮层具有高硬度、高的压缩残余应力，不论在干净或污染的环境中，都具有优异的滚动接触疲

劳性能[48]。图 2-176 为 M50NiL 钢渗氮硬度曲线与 32CrMoV13 钢典型硬度分布对比。在近表层，32CrMoV13 钢的硬度比 M50NiL 钢高，但整体渗层深度较浅。间隙氮原子固溶于基体和形成碳（氮）化物，在近表层引起体积膨胀，产生压缩残余应力场。图 2-177 为 32CrMoV13 钢渗氮零件典型的残余应力分布曲线。

2.7.17　碳氮共渗

除了有许多与渗碳相同的优点外，碳氮共渗还具有氮扩散进入表层，起稳定残留奥氏体的作用。因此，淬火冷却后，残留奥氏体数量增加，渗层中氮的固溶也提高了抗回火软化性能。

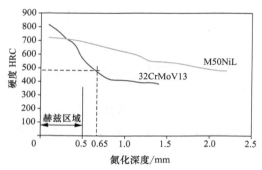

图 2-176　32CrMoV13 钢氮化和 M50NiL
钢渗碳的硬度分布曲线

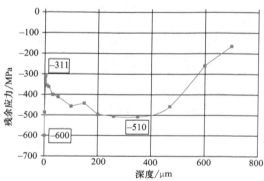

图 2-177　32CrMoV13 钢氮化和精磨后
残余应力分布曲线

碳氮共渗工艺可用于处理渗碳钢和整体淬火钢。通过碳氮共渗，表面硬度可达 65~66HRC，表面组织为在回火马氏体基体中有一定数量的残留奥氏体和碳化物/碳氮化物颗粒。该微观组织具有优良的耐磨性、抗表面损伤性和塑性。除了良好的显微组织外，氮碳共渗层中产生大约-25ksi（-172MPa）残余压应力。经碳氮共渗后，材料在污染和润滑不良环境中，钢的疲劳寿命得到显著改善。在干净环境中的疲劳寿命也有所提高，但没有在污染环境中的显著，如图 2-178 所示。

渗碳钢经渗碳后，可达到深的渗层要求，但采用常规的碳氮共渗工艺，很难达到足够深的渗层。作为替代，采用中碳合金钢（5130、5140 等，以及等效牌号），实现足够渗层深度的碳氮共渗，在有磨屑污染环境中，提供了良好的耐用性。另一种获得深渗层的常用方法是先渗碳，而后进行碳氮共渗/渗氮的组合（图 2-179），采用这种组合工艺，能实现传统碳氮共渗难以得到的深渗层。

两次淬火工艺。为获得超细晶粒尺寸，对碳氮共渗的 52100 钢采用两次淬火工艺。这种两次淬火工艺过程为碳氮共渗/淬火冷却，随后再次加热/淬

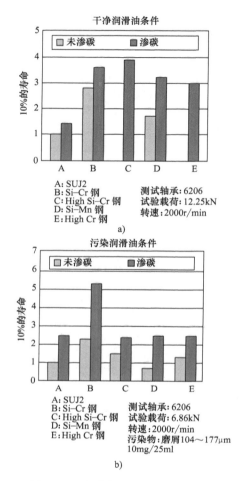

A: SUJ2
B: Si-Cr 钢
C: High Si-Cr 钢
D: Si-Mn 钢
E: High Cr 钢

测试轴承: 6206
试验载荷: 12.25kN
转速: 2000r/min

a)

A: SUJ2
B: Si-Cr 钢
C: High Si-Cr 钢
D: Si-Mn 钢
E: High Cr 钢

测试轴承: 6206
试验载荷: 6.86kN
转速: 2000r/min
污染物: 磨屑104~177μm
10mg/25ml

b)

图 2-178　各种钢经碳氮共渗提高和
改善滚动接触疲劳寿命
a）干净环境　b）污染环境

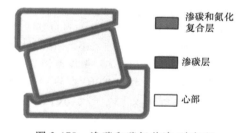

渗碳和氮化
复合层

渗碳层

心部

图 2-179　渗碳和碳氮共渗/渗氮组
合深硬化渗层

火冷却组成。

除了得到超细晶粒之外，再次加热的温度比碳氮共渗温度低，有利于在最终微观组织中，有更多剩余碳化物/碳氮化物和更少的残留奥氏体。较低的再次加热的温度，也降低奥氏体中固溶的碳，得到碳含量更低高韧性马氏体。此外，得到的细晶组织

也改善了钢的疲劳性能和断裂强度。图 2-180 为两种热处理工艺对比。图 2-181 两次淬火工艺与传统工艺晶粒细化对比。

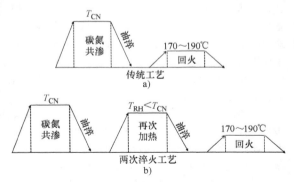

图 2-180　两种热处理工艺对比
a) 传统工艺　b) 两次淬火工艺

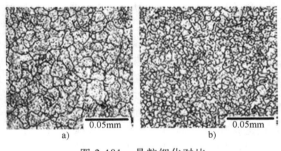

图 2-181　晶粒细化对比
a) 传统工艺　b) 两次淬火工艺

2.7.18　感应淬火

感应加热可用于整体淬火、渗碳件的二次硬化、回火、热处理后的材料表面制备，以及其他目的。除感应加热之外，火焰、激光和电子束也可用于表面强化。然而，除有些特例外，轴承制造中化学成分均质钢表面强化最常用方法是采用感应淬火工艺（反之亦然）。因此，前面提到作为一种"常见热处理工艺"，尽管有些不恰当，但感应加热这种工艺和选择方法是值得介绍的。

与渗碳等扩散炉相比，表面感应淬火能源效率高，设备占地面积小。处理时间可以大大缩短：使用环形线圈和单发循环，给整个工件表面提供能量，在数秒钟内加热工件。通过对感应加热频率与功率的选择、线圈的设计来调整磁场，控制淬火冷却速率及方向，使特定区域得到淬火强化，而其相邻地方不受影响，避免掩蔽遮挡或随后去除硬化层。该工艺采用单件产品流水作业，每次加热只限于单件工件，可以将该工艺与生产线集成。在某种程度上，安排与其他设备联合使用具有一定困难。

虽然感应淬火具有上述的优点，但没有一种热处理工艺可满足所有应用需求。由于能源供给、频率范围和特定的材料只能处理有限种类的工件，因此感应淬火工艺和设备的使用受到限制。相比之下，热处理炉可装载零件种类的范围广，而且大的炉腔或连续式炉具有成本优势。如产品设计要求零件的整个表面要均匀淬火，感应淬火的工装夹具可能会出现困难。与渗碳部件（由于要达到表面硬度，必须要有相对高的基体含碳量）相比，感应加热材料心部的韧性相对较低，可能不适用于生产某些心部韧性要求高的产品。但对于大体积或大型工件，表面感应淬火常常是首选方案。

在渗碳层中，从表面到心部硬度逐步降低。表面感应淬火通常为硬化区陡降到心部硬度。虽然定义的有效硬化层和总硬化层适用于所有工艺，但在渗碳工艺中，主要是指有效硬化层，而对于感应淬火工艺，则是指总硬化层。对于轴承，有效硬化层通常定义为 58HRC。

理论上讲，轴承的硬化层必须能"适应"足够高的赫兹应力，以避免过载或疲劳损伤。载荷应力在次表层达到最大值，然后随深度持续下降。在每项轴承设计中，都必须对渗碳工件中安全容纳最大应力的有效硬化层进行评估，当然也应该提供足够的总硬化层要求。在感应淬火零件中，如果总硬化层深度大，而载荷应力低于基体材料强度，则自然能承受更大压力。图 2-182 为典型的渗碳工件与感应淬火工件的硬度曲线对比，感应淬火硬度具有陡峭过渡曲线。

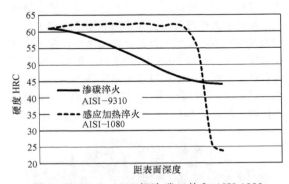

图 2-182　AISI 9310 钢渗碳工件和 AISI 1080
钢感应淬火工件横截面硬度分布曲线
注：距心部深度经归一化处理

在淬火冷却中，相转化率对热处理具有普遍和重要意义，可参考连续冷却曲线。在感应淬火中，加热响应具有同样的重要意义。快速加热是感应淬火一个优势，但在材料选择中，还需要考虑其他的因素。以 52100 钢为例，传统轴承工艺包括热处理前的球化退火到机加工。但球化组织需要更长的奥氏体化加热时间，用于溶解碳化物和向奥氏体转变。从而导致在感应加热过程中，温度虽然超过了标准炉温，但难以实现完全淬火硬化。对于许多零件，工件的实际需要淬火硬化体积小，可以采用快速淬火冷却。碳素钢的加热响应效果好，不会降低钢的淬透性。也可采用 52100 钢进行感应淬火，但应采用坯料淬火加回火开始替代球化退火处理。

图 2-183 为连续加热转变（continuous heating transformation，CHT）曲线实例。不同在加热速率下，奥氏体组织转变的响应速率是不同的，这可以为材料和工艺选择提供参考，或在选定材料后，提供初始工艺参数。

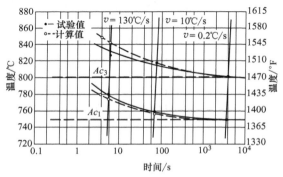

图 2-183　SAE-4140 钢的连续加热转变（CHT）图。不同的加热率下，奥氏体转变温度发生位移

轮毂衬板是适合采用表面感应淬火的典型零件。如工件尺寸相对小，设备成本较为低；如产品产量大，成本可进行分摊；零件型号少，相对感应圈和其他辅助工具可行简化。如采用表面感应淬火，不同规格的轴承套圈可进行整合，无需每种规格工件单独装配安装。如 1070 和 1080 牌号的钢，以及碳含量略有不同的钢，采用表面感应淬火工艺，成功生产出轴承套圈产品。图 2-184 为表面感应淬火典型工件纵向截面硬化区。

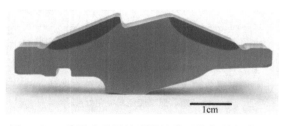

图 2-184　采用硝酸浸蚀液浸蚀典型轮毂衬板截面，两个锥形外滚道为表面感应淬火硬化区

采用扫描感应淬火工艺，对大直径［可达 6m（19.7ft）］轴承套圈的滚道进行淬火强化。如对这种大尺寸零件进行渗碳处理，则存在有炉膛尺寸难以容纳、单件工时长和成本高问题。而采用单发感应淬火这种大尺寸零件，由于所需峰电流大，需要有很大功率的电源，也出现加工困难。而采用扫描感应淬火工艺，每次加热和淬火冷却区域相对较小，避免出现上述问题。由于相对零件总的质量，扫描感应淬火的体积很小，达到要求深度的加热时间不取决于化学扩散，因此允许采用合理的设备功率，而且加热速率明显高于热处理炉。

例如，一批三个轴承套圈采用渗碳工艺需要 200h，需要对 4t 材料及夹具进行整体加热，然后淬火。该淬火工艺需要很大的淬火油槽，此外，每个套圈再次奥氏体化加热时，需要很大的淬火模具。而采用扫描感应淬火，每个套圈仅需要 1h，当依次进行加热结束时，整个淬火过程也同时完成了。

这种工艺类似于轨道扫描，除了套圈环上外，整个表面是连续的。如果使用单个扫描器，扫描器必须返回到初始点，这样工件上可能存在有未淬火的间隙或有出现淬火加热重叠。因此，必须允许有过回火区域的存在。对于有些工件，比如回转支承环，允许出现这种低硬度区域，或可接受有分离的硬化区存在，因此，很多工件采用这种工艺制造。但当出现满负荷，采用全回转支撑方式，则必须小心确定或消除该低硬度区域位置。如要消除该低硬度区域，则感应淬火系统要采用多扫描头设计，不是前面介绍的单头扫描，而是采用多头向相反方向进行扫描，在形成最终奥氏体区相衔接。这样即可消除未淬火的间隙，同时也避免淬火部位过度回火。该区域随后进行淬火冷却，成为无缝淬火强化工件。与其他的感应淬火工艺一样，连续加热转变（CHT）曲线图，对选择材料和确定加热输入条件起关键指导作用。要达到所要求硬化层深度［> 5mm（0.19in）］和实现对表面组织进行控制，工件表面的温度必须与热扩散达到平衡，这些因素限定了淬火冷却的速率。因此，对于这类零件，钢的淬透性是一个重要的选择因素。多年以来，一直采用 41XX 中碳钢生产回转支撑环。各生产商对有关详细无缝工艺（seamless processes）以及相应的选材，持有主要专利。这是一个新开发的工艺方法，请留意有关期刊文章、申请的专利及其他最近资料。

参 考 文 献

1. T. A. Harris and M. N. Kotzalas, Essential Concepts of Bearing Technology, *Rolling Bearing Analysis*, 5th Ed., CRC Press, 2007, p1.

2. E. V. Zaretsky, Rolling Bearing and Gear Materials,

Tribology for Aerospace Applications, STLE SP−37, Society of Tribologists and Lubrication Engineers, 1997, p 325-451.

3. E. V. Zaretsky E. V. Rolling Bearing Steels−A Technical and Historical Perspective, *Materials Science and Technology*, Vol 29, No. 1, 2012, Institute of Materials, Minerals and Mining, London.

4. H. K. D. H. Bhadeshia, Steels for Bearings, *Progress in Materials Science*, Volume 57, Elsevier Ltd., 2012, p 268-435.

5. Epp, et al., Residual Stress Relaxation During Heating of Bearing Rings Produced in Two Different Manufacturing Chains, *J. of Materials Processing Technology*, Vol 211, 2011, p 637-643.

6. H. − W. Zoch, T. Lübben Verzugsarme Wärmebehandlung niedriglegierter Werkzeugstähle (Distortion Low Heat Treatment of Low Alloy Tool Steels, *J. of Heat Treatment and Materials*, Vol 65, No. 4, Carl Hanser Verlag, 2010, p 209.

7. *Proc, 6th Intl. Conf. on Quenching and Control of Distortion and 4th Intl. Distortion Engineering Conf.*, ASM International, Sept., 2012, 1 ISBN−10: 1615039805 | ISBN-13: 978-1615039807.

8. H. − W. Zoch and T. Lübben (Eds.), *Proc. 3rd Intl. Conf. on Distortion Engineering* −IDE 2011, Bremen2011.

9. *Proc. 1st Intl. Conf. on Quenching and Distortion Control*, ASM International, 1993, ISBN − 10: 0871704552 ISBN-13: 978-0871704559.

10. P. K. Pearson, SAE Technical Paper 972715: "Size Change of Through Hardened Bearing Steels at Application Temperatures", SAE Intl., International Off−Highway & Powerplant Congress & Exposition, Sept. 1997.

11. A. S. Irwin, W. J. Anderson, and W. J. Dernier, "Review and Critical Analysis of Rolling−Element Bearings for System Life and Reliability", NASA CR 147710, National Aeronautics and Space Administration, 1985.

12. *The Black Book*, SKF Steel, Göteborg, Sweden, 1984.

13. H. I. Burrier, Bearing Steels, *Properties and Selection: Irons, Steels, and High−Performance Alloys*, Vol 1, *ASM Handbook*, ASM International, 1990, p 380-388.

14. G. Krauss, *Principals of Heat Treatment of Steels*, ASM International, 1980, p 75-76.

15. P. Ölund, S. Larsson, and T. Lund, Properties of Bainite Hardened SAE 52100 Steel, *Proc. of the 18th Heat Treating Conf.*, (H. W. Walton and R. A. Wallis, Eds). ASM international, 1999, p 305-309.

16. H. Vetters, J. Dong, H. Bomas, F. Hoffmann, and H. W. Zoch, Microstructure and Fatigue Strength of the Roller−Bearing Steel 100Cr6 (SAE 52100) after Two Step Bainitisation−Martensitic Heat Treatment, *Intl. J. of Matl. Res.*, Vol 97, 2006, p 1432-1440.

17. G. E. Hollox, R. A. Hobbs, and J. M. Hamshire, Lower Bainite Bearings for Adverse Environments, *Wear*, Vol 68, 1981.

18. J. M. Beswick, The Effect of Chromium in High Carbon Bearing Steels, *Metallurgical Transactions A*, Vol 18A, 1987, p 1897-1906.

19. P. R. T. Silva, G. Krauss, D. K. Matlock, and P. K. Pearson, Fatigue Behavior of 52100 Steel with Martensitic and Bainitic Microstructure, *Proc. 41st MWSP Conf.*, ISS Vol. XXXVIII, 1999, p 133-141.

20. Lescalloy BG−42 Data Sheet, Latrobe Specialty Steel Co., April 2007.

21. 440 N − DUR Data Sheet, Latrobe Specialty Steel Co., April 2007.

22. J. Romu, Y. Liu, and H. Haennihen, H., "Nitrogen Alloyed Martensitic Steels," Helsinki University of Technology, Espo (Finland), Dept. of Mechanical Eng., May 1994, p 2-17.

23. J. Y. Moraux, J. M. de Monicault, D. Girodin, and L. Manes, Characteristics of the XD15N High Nitrogen Martensitic Stainless Steel for Aerospace Bearing, 4th Intl. Conf. on Launcher Technology: Space Launcher Liquid Propulsion, Leige, Belgium, Dec. 2002.

24. Cronidur 30 Material Data Sheet, Energietechnik Essen GmbH, 2003.

25. W. Trojahn, E. Streit, H. Chin, and D. Ehlert, Progress in Bearing Performance of Advanced Nitrogen Alloyed Stainless Steel, Cronidur 30, *Bearing Steels into the 21st Century*, ASTM STP 1327 (J. J. C. Hoo and W. B. Green, Eds.), ASTM, 1998, p 447-459.

26. H. Berns, Case Hardening of Stainless Steel Using Nitrogen, *Industrial Heating*, May 2003, p 47-50.

27. B. Edenhofer, J. Zhou, and M. Heninger, A Cost Effective Case-Hardening Process for Stainless Steels, *Industrial Heating*, June 2008, p 58-62.

28. T. Bell, Gaseous and Plasma Nitrocarburizing of Steels, *Heat Treating*, Vol 4, ASM Handbook, ASM International, 1991, p 425-436.

29. S. Lampman, Introduction to Surface Hardening of Steels, *Heat Treating*, Vol 4, *ASM Handbook*, ASM International, 1991, p 259-267.

30. O. Beer, Plasma Assisted Heat Treating Processes of Bearing Components, J. of ASTM International, Vol. 3, No. 3, March 2006.

31. E. Streit and W. Trojahn, *Duplex Hardening for Aerospace Bearing Steels*", *Bearing Steel Technology*, STP 1419 (J. M. Beswick, Ed.), ASTM, 2002, p 386-398.

32. S. Ooi and H. K. D. H. Bhadeshia, Duplex Hardening of Steels for Aerospace Bearings, *ISIJ Intl.*, Vol 52, No. 11, p 1927-1934.

33. G. Parrish, *Carburizing*：*Microstructure and Properties*, ASM International, 1999, p 1-9.

34. G. Parrish and G. S. Harper, *Production Gas Carburizing*, Pergamon Press, 1985, p 6.

35. R. Errichello, et al., Investigation of Bearing Failures Associated with White Etching Areas (WEAs) in Wind Turbine Gearboxes, *Tribology Transactions*, 56, 2013, p 1069-1076.

36. H. B. Pruitt, *Timken-From Missouri to Mars-A Century of Leadership in Manufacturing*, Harvard Business School Press, 1998.

37. D. Carlson, R. Pitsko, A. J. Chidester, and J. R. Imundo, The Effect of Bearing Steel Composition and Microstructure on Debris Dented Rolling Element Bearing Performance, *Bearing Steel Technology*, STP 1419 (J. M. Beswick, Ed.), ASTM, 2002, p 330-345.

38. E. Tonicello, D. Girodin, C. Sideroff, A. Fazekas, and M. Perez, "Rolling Bearing Applications：Some Trends in Materials and Heat Treatments", *Materials Science and Technology*, 2012, Vol. 28, No. 1, p 23-26.

39. N. Tsushima, H. Nakashima, and K. Maeda, "Improvement of Rolling Contact Fatigue Life of Carburized Tapered Roller Bearings", Paper 860725, presented at Earthmoving Industry Conf. (Peoria, IL), Society of Automotive Engineers, 1986.

40. C. M. Tomasello, H. I. Burrier, R. A. Knepper, S. A. Balliett, and J. L. Maloney, J. L., Progress in the Evaluation of CSS-42L：A High Performance Bearing Alloy, *Bearing Steel Technology*, ASTM STP 1419 (J. M. Beswick, Ed.), ASTM, 2002, p 375-385.

41. L. Averbach, Pearson, Fairchild, and Bamberger, *Metallurgical Transactions A*, Vol 16A, July 1985, p 1253-1965.

42. Crucible Particulate Materials, private communication, 2008.

43. L. Bingzhe and B. A. Averbach, *Metallurgical Transactions A*, Vol 14A, Sept. 1983, p 1899-1906.

44. J. M. Beswick, *Metallurgical Transactions A*, Vol 20A, Oct. 1989, p 1961-1973.

45. C. M. Tomasello and J. L. Maloney, Aerospace Bearing and Gear Alloys, *Advanced Materials & Processes*, July 1998, p 58-60.

46. J. M. Beswick, *Metallurgical Transactions A*, Vol 20A, Oct. 1989, p 1965.

47. J. A. Rescalvo and B. A. Averbach, *Metallurgical Transactions A*, Vol 10A, Sept 1979, p 1265-1271.

48. D. Girodin, Deep Nitrided 32CrMoV13 Steel for Aerospace Bearing Applications, NTN Technical Review No. 76, 2008, NTN Corp.

49. I. Pichard, D. Girodin, G. Dudragne, and J. Y. Moraux, Metallurgical and Tribological Evaluation of 32CrMoV13 Deep Nitrided Steel and XD15NW High Nitrogen Martensitic Stainless Steel for Aerospace Applications, *Bearing Steels into the 21st Century*, ASTM STP 1327 (J. J. C. Hoo and W. B. Green, Eds.), ASTM, 1998, p 391-405.

50. H. Nakashima, Trends in Materials and Heat Treatments for Roller Bearings, NTN Technical Review No. 76, 2008, NTN Corp.

51. K. Furumura, Y. Murakami, and T. Abe, T., Case Hardening Medium Carbon Steels for Tough and Long Life Bearing under Severe Lubrication Conditions, *Bearing Steels：Into the 21st Century*, ASTM STP 1327 (J. J. C. Hoo and W. B. Green, Eds.), ASTM, 1998.

52. Large Size Long Operating Life Bearing-EA Type, Cat. No. 3024/E, NTN Corp.

53. K. O. Lee, S. K. Kong, Y. K. Kang, H. J. Yoon, and S. S. Kang, Grain Refinement in Bearing Steels Using a Double-Quenching Heat-Treatment Process, Intl. J. Of Automotive Technology, Vol 10, No. 6, p 697-702.

54. P. A. Hassell and N. V. Ross, Induction Heat Treating of Steel, *Heat Treating*, Vol 4, *ASM Handbook*, ASM International, 1991, p 164-202.

55. T. Ericsson, Principles of Heat Treating of Steels, *Heat Treating*, Vol 4, *ASM Handbook*, ASM International, 1991, p 3-19.

56. O. Carsen, S. Dappen, D. Schibisch, and G. B. Trans, Induction Hardening of Very Large Rings and Bearings, *Industrial Heating*, August 2011, p 38-41.

57. O. Carsen, S. Dappen, and D. Schibisch, Go Hard into the Wind：Induction Hardening of Large Rings for Wind Turbines, *Heat Processing*, (7) Issue 4, 2009, p 328-332.

2.8 锻造直接热处理工艺与技术

本节主要介绍锻造后直接热处理工艺的发展现状，讨论低成本高质量微合金化钢（译者注：国内也称非调质钢）工件的生产过程。

2.8.1 锻热淬火和直接热处理的定义和用途

锻热淬火（Direct-forge quenching, DFQ）和直接热处理（Direct heat treatment, DHT）工艺流程广泛应用于汽车和其他各种机械行业。在 DFQ 工艺过程中，热锻后直接进行淬火而后进行回火。该工艺过程通过细化晶粒，增加位错密度，实现工件完全淬透，扩展了低碳钢的适用范围。自 20 世纪 60 年代中期以来，DFQ 工艺已广泛应用于各种汽车零部件的生产。

DFQ 工艺过程免去了重新加热工序，大大降低了能耗，减少了 CO_2 排放和工艺成本。在 DFQ 工艺过程十年发展的基础上，进一步开发出了 DHT 工艺过程。在 DHT 工艺过程中,采用各种控制冷却方法,将热锻毛坯或工件直接冷却达到指定的硬度、显微组织、强度和耐久性能。

以上工艺过程是建立在微合金化技术、连续冷却转变图、形变热处理和优化冷却技术的基础之上。通过逐件对工件处理,DHT 工艺对产品质量的提高起到了重要的作用。与 DFQ 工艺过程一样,DHT 工艺过程也免去了重新加热工序,降低了能耗,更大程度地减少了 CO_2 的排放,如表 2-90 所列。

表 2-90　微合金化钢的直接热处理的类型和类别

工艺流程类型	钢的等级	钢的类型	典型的工艺	应用
锻造淬火和直接控制冷却				
传统工艺	结构钢	SC、SMn、SCr、SCM、SNCM 等	传统:棒材→热锻→淬火+回火→机加工→(HT)	各种汽车零部件
锻造淬火	碳钢等	碳钢和加 V 钢	棒材→热锻→直接淬火+回火→机加工	万向节叉,配对法兰等
锻造和控制冷却(DHT)	基本等级碳钢等	碳钢,用于冷却再时效强化,低 Mn+V 钢	棒材→热锻和直接空冷→机加工	连杆,曲轴,轮毂,配套法兰,下摇臂,转向节轴等
	高韧性碳钢等	为提高韧性,添加 V,降低 C,加 S 提高铁素体	棒材→热锻和直接空冷→机加工	前轴,转向节,后轮毂支撑等
	高强度碳钢等	为提高疲劳强度,增加 V,为改善屈服强度,降低 C,抗拉强度:8820MPa	棒材→热锻和直接空冷→机加工	轮毂,连杆等
	高强度高韧性(合金钢)	为高强度高韧性,得到低碳马氏体	棒材→热锻和直接空冷→(回火)→机加工	转向节轴等
冷成形微合金钢				
传统工艺	结构钢	……	棒材→淬火+回火→机加工→(感应淬火)	紧固件和螺母等
DHT 控制轧制以可进行机加工	添加 V,控制轧制可机加工和热处理	……	控制轧制和控冷→机加工→感应淬火	轴,销,棒,转向齿轮轴等
传统工艺	各种结构钢	……	棒材→球化退火→挤压→冷成形→淬火+回火→电镀→烘烤	各种汽车零部件
DHT 控制冷成形	采用低 C 高 Mn 钢冷成形	……	棒材→挤压→冷锻→电镀→烘烤	U 形螺栓,标准螺栓等

(1) DFQ 和 DHT 工艺流程的优点　与传统的锻造、冷却和重新加热过程相比,DHT 工艺在产品质量的提高、成本降低,CO_2 排放和能源消耗减少等方面显示出巨大的优势。由于传统锻造工艺中的冷却速度差别大,因此在材料的组织和硬度等性能方面的数据分散性很大。此外,传统工艺还需要重新加热,结合不同冷却速率冷却,以得到优化的组织和硬度,满足后续的机械加工。

在热锻前后相关技术发展的支撑下,DHT 工艺过程得到了发展,这些支撑技术包括感应加热技术、基于连续冷却转变图的冷却技术以及各种微合金化钢的开发利用。在 DFQ 工艺过程成功推广应用后,工业界中一直致力于高强度钢的 DHT 工艺的开发利用。为提高微合金化锻钢的韧性、强度和疲劳寿命,

现已经从微观组织,如铁素体-珠光体、贝氏体和低碳马氏体组织等各方面进行了改进。由于坚持不懈的开发工作和长期研究成果的积累,现已经不仅广泛采用直接热处理微合金化钢,制作大部分的热锻产品,而且还用于制作轧制产品——特别是轧制线材和棒料。

由于 DFQ 加回火工艺免去了重新加热淬火工序,减少近 20% 的能耗,而 DHT 工艺则在此基础上进一步降低了能耗。

(2) 锻后(Postforging) 直接热处理工艺的类型

在 20 世纪 60 年代早期,人们就开始了对锻热淬火及回火工艺进行了研究,并在工业生产中进行了实际应用。在这些工艺中,主要是通过适当晶粒粗化,提高钢的淬透性。由于钢的淬透性提高,可以

在达到所要求硬度的同时，避免出现淬火裂纹，因此可以降低钢的碳含量。由此相当比例的汽车锻件产品改用 DFQ 工艺进行生产。然而，对很多工程工件，钢仅达到这种力学性能是不够的，还要求具有更高的强度和韧性配合。汽车的悬架系统和底盘零件尤其需要采用具有更高韧性的钢。

细晶组织是提高钢韧性的基础，因此以细化晶粒技术，得到更高强韧性的材料一直是研究的目标。

高强度钢板的微合金化技术的开发，进一步推进 DHT 工艺的发展。自 20 世纪 70 年代以来，已广泛对微合金化钢进行 DHT 工艺处理，许多原采用 DFQ 工艺生产的工件逐步转为采用 DHT 工艺生产。为满足特定工程应用工件的需求，必须通过 DHT 工艺，获得各种不同的微观组织。根据工件的规范，尤其是显微组织和硬度，应该优化锻后冷却条件，以获得所需的工件性能（见图 2-185 和图 2-186）。

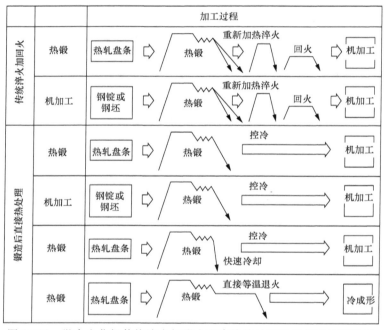

图 2-185　微合金化钢传统淬火加回火和直接热处理的热加工过程对比

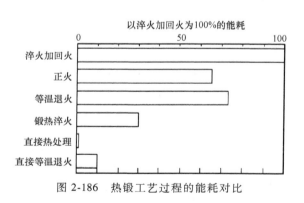

图 2-186　热锻工艺过程的能耗对比

（3）DFQ 和回火过程　有很多工艺技术和金相组织因素，例如，晶粒粗化、位错密度和再结晶对锻造和淬火后产品的力学性能产生影响，自 1960 年以来，人们一直致力于对这个领域的研究。

基础研究与开发业已证明，采用 DFQ 工艺，通过提高淬透性和适当的粗晶尺寸，可以获得更好的硬度分布和疲劳强度，这已在过去五十年汽车和通

用机械行业中一直得到应用。在锻造淬火工艺中，锻造或热加工在稳定的奥氏体相区中进行，由于提高了材料力学性能和加工热效率，现已在工业生产得到以广泛应用。

通过晶粒粗化和提高位错密度，能提高锻钢的淬透性。研究表明，通过控制如终锻温度和淬火温度等参数，能达到优化硬度和微观组织。与传统调质钢相比，通过提高淬透性能使材料达到更均匀的硬度。因此，对某些用途的工件，可采用碳含量更低的钢，例如，采用 S30-35C、S45C 和 SMn420 钢代替 SCM 420、SCR 420、S55、48 和 45C 等低合金中碳钢。此外，完全淬透的低碳钢能达到同时增加耐冲击性和疲劳强度的效果，感应加热技术的发展允许通过减少在锻造温度的加热时间和保持时间，降低晶粒粗化的倾向（见图 2-187~图 2-189）。

自 20 世纪 60 年代中期以来，在汽车行业的许多锻造厂中，已成功安装了专业锻造淬火生产线。锻压生产线直接与传送带连接，将锻件转移至淬水

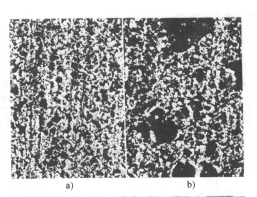

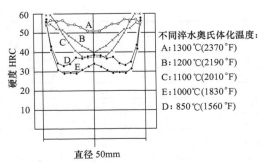

图 2-189　成分为 0.51%C，0.26%Si，0.71%Mo 的钢采用不同淬火温度淬水的硬度分布

不同淬水奥氏体化温度：
A：1300℃（2370°F）
B：1200℃（2190°F）
C：1100℃（2010°F）
E：1000℃（1830°F）
D：850℃（1560°F）

直径 50mm

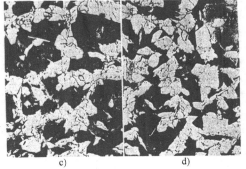

图 2-187　不同温度淬火的微观组织对比
a）900℃（1650°F）　b）1000℃（1830°F）
c）1200℃（2190°F）　d）1300℃（2370°F）

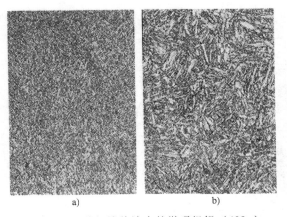

图 2-188　碳钢锻热淬火的微观组织（400×）
a）S55C 锻造和淬油，241~262HBW
b）S30C 锻造和淬水，255~277HBW

槽和回火炉。在 20 世纪 60 年代末，近 40%的原普通调质工件已采用新的 DFQ 工艺生产。在某家汽车公司，超过 130 多种工件（1500t/月）采用 DFQ 工艺生产。采用 S30C 钢生产的转向节臂、转向摇臂和各种万向节工件锻造后，直接进行水淬火和回火。

2.8.2　直接热处理的微合金钢

自 20 世纪 70 年代以来，各种汽车零部件已采用 DHT 工艺制造。表 2-91 为欧美的微合金钢的牌号，这些微合金钢的类型和添加的合金元素不同于日本的钢。这些年以来，DHT 技术不断得到完善，大多数的锻后淬火热处理工艺现已经转变改进为 DHT 工艺。

可以将锻件的热能有效地加以利用，得到理想的微观组织，达到或超过传统重新加热淬火和回火、退火和正火的力学性能。通过使用微合金钢的连续冷却转变图，优化冷却过程，可实现这一目标。为达到产品设计规范中的微观组织、强度和韧性性能要求，根据微合金钢的成分，产品的形状和质量，设计出最优冷却工艺是具有至关重要的定义。图 2-190 为通过控制和改变微观组织，提高微合金钢韧性的示意图。

通过添加钒，能十分有效地控制钢的淬透性，生产出可靠的微合金钢产品。感应加热技术的发展也使得可以降低由于锻造加热和保温造成晶粒粗化的危害。图 2-186 为直接反应不同工艺过程成本热能消耗的对比，DHT 工艺过程成本仅为传统重新加热淬火加回火工艺的 5%。

（1）铁素体和珠光体微合金 DHT 钢和加工技术。组织为铁素体和珠光体的微合金 DHT 钢主要用于制作韧性不需要特别高的汽车零部件，如曲轴和连杆。然而，由于该钢生产这些零部件降低了成本，导致了在其他高韧性和高冲击韧度的产品上也采用这种钢进行生产。晶粒尺寸是这种钢最重要的参数之一，人们已对该钢各种细化晶粒的技术进行了广泛的研究。

热锻温度和终锻温度影响晶粒形变热处理、奥氏体的再结晶和冷却过程中的铁素体转变，由此与控制的晶粒大小直接有关。此外，这些过程还受到合金元素、碳化物和氮化物析出的影响。因此，为达到最佳的晶粒尺寸，在工艺过程的各个方面（包括合金成分设计、热加工工艺、成形和冷却），都应该全方位进行控制。

表 2-91　欧洲和美国使用的微合金化钢

牌号	化学成分（质量分数,%）											工艺	应用	R_m /(N/mm²)
	C	Si	Mn	P	S	Cr	V	Ti	Nb	Al	N			
49MnVS3	0.47	0.2	0.75	—	0.06	—	0.1	—	—	—	—	热锻	曲轴	约850
38MnSiVS	0.38	0.7	—	—	0.56	—	0.12	—	—	—	—	机加工	曲轴	约925
44MnVS6	0.44	0.7	1.45	—	0.03	—	0.12	—	—	—	—	热锻	活塞销	约1000
38MnSiVS-33	0.42	0.7	0.7	—	0.025	—	0.06	—	—	—	—	热锻	活塞销	约800
26MnSiVS	0.26	0.7	1.5	—	0.04	—	0.1	0.02	—	—	—	热锻	前桥	约830
METASAFE 1000	—	—	1.5	—	—	—	0.12	—	0.06	0.03	0.03	热锻	农机传动齿轮	约1000
METASAFE-800	0.2	—	1.5	—	—	—	0.12	—	0.06	0.03	0.03	热锻	悬架臂	约800
VANARD	0.3~0.50	0.15~0.35	1.0~1.5	<0.035	<0.10	—	0.05~0.20	—	—	—	—	热锻	各种配件	850~1100
V-2905	0.35~0.40	0.15~0.4	0.06~0.80	<0.035	0.04~0.06	<0.2	0.07~0.10	—	<0.030	0.07~0.12	—	热锻	货车零部件	850~1100
V-2906	0.43~0.47	0.15~0.4	0.06~0.80	<0.035	0.04~0.06	<0.20	0.07~0.10	—	<0.030	0.07~0.12	—	热锻	轿车和货车零部件	850~1100
V-2907	0.46~0.52	0.15~0.04	0.06~0.80	<0.035	0.04~0.06	0.20~0.4	0.07~	—	<0.030	0.07~0.12	—	热锻	轿车曲轴	750~950
MA-250	0.30~0.35	—	1.35~1.65	—	—	—	0.08~0.12	—	—	—	—	热锻	焊接万向节叉	229~269HBW
MA-275	0.35~0.40	—	1.35~1.65	—	—	—	0.08~0.12	—	—	—	—	热锻	①	255~302HBW
MA-300	0.45~0.50	—	1.35~1.65	—	—	—	0.08~0.17	—	—	—	—	热锻	前桥	285~341 HBW

注：R_m—抗拉强度；T/M—传动齿轮；HBW—布氏硬度。

① 轿车（连杆，货车转向节，卸扣销。

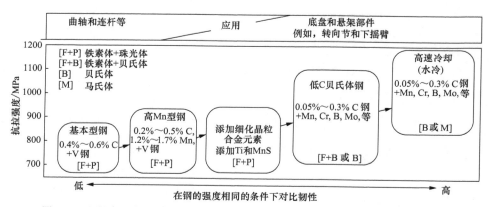

图 2-190　微合金化直接热处理（DHT）钢韧性的先进微观组织控制技术进步

热锻加工的锻模寿命非常重要，降低锻模的工作温度，则会降低模具的寿命。因此在实际生产中，为防止再结晶晶粒长大，不能采用降低最低锻造温度的方法。然而，在棒料和线材的连续轧制生产线中，降低控制轧制温度是生产细化晶粒钢的关键技术之一。在本节后面部分中，将对广泛采用的各种析出沉淀强化技术，控制奥氏体晶粒尺寸的方法进行介绍。

除添加其他合金元素外，大多数第一代 DHT 的钢主要通过添加少量的钒，提高钢的韧性。由于合金元素强化效果和钒碳氮化物的析出，铁素体基体得到强化。进一步提高和改进铁素体和珠光体微合金钢的强度和韧性的方法是：通过控制锻造和冷却条件，细化奥氏体晶粒和促进铁素体转变。此外其他几种强化铁素体方法是添加少量的 Mn 和 S，形成 MnS，增加铁素体的相变形核位置。通过微合金化技术，生产开发出了高强韧的钢板。

另一个强化微合金钢的铁素体的关键技术是控制晶内的细小铁素体相变。其中生产的典型产品是连杆，采用氧化物冶金工艺，生产的连杆重量可减少约 20%。

（2）微合金化 DHT 钢的微观组织控制技术 基本型 DHT 钢的显微组织由铁素体和珠光体组成，这种钢的疲劳强度并不很高，无法满足大多数在高应力条件下服役的汽车零部件要求。早期对疲劳强度的研究结果表明，铁素体强度低，疲劳裂纹易在铁素体相组织中萌生并长大，导致工件最终断裂。因此，提高微合金化铁素体和珠光体 DHT 钢力学性能的首要任务是提高铁素体的强度。图 2-191 为疲劳试验中微裂纹萌生的疲劳极限。

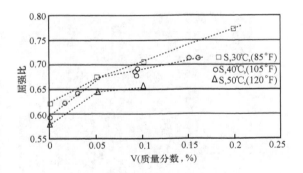

图 2-193　钒和碳含量对微合金化 DHT
钢屈强比的影响

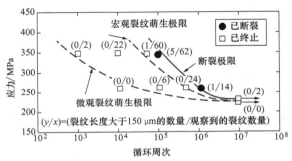

图 2-191　缺口弯曲循环疲劳试验宏观
裂纹萌生极限应力

合金元素对铁素体和珠光体组织疲劳强度的影响如图 2-192 所示。其中钒是最有效的合金化元素，因此广泛应用于改善提高微合金钢的性能，如图 2-193 和图 2-194 所示。

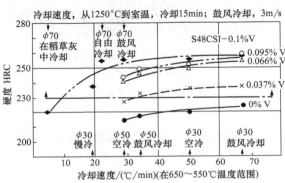

图 2-194　钒含量和冷却速度
对硬度的影响

最终晶粒尺寸，可提高冲击韧度。当降低轧制温度，钢的晶粒尺寸明显细化，与不添加钒的钢相比，在常规轧制温度下，添加钒合金元素也能细化晶粒，提高韧性，如图 2-195 所示。但 DHT 钢的加工过程中，降低热成形温度会明显降低模具寿命，降低锻件的精度，因此需要研究新的工艺方法，以改善材料性能，图 2-196 为轧制温度和钒含量对 DHT 钢显微组织的影响。

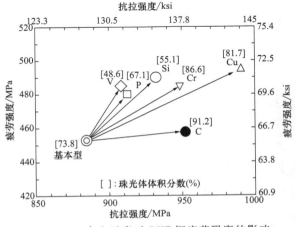

图 2-192　合金元素对 DHT 钢疲劳强度的影响

（3）锻造和终锻温度的影响。通过发生再结晶的奥氏体转变与随后发生的铁素体和珠光体相变，形变热处理温度影响钢的晶粒尺寸。降低终锻温度，细化

图 2-195　轧制微观组织差别

a）控制轧制（冲击吸收能量：85J/cm²）

b）常规轧制（冲击吸收能量：45J/cm²）

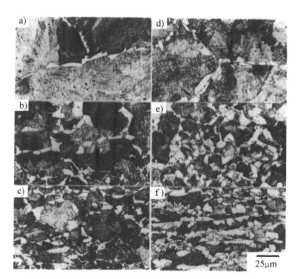

图 2-196 压制温度（T）和钒含量对 DHT 钢
显微组织的影响

a) 0%V, 1473 K b) 0%V, 1173 K c) 0% V, 1023 K
d) 0.3%V, 473 K e) 0.3% V, 1273 K f) 0.3% V, 1173 K

2.8.3 控制轧制技术生产细晶组织棒材和线材

在连续轧钢厂的生产线上，采用了控制轧制技术，采用锻热淬火和直接热处理钢生产各种机加工和冷成形的产品。在最新轧制生产线，由于采用降低轧制温度和优化控制冷却技术，将低温形变热处理和优化冷却条件相结合，可避免单独重新进行退火，正火和球化退火等热处理工艺。

图 2-197 为最近的控制轧制过程概念的示意图。图 2-198 为粗轧与形变轧制工艺过程。图 2-199 为传统轧制和控制轧制试验的温度对比。

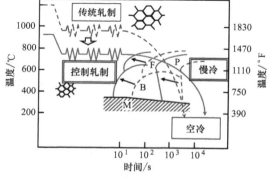

图 2-197 通过控制轧制和控制冷却控
制形变微观结构

2.8.4 碳含量对微合金直接热处理（DHT）钢韧性的影响

低碳有利于提高钢的冲击韧性，随钢中碳含量或

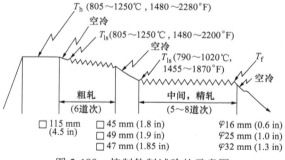

图 2-198 控制轧制试验的示意图

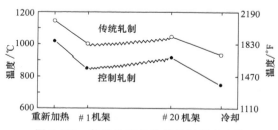

图 2-199 传统轧制与控制轧制温度比较

碳当量合金元素（carbon-equivalent alloy elements）增加，铁素体-珠光体 DHT 钢的硬度和强度提高，但冲击韧性降低。因此，开展了研究其他提高铁素体强度手段和方法。与简单的 V 合金化钢相比，低碳和 Mn微合金钢的冲击韧性有显著提高。图 2-200 为低碳和Mn 微合金钢与传统调质钢冲击韧度的对比。

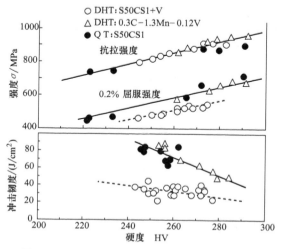

图 2-200 DHT 钢的碳含量对力学性能的影响

注：锻造温度：1523 K；终端温度：1323 K；
QT 表示淬火加回火。

（1）通过 MnS 弥散析出，细化铁素体-珠光体晶粒。铁素体+珠光体钢的疲劳裂纹发展过程是，裂纹首先在强度较低的铁素体晶粒处萌生，而后积累发展成微孔和裂纹。因此强化铁素体对提高铁素体+珠光体组织钢的疲劳强度极为重要。为提高 F + P 基体组织的疲劳强度,必须通过细化铁素体晶粒和析出强化,此外,应该降低铁素体与珠光体的强度比。在奥氏体晶内,细小弥散析出的 MnS 积极地移至铁素体相变形核位置,阻碍了粗大的珠光体形成,钢中硫含量的影响如图 2-201 所示。由于采用这些冶金技术,使得采用铁素体-珠光体 DHT 钢生产所需的高韧性工件,如货车前桥等悬架组件。

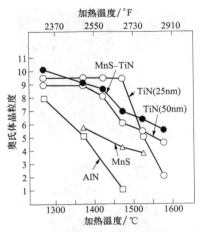

图 2-202 在不同的析出条件下,重新加热温度与奥氏体晶粒尺寸之间的关系

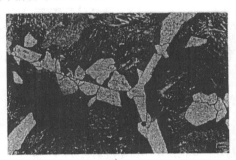

a)

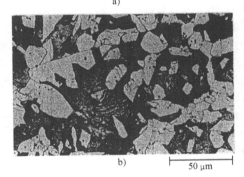

b)

图 2-201 硫含量对 DHT 钢的显微组织的影响
a) 0.09%S b) 0.054%S

(2) 基于氧化物冶金的高强度高韧性钢的开发。利用 MnS、氧化物和氮化物等夹杂物析出,作为形核位置,发展出了新的控制细化晶粒技术,开发出了高强度高韧性微合金钢。在此基础上,将 DHT 工艺生产的汽车零件的应用范围扩大至高应力载荷的汽车悬架组件。

为利用非金属夹杂物在铁素体晶内作为形核位置,在新的控制细化晶粒技术中,通过控制凝固和轧制过程,将非金属夹杂物的消极作用,转化为一种控制钢的成分、晶粒尺寸,控制氧化物和 MnS 分布的积极作用。在该过程中,控制凝固和控制轧制是工艺的关键,通过细小弥散的夹杂物析出,增加奥氏体晶内新相的形核位置,相变得到了均匀细小的铁素体晶粒。该概念原则上适用于所有类型微合金钢,如图 2-202~图 2-204 所示。

(3) 微合金化贝氏体和马氏体 DHT 钢技术 通

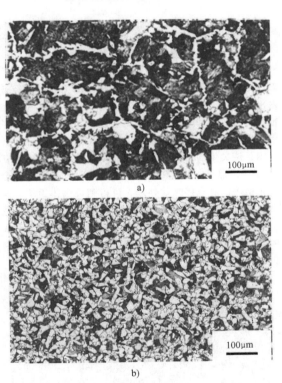

a)

b)

图 2-203 微观组织的对比
a) 传统的过程 b) 氧化物冶金:根据氧化物冶金概念开发出的高韧性高强度微合金化钢

过热锻后直接快冷,DHT 钢转变得到贝氏体和马氏体组织。通过添加少量合金元素,如钼、硼和提高锻后冷却速率,提高贝氏体微合金化钢的强度。在空气中,采用低于 10000K/s 的冷却速度,可以得到贝氏体组织。

采用这种组织的高强度钢,可以减轻生产汽车零

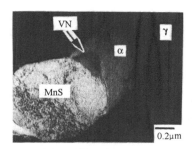

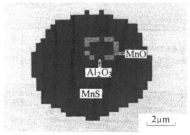

图 2-204 MnS 和 VN 析出和与铁
素体转变的分析

C	Si	Mn	P	S	Cr	V	Pb	Ca
0.248	0.649	1.824	0.011	0.060	1.814	0.132	0.200	0.0012

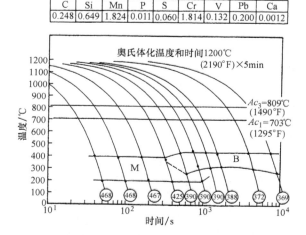

图 2-206 1200 MPa（174 ksi）级别贝氏体 DHT 微
合金化钢的连续冷却转变图

部件的质量。通过优化锻后的直接冷却工艺，已经开发出强度达到 1200 MPa（174ksi），用于生产制造曲轴、转向节轴和万向节叉的高强度钢。现已开发出了用于生产制造汽车悬架系统下臂的高强度高韧性贝氏体钢，该类钢的强度和力学性能可与传统调质的 SAE 5140 钢相媲美。900 MPa（130.5 ksi）级高强度微合金化钢热锻后直接时效处理，可得到贝氏体组织。与常规淬火及回火工艺相比，采用这种直接热处理工艺生产的悬架系统下臂，无尺寸变形。图 2-205 为贝氏体微合金化钢的显微组织，图 2-206 为贝氏体微合金化钢的连续冷却转变图。

混合组织，在该组织中析出钒的碳化物，进行微合金化强化，解决优化微观组织问题。

图 2-207 为不同冷却速度的微观组织相分数变化。钢中铁素体、珠光体、贝氏体按不同比例构成 DHT 钢的混合组织，通过各组织之间的硬度和强度相互平衡，在锻造和冷却条件差异相当大的条件下，也可以达到相当稳定的力学性能，如图 2-208 所示。

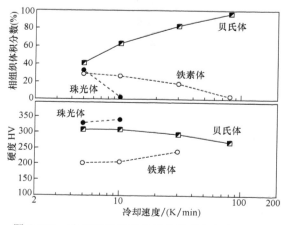

图 2-207 冷却速度与对应平衡微观组织之间关系

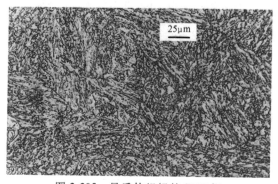

图 2-205 贝氏体组织的 DHT 钢

（4）智能（Smart）微合金化 DHT 钢 通过优化微观组织，生产规定强度和韧性的 DHT 钢。通常，微观组织取决于合金含量和冷却条件。现提出了采用自我调节机制，通过得到铁素体、珠光体和贝氏体的

（5）微合金化 DHT 钢 微合金化 DHT 钢的机加工采用直接控制缓慢冷却技术或直接等温处理工艺，可以代替传统耗时的等温退火或正火处理，这些新工艺方法明显缩短生产时间和降低成本。表 2-92 给出了具有这些新工艺优点的钢牌号和用途。通过合金设计和逐件加工技术几个步骤，DHT 钢已发展到能通过最佳冷却条件，达到所需材料的硬度、韧性和强度。图 2-190 总结了 DHT 钢的发展历程。

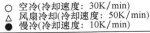
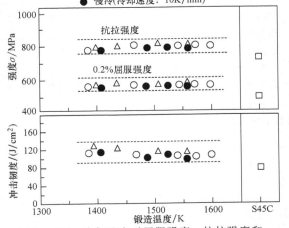

○ 空冷(冷却速度：30K/min)
△ 风扇冷却(冷却速度：50K/min)
● 慢冷(冷却速度：10K/min)

图 2-208 冷却速度对屈服强度，抗拉强度和
冲击韧度的影响

（6）冷成形微合金化钢 通过免去了软化退火、淬火和回火处理工艺过程，冷成形微合金化钢通过高应力挤压加工进行强化，生产制备钢螺栓和紧固件。然而，这些紧固件需要进行冷镦，会降低了挤压模具和冷成形模具的寿命，因此，必须采用适当的对策。为解决这些问题，已经进行了部分钢成分和工艺的改进，详见表 2-90。这些改进包括：

1）为降低冷成形应力，降低了钢中硅的含量，有效地降低加工硬化效应。

2）为降低时效硬化倾向，对钢中氮和铝的百分比含量进行优化。

3）通过优化还原速率，正积极开发 8.8Y 级别紧固件用钢。这种发展是在提高工模具寿命前提下，有望进一步扩大采用冷成形生产工件的范围可参见表 2-93。

表 2-92 高疲劳强度微合金化热锻和直接热处理钢

钢编号	化学成分（质量分数，%）							用途
	C	Si	Mn	S	Cr	V	Ti	
A	0.40	0.25	1.00	—	—	0.25		曲轴
B	0.30	1.07	1.11	0.058	0.2	0.11	0.18	曲轴
C	0.3~0.38	0.15~0.30	1.35~1.65	0.04~0.07	0.2~0.60	0.08~0.20	0.08~0.20	各种汽车配件
D	0.21	0.7	1.49	0.052	0.5	0.4	0.4	各种汽车配件

表 2-93 比较三种微合金化钢的成分和冷成形性能对比

钢编号	化学成分（质量分数，%）									Al/N	备注
	C	Si	Mn	P	S	Cr	A_1	N			
A	0.29	0.02	1.41	0.005	0.007	0.10	0.045	0.0032		14.1	新 DHT 钢
B	0.30	0.24	1.51	0.011	0.010	0.05	0.033	0.0045		7.2	基本型 DHT 钢
C	0.45	0.18	0.72	0.014	0.015	0.10	0.024	0.0046		5.8	QT

注：DHT—直接热处理；QT—淬火加回火。

2.8.5 微合金钢生产典型汽车零部件的应用

（1）微合金化钢生产曲轴 发动机曲轴需要进行机加工和淬火，在锻后经直接热处理，需要材料具有必要的机加工性能、强度、抗疲劳性能和耐磨性能。因此，选择适当的钢种牌号对生产制造曲轴非常重要。要求选择的钢种牌号能满足处理工艺如感应淬火、渗碳渗氮和滚压要求，达到特定曲轴的性能。现已开发出了可用于生产制造各种汽车发动机曲轴的钢牌号。

（2）案例 A：TYT 集团公司 通过在钢中添加钒，研究了钒强化铁素体晶粒的作用，并对钢的疲劳强度、切削加工性能和加工硬化特性进行了研究。研究表明，铁素体相是疲劳裂纹萌生处，在钢中添加 0.25%V，能有效的选择性强化铁素体相，使曲轴达到性能要求。通过对成分为 0.4%C，0.25%Si，1.00%Mn，0.25%V 钢进行轧制强化，销和轴承销圆角部位的强化效果明显，轧制能提高曲轴的疲劳强度。这些曲轴感应加热后进行热锻，而后通过在

开槽式传送带或吊架传送带进行直接控制冷却，使抗拉强度达到 850MPa（123.3ksi）。控制冷却生产线如图 2-209 所示。

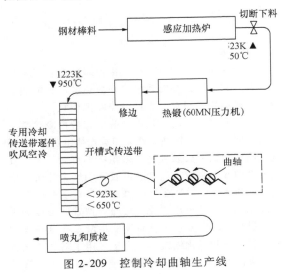

图 2-209 控制冷却曲轴生产线

（3）案例 B：NSSMC 公司　根据客户订货规格要求，开发出了各种用于生产曲轴的钢牌号，见表2-94。在钢的基体中，通常添加钒和钛，实现析出强化；此外添加硫和钙，改善切削加工性能，能实现小直径油槽的钻孔加工。

通常，为使曲轴具有良好的切削加工性能，应选择铁素体-珠光体组织，不选择对曲轴寿命有害的贝氏体组织。为得到稳定的铁素体-珠光体组织，必须依据钢的连续冷却转变图。SAE 1538MV 钢在1100℃（2010°F）奥氏体化加热的连续冷却转变图如图2-210所示，得到铁素体-珠光体组织的最佳冷却条件应选择在图中黑色箭头范围内。因为曲轴的最佳冷却速率取决于其轴颈直径和重量，因此必须对钢的成分进行合理设计，以得到理想的连续冷却转变图，通过空冷或强制风扇冷却，达到稳定的强度和微观组织。

表 2-94　住友合金钢成分

钢号	化学成分（质量分数，%）						
	C	Si	Mn	S	Cr	V	其他
S45C	0.45~0.51	0.15~0.35	0.60~0.90	0.035	0.20	—	—
SAE 1548	0.45~0.51	0.15~0.35	1.10~1.40	0.050	0.20	—	—
SCM440	0.38~0.43	0.15~0.35	0.60~1.10	0.030	0.90~1.20	—	Mo：0.15~0.30
S48CSIV	0.45~0.52	0.20~0.70	0.60~1.10	0.040~0.070	0.25	0.05~0.15	—
38MnVS6	0.34~0.41	0.15~0.80	1.20~1.60	0.020~0.080	0.30	0.05~0.15	—
SAE1538MV	0.35~0.42	0.20~0.70	1.20~1.50	0.040~0.070	0.25	0.08~0.20	—
S48CVS1L2Ca	0.45~0.52	0.60~1.10	0.60~1.10	0.040~0.070	0.25	0.06~0.15	Pb：0.01~0.25+Ca
38MnS6	0.36~0.42	0.20~0.70	1.20~1.50	0.040~0.070	0.25		

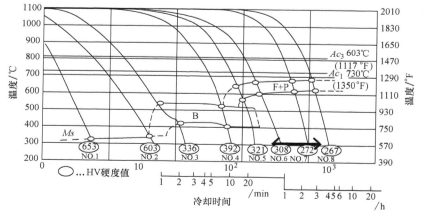

图 2-210　SAE 1538MV 钢连续冷却转变图

2.8.6　连杆

为锻热淬火（DFQ）和直接控制冷却新工艺技术的开发和应用，对发动机连杆的热锻淬火或热锻冷却工艺进行了研究。为进一步降低能耗，对 DFQ 工艺流程要求是，逐渐采用锻造后直接控冷代替淬火后的回火过程，得到铁素体和珠光体组织的连杆。连杆的疲劳强度受硬度和显微组织的影响，为了提高连杆的疲劳强度，应对硬度较低的铁素体进行强化。如前所述，通过在钢中添加钒，析出钒的碳化物或氮化物进行析出强化，可提高铁素体硬度和强度。提高钢的疲劳强度最重要的手段是降低珠光体的体积分数和强化铁素体。由于采用了新的工艺方法，每件连杆的重量降低了 200g（0.44lb），可改善

和提高发动机性能。

胀断型连杆采用带紧固扭矩帽的连杆，防止在连杆螺栓断裂时出现松动。为了实现这一目标，进行了新的组件设计，开发出了胀断（FS）型连杆新工艺。

自 2000 年以来，发表了很多各类有关胀断连杆工艺的论文。在强度与断裂韧性之间达到平衡难度很高，但这对优化制造高性能发动机连杆是必须的措施。

用于生产 FS 型连杆的微合金钢必须具备强度和断裂韧性优化组合，其成分如表 2-95 所示。通过添加硅、钒和磷，增宽钢中片状珠光体间的间距和提高铁素体硬度，以减少变形和断裂。图 2-211 为钒对钢屈服应力和夏比冲击能量的影响。

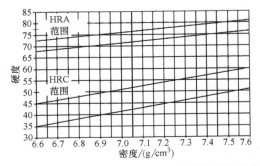

图 2-211　钒含量对夏比冲击功和屈服强度的影响

为减少钢中的钒，表 2-95 中编号为 C 的钢采用钛部分代替钒。增加钛含量可导致铁素体减少和珠光体增加，通过析出硬化，使疲劳强度和冲击韧度达到最佳平衡。

表 2-95　连杆典型用钢

编号	化学成分（质量分数，%）							
	C	Si	Mn	P	S	Cr	V	Ti
A	0.40	0.60	0.80	0.10	0.05 ~ 0.15	0.15	0.10	—
B	0.28	0.55	0.75	0.05	0.1	—	0.17	0.17
C	0.37	0.20	1.12	0.047	0.062	0.29	0.106	0.043

2.8.7　锻热直接热处理设备

传统锻造工艺采用燃气炉或燃油炉进行加热，通过锻锤锻压或热成形机锻造出毛坯或锻件，而后对冷却后的锻坯再进行热处理。其结果是锻坯或锻件冷却速率不同，会造成显微组织和硬度数据分散度变大，因此必须对这些锻坯或锻件进行预备热处理，否则无法正常进行机加工。

这些加工技术的最新进展开发出了更高效制造工艺，例如通过感应加热和剪切钢棒工艺。这种感应加热技术有效地减少加热时间，并可控制加热时间一致性，由此有效地抑制晶粒长大，并改善了成形性能。热锻模锻造技术也有效地缩短成形时间和成形时间的分散性。通过对这些加工技术的合理组合，开发出了直接淬火和冷却处理工艺方法，提高产品质量。

（1）锻热淬火设备　锻热淬火工艺要求尽可能在锻造设备附近就近安装淬火设备。自 20 世纪 60 年代初以来，以这种方式，已安装了各种不同的锻热和淬火设备。采用这种设备，通过热锻过程中的形变热处理，使晶粒得到生长并得到高位错密度的组织，从而使碳钢具有良好的淬透性。在这些过程中，锻坯或锻件通过传送带或其他机构逐件转移到连接的淬火槽。在转移过程中，对锻坯或锻件的温度进行控制，然后直接淬入油或水溶液的淬火冷却介质中。当从淬火槽移出后，锻坯被转移到回火炉中。除需考虑金相组织等方面的要求外，该转移设备具有各种专用的机构，包括旋转夹持、垂直和吊挂输送和其他转运方法，能满足不同大小和形状的锻坯或锻件的转移。

（2）锻造和直接热处理设备　根据工件的温度条件的要求，开发出了各种输送机构和保温炉，包括平板传送装置，开槽横梁输送机构和吊挂式输送炉和以及逐件控冷却设备，如图 2-212 所示。为提高产品质量和降低加工成本，开发出新型直接等温退火（isothermal annealing，IA）炉。通过合理设计，缩短冷却时间并保证冷却时间的一致性，通过炉温度控制，充分有效利用锻件热能。与传统连续等温退火炉相比，能耗减少了 65%。图 2-213 对比了新旧等温退火炉的相变过程。

炉作业平面图　　　装炉和出炉作业侧视图

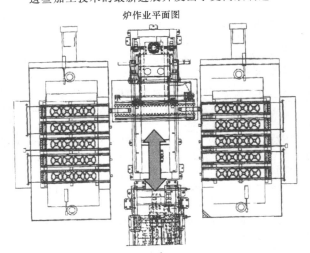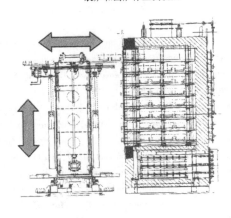

a)　　　　　　　　　　　b)

图 2-212　高级直接等温退火炉的作业流程和移动装置（丰田 Kinuura 锻造厂）

a）炉作业平面图　b）装炉和出炉作业侧视图

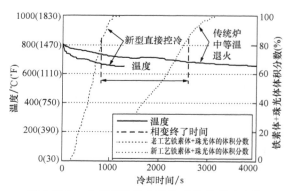

图 2-213　老式等温退火炉和直接等温退火炉
的相变进程对比

参 考 文 献

1. Conference Report：Direct Forge Quenching of Steel, *Adv. Mater. Process.*, Feb 1998, p 36U-36X.

2. E. B. Kula and J. M. Dhosi, *Trans. ASM*, Vol 52, 1960, p 32.

3. H. Maeda, T. Kawabe, and Y. Endo, *J. Jpn. I. Met.*, Vol 27, 1963, p 416.

4. H. Maeda, T. Abe, and Y. Endo, *J. Jpn. I. Met.*, Vol 28, 1964, p 91-95.

5. H. Maeda, T. Abe, and Y. Endo, *J. Jpn. I. Met.*, Vol 28 (No. 9), 1965, p 871-875.

6. I. Niimi, K. Hashimoto, and H. Miura, Influence of Various Factors on the Ductility of Forged-Quenched Steels, *Toyota Tech. Rev.*, Vol 16 (No. 4), 1965, p 317-325.

7. Toyota 40 Years History, *Forging and Heat Treatment*, 1973, p 385.

8. M. Ichihara and S. Kakuwa, Heat Treatment of Automotive Materials, *J. Jpn. Soc. Automobile*, Vol 31 (No. 10), 1977, p 895.

9. G. Ronchiato, M. Castagna, and R. L. Colombo, Influence of Direct Quenching from the Forging Temperature on the Mechanical Properties of Hardened Boron Containing Steel, *J. Heat Treat.*, Vol 4 (No. 2), 1985, p 194-200.

10. K. Funatani, Forge Quenching and Direct Heat Treatment Technology Today and for the Future, *Accelerated Cooling/Direct Quenching of Steels：Conf. Proc. from Materials Solutions* '97, ASM International, 1997, p 193-198.

11. S. Yamada and K. Funatani, Strength and Toughness of the Forge and Quenched Steels：*Accelerated Cooling/Direct Quenching of Steels：Conf. Proc. from Materials Solutions* '97, ASM International, 1997, p 241-246.

12. K. Ushitani and A. Yokoyama, Energy Saving of Heat Treatment in Forging Plant, *J. JSAE*, Vol 36 (No. 3), 1983, p 243-247.

13. H. Aihara, Trends and Tasks in Heat Treatment Technology for Automotive Industry, *Seminar for Central Chapter of JSHT*, Oct 1998 (Nagoya, Japan), p 1-12.

14. H. Hashimoto, Y. Serino, Y. Aoyama, and K. Hashimoto, "Non Heat-Treated Vanadium Alloyed Steel Crankshaft," SAE Technical Paper 820125, 1982.

15. I. Nomura and Y. Wakikado, The States and Trends of Microalloyed Steels for Direct Heat Treatment, *The Special Steel*, Vol 42 (No. 5), 1993, p 9-14.

16. I. Nomura, Metallurgical Technology in Microalloyed Steels for Automotive Parts, *Mater. Jpn.*, Vol 34 (No. 6), 1995, p 705-709.

17. H. Yaguchi, T. Tsuchida, Y. Matsushima, S. Abe, K. Iwasaki, and J. Inada, Influence of Microstructure on Fatigue Strength of Ferrite-Pearlite Microalloyed Steels, *R&D Kobe Steel Eng. Rep.*, Vol 50 (No. 1), 2000, p 53-56.

18. Y. Matsushima, M. Nakamura, A. Shiina, Y. Nakatani, T. Hata, Y. Yamamoto, and N. Okochi, *CAMP-ISIJ* (Report of ISIJ meeting), Vol 5, 1992, p 781-784.

19. K. Aihara, Y. Yamada, T. Miyazawa, J. Yoshida, G. Anan, and H. Idojiri, Application of Half Vanadium Microalloyed Steel for Engine Components, *Proc. JSAE*, Vol 111 (No. 05), p 5-8.

20. H. Kawakami and M. Nakamura, Energy Saving on Heat Treatment of Steels for Machine Structure Use, *J. JSAE*, Vol 35 (No. 10), 1981, p 1136-1143.

21. I. Nomura and T. Kato, Influence of Vanadium and Thermomechanical Treatment on Microstructure of Medium Carbon Microalloyed Steels, *J. ISIJ*, Vol 32 (No. 11), 1996, p 61-66.

22. K. Okaniwa, Microalloyed DHT Steel Processing Technology for Machined Products, *The Special Steel*, Vol 43 (No. 11), 1994, p 32.

23. H. Kawakami, M. Nakamura, H. Maeda, and J. Koarai, Study on Controlled Rolling at High Strength Steel Bar, *R&D Kobe Steel Eng. Rep.*, Vol 35 (No. 2), 1985, p 45-49.

24. K. Shioaku, S. Kuchiishi, Y. Yamada, and T. Kawasaki, Spheroidize-Annealing-Free Wire Rod by Controlled Rolling—Mild Steel for Cold Forging, *R&D Kobe Steel Eng. Rep.*, Vol 35, 1985, p 55-57.

25. Y. Wakikado and I. Nomura, Quality Control of Non-heat treated Steels, *J. JSAE*, Vol 39 (No. 8), 1985, p 927-934.

26. T. Ochi, T. Takahashi, and H. Takada, Improvement of Toughness of Hot Forged Products through Intra-granular Ferrite Formation, *30th Mechanical Working and Steel Processing Conference*, ISS-AIME, 1989.

27. H. Takata, T. Ochi, Y. Koyasu, and F. Ishikawa, Study on High Strength and Toughness Ferrite-Pearlite Microalloyed Forging Steel, *CAMP-ISIJ* (Report of ISIJ meeting), 1992,

p 777-780.

28. H. Takata and Y. Koyasu, The Present and the Future of Forging Steel Free of Quenching and Tempering, *Shin-nittetsu Giho*, Vol 354, 1994, p 6-10.

29. H. Takata, T. Ochi, F. Ishikawa, S. Yasuda, and C. Maeda, Development of High Strength and Toughness Microalloyed Forging Steel through Oxide Metallurgy, *B. Jpn. I. Met.*, Vol 32 (No. 6), 1993, p 429-431.

30. I. Nomura, N. Iwama, and Y. Wakikado, Effect of MnS on Precipitation of Ferrite after Hot Working in Microalloyed Steel, THERMEC-88: International Conf. on Physical Metallurgy of Thermomechanical Processing of Steels and Other Metals, June 6-10, 1988 (Keidanren Kaikan, Tokyo, Japan), Iron and Steel Institute of Japan, p 375-382.

31. Takahashi, Miyazaki, Suehiro, and Ochi, NSC Tech Report 391, NSC, 1997, p 201.

32. C. Maeda, S. Yasuda, and H. Ishikawa, Development of Front Axle I-beams of High-Toughness Microalloyed Steels, J. JSA, Vol 43 (No. 6), 1989, p 79-85.

33. I. Nomura, Y. Kawase, Y. Wakikado, C. Maeda, S. Yasuda, and H. Ishikawa, "High Toughness Microalloyed Steels for Vital Automotive Parts," SAE Technical Paper 890511, 1989.

34. M. Mori, T. Komoto, T. Harikago, S. Oowaki, and N. Iwama, Development of High Fatigue Strength Microalloyed Steel Crank Shaft, JSAE 20005207, May 2000, Issue No. 47-00.

35. N. Iwama, I. Nomura, Y. Hanai, M. Mori, M. Suzuki, and K. Mizuno, Effect of Microstructure on Toughness and Yield Ratio in High-Strength Microalloyed Steel (Dev-I), *CAMP-ISIJ* (Report of ISIJ meeting), Vol 7 (1994), -772, and Dev-II (1994) -773.

36. I. Nomura, N. Iwama, and Y. Hanai, Development of Intelligent Microalloyed Steel with Self Correcting Function for Mechanical Properties, *Mater. Jpn.*, Vol 34 (No. 6), 1995, p 798-800.

37. T. Tagawa and T. Shiraga, Current and Future of Micro-alloyed Steels, *J. JSHT*, Vol 28 (No. 1), 1988, p 1030-1035. 38. N. Iwama, I. Nomura, Y. Hanai, M. Mori, and M. Suzuki, "Development of High Strength and High Toughness Bainitic Steel for Automotive Lower Arm," SAE Technical Paper 950211, 1995.

38. M. Takebayashi and M. Taki, Recent Trends in Heat Treatment, *Toyota Gijyutsu*, Vol 37 (No. 2), 1987, p 47-52.

39. "Control Cooling of Crankshaft," Aichi Steel Work Company brochure, 1995.

40. M. Mori, M. Yano, and T. Manabe, Development of High Strength Microalloyed Steel for Connecting Rods, *Toyota Tech. Rev.*, Vol 45 (No. 2), 1995, p 153.

41. Microalloyed Steel for Fracture Sprit Type Connecting Rods, *Electric Steel*, Vol 77 (No. 1), 2006, p 93-95.

42. T. Hasegawa and N. Sano, Microalloyed Steel for Cracking Con'rods, *J. JSHT*, Vol 47 (No. 6), 2006, p 343-349.

43. A. Matsugasako, Energy Saving Wire and Rods Steel of Kobe Steel Work, *R&D Kobe Steel Eng. Rep.*, Vol 6 (No. 1), 2011, p 75-76.

44. M. Kawasoe, H. Ootake, S. Imai, and M. Matsumoto, Development of EnergySaving FIA Furnace, *Toyota Tech. Rev.*, Vol 56 (No. 2), 2009, p 132-136.

2.9　粉末冶金钢的热处理

在大多数情况下，粉末冶金（Powder Metallurgy，PM）工件的热处理需要考虑孔隙率、成分的差异和不均匀性等问题；除此以外，粉末冶金工件的热处理与其他工件的热处理工艺完全相同。热处理工程师必须要了解粉末冶金工艺过程，以保证能够根据具体情况，进行适当调整。有很多粉末冶金材料的成分无法与锻钢类比，只能根据粉末冶金的知识，才能进行正确处理。此外，在力学性能测试和其他性能验证等方面，粉末冶金材料与锻钢也存在有一定的差别。

粉末冶金工艺是低成本，零件近终成形的生产工艺。2000 年大约有 80% 的粉末冶金产品都为钢铁材料。从 1993 年到 2000 年，钢铁粉末的产量增长了 55%，达到了 445000 短吨（注：1 短吨 = 0.907t），其中 93.5% 的钢铁粉末都用于制作粉末冶金零件。可以预期，在不久的将来，将会生产出越来越多的各种粉末冶金零件。其中包括用于汽车的零件、电器、园林机械、休闲产品、电动工具和五金配件、商业设备和电子产品。在美国，每辆典型轿车都有超过 41lb（18.6kg）重量的粉末冶金零件，而且这个数字预计还会增长。在美国、欧洲和日本的汽车的生产中，现已超过 5 亿件热锻（hot-forged）连杆是采用粉末冶金工艺生产。每台商用飞机的发动机约采用了 1500～4400lb（682～2000kg）的粉末冶金高温合金挤压锻件。可以预计，将会有更多的粉末冶金工件需要进行热处理。

粉末冶金零件有多种制备工艺过程，其中包括压制烧结、金属注射成形、粉末锻造、热等静压、粉末锻造和喷射成形等。这些工艺过程的共同特点是，采用金属粉末为原料制备生产零件。其中最可能需要进行热处理的工艺为压制烧结、金属注射成形和粉末锻造。

为了说明粉末冶金零件的热处理的特点，可先用 AISI 4620 锻钢零件进行对比。在 4620 钢的规范中，对钢的成分有一定要求和限制，其中包括碳含量在 0.17%~0.22% 范围。对于大多数热处理来说，4620 钢零件的成分和尺寸是确定热处理工艺参数唯一的依据，同时这对以后相同的工艺条件下，也可作为参考和借鉴。如在同炉中进行 4620 钢不同零件的热处理，通常热处理工艺可不进行任何调整。

牌号 FL-4605 粉末冶金钢相当于 4620 钢，其牌号中的 05 表明名义碳含量 0.5%，此外其他成分也进行了适当调整。FL-4605 规范表明，该粉末冶金材料碳含量范围为 0.4%~0.7%，约 40% 材料偏离，名义碳含量。4620 钢和 FL-4605 钢两个牌号的镍含量相当，但 FL-4605 钢的钼含量为 0.4%~1.10%，而 4620 钢的钼含量为 0.2%~0.3%。此外，粉末冶金零件可能在原始粉末中混合添加镍粉，因此导致零件成分均匀和淬火能力不同。

粉末冶金零件的物理性质与密度有关，零件的密度取决于零件的性能要求。在很多情况下，密度低的粉末冶金零件表面含有的孔隙，会吸入部分淬火冷却介质，由此可能导致淬火硬化层比预期的更深。

由于上述因素，导致不同批次的粉末冶金零件性能会有所差异，如希望得到性能一致的零件，则应考虑同批次零件。由此看来，粉末冶金零件热处理需要考虑更多的因素。尽管存在这些问题，如在粉末冶金钢成分和零件制备工艺已知的条件下，也是可以对粉末冶金零件进行适当的热处理。

2.9.1 粉末冶金工艺概述

热处理对不同粉末冶金工艺方法制备零件会产生不同的影响，其中对孔隙率相对高和成分明显不均匀的压制烧结零件影响很大。金属注射成形零件孔隙率小于砂型铸造的零件，但晶粒尺寸更细。粉末冶金锻造零件更类似于锻钢零件，热处理产生的差异较小。与传统钢制备的零件相比，为对粉末冶金零件进行合适的热处理，需要其零件工艺细节进行深入的了解。为方便讨论，在表 2-96 中对比给出了不同粉末冶金工艺方法对工件生产的影响。

表 2-96　粉末冶金工艺的特点

特性	传统压制烧结	金属注射成形 (MIM)	热等静压	粉末冶金锻造
零件尺寸大小	中等 (<5lb)	最小 (<1/4lb)	最大 (1~1000lb)	中等 (<5lb)
形状复杂程度	好	极好	非常好	好
生产量	>5000	>5000	1~1000	>10,000
尺寸精度	极好 (±0.001in/in)	好 (±0.003in/in)	差 (±0.020in/in)	非常好 (±0.0015in/in)
密度	中等	非常高	极高	极高
力学性能	80%~90%锻钢	90%~95%锻钢	优于锻钢	等于锻钢
成本	低, 0.50~5.00 $/lb	中等, 1.00~10.00 $/lb	高, >100.00 $/lb	较低, 1.00~5.00 $/lb

1. 压制和烧结

在粉末冶金工艺中，压制和烧结零件热处理最为常见。如零件在两维的形状复杂，而第三维的形状简单，则非常适合采用压制和烧结工艺生产。例如，动力变速箱齿轮就是典型适合压制和烧结工艺的零件，该齿轮轮廓复杂，但沿轴方向形状简单，采用压制和烧结工艺能达到满意的效果。压制和烧结工件最重要属性是各方向的尺寸要求。如果工件的外形尺寸可以控制，则压制烧结工艺是成本低廉的金属零件生产工艺。压制烧结工艺过程如图 2-214 所示。

压制工序决定了粉的密度和整个产品的均匀性，是粉末冶金过程中最为关键的步骤之一，此外，压制也是零件基本成形的工序。压制工序的目的是得到高密度，具有足够生坯强度的坯料，以便运输和烧结处理。粉末冶金零件的最终性能取决于密度，因此要使零件达到一致性就需要均匀的密度。

粉末冶金零件的压制工序的另一个重要作用是，保证预成形的生坯在出模时和后续烧结前不产生损坏。因为通常最大的应力产生在生坯出模时，与模

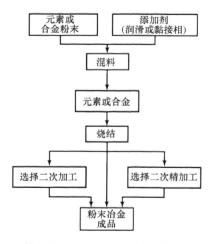

图 2-214　压制和烧结工艺过程
简化流程图

具壁摩擦会导致更大的弯矩，完好的生坯出模意味着零件能成功进入烧结工序。通过在混合粉中添加干润滑剂减少出模应力，这也有助于压制工序，但会降低生坯强度。可通过调整添加润滑剂的数量，

获得最佳生坯性能。为获得最佳的力学性能，必须在后续工序中完全去除润滑剂，但可以允许润滑剂中残留少量金属元素，这对零件性能具有较好作用。

粉末冶金零件的性质主要取决于零件的密度，进而取决于压制力和粉末特性（包括大小、形状、表面结构和力学性能）。通常采用金属元素粉末，以获得最大的压实密度，保证最终零件的性能。这些粉末通常变形性高，在压制过程中可以产生大量变形。然而，即使进行了高温烧结，这个选择也会造成零件成分不均匀。

通常密度可采用简单的数值（如 g/cm^3 或 lb/in^3）或采用理论密度的百分比表示，这里的理论密度（100%）与相对密度百分数值之差是零件中的孔隙率。例如，通常采用纯铁作为铁的理论密度，或采用简单数值 $7.87g/cm^3$（$0.284lb/in^3$）作为铁的密度。在确定密度时，"密度"前的形容词定义了工件所处的状态。例如，装坯密度是指未压实的粉松装密度；压坯密度为压实后，未烧结的密度；而最终密度为烧结后的密度。

压坯均匀和高密度是压实工序的主要目标，现可采用各种方式提高工件的压实密度。如前所述，通常可以通过添加润滑剂，减少模壁与生坯间的摩擦，提高压实的压制力。但不幸的是，润滑剂也会降低生坯强度。添加过多的润滑剂，会在去除润滑剂时产生孔隙，降低力学性能。

特别在汽车零部件行业，控温压制技术应用日趋广泛。粉末在压制前先进行预热，软化的金属在压制力作用下，压制效果更好。通常对模具也进行加热，以防止压制过程中粉末变冷。控温压制技术的优点是，能获得更高的生坯密度和生坯强度，烧结后获得更高的烧结密度、最终力学性能并可提高工件的均匀性。

如采用合理的机械压实工艺，粉末密度可以达到铸件或锻件材料的 80% 左右。在此阶段，零件通常有足够的强度（生坯强度），满足保持零件形状和允许后工序合理的处理。此外，压实工艺也决定了剩余孔隙的性质和分布。

在烧结工序中，将压制好的工件放置在可控气氛环境下，进行加热。首先燃烧净化，除气和去除挥发物，去除润滑剂或黏合剂，然后在控温条件下，提高加热工件的温度。当温度升高到一定程度时（通常金属为 70%~80% 的熔点，难熔材料为近 90% 的熔点），发生固态扩散，保温足够的时间，使粉末颗粒之间形成桥接，使原压制零件的粉末机械结合转变成为冶金结合。

控制烧结气氛对成功烧结至关重要。通常压实生坯含有 10%~25% 的剩余孔隙率，其中部分孔隙相互贯联，达到工件表面。如果材料在大气中加热，会快速产生氧化，这将严重损害工件中粉末颗粒间的结合强度和工件性能。还原气氛能去除粒子间表面氧化物，燃烧去除进入燃烧炉或在烧结过程中产生的有害气体。惰性气体不能去除有害气体，但可以防止形成任何额外的污染物。通常采用真空烧结或在氮气保护气氛下烧结。

随着烧结保温时间延长，通过扩散降低剩余孔隙的尺寸，也相应改善了工件的性能。通过提高致密化驱动力，减少表面积和促进原子扩散到孔隙，能明显减少孔隙率。在致密化进程中，驱动力会逐步下降，致密化过程会逐步减缓。此外，当密度超过 90% 时，晶粒生长使晶界从孔隙处分离，导致原子传输速率显著放缓。在烧结过程中，越接近理论密度，越难完全单独由烧结进一步致密化。在保护气氛中，延长保温时间必然会增加成本，因此，必须要在增加额外成本与提高性能之间做出权衡，确定一个可接受的合理方案。此外，烧结的零件在烧结保温后，必须在保护气氛下一直冷却到室温。

通常，将铁粉与石墨混合，生产制备得到钢或不锈钢等黑色金属。不含碳的铁粉硬度较低，这允许采用较低的压制力成形。需要采用足够高的烧结温度，以保证间隙元素碳具有很高的扩散迁移性和达到高的均匀性。然而，这种高扩散迁移性也增加了碳自由与大气进行交互作用的可能。这种情况类似于锻钢或铸钢工件的热处理，其解决方案也基本类似。必须严格控制气氛的碳势，以保证气氛保持适当的碳势水平。如果工件在烧结过程中发生脱碳，随后的淬火处理可能会受到影响。粉末冶金钢的碳以石墨形式添加，压制和烧结的典型碳钢微观组织如图 2-215 所示。

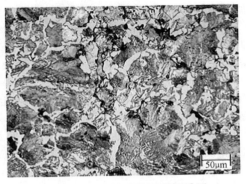

图 2-215　F-0008 普通碳钢采用
690MPa（50tsi）压制和氮气保护下，
在 980℃（1795℉）烧结的微观组织
40% 硝酸酒精浸蚀

在烧结过程中，粉末粒子之间产生了冶金结合。随烧结工件的密度提高，工件的强度、延性、韧性、导电率和热导率也随之增加。如果将不同的材料进行混合，相互扩散可以促进形成合金相和金属间化合物。由于密度增加，工件尺寸会发生收缩。为满足预期的公差要求，压实生坯的尺寸必须适当的大于实际工件尺寸。在烧结过程中，会残留部分孔隙；压制和烧结粉末冶金产品的残余孔隙率一般保留在5%~25%范围。压制和烧结工件典型的孔隙结构如图2-216所示。

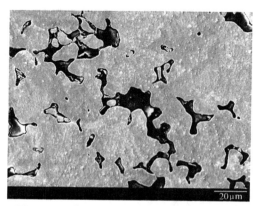

图 2-216 典型 737SH 烧结硬化后孔隙结构

注：737SH 一种烧结硬化铁基粉末；无浸蚀（netched）。

采用高温烧结，可进一步提高工件密度和均质化程度，由此促进孔隙圆整和提高合金元素均匀性，使热处理能达到预期的效果。在传统烧结温度1150℃（2100℉）下烧结，大部分氧化物发生还原，但某些元素（如锰和铬）的氧化物需在更高温度的还原性气氛中才可发生还原。这些氧化物降低力学性能，影响合金的热处理效果。高温烧结不仅提高改善了力学性能，也使粉末冶金工件的热处理工序更加容易。

通常采用网带式炉对粉末冶金钢生坯进行烧结，网带式炉的最高工作温度通常为1150℃，现已有超过该最高工作温度的网带式炉。当烧结温度高于1150℃，通常广泛采用推杆式炉。采用更高的烧结温度（1150~1315℃，或2100~2400℉）的一个主要问题是增加了设备维护成本。

压制和烧结工件实现达到更高密度的工艺是，复压复烧（double pressing and double sintering, DPDS）工艺。通常情况下，该工艺的难度在于，初次烧结后碳发生溶解，粉末冶金工件硬度太高，难以再进行压制。通过降低初次烧结温度，仅使少量石墨发生溶解，使该预烧结（presintered）工件可容易进行再次压制，进一步致密化；第二次烧结温度采用正常烧结或高于正常烧结的温度。通过复压复烧结工艺，合金钢的密度可高达95%的理论密度。

在传统压制和烧结工序中，通常压制确定了尺寸，但在烧结工序中，工件致密化会使尺寸发生改变，产生收缩。此外，如烧结过程有非均匀加热和冷却，可能发生翘曲或变形。可采用再次压制、模压或定型方法恢复或提高尺寸精度。在冷加工和进一步提高密度的共同作用下，可提高工件25%~50%的强度。

根据粉末冶金钢工件性能要求，可采用淬火加回火达到所需的强度或硬度要求。金属的热导率受密度的影响，因此在一定程度上，粉末冶金钢的淬透性取决于密度。此外，混合粉末制备工件的均质性受烧结条件影响，成分发生变化，也会导致淬透性的变化。除了这些问题之外，粉末冶金钢试样通常有残余孔隙的存在，测量的硬度值较低。如果希望达到特定的热处理硬度和采用硬度值确定马氏体的形成，由于孔隙的存在，会出现测量的硬度（称为有效硬度）较低，使钢看起来似乎没有完全淬硬。如采用显微压痕硬度试验，压痕未打在试样的孔隙处，则给出的硬度为工件的真实硬度。在确定烧结钢热处理工艺时，必须考虑这些因素。

在烧结硬化工艺过程中，生坯的奥氏体化处理由高温烧结替代，因此，淬火必须在炉内完成，而后转移到回火工序。由于该工艺避免了奥氏体化重新加热工序，降低了生产成本，具有重要的经济效益。然而，对材料的淬透性提出了更高的要求，以保证在烧结炉中，相对慢的冷却速率下，形成足够深度的马氏体组织。烧结硬化钢与二次奥氏体化加热钢形成直接竞争，主要潜在竞争的方面是淬火性能。

温压工艺能使工件达到更高密度水平，并保证密度分布均匀，是粉末冶金的主要先进技术。现该工艺已在合金钢和不锈钢中得到应用。将传统粉末与特殊的润滑剂混合，得到粉末冶金的原料。将温压设备的压制温度控制在100~150℃（210~300℉）范围，即要防止润滑剂烧损，又要有效地改善压实效果。在温压过程中，降低装坯密度和增加流动速率，会限制温压的工作温度。采用温压工艺，能获得更高的密度，这对烧结硬化尤其有利。因此，温压压制加烧结硬化是一个较好的工艺组合。

2. 金属注射成形

金属注射成形（Metal Injection Molding，MIM）工艺与传统粉末冶金工艺类似，但在有些重要的地方不同。与传统粉末冶金工艺相比，采用金属注射成形工艺，在零件设计方面需重新考虑。此外，该工艺还具有许多新的优势，可用于生产成本低，性能好的零件。

尽管在有些方面与传统粉末冶金工艺不同，但在使用金属粉为原料方面，金属注射成形工艺与传统粉末冶金工艺相同，也是通过控制烧结密度，控制其性能。图 2-217 为金属注射成形工艺流程图。为便于处理和保证成分均匀，将金属粉末与特殊具有热塑性能的塑性黏合剂混合。混合后混合物（原料）中的黏合剂可高达 50%（体积分数），混合物通常采用造粒，制成球形颗粒。将混合好的原料加热至塑性温度范围，在压力下注入模具。在模具温度的作用下，工件产生硬化，脱模后具有极高的生坯强度。通过采用溶剂萃取、控制加热挥发和催化去黏合等处理方法，去除塑性粘合剂。去除了粘合剂的工件脆性很大，在烧结前处理需认真小心。金属注射成形工件的烧结工艺与传统粉末冶金工艺相同，但由于密度较低，烧结后的工件会导致高达 25% 的收缩。

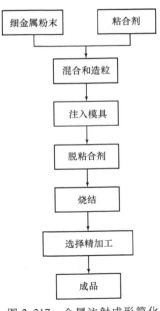

图 2-217　金属注射成形简化
工艺流程图

在传统粉末冶金中，通常根据粉末在填料和压制过程中的流动性，选择流动性好的粉末，因此在烧结过程中收缩较低，能保证工件外形尺寸基本不变。而在金属注射成形工艺中，粉末通过塑性粘合剂载入，流动性不是选择粉末的主要属性，而应根据粉末的烧结性能选择粉末。粉末尺寸很细，直径在 $2 \sim 20 \mu m$ 范围，烧结后密度高，通常可达到 99% 的理论密度。这能显著提高金属注射成形工件的性能，使之比其他制造工艺具有明显的优势。

通常，传统粉末冶金工件的尺寸受到压制能力的限制，而金属注射成形的零件尺寸受到细粉成本

和是否能完全去除工件中粘合剂的限制。通常，金属注射成形制备的工件形状复杂，厚度达 6.3mm（0.250in），重量不大于 60g（2oz）。如采用了细粉，金属注射成形工件厚度可薄至 0.25mm（0.010in）。现已能生产特殊的粘合剂，确保在制备的大型金属注射成形工件后，能成功地去除粘合剂。

金属注射成形零件的热处理与锻钢工件非常类似，小尺寸工件意味着加热速率和冷却速率快。其差别主要是粒度小，成分不可能与锻钢工件完全等效以及采用了镍等混合添加剂。由于金属注射成形零件的热处理与其他工件的相同，因此不单独进行讨论。

3. 粉末锻造

可以采用包套粉末（canned powder）或简单形状烧结预成形方法，通过粉末锻造工艺制备复杂形状工件。采用压制成形工艺，难以制备复杂形状工件，此时先采用传统压制和烧结工艺，制备一个简单预成形坯。随后，采用热锻工艺，通过锻造的剪切压缩力的作用，使金属流动和实现进一步致密化，将预成形坯加工制备成最终所需形状工件。粉末冶金锻件在制备过程中，不会产生偏析，工件整体粒度均匀细小，通过混合不同粉末，可制备得到新型合金和独特的合金组合。由于工件有初始孔隙率和渗透率，在加热和锻造工艺过程中，需要采用保护气氛。粉末锻造后的工件热处理与锻钢相似，具有类似的微观组织和更高同质均匀程度，可达到极高的力学性能。

2.9.2　粉末冶金钢的牌号命名

金属粉末工业联合会（MPIF）位于新泽西州的普林斯顿，粉末冶金钢牌号是依据 MPIF 的系统命名。该系统采用字母与数字组合，其中字母表示合金元素，数字表示名义成分。此外，另一组附加数字表明制备工件的最低强度。当需要对粉末进行预合金化时，采用修改的合金命名系统；大量合金钢和不锈钢采用的是修改的合金命名系统。

在粉末冶金钢中，合金命名系统的字母如下：

A	铝	G	游离石墨
C	铜	M	锰
CT	青铜	N	镍
CNZ	镍银	P	铅
CZ	黄铜	S	硅
F	铁	SS	不锈钢（预合金化）
FC	铁-铜或铜-钢	T	锡
FD	扩散合金化钢	U	硫
FL	预合金化铁基材料（不包括不锈钢）	Y	磷
FN	铁镍合金或镍钢	Z	锌
FX	铜熔渗铁或钢		

首字母表示合金的基体元素；例如，首字母 C 表示铜基合金，如黄铜；首字母 N 表示镍基合金。首字母 F 为铁基合金，如果粉末冶金钢含有除碳以外的合金元素，则采用在首字母铁后添加表示。但事实上，合金牌号中没有标注的合金元素，并不表明该合金中不含有该合金元素；需要对合金的标准成分进行核对复验。尽管如此，为便于合金判断，合金命名系统中给出了主要的合金元素。

紧随前缀字母的通常是四位数字，但不同合金中，这四位数字的含意是不同的。对有色合金，前两位数字是主要合金元素的质量分数，后两位数字为次要合金元素的质量分数。对黑色金属合金，前两个数字的含义与有色合金相同，但后两位数字代表的碳含量百分比。典型美国钢铁协会（AISI）锻钢的名称80代表碳含量0.8%，而在 MPIF 粉末冶金钢牌号中，采用 08 表示相同的碳含量。

在四位合金化数字之后的数字代表合金的最小抗拉强度。根据该合金是否进行热处理，该数字有两种不同的意义。如工件不进行热处理，这里给出的是最小屈服强度；如工件进行热处理，给出的是极限抗拉强度。其原因是通常热处理（淬火）后的粉末冶金钢塑性较低，难以采用标准拉伸试验进行测量得到，导致屈服强度和极限抗拉强度基本上相同。

在该套数字代码中，也存在例外，如软磁和含磷的材料。这些材料通常除退火外，不进行热处理，因此不包括在内。MPIF 标准中提供这些材料的数字代码的含义。

另一个例外是预合金粉末的使用。将粉末混合，制备生产零件的预合金钢粉末，通常采用前缀字母 FL。如合金钢粉末仅与石墨混合，则名称通常使用修改的 AISI 合金的代码。例如，FL-4605 为或接近等价4600钢的粉末，名义碳含量为 0.5%。正如前面所介绍的，该合金牌号后可有表示强度的数字。如合金进行热处理，采用在牌号后添加 HT 字母。

在预合金粉末添加除石墨以外的元素，则在前缀字母 FL 后，按合金命名系统添加指定字母。例如，如将 Ni 混合添加到 FL-4605 合金粉末中，则牌号为 FLN-4605。再例如，将 Ni 和 Cu 添加到该合金中，则牌号为 FLNC-4405。当将 Ni 添加到不含镍的合金粉末中，有时将 Ni 的添加量直接在代码字母后给出，例如，FLN2-4408。

扩散合金化钢粉末牌号采用前缀字母 FD，其后为 Ni 和石墨的数量。例如，FD-0208，名义 Ni 含量为2%。对该合金粉末检验表明，该材料还含有 1.5%Cu。

最后，铜熔渗钢牌号采用前缀字母 FX。前两位数字近似为熔渗到开孔孔隙中的铜含量，而不是添加到混合或预合金粉末中的铜含量。例如，FX-1005 合金为大约熔渗了 10% 的 Cu，合金含有 0.5% 石墨。

表 2-97 列出了许多常用的粉末冶金钢和其成分范围。根据原始粉末不同，可能含有不大于 0.5% Mn，其他可能含有的元素包括 P、S 和 O。通常在还原性气氛中烧结时，根据处理工艺，粉末中的 O_2 含量会发生改变，但通常会降低。

表 2-97 常用的粉末冶金钢成分

MPIF 牌号	合金元素（质量分数，%）			
	C	Ni	Cu	Mo
F-0000	0.0~0.3	—	—	—
F-0005	0.3~0.6	—	—	—
F-0008	0.6~0.9	—	—	—
FC-0200	0.0~0.3	—	1.5~3.9	—
FC-0205	0.3~0.6	—	1.5~3.9	—
FC-0208	0.6~0.9	—	1.5~3.9	—
FC-0505	0.3~0.6	—	4.0~6.0	—
FC-0508	0.6~0.9	—	4.0~6.0	—
FC-0808	0.6~0.9	—	7.0~9.0	—
FC-1000	0.0~0.3	—	9.5~10.5	—
FN-0200	0.0~0.3	1.0~3.0	—	—
FN-0205	0.3~0.6	1.0~3.0	—	—
FN-0208	0.6~0.9	1.0~3.0	—	—
FN-0405	0.3~0.6	3.0~5.5	—	—
FN-0408	0.6~0.9	3.0~5.5	—	—
FL-4205	0.4~0.7	0.35~0.55	—	0.50~0.85
FL-4405	0.4~0.7	—	—	0.75~0.95
FL-4605	0.4~0.7	1.70~2.00	—	0.40~1.10
FLN-4205	0.4~0.7	1.35~2.50	—	0.49~0.85
FLN2-4405	0.4~0.7	1.00~3.00	—	0.65~0.95
FLN4-4405	0.4~0.7	3.00~5.00	—	0.65~0.95
FLN6-4405	0.4~0.7	5.00~7.00	—	0.65~0.95
FLNC-4405	0.4~0.7	1.00~3.00	1.00~3.00	0.65~0.95
FLN2-4408	0.6~0.9	1.00~3.00	—	0.65~0.95
FLN4-4408	0.6~0.9	3.00~5.00	—	0.65~0.95
FLN6-4408	0.6~0.9	5.00~7.00	—	0.65~0.95
FLN-4608	0.6~0.9	3.6~5.0	—	0.39~1.10
FLC-4608	0.6~0.9	1.60~2.00	1.00~3.00	0.39~1.10
FLC-4908	0.6~0.9	—	1.00~3.00	1.30~1.70
FLNC-4408	0.6~0.9	1.00~3.00	1.00~3.00	0.65~0.95
FD-0200	0.0~0.3	1.55~1.95	1.3~1.7	0.4~0.6
FD-0205	0.3~0.6	1.55~1.95	1.3~1.7	0.4~0.6
FD-0208	0.6~0.9	1.55~1.95	1.3~1.7	0.4~0.6
FD-0405	0.3~0.6	—	1.3~1.7	0.4~0.6
FD-0408	0.6~0.9	—	1.3~1.7	0.4~0.6
FX-1000	0.0~0.3	—	8.0~14.9	—
FX-1005	0.3~0.6	—	8.0~14.9	—
FX-1008	0.6~0.9	—	8.0~14.9	—
FX-2000	0.0~0.3	—	15.0~25.0	—
FX-2005	0.3~0.6	—	15.0~25.0	—
FX-2008	0.6~0.9	—	15.0~25.0	—

注：根据原始粉末不同，可能含有不大于 0.5% 的 Mn。

2.9.3　粉末冶金钢热处理简介

在对粉末冶金工件进行热处理时，根据选择的热处理，需要考虑很多因素，其中主要包括以下几点：

1）因为粉末冶金工件避免了机加工，绝大多数工件在热处理后都无需进行机加工，由此在成本上具有一定优势。但这也意味着在工件处理的各个期间，任何类型的表面损伤、凹痕或划痕，均会降低或损坏工件性能。因此，在工件热处理装载或其他后续处理时，都需要格外小心。

2）进行过二次加工（精压加工、模压、机加工、轧制）的工件在热处理前可能含有残余油，这些物质可能部分残留在开孔孔隙内，造成对热处理产生不利影响，降低工件性能。此外在热处理过程中，也可能产生烟雾。在这种情况下，在进行热处理前，需采用适当的溶剂进行清洗。

3）在考虑热处理零件装载方式时，必须保证渗碳气体或淬火冷却介质循环流动好。当处理小型工件时，工件间的间隔可能很小，造成气体或液体循环流动不畅，从而导致渗碳和淬火时不均匀。控制的装载方式为，采用宽网格载物架和选择合适的工件间间隔，降低或避免活性液体的不均匀性。为达到最佳的效果，工件应该在每层间保持一倍的间距。

4）应该注意带有平面的工件有序叠放，以确保没有渗碳气体和淬火冷却介质达不到的"死角"，导致碳溶解度偏低和淬火速度不足，最终结果导致工件硬度偏低。

5）通常粉末冶金工件在热处理后不进行精加工，因此工件在热处理淬油前，应短暂完全避免暴露在空气中。

6）由于粉末冶金工件表面含有开孔孔隙，因此不容忽视淬火油渗入到开孔孔隙和相互连通孔隙中的作用。同样，如果在正常服役中，需将工件浸入油中，则必须清除所有的淬火油，以避免造成对润滑剂的污染。在淬火和的消除应力处理后，必须采用特定的溶剂萃取工序。为完全去除孔隙中的油污，可能需要采用不止一种洗涤方式，进行清除油污。

7）如进行感应淬火，需进行预洗涤工序。该清洗工序的目的是去除残余切削液或残余精压加工润滑剂。

8）如工件密度低，有明显的开孔空隙，采用水作为淬火冷却介质进行感应淬火，则可能导致零件内部生锈。可采用带防锈剂的聚合物水淬火冷却介质。另一种解决方案是水淬火后，立即进行低温消除应力处理，对空隙进行干燥。

9）在全密度工件热处理工艺的基础上，需要对粉末冶金工件的热处理工艺进行调整，尤其是表面硬化热处理工艺。如果化学成分基本相同，通常热处理温度不需要调整，但需要选择更快的淬火冷却介质，以弥补淬透性的降低。

10）如果工件密度小于 $7.4g/cm^3$（0.267lb/in^3），进行气态或液态渗氮前，必须进行合适的封孔预处理。蒸汽处理是一种有效的预处理工艺，能使工件达到很好的一致性。如进行等离子体（或离子）渗氮，则不需要进行任何封孔预处理。然而，如果工件在等离子渗氮前未进行充分清洗，工件中的剩余污染物可能会影响渗氮效果。

以上这些规则并不涵盖所有粉末冶金工件热处理时需考虑的因素，有关更多内容请看本节后面内容。造成粉末冶金工件热处理性能产生差异的两个主要因素是，孔隙率高和微观组织不均匀。另外，选择原始粉末的成分也会造成粉末冶金工件热处理性能产生较大差异。

在粉末冶金工件的热处理中，最常见出现的问题是工件装载过量。大多数热处理商都是根据热处理炉工时数以及单位装载量进行定价，而这正好与粉末冶金工件的热处理工艺要求相反。一旦装载量达到临界载荷，进一步增加工件装载量，则会造成工件淬火性能波动变大。通常粉末冶金工件热处理的临界载荷量低于锻钢材料工件。

通常粉末冶金工件的热处理在吸热性气氛中进行，通过添加甲烷和空气混合，控制炉内碳势。粉末冶金工件的热处理气氛可以在一定范围内进行选择。如果通过气氛的碳势控制能防止氧化或还原，热处理气氛可选择吸热性气氛、氮-甲醇混合和氮基气氛。

在表面强化中，在炉内气氛中添加甲烷、丙烷和/或氨，其添加量取决于工件密度和表面孔隙率。例如，密度低的工件或表面开孔量多的工件，硬化层深度不均匀性增大。通过精确控制气氛中气体成分和选择较低的奥氏体化温度，可有效降低表面强化中出现不均匀现象。

2.9.4　孔隙率对粉末冶金钢热处理的影响

与传统钢热处理相比，虽然有几个因素对粉末冶金钢的热处理有影响，但影响最大的因素是孔隙率。可以得到密度非常高的粉末冶金钢材料，但与之同时，会提高工艺的难度和成本。加上尺寸控制精度低，意味着很少有将粉末冶金钢工件制备得到全致密。大部分的零件孔隙率在 5%~15% 之间，远高于典型铸件。压制烧结多遵守尺寸收缩的机制；即随压制力提高，压坯密度提高，同理，烧结对工件同质化的影响也是一样。

通过以下方面，孔隙率对粉末冶金钢热处理产生影响：

1) 密度。
2) 热导率。
3) 验收试验（Proof testing）（特别是硬度）。
4) 渗透率（气体和液体）。
5) 电阻率（在感应淬火中）。

粉末冶金钢的密度和热导率影响淬透性。验收试验可能会影响对热处理效果的判断，导致对试验结果预料过低。

当奥氏体完全转变为马氏体时，钢的硬度最大。因此需要有足够快的冷却速率，抑制共析反应，并在随后的冷却中转变为马氏体。锻钢的淬透性定义为，表面下某深度的冷却速度足够高，能保证奥氏体转变为马氏体。钢的淬透性直接取决于成分和热导率。通常钢成分对淬透性的影响远大于热导率，因此在制订热处理工艺时，仅考虑钢成分对淬透性的影响。

孔隙率对粉末冶金钢淬透性的影响如图 2-218 所示，图中曲线为一组烧结碳钢与锻钢的末端淬透性测试结果对比。粉末冶金钢试样采用铁粉与 0.95% 石墨混合，压制和烧结至密度范围为 6.0 ~ 7.1 g/cm^3（0.217 ~ 0.256 lb/in^3），对应于孔隙率水平为 9% ~ 24%。粉末冶金钢和 C1080 锻钢末端淬透性试样均采用中性保护气氛在 870℃（1600℉）奥氏体化加热 30min。

从图 2-218 中可以看出，粉末冶金钢热处理有两个明显的特点：由于孔隙率提高对热导率的影响，降低了钢的淬透性，此外，孔隙率还降低材料的表观硬度（apparent hardness）。图中表明，随材料密度下降，末端淬透性距离的第一个硬度读数值也随之降低。

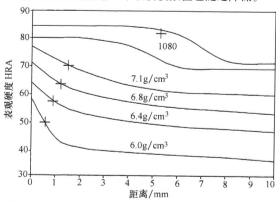

图 2-218　F-0008 钢和 1080 锻钢淬透性对比曲线

粉末冶金钢的淬透性取决于合金成分和孔隙率。钢中孔隙具有隔热作用，明显降低热传导，因此粉末冶金钢工件的孔隙率对导热性能有显著的影响。孔隙率对热导率影响常用的模型为：

$$\lambda = \lambda_m (1 - 2\varepsilon) \qquad (2-1)$$

式中，λ 为粉末冶金钢工件的导热系数；λ_m 为完全致密材料的理论热导率；ε 为工件的相对孔隙率（孔隙率/100%）。

在孔隙率 0.1% ~ 10% 的范围，采用模拟和相应试验数据，验证了式（2-1）的正确。当孔隙度率>12% 时，试样采用水淬火的冷却速率高于锻钢，其原因是由于水进入孔隙，提高了试样的冷却速率。

Bocchini 对粉末冶金钢工件中心热流进行了研究，得出淬火被带走热量满足：

$$H = M(1 - \varepsilon) c_m \Delta T \qquad (2-2)$$

式中，H 是被带走的热量；M 是一个与烧结工件相同大小形状工件的全密度质量；c_m 是该粉末冶金金属的平均热容；ΔT 是工件与淬火冷却介质之间的温差。

其中，一种估计为带孔隙粉末冶金工件与全密度工件的相对冷却速度是：

$$相对冷却速度 = (\lambda_m / c_m)(1 - 3\varepsilon / 1 - 2\varepsilon) \qquad (2-3)$$

该近似公式表明，与全密度钢工件相比，带孔隙的粉末冶金钢工件的内部冷却速度较低。随工件的孔隙率增加，该内部相对冷却速率与全密度钢的偏差增大。在淬火过程中，工件内部相对冷却速度的降低与式（2-3）中计算出的密度的关系如图 2-219 所示。

孔隙内液体的流动会影响热传导，考虑到该因素，给出了第二种相对冷却速度关系式：

$$相对冷却速度 = (\lambda_m / c_m)(1 - \varepsilon) \qquad (2-4)$$

根据式（2-4），得到图 2-219 中的直线。从图 2-219 中可以看出，当密度大于 7.4 g/cm^3（0.267 lb/in^3）时，两条曲线之间的差异很小；但当密度在 6.8 g/cm^3（0.267 lb/in^3）时，两条曲线之间相差约 6%。不幸的是，现还没有试验结果可以解释两条曲线（或直线）不相符合。

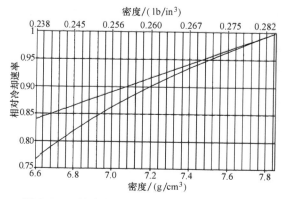

图 2-219　淬火相对冷却速度与根据式（2-3）和式（2-4）计算出的密度的关系

针对工件表面的散热情况，应该考虑以下三个不同的因素：

1）随表面粗糙度的增加，表面孔隙率增加，其结果是降低冷却介质的冷却速度，降低工件表面被带走的热量。

2）在冷却中，孔隙内在热气体的作用下，自身产生收缩，停止吸气效应，改为从淬火液中吸入蒸汽气泡。

3）电阻率/渗透率（感应淬火）。

外部热交换系数（有时定义为内收系数）通过一个常数（通常 1~2.5 之间）与表面的状态或表面细观几何情况联系起来。因此，由于带孔隙的粉末冶金工件外表面带走的热量，整个冷却过程的冷却速率约下降为典型全密度材料速率的一半。换句话说，在淬火冷却过程中，可将粉末冶金工件（内部和表面的）的淬火冷却过程，视为相同全密度材料工件缓慢淬火冷却过程。粉末冶金工件淬火保温时间比全密度材料增加约 50%。

通常，当相对密度超过 97% 时，烧结材料的孔隙是完全闭孔。相反，当相对密度低于 80%~90%，孔隙完全是开孔。大多数典型机械零件的孔隙率在 3%~20% 的水平，因此机械零件的孔隙多为闭孔和开孔组合。闭孔和开孔的相对量取决于原始材料和加工条件，很难确定。

此外，大多数压坯中的孔隙是不均匀分布的，尤其是在与压机接触的压坯上下表面。在这些压制和烧结的工件表面，孔隙率较高。图 2-220 为 F-0000 材料压坯距表面的孔隙率变化，图中压制过程采用混合润滑剂或采用模壁润滑两种方式。工件整体孔隙率大约是 8.5%，但在表层 0.2mm（0.008in）以内，孔隙率增加到 15%。这表明在表层下开孔的数量增多。

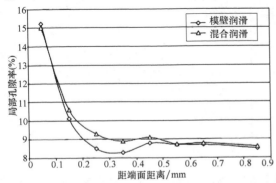

图 2-220　孔隙率与压力机接触面的压坯距离的关系

孔隙率对测量硬度（表观硬度）的影响很容易想象，但很难顾及和考虑。随孔隙率增加和密度降低，硬度偏离预期值。通常为指数关系，但由于原始粉末和压制工艺不同，孔隙形状和尺寸也会发生

变化。图 2-221 为密度与硬度的试验数据趋势，图中不是精确的数据，而为线性的数据带。

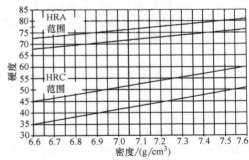

图 2-221　由于孔隙形状和尺寸上的差异，产生的硬度带随密度变化的趋势

采用载荷小于 100g（0.2lb）显微硬度与载荷大于 1kg（2lb）的标准维氏硬度进行了对比，得到表观硬度（apparent hardness）和实际硬度（actual hardness）之间的差异，如图 2-222 所示。在图 2-222 中的下面一条曲线为标准维氏硬度数据，维氏硬度的压痕覆盖了微观组织的大部分区域，基本上为材料硬度和孔隙的平均的硬度；在图中的上面的数据为一水平直线，表明显微硬度基本不随密度改变。图 2-223 为载荷与维氏硬度值的关系，随载荷改变，维氏硬度值发生明显改变。改变维氏硬度试验的载荷，导致硬度值产生明显差异。

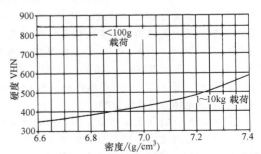

图 2-222　表观硬度（下面一条曲线）与实际硬度（上面一条曲线）的差异

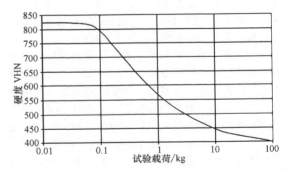

图 2-223　维氏硬度值与试验载荷的关系

对粉末冶金钢奥氏体转变的研究表明，由于孔隙作为相变形核点，会影响相变过程。孔隙率对贝氏体和马氏体相变动力学有明显的影响。在这种条件下，孔隙减少了相变的孕育期，加快了相变过程，但这种影响与合金含量的交互作用还未进行过研究。

2.9.5 合金元素含量对粉末冶金钢淬透性的影响

不论在淬火加回火或烧结硬化的可热处理钢中，合金元素最主要的作用是提高淬透性。提高钢的淬透性即意味着可对壁厚更大的工件进行淬火强化；可采用油代替水进行淬火，由此减少变形，避免开裂。钢的抗拉强度和硬度水平通常与钢的碳含量成正比；对锻钢，这种成正比直到碳含量达到1.2%，但对粉末冶金烧结钢，当碳含量达到共析成分0.8%，就达到了最高抗拉强度。当碳含量超过这个水平，在晶界上和孔隙通道处形成网状碳化物，导致脆性增大和强度降低。通过添加合金元素，如镍、钼、铬和铜，可以优化和降低粉末冶金钢的碳含量。烧结钢种最常见合金元素为铜和镍。

（1）铜含量 添加铜能提高粉末冶金烧结钢的硬度和抗拉强度。通过热处理，提高硬化层深度，但降低韧性和伸长率。随着铜含量的增加，断裂强度提高到一个最佳水平，然后下降。

普通铁碳（Fe-C）合金在烧结状态下和在经过热处理后，碳含量分别在共析成分附近和约0.65%处强度达到峰值。随着回火温度的提高，Fe-C合金体系硬度逐步下降，而Fe-C-Cu合金体系显示出有回火稳定性，在低于370℃（700°F）回火，有明显的回火稳定性。图2-224为回火温度和成分对Fe-C和Fe-C-Cu合金体系硬度的影响。

通过影响形成的马氏体数量，以及影响回火的效果，粉末冶金钢的成分影响材料的表观硬度。图2-225和图2-226分别为铜含量对烧结状态与经热处理后材料硬度和断裂强度的影响。在Fe-C-Cu合金体系中，当铜含量为2%左右时，材料的热处理性能最佳。在Cu含量较高时，经热处理的强度与烧结状态的强度部分发生重叠，如图2-226所示。

（2）镍含量 在烧结状态下，镍提高粉末冶金钢延展性的能力仅约为铜的1/2，但经热处理后，对提高工件延展性更加显著。其原因为采用混合镍合金粉末的镍合金钢不均匀性能更为明显。铜的熔点为1083℃（1981.4°F），在1120℃（2050°F）温度下烧结，形成液相，得到均匀性更高的含铜合金钢，镍的熔点比烧结温度高，在烧结条件下，合金仅发生固态扩散。由此得到组织为，部分合金铁包围着

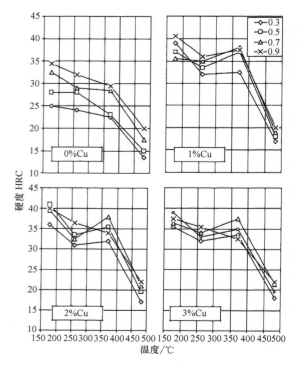

图2-224 回火温度对不同Cu含量和不同碳含量合金硬度的影响

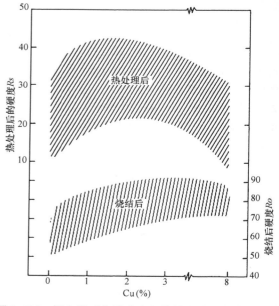

图2-225 铜含量对烧结态和经热处理表观硬度的影响

岛状富镍的两相混合组织。在淬火过程中，基体转变为马氏体组织，但富镍岛状区仍保持为奥氏体组织。这种基体组织具有更好的强韧性配合。

（3）镍-铜含量 图2-227为镍和铜含量对粉末

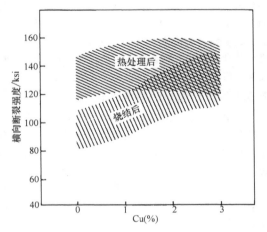

图 2-226　铜含量对烧结态和经热
处理后断裂强度的影响

冶金钢的淬透性影响。在保持碳含量为 0.5% 条件下，添加铜和镍的含量，末端淬透性试样压制密度为 6.7g/cm³（0.242lb/in³）。烧结后，所有的末端淬透性试样在 850℃（1560℉）奥氏体化加热保温 2h 后淬火。相对于铁碳合金，添加 2.5% Cu 合金的淬透性仅略有提高，但材料的表面硬度提高明显。在 Fe-C-Cu 合金中添加 1% Ni，材料的表面硬度略有变化，但淬透性显著改善，而添加 2.5% Ni，表面硬度略有提高，但淬透性的提高更为显著。

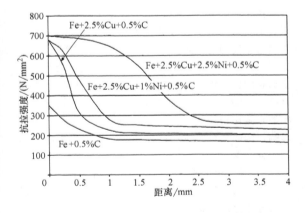

图 2-227　镍和铜含量对淬透性的影响

许多含镍和铜的粉末冶金工件通过热处理，能得到最佳性能。图 2-228 为不同密度的 FLC-4608 合金末端淬透性曲线。从图中可以看到，在顶端淬火距离 36mm 处，硬度没有显著下降，这表明该合金具有相对较高的淬透性。

（4）钼含量　与镍相比，钼是一种更有效提高淬透性的合金元素，典型钼的添加量为 0.5% ~ 1.5%。同时，钼与氧的亲和力较低，与镍相比，压

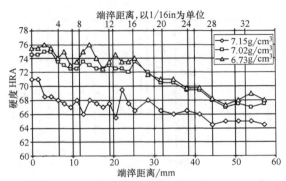

图 2-228　FLC-4608 钢的端淬曲线

缩系数较小。添加钼合金元素，能改善合金的热处理性能，提高硬度、耐磨性和强度，满足制作承受高载荷的粉末冶金零件，如弧齿锥齿轮。

图 2-229 ~ 图 2-232 比较了冷却速率对含有镍、铜和钼的粉末冶金钢性能的影响。图 2-229 表明，较高的镍（4%）和铜（2.25%）含量，提高了合金的淬透性。添加有这些合金元素的钢，抗拉强度的提高尤为明显（见图 2-230）。在所有冷却速率条件下，这些合金的塑性也有明显改善（见图 2-231）。图 2-232 为合金化和冷却速率对合金材料尺寸变化的影响，合金添加量越高，材料尺寸变化越小，得到的结果也最为理想。应该注意的是，在所有冷却速率下，尺寸变化小意味着降低了淬火应力和残余应力。

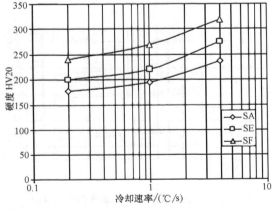

图 2-229　冷却速率对三种碳含量为 0.45% 扩散合金化粉末冶金钢的硬度的影响

（5）锰含量　锰对提高钢的淬透性具有良好的作用，但在高温烧结条件下有氧化倾向，此外还降低铁的压缩系数，因此在以前通常避免使用。由于昂贵的钼和镍等合金元素价格波动，人们开发出了含锰混合粉末。锰含量在约 1% 时，具有良好的压缩性能和低的尺寸变化。在烧结态下，合金的性能与

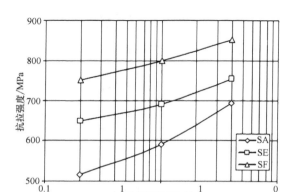

图 2-230 冷却速率对三种碳含量为 0.45% 扩散合金化粉末冶金钢强度的影响

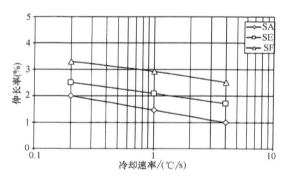

图 2-231 冷却速率对三种碳含量为 0.45% 扩散合金化粉末冶金钢伸长率的影响

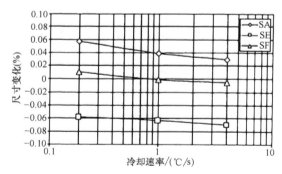

图 2-232 冷却速率对三种碳含量为 0.45% 扩散合金化粉末冶金钢尺寸变化的影响

含镍钢基本相同，但在感应淬火条件下，能完全淬硬，可具有更好的性能。感应淬火参数为在 450kHz 下，采用 60kW 功率加热 3s。零件在热油中淬火和在 205℃（400℉）回火 1h。锰是一个代替镍的低成本合金元素，现已开发出了商用锰合金。

（6）磷含量 通常磷在锻钢中是有害的，但它是一个有效提高钢的烧结密度的合金元素。因此，

添加磷，能提高烧结密度。由于高致密化产生高收缩，不利于工件尺寸稳定，但在某些应用情况下，如软磁材料，高密度是有利。通常含磷的烧结钢不进行热处理，但有时为提高耐磨性，进行渗碳处理。在真空渗碳条件下，磷会改变渗碳层深度。

2.9.6 原料粉对均质性的影响

粉末冶金钢和其制备零件的不均质性比锻钢高，这是常见的现象。通常采用将合金元素粉末与铁粉混合的方法，而不是采用熔化合金元素的方式制备粉末（预合金），将合金元素添加到合金中去。其最主要的原因是预混合方法制备的粉末硬度低，容易压制。制备所要求的粉末冶金零件，有四种不同制备原料粉（starting material）方法。制备原料粉对钢材性能和热处理有明显影响，具体四种不同类型的原料粉如下：

1）预混合粉。将合金元素或中间合金粉末添加到基体铁粉中。这种方法成本最低，因此被广泛采用。由于混合合金粉与铁粉具有可压缩性（容易压制），通常预混合粉具有较高的压缩性。这里合金元素不包括形成低扩散速率的金属间化合物的合金元素，也不包括受其他组分互扩散系数影响的合金元素。通常这种前驱体材料具有高度的不均质性，在后续工序处理时，容易产生粉末偏析。

2）扩散合金化粉。合金元素通过扩散与基体铁粉颗粒结合，而铁粉颗粒心部仍保留其可高压缩性。在后续工序处理时，可基本消除粉末发生偏析的现象，但粉末的组织成分非常不均匀，在原粉末粒子与高合金度的粒子间，形成合金成分梯度变化。

3）预合金粉末。除碳以外，所有合金元素添加到熔化的铁液中，通过雾化制备粉末。烧结的粉末具有均质的微观组织和成分。然而，与预混合粉和扩散合金化粉相比，大多数合金元素的压缩性受到影响，因此，在许多总承包经营工程中，不希望采用预合金粉末。

4）混合合金粉末。钼是一种能熔于铁，但仍具有非常高的可压缩性能的合金元素。采用预合金或扩散合金化的钼合金铁粉为中间合金，制备一系列混合合金钢粉。通常，烧结的粉组织均质较好，保留了大部分的压缩性。

通常以石墨粉的形式添加碳元素。然而，在烧结温度下，碳的扩散系数高。碳的易扩散特性导致在没有其他合金元素添加的条件下，均匀分布，显微硬度值均匀。

添加镍能改善合金的性能，但镍比其他合金元素的扩散速率慢，均质化更加困难，添加有镍的合金，成分易出现非均匀化现象。根据相关参考文献

中的数据，计算出镍在奥氏体中的扩散系数。在图 2-233 中，将镍、钼和铬的扩散系数进行对比。在通常奥氏体化温度 900～950℃（1650～1740℉）下，镍在铁的扩散系数仅为在烧结温度下的 1%。当温度从 1100℃（2010℉）增加到 1150℃（2100℉），扩散系数增倍。在该温度范围内，如温度出现 25℃（45℉）的误差，会导致镍扩散速度产生 50% 的差异。炉内工件装载量影响炉内温度均匀性，因此必须严格对炉内工件装载量进行控制。

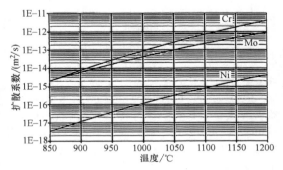

图 2-233 铬、钼和镍在铁中烧结温度下的扩散系数

图 2-234 为成分和制备好的原料粉对淬透性的影响。预合金 FL-4605 的成分与 FN-0205 基本相同，尽管表面硬度仅略好一点，但淬透性更高。在 F-0005 中添加镍，得到 F-0205，也增加了淬透性和表面硬度。

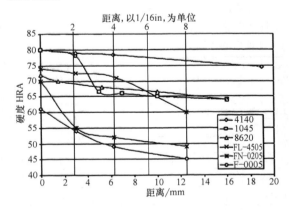

图 2-234 成分和预制备原料粉对淬透性的影响

除非完全使用预合金粉末，其他粉末由于烧结后，局部化学成分存在差别，冷却后得到不同的微观组织。局部成分差别程度会很大，所以最好是根据局部成分差别，考虑采用临界冷却速度。图 2-235 为假设钢中有碳存在，考虑了局部成分差别，在最大和最小淬透性的条件的临界冷却速度。

1）当冷却速率低于 v_p，只形成珠光体组织。v_p' 是合金元素最富区仅形成珠光体所需的临界速度。

2）当冷却速率高于 v_m，冷却得到完全马氏体组织。同样，v_m' 是合金元素最富区仅形成马氏体所需的临界速度。

在工业生产中，当材料采用含镍和钼的预混合粉和扩散合金化粉时，烧结后的冷却速度通常选择在 v_p' 和 v_m 之间。因此，即使不进行特定的热处理，也可能在烧结态下观察到部分马氏体（或贝氏体）岛状组织。在粉末烧结钢中，许多高硬度相小区域（均匀分布）由低硬度的微观组织所包围。这种组织在高载荷应力作用下，通过自适应机制（缓冲或抑制效应），可以产生塑性变形。

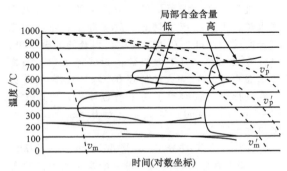

图 2-235 根据局部的成分差别，对应最大和最小淬透性的临界冷却速度

此外，由于镍的扩散缓慢，在基体中产生许多局部高浓度点。当局部浓度超过极限浓度值时，无论采用什么样的冷却速率，都会有奥氏体保留下来。

因为这种奥氏体稳定或无法逆转（incoercible），所以应该将其与残留奥氏体区分开。当工件在服役过程中，硬度低的奥氏体通过局部发生塑性屈服和自适应，提高了工件的抗应力性能。Lindskog 和 Bocchini 详细解释了采用扩散合金化粉制备的粉末冶金钢具有优化的性能组合。

根据 Boyer 的研究，在很多情况下，当细小分散残留奥氏体的数量高达 30% 时，也不会对完全致密钢的抗点蚀疲劳强度造成损害。其部分原因是存在少量残留奥氏体，使表面匹配更好和传递载荷更均匀，从而降低局部区域高应力。该原理类似于在低载荷下"磨合"的轴承，能提高在高载荷下的使用寿命。采用含镍扩散合金化粉制备的粉末冶金钢，通常能产生细小分散的奥氏体区域。这对粉末冶金钢工件能承受较高应力给出了合理的解释。然而，如奥氏体组织不是细小弥散分布，即使数量很少，也会起到有害的作用。

2.9.7 淬火和回火

一般来说，粉末冶金钢的淬火态性能取决于冷却介质的淬冷烈度和钢的淬透性。采用水、盐浴、盐水和水基聚合物溶液淬火，改善了传热速率，提高淬火速率。然而，在许多情况下，由于淬火冷却介质残留在表面孔隙中，它会加速工件腐蚀。油的淬火速率比水或盐水要慢，但优点是工件变形小，不易产生开裂，因此广泛被采用。为得到不同炉次性能一致性好的结果，必须对淬火油的温度进行严格控制。建议采用传热性好的快速淬火油（采用磁性冷却速度试验仪测试为 9～11s）。

在淬火后，粉末冶金零件会吸入约 2%～3%（质量分数）的油，这可能导致淬火后处理出现问题。如果不能完全去除工件上残留的油，会在回火过程中产生严重烟雾。当大量的油被带入到回火炉，不仅会产生烟雾，危害健康，还会带来安全问题。此外，在该过程中，大量的油被带出，也会造成浪费。对于大多数密封式淬火炉，通常按每加仑（gal）淬火油处理 0.5kg（1lb）的淬火工件进行设计；但对于粉末冶金零件，建议按每 11～15L（3～4gal）淬火油，对 0.5kg（1lb）的工件进行淬火。

通常，当工件密度大于 6.7g/cm³（0.242lb/in³），淬火后应进行回火。粉末冶金钢工件的推荐回火温度在 150～200℃（300～390℉）范围，最常用的温度是 175℃（350℉）。图 2-236 为回火温度对不同密度的 FL4205 粉末冶金钢工件冲击性能的影响。在 200℃ 以上温度回火，提高淬火工件的韧性和疲劳性能，但适当会降低抗拉强度和冲击抗力。然而，当回火温度超过 200℃ 时，应注意被带出的淬火油可能发生点燃。

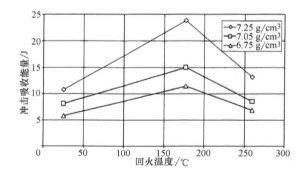

图 2-236　回火温度和密度对 FL4205 钢冲击性能的影响

采用回火也可以降低低合金钢在快速淬火中形成的残留奥氏体。进行冷处理［在温度低于 -100℃（-150℉）］，将残留奥氏体（某些镍不稳定的奥氏体）转变为马氏体。冷处理后，再在 200℃ 进行一次回火，可消除新形成马氏体产生的应力。

表 2-98 为四种低合金钢淬火后在 175℃ 回火 1h 的力学性能。试样生坯采用相同压制力压制，但由于使用不同模具和试样形状不同，密度略有不同。名义碳含量 0.5%C 的碳合金钢经烧结后，碳含量在 0.47%～0.53% 范围，具体碳含量列于表中。表 2-99 为不同碳含量对 FL-42XX 和 FL46XX 合金体系的力学性能影响。

表 2-98　低合金钢经热处理后的性能

合金牌号	测试试样密度/（g/cm³）或（lb/in³）			横向断裂强度（TRS）/（psi）GPa	极限抗拉强度（UTS）/（psi）GPa	屈服强度（YS）（psi）GPa	伸长率（%）	冲击吸收能量/J（ft-lbf）	硬度HRC
	TRS①	拉伸	压缩						
FL-4205	6.72（0.243）	6.78（0.245）	6.72（0.243）	190.100（1.31）	129.700（0.89）	—	<1	6.0（8.1）	28.9
	6.95（0.251）	6.97（0.252）	6.95（0.251）	（232.000）②（1.60）	150.700（1.04）	—	<1	（9.0）（12.2）	34.8
	7.17（0.259）	7.15（0.258）	7.17（0.259）	270.100（1.8）	179.600（1.24）	159,400（1.10）	<1	10.5（14.2）	40.5
FL-4405	6.76（0.244）	6.75（0.244）	6.75（0.24）	185.900（1.28）	121.900（0.84）	—	<1	6.3（8.5）	28.2
	7.00（0.253）	6.94（0.251）	6.94（0.251）	227.100（1.91）	155.900（1.07）	—	<1	8.7（11.8）	35.0
	7.29（0.263）	7.31（0.264）	7.31（0.264）	299.700（2.06）	202.200（1.39）	—	<1	13.2（17.9）	41.4
FL-4605	6.61（0.293）	6.73（0.243）	6.61（0.239）	168.700（1.6）	125.000（0.86）	—	<1	5.7（7.7）	27.6
	6.95（0.251）	6.96（0.251）	6.95（0.251）	（240.000）②（1.65）	147.900（1.02）	—	<1	（8.5）（11.5）	33.5
	7.17（0.259）	7.19（0.260）	7.17（0.259）	280.600（1.93）	175.300（1.21）	—	<1	11.5（15.6）	37.8
FL-4205+1.5Ni	6.70（0.242）	6.72（0.243）	6.72（0.243）	177.100（1.22）	115.100（0.79）	—	<1	7.0（9.5）	31.6
	7.06（0.255）	7.01（0.253）	7.01（0.253）	255.200（1.76）	159.900（1.10）	146.700（1.01）	<1	10.2（13.8）	39.7
	7.32（0.264）	7.33（0.265）	7.33（0.265）	336.000（2.32）	202.600（1.40）	179.900（1.24）	<1	17.3（23.4）	45.2

① 采用横向试样测量横向断裂强度。

② 在括号中的值为根据密度-碳含量数据估算得出。

表 2-99　碳含量对热处理后低合金钢的性能的影响

合金牌号	碳含量 （%，质量分数）	极限抗拉强度 （UTS）/（psi）GPa	横向断裂强度 （TRS）/（psi）GPa	冲击吸收能量/ J（ft-lbf）	硬度 HRC
FL-42XX	0.12	88.200（0.61）	147.600（1.01）	18.2（24.6）	8.5
	0.38	180.300（1.24）	270.100（1.86）	10.5（14.2）	39.8
	0.50	179.600（1.24）	—		40.5
	0.67	151.300（1.04）	255.400（1.76）	9.7（13.1）	45.5
FL-46XX	0.16	121.200（0.83）	202.800（1.40）	13.5（18.3）	19.8
	0.44	175.600（1.21）	280.600（1.93）	11.5（15.6）	40.3
	0.50	175.300（1.21）	—		37.8
	0.68	141.700（0.97）	249.400（1.72）	12.2（16.5）	43.3

注：试样烧结密度范围 7.15~7.20g/cm³（0.258~0.260lb/in³），所有试样在 176℃（350℉）回火 1h。

为实现不同孔隙率合金钢具有良好的耐磨性和心部强度，需选择正确的热处理工艺，其中推荐的淬火和回火参数列于表 2-100。低密度材料的热导率低，需要选择更高的温度进行保温，因此奥氏体化工艺应根据具体情况进行适当的调整。表中数据为通常的工艺参数，仅作为粉末冶金钢热处理时的参考依据。

粉末冶金钢工件带有孔隙，使表面积增大，这在淬火及回火时应该特别考虑。孔隙对表面积增大影响明显，表 2-101 给出了这种面积效应的影响。根据工件尺寸和装载不同，密度为 6.81g/cm³

（0.246lb/in³）的粉末冶金钢工件的有效表面积约比预期大 100 倍。随着气氛成分从炉的入口到排气口变化较大，这对装载均匀性具有重要的影响。为使工件达到高度的一致性，必须保证良好的炉内气氛循环。

表 2-102 列出了一系列粉末冶金合金钢和淬透性。淬透性根据以 1/16 in（1.6 mm）为单位间距的端淬距离表示，在端淬距离处，试棒的硬度为 65 HRA（29.5 HRC）。表中数据表明，粉末冶金合金钢的淬透性受密度和合金含量的影响。

表 2-100　为达到最佳耐磨性和心部强度推荐的热处理工艺

材料密度/ （g/cm³）或（lb/in³）	热处理		转移时间/s	淬火冷却介质	回火温度/ ℃（℉）
	奥氏体化温度/ ℃（℉）	保温时间/ min			
6.4~6.8（0.231~0.245）	870~890（1600~1635）	30~45	<8	快速淬火油	—
6.8~7.2（0.245~0.260）	850~870（1560~1600）	45~60	<12	快速淬火油	150~180（300~355）
>7.2（0.260）	820~850（1510~1560）	60~75	<25	中等或快速淬火油	170~220（340~430）

表 2-101　粉末冶金钢的孔隙率对孔隙表面的影响

密度/（g/cm³）或（lb/in³）	5.71（0.206）	6.81（0.246）	7.22（0.261）
总孔隙率（%）	27.4	13.5	8.3
开孔孔隙率（%）	26.8	10.4	4
开孔/总孔隙率（%）	97.8	77	48
总孔隙表面/mm²（in²）	451,000（699）	274,000（425）	209,000（324）
总开孔表面/mm²（in²）	440,000（682）	211,000（327）	100,000（155）
开孔孔隙/外部区域	220×	105×	50×

表 2-102　粉末冶金钢的密度对淬透性的影响

材料牌号	密度/（g/cm³） 或（lb/in³）	深度[①]/1.6mm （1/16in）	材料牌号	密度/（g/cm³） 或（lb/in³）	深度[①]/1.6mm （1/16in）
F-0005	6.65（0.240）	<1.0	FC-0208	6.40（0.231）	1.5
	6.87（0.248）	1.0		6.81（0.246）	2.0
	7.03（0.254）	1.0		7.15（0.258）	2.5
F-0008	6.78（0.245）	1.5	FN-0205	6.90（0.249）	1.5
	6.91（0.249）	2.0		7.10（0.256）	1.5
	7.06（0.255）	2.0		7.38（0.267）	2.5
FC-0205	6.50（0.235）	<1.0	FN-0208	6.88（0.248）	1.5
	6.82（0.246）	1.5		6.97（0.252）	2.0
	6.96（0.251）	1.5		7.37（0.266）	3.0

（续）

材料牌号	密度/(g/cm³)或(lb/in³)	深度[1]/1.6mm (1/16in)	材料牌号	密度/(g/cm³)或(lb/in³)	深度[1]/1.6mm (1/16in)
FL-4205	6.75(0.244)	2.5	FLC-4908	6.72(0.243)	8.5
	7.00(0.253)	3.5		7.08(0.256)	9.5
	7.20(0.260)	3.5		7.16(0.258)	10.5
FL-4405	6.64(0.240)	2.0	FLN-4608	6.82(0.246)	22.5
	6.94(0.251)	3.0		7.08(0.256)	36.0
	7.20(0.260)	4.5		7.27(0.262)	36.0
FL-4605	6.76(0.244)	2.5	FLNC-4408	6.65(0.240)	9.0
	6.99(0.252)	5.0		7.06(0.255)	11.0
	7.12(0.257)	7.0		7.22(0.261)	15.5
FLN-4205	6.68(0.241)	2.0	FD-0205	6.98(0.252)	2.5
	7.00(0.253)	5.0		7.24(0.261)	2.5
	7.29(0.263)	6.0		7.32(0.264)	4.5
FLN2-4405	6.71(0.242)	7.5	FD-0208	6.78(0.245)	4.0
	7.11(0.257)	10.5		6.97(0.252)	9.5
	7.22(0.261)	10.5		7.29(0.263)	12.0
FLN4-4405	6.72(0.243)	8.5	FD-0405	6.70(0.242)	2.0
	7.10(0.256)	14.5		7.13(0.257)	4.0
	7.23(0.261)	17.5		7.26(0.262)	10.0
FLN6-4405	6.79(0.245)	13.0	FD-0408	6.70(0.242)	3.0
	7.15(0.258)	18.0		7.08(0.256)	8.0
	7.30(0.264)	26.0		7.21(0.260)	15.0
FLC-4608	6.63(0.241)	26.0	FX-1005	7.40(0.267)	2.0
	7.06(0.255)	36.0	FX-1008	7.39(0.267)	2.5
	7.14(0.258)	36.0	FX-2005	7.38(0.266)	<1.0

[1] 硬度为65HRA（~29.5HRC）时的端淬深度（距离）。

2.9.8 烧结硬化

通常粉末冶金工件烧结后，采用单独的热处理工艺进行强化，但在某些情况下，可以将烧结工艺中冷却过程与热处理强化过程结合，这种工艺称为烧结硬化（sinter hardening）。烧结硬化过程是指在烧结炉的冷却区以足够快的冷却速度冷却，使基体组织中大部分转变成马氏体组织。由于烧结硬化工艺成本低，越来越受到人们的重视，得到广泛的使用。

烧结硬化的优势包括：

1）取消了二次淬火硬化处理工艺。

2）降低了淬冷烈度，能更好地控制工件尺寸。

3）消除残留在孔隙中的淬火油，减少了回火步骤。

4）在进行二次操作，如镀层时，不需要转移淬火油。

烧结硬化的缺点包括：

1）由于工件硬度高，机加工困难或不能进行。

2）为降低应力和提高动态力学性能，工件需要进行回火处理。

3）由于工件的表观硬度较高，不能进行精压加工或其他加工。

烧结硬化冷却速率对工件最终力学性能影响显著。根据控制合金的成分，不需要采用加速冷却方法提高材料的强度；但提高冷却速度，仍是一种提高材料性能的有效方法。采用风扇循环炉内冷却气氛，可提高冷却速度；采用高压气体淬火，能进一步提高冷却速率。

图2-230~图2-233为烧结硬化的冷却速率对三种0.45%C扩散预合金钢力学性能和尺寸变化的影响。如前所述，通过成分控制，从烧结温度冷却，能获得很好的淬透性。

在烧结硬化过程中，高压气体淬火也能有效提高工件硬度。然而，这种烧结炉必须安装有一个密闭的气体淬火室。与连续处理工艺相比，该操作工艺需分批入炉进行处理，因此产量会有所降低。

真空烧结硬化加气体淬火有希望成为提高工件硬度的优化工艺。图2-237为真空烧结硬化材料与4600钢硬度的对比，图中显示，在不同回火温度下，烧结硬化材料与4600钢硬度基本相同。图中粉末冶金钢在氢气氛中，1260℃（2300°F）温度下烧结2h，随后在2 bar氮气中淬火，在不同温度回火的时间均为1h。

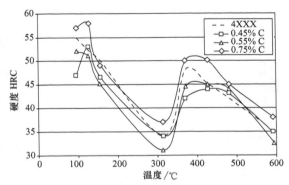

图 2-237　真空烧结硬化材料与锻钢硬度对比

2.9.9　温压成形

粉末冶金技术的温压成形工艺，能制备密度更高和更均匀的工件，是重要的粉末冶金工艺技术。该工艺适用于黑色金属和不锈钢（在撰写本文时，该工艺仍在不断发展）。原材料采用传统粉末与特殊

润滑剂混合。在一定温度下，润滑系统具有良好的流动性和充填性能。设备由一个装有粉末加热槽和油加热系统。加热的粉末从加热槽自由流动，通过电热保温管，灌入加热的模板和压模装置中。压模装置包括模具、上冲头和适配板。温度在 100～150℃（210～300℉）范围，如高于该温度，润滑剂开始分解。随装坯密度降低，流量增加，这也限制了温压成形的工作温度。由于温压成形提高了生坯强度，可对温压生坯进行生坯机加工（green machining）。

表 2-103 为 FLN2-4405 钢经温压后，采用单压单烧（Single Press，Single Sinter，SPSS）和热处理后的力学性能。在带式烧结炉中，试样采用在 90% N_2+10% H_2 气氛下，在 1120℃（2050℉）温度烧结 20min。而后在 870℃（1600℉）温度和 0.8% 碳势的整体淬火炉加热，随后淬油。回火工艺是在 175℃（350℉）保温 1.5h。

表 2-103　FLN2-4405 钢经温压工艺，采用单压单烧（SPSS）力学性能

压制力/ MPa(tsi)	压坯密度/ （g/cm³）	淬火加回火 后密度/ （g/cm³）	TRS[①]/10^3 MPa(tsi)	表观硬度 HRA	抗拉强度/ MPa(tsi)	0.2%屈服强 度 MPa(tsi)	伸长率 （%）	冲击吸收 能量/ J（ft-lbf）
30(415)	6.92	6.95	184(1270)	72	102(703)	—	0.7	5(7)
40(550)	7.17	7.19	242(1670)	75	145(1000)	143(985)	0.9	7(9)
50(690)	7.29	7.33	270(1860)	76	165(1140)	160(1103)	0.9	8(10)
60(825)	7.32	7.39	287(1980)	77	163(1124)	161(1110)	0.9	9(12)

① 横向断裂强度。

采用温压工艺代替粉末锻造和精密锻造制备同步锁芯并进行了对比，为工件满足磨损性能和强度性能要求，对工件进行了感应淬火。温压工艺生坯密度较高，不同部位密度在 7.1～7.3g/cm³（0.256～0.264lb/in³）范围。由于密度高和成功与感应淬火工艺结合，工件达到性能指标要求。由于温压工艺可大幅度降低成本，成功在对比其他工艺中胜出。

2.9.10　粉末锻造

由于粉末锻造零件孔隙相对较少，几乎可不考虑热导率有所降低和表面存在开孔隙问题，因此热处理相对简单。可以采用预合金粉末或扩散合金化粉末，制备粉末锻造的生坯。由于锻造应变大和温度高，大大降低了扩散合金化生坯的成分不均匀性。通过锻造工艺控制孔隙和均匀性，控制工件的性能。虽然工件表面孔隙率往往比块体材料高，但通过适当的设计和热处理，能消除粉末锻造零件的这些问题。

粉末冶金钢的成分与典型锻钢不同。粉末中 Mn 含量较低，此外在其他合金元素方面，也有一些差异。图 2-238～图 2-240 为几种粉末锻造钢的端淬曲线。

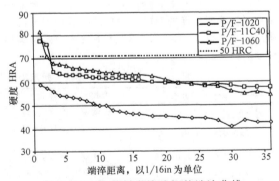

图 2-238　几种粉末锻造钢的端淬曲线

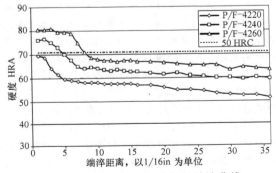

图 2-239　几种粉末锻造钢的端淬曲线

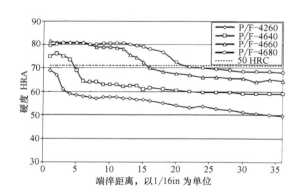

图 2-240　几种粉末锻造钢的端淬曲线

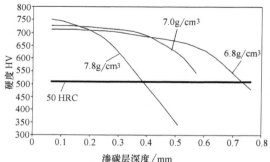

图 2-241　铁铜合金在真空渗碳条件下，密度对渗碳层深度的影响

2.9.11　表面硬化

如前所述，当孔隙中开孔数量高时，孔间出现互连贯通，出现气体通道。采用高碳势对粉末冶金钢气体渗碳，进行表面硬化，相互贯通的孔隙使碳能扩散到工件外部表面和内部孔隙表面。这会导致渗碳层深度明显增大，使之失去定义中的表面硬化效果。同理，其他气体表面硬化工艺，如渗氮和碳氮共渗也会出现这种现象。事实上，在工件在渗氮中，如开孔内部出现膨胀，对工件性能非常不利。

图 2-241 为在真空渗碳条件下，含铜合金钢的密度对渗碳层深度的影响。材料密度低得到高的渗碳层深度，其中硬度 50 HRC 水平线为有效渗碳层深度。

为获得高硬度、高耐磨、高抗疲劳和冲击性能，对粉末冶金零件进行表面热处理。低碳钢表面硬化最主要的目的是在保持心部低硬度和高韧性的同时，获得高表面耐磨性能，使工件具有高耐磨和高韧性优化的性能组合。

（1）渗碳　渗碳的材料通常为含有提高淬透性的合金元素，如镍、钼、铜，但钢的碳含量相对较低。在孔隙率 10%～15% 范围开发最佳动态性能的合金钢，建议化合碳含量在 0.30%～0.35% 范围。当孔隙率降低至 10% 以下，化合碳含量也随之降低到 0.15%～0.25% 范围。钢的动态性能随密度提高而提高，因此推荐钢的化合碳应根据要求，调整到烧结后适合复压含量水平。渗碳气体会渗入到孔隙，因此不推荐对孔隙率远大于 15% 的工件进行渗碳。如前所述，因为有处理后难以清除残渍盐的问题，不适合对粉末冶金工件进行液体（盐浴）渗碳。表 2-104 为不同孔隙率的粉末冶金钢渗碳预期结果。

表 2-104　粉末冶金密度对渗碳层性质的影响

密度/（g/cm^3）（lb/in^3）	渗碳层典型性能
>7.1（0.256）	渗碳层厚度确定，与全密度钢渗碳层类似，重现性好
7.1>6.9（0.256>0.249）	渗碳层厚度具有一定的分散性，采用可靠的设备，通过精确控制渗碳过程，能在一定程度上控制
6.9>6.6（0.249>0.238）	尽管精确控制渗碳过程，渗碳层厚度分散性大
<6.6（<0.238）	不同批次、不同放置取向的工件，渗碳层厚度变化极大

通常，通过表面硬度范围和有效硬化层深度评定锻钢渗碳的行为。通过显微硬度方法，准确地测量锻钢横截面硬度梯度，但对粉末冶金钢，由于次表层的孔隙会影响硬度读数，使显微硬度测量数据不够稳定。建议在每一层硬度测量中，采用不少于三个测得读数的平均值，以确定有效硬化层深度。有关详细的具体测量过程，请参考有关文献。

粉末冶金钢通常采用在 900～930℃（1650～1705℉）温度进行气体渗碳。因为碳通过相互贯通的孔隙扩散速率快，因此通常渗碳碳势略高于相同成分的锻钢，但渗碳时间比较短。

通过控制碳在奥氏体中的扩散，而不是控制表面的化学反应动力学，控制碳渗入钢的速率。一般而言，与锻钢件和铸钢件相比，粉末冶金钢的渗碳采用的碳势低，渗碳时间短。密度为 86% 的粉末冶金钢，在 0.90% 碳势下经过 2h 渗碳，在 2mm（0.08in）的深度碳含量可以从 0.04% 提高到 0.5%。图 2-242 为不同密度的工件在 870℃（1600℉）温度下，渗碳时间对渗碳层深度的影响。

（2）碳氮共渗　对气体渗碳气氛进行改进，在其中添加 10% 的氨，使其分解为氮，渗入渗碳层，由此发展出碳氮共渗工艺。碳氮共渗中氮与碳同时

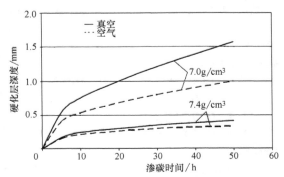

图 2-242　不同密度的工件在 870℃（1600℉）温度下渗碳时间对渗碳层深度（700HV10）的影响

在钢表层进行扩散，延缓淬火临界冷却速率，得到更加一致均匀的马氏体组织。此外，碳氮共渗得到更加稳定的表面硬度梯度，改善了粉末冶金钢的耐磨性和韧性。通常，碳氮共渗的温度为 800～850℃（1470～1560℉），低于渗碳工艺的温度，因此比渗碳能更好地控制变形。

碳氮共渗处理的硬化层较浅，通常小于 0.5mm（0.02in）。碳氮共渗处理的时间较短，通常在 30～60min。作为中等表面硬化的碳氮共渗，关键因素是碳的控制。为保持工件表面碳的浓度梯度，碳势通常控制在 1.0%～1.2% 的范围。

（3）氮碳共渗　气体氮碳共渗是通过扩散，将氮、碳原子渗入钢工件表面，现日益广泛用于处理粉末冶金钢工件。与碳氮共渗处理不同的是，氮碳共渗处理温度低，在铁素体相区温度范围，通常温度为 570～600℃（1060～1110℉）。因为氮碳共渗不发生相变，显著减小了工件的变形。在氮碳共渗处理过程中，氮通过扩散，以高浓度渗入工件表面，在表层形成一层薄 ε 氮化物层，提高了工件的表面硬度和耐磨性能。图 2-243 为两种粉末冶金钢，采用氮碳共渗工艺处理，有效地改善了工件疲劳强度。

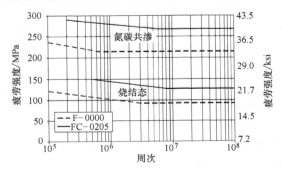

图 2-243　氮碳共渗对密度为 7.0g/cm³（0.253lb/in³）的两种低碳粉末冶金钢工件缺口疲劳强度的影响

通常，在传统的整体淬火气氛炉中，采用 50∶50 吸热气体和无水氨的混合气氛，可进行氮碳共渗处理。与其他处理工艺一样，氮化层厚度取决于工件的密度。如形成的氮化层能在孔隙内表面达到一定程度，则会出现体积膨胀。出于这个原因考虑，粉末冶金工件的密度应大于 90% 以上。与传统淬火处理强化相比，氮碳共渗氮化层能降低摩擦因数，提高耐磨性能。采用氮碳共渗处理工艺，尤其适用于制备用于滑动磨损和微动磨损服役条件的工件。

氮碳共渗形成的氮化层硬度高，但硬化层相对较薄，因此该工艺不适合用于生产在服役中有深压痕或受冲击荷载的工件。根据钢中的合金元素含量，形成的 ε 氮化物层硬度可达到或超过 60 HRC。不推荐采用显微硬度对采用该工艺的粉末冶金钢性能好坏进行评定。因为该工艺中基体组织没有发生相变，粉末冶金工件可采用空冷而不会降低表面硬度。此外，孔隙也不会出现油的残留。但如自润滑轴套希望孔隙储油，可对工件进行浸油处理。

2.9.12　渗氮

可以采用碱盐、气体和等离子体方法，对粉末冶金零件进行渗氮处理，但气体渗氮工艺最为常见。对有些工件来说，如工件在服役中一直浸在油中，残留在孔隙中盐不会对工件造成危害，还可以提高疲劳强度。在这种情况下，则可以采用碱盐进行渗氮处理。

通常气体渗氮是在氨和含氮氨气氛中进行。在 450℃（840℉）到 950℃（1740℉）温度范围，氨发生分解，都可以进行钢的渗氮。然而，气体渗氮温度通常在低于 590℃（1095℉）下进行，当温度高于该温度，导致完全形成氮化铁。在 540～560℃（1005～1040℉）温度范围，渗氮层深度能达到 0.5～1mm（0.02～0.04in）。

当粉末冶金工件密度低于 92%，出现闭孔隙变化转变为开孔隙增多，则显著改变粉末冶金工件性能。如存在有贯通孔隙，则在工件内部会形成 ε 氮化物。图 2-244 为在 540℃下，渗氮时间对不同密度工件形成 ε 氮化物分数的影响。通常，密度低的工件，渗氮层硬度较高，如图 2-245 所示。随着渗氮时间延长和工件孔隙率的提高，在孔隙中形成 ε 氮化物相，会引起明显膨胀（见图 2-246）。当氮化工件的密度低于 92%，建议先进行封孔处理，再进行渗氮。

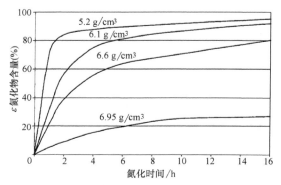

图 2-244　在氨气条件下 540℃ 温度，渗氮时间
对不同密度海绵铁试样形成的 ε 氮化物分数的影响

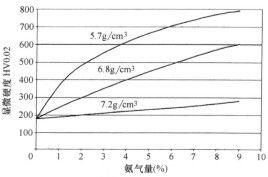

图 2-245　渗氮氮含量和密度对显微硬度的影响

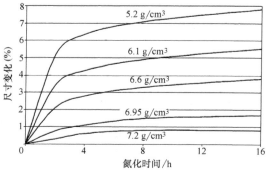

图 2-246　渗氮在孔隙中形成 ε 氮化物相，
密度和渗氮时间对尺寸变化的影响

2.9.13　蒸汽处理

对粉末冶金零件进行蒸汽处理，能起到表面封孔和提高表面硬度，从而改善耐蚀性、气密性和耐磨损性能。但根据工艺情况和材料不同，蒸汽处理也会降低抗拉强度并减少约10%~20%的塑性。粉末冶金零件蒸汽处理通常为将在蒸汽下，加热至510~570℃（950~1060℉）温度，在零件的表面形成一层氧化铁（通常为磁性氧化铁或 Fe_3O_4）。在孔隙内

的表面，也形成氧化物。由于形成氧化物，封闭开孔，产生体积膨胀。除了对表面进行封孔外，由于磁性氧化铁硬度为 50HRC，蒸汽处理还提高了表面硬度。蒸汽处理的化学方程式为：

$$3Fe+4H_2O（水蒸气）=Fe_3O_4+4H_2（气）$$

推荐的蒸汽处理工艺步骤为：

1）彻底清洗前工序中工件表面残留液体。

2）采用夹具将工件按要求放置进预热到 315℃（600℉）的炉内。

3）在大气环境下加热工件，直到装载工件的中心温度达到设定温度并达到稳定。

4）采用管压为 35~105kPa（5~15 psi）的压力引入过热蒸汽，净化时间不小于15min。

5）提高炉温，使其达到处理所需的蒸汽温度（510~595℃，或 950~1100℉），在该温度下保温不超过 4h。

6）降低炉温至 315℃（600℉）。当工件温度达到该温度，关闭蒸汽和卸载工件。

由于处理过程中可能产生氢气，在蒸汽处理完成后，应缓慢打开炉门，以防氢气爆燃，所以推荐在出炉前通入氮气置换。采用蒸汽处理对不同粉末冶金钢进行处理，提高了密度和表观硬度，如表2-105所列。

表 2-105　蒸汽处理对粉末冶金钢
密度和表观硬度的影响

材　料	密度/(g/cm³)(lb/in³)		表观硬度	
	烧结态	蒸汽处理后	烧结态	蒸汽处理后
F-0000-N	5.8(0.209)	6.2(0.224)	7HRF	75HRB
F-0000-P	6.2(0.224)	6.4(0.231)	32HRF	61HRB
F-0000-R	6.5(0.235)	6.6(0.238)	45HRF	51HRB
F-0008-M	5.8(0.209)	6.1(0.220)	44HRB	100HRB
F-0008-P	6.2(0.224)	6.4(0.231)	58HRB	98HRB
F-0008-R	6.5(0.235)	6.6(0.238)	60HRB	97HRB
FC-0700-N	5.7(0.206)	6.0(0.217)	14HRB	73HRB
FC-0700-P	6.35(0.229)	6.5(0.235)	49HRB	78HRB
FC-0700-R	6.6(0.238)	6.6(0.238)	58HRB	77HRB
FC-0708-N	5.7(0.206)	6.0(0.217)	52HRB	97HRB
FC-0708-P	6.3(0.227)	6.4(0.231)	72HRB	94HRB
FC-0708-R	6.6(0.238)	6.6(0.238)	79HRB	93HRB

由于蒸汽处理形成铁的氧化物，造成内应力，使粉末冶金钢的塑性显著降低。对碳含量超过 0.5% 的粉末冶金钢，由于内应力引起微裂纹，严重降低了塑性，因此不推荐对其进行蒸汽处理。

2.9.14　发黑处理

采用氧化发黑工艺可提高钢零件的硬度和提高抗氧化性能，改善工件的外观，主要用于枪支、汽车配件、涡轮、轴承和电子元件。

发黑处理是在 140℃（285°F）温度下，在加热的碱性硝酸盐溶液中进行的化学反应工艺。如果钢零件的密度很低，溶液会残留在孔隙中。此外，含铜钢零件发黑质量差，很难进行发黑处理。

2.9.15 感应淬火

粉末冶金是理想生产直齿轮、锥齿轮、花键轴套和凸轮的工艺方法。这些工件要求表面硬度高，耐磨性好和基体强韧性高。进行感应局部淬火，有助于工件尺寸稳定，尤其适用生产这类零件。与相同成分的锻钢相比，由于粉末冶金材料存在孔隙，其电磁感应系数低于锻钢，因此要想达到所需淬硬层深度，通常需要选择采用更高的功率设定。此外，由于粉末冶金材料热量散失迅速，淬火转移时间要求更短。

与锻钢一样，粉末冶金钢感应淬火效果受钢的碳含量、合金含量和表面脱碳情况影响。脱碳是粉末冶金钢工件常见的主要问题。当今的传统带式烧结炉使用吸热气氛，当工件离开炉内加热区，缓慢冷却通过 800～1100℃（470～2010°F）温度范围，则很可能出现脱碳。

与锻钢和铸铁相比，粉末冶金钢工件的感应淬火有几点不同。其中粉末冶金钢的电阻率、热导率、磁导率和组织结构同性与孔隙率密切相关（见表 2-106）。感应淬火不仅比传统的淬火过程更加经济，而且可以改善耐磨性等性能。例如，添加有 1% Cr 的改进型 FLNC4405 钢，压坯密度为 6.78g/cm³（0.245lb/in³），经烧结和感应淬火后，磨损率和摩擦因数可降低 50%。

表 2-106 粉末冶金工件性能对感应加热的影响

性能	变化	对感应加热性能的影响
热导率	降低	减少从高温到低温保温时间 提高了加热时的温度梯度和热应力 降低了淬火冷却速率
电阻率	提高	增大了电流穿透深度
磁导率	降低	增大了穿透深度和降低了线圈电效率
组织均匀	差	热处理性能不一致 表面硬度和硬化层深度变化大，硬度和残余应力数据分散

要想达到满意的感应淬火效果，粉末冶金钢工件的密度应不小于 7.0g/cm³（0.253lb/in³）。但有时工件的密度只有 6.8g/cm³，也必须进行感应淬火。

粉末冶金钢不均匀性高于锻钢，而感应淬火受微观组织的影响很大，因此粉末冶金钢在感应淬火

中产生的变数更多。如粉末冶金钢中的合金元素能很好地均匀溶于基体，其对钢的性能影响与锻钢类似。然而，通常粉末冶金钢成分不会完全均匀，由于局部成分存在差异，导致推迟相变或转变不完全。添加有镍的合金具有明显成分不均匀情况，如对添加有镍的材料进行固态扩散烧结，很难使镍达到均匀分布。当镍含量过高时，造成最终组织中残留奥氏体数量明显增多，导致性能下降，随时间的延长，工件的尺寸发生变化。

与相似成分锻钢相比，粉末冶金钢需采用更高能量和频率进行感应淬火。为实现 0.76～2mm（0.030～0.080in）硬化层深度，通常采用 450kHz 感应淬火频率；为实现 2.5～3.8mm（0.100～0.150 in）硬化层深度，通常采用 10kHz 感应淬火频率。根据材料和工件，感应淬火电源功率通常采用 5～120 kW。感应淬火的频率对钢的显微组织影响很小，因此对感应淬火硬度的影响也很小。孔隙率对感应淬火过程的影响取决于具体材料，粉末冶金钢磁性能的数据还比较缺乏，因此很难进行预测。根据前人测量出的数据计算得到的孔隙率，图 2-247 为该孔隙率与相对淬透深度之间的关系。

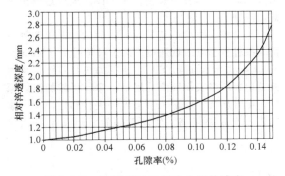

图 2-247 孔隙率对粉末冶金工件感应
淬透层深度的影响

在大多数情况下，为防止粉末冶金钢工件内部发生腐蚀，通常采用含某种防锈剂的水基淬火冷却介质进行感应淬火。随钢的密度减少，钢的电阻率增加和磁导率降低，因此进行感应淬火工件的密度应该大于 90% 以上。出于上述原因的考虑，为使粉末冶金钢达到最高表面硬度，通常采用整体淬火线圈，进行高速喷淋淬火。与前述的油淬火冷却介质一样，移出淬火冷却介质时间取决于表面的开孔情况。孔隙与水淬火之间的相互作用研究表明，由于水渗入到孔内，改变了孔隙条件，降低了热扩散系数。与水渗入降低预测的热扩散系数相比，渗入的水略提高预期冷却能力。

表 2-107 列出了粉末冶金钢工件感应淬火可能

造成失效的原因。通常粉末冶金钢工件的塑性比相应的锻钢要低，处理时必须特别小心，避免产生开裂。含铜合金钢产生裂纹的倾向更大。正确选择感应淬火频率，可以使加热更均匀，降低整体应力，从而避免开裂。对有明显应力集中的工件，可以采用预热，以保证工件能顺利进行热处理。

表 2-107 粉末冶金钢工件感应淬火可能造成失效的原因

可能失效原因	表观硬度	硬化层偏低	硬化层偏高	产生非马氏体组织	开裂	出现熔化	力学性能差
频率过高	—	×	—	—	—	—	—
频率过低	—	—	×	—	—	—	—
加热速率高	—	—	—	—	×	—	—
加热时间长	—	—	—	—	×	×	—
淬火延时	×	×	—	×	—	—	×
淬火剧烈	—	—	—	—	×	—	—
温度高	—	—	—	—	×	×	—
温度低	×	×	—	—	—	—	—
碳含量高	—	—	—	—	—	—	—
密度低	×	—	—	—	×	—	—

下面采用具体例子，说明化学成分对粉末冶金钢变速齿轮失效的影响。Fe-Cu-C 合金齿轮感应淬火后导致在齿根开裂。失效的工件碳含量为 0.7%，比规范的 0.6% 要高。由于碳含量过高，得到完全马氏体组织，比希望得到部分贝氏体组织的脆性明显增大。通过调整石墨含量，使工件的成分达到更理想的范围。

感应淬火技术革新是在同一时间，采用两种不同频率进行感应加热处理，称为双频同步（Simultaneous dual-frequency，SDF）感应加热。其特点是用高频达到所需表面硬度，用中频实现所需的淬硬深度。可对复杂外形粉末冶金工件进行感应淬火。该工艺生产效率很高，处理工件的变形几乎可忽略不计。

致谢

经泰勒和弗兰西斯集团有限责任公司（Taylor & Francis Group LLC）许可，根据 2006 年乔治 E. 托坦编辑的《钢的热处理冶金技术》（Steel Heat Treatment Metallurgy and Technologies）第 13 章："粉末冶金钢工件的热处理"进行修订再版，通过版权税计算中心（公司）许可。

参 考 文 献

1. D. G. White, "State of the North American P/M Industry-2002," Advances in Powder Metallurgy & Particulate Materials-2002, Metal Powder Industries Federation, 2002.

2. K. Barton, S. Das, J. Lu, M. Goldenberg, D. Olsen, and J. LaSalle, Advances in Powder Metallurgy and Particulate Materials2001, Metals Powder Industries Federation, p 4-159-4-165.

3. MPIF Standard 35: Materials Standards for P/M Structural Parts, MPIF, 2000.

4. M. A. Pershing and H. Nandi, Advances in Powder Metallurgy and Particulate Materials-2001, Metals Powder Industries Federation, p 5-26-5-30.

5. S. Saritas, R. D. Doherty, and A. Lawley, Advances in Powder Metallurgy and Particulate Materials-xxxx, Metals Powder Industries Federation, p 10-112-10-130.

6. G. F. Bocchini, "Overview of Surface Treatment Methods for PM Parts," Advances in Powder Metallurgy and Particulate Materials2001, Metals Powder Industries Federation, p 6-56-6-86.

7. D. H. Herring and P. T. Hansen, Key Consideration in the Heat Treatment of Ferrous P/M Materials, Proc. 17th Heat Treating Conf., ASM International, 1998, p 213.

8. G. F. Bocchini, V. Fontanari, and A. Molinari, Friction Effects in Metal Powder Compaction; Part One: Theoretical Aspects, Intl. Conf. on Powder Metallurgy and Particulate Materials, MPIF, 1995.

9. V. S. Warke, "Predicting the Response of Powder Metallurgy Steel Components to Heat Treatment," PhD Thesis, Worcester Polytechnic Institute, 2008.

10. J. M. Capus and A. Maaref, Modern Developments in Powder Metallurgy, Proc. 1973 Intl. Powder Metallurgy Conf., Vol 8, 1974, p 61-73.

11. H. Ferguson, Intl. J. of Powder Metallurgy, 39 (7), 2003, p 33-38.

12. P. Lindskog and O. Tornblad, Proc. 5th European Symp. on Powder Metallurgy, Vol 1, 1978, p 98.

13. P. Lindskog and O. Tornblad, Powder Metallurgy Intl., No. 1, 1979, p 10.

14. H. E. Exner and H. Danninger, Powder Metallurgy of Steel, Metallurgy of Iron, Vol 10a, b, Springer-Verlag, Heidelberg, 1993, p 129a-209a, 72b-141b.

15. B. Lindsley, S. Shah, G. Schluterman, and J. Falleur, Mn-Containing Steels for High Performance PM Applications, *Advances in Powder Metallurgy and Particulate Materials*-2011, Metals Powder Industries Federation.

16. K. Widanka, Effect of Phosphorous on Vacuum Carburizing Depth of Iron Compacts, *Archive of Civil and Mechanical Eng.*, Vol X, No. 1, 2010, p 85-92.

17. W. B. James, *Advances in Powder Metallurgy and Particulate Materials*-1998, Metals Powder Industries Federation, 1998.

18. E. A. Brandes and G. B. Brook (Eds.), *Smithells Metals Reference Book*, Seventh Edition, Butterworth-Heinemann, 1999.

19. G. F. Bocchini: How to Design Sintered Steels for Advanced Applications, *Proc. Intl. Seminar on Principles and Methods of Engineering Design*, Naples, Italy, 1997, p 239-266.

20. P. F. Lindskog and G. F. Bocchini, "Development of High Strength P/M Precision Components in Europe," *Int. Journal of Powder Metallurgy and Powder Technology*, Vol. 15, No. 3, p 199.

21. H. E. Boyer, *Case Hardening of Steels*, ASM International, 1985.

22. *Powder Metal Technologies and Applications*, Vol 7, *ASM Handbook*, ASM International, 1998.

23. H. I. Sanderow and T. Prucher, *Advances in Powder Metallurgy and Particulate Materials*-1994, Metals Powder Industries Federation, p 7-355-3-366.

24. H. A. Ferguson, Heat Treating of Powder Metallurgy Steels, *Heat Treating*, Vol 4, *ASM Handbook*, ASM International, 1991, p 229-236.

25. E. Rudnayova, A. Salak, and V. Zabavnik, *Zbornik Vedeckych Prac VST*, Kosice, No. 1, 1975, p 177.

26. K. H. Moyer and W. R. Jones, *Heat Treating Progress*, 2 (4), 2002, p 65-69.

27. I. W. Donaldson and M. L. Marucci, *Advances in Powder Metallurgy and Particulate Materials*-2003, Metals Powder Industries Federation, p 7-230-7-245.

28. U. Engstrom, New High Performance PM Applications by Warm Compaction of Densmix Powders, *Processing of EuroPM*2000, EPMA, p 123 – 130.

29. K. Widanka, Effect of Interconnected Porosity on Carbon Diffusion Depth in Vacuum Carburizing Process of Iron Compacts, *Powder Metall.*, Vol 53, No. 4, 2010, p 318-322.

30. C. R. Brooks, *Principles of the Surface Treatment of Steels*, Technomic Publications, 1984, p 78-80.

31. P. Jansson, *Powder Metall.*, No. 1, 1992, p63.

32. H. Krzyminski, *Harterei Techn. Mit.*, No. 1, 2, 1971.

33. A. Salek, *Ferrous Powder Metallurgy*, Cambridge International, 1995, p 300.

34. H. Ferguson, Heat Treatment of Ferrous Powder Metallurgy Parts, *Powder Metal Technologies and Applications*, Vol 7, *ASM Handbook*, ASM International, 1998, p 645-655.

35. L. F. Pease III, J. P. Collette, and D. A. Pease, Mechanical Properties of Steam-Blackened P/M Materials, *Modern Developments in P/M*, Vol. 21, Metal Powder Industries Federation, 1988, p 275.

36. I. W. Donaldson and F. Hanejko, "The Effect of Processing and Density on PM Soft Magnetic Properties," PM2004 World Congress, EPMA.

37. W. Schwenk, SDF Induction Heating Provides Accurate Contour Hardening of PM Parts, *Industrial Heating*, May, 2003.

38. Y. Li, Q. Deng, P. Shi, and Z Qiao, Dry Sliding Friction and Wear Behavior of Surface Hardened Ferrous PM Cam Materials for Automobile Applications, *Adv. Mater. Res.*, Vol. 652 – 654, 2013, p 1399 – 1404.

39. V. I. Rudnev, Intricacies of Induction Hardening Powder Metallurgy Parts, *Heat Treat. Prog.*, ASM International, Nov/Dec 2003, p 23-24.

40. V. I. Rudnev, D. Loveless, R. Cook, and M. Black, Induction Hardening of Gears: A Review, Part 2, *Heat Treatment of Metals*, 2004, p 11-15.

41. A. Zavaliangos, R. Doherty, and A. Lawley, Effect of Water Penetration on the Cooling of PM Jominy Bars, *Proc. Intl. Conf. on Process Modeling in Powder Metallurgy & Particulate Materials*, 2002, Metal Powder Industries Federation, p 92-98.

42. S. Asok and S. Sriram, Failure Analysis of Powder Metal Steel Components, *Failure Analysis of Heat Treated Steel Components*, L. CF. Canale, R. A. Mesquita, and G. E. Totten (Eds.), ASM International, 2008, p 398-410.

43. M. Russo, S. Guelfo, and M. A. Grande, Induction Hardening of Sintered Steels: Novel Potentiality, *Proc. Euro PM*2003, *Low Alloys Steels*, EPMA.

44. E. L. Hutton, D. McCurdy, and R. Smith, Induction Hardening of PM Sprocket, *Advances in Powder Metallurgy and Particulate Materials*-2002, Metal Powder Industries Federation, p 100-105.

第❸章

工具钢的热处理

3.1 工具钢热处理简介

工具钢应用非常广泛，可用于制作工业中各种类型的模具或机械设备。由于工具钢在工程中具有非常独特的应用和具有特殊的热处理问题，使其成为极为重要的一类钢。工具钢也是非常复杂的一类钢，其成分有的接近碳钢，有的为高合金钢。通常工具钢具有以下三个主要特点：

1）在成形工艺中使用，或在金属、陶瓷或塑料工件的成形加工中使用。

2）在热处理后，通常需硬化（淬火）加回火达到工具钢性能要求。

3）工具钢是根据严格的冶炼工艺和通过严格的加工控制生产的。因此，即使化学成分与碳钢或工程结构钢非常接近，但由于工艺严格，低合金工具钢的性能相较之下有很大的提高。根据工具钢的特点，热处理成为了关键，该工艺对刀具的使用寿命有明显的影响。在工具钢应用中，下面三点对工具钢的性能（假设工艺过程不变）同样重要：设计、制造和精加工，钢成分及其质量，热处理工艺。

可以看出热处理是非常重要的因素，但不能简单根据某一个因素就确定工具钢的性能。也就是说，所有这些因素的共同作用和相互影响，对工具钢的最终性能产生影响。例如，如果设计合理，热处理适当，但如果选材不当，则可以会导致工具钢的性能严重低下。同理，如热处理错误或设计不正确，也会有同样的后果。可以将这个协同关系用简单的乘法进行比喻，如乘法中的一个乘数为零，则不论其他乘数是什么，其结果将等于零。当然，不能将影响工具钢性能的因素之间明显分开。

最早的工具钢是简单的普通碳钢，但从1868年开始，特别是在20世纪初，出现了许多合金度复杂和高合金工具钢。这些合金工具钢含有大量的钨、钼、钒和铬等其他元素，可以满足日益严苛的服役要求，满足大尺寸工件易控制和热处理不产生裂纹

的要求。许多合金工具钢也广泛用于严苛服役条件的机械零件和结构件，例如高温弹簧、超高强度紧固件、专用阀门、凸模和模具、耐磨内衬以及各类高温轴承。

本章主要探讨不同类型工具钢的热处理工艺和过程控制。此外，还对工具钢的热处理工艺，以及各类型工具钢的适用性进行介绍。

3.1.1 工具钢的分类

由于工具钢牌号数量很多且用途广泛，有多种工具钢分类方法，这对讨论工具钢热处理非常重要。在这些分类中，最著名的是美国钢铁协会（AISI）按工具钢的用途、成分或热处理工艺的分类方法，见表3-1。

工具钢也可按其最终用途分为热加工工具钢、冷加工工具钢、塑料模具钢和高速工具钢四类。这种分类的优点是减少了工具钢类别，将不同牌号、不同用途，但性能要求相同的钢分到同一类。这些性能要求是指尺寸、硬度、工作条件（冲击、磨损或塑性变形）和精加工要求。本节主要遵循用途分类，但按AISI中的术语进行介绍。以上两种分类的相关性可用以下方式进行概括：

1）冷加工工具钢。

a. 碳钢和低合金（水淬，油淬，抗冲击）冷加工工具钢：W-、S-、O-、L-以及6F型。

b. 中合金，高合金（空气淬火、高碳、高铬）冷加工工具钢：A-、D-（包括粉末冶金和新型8%Cr钢），以及6F型钢。

2）热加工工具钢。

a. 铬、钼和钨热加工工具钢：H-型。

b. 含镍的铬和钼热工作工具钢：6F-型以及L6-型。

3）高速钢。

钨和钼高速钢：T-和M-型（包括粉末冶金）。

4）塑料模具钢。

a. 无抗蚀性能模具钢：P-（包括该系列的新牌号）以及H-、6F-和L6-型。

b. 耐腐蚀钢：420-型（包括该系列的新牌号）。

针对所需用途选择合适的工具钢，通常根据需

要的性能要求进行最优化组合。部分工具钢的分类　和名义成分见表 3-1。

表 3-1　部分工具钢的分类和名义成分（质量分数）　　　　　　（%）

UNS 系统牌号	ASTM 标准牌号	类似 EN 标准牌号	C	Si	Mn	Cr	V	W	Mo	其他
热加工工具钢										
T20810	H10	1.2365	0.40	1.0	0.3	3.2	0.40	—	2.5	—
	H10 Mod	1.2367	0.38	0.3	0.3	5.0	0.50	—	3.0	—
T20811	H11	1.2343	0.36	1.0	0.3	5.0	0.40	—	1.3	—
	新牌号:低 Si H11①		0.36	0.3	0.3	5.0	0.40	—	1.3	P<0.015
T20812	H12	1.2606	0.36	1.0	0.3	5.0	0.40	1.50	1.5	—
T20813	H13	1.2344	0.38	1.0	0.3	5.0	0.45	—	—	—
T20819	H19	1.2678	0.40	0.3	0.3	4.2	2.0	4.25	—	Co=4.25
T20821	H21	1.2581	0.36	0.3	0.3	3.5	0.40	9.0	—	—
T20822	H42	—	0.60	0.3	0.3	4.0	2.0	6.0	5.0	—
T61206	L6/6F3	1.2714	0.56	0.3	0.8	1.1	0.1	—	0.3	Ni=1.7
冷加工工具钢										
T30102	A2	1.2363	1.0	0.3	0.7	5.0	0.3	—	1.1	—
T72301	W1	1.2025	0.8	0.2	0.2	—	—	—	—	—
T72302	W2	1.2206	1.0	0.2	0.2	—	0.25	—	—	—
T30402	D2	1.2379	1.5	0.3	0.3	12.0	0.7	—	1.0	—
T30403	D3	1.2080	2.2	0.3	0.3	12.0	—	—	—	—
	D6②	1.2436	2.1	0.3	0.3	12.0	—	0.7	—	—
新牌号:8%Cr①			0.9	0.8~1.0	0.3	8.0	0.8	—	2.2	+Nb or Al
T31501	O1	1.2510	0.90	0.3	1.2	0.5	—	0.50	—	—
T31502	O2	1.2842	0.90	0.3	1.6	—	—	—	—	—
T31507	O7	1.2442	1.20	0.2	0.3	0.7	0.2	1.5	—	—
T41901	S1	1.2550	0.50	0.8	0.2	1.5	0.20	2.5	—	—
T41907	S7	—	0.50	0.7	0.5	3.3	—	—	1.4	—
塑料模具钢										
T51620	P20	—	0.35	0.4	0.5	1.7	—	—	—	0.4
	调整 P20	1.2738	0.38	0.3	1.5	2.0	—	—	0.2	Ni=1.0
	调整 P20	1.2311	0.38	0.3	1.5	2.0	—	—	0.2	—
	调整 P20	1.2312	0.38	0.3	1.5	2.0	—	—	0.2	S=0.070
	调整 6F2	1.2711	0.55	0.2	0.7	0.7	0.1	—	0.3	Ni=1.7
S4200	420	1.2083	0.40	0.4	0.4	13.0	—	—	—	—
	调整 422	1.2316	0.36	0.3	0.7	16.0	—	—	1.0	Ni=0.80
高速工具钢										
T12001	T1	1.3355	0.75	0.3	0.3	4.0	1.0	18.0	—	—
T12015	T15	1.3202	1.55	0.3	0.3	4.0	5.0	12.0	—	Co=5.0
T11301	M1	1.3346	0.82	0.3	0.3	4.0	1.0	1.5	8.0	—
T11302	调整 M2	1.3343	0.89	0.3	0.3	4.0	1.9	6.0	5.0	—
T11323	M3 第 2 类	1.3344	1.20	0.3	0.3	4.0	3.0	6.0	5.0	—
T11304	M4	1.3351	1.30	0.3	0.3	4.0	4.0	5.5	4.5	—
	M35②	1.3243	0.89	0.3	0.3	4.0	1.9	6.0	5.0	Co=5.0
T11342	M42	1.3247	1.10	0.3	0.3	3.8	1.1	1.5	9.5	Co=8.0
T11350	M50	—	0.84	0.3	0.3	4.0	1.0	—	4.2	—
T11352	M52		0.90	0.3	0.3	4.0	1.9	1.2	4.5	—

① 有商业品牌的钢，但尚未标准化。例如，低 Si-H11 钢，包括：Tenax300，Vidar，W400 和 E38K；8%Cr 钢：有
　K340，K360，Sleipner，Thyrodur 2990；VF800AT 和 Tenasteel。
② 为旧 AISI 牌号；不在 ASTM A600 或 A681 标准中，但仍在市场中使用。

工具钢的热处理工艺参数、用途和服役条件见表 3-2～表 3-4，这些信息对选择工具钢工艺参数和了解工具钢用途可提供有益帮助。工具钢供应商会根据钢厂提供的特定热处理工艺参数，提供实现工具钢特殊性能的相关资料。为满足所有服役条件和降低整体成本，用户应该咨询对应钢种最适合的热处理工艺。

部分工具钢的物理性能，包括密度、热膨胀和热导率见表 3-5 和表 3-6。

表 3-2 工具钢的正火和退火温度

钢牌号	正火温度[1]		退火[2]				硬度 HBW
			温度		最大冷却速率		
	℃	℉	℃	℉	℃/h	℉/h	
高速工具钢							
M1	不采用正火		815～870	1500～1600	22	40	207～235
M2	不采用正火		870～900	1600～1650	22	40	212～241
M3,M4	不采用正火		870～900	1600～1650	22	40	223～255
M35,M42	不采用正火		870～900	1600～1650	22	40	248～269
T1	不采用正火		870～900	1600～1650	22	40	217～255
T15	不采用正火		870～900	1600～1650	22	40	241～277
热加工工具钢							
H10,H11,H12,H13	不采用正火		845～900	1550～1650	22	40	192～229
8%Cr	不采用正火		800～900	1470～1650	14	25	<240
H19,H21	不采用正火		870～900	1600～1650	22	40	207～241
H42	不采用正火		845～900	1550～1650	22	40	207～235
L6/6F2,6F3	870	1600	760～790	1400～1450	22	40	183～212
冷加工工具钢							
D2,D3,D6	不采用正火		870～900	1600～1650	22	40	217～255
低-Si-H11	不采用正火		750～850	1380～1560	22	40	<230
A2	不采用正火		845～870	1550～1600	22	40	201～229
O1	870	1600	760～790	1400～1450	22	40	183～212
O2	845	1550	745～775	1375～1425	22	40	183～212
O7	900	1650	790～815	1450～1500	22	40	192～217
S1	不采用正火		790～815	1450～1500	22	40	183～229[3]
S7	不采用正火		815～845	1500～1550	14	25	187～223
W1,W2	790～925[4]	1450～1700[4]	740～790[5]	1360～1450[5]	22	40	156～201
塑料模具钢							
P20 及调整牌号	900	1650	760～790	1400～1450	22	40	149～179
420 及调整牌号	不采用正火		760～870	1400～1600	14	25	<250

[1] 小截面工件保温时间为 15min，大截面工件为 1h，在静止空气中冷却。不应将正火与低温退火混淆。

[2] 大截面采用上限温度到小截面采用下限。薄截面工件保温时间 1h 到厚截面、高合金钢和炉负荷大保温时间为 4h。

[3] 对 0.25Si 型，183～207HBW；对 1.00Si 型，207～229HBW。

[4] 温度随碳含量变化而改变：0.6%～0.75%，815℃（1500℉）；0.75%～0.90%，790℃（1450℉）；0.90%～1.10%，870℃（1600℉）；1.10%～1.40%，870～925℃（1600～1700℉）。

[5] 温度随碳含量变化而改变：0.60%～0.90%，740～790℃（1360～1450℉）；0.90%～1.40%，760～790℃（1400～1450℉）。

表3-3 工具钢的淬火和回火

钢牌号	加热加速率	淬火							回火温度	
		预热温度		淬火温度		保温时间/min	淬火冷却介质①		回火温度	
		℃	℉	℃	℉				℃	℉
高速工具钢										
M1	预热后快速加热	730~845	1350~1550	165~1200②	2130~2190②	2~5	O,G,或S		540~595③	1000~1100③
M2,M35	预热后快速加热	730~845	1350~1550	1190~1220②	2175~2230②	2~5	O,G,或S		540~595③	1000~1100③
M3,M4	预热后快速加热	730~845	1350~1550	1205~1230②	2200~2250②	2~5	O,G,或S		540~595③	1000~1100③
M42	预热后快速加热	730~845	1350~1550	1175~1200②	2150~2190②	2~5	O,G,或S		510~595④	950~1100④
T1	预热后快速加热	815~870	1500~1600	1220~1280②	2225~2335②	2~5	O,G,或S		540~595③	1000~1100③
T15	预热后快速加热	815~870	1500~1600	1205~1250②	2200~2280②	2~5	O,G,或S		540~650④	1000~1200④
热加工工具钢										
H10	预热后快速加热	815	1500	1010~1040	1850~1900	15~40⑤	O或G		540~650	1000~1200
H11,低siH11,H12	预热后中速加热	815	1500	980~1020	1800~1870	15~40⑤	或G		540~650	1000~1200
H13	预热后中速加热	815	1500	995~1040	1825~1900	15~40⑤	或G		540~650	1000~1300
H19	预热后中速加热	815	1500	1095~1205	2000~2200	2~5	或G		540~705	1000~1300
H42	预热后中速加热	730~845	1350~1550	1120~1220	2050~2225	2~5	或G		565~650	1050~1200
H21	预热后快速加热	815	1500	1095~1205	2000~2200	2~5	O		595~675	1100~1250
L6,6F3,6F2	慢速	—	—	820~900	1500~1650	10~30	O		175~540	350~1000
冷加工工具钢										
A2	慢速	790	1450	925~980	1700~1800	20~45	A,G或O		175~540	350~1000
O1	慢速	650	1200	790~815	1450~1500	10~30	O		175~260	350~500
O2	慢速	650	1200	760~800	1400~1475	5~20	O		175~260	350~500
O7	慢速	650	1200	790~830	W:1450~1525	07	慢速		650	1200
W1,W2	慢速	565~650⑥	1050~1200⑥	760~815	1400~1550	10~30	B或W		175~345	350~650
S1	慢速	650~705	1200~1300	900~955	1650~1750	15~45	O		205~650	400~1200
S7	非常慢	815	1500	925~955	1700~1750	15~45	G或O		205~620	400~1150
D2	非常慢	815	1500	1010~1040	1850~1900	15~40⑤	O或G		200~650⑦	390~1200⑦
D3,D6	非常慢	815	1500	925~980	1700~1800	15~45	O		200~650⑦	390~1200⑦
8%Cr	非常慢	815	1500	1020~1080	1870~1970	15~45⑤	或G		500~560	930~1040⑦
塑料模具钢										
P20反及调整牌号	慢	870~900⑧	1600~1650⑧	815~870	1500~1600	15	O		480~595⑨	900~1100⑨
420反及调整牌号	预热后中速加热	815	1500	1020~1050	1800~1920	15~30⑤	O或G		200~650⑩	390~1200⑩

① O表示油冷淬火；G表示气体淬火；A表示空冷；S表示盐浴淬火；B表示水淬火；W表示水淬。
② 在盐浴高温加热时，温度的范围应该大约低于该温度15℃（25℉）。
③ 推荐两次高温回火，每次不少于1h。
④ 推荐三次回火，每次不少于1h。
⑤ 适用采用敞开炉热处理的时间，对装箱装箱渗碳淬火，按箱体横截面尺寸1.2min/mm（30min/in）加热。
⑥ 推荐用于大型工具和复杂工具。
⑦ 高硬度（>59HRC），采用较低的回火速度。
⑧ 渗碳硬度。
⑨ 渗碳表面硬度。
⑩ 低温回火有更高的耐蚀性，但合降低韧性，而高温回火改善韧性但降低耐腐蚀。

表 3-4　工具钢工艺和服役特点

AISI 牌号	淬火和回火				硬度② HRC	加工和服役性能			
	抗脱碳性	淬透性	变形大小①	抗开裂性		机加工性能	韧性	抗软化性	耐磨性
高速工具钢									
M1	低	高	A 或 S,小;O,中等	中等	60~65	中等	低	很高	很高
M2	中等	高	A 或 S,小;O,中等	中等	60~65	中等	低	很高	很高
M3(第 1 类和第 2 类)	中等	高	A 或 S,小;O,中等	中等	61~66	中等	低	很高	很高
M4	中等	高	A 或 S,小;O,中等	中等	61~66	差到中等	低	很高	极高
M42,M35	低	高	A 或 S,小;O,中等	中等	65~70	中等	低	极高	很高
T1	高	高	A 或 S,小;O,中等	高	60~65	中等	低	很高	很高
T15	中等	中等	A 或 S,小;O,中等	中等	63~68	差到中等	低	极高	极高
热加工工具钢									
H10	中等	高	非常小	极高	39~56	中等到好	高	高	中等
H11	中等	高	非常小	极高	38~54	中等到好	很高	高	中等
低 SiH11	中等	高	非常小	极高	38~50	中等到好	极高	高	中等
H12	中等	高	非常小	极高	35~55	中等到好	很高	高	中等
H13	中等	中等	非常小	极高	38~53	中等到好	很高	高	中等
H19	中等	高	A,小;O,中等	高	40~57	中等	高	高	中等到高
H21	中等	高	A,小;O,中等	高	36~54	中等	高	高	中等到高
H42	中等	高	A 或 S,小;O,中等	中等	50~60	中等	中等	很高	高
L6,6F2,6F3	高	中等	小	极高	38~55	中等	很高	低	中等
冷加工工具钢									
A2	中等	高	极低	极高	57~62	中等	中等	高	高到很高
D2	中等	高	非常小	高	54~61	差	低	高	高到很高
D3,D6	中等	高	非常小	高	54~61	中等	低	高	很高
D2	高	中等	非常小	极高	54~63	好	中等	很高	高到很高
O1	高	中等	非常小	很高	57~62	好	中等	低	中等
O2	高	中等	非常小	很高	57~62	好	中等	低	中等
O6	高	中等	非常小	很高	58~63	很好	中等	中等	中等
S1	中等	高	中等	高	40~58	中等	很高	中等	低到中等
S7	中等	低	A,很低;O,小	A,很高;O,高	45~57	中等到好	高③	高	低到中等
W1,W2	很高	高	高	中等	50~64	很好	高	低	低到中等
塑料模具钢									
P20 及调整牌号④	高	中等	小	高	28~37	中等到好	高	低	低到中等
420 及调整牌号④	中等	高	小	中等	38~54	中等到好	中等	中等	中等

① A—空冷；S—盐浴淬火；O—油淬火。
② 推荐该钢在正常温度范围回火后。
③ 韧性随碳含量和淬硬深度增加而降低。
④ 主要用于高抗腐蚀性钢（不锈钢）。

表 3-5　部分工具钢的密度和线胀系数

钢牌号	密度		线胀系数								
			μm/(m·K)，从20℃到					μin/(in·°F)，从70°F到			
	g/cm³	lb/in³	100℃	200℃	425℃	540℃	650℃	200°F	400°F	800°F	1000°F	1200°F
W1	7.84	0.282	10.4	11.0	13.1	13.8①	14.2②	5.76	6.13	7.28	7.64①	7.90②
W2	7.85	0.283	—	—	14.4	14.8	14.9	—	—	8.0	8.2	8.3
S1	7.88	0.255	12.4	12.6	13.5	13.9	14.2	6.9	7.0	7.5	7.7	7.9
S7	7.76	0.280	—	12.6	13.3	13.7①	13.3	—	7.0	7.4	7.6①	7.4
O1,O7	7.85	0.283	—	10.6③	12.8	14.0④	14.4④	—	5.9③	7.1	7.8④	8.0④
O2	7.66	0.277	11.2	12.6	13.9	14.6	15.1	6.2	7.0	7.7	8.1	8.4
A2	7.86	0.284	10.7	10.6③	12.9	14.0	14.2	5.96	5.91③	7.2	7.8	7.9
D2	7.70	0.278	10.4	10.3	11.9	12.2	12.2	5.8	5.7	6.6	6.8	6.8
D3,D6	7.70	0.278	12.0	11.7	12.9	13.1	13.5	6.7	6.5	7.2	7.3	7.5
H10	7.81	0.281	—	—	12.2	13.3	13.7	—	—	6.8	7.4	7.6
H11	7.75	0.280	11.9	12.4	12.8	12.9	13.3	6.6	6.9	7.1	7.2	7.4
H13	7.76	0.280	10.4	11.5	12.2	12.4	13.1	5.8	6.4	6.8	6.9	7.3
H19	7.98	0.288	11.0	11.0	12.0	12.4	12.9	6.1	6.1	6.7	6.9	7.2
H21	8.28	0.299	12.4	12.6	12.9	13.5	13.9	6.9	7.0	7.2	7.5	7.7
H42	8.15	0.295	—	—	—	11.9	—	—	—	—	6.6	—
T1	8.67	0.313	—	9.7	11.2	11.7	11.9	—	5.4	6.2	6.4	6.6
T15	8.19	0.296	—	9.9	11.0	11.5	—	—	5.5③	6.1	6.4	—
M1	7.89	0.285	—	10.6③	11.3	12.0	12.4	—	5.9③	6.3	6.7	6.9
M2	8.16	0.295	10.1	9.4③	11.2	11.9	12.2	5.6	5.2③	6.2	6.6	6.8
M3,第1类	8.15	0.295	—	—	11.5	12.0	12.2	—	—	6.4	6.7	6.8
M3,第2类	8.16	0.295	—	—	11.5	12.0	12.8	—	—	6.4	6.7	7.1
M4	7.97	0.288	—	9.5③	11.2	12.0	12.2	—	5.3③	6.2	6.7	6.8
M42	7.98	0.288	—	—	—	—	—	—	—	—	—	—
L6	7.86	0.284	11.3	12.6	12.6	13.5	13.7	6.3	7.0	7.0	7.5	7.6
P20 及调整牌号	7.85	0.284	—	—	12.8	13.7	14.2	—	—	7.1	7.6	7.9

① 从20℃到500℃（70°F到930°F）。
② 从20℃到600℃（70°F到1110°F）。
③ 从20℃到260℃（70°F到500°F）。
④ 从40℃（100°F）。

表 3-6　部分工具钢热导率

温度		热导率		温度		热导率	
℃	°F	W/(m·K)	Btu/(t·h·°F)	℃	°F	W/(m·K)	Btu/(t·h·°F)
W1				H21			
95	200	48.3	27.9	95	200	27.0	15.6
260	500	41.5	24.0	260	500	29.8	17.2
400	750	38.1	22.0	400	750	29.8	17.2
540	1000	34.6	20.0	540	1000	29.4	17.0
675	1250	29.4	17.0	675	1250	29.1	16.8
815	1500	24.2	14.0	T1			
H11				95	200	19.9	11.5
95	200	42.2	24.4	260	500	21.6	12.5
260	500	36.3	21.0	400	750	23.2	13.4
400	750	33.4	19.3	540	1000	24.7	14.3
540	1000	31.5	18.2	T15			
675	1250	30.1	17.4	95	200	20.9	12.1
815	1500	28.6	16.5	200	500	24.1	13.9
H13				400	750	25.4	14.7
215	420	28.6	16.5	540	1000	26.3	15.2
350	660	28.4	16.4	M2			
475	890	28.4	16.4	95	200	21.3	12.3
605	1120	28.7	16.6	200	500	23.5	13.6
				400	750	25.6	14.8
				540	1000	27.0	15.6
				675	1250	28.9	16.7

3.1.2 工具钢的生产

为确保锻造工具钢的品质，不仅要保证成品钢中的合金含量，还要要求保证钢的纯净度和限制杂质元素数量，因此必须对原材料（包括废钢）精心挑选。为实现降低钢的成分误差成本，提高钢的纯净度和精确控制熔炼工艺，通常采用小吨位电弧炉（通常 20~50t/炉）熔炼工具钢。采用特殊精炼和二次重熔工艺，如氩-氧脱碳、真空脱气和真空脱氧脱气等工艺，控制成品钢中的夹杂物数量，减少废钢中的昂贵合金元素（如，铬、钒、钼或钨）的损耗。为进一步提高工具钢纯净度，细化组织，采用电渣重熔冶炼或真空电弧重熔方法对处理的钢锭进行重熔。

传统的冶炼工具钢的铸造工艺是将合适的钢液直接浇注为钢锭。适用于生产碳钢和低合金钢的连铸工艺，通常不适用于工具钢。其原因主要有两个，原因一是合金元素问题。工具钢含有大量的合金元素，易造成严重组织偏析和合金碳化物尺寸粗大（超过 10μm）等不理想微观组织；原因二是连铸产品的尺寸问题。连铸生产的碳钢和低合金钢典型产品通常为平板和细长条状（<50mm，或 2in），但在许多情况下，制备的工具钢产品的尺寸多为 100~1000mm（4~40in）厚的块料或棒料。以上因素限制了采用连铸工艺生产冷加工工具钢和高速钢。

作为第二种生产合金工具钢的方法，粉末冶金（PM）工艺现越来越引起人们的关注。与传统的铸造工艺不同，粉末冶金工艺中钢液在极高冷却率下凝固，转化为几微米大小的工具钢粉末。其最大优点是，细化了铸态微观组织。该优点对含大量碳化物的工具钢，如冷加工工具钢、高速钢和制造模具的耐磨工具钢尤为重要。如锻造或轧制对工具钢是必要工序，则必须对工具钢铸态组织中的碳和合金元素数量严格限制。而细化铸态组织的粉末冶金方法克服了上述困难，扩大了钢中合金元素数量范围，于 2014 年已广泛应用于开发新的合金材料。现在，粉末冶金工艺已主要用于生产碳化物数量更多，颗粒更加均匀的大尺寸工件，或生产特殊成分的工件。而采用传统熔炼、铸造和机加工方法，这些工件是无法或极为困难生产的。

必须对中高合金工具钢的锻造和轧制进行精心控制，以防止产生大量废品。必须精心对成品和半成品钢棒进行严格检验。要求检验的内容广泛，包括了钢棒两端的宏观组织（经侵蚀后观察）、纯净度、硬度、晶粒尺寸、退火组织和淬透性，此外，还可能采用磁粉、涡流和超声波检查对钢棒表面和内部不均匀性组织进行检验。需要严格控制退火工艺，对成品工具钢棒的脱碳严格控制。生产中通常采用可控气氛连续热处理炉、真空炉或在退火过程

中采用防护涂料以减少工具钢的脱碳。

与工具钢中含有昂贵的合金元素一样，精确的生产实践和严格的质量控制进一步提高了工具钢的成本。但是，由于工具钢棒通常要经过多个复杂加工工序，所耗加工成本比钢材成本要高数倍，因此，坚持对这些特种钢的制造质量严格控制是合理且必要的。有些标准结构合金钢的成分与工具钢相像，但它们的质量标准与严格的工具钢质量标准是不同的，因此，很少将它们代替价格昂贵的工具钢使用。

3.1.3 工具钢的热处理

通常工具钢热成形加工后，要进行热处理。热处理由两个主要步骤组成，第一步是退火，主要目的是降低硬度和改善和均匀微观组织；第二步为淬火和回火，在淬火工序中，退火均匀的组织被转化为硬度更高的马氏体组织。退火工序通常由工具钢生产商完成，也可能被用于热处理的返修工件。而淬火和回火工序（或其他提高硬度方法，如时效法）通常是机加工后，由工具制造商完成。在过去的几年里，随着高速加工和其他工具钢的加工技术发展，现已可以加工工具钢的硬度不断提高（目前已可以加工的最高硬度达 60HRC），上述现状正面临改变。现在许多牌号的钢以淬火加回火状态供货，尤其是硬度等于或低于 40HRC 的大型锻造模具钢或塑料模具钢。

图 3-1 为典型工具钢的加工工序和热处理工艺曲线。其中图 3-1a 和图 3-1b 分别为淬火前和淬火后时间与温度和相结构的关系。

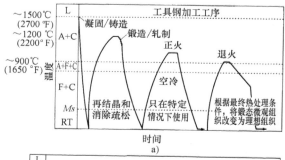

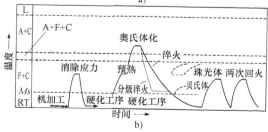

图 3-1 工具钢生产的温度与时间顺序图
a) 形变热处理 b) 淬火热处理
L—液体 A—奥氏体 C—渗碳体
F—铁素体 Ms—马氏体转变开始温度
RT—室温

1. 正火

正火是将钢缓慢而均匀地加热至相变温度以上，溶解多余的碳化物，而后在静止空气中冷却的热处理工艺。正火处理均匀了钢的组织，降低了残余应力，细化了晶粒尺寸，因此可以抵消锻造时工件截面尺寸不同和随后的冷却速率不一造成的组织不均匀。正火也为随后钢的球化退火工艺、退火工艺和淬火工艺作进行组织调整。

许多工具钢即使在静止空气中冷却也能淬硬，因此不建议采用正火细化这类钢的组织。不适用采用正火工艺的钢包括所有高速工具钢、所有抗冲击工具钢、所有热加工工具钢、冷加工工具钢中的 A型和 D 型（A10 除外）钢以及高合金模具钢（合金元素大于 5% 以上）。正火工艺标准做法是，将工件加热至正火温度（完全奥氏体相区），保温适当时间，以保证加热的工件温度达到均匀，然后在静止空气中冷却。正火工艺不需要特殊的设备，但是要确保在加热期间不发生脱碳现象。

2. 退火

供应商提供的工具钢材料通常为退火状态。即使提供的工具钢为预淬火状态，也还需要进行均匀化退火，为淬火作组织准备。在退火状态下，很容易对钢进行加工和热处理，该工序通常在钢厂进行。然而，如果要对工具钢进行热成形或冷成形加工，则通常必须在后续加工前，再次进行完全退火。如果要对工具再次淬火硬化，应该首先对它进行完全退火。该完全退火过程对高合金钢尤为重要，否则易出现不规则晶粒生长和混晶（有时称为"鱼鳞"或重晶）现象。

（1）完全退火　完全退火是将钢缓慢而均匀加热至温度高于相变温度，在该温度保温 1~4 h（通常是保温足够长的时间保证工件完全热透），并在控制速度下缓慢冷却到一定温度后进行空冷。

对加热设备的要求是，在合理精度下进行控温和有效进行防止脱碳。通常工具钢的碳含量多高于0.3%，这使得他们长时间暴露在高温时（奥氏体相组织），容易发生脱碳现象。因此，在退火中必须严格控制脱碳或考虑采用后续切削加工去除脱碳层。如果采用空气炉退火（如工具钢大块原材料），钢铁生产商或模具制造商应该考虑去除脱碳层所需的加工余量。对小型轧制棒料，通常在惰性气体（如N_2）或碳势控制气氛炉中退火。尤其是对高合金钢工件，任何多余的原材料都可能增加产品成本或提高工具加工的难度（如高速钢）。对成品工具退火（如重新淬火）温度的控制更为重要，因为此时加工余量已很少或已没有了。在这些情况下，应该采用保护气氛炉或真空炉进行退火。以前也采用盐浴炉或铅浴炉进行退火，但由于环保限制要求，目前盐浴或铅浴工艺已不太常见。

高合金工具钢在退火前，通常为硬度高和脆性大的马氏体或贝氏体组织。在加热炉进行加热时，受到热应力冲击，会造成工件开裂。因此，采用较低温度下（室温或几百华氏度）装炉和减小升温速率可以降低工件开裂的风险。通常，退火温度略高于 Ae_1 温度，（在该温度下，铁素体组织已完全发生转变，微观组织为奥氏体+未溶碳化物）；典型工具钢的 Ae_1 温度值见表 3-2。在退火温度保温后，工件（如工件装箱，则指箱的整体）应在 8~22℃/h（15~40℉/h）冷速下炉冷到 540℃（1000℉）或更低。低于 540℃（1000℉）温度以后，对大多数工具钢冷却速率不再是至关重要，可以采用在空气中冷却。各种工具钢典型退火硬度值见表 3-2。

（2）亚临界退火　也称为回火式退火（temper-annealing），是另一种退火工艺。该工艺是将工具钢（初始组织为马氏体或贝氏体组织）加热至略低于相变温度范围 [根据钢的临界温度，通常加热至 700~800℃（或 1290~1470℉）]，在该温度下保温一至几个小时，而后空冷。该工艺实际上是采用偏高的温度进行过度回火，由于回火温度很高，马氏体或贝氏体转变为铁素体和碳化物。通常工具钢成形后或其他热加工冷却到室温后，可采用亚临界退火。该工艺也常应用于工具钢的重新热处理（因为需要采用中间退火）。

该工艺被称为亚临界退火，其原因是加热温度略低于临界温度 A_1（由铁素体形成奥氏体温度），奥氏体组织尚未形成。因为铁素体溶解碳的数量很有限，该组织不容易发生脱碳现象。

亚临界退火的另一个优点是组织均匀细小，这对淬火加热想得到细小的奥氏体晶粒起到重要作用。因此，目前该工艺用于许多牌号的钢，如热加工工具钢。有文献讨论了采用等温退火工艺细化高速钢晶粒的优点，但对高合金钢或高速钢，采用等温退火的主要缺点是硬度过高。

3. 消除应力处理

消除应力处理主要是降低由大切削量机加工或成形加工产生的残余应力，减少工具淬火中产生的变形或开裂。根据经验，如超过 30% 的原材料被切削掉，则称为大切削量机加工，强烈推荐要进行消除应力处理。

对硬化的工具表面进行磨削加工会产生很高的应力，或造成局部过热淬火和开裂现象。另一类似的表面效果是电火花加工（EDM），形成粗糙和硬化的表层。观察磨削加工和电火花加工表面发现，在表面形成"白亮层"。高残余应力的磨削工具在进行研磨加工后，可以通过在保证工具硬度的前提下，在略低于回火温度立即进行消除应力处理，以防止工具开裂。作为电火花加工产生的应力，可采用三个步骤消除：

1）采用改变电火花加工参数减少切削量，减少最终完工时工件的白亮层。

2）如有可能，采用机械抛光去除白亮层。

3）采用消除应力处理，使剩下的白亮层不是新鲜马氏体（淬火态组织），而是回火马氏体组织。

工具在使用的过程中也会产生高的残余应力，特别是高应力加工工序，如压铸等工序。有时在工具工作间隙，通过适当的加热有利于缓解这种应力。当然该加热温度不应超过工具的回火温度，否则会发生软化现象。

通常消除应力在空气炉或用于回火的盐浴炉进行。尽管冷却速率应该足够慢，以防止产生新的应力，但加热速率和冷却速率都不是最重要的。除非消除应力温度高于650℃（1200℉），一般不需要考虑防止氧化或脱碳问题。在有些情况下，采用真空或惰性气氛保护炉进行消除应力，可能防止工件氧化或失去金属光泽（discoloration）。

因为消除应力会导致尺寸变化，因此在应力消除后，需要对淬火前的工具尺寸进行修正。精密工具通常在机加工后，淬火硬化前进行消除应力处理，而普通工件是在粗加工后精加工前进行消除应力处理。

4. 奥氏体化

奥氏体化和随后冷却通常称为工具钢热处理的淬硬工序，回火则得到工具的最后性能。对于大多数工具钢，正确的淬硬工序是实现最佳性能的关键。通常采用硬度检测方法检测该工序控制的好坏，无法采用无损检测方法进行检测。但有些例子表明，即使工具钢达到要求的硬度，尚不足以说明选择的热处理工艺适当。

对工具钢而言，奥氏体化加热是所有加热环节中最关键的工序。奥氏体化温度过高或保温时间过长，都会导致变形过大、晶粒粗大、塑性和强度降低等问题。由于高速钢奥氏体化温度接近熔点温度，因此该问题尤为突出。加热欠热则会导致硬度和耐磨性降低。淬火时，特别是采用水淬火的钢，如果工具的心部温度比外部低，则会造成在工件的拐角处发生剥落或开裂。在热处理淬火之前，所有工具表面必须保证无脱碳现象。通常，如采用无心磨钢棒或精密磨钢板，必须要求钢材无脱碳发生。如果采用热轧钢材，则必须要留有足够的切削加工余量。

在奥氏体化加热中，合金元素在奥氏体基体（即会转变为马氏体）和未溶碳化物中发生重新分布，这些未溶碳化物的成分、体积分数和弥散程度将会基本保持不变。未溶碳化物不仅有利于提高耐磨性，还有助于控制奥氏体晶粒尺寸。未溶碳化物越细小和体积分数越大，越能有效控制奥氏体晶粒长大。因此，如果奥氏体化温度过高，合金碳化物越来越多溶入奥氏体，则可能会出现奥氏体晶粒粗化。

合金元素除存在于未溶碳化物中，还有部分固溶于奥氏体中。可以通过控制碳化物数量，控制奥氏体合金成分。奥氏体的合金成分对工具钢的淬透性、马氏体开始转变温度（Ms）、残留奥氏体数量和钢的二次硬化效果起到关键作用。

图 3-2 为提高奥氏体化温度对 A2 工具钢淬火态、

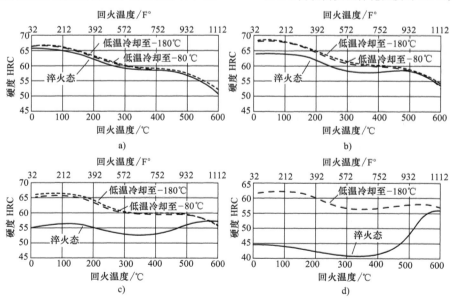

图 3-2 提高奥氏体化温度对 A2 工具钢硬度与回火温度曲线的影响

a）950℃（1740℉）　b）1000℃（1830℉）　c）1050℃（1920℉）　d）1100℃（2010℉）

注：其中曲线分别为淬火态、淬火加低温冷却至−80℃（−110℉）和淬火和低温冷却至−180℃（−290℉）。

淬火加冷处理和淬火加回火硬度的影响。其中 950℃ （1740℉） 为推荐的 A2 钢奥氏体化加热温度，在该温度奥氏体化，淬火态硬度最高。在此条件下淬火，残留奥氏体非常分散，数量最低，因此冷处理对钢的硬度影响不大。随着奥氏体化温度提高，更多的合金元素固溶于奥氏体中，M_s 温度降低，在室温下残留奥氏体的数量也更多。由此导致淬火至室温的硬度降低，冷处理过程中有大量残留奥氏体组织转变为马氏体组织。图 3-3 表明，在最终回火中，残留奥氏体转变和二次硬化的共同作用，提高了具有大量残留奥氏体淬火态组织的硬度。图 3-3 没有显示的是，随奥氏体化温度提高，更多的碳化物溶入奥氏体中，奥氏体晶粒尺寸发生长大。

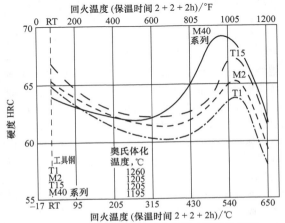

图 3-3　部分高速工具钢硬度与回火温度曲线图
（RT，室温）

（1）工具钢奥氏体化加热设备　根据工具钢的成分、工件的尺寸和形状、硬化后的切削量和生产要求选择加热设备。在整个奥氏体化温度范围为 760~1300℃ （1400~2375℉），采用真空炉和气氛炉，可以达到满意的效果，盐浴炉主要用于温度高达 1250℃ （2290℉） 的加热。

在奥氏体化期间，必须对工件进行支撑或夹持。盐浴炉的熔盐具有一定支撑作用，但在气氛炉中，必须特别注意防止工件下垂或接触炉壁。长型工具 （如刀口） 或小工具 （如切削工具） 在炉内必须合理分布，以避免淬火后发生翘曲变形。

在奥氏体化期间，必须对炉内气氛进行实时连续控制，以防止工件出现增碳或脱碳现象。盐浴炉中的盐必须进行调整，以控制气体和露点。真空炉在高于 1095℃ （2000℉） 奥氏体化温度下时，必须保持低泄漏率和分压控制。

（2）奥氏体化加热时的预热　在工具钢奥氏体化加热时，进行预热是合理的，但并不是所有的工具钢都必须进行预热。简单形状的小工件可以不进行预热。采用预热的主要作用是，防止冷工件直接在高温奥氏体化加热炉中受到过热冲击，产生变形和开裂。它还可以避免尺寸超过 100mm （4 in） 的大型工具加热时，表面与心部温差过大。图 3-4 所示为在热处理中的预热效果实例。

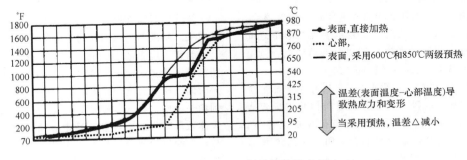

图 3-4　在热处理中的预热效果实例
注：没有预热，表面到心部具有很大温差；采用预热，减少温差。

对高合金的热加工工具钢和高速钢，预热是非常重要的工艺环节。因为这可以使工件在较长的时间达到热平衡，避免了大截面工件在奥氏体化温度下长时间加热，表面发生脱碳的风险。

工具在盐浴炉中进行奥氏体化，通常需要在盐浴炉中预热。但如果方便，采用气氛炉预热也是可行的。工具在气氛炉中进行奥氏体化，则通常在气氛炉中预热。

预热可以在毗邻奥氏体化炉旁的炉内进行，但如采用真空炉和气氛炉，则通常预热和奥氏体化在同一炉内完成。后者的工艺过程是，当工件加热到预热温度后，将炉温提高到奥氏体化温度，因此工件在整个奥氏体化过程在同一炉内完成。同炉预热工艺过程的可行性取决于预热温度和奥氏体化温度之间的差别，还与钢的类型和生产要求有关。在大批量热处理中，有时预热仅仅是为了缩短生产时间。在这种情况下，通常采用分开预热炉和奥氏体化炉。

H13钢大型模具采用两段预热实例。第一段预热约在650℃（1200℉）和第二段预热在临界温度以下，例如，850℃（1560℉）。在盐浴炉里进行奥氏体化，特别是高温奥氏体化，可以采用多段预热。例如高速钢，通常在空气炉一级预热［约400～500℃（750～930℉）］，而后在盐浴炉中再进行两段预热［在850℃和1100℃（1560℉和2000℉）］，最后在约1200℃（2190℉）温度下，进行最后的奥氏体化加热。

5. 淬火

淬火是根据钢的成分和工件尺寸，将奥氏体化温度保温的工件在水、盐水、油、盐浴、惰性气体或空气等介质中冷却。在考虑其他条件的前提下，淬火冷却介质的冷却速率必须足够快，以使工件获得最高的硬度。如果硬度是为唯一的要求，则工具钢完全淬透（淬透性）通常使淬火工艺简单。以前的书通常认为，依据钢的硬度，很多冷加工工具钢或热加工工具钢可以在空气中淬硬，但是在2014年后该观点被认为是不正确的。由于缓慢空冷，可能造成钢的脆性。现在认为，为获得最佳性能，理想的淬火工艺是应该采用尽可能快的冷却速率。缓慢冷却造成脆化的主要原因与碳化物在晶界析出有关。

另一方面，由于复杂和大截面模具表面与心部之间温差太大，不能采用太快的淬火冷却速率，否则会产生应力过高，造成过度变形或开裂。因此，在可能的情况下，对压铸模具在真空炉采用气淬火，可以采用控制Δ（译者注：Δ表示表面与心部之间温差）方法；当冷却通道采用热电偶监测时，则可以采用相关参考文献中分级淬火工艺。

高速钢或冷加工工具钢（工具尺寸小于热加工工具钢）采用分级淬火，工件从奥氏体化温度淬入搅拌的盐浴或油中，通常能在保证硬度的前提下，变形量最小。对高合金牌号的钢，如高速钢和H或D系列钢，第一分级淬火温度约550℃（1020℉）；对低合金牌号的钢，O或W系列钢，盐浴温度通常为高于马氏体开始转变温度（Ms）31℃（57℉）左右。盐浴保温时间，应保证整个工件温度达到平衡，然后空冷到室温回火。

分级淬火后，采用风冷或油冷至环境温度60～80℃（140～176℉）。由于有开裂的风险，通常不将大型工具（厚度超过100mm）冷却到室温。残留奥氏体韧性非常高，少量的残留奥氏体可以承受工件中残余应力。当温度高于60℃（140℉）的工件冷却到室温，残留奥氏体数量可能接近于零，尤其是H系列钢，从而减少承受残余应力的能力。该残留奥氏体通常会在第一次回火时，等温转变为贝氏体组织；如是高合金工具钢，则会在第一次回火冷却过程中转变为马氏体组织。因此，对大多数工具钢，要根据具体情况，总是需要进行第二次回火或第三次回火处理。

热处理后的加工缺陷，主要是因为磨削加工可能在工件表面产生残余应力，造成裂纹。有些工具以毛坯件或半成品件进行热处理（淬火），而后经磨削加工，切削加工或电火花加工成成品工具。近年来这些加工制造技术有了很大的进步，但仍需要关注这些加工技术造成的微观损伤和表面应力问题。

6. 回火

回火能调整淬火硬化工具钢的性能，通过回火得到理想的综合强度、硬度和韧性力学性能。工具钢的淬火态组织由残留奥氏体、未回火的马氏体和碳化物不均匀混合物组成，通过一次或多次回火能优化该组织。为获得理想的硬度、改善韧性和减少服役中的变形，一般期望在回火过程中所有的残留奥氏体都发生转变。与一次较长时间回火相比，两次或多次短时间回火，残留奥氏体会更加彻底转变（见图3-3）。

高合金工具钢在第一次回火冷却过程中，残留奥氏体会形成少量未回火马氏体组织。采用两次回火有利于残留奥氏体转变更加完全，新形成的马氏体也能在第二次回火中得到回火。对更高合金牌号的工具钢，建议采用三次或四次回火。

淬火工具钢在回火中的微观组织变化与时间-温度有关。每次回火保温时间不应小于1h。

为得到理想的组织和性能，大多数高速钢制造商推荐采用多次回火，每次2h以上。确保推荐的回火时间、回火温度和回火次数（至少两次），就能得到均一的回火马氏体组织，克服由于淬火态残留奥氏体数量变化造成性能不稳定。而残留奥氏体数量与材料的化学成分、热加工工艺、淬火温度和淬火条件有关。其他影响高速钢回火的因素包括：

1）提高钢的基体碳含量，增加淬火态残留奥氏体数量。

2）短时间多次回火，残留奥氏体数量显著影响的相变转变速率。如采用短时间回火，多次回火是达到理想组织的关键。

3）合金钢（如M42钢）中的合金元素钴，能减少淬火态残留奥氏体数量，加速回火过程中残留奥氏体转变。

在确定塑料模具钢的回火温度时，要考虑其对耐蚀性的影响。200～300℃（390～570℉）低温回火，钢材具有高的耐蚀性、硬度和韧性，但内应力会很高，导致在使用中发生早期断裂，因此，仅推荐简单形状工具采用低温回火。温度约为600℃（1110℉）的高温回火，典型的调质模具钢的回火温度，具有良好的高韧性、中等硬度、中等耐蚀性以及低内应力。最近在生产中，已有采用高达500℃（930℉）回火温度进行回火，从而使耐蚀性、韧性、硬度和内应力性能之间达到要求的平衡。

应该保证工具在回火时足够的保温时间，使整个工具内外温度达到均匀，这点在低温回火或对大截面工具回火尤为重要。表3-7为不同尺寸工件在不同类型炉内达到回火温度均匀时所需时间。但是，如不同截面的大型工具（如压铸模具），当达到回火时间时，工具不同位置的温度还是会存在有一定差异。在一定程度上，时间和温度的作用是可以互换的，因此不同的回火会导致硬度差别。如果工具回火的升温时间过快，会导致不均匀回火和工具失效。回火时工件表面的氧化膜的颜色只表明表面温度，而不是内部温度，因此不能用来指导回火工艺。硬化工具的磨削裂纹可能是由于回火不足造成的。

表 3-7　工件达到回火温度均匀的近似加热时间

回火温度		达到炉温所需的时间①											
		无循环热空气加热炉②						循环空气加热炉或油熔炉③					
		矩形或球形		球形或圆柱		普通平板		矩形或球形		球形或圆柱		普通平板	
℃	℉	min/mm	min/in	min/mm	min/in	min/mm	min/in	min/mm	min/in	min/mm	min/in	min/mm	min/in
120	250	1.2	30	2.2	55	3.2	80	0.6	15	0.8	20	1.2	30
150	300	1.2	30	2.0	50	3.0	75	0.6	15	0.8	20	1.2	30
175	350	1.2	30	2.0	50	2.8	70	0.6	15	0.8	20	1.2	30
205	400	1.0	25	1.8	45	2.6	65	0.6	15	0.8	20	1.2	30
260	500	1.0	25	1.6	40	2.4	60	0.6	15	0.8	20	1.2	30
315	600	1.0	25	1.6	40	2.2	55	0.6	15	0.8	20	1.2	30
370	700	0.8	20	1.4	35	2.0	50	0.6	15	0.8	20	1.2	30
425	800	0.8	20	1.2	30	1.8	45	0.6	15	0.8	20	1.2	30
≥480	≥900	0.8	20	1.2	30	1.6	40	0.6	15	0.8	20	1.2	30

① 表中数据第一列为热炉炉温，后各列为工件每毫米或每英寸直径厚度所需加热时间。如工件形状不规则或数量不准确，可根据总装炉量外部至心部尺寸毫米（英寸）数据，应用表中数据进行估计。

② 指黑色表面工具或有氧化皮表面工具加热时间。如果是精磨表面或光亮表面工件，在无循环热空气加热炉的加热时间应为两倍。在循环空气加热炉或油浴炉加热，光亮表面工件不需要额外增加时间。

③ 通常油浴加热温度不应超过205℃（400℉）。

正确的回火要求确保工件的均匀加热，这取决于准确的载荷温度和适当的工件间距。最常见工具回火炉是循环气氛炉，气氛可能是燃气、氮、氩或真空。不论采用什么介质回火，精确的温度控制是得到可复现结果的保证。

（1）工艺过程　工具钢工件回火前，它应该在淬火冷却介质或在空气中冷却，直到可以拿在手上不烫手（对于大多数钢大约为50℃或120℉）。对特大型或复杂的工件，在淬火后应该尽快回火，防止开裂。

回火应采用缓慢加热至回火温度，以保证工具各处温度均匀，防止淬火应力消除得不均匀导致开裂或变形。理想的方法是将工具装入自由循环介质，温度为回火温度的炉内，达到回火温度。如果采用液体介质回火，工具应放在篮中，不允许与炉底或炉壁接触。传热最快的是铅浴、盐浴，油浴次之，静止空气最慢。

回火后冷却应采用慢冷，防止回火中产生残余应力。静止空气的冷却速度为理想的冷却速度。

（2）设备　与大多数其他类型回火设备相比，循环空气回火炉具有几个优点。其一，在回火批次温度不同时，可迅速冷却，这样能保证连续回火工件可低温安全进炉。其二，淬火态工具加热过快可能产生裂纹，而循环空气炉的传热率相对较低，这允许工件回火缓慢升温。其三，与其他回火介质相比，循环空气回火炉的回火温度范围宽，无热液体介质飞溅，造成火灾或烧伤的危险。

7. 马氏体时效工具钢

马氏体时效工具钢为工具钢中的一类，采用不同热处理工艺（马氏体时效或时效/沉淀强化工艺）。工具行业中有三种典型钢：

1）马氏体时效钢（典型成分18%Ni，8%～10%Co，5%Mo和0～1%Al和/或Ti），硬度在50～60HRC，用于热加工工具。

2）耐蚀沉淀硬化钢（典型成分13%～17%Cr，4%～8%Ni，0～2（4）%Mo，Al，Ti，Nb和/或Cu），硬度在40～50HRC，用于塑料成形模具。

3）低合金沉淀硬化模具钢（典型成分 4% Ni，1%~2% Al 和/或 Cu），硬度在 40HRC，用于塑料成形模具。

马氏体时效工具钢的热处理工艺与传统的热处理工艺类似，采用奥氏体化加热（通常在较低温度下）后淬火（通常采用低的冷却速率）和在典型高合金工具钢回火温度下时效。由于钢的含碳量低，含量镍高，淬火形成的马氏体组织相当软，易于机加工，因此通常为钢铁生产商典型的交付状态。根据钢的牌号和工具的要求，时效/沉淀强化工序为在 450~600℃（850~1100℉）下保温数小时，以提高钢的硬度。

8. 表面处理和冷处理

（1）渗碳 通常只有特殊工具采用渗碳工具钢制造。早期模具钢通常采用渗碳后表面强化，但是当今（2014 年）模具生产通常采用预先硬化钢，机加工后直接用于塑料模具成形加工。对抗冲击钢、热加工工具钢和低碳型高速钢制造的工具进行渗碳，可用于对耐磨性要求极高的模具。常见的渗碳方法（气体、固体和液体）曾都用于加工这些特殊工具。与传统渗碳钢渗碳深度 0.75~1.5mm（0.030~0.060in）相比，渗碳工具钢渗碳深度较浅，大约在 0.05~0.25mm（0.002~0.010in）。

（2）渗氮 渗氮大大增加了工具钢的应用范围。与渗碳不同的是，在工具生产过程中，渗氮可以作为独立的热处理工艺（不需要之后淬火和回火）。自 2014 年起，渗氮多用于热加工工具钢，特别是用在锻造工具和几乎所有的挤压模具。渗氮能大大增加热加工工具钢的硬度，特别是对于 5% Cr 型钢，渗氮后表面硬度超过 1000HV；渗氮层厚度通常在 0.10~0.20mm（0.004~0.008in）。渗氮也用于压铸模具；渗氮后表面硬度的提高能推迟裂纹的萌生，渗氮层中残余压应力也会减低热疲劳损伤。早期曾对高速钢刀具进行渗氮处理，但是自 2014 年起，通常采用高性能的整体硬质合金材料制成的工具。

通过精良的控制，气体渗氮或等离子体渗氮都可用于工具钢渗氮。工具钢的渗氮与其他钢铁材料的渗氮基本相同，但是需要对以下具体因素加以注意。

1）气体渗氮。对大多数工具，气体渗氮层脆性过大，在渗氮气氛没有得到适当的控制时，该问题尤为明显。最近计算机辅助气氛控制工艺已得到了普及，这有助于用于控制原奥氏体晶界上的相析出。其依据是根据钢的成分和所希望得到的相，控制渗氮过程中的氮势（活性氮）。气体渗氮在许多工具钢

工件的生产中都得到应用，如铝挤压模具（H 型热加工工具钢）。受真空系统控制和各气体分压变化的影响，很少采用真空或低压渗氮进行工具钢渗氮。真空（回火）炉设计的使用温度在渗氮温度范围，因此可适合用于该目的。

2）等离子体渗氮。也称为离子渗氮，是对工具钢进行渗氮的另一种工艺。通常用于高速钢（M- 和 T- 系列）、冷加工工具钢（A- 和 D- 系列）和热加工工具钢（H- 系列）。等离子体渗氮在真空条件进行，辉光放电为加热和渗氮提供能量。它通过电能来电离气体，活化表面，并提供反应能量，通常渗氮需要维持氮气压力在 0.1~1kPa（1~10mmHg）的范围。通过调整炉内氮和氢的量，可以实现精确控制或消除工件表面白亮层。与其他渗氮工艺相比，等离子体渗氮周期短。与气体渗氮相比，由于辉光放电不依赖氨的分解，等离子体渗氮的最低温度可降低至 350℃（660℉）。这样，人们就能灵活选择渗氮温度，方便地对所要求钢，在表面硬度，渗氮层深度和心部硬度等性能方面进行优化。

3）液体渗氮。精磨工具在温度 560~580℃（1040~1075℉）的氰酸盐浴中进行液体渗氮，渗氮时间 15min~2h，渗氮层深度约 0.05mm（0.002in）。由于温度合适，液体渗氮主要用于热加工工具钢，如锻造模具。近年来，基于环保考虑，已开发出了全自动盐回收新工艺。

（3）硬质镀层 现有好几种工艺制备氮化物镀层。但物理气相沉积工艺在淬火加回火工具钢中是最为广泛的，而化学气相淀积主要应用于陶瓷或硬质合金工具。大多数硬质镀层工艺都有相应的专利并在商业基础上运作。许多硬质相都可以用于制备硬质镀层，其中最常见的是氮化钛（或钛铝氮化物 titaniumaluminum nitride）。另一方面，现正在不断研究和开发新的化合物和新的沉积工艺，如多层和功能性镀层（由多相组成）。

以批量工具材料，首次在刀具上使用了硬质镀层，特别是在高速钢上使用了硬质镀层。另一方面，自 2014 年已生产出了采用硬质镀层改善耐磨性能的成形工具（例如，冷作模具）或抗黏着和热损伤的成形工具（例如，铝压铸模）。硬质镀层也可以用于塑料模具钢材，改变在注塑模具中滑动性能和提高生产率（例如，聚酯瓶的预先成形）。

（4）氧化膜 氧化膜为采用碱性硝酸盐浴或蒸汽，对精磨工具表面进行氧化处理的一种工艺。该工艺可以预防或降低工具与工件间的粘附力。由于氧化膜降低了对软材料工件，如软铜和低碳

钢工件成形或切削时的黏附力，因此能提高刀具寿命。

（5）镀铬 在精磨高速钢工具表面制备厚度0.0025~0.0125mm（0.1~0.5mil）的镀铬层，也能提高刀具寿命，减少工具与工件间的黏附。镀铬相对价格较高，此外必须采取预防措施，防止工具在服役中由于氢脆失效。

（6）化学镀镍 化学镀镍已成功地代替镀铬在日常生产和工具钢工件电镀夹具。因为化学镀镍方法是通过化学还原，不依赖于金属之间的电耦合，因此，没有电解和氢脆危险。镀层硬度在50HRC范围，表面镀层厚度均匀。此外，镀层表面的摩擦系数较低。

（7）低温冷处理 工具钢的低温冷处理（-75℃或-100℉或更低）的主要目的是，进一步转变精加工前工具中残留奥氏体，为后续稳定精加工尺寸提供保证。然而，有文献认为，采用深低温冷处理提高工具的性能，通常会需要很长时间，对此也有相反观点的报道，但都还缺乏科学证据。模具淬火后可直接进行低温冷处理，但这可能会导致出现裂纹；因此，低温冷处理前，通常先进行一次低温回火（约回火至180℃或360℉）。

参 考 文 献

1. J. R. T. Branco and G. Krauss, Heat Treatment and Microstructure of Tool Steels for Molds and Dies, *Tool Materials for Molds and Dies*, G. Krauss and H. Nordberg, Ed., Colorado School of Mines Press, 1987, p 94-117.

2. G. A. Roberts and R. A. Cary, *Tool Steels*, 4th ed., American Society for Metals, 1980.

3. A. Omsen, The Annealing of High Speed Steel, *J. Iron Steel Inst.*, Vol 207 (No. 5), 1969, p 610-620.

4. R. A. Mesquita and C. A. Barbosa, Failure Analysis in Tool Steels, *Failure Analysis of Heat Treated Steel Components*, L. C. F. Canale, R. A. Mesquita, and G. E. Totten, Ed., ASM International, 2008, p 311-355.

5. S. G. Fletcher and C. R. Wendell, *ASM Met. Eng. Q.*, Vol 1, Feb 1966, p 146.

6. K. - E. Thelning, *Steel and Its Heat Treatment*, 2nd ed., Butterworths, 1984.

7. R. Schneider, J. Perko, and G. Reithofer, Heat Treatment of Corrosion Resistant Tool Steels for Plastic Moulding, *Mater. Manuf. Process.*, Vol 24, 2009, p 903-908.

8. J. H. Hollomon and L. D. Jaffe, Time-Temperature Relations in Tempering Steels, *Trans. AIME*, Vol 162, 1945, p 223-249.

9. V. Strobl, N. Dickinger, I. Siller, and R. Schneider, The Faster the Better—Heat Treatment of Hot Work Tool Steels, *HTM J. Heat Treat. Mater.*, Vol 67 (No. 2), 2012, p 91-94.

10. T. N. Tarfa, "Controlled Gas Nitriding for Powertrain Components," Global Powertrain Conference, Nitrex Metals, 2004.

11. A. K. Sinha, *Ferrous Physical Metallurgy*, Butterworths, 1989.

12. P. H. Mayrhofer, C. Mitterer, L. Hultman, and H. Clemens, Microstructural Design of Hard Coatings, *Prog. Mater. Sci.*, Vol 51, 2006, p 1032-1114.

3.2 工具钢热处理过程与设备

由于工具小到只有几克重或几毫米长的小麻花钻，大的到几吨重或几米长的塑料模具和压铸模具，因此对工具钢的热处理，其涵盖广泛，要求多种多样。工具钢的成分也相差很大，从不含合金元素的碳素工具钢到合金元素总数大于20%的高速钢。淬火加热温度区间也很大，从大约850℃到1280℃（1560℉到2340℉）。工具可以是大批量生产（例如，螺旋钻或服装行业的切割刀片），也可以是价格昂贵的单件工具产生，例如，挤压模具。工具的性能要求覆盖如此广泛，如仅有硬度等标准性能要求，也可以是对变形有严格要求，或与表面处理和涂层工艺结合，有表面质量要求。所有以上这些不同的要求，对工具钢的热处理设备及过程控制提出了更高的标准和更严格的要求。

此外，由于许多工具材料价格贵，加工成本高，热处理不当造成工具失效后有时很难立刻得到所需配件，由此严重影响整个生产线。试图通过绕过工具钢的热处理，或采用不当热处理设备进行热处理，不仅不能降低生产成本，而且还可能会导致重大的经济损失。

对于高合金牌号的工具钢淬火（和回火）热处理，现在采用带高压气体淬火的真空炉，已成为最广泛使用的热处理设备。然而，在某些应用场合下，也使用其他具有特定优点的热处理设备。此外，在许多提高刀具寿命的应用中，采用盐浴炉、气氛保护炉和等离子炉进行渗氮（软氮化），也一直广泛应用。

3.2.1 工具钢奥氏体化、淬火和回火的设备

奥氏体化加热、淬火冷却和回火是工具钢硬化的关键热处理工序。除了对温度精确控制和均匀度要求高外，还需要对炉内气氛和淬火冷却介质进行控制，防止工具表面发生变化（例如，氧化和脱碳）。为满足这些需求，近年来开发出了各种新的工艺过程和解决方案。

1. 盐浴炉

采用各种成分的盐浴,可以很好地满足所有工具钢的热处理要求。对于淬火后不进行磨削,但又要求表面高精度且保持锋利刃口的工具,采用盐浴加热是一个最佳选择。盐浴的成分包括 $BaCl_2$、$NaCl_2$、KCl 和防脱碳添加剂。通常 $BaCl_2$ 含量越高,盐浴的工作温度越高;而用于分级淬火等温的盐浴中,添加的 $CaCl_2$ 含量要更高。

盐浴淬火工艺主要用于高速钢工具。在正确的热处理工艺操作条件下,工具应没有增碳、脱碳和氧化。在完全淬火下,工件的表面变形应很小。主要有用于预热的盐浴炉、高温淬火盐浴炉、分级淬

火等温盐浴炉和回火盐浴炉四种类型的盐浴炉。

预热的作用主要为减少热冲击、均匀工件温度和减少工件在高温阶段保温的停留时间。通常预热先在空气对流炉中进行,而后在两级预热盐浴炉进行,参考图 3-5,最后在高温盐浴炉中进行奥氏体化加热。典型的预热和奥氏体化温度见表 3-8。除回火外,不同类型盐浴炉中的保温时间通常是 0.5 ~ 5min,表 3-9 为几种典型工件的保温时间。对淬火盐浴炉的作用和要求是,保持温度均匀和热处理后工件表面干净。为保持盐浴性能,必须严格控制盐浴成分,并每 8h 进行再生更新。为了避免脱碳,建议采用 1%C 钢的薄片试样进行测试。

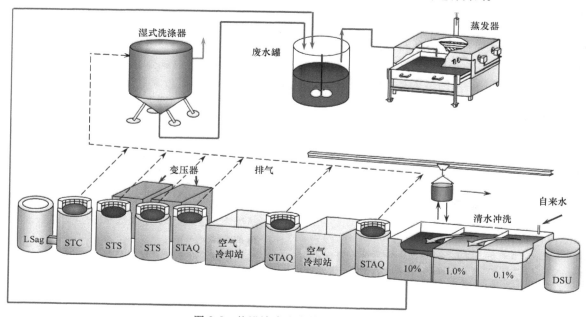

图 3-5　盐浴淬火生产线和盐回收系统

表 3-8　高速钢典型的热处理温度

工艺过程	温度	
	℃	℉
空气对流炉预热	400 ~ 500	750 ~ 930
第 1 级盐浴预热	800 ~ 900	1470 ~ 1650
第 2 级盐浴预热	1050 ~ 1100	1920 ~ 2010
奥氏体化温度	1200 ~ 1300	2190 ~ 2370
淬入温度	550 ~ 580	1020 ~ 1080
空冷	室温	室温
回火	520 ~ 550	970 ~ 1020
冲洗	80 ~ 95	180 ~ 200

用,热量迅速传递到心部。盐浴能快速提供热量,有效提高了性能的一致性,因此采用盐浴热处理的工具质量较高。盐浴加热是高效率的工具钢热处理方法,大约消耗在盐浴的 93% ~ 97% 的电能直接转变为热能。从奥氏体化温度到淬火盐浴等温温度的淬火工序中,必须要有高的热导率。这可以避免先共析碳化物在晶界上析出,导致工件出现脆化。

表 3-9　高速钢一次直接加热典型保温时间

截面尺寸		保温时间
mm^2	in^2	min:s
50	8	1:00
100	15	1:10
200	30	1:30
400	60	2:00
800	120	2:40
1000	150	3:00

与对流和辐射加热方式比,采用盐浴炉加热工具的加热速度更快,从而明显缩短热处理加热时间。熔盐提供了一个很好的热源和保持很好的所需加热速率。虽然工件只通过表面接触热源,由于导热作

盐浴炉可分为两大组。第一组为低温段盐浴炉（第一级预热盐浴炉，等温淬火盐浴炉和回火盐浴炉），采用电或燃气加热的金属坩埚炉。另一组为加热温度高的盐浴炉，采用了带插入或浸入电极的陶瓷衬里盐浴炉。这些炉的耐火材料含有不少于45%～60%的SiO_2。现代盐浴生产线是高度自动化，采用（低碳）钢制作的篮筐或夹具将工具在不同盐浴炉之间进行转移。图 3-6 所示为典型高速钢盐浴生产线的框图。根据装载量不同，可能出现完全或部分对工具进行淬火硬化。尤其是对麻花钻和铣刀，希望能得到硬度较低的工具柄部。

图 3-6　高速钢盐浴淬火生产线

淬火必须采用无硝酸盐的淬火盐，哪怕只有$600×10^{-4}$%的硝酸盐进入了高温盐炉，也会对热处理的工具表面造成极度损伤。如果仔细清洁除去了工件上附着的加热淬火盐，可采用含有硝酸盐的盐（各种$NaNO_3$、$NaNO_2$，和KNO_2的混合物）进行回火加热。这种含硝酸盐的盐会导致工具表面氧化，产生一层黑色氧化层，具有一定的外观效果和抗腐蚀作用，通常采用三步清水冲洗清洁工件。

因为高温盐中的BaO是有毒物质，必须根据国家规定，采用特别的安全处置方法。

2. 气氛控制炉

过去常采用气氛控制炉进行工具钢的热处理。由于真空炉技术的进步和市场份额的增加，近 20～30 年，采用气氛控制炉进行工具钢热处理的比例明显下降。

大多数气氛控制炉的最高使用温度为 1100℃（2000℉），限制了工具钢的淬火加热温度不能大于1050℃（1925℉），因此气氛控制炉的使用受到限制。

然而，为防止热处理过程中工具钢表面脱碳或增碳，必须正确选择气氛控制炉的气氛。最理想的气氛应该是不需要进行调整，就能适合各种不同成分的钢，高温下分解氨的气氛能满足该要求。氨的分解产生大量的氢，即使对高铬钢，也具有充分的氧化还原能力。该气氛的露点为$-50～-40℃$（$-190～-73℉$），

因为脱碳反应速率较慢，内部扩散出来碳原子对工件表面进行补充，因此工件表面不会严重贫碳。

由于以氨为基体的气氛成本高，以氨为基体的气氛已不经常使用，取而代之是现已普遍通过改进工艺规范和采用吸热气氛。如果在气氛中增加少量甲烷（CH_4），也可以采用氮气和不断减少氢气的混合气氛作为替代气氛。

采用吸热气氛的气氛保护加热炉，能对工具钢热处理提供良好的保护。吸热气体发生器由反应罐组成，反应罐内充有催化剂，加热到 950～1050℃（1740～1920℉）恒定温度，如图 3-7 所示。反应罐充入天然气和空气，在催化剂表面进行反应，形成大约$40\%H_2$、$20\%CO$、$40\%N_2$以及少量的残余CH_4（$\sim0.1\%$）、CO_2和H_2。

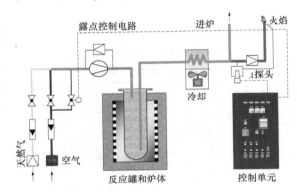

图 3-7　吸热气氛的气氛保护炉（Endomat）

必须对吸热气体的碳势（C_p）进行控制，以适合热处理的工具钢的碳浓度。采用氧探头或 Lambda（λ）探头对碳势C_p进行检测，并通过红外测量测量系统对CO/CO_2进行监测。通过充入天然气或丙烷等富化气，可提高设置点的测量C_p；可通过控制充入少量空气，可降低C_p。图 3-8 所示为密封淬火炉碳势自动控制示意图。

对相对淬火加热时间较短的小尺寸工具，可在理论碳平衡气氛的很大范围内进行调节碳势。表 3-10 列出了建议的常用工具钢淬火时采用吸热气氛C_p。可以发现，通常C_p范围明显与钢的碳含量不同，这可以用钢的合金化因子不同进行解释。尤其是可以解释为在平衡条件下，气氛中的C_p和高铬钢的碳含量达到平衡。

然而，对于大型模具的淬火，尤其是特殊成分的模具钢，如想避免在长时间加热中出现增碳或脱碳，需要对与钢碳浓度相关的气氛进行严格控制。这是难度相当大的调整，吸热的气体可以用氮进行稀释。降低氢和 CO 的分压，显著降低了碳的跃迁系数，因此降低了增碳或脱碳的风险。

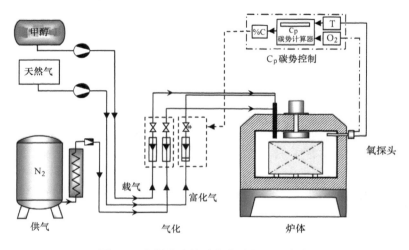

图 3-8　密封淬火炉碳势自动控制示意图

表 3-10　用于工具钢淬火吸热气氛常用碳势 C_p 范围

钢号, AISI	钢号, DIN/EN	炉温		常用碳势 C_p 范围
		℃	℉	
O2	90MnCrV8	790	1450	0.70 ~ 0.80
O1	100MnCrW4	800	1475	0.75 ~ 0.85
W2	105Cr4	800	1475	0.75 ~ 0.85
W3	100Cr6	820	1510	0.80 ~ 0.90
O7	110WCrV5	855	1570	0.85 ~ 1.0
S2	—	870	1600	0.50 ~ 0.60
D6	41CrAlMo7	900	1650	0.35 ~ 0.45
D3	X210Cr12	955	1750	0.60 ~ 0.80
D2	X153CrMoV12-1	1030	1880	0.50 ~ 0.70
H11	X38CrMoV5-1	1030	1880	0.22 ~ 0.30
H12	X37CrMoW5-1	—	—	
H13	X40CrMoV5-1	—	—	

也可以采用甲醇和氮进行汽化。将甲醇直接通入炉内,在炉内蒸发和裂解,形成 H_2:CO_2 为 2:1 的气氛。可以通过外部加热,蒸发或裂解甲醇。通过裂解的甲醇与适量的氮进行稀释,可对吸热气氛的成分进行控制。通过调整氮与甲醇之间相关数量,很容易对气氛进一步稀释,用于工具钢的淬火。

工具钢在无增碳或脱碳(neutral)淬火后,必须进行回火。通过回火调整硬度和强度以满足工具性能要求。虽然回火相对简单,但必须使用密闭的单室回火炉。为避免工具氧化,回火过程通常是在氮气或氮气加小量氢气 (<5%) 的气氛中进行。

工具钢的热处理通常需要灵活性高,适合小批量工件热处理淬火设备。单室密封淬火炉,能满足这一需求。图 3-9 所示为典型的单室密封淬火炉的示意图,通过前工作室,完成淬火工件的装卸和淬油或气冷工序。图 3-10 所示为另一种单室密封淬火

炉的示意图,工件直接装载进入左侧加热室,工件传输通过炉体,进行淬油,在炉的右侧出炉。

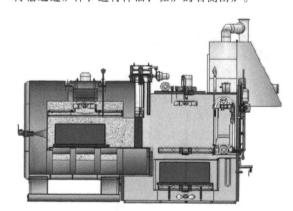

图 3-9　单室密封淬火炉的示意图
(加工工件通过同一炉口装炉和出炉)

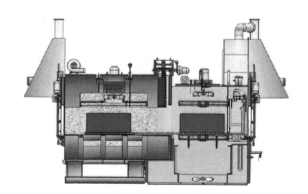

图 3-10　单室密封淬火炉的示意图 (加工工件通过整个炉体)

3. 流态床炉

当气体向上快速穿过小颗粒床，造成湍流，形成流态床。快速运动的氧化铝或氧化硅粒子类似流体，其示意图如图 3-11 所示。当受迫气体穿过支承板上小孔向上运动，两股力量的合力，即气体的浮力和称为空气动力阻力，使粒子浮起。热处理工件直接浸没于粒子流态床中。

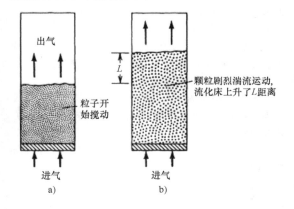

图 3-11　流态床炉原理示意图

a）开始压力逐渐增加时，气体向上流动穿过基层搅动粒子　b）当气体流动不断速率提高，最终耐火材料小颗粒转变成剧烈流流运动。虽然粒子是固体，流态床粒子的运动可采用液体模拟

流态床炉能完成各种热处理工艺，其中包括消除应力、预热、淬火、等温淬火、退火和回火，除此之外，还可以进行各种表面处理，如渗碳、渗氮和蒸汽回火。尽管流态床炉有很多优点，但这类炉并没有真正被市场所接受。

20 世纪 80 年代初，流态床炉技术显示出类似于盐浴炉技术优势和应用范围，但无盐化合物的环境污染、无废物盐处理，盐的回收等问题，因此流态床炉技术似乎有步入正轨，具有取代盐浴炉技术的趋势。但现在得出的结论是，真空炉技术已部分[特别是贝氏体淬火工艺（等温淬火过程）]取代了盐浴炉技术。盐浴炉技术仍在广泛使用，并略显增长的趋势，而流态床炉现在几乎没有人使用了。

尽管一些制造商生产流态床炉组件的使用温度能够达 1205℃（2200℉），但大多数流态床炉的使用温度都低于 1095℃（2000℉）。使用温度限制与高温下使用的反应壁材料磨损因素等原因，这也是这种炉在最初的炒作后，人们对它失去了兴趣的原因之一。

流态床炉的传热性能特别好，它具有接近熔盐浴炉的传热特点。因为流态床有很多参数可以改变，因此其加热性能可以在大范围内进行调整。例如：

1）粒子性能：大小、形状、容积密度，绝对密度。

2）流态床使用气体的性能：密度、黏度、热容、热导率。

3）系统性能：流体化床气体的流动，给定流态床上粒子的总重量等。

流态床最主要的特点是能高速率将流态床热量传递到浸入的工件上。传热系数可高达 $400 \sim 740$ W/$\mathrm{m}^2 \cdot$ K（$70 \sim 130$ Btu/ft² · h · ℉），这个热流率是正常对流或者辐射传热的 $2 \sim 10$ 倍。此外，整个流态床的传热率与浸入的工件的发射率和温度关系不大。

图 3-12 所示为流态床传热的性质。第 1 阶段为床在非流化静态下工作，传热系数随速度仅略有增加。当达到最小流化速度（V_{mf}）之后，传热系数 HTC（h）迅速增加，超过了相对狭窄的速度范围（第 2 阶段），当达到最优速度（V_{opt}）时，传热系数（HTC）达到最大值（h_{max}），而后随着流态床气体特性明显逐步削弱（第 3 阶段）。流态床的实际传热速率取决于流化的气体速度、热导率、流态床上的粒子密度和大小、他们的热物理性质以及炉的几何与结构设计特点。图 3-13 所示为间接加热流态床炉例子。虽然该炉由电加热，应该强调的是，流态床炉也可能是采用燃气加热。

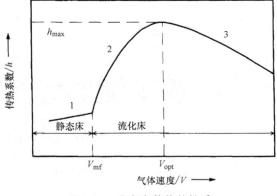

图 3-12　流态床传热的性质

4. 连续工具钢带材用热处理炉

连续工具钢热处理炉主要用于中低合金钢和马氏体不锈钢带材的热处理，生产的高质量钢带组织均匀，平整度高，表面粗糙度低。该生产线能处理含碳量为 $0.4\% \sim 1.2\%$，宽度为 $10 \sim 750$ mm（$0.4 \sim 29.5$ in），厚度为 $0.05 \sim 4$ mm（$0.002 \sim 0.165$ in）的低合金钢和高合金钢条带，生产线淬火效率高，对普通碳素结构钢尤为如此。生产线采用在熔化铅铋浴炉中冷却，可实现高达 600K/s 冷速淬火。与直接淬

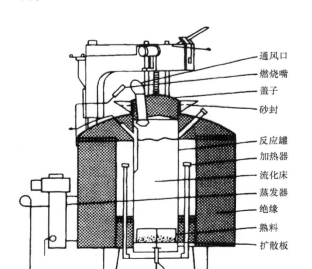

图 3-13 间接加热流态床热处理炉示意图

注：气体从左下角进气管进入炉内

通风口
燃烧嘴
盖子
砂封
反应罐
加热器
流化床
蒸发器
绝缘
熟料
扩散板

进气口

油冷却相比，两级分级淬火工艺具有明显优势，因此在全球范围内得到广泛应用。采用熔化金属浴淬火炉，可以实现等温贝氏体和珠光体转变，因此这种类型淬火回火生产线应用非常广泛。

高性能配置的生产线包括钢条带入口和出口，如图 3-14 所示。淬火部分由奥氏体化炉、熔化金属浴淬火或氢淬火和马氏体冷却单元组成。当从马氏体冷却单元出来，钢条带完全淬硬，得到马氏体组织。而后，钢条带转入和通过生产线的回火部分。回火部分由平整炉、带循环系统的回火炉和喷气冷却装置。当从生产线下来时，得到的是完全平整，光亮表面，高光洁度，经回火的，具有均匀抗拉强度的钢带。

图 3-15 所示为 AISI 1075/DIN EN C75 钢的奥氏体等温转变曲线和采用在熔化金属浴淬火的三种工艺冷却曲线：

1）Ms：分级淬火，生产圆形或带锯机、瓣状活门阀或弹簧。

2）Bai：等温淬火，生产切割模具、皮革和纸张切割工具和汽车零件。

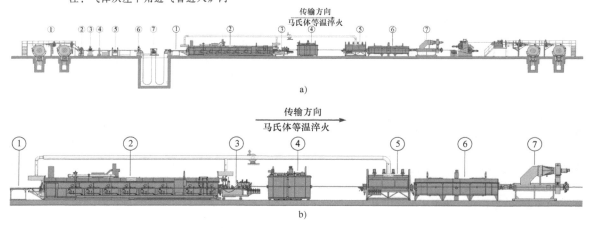

图 3-14 高性能配置的熔融金属浴淬火生产线

a) 整体加工生产线   b) 炉体部分

1—装载支撑台 2—奥氏体化炉 3—熔化金属浴淬火 4—马氏体冷却单元 5—平整炉 6—回火炉 7—带循环系统的喷气冷却装置

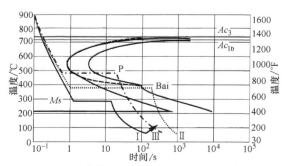

图 3-15 奥氏体等温转变曲线和三种工艺冷却曲线

3）P：铅浴淬火，生产安全带弹簧或电缆弹簧。

可以将这三种工艺进行组合，在一个设备上完成。即在生产线上将马氏体冷却单元取出，换上其他相变处理单元。

该设备的一个特别应用是，在高产量和低能耗的条件下，生产高质量贝氏体重型打包钢带。采用 AISI 1536/DIN EN36Mn5 钢号，通常在约 400℃（750℉）温度下预热，在由变压器次级绕组紧凑型两级熔融金属浴中淬火。钢带在 900℃（1650℉）温度下奥氏体化，然后淬入熔化的铅/铋浴中。将在淬火中释放出的热能用于后面传入钢带预热。根据高效对流炉的要求，确定所需相变时间。采用喷气式气擦除系统去除带钢表面熔融金属液滴，并保持表面光亮。该设备的生产能力高达 10t/h。

对马氏体不锈钢和达一定厚度的碳钢，成功采用两级熔融金属浴，进行了氢淬火，如图 3-16 所示。

采用该生产工艺，冷却速率可高达 300K/s，生产出无氧化和无表面铅的产品，质量上有了很大的提升。含碳量 0.2%～0.4% 的 13%Cr 型马氏体不锈钢主要用于制造各种不锈钢零件、刀具、工具以及餐具行业的器具。

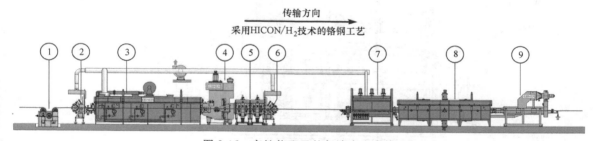

图 3-16 高性能配置的氢淬火生产线

1—调节辊 2—进入口密封 3—奥氏体化炉 4—氢淬火冷却单元
5—马氏体冷却单元 6—出口密封 7—平整炉 8— 回火炉 9—带循环系统的喷气冷却装置

图 3-17 为 AISI 420/DIN EN X46Cr13 钢冷却转变图，图中冷却曲线表明可以采用氢淬火工艺。采用大约 50K/s 的冷却速率（在 15s 内从奥氏体化温度 1040℃ 冷却至 300℃，或 1905℉ 冷却至 570℉），可以避免先共析的铬碳化物析出。

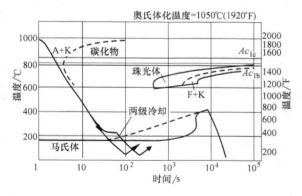

图 3-17 AISI 420/DIN EN X46Cr13 钢的冷却转变图

5. 真空炉

近几十年来，根据铝压铸模、钻孔工具和塑料模具行业对工具钢量身定制的要求，和对工具尺寸规格不断提升，开发出了新型工具钢，并在真空淬火技术方面得到了迅速的发展。真空淬火技术最大优势在于，可达到最高的尺寸稳定性、最优化的微观组织和最小的工件表面外观变化。它能有效减少工具在热处理过程中与空气接触，降低热处理炉中氧含量，预防表面外观变化和化学成分的变化。

现代热处理对真空炉供应商不断提出新的要求，

如提高淬火速度改善组织，通过细化晶粒尺寸提高力学性能，改善淬火过程提高硬度和韧性以及减少变形。此外，AMS 2750d 或北美压铸协会（NADCA）等质量标准对炉温均匀性、淬火速度以及处理的工具性能都提出了严格的要求，由此进一步推动了真空炉设计和过程控制技术的发展。

60 多年来，真空淬火技术已成为广泛被人们所接受的热处理技术，其广泛应用的原因之一是其对环境友好，与盐浴热处理或气氛热处理工艺相比，消除了废弃物处理问题或排放问题。真空炉广泛应用的另一个原因是灵活性高，系统温度使用范围可高达 3000℃（5432℉），真空度可在几帕斯卡到几百帕斯卡范围内调整（用于化学热处理过程）。当今，可编程逻辑控制（PLC）系统给真空热处理工艺提供更多可能，例如，消除应力、预热、淬火、等温淬火和多次回火。由于有最新的硬件和软件解决方案，热处理质量控制和工件性能的可重复性得到了充分保证，最大限度地提高生产力。

（1）真空炉设备 真空炉淬火炉通常设计为冷壁式（亦称内热式）真空热处理炉，如图 3-18 所示。在夹层壁压力真空炉罐内，固定有一个隔热良好的加热区（加热室）。通过水在夹层壁之间循环，实现高效冷却。隔热良好的加热室（圆柱形或矩形）承载工件和加热元件。制造商设计的冷壁式热处理炉种类繁多，现能根据尺寸大小、抽气速度、加热能力、淬火方法和速度提供各种真空炉。加热元件由难熔金属（如钼）或石墨棒制备，加热室的隔离区域由难熔金属挡板或石墨毡隔离。可根据炉的最高使用温度，决定采用采用哪种（金属/石墨）材料进行制备。该隔热设置和加热元件决定了炉温的均匀性，这是真空炉的最重要性能指标之一，详见标准 AMS2750d。加热区中心是由难熔金属或石墨为基体的炉床，供放置加热工件，见图 3-19 中所示。

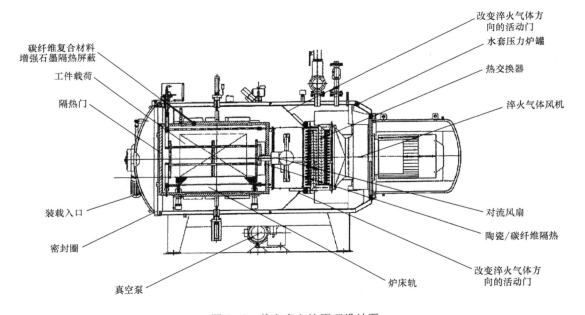

图 3-18　单室真空炉原理设计图
注：采用交替方向冷却系统，高速淬火风机和碳纤维复合材料（CFC）。

图 3-19　炉内石墨基炉床加热区

单室真空炉是最简单、高效和极为灵活的真空炉设置。工件在单室加热（通过真空对流加热）和冷却。通过一个闭环冷却系统完成淬火或冷却过程。压力炉罐内充有循环惰性气体，惰性气体带走工件热量和通过内部或外部换热器再次进一步冷却。为了使不同大小和形状的工具都能得到理想的微观组织，有时必须增加压力或淬火气体（通常是氮气）流量，以提高淬火速率。通过高速和高压风机，将冷却气体压力提高达到 20 bar。完成这样的淬火过程，还需要功率高达 450kW 的风机。通过淬火气体上下不断在工件周围循环，进一步提高淬火冷速。

优良的淬火效果包括工件变形最小和工件各处硬度值均匀。对于某些工件，采用气体淬火可能冷却速率不够，这时可以考虑其他淬火方法（如盐浴、流化床或油淬火）。

多室真空炉为每个热处理工序在不同的室内完成。因为多室可同时进行不同的工序，因此大大提高了生产效率，现主要用于系列生产线产品的热处理。该系统由一个或多个加热室，运输传送设备和淬火室组成。客户可根据需求，选择加热区模块的数量。

在系统室内有一个低氧分压或露点检测装置，防止工件中合金元素出现部分氧化。更重要的是，这可能防止工件表面出现合金元素锰、铝和铬原子的蒸发，导致表面性能变差。合金元素饱和蒸气压与温度的关系如图 3-20 所示。在奥氏体化时，真空淬火系统可通过改变惰性气体调整分压，选择的分压可高达几百帕斯卡。可以通过观察高氮钢中的氮，分析这种效应。

（2）淬火冷却动力学　某个工件是否适合采用真空炉淬火受很多因素影响，其中最重要的是淬火能力。主要影响参数可分为三类：

1）淬火冷却介质的影响：根据物理性质（密度、传热等），可以实现不同淬火速度。

2）淬火炉的影响：进气口的位置和设计，随时

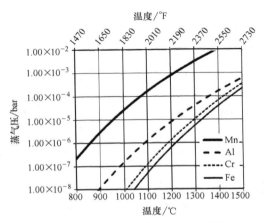

图 3-20　金属饱和蒸气压与温度关系

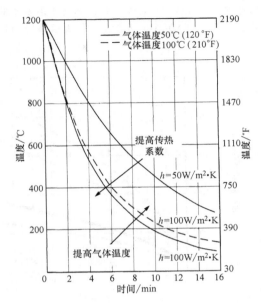

图 3-21　直径 25mm（1in）工件的温度与时间对传热系数（HTC）的影响

间淬火压力增加，冷却的气体，气体循环风机功率，入口气体和淬火冷却介质之间的相互作用（湍流）。

3）装载的影响：工件大小和几何形状，工件质量和装载安排。

在采用气体淬火时，气体的压力、速度和流动模式是重要的气体参数。任何钢在气体淬火冷却时，都受到气体参数和设备参数的影响。通常，由于传热在表面进行，气体参数如压力、速度和流动模式对冷却速率的影响起主导作用。对大口径的工件（直径大于 250mm，或 10in），则工件（工具）的热导率变得越来越重要。如果是不同截面工件淬火，这点是特别重要，必须加以认真考虑。

（3）气体参数　气体传热参数由式（3-1）给出：

$$Q = h \cdot A \cdot \Delta T \tag{3-1}$$

式中，Q 是传热速率；h 是传热系数（HTC）；A 是工件表面积；ΔT 是工件与气体之间温差。

在初始冷却期间，气体温度只对工件有轻微影响。然后，气体温度变化对工件冷却速率的影响越来越明显，当气体温度升高时，工件的冷却速率降低。影响气体温度的炉设计两个重要因素：

1）换热器类型、位置和大小。这些因素控制进炉气体温度。

2）气流分布。控制工件周围局部气体温度。高温气体通常只出现在工件冷却初期，正如前面讨论的，气体温度的影响是轻微的。

图 3-21 所示为直径 25mm（1in）工件的温度与时间对传热系数（HTC）的影响。

某给定气体传热系数 HTC（h）与局部气体速率（V）和气体压力（P）的关系：

$$h = C \cdot (V \cdot P)^m \tag{3-2}$$

式中，m 和 C 是常数，取决于炉型、工件大小及工作负载配置。增加局部气体速率（V）或气体压力对 HTC 的影响相同，即对工件的冷却速率的影响。增加不同气体冷却气体速度以及增加气体压力对传热系数影响如图 3-22 所示。

当增加气体速度或气体压力时，要考虑如下两个实际问题：

1）必须严格按安全法规设计和建造高压真空炉。

2）增加气流速度和压力影响风机的设计和循环气体所需的功率。气体速度提高 1 倍，则风机功率要提高 8 倍；而气体压力提高 1 倍，风机功率只要增加 2 倍。

HTC（h）也是气体性质的一个函数，如图 3-22 所示。但通常是选择氮气，原因是：

1）氢在空气中易产生爆炸，使用必须小心。因此，到撰写本文为止，只有少数高压气淬真空炉建成。然而，氢的冷却速率最高，是一个有挑战的选择。

2）氦的 HTC 值高于氮，但价格更昂贵。因此，必须通过增加回收和存储系统，进行回收。使用氦气作为淬火气体，淬火的均匀性更高，从而可以减少变形和内应力。

3）氩的冷却速率很慢，仅用于钛合金的热处理。

很明显，工件的冷却速率不仅取决于气体参数，如气体温度、气体速度和气体压力，还与气体的物理性质（导电性、密度和黏度）有关。在实践中，气体速度和气体压力是控制工件冷却速率最重要的因素。为满足 NADCA（译者注：北美压铸协会标准）中的标准和推荐规范，有必要选择氦作为淬火冷却介质。

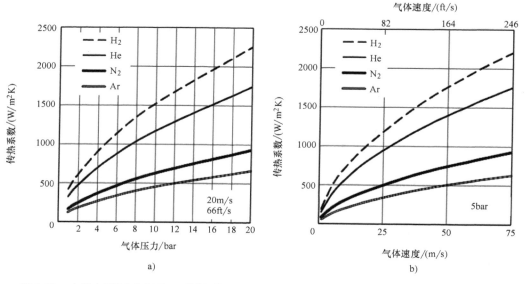

图 3-22 在横向强制对流下，不同气体理论计算的传热系数与气体压力和气体速度的关系
a）与气体压力关系 b）与气体速度关系

（4）工件参数 工件的大小、形状和材料的属性等因素控制工件心部到表面的传热速度。不同钢材的物理性能（密度、比热容和热导率）仅略有不同，因此在讨论这个问题时，可认为是常数，而工件的大小和形状通常差别很大。工件表面的冷却速率与工件的直径成反比，因此，工件直径增加两倍相当于冷却速率降低为原先的一半。工件心部的温度滞后于表面温度，造成了高的热应力。图 3-23 所示为直径为 25～250mm（1～10in）工具钢工件表面温度与心部温度之比与传热系数的关系，图中可清楚看到工件尺寸效应的影响。当 HTC 值较低时，气体参数对冷却速率起主导作用，可以忽略工件表面温度与心部温度之间的差异，在很大程度上与工件尺寸关系不大。随着 HTC 的增加，工件参数开始限制冷却速率，表面与心部温差的作用开始显现。对大截面工件，该温差可能导致变形和开裂。

为防止相变应力和热应力的叠加造成工件热裂，具有盐浴淬火特点的阶梯淬火（分级淬火），已经成为适用于大型工具气体淬火技术。

通常人们对工件心部的冷却速度最感兴趣。M2 工具钢在 1200～600℃（2190～1110℉）温度范围，心部冷却速度与传热系数的关系曲线，如图 3-24 所示。与小工件相比，随传热系数（HTC）增加，250mm（10in）大直径工件心部冷却速率仅略微增加。如此大的工件，即使采用油淬火或盐浴淬火（h

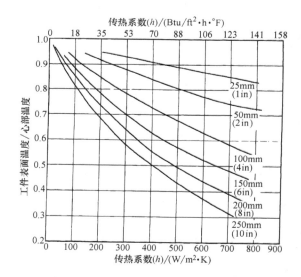

图 3-23 直径为 25～250 mm（1～10in）工具钢工件表面温度/心部温度与传热系数的关系

大约是 1000～5000W/m² · K，或 200～900 Btu/ft² · h · ℉），心部的冷却速度可能也无法实现所需钢的硬度。

从以上讨论可得出，工件参数对冷却率的影响主要有两个重要结论。

首先，高的传热系数（HTC）导致工件心部和表面之间温度差别大（尤其是随着直径的增加），由

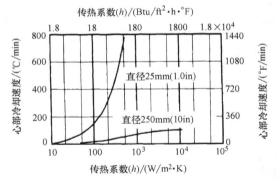

图 3-24　不同直径 M2 工具钢
在 1200~600℃（2190~1110℉）
温度范围心部冷却速度与传热系数的关系曲线

此可能导致开裂或变形。因此应考虑适当的淬火工艺设计和选择替代淬火方法。

其次，即使传热系数高，大截面工件心部的冷却速率偏低，可能无法完全淬硬。

3.2.2　工具钢渗氮和气体氮碳共渗设备

对工具进行渗氮或氮碳共渗，可以提高其表面硬度、耐磨性和热疲劳性能。渗氮通常在 500~550℃（930~1020℉）温度下进行，主要用于表面硬度要求高，需要承受高应力的工模具。为达到足够扩散层厚度，渗氮时间大约需要 25~100h。比较渗氮和氮碳共渗，如提高耐磨或耐蚀性，氮碳共渗（软氮化）工艺应该为优先采用。由于氮碳共渗温度更高，达到了 560~580℃（1040~1075℉），并增加渗碳/氧化剂，如 CO_2 或吸热的气体，因此得到了相对厚的化合物层。化合物层以 ε（$Fe_{(2~3)}N_x$）氮化物为主。在短短几小时氮碳共渗中，甚至可能没有生成 γ'（Fe_4N）氮化物。

通常，中高合金工具钢含有大量的氮化物形成元素，其中最主要的是铬。因此通过渗氮，在表面可以形成硬度很高化合物层和硬度达到 1000~1200HV0.5 的扩散层。有两个因素限制了制备厚的渗氮层：

1）表层中形成的压应力可能发生逆转为拉应力。

2）合金碳化物中的碳被置换出来，进入氮化物或转移到扩散层至心部，在晶界上形成碳化物（渗碳体），造成脆性。

通常，中高合金工具钢在与空气接触时，表面形成钝化层。这能阻止了氮原子进一步转移进入工件，尤其是在气体渗氮或气体氮碳共渗过程中。

1. 盐浴氮碳共渗

通常盐浴氮碳共渗是在温度 560~580℃（1040~1075℉）下，在氰酸盐和碳酸盐以及微量氰化物的盐浴进行氮碳共渗。盐浴氮碳共渗温度与热加工工具钢的回火温度基本一致，因此主要用于工具钢表面处理，其处理时间在 15min~2h。为保证渗氮性能和重现性好，形成完整的 ε 化合物层，必须保持盐浴中氰酸盐含量在 35% 左右，现在通常通过添加再生剂进行活化来实现。

盐浴氮碳共渗的优点是温度分布均匀，能快速形成耐磨性高和耐蚀性好的厚渗氮层，此外适应范围广，工件不需要进行考虑钝化的影响。在挤压模具严重磨损部位，定期进行几次盐浴氮碳共渗处理，修复渗氮层，能提高模具寿命。

最近，开发出了新的用于低温氮碳共渗盐，可用于回火温度较低的冷加工工具钢。

现代盐浴氮碳共渗单元为完全自动化和功能全面的生产线如图 3-25 所示，通常包括一个空气预热炉，一个或几个电加热或天然气加热的盐浴氮碳共渗炉，和一个可以进行表面盐浴氧化的冷却装置。经氧化处理后，在最表层形成一层致密而薄的氧化物膜，显著提高工件的耐蚀性。生产线采用了稳定性高的熔盐和盐的再生剂自动补充回收系统，因此不需要在线监测熔盐的化学成分。生产线最后的装置既承担 3~4 次流动水清洗功能又是回收系统的一部分。

2. 气体渗氮和氮碳共渗

气体渗氮是基于氨（NH_3）在温度 500~600℃（930~1110℉）下，根据（3-3）式发生分解反应：

$$NH_3 = [N] + \frac{3}{2}H_2 \qquad (3-3)$$

渗氮的氮势（K_N）对表层形成的相组织有影响（见图 3-26），是控制渗氮过程的关键因素之一。根据式（3-3），氮势可表示为：

$$K_N = \frac{p_{NH_3}}{p_{H_2}^{3/2}} \qquad (3-4)$$

对中高合金工具钢，气体渗氮和氮碳共渗的钝化效果是最敏感。因此必须特别注意工件清洁、预氧化和控制氧氮共渗（oxinitriding）等预处理工艺过程，还要注意联氨等化学物质的使用，气体渗氮和氮碳共渗最易实现对有深孔和深缝隙的工件进行渗氮处理。

气体渗氮设备。有卧式（箱式）和立式（井式）气体渗氮和氮碳共渗炉之分，均采用耐火材料实现保温。如需要快速改变渗氮气氛和避免前炉次对后面炉工件的影响，首选采用马弗炉。

采用大型立式马弗炉，能保证生产率。图 3-27 所示为带有防气体泄漏补偿装置的井式马弗炉示意图，现在大型箱式马弗熔炉也使用该补偿装置。图 3-28 所示为典型箱式马弗炉的示意图，现有不同大小和性能的箱式马弗炉，是气体氮碳共渗的首选。与井式马弗炉一样，箱式炉通过炉胆，提供良好和高效气氛循环，为得到均与性能提供保证。箱式炉采用外部冷却风扇，将冷空气沿马弗炉进行间接冷却。还有其他设计是采用外部热交换器，直接对工作气氛进行冷却。

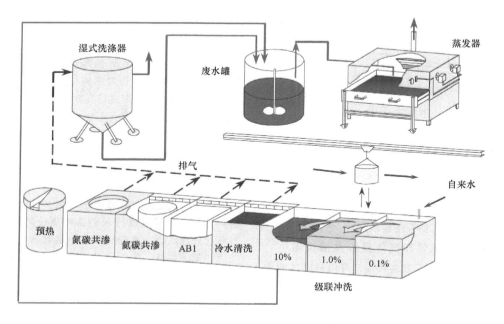

图 3-25　无污染盐浴氮碳共渗生产线

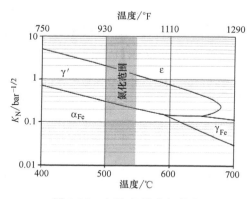

图 3-26　在氨-氢混合气氛中
形成铁相的莱勒（Lehrer）图

采用固定氨、氮的汽化量进行气体渗氮，在此基础上添加渗碳剂和氧化剂进行气体氮碳共渗。然而，如果在固定汽化量时，工件负载不同，则产生的结果是不同。此外，对渗氮而言，当采用氮稀释几个小时后，由于工件的氮吸收率降低，氨的汽化量也会降低。另一个常用的渗氮方法是两段渗氮法（Floe process），通常被称为"双重渗氮法"，即采用不同渗氮温度和气体流量两个阶段，通过调整氮势

（K_N），进行渗氮。

气体渗氮和氮碳共渗炉配有传感器系统和过程控制单元，用于自动监控氮势（K_N）。图 3-29 所示为气体渗氮和氮碳共渗过程控制流程示意图。对于氮碳共渗，通过在程序中设置用于每段的适量的氨、氮和二氧化碳量，通过质量流量控制器将气氛送入炉膛。采用氮探头对气氛成分进行分析。为监测气体氮碳共渗整个过程，需要采用两个不同的探头。控制单元根据测量值计算氮势，控制氨的流量，以满足氮势（K_N）的设定值。在渗氮过程中，可以减少氨汽化量到一定的数量。通过添加预裂解氨，保持低的 K_N 值。必须指出的是，即使一些简单的控制系统，也同样可以实现良好的渗氮效果。

3. 等离子体渗氮和氮碳共渗

出于高质量渗氮要求和环保原因，等离子渗氮技术是目前工具钢最常用的渗氮技术，主要应用于高速钢（M 和 T 系列）、冷加工工具钢（A 和 D 系列）和热加工工具钢（H 系列）的渗氮。等离子渗氮工艺是一个真空处理工艺（压力为 0.1～1kPa），采用辉光放电（应用电压高达 1000V），提供带正电荷的氮离子和电子。在电压的作用下，气体（氮作为氮源，二氧化碳或甲烷作为碳源，氢气和氩气作

为溅射和辅助介质）发生分离和活化。通过溅射、清洁/侵蚀表面和连续渗氮（或气体氮碳共渗）。等离子渗氮技术采用单极或双极模式的脉冲直流电源（DC）生成等离子体。脉冲使等离子体稳定性高，能更好地控制等离子体和渗氮结果。所使用的气体无毒无害、环境友好，不需要进行废气和废物的处理。等离子体渗氮（氮碳共渗）工艺的主要优势有，能方便实现得到不同的渗层组织（ε，γ' 或无化合物层），可通过简单的机械掩蔽，实现局部渗氮，此外等离子体渗氮的另一个优点是渗氮温度范围广，最低渗氮温度甚至可以低至到 350℃（660℉）。此外，它是最环保的渗氮技术。

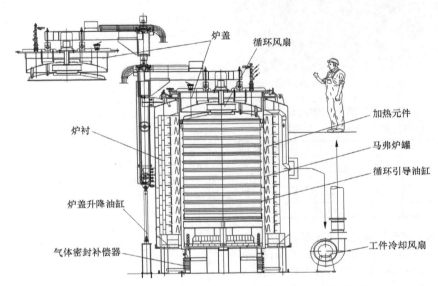

图 3-27　带有防气体泄漏补偿装置的井式马弗炉示意图

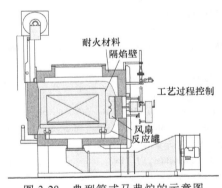

图 3-28　典型箱式马弗炉的示意图

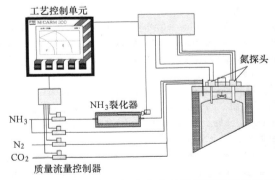

图 3-29　气体渗氮和氮碳共渗过程控制流程示意图

等离子渗氮还可以用作硬质涂层的预处理技术［物理气相沉积（PVD）或等离子辅助化学气相沉积（PACVD）］，用于增强如 TiN、TiAlN、AlTiN、类金刚石涂层或氧化物硬质涂层的黏附性能。

冷壁式（夹层壁水冷）渗氮炉是第一代等离子渗氮炉。等离子渗氮技术在真空下，采用辉光放电同时为加热和渗氮提供能源。由于加热温度和渗氮两个过程采用相同的等离子体能源，因此无法实现对加热温度和渗氮过程进行单独控制，实现稳定的渗氮处理。热壁式等离子渗氮炉是冷壁式等离子渗氮系统的升级版，为现在主要生产和使用离子渗氮设备。通过该系统能确保最优渗氮质量，最大渗氮温度范围和最佳渗氮工艺控制要求。这项技术的最大优势是，分别对加热参数和等离子渗氮参数进行控制。现热壁式等离子渗氮炉实现了对几个独立的加热与冷却区间分别进行温度控制，最大限度保证了温度均匀性，如图 3-30 所示。

这可以更加灵活选择渗氮参数，优化渗氮化合物层相结构。通过改变气体混合物和等离子体流束的功率大小，控制渗氮工艺。典型的等离子体渗氮气体成分与形成的白亮层（化合物）相结构见表 3-11 所列。

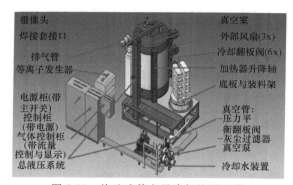

图 3-30　热壁式等离子渗氮炉原理图

表 3-11　等离子体渗氮气体成分
与形成的白亮层（化合物）相结构

化合物层	N_2(%)	H_2(%)	CH_4(%)
厚，$\gamma'+\varepsilon$	75~80	10~25	1~2
厚，$\gamma'(+\varepsilon)$	40~60	40~60	0
薄，γ'	20~35	65~80	0
无或薄，(γ')	8~15	85~92	0

新型混合式等离子体渗氮技术不断面世。活性屏渗氮是一种等离子活化气相渗氮（plasma-activated-gas phase nitriding）工艺。在等离子活性屏上，形成含氮活化原子团，主要用于高合金钢（主要是不锈钢）的渗氮。利用等离子屏加热，通过热辐射将热量传递到工件上，其升温迅速。通过调节活性屏等离子体流功率，控制温度。该技术缺点是不能单独控制渗氮过程和温度。

参 考 文 献

1. J. D. Stauffer and C. O. Pederson, Principles of the Fluid Bed, *Met. Prog.*, April 1961, p 78-82.

2. Fennell, Continuous Heat Treating with Fluidized Beds, *Ind. Heat.*, Sept 1981, p 36-38.

3. J. E. Japka, Fluidized-Bed Furnace Heat Treating Applications for the Die Casting Industry, *Die Cast. Eng.*, May-June 1983, p 22-26.

4. C. B. Alcock, V. P. Itkin, and M. K. Horrigan, Vapour Pressure Equations for the Metallic Elements：298-2500K, *Can. Metall. Quart.*, Vol 23（No. 3）, 1984, p 309-313.

5. E. J. Radcliffe, Gas Quenchingin Vacuum Furnaces：A Review of Fundamentals, *Ind. Heat.*, Nov 1987, p 34-39.

6. "Furnace Atmospheres No. 2：Neutral Hardening and Annealing," Linde Gas, Höllriegelskreuth, Germany, 2006.

7. E. Lehrer, Über das Eisen-Wasserstoff-Ammoniak-Gleichgewicht, *Z. f. Elektrochem.*, Vol 36（No. 6）, 1930, p 383-392.

扩展阅读

· B. A. Becherer, Processes and Furnace Equipment for Heat Treating of Tool Steels, *Heat Treating*, Vol 4, *ASM Handbook*, ASM International, 1991, p 726-733.

· J. Boßlet, Improving Quality and Cost Savings for the TUFFTRIDE ® Process, *Proc. of the European Conference on Heat Treatment 2011*, March 23-25, 2011（Wels, Austria）, ASMET, Leoben, 2011, p 56-62.

· K. W. Doak, *Heat Treating*, Vol XVII（No. 10）, Sept 1985.

· T. Fuchs, G. Pöckl, J. Mittmannsgruber, and R. Schneider, Nitriding of Powder- Metallurgical Produced High-Alloy Plastic Mould Steels, *Proc. of the Europ. Conf. on Heat Treatment 2010*, April 29-30, 2010（Aachen, Germany）, AWT, 2010, p 53-61.

· D. Herring, Endothermic Gas Generators. *Adv. Mater. Process.*, Feb 2000, p H20-H22.

· M. Lazar and R. Edwards, The Theory and Economics of Atmosphere Selection, *Heat Treat. Prog.*, Jan-Feb 2005, p 53-56.

· D. Liedtke and H. Altena, Prozessregelung zum Optimieren der Zielgrößen beim Nitrieren und Nitrocarburieren, *HTM-J. Heat Treat. Mater.*, Vol 58（No. 3）, 2003, p 162-169.

· H. Lochner, Steel Strip Hardening and Tempering Lines for Medium and High Carbon Steels and Alloyed Grades—Part I：Production Lines with Liquid Metal Quenching, *Proceedings of the 15th Congress of the International Federation for Heat Treatment and Surface Engineering（IFHTSE）and 20th Surface Modification Technology Conference（SMT-20）*, Sept 25-29, 2006（Vienna, Austria）, p 43-48.

· T. Mueller, A. Gebeshuber, V. Strobl, and G. Reithofer, New Possibilities for Vacuum Hardening, *Heat Treat. Prog.*, Vol 3, Aug 2003, p 73-79.

· R. Schneider, J. Perko, and G. Reithofer, Heat Treatment of Corrosion Resistant Tool Steels for Plastic Moulding, *Mater. Manuf. Process.*, Vol 24, 2009, p 903-908.

· R. Schneider, H. Schweiger, G. Reiter, and V. Strobl, Effects of Different Alloying Concepts of New Hot Work Tool Steels on the Hardness Profile after Nitriding, *Surf. Eng.*, Vol 23（No. 3）, 2007, p 173-176.

· P. R. Seemann and M. Ortner, Steel Strip Hardening and Tempering Lines for Medium and High Carbon Steels and Alloyed Grades, *Proc. of the European Conference on Heat Treatment 2011*, March 23-25, 2011（Wels, Austria）, ASMET, Leoben, 2011, p 207-217.

· V. Strobl, N. Dickinger, I. Siller, and R. Schneider, "The Faster the Better"—Heat Treatment of Hot Work Tool Steels, *HTM-J. Heat Treat. Mater.*, Vol 67（No. 2）, 2012, p 91-94.

· F. Trautmann, Thermal Treatment in Salt Melts—Modern, Economical, Environmental-Friendly, *Proceedings of the 15th Congress of the International Federation for Heat Treatment and Surface Engineering （IFHTSE） and 20th Surface Modification Technology Conference （SMT-20）*, Sept 25-29, 2006 （Vienna, Austria）, p 143-148.

· K.-M. Winter, S. Hoja, and H. Klümper- Westkamp, Controlled Nitriding and Nitrocarburizing—State of the Art, *HTMJ. Heat Treat. Mater.*, Vol 66 （No. 2）, 2011, p 68-75.

· S. Zinner, H. Lenger, G. Jesner, and I. Siller, Analysis of the Cooling Condition during Heat Treatment of Die Casting Dies by Use of FEM Simulation, *HTM-J. Heat Treat. Mater.*, Vol 67 （No. 2）, 2012, p 95-99.

3.3　工具钢的变形

所有不可逆转的尺寸变化均称为变形。变形主要类型有尺寸变形和形状变形两种，如图 3-31 所示。尺寸变形包括体积或线性尺寸发生膨胀或收缩，但几何形状没有发生变化。形状变形造成曲率或角度发生变化，如扭曲、弯曲和非对称尺寸变化。热处理过程中，这两种类型的变形常有发生。图 3-32 总结了合金钢在热处理过程中的主要影响因素与变形的交互作用，主要包括温度、组织、应力与应变。对工具钢而言，这些交互作用主要受到钢的基体碳含量、合金元素的种类和数量以及碳化物的形成、转变及析出特点的影响。

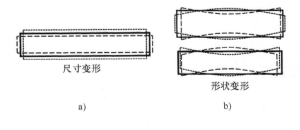

图 3-31　变形主要类型
a）尺寸变形　b）形状变形

3.3.1　变形的性质和原因

在热处理中，随时间和温度的改变，微观组织发生变化。温度变化的速率导致微观组织变化称为相变动力学，用时间-温度转变图表示。每种相变都会释放或吸收潜热，影响到温度场的变化。工具在热处理过程中的非均匀温度分布，即温度梯度，会导致热应力产生。如热应力超过该温度材料的屈服强度，就发生塑性变形。反过来，变形也会产生热量，影响温度场。此外，还存在应力状态与微观组

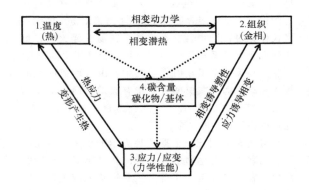

图 3-32　钢在热处理中发生变形的相互
作用；相变诱导塑性 （TRIP）

织之间的相互作用。相变会导致可用相变塑性模型描述的微塑性变形。

本节主要讨论工具钢变形机制。重点是钢中的碳与相关的合金化元素，如 Cr、W、Mo、V、Nb 和 Ti 形成一次、共晶、先共析以及二次硬化析出等各种类型的碳化物。这些碳化物通过溶解和析出与基体发生相互作用，影响钢基体的成分，进而影响其转变动力学 （转变至铁素体、奥氏体、马氏体、贝氏体和珠光体），导致变形。在相变过程中，钢中碳含量也是引起尺寸变化的主要因素，如图 3-33 所示。

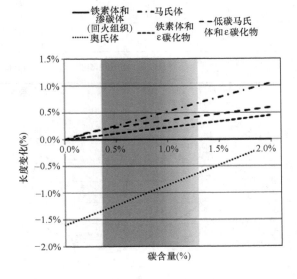

图 3-33　钢中碳含量引起尺寸变化
其中奥氏体为外推至室温

这里仅考虑了铁-碳二元合金，即钢的基体成分。工具钢的基体碳含量约在 0.4% ~ 略大于 1% 之

间，如图 3-33 中灰色区域所示，如工具钢预处理状态为退火，基体碳含量为 0.5%（无碳化物）的钢在奥氏体化时，尺寸会发生收缩。在随后淬火时，奥氏体向正方晶系马氏体转变，尺寸产生 0.25% 的总膨胀。马氏体组织在回火过程中，由于形成回火马氏体和碳化物，在长度方向稍有收缩。钢中碳化物类型（有 M_3C、M_7C_3、$M_{23}C_6$、M_6C、M_2C 或 MC）完全取决于钢中的合金元素。

与图 3-33 对比，根据微观力学的机理，碳化物形成元素如以碳化物形式存在，会引起不同长度的变化。表 3-12 中列出了部分工具钢热处理工艺、碳化物含量和各相组织与硬度等参数的关系。钢中碳化物形成元素（Cr、W、Mo、V、Nb 和 Ti）和含碳量越高，未溶碳化物越多。淬火温度越高（在钢的奥氏体区内），保温时间越长，重新溶入奥氏体的碳化物数量越多，奥氏体的碳含量越高，导致淬火后的未溶碳化物数量减少。

当溶解于奥氏体中的碳增多，会大大降低了马氏体转变终止温度，这将会导致产生大量的残留奥氏体。其他合金元素也会进一步稳定奥氏体组织。

1. 工具钢的回火行为

根据表 3-13 中的数据，做出回火温度与尺寸变化率曲线，如图 3-34 所示。由于马氏体转变时，体积发生膨胀，淬火状态尺寸变化率初始值为正值，如图 3-33 所示。低温回火后，钢的体积发生轻微收缩；如果回火温度高，残留奥氏体转变为马氏体和弥散的碳化物，体积进一步膨胀；进一步提高回火温度，碳化物发生粗化，体积产生收缩。具体的回火过程变化主要取决于钢中的合金元素类型和数量。A10 钢和 D2 钢中的 Mo 含量大致相同，但 Cr 和 Ni 含量差别很大，加上两个钢的淬火温度差别大，导致其残留奥氏体开始转变温度明显不同。A10 钢和 D2 钢的残留奥氏体开始转变温度分别为 200℃（390℉）和 500℃（930℉）。

表 3-12　各种工具钢淬火后相分布（碳化物的数量很大程度上取决于淬火温度和保温时间）

钢号		淬火工艺	淬火态硬度 HRC	马氏体（%，体积分数）	残留奥氏体（%，体积分数）	未溶碳化物（%，体积分数）
AISI	DIN					
H11 低 Si；VMR	~X38CrMoV5-1	990℃，30min；HeC	55	94.4	5.5	0.1
W1	C80W2	790℃（1450℉），30min；WQ	67	88.5	9	2.5
L3	102Cr6	845℃（1550℉），30min；OQ	66.5	90	7	3
M2	HS6-5-2	1225℃（2235℉），6min；OQ	64	71.5	20	8.5
D2	X153CrMoV12	1040℃（1900℉），30min；AC	62	45	40	15
T15 低 W，高 Mo 高 CO；PM	HS10-2-5-8	1150℃，5min；NC	66	67	17	16

注：WQ—水淬　OQ—油淬　AC—空冷　NC—氮气冷却，0.5MPa　HeC—氦气冷却，0.75MPa　VMR—真空电弧重熔/冶炼　PM—粉末冶金生产。

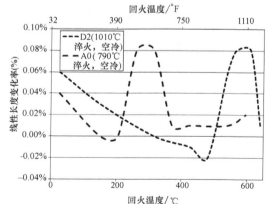

图 3-34　回火后总线性尺寸变化曲线
A10 钢：1.35%C；0%Cr；1.5%Mo；1.8%Ni；
D2 钢：1.5%C；12.0%Cr；1%Mo；）AC 表示空冷

图 3-33 只适用于碳素结构钢和所有碳化物溶解于钢基体中的情况。而如果钢中有碳化物与基体之间的相互作用，会引起残余应力，此时线性尺寸变化显然不同于图 3-33。表 3-13 为部分工具钢淬火后回火的尺寸变化。

2. 莱氏体组织的影响

对莱氏体工具钢，如典型为 8%～12%Cr 冷加工工具钢和高速钢，必须考虑碳化物与基体之间的相互作用。材料经过强烈塑性变形，如轧制、锻造后，这些碳化物具有明显的取向性，这时相互作用尤为明显。通常，碳化物的纵向平行于变形方向。有学者认为在淬火中，在变形的方向更容易发生尺寸变化，工具制造商必须认真考虑这一现象。莱氏体冷加工工具钢淬火过程中的成形方向对不均匀长度变化影响如图 3-35 所示。碳化物和基体之间微观力学的相互作用，导致在奥氏体化和淬火过程中，长度变化不均匀，在纵向发生伸长，在横向出现收缩。

表 3-13　淬火和回火后典型尺寸变化

工具钢牌号 (AISI)	工具钢牌号 (DIN EN)	温度 ℃	温度 ℉	淬火介质	淬火后总线性尺寸变化率 (%)	150℃/300℉	205℃/400℉	260℃/500℉	315℃/600℉	370℃/700℉	425℃/800℉	480℃/900℉	510℃/950℉	540℃/1000℉	555℃/1031℉	565℃/1050℉	590℃/1094℉	595℃/1100℉
O1	100MnCrW4	815	1500	油	0.22	0.17	0.16	0.18	—	—	—	—	—	—	—	—	—	—
O1	100MnCrW4	790	1450	油	0.18	0.09	0.12	0.13	—	—	—	—	—	—	—	—	—	—
O6	—	790	1450	油	0.12	0.07	0.1	0.14	0.1	0	-0.05	-0.06	—	-0.07	—	—	—	—
A2	X100CrMoV5-1	955	1750	空冷	0.09	0.06	0.06	0.08	0.07	—	0.05	0.04	—	0.06	—	—	—	—
A10	—	790	1450	空冷	0.04	0	0	0.08	0.08	0.01	0.01	0.02	—	0.01	—	—	—	0.02
D2	X153CrMoV12	1010	1850	空冷	0.06	0.03	0.03	0.02	0	—	-0.01	-0.02	—	0.06	—	—	—	—
D3	X210Cr12	955	1750	油	0.07	0.04	0.02	0.01	-0.02	—	—	—	—	—	—	—	—	—
D4	—	1040	1900	空冷	0.07	0.03	0.01	-0.01	-0.03	—	0.4	0.03	—	0.05	—	—	—	—
D5	—	1010	1850	空冷	0.07	0.03	0.02	0.01	0	—	0.3	0.03	—	0.05	—	—	—	—
H11	X38CrMoV5-1	1010	1850	空冷	0.11	0.06	0.07	0.08	0.08	—	0.3	0.01	—	0.12	—	—	—	—
H11 低 Si;真空电弧重熔	~X38CrMoV5-1	990	1814	氮气冷却	0.03	—	—	—	—	—	—	—	—	—	—	—	0.03	—
H13	X40CrMoV5-1	1010	1850	空冷	-0.01	—	—	—	—	—	—	0	—	0.06	—	—	—	—
M2	HS6-5-2	1210	2210	油	-0.02	—	—	—	—	—	—	—	0.06	0.1	—	0.14	—	0.16
M41	HS7-4-2-5	1210	2210	油	-0.16	—	—	—	—	—	—	—	0.17	0.08	—	0.21	—	0.23
T15 低 W,高 Mo,高 CO,PM	HS10-2-5-8	1150	2100	氮气冷却	-0.10	—	—	—	—	—	—	—	—	—	0.12	—	—	—

说明：表中第 1～6 列为"淬火处理"及"淬火后总线性尺寸变化率 (%)"；第 7 列起为"在下面温度回火后总线性尺寸变化率 (%)"。

为深入了解变形的影响因素，采用无碳化物的马氏体时效钢，传统冶炼的 D2 钢和粉末冶金 D2 钢三种材料进行变形研究。膨胀试样直径为 4mm（0.16in），长度为 10mm（0.4in）。平行于成形方向的试样为纵向试样（$\varepsilon_{M,1}$），垂直成形方向为横向试样（$\varepsilon_{M,t}$）。试样以初始冷却速率 1000K/min，深冷至 -150℃（-240℉），试验结果如图 3-36 所示。

1）马氏体时效钢（基体中没有碳化物）和粉末冶金钢 D2/X153CrMoV12-PM（碳化物尺寸小而圆）横向试样长度变形比纵向长度变化大 Δ（$\varepsilon_M = \varepsilon_{M,1} - \varepsilon_{M,t}$）。马氏体时效钢的差异大约是 -0.25%，这与偏析和热轧有关。PM-D2 钢的差异大约是 -0.02%，这突显出粉末冶金工具钢具有各向同性。当冷却速率增加，该值也进一步增大。

2）传统冶炼的 D2/X153CrMoV12-IN 钢试样，纵向长度变化大于横向。$\Delta\varepsilon_M = \varepsilon_{M,1} - \varepsilon_{M,t}$，大约 0.1%，并随冷却速率增加而增加。其原因是碳化物拉长和具有方向性，对基体造成取向的影响，这与图 3-35 所示的结果一致。

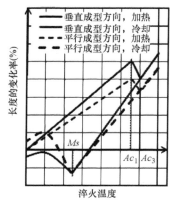

图 3-35 莱氏体冷加工工具钢淬火过程中的成形方向对不均匀长度变化影响

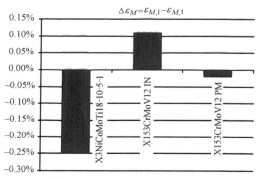

图 3-36 X3NiCoMoTi18-10-5-1（Marage 300），X153CrMoV12（D2）三种材料纵向长度变化和横向长度变形差别（$\Delta \varepsilon_M = \varepsilon_{M,1} - \varepsilon_{M,t}$）

3.3.2 工艺对变形的影响

在整个生产环节中，都必须考虑和采取措施控制和减少工件的变形。整个生产环节主要包括材料的选择、加工、热处理（通常为奥氏体化、淬火和回火），以及最终工具热处理后的矫直。工模具材料选择和工模具形状确定非常重要，为防止变形，必须考虑采用不同的策略和手段。

（1）生产加工前和生产期间引起的残余应力 可以通过消除应力处理，消除热处理前由于机械和热应力引起的变形。其中机械应力来源于成形、磨削和机加工，这些都可产生不均匀的残余应力。热应力来源于钎焊、焊接和火焰加热等。必须采用消除应力加热处理，工件中的这些残余应力才得以消除。当加热使钢的残余应力大于高温屈服强度时，工件产生塑性屈服，在应力松弛同时，发生蠕变。造成局部机械应力来源，如车工件上的冲压标识、加工刀痕、尖角、断面尺寸的较大变化，将严重影

响工件局部位置的形状变形。消除应力处理的工序是将工件加热到约 650℃（1200℉），保温后在空气冷却，在消除应力处理时，还允许对机械或热残余应力进行控制。

在消除应力冷却时，工件可能已经是发生了变形，可以通过退火附加矫直、机加工或研磨对这种变形进行校正。在许多情况下，需要进行大切削加工，消除生产的变形。生产中通常采用的做法是粗加工、消除应力，然后精加工或小研磨进给量。也有采用局部退火消除局部应力，例如，大型焊接构件焊接后的消除应力处理。

淬火工序前预备热处理组织对降低淬火应力有明显的影响作用。通常，变形是在淬火后出现，但有时在淬火后，采用消除应力和矫直很难达到理想的效果。

（2）奥氏体化加热过程和工件夹持 钢在加热过程中，最常见的尺寸变化是翘曲，这常被误认为是发生在淬火过程中。加热时工件体积发生相对较大的膨胀，在相变温度下，发生轻微的收缩，此时因为工件的温度很高，塑性很好，一般不会产生开裂。然而，如果加热速度过快或加热不均匀，当工件尺寸大或细长，无良好夹具夹持，工件膨胀会不断增大，造成变形。在高温加热时，工件自身的质量会使工件发生弯曲，因此必须要对工件进行必要而适当的支撑或夹持。由于机加工应力和不平衡对称设计，工件也会在加热过程中发生翘曲和尺寸变化。缓慢加热或分级加热，工件内部的温度梯度小，比快速加热产生的变形风险要小。

工具钢的奥氏体化温度过高，会导致晶粒粗化和奥氏体稳定性提高。过热以及加热和淬火之间温差增大，都会导致不规则的尺寸变化。

（3）工具表面的化学成分变化 另一个影响变形的因素是表面化学成分变化。例如，当表面发生脱碳或增碳时，表面的相变温度将发生改变。表面和次表层相变温度的差别将造成压缩或拉应力，导致变形或开裂。通过热处理后磨削加工或机加工可以消除表面脱碳或增碳影响。

（4）奥氏体化和淬火处理中工具的放置和夹持必须重视工件在高温炉放置和夹持，以防止工件变形。特别是对在高温炉中加热的细长工件，必须采用均匀夹持，以防止工件下垂。对大型工件加热，必须提高炉底板空间以确保热循环和均匀的加热和冷却。当工具钢从高温炉中移出淬火时，组织是奥氏体，必须注意淬火转移过程。工件最好应该放置在托盘上，方便进行淬火。如果个别工件必须夹持，应避免夹持在工件较薄截面部位，以防止局部热量

迅速散失，造成变形。

（5）优化淬火工艺　在工件的尺寸和材料合适的条件下，采用特殊淬火工艺，如马氏体分级淬火和等温淬火是有效控制工件变形的方法。马氏体分级淬火是将工件直接淬入熔融盐浴中，具有足够快冷却速率，避免出现如铁素体和珠光体等高温相变产物。盐浴温度范围在 Ms 附近（略高于或略低于 Ms），工件在盐浴中等温足够长的时间，以保证工件表面温度和内部温度一致，而后工件在空气冷却至室温。与直接淬火快速冷却相比，缓慢冷却通过马氏体转变范围可减少变形。最近在真空炉中，采用类似马氏体分级淬火（martempering-like）工艺，采用高压气淬，当工具的温度接近 Ms 温度时，通过减少淬火气体的速度，使工件表面温度和内部温度达到平衡，而后进入马氏体转变温度。通常马氏体分级淬火后的工具必须进行回火处理。

如工件硬度要求小于 57HRC，采用等温淬火可以降低变形。在等温淬火中，工件还是直接淬入熔融盐浴中，只是等温温度选择为使工件转变贝氏体组织，不是马氏体组织。必须将工件在 Ms 以上温度，通常约为 230℃（或 230℉），保温足够长的时间，使其转变为下贝氏体组织。该工艺局限于碳钢的和低合金碳钢，通常用于钢带连续热处理生产线。当等温淬火的工具空冷到室温时，其变形更小，而且不需要进行后续热处理。

在不降低冷却速度（也就是不降低韧性）的前提下，还有其他不同的气淬工艺，可以减少变形。特别值得提出的是，采用氦气淬火工艺处理大型热加工工具钢模具。采用尺寸为 405mm × 330mm × 160mm（16in× 13in× 6.3in）试样，进行 N$_2$ 气淬和 He 气淬对比试验。气淬气压均采用 6bar，N$_2$ 气淬采用快速风扇冷却，He 气淬采用慢速风扇冷却。实验结果为 He 气淬（He-quenching）的变形减少 50%。

（6）工具的表面强化　除了通过控制加热和冷却速率减少变形外，还可以采用局部加热和淬火，如火焰淬火、感应淬火、电子束淬火、激光淬火对工件局部进行淬火硬化。局部加热和淬火技术具有很多优点，但需要尽可能控制好奥氏体化温度。当今，新型激光源和自动化系统的成本不断降低，激光淬火得到越来越多的关注。对工具表面强化，必须要注意硬度均匀和工作区（切削刃）淬硬深度，现主要应用于冷加工工具领域。与莱氏体高碳钢，如 D2 钢相比，中碳钢（碳含量 0.6% ~ 0.7%）过热敏感性小，残留奥氏体数量少。表面强化工具可不进行回火，短时间回火或标准回火就可以直接使用。

（7）回火过程稳定工件形状　稳定热处理后的工件尺寸，涉及减少钢中残留奥氏体。如工件在随后加热或受到应力时，工件中残留奥氏体逐渐发生相变，则会产生变形。稳定化处理能降低内部的残余应力，使在工件在服役中减少变形。这对在使用中必须长期保持精度的工具如即量规和量块的尺寸稳定性尤为重要。

如果工具钢在相对高的温度回火后，具有所需的硬度，可采用多次回火减少残留奥氏体和消除内应力。初次回火降低内应力，调整残留奥氏体，使之在回火冷却中转变为马氏体。第二次或第三次回火进一步降低由残留奥氏体转变造成的内应力。

对普通碳钢或低合金工具钢，必须采用低温回火达到所需的硬度，进行低于 Mf 温度的单次或多次冷处理，能使大部分残留奥氏体转变为马氏体。冷处理工序可以在第一次回火之前或之后进行。但是，如果工具在冷处理中，引起附加应力和体积膨胀，具有产生裂纹倾向，应在第一次回火后进行冷处理。如在第一次回火后进行冷处理，因为一些残留奥氏体可能在冷处理前的回火过程中出现稳定化，在冷处理中残留奥氏体的转变量大大减少。通常商业化冷处理温度为 −95 ~ −70℃（−140 ~ −100℉）。当进行工具进行冷处理回到室温后，应立即再次进行回火，减少内应力并提高新形成马氏体的韧性。

有些工具组织中存有少量残留奥氏体，可以改善工具的韧性和保持有益的内应力模式，有助于工具承受服役应力。采用充分稳定化处理这些工具，可能会导致工具无法达到所需的性能要求。

（8）马氏体分级淬火工具钢的回火矫直　可采用回火矫直工艺校正热处理中产生的变形。第一次回火后工件硬度高于所需硬度，然后将工件夹持在矫直装置上，进行回火至所需硬度。第一次回火后硬度与回火矫直硬度的差别越大，则工件尺寸更精确。回火矫直最理想的硬度范围在 55 HRC 左右。

为减少变形。采用马氏体分级淬火的高淬透性合金工具钢，应该在奥氏体化后至马氏体分级淬火完成前的冷却期间进行矫直。如果在马氏体分级淬火期间不保持工件的平直度，工件将会随着马氏体形成产生变形。矫直应该在低于 480℃（900℉）温度进行，将冷钢棒急冷接触工件的高温一侧，能迅速带走工件热量，有助于矫直。

3.3.3　材料对变形的影响

基于莱氏体冷加工工具钢的变形总是沿纵向方向（主变形方向，即碳化物拉长方向）更大，从棒料上取样应考虑取样方向。图 3-37 所示为采用莱氏体冷加工板状刀具的主变形方向与轧制方向的关系。

如果刀具板材取自纵向，主变形方向为板材纵向（情况Ⅰ）；如取自板材横向，主变形方向为板材横向（情况Ⅱ）；如果取自大截面厚度方向，碳化的取向和主变形方向为板厚方向（情况Ⅲ）。

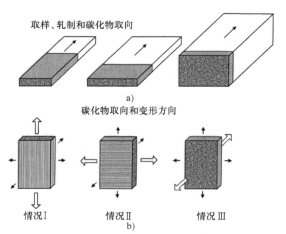

取样、轧制和碳化物取向

a)

碳化物取向和变形方向

情况Ⅰ　　　情况Ⅱ　　　情况Ⅲ

b)

图 3-37　采用莱氏体冷加工板状刀具的主变形方向与轧制方向的关系

（1）改善变形均匀性　对某些精密工具，控制圆度误差（out-of-roundness）是非常重要的，如 C 类和 D 类高速钢切刀和滚铣刀。因为热处理后 C 类和 D 类滚铣刀没有加工余量，必须接近最终尺寸，在不进行磨削加工的条件下直接使用。

可根据需要，通过热处理前对工具尺寸进行稍大或稍小筛选，对淬火和回火的正常大小变形进行适应。高速钢棒材在热处理中，具有高达 0.05mm（0.002in）的圆度，图 3-38a 为其尺寸变形模式。它与铸锭的初始形状和具体粗轧开坯改锻工艺有关。通过改变炼钢、锻造和轧制工艺，可以减少圆度偏差，其尺寸变形模式如图 3-38b 所示，高低点之间的差别仅有 0.005mm（0.0002in）。工具钢生产商称采用这种方式生产的高速钢棒为"精密公差滚刀原料（close tolerance hob stock）"。消除高速工具钢棒圆度偏差的更好方法是采用热等静压工艺，采用热等静压方法制备的工具在常规热处理过程中，保持最好的对称性。

对板状材料的生产过程中，可以通过选择，使在板的轧向和垂直轧向变形均匀。使用该方法轧制后，莱氏体碳化物的伸长方向不是线性的，而在某方向上碳化物（串）以薄饼状群集。这使得纵向和横向之间的变形均匀，类似于前面所说的情况Ⅲ。不同的是，这种方法轧制变形的主方向不是板厚的方向。

（2）高速钢的变形　高速钢的变形取决于热处理工艺参数。图 3-39 为 M2（HS6-5-2）高速钢圆棒，

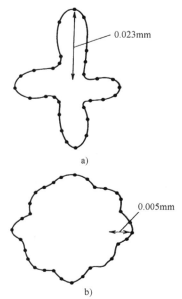

0.023mm

a)

0.005mm

b)

图 3-38　热处理过程高速钢棒材典型直径变化
a）传统工艺　b）特殊工艺

注：根据对直径精密测量的数据计算，采用极坐标以热处理后直径为变量绘出图形。对热处理前钢棒直径进行筛选，误差在±1.25mm 以内。

如直径为 20mm（0.8in）和长度为 140mm（5.5in）轧制方向为纵向的试样，经不同温度奥氏体化加热、盐浴淬火和 2 次回火的长度变化率。淬火后，500℃（930℉）以下回火，长度的变化（增长或缩小）很小；随回火温度升高，残留奥氏体转变成马氏体，其相应长度增大。采用典型的回火温度 560℃（1040℉）回火，约有 0.2% 的长度增长变化。增加 5% 合金元素 Co，会进一步导致长度的变化增加。增加第三次回火，会使曲线略向左移，而采用油淬火，长度的变化略微减少。

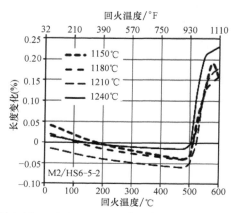

图 3-39　M2（HS6-5-2）高速钢圆棒试样经淬火及在不同温度下回火的长度变化率

采用 100mm×50mm×10mm（4in×2in×0.4in）高速钢 M2（HS6-5-2）板状试样进行实验，进一步证明了具有与上面一样的变形趋势，但是在纵向（轧制方向）和横向之间具有显著差异，如图 3-40 所示。与圆柱试样相同，当回火温度高于 500℃，长度变化显著增加。研究发现，在最高的奥氏体化温度条件下，所有热处理条件（盐浴淬火）纵向（轧制

方向）的平均长度明显增长，如图 3-40a 所示。研究还发现，在横向平均宽度增加只出现在较高的回火温度，并随奥氏体化温度进一步提高而降低，如图 3-40b 所示。图 3-41 所示为 100mm×50mm×10mm（4in×2in×0.4in）高速钢 M2（HS6-5-2）板状试样在热处理后，出现附加弯曲的示意图，这也是已被证实莱氏体钢的一般规律。

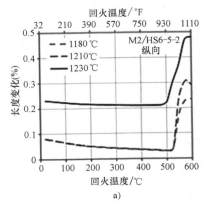

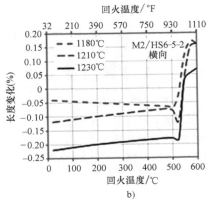

图 3-40　高速钢 M2（HS6-5-2）板状试样经淬火及在不同温度下回火的长度变化
a）纵向（轧制）方向　b）横向方向

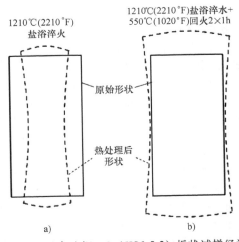

图 3-41　试高速钢 M2（HS6-5-2）板状试样经淬火及在不同温度下回火的形状变化
a）纵向（轧制）方向　b）横向方向

（3）冷加工莱氏体工具钢的变形　将尺寸为 100mm×50mm×10mm，不同成分的冷加工莱氏体工具钢板淬火回火处理成硬度为 61HRC 后，板的尺寸变化如图 3-42 所示。新一代高韧性 8%～9% Cr 钢的尺寸增长略高于经典的 12% Cr-D2 钢。厚度方向（在轧制方向）的增长明显高于宽度方向，再次证实轧制方向增大的一般规律。盐浴热处理的变形高

于各种真空加热，以及带有高压气淬工艺的变形。然而，根据具体的淬火条件不同，气体淬火的数据分散非常明显。对采用同样尺寸，开有不同大小孔径的板材试样进行试验表明，15mm 小孔（0.6in）倾向于收缩，而 45mm（1.8in）大孔与试样一起发生膨胀。

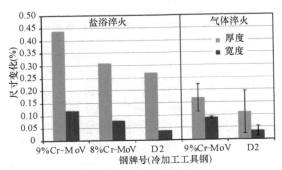

图 3-42　冷加工莱氏体工具钢板的尺寸变化
注：试样厚度（＝轧制方向）和宽度变化。（"9% Cr-MoV" = Böhler K360，"8% Cr-MoV" = Böhler K340）。

（4）耐腐蚀塑料模具钢的变形　通常耐腐蚀塑料模具钢的回火温度比热加工工具钢、高合金冷加工工具钢或高速钢的低。采用与上面例子同样尺寸试样和图 3-43 中热处理工艺，将不同类型耐腐蚀塑料模具钢与广泛使用的 D2 冷加工工具钢进行比较，

可以发现所有钢在宽度上的尺寸变化较小。如考虑到板厚因素，冷加工莱氏体工具钢的变形明显要大。与盐浴热处理相比，采用高压气体淬火真空热处理的变形基本相同，但数据分散也非常明显。

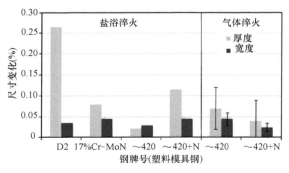

图 3-43　不同莱氏体冷加工工具钢
（HS6-5-2）的热处理工艺

注：试样尺寸为 65mm×65mm×12mm（2.6in×2.6in× 0.5in）。1020℃（1870℉）淬火后，进行（-80℃ 或-110℉）和 200℃（390℉）2 次回火处理。 "17%Cr-MoN" = Böhler M340，"~420+N" = Böhler M333。

（5）粉末冶金钢　近年来，由于采用粉末冶金（PM）工艺，工具钢的性能有了明显改进。粉末冶金（PM）工艺通常包括感应熔化，粉末气体雾化和通过热等静压（HIP）或机械挤压或锻造。粉末冶金工具钢主要有两个优点：无宏观偏析，无疏松并且碳化物极细均匀分布。大直径粉末冶金棒材的圆度更小（见表 3-14）。

表 3-14　M2S 工具钢大口径棒材圆度

棒材直径		生产工艺	圆度[①]	
mm	in		mm	in
75	3	粉末冶金	0.008	0.0003
		传统冶炼	0.020	0.0008
125	5	粉末冶金	0.013	0.0005
		传统冶炼	0.033	0.0013
190	7.5	粉末冶金	0.015	0.0006
		传统冶炼	0.051	0.0020

① 正常淬火后最大直径减去最小直径。

（6）时效硬化钢或马氏体时效钢的应用　时效硬化钢或马氏体时效钢通常是低碳高镍钢，他们的热处理工艺与常规淬火及回火钢类似。在奥氏体化加热中，所有合金元素（主加元素 Ni，析出强化元素 Mo、Nb、Ti、Al 以及马氏体时效钢中的 Co 和耐蚀时效硬化钢中的 Cr）固溶于奥氏体中，并在随后的淬火后保存在淬火组织中。由于钢中镍含量高，大截面工件在低的淬火速率下也能完全淬透。淬火

组织为低硬度和高韧性的高 Ni 马氏体组织，硬度约为 28~35HRC，通常这种"固溶"态组织为工具和模具制造加工时的组织。热处理最后一步是时效硬化，通常是在 480℃（900℉）温度保温数小时，在钢的基体中析出细小弥散的 Ni_3Mo，Ni_3Al 和 Ni_3Ti 金属间化合物。

时效硬化钢和马氏体时效钢虽然价格高，但由于奥氏体转变为马氏体时没有变形等原因的影响，被广泛选择和应用。时效或沉淀硬化处理是在奥氏体转变为马氏体相变后进行，其预测均匀收缩率约为 0.1%，没有其他工具钢热处理变形问题。该类钢的硬度与时效后冷却速率基本无关，完全淬透的大截面工件时效后，仅有少量收缩或基本上没有变形。

典型的用于制备工具的三种时效/析出硬化钢为：

1）马氏体时效钢（典型成分：18%Ni，8%~10% Co，5%Mo，0~1%Al 或 Ti，硬度在 50~60HRC。

2）耐蚀钢时效硬化（PH）钢（典型成分：13%~17% Cr，4%~8% Ni，0~4% Mo，Al、Ti、Nb 或 Cu，硬度在 40~50HRC。

3）低合金析出硬化模具钢（典型成分：大约 4%Ni，1%~2%Al 或 Cu，硬度为 40 HRC 左右。

3.3.4　变形和残余应力预测的数值模拟

近十年来，在优化生产流程，包括热处理工艺中出现了数值模拟方法。采用数值模拟对热处理进行模拟的预期效果是，防止热处理过程中出现应力过高，造成工具出现裂纹或开裂。

热处理模拟（HTS）分为三步：即预处理、模拟和后处理。预处理是数据的收集和生成的数学模型，模拟为进行计算，后处理是对得到的图表进行分析。

第一步预处理必须进行详细分析。包括必须要对热处理过程的数据（例如，时间与炉温间的关系、冷却介质的冷却特点和传输时间）和工具的几何参数以及大量材料数据进行详细分析。为了获得传热系数和辐射数据，必须采用热电偶对工具表面和心部各不同位置进行全程测量。通常，这些数据与工件的位置和时间密切相关。工具的几何形状的复杂程度和热处理过程的复杂程度，决定了是否能够采用 2D 软件或必须采用占用 CPU 更多的 3D 软件进行模拟。

预处理最重要的部分是定义材料模型。为进行热处理模拟（HTS），需要使用的热物理和力学数据有：热导率、热容、线胀系数、密度、杨氏模量、泊松比、流变曲线等。

所有这些数据或多或少都与温度有关。此外，必须要掌握所研究的工具钢在整个温度区间的相组织数据，表 3-15 为不同工具钢的密度和热膨胀系数。

表 3-15　工具钢的密度和热膨胀系数

牌号	DIN	密度		热膨胀系数											
				μm(m·K) 从 20℃至							μin/(in·℉) 从 68℉至				
		Mg/m³	lb/in³	100℃	205℃	300℃	425℃	500℃	540℃	650℃	200℉	400℉	800℉	1000℉	1200℉
W1	C80W2	7.84	0.283	10.4	11	—	13.1	—	13.8①	14.2②	5.76	6.13	7.28	7.64①	7.90②
W2	105V	7.85	0.283	10.4	—	—	14.4	—	14.8	14.9	—	—	8	8.2	8.3
S1	45WCrV7	7.88	0.255	12.4	12.6	—	13.5	—	13.9	14.2	6.9	7.0	7.5	7.7	7.9
S2	60WCrV7	7.79	0.281	10.9	11.9	—	13.5	—	14	14.2	6	6.6	7.5	7.8	7.9
S5	—	7.76	0.280	—	—	—	12.6	—	13.3	13.7	—	—	7	7.4	7.6
S6	—	7.75	0.280	—	—	—	12.6	—	13.3	—	—	—	7	7.4	—
S7	50CrMoV13-14	7.76	0.280	—	12.6	—	13.3	—	13.7①	13.3	—	7.0	7.4	7.6①	7.4
O1	100MnCrW4	7.85	0.283	11.2	10.6③	—	12.8	—	14.0④	14.4④	—	5.9③	7.1	7.8④	8.0④
O2	90MnCrV8	7.66	0.277	—	12.6	—	13.9	—	14.6	15.1	6.2	7	7.7	8.1	8.4
O7	—	7.8	0.283	10.7	10.6③	—	12.9	—	14	14.2	—	5.91③	7.2	7.8	7.9
A2	X100CrMoV5-1	7.86	0.284	11.5	12.4	—	13.5	—	13.9	14.2	5.96	6.9	7.5	7.7	7.9
A6	—	7.84	0.283	11.5	—	—	12.4	—	12.9	14.2	—	—	6.9	7.2	7.5
A7	—	7.66	0.277	—	—	—	12	—	12.4	13.5	—	—	6.7	6.9	7
A8	—	7.87	0.284	—	—	—	12	—	12.4	12.6	—	—	6.7	6.9	7
A9	—	7.78	0.281	10.4	10.3	—	11.9	—	12.2	12.6	5.8	5.7	6.6	6.8	6.8
D2	X153CrMoV12	7.7	0.278	12	11.7	11.7	11.9	—	12.2	12.2	6.7	6.5	7.2	7.3	7.5
D3	X210Cr12	7.7	0.278	—	—	12.1	12.9	—	13.1	13.5	—	6.9	—	—	—
D4	—	7.7	0.278	—	—	—	12.4	—	—	—	—	—	6.7	—	—
D5	—	—	—	—	—	—	12.1f	12.4	—	—	—	—	6.7	—	—
	K340" X110CrMoV8-2"	7.68	0.276	11	11.4	11.7	12.4⑥	12.4	13.1②	13.1②	6.6	6.9	6.8	7.4	7.6
	K360ESR(Al,Nb)"X125CrMoVAl9-3-1"	7.70	0.278	10.9	11.6⑤	12.1	12.7⑥	12.7	13.7	13.7	—	—	7.1	7.2	7.4
H10	X32CrMoV3-3	7.81	0.281	11.9	12.4	—	12.2	—	13.3	13.7	—	6.4	6.8	6.9	7.6
H11	X38CrMoV5-1	7.75	0.280	11.0	11.0	—	12.8	—	12.9	13.3	5.8	—	—	6.9	7.4
H11 低 Si;真空电弧重熔	X38CrMoV5-1	7.80	0.281	10.4	11.5	11.9	12.7⑥	14.0	—	14.3	—	6.1	6.7	7.5	7.3
H13	X40CrMoV5-1	7.76	0.280	11	—	—	12.2	—	12.4	13.1	6.1	7	7.2	6.7	7.2
H14	—	7.89	0.285	11	11	—	—	—	12.4	12.9	6.9	—	6.4	6.9	7.7
H19	—	7.98	0.288	12.4	12.6	—	12	—	13.5	13.9	6.1	6.9	—	6.9	—
H21	X45CoCrWV5-5-5	8.28	0.299	11	—	—	12.9	—	13.9	12.4	—	6.6	—	7.5	—
H22	X30WCrV9-3	8.36	0.302	—	—	—	11.5	—	12	—	—	5.4	6.2	6.7	6.9
H26	—	8.67	0.313	—	—	—	—	12.4	—	11.9	—	—	—	6.9	—
H42	—	8.15	0.295	—	9.7	—	11.2	11.9	11.7	—	—	—	6.6	6.5	6.6
T1	HS18-0-1	8.67	0.313	—	—	—	—	—	—	—	—	—	—	—	—
T2	HS18-1-2-5	8.67	0.313	—	—	—	—	11.9	—	—	—	—	—	—	—
T4	—	8.68	0.313	—	—	—	—	11.9	—	—	—	—	6.6	—	—

（续）

牌号	DIN	密度 Mg/m³	密度 lb/in³	热膨胀系数 μm/(m·K) 从20℃至 100℃	205℃	300℃	425℃	500℃	540℃	650℃	热膨胀系数 μin/(in·℉) 从68℉至 200℉	400℉	800℉	1000℉	1200℉
T5	HS18-1-2-10	8.75	0.316	—	—	—	—	—	—	—	—	—	—	—	—
T6	—	8.89	0.321	11.2	—	—	—	11.5	—	—	6.2	6.4	6.4	—	—
T8	—	8.43	0.305	—	—	—	—	—	—	—	—	—	—	—	—
T15	HS12-1-4-5	8.19	0.296	—	9.9	—	—	11.5	11.5	11.5	—	—	—	—	—
T15低W,高Mo,高Co;PM	HS10-2-5-8	8.10	0.293	10.0	10.5[5]	10.8	11	11.3	—	—	—	5.5[3]	6.1	6.4	6.9
M1	HS2-9-1	7.89	0.285	—	10.6[3]	—	11.2[6]	—	12	12.4	—	5.9[3]	6.3	6.7	6.8
M2	HS6-5-2	8.16	0.295	10.1	9.4[3]	—	11.3	—	11.9	12.2	—	5.2[3]	6.2	6.6	6.8
M3,第1类	HS6-5-2C	8.15	0.295	—	—	—	11.2	—	12	12.2	5.6	—	—	6.7	—
M3,第2类	HS6-5-3	8.16	0.295	—	—	—	11.5	—	12	12.8	—	—	6.4	6.7	7.1
M4	HS6-5-4	7.97	0.288	—	—	—	11.5	—	12	12.2	—	—	6.4	6.7	6.8
M7	HS2-9-2	7.95	0.287	—	9.5[3]	—	11.2	—	12.2	12.4	—	5.3[3]	6.2	6.7	6.9
M10	—	7.88	0.285	—	9.5[3]	—	11.5	—	11.9	12.4	—	5.3[3]	6.4	6.8	6.9
M30	—	8.01	0.289	—	—	—	11	—	11.7	12.2	—	—	6.1	6.6	6.8
M33	—	8.03	0.290	—	—	—	11.2	—	11.7	12	—	—	6.2	6.5	6.7
M36	HS2-9-2-8	8.18	0.296	—	—	—	11	—	—	—	—	—	6.1	6.5	—
M41	HS7-4-2-5	8.17	0.295	10.6	9.7	—	10.4	—	11.2	—	—	5.4	5.8	6.2	—
M42	HS2-10-1-8	7.98	0.288	—	—	—	—	—	—	—	—	—	—	—	—
M46	—	7.83	0.283	—	—	—	—	—	—	—	—	—	—	—	—
M47	—	7.96	0.288	—	—	—	—	—	—	—	—	—	—	—	7
L2	115CrV3	7.86	0.284	11.3	11	—	11.9	—	—	12.6	5.9	6.1	6.6	—	7
L6	56NiCrMoV7	7.86	0.284	—	—	—	14.4	—	14.6	14.8	—	8	8	8.1	8.2
P2	—	7.86	0.284	11.3	12.6	—	12.6	—	13.5	13.7	6.3	7	7	7.5	7.6
P5	—	7.80	0.282	—	—	—	13.7	—	—	—	—	—	7.6	—	—
P6	—	7.85	0.283	—	—	—	—	—	—	—	—	—	—	—	—
P20	35CrMo4	7.85	0.283	—	—	—	—	13.5	13.7	14.2	—	7	7.1	—	7
Marage300	M261"X13NiMnCuAl3-2-1-1" X3NiCoMoTi18-9-5	7.82	0.282	11.3	12.2	12.8	12.8	13.5	14.2	—	—	7.1	—	7.6	7.9
		8.20	0.296	10.2	10.8	11.0	13.2[6]	11.8	—	—	—	—	—	—	—
420	X40Cr13	7.70	0.278	10.5	—	11.0	11.4[6]	12.0	—	11.8[2]	—	—	7.5	—	7.6
440B	90CrMoV18	7.70	0.278	10.4	—	11.2	11.6[6]	11.9	—	—	—	—	—	—	—

① 从20~500℃（68~930℉）。
② 从20~600℃（68~1110℉）。
③ 从20~260℃（70~500℉）。
④ 38℃（100℉）。
⑤ 从20~200℃（70~390℉）。
⑥ 从20~400℃（70~750℉）。

测量所有这些数据是耗时费力的。例如，在高速钢淬火加回火处理的热处理模拟（HTS）中，要对以下相组织进行了解：铁素体、退火碳化物、奥氏体、未溶碳化物、先共析碳化物、马氏体、贝氏体、残留奥氏体、回火马氏体、二次硬化碳化物等。

因为这些相组织难以单独分离出来，或尺寸太小无法采用常规方法测量，还难以对他们的性能和属性进行测量。因此，为进行热处理模拟，需要进行假设或对混合相组织进行分析。混合相组织见表3-16。在该表中，热处理模拟简化为对相组织混合物的分析，相组织混合物包括奥氏体、马氏体、贝氏体、残留奥氏体、回火马氏体和回火贝氏体。为获得必要的材料数据和进行简化，必须忽略二次碳化物的转变。

表 3-16　热处理模拟中采用的混合相组织

热处理状态	相组织	混合相组织
奥氏体化	奥氏体	奥氏体+未溶一次碳化物
淬火态	马氏体	马氏体+未溶一次碳化物
	贝氏体	贝氏体+未溶一次碳化物
	残留奥氏体	残留奥氏体+未溶一次碳化物
回火态	回火马氏体	回火马氏体+未溶一次碳化物+二次硬化碳化物
	回火贝氏体	回火贝氏体+未溶一次碳化物+二次硬化碳化物
	残留奥氏体	残留奥氏体+未溶一次碳化物+二次硬化碳化物

1. 相变的数值模拟

工具钢的热处理具有几个相变过程，如图 3-44 所示。每个相变包括开始转变量、结束转变量和相变动力学（相变过程与温度和时间有关）。可以采用不同热力学计算软件对相的开始转变量和相的结束转变量进行计算，其中 Thermocalc 为一个很好的工具钢热力学计算软件。常用于确定相变动力学和主要相（例如，铁素体、奥氏体、马氏体、贝氏体）的是使用膨胀测量的方法。可以很容易应用热处理模拟软件，对膨胀计测得的温度-时间转变图进行处理和应用。但处理和研究钢中一次碳化物、先共析碳化物和二次硬化碳化物的动力学过程则是非常复杂的。必须采用更深入的研究和更复杂的方法和手段，如透射电子显微镜（TEM）和差示扫描量热分析法（DSC）对这些动力学过程进行研究，下一步是碳化反应数学模型的推导。

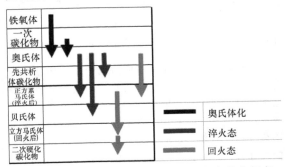

图 3-44　二次硬化工具钢热处理过程中发生相变
注：如高速合金钢，合金热或冷加工工具钢。

将上述所有数据输入有限元法（FEM）模型。在任何情况下，模拟第一步是对模型进行验证，即将实验数据和数学模拟结果进行对比。正确的输入数据才能保证建模正确，一个理想的参考模型要求计算循环次数少，结果正确，该参考模型用于工艺优化。热处理模拟建模的流程图见图3-45。

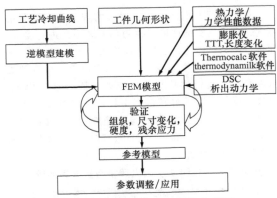

图 3-45　热处理模拟建模的流程图
FEM—有限元法　TTT—时间-温度转变图
DSC—差示扫描量热法

2. 工具钢的热处理模拟实例

用真空电弧重熔（vacuum-arc-melted/remelted）低 Si 热加工工具钢（H11）实例说明热处理模拟。

采用直径 D = 100mm（4in）和长度 L = 100mm（4in）的热加工工具钢圆柱体进行热处理模拟。因为形状简单并为了节省时间，可采用为 2D 模型进行验证。根据温度-时间转变图和膨胀计测得的线性膨胀系数，第一步根据膨胀曲线，验证了相变模型。图 3-46 表示出了热膨胀曲线、奥氏体相变（+碳化物）、奥氏体收缩（+碳化物）和不同的相变动力学过程，模拟结果令人满意。相变动力学过程包括有：

1）奥氏体转变为马氏体。

2）奥氏体转变为贝氏体。

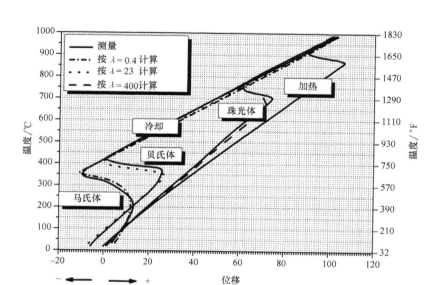

图 3-46　热膨胀实验中的相变和长度变化曲线

3）奥氏体转变为珠光体（在这个模型中忽略了先共析碳化物的析出）。

对相变行为验证后，根据热处理过程中测量的温度，在对真实圆柱形工件的热处理工艺进行验证。即真空炉奥氏体化，包括气体淬火（9bar He 气淬快速风冷，3bar N₂气淬慢冷）和三次回火。根据热处理模型，对奥氏体化加热、淬火和回火进行模拟。通过计算，可以了解和得到工具每一时刻微观组织的演变。对相变模型进行验证是耗时费力的工作，模拟与实验的对比间见表 3-17，可以看出模拟与实验数据吻合得较好。

表 3-17　淬火和 3 次回火后相组织分数的验证

相组织	淬火后体积分数（%）		回火后体积分数（%）	
	测量值	模拟值	测量值	模拟值
马氏体	71+/-1①	95.9	—	—
回火马氏体	24+/-3.8①	—	~95④	95.4
贝氏体	0①	0	0①	0
残留奥氏体	5.5+/-1②	4	<2②	0
一次碳化物	~0.1	0.1	~0.1	0.1
二次硬化碳化物			~4.5③	4.5

① TEM 测量。
② XRD 测量。
③ Thermocalc 计算。
④ 平衡。

模型验证的下一步是对淬火和回火后长度变化进行比较。图 3-47 所示为长度 50mm（2in）圆柱形工件的热处理模拟计算和实验测量长度变化对比。图 3-47 中的左边为采用氮气淬火和回火后长度的变化，右边为采用更高冷速的氦气淬火和回火后长度的变化。采用相同的模型参数和相同的相变塑性参

数进行计算，计算的结果为，计算和实验之间最大误差是氮气淬火为 0.02%，而氦气淬火约 0.05%。更重要的是，该模型很好地说明在圆柱形工件中心，变形的趋势最大，其中氦气淬火长度变化更大。

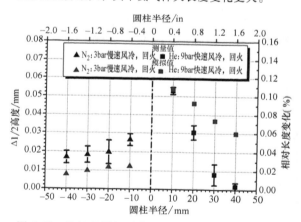

图 3-47　热处理模拟计算和实验测量长度变化对比

采用相变塑性对相变与应力场的交互作用进行分析，对淬火和回火后情况进行了对比，分析结果见表 3-18。回火后的模拟与实验结果能好吻合，但淬火后的差异是显著的。其差异原因可能是，模型简化过程中存在一定问题，例如，将常量用于相变塑性计算，忽略了碳化物与基体之间的相互作用。

表 3-18　残余应力的验证

方向	淬火后残余应力/MPa		回火后残余应力/MPa	
	测量值	模拟值	测量值	模拟值
轴线方向	190+/-34	72	45+/-2	55
径向	140+/-40	56	40+/-2	43

3. 热处理模拟的优点和局限性

采用热处理模拟可以对以下参数进行较准确模拟：

1）温度（通过计算流体动力学（CFD）与有限元法（FEM）的结合，例如，真空炉淬火气体喷嘴的优化）。

2）相变（热力学软件：Thermocalc，DICTRA，MATCALC）。

3）长度变化。

4）残余应力（与简单模型吻合好；复杂模型中，相变塑性限制）。

5）硬度（根据相的体积分数）。

6）基体与析出物（碳化物）相互作用的混合模型。

7）扩散（脱碳、渗碳）。

热处理模拟是优化热处理工艺过程的有力工具，但目前这种方法仍存在有局限性。大多数热处理模拟都是对过程中的许多参数进行了大量简化，如相组织的数量、相变动力学和采用连续体模型代替微观力学（micro-mechanical）模型等。这些简化导致了模拟计算的不准确。热处理模拟受到的限制包括：

1）过程的复杂（正确对传热进行描述）。

2）相组织的复杂性（大小、分布、通常忽略了微观力学交互作用）。

3）模型的复杂性（传热、相变、应力、硬度、扩散以及它们之间的交互作用）。

工艺过程中存在有很多不一致或不均匀。例如，工具表面的辐射和对流不同；再例如，淬火条件不同（例如真空炉气淬），工具表面的淬火条件随时间和位置发生改变。在热处理模拟中，必须要考虑到有限元计算（FEM）和流体动力学（CFD）之间的耦合，这将需要巨大的 CPU 计算量。

所有用于模拟真实尺寸工具的已知模型，都是连续介质模型。这些模型在处理相组织分布时，忽略了相组织之间微观力学交互作用，导致相变过程是采用所谓的相变塑性近似计算得到的结果。对有方向性组织碳化物的工具钢而言，基体与碳化物的交互作用对工件长度变化影响很大。如要进行高精度热处理模拟，必须要考虑到这种交互作用，采用更多的参数元素。

基于对未来计算机的计算能力预测，采用完全耦合的微观力学，对工件尺寸为 100mm×100mm×100mm（4in×4in×4in）和钢中的碳化物尺寸为 10μm 的工具进行热处理模拟，应该大约在 2035 年能实现。

致谢

本文参考 1991 年材料信息学会出版的《金属手册》第 4 卷《热处理》，B. A. Becherer 和 L. Ryan "工具钢的控制变形"一文，761~766。

参 考 文 献

1. H. Benninghoff, *Wärmebehandlung der Bau-und Werkzeugstähle*, 3, BAZ-Buchverlag, 1978.

2. A. Becherer and L. Ryan, *Control of Distortion in Tool Steels*, 1991, p 761-766.

3. W. Schuetzenhoefer and V. Wieser, Numerische Simulation der Härte-und Anlassbehandlung des Schnellarbeitsstahles S390 MICROCLEAN, *Berg Hüttenmänn. Monatsh.*, 2003, p 112-116.

4. W. Schuetzenhoefer, H. Schweiger, I. Siller, V. Wieser, and V. Strobl, Einfluss der Vakuumwärmebehandlung neuer Warmarbeitsstähle auf deren mechanischen Eigenschaften und Verzug-Vergleich numerische Simulation mit Messung, *Berg Hüttenmänn. Monatsh.*, 2005, p 71-76.

5. A. Kulmburg, Kaltarbeitsstähle, *VDI-Berichte*, Vol 432, 1982, p 31-42.

6. H. Berns and H. Pinto, Anisotropic size change during continuous quenching and deep freezing of tool steel, *Härt.-Tech. Mitt.*, Vol 62, (No. 5), p 221-228.

7. E. Haberling and H. H. Wiegand, Einfluss der Wärmebehandlung auf die Maßänderung von Schnellarbeitsstählen, *Thyssen Edelstahl Tech. Ber.*, Vol 9, 1983, p 2.

8. R. Pierer, R. Schneider, and H. Hiebler, The behaviour of two new tool steels regarding dimensional change, *Proc. of the 6th Int. Tooling Conference：The Use of Tool Steels：Experience and Research*, 2002（Karlstad, Sweden）, p 507-517.

9. R. Schneider, R. Pierer, K. Sammt, and W. Schützenhöfer, Heat Treatment and behaviour of new corrosion resistant plastic mold steel with regard to dimensional change, *Proc. of the 4th Int. Conf. on Quenching and the Control of Distortion*, 2003（Beijing, China）, p 357-362.

10. A. Thuvander, Numerical Simulation of Gas Quenching of Tool Steels and the Influence of Hardenability on Distortion, *Proc. of the 6th Int. Tooling Conference：The Use of Tool Steels：Experience and Research*, 2002（Karlstad, Sweden）, p 519-533.

扩展阅读

1. 综合文献（以前版本）

· P. D. Harvey, Ed., *Heat Treatment of Tool Steels*, Metals Engineering Institute, American Society for Metals, 1981.

· G. Hoyle, *High Speed Steels*, Butterworths, 1988.

· G. Krauss and H. Nordberg, Ed., *Tool Materials for*

Molds and Dies，Colorado School of Mines Press，1987.

· B. S. Lement，*Distortion in Tool Steels*，American Society for Metals，1959.

· *Properties and Selection*：*Irons*，*Steels*，*and High-Performance Alloys*，Vol 1，10th ed.，*Metals Handbook*，ASM International，1990.

· F. R. Palmer et al.，*Tool Steel Simplified*，Chilton Book Company，1978.

· P. Payson，*The Metallurgy of Tool Steels*，John Wiley & Sons，1962.

· G. A. Roberts and R. A. Cary，*Tool Steels*，American Society for Metals，1980.

· M. G. H. Wells and L. W. Lherbier，Ed.，*Processing and Properties of High Speed Tool Steels*，TMS-AIME，1980.

· R. Wilson，*Metallurgy and Heat-Treatment of Tool Steels*，McGraw-Hill，1975.

2. 工具钢变形种类和原因

· J. Fresher，Anisotrope Maßänderung bei der Wärmebehandlung ledeburitischer Chrom- Werkzeugstähle，Arch. Eisenhüttenwes.，1953，p 483-495.

· W. Schuetzenhofer and V. Wieser，Numerische Simulation der Härte- und Anlassbehandlung des Schnellarbeitsstahles S390 MICROCLEAN，*Berg Hüttenmänn. Monatsh.*，2003，p 112-116.

· K. Swoboda，A. Kulmburg，E. Staska，and R. Blöch，Metallkundliche Untersuchungen an ledeburitischen Chromstählen，*Berg Hüttenmänn. Monatsh.*，1971，p 94-98.

3. 特殊注意事项和变形控制技术

· T. Mueller，A. Gebeshuber，V. Strobl，and G. Reithofer，New possibilities for Vacuum Hardening：*Heat Treating Progress*，Vol 3，2003 August，p 73-79.

· R. Schneider，B. Eichinger，G. Rabler，and C. Walch，Investigation of the wear behaviour of different tool steels and heat treatment conditions for the cutting of a HCT980C advanced high strength steel，*Proc. of the 9th Int. Tooling Conference*：*Developing the World of Tooling*，2012（Leoben，Austria），p 425-433.

· R. Schneider，R. Grunwald，M. Gillich，and D. Vaught，Induction Hardening and Tempering of Cold Work Tool Steels，*Proc. of the 8th Int. Tooling Conference*：*Tool Steels - Deciding Factor in Worldwide Production*，2009（Aachen，Germany），p 573-583.

· C. Tornberg and A. Fölzer，New Optimised Manufacturing Route for PM Tool Steels and High Speed Steels，*Proc. of the 6th Int. Tooling Conference*：*The Use of Tool Steels*：*Experience and Research*，2002（Karlstad，Sweden），p 305-316.

4. 采用数值模拟预测变形和残余应力

· A. Eser et al.，Simulation of Deformation and Residual Stress Evolution during Quenching and Tempering of Tool Steel，*Proceedings IDE*，2011（Bremen，Germany），p 515-522.

· W. Schuetzenhoefer，H. Schweiger，I. Siller，V. Wieser，and V. Strobl，Einfluss der Vakuumwärmebehandlung neuer Warmarbeitsstähle auf deren mechanischen Eigenschaften und Verzug - Vergleich numerische Simulation mit Messung，*Berg Hüttenmänn. Monatsh.*，2005，p 71-76.

· W. Schuetzenhoefer and V. Wieser，Numerische Simulation der Härte-und Anlassbehandlung des Schnellarbeitsstahles S390 MICROCLEAN，*Berg Hüttenmänn. Monatsh.*，2003，p 112-116.

3.4 工具钢变形的控制

控制工具钢热处理过程中及热处理后的变形，必须认真考虑工具的设计、成分、原材料状态、加工过程和热处理工艺。工具钢工件的设计直接影响到加热和冷却过程中变形，设计中限制因素包括钢的成分、加工过程和热处理工艺，这些都可能间接影响到工件的形状和尺寸变形。选择钢的成分虽然要考虑到变形因素，但最主要是根据工件所需的力学性能。由于钢中碳和合金元素对原子间距，对钢的相组织稳定性以及钢的淬透性有明显影响，因此钢的成分决定了尺寸变形大小。工具钢的原材料状态也将会影响到工件变形的大小、均匀性和复现性。

校正变形和误差最主要方法是通过适当的粗加工和精加工。由于机加工成本相对较高，通常粗加工过程中，需要考虑随后热处理变形大小，加工到合适的尺寸要求，这样可以降低加工成本。在控制实际热处理变形时，必须注意综合考虑选择时间—温度因素，正确采用不同的热处理步骤。为保证在后续时效中实现尺寸稳定性，选择的热处理过程应该包括一些稳定化工序。在大多数情况下，采用回火处理可以实现工件足够的稳定性，并得到理想的力学性能。然而，对某些要求达到高尺寸稳定性和理想的力学性能的工件，需要进行特殊的工艺处理。

3.4.1 设计

在很大程度上，成品工件的成本取决于对工件公差要求的范围。公差范围越大，实现起来越容易。因此，除非真的有必要，不要对工件要求过于严格的公差。通过对工件公差要求是控制变形特定的方法。

通常，虽然不能改变工具钢工件设计的主要功能，但在设计上也可能会有一些小的回旋余地，如避免工件截面突变、锐角、薄壁、加强筋不足等缺点，降低工件的形状变形。为了实现均匀淬火，应尽可能保证工件的形状对称。如果工件设计有孔或开口，应该要求孔或开口足够大，以保证淬火冷却介质容易进入。

3.4.2 化学成分

对特定的工具工件选材，需要考虑很多因素，应认真对待。通常工具选材，依据是最高的性价比，因此，即使有的工具钢性能很好，也可能不会被采用。与其他性能稍差的工具钢服役性能相比，采用该工具钢制备工具的综合成本可能相对要高。除了钢材成本外，其他因素如锻造、机加工、热处理和磨削加工成本等会影响制造成本。例如，如果由于淬火产生变形或开裂，废品率高，则生产成本将会很高。

（1）选材过程　通常确定采用哪种工具钢材料的方法是，先选择已被证明成功应用于同一类用途工件的材料进行试生产，而后用于实际的服役条件。如果在制造这些工件时出现问题或工件在使用中不能满足实际的服役条件，这些经验为后续进一步选材可提供有益参考依据。虽然这基本上是一个试错的过程，利用现有信息进行初步选材，可有助于选材顺利进行。表3-19列出了常用工具钢的应用范围、推荐硬度和常用牌号。表3-20列出了根据用途需求，工具钢种类的主要与次要性能要求之间的关系。

表 3-19　常用工具钢的应用范围、推荐硬度和常用牌号

应用	硬度 HRC	最常用典型工具钢
切削工具	60~56	W,O1,M2,T1
模具	45~66	W1,S1,O1,A2,D2,D4
剪切工具	30~52	W1,S1,S2,S5,O1
量规	63~66	W1,O1,A2,D6
轴承	62~65	L3,440C,M2,M50

（2）成分对变形量的影响　通常尺寸变形小于形状变形，通过降低淬冷烈度，可以减少形状变形。因此，如果工件采用油代替水淬火，或采用空气冷却代替油淬火，或采用双液（分级）淬火代替直接淬火，则工件的尺寸变形将成为主要考虑的影响因素。

如果有关碳钢和低合金工具钢的相组织、淬透性以及和回火程度已知，可以通过计算出其热处理产生的尺寸变形大小。表3-21为W1、O1、L3和F1钢的计算结果。此外，表3-21还列出了估计的5种中、高合金工具钢尺寸变形大小。以上数据是在假定断面尺寸足够小，淬火速率足够快，工件完全淬透的情况得到的结果。在实际生产中，通常会遇到相当大的形状变形，表3-21中给出的尺寸变形只是对工具钢在热处理过程中变形的粗略预测。

表 3-20　根据用途需求，工具钢种类的主要与次要性能要求之间的关系

用途	性能要求	
	主要	次要
切	耐磨性能和抗加热软化	磨削加工性和韧性
剪	耐磨性能和韧性	安全淬透和淬火变形小
成型	耐磨性能	机加工性能和韧性
拉拔	耐磨性能	淬火变形小
挤压	抗加热软化，韧性耐磨性能	—
轧制	耐磨性能	—
冲击	韧性	耐磨性能

工具钢种类	耐磨性能	韧性	抗加热软化性能	机加工性能
W	低-高	低-高	低	好
O	中等	中等	低	好
A	高	中等	中等	中等
D	高	低	中等	差
H	中等	高	高	中等
T	高	低	高	中等
M	高	低	高	中等
S	低	高	中等	好
L	中-高	中-高	低	中等-好
F	中-高	低	低	中等-好
P	高	高	低-中	中等-好

工具钢种类	淬火变形	淬火安全性	淬透深度	脱碳倾向
W	高	低-中	浅	低
O	中等	中等	中等	低
A	低	高	深	中等
D	低工	高	深	中等
H	低	高	深	中等
T	低	高	深	中等
M	低	高	深	高
S	中-高	低-中	中等	高
L	低-中	中-高	中等	低
F	高	低	浅	低
P	低	中-高	浅	低

表 3-21　常用类型工具钢尺寸变形大小

工具钢牌号	淬火工艺	回火工艺	淬火和回火产生的尺寸变形 mil/in[1][2]
W1	1450°F,水	300°F,1h	1.7~2.5
O1	1450°F,油	300°F,1h	1.4~2.1
L3	1550°F,油	300°F,1h	1.4~2.4
F1	1600°F,油	300°F,1h	1.1~2.1
S1	1750°F,油	500°F,1h	1.0~2.5
A2	1775°F,空冷	500°F,1h	0.5~1.5
D2	1875°F,空冷	500°F,1h	-0.5~0.5
T1	2350°F,油	1050°F,2½+2½h	0.6~1.4
M2	2225°F,油	1025°F,2½+2½h	1.6~2.4

① 原始条件为退火。

② 1mil（密耳）= 0.001in（英寸）。

3.4.3　原材料状态

原材料状态是指组织的类型和均匀程度、残余应力的分布及大小，以及原材料的质量。工具钢原材料状态对随后热处理中变形有相当大的影响。最理想微观组织是退火后得到的球状珠光体组织。再次对淬火后的组织，如马氏体组织进行淬火，变形量最大。因为钢的尺寸变形取决于化学成分，如钢中存在成分偏析或脱碳，淬火会产生严重变形。由成形或粗加工等前工序产生的塑性变形，会引起残余应力，也会在热处理淬火加热中应力释放，产生变形。

如退火态工具钢存在的成分偏析，会影响淬火后的相组织数量和分布。成分偏析程度与工具钢的成分、炼钢工艺和热加工工艺有关。经热轧或锻造后，工具钢碳化物为细长条状，而与条状碳化物相邻区域碳和合金含量与钢的基体成分不同，产生成分偏析。钢在奥氏体化加热时，由于钢中不同区域碳和合金元素的溶解速率不同，造成奥氏体相的成分差异。由此导致淬火后，马氏体和残留奥氏体中的成分、数量和分布不同。很难预测产生这种偏析的材料，在不同方向上工件的变形大小程度。此外，即使对称工件，偏析会引起局部相变温度的不同，导致形状变形。

淬火后由于碳化物沿轧制方向分布，造成 D2 钢棒材轧沿制方向单位长度的变化大于其他方向。如果不考虑这种钢材制作模具厚度变化较大，则可以采用切削加工方法使厚度方向尺寸与轧制方向尺寸相吻合。如果模具所有方向的尺寸变化要求必须一致，则可采用顶锻工艺。

如果批量购买用于生产某高精度尺寸产品的工具钢原材料，在购买规格和技术参数中应该包括钢的等级、制造商、化学成分、供货硬度、碳化物形态和分布、热处理后硬度、非金属夹杂物、淬透层深度、晶粒尺寸以及尺寸要求。这将有助于确保在服役条件下工件能正常工作和在生产制造和使用中的尺寸变化在规定的范围内。

3.4.4　机加工过程

通常工具钢工件在热处理前后都需要进行机加工，因为退火状态可加工性比热处理后容易得多，因此可能在热处理之前进行的机加工都最好在热处理之前完成。但是，如果必须满足严格公差要求或热处理后应满足较高表面粗糙度要求，则必须在热处理后进行部分加工。此外，必须通过磨削工序去除热处理表面脱碳和氧化，保证刀具寿命和耐磨性。通常热锻模的所有机加工都是在热处理后进行，如模具模腔回火后硬度要求低于约47HRC，可采用

低合金模具钢，淬油后机加工至最终尺寸。

如果热处理后必须进行精加工，粗加工后必须留足加工余量。根据主要热处理工序中可能的变形量，预留加工余量。估计的加工余量越准确，精加工中需要去除的加工量越少，则热处理工序产生的废品率越低。如粗加工中变形过大，工件中的残余应力可能会引起麻烦。如遇到这种情况，可采用增加一次消除应力处理，或采用减小机加工进给量和降低切削速率。如在粗加工产生了残余应力，随后应采用消除应力处理，这样可以减少主要热处理工序中产生的变形。消除应力处理是加热至 650℃（1200°F），随后缓慢冷却到室温。通常采用校准（trueing-up）加工工序来补偿消除应力时产生的变形，这也有助于减少主要热处理工序中的变形。如果消除应力产生的变形较小，应力消除可以安排在奥氏体化加热之前，预热中没有冷却到室温时进行。

McArthur 和 Kinne 采用一种方法确定 L3 工具钢滚珠轴承座圈的机加工余量。图 3-48 为热处理变形造成座圈内径、外径和直径微增量，座圈外径尺寸范围为 25~400mm（1~16in），而最大、最小和平均直径尺寸变化与外径尺寸有关。图 3-49 为在该外径尺寸范围内预期的直径形状变形大小。采用下面例子说明这些数据的使用方法。粗加工尺寸的座圈外径（OD）250mm（10in），内径（ID）230mm（9in），公差 0.08mm（0.003in），最小最终磨削量为 0.15mm（0.006in），可达到表面粗糙度的要求，去除表面脱碳层和氧化皮的要求。表 3-22 表明，座圈外径粗加工后，外径尺寸应大于外径 0.5mm（0.02in），座圈内径粗加工后，内径尺寸应小于内径 1.1mm（0.045in）。这可以减少热处理后平均最终研磨量，并降低由于外径尺寸不足或内径过大造成废品率。

尽管热处理后精加工主要目的是获得最终尺寸，但可能无法直接做到这一点。在工件的某一尺寸加工达到公差范围内，由于热处理的工件存在残余应力，其他的尺寸可能小于要求尺寸。机加工时通常出现不均匀切削金属，因此在精加工中，会由于消除非均匀应力产生变形过大。局部加热也会引起残余应力，造成变形过大。为控制变形在允许范围内，通常需要在精加工中间，进行两次或两次以上稳定化处理。

为达到所需的表面粗糙度和最终尺寸，通常采用磨削、研磨和珩磨精加工。经过这些精加工，尽可能实现工件均匀一致，避免不良的尺寸变化。但也可能会出现问题的情况，例如，量块研磨通常导致出现线状边缘（wire-like edge）。不小心撞击可能会造成量块部分边缘弯曲，影响量块对比工作平面

的精度。只要有 2 微英寸（micro-in）的毛刺，就会降低量块的精度，就不适合用于精密测量。

Snyder 研究了精加工对淬火和回火后 O1 钢的残余应力的影响。当在淬火态下进行磨削加工，残余拉应力的作用深度约为 0.6mm（0.025in）；经 205℃

（400℉）回火，表面残余应力的大小从 480MPa 降低到 345MPa（70000 到 50000psi），但残余拉应力作用深度并没有改变。研磨去除 0.6mm 残余拉应力表层，留下 0.008mm（0.0003in）残余压应力层，采用 5% 硝酸酒精侵蚀可去除该压应力层。

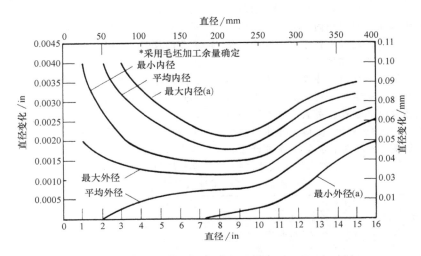

图 3-48　热处理中 L3 钢轴承座圈尺寸变形

注：0.50%C，1.60%Ni，1.00%Cr，0.10%V（选择），0.30%Mo；0.55%C，
2.00%Ni，1.00%Cr，0.10%V（选择），0.75%Mo；0.55%C，1.00%Cr，0.10%V，0.75%Mo。

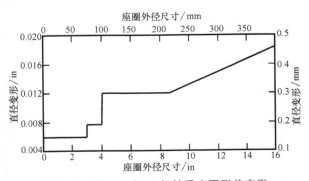

图 3-49　热处理中 L3 钢轴承座圈形状变形

表 3-22　L3 钢滚珠轴承座圈粗加工尺寸余量

项目	外径（OD）余量/mil[1]	内径（ID）余量/mil[1]
形状变形	13	-13
最小尺寸变形	-3	-23
最小磨削量	6	-6
加工公差	3	-3
总余量	19	-45

注：外径（OD）10in，内径（ID）9in。
[1] 1mil（密耳）= 0.001in（英寸）。

如果所有的机加工都在热处理前进行，工具钢的热处理应采用良好抗脱碳和抗氧化的保护气氛，否则热处理后难以保证表面硬度和表面粗糙度。当

然，与热处理后进行精加工相比，热处理前机加工控制尺寸变化难度更大。必须准确地对热处理过程中尺寸变化进行估计，以便通过机加工消除，达到最终尺寸。与尺寸变形相比，如果形状变形过大，则难以准确对尺寸变化进行估计。采用水淬火，或复杂工件采用油淬火，常出现这种情况。如淬火冷却是在保护气氛中完成，选择空气淬硬钢具有明显的优势。如果工件的公差足够大，可采用水淬火，此时形状变形可能不是主要问题。

如果所有机加工都在热处理前进行，对最终尺寸公差的设置就非常重要。除热处理变形外，必须考虑到机加工中要求的最小公差。例如，工件的某尺寸的机加工实际变化达到 ±0.08mm（0.003in），热处理变形在 0.05~0.1mm（0.002~0.004in）范围，则要求的公差在 -0.03~+0.2mm（-0.001~+0.007in）。设计师通常采用相同的正负公差大小，在设计图上标注 ±0.2mm，但实际上不需要采用这么大的负公差。如对选择的最终尺寸进行适当补偿，可采用正负公差大小相等。在上面的例子中，如图纸上尺寸增加了 0.08mm，可采用 0.1mm 的公差范围。

3.4.5　主要热处理工序

虽然有时在工件回火前或回火后进行冷处理，通常工具钢主要热处理工序指的是淬火和紧随其后

的回火。在本节中，主要介绍如何采用热处理和辅助机械方法精确控制工件变形。

（1）控制氧化 氧化会减少工具钢的体积和重量，但控制氧化可用于补偿由于尺寸或形状变形造成的膨胀。O1、O2 和 A2 钢被认为不发生变形，这一特点可以部分归因于在奥氏体化加热中氧化性能。可通过控制其影响因素，包括炉内气氛、奥氏体化温度和保温时间，保持恒定的氧化条件，利用氧化校正变形。盐浴炉中的奥氏体化也会产生氧化，减少工件体积，其原因为工具钢工件表面氧化物不断形成。不论在气氛炉或盐浴炉进行加热，奥氏体化温度越高，奥氏体化时间越长，由氧化造成工件体积减少越多。为确定氧化条件，使得工件体积减少以及用淬火体积膨胀进行弥补，必须事先进行相关验证试验。淬火和回火通常会生产非均匀尺寸变化，

而氧化方法仅能对某一个方向的尺寸膨胀进行补偿。这只有在该方向的尺寸非常重要且其他方向的尺寸减少是可以接受的情况下采用。如果热处理期间发生氧化，工件尺寸变化具有再现性，则可安排粗加工这些过大或过小尺寸热处理工件，使之达到最终的尺寸。但是，一般工件尺寸变化再现性差，需要采用磨削去除工件表面氧化皮，因此这种工艺仅在有限的范围内使用。

（2）冷却方法 Pavesic 对比了直接淬火、马氏体分级淬火和等温淬火工艺对 O1 钢圆柱试样的长度和直径的变化的影响，见表 3-23。直接淬入 50℃（120℉）的油中，直径出现膨胀，而长度的伸长比采用马氏体分级淬火和等温淬火的要小。根据长度与直径变化的比较，等温淬火比马氏体分级淬火的膨胀均匀性更好。

表 3-23 O1 钢淬火尺寸变化

淬火工艺	硬度 HRC	测量每英寸尺寸变化/mil[①]
淬入 120℉油中,空冷至室温	63	长度 0.5,直径 1.6
马氏体分级淬火,淬入 400℉盐浴保温 10min,空冷至室温	60	长度 1.1,直径 0.9
等温淬火,淬入 400℉盐浴保温 8h,空冷至室温	58	长度 0.8,直径 0.9

① 1mil = 0.001in。

Boyer 研究了高碳低合金钢管采用马氏体分级淬火的优势。钢管长 125 mm，外径（OD）为 25mm，内径（ID）为 20 mm（长 5in，外径为 1in，内径为 0.75in）。表 3-24 为试验结果，其中马氏体分级淬火外径膨胀、圆度和弯曲均较小。高速钢分级淬火允许使用矫直工序对变形进行校正。工件经奥氏体化加热淬入矫直温度（仍为奥氏体）矫直，而后淬火冷却至室温。

表 3-24 高碳低合金钢管马氏体分级淬火与直接淬火比较

尺寸测量	尺寸变化/mil[①]	
	油淬	等温淬火
外径(OD)膨胀	0.82	0.62
圆度	0.33	0.24
弯曲	0.52	0.23

注：外径（OD）= 1in，内径（ID）= 3/4in，长度 = 5in。
① 1mil = 0.001in。

（3）回火方法 通常可以采用回火，对淬火中产生的膨胀进行部分或完全补偿。在淬火和回火后 9 种类型工具钢平均尺寸变化数据列于表 3-25，数据是尺寸为 25mm×50mm×150 mm（1in×2in×6in）材料的平均尺寸变化。对某些钢而言，选择合适的回火温度，其尺寸与退火态相比，基本上没有变化。然而，从材料的硬度和韧性要求看，这个回火温度可能难以实现。一般来说，采用的回火温度应综合考

虑达到最佳力学性能与最小尺寸变化。

Riedel 介绍了一个采用淬火后加多次回火，称为"奥氏体–马氏体平衡（austenite–martensite balance）"方法，可将 D2 钢尺寸变化控制接近于零的水平，如表 3-26 所示。试样尺寸为边长 50mm（2in）立方体，采用 D2 钢 1150℃（2100℉）奥氏体化加热，空冷淬火，在 480℃（900℉）回火一次，试样尺寸收缩了 0.1mm（0.004in）。随后再次提高回火温度进行多次回火，由于残留奥氏体向马氏体转变量增大，工件的收缩出现了减少。采用这种回火方式回火后，如有足够数量的残留奥氏体转变为马氏体，试样尺寸变化可以为零，甚至变为正值。表 3-26 中特定的 D2 钢立方体试样尺寸变化为零的回火温度是 535~550℃（1000~1020℉）。因为即使对一种钢制备的不同工件，对应零尺寸变化的回火温度有明显的不同，多次回火工艺必须要进行反复实验验证。

McArthur 和 Kinne 介绍了一种用于防止淬火态滚珠轴承座圈不圆的回火方法。该方法采用液压矫直机进行内径扩孔，将原椭圆形内径孔弹性扩大并恢复座圈的圆度。在随后回火过程中，采用螺旋千斤顶固定圆形孔，回火最好在盐浴炉里进行。即使在回火温度发生塑性变形，或回火后移去螺旋千斤顶，圆形孔圆度也可以保留下来。

表 3-25 淬火和回火后平均尺寸变化

淬火工艺	淬火态	平均尺寸[1] 变化/（mil[2]/in）						
		300℉	400℉	500℉	600℉	800℉	900℉	1000℉
O1（0.9%C，1.2%Mn，0.5%W，0.5%Cr）								
1500℉，油淬	2.2	1.7	1.6	1.8				
1450℉，油淬	1.8	0.9	1.2	1.3				
A2（1%C，5.3%Cr，1.1%Mo，0.3%V）								
1750℉，空冷	0.9	0.6	0.6	0.8	0.7	0.5	0.4	0.6
D2（1.5%C，12%Cr，1%V，0.8%Mo）								
1850℉，空冷	0.6	0.3	0.3	0.2	0	−0.1	−0.2	0.6
D3（2.1%C，0.5%Si，13%Cr）								
1750℉，油淬	0.7	0.4	0.2	0.1	−0.2			
D4（2.3%C，12.5%Cr，4%V，1.1%Mo）								
1900℉，空冷		0.3	0.1	−0.1	−0.3	−0.4	−0.3	−0.5
D5（1.5%C，0.5%Si，12.3%Cr，0.9%Mo，3.1%Co）								
1850℉，空冷	0.7	0.3	0.2	0.4	0	0.3	0.3	0.5
H11 改进型（0.6%C，1%Si，1.2%W，5%Cr，1.2%Mo）								
1850℉，空冷	1.1	0.6	0.7	0.8	0.8	0.3	0.1	1.2
H11 改进型（0.4%C，5%Cr，1.6%Mo，1%Si，3%W）								
1850℉，空冷	0.5	—	—	—	—	—	0.3	0.7
H13 改进型（0.4%C，5%Cr，1.2%Mo，1%V，1%Si）								
1850℉，空冷	−0.1	—	—	—	—	—	0	0.6

① 试样尺寸 1in×2in×6in 三个方向平均单位尺寸变化，原始状态为回火态。
② 1mil = 0.001in。

表 3-26 采用奥氏体-马氏体平衡方
法热处理 D2 钢的尺寸变化

热处理工艺	密度/（g/cm³）	比重变化（%）	计算的每英寸尺寸变化/mil[1]
退火态	7.71	0	0
2100℉淬火态	7.82	1.4	−4.0
900℉回火	7.82	1.4	−4.0
950℉再次回火	7.82	1.4	−4.0
980℉再次回火	7.79	1.0	−3.0
1000℉再次回火	7.74	0.4	−1.0
1020℉再次回火	7.70	−0.1	0.5
1050℉再次回火	7.68	−0.4	1.0

① 1mil = 0.001in。

采用锤击细长杆状工件，而后进行回火，可用于校正工件变形。这种方法的缺点是，很难对工件中的非均匀残余应力分布进行控制，导致在随后的磨削加工或时效中出现变形。采用对工件关键部位，如凹点处进行喷砂处理，可以有效改善残余应力均匀分布。在随后研磨工序或消除非均匀应力时效中，喷砂处理也能减少工件出现回弹现象。

（4）工件返修 从工件返修的角度来看，冷处理有时是有利的措施。由于热处理原因或加工误差，出现工件略小于尺寸要求，采用冷处理能使工件产生足够的膨胀（由于残留奥氏体转变），返修挽救工件。残留奥氏体数量越多，发生相变的可能性越大。

如果冷处理中产生的马氏体组织，最后需要采用回火进行韧化，此时工件可能会出现少量的体积收缩。

对服役中尺寸发生磨损的工具钢工件进行二次淬火，是低成本的工具返修方法。生产实际中通常采用这种方法对用于线材或管材生产的内径尺寸超差，无法继续使用的拉延模进行返修。通过二次淬火，包括孔径内淬火（bore quenching），模具可以恢复原始尺寸。限制对孔内淬火通常会导致收缩，收缩大小取决于工具钢的淬透性。与采用水淬火的工具钢相比，假设在没有淬透的情况下，含 0.80% ~ 1.40%Cr 和 1.40%V 淬透性更高工具钢产生更大的孔内收缩。也有采用 C-W 工具钢（F2 和 F3）制造拉拔模具。由于 F3 钢的铬含量高，淬透性大于 F2。如果根据模具尺寸采用 F3 钢和孔径内淬火可以淬透，而 F2 钢不能淬透，则后者孔二次淬火处理后的收缩更大。

3.4.6 稳定化处理

稳定化处理是减少热处理后尺寸变化的一种方法。尽管工具钢回火是为了得到适当的硬度和韧性综合力学性能，但回火对后续尺寸变化有明显的影响，因此也可以看成是一种稳定化处理。在大多数情况下，在适当的温度中，保温足够长时间，进行单次回火，工件应具有所需的稳定性。然而，有时也采用多次回火，冷处理或者进行低温冷处理到高温回火的循环处理工艺。

从弥补服役中磨损的角度考虑，热处理后时效处理，除希望工件有高的尺寸稳定性外，更希望尺寸增长速率与磨损率相当，对磨损进行补偿。如果在一定范围，工件尺寸膨胀率超过磨损率不会造成严重损害，这种方法值得尝试。然而，采用这种控制方法保持工件在服役中的尺寸会产生很多困难。磨损是一个复杂的过程，不同工件在表面看似相同的服役条件下，其磨损率和磨损均匀性可能相差甚远。此外，实现各个工件的热处理尺寸膨胀速率复现性比实现得到高的尺寸稳定性更难，随尺寸膨胀速率增加，实现整个工件均匀增长率的难度增长。而后者难度更为明显，例如，处理的精密量块（塞规）尺寸以一定的速度增长，抵消预期的磨损率。由于不均匀的增长产生变形，损害削弱了量块（塞规）的贴合性（wring-ability）。

（1）回火稳定化 工件的尺寸是否稳定取决于马氏体分解产生收缩和奥氏体转变产生膨胀，这两个因素使尺寸变化最小，工件尺寸则稳定。理想情况下，可以通过高温回火，几乎完全消除马氏体和残留奥氏体组织，实现这两个目标。然而，高温回火通常会牺牲工具钢工件的硬度和耐磨性，而这对工具正常使用是至关重要的性能。因此，在某种程度上，实际生产中工具尺寸稳定性受到力学性能要求的限制。应该确认实际生产中工具尺寸稳定性是服役中必要的性能，否则不必对工具尺寸进行严苛的限制。推荐的工具钢量规淬火和回火工艺见表3-27。

表 3-27 推荐的工具钢量规淬火和回火工艺

钢号	温度/℉	
	淬火①②	回火
W1	1450~1500	350
W2	1450~1500	350
W5	1425~1475	350
O2	1425~1450	325
O6	1475~1525	325
D2	1825~1850	400
D4	1850~1875	450
D5	1825~1850	400
L3	1500~1525	325

① D2、D4 和 D5 钢应该在 1450℉预热，其他钢不需要预热。
② 淬火介质：W1 W2 和 W5 采用盐水或水；O2，O6，L3 表示油；D2 和 D5 采用空冷；D4 采用空冷或油。

为减少马氏体分解产生的收缩，在满足硬度要求的前提下，选择最高的温度回火，产生预收缩（pre-shrinkage）。可以通过不同的回火温度和时间组合，实现所要求的预收缩。通常，选择的回火温度越低，则获得的硬度就越高。可以通过选择工具

钢成分，使其在第一阶段回火温度回火，马氏体收缩程度相对较小。

为减少膨胀的趋势，如考虑奥氏体在室温下进行相变，则要求其在室温下稳定。对于低合金工具钢，回火温度越高，则稳定程度越大。如在足够高的温度回火，残留奥氏体会转变为贝氏体组织，使工件整体硬度降低，这对大多数工具是无法正常使用的。对于高合金工具钢，高温回火后在冷却至室温的过程中，残留奥氏体转变成马氏体组织并一直保留下来。通常，高合金工具钢在二次硬化工艺中采用这种高温回火工艺。钢的尺寸稳定性问题，包括降低残留奥氏体量和对剩余的残留奥氏体稳定，避免其在室温发生等温转变，可以通过多次回火或回火和冷处理循环处理实现。

采用回火作为机加工后稳定化处理的主要目的是消除应力。使用的回火温度不应超过主要热处理工序中的回火温度；否则会出现不利的尺寸变化。正确使用附加回火消除应力，可以最大程度上保证在加工至最终尺寸时工件的尺寸稳定。

（2）冷处理稳定化 通过冷处理减少残留奥氏体含量，降低时效处理后回火的体积膨胀量。然而，除非采用回火降低马氏体时效时产生的收缩，否则不应通过进一步低温冷却减少残留奥氏体含量。钢中存在部分残留奥氏体如能平衡马氏体产生体积膨胀，则可能是有益的。为实现低温冷处理后最大尺寸稳定性，回火温度必须高于通常没有进行低温冷处理的回火温度，因此通过冷处理提高硬度，无法保证实现。对于高尺寸稳定性和耐磨性要求的高精度量规、工具和模具，冷处理不一定是最佳的工艺。如果淬火造成过量的残留奥氏体，采用冷处理是非常有效的措施。例如，为防止变形或开裂，采用分级淬火产生大量的残留奥氏体组织，通过冷处理可以减少后续体积膨胀的倾向。

（3）循环时效（Seasoning） 循环时效为将工具放置在与工具服役条件相似的条件下进行时效，其目的是通过将工具钢事先放置服役条件下，允许工件尺寸变化，增强工件在服役中的尺寸稳定性。有时循环时效是在服役中可能遇到的极端温度之间进行多次循环处理。如果工件的力学性能不会受到损伤，采用低于服役中最低温度或高于服役中最高温度进行循环时效是非常有利的。循环加热和冷却的主要作用是缓解应力，减少由于突然温度变化或机械冲击，造成工件尺寸的变化。与此同时，冷却到零下温度可能会导致少量的残留奥氏体向马氏体转变，从而消除这种潜在的尺寸变化因素。在生产制造量块时，通常的做法是在淬火和回火后进行-85℃

（-120℉）至室温循环时效处理。然而，有人对此提出怀疑，认为如淬火后立即进行冷处理，是否还有必要进行循环时效。

表 3-28 为 5 种工具钢经 10 次从 20℃ 到 -70℃（68℉ 到 -95℉）循环时效处理后的尺寸变化。分别在 510℃ 和 480℃（950℉ 和 900℉）回火的 A2 和 D2 钢，循环时效处理的尺寸膨胀相对较大。经循环时效处理后，W1、L2 和 L3 钢的尺寸膨胀大于其在 20℃ 时效一年的净收缩效果。

表 3-28　工具钢采用 20℃ 到 -70℃（68℉ 到 -95℉）循环时效 10 次的尺寸变化

钢号	热处理工艺	循环时效后每英寸长度变化/micro-in[①]
W1	1450℉，1/2h，水淬	0
	300℉，1h，空冷	30
L2	1550℉，1/2h，油淬	0
	300℉，1h，空冷	-5
L3	1550℉，1/2h，油淬	0
	300℉，1h，空冷	15
A2	1800℉，1/2h，空淬	0
	300℉，1h，空冷	65
	950℉，1h，空冷	600
D2	1800℉，1/2h，空淬	0
	300℉，1h，空冷	-5
	900℉，1h，空冷	435

① micro-in = 10^{-6}in。

Lement 研究了各种循环处理工艺对 L3 钢马氏体分级淬火的影响，如图 3-50 所示。图中为相对于马氏体分级淬火态试样长度，每一循环周期长度的变化率。各种循环处理工艺如下：

工艺 A：冷却至 -195℃（-320℉），而后经 10 次 20℃ → 120℃ 保温 1h（68℉ → 250℉）循环时效处理。

工艺 B：在 120℃ 回火保温 1h，冷却至 -195℃ 保温 1h，而后进行回火 → 冷处理，共计 10 次。

工艺 C：冷却至 -195℃ 保温 1h，在 120℃ 回火保温 1h，而后进行冷处理 → 回火，共计 10 次。

工艺 D：冷却至 -195℃，而后在 120℃ 回火保温 10h。

每种循环工艺在 120℃ 总回火时间为 10h。为了清晰起见，将工艺 D 的长度变化从图 3-50 中删去。经该工艺后的净膨胀与工艺 A 的相同。

图 3-50 中表明，L2 和 L3 钢经马氏体分级淬火后，前两个冷却循环周期中消除了残留奥氏体，但后面的循环周期对残留奥氏体影响不大。工艺中不管有多少次低温循环冷处理，在 120℃ 累积回火 10h 是非常重要。两种优化的回火和低温冷处理组合工艺如下：

工艺 1：采用在 120℃ 回火保温 1h，进行冷处理 2 次循环处理；再在 120℃ 回火 8h。

工艺 2：冷处理后在 120℃ 回火保温 1h，进行冷处理，再在 120℃ 回火保温 9h。

工艺 1 的优势是降低了先进行冷处理中生产开裂的危险（因为第一次回火提高了钢的韧性，减少了在低温下相转变的数量），工件的尺寸变化几乎与马氏体分级淬火态完全一样。工艺 2 减少了一个回火步骤，消除了更多的残留奥氏体，因此硬度更高。与采用室温时效工艺相比，两种工艺的试样的尺寸稳定性相同。因此，可以将这两种工艺与马氏体分级淬火相结合，在获得高硬度的同时，保持工件良好的尺寸稳定性。

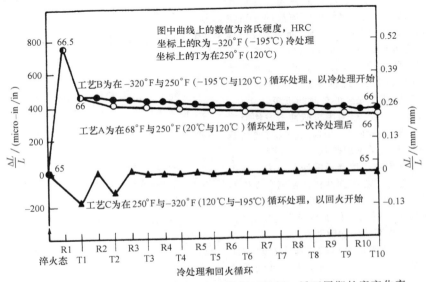

图 3-50　L3 工具钢马氏体分级淬火后循环时效每一循环周期长度变化率

Lement 采用循环处理，对 D2 钢尺寸变化进行了研究。将钢在 1040℃ （1900℉）下加热奥氏体化，空冷淬火至室温，而后进行 10 次循环处理。循环处理包括：① 冷处理至 −195℃ （−320℉）保温 1h；② 在 510℃ （950℉）回火保温 1h 后采用 20℃ （68℉）油冷却。图 3-51 为与淬火态相比的尺寸变化。第一次冷却至 −195℃，产生 0.00133in 每英寸的尺寸膨胀变化，而第一次回火产生 0.00158in 每英寸的尺寸收缩。其收缩大的原因是淬火态中马氏体和在第一次冷处理时形成的马氏体产生分解，而实际马氏体分解产生的收缩一定是大于 0.00158in 每英寸，其原因是从 510℃ 回火冷却中产生了明显的膨胀。接下来的循环处理不断产生膨胀，经 9 次循环处理后，不论是冷处理或回火冷却，残留奥氏体出现稳定化，尺寸保持恒定不变。10 次循环处理后，尺寸保持恒定的同时，硬度从 66HRC 降低到 58.5HRC。

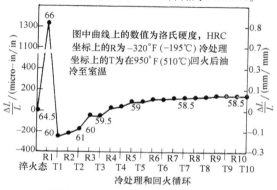

图 3-51　D2 钢循环处理尺寸变化

Gordon 研究了 M2 钢单次、两次和多次回火后残留奥氏体的转变量，如图 3-52 所示。该钢采用在 105℃ （225℉）中断淬火未经冷却到室温，随后在 565℃ （1050℉）回火。在 105℃ 中断淬火使残留奥氏体含量增加到约 55%（体积分数），而通常直接淬火到室温残留奥氏体约 25%（体积分数）。中断淬火后，采用两次回火的残留奥氏体转变量明显高于单次回火。与单次回火相比，通过增加回火次数，使最后剩余残留奥氏体转变完全的总时间更短。

（4）机械冲击　有时也采用机械冲击方法对工具钢进行稳定化。其中一种方法是采用将工件自由悬挂，然后用木锤敲击。其原理是通过敲击产生弹性波，增加了之前车热处理工序造成的残余应力，在工件某局部，当应力超过了材料弹性极限，则会发生塑性变形而消除应力，使工件达到更高的尺寸稳定性。机械冲击处理不应该被视为替代加热稳定化的方法，而是作为一种进一步提高稳定的辅助方法。

Fletcher 研究了 W1 钢以自由落体撞击在水泥地上的尺寸变化，如图 3-53 所示。由于未回火试样的残余应力更高，其尺寸变化大于回火试样。回火试

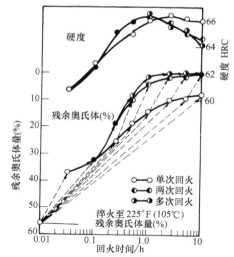

图 3-52　M2 钢 105℃ （225℉）中断淬火加 565℃ （1050℉）回火的残留奥氏体量和硬度

样尺寸也发生变化这一事实表明，需要更小心处理回火试样尺寸。

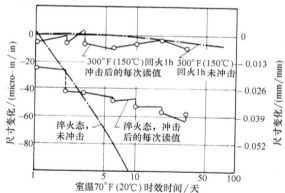

图 3-53　W1 工具钢落体撞击试样尺寸变化

3.4.7　工业实践

工业实践中机加工和热处理工艺的工序流程变化非常大。然而，对特定工具钢工具的正确流程中一个重要考虑因素是，必须要获得高的尺寸稳定性。在很大程度上，最佳的工序流程取决于实际的工件设计，以下步骤是能满足大多数工件的实践：

1）粗加工工序。

2）主要热处理工序。

3）磨或精磨略大于尺寸（或对孔要略小于尺寸）。

4）稳定化处理。

5）磨、精磨或抛光至尺寸要求。

参 考 文 献

1. L. L. McArthur and E. H. Kinne, Dimensional Control

System Minimizes Finishing Costs, *Metal Treating*, Vol 4-6, Nov 1954, p 7.

2. H. J. Snyder, The Effect of Quenching and Tempering on Residual Stressesin Manganese Oil Hardening Tool Steel, *Transactions of the American Society for Metals*, Vol 45, 1953, p 605.

3. E. J. Pavesic, Effect of Quenching Method on Dimensional Changes in Type O1 Tool Steel, *Metal Treating*, Jan-Feb 1953, p 23.

4. H. Boyer, Machined Parts and Their Dimensional Control in Heat Treatment, Part II, *Modern Machine Shop*, Vol 26, Feb 1954, p 132-143.

5. L. Y. Riedel, Short Cycle for Hardening High-Carbon, High-Chromium Tool Steel, *Metal Progress*, Vol 63, Feb 1953, p 67.

6. The Selection of Tool Steels, *Metal Progress*, 66 (July 15, 1954), p 22-24, 32.

7. B. S. Lement, B. L. Averbach, and M. Cohen, The Dimensional Stability of Steel, Part IV—Tool Steels, *Transactions of the American Society for Metals*, Vol 41, 1949, p 1061.

8. P. Gordon, M. Cohen, and R. S. Rose, Effect of Quenching-Bath Temperature on the Tempering of High-Speed Steel, *Transactions of the American Society for Metals*, Vol 33, 1944, p 411.

9. S. G. Fletcher, Dimensional Stability of Metals, *Eighth Progress Report*, Massachusetts Institute of Technology, Oct 1945.

3.5　冷加工工具钢的热处理——水淬和油淬碳素、低合金工具钢

低合金和碳素冷加工工具钢有 W、S、O、L 和 F 系列。由于合金元素含量低，其淬透性相当有限，通常在水（盐水）或油中淬火，有些牌号的钢也可以采用盐浴进行马氏体分级淬火。现代真空高压气淬炉淬火速率不断提高，有些牌号的钢，尤其是小截面工件可以采用真空高压气淬。是否可行，完全取决于真空高压气淬炉，必须在应用之前逐个进行测试，这不在本节介绍范围内。本节所介绍牌号的钢一个共性问题是回火温度范围。由于合金的合金元素含量低，不会产生明显的二次硬化，其回火温度控制在 200℃（400℉）主要用于制备各种冷加工工具。

3.5.1　水淬工具钢

工具钢中最便宜的水淬工具钢，冠以字母 W，实际上是碳素结构钢相同。最常见的水淬工具钢含 C 为 0.90%～1.00%，其不同牌号的名义化学成分如表 3-29 所示，其相应的热处理工艺及性能如表 3-30 所示。

尽管人们任意将水淬工具钢按低淬透性、中淬透性和高淬透性分类销售，但这类钢淬透性相对都比较低。通常低淬透性工件都可以得到高韧性的心部和高硬度的表面，因此低淬透性也可以认为是一种优点。这类钢价格成本低，热处理工艺简单，这是它的另一个优点。

之所以称为水淬工具钢，是因为该类钢常用水介质进行淬火。不过在实际中也有例外，例如，薄片工件采用油淬火，比采用水或盐水淬火变形和开裂危险小。

表 3-29　碳素和低合金冷加工工具钢名义化学成分

钢号	化学成分（质量分数,%）							
	C	Mn	Si	W	Mo	Cr	V	其他
水淬工具钢								
W1	0.60～1.40[②]	—	—	—	—	—	—	—
W2	0.60～1.40[②]	—	—	—	—	—	0.25	—
W3[①]	1.00	—	—	—	—	—	0.50	—
W4	0.60～1.40[②]	—	—	—	—	0.25	—	—
W5	1.10	—	—	—	—	0.50	—	—
W6[①]	1.00	—	—	—	—	0.25	0.25	—
W7[①]	1.00	—	—	—	—	0.50	0.20	—
耐冲击工具钢								
S1	0.50	—	—	2.50	—	1.50	—	—
S2	0.50	—	1.00	—	0.50	—	0.20	—
S3[①]	0.50	—	—	1.00	—	0.75	—	—
S4	0.55	0.80	2.00	—	—	0.30	0.25	—
S5	0.55	0.80	2.00	—	0.40	0.30	0.25	—
S6	0.45	1.40	2.25	—	0.40	1.50	0.30	—
S7	0.50	0.40	—	—	1.40	3.25	—	—

（续）

钢号	化学成分（质量分数，%）							
	C	Mn	Si	W	Mo	Cr	V	其他
油淬冷加工工具钢								
O1	0.90	1.00	—	0.50	—	0.50	—	—
O2	0.90	1.60	—	—	—	—	—	—
O6	1.45	0.70	1.00	—	0.25	—	—	—
O7	1.20	0.60	—	1.75	—	0.75	0.25	—
低合金特殊用途工具钢								
L1	1.00	—	—	—	—	1.25	—	—
L2	0.50~1.10[②]	—	—	—	—	1.00	0.20	—
L3	1.00	—	—	—	—	1.50	0.20	—
L4[①]	1.00	0.60	—	—	—	1.50	0.25	—
L5[①]	1.00	1.00	—	—	0.25	1.00	—	—
L6	0.70	—	—	—	0.25[③]	0.75	—	1.50Ni
L7	1.00	0.35	—	—	0.40	1.40	—	—
碳-钨系特殊用途工具钢								
F1	1.00	—	—	1.25	—	—	—	—
F2	1.25	—	—	3.50	—	—	—	—
F3	1.25	—	—	3.50	—	0.75	—	—

① 这些钢不常使用，在1978年3月AISI产品手册《工具钢》中不包括他们的成分和热处理工艺。

② 有不同碳含量的钢，在该碳含量范围内，以0.10%为单位增加。

表 3-30　水淬工具钢推荐热处理工艺及性能

温度		碳含量（%）	热处理后硬度	工艺
℃	℉			
正火				
815	1500	0.60~0.75	—	均匀加热透；保温时间 15min（小截面）到 1h（大截面），然后空冷
790	1450	0.75~0.90		
870	1600	0.90~1.10		
870~925	1600~1700	1.10~1.40		
退火				
740~760	1360~1400	0.60~0.90	156~201HBW	均匀加热透；保温时间 1~4h[①]；以 22℃/h（40℉/h）冷却速率炉冷至 510℃（950℉），然后空冷
760~790	1400~1450	0.90~1.40		
淬火[②]				
790~845	1450~1550	0.60~0.80	65~68HRC	在奥氏体化温度保温 10~30min；淬水或淬盐水（非常小的截面可采用油淬火）
775~845	1425~1550	0.85~1.05		
760~830	1400~1525	1.10~1.40		

① 对截面小的工件和装炉量少的情况，保温时间大约1h左右，对截面大的工件和装炉量多的情况，保温时间大约4h左右。

② 对大型工具和复杂形状工具，建议在 565~650℃（1050~1200℉）预热。

（1）W1型工具钢　W1钢淬火能获得高的表面硬度和高的心部韧性，可用于生产受一定冲击载荷的工具。W1型钢属低成本工具钢，随钢中碳含量提高，具有良好的耐磨性能。它们采用水淬火，其尺寸变形大，因此仅限用于制作相对截面均匀，受力较低的工件，否则易造成淬火裂纹。图3-54为W1钢等温转变图。

同类钢有：ASTM A686（W-1）；SAE J437（W108），（W109），（W110），（W112），J438，（W108），（W109），（W110），（W112）；（Ger.）DIN 1.1525，1.1545，1.1625，1.1654，1.1663，1.1673，1.1744，1.1750，1.1820，1.1830；（Fr.）AFNOR A35-590 1102 Y（1）105，A35-590 1103 Y（1）90，A35-590 1104 Y（1）80，A35-590 1105 Y（1）70，A35-590 1200 Y（2）140，A35-590 1201 Y（2）120，A36-596 Y75，A35-596 Y90；（Jap.）JIS G4401 SK 1，G4401 SK 2，G4401 SK 3，G4401 SK4，G4401 SK 5，G4401 SK6，G4401 SK7，G4401 SKC 3；

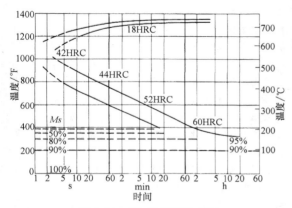

图 3-54 W1 钢等温转变图

注: 化学成分 (质量分数,%): 1.14 C, 0.22 Mn,
0.61 Si。在 790℃ (1455℉) 奥氏体化。

(U. K.) B. S. 4659 (SA W1), 4559 BW1A, 4659
BW1B, 4659 BW1C。

(2) W2 型工具钢　W2 型工具钢与 W1 型钢基本相同。

同类钢有: ASTM A686 (W-2); FED QQ-T-580
(W-2); SAE J437 (W209), (W210), J438 (W209),
(W210); (Ger.) DIN 1.1645, 1.2206, 1.2833;
(Fr.) AFNOR A35-590 1161 Y 120 V; A35-590 1162
Y105 V, A35-590 1163 Y 90 V, A35-590 1164 Y 75
V, A35-590 2130 Y 100 C 2, A35-590 1232 Y 105 C;
(Jap.) JIS G4404 SKS 43, G4404 SKS 44; (U. K.)
B. S. 4659 BW 2; (Swed.) SS (USA W2A), (USA
W2B), (USA W2C)。

(3) W5 型工具钢　W5 型工具钢与 W1 型钢性能基本相同。

同类钢 (美国和/或国外)。ASTM A686 (W-5)。

对于该类钢推荐的热处理工艺如下。

(1) 正火　除了有已被证实的特殊情况外, 不推荐对购买的水淬工具钢进行正火处理。通常对锻造或需重新热处理的钢, 推荐采用正火进行细化晶粒并获得更均匀的组织。表 3-30 为钢的推荐正火温度, 随碳含量变化, 最合适正火温度也随之变化。正火时必须特别注意防止出现脱碳现象。

(2) 退火　W 系列工具钢通常在退火条件供货, 因此, 用户不必要进行退火处理。为了软化材料, 进行机加工, 消除残余应力或为钢淬火作组织准备, 通常对锻造或冷加工碳素工具钢进行退火处理。退火可在气氛炉、真空炉或在采用了防止表面脱碳保护的普通大气热处理炉 (当今已不常见) 中进行。工件被加热到退火温度 (见表 3-30), 薄片工件保温大约 1h, 厚壁工件保温大约 4h。为防止工件

表面发生反应, 在退火炉内打包堆放加热。通常经验做法是, 按打包的横截面直径, 每英寸保温时间为 1h。退火冷却应以不超过 22℃/h (40℉/h) 的冷却速度, 在炉内冷却到 510℃ (950℉)。低于这个温度以后, 可不对冷却速率进行控制。退火后硬度范围应该在 156~220HBW。

(3) 消除应力　有时在淬火前, 采用消除应力处理可以用来降低变形和开裂。该过程为将工件加热 650~720℃ (1200~1350℉) 后空冷。通常情况下, 水淬工具钢只有在制作形状复杂工件, 或工件经过严重冷变形, 才采用淬火前消除应力处理。通常 W 系列工具钢消除应力处理温度远高于正常的回火温度, 因此在大多数情况下, 水淬工具钢淬火后, 不采用消除应力处理。

(4) 奥氏体化　水淬工具钢奥氏体化温度通常为 760~845℃ (1400~1550℉) 范围, 见表 3-30。有时采用更高的奥氏体化温度, 用于特殊场合 (见图 3-55)。随着奥氏体化温度提高, 钢的淬透性增加。在奥氏体化温度下, 最优保温时间是 10~30min。除了尺寸非常大的或者形状复杂的工具, 水淬工具钢奥氏体化加热不需要进行预热。

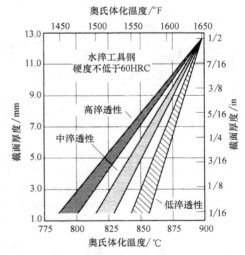

图 3-55　采用不同奥氏体化温度和油淬火,
三种水淬工具钢硬度不低于 60HRC 的最大截面

要特别注意的是, 必须对低淬透性钢进行加热保护, 防止其氧化脱碳。严重表面氧化会影响淬火过程中的传热, 降低淬火冷却速率。脱碳会使钢的表面硬度降低, 如高淬透性钢出现脱碳, 可以采用磨削加工去除软化层, 直至到达高硬度的基体高碳层。对低淬透性钢磨削加工, 通常会暴露出心部的低硬度问题。

(5) 气氛　水淬工具钢在微氧化气氛中进行奥

氏体化的性能优良，图 3-56 为 W2 钢的试验数据。氧化性气氛价格廉价，通常是直接对炉内燃嘴喷火进行控制。通过剧烈的淬水或淬盐水，去除工件表面生成的薄氧化膜。也有采用吸热性气氛的，但必须严密控制和匹配气氛的碳势和钢表面碳含量，如图 3-56 所示。

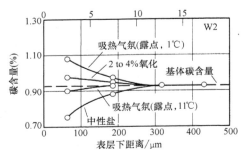

图 3-56 炉内气氛对 W2 工具钢表面碳含量的影响

注：试样在 790℃（1450°F）加热，保温 1h，盐水淬火。采用在 705℃（1300°F）铅浴退火，切削加工 0.13mm（0.005in）进行分析。

（6）淬火 为得到水淬工具钢的最大硬化层深

度，应尽可能采用冷却速率快的淬火冷却介质淬火。在大多数情况下，采用水或 10% NaCl（质量分数）盐水作为淬火冷却介质。有时，为进一步提高冷却速率，还可以采用冰盐水。冷却速率与工件的尺寸和淬火冷却介质密切相关，基于这个原因，小尺寸工件可以采用油进行淬火（见图 3-55）。这对薄片工具采用带有油淬火气氛炉进行热处理特别适用。

（7）回火 水淬工具钢淬火后应立即回火，最好是在淬火冷却至室温前，约 50℃（120°F）时，立即回火最佳。采用盐浴炉、油浴炉和空气炉进行回火都能达到令人满意的效果。然而，采用盐浴或油浴受其工作温度的限制，最低盐的工作温度约为 165℃（325°F），最高油的工作温度约为 205℃（400°F）。

水淬工具钢产生的工件回火温度应不低于 175℃（350°F），通常回火时间不超过 1h。增加回火时间会降低工件硬度。图 3-57 为回火温度对水淬工具钢淬火硬度的影响，水淬工具钢分别在 790℃、815℃ 和 845℃（1450，1500 和 1550°F）奥氏体化加热，并采用盐水作为淬火介质。

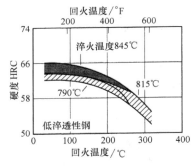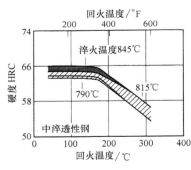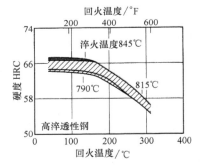

图 3-57 回火温度对水淬工具钢淬火表面硬度的影响

注：采用 3 个不同的奥氏体化温度和盐水淬火。试样尺寸为直径 20~25mm（1in），试样在循环空气炉保温 1h，在空气中冷却至室温。钢的成分：低淬透性钢，0.90%~1.00%C，0.18%~0.22%Mn，0.20%~0.22%Si，0.18%~0.22%V；中淬透性钢，0.90%~1.00%C，0.25%Mn，0.25%Si，无其他合金元素；高淬透性钢，0.90%~1.00%C，0.30%~0.35%Mn，0.20%~0.25%Si，0.23%~0.27%Cr。

工具淬火后应立即放进 95~120℃（200~250°F）的炉内保温，而后放入到加温的回火炉内进行回火。这对要将淬火工件集中后一起回火处理尤为必要，因为如将淬火工具放置在室温下或放置在冷炉内会导致工件开裂。除了大工件外，工件加热速度应与炉的加热速度大致相同。由于回火温度较低，因此不需要进行气氛保护。对在淬火过程中或在第一回火周期中，会有由残留奥氏体形成马氏体组织的钢，通常需要采用两次回火。

3.5.2 耐冲击工具钢

耐冲击工具钢，冠以字母 S，其合金含量和淬透

性在相当大的范围变化（见表 3-29），通过将钢中碳含量选择在较低的范围，可实现高韧性和抗冲击载荷的性能要求。

耐冲击工具钢推荐的热处理工艺见表 3-31。为用于不同的特定场合，这些钢在几个成分上可能略有调整和变化（例如，S1 钢含 0.30 或 0.50%Mo，并同时含有高达 0.90%Si）。使用这些非标准成分钢的用户应该注意：①从制造商获得修正热处理工艺的信息；②参照最接近标准成分耐冲击工具钢所推荐的热处理工艺，选择改进成分钢的热处理工艺。而后一种方法应采用实验进行验证。

（1）S1 工具钢　S1 钢是 S 系列工具钢中最常见的牌号，用于许多高韧性和高机械冲击要求的场合，如凿子，剪切刀、厚（>¼in）刀片、成形模具、凿岩钻具。

同类钢有：ASTM A681（S-1）；FED（QQ-T-570（S-1）；（Ger.）DIN 1.2542，1.2550；（Fr.）AFNOR 55 WC 20，A35-590 2341 55 WC 20；（Ital.）UNI 58 W Cr 9 KU；（Jap.）JIS G4404 SKS 41；（Swed.）SS 2710；（U.K.）B.S. 4659 BS1。

表 3-31　低合金冷加工工具钢推荐热处理工艺

钢号	正火温度①		退火					淬火						
			温度②		冷却速率③		退火硬度 HBW	温度				保温时间 /min	淬火介质	淬火硬度 HRC
								预热		奥氏体化				
	℃	℉	℃	℉	℃/h	℉/h		℃	℉	℃	℉			
耐冲击工具钢														
S1	不推荐		790~815	1450~1500	22	40	183~229	—	—	900~955	1650~1750	15~45	O	57~59
S2	不推荐		760~790	1400~1450	22	40	192~217	650④	1200④	845~900	1550~1650	5~20	B,W	60~62
S4	不推荐		760~790	1400~1450	22	40	192~229	650	1200	870~925	1600~1700	5~20	B,W	61~63
										900~925	1650~1700	5~20	O	57~59
S5	不推荐		775~800	1425~1475	14	25	192~229	760	1400	870~925	1600~1700	5~20	O	58~61
S6	不推荐		800~830	1475~1525	14	25	192~229	760	1400	915~955	1675~1750	10~30	O	56~60
S7	不推荐		815~845	1500~1550	14	25	187~223	650~705	1200~1300	925~955	1700~1750	15~45⑤	A,O	60~61
油淬冷加工工具钢														
O1	870	1600	760~790	1400~1450	22	40	183~212	650	1200	790~815	1450~1500	10~30	O	63~65
O2	845	1550	745~775	1375~1425	22	40	183~212	650	1200	760~800	1400~1475	5~20	O	63~65
O6	870	1600	765~790	1410~1450	11	20	183~217	—	—	790~815	1450~1500	2~5	O	63~65
O7	900	1650	790~815	1450~1500	22	40	192~217	650	1200	790~830	1450~1525	10~30	W	64~66⑥
低合金特殊用途工具钢														
L1	900	1650	775~800	1425~1475	22	40	179~207	⑦		790~845	1450~1550	10~30	O,W	64⑧
L2	870~900	1600~1650	760~790	1400~1450	22	40	163~197	⑦	—	790~845	1450~1550	10~30	W	63⑧
L3	900	1650	790~815	1450~1500	22	40	174~201	⑦		845~925	1550~1700	10~30	O	63⑧
										775~815	1425~1500	10~30	W	64⑧
										815~870	1500~1600	10~30	O	64⑧
L6	870	1600	760~790	1400~1450	22	40	183~212	⑦		790~845	1450~1550	10~30	O	62⑦
L7	900	1650	790~815	1450~1500	22	40	183~212	⑦		790~870	1450~1600	10~30	O	64⑧
碳-钨系特殊用途工具钢														
F1	900	1650	760~800	1400~1475	22	40	183~207	650	1200	790~870	1450~1600	15	W,B	64⑧
F2	900	1650	790~815	1450~1500	22	40	207~235	650	1200	790~870	1450~1600	15	W,B	66⑧
F3	900	1650	790~815	1450~1500	22	40	212~248	650	1200	790~870	1450~1600	15	W,B,O	66⑧

注：A＝空冷；B＝盐水冷却；G＝氮气冷却；O＝油冷却；W＝水冷却。

① 对小截面工件，加热均匀后保温时间大约 15min，大截面工件 1h。工件在静止空气中冷却。

② 对小截面工件，采用下限温度范围，对大截面工件，采用上限温度范围。对小截面工件和少的装炉量情况，保温时间大约 1h，对大截面工件和多的装炉量情况，保温时间大约 4h。

③ 冷却速率最大值。对 S 系列钢，可不考虑当温度低于 510℃（950℉）后的冷却速率。对 O 系列钢、L 系列钢和 F 系列钢，可不考虑当温度低于 540℃（1000℉）后的冷却速率。

④ 对大型截面工具，用于减少脱碳。

⑤ 空气炉热处理。

⑥ 如截面直径大于 38mm（1.5in），硬度将会降低。

⑦ 这些钢很少采用预热。

⑧ 硬度的平均值，其变化取决于奥氏体化温度和淬火介质。

（2）S2 工具钢　S2 钢是 S 系列耐冲击性能最高的钢。因为采用水或盐水介质淬火，可能出现开裂，S2 钢的淬火安全性较低。奥氏体化加热如出现过热或过烧，将降低延展性和促进晶粒长大。如果没有充分保护，容易出现脱碳现象。

同类钢有：ASTM A681（S-2）；FED QQ-T-570

（S-2）；SAE J437（S2），J438（S2）；（Ger.）DIN 1.2103；（Fr.）AFNOR A35-590 2324 Y 45 SCD 6；（U.K.）B. S. 4659 BS2。

（3）S5 工具钢　如 S5 钢采用推荐的油作为淬火冷却介质淬火时，具有较高的淬火安全性。奥氏体化加热如出现过热或过烧，将降低延展性和促进晶粒长大。如果没有充分保护，容易出现脱碳现象。该钢属于易于获得，价格为最经济的钢。

同类钢有：ASTM A681（S-5）；FED QQ-T-570（S-5）；SAE J437（S5）J438（S5）；（Ger.）DIN 1.2823；（U.K.）B. S. 4659 BS5。

（4）S6 工具钢　S6 工具钢淬火安全性高，但如果没有充分保护，容易脱碳。S6 钢为 S 系列钢中合金含量高，价格比较昂贵的牌号。

同类钢有：ASTM A681（S-6）；FED QQ-T-570（S-6）。

（5）S7 工具钢　S7 工具钢是 S 系列钢中淬透性最高的钢，在高温下具有最高的抗软化能力。由于具有这些优点，在耐冲击工具钢中得到广泛应用。S7 钢具有适中的抗脱碳性能和阻止晶粒长大性能。

同类钢有：ASTM A681（S-7）。

该类钢不推荐耐冲击工具钢进行正火处理，推荐的热处理工艺如下。

（1）退火　高 Si 型耐冲击工具钢（S2、S4、S5 和 S6）易出现石墨化和脱碳。如这类钢在高于表 3-31 中退火温度退火，得到的组织硬度偏低，但也同时增加石墨化风险，因此不应在这样的温度保温处理。为防止表面脱碳，通过在保护气氛炉或真空炉加热退火。

（2）消除应力处理　除形状极为复杂、截面尺寸变化很大的工件（为防止其开裂和降低变形），除切削加工量大的工件（为缓解加工引起的应力），耐冲击工具钢淬火前很少进行消除应力处理。耐冲击工具钢消除应力处理包括加热到 650℃（1200℉），不保温，即炉内冷却到 510℃（950℉），然后出炉空冷。

耐冲击工具钢工具也很少在回火后进行消除应力处理。但在某些情况下，将服役的工件取回进行消除应力处理（消除应力温度不高于原来的回火温度），再返回使用，以进一步提高工具寿命。

（3）奥氏体化加热　耐冲击工具钢奥氏体化温度在 815～955℃（1500～1750℉）范围。奥氏体化加热时，不要求必须进行预热，但对大型工具，为降低变形，缩短奥氏体化时间和提高生产效率，有时采用预热工序。

通常 在温度低于 870℃（1600℉）进行奥氏体

化，最好在微氧化气氛环境下进行；而超过 870℃（1600℉）进行奥氏体化，必须在还原性气氛中进行。如果采用半马弗燃油炉加热，可以调整油炉的燃嘴喷火大小，在获得所需的气氛的同时，降低成本。但是，如果采用电加热或马弗燃油炉加热，则所需的气氛需由外部调整。

（4）淬火　当 S2、S4 和 S5 加热至奥氏体化温度，短时保温后立即淬火；S1 和 S7 钢应保温 15～45min 后淬火（见表 3-31）。在 S 系列钢中，S1 和 S7 的淬透性最高。其他耐冲击工具钢，尽管比 S1 和 S7 淬透性低，但比 W 系列工具钢淬透性高。图 3-58 为 AISI S1 钢的连续冷却转变图。

（5）回火　添加 Si 和 W 合金元素的耐冲击工具钢，回火稳定性大于碳素工具钢，除少数高 W 或高 Mo 合金含量的耐冲击工具钢（例如 S5 和 S7）外，一般这类钢不出现二次硬化现象。

不同成分 S 系列钢的回火温度对硬度的影响如图 3-59 所示。

采用耐冲击工具钢制造的工具，淬火后应立即回火，否则会产生开裂。特别是采用水或盐水淬火时，更是如此。

理想情况下，淬火态工具在回火前，应该先在 50～70℃（120～160℉）保温处理。

一些工具的生产记录表明，采用两次回火，有利于提高 S 系列钢工件的性能。对大截面直径的工件>50mm（>2in），或合金含量更高的钢（如 S5 或 S7），采用两次回火，能得到较高的韧性。

（6）表面处理　S1 钢通常可以采用渗碳和碳氮共渗进行表面处理，但 S4 和 S5 钢不能生成有效的渗碳层。

3.5.3　油淬冷加工工具钢

油淬冷加工工具钢是冷加工工具钢的子系列，冠以字母 O，其名义化学成分见表 3-29 所示，这些低合金钢热处理淬火须采用油作为淬火冷却介质。当工件尺寸大于 50～64mm（2.0～2.5in）时，则工件心部硬度较低。

（1）O1 工具钢　O1 工具钢是迄今为止使用最广泛的工具钢牌号，用于制作所有各种工具。在热处理过程中，它具有较高的尺寸稳定性，淬透性相对较浅。O1 工具钢在实现所需硬度的同时，淬火安全性非常高。

同类钢有：ASTM A681（O-1）；FED QQ-T-570（O-1）；SAE J437（O1），J438（O1）；（Ger.）DIN 1.2510；（Fr.）AFNOR A35-590 2212 90 MWCV 5；（Jap.）JIS G4404 SKS 21, G4404 SKS 3, G4404 SKS 94, G4404 SKS 95；（Swed.）SS 2140；（U.K.）B. S.

4659 BO1。

（2）O2 工具钢　O2 工具钢具有中等的淬透性，抗变形性能好，同时淬火安全性非常高。

同类钢有：ASTM A681（O-2）；FED QQ-T-570（O-2）；SAE J437（O2）；J438（O2）；（Ger.）DIN 1.2842；（Fr.）AFNOR 90 MV 8，A35-590 2211 90 MV 8；（U.K.）B.S. 4659（USA O2），4659 BO2；（Ital.）UNI 88 MnV 8 KU。

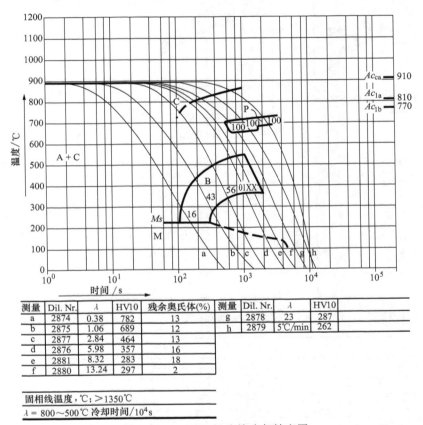

图 3-58　AISI S1 钢连续冷却转变图

测量	Dil. Nr.	λ	HV10	残余奥氏体(%)	测量	Dil. Nr.	λ	HV10
a	2874	0.38	782	13	g	2878	23	287
b	2875	1.06	689	12	h	2879	5℃/min	262
c	2877	2.84	464	13				
d	2876	5.98	357	16				
e	2881	8.32	283	18				
f	2880	13.24	297	2				

固相线温度，℃：>1350℃

$\lambda = 800 \sim 500$℃冷却时间/10^4 s

（3）O6 工具钢　通常 O6 钢淬火安全性高，变形小。该钢含有石墨，当淬硬层相对深时具有高耐磨性，但目前该钢种不易获得不同尺寸的型号规格。

同类钢有：AISI O-6；ASTM A681（O-6）；FED QQ-T-570（O-6）；SAE J437（O6），J438（O6）；（Ger.）DIN 1.2206；（Fr.）AFNOR A35-590 2132 130 C 3。

（4）O7 工具钢　虽然 O7 工具钢是 O 系列钢中最耐磨的钢，但通常 O7 钢淬透性低。采用水淬火时，仅在表层可以获得所需的硬度，在大工件的情况下，尤为如此。采用更高的淬冷烈度，可能出现淬火开裂问题。

同类钢有：AISI O-7；ASTM A681（O-7）；FED QQ-T-570（O-7）；（Ger.）DIN 1.2414，1.2419，1.2442，1.2516，1.2519；（Fr.）AFNOR A35-590 2141 105 WC 13；（Jap.）JIS G4404 SKS 2。

该类钢推荐的油淬冷加工工具钢热处理工艺总

结于表 3-31。

（1）正火　经锻造或已在高于奥氏体化温度加热过的油淬冷加工工具钢工件，可通过正火能细化晶粒和组织。建议的正火温度由表 3-31 给出。根据工件截面尺寸，正火保温时间为 15min～1h，长时间保温是不可取的的措施。如工具在正火后进行淬火，必须采取预防措施，以避免在正火期间出现脱碳。如果工具要进行机加工，推荐优先采用退火处理工艺。

（2）退火　油淬冷加工工具钢成品或半成品工件在退火时，应防止脱碳或增碳，退火可在干燥放热气氛炉进行。推荐的退火温度、冷却速度和预期硬度值见表 3-31。

（3）消除应力　在大多数情况下，对最终淬火前的成品工具进行消除应力，对减少淬火变形不明显。如果对淬火后的工具尺寸精度要求极高，则工件应该在完成粗加工后，精加工前进行消除应力处

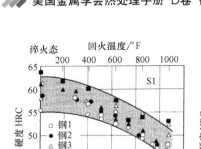
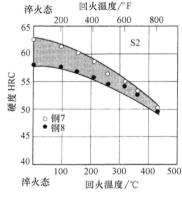
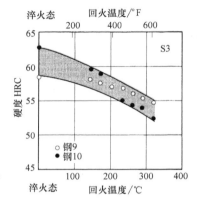
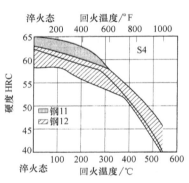
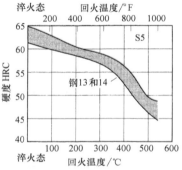
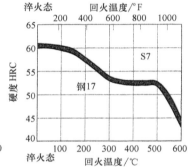

钢编号和牌号		成分(%)					淬火温度		介质
No.	牌号	C	Si	W or Mo	Cr	V	℃	°F	
1	S1	0.43	...	2.00W	1.30	0.25	955	1750	...
2	S1	0.53	...	2.00W	1.65	0.25	900	1650	...
3	S1	0.50	...	2.75W	1.25	0.20	925	1700	...
4	S1	0.55	...	2.50W	1.30	0.35	925	1700	...
5	S1	0.50	0.75	2.50W	1.15	0.20	955	1750	油
6	S1	0.58	0.95	2.25W	1.25	0.25	925	1700	油
7	S2	0.50	1.10	0.50Mo	...	0.20	855	1575	水
8	S2	0.50	1.10	0.50Mo	...	0.20	900	1650	油
9	S3	0.50	...	1.00W	1.00	...	870	1600	水
10	S3	0.50	...	1.00W	1.00	...	815	1500	水
11	S4	0.54~0.60	1.90~2.00	...	0~0.34	0~0.25	845~900	1550~1650	水
12	S4	0.54~0.60	1.90~2.00	...	...	...	870~955	1600~1750	油
13	S5	0.50	1.60	0.25Mo	...	...	870	1600	油
14	S5	0.60	2.00	0.40Mo	0.28	0.20	900	1650	油
15	S7	0.53	0.30	1.5Mo	3.2	...	915~970	1680~1780	...

图 3-59　S 系列钢回火温度对表面硬度的影响

理。推荐的消除应力处理为加热到 650～675℃（1200～1250℉），按工件厚度每英寸保温 1h 进行保温，然后空冷。

（4）预热　对 O 系列钢预热，将减少随后的淬火变形。表 3-31 中列出了推荐的预热温度。可采用空气炉进行预热，但如需采用无氧化和无脱碳淬火，必须在气氛控制炉内进行预热。

（5）奥氏体化　油淬冷加工工具钢推荐的奥氏体化温度见表 3-31。已预热工件可以被转移到奥氏体化加热炉或在预热炉中进行奥氏体化加热。

采用控制气氛（如吸热气体、分解氨和氩或其他惰性气体）可以有效地减小炉内的氧化和脱碳，但如控制不好，就有脱碳的风险。通过将燃气或燃油气氛半马弗炉的 O_2 气氛调整 2%～4%，可以消除脱碳，但不能消除氧化。在这种气氛中加热奥氏体化加热，O1、O2 钢能得到满意的效果；但不推荐 O6 和 O7 钢采用这种气氛加热处理。

（6）淬火　最佳淬火油槽由 40～60℃（100～140℉）油温的普通油加搅拌组成。添加了一定添加剂为快速淬火油，它能提高钢的冷却速率并允许油温在更大范围内变化。工具采用 80℃（180℉）油温的这种油淬火，硬度不降低。图 3-60 为 AISI O1 钢的连续冷却转变。由于 O 系列工具钢属于低淬透性钢，通常不推荐采用真空炉淬火（高压氮气冷却）。可以采用真空炉对小尺寸工具进行淬火，其大小限制根据工具的设计和淬火条件（压力和气体流量）决定。

（7）马氏体分级淬火 如果控制工具的变形是首要问题，采用马氏体分级淬火是非常有利的措施。在马氏体分级淬火中，工件淬入油浴或盐浴，温度在马氏体转变开始点（Ms）以上 15～30℃（25～50℉），保温使工件各处温度完全均匀，而后移出空冷。通过在马氏体转变区间缓慢冷却，使奥氏体均匀地向马氏体的转变，最大限度减少了变形。

（8）回火 O 系列钢淬火后，最好冷却至室温

之前，应立即进行回火。通常，该系列钢回火温度不低于 120℃（250℉）或不高于 540℃（1000℉）；最常用的温度范围是 175～205℃（350～400℉）。回火时间随工件的截面尺寸改变，通常，按工件的最小截面计算，每英寸厚度（直径）回火 1h。最少回火时间不能少于 1h。

油淬冷加工工具钢，采用不同回火温度回火后硬度如图 3-61 所示。图中曲线上限为采用上限奥氏体化温度加热，图中曲线下限为采用下限奥氏体化温度加热。

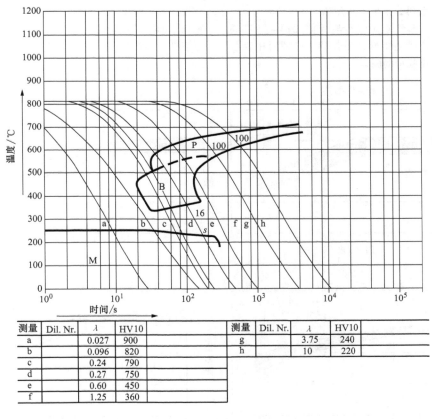

测量	Dil. Nr.	λ	HV10
a		0.027	900
b		0.096	820
c		0.24	790
d		0.27	750
e		0.60	450
f		1.25	360

测量	Dil. Nr.	λ	HV10
g		3.75	240
h		10	220

温度，℃
λ = 800～500℃ 冷却时间/10^4s

图 3-60 AISI O1 钢连续冷却转变

通常，采用 O 系列钢制作的工具很少进行多次回火或低温冷处理工艺。然而，对于一些特殊的工具，如量规，尺寸稳定性是至关重要时，可采用多次回火。进行再次回火前，工件应冷却至低于 65℃（150℉）。在 -75℃（-100℉）或更低温度进行低温冷处理，也有助于尺寸稳定性。

3.5.4 低合金特殊用途工具钢

低合金特殊用途工具钢，冠以字母 L，其成分与水淬工具钢类似，在其基础上添加铬和其他元素，

具有更高的耐磨性和淬透性。低合金特殊用途工具钢的名义化学成分见表 3-29，主要有 L1、L3、L4 和 L7 等牌号，其生产和应用与 52100 钢基本相同。

该类钢推荐的热处理工艺如下。由于低合金特殊用途工具的奥氏体化温度相对较低，很容易对 L 系列钢进行热处理，推荐的热处理工艺见表 3-31。

（1）正火 该钢锻造或在远高于相变温度下加热后必须进行正火处理。L 系列钢的正火为加热至 870～900℃（1600～1650℉），而后在静止空气中冷

却，建议使用保护气氛进行正火。

（2）退火 该钢在正火后或任何重新淬火前必须进行退火处理。推荐的退火温度和冷却速度，以及预期退火硬度值见表3-31。

（3）消除应力 复杂工具在淬火前，采用消除应力处理，有助于减少淬火变形。复杂工具的常用加工工序为粗加工，在 620～650℃ （1150～1200℉），按截面直径每英寸 1h 保温消除应力，而后空冷，在淬火前进行精加工。

（4）奥氏体化 L 系列钢推荐的奥氏体化温度见表3-31，该系列钢很少采用预热。

采用盐浴炉和气氛炉进行奥氏体化都能达到满意的效果。建议采用中性盐浴加热，必须对中性盐进行脱氧，以控制钢的脱碳。

（5）淬火 L 系列钢的最常用的淬火冷却介质是油。对于简单形状工件，或厚壁工件采用油淬火无法完全淬硬，可采用水或盐水进行淬火。例如，采用 L7 钢制造的轧钢机轧辊采用水或盐水进行淬火。L 系列钢非常适用于采用马氏体分级淬火。

（6）回火 采用 L 系列钢生产的工具，淬火冷却至可以用手接触温度，约50℃ （125℉），应立即进行回火，否则可能出现开裂。

不同回火温度回火 2h 对 L 系列钢硬度的影响如图 3-62 所示。L 系列钢制作的大多数工具，都是在接近其最大硬度值附近使用。尽管采用这些低合金钢制作的工具希望得到最大硬度，但推荐回火温度应不低于 120℃ （250℉），并推荐采用两次回火工艺。

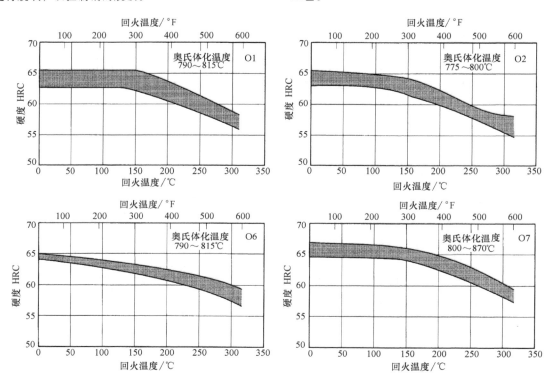

图 3-61 回火温度对油淬冷加工工具钢硬度的影响

注：O1 钢、O2 钢和 O6 钢的奥氏体化温度在图中标注，奥氏体化后采用油淬火。厚壁均
匀 O7 钢工件在 800～830℃ （1475～1525℉） 奥氏体化加热，采用水淬火。其他截
面工件在 830～870℃ （1525～1600℉） 奥氏体化加热，采用油淬火。回火时间为1h。

3.5.5 碳-钨系特殊用途工具钢

因为 F 系列工具钢含有钨 （见表 3-29），形成高硬度的钨碳化物，现使用面临受到一定的限制。采用常规的热处理工艺，不论在淬火态和低温回火，在低合金冷加工工具钢中，F 系列工具钢硬度最高。

该系列钢推荐的热处理工艺总结于表 3-31。该系列钢淬透性低，通常需采用水或盐水进行淬火。F3 钢添加了铬元素，其淬透性是该系列钢中最高的。

（1）正火和退火 该系列钢经锻造或高于淬火温度加热后，应该进行正火处理。正火和退火与前面 3.5.4 节中"低合金特殊用途工具钢"部分基本相同。推荐的 F 系列钢正火和退火工艺见表 3-31。

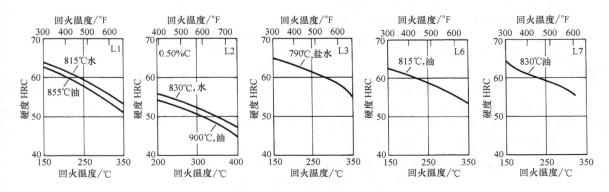

图 3-62 不同回火温度回火 2h 对 L 系列钢硬度的影响

在低合金特殊用途工具钢部分介绍的消除应力工艺也适用本 F 系列钢。

（2）奥氏体化 碳-钨系特殊用途工具钢预热和奥氏体化温度见表 3-31。采用的加热设备与工艺与低合金特殊用途工具钢相同。

（3）淬火 采用水或盐水对 F 系列钢工件淬火，变形较大。通常采用该工艺对加工冷拔棒和冷拔管磨损的模具返修，重新淬火。将大量的水喷入模具的孔内，使孔进一步产生收缩。返修后的模具可再用于加工相同尺寸的工件。

（4）回火 F 系列钢通常用于制作耐磨性要求高的工具如冷拔模具。它们通常在达到或接近最高硬度下服役，因此，很少采用高于 205℃（400℉）回火。回火温度对 F 系列钢硬度的影响如图 3-63 所示。

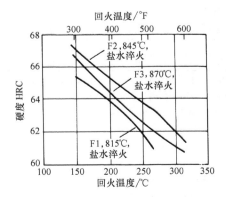

图 3-63 回火温度对 F 系列钢
硬度的影响（回火 2h）

致谢

本文根据 1991 年材料信息学会出版的 ASM 手册第 4 卷《热处理》p734-760 "特种工具钢热处理"一文改编。

参 考 文 献

1. Water-Hardening Tool Steels（W Series），*Heat Treater's Guide：Practices and Procedures for Irons and Steels*，2nd ed.，ASM International，p 516-523.

2. Shock-Resisting Tool Steels（S Series），*Heat Treater's Guide：Practices and Procedures for Irons and Steels*，2nd ed.，ASM International，p 524-532.

3. Oil-Hardening Tool Steels（O Series），*Heat Treater's Guide：Practices and Procedures for Irons and Steels*，2nd ed.，ASM International，p 533-543.

4. Low-Alloy Special-Purpose Tool Steels（L Series），*Heat Treater's Guide：Practices and Procedures for Irons and Steels*，2nd ed.，ASM International，p 574-579.

3.6 冷加工工具钢的热处理——中合金空气淬硬钢、高碳高铬钢和高钒粉末冶金钢

本节介绍的所有冷加工工具钢为具有良好的淬透性中-高合金牌号合金钢。现在，这些牌号的合金钢通常采用真空炉加热和高压气淬火，但也有一些低淬透性的牌号合金钢（如 D3 钢和 D6 钢），在工件壁厚较大时（>2in），热处理采用油淬火。

中合金空气淬硬工具钢属于冷加工工具钢中的子类，冠以字母 A。A 系列工具钢的碳和合金含量在很大范围变化，具有高淬透性和高热处理尺寸稳定性。该系列钢还具有良好的耐磨性、高的疲劳寿命、高韧性和淬透层深等优点。

高碳、高铬工具钢属冷加工工具钢中的子类，冠以字母 D，其碳含量高，碳含量范围从 1.40% ~ 2.60%；名义铬含量为 12%。D 系列工具钢具有极高的耐磨性，并随钢中碳和钒含量增加而进一步提高。

8%Cr 工具钢是新的一类高合金冷加工工具钢，使用广泛，但尚未标准化。8%Cr 工具钢含有 1% 的碳，8% 的铬以及大量的钼、钒、或钨等合金元素。与 D 系列工具钢相比，如采用适当的热处理，8%Cr

工具钢在具有高耐磨性同时，韧性具有明显改善。

在所有冷加工工具钢中，高钒粉末冶金（PM）工具钢具有最高的耐磨性和韧性。随钢中高硬度的钒碳化物数量增加，耐磨性明显提高；其高韧性是由于采用粉末冶金工艺，使碳化物均匀细小弥散分布在基体中。不同牌号高钒粉末冶金工具钢的钒含量在 3% ~ 18% 范围，本节主要就其中使用最为广泛，钒含量在 9% ~ 10% 的钢种进行介绍，表 3-32 为本节中主要介绍的冷加工工具钢的名义化学成分。

表 3-32　部分中合金空气淬硬工具钢，高碳、高铬工具钢，和高钒粉末冶金（PM）冷加工工具钢的名义成分

钢号	化学成分（质量分数，%）							
	C	Mn	Si	W	Mo	Cr	V	其他
中合金空气淬硬冷加工工具钢								
A2	1.00	—	—	—	1.00	5.00	—	—
A3	1.25	—	—	—	1.00	5.00	1.00	—
A4	1.00	2.0	—	—	1.00	1.00	—	—
A5	1.00	3.00	—	—	1.00	1.00	—	—
A6	0.70	2.00	—	—	1.00	1.00	—	—
A7	2.25	—	—	1.00[3]	1.00	5.25	4.75	—
A8	0.55	—	—	1.25	1.25	5.00	—	—
A9	0.50	—	—	—	1.40	5.00	1.00	1.50Ni
A10	1.35	1.80	1.25	—	1.50	—	—	1.80Ni
高碳、高铬冷加工工具钢								
D1	1.00	—	—	—	1.00	12.00	—	—
D2	1.50	—	—	—	1.00	12.00	—	—
D3	2.25	—	—	—	—	12.00	—	—
D4	2.25	—	—	—	1.00	12.00	—	—
D5	1.50	—	—	—	1.00	12.00	—	3.00 Co
D6[4]	2.10	—	—	0.9	—	12.00	0.20	—
D7	2.35	—	—	—	1.00	12.00	4.00	—
8%Cr 冷加工工具钢								
"8%Cr"[1]	0.85 ~ 1.25	—	~ 1.00	(1.00)	1.60 ~ 2.70	7.50 ~ 8.80	0.50 ~ 2.40	(+Nb, Al)
9% ~ 10%V 粉末冶金（PM）冷加工工具								
"High-V-PM"[2]	2.50 ~ 2.90	—	—	(1.00)	1.30 ~ 4.00	4.20 ~ 8.00	9.00 ~ 10.00	(+ Co)

① 工业中有该钢号，但没有标准化。8%Cr 工具钢，例如：Cru-Wear，K340，K353，K360，Lescowear，Sleipner，Tenasteel，Thyrodur 2990 和 VF800AT。如需要热处理参数的详细信息，咨询供应商产品说明小册子。

② 工业中有该钢号，但没有标准化。9% ~ 10%V PM 工具钢，例如：CPM10V，K390 和 Vanadis 10。如需要热处理参数的详细信息，咨询供应商产品说明小册子。

③ 可选的。

④ 在最新的 ASTM A681 中未列入，但在一些国家仍在使用。

（1）A2 工具钢　A2 工具钢最容易得到，是使用最广泛的中合金空气淬硬工具钢。该钢具有淬透层深、变形小和热处理安全性高特点。此外在高温下，具有高的抗软化性能和抗脱碳性能。淬火后具有一定数量的残留奥氏体，采用一次回火或两次回火可以消除钢中的残留奥氏体，或将残留奥氏体减少到微不足道的含量。

同类钢有：ASTM A681（A-2）；FED QQ-T-570

（A-2）；SAE J437（A2），J438（A2）；（Ger.）DIN 1.2363；（Fr.）AFNOR A35-590 2231 Z 100 CDV 5；（Jap.）JIS G4404 SKD 12；（Swed.）SS 2260；（U.K）B.S. 4659 BA2。

（2）A3 工具钢　A3 工具钢在 A2 工具钢的基础上，提高了 0.25% 的 C 和 0.75% 的 V，进一步提高耐磨性，其奥氏体化温度比 A2 工具钢高 10℃（18℉）。A3 工具钢在空气中淬火，淬透性高、变形

小和热处理安全性高。在高温下，具有高的抗回火软化和抗脱碳性能。淬火后具有一定数量的残留奥氏体，采用一次回火或两次回火可以消除钢中的残留奥氏体，或将残留奥氏体减少到微不足道的数量。

同类钢有：ASTM A681（A-3）；FED QQ-T-570（A-3），FED QQT- 570 （A-4）。

（3）A4 工具钢　A4 工具钢是添加锰进行合金化的空气淬硬工具钢。与 A2 钢相比，铬含量从 5% 下降到 1%，锰含量从 1% 增加到 2%。A4 工具钢具有奥氏体化温度较低，以及与 A2 相同的等温冷却特性优势。在淬透层深的一类工具钢中，A4 工具钢具有热处理变形低，中等到高抗脱碳性能。

同类钢有：ASTM A 681(A-4)；FED QQ-T-570(A-4)。

（4）A6 工具钢　除碳含量较 A4 钢低外，A6 工具钢的性能大致与 A4 钢类似。在热处理中，A6 钢属于淬透层深、淬火安全性高、中等抗高温软化性能、中等以上的抗脱碳性能和变形低的钢。

同类钢有：ASTM A681（A-6）；FED QQ-T-570（A-6）；（U. K.）B. S. 4659 BA6。

（5）A7 工具钢　A7 工具钢为 A 系列钢中碳含量最高的钢，钒含量 4.75%，铬含量 5%。该钢淬透层深，奥氏体化温度相对较低。热处理中变形低，在高温下具有高的抗回火软化和中等抗脱碳能力。

同类钢有：ASTM A681(A-7)；FED QQ-T-570(A-7)。

（6）A8 工具钢　A8 钢是 5%Cr 系列钢中韧性最高的钢，其碳含量相对较低，为 0.55%。除降低钢中碳含量和添加 1.25%W 外，它类似于广泛使用的 A2 钢。该钢奥氏体化温度相对较低，淬透层深。热处理中变形低，在高温下具有高的抗回火软化和中等抗脱碳能力。

同类钢有：ASTM A681（A-8）；FED QQ-T-570（A-8）；（Ger.）DIN 1.2606；（Fr.）AFNOR 3432 Z 38 CDW 5；（Jap.）JIS G4404 SKD 62。

（7）A9 工具钢　与 A8 钢相比，A9 工具钢除合金含量稍高外，类似于 A8 钢低碳。该钢通常在 510~620℃（950~1150℉）温度范围回火，具有二次硬化特性。A9 工具钢在高温下，回火稳定性高；淬硬层深、变形极低、淬火安全高和抗脱碳性能中等。

同类钢有：ASTM A681（A-9）；FED QQ-T-570（A-9）。

（8）A10 工具钢　A10 工具钢为含锰空气硬化钢，钢的碳、硅含量很高，通常大约有 0.35% 的碳以石墨形式析出。A10 工具钢可加工性优良，淬火硬化层深，属热处理变形最低的工具钢。该钢的韧性和抗高温软化中等，耐磨性高，抗脱碳性能在中等以上。

同类钢有：ASTM A681（A-10）；FED QQ-T-570（A-10）。

（9）D2 工具钢　在 D 系列工具钢中，D2 工具钢是最易得到和最为广泛使用的工具钢。它淬透层深、淬火变形小和淬火安全性高。D2 工具钢回火稳定性高，抗脱碳性中等，容易进行渗氮处理。

同类钢有：ASTM A681（D-2）；FED QQ-T-570（D-2）；SAE J437（D2），J438（D2）；（Ger.）DIN 1.2201，1.2379，1.2601；（Fr.）AFNOR A35-590 2235 Z 160 CDV 12；（Ital.）UNI X 150 CrMo 12 KU；（Swed.）SS 2310；（U. K.）B. S. 4659（USA D2），4659 BD2，4659 BD2A。

（10）D3 工具钢　D3 工具钢采用淬火油淬火，淬透性不如 D2 钢，当截面直径较大时，变形也较大。然而，D3 工具钢仍被认为是高淬透性钢。该钢的变形相对也较低，高温回火稳定性较低，抗脱碳性能中等。在一些国家使用的 D6 工具钢，其性能与 D3 工具钢类似。

同类钢有：ASTM A681（D-3）；FED QQ-T-570（D-3）；SAE J437（D3），J438（D3）；（Ger.）DIN 1.2080，1.2436，1.2884；（Fr.）AFNOR A35-590 2233 Z 200 C 12；（Ital.）UNI X 210 Cr 13 KU；（Jap.）JIS G4404 SKD 1，G4404 SKD 2；（U. K.）B. S. 4659 BD3。

（11）D4 工具钢　为进一步提高钢的淬透性，D4 工具钢在 D3 钢的基础上增加了 1% 的钼，其他情况与 D3 钢基本相同。在热处理处理中，该钢在空气中能进行淬火，淬火安全性高，高温抗软化性高，其变形与其他空气淬火 D 系列工具钢一样低。

同类钢有：ASTM A681（D-4）；FED QQ-T-570（D-4）；（Ger.）DIN 1.2436，1.2884；（Fr.）AFNOR A35-590 2234 Z 200 CD 12；（Jap.）JIS G4404 SKD 2；（Swed.）SS 2312；（U. K.）B. S. 4659（USA D4）。

（12）D5 工具钢　为进一步提高钢的抗高温软化性能，D5 工具钢在 D2 钢的基础上去除了钒，增加了 3% 的钴，其他情况与 D2 钢基本相同。与 D 系列钢其他牌号一样，D5 工具钢淬硬层深，变形极小，耐磨性高和中等脱碳抗力。

同类钢有：ASTM A681(D-5)；FED QQ-T-570(D-5)；SAE J437(D5)，J438(D5)；（Ger.）DIN 1.2880；（Fr.）AFNOR A35-590 2236 Z 160 CKDV 12.03。

（13）D7 工具钢　与 D 系列钢其他牌号相比，D7 工具钢具有溶解碳化物要求，其奥氏体化加热温度稍高。D7 工具钢淬透性高，相对变形较低，在高温具有较高的回火稳定性和中等抗脱碳能力。

同类钢有：ASTM A681（D-7）；FED QQ-T-570

（D-7）；SAE J437（D7），J438（D7）； （Ger.）DIN 1.2378；（Fr.）AFNOR 2237 Z 230 CVA 12.04。

（14）8%Cr 冷加工工具钢　作为提高 D2 钢韧性的替代钢，8%Cr 冷加工工具钢具有淬透性高，相对变形较低，韧性高和淬火安全性高。该类钢渗氮容易得到高的硬化层。该类钢现有数个牌号在使用，但目前尚未标准化。现使用的牌号有 Cruwear，K340，K353，K360，Lescowear，Sleipner，Tenasteel，Thyrodur2990 和 VF800AT。

（15）高钒粉末冶金（PM）工具钢　该类钢将极高耐磨性和极好的冲击韧性有机地结合为一体。这种优良的性能是通过添加大量 V 和采用粉末冶金工艺，将大量细小弥散的 MC 类型碳化物分布在基体中得到的结果。该类钢淬透性高，相对变形低，抗高温软化能力强，容易进行渗氮，得到很高的硬化层。

该类钢目前尚未标准化，现使用的有数个牌号，其中钒含量在 9%～10% 的牌号有 CPM10V，K390 和 Vanadis10。

表 3-33 总结了中合金空气淬硬冷加工工具钢（A 系列），高碳、高铬冷加工工具钢（D 系列），以及 8%Cr 型工具钢和高 V 粉末冶金冷加工工具钢的热处理工艺。用于 D 系列的工艺也可以应用于其他粉末冶金钢，如高 V 粉末冶金冷加工工具钢。如需要这些牌号钢热处理参数的详细信息，请咨询相应产品的供应商。

（1）正火　除了 A10 钢外（见表 3-33），不建议对 A 系列、D 系列、8%Cr 型和高 V 粉末冶金冷加工工具钢进行正火处理。

（2）退火　这些钢通常以退火条件下供货。然而，在锻造后淬火前必须进行退火处理。再次淬火和经过焊接的工具也必须进行退火处理。

表 3-33 给出了各种牌号钢推荐的退火温度。应该缓慢而均匀地将工具加热至退火温度。如果是对已淬火的工具进行退火，缓慢加热尤为重要。

（3）消除应力　由 A 系列、D 系列、8%Cr 型或高 V 粉末冶金钢（高-V-PM 钢）制造的工件，有时淬火后不适合进行磨削，则粗加工后采用消除应力处理。这对尺寸精度要求高，截面变化大的工件尤为重要。如工件可以在消除应力后，最终热处理前进行矫直，也可以对加工到最终形状的工件进行消除应力处理。因为淬火预热会释放应力，此时产生的变形无法校正，如果在淬火前不能对工件进行矫直，则对成品工件进行消除应力处理几乎是于事无补的。对进行了电火花加工的工件也建议进行消除应力处理。消除应力推荐的温度是：

A2，A7	650～675℃	（1200～1250℉）
A4，A5，A6	675～705℃	（1250～1300℉）
D1-D7	675～705℃	（1250～1300℉）
8%Cr	600～675℃	（1110～1250℉）
高-V-PM	650～705℃	（1200～1300℉）

通常，工具在推荐的温度进行消除应力处理，可以不进行表面保护。根据工具最大截面直径，保温时间按每英寸 1h 计算，最少不少于 1h，然后空冷。

（4）预热　A 系列、D 系列和 8%Cr 型或高-V-PM 钢，奥氏体加热淬火时通常要进行预热。通过预热，奥氏体化各截面加热均匀，减少淬火工具的变形。对 A4、A5、A6 和 A10 钢制作的简单形状工件，如采用一般炉而不是盐浴炉加热，由于这些钢的奥氏体化温度较低，可不进行预热。

表 3-33 中列出了推荐的各种钢预热温度。通常，根据工件最大截面直径，保温时间按每英寸 1h 进行保温。由 A2、A3、A7、A8、A9 或采用 D 系列钢制作工件的预热温度为 790～815℃（1450～1500℉）。8%Cr 型或高-V-PM 钢也可采用相同的预热温度。由于预热温度较高，为防止氧化和脱碳，预热需要在气氛保护炉或真空炉中进行。

（5）奥氏体化　A 系列、D 系列和 8%Cr 型或高-V-PM 钢通常在真空炉或各种气氛保护炉里进行奥氏体加热。

催化剂催化空气和燃气生成吸热气体是最广泛使用的保护气氛。通过控制相对廉价天然气的露点可以调整所需的炉内碳势。如要求工件在加热过程中完全不变色，采用对热分解氨（露点，-50℃，或 -60℉）和干氢（露点，-75℃，或 -100℉）进行控制。

A 系列、D 系列和 8%Cr 型或高-V-PM 钢具有空气淬火硬化特点，可以采用缓慢冷却，无氧和无其他气体的真空炉是最常用和最适合的奥氏体化加热炉。

为达到最高的淬火硬度，A 系列、D 系列和 8%Cr 型或高-V-PM 钢在奥氏体化温度下，必须保温足够长的时间，使碳化物充分溶入奥氏体中。然而，采用过高的奥氏体化温度加热淬火，会增加残留奥氏体的数量。虽然可以通过多次回火或低温冷处理（或两者），减少残留奥氏体数量，但应尽量避免这种现象的出现。

通常，通过选择不同奥氏体化温度和回火温度组合，调整传统冷加工工具钢的工作硬度。高-V-PM 钢与传统冷加工工具钢不同，它的回火温度范围一

表3-33 中合金空气淬硬钢、高碳、高铬工具钢和其他冷加工工具钢推荐的热处理工艺

钢号①	正火温度 ℃(℉)	退火					淬火						淬火硬度 HRC
		温度②		冷却速率③		退火硬度 HBW	预热		奥氏体化		保温时间 min	淬火介质	
		℃	℉	℃/h	℉/h		℃	℉	℃	℉			
中合金空气淬硬工具钢													
A2	不推荐	845~870	1550~1600	22④	40④	201~229	790	1450	925~980	1700~1800	20~45⑤	A/G	62~65⑥
A3	不推荐	845~870	1550~1600	22	40	207~229	790	1450	955~1010	1750~1850	25~60⑤	A/G	—
A4	不推荐	740~760	1360~1400	14⑦	25⑦	200~241	675	1250	815~870	1500~1600	15~90	A/G	61~64⑥
A5	不推荐	740~760⑧	1360~1400⑧	14	25	229~255	595	1100	790~845	1450~1550	15~45	A/G	62~63⑥
A6	不推荐	730~745	1350~1375	14	25	217~248	650	1200	830~870	1525~1600	20~45	A/G	59~63⑥
A7	不推荐	870~900	1600~1650	14④	25④	235~262	815	1500	955~980	1750~1800	30~60⑤	A/G	64~67⑥
A8	不推荐	845~870	1550~1600	22	40	192~223	790	1450	980~1010	1800~1850	20~45⑤	A/G	60~62⑥
A9	不推荐	845~870	1550~1600	14	25	212~248	790	1450	980~1025	1800~1875	20~45⑤	A/G	56~58⑥
A10	790(1450)	765~795	1410~1460	8	15	235~269	650	1200	790~815	1450~1500	30~60	A/G	62~64⑥
高碳、高铬冷加工工具钢													
D1	不推荐	870~900	1600~1650	22	40	207~248	815	1500	970~1010	1775~1850	15~45⑤	A/G	61
D2	不推荐	870~900	1600~1650	22	40	217~255	815	1500	980~1080	1800~1970	15~45⑤	A/G	64
D3 and D6	不推荐	870~900	1600~1650	22	40	217~255	815	1500	925~980	1700~1800	15~45⑤	O/G⑪	64
D4	不推荐	870~900	1600~1650	22	40	217~255	815	1500	970~1010	1775~1850	15~45⑤	A/G	64
D5	不推荐	870~900	1600~1650	22	40	223~255	815	1500	980~1025	1800~1875	15~45⑤	A/G	64
D7	不推荐	870~900	1600~1650	22	40	235~262	815	1500	1010~1065	1850~1950	30~60⑤	A/G	65
8%Cr冷加工工具钢													
"8%Cr"⑨	不推荐	800~870	1470~1650	14	25	<240	~800	1500	1020~1080	1870~1970	15~45⑤	A/G	62
粉末冶金(PM)冷加工工具钢													
"High-V-PM"⑩	不推荐	870~900	1600~1650	10~15	20~30	255~300	~800	~1500	1000~1180	1830~2160	15~45	A/G	65

注：A=空气；G=氮气；O=油。

① 均热后保温时间，薄壁工件大约15min，厚壁工件大约1h。
② 下限温度范围应该用于薄壁工件，上限温度和装炉量多工件，保温时间大约1h；厚壁和装炉量少工件，薄壁和装炉量多工件，保温时间大约4h；装箱退火，根据装箱截面直径，每英寸保温1h。
③ 最大冷却到540℃（1000℉）速度。
④ 冷却到705℃（1300℉）的速度。
⑤ 采用空气炉热处理，整包淬火。根据包的截面直径，每英寸保温30min。
⑥ 硬度随奥氏体化温度而变化。
⑦ 到650℃（1200℉）。
⑧ 一个生产商推荐从760℃冷却540℃（1400℉冷却到1000℉），重新加热到730℃（1350℉），然后冷却。
⑨ 现已有可用钢的商业标准化，但没有标准化。8%Cr型钢主要有：Cru-Wear，K340，K353，K360，Lescowear，Sleipner，Tenasteel，Thyrodur 2990 和 VF800AT，有关热处理参数的详细信息，请咨询供应商的产品小册子。
⑩ 现已有可用钢的商业品牌，但没有标准化。9%~10%V-PM型钢主要有：CPM10V，K390 和 Vanadis 10；有关热处理参数的详细信息，请咨询供应商的产品小册子。
⑪ 由于D3和D6钢的淬透性低，限制小块工件采用氮气淬火，同时采用高压和循环气体。

般选择很窄，在 550~560℃（1020~1040℉），它是通过选择不同奥氏体化温度范围，调整高-V-PM 钢的硬度（见图 3-64）。由于热处理过程不同，其导致的韧性也就不同，例如，随奥氏体化温度的降低，高-V-PM 钢韧性提高。此外，由于高-V-PM 钢中具有大量细小弥散，稳定的碳化物，高温奥氏体加热时，晶粒也未发生长大。典型的高-V-PM 钢奥氏体化温度范围为 1000~1180℃（1830~2160℉）。

（6）淬火 除非工件特别大，A 系列、D 系列（除 D3 钢和 D6 钢外）和 8%Cr 型或高-V-PM 钢在静止的空气中冷却，就能淬硬，达到最高硬度。然而，根据钢的类型和系列不同，淬透性也不同，见表3-34。图 3-65 和图 3-66 分别为 AISI D2 钢和 AISI D3 钢的连续冷却转变图。

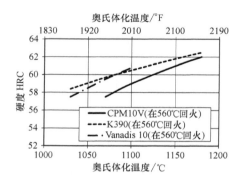

图 3-64 高-V-PM 冷作工具钢奥氏体化温度与在 560℃ 回火后硬度之间的关系

表 3-34 几种 A 系列和 D 系列工具钢在静止空气的淬透性

钢号	心部硬度		表面硬度	
	心部淬透尺寸	硬度 HRC	表面淬透尺寸	硬度 HRC
A2,A4	直径 75mm（3in）	59~61	直径 100mm（4in）	59~61
A5	—	—	直径 100mm（4in）	62~63
A6	立方体边长 180mm（7in）	59~60	立方体边长 180mm（7in）	60~61
D1,D2,D5	立方体边长 100mm（4in）	60~61	125mm×125mm×255mm（5in×5in×10in）	61~62

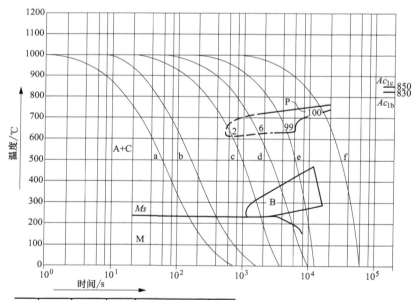

采样点	Dil. Nr.	λ	HV10	残留奥氏体(%)	采样点
a	2130	0.38	851	24	g
b	2129	1.05	824	24	h
c	2127	6.05	785	15	j
d	2125	18.0	628	14	k
e	2126	5 ℃/min	348	<2	l
f	2131	1 ℃/min	211		m

固相线温度,℃:1160℃/Chg.19678

λ=800~500℃冷却时间 10^4s

图 3-65 AISI D2 钢连续冷却转变图

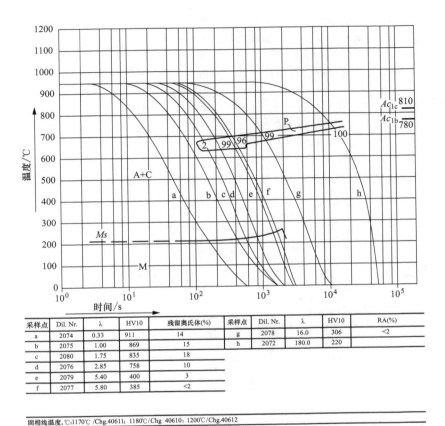

采样点	Dil. Nr.	λ	HV10	残留奥氏体(%)	采样点	Dil. Nr.	λ	HV10	RA(%)
a	2074	0.33	911	14	g	2078	16.0	306	<2
b	2075	1.00	869	15	h	2072	180.0	220	
c	2080	1.75	835	18					
d	2076	2.85	758	10					
e	2079	5.40	400	3					
f	2077	5.80	385	<2					

固相线温度,℃:1170℃/Chg.40611; 1180℃/Chg 40610; 1200℃/Chg.40612

$\lambda = 800 \sim 500℃$冷却时间 10^4s

图 3-66　AISI D3 钢连续冷却转变图

根据断面尺寸、淬透性和工件形状的复杂程度，采用下列方法，提高空气淬硬钢的冷却速率：

1）在静止空气或氮气中冷却：即在未经人工循环的空气或氮气中冷却。

2）在风扇吹动空气或氮气中冷却：即采用风扇循环空气或氮气冷却。

3）在单室真空炉采用高压气体淬火：即采用加压氮气或氩气风扇循环冷却。

4）在鼓风或氮气冷却：即采用高压鼓风管冷却。

5）油淬至工件变为暗红色：即将工件淬入油中，直到工件变为暗红色后，移出至空气中冷却到室温。

6）采用常规油淬火工艺。

采用静止空气冷却，上述钢能完全淬硬，但如采用更快冷速条件，钢的韧性会有所提高。提高冷却速率的可能负面影响是，可能导致变形变大，或使复杂形状工具截面变化大的工具产生开裂。当今，高压气淬真空炉现已是最广泛使用的奥氏体化加热和淬火的设备。根据不同需要，通过改变高压气淬真空炉气体参数，如气体（氮气或氩气）类型、压力（可高达 20bar）和速度，可灵活调整淬火冷却速率。

（7）回火　A 系列、D 系列和 8% Cr 型或高-V-PM 钢的回火工艺与 O 系列钢基本相同。当工件冷却达到 50℃～65℃（120℉～150℉），即可开始回火，但在该温度范围就进行回火，会有较多的残留奥氏体保存下来。为尽可能使残留奥氏体转变为马氏体，常将工件冷却到室温或进一步冷却到零下的温度。

近年来低温冷（深冷）处理，特别是对高合金冷加工工具钢，引起人们的关注。研究结果表明，低温冷处理能明显改善材料的耐磨性和韧性。毋庸置疑，低温冷处理能降低残留奥氏体，直接将奥氏体转变为马氏体组织，此外在此过程中，对马氏体和残留奥氏体也具有不同的回火作用。然而，一些文献中报道的试验结果仍然缺乏科学证实，而得到的性能数据分散在测试方法限制的范围内。一旦出现了数据的异常，通常简单地用增加了马氏体转变数量，提高了硬度来进行解释。而这些实验结果也可以不采用低温冷处理，而通过常规热处理得到。进行了低温冷（深冷）处理的主要优点是，当再进行低温回火时，残留奥氏体不发生转变，进一步提高了工件的尺寸稳定性。可采用多室或单室系统真空炉，进行低温冷（深冷）处理。

由于低温冷处理增大了工件开裂的概率，由此对它的优缺点众说纷纭。回火通常的做法是，当工件淬火冷却至 50℃ ~ 65℃（120℉ ~ 150℉），开始进行回火，而后采用第二次或第三次回火。多次回火有效地降低了 A 系列钢和 D 系列钢中的残留奥氏体

数量，也是这类钢常规的热处理回火工艺。对 O 系列钢的回火注意事项和实践也适用于 A 系列钢和 D 系列钢。然而，随着回火温度的提高（见图 3-67 和图 3-68），大部分 A 系列钢和 D 系列钢（除 A4 钢、A5 钢和 A6 钢外）的回火软化速率低于 O 系列钢，需要采用更高的回火温度对 A 系列钢和 D 系列钢进行回火。A2 钢、A7 钢和 D 系列钢最低的回火温度为 205℃（400℉）。常用的回火温度高达 550℃（1025℉），在特殊要求的情况下，可以采用更高的回火温度。

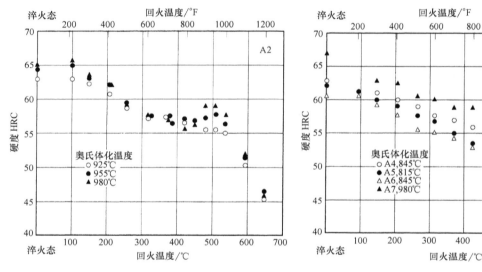

图 3-67　中合金空气淬硬钢的回火温度对硬度的影响

注：钢在空气炉中进行奥氏体化加热；采用循环井式炉回火。不同曲线为三个供应商提供的钢，每个供应商的每个试样测量 5 次，取硬度的平均值。试样直径 25mm（1in）和长度 38 mm（1.5in）。

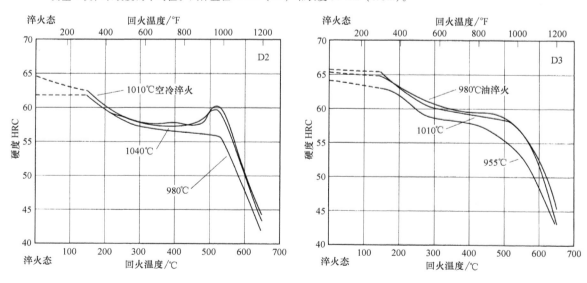

图 3-68　D2 和 D3 工具钢回火温度与硬度之间的关系

注：奥氏体化温度为 1030~1070℃（1890~1960℉）。

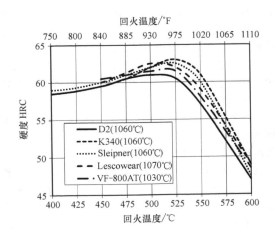

图 3-69　不同牌号"8%Cr"工具钢回火温
度与硬度之间的关系

从图 3-67、图 3-68 和图 3-69 中可以看出，与采用 55～110℃（100～200℉）低温回火相比，有些钢（特别是 A2 钢和 D2 钢和 8%Cr 型钢）采用 540℃（1000℉）高温回火可得到硬度更高的工件，这种现象称为二次硬化。其原因是在 540℃（1000℉）附近高温回火，残留奥氏体发生向马氏体组织转变，并析出细小弥散合金碳化物。可以通过调整奥氏体化加热温度影响二次硬化效果。如提高奥氏体化加热温度，二次硬化峰值更加明显，这种提高硬度的方法通常可以用于 8%Cr 型和高-V-PM 钢。如对某种钢，采用不同的回火温度回火，能达到相同的所需硬度（例如，D2 钢达到 58～59HRC），建议选择其中最高的回火温度。采用最高的回火温度能提高钢的韧性，防止工件在服役中失效。在高温回火中，残留奥氏体转变通常发生在回火冷却至室温的过程中。此时残留奥氏体的转变为新鲜未回火马氏体，脆性较大，因此需要进行第二次或第三次回火。如在后续热处理中，工件需进行渗氮或进行硬质涂层处理，则回火温度必须要高于 500℃。

（8）渗氮　A 系列钢（特别是 A2 和 A7），D 系列钢（特别是 D2）以及 8%Cr 型钢和高-V-PM 型钢，有时在进行淬火加回火后进行渗氮。渗氮可采用盐浴炉，氨分解气氛炉或等离子气氛炉进行。渗氮处理钢通常先经过 510～540℃（950～1000℉）高温回火。推荐渗氮温度范围为 510～540℃，过高的渗氮温度将降低基体材料的硬度，不应该被采用。采用更高的奥氏体化温度加热淬火，对有些 D 系列钢，会降低渗氮硬度（见图 3-68 中的 D2 钢和图 3-69 中 8%Cr 型钢）。

致谢

本节根据 1991 年材料信息学会出版的 ASM 手册第 4 卷《热处理》p734-760"特种工具钢热处理"一文改编。

参 考 文 献

1. Medium-Alloy, Air-Hardening Cold Work Tool Steels（A Series）, *Heat Treater's Guide: Practices and Procedures for Irons and Steels*, 2nd edition, ASM International, p 544-559.

2. High-Carbon, High-Chromium Cold Work Tool Steels（D Series）, *Heat Treater's Guide: Practices and Procedures for Irons and Steels*, 2nd ed., ASM International, p 560-573.

3. K. Leban, M. Gstettner, K. Hulka, and H. Schweiger, Characteristic features of a new high performance tool material with Al-and Nb-additions, *Proc. Int. European Conf. on Tooling: New Materials Processes Experiences for Tooling*, Sept. 1992（Bochum, Germany）, H. Berns et al., Ed., Mat Search, p 355-368.

4. R. Pierer, R. Schneider and H. Hiebler, The behaviour of two new tool steels regarding dimensional change, *Proc. 6th Int. Tooling Conf.: The Use of Tool Steels: Experience and Research*, Sept. 2002（Karlstad, Sweden）, J. Bergström et al., Ed., Karlstad University, Vol. I, p 507-517.

5. D. Viale, J. Béguinot, F. Chenou and G. Baron, Optimizing microstructure for high toughness cold-work tool steels, *Proc. 6th Int. Tooling Conf.: The Use of Tool Steels: Experience and Research*, Sept. 2002 （Karlstad, Sweden）, J. Bergström et al., Ed., Karlstad University, Vol. I, p 253-268.

6. R. Schneider and R. A. Mesquita, Advancesin tool steels and their heat treatment - Part 1: Cold Work Tool Steels, *Int. Heat Treatment and Surface Engineering* 4（2010）, p 138-144.

7. W. Stasko and R. B. Dixon, Tough and/or wear resistant PM cold work tool steels containing 3%-18% vanadium, *Proc. 5th Int. Conf. On Tooling: Tool Steelsin the next century*, Sept. 1999（Leoben, Austria）, F. Jeglitsch et al., Ed., Montanuniversität Leoben, p 733-741.

8. I. Schemmel, W. Liebfahrt, A. Bärnthaler, and S. Marsoner, Böhler K390 Microclean - A New Powder Metallurgy Cold Work Tool Steel for Highly Demanding Applications, *Proc. of the PM2004 Powder Metallurgy World Congress & Exhibition*, Oct. 2004（Vienna, Austria）, H. Danninger, Ed., Europ. Powder Met. Assoc., Vol. 3, p 773-778.

9. P. F. Stratton, Process optimization for deep cold treatment of tool steels, *Proc. 1st Int. Conf. on Heat treatment and surface*

engineering of tools and dies, June 2005 (Pula, Croatia), B. Smoljan et al., Ed., Croatian Society for Heat Treatment and Surface Engineering, p 11-20.

10. M. Pellizzari and A. Molinari, Deep cryogenic treatment of cold work tool steels, *Proc. 6th Int. Tooling Conf.*: *The Use of Tool Steels*: *Experience and Research*, Sept. 2002 (Karlstad, Sweden), J. Bergström et al., Ed., Karlstad University, Vol. I, p 547-557.

11. B. Ziegler, I. Jung, and H. Schulte, Vacuum heat treatment furnaces and evacuable protective gas tempering furnaces with integrated "sub zero" treatment, *Proc. 7th Int. Tooling Conf. on Tooling materials and their applications from research to market*, May 2006 (Torino, Italy), M. Rosso et al., Ed., Potitecnio di Torino, Vol. II, p 113-119.

12. A. Oppenkowski, A. I. Tyshchenko, O. N. Razumov, V. A. Gavriljuk, S. Weber, and W. Theisen, Deep Cryogenic Treatment of Tool Steels, *Proc. 8th Int. Tooling Conf. on Tool steels - deciding factor in worldwide production*, June 2009 (Aachen, Germany), P. Beiss et al., Ed., RWTH Aachen University, p 869-879.

13. P. Stratton, Cold treatment of tool steels, *Proc. of the 3rd Int. Conf. on Heat Treatment and Surface Engineering of Tools and Dies*, March 2011 (Wels, Austria), R. Schneider, Ed., ASMET, p 4-10.

3.7 热加工工具钢的热处理

工业中热加工工序主要指对温度高于 500℃（930℉）的材料，特别是金属材料进行切割、成形、锻造或铸造等加工，而热加工工具钢是指完成这些工序的工具材料。典型的热加工工具钢为 ASTM H 系列工具钢，其中除含有其他合金元素外，H1 至 H19 钢主要添加的元素为铬，因此称为铬系列热加工工具钢。在铬系列热加工工具钢中，H10、H11、H12 和 H13 添加了钼，具有很高的淬透性和很高的韧性，是最为广泛被应用的热加工工具钢；Cr-W 型 H14 钢和 Cr-W-Co 型 H19 钢具有更高的回火稳定性，但韧性较低，因此在工业中应用较少。

尽管冷加工工具也是非常重要，如工业冲模和切割刀片，但他们单个质量和尺寸通常较小，一般不超过 500kg（1100lb）。与冷加工工具相比，热加工工具尺寸更大，性能要求更高和加工成本更贵，因此，其热处理更加关键和重要。

对热加工工具钢的化学成分分析发现，其成分与冷加工工具钢有很大差异。其一，热加工工具钢的碳含量较低，因此淬火硬度较低；其二，钢中未溶碳化物很少或几乎没有。与冷加工工具钢相比，热加工工具钢中对耐磨性和硬度起决定性作用的粗大一次未溶碳化物数量要少很多，钢的使用硬度取决于所需的韧性，而不是耐磨性。在大多数情况下，热加工工具钢的最终使用硬度在 40~50 HRC。

除了室温下的力学性能和耐磨性外，其他性能，包括韧性、高温抗软化性和高温强度对热加工工具钢非常重要。

作为热加工工具钢的重要性能指标，要求高韧性是为了避免在服役中出现裂纹和断裂。冷加工工具出现裂纹经常是不稳定且难以预料的，而热加工模具通常是工作一段时间后，就会出现裂纹。典型的例子是热加工工具在工作一段时间后，在表面出现数量多、长度短和细网状裂纹，被称为热裂纹，或热龟裂（heat checking）。通常热裂纹发生在压铸模具、锻压模具或其他热加工工具。造成热裂纹的原因是，工具表面在工作时反复地被加热和冷却，产生冷热疲劳。根据工作应力的大小和强度，热裂纹会造成工具失效，这种现象通常出现在压铸模具的型腔中。通常压铸模具铸造的金属为铝合金，液态铝合金会进入形成的热裂纹中，使工件脱模困难或工件表面质量变差。如模具韧性低下，严重时可能出现开裂，导致完全失效。

高温力学性能是热加工工具钢的基本性能。当温度达到 500℃以上，会影响钢的微观组织。在高温下长时间保持硬度称为抗回火软化（tempering resistance）性能。分析钢的回火曲线，可以对钢的回火稳定性进行分析，随回火温度提高，钢的硬度曲线下降缓慢（dislocated to the right），则回火稳定性高，如图 3-70 所示。

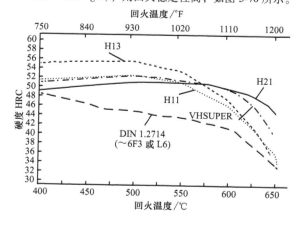

图 3-70 最常用的热加工工具钢回火曲线

注：试样材料采用 H13 钢，TENAX300（低硅 H11 牌号）钢和 VHSUPER（高 Mo，低硅改性 H11 牌号）钢，采用 1020℃ 常规淬火温度淬火后回火；H21 钢采用 1100℃ 淬火温度淬火后回火（可以采用更高的淬火温度，回火硬度会有所增加，但韧性降低）。采用小试样（25mm或 1in）。

图 3-71 中高温硬度的提高机理是二次硬化效应，即在高温回火时，析出细小的合金碳化物。二次硬化效果越强（意味着更多细小的合金碳化物析出）、热加工工具钢的回火稳定性越高。钢的合金碳化物析出的数量取决于固溶在钢中的合金元素的数量，而这与钢的合金成分和热处理工艺有关。通过在碳钢中添加不同合金元素，其中钼、钒、钨合金元素具有较强的析出强化效果，如图 3-72 所示。

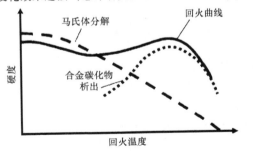

因此，只有通过适当的热处理，热加工工具钢才能达到所需的力学性能。例如，为达到所需的二次硬化效果，合金元素必须固溶在淬火组织中（通常是马氏体）。只有通过适当的奥氏体化加热，将原为在初始（退火）状态碳化物中的合金元素溶入奥氏体基体，才能实现淬火后，固溶在马氏体组织。此外，在淬火过程中应避免晶粒过度长大，碳化物在晶界析出，造成脆化。在回火过程中，应该消除残留奥氏体，促进所需的合金碳化物从基体中析出。

不同 H 系列热加工工具钢的名义化学成分由表 3-35 给出。该表中还包括了一组"其他合金工具钢"，他们也广泛应用于热加工中。

图 3-71　回火温度对高合金钢二次硬化的
硬度影响的示意图

注：观察结果为在高温回火后，硬度的提高只能通过合金碳化物（二次硬化）析出。在低温回火，由于残留奥氏体的存在，硬度低于马氏体，而高温回火后，消除了残留奥氏体。

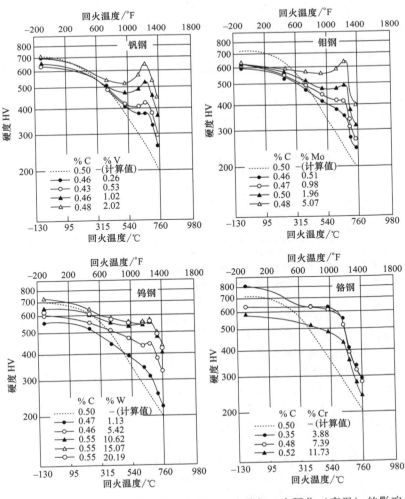

图 3-72　添加钒、钼、钨、铬合金元素对中碳钢二次硬化（高温）的影响

表 3-35 热加工工具钢名义成分

钢 号	化学成分（质量分数，%）							
	C	Mn	Si	W	Mo	Cr	V	其他
铬系列热加工工具钢								
H10	0.40	—	—	—	2.50	3.25	0.40	—
H11	0.35	—	1.00	—	1.50	5.00	0.40	—
低 Si 改性 H11[②]	0.36	—	0.20~0.30	—	1.30~1.40	5.00	0.40~0.50	—
H12	0.35	—	—	1.50	1.50	5.00	0.40	—
H13	0.35	—	—	—	1.50	5.00	1.00	—
H14	0.40	—	—	5.00	—	5.00	—	—
H15[①]	0.40	—	—	—	5.00	5.00	—	—
H16	0.55	—	—	7.00	—	7.00	—	—
H19	0.40	—	—	4.25	—	4.25	2.00	4.25Co
钨系列热加工工具钢								
H20	0.35	—	—	9.00	—	2.00	—	—
H21	0.35	—	—	9.00	—	3.50	—	—
H22	0.35	—	—	11.00	—	2.00	—	—
H23	0.30	—	—	12.00	—	12.00	—	—
H24	0.45	—	—	15.00	—	3.00	—	—
H25	0.25	—	—	15.00	—	4.00	—	—
H26	0.50	—	—	18.00	—	4.00	1.00	—
钼系列热加工工具钢								
H41	0.65	—	—	1.50	8.00	4.00	1.00	—
H42	0.60	—	—	6.00	5.00	4.00	2.00	—
H43	0.55	—	—	—	8.00	4.00	2.00	—
其他合金钢								
6G	0.55	0.80	0.25	—	0.45	1.00	0.10	—
6F2	0.55	0.75	0.25	—	0.30	1.00	0.10[③]	1.00Ni
6F3	0.55	0.60	0.85	—	0.75	1.00	0.10[③]	1.80Ni
6F4	0.20	0.70	0.25	—	3.35	—	—	3.00Ni
6F5	0.55	1.00	1.00	—	0.50	0.50	0.10	2.70Ni
6F6	0.50	—	1.50	—	0.20	1.50	—	—
6F7	0.40	0.35	—	—	0.75	1.50	—	4.25Ni
6H1	0.55	—	—	—	0.45	4.00	0.85	—
6H2	0.55	0.40	1.10	—	1.50	5.00	1.00	—

① 由于这些钢不常使用，他们的成分和热处理工艺不包括在 1978 年 3 月 AISI 钢铁产品手册《工具钢》中。

② 低硅改性 H11 钢有商业牌号可用，但还未进行标准化：例如：Tenax300，Thyrotherm E 38K，Vidar Superior，W400。有关热处理参数的详细信息，请参考供应商提供的手册。

③ 可选。

H 系列钢中最重要钢的特征如下。

（1）H10 型工具钢 H10 钢是热加工工具钢中合金含量最低的钢，但它也具有较好抗高温回火软化和抗热冲击的性能（由于铬含量低），能在服役中采用水冷。通过渗碳或渗氮，可以提高表面硬度，但抗热裂纹性能有所下降。它在热处理中，变形非常低、耐高温软化性能好、耐磨性中等。此外，它的可加工性中等以上，抗脱碳中等。

同类钢有：ASTM A681（H-10）；FED QQ-T-570（H-10）；（Ger.）DIN 1.2365，1.2367；（Fr.）AFNOR A35-590 3431 FZ 38 CDV 5；（Jap.）JIS G4404 SKD 7；

（U.K.）B.S. 4659 BH10。

（2）H11 型工具钢 H11 型工具钢是一个广泛使用和价格相对经济的热加工工具钢，适用于许多场合。H11 钢淬硬层深，具有良好的抗热裂纹性能，主要用作制造重要的压铸和其他热加工中容易开裂的工具。如它在使用中不出现热冲击裂纹，可以用于水冷式服役条件。

同类钢有：AMS 6437，6485，6487，6488；ASTM A681（H-11）；FED QQ-T-570（H-11）；SAE J437（H11），J438（H11），J467（H11）；（Ger.）DIN 1.2343，1.7783，1.7784；（Fr.）AFNOR A35-590

3431 FZ 38 CDV 5；（Ital.）UNI X 35 CrMo 05 KU；（Jap.）JIS G4404 SKD 6；（U.K.）B. S. BH11。

（3）低 Si 改性 H11 型工具钢　低 Si 改性 H11 型工具钢是在 H11 钢的基础上，为进一步提高模具寿命，采用 ESR（电渣重熔）或 VAR（真空电弧冶炼）工艺，降低钢中 Si 的含量，改进发展出的新牌号钢。它具有更高的韧性和抗热龟裂性能，从而提高模具寿命，尤其是压铸模具的使用寿命。根据合金元素和成分含量不同，该钢具有不同牌号。此外，应特别注意尽可能降低钢中杂质元素，如 S 和 P 含量。显然，在采用了优化了热处理条件，这种改性钢的韧性显著得到提高，工艺控制和淬火能力增加，特别是用于制作大型模具。这类钢通常有自己的品牌名称，例如 TENAX300，Thyrotherm E 38K，Vidar Superior 和 W400。

（4）H12 型工具钢　在 20 世纪 90 年代前，与 H11 钢一样，H12 钢是一个广泛使用的钢号。H12 钢提高了钢中的 W 含量，改善了钢的耐高温性能。如它在使用中不出现热冲击裂纹，可以用于水冷式服役条件。

同类钢有：ASTM A681（H-12）；FED QQ-T-570（H-12）；SAE J437（H12），J438（H12），J467（H12）；（Ger.）DIN 1.2606；（Fr.）AFNOR A35-590 3432 Z 35 CWDV 5；（Ital.）UNI X 35 CrMoW 05 KU；（Jap.）JIS G4404 SKD 62；（U.K.）B. S. 4659 BH12。

（5）H13 型工具钢　H13 也是应用最广和易于得到的钢牌号之一。该类钢的淬硬层深且韧性高，还具有优良的耐热裂纹性能。如它在使用中不出现热冲击裂纹，可以用于水冷式服役条件。该类钢用途广泛，可以用于挤压模具、压铸模具、顶头、热剪切刀、热锻模具和热冲头。然而，在高性能要求的压铸模具中，新的低 Si 改性 H11 型工具钢逐渐取代了 H13 钢。

同类钢有：ASTM A681（H-13）；FED QQ-T-570（H-13）；SAE J437（H13），J438（H13），J467（H13）；（Ger.）DIN 1.2344；（Fr.）AFNOR A35-590-3433 Z 40 CDV 5；（Ital.）UNI X 35 CrMoV 05 KU；（Jap.）JIS SKD 61；（Swed.）SS 2242；（U.K.）B. S. 4659 BH13，4659 H13。

（6）H14 型工具钢　H14 含有 5% Cr 和 5% W，也有少量添加钒（0.25%）、钼（0.25%）和钴（0.50%）的牌号。与 H11、H12 或 H13 钢相比，高温硬度和耐磨性有明显提高，但耐冲击性能偏低。

同类钢有：ASTM A681（H-14）；FED QQ-T-570（H-14）；（Ger.）DIN 1.2567；（Fr.）AFNOR 3541 Z 40 WCV 5；（Jap.）JIS G4404 SKD 4；（U.K.）B. S. BH11。

（7）H19 型工具钢　添加了 2% V 和 4.25% Co 的 Cr-W 型热加工工具钢。它的奥氏体化加热温度高，加热时间短，可以采用空冷淬火或油淬火。

同类钢有：ASTM A681（H-19）；FED QQ-T-570（H-19）；（Ger.）DIN 1.2678；（Jap.）JIS G4404 SKD 8；（U.K.）B. S. 4659 BH19。

（8）H21 型工具钢　H21 钢是钨含量最低的钨系热加工工具钢。多用于抗回火软化要求高和耐冲击性能要求次要的场合。

同类钢有：ASTM A681（H-21）；FED QQ-T-570（H-21）；SAE J437（H21），J438（H21）；（Ger.）DIN 1.2581；（Fr.）AFNOR A35-590 3543 Z 30WCV 9；（Ital.）UNI X 28 W 09 KU；（Jap.）JIS G4404 SKD 5；（Swed.）SS 2730；（U.K.）B. S. 4659 BH21 A，4659 H21。

（9）H22 型工具钢　H22 是含钨 11% 的钨系热加工工具钢。不建议采用水冷淬火。该牌号钢奥氏体化温度要求高和加热时间短。在温度约 595℃（1105℉）回火，硬度开始下降。它具有高韧性和高的抗高温软化性能，中等高耐磨性，中等可加工性和抗脱碳性能。

同类钢有：ASTM A681（H-22）；FED QQ-T-570（H-22）；（Ger.）DIN 1.2581；（Jap.）JIS G4404 SKD 5。

（10）H23 型工具钢　H23 是相对含碳量低，含铬 12% 和含钨 12% 的钨系热加工工具钢。它有非常高的抗高温软化和抗回火硬度下降性能。该钢淬硬层深且具有极高的二次硬化性能。它的奥氏体化温度高，加热时间短。

同类钢有：ASTM A681（H-23）；FED QQ-T-570（H-23）；（Ger.）DIN 1.2625。

（11）H24 型工具钢　H24 含碳量为 0.45%，含有 15% 的钨及一定的铬和钒合金元素的钨系热加工工具钢。它的奥氏体化温度高，加热时间短。建议采用油淬火，不建议采用空冷淬火。工具不应在水冷却工作环境下服役。该钢淬透层深，有非常高的抗高温软化性能，耐磨性高和中等韧性。具有中等可加工性和中等抗脱碳性能。

同类钢有：ASTM A681（H-24）；FED QQ-T-570（H-24）。

（12）H25 型工具钢　该钢在 H24 钢的基础上，进一步降低碳含量和提高了 1% 的铬，含 15% 钨的钨系热加工工具钢。进一步降低的碳含量，使该类钢的韧性有很大的提高，与广泛使用含碳量较高，含 9% 钨的钢韧性相当。由于含钨量高，抗高温软化性能很高和韧性高。具有中等耐磨性、可加工性和抗脱碳性能。该钢奥氏体化温度要求高和加热时间短。

同类钢有：ASTM A681（H-25）；FED QQ-T-570（H-25）。

（13）H26 型工具钢 与 18-4-1 或 T1 高速钢相比，除降低了碳含量和增加韧性外，其他成分基本相同。该钢具有极高的抗冲蚀性能和很低的耐冲击性能。其热处理加热方式与高速钢相同，奥氏体化温度要求高和加热时间短。不能用于采用水冷却的服役条件。

同类钢有：ASTM A681（H-26）；FED QQ-T-570（H-26）；（U.K.）B.S. 4659 BH26。

（14）H42 型工具钢 与广泛使用的 M2 高速钢相比，除降低了碳含量和增加韧性外，其他成分基本相同。具有很高的抗高温软化性能。其热处理加热方式与高速钢相同，奥氏体化温度要求高和加热时间短。具有中等可加工性和抗脱碳性能。

同类钢有：ASTM A681（H-42）；FED QQ-T-570（H-42）；（Fr.）AFNOR 3548 Z 65 WDCV 6.05。

除了 H 系列热加工工具钢外，还有其他低合金热加工工具钢，可广泛应用在标准锻造模具中，如用于高应力落锤锻造模具，其中最著名的就是 6F3 等钢牌号。因为他们合金成分的原因，大多数牌号具有良好的淬透性及回火稳定性。他们并不局限于用于热加工工具，如需要高韧性，也可以用于冷加工工具。尤其是其中含镍的牌号，将优良的淬透性和高温韧性完美结合。

（15）6F3 型工具钢 6F3 型工具钢是 Cr-Mo-V 合金钢，具有韧性好、热强性高以及淬透性高的特点。

同类钢有：ASTM 6F3；（Ger.）DIN 1.2714 DIN 56NiCrMoV7；（Fr.）AFNOR 55NCDV7；（Ital.）UNI 56NiCr-MoV7KU；（Jap.）JIS SKT4。

3.7.1 低合金和 H 系列热加工工具钢热处理

（1）正火 因为这些系列钢可采用部分或完全空冷淬火工艺，因此，除了高镍钢 6F7 外，不推荐采用正火处理。

（2）退火 推荐的退火温度、冷却方式和预期的硬度值在表 3-36 中给出。为防止开裂，退火工艺应该缓慢而均匀加热，尤其是对已淬火的工具进行退火。通常退火炉的热损失决定了退火冷却速率，大负载炉的冷却速率比小负载炉的冷却速率慢。对于大多数钢，以 22℃（40℉）/h 的速率炉冷至 425℃（800℉），然后空冷，就能满足要求。

对 6F2、6F3 和 6H1 钢制作的小工具，采用小负载装炉量的间歇式炉进行等温退火（见表 3-36），具有一定的优势。然而，对这类钢制作大型模块或大负荷装炉量，采用等温退火就不如采用传统退火工艺方便。

如采用气氛控制炉进行退火，必须对工件夹持或支撑，不与炉底接触，以确保均匀加热和气氛自由循环流通。此外，对工件夹持或支撑的另一个目的是保证在退火加热时，不发生由于自重产生的下垂和变形。

由于 6F4 和 6F7 钢的退火温度较低（见表 3-36），如果允许他们在退火中有轻微氧化的话，可不采用气氛控制炉进行退火处理。

（3）消除应力 有时对热加工工具钢在粗加工后和精加工前，增加消除应力处理是非常有利的措施。如工具是在退火条件下，可以采用将工具加热到 650～700℃（1200～1300℉），低于 A_1 温度，进行消除应力处理。对于淬火加回火处理的工具，消除应力温度应低于回火温度 50℃（90℉）。进行了消除应力处理的工件，在淬火时能有效降低变形，尤其是结构变化大或型腔深的工模具。如工模具的最终要求硬度在可加工范围内，在粗加工后进行淬火加回火处理，最后进行精加工，能获得更高精度的尺寸控制。为减少热成形中残余应力（主要机械应力和热应力），也可以对成品工具和生产中间环节的工具进行消除应力处理。

（4）预热 除 6G、6F2、6F3 和 6F5 钢外，所有热加工工具钢都推荐采用奥氏体化前预热。这 4 个牌号是否采用预热，应该根据工件的大小和结构而决定。所有其他类型热加工工具钢推荐的预热温度见表 3-36。

如采用空气炉进行工模具处理，工件应在炉温不超过 260℃（500℉）时进炉。一旦工件达到炉温度，应缓慢而均匀加热，以 65～110℃（150～200℉）/h 速率加热至预热温度（见表 3-36），并根据工件厚度，按每英寸保温 1h 在预热温度进行保温，热电偶应放置在工件附近。如加热温度超过 650℃（1200℉），必须采用气氛控制或其他防护手段，将氧化脱碳降至最低。推荐采用微还原性气氛对 H41 钢进行预热。

如在整个淬火加热过程采用缓慢均匀加热，工件的变形会降至最小。

（5）奥氏体化 热加工工具钢推荐的奥氏体化淬火温度见表 3-36。对 H16 至 H43 以及 6F4 钢，从预热温度到奥氏体化温度，推荐采用快速加热。

牌号 H10 至 H14 的钢除外（见表 3-36），工件在奥氏体化温度保温时间不建议过长，只要求完全热透即可。

表 3-36　推荐的热加工工具钢热处理工艺

钢号	正火温度/℃(℉)①	退火 温度② ℃	℉	冷却速率③ ℃/h	℉/h	退火硬度 HBW	淬火 温度 预热 ℃(℉)	奥氏体化 ℃	℉	保温时间/min	淬火介质	淬火硬度 HRC
铬系列热加工工具钢												
H10	不推荐	845~900	1550~1650	22	40	192~229	815(1500)	1010~1040	1850~1900	15~40④	G	56~59
H11	不推荐	845~900	1550~1650	22	40	192~229	815(1500)	995~1025	1825~1875	15~40④	G	53~55
H12	不推荐	845~900	1550~1650	22	40	192~229	815(1500)	995~1025	1825~1875	15~40④	G	52~55
H13	不推荐	845~900	1550~1650	22	40	192~229	815(1500)	995~1040	1825~1900	15~40④	G	49~53
低 Si 改性 H13	不推荐	750~850	1380~1560	22	40	<2　30	600~850 (1110~1560)	980~1020	1790~1860	15~40④	G	49~53
H14	不推荐	870~900	1600~1650	22	40	207~235	815(1500)	1010~1065	1850~1950	15~40④	G	55~56
H16	不推荐	870~900	1600~1650	22	40	212~241	815(1500)	1120~1175	2050~2150	2~5	G,O	55~58
H19	不推荐	870~900	1600~1650	22	40	207~241	815(1500)	1095~1205	2000~2200	2~5	G,O	52~55
钨系列热加工工具钢												
H20	不推荐	870~900	1600~1650	22	40	207~235	815(1500)	1095~1205	2000~2200	2~5	G,O	53~55
H21	不推荐	870~900	1600~1650	22	40	207~235	815(1500)	1095~1205	2000~2200	2~5	G,O	43~52
H22	不推荐	870~900	1600~1650	22	40	207~235	815(1500)	1095~1205	2000~2200	2~5	G,O	48~57
H23	不推荐	870~900	1600~1650	22	40	212~255	815(1500)	1205~1260	2200~2300	2~5	O	33~35⑤
H24	不推荐	870~900	1600~1650	22	40	217~241	815(1500)	1095~1230	2000~2250	2~5	G,O	44~55
H25	不推荐	870~900	1600~1650	22	40	207~235	815(1500)	1150~1260	2100~2300	2~5	G,O	46~53
H26	不推荐	870~900	1600~1650	22	40	217~241	870(1600)	1175~1260	2150~2300	2~5	G,O,S	63~64
钼系列热加工工具钢												
H41	不推荐	815~870	1500~1600	22⑥	40⑥	207~235	730~845 (1350~1550)	1095~1190	2000~2175	2~5	G,O,S	64~66
H42	不推荐	845~900	1550~1650	22	40	207~235	730~845 (1350~1550)	1120~1220	2050~2225	2~5	G,O,S	54~62
H43	不推荐	815~870	1500~1600	22⑦	40⑦	207~235	730~845 (1350~1550)	1095~1190	2000~2175	2~5	G,O,S	54~58
其他合金钢												
6G	不推荐	790~815	1450~1500	22⑧	40⑧	197~229	不推荐	845~855	1550~1575	—	O⑨	63 最小⑩
6F2	不推荐	780~795	1440~1460	22⑪	40⑧	223~235	不推荐	845~870	1550~1600	—	O⑨	63 最小⑩
6F3	不推荐	760~775	1400~1425	22⑫	40⑫	235~248	不推荐	900~925	1650~1700	—	G⑬	63 最小⑩
6F4	不推荐	705	1300	⑭	⑭	262~285	815(1500)	1010~1020	1850~1870	—	O,G	38~41⑤
6F5	不推荐	845	1550	⑮	⑮	262~285	不推荐	870	1600	—	O,G	58~59

（续）

钢号	正火温度 /℃(℉)①	退火 温度② ℃	退火 温度② ℉	退火 冷却速率③ ℃/h	退火 冷却速率③ ℉/h	退火硬度 HBW	淬火 预热 ℃(℉)	淬火 奥氏体化 ℃	淬火 奥氏体化 ℉	保温时间/min	淬火介质	淬火硬度 HRC
6F6	不推荐	845(装箱)	1550(装箱)	⑯	⑯	196	650~705 (1200~1300)⑫	925~955⑪	1700~1750⑫	—	O⑱	⑲
6F7	845~870 (1550~1600)	670	1240	22	40	260~300	730(1350)	915	1675	—	G	54~55
6H1	不推荐	845	1550	22(t)	40(t)	202~235	760~790 (1400~1450)	900~940	1650~1725	—	G	48~49
6H2	不推荐	815~845	1500~1550	22	40	202~235	705~760 (1300~1400)	980~1065	1800~1950	—	O,G	52~55

注：G＝氮气；O＝油；S＝盐浴；
① 均热后保温时间，薄壁工件大约15min；厚壁工件大约1h。而后工件在静止空气中冷却。
② 下限温度范围应该用于薄壁工件，上限温度范围适用于厚壁工件，大约4h；装箱退火，根据装箱截面直径，每英寸保温1h。
③ 最大冷却到425℃（800℉）速度，根据包的的截面直径，除另有注明外。
④ 采用空气炉热处理，整包淬火，每英寸保温30min。
⑤ 回火析出强化。
⑥ 冷却至540℃（1000℉）。
⑦ 冷却至480℃（900℉）。
⑧ 冷却至370℃（700℉）。
⑨ 冷却至205~175℃（400~350℉），然后空冷。
⑩ 立即回火。
⑪ 以22℃（40℉）/h率，等温退火（最大速率）炉冷至425℃（800℉），再次加热595±14℃（1100±25℉），炉冷至425℃（800℉），以11℃（20℉）/h速率，炉冷至540℃（1000℉），然后空冷。
⑫ 炉冷至650℃（1200℉），等温退火，保温4h；炉冷至425℃（800℉），然后空冷。
⑬ 炉冷至670℃（1240℉），等温退火，保温4h；炉冷至425℃（800℉），然后空冷。
⑭ 采用鼓风机鼓风强制冷却至205~175℃（400~350℉），然后空冷。
⑮ 从退火温度空冷。
⑯ 以17℃（30℉）/h速率，炉冷至540℃（1000℉），再次加热790℃（1450℉），炉冷至745℃（1375℉），保温2h；炉冷至205~175℃（400~350℉），然后空冷。
⑰ 在控制气氛中整包加热。
⑱ 50℃（125℉）。
⑲ 整包加热，59~60HRC；气氛加热，54~55HRC。
⑳ 等温退火，在845℃（1550℉），保温2h，保温4~6h，然后空冷。

如没有采用真空炉，而是采用气氛炉进行奥氏体化加热，必须防止热加工工具钢制作的工模具在加热时出现增碳和脱碳现象。工模具表面如出现增碳，非常容易产生热裂纹；而脱碳会引起强度降低，导致疲劳失效。此外，如压铸模具表面脱碳，会降低耐磨性，熔融的铸造金属将焊合脱碳表面，冲刷表面，造成失效。然而，脱碳的主要危害是误导热处理工作者，无法知道模具的实际硬度。为使脱碳模具表面达到所需的硬度，模具必须选择偏低的回火温度。此时由于模具内部硬度过高，在服役的首次加载时就易出现开裂。

低 Si 改性 H11 型钢的奥氏体化温度略有降低，应严格进行控制，以避免晶粒粗化。除了采用真空炉，由煤气发生器产生吸热性气氛是最广泛使用的保护气氛。根据钢的碳含量和奥氏体化温度，炉内露点通常保持在 2～7℃（35～45℉）。对大多数 H11 型或 H13 型钢，当奥氏体化温度 1010℃（185℉）时，理想的露点为 3～4℃（38～40℉）。

（6）淬火　热加工工具钢的淬透性范围从高到极高，所以在静止空气中冷却，可以完全淬透。然而，即使采用这类具有极高的淬透性的钢，大型模块也可能不能达到完全淬透的效果。模具在缓慢冷却后，会出现明显的脆化现象，因此不推荐采用在静止空气中冷却的热处理工艺。在这种情况下，采用加压氮气（真空炉）或油淬火，实现完全淬透。从来不要对热加工工具钢采用水淬，表 3-36 中列出了推荐的淬火冷却介质。图 3-73～图 3-76 分别为不同类型热加工工具钢的连续冷却转变图。

值得指出的是，低 Si 改性 H11 型钢降低了钢中 Si 含量，为避免形成贝氏体组织，应采用更高的临界冷却速度。因此，为了得到最佳的材料性能，推荐比标准牌号更高的淬火冷却速度。

小型模具采用鼓风冷却，能均匀冷却，表面淬硬，但必须保持空气干燥。采用空气淬火后的模具或其他工具不能放置在混凝土地面或其他会接触到水蒸气的地方。

H23 钢在 595℃（1100℉）温度，会迅速转变形成铁素体，而该钢的 Ms 点低于室温，因此 H23 钢需要采用不同类型的中断淬火工艺。例如，采用真空炉淬火，或采用淬入 60～150℃（130～300℉）的油中，然后空冷至室温。该钢淬火后不会硬化，但可在回火过程中产生二次硬化。

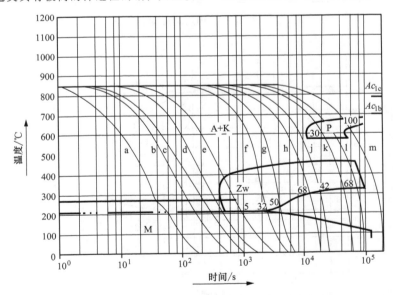

采样点	Dil.Nr.	λ	HV10	RA(%)	采样点	Dil.Nr.	λ	HV10	RA(%)
a		0.14	743	>1	g		22.5	544	
b		0.44	743		h		2.5%	439	
c		0.70	720		j		1.6%	397	~10
d		1.35	721		k		0.6%	371	
e		3.1	707		l		0.4%	300	<1
f		12.8	632		m		0.18%	272	

固相线温度
$\lambda=800℃\sim500℃$冷却时间/10^{-2}s

图 3-73　AISI 6F3 钢连续冷却转变图

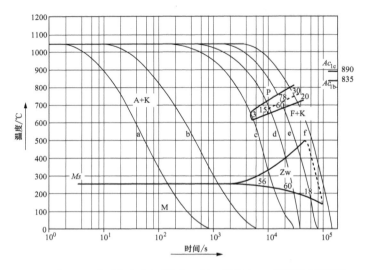

采样点	Dil.Nr.	λ	HV10	RA(%)	采样点	Dil.Nr.	λ	HV10	
a	1043	0.35	749	7	g				
b	1044	3.5	689	8	h				
c	1046	5%	627	13	j				
d	1047	2%	437	5	k				
e	1048	1%	261	2	l				
f	1073	0.5%	209		m				

固相线温度1390℃

$\lambda = 800℃ \sim 500℃$ 冷却时间/10^{-2} s

图 3-74　AISI H11 钢连续冷却转变图

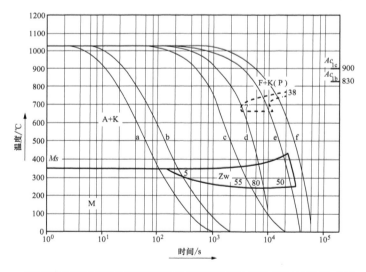

取样点	Dil.Nr.	λ	HV10	RA(%)	取样点	Dil.Nr.	λ	HV10	
a	2030	0.40	568	5	g				
b	2026	1.03	590	5	h				
c	2027	18.0	598	6	j				
d	2048	5%	528	10	k				
e	2047	2%	410	7	l				
f	2029	1%	215	2	m				

固相线温度,1260℃

$\lambda = 800℃$ 至 $500℃$ 冷却时间/10^{-2} s

图 3-75　AISI H13 钢连续冷却转变图

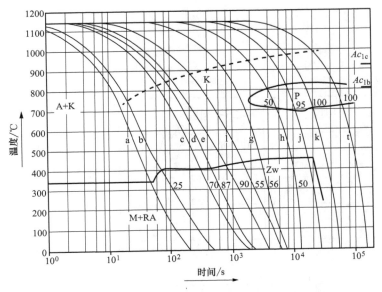

取样点	Dil.Nr. λ	HV10	取样点	Dil.Nr. λ	HV10
a	0.16	576	g	10%	447
b	0.33	566	h	5%	347
c	1.4	516	j	2,5%	244
d	2.7	499	k	1,25%	197
e	4.2	473	l	0,4%	180
f	7.1	456	m		

固相线温度，℃

$\lambda=800℃$ 至 $500℃$ 冷却时间 $/10^{-2}s$

图 3-76　AISI H21 钢连续冷却转变图

淬油工件应完全浸没在油浴中，并保证工件冷至油温，然后立即转移到回火炉。油浴温度应低于油的闪点，范围为 55～150℃（130～300℉）。应保持油槽油的循环和避免水渍进入。

（7）回火　尽管不同型号的钢在淬火后开裂敏感性存在很大的差别，但热加工工具钢淬火后，应立即进行回火。热加工工具钢通常采用循环空气回火炉进行回火，回火温度对不同型号的热加工工具钢硬度的影响分别见图 3-77a、图 3-77b 和图 3-77c。

可以采用图 3-78，对 AISI H13 钢硬度、韧性和回火温度之间的关系进行定量评估。当回火温度超过了硬化峰值时，硬度下降，韧性迅速增加。大约在 500℃（930℉）温度回火，韧性相当低，可认为是产生了回火脆性。研究表明，该回火脆性与钢中 Si 含量有关。例如，在 H 系列钢中，将硅含量从 1% 减少至大约 0.3%，当在硬化峰附近或更高温度进行回火，钢的韧性有明显提高。

标有斜线的区域为回火脆化区，该区域伴随着硬度出现峰值，韧性非常低的。

为确保工具在服役前，对第一次回火冷却中残留奥氏体转变的马氏体也进行了回火，要求采用多次回火。多次回火也能降低淬火过程中应力，减少淬火裂纹。

相关研究已证明，对淬火不允许冷却到室温的大型模具或截面尺寸突变的模具，采用多次回火特别重要。

（8）表面强化　采用热加工工具钢制作的工模具，通常具有足够的所需的硬度，但也偶尔采用表面强化方法，进一步提高钢的耐磨性或耐热性能。用于此目的的表面强化方法主要是渗碳和渗氮。

1）渗碳。渗碳工艺限于碳含量为 0.35% 或更低的热加工工具钢。有报道说，H12 钢通过渗碳表面硬度达到 60～62HRC。热加工工具钢的渗碳应是浅层渗碳，例如最深为 0.4mm（0.015in）。渗层过深会产生严重脆化。对压铸模具而言，热冲击（或温度梯度）越大，渗碳层应越浅。

2）渗氮。通常采用等离子渗氮、气体渗氮或液体渗氮工艺，提高热加工工具钢热裂纹抗力和耐磨性能，减少挤压模具的高温磨损。然而，热加工工具钢渗氮的缺点是，很难对工模具进行返工或返修。通常在渗氮前，热加工工具钢要进行淬火加回火处理，但不允许出现脱碳或增碳现象。

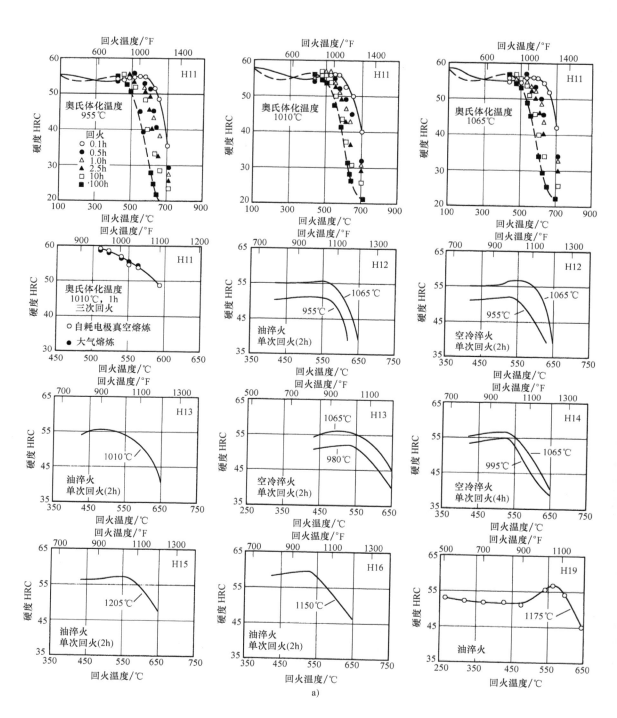

a)

图 3-77 回火温度对不同型号热加工工具钢硬度的影响

a）回火温度对含铬热加工工具钢硬度的影响

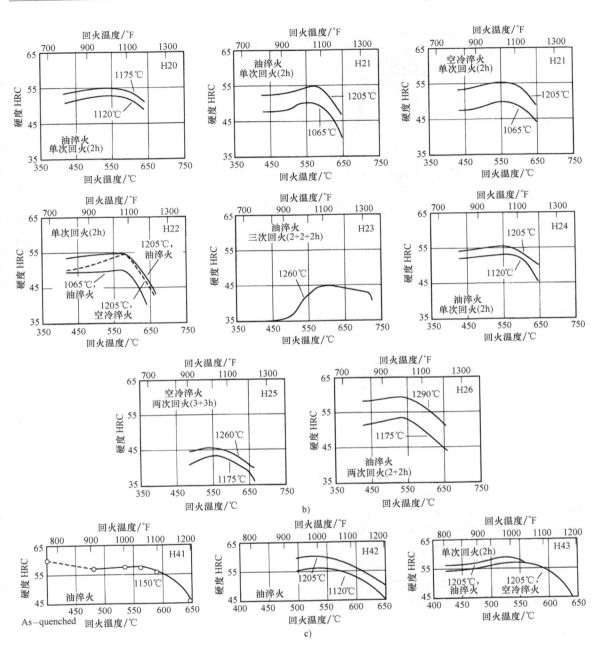

图 3-77 回火温度对不同型号热加工工具钢硬度的影响（续）
b）回火温度对含钨热加工工具钢硬度的影响 c）回火温度对含钼热加工工具钢硬度的影响

　　渗氮层质量和深度受到钢的化学成分、渗氮时间和温度的影响。钢中氮化物形成元素，如铬和钒有助于得到满意的渗氮层。因为渗氮工艺通常是在温度 510～540℃（950～1000°F）保温 15～24h，而大多数的热加工工具钢二次硬化峰值的温度也在 540℃（1000°F）附近，因此，这对热加工工具钢是非常有利的措施。渗氮层除了硬度高也很脆，其脆性随渗

氮层厚度增加而增大，因此通常采用 0.08～0.2mm（0.003～0.008in）浅的渗氮层。此外，过长时间渗氮，会导致表层应力发生逆转，从原来所希望的压应力逆转为拉应力，而表层压应力对压铸模具尤为重要。也可以采用渗氮工艺处理低硅热加工工具钢，低硅钢也有利于显著提高渗氮深度或减少渗氮时间。在钢中添加合金元素 Al，能提高氮化层的硬度和改

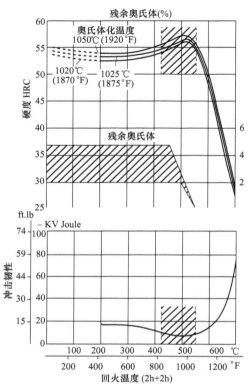

图 3-78 回火温度对冲击韧性、硬度
和残留奥氏体的影响

善其热稳定性。

渗氮层深度的选择取决于应用场合，锻造模具通常不适合采用渗氮，但当韧性足够高时，也可以采用渗氮层甚至是较厚的渗氮层提高耐磨性。热挤压模具常采用渗氮提高表面的耐磨性和热强性。在某些情况下，可采用再次渗氮（re-nitriding）工艺，对已用过的工具进行返修，在返修工件表层形成厚的（可高达 0.6mm，或 0.025in）渗氮层。对于压铸模具，在表层形成一层薄的渗氮层（通常 0.1mm，或 0.004in），由于薄渗氮层形成的是压应力，可以部分抵消热裂纹的有害作用。

3.7.2 热加工工具的热处理实例

采用热加工工具钢制作的工模具尺寸和质量变化很大（最大模块可重达数吨）。因此，热处理技术的具体细节可能会有很大差别。下面实例中的细节，均是在实践中证明成功的。

（1）优质 H13 模具钢的热处理 大部分铝压铸模模具会由于表面热疲劳出现失效。由于加热和冷却交替造成重复循环应力，在模具表面形成龟裂热疲劳裂纹，在压铸模具表面挤出，最终裂纹进一步扩展和合并，导致模具失效。

根据工艺条件的严酷性、模具在使用前是否预热、钢的冶金质量和热处理组织，模具的使用寿命差别很大（典型的寿命范围在 20000 至 2000000 次）。

5%Cr 热模具钢材料（在美国最常用的是 H13）使用广泛，因为它们具有：

1）在服役中具有良好韧性和强度综合性能。

2）良好的大直径截面淬透性。

3）在工作温度 400℃（750℉）下，良好的热硬性，高温强度和抗循环应力性能。

4）在服役中具有良好的回火稳定性，具有良好的疲劳强度。

除回火过程中析出的碳化物外，其他碳化物对 H13 钢工件的疲劳寿命是有害的。提高淬火速率可以抑制在淬火中碳化物和其他相的析出（如先共析晶间碳化物、珠光体或贝氏体），但也在工具中产生很大的温度梯度，由此导致变形甚至开裂。工件尺寸越大，开裂的风险就越大。

在约 1075℃（1970℉）温度进行奥氏体化加热后，连续冷却的试验结果如图 3-79 所示。

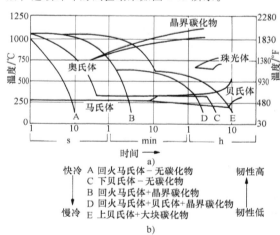

图 3-79 H13 工具钢 1075℃（1970℉）奥氏体化加热后，采用不同冷却速率对显微组织和韧性的影响
a）连续冷却转变图显示微观组织随不同冷却速率变化
b）硬度保持常数，韧性的改变与碳化物从奥氏体析出的关系

将 H13 钢试棒回火到硬度为 46HRC 后，加工成冲击能量试样。采用不同连续冷却的 12 个试样的冲击能量值分布在 3 个不同的韧性区间，如图 3-80 所示。最慢的冷却速率为 2～4℃/min（4～7℉/min），得到了部分珠光体和在晶界上大量析出碳化物组织，导致其韧性值低，室温下的夏比 V 形缺口试验的冲击能量在 3～8J（2～6ft·lbf）。当冷却速率增加到 10～31℃/min（17～56℉/min）时，避开了珠光体转变，基体组织转变为马氏体/贝氏体，但仍有大量碳

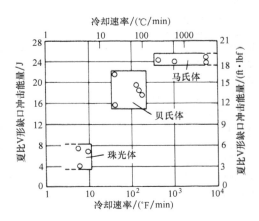

图 3-80　采用 12 个优质 H13 工具钢试样得
到的冲击能量与不同冷却速度关系图
注：图中有三个明显不同韧性区域。注意所有
测试值均在这三个区域内。

化物在晶界析出，由于提高了冷却速率下，室温下
的夏比 V 形缺口试验的冲击能量达到了 16 ~ 20J
（12 ~ 15 ft·lbf）。最快的冷却率下，得到的几乎
100% 马氏体组织，晶界上析出的碳化物大大减少，
此时室温下的夏比 V 形缺口试验的冲击能量达到了
24 ~ 26J（18 ~ 19ft·lbf）。

研究清楚表明，增大淬火冷却速率，提高材料
的冲击韧度，但增加不是线性变化，其原因与降低
了珠光体或晶界上碳化物析出有关。其他来源的研
究指出，晶界析出碳化物是淬火慢速冷却产生脆化
的主要原因。

在珠光体曲线鼻尖以上温度，采用大于 9.5℃/
min（17℉/min）的淬火冷却速率，可以避免产生珠
光体组织。得到贝氏体/马氏体加上部分晶界碳化物
组织，缺口冲击韧度 15 ~ 22J（11 ~ 16ft·lbf）。

当淬火速率超过 58℃/min（105℉/min），得到
马氏体组织和晶界上很少碳化物。冲击韧度有小幅
增加，为 13 ~ 26J（17 ~ 169ft·lbf），但同时也增大
了变形和开裂的风险。

（2）6F2 钢热镦头工具和夹持模的热处理　该
工具最终硬度要求为 40 ~ 42HRC，热处理步骤包括
预热、奥氏体化加热、淬火、回火和多次回火：

1）在 260℃（500℉）预热。

2）当模具达到炉温度后，以 55 ~ 85℃（100 ~
150℉）/h 的加热速率将温度提高到 855℃（1575℉）。

3）在 855℃（1575℉）温度下，按工件厚度
1h/in进行保温。

4）淬入油温为 55℃（130℉）的油槽，当工件
温度达 60℃（140℉）时（使用温度指示蜡笔），尽
快转移到回火炉。

5）将模具放入 175 ~ 205℃（350 ~ 400℉）的回
火炉。当模具达到炉温后，以 55 ~ 85℃（100 ~
150℉）/h 的加热速率将温度提高到 595℃
（1100℉），按模具厚度每英寸保温 1 h 进行保温。

6）在静止空气中冷却到室温，检查硬度。

7）再次回火，重复步骤 5）和 6）。回火温度取
决于第一次回火后的硬度。

3.7.3　NADCA 模具钢和热处理推荐规范

北美压铸协会（The North American Die-Casting
Association, NADCA）推荐的规范，是当今使用最为
广泛的热加工工具钢的质量以及热处理指南。1990
年形成的 NADCA 推荐规范，被认为是全世界最重要
有关工具钢的热处理文件，文件基本上确定了新型
"优质" H13 钢的性能。例如，对工业中实际尺寸模
具的热处理，给出了取样具体要求和创建了热处理
质量控制标准。该文件的重要性是不言而喻的，因
为长期以来，只有在相关文献中，认为热加工工具
钢的韧性与淬火冷却速率密切关系。其结果是模具
在工业淬火后，模具的最终韧性取决于模具的尺寸
大小，但实际上不可能按所有工业中的模具尺寸，
建立一个最低的韧性要求。NADCA 在文件中规定了
对实际模具的取样规则和试样尺寸大小，规定了可
接受的韧性水平。此外，它还提供了单个热处理试
样的最低韧性水平（实验室数据），见表 3-37。除了
常规的 H13 钢，NADCA 也对新开发的钢牌号提出了
不同的规范，其中许多规范是基于低 Si 改性
H11 钢。

虽然热加工工具钢主要考虑的问题是高韧性，
但最终热处理后的成品模具还应该考虑有关变形控
制问题。提高淬火过程中冷却速率减少先共析碳化
物析出的数量，提高了材料韧性，但快速冷却很有

表 3-37　NADCA 规范中实验室热处理试样与从工业热处理模具上取样平均冲击韧性的对比

钢号	实验室热处理试样	工业热处理模具上取样
优质 H13 钢（NADCA 1990）	夏比 V 型缺口试样>10.8J	未规定
	无缺口试样 7×10>169J	
优质 H13 钢（NADCA 2006）	夏比 V 型缺口试样>10.8J	未规定
高级优质 H13（NADCA 2006）	夏比 V 型缺口试样>13.6J	夏比 V 型缺口试样>10.8J
新型低 Si 钢（NADCA 2006）	夏比 V 型缺口试样>19.0J	夏比 V 型缺口试样>14.9J

可能增加温度不均匀性，从而导致变形。因此，NADCA针对大型模具的热处理，也制定了商用真空炉使用指南。

对大型模具的控制，主要是通过引入热电偶，使用加工模具的冷却通道，测量和控制表面与心部间的温差。使在第一段加热期间（高达700℃，或1290℉），表面与心部间的温差保持小于110℃（230℉），而在加热至最终温度时，温差小于60℃（140℉）。推荐规范对淬火冷却期间和回火时间也进行了规定。对大型模具的淬火冷却，为保证表面与心部间的温差小于110℃，应该采用中断淬火工艺，以减少变形或开裂。推荐规范要求淬火冷却中，要在温度低于约450℃（840℉），高于马氏体或贝氏体转变温度以上，对冷却速率进行控制。此外，值得注意的是，在淬火的高温阶段应采用快速冷却，避免先共析碳化物析出。NADCA推荐的最低冷却速率大约是28℃/min（50℉/min）。

当今NADCA规范适用于采用真空热处理技术处理的各种不同的钢。因为压铸模具性能要求高、成本昂贵，且不可能对工业中的实际模具采用有损检测，因此推荐的工艺规范是具有非常实用价值的。

致谢

本文根据1991年材料信息学会出版的ASM手册第4卷《热处理》p 734-760 "特种工具钢热处理"一文改编。

参 考 文 献

1. L. Eliasson and O. Sandberg, Effect of Different Parameter on Heat-Checking Properties of Hot-Work Tool Steels, *New Materials and Processes for Tooling*, *H. Berns*, H. Nordberg and H. -J. Fleischer, Ed. Verlag Schurmann and Klagges KG, Bochum, Germany, 1989, p 1-7.

2. Hot Work Tool Steels (H Series), *Heat Treater's Guide: Practices and Procedures for Irons and Steels*, 2nd ed., ASM International, p 589-621.

3. S. Malm and J. Tidlund, Increased Life for Die Casting Dies, *Transactions of the Tenth International Die Casting Congress*, 1979, Society of Die Engineers, p 1-14.

4. J. R. T. Branco and G. Krauss, Toughness of H11/H13 Hot Work Tool Steel, *New Materials Processes Experiences for Tooling*, H. Berns, M. Hofmann, L. -A. Norström, K. Rasche, and A. -M Schiner, Ed., Materials Search (Interlaken, Switzerland), 1992, p 121-134.

5. H. Berns, Strength and Toughness of Hot Working Tool Steels, *Tool Materials for Molds and Dies: Application and Performance*,

G. Krauss and H. Nordberg, Ed., （lllinois）, The Colorado School of Mines Press, 1987, p 45-65.

6. W. M. Garrison, Jr., Influence of Silicon on Strength and Toughness of 5wt-% Cr Secondary Hardening Steel, *Mater. Sci. Technol.*, Vol 3, April 1987, p 256-259.

7. D. Delagnes, P. Lamesle, M. H. Mathon, N. Mebarki, and C. Levaillant, Influence of Silicon Content on the Precipitation of Secondary Carbides and Fatigue Properties of a 5% Cr Tempered Martensitic Steel, *Mater. Sci. Eng. A*, Vol 394, 2005, p 435-444.

8. A. Grellier and M. Siaut: A new hot work tool steel for high temperature and high stress service conditions, *Proc. 6th Int. Tooling Conf.: The use of tool steels: experience and research*, Sept 2002(Karlstad, Sweden), Karlstad University, 33-39.

9. H. Jesperson: Influence of the heat treatment on the toughness of some hot-work tool steel grades, *Proc. 2nd Int. Conf. on Heat treatment and surface engineering in automotive applications*, June 2005(Riva del Garda, Italy), International Federation for Heat Treatment and Surface Engineering, 14 pp.

10. R. S. E. Schneider and R. A. Mesquita, Advancesin Tool Steels and Their Heat Treatment - Part 2: Hot Work Tool Steels and Plastic Mould Steels, *Int. Heat Treatment and Surface Engineering*, 5(2011) 3, p. 94-100.

11. M. Umino, T. Sera, K. Kondo, Y. Okada, and H. Tubakino, Effect of Silicon Content on Tempered Hardness, High Temperature Strength and Toughness of Hot Working Tool Steels, *Tetsu-to-Hagane (J. Iron Steel Inst. Jpn.)*, Vol 89, （No. 6）, June 2003, p 673-679.

12. R. A. Mesquita and C. A. Barbosa, Effect of Silicon and Phosphorous on the Toughness of H11 Hot Work Tool Steel, *Proceedings of 61st Brazilian Metallurgical and Materials Science Congress*, ABM, 2006.

13. D. L. Cocks, "Longer Die Life From H13 Die Casting Dies by the Practical Application of Recent Research Results," presented at Tool Materials for Molds and Dies: Application and Performance(St. Charles, IL), 30 Sept to 2 Oct 1987.

14. R. A. Mesquita and C. A. Barbosa., Failure Analysis in Tool Steels, *Failure Analysis of Heat Treated Steel Components*, ASM International, 2008, p. 311-350.

15. M. A. H. Howes, Heat Checking in Die Casting Dies, *Die Cast. Eng.*, March-April 1969, p 12-1.

16. T. C. Benedyk, D. J. Moracz, and J. F. Wallace, Thermal Fatigue Behaviour of Die Materials for Aluminum Die Casting, *Paper 111*, *Proceedings of Sixth SDCE International Die Casting Congress*, 1970 （Cleveland, OH）, The Society of Die Casting Engineers, Inc., 1970, p 1-20.

17. J. Sjöström and J. Bergström, Thermal Fatigue Testing of Chromium Martensitic Hot-Work Tool Steel after Different Austenitizing Treatments. *J. Mater. Process. Technol.*, Vol 153-154, 2004, p 1089-1096.

18. "Premium Quality H13 Steel Acceptance Criteria for Pressure

Die Casting", 207/ 2003, North American Die Casting Association, 2003.

3.8 高速工具钢的热处理

高速工具钢是主要用于制作切削工具，如拉刀、螺纹梳刀、刀具、钻头、滚铣刀、铰刀和丝锥。高速工具钢的名义成分由两个标准组和一个中间组（intermediate group）（译者注：国内称低合金高速钢）组成，见表 3-38 所列。不推荐对高速工具钢进行正火处理，推荐的热处理工艺总结于表 3-39。在 Mo 系列高速工具钢（M 系列）中，M2 钢是当今世界上最为广泛使用的高速工具钢牌号，主要用于制作麻花钻，是用量最大的刀具生产高速钢。W 系列高速工具钢（T 系列），主要限用于欧洲市场。对于苛刻的工作条件，通常采用 Co 合金化高速工具钢，典型牌号有 M42、M35 或 T15。对于不太苛刻的工作条件，如非专业工具或机械零件，可以选择低合金高速钢，也称半高速钢（semi-high-speed steels），典型牌号有 M50 和 M52。

表 3-38 部分高速钢的名义成分

钢 号	化学成分(质量分数,%)							
	C	Mn	Si	W	Mo	Cr	V	其他
M 系列标准组高速工具								
M1	0.85	—	—	1.50	8.50	4.00	1.00	—
M2	0.85 或 1.00	—	—	6.00	5.00	4.00	2.00	—
M3 1 类	1.05	—	—	6.00	5.00	4.00	2.40	—
M3 2 类	1.20	—	—	6.00	5.00	4.00	3.00	—
M4	1.30	—	—	5.50	4.50	4.00	4.00	—
M6	0.80	—	—	4.00	5.00	4.00	1.50	12.00 Co
M7	1.00	—	—	1.75	8.75	4.00	2.00	—
M8[①]	0.80	—	—	5.00	5.00	4.00	1.50	1.25 Nb
M10	0.85 或 1.00	—	—	—	8.00	4.00	2.00	—
M15[①]	1.50	—	—	6.50	3.50	4.00	5.00	5.00 Co
M30	0.80	—	—	2.00	8.00	4.00	1.25	5.00 Co
M33	0.90	—	—	1.50	9.50	4.00	1.15	8.00 Co
M34	0.90	—	—	2.00	8.00	4.00	2.00	8.00 Co
M35[①]	0.80	—	—	6.00	5.00	4.00	2.00	5.00 Co
M36	0.80	—	—	6.00	5.00	4.00	2.00	8.00 Co
M41	1.10	—	—	6.75	3.75	4.25	2.00	5.00 Co
M42	1.10	—	—	1.50	9.50	3.75	1.15	8.00 Co
M43	1.20	—	—	2.75	8.00	3.75	2.60	8.25 Co
M44	1.15	—	—	5.25	6.25	4.25	2.20	12.00 Co
M46	1.25	—	—	2.00	8.25	4.00	3.20	8.25 Co
M47	1.10	—	—	1.50	9.50	3.75	1.25	5.00 Co
中间组高速工具钢[①]								
M50	0.85	—	—	—	4.00	4.00	1.00	—
M52	0.90	—	—	1.25	4.00	4.00	2.00	—
T 系列标准组高度工具								
T1	0.75	—	—	18.00	—	4.00	1.00	—
T2	0.80	—	—	18.00	—	4.00	2.00	—
T3[①]	1.05	—	—	18.00	—	4.00	3.00	—
T4	0.75	—	—	18.00	—	4.00	1.00	5.00 Co
T5	0.80	—	—	18.00	—	4.00	2.00	8.00 Co
T6	0.80	—	—	20.00	—	4.50	1.50	12.00 Co
T7[①]	0.75	—	—	14.00	—	4.00	2.00	—
T8	0.75	—	—	14.00	—	4.00	2.00	5.00 Co
T9[①]	1.20	—	—	18.00	—	4.00	4.00	—
T15	1.50	—	—	12.00	—	4.00	5.00	5.00 Co

① 由于这些钢不常使用，他们的成分和热处理工艺不包括在 1978 年 3 月 AISI 钢铁产品手册，《工具钢》中。

表 3-39 高速工具钢推荐的热处理工艺

钢号	正火	退火温度① ℃	退火温度① ℉	冷却速率② ℃/h	冷却速率② ℉/h	退火硬度 HBW	淬火 预热 ℃	淬火 预热 ℉	奥氏体化温度③ ℃	奥氏体化温度③ ℉	保温时间/min	淬火介质	淬火硬度 HRC
M 系列标准组高速工具													
M1	不推荐	815~870	1500~1600	22	40	207~235	730~845	1350~1550	1175~1210	2150~2210	2~5	O,A,S	64~66
M2	不推荐	870~900	1600~1650	22	40	212~241	730~845	1350~1550	1140~1220	2080~2230	2~5	O,A,S	65~66
M3	不推荐	870~900	1600~1650	22	40	223~255	730~845	1350~1550	1205~1220	2200~2230	2~5	O,A,S	64~66
M4	不推荐	870~900	1600~1650	22	40	223~255	730~845	1350~1550	1205~1220	2200~2230	2~5	O,A,S	64~66
M6	不推荐	870	1600	22	40	248~277	790	1450	1175~1205	2150~2200	2~5	O,A,S	63~66
M7	不推荐	815~870	1500~1600	22	40	217~255	730~845	1350~1550	1175~1220	2150~2230	2~5	O,A,S	64~65
M10	不推荐	815~870	1500~1600	22	40	207~255	730~845	1350~1550	1175~1220	2150~2230	2~5	O,A,S	64~66
M30	不推荐	870~900	1600~1650	22	40	235~269	730~845	1350~1550	1205~1230	2200~2250	2~5	O,A,S	64~66
M33	不推荐	870~900	1600~1650	22	40	235~269	730~845	1350~1550	1205~1230	2200~2250	2~5	O,A,S	64~66
M34	不推荐	870~900	1600~1650	22	40	235~269	730~845	1350~1550	1205~1230	2200~2250	2~5	O,A,S	64~66
M35 和 M36	不推荐	870~900	1600~1650	22	40	235~269	730~845	1350~1550	1180~1220	2160~2230	2~5	O,A,S	64~66
M41	不推荐	870~900	1600~1650	22	40	235~269	730~845	1350~1550	1190~1215	2170~2220	2~5	O,A,S	64~66
M42	不推荐	870~900	1600~1650	22	40	235~269	730~845	1350~1550	1165~1190	2130~2170	2~5	O,A,S	63~66
M43	不推荐	870~900	1600~1650	22	40	248~269	730~845	1350~1550	1150~1175	2100~2150	2~5	O,A,S	63~66
M44	不推荐	870~900	1600~1650	22	40	248~285	730~845	1350~1550	1200~1225	2190~2240	2~5	O,A,S	63~66
M46	不推荐	780~900	1600~1650	22	40	235~269	730~845	1350~1550	1190~1220	2170~2230	2~5	O,A,S	63~66
M47	不推荐	870~900	1600~1650	22	40	235~269	730~845	1350~1550	1175~1205	2150~2200	2~5	O,A,S	63~66
中间组高速工具钢													
M50	不推荐	830~845	1525~1550	22	40	197~235	730~845	1350~1550	1095~1120	2000~2050	2~5	O,A,S	63~65
M52	不推荐	830~845	1525~1550	22	40	197~235	730~845	1350~1550	1120~1175	2050~2150	2~5	O,A,S	63~65
T 系列标准组高速工具													
T1	不推荐	870~900	1600~1650	22	40	217~255	815~870	1500~1600	1260~1300	2300~2370	2~5	O,A,S	63~65
T2	不推荐	870~900	1600~1650	22	40	223~255	815~870	1500~1600	1260~1300	2300~2370	2~5	O,A,S	64~66
T4	不推荐	870~900	1600~1650	22	40	229~269	815~870	1500~1600	1260~1300	2300~2370	2~5	O,A,S	64~66
T5	不推荐	870~900	1600~1650	22	40	235~285	815~870	1500~1600	1275~1300	2330~2370	2~5	O,A,S	64~66
T6	不推荐	870~900	1600~1650	22	40	248~302	815~870	1500~1600	1275~1300	2330~2370	2~5	O,A,S	64~66
T8	不推荐	870~900	1600~1650	22	40	229~255	815~870	1500~1600	1260~1300	2300~2370	2~5	O,A,S	64~66
T15	不推荐	870~900	1600~1650	22	40	241~277	815~870	1500~1600	1205~1260	2200~2300	2~5	O,A,S	65~67

注: O=油; A=空冷; S=盐浴;
① 为降低脱碳, 推荐采用装箱退火。根据箱体厚度, 按每 1 英寸 (25℃) 后的临界速率)。
② 最大值。在工件 (如采用箱体) 炉冷至 650℃ (1200℉) 后的临界速率。
③ 如采用盐浴炉加热, 奥氏体化温度应比表中给出的低 14℃ (25℉)。

与 M 系列高速钢相比，T 系列高速钢在热处理中具有更好的抗脱碳性能，因此通常淬火温度更高。T 系列高速钢具有很高的耐磨性，推荐用于对光洁度要求高的硬质材料进行高速精细切削加工。

尽管 M 系列高速钢有很高的 W 和 Co 含量，但通常认为 M 系列高速钢的主加合金元素为 Mo。该系列钢中，高碳和高钒含量的钢进一步改善了抗磨损性能，但自身可加工性和可磨性也受到不利影响。

(1) M1 型工具钢　M1 型工具钢是合金含量较少的高速钢，其主加合金元素为钼。M1 型工具钢的碳含量有几个级别，非常适合制作芯片成形模具。该类钢在高温下，具有非常高的抗软化和耐磨性能，但韧性低（与其他碳含量相当的高速钢相比），抗脱碳性能低。

同类钢有：ASTM A600(M-1)；FED QQ-T-590(M-1)；SAE J437(M1)，J438(M1)；(Ger.) DIN 1.3346；(Fr.) AFNOR A35-590 4441 Z 85 DCWV 08-04-02-01；(Ital.) UNI X 82 MoW 09 KU；(Swed.) SS 2715；(U.K.) B.S. 4659 BM1。

(2) M2 型工具钢　M2 型工具钢是最为广泛使用的高速钢。它成本相对较低，适用于多种场合，具有多个碳含量牌号，为通用型高速钢。该类钢在高温下，具有非常高的抗回火软化和耐磨性能，但韧性较低，具有中等抗脱碳性能。如采用较低的奥氏体化温度加热淬火，其硬度略有降低，而抗冲击性能有所提高。有常规碳含量和高碳的牌号。

同类钢的常规碳含量牌号有：ASTM A600(M-2)；FED QQ-T-590(M-2)；SAE J437(M2)，J438(M2)；(Ger.) DIN 1.3341，1.3343，1.3345，1.3553，1.3554；(Fr.) AFNOR A35-590 4301 Z 85 WDCV 06-05-04-02；(Ital.) UNI X 82 WMo 0605 KU；(Jap.) JIS G4403 SKH 51，SKH 59；(Swed.) SS 2722；(U.K.) B.S. 4659 BM2。高碳的牌号有：(Ger.) DIN 1.3340，1.3342；(Fr.) AFNOR A35-590 4302 Z 90WDCV 06-05-04-02。

(3) M3 型 1 类工具钢　该类钢的钒含量和碳含量略高于 M2 型高速钢，具有更高的耐磨性和回火稳定性，具有中等抗脱碳性能，韧性也比 M2 低。如采用较低的奥氏体化温度加热淬火，其硬度略有降低，而抗冲击性能有所提高。

同类钢有：ASTM A600(M-3, Cl.1)；FED QQ-T-590(M-3)；SAE J437(M3)，J438(M3)；(Ger.) DIN 1.3342；(Fr.) AFNOR Z 90 WDCV 06-05-04-02；(Jap.) JIS G4403 SKH 53。

(4) M3 型 2 类工具钢　与 M2 型高速钢相比，该类钢的耐磨性能有了明显提高；与 M3 型 1 类工具钢相比，大大提高了钒含量和碳含量，但其可加工性和抗脱碳性能中等，韧性相应较低。如采用较低的奥氏体化温度加热淬火，其硬度略有降低，而抗冲击性能有所提高。

同类钢有：ASTM A600（M-3 Cl.2）；FED QQ-T-590(M-3)；SAE J437(M3)，J438(M3)；(Ger.) DIN 1.3344；(Fr.) AFNOR A35-590 4360 WDCV 06-05-04-03，A35-590 4361 Z130 WDCV 05-04-04，A35-590 4442 Z100 DCWV 09-04-02-02；(Jap.) JIS G4403 SKH 52，G4403 SKH 53；(Swed.) SS(USA M3，class 2)。

(5) M4 型工具钢　M4 型工具钢与进行了很大改进的 M2 钢碳含量和钒含量相同。其碳含量大于 1.25%，钒含量大于 3%，因此被称为超硬高速钢。它是耐磨性最高的高速钢，但其韧性相应有所下降。如采用较低的奥氏体化温度加热淬火，其硬度略有降低，而抗冲击性能有所提高。在高温下，该类钢具有较高的回火稳定性，中等以下可加工性和中等抗脱碳性能。

同类钢有：ASTM A600（M-4）；FED QQ-T-590（M-4）；SAE J437(M4)，J438(M4)；(Fr.) AFNOR A35-590 4361 Z 130 WDCV 06-05-04-04；(Jap.) JIS G4403 SKH 54；(Swed.) SS 2782；(U.K.) B.S. 4659 BH4。

(6) M7 型工具钢　M7 型工具钢主要合金元素为 Mo，为价格较低的高速钢。该钢具有很高的耐磨性和回火稳定性，与大多数高速钢一样，它的韧性相对较低。如采用较低的奥氏体化温度加热淬火，其硬度略有降低，而抗冲击性能有所提高。具有中等可加工性和低的抗脱碳性能。

同类钢有：ASTM A600（M-7）；FED QQ-T-590（M-7）；(Ger.) DIN 1.3348；(Fr.) AFNOR A35-590 4442 Z 100 DCWV 09-04-02-02；(Jap.) JIS G4403 SKH 58。

(7) M10 型工具钢　M10 型工具钢主要合金元素为 Mo，为价格较低的高速钢。有常规碳含量和高碳的多个牌号。该钢具有很高的耐磨性和回火稳定性，与大多数高速钢一样，它的韧性相对较低。如采用较低的奥氏体化温度加热淬火，其硬度略有降低，而抗冲击性能有所提高。具有中等可加工性和低的抗脱碳性能。

同类钢有：ASTM A600(M-10)；FED QQ-T-590(M-10)。常规碳含量和高碳的钢没有类似或国外对应牌号。

(8) M30 型工具钢　M30 型工具钢主要合金元素为 Mo，含 5%Co，为相对经济且具有最高抗高温软化高速钢之一。与大多数高速钢一样，它的韧性相对较低。如采用较低的奥氏体化温度加热淬火，其硬度略有降低，而抗冲击性能有所提高。具有非常高的耐磨性，中等可加工性以及低的抗脱碳性能。

同类钢有：ASTM A600（M-30）；FED QQ-T-590（M-30）；（Ger.）DIN 1.3249；（U.K.）B.S. 4659 BM34。

（9）M33 型工具钢　M33 型工具钢含 8% 的 Co，与其他含 8%~12%Co 的高速钢一样，为具有最高抗高温软化高速钢之一。该钢的主加合金元素为 Mo，为相对经济且具有高的热硬性和高的耐磨性的钢。与大多数高速钢一样，它的韧性相对较低。如采用较低的奥氏体化温度加热淬火，其硬度略有降低，而抗冲击性能有所提高。具有中等可加工性以及低的抗脱碳性能。

同类钢有：ASTM A600（M-33）；FED QQ-T-590（M-33）；（Ger.）DIN 1.3249；（U.K.）B.S. 4659 BM34。

（10）M34 型工具钢　M34 型工具钢含 8% 的 Co，与其他含 8%~12%Co 的高速钢一样，为高温抗软化性能最高的高速钢之一。该钢主加合金元素为 Mo，为相对经济且具有高的热硬性和高的耐磨性的钢。与大多数高速钢一样，它的韧性相对较低。如采用较低的奥氏体化温度加热淬火，其硬度略有降低，而抗冲击性能有所提高。具有中等可加工性以及低的抗脱碳性能。

同类钢有：ASTM A600（M-34）；FED QQ-T-590（M-34）；（Ger.）DIN 1.3249；（U.K.）B.S. 4659 BM34。

（11）M35 型和 M36 型工具钢　M35 型和 M36 型工具钢为在广泛使用的 M2 钢的成分上，分别添加了 5% 或 8% 的 Co。由此大大提高了高温抗软化性能和耐磨性能，为高温抗软化性能最高的高速钢。与大多数高速钢一样，它的韧性相对较低。如采用较低的奥氏体化温度加热淬火，其硬度略有降低，而抗冲击性能有所提高。具有中等可加工性以及低的抗脱碳性能。

同类钢有：ASTM A600（M-36）；FED QQ-T-590（M-36）；（Ger.）DIN 1.3243；（Fr.）AFNOR A35-590 4371 Z 85 WDYCV 06-05-05-04；　（Jap.）JIS G4403 SKH 55；（Swed.）SS 2723。

（12）M41 型工具钢　M41 型工具钢属于高碳和高 Co 超硬高速钢，硬度可高达 70 HRC。与其他高 Co 高速钢一样，是具有较好高温抗软化性能的高速钢。与大多数高速钢一样，它的韧性相对较低。如采用较低的奥氏体化温度加热淬火，其硬度略有降低，而抗冲击性能有所提高。具有中等可加工性以及低的抗脱碳性能。

同类钢有：ASTM A600（M-41）；FED QQ-T-590（M-41）；（Ger.）DIN 1.3245, 1.3246；（Fr.）AFNOR A35-590 4374 Z 110 WKCDV 07-05-05-04；（Jap.）JIS G4403 SKH 55；（Swed.）SS 2736。

（13）M42 型工具钢　M42 型工具钢属于高碳和高 Co 超硬高速钢，硬度可高达 70HRC。它特别适合严苛条件下的切削加工，如对超合金材料进行大进给量的切削加工。与其他高 Co 高速钢一样，是具有较小高温抗软化性能的高速钢。该钢的主加合金元素为 Mo，就该钢具有的高速切削性能来说，是相对经济的高速钢。与大多数高速钢一样，它的韧性相对较低。如采用较低的奥氏体化温度加热淬火，其硬度略有降低，而抗冲击性能有所提高。具有中等可加工性以及低的抗脱碳性能。

同类钢有：ASTM A600（M-42）；FED QQ-T-590（M-42）；（Ger.）DIN 1.3247；（Fr.）AFNOR A35-590 4475 110 DKCWV 09-08-04-02-01；（Jap.）JIS G4403 SKH 59；（U.K.）B.S. 4659 BM42。

（14）M43 型工具钢　M43 型工具钢属于高碳和高 Co 超硬高速钢，硬度可高达 70HRC。它特别适合严苛条件下的切削加工，如对超合金材料进行大进给量的切削加工。与其他高 Co 高速钢一样，是具有较好高温抗软化性能和极高耐磨性能的高速钢。该钢的主加合金元素为 Mo，就该钢具有的高速切削性能来说，是相对经济的高速钢。与大多数高速钢一样，它的韧性相对较低。如采用较低的奥氏体化温度加热淬火，其硬度略有降低，而抗冲击性能有所提高。具有中等可加工性以及低的抗脱碳性能。

同类钢有：ASTM A600（M-43）；FED QQ-T-590（M-43）；（Fr.）AFNOR A35-590 4475 Z 110 DKCWV 09-08-04-02-01。

（15）M44 型工具钢　M44 型工具钢具有极高的热硬性，适用于对超合金材料进行高速切削加工，硬度可高达 70HRC，具有极高的耐磨性，被称为超硬高速钢。与大多数高速钢一样，它的韧性相对较低。如采用较低的奥氏体化温度加热淬火，其硬度略有降低，而抗冲击性能有所提高。具有中等可加工性以及低的抗脱碳性能。

同类钢有：ASTM A600（M-44）；FED QQ-T-590（M-44）；（Ger.）DIN 1.3207；（Fr.）AFNOR A35-590 4376 Z 130 KWDCV 12-07-06-04-03；（Jap.）JIS G4403 SKH 57；（U.K.）B.S. 4659（USA M44）。

（16）M46 型工具钢　具有极高的热硬性和耐磨性。硬度可高达 69HRC，被称为超硬高速钢。与大多数高速钢一样，它的韧性相对较低。如采用较低的奥氏体化温度加热淬火，其硬度略有降低，而抗冲击性能有所提高。具有中等可加工性以及低的抗脱碳性能。

同类钢有：ASTM A600（M-46）；FED QQ-T-590（M-46）；（Ger.）DIN 1.3247。

（17）M47 型工具钢 M47 型工具钢在 M1 钢的基础上提高了碳含量且增加了 5% 的 Co。该类钢具有极高的热硬性，适用于对超合金进行高速切削加工，硬度可高达 70 HRC，具有极高的耐磨性，被称为超硬高速钢。与大多数高速钢一样，它的韧性相对较低。如采用较低的奥氏体化温度加热淬火，其硬度略有降低，而抗冲击性能有所提高。具有中等可加工性以及低的抗脱碳性能。

同类钢有：ASTM A600（M-47）；（Ger.）DIN 1.3247。

（18）M48 型工具钢 M48 型工具钢为粉末冶金高速钢。当服役条件为高的热硬性，高耐磨性和良好的韧性时，合适最为 ASTM M40 合金的代替钢。该钢淬火时易于脱碳，但采用气氛控制炉可避免出现该问题。采用热轧和摆动辗压锻造工艺能减低变形。

（19）M50 型和 M52 型工具钢 M50 和 M52 钢为中间组高速工具钢。与标准高速钢相比，它们价格经济，有时也会作替代标准高速钢使用。中间高速钢的回火稳定性不如 M2 钢，因此不能与标准高速钢一样，用于热硬性要求高的场合，如车床和钻床工具。这些工具连续接触被加工工件，通常工具表面温度很高，在这种服役条件下，不能指望 M50 和 M52 钢的性能与标准高速钢一样。但如果与被加工工件是间歇接触，如带锯条、冲裁模和一些特殊的木工工具，工具表面温度较低，则 M50 和 M52 钢的性能完全能达到要求。M50 钢也用于制作高温滚珠或滚柱轴承，此外还可以用于制作木工工具、液压泵总成、活塞泵和泵叶片。如耐磨性要求很高，但又无法获得标准高速钢的情况下，可选择 M52 钢。

同类钢有：（Ger.）DIN 1.2369，1.3551；（Fr.）AFNOR A35-590 480 DCV 42.16；（Swed.）（USA M50）。

尽管以 T 命名的高速工具钢可能含有大量的 Co 和其他元素，若其主加合金元素为 W，则称为 W 系列高速工具钢。T 系列高速工具钢的性能与 M 系列的相同，但成本优势大于 M 系列高速工具钢。下面对几个 T 系列高速钢牌号进行详细介绍。

（20）T1 型工具钢 T1 型工具钢，也被称为 18-4-1（其数字分别表示钢中 W，Cr 和 V 的质量分数百分比），第二次世界大战之前，一直作为通用型标准高速钢，但自 20 世纪 50 年代以来，逐渐被 M2 取代。该钢具有多个碳含量牌号，有高的抗脱碳优点。在高温下，有非常高的抗回火软化和耐磨性能。与大多数高速钢一样，它的韧性相对较低。如采用较低的奥氏体化温度加热淬火，其硬度略有降低，而抗冲击性能有所提高。

同类钢有：AMS 5626；ASTM A600；FED QQ-T-590；SAE J437，J438；（Ger.）DIN 1.3355；（Fr.）AFNOR Z 80 WCV 18-04-01，3548 Z 65 WDCV 6.05；（Ital.）UNI X 75 W 18 KU；（Jap.）JIS SKH 2；（U.K.）B.S. BT1。

（21）T2 型工具钢 与 T1 钢一样都属于高耐磨性和高热硬性工具钢，但该 18-4-2 牌号性能比 T1 钢还要略好。适用于切削加工和许多其他应用。与大多数高速钢一样，它的韧性相对较低。如采用较低的奥氏体化温度加热淬火，其硬度略有降低，而抗冲击性能有所提高。具有中等可加工性。

同类钢有：ASTM A600；FED QQ-T-590；SAE J437，J438；（Fr.）AFNOR A35-590 4201 CV 18-04-01，4203 18-0-2；（U.K.）B.S. 4659 BT1，4659 BT2，4659 BT20。

（22）T4 型工具钢 是在 T1 钢的基础上添加了 5% 的 Co。T4 钢与其他含 Co 高速工具钢一样，属于具有最高抗高温软化性能高速工具钢之一，尤其适合用于需大量切削，难加工合金的加工。

同类钢有：ASTM A600；FED QQ-T-590；SAE J437，J438；（Ger.）DIN 1.3255；（Fr.）AFNOR A35-590 4271 Z 80 WKC 18-05-04-0.1，A35-590 4275 Z 80 WKCV 18-10-04-02；（Ital.）UNI X 78 WCo 1805 KU；（Jap.）JIS G4403 SKH 3；（U.K.）B.S. 4659 BT4。

（23）T5 型工具钢 T5 型工具钢是在 18-4-2 钢的基础上添加了 8% 的 Co，具有极高的回火稳定性和耐磨性能。T5 钢与其他含 Co 高速工具钢一样，属于具有最高抗高温软化性能高速工具钢之一，尤其适合用于大切削量，难加工合金的加工。缺点是可加工性中等以下，抗脱碳能力低。

同类钢有：ASTM A600；FED QQ-T-590；SAE J437，J438；（Ger.）DIN 1.3265；（Fr.）AFNOR A35-590 4275 Z 80 WKCV 18-10-04-02；（Ital.）UNI X 80 WCo 1810 KU；（Jap.）JIS G4403 SKH 4；（Swed.）SS（USA T5）；（U.K.）B.S. 4659 BT5。

（24）T6 型工具钢 T6 含有 20%W 和 12%Co，为超高合金高速钢。与其他含 Co 高速钢一起，评价为具有最高的抗高温回火软化性能的高速钢。该类钢有很高的耐磨性，特别适合用于大进给量，难加工材料，如超合金进行切削加工。与大多数工具钢相比，它的韧性相对较低，在高速钢中其韧性也属于中等偏下。如采用较低的奥氏体化温度加热淬火，其硬度略有降低，而抗冲击性能有所提高。缺点是可加工性仅为中等以下，抗脱碳能力低。

同类钢有：ASTM A600（T-6）；FED QQ-T-590（T-6）；（Ger.）DIN 1.3257；（Jap.）JIS G4403 SKH 4B；（U.K.）B. S. 4659 BT6。

（25）T8 型工具钢　T8 型工具钢的主加合金元素是 W，添加 5% Co 进一步提高热硬性。与其他含 Co 高速工具钢一样，属于具有最高抗高温软化性能高速工具钢之一。该钢具有很高的耐磨性，适合用于大进给量，难加工材料的加工。与其他高速钢一样，它的韧性较低。如采用较低的奥氏体化温度加热淬火，其硬度略有降低，而抗冲击性能有所提高。具有中等可加工性和中等脱碳抗力。

同类钢有：ASTM A600；FED QQ-T-590；SAE J437，J438。

（26）T15 型工具钢　在高速钢中，T15 钢的碳含量（1.5%）和钒含量（5%）是最高的。与 M4 牌号类似，属于具有最高耐磨性的工具钢，能在具有腐蚀磨损的高温服役条件下工作。它特别适合用于大进给量，难加工材料的加工，但韧性很低。如采用较低的奥氏体化温度加热淬火，其硬度略有降低，而抗冲击性能有所提高。具有中等以下可加工性和中等脱碳抗力。

同类钢有：ASTM A600；FED QQ-T-590；（Ger.）DIN 1.3202；（Fr.）AFNOR A35-590 4171 Z 160 WKCV 12-05-05-04；（Ital.）UNI X 150 WCoV 130505 KU；（Swed.）SS（USA T15）；（U.K.）B. S. 4659 BT15。

（27）粉末冶金高速钢　也可以采用粉末冶金（PM）工艺方法，生产几个前面提到的和成分改进的高速钢。因为粉末冶金高速钢组织更加细小均匀，能显著提高其韧性和易磨加工性，含 V（Nb）量更高的牌号可以实现更高的耐磨性。其热处理工艺通常类似于相应标准牌号的高速钢，有关特定牌号详细的热处理工艺信息，建议咨询相关的供应商。

3.8.1　推荐的热处理工艺

（1）退火　高速钢锻造后或重新淬火前，必须进行完全退火。当钢加热达到退火温度范围（见表 3-39），应该根据工件的厚度尺寸，按每英寸保温 1h 进行保温后，缓慢炉冷（速度不超过 22℃/h，或 40℉/h）至 650℃（1200℉），然后才允许采用较快的冷却速度冷却。

（2）预热　奥氏体大约在 760℃（1400℉）开始形成，采用略高于这个温度进行淬火预热，可降低相变生产的应力。如考虑预防部分脱碳问题，通常会采用 705~790℃（1300~1450℉）预热温度；如不考虑脱碳问题，比较理想的预热温度是 815~900℃（1500~1650℉）。

为了减少热冲击和提高设备的使用效率，通常推荐在一个炉内，采用在温度 540~650℃（1000~1200℉）和温度 845~870℃（1550~1600℉）进行两次预热。

如果采用一次预热，T 型高速钢的预热温度最好选择在 815~870℃（1500~1600℉），M 型高速钢最好选择在 730~845℃（1350~1550℉）。常见的预热保温时间为奥氏体化温度下保温时间的两倍。因此，确保热处理工艺流程统一，预热炉的容量通常是奥氏体化炉的两倍。

建议对所有的高速钢工件都采用预热工序，但对小工具、无锋利刃口或尖锐缺口工具和无截面尺寸突变工具，如小刀头和钻坯，可采用直接奥氏体化加热。如果使用耗碳马弗炉（consumable carbonaceous muffles）预热，由于无法提供有效的气氛保护，为防止脱碳发生，预热温度不得超过 650℃（1200℉）。对要进行修整加工和表面加工的热处理工件而言，脱碳是非常有害的。

（3）奥氏体化加热　高速钢的耐热性能和可工作性取决于在奥氏体化加热淬火中，溶入的各种复杂合金碳化物数量。必须将钢加热到熔点附近温度，这些碳化物才可能大量溶入于奥氏体中。因此，在高速钢奥氏体化加热时，需要非常精确地控制加热温度。与低 V 高速钢相比，含 V3% 以上的高速钢奥氏体化温度保温时间大约要增加 50% 以上。在熔点以下，高钒钢的显微组织中纯碳化钒几乎不溶入基体中，它们能有效阻止晶粒长大，因此可以在高温下的长期保温，而对钢的性能没有损伤。应该指出的是，不仅仅是钢中钒的含量，钢中钨、铬、钼、钴的含量，也对钢在奥氏体化温度保温时间起到重要作用。此外，还应该注意的是，不要采用超过这些钢推荐的奥氏体化温度进行加热。

用于重负荷切削的单点加工工具（Single-point tools）的实际奥氏体化温度，应高于正常奥氏体化温度 8~17℃（15~30℉）。提高奥氏体化温度，增加合金元素溶入奥氏体中，因此提高材料的回火稳定性和热硬性，但也对牺牲部分韧性。对凸模冲头这样不需要得到最高硬度的模具，可选择低于正常奥氏体化温度 55~110℃（100~200℉）进行加热奥氏体化，以获得最大韧性。

奥氏体化温度的调整还与加热设备的类型有关。采用富 CO 气氛控制的全马弗炉（Full-muffle furnaces）加热，奥氏体化温度通常要比推荐的温度范围高；采用盐浴炉奥氏体化加热，通常奥氏体化温度要比推荐的温度范围低 15~30℃（30~

50℉）；真空炉通常就采用推荐的温度范围奥氏体化加热。

奥氏体化温度对 M2 钢的淬火态硬度的影响如图 3-81 所示。低于 1175℃（2150℉）奥氏体化加热，由

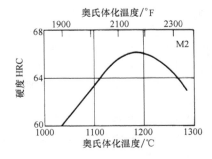

图 3-81　奥氏体化温度对 M2 钢淬火态硬度的影响

于碳化物不能充分溶入奥氏体，M2 钢不能充分淬硬。而在高于 1230℃（2250℉）奥氏体化加热，由于碳化物过多溶入奥氏体，淬火得到过多的残留奥氏体，因此 M2 钢的淬火硬度降低。

奥氏体化温度不仅对最终硬度有影响，而且对晶粒尺寸也有影响，如图 3-82 所示。由于大量合金元素溶入基体，原奥氏体晶界优先于马氏体组织得到侵蚀，因此可以对奥氏体晶粒尺寸进行定量分析。随淬火温度提高，奥氏体晶粒尺寸不断增大。未溶碳化物，特别是细小碳化物具有强烈阻止和钉扎晶界运动，从而阻止高速钢晶粒长大。这是高速钢高温淬火得到细小晶粒的重要机制（与碳钢或低合金钢进行比较）。当提高了淬火温度，碳化物发生溶解，钉扎晶界作用减弱，晶粒易于发生粗化。淬火后奥氏体组织转变为马氏体，如果奥氏体晶粒细小，形成的马氏体（板条或片状）也细小，材料韧性提高。

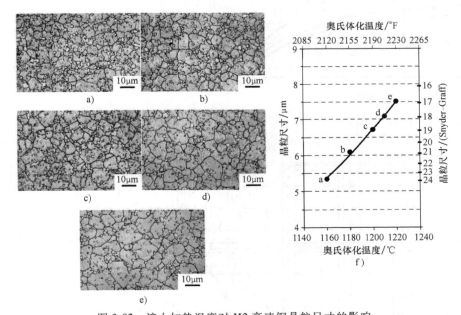

图 3-82　淬火加热温度对 M2 高速钢晶粒尺寸的影响
a）1160℃　b）1180℃　c）1200℃　d）1210℃　e）1220℃［10%硝酸酒精（8min）和 Villela（20s）浸蚀］
f）Snyder-Graff 方法测量的奥氏体晶粒尺寸

采用低于正常奥氏体化温度对 M2 钢加热淬火，韧性得到提高，试验采用无切口埃左德（Izod）悬臂梁式冲击试样进行测量，试验结果如图 3-83 所示。大量研究表明，高速钢获得最大韧性的最佳方法是降低奥氏体化加热温度而不是采用奥氏体化上限温度加热，还可以提高回火温度来达到同等硬度水平。降低 M2 钢的奥氏体化加热温度，会降低其高温硬度，如图 3-84 所示。

（4）淬火　高速钢可以采用空气、氮气、油和盐浴，作为淬火冷却介质进行淬火。为保证工件平直，除对薄壁工具采用夹板夹持工件，进行空冷淬火外，通常工件采用从马弗炉和半马弗炉移出后在油中淬火；或从高温盐浴炉移出后在盐浴中淬火；或在真空炉采用加压氮气淬火。当工件的温度冷却到与淬火冷却介质一致时，可以采用空冷。对于在炉中加热的大型刀具，为减少淬火应力和防止淬火开

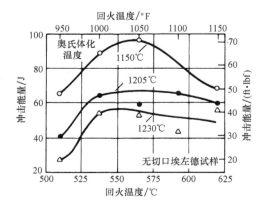

图 3-83 奥氏体化温度和回火温度对 M2 钢
冲击性能的影响

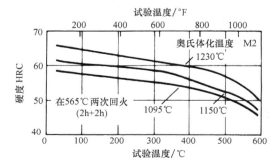

图 3-84 奥氏体化温度对 M2 钢
高温硬度的影响

裂，通常采用中断油淬。即刀具在油中冷却至变色
（约 540℃，或 1000℉），然后在空气中冷却。为得
到理想的微观组织（晶界上无碳化物析出），当从奥
氏体化温度冷却至 760℃（1400℉），必须采用 335 ~
555℃/min（600 ~ 1000℉/min）的冷却速率。不同
高速钢的连续冷却转变图如图 3-85 ~ 图 3-87 所示。

复杂形状高速钢工具淬火后，通常具有较高的
残余应力。并防止开裂，正确的做法是，将工件在
淬火冷却介质中冷却到 65℃（150℉）之前，转移至
回火炉中。对大型或复杂的工具，这种做法尤为重
要。拖延淬火至回火之间的时间或允许工件直接冷
却至过低的温度，通常都会引起工件开裂。如果工
件无法迅速转移到回火炉，也必须将工件放置到
120 ~ 205℃（250 ~ 400℉）的炉内保温，直到可以用
回火炉回火。通过装备真空炉的普及和通过改进提
高了真空炉淬火能力，采用真空炉用于高速钢淬火
的情形也开始增多。自 1985 年真空炉技术开发和不
断改进以来，现已可以处理截面直径达 75mm（3in）
的高速钢工件。与传统真空炉设备处理的工件相比，
采用改进真空炉技术提高了高速钢的力学性能。与
盐浴淬火相比，真空淬火在环境安全、表面质量和
能耗成本等方面具有明显优势。通过选用适当的夹
具，真空淬火还可以减少变形。

（5）回火 回火温度和时间对 M2 高速钢经
1220℃（2225℉）奥氏体化加热淬火后硬度的影响如
图 3-88 所示。从图 3-88 中曲线可以看到，大约在回

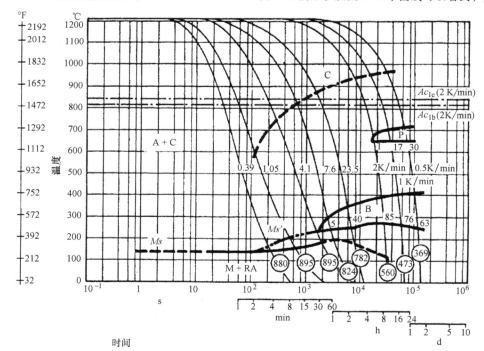

图 3-85 AISI M2 钢连续冷却转变图

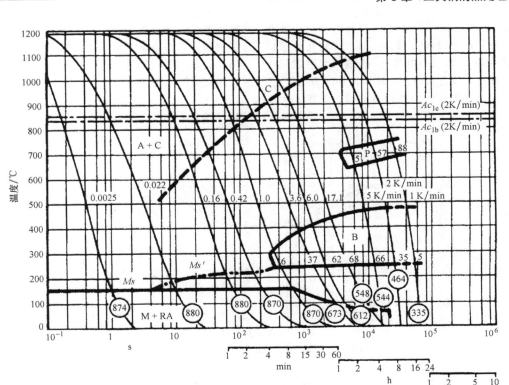

图 3-86 AISI M42 钢连续冷却转变图

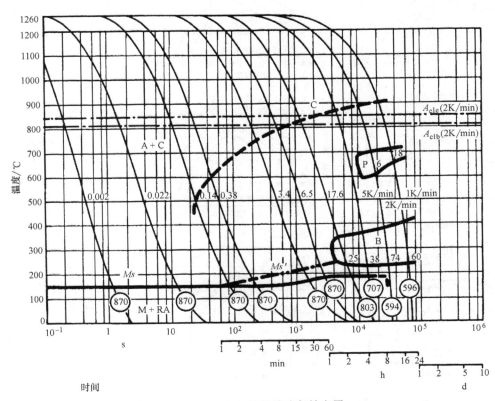

图 3-87 AISI T1 钢连续冷却转变图

火温度370℃（700℉）以上，开始出现二次硬化现象，根据回火时间不同，达到二次硬化峰值的最高温度约595℃（1100℉）。高速钢大多数回火都选择在此温度范围进行，选择偏低的回火温度，没有二次硬化效应，选择偏高的回火温度，硬度远远低于通常所期望值。应该强调指出的是，M系列和T系列高速钢实际回火温度和回火时间范围应该在425～705℃（800～1300℉）和0.5～10h之间，如图3-89所示。

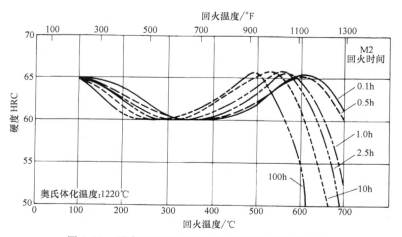

图 3-88　回火温度和时间对 M2 高速钢硬度的影响

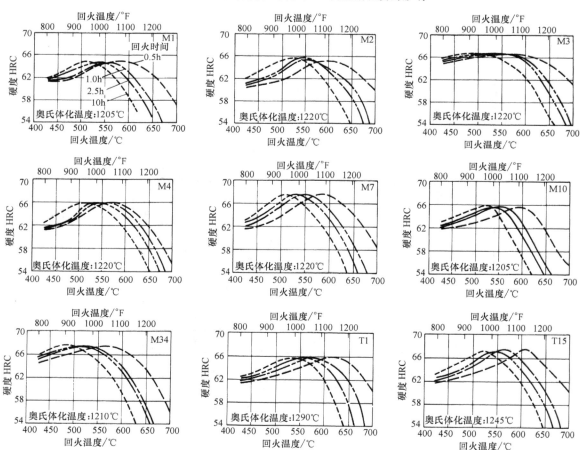

图 3-89　回火温度范围 425～705℃（800～1300℉）和回火时间范围 0.5～10h 高速钢的硬度的影响

部分高速钢奥氏体化温度对回火特性的影响如图 3-90 所示，回火温度范围为 480～675℃（900～1250°F）。图中所有钢的数据表明，奥氏体化温度越高，固溶于奥氏体的合金元素越多，在随后回火过程中产生二次硬化效应越大。

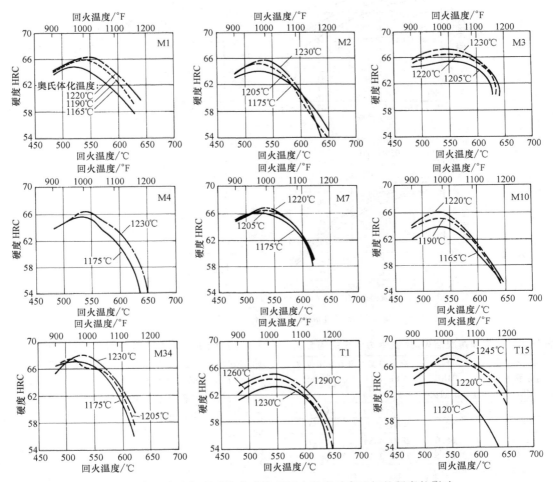

图 3-90　部分高速钢奥氏体化温度和回火温度对高速钢的硬度的影响。
采用（2h+2h）两次回火

通常高速钢在 540～595℃（1000～1100°F）回火范围至少进行两次回火。实际的回火温度选择取决于工具类型（例如，钻头通常选择 540～555℃ 或 1000～1030°F 回火，丝锥通常选择 560～580℃ 或 1040～1080°F 回火），回火时间通常是 2h 以上。因为根据不同钢的热化学、热加工工艺、淬火温度、淬火条件不同，淬火态残留奥氏体的数量也会发生显著的变化，采用上述的回火工艺才可以确保得到完全的回火马氏体组织。

第一次回火时间和回火温度组合是否合适，对残留奥氏体的转变至关重要。采用不同的奥氏体化温度对 M2 钢淬火后，采用一次和两次回火对硬度影响如图 3-91 所示。

回火温度过低或时间过短，或者两者兼有，都不能将淬态钢中的 20%～30% 残留奥氏体充分转变，因此第一次回火后，仍会有大量的残留奥氏体保留下来；直到第二次回火冷却时，这些残留奥氏体才会发生转变；第三次回火是对回火过程形成的马氏体进行回火。应该注意的是，第二次回火对硬度的增加非常有限。为使这些回火过程充分进行，高速钢在每次回火后应该冷却到室温。从表 3-40 中可以看出，多次回火对 T1 高速钢力学性能的改善和提高。

中性气氛炉（通常为氮气）热量通过加热元件对流传递，热量的传递是渐进的，不会由于热冲击对工件造成开裂危险，因此通常认为是最理想用于

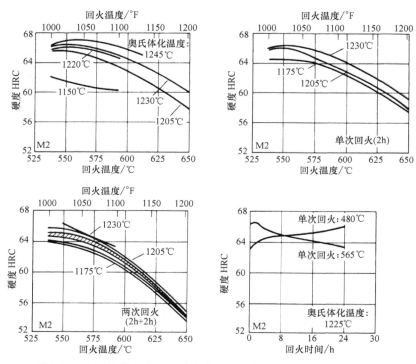

图 3-91 奥氏体化温度和回火条件对 M2 高速工具钢硬度的影响

表 3-40 一次和两次回火对 T1 钢力学性能的影响

在回火温度的保温时间	硬度 HRC	弯曲强度/MPa(ksi)	扭力冲击强度/J(ft·lbf)
在 565℃(1050℉)一次回火			
6min	65.1	2150(312)	22(16)
1h	65.7	1860(270)	41(30)
2.5h	65.0	2810(408)	65(48)
5h	64.5	2590(376)	65(48)
在 565℃(1050℉)两次回火			
2.5h+2.5h	64.5	3130(454)	85(63)

高速钢的回火热处理炉。建议将工件放入回火炉，达到 205~260℃（400~500℉）均热后，再将工件随炉缓慢升至回火温度。这对大型或复杂的工具特别重要，因为加热速度过快，可能导致开裂。

由于盐浴炉加热速率快，热冲击大，因此除了简单形状工具和采用 315℃（600℉）预热外，一般不采用盐浴炉对高速钢工具进行回火。

（6）渗氮 与气体渗氮相比，液态渗氮周期短，适合用于对高速钢刀具进行渗氮。等离子体渗氮工艺能更好地控制渗氮过程，通过控制可以得到无氮化物层或很薄的氮化物层，因此也可以用于对高速钢刀具渗氮。由于受到环保限制，现在液态渗氮已很少采用，而采用等离子渗氮工艺对高速钢进行渗氮更加普遍。

高速钢的渗氮周期相对较短，很少超过 1h。高速钢的渗氮工艺过程和设备与低合金钢的相同。

T1 高速钢试样采用温度为 565℃（1050℉），分别在新盐浴炉和老盐浴炉进行渗氮，在新盐浴炉的渗氮时间为 90min，老盐浴炉的渗氮选用了不同时间，试验结果如图 3-92 所示。渗氮时间对 T1 高速工具钢表面含氮量的影响 [第 1 个 0.025mm（0.001in）] 层的含氮量见表 3-41。应避免对脱碳的高速工具进行渗氮，因为会导致表面产生脆性。采用渗氮可以对由于表面研磨产生软化的钢进行补偿和改进。

表 3-41 渗氮时间对 T1 高速工具钢表面含氮量的影响

[第 1 个 0.025mm（0.001in）层的含氮量）]

在 565℃(1050℉)下时间	含氮量（%）
3min	0.06
10min	0.093
30min	0.15
90min	0.26
3h	0.58
6h	1.09

对高速钢工具进行液态渗氮，提高了硬度和耐磨性能，降低了摩擦系数，这些性能从两个相关方面提高刀具寿命。其一，高硬度和高耐磨性降低了

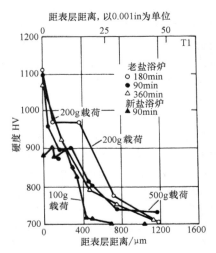

图 3-92　盐浴炉条件和保温时间对 T1
高速钢试样硬度梯度的影响盐浴
渗氮温度为 565℃（1050°F）。

铁屑对工具磨料磨损行为；其二，低摩擦系数特性除有利于排屑外，还降低了刀锋背后生成的热量。

等离子渗氮热处理，采用很大的电势将工作气体进行电离（分解）为离子，并吸附于工件表面。采用适当控制，硬化层与液体渗氮情况基本相同。有关更详细的信息请参考相关文献。

（7）渗碳　高速钢刀具通常不推荐进行渗碳，因为得到的硬化层脆性极大。

3.8.2　专用机械工具淬火

高速工具钢广泛用于制作拉刀、螺纹梳刀、铣刀、钻头、丝锥、铰刀、成形工具、滚铣刀、滚牙轮、螺纹板牙、车刀和轴承部件。

（1）拉刀　由于承受连续切削和小负载切屑，拉刀需要很高的刀刃硬度。采用标准高速钢牌号硬度不小于 65HRC，采用优质高速钢牌号硬度不小于 66 HRC。

为了避免过度变形，拉刀应采用垂直悬挂在淬火炉里，并应该在控制和均匀的冷却条件下淬火。在淬火未冷至室温时，应该对拉刀矫直，在温度冷却至 65℃（150°F）之前，进行回火。对大直径拉刀，这些预防开裂的措施尤其重要。

（2）螺纹梳刀　由于他们通常尺寸较小，在淬火中没有关于矫直和残余应力问题。在很大程度上，螺纹梳刀的硬度取决于应用场合和螺纹的螺距。用于加工钢螺纹的螺纹梳刀推荐硬度在表 3-42 中列出。

加工铸铁或塑料螺纹的切削力很小，但需要很高的耐磨性，因此用于加工铸铁或塑料的螺纹梳刀应采用钢可达到的最高硬度热处理工艺。而加工梯

形螺纹，可选择较低的热处理硬度。

（3）铣刀　细齿铣刀以及易脆表面的刀具应淬火至硬化 63~65HRC。重负荷铣刀和用于软材料及耐磨材料加工的刀具，应在特定型号钢的基础上选择淬火至最高硬度。

（4）钻头　根据钻头的直径，选择的淬火工艺有所不同。平直度对这类工具是非常重要的。有各种夹持钻头加热的方法，但通常明智的方法是钻头在热处理淬火中采用垂直悬挂，以减少变形。矫直最好在淬火后回火前进行。钻头回火应注意加热炉不能超载，所有钻头必须采用正确的回火温度和回火时间进行回火。

具体加工钢材的钻头硬度推荐如下：

1）通常大多数钻头的硬度为 63~65HRC。

2）如重负荷钻头的硬度等于或高于前面所提到的情况，通常使用高速钢（如 M35 或 M42）（这些钻头通常设计为达到最大刚度和最高的耐磨性能）。

（5）丝锥　与钻头一样，为减少变形，细长丝锥需要采用特殊的淬火技术，这通常意味着淬火应采用垂直悬挂和合适的夹具。丝锥应在淬火后回火前进行矫直。必须对这些工具的回火进行仔细控制，以保证有足够的加热时间。具体用于加工钢的丝锥推荐硬度在表 3-42 中列出。

表 3-42　用于加工钢螺纹的螺纹梳刀
和丝锥推荐硬度

螺纹刀具	硬度 HRC			
	细牙螺纹	粗牙螺纹	梯形螺纹	管螺纹
螺纹梳刀	61~63	64~65	60~62	—
丝锥	63~65	63~65	62~64	62~64

（6）铰刀　工作时，铰刀排屑量低，但耐磨性要求高。基于这个原因，他们通常处理到选择钢的最高硬度。

（7）滚铣刀　滚铣刀工作时，有修整加工刮削，因此要求刀刃硬度高。如果在热处理淬火加热时，不采用垂直放置，可能出现椭圆状变形，因此需要采用特殊的夹具夹持。为能高效率和高质量产生出该工具，必须对淬火和回火工艺和温度进行精确控制。为避免出现开裂，脆性齿面的硬度必须降低到 62~64HRC，尽管降低硬度会降低使用寿命。

（8）滚牙轮　对有较高性能要求的，如加工硬度很高的材料的滚牙轮采用高速钢生产，但普通的滚牙轮通常采用 A2 或 D2 钢生产制作。对于加工脆的螺纹牙型，滚牙轮硬度必须达到 60~62HRC；对于加工大载荷螺纹牙型和加工高强度材料，推荐硬度要求达到 63~65HRC，但采用这么高的硬度，模具更容易破损。

（9）螺纹板牙 大多数的螺纹板牙采用碳钢生产制作，但对冲孔下模和套丝模，通常采用高速钢生产制作。硬度和螺纹板牙牙型之间的关系与推荐的螺纹梳刀、丝锥一样。

（10）轴承部件 M50高速钢生产的轴承部件主要用于航空航天工业。经过热处理后，这些轴承部件应具有硬度高、晶粒均匀细小和在很宽的温度范围内保证尺寸稳定。因此，与大多数其他高速钢相比，它们的奥氏体化温度通常是选择较低（1105~1120℃，或2025~2050℉），保温时间尽可能短，最好是采用马氏体分级淬火。为实现高尺寸稳定性，至少采用在540~550℃（1000~1025℉）进行三次回火，每次回火后冷却至室温，每次回火时间2~4h。

（11）成形工具 高速钢可替代其他工具钢，用于制作高耐磨性冷加工（甚至热加工）工具。在这些情况下，硬度应调整到所需工具韧性的水平，通常在58~65 HRC。为实现调整硬度，回火温度应该保持在硬化峰值附近（大约550℃或1020℉），根据图3-90和图3-91，通过改变奥氏体化加热温度进行。

致谢

本节根据1991年材料信息学会出版的ASM手册第4卷《热处理》p 734-760"特种工具钢热处理"一文改编。

参考文献

1. "Molybdenum High-Speed Tool Steels（M Series）," *Heat Treater's Guide: Practices and Procedures for Irons and Steels*, 2nd ed., ASM International, p 639-669.

2. "Tungsten High-Speed Tool Steels（T Series）," *Heat Treater's Guide: Practices and Procedures for Irons and Steels*, 2nd ed., ASM International, p 622-638.

3. R. A. Mesquita, C. A. Barbosa, C. S. Goncalves, and A. L. Slaviero, Effect of Hardening Conditions on the Mechanical Properties of High Speed Steels, *International Heat Treatment & Surface Engineering*, Vol 5, 2011, p 36-40.

4. J. Elwart and R. Hunger, Plasma（Ion）Nitriding and Nitrocarburizing of Steels, *Steel Heat Treating Fundamentals and Processes*, Vol 4A, *ASM Handbook*, ASM International, 2013, p 690-703.

3.9 塑料模具钢和耐腐蚀工具钢的热处理

本节介绍这些工具钢的热处理不限用于塑料加工行业，而且可以广泛应用到其他行业。这些工具钢有两个特征：耐腐蚀和典型的供货状态。本节介绍的耐腐蚀钢，分为标准（不耐腐蚀）模具钢和选择性耐蚀工具钢两种类型。两种类型的工具钢都包括有以预先硬化状态供货和工具制造加工后需要进行热处理。

3.9.1 塑料模具钢

塑料模具钢，冠以字母P，正如它们的名字，通常用于制作塑料模具。由于塑料材料的广泛应用，塑料模具钢已成为非常重要的一类工具钢。与以前介绍的模具钢相比，塑料模具钢的力学性能，包括强度和韧性的要求较低。通常应用的模具，很少出现模具开裂失效，因此与模具制造加工相关特性成为最重要的性能。AISI P20或改性型P20（即DIN 1.2738），以硬度32 HRC预先硬化状态供货，是塑料模具加工行业中最为广泛使用的塑料模具钢。当然，更专门的应用场合则需要采用合金度更高的钢。例如H13钢，改性型马氏体不锈钢（例如，AISI 420或改性型420），或高合金粉末冶金钢。目前，制造加工技术，特别是高速加工技术不断进步和发展，使可以加工预先硬化状态供货钢的硬度可达到40HRC以上。由此提高了模具质量，尤其是抛光性能。塑料模具钢的化学成分见表3-43，下面对其进行简要介绍。

（1）P20型工具钢 P20为中等淬透性钢，该钢韧性高、脱碳抗力高，但回火稳定性低。通常在预热处理条件供货，硬度大约300HBW，在该硬度加工模具型腔。为提高耐磨性，模具可采用渗碳或渗氮。

（2）P20改性型工具钢 P20改性型工具钢有几个牌号，这几个牌号的性能与P20钢相同，但由于提高了合金含量，改善了钢的淬透性。此外P20改性型工具钢还有高硫易切削加工牌号。

P20及其改性型钢（如DIN 1.2738，1.2311和1.2312）是塑料注射成形和模压成形中应用最广的模具钢。该模具材料也可用于制造压铸低熔点合金的模具。

同类钢（美国和/或国外）。ASTM A681（P-20）；（Ger.）DIN 1.2311，1.2312，1.2328，1.2330，1.2738；（Fr.）AFNOR A35-590 Z 333 35 CHD 7；（Swed.）SS（USA P20）；（U.K.）B. S. 4659（USA P20）。

（3）P21型工具钢 P21钢是时效硬化工具钢。采用高温回火处理降低硬度，以方便对模具型腔加工，而后进行时效硬化。该牌号钢可以进行渗氮，但不适合渗碳，淬硬层深，在高温下具有中等抗回火软化和高的抗脱碳性能。

表 3-43　部分塑料模具钢和耐腐蚀工具钢名义成分

钢　号	化学成分(质量分数,%)							
	C	Mn	Si	W	Mo	Cr	V	其他
塑料模具钢								
P20	0.35	—	—	—	0.40	1.25	—	—
P21	0.20	—	—	—	—	—	—	4.00Ni,1.20Al
P20 改性型①	0.38	1.50	—	—	0.20	2.00	—	(+Ni,S)
耐腐蚀工具钢								
420	0.40	—	—	—	—	13.00	—	—
420 改性型②	0.20~0.40	—	—	—	0~0.40	13.00~14.00	0~0.40	(+Ni,N)
440B	0.90	—	—	—	1.10	17.00	0.10	—
440 改性型③	0.40~0.60	—	—	—	1.00~2.00	15.00~17.00	0.10~0.40	+N

① 符合欧州标准的（EN-standards）商用钢牌号。例如：Mat. No.1.2311，1.2312，1.2738。有关热处理参数的详细信息，请参考有关供应商手册。

② 可用商用钢牌号。例如：M333，Mirrmax，Polmax，Stavax，VP420IM。有关热处理参数的详细信息，请参考有关供应商手册。

③ 可用商用钢牌号。例如：M340，X15TN。有关热处理参数的详细信息，请参考有关供应商手册。

同类钢（美国和/或国外）。ASTM A681(P-21)。

3.9.2　推荐的热处理工艺

有很多因素影响到塑料模具材料以及热处理的方法的选择，其中最重要的是材料的成分、模具型腔加工方法、成形方法以及被成形的材料。塑料模具钢最常见的热处理方法有两种：（1）预先硬化型钢（或部分已加工模具），硬度约在 30~36HRC，进行机加工后直接使用；（2）通过渗碳得到硬化层。已证实在某些情况下，可以采用对模具进行渗氮，但应用不广泛。模具的渗碳或渗氮工艺与通常钢的渗碳或渗氮工艺基本相同。

表 3-44 为总结的塑料模具钢的热处理工艺。P20 及其改性型钢牌号（DIN 1.2738，DIN 1.2311 和 DIN 1.2312）通常由制造商进行热处理后供货，用户对供货模具钢进行机加工后可直接使用。与热加工工具钢和冷加工工件钢的最终硬度相比，P20 型工具钢的硬度（~32HRC）相对比较低，因此可以在完全淬硬条件进行机加工。由于 P21 钢采用固溶退火加时效热处理工艺，近年来，使用越来越少。

（1）退火　表 3-44 给出了塑料模具钢退火温度和退火状态的硬度值。P20 型工具钢通常由制造商进行退火，以需要进一步机加工的模块形式供货。因此，气氛控制不太重要，但应控制退火缓慢冷却。如果需要对已硬化模具进行返工，可参考表 3-44 所列的推荐退火工艺。

（2）奥氏体化加热、淬火和回火　采用 845~870℃（1550~1600℉）对退火状态模块进行奥氏体化加热，采用油进行淬火，而后在 540℃（1000℉）回火到 300HBW 左右。

（3）渗碳　对制作模压成形的模具，特别是用于耐磨塑料成形模具，很少采用对 P20 钢进行渗碳处理。如模具表面的抛光性能为重要性能参数，推荐 P20 钢的渗碳温度不要超过 900℃（1650℉），反之，如不考虑模具表面的抛光性能，可采用常规渗碳工艺。可直接将模具从渗碳温度进行淬油，硬度范围在 54~58HRC。

P20 钢采用两种不同温度渗碳后，在不同回火温度下回火的硬度如图 3-93 所示。

（4）渗氮　在用于某些特殊场合时，P20、P20 改性型和 P21 钢需要进行渗氮。其工艺流程为，渗氮前先对 P20 和 P20 改性型钢应进行淬火加回火至硬度 300HBW（或者采用至少高于渗氮温度 30℃，或 55℉ 以上进行回火），进行模具型腔的机加工，而后采用传统渗氮工艺进行渗氮。在整个工序中应确保无增碳或脱碳。

3.9.3　耐腐蚀工具钢

耐腐蚀工具钢指用于各种不仅要求耐腐蚀高，在许多情况下，而且对材料韧性、耐磨性和表面形貌具有严格要求的场合。例如，切刀、挤压螺杆或加工塑料的模具。为实现这些性能要求，除了选材外，还必须对热处理工艺参数进行调整和控制。

现在典型使用的钢主要有 13% Cr 系列钢（如 AISI420）或 17% Cr 系列钢（如 AISI440B）。通常，这些钢含有足够的碳，可达到硬度 50~60HRC 水平。近年来，新开发出了含氮牌号的钢，如 M333、Mirrax、M340 和 X15TN，通过添加一定的氮，替代钢中的碳，从而显著提高钢的韧性和耐蚀性。

表3-44 塑料模具钢和耐腐蚀工具钢推荐热处理工艺

钢 号	正火温度①		退火				渗碳温度		淬 火			
			温度②		冷却速率③	回火硬度			奥氏体化温度	保温时间	淬火介质	淬火硬度
	℃	℉	℃	℉	℃/h ℉/h	HBW	℃	℉	℃ ℉	min		HRC
塑料模具钢												
P20	900	1650	760~790	1400~1450	22 / 40	149~179	870~900④	1600~1650④	815~870 / 1500~600	15	O	58~64⑤
P20改性型⑥	900	1650	720~790	1330~1450	22 / 40	<240	870~980④	1600~1800④	815~870 / 1500~1600	15	O	58~64⑤
P21	900	1650	不推荐			通过固溶和时效进行硬化⑦						
耐腐蚀工具钢												
420	不需要		760~850	1400~1560	22 / 40	<250	不推荐	不推荐	980~1050 / 1800~1920	15~30	O,A,G	53~56
420改性型⑧	不需要		780~870	1440~1600	14 / 25	<250	不推荐	不推荐	980~1020 / 1800~1870	15~30	O,A,G	52~57
440B	不需要		780~840	1440~1540	22 / 40	<265	不推荐	不推荐	1000~1050 / 1830~1920	15~30	O,A,G	58~60
440改性型⑨	不需要		800~860	1470~1580	14 / 25	<260	不推荐	不推荐	980~1020 / 1800~1870	15~30	O,A,G	55~59

注：W＝水冷淬火；B＝盐水淬火；O＝油淬火；A＝空冷淬火；G＝氮气淬火。

① 均温后保温时间，薄壁工件大约15min，厚壁工件在静止空气中冷却。

② 下限温度范围应该用于薄壁工件，上限温度范围用于厚壁工件，薄壁和装炉量少工件，保温时间大约1h；厚壁和装炉量多工件，大约4h；装箱退火，根据装箱截面直径，每英寸保温1h。

③ 冷却到340℃（1000℉）的最大速度，低于该温度，冷却速度可不考虑。

④ 当适用时采用。

⑤ 渗碳后硬度。

⑥ 符合欧洲标准的可用商用钢牌号。例如：Mat. No. 1.2311, 1.2312, 1.2738。有关热处理参数的详细信息，请参考有关供应商手册。

⑦ 固溶处理，加热至705~730℃（1300~1350℉），保温1~3h，在空气或油中淬火。时效处理：再次加热至510~550℃（950~1025℉）；时效后硬度约40~30HRC。

⑧ 可用商用钢牌号。例如：M310, M333, Mirrmax, Polmax, Stavax, VP420IM。有关热处理参数的详细信息，请参考有关供应商手册。

⑨ 可用商用钢牌号。例如：M340, X15TN。固溶后硬度约24~28HRC。有关热处理参数的详细信息，请参考有关供应商手册。

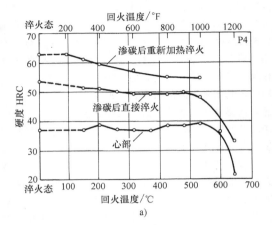

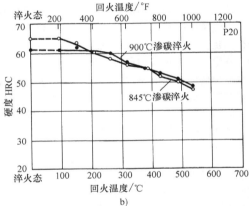

图 3-93 渗碳塑料模具钢的回火特征

a) 上曲线为渗碳剂采用硬木木炭，在温度 915 ~ 925℃（1675 ~ 1700 ℉）下渗碳 8h，箱体整体空冷。再次在 940 ~ 955℃（1725 ~ 1750 ℉）加热，空冷后回火。中间曲线为渗碳剂采用铸铁铁屑，在 940 ~ 955℃（1725 ~ 1750 ℉）渗碳，将渗碳试样从箱体中取出，空冷后回火

b) 将试样放置渗碳剂中加热至渗碳温度，保温 2h，采用油淬火和回火后表面硬度

（1）AISI 420 型钢　420 型钢是 12% Cr 系列不锈钢中的高碳马氏体钢。由于高碳，通过热处理可淬火得到很高的硬度。在淬火硬化条件下，420 型钢具有高强度和高耐磨性，在淬火硬化加抛光条件下具有极好的耐蚀性。由于退火材料或有外来粒子污染钢的表面时，钢的耐蚀性降低，因此对 420 型钢工件进行钝化处理是明智的选择。

同类钢有：UNS S42000；AMS 5506，5621；ASTM A276，A314，A473，A580；FED QQ-S-763，QQ-S- 766，QQ-W-423；MIL SPEC MIL-S-862；SAE J405（51420）；（W. Ger.）1.4021；（Fr.）AFNOR Z 20 C 13；（Ital.）UNI X 20 Cr 13；（Jap.）JIS SUS 420 J1；（Swed.）SS14 2303；（U.K.）B.S. 420 S

37，CDS-18。

（2）420 改性型钢　420 改性型钢是在 420 钢的基础上，通过调整得到的专用工具和模具钢。通常，这些钢增加了一些如钼、钒、镍，或氮的合金元素，这些合金元素的主要作用是提高钢的淬透性、韧性和耐蚀性，这对大型工具尤为重要。合金元素氮能提高钢的耐蚀性和韧性。这些牌号钢现已广泛使用，但还没有标准化，所以具有不同牌号，如 M310、M333、Mirrmax、Polmax、Stavax 和 VP420IM。

（3）AISI 440B 型钢　440B 型钢是高碳高铬不锈钢，具有优良的耐蚀性和很高的硬度。通过热处理后，硬度可达到 58 HRC，其耐腐蚀与 410 钢相同。440B 型钢通常在淬火加回火下使用，在 425℃（800 ℉）以下回火，可获得最佳的耐蚀性。在退火条件下或在淬火后在 425℃（800 ℉）以上回火，440B 型钢的耐蚀性下降。因此通常不推荐将 440B 型钢用于高温。

同类钢有：UNS S44003；ASTM A276，A314，A473，A580；FED QQ-S-763；MIL SPEC MIL-S-862；SAE J405（51440B）；（W. Ger.）DIN 1.4112；（Jap.）JIS SUS 440B。

（4）440B 改性型钢　440B 改性型钢是含氮的中碳高铬钢，其设计理念是在改善钢耐蚀性能基础上提高钢的硬度和韧性。通过热处理后，在硬度达到 58 HRC 的同时具有优良的韧性。通过合金元素氮代替部分的碳，大大改善了 440B 改性型钢的耐蚀性能。

用于轴承行业部分标准化的牌号（UNS S42025，AMS 5898，（W. Ger.）DIN EN 1.4108），而在工具行业应用更为熟知的钢牌号主要有 M340 和 X15TN。

3.9.4　推荐的热处理工艺

为获得最佳性能的工具，必须对以下三个工序的参数仔细考虑：

1）奥氏体化参数（加热速率、加热温度和保温时间）。

2）淬火速率。

3）回火温度。

可采用气氛保护炉进行热处理，采用油淬火或盐浴淬火，但现在越来越多采用真空炉高压气淬。

（1）正火　因为这些钢是部分或全部采用空冷淬火，因此不推荐采用正火工艺。

（2）退火　这些钢通常以退火状态供货。淬火前或重新加工的焊接工具需要进行退火处理。各种类型钢的推荐退火温度由表 3-44 给出。工具应该缓慢而均匀加热至退火温度。如果是对已淬火工具重新进行回火时，缓慢加热尤为重要。

（3）消除应力　有时对耐腐蚀钢的工具进行消除应力处理是有益的措施，这点是对于大型模具特别重要。大型模具消除应力是在模具经粗加工后，最终加工之前，缓慢加热到 650℃（1200℉），保温 2h，随后缓慢炉冷。经消除应力后，在淬火工序中可以降低变形，尺寸变化较大或型腔较深的模具尤其如此。如果采用粗加工后，最终加工前，进行淬火加回火处理，该工艺的最终硬度在可加工的范围内，可以采用该工序精确对工模具进行尺寸控制。

（4）预热　建议所有耐蚀工具钢在奥氏体化加热时必须进行预热。模块或其他工具应该从室温缓慢而均匀加热至预热温度区间，400～850℃（750～1560℉）。对于形状变化复杂，截面尺寸变化大或型腔深的模具，最好采用两级或三级预热。采用这种预热过程，能减少在奥氏体化加热温度的保温时间，从而降低了模具的小截面尺寸处晶粒长大的风险。热电偶应放置在模具附近，如预热加热温度高于 650℃（1200℉），为减少氧化或脱碳，应采用气氛保护或真空炉等方法进行防护。

（5）奥氏体化加热　对中低碳合金钢，如 420 钢或改性 420 钢，因为几乎所有碳化物在奥氏体化温度均发生溶解，为避免晶粒长大，选择奥氏体化加热温度显得非常重要。对高碳合金钢，如 440B 钢或改性 440 钢，如选择奥氏体化加热过高，容易在淬火后形成大量的残留奥氏体组织；如选择奥氏体化加热过低，淬火后会有部分未溶铬碳化物保留下，降低了基体中固溶的铬含量，致使钢的耐蚀性下降。通常获得最佳性能的奥氏体化加热温度范围在 980～1030℃（1800～1890℉），而最佳奥氏体化温度取决于工模具尺寸的大小。

（6）淬火　随工件尺寸和形状复杂性增大，淬火参数的问题就显得越发重要，经常在相互矛盾的需求之间根据具体情况，在淬火参数问题上进行综合考虑。高的淬火冷却速率提高了钢的韧性和耐蚀性，缓慢淬火冷却速率能有效降低变形和减少残余应力。通常难以对成品工具的韧性和残余应力大小进行测量，因此冷却速度的选择往往集中在尽可能降低变形和保证足够的硬度之间进行权衡。实际上通常选择低的淬火速率进行淬火，远低于现代真空炉的冷却性能，而采用这样的缓慢冷却速率不会获得高韧性，而会得到脆性相当大的工具。图 3-94 所示为改性 AISI 420 钢（M310）钢的连续冷却转变图。

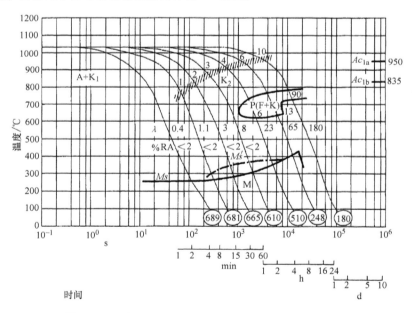

图 3-94　改性 AISI 420 钢（M310）钢连续冷却转变图

图 3-95 所示为不同冷却速率对材料韧性（无缺口试样）的影响，冷却速率用冷却参数 $\lambda_{8/5}$ 进行表示，即从 800℃冷却至 500℃（1470℉冷却至 930℉）的时间（s）除以 100。从图中可以看出，除了有随冷却时间增加，韧性下降的趋势外，还可以明显看到，具有较低碳含量的含氮合金钢，M333 钢（改性 420 型钢）韧性较高，该趋势与晶界上先共析碳化物减少有关。对 AISI 440B 钢和含氮合金钢 M340（改性 440 型钢）的实验研究，也证实具有同样的趋势。

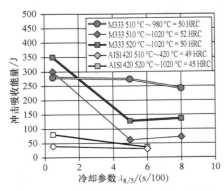

图 3-95 冷却参数对冲击韧性的影响

为获得最佳的材料性能，应该采用尽可能高的冷却速率进行淬火，实现完全淬透。为实现均匀淬火，可以采用氦作为淬火冷却介质在真空炉中淬火。

（7）回火 通过回火可以在很宽的范围内，对材料性能如硬度、韧性、耐腐蚀和残余应力进行调整。采用非常低（<150℃，或 300℉）的回火温度回火，冲击韧性非常低且内应力高，因此很少采用。提高回火温度，仅使硬度稍有降低，但明显提高了钢的韧性，如图 3-96 所示。具体的改善情况在很大程度上取决于钢的组织的均匀性和化学成分，其中含氮低碳合金钢具有明显的优势。对小型工具和简单形状的工模具，典型的回火温度选择在 200～400℃（390～750℉）范围；对大型工具和复杂形状的工模具，如仍选择该温度区间回火，尽管能获得良好的冲击韧性，但可能有非常高的内应力，从而导致工模具失效。

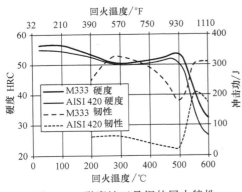

图 3-96 耐腐蚀工具钢的回火特性

如采用较高的回火温度回火，还应该考虑对材料耐蚀性的影响。通常，采用略高于二次硬化峰值温度回火，钢的耐蚀性最低。对 17% Cr 系列高碳牌号 AISI440C 钢，回火温度高于 200℃（390℉），耐蚀性已经开始下降，如图 3-97 所示，而低碳牌号，如 AISI420 钢，只有在回火温度高于 450℃（840℉），

耐蚀性才出现明显下降，该趋势在含氮低碳牌号钢中更为明显。

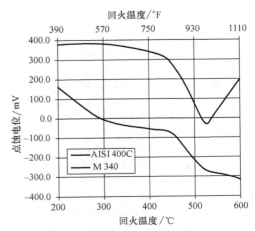

图 3-97 高硬度马氏体不锈钢的耐蚀性

在 400 至 520℃（750 至 970℉）温度区间回火，随温度提高，通常硬度略有提高，内应力开始降低，与此同时韧性和耐蚀性也随之降低。根据实际经验，对塑料加工中工模具回火温度通常选择在 500℃（930℉）附近。此外，由于工模具要进行表面涂层工艺或火花电蚀加工工艺等，也是选择在该回火温度原因。

为了减少残留奥氏体，提高工件尺寸的稳定性，在某些情况下，在淬火和两次回火之间进行低温冷处理，冷处理温度通常为 -80℃（-110℉）。应特别谨慎的是，要防止低温冷处理出现开裂。

（8）渗氮 对耐腐蚀工具钢进行渗氮处理，能获得高的表面硬度（大于 1200HV0.5）。由于耐腐蚀工具钢的铬含量高，钢的表面会产生钝化效果，因此如进行渗氮处理，必须采用预氧化或对表面氧含量进行控制。此外，通常认为渗氮会形成高铬氮化物，从而降低钢的耐蚀性。选择低的渗氮温度，如低于 400℃（750℉），结合等离子体渗氮工艺，可以避免这类高铬氮化物形成，但此时通常形成的渗氮层很薄（典型是<0.02mm，或 0.0008in）。

致谢

本节根据 1991 年材料信息学会出版的 ASM 手册第 4 卷《热处理》p 734-760 "特种工具钢热处理"一文改编。

参考文献

1. Mold Steels(P Series), *Heat Treater's Guide: Practices and*

Procedures for Irons and Steels, 2nd ed., ASM International, p 580-588.

2. Stainless and Heat-Resisting Steels, *Heat Treater's Guide: Practices and Procedures for Irons and Steels*, 2nd edition, ASM International.

3. R. Schneider, J. Perko and G. Reithofer, Heat Treatment of Corrosion Resistant Tool Steels for Plastic Moulding, *Mater. Manuf. Process.*, Vol 24, 2009, p 903-908.

4. J. Perko, H. Leitner, V. Strobl, R. Schneider and M. List, Influence of Heat Treatment on the Microstructure and Toughness of DIN 1. 2083-Type Plastic Mould Steels, *Proc. Of the 8th Int. Tooling Conference: Tool Steels: Deciding Factor in Worldwide Production*, 2009, 2-4 June 2009 (Aachen, Germany), p 597-609.

5. J. Perko, C. Redl and H. Leitner, Influence of heat treatment on the microstructure and toughness of BöhlerM333 ISO-PLAST steel, *Proceedings of the European Conference on Heat Treatment 2008: Innovation in Heat Treatment of Industrial Competitiveness*, 7-9 May 2008 (Verona, Italy), 10 pp.

6. R. Schneider, R. Pierer, K. Sammt and W. Schützenhöfer, Heat Treatment and behaviour of new corrosion resistant plastic mold steel with regard to dimensional change, *Proceedings of the 4th Int. Conf. on Quenching and the Control of Distortion*, 23-25 Nov. 2003 (Beijing, China), p 357-362.

7. R. Schneider, K. Sammt, R. Rabitsch and M. Haspl, Heat treatment and properties of nitrogen alloyed martensitic corrosion resistant steels, *Transactions of Materials and Heat Treatment: Proceedings of the 14th IFHTSE Congress*, 26-28 Oct. 2004 (Shanghai, China), *Trans. of Mat. and Heat Treatment*, Vol 25 (No 5), (2004 p 582-587.

8. R. S. E. Schneider and R. A. Mesquita, Advances in tool steels and their heat treatment - Part 2: Hot Work Tool Steels and Plastic Mould Steels, *International Heat Treatment & Surface Engineering*, Vol 5 (No 3), 2011, p 94-100.

9. B. Gehricke and I. Schruff, Trends in plastic mould steel applications, *Proceedings of the 5th Int. Tooling Conference: Tool steels in the next century*, 29 Sept - 1 Oct. 1999 (Leoben, Austria), p 83-90.

10. E. D. Doyle, F. Kolak, Y. C. Wong, and T. Randle, Heat treatment of martensitic stainless steels: Critical Issues in residual stress and corrosion, *Proceedings of the 7th Int. Tooling Conference: Tooling materials and their applications from research to market*, Vol. II, 2-5 May 2006 (Torino, Italy), p 137-143.

第 **4** 章
不锈钢和其他特殊钢的热处理

4.1 铁素体不锈钢的热处理

铁素体不锈钢成分简单，铬的质量分数不小于10.5%的不锈钢（见图4-1），在不锈钢中属于价格较低的。铁素体不锈钢中铬的质量分数范围通常在10.5%~30%，根据不同牌号，添加钼、硅、铝、钛、铌等合金元素，使之具有某些特殊性能特征。与奥氏体钢的牌号一样，通过添加硫和硒，改善铁素体不锈钢可加工性。

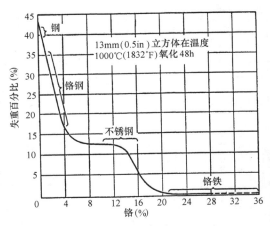

图 4-1　铬钢在 1000℃ 氧化

铁素体不锈钢具有良好的延展性和成形性，但与奥氏体不锈钢相比，高温强度相对较低。在低温下和制作大截面工件，由于韧性低，其使用受到一定限制。采用铁素体不锈钢制作厚壁工件，韧性会迅速下降，因此主要是用于生产薄钢板。

通常，铁素体不锈钢不采用淬火硬化，而是在退火和淬火条件下，获得低硬度和高塑性、高韧性和高的耐蚀性。铁素体的热处理主要是退火。通过退火，消除由焊接或冷加工过程中产生的应力，溶解焊接过程中的组织转变产物，以得到更均匀的组织。

表4-1列出了最主要的铁素体不锈钢成分。在退火条件下，有两类截然不同的铁素体不锈钢：传统未稳定类型和现代稳定类型（低间隙原子）合金

钢。传统未稳定类型牌号（如430型、434型、436型和446型）钢含有一定的碳，加热可以形成奥氏体，淬火可以形成马氏体。这使得它们被称为准马氏体（quasi-martensitic）合金，因此必须对他们进行相应的热处理。相比之下，在稳定类型牌号合金中，碳和氮间隙原子以稳定的析出相从固溶体中析出，在所有加热温度范围内，合金组织均为铁素体。

4.1.1 铁素体不锈钢的冶金

在高温下，铬元素能稳定铁素体组织，但一些铬的质量分数为12%的中低碳合金钢，在高温下也可能形成部分奥氏体组织，如图4-2所示。同时含有碳、氮钢也可以起到仅含有碳同样效果，这意味着当铬的质量分数低于20%，不进行精炼去除碳和氮，在高温下不可能得到完全铁素体不锈钢。此外，铬也是一个碳化物形成元素，如钢中存有碳，也会形成铬碳化物。这会降低钢基体固溶的铬含量，因而影响在不锈钢表面形成耐腐蚀强的铬氧化物薄膜。因此，在20世纪初（不锈钢开发时），在当时冶炼可达到去除碳的水平下，需要添加质量分数为16%的铬，以保证不锈钢的耐蚀性。在退火过程中，碳与铬形成碳化物，降低了钢的耐蚀性。为得到完全铁素体组织，铬含量必需高于正常要求。如果可以采用低成本方法降低钢中碳的水平，则可以减少钢

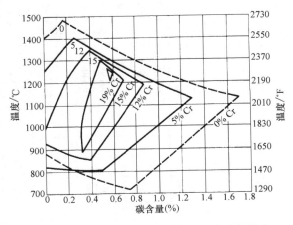

图 4-2　铬对 Fe-C 合金奥氏体相区范围的影响

表 4-1 铁素体不锈钢成分（质量分数）

钢号	名称	C	N	Cr	Ni	Mn	Si	Mo	P	S	Ti	Nb	其他(%)
405	S40500	0.08	—	11.5~14.5	0.6	1	1	—	0.04	0.03	—	—	0.10~0.30Al
400	AK合金	0.05	—	12.0~13.0	—	1	1	—	0.03	0.03	—	—	0.25Al
409	S40900	0.08	0.03	10.5~11.75	0.5	1	1	—	0.45	0.45	$6\times(C+N)\sim0.75$	—	—
409	S40910	0.03	0.03	10.5~11.7	0.5	1	1	—	0.04	0.02	$6\times(C+N)\sim0.5$	0.17	—
409	S40920	0.03	0.03	10.5~11.75	0.5	1	1	—	0.04	0.02	$8\times(C+N)$ to 0.15~0.50	—	—
409 冷成型	AK合金	0.02	0.02	10.5~11.7	0.5	0.75	1	—	0.04	0.01	$8\times(C+N)$Ti+Nb	—	—
466	S40930	0.02	0.02	10.5~11.7	0.05	1	1	—	0.04	0.01	$0.8+8\times(C+N)$Ti+Nb	—	—
409Cb	540940	0.06	—	10.5~11.7	0.5	1	1	—	0.04	0.04	$10\times C$ to 0.75Nb	—	—
409Ni	S40975	0.03	0.03	10.5~11.7	0.5~1	1	1	—	0.04	0.03	—	—	—
11Cr-Cb	AK 特有合金	0.01	0.015	11.35	0.2	0.25	1.3	—	—	—	—	0.35	—
12SR	AK 特有合金	0.02	0.015	12	—	—	—	—	—	—	0.3	—	1.2Al
Alfa I	ATI 特有合金	0.025	—	13	—	0.035	0.03	—	—	—	0.4	—	3Al
Alfa II	ATI 特有合金	0.025	—	13	—	0.035	0.03	—	—	—	0.4	—	4Al
4724	Outukumpu 特有	0.08	—	13.5	—	0.7	1	—	—	—	—	—	1Al
429	S42900	0.12	0.04	14.0~16.0	0.75	1	1	—	0.04	0.03	—	—	—
430	S43000	0.12	0.04	16.0~18.0	0.75	1	1	—	0.04	0.3	—	0.6	—
430F	S43020	0.12	—	16.0~18.0	—	1.25	1	—	0.06	0.15min	—	—	—
430Se	S43023	0.12	—	16.0~18.0	—	1.25	1	—	0.06	0.06	—	—	0.15Se
430Ti	S43036	0.1	0.04	16.0~19.5	1	1	1	—	0.04	0.03	$0.20+4\times(C+N)\sim1.10$	—	0.15Al
439	S43035	0.07	0.04	17.0~19.0	0.5	1	1	—	0.04	0.03	$0.20+4\times(C+N)\sim1,10$	—	—
439LT	S43932	0.03	0.03	17.0~19	0.5	1	1	—	0.04	0.03	$0.20+4\times(C+N)\sim0.75$Ti+Nb	—	—
439HP	ATI,AK 合金	0.01	0.01	17.5	0.2	0.35	0.45	—	0.02	0.001	0.35	—	0.15Al
439 冷成型													
468	S46800	0.03	—	18.0~20.0	0.5	1	1	—	0.04	0.03	Ti+Nb:$0.20+4\times(C+N)\sim1.10$	—	—
18Cr-Cb	AK 特有合金	0.02	—	18	—	0.3	0.45	—	—	—	0.25	0.55	—
18SR	AK 特有合金	0.015	—	17.3	0.25	0.3	—	—	—	—	0.25	—	1.7Al
4742	Outukumpu 特有	0.08	—	18	—	0.7	1.3	—	—	—	—	—	1Al

（续）

钢号	名称	C	N	Cr	Ni	Ma	Si	Mo	P	S	Ti	Nb	其他
434	S43400	0.12	—	16.0~18.0	—	1	1	0.75~1.25	0.04	0.03	—	—	—
436	S43600	0.12	—	16.0~18.8	—	1	1	0.75~1.25	0.04	0.03	—	Nb+Ta 5xC 0.7	—
441，4509，430JIL	S44100	0.03	—	17.5~18.5	—	1	1	—	0.04	0.015	0.1~0.6	9xC 0.3~1.0	—
442	S44200	0.2	—	18.0~23.0	0.6	1	1	—	0.04	0.04	—	—	—
436S	ATI 特有合金	0.01	0.015	17.3	0.3	0.2	0.4	1.2	0.02	0.001	8×(C+N)min	—	—
444，YUS 190-EM	S44400	0.025	0.035	17.5~19.5	1	1	1	0.75~1.25	0.04	0.03	Ti+Nb:0.20+4×(C+N)~0.80	—	—
433	ATI 特有合金	0.01	—	20	0.25	0.3	0.4	—	0.02	0.001	—	10x(C+N)	—
4762	Outukumpu 特有	0.08	—	24	—	0.7	1.4	—	—	—	—	—	1.5 Al
453	ATI 特有合金	0.03	—	22	0.3	0.3	0.3	—	0.02	0.03	0.02	—	0.60 Al 0.1 REM
E-Brite，26-1	S44627	0.01	0.015	25.0~27.5	0.5	0.4	0.4	0.75~1.25	0.02	0.02	Ti+Nb:0.20+4×(C+N)~0.80	—	0.2Cu 0.5Cu+Ni
Monit	S44635	0.025	0.035	24.5~26.0	3.5~1.5	—	0.75	3.5~4.5	0.04	0.03	Ti+Nb:0.20+4×(C+N)~0.80	—	—
Sea-cure	S44660	0.025	0.035	25.0~27.0	1.5~3.5	1	1	2.5~3.5	0.04	0.03	Ti+Nb:0.20+4×(C+N)~0.80	—	—
29-4C	S44735	0.025	—	28.0~30	0.5	1	0.75	3.5~4.5	0.04	0.03	Ti+Nb:0.20+4×(C+N)~0.80	—	—
446	S44600	0.2	0.25	23.0~27.0	0.6	1.5	1	—	0.04	0.03	—	0.5~0.20	—
CC-50	铸造合金	0.5	—	26.0~30	4	1	1.5	—	—	—	—	—	—

中用于耗费在碳杂质元素的铬数量，使钢中基体固溶铬的质量分数在达到11%时，钢就可以达到"不锈"要求。

20世纪70年代初，现代熔炼技术得到迅速的发展，使得可以采用经济的精炼技术，降低钢中碳含量。其中最重要的是氩氧脱碳（AOD）工艺，它采用不同的气体或分压系统注入钢液，在钢液中的铬不产生大量损失，进入到炉渣中的前提下，除去钢中的碳。采用AOD精炼工艺和低价高碳铬铁（不是价格昂贵的低碳铬铁）原材料，可以将钢中碳和氮的水平从以前大约0.10%，降低到0.04%左右。

采用AOD工艺方法，可以将钢中碳和氮降低至足够低的水平，而采用在钢中添加少量钛或铌强碳化物形成元素，与碳和氮形成强碳氮化物，将碳和氮从固溶体中去除，也可以达到同样的效果。这个工艺称为稳定化处理。稳定化处理的原理是，在高温下形成无铬的碳化物，从而防止了碳化铬的析出。现代稳定铁素体不锈钢的净化原理与无间隙原子（interstitial-free）合金类似，可参考图4-3a Fe-Cr二元相图。因此，现有两种类型的铁素体不锈钢：传统高碳未稳定类型钢（如430、434、436和446）和现代稳定类型钢（如409和439）。

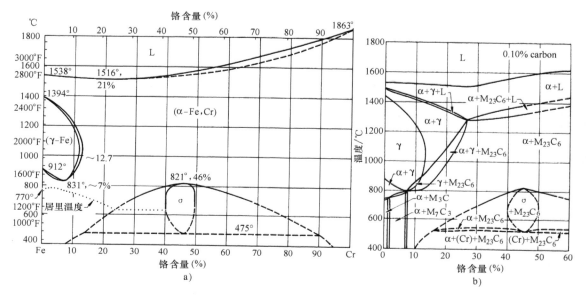

图 4-3 Fe-Cr 相图
a）无碳二元相图 b）0.10%碳对相形成的影响

稳定铁素体不锈钢的本质上是去除了间隙原子（IF），从而避免在高温时形成奥氏体。铁素体合金（与奥氏体合金一样）也可能形成金属间化合物。如高温下含Cr超过14%或添加铌、钼等元素的铁素体不锈钢，会形成σ、χ和Laves金属间化合物。这些金属间化合物提高钢的硬度（有时是有利的），降低延伸性、缺口韧性和耐腐蚀性。形成这些金属间化合物的温度范围大约是595～1000℃（1100～1830℉），他们会对冷却到室温的工件性能产生影响。

最著名的金属间化合物为σ相，它是硬度高、脆性大，为铁铬原子数量相同，正方晶体相结构。它常出现在高铬不锈钢中（即铬+钼含量大于20%的不锈钢）。当这类合金在500～800℃（930～1470℉）之间保温时，σ相易优先在晶界形成，造成与之临近的铁素体组织出现贫铬。与碳扩散形成碳化物相比，σ相的形成需要置换原子铬的扩散，所以形成速度较慢（时间按分钟而不是秒计算）。冷加工提高置换原子扩散，会加速σ相的形成，沿晶界形成了σ相，钢的脆化效应很大。通过固溶退火，可以将σ相会重新溶解基体，但要达到完全均匀化，需要较长的时间。

铁素体不锈钢出现脆性另一个原因是钢中形α′相，也被称为475℃（885℉）脆性（造成的原因是清楚的）。在对α′相本质了解之前，常与马氏体钢在相同的温度出现回火脆性相混淆。回火脆性是磷在原奥氏体晶界出现偏析，而这完全不可能发生在铁素体不锈钢中。

α′相为有序，铁和铬的原子数量相同，通过调幅分解（spinodal decomposition）形成的金属间化合物，其成分与σ相相同。在较低的温度下，具有与铁素体相同的晶体结构，但铬原子和铁原子有序排列。因为 α′相点阵结构与铁素体晶格共格，相当于两个交叉互锁的简单立方晶体，因此 α′相析出后，会造成脆性，严重损伤钢的韧性以及淬透性。此外，α′相周围的基体出现贫铬，降低钢的耐蚀性。

4.1.2 合金类型

铁素体不锈钢的两种基本类型（见表 4-1）：传统高碳未稳定类型（如 430、434、436 和 446）合金和现代稳定类型（无间隙原子）合金，如 409 和 439。铁素体不锈钢也可以根据钢中铬含量进行分类：

1）低铬（铬的质量分数为 10.5%~12.0%）合金。
2）中铬（铬的质量分数为 16%~19%）合金。
3）高铬（铬的质量分数>25%）合金。

作为 409 钢的前身，MF-1 是 60 年代开发出的低铬铁素体不锈钢。与碳钢相比，该钢耐蚀性好，相对成本低，焊接性能好。由于低铬铁素体不锈钢冲压成形性，可以代替渗铝碳钢和铸铁制造汽车排气系统，使之成为不锈钢市场中用量最大的材料之一。由于 AOD 工艺的发展，可以将钢中碳、氮含量降至非常低，这使得稳定化处理成为可能。因此，对原采用铝准稳定化（quasi stabilization）处理的 405 钢进行了改进，发展出了 409 钢。由于含碳量低，抑制了钢中马氏体组织的形成。410S 是 410 钢的低碳型钢，为得到完全铁素体组织，410S 钢中添加了不足以进行完全稳定化的钛含量，因此仍需要采用退火处理。11%铬的铁素体不锈钢的关键是如何处理碳和氮问题，405 钢和 410S 钢都是在降低碳氮的同时，还需要进行退火处理，而 409 钢是完全采用钛进行稳定化。除非钢中的氮含量非常低，才可能完全使用钛进行稳定化，所需的钛含量会在熔融金属中先形成 TiN。但如出现析出团聚，会导致浇注问题和表面缺陷。由于很难避免出现钛的条痕，尤其在抛光后非常明显，这使得 409 钢不适合制作外形表面要求高的工件。采用更好的精炼技术，将碳和氮的含量降低到 0.02%以下，可以有效地克服这种缺陷。现采用钛和铌两种元素进行复合双稳定化（dual stabilization），开发出的 46S（UNS S40930）合金就是这种钢。

铁素体不锈钢的最早历史可以追溯自上世纪 20 年代开发，至今仍广泛使用的 430 钢。430 钢中的部分铬形成碳化物，因此该钢的缺点是焊接性差、耐蚀性相对较差和成形性中等。

新型中铬级别铁素体不锈钢是含铬 17%的 439 型钢。有采用单一元素进行稳定化，和采用两种元素进行复合双稳定化两个牌号，分别为 439 钢和 468 钢。这些钢克服了 430 钢存在的问题，可以在大多数应用场合下替代 304 钢，由此大大降低了成本。

在北美，439 钢广泛用于高温汽车排气阀门合金，但在欧洲，430Ti 广泛用来代替 439 钢，用于制作在视觉上更有挑战性的电器产品。

与以前不同的是，现在的 434 和 436 钢很少用于制作现代汽车造型的汽车饰品。这些合金现代的发展是在 430 钢的基础上，添加钼提高强度，衍生发展出了 444 钢。该合金钢与 316L 钢的耐蚀性相当，但在焊接或退火状态下，具有很高的抗应力腐蚀开裂（SCC）性能。特别适合应用于制作热水加热器、热交换器和食品、饮料加工设备。

对名义含铬 11%和 18%合金进行改进，提高其高温强度和抗氧化性能，用以满足汽车驱动力对排气系统热端提出更高性能要求（如排气歧管）。采用添加铌和钼进行合金化，进一步提高合金的高温强度，采用添加硅和铝进行合金化，进一步提高抗氧化性能。表 4-1 中的这些专用合金是特定为汽车需求开发出来，有些钢的合金化不完全相同。例如，添加硅和铝，降低材料的成形性能，但能提高其他性能，因此在使用时，要加以权衡。

铬含量超过 20%的合金是专门用于抗高温氧化或高耐腐蚀条件。尽管他们高温强度的相对较低，但形成的氧化膜非常致密，尤其适用于抗高温氧化环境。由于合金基体与氧化膜之间的线胀系数匹配度很高，避免了表面出现氧化膜剥离。这就是最早开发高铬铁素体不锈钢 446 的目的。现在合金度较低牌号钢的性能已经超过了 446 钢，例如，铝合金化的铁素体不锈钢。一个典型的现行例子是 453 钢，该钢含有 22%的铬，0.6%的铝和微量稀土元素（即，0.1%）。

4.1.3 退火

对退火铁素体不锈钢，主要是有稳定的合金和未稳定合金区别，未稳定合金在加热时，可能会形成奥氏体组织。这也使得它们被称为准马氏体（quasi-martensitic）合金。正是有这种区别，热处理时必须分别对待。表 4-2 分别列出了不同牌号两类铁素体不锈钢的热处理温度。

不论是哪一类铁素体不锈钢，很少考虑对他们进行消除应力处理。通常未稳定铁素体不锈钢不适用于焊接，但如果要进行焊接，需要对他们进行完全亚临界退火。稳定铁素体不锈钢焊接后，不需要进行热处理。在温度较低进行热处理时，应避免出现 α′相组织。

（1）稳定型铁素体不锈钢的退火 无间隙原子铁素体不锈钢，如在整个热处理退火过程中，采用的热处理工艺正确，组织不会发生任何变化。退火的目的就是简单地消除冷加工的影响，这是因为在

表 4-2 推荐的铁素体不锈钢的退火工艺

牌号	钢号	温度	
		℃	℉
传统不锈钢牌号			
S40500	405	650~815	1200~1500
S40900	409	870~925	1600~1700
S43000	430	705~790	1300~1450
S43020	430F	705~790	1300~1450
S43400	434	705~790	1300~1450
S44600	446	760~830	1400~1525
S43035	439	870~925	1600~1700
少间隙原子铁素体不锈钢牌号[①]			
—	18 SR	870~925	1600~1700
S44400	444	955~1010	1750~1850
S44626	E-Brite	760~955	1400~1750
S44660	Sea-Cure(SC-1)	1010~1065	1850~1950
—	AL 29-4C	1010~1065	1850~1950
S44800	AL 29-4-2	1010~1065	1850~1950
S44635	MONIT	1010~1065	1850~1950

① 少间隙原子铁素体不锈钢通常不需要进行焊后热处理。这些牌号的退火应采用水淬火或快速冷却。

加热中即不需要碳溶入基体，除了极个别情况外，也不需要金属间化合物发生分解。前面提到，高铬、钼铁素体不锈钢在低于退火温度时，会形成脆性大，有序和体心立方（bcc）结构的 σ 相和/或 α′相，因此，当铬＋钼含量超过 20% 时，退火应采用快速冷却。

由于体心立方晶体结构的储能低，这些合金的再结晶驱动力有限。此外，明显形变织构，导致在退火中组织具有回复和再结晶消除后的晶粒长大特点。这些合金退火后，保留有织构的特点，可利用这种各向异性特性，使材料具有良好的深冲性能。在退火过程中，主要考虑的问题是如何避免过度晶粒长大，因为这会大大降低韧性。如不考虑晶粒长大和韧性降低的因素，可以采用上限退火温度退火。由于扩散速率高，碳不会与铬在晶界上形成碳化物，产生刃口脆性（knife-edge attack）敏化效果，因此，通常对稳定型铁素体不锈钢，不需要进行稳定化退火。稳定化合金元素钛或铌与碳结合，形成稳定的 TiC 或 NbC，在退火过程中这种碳化物不发生分解。

（2）未稳定铁素体不锈钢的退火 含有间隙原子的铁素体不锈钢必须采用亚临界退火，或加热至更高温度，形成奥氏体，冷却不可避免会发生马氏体转变。因此，典型 430 合金大型钢带卷的退火工艺是，采用约 24h 缓慢加热至 750℃（1380℉），使达到热平衡，而达到温度后，实际保温时间小于 1h。在连续退火生产线上，在退火温度的停留时间中，碳的扩散速率太慢，因此不会采用连续退火工艺。

在该退火工艺中，所有的碳和氮与 Cr/Fe 结合，以复合碳化物析出，基体中的铬达到了均匀化。因为通常材料以退火状态供货，用户不需要考虑这个长时间退火。通过该退火过程，使钢中碳形成稳定的碳化物，因此用户通过随后的亚临界退火，在很短的保温时间内，就能达到所需的性能（降低冷加工的影响）。

4.1.4 稳定化处理

为避免晶界碳化物的析出，稳定化处理对铁素体不锈钢是非常重要。为避免致敏化和脆性现象，必须要将钢中碳＋氮含量控制在低于 $100×10^{-4}$%，但如没有进行合适的热处理，即使这样高纯净度的合金也会出现由于碳、氮化物的析出，使韧性降低。从工业来说，生产这样高的纯净度的合金是不经济的，因此正确工程的做法是采用稳定化处理。

稳定化处理是采用一个合适碳化物形成元素，如钛或铌与碳、氮结合，形成稳定的碳化物。钛与碳、氮结合的理想配比为：

$$w(\text{Ti}) = 4×w(\text{C}) + 3.4×w(\text{N}) \quad (4\text{-}1)$$

铌所需的占的质量分数更大：

$$w(\text{Nb}) = 7.7×w(\text{C}) + 6.6×w(\text{N}) \quad (4\text{-}2)$$

采用复合双稳定化为：

$$w(\text{Ti}) + w(\text{Nb}) \geqslant 6×w(\text{C}) + w(\text{N}) \quad (4\text{-}3)$$

例如，如果保持尽可能低的碳、氮，以及相应化学计量的钛（即大于 4 倍的碳＋氮），然后通过稳定化将钢中所有的碳从固溶体去除（温度低于 1250℃，或 2280℉）。然而，即使采用 4 倍以上碳＋氮的稳定公式，实验中还是有时出现不能完全稳定（understabilization）的现象。其原因是钢中的氧和硫已经与钛形成了化合物，降低了形成 TiC 的动力学过程，阻止了 TiC 的形成。在早期的奥氏体合金中，出现过阻止形成 TiC 的现象，如 321 钢在焊接后，出现刃形腐蚀（knife-line corrosion attack）现象，但在扩散速率远大于奥氏体的低间隙原子铁素体合金中，未曾发现有这种情况。碳迁移率相当高，即使采用快速淬火，也不可能阻止碳化物在奥氏体中析出。图 4-4 所示为未稳定的 430 型钢的时间-温度转变曲线。合金的碳、氮含量为 0.08%。

碳在铁素体基体的扩散速度约大于是在奥氏体中的 100 倍，而碳在铁素体基体中固溶度远低于在奥氏体中的固溶度。因此避免出现敏化的热处理实质上是使之出现逆转，使碳过度饱和固溶于奥氏体里，这就是为什么钢号后缀有 L 的奥氏体钢，即使他们略有过饱和，也很少出现敏化现象。敏化现象出现的情况为在 600~850℃ 温度长时间加热，提高了固溶体碳含量，即使采用极快速淬火，也无法将

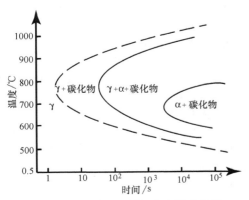

图 4-4 430 型钢的时间-温度转变曲线

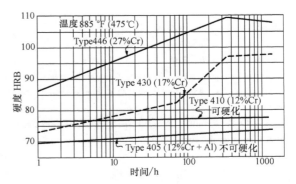

图 4-5 α′相对材料的硬度的影响

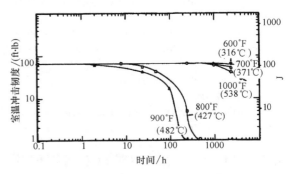

图 4-6 α′相对材料的韧性的影响

碳保存在过饱和固溶体中。进一步延长在 600～850℃温度的保温时间，使先由于形成铬碳化物产生的成分不均匀得到改善，可以缓解敏化的效果。

4.1.5 铸造合金

不锈钢铸件与锻件材料热处理基本相同，根据热处理目的要求不同，热处理工艺也不相同。对铁素体合金 CB-30 和 CC-50（UNS J91803 和 J92615）进行消除应力和降低硬度，通常采用大于 790℃（1450℉）退火（见表 4-3）。而对由于机加工和磨削加工产生加工硬化的铁素体合金，采用 260～540℃（500～1000℉）进行消除应力处理。

表 4-3 不锈钢铸件完全软化退火

牌号	温度不小于		冷却①	典型抗拉强度②	
	℃	℉		MPa	ksi
CB-30	790	1450	FC+A③	655	95
CC-50	790	1450	A	670	97

① FC=炉冷；A=空冷。

② 近似值。

③ 炉冷却至 540℃（1000℉），然后空冷。

4.1.6 性能

铁素体不锈钢的力学性能与碳钢类似。钢中的铬主要起固溶强化作用，而金属间化合物能提高硬度（有时是有利的），但降低塑性，降低缺口韧性和耐蚀性。图 4-5 和图 4-6 所示分别指出了 α′相提高了材料的强度，但降低了韧性。

降低韧性最大的是间隙原子，如氧、碳和氮在晶界偏析。稳定化处理就是要将间隙原子碳和氮，以及氧和硫从固溶体基体中去除。因为析出相自身就具有硬化效应，因此稳定化处理不会降低材料的硬度。

在整个稳定化处理温度范围里，铁素体合金没有发生相变，因此不会像碳钢一样，出现晶粒细化转变。如果在高温退火或焊接过程中，出现晶粒长

大，则钢的韧脆转变温度会有所提高。工件的截面尺寸增大也会降低韧性，因此很少采用稳定型铁素体不锈钢制作厚度大于几毫米的工件。

（1）奥氏体-马氏体脆性 当 430 钢和 434 钢从 925℃（1700℉）迅速淬火冷却，超过 30% 奥氏体转变为马氏体，钢的脆性很大，可通过在 650～790℃（1200～1450℉）温度进行回火，调整性能，降低钢的硬度。

经过这样处理后，会产生部分碳化物。经过大变形的冷加工后，为防止出现敏化问题，建议采用低于 925℃（1700℉）退火。对稳定的铁素体不锈钢，如 439 钢或 444 钢，为防止出现奥氏体-马氏体脆性，通常从固溶体中去除强奥氏体形成元素（碳+氮）。

（2）475℃（885℉）脆性 在温度范围 370～540℃（700～1000℉），最明显的是在 475℃（885℉）温度停留时间过长或缓慢冷却，铁素体不锈钢常会出现潜在脆性危害。产生脆性的原因是 α′相析出，随钢中铬含量增加，其脆性迅速增大。低铬合金，如 409 型，475℃脆性倾向较小。为避免出现脆性，必须采用合适的热处理控制。通过采用表 4-2 中的处理工艺，使用明显高于脆化的温度范围进行退火，可以消除脆性。为防止再次出现 475℃脆性，退火后应采用快速冷却。

致谢

本节改编自以下文献

· J. Douthett, Heat Treating of Stainless Steels, *Heat Treating*, Vol 4, *ASM Handbook*, ASM International, 1991, p 769-792.

· M. F. McGuire, *Stainless Steels for Design Engineers*, ASM International, 2008.

参 考 文 献

1. M. F. McGuire *Stainless Steels for Design Engineer*, ASM International.

2. J. Grubb and R. Wright, The Role of C and N in the Brittle Fracture of Fe-26Cr, *Met. Trans. A*, Vol 10A, Sept 1979, p 1247-1255.

3. H. D. Newell, High Chromium Irons, *Met. Prog.*, April 1947, p 617-626.

4. P. J. Grobner, The 885℃ (475℃) Embrittlement of Ferritic Stainless Steels, *Metall. Trans.*, Vol 4, 1973, p 251-260.

4.2 奥氏体不锈钢和双相不锈钢的热处理

奥氏体不锈钢是最常见和最熟悉类型的不锈钢,在具有成形性能好、低温韧性高,在高温下具有良好的抗蠕变性能。奥氏体不锈钢含有约 16%～25%铬,固溶有氮,通过与镍合金化,形成面心立方（fcc）结构的奥氏体相组织。钢中合金元素镍和铬影响钢的成本。

各种标准和非标准的奥氏体不锈钢的成分如表 4-4 所示。奥氏体不锈钢可分为以下五种类型:

1) 传统奥氏体不锈钢,典型牌号为 301、302、303、304、305、308、309、310、316 和 317。

2) 稳定型奥氏体不锈钢,主要牌号为 321、347 和 348。

3) 低碳奥氏体不锈钢,典型牌号为 304L、316L 和 317L。

4) 高氮奥氏体不锈钢,典型牌号为 304N、316N 和 317LN;高氮/高锰牌号,如 201 和 202 和 Nitronic® 系列合金,如 S20400、S20910、S21800 和 S24000。

5) 高合金奥氏体不锈钢。

其中高合金奥氏体不锈钢包括了 317LM、317LMN、904L、合金 20（N08020）、合金 28（N08028）和所谓的"超奥氏体"（superaustenitic）牌号:

1) 6% Mo 型牌号,例如 254 SMO®（S31254）、AL-6XN®（N08367）, 20 Mo-6（N08026）, 1925 hMo（N08926）和 3127 h Mo（N08031）。

2) 高锰/高氮牌号,例如 4565（S34565）。

3) 7% Mo 型牌号,例如 27-7MO（S31277）, 654 SMO®（S32654）。

奥氏体不锈钢的热处理包括:

1) 均匀化和为热加工准备的均匀化热处理。

2) 消除冷加工影响退火和合金元素固溶（固溶退火）处理。

3) 消除应力处理。

本节主要就这些工艺过程进行介绍。在加热炉负荷方面,应该注意到奥氏体不锈钢具有很高热膨胀性能（大约高于低碳钢 50%）,因此在工件装炉间距上应加以考虑。如工件需要叠放装炉,应审慎考虑,避免工件在高温加热中出现变形。

与不锈钢相关的双相钢是双相不锈钢,它是不锈钢的最新成员。铁素体和奥氏体的混合组织赋予他具有比铁素体不锈钢或奥氏体不锈钢更高的强度。双相钢含有不少于 20%的铬,具有很高的耐蚀性,但由于含有脆性相,因此不是高温合金。双相钢中的镍含量较低,与具有相同耐蚀性的奥氏体钢相比,价格较低。特别是当双相钢的高强度得到充分发挥时,可以减少材料的用量,降低成本。由于是由铁素体和奥氏体构成的双相不锈钢,其热处理应该考虑到钢的合金化和两个相的特点。

4.2.1 不锈钢的合金化和金相组织

奥氏体不锈钢的金相组织是基于扩大奥氏体环（相区）的合金化元素（见图 4-7a）。提高钢中碳含量,扩大奥氏体环。其他扩大奥氏体环的合金元素包括镍、锰和氮,而添加硅、钼和钛的效果正好相反。这些元素的相互作用如图 4-7b 所示是研究不锈钢微观组织的基础。

当含 12%铬的钢中添加 3%镍时,奥氏体环扩大和奥氏体向铁素体转变温度明显降低,相变过程变得非常缓慢。进一步增加镍的质量分数（加上 18%的铬和小于 0.08%的碳）到 5%～6%,这种现象越发明显。不论是采用淬火或缓慢冷却,奥氏体组织从高温至室温变得非常稳定,不发生相变。然而,如果对材料进行了弯曲、拉伸或其他冷变形加工,该镍含量就不能保证钢在室温下奥氏体组织的稳定。其原因是马氏体转变温度降低,相变必须要由变形所触发马氏体转变。随着钢中镍含量大于 6%,或钢中还有其他元素特别是锰、碳和氮的存在,奥氏体变得越来越稳定。当钢中镍含量在 12%时,不论在室温或零下温度,变形也不会诱发马氏体转变。

表 4-4 标准和非标准牌号奥氏体不锈钢的成分

钢号①	UNS 统一编号	化学成分②（质量分数,%）							
		C	Mn	Si	Cr	Ni	P	S	其他
201	S20100	0.15	5.5~7.5	1.00	16.0~18.0	3.5~5.5	0.06	0.03	0.25N
202	S20200	0.15	7.5~10.0	1.00	17.0~19.0	4.0~6.0	0.06	0.03	0.25N
205	S20500	0.12~0.25	14.0~15.5	1.00	16.5~18.0	1.0~1.75	0.06	0.03	0.32~0.40N
301	S30100	0.15	2.00	1.00	16.0~18.0	6.0~8.0	0.045	0.03	—
302	S30200	0.15	2.00	1.00	17.0~19.0	8.0~10.0	0.045	0.03	—
302B	S30215	0.15	2.00	2.0~3.0	17.0~19.0	8.0~10.0	0.045	0.03	0.6Mo（选择）
303	S30300	0.15	2.00	1.00	17.0~19.0	8.0~10.0	0.20	0.15min	—
303Se	S30323	0.15	2.00	1.00	17.0~19.0	8.0~10.0	0.20	0.06	0.15 min Se
304	S30400	0.08	2.00	1.00	18.0~20.0	8.0~10.5	0.045	0.03	—
304H	S30409	0.04~0.10	2.00	1.00	18.0~20.0	8.0~10.5	0.045	0.03	—
304L	S30403	0.03	2.00	1.00	18.0~20.0	8.0~12.0	0.045	0.03	—
304LN	S30453	0.03	2.00	1.00	18.0~20.0	8.0~12.0	0.045	0.03	0.10~0.16N
302Cu	S30430	0.08	2.00	1.00	17.0~19.0	8.0~10.0	0.045	0.03	3.0~4.0Cu
304N	S30451	0.08	2.00	1.00	18.0~20.0	8.0~10.5	0.045	0.03	0.10~0.16N
305	S30500	0.12	2.00	1.00	17.0~19.0	10.5~13.0	0.045	0.03	—
308	S30800	0.08	2.00	1.00	19.0~21.0	10.0~12.0	0.045	0.03	—
309	S30900	0.20	2.00	1.00	22.0~24.0	12.0~15.0	0.045	0.03	—
309S	S30908	0.08	2.00	1.00	22.0~24.0	12.0~15.0	0.045	0.03	—
310	S31000	0.25	2.00	1.50	24.0~26.0	19.0~22.0	0.045	0.03	—
310S	S31008	0.08	2.00	1.50	24.0~26.0	19.0~22.0	0.045	0.03	—
314	S31400	0.25	2.00	1.5~3.0	23.0~26.0	19.0~22.0	0.045	0.03	2.0~3.0Mn
316	S31600	0.08	2.00	1.00	16.0~18.0	10.0~14.0	0.045	0.03	1.75~2.5Mo
316F	S31620	0.08	2.00	1.00	16.0~18.0	10.0~14.0	0.20	0.10min	2.0~3.0Mo
316H	S31609	0.04~0.10	2.00	1.00	16.0~18.0	10.0~14.0	0.045	0.03	2.0~3.0Mo
316L	S31603	0.03	2.00	1.00	16.0~18.0	10.0~14.0	0.045	0.03	2.0~3.0Mo
316LN	S31653	0.03	2.00	1.00	16.0~18.0	10.0~14.0	0.045	0.03	2.0~3.0Mo;0.10~0.16N
316N	S31651	0.08	2.00	1.00	16.0~18.0	10.0~14.0	0.045	0.03	2.0~3.0Mo;0.10~0.16N
317	S31700	0.08	2.00	1.00	18.0~20.0	11.0~15.0	0.045	0.03	3.0~4.0Mo
317L	S31703	0.03	2.00	1.00	18.0~20.0	11.0~15.0	0.045	0.03	3.0~4.0Mo

（续）

钢号①	UNS 统一牌号	化学成分②（质量分数,%）							
		C	Mn	Si	Cr	Ni	P	S	其他
321	S32100	0.08	2.00	1.00	17.0~19.0	9.0~12.0	0.045	0.03	5×%C min Ti
321H	S32109	0.04~0.10	2.00	1.00	17.0~19.0	9.0~12.0	0.045	0.03	5×%C min Ti
330	N08330	0.08	2.00	0.75~1.5	17.0~20.0	34.0~37.0	0.04	0.03	—
347	S34700	0.08	2.00	1.00	17.0~19.0	9.0~13.0	0.045	0.03	10×%C min Nb
347H	S34709	0.04~0.10	2.00	1.00	17.0~19.0	9.0~13.0	0.045	0.03	8×%C min~1.0max Nb
348	S34800	0.08	2.00	1.00	17.0~19.0	9.0~13.0	0.045	0.03	0.2 Co;10×%C min Nb;0.10Ta
348H	S34809	0.04~0.10	2.00	1.00	17.0~19.0	9.0~13.0	0.045	0.03	0.2 Co;8×%C min~1.0max Nb;0.10Ta
384	S38400	0.08	2.00	1.00	15.0~17.0	17.0~19.0	0.045	0.03	—
其他奥氏体不锈钢									
Gall-Tough	S20161	0.15	4.00~6.00	3.00~4.00	15.00~18.00	4.00~6.00	0.040	0.040	0.08~0.20N
203 EZ（XM-1）	S20300	0.08	5.0~6.5	1.00	16.0~18.0	5.0~6.5	0.040	0.18~0.35	0.5Mo;1.75~2.25Cu
Nitronic 50(XM-19)	S20910	0.06	4.0~6.0	1.00	20.5~23.5	11.5~13.5	0.040	0.030	1.5~3.0Mo;0.2~0.4N;0.1~0.3Nb;0.1~0.3V
Tenelon(XM-31)	S21400	0.12	14.5~16.0	0.3~1.0	17.0~18.5	0.75	0.045	0.030	0.35N
Cryogenic Tenelon(XM-14)	S21460	0.12	14.0~16.0	1.00	17.0~19.0	5.0~6.0	0.040	0.030	0.35~0.50N
Esshete1250	S21500	0.15	5.5~7.0	1.20	14.0~16.0	9.0~11.0	0.040	0.030	0.003~0.009B;0.75~1.25Nb;0.15~0.40V
Type 216(XM-17)	S21600	0.08	7.5~9.0	1.00	17.5~22.0	5.0~7.0	0.040	0.030	2.0~3.0Mo;0.25~0.50N
Type 216 L(XM-18)	S21603	0.03	7.5~9.0	1.00	17.5~22.0	7.5~9.0	0.045	0.030	2.0~3.0Mo;0.25~0.50N
Nitronic 60	S21800	0.10	7.0~9.0	3.5~4.5	16.0~18.0	8.0~9.0	0.040	0.030	0.08~0.18N
Nitronic 40(XM-10)	S21900	0.08	8.0~10.0	1.00	19.0~21.5	5.5~7.5	0.060	0.030	0.15~0.40N
21-6-9LC	S21904	0.04	8.00~10.00	1.00	19.00~21.50	5.50~7.50	0.060	0.030	0.15~0.40N
Nitronic33（18-3-Mn）	S24000	0.08	11.50~14.50	1.00	17.00~19.00	2.50~3.75	0.060	0.030	0.20~0.40N
Nitronic32（18-2-Mn）	S24100	0.15	11.00~14.00	1.00	16.50~19.50	0.50~2.50	0.060	0.030	0.20~0.45N
18-8 Plus	S28200	0.15	17.0~19.0	1.00	17.5~19.5	—	0.045	0.030	0.5~1.5Mo;0.5~1.5Cu;0.4~0.6N
303Plus X（XM-5）	S30310	0.15	2.5~4.5	1.00	17.0~19.0	7.0~10.0	0.020	0.25min	0.6 Mo
MVMA③	S30415	0.05	0.60	1.30	18.5	9.50	—	—	0.15N;0.04Ce
304B4	S30424	0.08	2.00	0.75	18.00~20.00	12.00~15.00	0.045	0.030	0.10N;1.00~1.25B
304 HN(XM-21)	S30452	0.04~0.10	2.00	1.00	18.0~20.0	8.0~10.5	0.045	0.030	0.16~0.30N
Cromifer 1815 LCSi	S30600	0.018	2.00	3.7~4.3	17.0~18.5	14.0~15.5	0.020	0.020	0.2Mo
RA 85 H③	S30615	0.20	0.80	3.50	18.5	14.50	—	—	1.0Al
253 MA	S30815	0.05~0.10	0.80	1.4~2.0	20.0~22.0	10.0~12.0	0.040	0.030	0.14~0.20N;0.03~0.08Ce;1.0Al
Type 309 S Cb	S30940	0.08	2.00	1.00	22.0~24.0	12.0~15.0	0.045	0.030	10×%C min~1.10 max Nb

（续）

钢号①	UNS 统一牌号	C	Mn	Si	Cr	Ni	P	S	其他
Type 310 Cb	S31040	0.08	2.00	1.50	24.0~26.0	19.0~22.0	0.045	0.030	10×%C min~1.10max Nb+Ta
URANUS® B66	S31266	0.030	2.00~4.00	1.00	23.0~25.0	21.0~24.0	0.035	0.020	5.2~6.2 Mo;0.35~0.60N;1.00~2.50 Cu;1.50~2.50W
Type 316 Ti	S31635	0.08	2.00	1.00	16.0~18.0	10.0~14.0	0.045	0.030	5×%（C+N）min~0.70max Ti;2.0~3.0Mo;0.10N
Type 316 Cb	S31640	0.08	2.00	1.00	16.0~18.0	10.0~14.0	0.045	0.030	10×%C min~1.10max Nb+Ta;2.0~3.0Mo;0.10N
Type 316HQ	—	0.030	2.00	1.00	16.00~18.25	10.00~14.00	0.030	0.015	3.00~4.00Cu;2.00~3.00Mo
Type 317 LM	S31725	0.03	2.00	1.00	18.0~20.0	13.5~17.5	0.045	0.030	4.0~5.0Mo;0.10N
Type 317 LMN	S31726	0.03	2.00	0.75	17.0~20.0	13.5~17.5	0.045	0.030	4.0~5.0Mo;0.10~0.20N
Type 317 LN	S31753	0.03	2.00	1.00	18.0~20.0	11.0~15.0	0.030	0.030	0.10~0.22N
654 SMO®	S32654	0.02	2.00~4.00	0.50	24.0~25.0	21.0~23.0	0.020	0.015	7.0~8.0Mo;0.45~0.55N;0.30~0.60Cu
4565	S34565	0.030	5.00~7.00	1.00	23.0~25.0	16.0~18.0	0.030	0.010	4.0~5.0Mo;0.40~0.60N;Cb 0.10
Type 370	S37000	0.03~0.05	1.65~2.35	0.5~1.0	12.5~14.5	14.5~16.5	0.040	0.010	1.5~2.5Mo;0.1~0.4 Ti;0.005N;0.05Co
18-18-2（XM-15）	S38100	0.08	2.00	1.5~2.5	17.0~19.0	17.5~18.5	0.030	0.030	—
19-9 DL	S63198	0.28~0.35	0.75~1.50	0.03~0.8	18.0~21.0	8.0~11.0	0.040	0.030	1.0~1.75Mo;0.1~0.35Ti;1.0~1.75W;0.25~0.60Nb
20Cb-3	N08020	0.07	2.00	1.00	19.0~21.0	32.0~38.0	0.045	0.035	2.0~3.0Mo;3.0~4.0Ca;8×%C min~1.00maxNb
20Mo-4	N08024	0.03	1.00	0.50	22.5~25.0	35.0~40.0	0.035	0.035	3.50~5.00Mo;0.50~1.50Cu;0.15~0.35Nb
20Mo-6	N08026	0.03	1.00	0.50	22.00~26.00	33.00~37.20	0.03	0.03	5.00~6.70Mo;2.00~4.00Cu
Sanicro28	N08028	0.02	2.00	1.00	26.0~28.0	29.5~32.5	0.020	0.015	3.0~4.0Mo;0.6~1.4Cu
AL-6XN	N08367	0.030	2.00	1.00	20.0~22.0	23.50~25.50	0.040	0.030	6.00~7.00Mo;0.18~0.25N
JS-700	N08700	0.04	2.00	1.00	19.0~23.0	24.0~26.0	0.040	0.030	4.3~5.0 Mo;8×%C min~0.5 max Nb;0.5 Cu;0.005 Pb;0.035S
JS-777	—	0.04	2.00	1.00	19.3~23.0	24.0~26.0	0.045	0.035	4.0~5.0Mo;1.9~2.5Cu
Type 332	N08800	0.01	1.50	1.00	19.0~23.0	30.0~35.0	0.045	0.015	0.15~0.60Ti;0.15~0.60Al
904L	N08904	0.02	2.00	1.00	19.0~23.0	23.0~28.0	0.045	0.035	4.0~5.0Mo;1.0~2.0Cu
Cronifer 1925 hMo	N08925	0.02	1.00	0.50	24.0~26.0	19.0~21.0	0.045	0.030	6.0~7.0Mo;0.8~1.5Cu;0.10~0.20N
25-6Mo	N08926	0.020	2.00	0.50	19.0~21.0	24.0~26.0	0.030	0.010	6.00~7.00Mo,0.15~0.25Cu;0.50~1.50Cu
Cronifer 2328	—	0.04	0.75	0.75	22.0~24.0	26.0~28.0	0.030	0.015	2.5~3.5Cu;0.4~0.7Ti;2.5~3.0Mo
2RK65	—	0.02	1.8		19.5	25.0	—	—	4.5Mo;1.5Cu

① XM 牌号圆括号内是合金的 ASTM 牌号。

② 除另有注明外，单个值为最大值。

③ 名义成分。

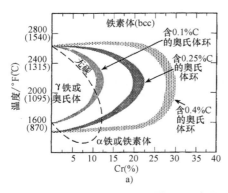

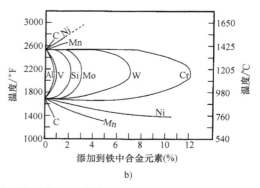

图 4-7 合金元素对奥氏体环的影响

a）碳对 Cr-Fe 二元合金奥氏体环的影响 b）添加到铁中合金元素形成的奥氏体环

奥氏体形成元素（镍、锰、碳和氮）与铁素体稳定化元素（铬、硅、钼、铝）之间复杂的交互作用，是许多奥氏体不锈钢（AISI 200 和 300 系列）合金化的基础。根据该合金化理论和添加的合金含量，生产出了各种性能的奥氏体不锈钢，有高强度，高韧性，具有优良加工制造性能的不锈钢，有不同耐蚀性水平的不锈钢。

奥氏体不锈钢热处理主要是退火和去应力退火。与铁素体不锈钢一样，在加热过程中，奥氏体不锈钢晶格结构没有发生改变，正是这个原因，他们只能通过冷加工进行强化。在特定的应用场合，有时还对奥氏体不锈钢进行渗氮处理。由于在绝大多数情况下，经过渗氮处理后，都会对钢的耐腐蚀造成不利的影响，因此建议仅限于对经过稳定化处理和超低碳奥氏体不锈钢进行渗氮。奥氏体不锈钢的渗氮层在 0.127mm（0.005in）左右，非常薄，因此渗氮后，禁止进行任何机加工或研磨。

4.2.2 敏化问题

奥氏体不锈钢出现敏化是一个非常重要的问题，发生的概率比铁素体不锈钢要高。如将铁素体不锈钢去除敏化热处理用于奥氏体不锈钢中，反而会诱发敏化。早期研究主要集中在对焊缝腐蚀失效，研究发现，奥氏体不锈钢焊接工件在距离焊缝的温度为 540～730℃（1000～1350℉）处，发生灾难性的腐蚀失效。调查发现，腐蚀失效为晶间腐蚀，其原因是长时间在 540～730℃（1000～1350℉）加热或缓慢冷却，产生致敏现象，导致这种晶间腐蚀发生。

现在人们已认识到，当奥氏体不锈钢在 425～815℃（800～1500℉）之间加热，会产生敏化现象，在随后腐蚀性环境中使用时，产生晶间腐蚀，导致失效。敏化最危险的临界温度为 650℃（1200℉），在该温度仅停留数秒钟，就会产生敏化，导致在随后使用中出现灾难性的腐蚀失效。

不同含铬铁素体不锈钢牌号出现敏化的情况各有不同。碳在铁素体基体的扩散速度大约是在奥氏体中的 100 倍，而碳在铁素体基体中固溶度远低于在奥氏体中。因此避免出现敏化的热处理实质上是使之出现逆转。在 600～850℃（1110～1560℉）温度长时间加热，提高了固溶体碳含量，会出现敏化现象。碳可以长期过饱和存于奥氏体里，而在铁素体不锈钢中，即使采用最快淬火的速率，碳也不能以过饱和状态存在于铁素体基体里。

当不同铬含量铁素体不锈钢在 925℃（1700℉）或以上温度保温，也会出现类似敏化现象。其原因是晶界附近区域出现贫铬，而原分布于奥氏体组织中铬和碳原子，形成了由三个铬原子和一个碳原子结合的碳化物。在温度 650℃（1200℉），该形成反应速率最快。在较低温度下，扩散速率较低，而在较高温度下，铬碳化物发生分解。碳化物析出最容易发生在晶界处。碳原子尺寸很小，能在奥氏体晶体中快速扩散，而铬原子尺寸很大，扩散速度慢得多。这意味着碳化物中碳原子可以从晶体内部扩散到晶界，而铬原子扩散来自晶界附近区域，在晶界形成碳化物，造成晶界周边形成贫铬层（chromium-depleted envelope），严重降低了不锈钢耐腐蚀。

采用下列方法，可以防止奥氏体不锈钢出现上述问题：

1) 将已致敏的钢再次加热，使碳化物重新溶入基体中，而后迅速通过致敏温度范围。如果可能的话，采用水淬冷却。

2) 采用超低碳含量的奥氏体不锈钢。这样降低形成的碳化铬含量，出现贫铬现象概率减小。例如，选择 304L 和 316L 超低碳奥氏体不锈钢。图 4-8 所示为 Fe-Cr 相图中的 σ 相区，可为去除敏化处理参考（尽管还可能提高铬的含量，防止局部区域出现失铬，或者增加钢中钼含量，但实际上这两种方法都难以实现）。

3）添加稳定化元素，例如添加钛和铌等强碳化物形成元素，与形成铬碳化物相比，他们与碳结合的倾向更强。由于优先形成钛、铌碳化物，避免形成铬碳化物，因此不会出现贫铬现象。

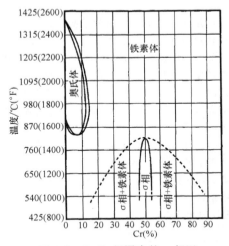

图 4-8   Fe-Cr 相图中的 σ 相区

4.2.3   中间相（σ、χ 和 Laves 相）

如上所述，σ 相，又称金属间化合物，属复杂正方晶体结构。与在铁素体不锈钢中相比，σ 相在奥氏体不锈钢中造成的问题更多。在室温下，σ 相硬度高，脆性大和无磁性，降低材料的韧性。对普通 18-8 铬镍型钢，几乎不会形成 σ 相，但铬含量更高的牌号则不然。例如 310 型钢，含铬 25%，在 590~870℃（1100~1600°F）温度停留，易于形成 σ 相。钢中有些合金元素加速 σ 相的形成，而有些则阻碍 σ 相的形成。其中铌、钼、硅、钛、钨、钒促进 σ 相形成，而碳、氮和当镍含量很高时，则阻碍 σ 相形成。随钢的具体成分不同，形成 σ 相所需温度范围和时间也不同。含钼的 316 型和 317 型不锈钢，即使镍或氮含量足够高，能形成完全奥氏体组织，但在适当的温度下，也会形成 σ 相。

与 σ 相一样，χ 相也是硬度高、脆性大且无磁性，但晶体结构不同。在高钼不锈钢中，易形成 χ 相。例如，317 型不锈钢。

当钢中含有铌和钛时，Laves 相优先于 σ 相形成。然而，要形成 Laves 相，钢中铌和钛含量要高于在 321 型不锈钢或 347 型不锈钢中的含量。

4.2.4   均匀化处理

所有不锈钢采用连续铸造，都有利于组织更加均匀。然而，对铸坯和初轧坯，必须进行均匀化处理，消除铸态偏析。从某种程度上讲，这个过程就是将它们重新加热到热加工适合温度。

对奥氏体不锈钢铸坯进行均匀化处理，溶解铸坯中残留百分之几的 δ 铁素体。应该采用尽可能高的温度进行均匀化处理，只有在高的温度下，δ 铁素体出现不稳定，易于溶解。对大多数奥氏体不锈钢，均匀化处理温度约为 1250℃（2280°F）。采用更高的温度进行均匀化处理，会导致铁素体量增加，均匀性降低，材料热加工性能降低。如在均匀化处理温度下，延长所需最短均匀化时间，会使硫和含氧杂质从奥氏体中排出，扩散到晶界处，形成强度低的塑性膜，降低了材料热加工性能。延长均匀化时间还会粗化晶粒，减少晶界面积，进一步降低材料热加工性能。因此，应选择尽可能短的均匀化时间，并进行严密控制。在合金设计时，也应考虑尽可能降低 δ 铁素体数量。

4.2.5   退火

奥氏体不锈钢退火主要有两个作用。第一，通过再结晶消除冷加工的影响。如果加工产生的应变能较低，如常发生于铁素体不锈钢中，退火过程只发生回复，不发生再结晶，则会有消除应力的晶粒残存。这残存的晶粒具有与变形方向相同的晶体取向。第二，使碳化物和金属间化合物重新溶入基体，消除有害的析出相。此外，退火还可以减少由铸造过程中产生的溶质原子偏析，均匀成分和组织。冷加工和热加工压缩了工件尺寸，有利于加速该均匀化过程。

退火工艺中气氛保护是非常重要的。奥氏体不锈钢如在大气中加热，会形成氧化皮。在该氧化皮下的基体会出现明显贫铬现象，在表层下 10μm（395μin）的深度，经常会比正常铬含量低 5% 以上。因此，不仅要去除所有的氧化皮，还必须去除贫铬层（chromium-depleted layer）。这需要采用强酸洗，但这对许多不锈钢用户可能难以做到。由于贫铬层含铬量少，因此可以快速精确采用酸洗去除。

为了避免产生氧化层，采用真空、氢气或惰性气体保护进行退火。如果采用真空炉，真空度应在 $2×10^{-3}$ 托（0.3Pa）以上。如果采用惰性气体或氢气保护退火，关键要考虑炉内的含水率。露点必须控制在 -40℃ 或更低。如工件需要镜面抛光，应将露点严格控制在更低的水平。因为钢的氧化电位随温度降低而提高，退火必须采用快速冷却。如钢含有形成氧化物稳定性元素，如铝和钛或为含硼合金，采用真空或惰性气体保护比采用氢气保护更好。

在退火前，不锈钢表面应仔细清洗。甚至工件表面硬水的沉积物也会引起特定的氧化物生长，由于退火后酸洗对特定的氧化物反应更加强烈，导致工件表面产生腐蚀斑点。表面残留有碳，则更为有害，因为他们会引起表面增碳，导致随后工件的耐蚀性降低。

（1）传统奥氏体不锈钢　传统奥氏体钢不能通过热处理强化，但可以通过冷轧强化。这类钢通常在退火态或冷轧状态供货，焊接和热加工后，需进行再次退火，以达到最佳耐腐蚀、硬度和延展性。在退火过程中，显著降低晶间耐蚀性的铬碳化物会发生溶解。

随奥氏体不锈钢的成分不同，固溶退火温度也不同。表 4-5 和表 4-6 分别为锻造合金和相应铸造合金的退火温度。表 4-7 为表 4-6 中列出了部分奥氏体耐蚀铸钢的成分和典型微观组织。

因为碳化物在温度 425～900℃（800～1650℉）区间析出，因此退火温度应该超过该温度范围。在开始冷却前，碳化物应固溶于钢的基体中，在产品规范中，如 ASTM A480／A480M，要求最低固溶退火温度足以使碳化物发生溶解。为防止晶粒长大，减少氧化和变形，大多数制造商避免采用远高于最低固溶退火的温度进行退火。传统奥氏体不锈钢固溶退火温度范围在 1010～1065℃（1850～1950℉），见表 4-5。

在满足变形的限制要求的前提下，退火冷却必须采用快速冷却。如变形的限制要求允许，采用水淬火冷却，以保证碳化物仍在固溶在基体中。因 310 型钢中的碳化物析出速率更快，因此总是采用水淬冷却固溶。如实际考虑变形的限制，不允许采用水淬火冷却固溶，可采用鼓风淬火冷却。有些薄片零件，即使采用中等冷却速率冷却，也会产生过度变形，对于这类工件采用在静止空气冷却。如果静止空气冷却速率不能防止碳化物析出，则钢的耐蚀性会有所降低。解决这个难题的方法为，选择稳定型奥氏体不锈钢或低碳奥氏体不锈钢。

表 4-5　推荐的奥氏体不锈锻钢退火温度

统一编号	铜牌号	温度[1]	
		℃	℉
传统奥氏体不锈钢			
S30100	301	1040	1900
S30200	302	1040	1900
S30215	302B	1040	1900
S30300	303	1040	1900
S30323	303Se	1040	1900
S30400	304	1040	1900
S30500	305	1040	1900
S30800	308	1040	1900
S30900	309	1040	1900
S30908	309S	1040	1900
30100	310	1040	1900
S31008	310S	1040	1900
S31600	316	1040	1900
S31700	317	1040	1900
稳定化奥氏体不锈钢			
S32100	321	1040[2]	1900[2]
S34700	347	1040[2]	1900[2]
S34800	348	1040[2]	1900[2]
N08020	20Cb-3	925～1010	1700～1850
低碳奥氏体不锈钢			
S30403	304L	1040	1900
S30453	304LN	1040	1900
S31603	316L	1040	1900
S31653	316LN	1040	1900
S31703	317L	1040	1900
高氮奥氏体不锈钢			
S20100	201	1040	1900
S20200	202	1040	1900

（续）

统一编号	铜牌号	温度①	
		℃	℉
高氮奥氏体不锈钢			
S30451	304N	1040	1900
S31651	316N	1040	1900
S24100	Nitronic 32，18Cr-2Ni-12Mn	1040	1900
S24000	Nitronic 33	1040	1900
S21904	Nitronic 40，21Cr-6Ni-9Mn	1040	1900
S20910	Nitronic 50，22Cr-13Ni-5Mn	1040	1900
S21800	Nitronic 60	1040	1900
S28200	18-18 Plus	1040	1900
高合金奥氏体不锈钢			
S31725	317LM	1040	1900
S31726	317LMN	1040	1900
N08700	JS700	1095	2000
—	JS777	1095	2000
N08904	904L	1095	2000
N08028	Sanicro 28	—	—
N08367	AL-6XN®	1105	2025
N08926	25-6Mo	1100	2010
S31254	254SMO®	1150	2100
S31266	URANUS®	1150	2100
S31277	27-7Mo	1120	2050
S32654	654 SMO®	1150	2100
S34565	4565	1120~1170	2050~2140

① 除另有说明，此处为最低退火温度。给出的温度是用于混合组织退火的。保温时间的冷却的方法取决于工件厚度。根据厚度，薄工件按 3~5min/2.5mm（0.10in）保温，保温后采用快速空冷。厚工件采用淬水冷却。表中许多牌号，焊后不需要进行热处理。特别厂家的专有合金的详细情况，请咨询生产商。虽然退火冷却必须采用快速冷却，但还必须符合变形限制要求。

② 退火温度高于 1065℃（1950℉），在敏化温度停留，可以会产生有害的晶间腐蚀。为得到最佳晶间腐蚀抗力，进行稳定化退火。

表 4-6 奥氏体不锈钢铸件得到最高耐蚀性的退火温度

钢号	最低温度		冷却①	抗拉强度②	
	℃	℉		MPa	ksi
CE-30	1095	2000	W,O,A	670	97
CF-3,CF-3M	1040	1900	W,O,A	530	77
CF-8,CF-8C③	1040	1900	W,O,A	530	77
CF-8M,CF-12Mn④	1040	1900	W,O,A	550	80
CF-16F,CF-20	1040	1900	W,O,A	530	77
CH-20	1095	2000	W,O,A	605	88
CK-20	1095	2000	W,O,A	525	76
CN-7M	1120	2050	W,O,A	475	69

① FC 表示炉冷；W 表示水冷；C 表示油冷；A 表示空冷。

② 近似。

③ 为析出铌碳化物，CF-8C 可再次加热至 870~925℃（1600~1700℉），然后空冷。

④ CF-12M 应采用温度高于 1095℃（2000℉）淬火。

（2）稳定型奥氏体不锈钢 稳定型奥氏体不锈钢，即 321、347、348 型和合金 20（N08020），含有限制的钛或铌元素，有效地减少了晶间铬碳化物的析出，因此减少了他们对耐蚀性的不良影响。然而，稳定型奥氏体不锈钢退火目的主要有，均匀化铸态组织，恢复冷加工后的力学性能，溶解有害的析出相。

推荐稳定型奥氏体不锈钢的退火温度见表 4-5。如稳定型奥氏体不锈钢随后在敏化温度 425~900℃（800~1650℉）范围停留，退火温度高于 1066℃（1950℉），会对钢的晶间腐蚀造成损害。与未稳定奥氏体不锈钢不同的是，这类钢不需要为防止出现晶间腐蚀，退火采用水淬火或其他快速冷却，通常空气冷却就能满足要求。

表 4-7 奥氏体和双相耐腐蚀钢成分和牌号（合金铸造研究所（ACI））

AC 牌号	统一编号	锻钢牌号[1]	ASTM 规范	最常见使用状态组织	化学成分[2]（质量分数，%）					
					C	Mn	Si	Cr	Ni	其他[3]
Cr-Ni 钢										
CE-30	J93423	312	A743	奥氏体加部分 铁素体	0.30	1.50	2.00	26.0~30.0	8.0~1.0	—
CF-30[4]	J92700	304L	A351, A743, A744	奥氏体加部分 铁素体	0.03	1.50	2.00	17.0~21.0	8.0~12.0	—
CF-3M[4]	J92800	316L	A351, A743, A744	奥氏体加部分 铁素体	0.03	1.50	2.00	17.0~21.0	8.0~12.0	2.0~3.0Mo
CF-3MN	—	—	A743	奥氏体加部分 铁素体	0.03	1.50	1.50	17.0~21.0	9.0~13.0	2.0~3.0Mo; 0.10~0.20N
CF-8[4]	J92600	304	A351, A743, A744	奥氏体加部分 铁素体	0.08	1.50	2.00	18.0~21.0	8.0~11.0	—
CF-8C	J92710	347	A351, A743, A744	奥氏体加部分 铁素体	0.08	1.50	2.00	18.0~21.0	9.0~12.0	Nb[5]
CF-8M	J92900	316	A351, A743, A744	奥氏体加部分 铁素体	0.08	1.50	2.00	18.0~21.0	9.0~12.0	2.0~3.0Mo
CF-10	J93401	—	A351	奥氏体加部分 铁素体	0.40~0.10	1.50	2.00	18.0~21.0	8.0~11.0	—
CF-10M	—	—	A351	奥氏体加部分 铁素体	0.40~0.10	1.50	1.50	18.0~21.0	9.0~12.0	2.0~3.0Mo
CF-10MC	J92971	—	A351	奥氏体加部分 铁素体	0.10	1.50	1.50	15.0~18.0	13.0~16.0	1.75~2.25Mo
CF-10SMnN	—	—	A351, A743	奥氏体加部分 铁素体	0.10	7.00~9.00	3.50~4.50	16.0~18.0	8.0~9.0	0.08~0.18N
CF-12M	—	316		奥氏体加部分 铁素体或奥氏体	0.12	1.50	2.00	18.0~21.0	9.0~12.0	2.0~3.0Mo
CF-16F	J92701	303	A743	奥氏体	0.16	1.50	2.00	18.0~21.0	9.0~12.0	1.50Mo max; 0.20~0.35Se
CF-20	J92602	302	A743	奥氏体	0.20	1.50	2.00	18.0~21.0	8.0~11.0	—
CG-6MMN	J93799	—	A351, A743	奥氏体加部分 铁素体	0.06	4.00~6.00	1.00	20.5~23.5	11.5~13.5	1.50~3.00Mo; 0.10~0.30Nb; 0.10~30V; 0.20~0.40N
CG-8M	J93000	317	A351, A743, A744	奥氏体加部分 铁素体	0.08	1.50	1.50	18.0~21.0	9.0~13.0	3.0~4.0Mo
CG-12	J93001	—	A743	奥氏体加部分 铁素体	0.12	1.50	2.00	20.0~23.0	10.0~13.0	—
CH-8	J93400	—	A351	奥氏体加部分 铁素体	0.08	1.50	1.50	22.0~26.0	12.0~15.0	—
CH-10	J93401	—	A351	奥氏体加部分 铁素体	0.04~0.10	1.50	2.00	22.0~26.0	12.0~15.0	—
CH-20	J93402	309	A351, A743	奥氏体	0.20	1.50	2.00	22.0~26.0	12.0~15.0	—
CK-3MCuN	—	—	A351, A743, A744	奥氏体加部分 铁素体	0.025	1.20	1.00	19.3~20.5	17.5~19.5	6.0~7.0V; 0.18~0.24N; 0.50~1.00Cu
CK-20	J94202	310	A743	奥氏体	0.20	2.00	2.00	23.0~27.0	19.0~22.0	—

（续）

AC 牌号	统一编号	锻钢牌号①	ASTM 规范	最常见使用状态组织	化学成分②（质量分数，%）					
					C	Mn	Si	Cr	Ni	其他③
Ni-Cr 钢										
CN-3M	—	—	A743	奥氏体	0.03	2.00	1.00	20.0~22.0	23.0~27.0	4.5~5.5Mo
CN-7M	N08007	—	A351，A743，A744	奥氏体	0.07	1.50	1.50	19.0~22.0	27.5~30.5	2.0~3.0Mo；3.0~4.0Cu
CN-7MS	J94650	—	A743，A744	奥氏体	0.07	1.50	3.50⑥	18.0~20.0	22.0~25.0	2.5~36.0Mo；1.5~2.0Cu
CN-15C	—	—	A351	奥氏体	0.05~0.15	0.15~1.50	0.50~1.50	19.0~21.0	31.0~34.0	0.5~1.5V

① 对应于锻造和铸造牌号，列出的锻造合金型号仅为名义的牌号。铸件合金成分范围与锻造合金不一样；铸造合金牌号应仅用于铸件。

② 除给出成分范围外，为最大值。其他成分为铁。

③ 除了 CG-6MMN，0.030%S（max）；CF-10SMnN，0.03%S（max）；CT-15C，0.03%S（max）；CK-3MCuN，0.010%S（max）；CN-3M，0.030%S（max）；CA-6N，0.020%S（max）；CA-28MWV，0.030%S（max）；CA-40F，0.20%~0.40%S；CB-7Cu-1 和 -2，0.03%S（max）外，其余所有牌号含硫量为 0.04%；除了 CF-16F，0.17%P（max）；CF-10SMnN，0.060%P（max）；CT-15C，0.030%P（max）；CK-3MCuN，0.045%P（max）；CN-3M，0.030%P（max）；CA-6N，0.020%P（max）；CA-28MWV，0.030%P（max）；CB-7Cu-1and-2，0.035%P（max）外，其余所有牌号含磷量为 0.04%。

④ CF-3A，CF-3MA 和 CF-8A 分别与 CF-3，CF-3M 和 CF-8 成分范围相同，但平衡的成分不同。因此，根据铁素体数量不同，可以比相关牌号具有更高的力学性能，他们涵盖在 ASTM 351 规范中。

⑤ Nb，8×%C min（1.0% max）；或 Nb+Ta×%C（1.1%max）。

⑥ 对 CN-7MS 牌号，硅范围为 2.50%~3.50%。

与传统稳定奥氏体不锈钢（型 321、347 和 348 型）不同，合金 20（N08020）合金含量高，提高了耐蚀性。该合金通常在温度 925~1010℃（1700~1850℉）范围进行稳定化退火；有些特殊应用场合，采用更高的退火温度（高达 1150℃，或 2100℉）退火，但只适合于工件不进行焊接或使用加热温度不超过 540℃（1000℉）的条件。

必须对炉内气氛进行强制性限制。必须仔细地控制炉内的燃烧过程，防止发生增碳或过度氧化。稳定型钢性质是基于原来的碳含量，因此在加热过程中不允许增碳。过度氧化会导致形成氧化皮，以致在后续工序中难以去除，必须防止加热火焰直接接触到工件。必须保持炉内气氛的含硫量低，尤其是在燃油炉内。应该使用天然气，不要使用煤气。

（3）稳定化退火 为稳定奥氏体不锈钢得到最高的耐蚀性，需要进行稳定化退火热处理。根据工件截面尺寸，稳定化退火为在 845~900℃（1550~1650℉）保温不大于 5h。在加工前或加工过程中进行稳定化退火。在稳定化退火之后，可以在 705℃（1300℉）进行短时消除应力处理，这不会有形成碳化物的风险（见本节"消除应力"）。

有时对稳定型奥氏体不锈钢，如 321 和 347 型进行稳定化退火，提高在高温服役下的蠕变抗力。

当碳含量足够高，在退火温度下碳化物发生分解，再次在大约 900℃（1650℉）退火，碳与稳定化元素形成稳定的碳化物，而不是含铬碳化物。为在耐腐蚀服役条件下工作，目前这类合金的碳、氮含量最好低于 0.03%，因为在该碳、氮含量范围，不需要进行稳定化处理。

对稳定型奥氏体不锈钢进行稳定热处理，工件焊后容易局部出现晶间腐蚀，称为刀刃腐蚀（knife-line attack 或 knife-line corrosion）。在焊接过程中，焊缝附近母材金属加热到足够高的温度，溶解了稳定的碳化物，而焊接后冷却速度极快，使碳化物保持固溶状态。如果该焊接件随后加热至敏化温度范围 425~815℃（800~1500℉），促使局部铬碳化物析出，导致在熔合线附近局部区域容易晶间腐蚀。防止出现该问题的办法是在焊接后进行稳定化处理。

（4）低碳奥氏体不锈钢 低碳奥氏体不锈钢析出铬碳化物的倾向，在稳定型和未稳定型奥氏体不锈钢之间。该类钢碳含量较低，从动力学考虑，减慢了碳化物的析出。在敏化温度发生敏化现象的时间增加（见图 4-9）。含碳量为 0.03% 或更低的钢，在敏化温度范围停留数小时，钢的耐蚀性也没有受到损伤，钢中的碳可以长时间以过饱和态固溶于基体中。这就是为什么带有 L 后缀的奥氏体不锈钢，即使出现碳略过饱和，也不出现敏化现象的原因。在 600~850℃ 延长保温时间，钢的碳含量进一步提高，则会出现敏化现象。

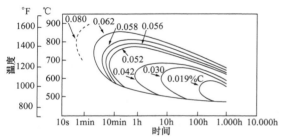

图 4-9　含碳量不同的 304 奥氏体
不锈钢时间-温度-敏化图（TTS）

降低碳含量显著延迟铬碳化物的形成和晶间腐蚀的发生。如定义碳含量低于 0.030% 的为低碳牌号钢，则需要在敏化温度停留 8h，才出现敏化现象。

奥氏体不锈钢的有限敏化特点，对焊接、火焰切割以及其他热加工工序特别有用。与未稳定型奥氏体不锈钢不同，低碳奥氏体不锈钢不需要进行退火快速冷却处理，将钢中碳固溶于基体中。当然，低碳奥氏体不锈钢也可能会形成碳化物，降低耐蚀性，因此，该类钢也不适合在敏化温度范围 540~760℃（1000~1400℉）长期服役。低碳奥氏体不锈钢推荐的退火温度见表 4-5。

低碳奥氏体不锈钢的化学成分对钢的敏化和均匀腐蚀的影响是多种多样的。由于 316L 和 317L 型钢含有钼，当长期在温度 650~870℃（1200~1600℉）停留，容易形成 σ 相。然而，如进行了稳定化处理，即在 675℃（1250℉）消除应力之前，在 885℃（1625℉）保温 2h，316L 和 317L 型钢的耐蚀性得到明显提高。进行了稳定热处理后，这些合金通过铜-硫酸铜-16% 硫酸测试（ASTM A 262，试验 E），未发生敏化现象。

低碳奥氏体不锈钢经常用于制作低磁导率的工件。在完全退火条件下，这些材料无磁性，在 0.02 特斯拉（T）[200高斯（G）] 时，磁导率低于 1.02；但经冷加工后，材料可能转变为铁磁性，还可能产生一些强磁性低碳马氏体。采用低镍焊条进行熔焊，是另一个可能产生磁性的原因。通过完全退火，可以消除这些磁性，恢复为完全奥氏体状态。

（5）高氮奥氏体不锈钢　高氮奥氏体不锈钢的热处理方法与传统的奥氏体不锈钢基本相同，也会碰到同样的问题（碳化物析出和变形）。他们不能通过热处理强化，但可通过冷加工强化。为得到最高的耐蚀性、合适的硬度和塑性，需对高氮奥氏体不锈钢进行退火。高氮奥氏体不锈钢的退火温度列于

表 4-5 中，退火冷却首选快速冷却。

（6）高合金奥氏体不锈钢　为提高抗氯离子腐蚀，高合金奥氏体不锈钢添加有大量的钼。为避免出现致敏现象，通常该类钢碳含量很低；含有铜，以提高钢在还原性酸中的耐蚀能力。热处理工艺包括：消除应力、溶解有害的第二相以及对铸件和焊接构件的凝固组织进行再结晶和均匀化退火。

这些合金在钢材厂进行退火，但经特定的热处理或在服役条件下，会形成 σ 相和少量 χ 相。金属间化合物的 σ 相和 χ 相硬度高，脆性大，在约 550~1050℃（1020~1920℉）温度范围形成。这些有害的第二相组织会造成钢的耐蚀性下降，塑性和韧性降低，见图 4-10。正是由于这些不利影响，在这些不锈钢牌号的热处理和淬火中，应防止 σ 相和 χ 相的形成。

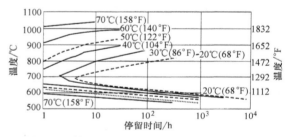

图 4-10　等温临界（Isocritical）点蚀温度曲线

图 4-11 为有害的 σ 相和 χ 相的等温析出动力学曲线。随着合金含量的增加，这些有害的第二相析出时间减少；在开始大量析出温度 800~900℃（1470~1700℉）前，合金度高的超奥氏体（super-austenitic）牌号析出时间就非常短（少于一分钟）。由于这个原因，退火冷却必须采用最大淬火速率和控制通过 550~1050℃（1020~1920℉）温度范围时间最短。因为厚壁工件难以实现心部快速冷却，这个问题格外重要。

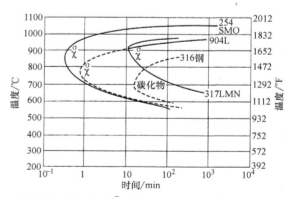

图 4-11　254 SMO®（S31254）、904L 和 317LMN
合金中的有害 σ 相和 χ 相的等温析出动力学

作为对比，图 4-11 中给出 316 不锈钢形成铬的碳化物稳定曲线。

通常，这些高合金奥氏体不锈钢牌号钢的退火温度高于传统奥氏体不锈钢的牌号。需要更高退火温度确保有害的第二相溶解，进一步提高凝固态（as-solidified）组织的均匀化。表 4-5 给出了推荐的退火温度。

合金度越高的奥氏体不锈钢牌号，以及高氮不锈钢牌号，如 316N、Nitronic® 系列和 18-18Plus™ 在冷加工中不会形成低碳马氏体组织，因此不需要采用完全退火降低磁导率。即使进行了大量的冷加工，这些合金的磁导率仍低于 1.02。

（7）灾难性氧化 含 Mo 相对较高的不锈钢，例如 6%Mo 超级奥氏体（superaustenitic）不锈钢牌号，容易产生灾难性氧化（catastrophic oxidation）。这类钢固溶退火温度相对较高，促进这些高合金不锈钢的敏感性，因此在退火时应采取必要的预防措施。当出现灾难性氧化现象时，钢的表面粗糙增大且表面出现大量麻点和凹坑（highly pockmarked surface）。当温度高于 925℃（1700℉），在可能的情况下，应避免出现淤塞氧化（stagnate oxidizing）条件。有裂缝的地方最为敏感，在热处理紧密堆放的零件将促进快速氧化的发生。密封的热处理炉也易于出现这个问题，建议在炉内采用强制气体和空气流动。采用真空热处理炉或控制炉内气氛是避免灾难性氧化的有效方法。

（8）铸件 不锈钢铸件的热处理目的和工艺过程与锻件材料类似，这里就其差异点进行详细介绍。铸态组织，或温度范围在 425～870℃（800～1600℉）的铸件，可能含复杂的铬碳化物。在完全奥氏体合金中，这些碳化物优先沿晶界析出。这种微观组织易产生晶间腐蚀，尤其是在氧化的环境下（在部分铁素体合金中，碳化物在不连续铁素体基体中析出，因此，这类合金晶间腐蚀敏感性较低）。

所有铸造奥氏体合金的固溶退火过程相似，加热至温度大约为 1095℃（2000℉），保温一段时间，使碳化物完全溶解，而后采用足够快的淬火冷却速度，特别是在温度 870～540℃（1600～1000℉）区间时的冷却速度，以防止碳化物再次析出。根据合金不同，铸件的固溶退火加热温度不同（见表 4-6）。

如表 4-6 所示，含铌 CF-8C（UNS J92710）合金可采用两级分段热处理工艺。首先进行固溶退火，紧随其后在 870～925℃（1600～1700℉）进行稳定化处理，析出铌的碳化物，防止有害的铬碳化物析出，提高晶间腐蚀抗力。

由于 CF-3 和 CF-3M（UNS J92700 和 J92800）含碳量低，铸态组织铬碳化物少，无法产生选择性的晶间腐蚀，因此在种情况下，这类材料可用于腐蚀性介质环境，具有很高的耐蚀性。这些牌号的合金要求进行固溶退火。

4.2.6 光亮退火

如气氛的露点低于 -50℃（-60℉），进炉工件应保证干燥和干净，所有牌号的奥氏体不锈钢都可在纯氢或裂解氨中进行光亮退火。为保持低露点，光亮退火炉必须清洁、干燥和密闭性好。如果不能保持低露点，在工件表面会形成一层绿色薄氧化层。在随后的去氧化膜工序中，很难去除该种氧化层物。

为严格控制露点，按照大多数实际生产过程，应经常间隔对炉内气氛取样检测或采用连续监控。气体进炉前，让气体通过催化反应塔，使过剩的氧与氢结合形成水蒸气，去除氢气中微量的氧气。然后让气体通过活性氧化铝，吸附去除气体中的水分。

如在分解的氨进行光亮退火，当气体进入炉前，需要最大限度裂解氨，而未分解的氨会产生不良的渗氮作用。未分解的气体能完全溶于水，因此很容易去除。剩余的完全裂解产物必须进行处理通过干燥塔，保持所需的低露点。

4.2.7 消除应力

为了使奥氏体不锈钢具有良好的抗蠕变性能，必须将这些钢加热到约 900℃（1650℉），进行消除应力处理。对许多奥氏体不锈钢，推荐消除应力处理温度范围与有害相析出的温度重叠（见图 4-11）。由于这个原因，选择消除应力前，必须考虑可能出现的潜在危害。为了避免出现这个问题，必须加热至退火温度，在低于约 870℃（1600℉）条件下保温，仅进行部分消除应力处理。通过缓慢冷却，可以达到最有效的消除应力效果。奥氏体不锈钢的退火冷却通常采用淬火或其他快速冷却，但这会引起残余应力。然而，高合金奥氏体不锈钢，如超级奥氏体不锈钢牌号，必须采用快速冷却，以避免析出有害相。只有当奥氏体不锈钢工件存在腐蚀性条件下出现应力腐蚀、晶间腐蚀失效的风险，才有必要进行消除应力处理。

1. 热处理工艺选择

因为有效的消除应力处理可能会损害不锈钢的耐蚀性，而对耐蚀性没有损害的热处理可能不能达到完全消除应力，因此选择最佳的消除应力处理是很困难的。为了避免指定的热处理可能损害耐蚀性，美国机械工程师协会标准（ASME Code）对奥氏体不锈钢既不要求，也不禁止采用消除应力处理。

（1）组织特点 根据奥氏体不锈钢的组织特点，选择消除应力工艺：

1）加热范围 480~815℃（900~1500℉）：所有未稳定的奥氏体不锈钢牌号都会出现铬碳化物沿奥氏体晶界析出。对于部分铁素体不锈钢铸造合金，最初碳化物是在铁素体内不连续析出，而不是在晶界连续析出。经过长时间的加热，如厚壁工件必须采用长时间加热，则碳化物会在晶界上析出。对于冷加工不锈钢，碳化物析出温度可能会低至 425℃（800℉）；对于 309 型和 310 型不锈钢，碳化物析出的上限温度可高达 900℃（1650℉）。在这种情况下，钢容易产生晶间腐蚀。利用稳定型或超低碳牌号的奥氏体不锈钢，可以避免这些铬碳化物沿晶间析出。

2）加热范围 540~925℃（1000~1700℉）：形成硬度高，脆性大的 σ 相和 χ 相，对材料的耐蚀性和塑性均有损伤。传统牌号合金度较低的完全奥氏体组织不锈钢在进行消除应力中，不太可能形成这些有害相。但钢中存在有部分铁素体组织，在进行消除应力中，铁素体可能促使 σ 相的形成。锻造奥氏体不锈钢为完全奥氏体组织时，不会出现问题；但有些锻造奥氏体不锈钢，如 309、309Cb、312 和 329，会有部分铁素体组织，可能出现问题。此外，大多数奥氏体不锈钢焊缝组织和铸件的成分是进行了调整，可能出现铁素体组织，因此会出现裂纹的危险。与未稳定 CF-8 牌号中不含铌铁素体相比，通常含铌铸造 CF-8C 牌号含有 5%~20% 的铁素体，更有可能形成 σ 相。如前所述，在消除应力处理中，高合金奥氏体不锈钢牌号很快就会形成 σ 相和 χ 相，建议采用完全固溶退火，退火冷却采用快速冷却。

3）未稳定处理奥氏体不锈钢牌号缓慢冷却（除了超低碳钢外）：在通过上述两个温度范围时，如采用缓慢冷却，均有可能形成上述有害相，造成不利影响。

4）加热范围 815~925℃（1500~1700℉）：可能出现含铬碳化物和 σ 相同时析出。对耐腐蚀和力学性能造成危害，但危害程度要略低。

5）加热范围 955~1120℃（1750~2050℉）：传统不锈钢牌号采用该温度区间退火，会使晶界上析出的含铬碳化物重新溶解和将 σ 相转变为铁素体，钢完全退火软化。加长时间加热（>1h），甚至可能出现铁素体溶解，进而随后缓冷时，减少 σ 相再次形成的概率。高合金不锈钢中已形成的 σ 相，如超级奥氏体不锈钢牌号，在温度高达 1040℃（1900℉）时仍保持稳定，因此为避免性能降低，对于这类高合金不锈钢，最低的退火温度必须高于这个温度。

6）消除应力改善缺口韧性：与碳钢和合金钢不一样，奥氏体不锈钢缺口敏感性低。因此，消除应

力对改善缺口韧性没有好处。如果进行消除应力处理，由于可能形成含铬碳化物或 σ 相，缺口冲击韧度可能会降低。

虽然不需要对稳定型奥氏体不锈钢进行高温退火，避免晶间腐蚀，但消除应力处理温度通常会降低其耐蚀性。图 4-12 所示为在不同温度下进行消除应力处理，对 347 不锈钢在沸腾 65% 硝酸中腐蚀速率的影响。与在 650~705℃（1200~1300℉）消除应力处理相比，在 815~870℃（1500~1600℉）处理的 347 不锈钢在沸腾 65% 硝酸中的耐蚀性要好。其原因是在 650~705℃（1200~1300℉）消除应力处理，可能促进之前未与铌结合形成碳化物的少量碳，在此温度形成铬的碳化物。

所有消除应力处理保温时间为 2h。

图 4-13 所示为 347 不锈钢随消除应力温度的提

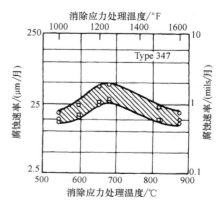

图 4-12 在不同温度下进行消除应力处理对 347 不锈钢在沸腾 65% 硝酸中腐蚀速率的影响

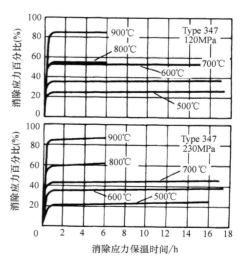

图 4-13 347 型不锈钢消除应力与温度、初始应力和保温时间的关系

高，消除应力百分比增加。图中数据还表明，保温时间的长短，对消除应力不重要。

（2）一般建议 在选择适当的消除应力工艺时，必须要考虑到具体的材料、制造工艺过程和设备设计和操作等因素。除非服役环境已知会或可能引起应力腐蚀，通常不要进行消除应力处理。如考虑到材料的组织因素和服役条件，需要进行消除应力处理，则应该进行消除应力处理。如在消除应力上考虑有更大的宽容度，使用稳定型或超低碳奥氏体不锈钢具有明显的优势。

表 4-8 给出了根据服役场合和环境提出消除应力的建议。因为消除应力有不同程度的要求，有不同牌号的不锈钢可供使用，可选择多种制造加工工艺，以满足复杂的服役环境，表 4-8 中的消除应力工艺也是多种多样，请根据最适合特定的情况进行选择。

表 4-8 奥氏体不锈钢消除应力处理工艺

应用场合或要求的性能	建议热处理工艺①		
	超低碳牌号钢,例如, 304L 和 316L	稳定性牌号,例如 318,321 和 347	未稳定牌号,例如, 304 和 316
严重应力腐蚀	A,B	B,A	②
中等应力腐蚀	A,B,C	B,A,C	C②
较低应力腐蚀	A,B,C,E,F	B,A,C,E,F	C,F
仅去除峰值应力	F	F	F
无应力腐蚀	不要求	不要求	不要求
晶间腐蚀	A,C③	A,C,B③	C
大变形量成形	A,C	A,C	C
成形工序间去应力	A,B,C	B,A,C	C④
组织均匀化⑤	A,C,B	A,C,B	C
尺寸稳定	G	G	G

① 热处理以从优选开始降序列出。A：在 1065～1120℃（1950～2050℉）退火，然后缓慢冷却。B：在 900℃（1650℉）消除应力处理，然后缓慢冷却。C：在 1065～1120℃（1950～2050℉）退火，然后淬火或快速冷却。D：在 900℃（1650℉）消除应力处理，然后淬火或快速冷却。E：在 480～650℃（900～1200℉）退火，然后缓慢冷却。F：在低于 480℃（900℉）消除应力处理，然后缓慢冷却。G：在 205～480℃（400～900℉）消除应力处理，然后缓慢冷却（通常按工件截面直径每英寸保温 4h）。

② 允许采用最佳消除应力处理，推荐使用稳定型或超低碳牌号奥氏体不锈钢。

③ 在大多数情况下，不需要热处理，但如果制造过程可能致敏，则应该进行热处理。

④ 当成形完成后，进行工艺 C 处理，也可以采用工艺 A、B 或 D 处理。

⑤ 严重的制造加工应力加上高服役载荷可能导致开裂。或者厚壁工件焊后。

2. 各种消除应力的效果

在许多情况下，奥氏体不锈钢采用碳素结构钢消除应力处理温度（540～650℃，或 1000～1200℉），进行消除应力处理。虽然在这个温度范围处理，能完全消除碳钢中残余应力，但对奥氏体不锈钢，仅消除了 30%～40% 的残余应力（图 4-13）。在这个温度范围处理，无法完全消除奥氏体不锈钢的残余应力，反而易产生应力腐蚀。表 4-9 为奥氏体不锈钢，在温度范围 595～1010℃（1100～1850℉）保温不同时间，残留在钢中的残余应力。

（1）退火和水冷却 大多数实例表明，容器和零件采用在 1065～1120℃（1950～2050℉）退火和水冷却，能消除应力，均可获得满意的服役效果。但是，在严酷的应力腐蚀环境下（例如，有氯化物存在的严酷环境），因为水冷却会引起很高的残余应力，这些工件可能无法获得满意的服役效果。

表 4-9 奥氏体不锈钢在特定温度范围处理前后残留在钢中的残余应力

工艺参数			残留钢中应力	
温度		时间/h	MPa	ksi
℃	℉			
焊接后外径 235mm(9.25in),内径 165mm(6.5in)管件				
焊接态			207～177	30.0～25.7
595	1100	16	138	20.0
595	1100	48	138	20.0
595	1100	72	159	23.0
650	1200	4	148～166	21.5～24.0
焊接后外径 127mm(5in),内径 102mm(4in)管件				
焊接态			128～101	18.5～14.7
650	1200	4	94～105	13.7～15.3
650	1200	12	110	16.0
650	1200	36	108	15.6
900	1650	2		
1010	1850	1		

（2）晶间腐蚀 在许多情况下，进行了部分消除应力处理的不锈钢工件会产生晶间腐蚀失效。例如，用于沿海蒸汽站的 316 型不锈钢构件，在 620 ～ 650℃（1150 ～ 1200℉）温度进行部分消除应力处理，由于海水产生晶间腐蚀，在使用不到 6 个月就出现失效。

另一个典型晶间腐蚀案例是 304 不锈钢热交换器。该热交换器在 650℃（1200℉）保温 2h 和炉冷进行部分消除应力处理，在使用不到 7 天就出现失效。

（3）消除应力防止应力腐蚀 大量实例表明，采用适当的消除应力处理，对防止应力腐蚀是有利的措施。由 316L 型钢生产制作的加热器在接触酸性有机氯化物和氯化铵下工作，服役数周后产生失效。但那些采用在 955℃（1750℉）进行消除应力处理的加热器，在完全相同的服役条件下服役 4 年，也没有出现应力腐蚀开裂（SCC）。

将两个 316L 型不锈钢容器在 85% 磷酸工作环境下服役进行试验。没有进行消除应力处理的容器应力腐蚀严重，而在 540℃（1000℉）进行消除应力处理的容器完全没有受到应力腐蚀。这说明，即使对不锈钢工件进行部分消除应力处理，也可以完全防止应力腐蚀。

未稳定型不锈钢牌号在 900℃（1650℉）进行消除应力处理，会引起部分碳化物沿晶界析出。在某些情况下，少量的晶间腐蚀比在几周内由应力腐蚀造成开裂失效要好。此外，采用超低碳或稳定型奥氏体不锈钢可以避免出现晶间腐蚀。

4.2.8 双相不锈钢

双相不锈钢的组织为奥氏体和铁素体混合组织，具有良好的耐蚀性和高强度。尽管大多数锻造双相不锈钢奥氏体组织占大约 50%，但普遍认为在相平衡的范围 30% ～ 70% 的铁素体和奥氏体，可以得到优良的性能。双相不锈钢通过热处理，溶解有害的第二相，调整至适当的奥氏体数量，恢复冷加工后性能以及对凝固态（as-solidified）组织进行均匀化。

与奥氏体不锈钢相比，在相同耐蚀性水平下，双相不锈钢的镍和钼含量通常较低。镍和钼的价格相对较高，因此双相不锈钢往往被作为降低成本的替代材料，替代奥氏体不锈钢。表 4-10 为双相不锈钢的成分，既有低合金的双相不锈钢，如牌号 LDX 2101® （S32101），也有高合金超级双相不锈钢（superduplex），如牌号 2507 型。

表 4-10 锻造双相不锈钢成分

钢号	统一编号	化学成分[①]（质量分数，%）							
		C	Mn	Si	Cr	Ni	P	S	其他
Type 329	S32900	0.20	1.00	0.75	23.0 ～ 28.0	2.50 ～ 5.00	0.040	0.030	1.00 ～ 2.00Mo
44LN	S31200	0.030	2.00	1.00	24.0 ～ 26.0	5.50 ～ 6.50	0.045	0.030	1.20 ～ 2.00Mo；0.14 ～ 0.20N
DP-3	S31260	0.030	1.00	0.75	24.0 ～ 26.0	5.50 ～ 7.50	0.030	0.030	2.50 ～ 3.50Mo；0.20 ～ 0.80Cu；0.10 ～ 0.30N；0.10 ～ 0.50W
3RE60	S31500	0.030	1.20 ～ 2.00	1.40 ～ 2.00	18.00 ～ 19.00	4.25 ～ 5.25	0.030	0.030	2.50 ～ 3.00Mo
	S31803	0.030	2.00	1.00	21.0 ～ 23.0	4.50 ～ 6.50	0.030	0.020	2.50 ～ 3.50Mo；0.08 ～ 0.20N
19D	S32001	0.030	4.00 ～ 6.00	1.00	19.5 ～ 21.5	1.00 ～ 3.00	0.040	0.030	0.60Mo，0.05 ～ 0.17N；1.00Cu
AL 2003™	S32003	0.030	2.00	1.00	19.5 ～ 22.5	3.0 ～ 4.0	0.030	0.020	1.50 ～ 2.00Mo；0.14 ～ 0.20N
URANUS® 2202	S32202	0.030	2.00	1.00	21.5 ～ 24.0	1.00 ～ 2.80	0.040	0.010	0.45Mo；0.18 ～ 0.26N
2205	S32205	0.030	2.00	1.00	22.0 ～ 23.0	4.5 ～ 6.5	0.030	0.020	3.0 ～ 3.5Mo；0.14 ～ 0.20N
2304	S32304	0.030	2.50	1.0	21.5 ～ 24.5	3.0 ～ 5.5	0.040	0.040	0.05 ～ 0.60Mo；0.05 ～ 0.60Cu；0.05 ～ 0.20N
Uranus 50	S32404	0.04	2.00	1.0	20.5 ～ 22.5	5.5 ～ 8.5	0.030	0.010	2.0 ～ 3.0Mo；1.0 ～ 2.0Cu；0.20N
NAS 64	S32506	0.030	1.00	0.90	24.0 ～ 26.0	5.5 ～ 7.2	0.040	0.015	3.0 ～ 3.5Mo；0.08 ～ 0.20N；0.05 ～ 0.30W

（续）

钢号	统一编号	化学成分[①]（质量分数,%）							
		C	Mn	Si	Cr	Ni	P	S	其他
URANUS® 52 N+	S32520	0.030	1.50	0.80	24.0~26.0	5.5~8.0	0.035	0.020	3.0~4.0Mo;0.20~0.35N;0.50~2.00Cu
Ferralium 255	S32550	0.04	1.50	1.00	24.0~27.0	4.50~6.50	0.04	0.03	2.00~4.00Mo;1.50~2.50Cu;0.10~0.25N
2507	S32750	0.030	1.20	0.80	24.0~26.0	6.0~8.0	0.035	0.020	3.0~5.0Mo;0.24~0.32N;0.50Cu
ZERON 100™	S32760	0.030	1.00	1.00	24.0~26.0	6.0~8.0	0.030	0.010	3.0~4.0Mo;0.20~0.30N;0.50~1.00Cu;0.50~1.00W
7-Mo Plus	S32950	0.03	2.00	0.60	26.0~29.0	3.50~5.20	0.035	0.010	1.00~2.50Mo;0.15~0.35N
S81921	S81921	0.030	2.00~4.00	1.00	19.0~22.0	2.0~4.0	0.040	0.020	1.00~2.00Mo;0.14~0.20N
ATI 2102®	S82011	0.030	2.00~3.00	1.00	20.5~23.5	1.00~2.00	0.040	0.020	0.10~1.00Mo;0.15~0.27N;0.50Cu
S82121	S82121	0.035	1.00~2.50	1.00	21.0~23.0	2.0~4.0	0.040	0.010	0.30~1.30Mo;0.15~0.25N;0.20~1.20Cu
S82122	S82122	0.030	2.0~4.0	0.75	20.5~21.5	1.5~2.5	0.040	0.020	0.60Mo;0.15~0.20N;0.50~1.50Cu
LDX 2404®	S82441	0.030	2.50~4.00	0.70	23.0~25.0	3.0~4.5	0.035	0.005	1.00~2.00Mo;0.20~0.30N;0.10~0.80Cu
AF 22	—	0.03	2.0	1.0	21~23	4.5~6.5	—	—	2.5~3.5Mo

① 除另有说明外，单值为最大值。

与 316 型不锈钢相比，退火双相不锈钢提高了耐氯化物应力腐蚀开裂性能。虽然双相不锈钢一般没有低间隙原子铁素体不锈钢的抗应力腐蚀开裂（SCC）性能好，但可以制作较厚截面的工件。双相不锈钢的另一个优点是，它们屈服强度通常为传统的奥氏体不锈钢两倍以上。

现代的双相不锈钢都添加 0.15%~0.25% N 进行合金化，主要作用是提高耐氯腐蚀、提高强度、降低金属间化合物析出速度和促进奥氏体的形成。正是有了以上优点，现代的双相不锈钢在焊接状态可以仍保持较高的耐蚀性和韧性。

双相不锈钢在结晶凝固后为铁素体（α），根据钢的合金成分，当冷却温度低于约 1300℃（2370℉）时，其中部分铁素体转变为奥氏体（γ）。随后冷却铁素体-奥氏体平衡比例变化很小。因为奥氏体由铁素体转变形成，因此双相不锈钢的奥氏体成分不可能达到平衡水平。然而，随着进一步冷却降低温度，双相不锈钢会形成碳化物、氮化物和金属间化合物相，例如可能形成 σ 相和 χ 相。

（1）双相不锈钢的均匀化处理 双相不锈钢的多相组织对在服役温度工作是有用的形态，但多相组织会使材料的热加工性能变差。因此应尽可能降低钢中硫的水平，当硫含量低于 0.001%，热塑性可

达到满意的要求。此外，由于加工时铁素体组织为连续相，应采用与铁素体不锈钢相同的均匀化处理。因为双相不锈钢通常为高铬和高钼，高温均匀化后应该采用快速冷却，以避免形成 σ 相或其他金属间化合物。

（2）双相不锈钢的退火 双相不锈钢退火的作用是：

1）消除冷加工的影响。

2）铁素体和奥氏体的体积分数达到平衡。

3）奥氏体和铁素体内成分平衡。

4）溶解有害的金属间化合物。

双相不锈钢的退火范围是受到组织的限制，大约为该钢的两个相单独退火的重叠部分。表 4-11 列出了这些合金的退火温度。由于氮扩散速率非常快，钢中的氮作为为主要合金元素，使铁素体与奥氏体迅速达到平衡，改善了合金的退火性能。氮也防止在焊接冷却淬火过程中，出现二次奥氏体分解，由此提高了材料的耐蚀性。

双相不锈钢通常碳含量非常低，不容易形成碳化物。因此，退火的原则就是使各相组织达到平衡，避免采用缓慢冷却和防止形成金属间化合物。

（3）奥氏体-铁素体平衡 当对双相不锈钢进行热处理时，必须使奥氏体-铁素体组织达到适当的平

衡和防止出现其他有害相。主要通过调整钢中铬、钼、镍和 N 的含量，通过控制热处理工艺过程，实现达到双相不锈钢所需的相平衡目标。然而，由于冷却速度决定了铁素体转变为奥氏体的数量，由此退火冷却速度影响相平衡。通过快速冷却，可以保留超过均衡数量的铁素体。例如，采用低热量输入焊接一个厚壁工件，可能会在焊接热影响区产生过量的铁素体组织。

表 4-11 部分双相不锈钢推荐退火温度

统一编号	钢号	退火温度[①]/℃（℉）
S31200	44LN	1040（1900）
S31803	2205	
S32001	19D	
S32550	255	
S31260	DP-3	1020~1100（1870~2010）
S31500	3RE60	975~1025（1785~1875）
S32003	AL 2003™	1010（1850）
S32202	URANUS® 2202	980~1080（1800~1975）
S32205	2205	1040（1900）
S32304	2304	980（1800）
S32506	NAS 64	1020~1120（1870~2050）
S32520	URANUS® 52 N+	1080~1120（1975~2050）
S32750	2507	1025~1125（1880~2060）
S32760	ZERON™ 100	1100（2010）
S32900	329	940~970（1725~1750）
S32950	7 Mo Plus	1995~1025（1825~1875）
S81921		960~1100（1760~2010）
S82011	ATI 2102®	1010（1850）
S82441	LDX 2404®	1000（1830）

① 除非另有说明，为最低退火温度，退火冷却必须采用快速冷却，但也必须满足变形要求。

虽然没有统一对铁素体数量进行限制，但对大多数应用场合，认为铁素体数量大于 75%（体积分数），是不合格。对某些特殊应用场合，如低温度工作环境，对铁素体数量的限制更为严格。常见的制造加工流程对工件的焊缝、热影响区和母材的要求是，奥氏体和铁素体数量在 30%~70% 的范围。

（4）金属间化合物的析出 双相不锈钢在 600~1010℃（1100~1850℉）温度范围停留，会形成有害的金属间化合物，如 σ 相和 χ 相（见图 4-14）。这些有害相通常伴随制造和加工过程产生，比如采用极高的焊接输入热量或固溶退火缓慢冷却。

双相不锈钢中如形成复杂化合物（Fe，Cr，Mo），则对钢的耐蚀性，特别是局部耐氯化物腐蚀性能和韧性，都是极度有害的。在温度范围 815~925℃（1500~1700℉），σ/χ 相的析出动力最大。出现降低材料性能所需时间与温度和合金含量有关（见图 4-15）。现代双相不锈钢增加了钢中氮的含量，显著降低 σ/χ 相的析出反应速率。使得对这些牌号

的双相不锈钢进行焊接时，不会形成金属间化合物，保证了材料的性能。如果已形成了金属间化合物，消除它们的唯一手段是，进行完全固溶退火，退火冷却采用快冷。

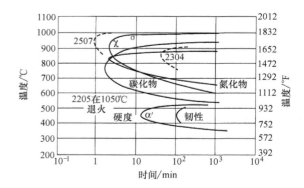

图 4-14 双相不锈钢 2304、2205 和 2507 等温碳化物、σ/χ 相和 α′ 相析出动力学曲线

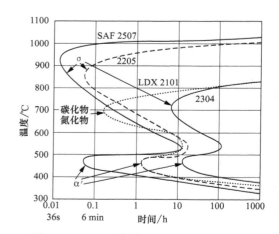

图 4-15 由于有害第二相等温析出，双相不锈钢冲击韧度降低 50% 的时间—温度图

（5）碳化物和氮化物 因为双相不锈钢添加氮为合金元素，铬氮化物（CrN）会在 α/α 晶界，α/γ 晶界上和 α 晶内析出。如析出的铬氮化物数量大，造成的贫铬区无法通过退火修复，则析出的 CrN 会损伤材料的耐蚀性。然而，由于双相不锈钢 N 含量高，促进形成更多的 γ 组织，提高了 N 的固溶度，因此大多数现代双相不锈钢（DSSs）很少出现有大量的 CrN 相。此外，双相不锈钢的碳含量很低，形成的碳化物数量较少，不会对材料性能造成伤害。但合金度低的双相不锈钢，如 S32101、S32022 和 S82011 是个例外，由于形成了碳化物和氮化物，这些钢的耐蚀性和韧性降低，其中最有可能发生的温度范围在 600~800℃（1130~1475℉）。合金度低的双相不锈钢中金属间化合物形成速度非常缓慢，因

此最可能造成性能降低的是碳化物和氮化物析出。这些碳化物和氮化物形成的动力学与 2205 双相不锈钢中 σ/χ 相析出相似（见图 4-15）。

（6）α′析出相 α′相是钢中另一个有害相，在 315～525℃（600～950℉）温度区间的 α 铁素体中形成。钢中如出现 α′相，将导致 α 铁素体室温韧性降低。最容易发生性能降低的温度大约为 475℃（885℉），见图 4-15，也被称为 475℃或 885℉脆性。为避免 α′相析出，大多数双相不锈钢最高服役温度约为 316℃（600℉）以下。

双相不锈钢推荐的退火温度如表 4-11 所示。因为潜在有害的第三相析出危险，因此不建议采用低于最低退火温度进行消除应力处理。为防止有害相析出，采用快速退火冷却，如采用水淬火冷却。典型的水淬冷却速率不会使铁素体数量过多。

致谢

本节改编于：

· J. Douthett, Heat Treating of Stainless Steels, *Heat Treating*, Vol 4, *ASM Handbook*, ASM International, 1991, p 769-792.

· M. F. McGuire, *Stainless Steels for Design Engineers*, ASM International, 2008.

· Cyril Dostal, *Heat Treatment of Stainless Steel*, Lesson 5 of ASM course, *Practical Heat Treatment*.

参考文献

1. M. F. McGuire Stainless Steels for Design Engineers, ASM International, 2008.

2. J. D. Fritz, Effects of Metallurgical Variables on the Corrosion of Stainless Steels, *Corrosion*: *Fundamentals*, *Testing*, *and Protection*, Vol 13A, *ASM Handbook*, ASM International, 2003, p 266-274.

3. *Guidelines for the Welding Fabrication of Nickel-Containing Stainless Steels for Corrosion Resistance Services*, Nickel Development Institute Reference Book, Series No. 11 007.

4. J. F. Grubb, High-Temperature Aging of 6% Mo Superaustenitic Stainless Steel, *Proceedings of Stainless Steel* 96 （Dusseldorf）, 1996.

5. *High-Performance Stainless Steels*, Nickel Development Institute Reference Book, Series No. 11 021.

4.3 马氏体不锈钢的热处理

与普通碳素钢或低合金钢一样，马氏体不锈钢通过淬火获得高强度和硬度主要取决于钢的碳含量，主要差别是马氏体不锈钢合金含量高。高合金推迟奥氏体热分解（转变为珠光体）转变，而变温转变（athermal decomposition）为马氏体组织。马氏体不锈钢的淬透性非常高，采用在空气中冷却，截面直径约 300mm（12in）的工件心部能得到最高硬度。因此，对高淬透性的马氏体不锈钢来说，淬火冷却速率并不是主要考虑的问题。与普通碳素钢或低合金钢相比，马氏体不锈钢对热处理参数更为敏感，尤其是高碳马氏体不锈钢，可能会产生残留奥氏体、硬度降低和出现尺寸稳定性等问题。为避免在淬火过程中奥氏体析出碳化物，最终组织出现敏化现象，马氏体不锈钢的淬火冷却速率也必须采用快冷。如果可能出现上述情况，淬火后立即在低于 -75℃（-100℉）温度进行低温冷处理。

表 4-12 和表 4-13 分别列出了主要的标准和非标准马氏体不锈锻钢（有关铸造马氏体不锈钢的热处理，见本节中"铸造合金"）。要求马氏体不锈钢在加热时完全奥氏体化，限制了钢中提高耐蚀性的合金元素铬和钼含量，因此在所有不锈钢中，马氏体不锈钢耐蚀性是最差的钢种。马氏体不锈钢中大量的碳与铬形成了铬碳化物，减少了基体中铬的有效含量。此外，当马氏体不锈钢的硬度超过 22HRC，很容易受到应力腐蚀开裂（SCC）。与其他不锈钢相比，由于马氏体不锈钢具有这些局限性，虽然有优良的力学性能，但仅适合使用在较为温和的腐蚀环境下。

表 4-12 标准牌号马氏体不锈锻钢的成分

钢号	统一编号	化学成分[①]（质量分数,%）							
		C	Mn	Si	Cr	Ni	P	S	其他
403	S40300	0.15	1.00	0.50	11.5～13.0	—	0.04	0.03	—
410	S41000	0.15	1.00	1.00	11.5～13.5	—	0.04	0.03	—
414	S41400	0.15	1.00	1.00	11.5～13.5	1.25～2.50	0.04	0.03	—
416	S41600	0.15	1.25	1.00	12.0～14.0	—	0.06	0.15min	0.6Mo[②]
416Se	S41623	0.15	1.25	1.00	12.0～14.0	—	0.06	0.06	0.15min Se
420	S42000	0.15min	1.00	1.00	12.0～14.0	—	0.04	0.03	—
420F	S42020	0.15min	1.25	1.00	12.0～14.0	—	0.06	0.15min	0.6Mo[②]

（续）

钢号	统一编号	化学成分[①]（质量分数,%）							
		C	Mn	Si	Cr	Ni	P	S	其他
422	S42200	0.20~0.25	1.00	0.75	11.5~13.5	0.5~1.0	0.04	0.03	0.75~1.25Mo; 0.75~1.25W; 0.15~0.3V
431	S43100	0.20	1.00	1.00	15.0~17.0	1.25~2.50	0.04	0.03	
440A	S44002	0.60~0.75	1.00	1.00	16.0~18.0	—	0.04	0.03	0.75Mo
440B	S44003	0.75~0.95	1.00	1.00	16.0~18.0	—	0.04	0.03	0.75Mo
440C	S44004	0.95~1.20	1.00	1.00	16.0~18.0	—	0.04	0.03	0.75Mo

① 除非另有说明，单一数值为最大值。

② 可选择。

表 4-13　非标准牌号马氏体不锈锻钢的成分

钢号[①]	统一编号	化学成分[②]（质量分数,%）							
		C	Mn	Si	Cr	Ni	P	S	其他
Type 410S	S41008	0.08	1.00	1.00	11.5~13.5	0.60	0.040	0.030	
Type 410 Cb（XM-30）	S41040	0.15	1.00	1.00	11.5~13.5	—	0.040	0.030	0.05~0.20Nb
E4	S41050	0.04	1.00	1.00	10.5~12.5	0.60~1.1	0.045	0.030	0.10N
CA6NM	S41500	0.05	0.5~1.0	0.60	11.5~14.0	3.5~5.5	0.030	0.030	0.5~1.0Mo
416 Plus X（XM-6）	S41610	0.15	1.5~2.5	1.00	12.0~14.0	—	0.060	0.15min	0.6Mo
Type 418（Greek Ascolloy）	S41800	0.15~0.20	0.50	0.50	12.0~14.0	1.8~2.2	0.040	0.030	2.5~3.5W
TrimRite	S42010	0.15~0.30	1.00	1.00	13.5~15.0	0.25~1.00	0.040	0.030	0.40~1.00Mo
Type 420 F Se	S42023	0.3~0.4	1.25	1.00	12.0~14.0	—	0.060	0.060	0.15min Se; 0.6Zr;0.6Cu
Lapelloy	S42300	0.27~0.32	0.95~1.35	0.50	—	0.50	0.025	0.025	2.5~3.0Mo; 0.2~0.3V
Type 440 F	S44020	0.95~1.20	1.25	1.00	16.0~18.0	0.75	0.040	0.10~0.35	0.08N
Type 440 F Se	S44023	0.95~1.20	1.25	1.00	16.0~18.0	0.75	0.040	0.030	0.15min Se;0.60Mo

① 在圆括号内的 XM 钢号是 ASTM 钢号。

② 除非另有说明，单一数值为最大值。

4.3.1　钢的合金化

传统马氏体不锈钢为铁铬碳合金，在此基础上添加有少量的镍和钼合金元素。通过降低马氏体不锈钢的碳含量，可以得到部分铁素体组织，例如，410S（UNS S41003）钢。最近，为适应石油工业的开发应用，在马氏体不锈钢中添加了铜、镍和/或钼，并降低碳含量，开发出新型马氏体不锈钢。与传统马氏体不锈钢相比，新型高合金马氏体的热处理的原理相同，但低碳和低氮，降低了对回火的要求，因此热处理更为简单。

马氏体不锈钢应该有以下特点：

1）必须含有不低于 10.5% 的铬，满足不锈的要求。进一步提高铬含量，则提高耐蚀性。

2）加热能完全奥氏体化。

3）加热时奥氏体形成温度必须足够高，以允许回火温度高于回火脆化温度范围。

在某种程度上，这些马氏体不锈钢的特点面临挑战。图 4-16a 表明，在低碳（0.05%）时，直到铬达到约 12% 时，奥氏体是处于稳定，进一步提高铬含量，则会出现 δ 铁素体，该铁素体在熔点以下均

为稳定相。但稍微增加碳含量，情况就发生变化，提高铬含量也可能出现加热完全得到奥氏体（见图 4-16b）。

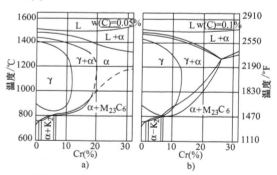

图 4-16　两个不同碳含量的 Fe-Cr 相图
a）w(C) = 0.05%　b）w(C) = 0.1%

可以用图 4-17a 和图 4-17b，对铬和碳之间的交互作用进一步进行解释。含铬更高的合金，完全奥氏体化的范围可能会进一步受到限制。这表明，如果只有铬和碳作为马氏体不锈钢的合金元素，马氏体不锈钢的种类是很有限的。幸运的是在钢中添加

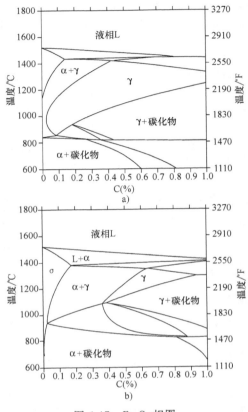

图 4-17　Fe-Cr 相图
a) 12%铬　b) 17%铬

镍，可以大大增加铬含量，扩大奥氏体稳定温度范围，如图 4-18 所示。

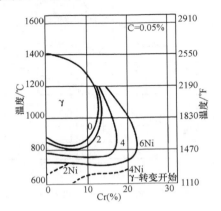

图 4-18　镍含量对扩大奥氏体稳定性范围的影响

表 4-14 是量化的合金元素对马氏体不锈钢关键性能的影响。可以看出，除钴外，所有的奥氏体形成元素都会降低马氏体开始形成温度（Ms）。这限制了钢中合金元素添加的总数，也就是限制马氏体不锈钢达到高耐蚀性的能力。这是因为，如要提高耐蚀性，增加铁素体形成元素铬和钼的含量，也必须同时增加奥氏体形成元素镍的含量。增加这些元素，使马氏体开始形成温度（Ms）降低到一个合适程度，使合金加热时形成稳定的奥氏体，同时也使钢具有更高的耐蚀性。

表 4-14　合金元素对降低铁素体分数、Ms 和改变开始形成奥氏体温度的影响

合金元素	N	C	Ni	Co	Cu	Mo	Si	Mo	Cr	V	Al
降低铁素体分数/1%含量	-220	-210	-20	-7	-7	-6	6	5	14	18	54
降低 Ms/1%含量	-475	-475	-17	0~10	-17	-30	-11	-21	-17	-46	—
改变 Ac_1/1%含量	0~280	0~250	-30~-115	0	0	-25~-66	25~73	25~70	0~35	50~290	30~750

回火时要求奥氏体不发生逆转变（austenite reversion），这对马氏体不锈钢非常重要。显然，如果在回火时发生马氏体逆转变为奥氏体，在冷却后会形成未回火马氏体组织或其他有害相。正是这个原因，限制了马氏体不锈钢的回火温度，限制了钢的镍含量和提高钼的含量。

铜在某些环境中能显著提高了耐蚀性，而不降低合金的回火性能，因此已成为马氏体不锈钢的一个重要添加合金元素。

4.3.2　热加工的组织

马氏体不锈钢热处理主要指奥氏体化加热、淬火冷却、回火和退火。马氏体不锈钢随着含碳量不同，碳化物数量不同，钢的耐磨性能也就不同，而不同碳含量的钢，奥氏体化加热也不同。随奥氏体化温度变化，钢中碳的固溶度显著发生变化（见图 4-16）。因为钢的基体中的碳含量对铁素体数量、马氏体开始形成温度（Ms）和材料的力学性能密切相关，为保证碳在基体与碳化物间的分配合理，对奥氏体化温度的控制起到至关重要的作用。

奥氏体化温度对奥氏体晶粒尺寸影响显著。而晶粒尺寸除了对马氏体开始形成温度（Ms）影响外，更重要的是会对材料韧性造成影响。在回火过程中，磷沿原奥氏体晶界析出，并在 475℃（890℉）时析出最为强烈，这就是造成形成危害很大回火脆性的原因。图 4-19 随奥氏体化温度提高，晶粒粗化，磷在晶界的浓度增加，对材料韧性产生明显不利的

影响，如图 4-19 所示。

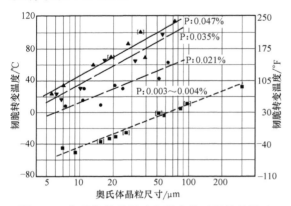

图 4-19 奥氏体晶粒尺寸和磷含量对韧性的影响

从热力学角度来看，通过精炼从铬钢中去除磷是非常困难的工作，因此主要是通过限制和降低冶炼原材料中的磷进行保证。由于去除钢中的磷非常困难，费用又高，所以目前主要是通过控制奥氏体晶粒尺寸，实现对回火脆性控制。

在奥氏体加热时，含碳量 0.20% 以上的高碳马氏体不锈钢应采用分级加热，以避免热应力过大，产生开裂。在 800℃ 分级保温，使工件温度达到均匀，降低开裂的风险。在奥氏体加热时，另一个要考虑的问题是脱碳，在空气炉中加热到 1050℃（1920℉），可能会导致表面碳以每小时约 0.10% 减少。并随奥氏体化温度提高，基体表面的碳含量迅速降低。

如炉内气氛富碳或富氮，也会出现增碳的现象。必须对炉内气氛的碳势进行控制，避免出现潜在的增碳现象。如果采用氢气作为保护气氛进行加热，必须对淬火后可能产生脆性有充分的认识。淬火后必须立即进行消除应力处理。

高铬马氏体不锈钢的淬透性很高，在空气中冷却即能淬透。通过加热淬火油，可以降低淬火冷却速率。在考虑的淬火因素中，避免淬火开裂和过度变形比淬硬层深度更为重要，因此通常采用空气淬火。

脆性材料的淬火和相变不可避免会伴随残余应力，因此淬火后应立即进行消除应力处理，以避免开裂。对高碳马氏体不锈钢，淬火在冷却到室温前就要进行消除应力处理。因为酸洗容易产生吸氢，造成氢脆开裂，因此不允许对淬火态马氏体不锈钢进行酸洗。

将淬火态马氏体不锈钢加热到 150～400℃（300～750℉）温度范围，进行消除应力处理。从微观尺度看，在消除应力处理中，除了有微变形外，

还会有细小的渗碳体略微长大和固溶体碳含量略微降低；其宏观结果是硬度略微降低。在 400℃ 温度处理，进一步析出 M_2X 和 M_7C_3 型碳化物，以及 M_3C 型碳化物转变为 M_7C_3 型碳化物，由此产生二次硬化。如有强碳化物形成合金元素，如钼、钒和钨，形成稳定性更高的 M_2X 型碳化物，这类碳化物对二次硬化起主要作用。在 500℃（930℉）温度处理时，在晶界形成粗化的 $M_{23}C_6$ 和 M_7C_3 型碳化物，伴随而来的是硬度降低。随消除应力和回火温度提高，12% 铬合金的硬度发生变化，如图 4-20 所示。

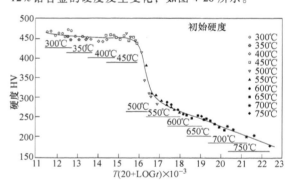

图 4-20 回火温度对硬度的影响

在 475℃（890℉）温度范围内，磷沿原奥氏体晶界发生偏析。在 550℃（1020℉）温度以上，这种效应开始消失，因此，正确的回火温度是高于这个温度。在该温度回火，微观组织发生了固溶体碳含量降低，碳化物析出并粗化，因而消除了应力，其结果是硬度明显降低和韧性明显提高。如果材料有残留奥氏体组织，会转变为铁素体和碳化物，对韧性产生负面影响。

含钼、含钒和含钨的合金通过碳化物和氮化物的析出，产生明显的二次硬化现象，因此这些牌号的合金抗回火软化能力更强。钢中的镍通过减少碳在基体中固溶度，进一步提高了二次硬化效果。因此，通常认为高合金的回火马氏体不锈钢才有真正意义上的析出强化效果。

通常高碳、高铬牌号的马氏体不锈钢采用较高的消除应力温度，因此降低了基体的铬含量，形成了碳化物，造成耐蚀性下降。

4.3.3 热处理前准备

马氏体不锈钢的热处理包括退火、淬火、回火和消除应力处理，各种热处理后的表面硬度范围如图 4-21 所示。有关这些工艺过程的详细内容在后面章节中介绍。热处理的准备工作包括气氛的选择、热处理前清洗和预热等。

（1）热处理前清洗 为了避免污染，在进炉前

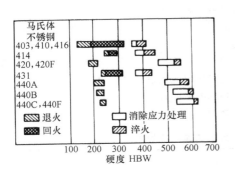

图 4-21 各种热处理对马氏体
不锈锻钢硬度的影响

必须对所有工件和热处理夹具进行彻底清洗。当在保护气氛中进行热处理时，热处理前适当清洗工件尤为重要。油脂、机油、甚至由普通铅笔在工件中划的位置线都可能导致增碳。指纹汗渍是氯污染的来源，可能在氧化性气氛中引起严重的氧化。此外，必须要求保护气氛与金属工件表面完全接触，否则达不到保护的效果。

（2）预热 通常不锈钢的热导率比碳钢和合金钢低。因此，在快速加热时，高的温度梯度和高应力会引起工件的变形和开裂。为了避免出现这些问题，通常马氏体不锈钢在热处理时，建议进行预热。以下工件在退火或淬火时应进行预热：

1）厚壁工件。

2）薄、厚悬殊大的工件。

3）有锐角和凹角的工件。

4）经过大量磨削的工件。

5）进行了大切削量机加工的工件。

6）经冷加工成形或矫直的工件。

7）淬火后要进行热处理返修的工件。

预热通常是在 760～790℃（1400～1450°F）加热，工件各处都达到预热温度时间即可。有时大重型零件需要采用两级预热，先在 540℃（1000°F）预热，而后再加热至 790℃（1450°F）预热。与高碳 431、420 和 440 型不锈钢相比，403、410 和 416 型的预热时间要短一些。

（3）保护气氛 如果使用氩气或氦气作为保护气氛，应保证气氛干燥（同时露点低于 -50℃，或 -60°F）。因为氩气或氦气价格昂贵，不能通过发生器生成，因此很少使用。采用生成的放热型和吸热型气体，可以获得良好的保护效果。使用这种保护气氛，需要对露点采用红外进行监控，以避免不锈钢在热处理中出现渗碳或脱碳。在含约 40% 氢的吸热型保护气体加热和采用油进行淬火，可能会造成

使马氏体不锈钢变脆。

采用 6∶5 或 7∶1 的放热型气氛，对含碳量不超过 0.15% 的不锈钢进行保护加热，可以获得满意的效果。部分马氏体不锈锻钢的奥氏体化温度和吸热型气氛露点见表 4-15。

表 4-15 部分马氏体不锈锻钢的
奥氏体化温度和吸热型气氛露点

钢号	奥氏体温度		露点	
	℃	°F	℃	°F
420	1010	1850	10～12	50～54
403,410,414,416,431	980	1795	16～18	61～64
440C	1040	1905	2～4	36～39

（4）盐浴 如采用盐浴炉进行热处理，很多不锈钢零件能获得很好的效果。盐浴通常采用氯化钡加 5%～35% 氯化钠或氯化钾。在使用过程中，盐浴中还会产生碱金属和其他金属氧化物，这些氧化物对低碳不锈钢没有危害。然而，如果其他合金钢也采用这些盐浴淬火，为了避免表面脱碳，必须对盐浴进行校正，采用石墨去除金属氧化物和采用氯甲烷气体将碱氧化物重新转变为氯化物。当盐浴已经使用了 24h 以上，有氯甲烷的盐浴将会对低碳不锈钢产生增碳。为了避免出现这种问题，不锈钢工件应采用专用的盐浴炉进行热处理。

（5）氢脆 氢脆是马氏体不锈钢的一个严重问题，随钢的硬度和碳含量增加而增加（在铁素体不锈钢中是各有不同或不太严重，而在奥氏体不锈钢中很少出现）。钢的冶炼过程、热处理气氛、化学热处理和电化学过程，如酸洗和电镀等过程都可能导致氢脆。

作为热处理气氛或分解产物，大多数气氛含有水分中的氢、碳氢化合物或氢元素。某厂对 431 和 440C 钢丝卷进行光亮退火，将出现的裂纹归咎于使用了纯氢或分解氨。尽管其他厂没有出现同样的问题，对马氏体不锈钢进行光亮退火也出现过塑性降低的情况。

使用氢气保护对含钛或含铝铁素体/马氏体不锈钢，如 409 型不锈钢进行退火，可以导致氢富集和使材料退火态弯曲韧性降低。在 175～230℃（350～450°F）低温保温，对变脆的铁素体合金进行除气，该规范称为烘烤工艺。

采用油对 403、410、414 和 431 型不锈钢进行淬火，已发现出现脆性现象。采用空气淬火或采用油淬火和随后回火可以去除材料中的氢，恢复材料塑性。如果合金采用油淬火，表面会出现绿色氧化铬（green oxide），必须在回火前去除，否则会影响回火去除钢中的氢。

4.3.4 退火

有以下几种退火热处理：

1) 完全退火。完全退火是一种耗时和费用很高的工艺，建议后续工序有大形变量成形时采用。如414和431型不锈钢采用通常保温时间的完全退火或等温退火，不能达到理想的效果。

2) 等温退火。建议工件要求得到最低硬度，但无法控制设备缓慢冷却时采用。

3) 亚临界退火。建议要求得到适中硬度工件时采用。

完全退火和等温退火，尤其是重复进行退火，会促使形成粗大的碳化物，造成在奥氏体化温度下碳化物溶解时间增长。马氏体不锈锻钢的各种退火工艺和相应的硬度见表4-16。

表4-16 马氏体不锈锻钢的各种退火工艺和相应的硬度

钢号	中间（亚临界）退火			完全退火			等温退火③	
	温度①		硬度	温度②·③		硬度	温度④/℃（℉）	硬度
	℃	℉		℃	℉			
403,410	650~760	1200~1400	86~92HRB	830~885	1525~1625	75~85HRB	加热至830~885(1525~1625)；在705(1300)保温6h	85HRB
414	650~730	1200~1345	99HRB~24HRC	不推荐			不推荐	
416, 416Se	650~760	1200~1345	86~92HRB	830~885	1525~1625	75~85HRB	加热至830~885(1525~1625)；在720(1330)保温2h	85HRB
420	675~760	1245~1400	94~97HRB	830~885	1525~1625	86~95HRB	加热至830~885(1525~1625)；在705(1300)保温2h	95HRB
431	620~705	1150~1300	99HRB~30HRC	不推荐			不推荐	
440A	675~760	1245~1400	90HRC~22HRC	845~900	1555~1650	94~98HRB	加热至845~900(1555~1650)；在690保温4h	98HRB
440B	675~760	1245~1400	98HRB~23HRC	845~900	1555~1650	95HRB~20HRC	同440A	20HRC
440C, 440F	675~760	1245~1400	98HRB~23HRC	845~900	1555~1650	98HRB~25HRC	同440A	25HRC

① 从加热温度空冷；采用上限最高温度加热，最大程度降低硬度。

② 在表中温度范围内保温至完全均热；炉冷至790℃（1455℉）；继续以15~25℃/h（27~45℉/h）冷却速率冷却到595℃（1100℉）；空冷至室温。

③ 推荐用于快速冷却至相变温度而后冷却至室温的工件。

④ 对薄壁工件、大截面工件、淬火返修工件、截面变化大的工件、有锐角或凹角工作、进行矫直处理工件、进行了大切削量磨削或机加工的工件，为减少变形和避免开裂，建议采用中间退火温度范围预热。这点对420型、431和440（A，B，C和F型）马氏体不锈钢尤为重要。

马氏体不锈钢的完全退火过程取决于钢的合金含量。如果马氏体不锈钢从奥氏体化温度冷却，炉冷也形成马氏体组织，则只能进行亚临界退火。即使不含镍马氏体不锈钢的淬透性也非常高，因此很难通过退火缓慢冷却降低硬度。马氏体不锈钢在退火后进行机加工，而后进行淬火加回火。因此，亚临界退火工艺费用较为经济，是优先采用的退火热处理工艺。

含镍马氏体不锈钢的淬透性非常高，在临界温度范围，采用任何工程实际冷却速度退火都无法降低硬度，因此对这类合金推荐采用亚临界退火工艺。其他添加的合金元素，如钒、钼和钨的合金会提高二次硬化效果和回火抗力，因此对这类合金进行亚临界退火更加困难，要求延长退火时间。超级12Cr合金就具有这个特点。

由于在退火条件下，马氏体不锈钢中铬碳化物数量多，因此合金的耐蚀性比淬火条件下要低。

4.3.5 淬火

马氏体不锈钢的淬火通常是加热到925~1065℃（1700~1950℉）奥氏体化温度范围，然后在空气或油中冷却淬火。这类钢淬透性非常高，因此特别容易实现马氏体分级淬火。

（1）奥氏体化 马氏体不锈钢的奥氏体化温度、保温时间和淬火冷却介质归纳于表4-17。当希望达到钢的最高耐蚀性和最大强度，应该采用奥氏体化温度上限进行加热。对在565℃（1050℉）以上温度回火的合金，推荐选择奥氏体化温度下限范围加热。采用下限温度加热，可以增加材料的塑性和冲击韧度。当钢的碳含量超过 0.20% 时，碳在钢中的固溶度随温度变化急剧下降，奥氏体化温度和保温时间成为最重要的工艺参数。

表 4-17 马氏体不锈钢的淬火和回火处理及相应得到的抗拉强度和硬度

钢号	奥氏体化[1]			回火温度[4]				抗拉强度		硬度 HRC
	温度[2]		淬火介质[3]	℃		℉				
	℃	℉		min	max	min	max	MPa	ksi	
403, 410	925~1010	1700~1850	空气或油	565	605	1050	1125	760~965	110~140	25~31
				205	370	400	700	1105~1515	160~220	38~47
414	925~1050	1700~1925	空气或油	595	650	1100	1200	760~965	110~140	25~31
				230	370	450	700	1105~1515	160~220	38~49
416, 416Se	925~1010	1700~1850	油	565	605	1050	1125	760~965	110~140	25~31
				230	370	450	700	1105~1515	160~220	35~45
420	980~1065	1800~1950	空气或油[5]	205	370	400	700	1550~1930	225~280	48~56
431	980~1065	1800~1950	空气或油[5]	565	605	1050	1125	860~1035	125~150	26~34
				230	370	450	700	1210~1515	175~220	40~47
440A	1010~1065	1850~1950	空气或油[5]	150	370	300	700	—	—	49~57
440B	1010~1065	1850~1950	空气或油[5]	150	370	300	700	—	—	53~59
440C, 440F	1010~1065	1850~1950	空气或油[5]	—	160	—	325	—	—	60min
				—	190	—	375	—	—	58min
				—	230	—	450	—	—	57min
				—	355	—	675	—	—	52~56

① 对薄壁工件、大截面工件、淬火返修工件、截面变化大的工件、有锐角或凹角工件、进行矫直处理工件、进行了大进刀量磨削或机加工的工件，为减少变形和避免开裂，建议采用中间退火温度范围（见表 4-16）预热。这点对 420 型、431 和 440（A、B、C 和 F 型）马氏体不锈钢尤为重要。

② 通常达到温度后保温 30~90min。对所有牌号的铜，回火要求达到硬度范围 25~31HRC 的，建议选择较低的奥氏体化温度范围加热，选择奥氏体化温度范围上限加热淬火，通常能提高铜的耐蚀性。

③ 在表示采用空气或油作为淬火介质处，工件厚度超过 6.4mm（0.25in），应该选择油淬，可以采用 150~400℃（300~750℉）马氏体等温浴淬代替油淬火。

④ 一般来说，为获得最高硬度，最大的韧性和最高屈服强度，分别推荐在 150~370℃（300~700℉）回火温度范围下限，中间和上限回火，不推荐在 375~565℃（700~1050℉）温度范围进行回火，因为在该温度区间回火，会导致冲击性能低或不稳定，耐腐蚀性变差并产生应力腐蚀。

⑤ 为降低残留奥氏体数量和保证最大尺寸稳定性，推荐在 -75±10℃（-100±20℉）进行低温冷处理。在淬火冷却至室温后，应该立即进行冷处理。

奥氏体化温度过高，可能会由于钢中原来碳含量低或由于脱碳，形成有害的 δ 铁素体组织，降低材料的硬度和韧性。在发生 bcc/fcc 同素异构转变之前，应保持使工件温度均匀的加热速率，因为超过 1% 线性尺寸变化就可能导致变形或开裂。如奥氏体化中出现氧化现象，会导致严重脱碳，明显降低表面硬度。在大气环境下，将 410 型不锈钢在 1100℃（2010℉）加热 10min，钢表面的碳含量会减少一半，硬度从 45HRC 降低到不足 20HRC。

奥氏体化温度对三个马氏体不锈钢牌号淬火态硬度的影响如图 4-22 所示。随奥氏体化温度增加至约 980℃（1800℉），硬度不断增加，而后进一步提高温度，由于形成了残留奥氏体组织且可能形成 δ 铁素体，硬度下降。

在选择热处理工艺之前，应考虑这些钢可能出现的异常情况。例如，采用极高和极低的奥氏体化温度，在回火温度回火后，钢的性能发生改变。表

4-18 为 431 型马氏体不锈钢部分热处理工艺（残留奥氏体数量）对悬臂梁式试样（Izod）冲击吸收能量的影响。

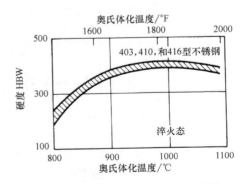

图 4-22 奥氏体化温度对三个马氏体不锈钢牌号淬火态硬度的影响试样为最高含碳量为 0.15% 的马氏体不锈钢

表 4-18 431 型马氏体不锈钢部分热处理工艺
（残留奥氏体数量）对悬臂梁式试样
（Izod）冲击吸收能量的影响

温度				Izod 冲击能	
奥氏体化		回火			
℃	℉	℃	℉	J	ft·lbf
980	1795	315	600	20.3~33.9	15.0~25.0
1065	1950	315	600	40.7~81.3	30.0~60.0
980	1795	595	1100	74.6~108.5	55.0~80.0
1065	1950	595	1100	61.0~74.6	45.0~55.0

（2）保温时间 选择马氏体不锈钢的奥氏体化

保温时间，即要考虑最大限度溶解铬铁碳化物，以达到最高强度和最大耐蚀性，又要考虑避免脱碳、过度晶粒长大、产生过多残留奥氏体以及可能产生脆性和淬火开裂。对 13mm（0.5in.）厚的工件，推荐采用 30~60min 保温时间。对大多数工件，厚度每增加一英寸，增加 30min 的保温时间就足够了。然而，如对完全退火或等温退火的工件进行淬火，奥氏体化保温时间应该翻倍。

在奥氏体化温度下，图 4-23、图 4-24 和图 4-25 为保温时间以及其他因素分别对 403 型、420 型和 431 型不锈钢冲击韧度和室温硬度的影响。

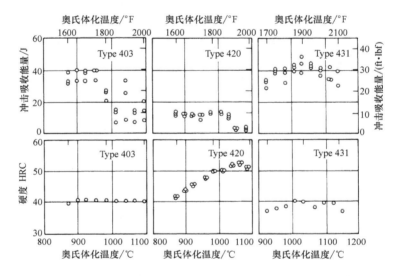

图 4-23 奥氏体化温度对马氏体不锈锻钢硬度和冲击韧度的影响
注：试样在 480℃（900℉）回火 4h。

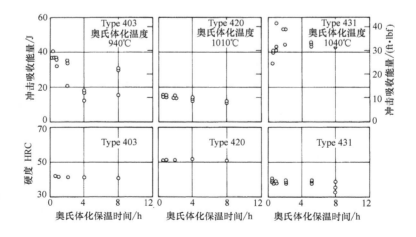

图 4-24 奥氏体化保温时间对马氏体不锈锻钢硬度和冲击韧度的影响
注：试样在 480℃（900℉）回火 4h。

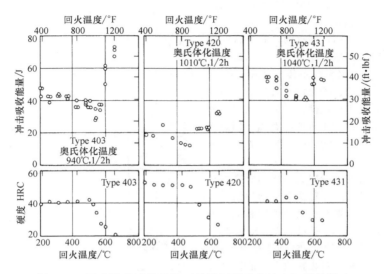

图 4-25　回火温度对马氏体不锈锻钢硬度和冲击韧度的影响

（3）淬火冷却　马氏体不锈钢淬透性高，可以采用油或空气作为淬火冷却介质淬火。在这些牌号的钢中，有些采用空冷淬火，耐蚀性和塑性降低。如果工件截面尺寸大，当缓慢冷却通过 870～540℃（1600～1000℉）温度范围，可能沿晶界析出碳化物。过于缓慢冷却，可能损害钢的耐蚀性。虽然这些牌号钢，应首选采用油淬，但大型或复杂的工件，为防止变形或淬火开裂，可能选择采用空冷淬火。

（4）残留奥氏体　在淬火状态，高碳马氏体不锈钢，如牌号 440C 型和高镍马氏体不锈钢，如牌号 431 型，可能残留奥氏体数量会高达 30%。在 150℃（300℉）进行消除应力处理，不会对残留奥氏体组织造成任何影响。但在服役中，由于温度波动，有些高碳马氏体不锈钢，特别是 440C 型不锈钢，残留奥氏体组织可能出现转变，从而导致材料产生脆性和工件尺寸变形超差。

（5）低温冷处理　淬火后立即冷却到 -75℃（-100℉），进行低温冷处理，可转变部分残留奥氏体。为尽可能转变残留奥氏体组织，必须采用两次回火。在两次回火之间，工件应该空冷至室温。

对尺寸稳定性要求极高的淬火零件，如游标尺、滑阀套管以及轴承等，需要进行低温冷处理。

4.3.6　消除应力

通过下面工艺过程，完全淬火硬化钢的性能得到不同程度的恢复：

1）淬火后在 150～370℃（300～700℉）温度范围消除相变应力，对显微组织或力学性能没有明显影响。

2）为改变性能，在中间温度进行回火。

3）为达到最大程度的软化，又未重新进入奥氏体相区，在铁素体相区上部分，略低于下临界 Ac_1 温度加热，称为亚临界退火（有多种名称，如中间退火、轧后厂内退火或低温退火）。

4）为达到最大的软化程度，重新加热至奥氏体相区，随后缓慢冷却，进行完全退火。

如果不对淬火马氏体钢立即进行回火，则应该及时消除应力。否则，即使在看似较好的环境中，淬火残余应力可能导致应力腐蚀开裂。除消除了部分应力外，消除应力处理与低温回火相似。提高消除应力温度和延长时间，应力消除较彻底，选择适中的消除应力温度和时间，可以获得最佳的韧性。

4.3.7　回火

在回火过程中，从过饱和马氏体组织中析出碳化物；即使采用低温回火，碳也能通过迁移和扩散以碳化物形式析出。因为碳的扩散速率是铁、铬或其他碳化物形成元素的 10^6 倍，因此碳优先在铁原子富集处，与铁结合析出碳化物。提高回火温度和延长回火时间，会形成热力学更稳定的碳化物，如 $Cr_{23}C_6$ 等碳化物。

碳化物的形成是一个与温度、时间和成分有关的复杂过程。碳化物长大会降低应变和硬度。但也有例外，例如，析出 Mo_2C 产生二次硬化现象。在整个回火温度范围内，合金元素铌和钒形成的碳化物都会提高材料的硬度。如在不锈钢的早期发展阶段，能正确认识这些现象，这类钢则归类为析出硬化（PH）不锈钢。例如，AM-350 和 AM-355 是马氏体析出硬化（PH）不锈钢。这类钢通过析出 Mo_2C 和

Mo_2N，提高材料的强度。除此以外其他情况，随回火温度提高，材料硬度降低。

因为含镍马氏体不锈钢在回火时，有逆转变为奥氏体的风险，在回火冷却转变为未回火马氏体组织，需要再次回火，因此必须限制其上限回火温度。中等的回火温度会造成磷、碳化物和其他杂质沿原奥氏体晶界析出，导致回火脆性。回火脆性与造成475℃（890℉）脆性的 α′ 相析出原因截然不同。通常，铬含量更高的合金中发生 α′ 相析出现象更为严重。

采用常用的回火温度进行回火，得到所需的力学性能见表4-17。与回火温度对低合金钢的性能影响相似，回火温度对马氏体不锈钢的硬度和抗拉强度的影响如图4-26～图4-31所示。在400～510℃（750～950℉）温度区间回火，缺口韧性严重下降，其中回火温度对410型不锈钢和其他合金的韧性影响分别见图4-32和图4-33。进一步提高回火温度，会降低材料强度和硬度，恢复和改善材料韧性（见图4-34～图4-38）。

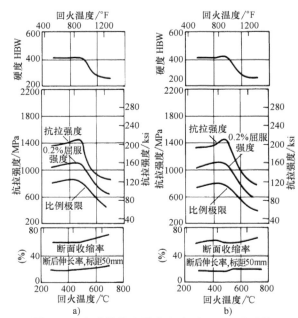

图4-27 奥氏体化和回火温度对414型马氏体
不锈钢典型力学性能的影响

a）925℃（1700℉）加热　b）1040℃（1900℉）加热

注：在925℃（1700℉）和在1040℃（1900℉）加热30min奥氏体化后，钢淬入65～95℃（150～200℉）油中；采用两次在175℃（350℉）保温15min消除应力处理，采用水冷却；回火2h。

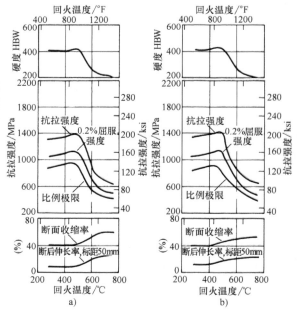

图4-28 奥氏体化和回火温度对416型
马氏体不锈钢典型力学性能的影响

a）925℃（1700℉）加热　b）980℃（1700℉）加热

注：在925℃（1700℉）和在980℃（1800℉）加热30min奥氏体化后，钢淬入65～95℃（150～200℉）油中；采用两次在175℃（350℉）保温15min消除应力处理，采用水冷却；回火2h。

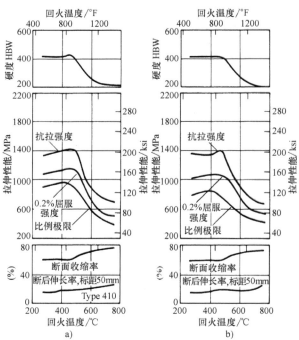

图4-26 奥氏体化和回火温度对410型
马氏体不锈钢典型力学性能的影响

a）925℃（1700℉）加热　b）1010℃（1850℉）加热

注：在925℃（1700℉）和在1010℃（1850℉）加热30min奥氏体化后，钢淬入65～95℃（150～200℉）油中；采用两次在175℃（350℉）保温15min消除应力处理，采用水冷却；回火2h。

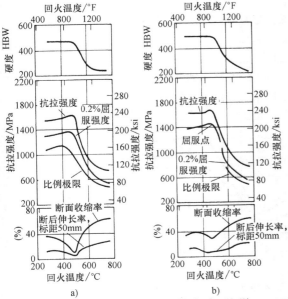

图 4-29 奥氏体化和回火温度对 420 型
马氏体不锈钢典型力学性能的影响

a) 925℃（1700℉）加热　b) 1025℃（1875℉）加热
注：在 925℃（1700℉）和在 1040℃（1900℉）加热 30min
奥氏体化后，钢淬入 65～95℃（150～200℉）油中；采用两
次在 175℃（350℉）保温 15min 消除应力处理，采用水冷
却；回火 2h。

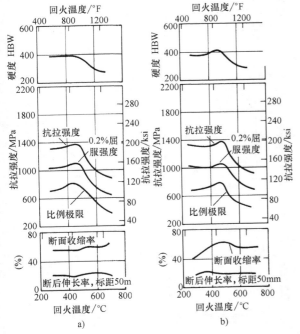

图 4-30 奥氏体化和回火温度对 431 型
马氏体不锈钢典型力学性能的影响

a) 925℃（1700℉）加热　b) 1040℃（1900℉）加热
注：在 925℃（1700℉）和在 1040℃（1900℉）加热 30min 奥氏体
化后，钢淬入 65～95℃（150～200℉）油中；采用两次在 175℃
（350℉）保温 15min 消除应力处理，采用水冷却；回火 2h。

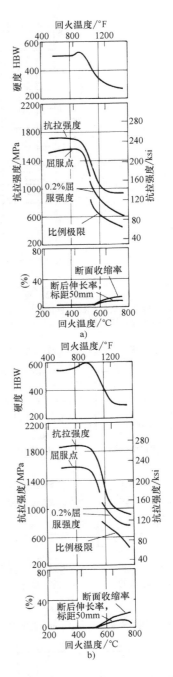

图 4-31 奥氏体化和回火温度对 440C 型
马氏体不锈钢典型力学性能的影响

a) 925℃（1700℉）加热

b) 1040℃（1900℉）加热

注：在 925℃（1700℉）加热 1h 和在 1040℃（1900℉）加
热 2h 奥氏体化后，钢淬入 65～95℃（150～200℉）油中；
采用两次在 175℃（350℉）保温 15min 消除应力处理，采
用水冷却。

461

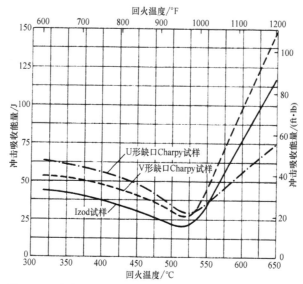

图 4-32 回火温度对 AISI 410 型不锈钢冲击性能的影响

注：冲击吸收能量测试使用悬臂梁式（Izod）试样、V 形缺口夏比（Charpy）试样或 U 形缺口夏比试样。试样的热处理：加热到 955℃（1750℉）保温 1h，采用油淬火；按图 4-32 中给出回火温度回火 4h，空冷。

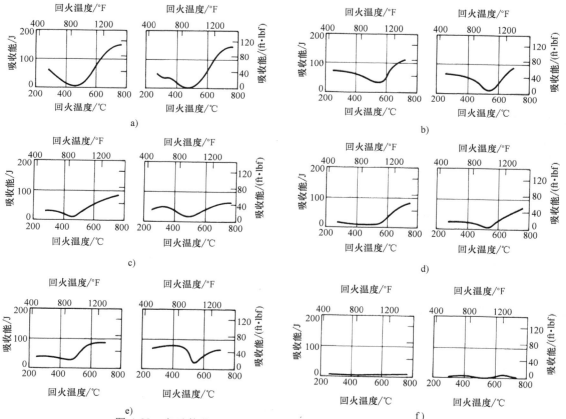

图 4-33 奥氏体化和回火温度对马氏体不锈钢冲击性能的影响

a）410 型 b）414 型 c）416 型 d）420 型 e）431 型 f）440C 型

注：奥氏体化加热后，钢淬入 65~95℃（150~200℉）油中；采用两次在 175℃（350℉）保温 15min 消除应力处理，采用水冷却。按图 4-33 中所给出回火温度回火 2h。

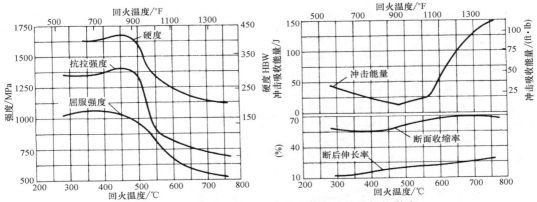

图 4-34　回火温度对 AISI 403 型不锈钢拉伸性能的影响

注：980℃（1800℉）奥氏体化加热，油淬，在图中所示温度回火 5h。热处理的试样直径为 25mm（1in）；拉伸试样直径 13mm（0.51in）；悬臂梁式（Izod）缺口冲击试样截面 10mm（0.394in）×10mm（0.394in）。使用的试样加工以英制单位。冲击吸收能量测试使用悬臂梁式试样。断后伸长率的测量标距 50 mm（2in）；屈服强度为产生 0.2% 塑性变形的强度。

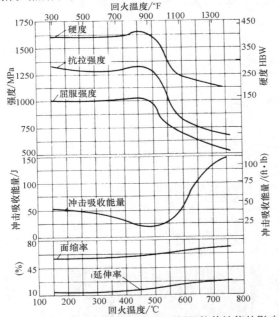

图 4-35　回火温度对 AISI 410 型不锈钢拉伸性能的影响

注：980℃（1800℉）奥氏体化加热，保温 30min 后油淬，回火 1～4h。冲击吸收能量测试使用悬臂梁式试样。断后伸长率的测量标距 50 mm（2in）；屈服强度为产生 0.2% 塑性变形的强度。

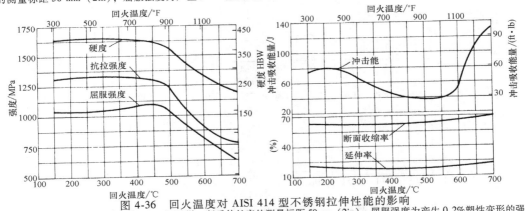

图 4-36　回火温度对 AISI 414 型不锈钢拉伸性能的影响

注：冲击吸收能量试验采用悬臂梁式（Izod）试样。断后伸长率的测量标距 50mm（2in）；屈服强度为产生 0.2% 塑性变形的强度。

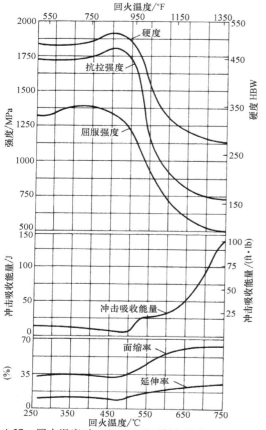

图 4-37　回火温度对 AISI 420 型不锈钢拉伸性能的影响
注：1010℃（1850℉）奥氏体化加热，油淬，在图中所示温度回火 5h。热处理的试样直径为 25mm（1in）；拉伸试样直径 12.8mm（0.505in）；悬臂梁式（Izod）缺口冲击试样截面尺寸为 10mm（0.394in）×10mm（0.394in）。使用的试样加工以英制单位。冲击吸收能量测试使用悬臂梁式试样。断后伸长率的测量标距 50mm（2in）；屈服强度为产生 0.2% 塑性变形的强度。

选择回火温度上限回火，通常会导致耐蚀性下降，见图 4-39。选择较低回火温度和较高的奥氏体化

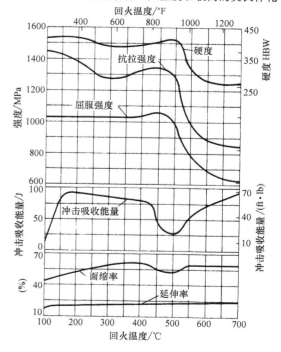

图 4-38　回火温度对 AISI 431 型不锈钢拉伸性能的影响
注：1040℃（1900℉）奥氏体化加热，油淬，在图中所示温度回火 3h。热处理的试样直径为 25mm（1in）；拉伸试样直径 12.8mm（0.505in）；悬臂梁式（Izod）缺口冲击试样截面 10mm（0.394in）×10mm（0.394in）。使用的试样加工以英制单位。冲击吸收能量测试使用悬臂梁式试样。断后伸长率的测量标距 50mm（2in）；屈服强度为产生 0.2% 塑性变形的强度。

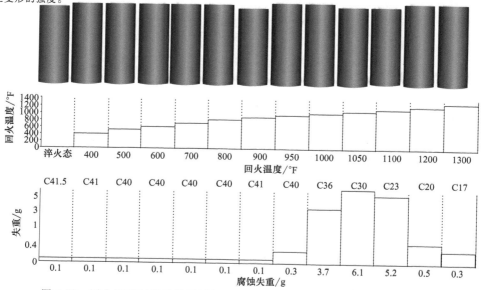

图 4-39　回火温度对马氏体不锈钢（0.10%C 和 12.5%Cr）的耐蚀性的影响

温度加热淬火，减少形成碳化铬的数量，有利于耐腐蚀性提高。将 410 和 416 不锈钢的硬度回火降至 40HRC 以下，有助于防止应力腐蚀开裂，但它也会严重降低钢的耐蚀性。如提高 410 不锈钢回火温度，使硬度回火至 35～40HRC，钢的耐蚀性降低 50%。将马氏体不锈钢的最大硬度限制为 40HRC 的最好方法有两种：

1）将钢的最大含碳量限制小于 0.10%，采用正常淬火工艺和 200℃（400℉）回火。

2）低于钢的正常淬火温度，在 845～900℃（1550～1650℉）温度进行欠硬（under-harden）淬火，采用 200℃（400℉）回火。

其中，第二种方法不会降低钢的耐蚀性。

热处理条件：在 955℃（1750℉）奥氏体化加热，油淬火。在空气炉回火 1h。腐蚀试验：试样尺寸为 20mm×50mm（0.75in×2in），在 10% 醋酸中浸泡 15h。

在回火时，应以避开出现回火脆性温度范围回火，见表 4-17。在奥氏体化时，奥氏体中磷等杂质的固溶度较低，杂质元素有在晶界高度富集的趋势，淬火后，奥氏体晶界区域仍然保持高温时的微区成分（micro-compositions）。产生成分不均匀而导致回火脆性。通过提高回火温度或添加钼使之与磷结合，防止出现回火脆性。

在 370～650℃（700～1200℉）温度范围回火，降低抗应力腐蚀开裂能力（见图 4-40）。采用两次回火（第一次回火冷却需要将工件冷却至室温）也对耐应力腐蚀有益。

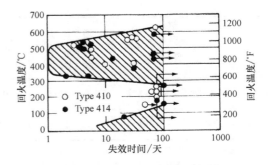

图 4-40　在高应力下回火温度对两种马氏体不锈钢应力腐蚀的影响

在 350MPa（80ksi）应力条件下，在盐雾试验箱测得数据。

4.3.8　铸造合金

按合金铸造研究所（ACI）命名方法，马氏体不锈铸造合金的成分列于表 4-19。在进行其他热处理前，应该通过亚临界退火消除马氏体不锈合金铸件的铸造应力。当对淬火硬化铸造马氏体不锈钢进行消除应力，消除应力处理温度应低于回火或时效温度。为促进成分和微观组织的均匀化，有些铸造马氏体不锈合金需要加热至 1095℃（2000℉）温度，进行均匀化处理。对马氏体不锈合金铸件进行完全退火处理，组织发生再结晶和最大程度软化材料，但消除成分偏析效果低于均匀化处理。均匀化处理是析出硬化马氏体不锈合金铸件的一种常用热处理工艺。

表 4-19　合金铸造研究所（ACI）的耐腐蚀钢典型成分和微观组织

ACI 牌号	UNS 编号	锻造合金牌号[①]	ASTM 牌号	通常使用状态组织	化学成分[②]（质量分数，%）					
					C	Mn	Si	Cr	Ni	其他[③]
Cr 钢										
CA-15	J91150	410	A743, A217, A487	马氏体	0.15	1.00	1.50	11.5～14.0	1.0	0.50Mo[④]
CA-15M	J91151	—	A743	马氏体	0.15	1.00	0.65	11.5～14.0	1.0	0.15～1.00Mo
CA-40	J91153	420	A743	马氏体	0.40	1.00	1.50	11.5～14.0	1.0	0.5Mo[④]
CA-40F	—	—	A743	马氏体	0.2～0.4	1.00	1.50	11.5～14.0	1.0	
Cr-Ni 钢										
CA-6N	J91650	—	A743	马氏体	0.06	0.50	1.00	10.5～12.5	6.0～8.0	
CA-6NM	J91540	—	A743, A487	马氏体	0.06	1.00	1.00	11.5～14.0	3.5～4.5	0.4～1.0Mo
CA-28MWV	—	—	A743	马氏体	0.20～0.28	0.50～1.00	1.00	11.0～12.5	0.50～1.00	0.9～1.25Mo；0.9～1.25W；0.2～0.3V

（续）

ACI牌号	UNS编号	锻造合金牌号[1]	ASTM牌号	通常使用状态组织	化学成分[2]（质量分数,%）					
					C	Mn	Si	Cr	Ni	其他[3]
Cr-Ni钢										
CB-7Cu-1	J92180	—	A747	马氏体,时效强化	0.07	0.70	1.00	15.5~17.7	3.6~4.6	2.5~3.2Cu;0.20~0.35Nb;0.05N max
CB-7Cu-2	J92110	—	A747	马氏体,时效强化	0.07	0.70	1.00	14.0~15.5	4.5~5.5	2.5~3.2Cu;0.20~0.35Nb;0.05N max

① 铸造牌号列出相应的锻造合金牌号,铸件合金成分范围与相应的锻造合金不一样。

② 除非给出成分范围,均为最大值;其余成分铁。

③ 除CG-6MMN含0.030%S（max）、CF-10SMnN含0.03%S（max）、CT-15C含0.03%S（max）、CK-3MCuN含0.010%S（max）、CN-3M含0.030%S（max）、CA-6N含0.020%S（max）、CA-28MWV含0.030%S（max）、CA-40F含0.20~0.40%S、CB-7Cu-1和-2含0.03%S（max）外,其余所有牌号的硫含量为不大于0.04%;除CF-16F含0.17%P（max）、CF-10SMnN含0.060%P（max）、CT-15C含0.030%P（max）、CK-3MCuN含0.045%P（max）、CN-3M含0.030%P（max）、CA-6N含0.020%P（max）、CA-28MWV含0.030%P（max）、CB-7Cu-1和-2含0.035%P（max）外,其余所有牌号的磷含量为不大于0.04%。

④ 钼不是刻意添加。

与不锈锻钢的热处理相比,虽然不锈钢铸件具体的参数略有不同,但目的和工艺过程基本相同。CA-15、CA-40和CA-6NM铸造合金的标准热处理工艺在表4-20中给出。在淬火加回火状态,与CA-15合金在相同回火温度回火相比,CA-40合金的抗拉强度高,但塑性低。两个合金在退火后,可采用慢冷通过845~900℃（1550~1650℉）温度范围。CA-6NM（UNSJ91540）合金是改进型铸造马氏体不锈钢,其铸造性能好,焊接性高,其合金的力学性能、耐蚀性以及抗汽蚀性能要等于或超过CA-15合金。因此,CA-6NM在很多使用场合现已取代了旧牌号合金。

表4-20 铸造马氏体不锈钢热处理工艺

钢号	热处理工艺							
	退火温度[1]		奥氏体化温度[2]		回火温度		典型抗拉强度[3]	
	℃	℉	℃	℉	℃	℉	MPa	ksi
CA-15	845~900	1550~1650	—	—	—	—	550	80
	—	—	925~1010[4]	1700~1850[4]	370max[5]	700max[5]	1380	200
	—	—	925~1010[4]	1700~1850[4]	595~760	1100~1400	690~930	100~135
CA-40	845~900	1550~1650	—	—	—	—	620	90
	—	—	980~1010	1800~1850	315max[5]	600max[5]	1515	220
	—	—	980~1010	1800~1850	595	1100	1035	150
	—	—	980~1010	1800~1850	650	1200	965	140
	—	—	980~1010	1800~1850	760	1400	760	110
CA-6NM	780~815	1450~1500	—	—	—	—	550	80
	—	—	950~980	1750~1800	595~620	1100~1150	830	120

① 最大程度的软化退火:缓慢炉冷。

② 油或空冷淬火。

③ 近似。

④ 保温时间不少于30min。

⑤ 不推荐在370~595℃（700~1100℉）回火,因为会导致低冲击韧性度差。

CA-6NM和CA-15铸件通常在正火条件下供货,即不低于955℃（1750℉）温度正火和不低于595℃（1100℉）温度回火。如必须或可以对CA-6NM铸件采用退火工艺,退火温度为790~815℃（1450~1500℉）,采用退火炉冷或缓慢冷却到595℃（1100℉）,此后可以采用在空气中冷却。当需要进行消除应力处理,可以将CA-6NM合金加热到不高于620℃（1150℉）温度,而后缓慢冷却,以防止形成马氏体组织。

CA-6NM 铸件可采用在 1010~1065℃ （1850~1950℉） 加热淬火，采用空气冷却或油淬火。尽管 CA-6NM 合金的碳含量低于 CA-15，合金中添加了钼和镍，采用推荐的工艺冷却，可使合金完全淬硬而没有过量的残留奥氏体。

根据铸件的最大断面尺寸选择冷却介质。当铸件断面直径超过 125mm （5in.），采用空气冷却完全能淬硬。CA-6NM 合金在高温冷却过程中很少出现裂纹，因此，不论是铸件尺寸厚薄，均可采用空气冷却或油淬火。

通过回火温度的选择，CA-6NM 可得到不同的力学性能。CA-6NM 铸件常在正火条件下供货，正火后在 595~620℃ （1100~1150℉） 温度回火。当回火温度超过 620℃ （1150℉），出现奥氏体逆转变

（reaustenitizing），其奥氏体逆转变量随温度提高而增加。当这些逆转变的奥氏体在回火冷却时会转变为未回火的马氏体组织，由此降低铸件的塑性和韧性。

即使 CA-6NM 合金在 370~595℃ （700~1100℉） 温度范围回火，冲击韧度会有所降低，但最低值还是显著高于 CA-15 合金，其原因是合金中添加了钼，镍并降低了碳含量。采用高于 510℃ （950℉） 温度回火，合金获得最佳强度与韧性配合。

图 4-41 为回火温度对 CA-6NM 合金的硬度、强度、塑性和韧性的影响。图中表明，即使在低温回火，塑性和韧性也比其他典型在低温回火的合金具有明显优势。因此无须过多考虑该合金的塑性和韧性的降低。

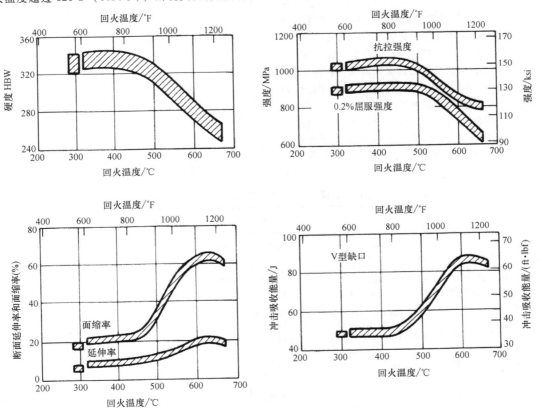

图 4-41　回火温度对 CA-6NM 合金标准铸锭力学性能的影响

与其他含 12%Cr 且不含钼的钢一样，采用较低的回火温度回火，由于回火不足，韧性和塑性略微降低，但不会出现脆性。在含 12%Cr 钢中添加钼，使合金的热稳定性得到提高，在退火状态，退火后冷加工状态甚至长时间在 370~480℃ （700~900℉） 温度下，均不易产生脆性。目前还没有该合金在淬火加回火或正火加回火条件的性能数据。

CA-6NM 合金的另一个重要实用的优点是，在高于 510℃ （950℉） 回火，硬度不会急剧下降。图 4-42 清楚表明，随回火温度提高，硬度下降比 CA-15 合金更为平缓。这使得热处理操作更容易和成本更低，减少废品率，或降低热处理返修率。

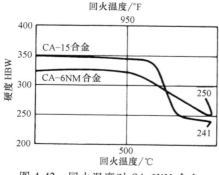

图 4-42 回火温度对 CA-6NM 合金
和 CA-15 合金硬度的影响

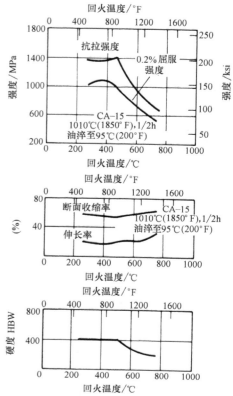

图 4-43 回火温度对 CA-15 铸件典型室温力学
性能的影响所有试样均在回火温度回火 2h。

　　CA-15 铸件的淬火硬化高于与锻造合金 410 型钢类似。工件奥氏体化加热到 955~1010℃（1750~1850℉），通常选择该奥氏体化温度上限，保温不少于 30min。采用空气或油淬火冷却。为减少脆性开裂和出现未回火马氏体，淬火后应该立即回火。

　　可采用两个温度范围进行回火：在不高于 370℃（700℉）回火，得到最大的强度和耐蚀性；在 595~760℃（1100~1400℉）温度区间回火，改善塑性和低强度水平。通常应避免在 370~595℃（700~1100℉）温度区间回火，因为会造成材料的冲击韧度降低。图 4-43 为 CA-15 铸件的回火温度对力学性能的影响。表 4-21 为几个炉熔模铸造 CA-15 合金不同热处理工艺得到力学性能数据。

表 4-21　四个热处理工艺方法对 CA-15 铸件力学性能的影响

热处理工艺[1]	抗拉强度		屈服强度		断后伸长率，标距 50mm(2in)（%）	断后面缩率（%）
	MPa	ksi	MPa	ksi		
工艺 1	1230	178	1005	146	9.0	13.0
均匀化：1040℃（1900℉），1h；AC	1250	181	970	141	12.5	28.0
固溶退火：955℃（1750℉），30min，OQ	1275	185	985	143	7.0	14.0
回火：300℃（575℉），3h，AC	1315	191	1020	148	8.0	12.5
工艺 2	1260	183	1115	162	6.5	9.5
退火：955℃（1750℉），1h；FC	1296	188	1130	164	5.5	16.0
固溶退火：1010℃（1850℉），75min，OQ	1340	194	1070	155	9.0	23.0
回火：370℃（700℉），3h，OQ	1380	200	1050	152	12.0	42.0
工艺 3[2]	795	115	485	70	15.5	60.0
退火：900℃（1650℉），1h；FC	810	117	630	91	16.5	37.0
固溶退火：1010℃（1850℉），75min，OQ	830	120	680	98	9.5	23.0
回火：620℃（1150℉），2h，AC	860	125	585	85	12.5	32.0
工艺 4[3]	685	99	525	76	21.0	65.0
退火：900℃（1650℉），1h；FC	710	103	545	79	20.5	56.0
固溶退火：995℃（1825℉），90min，FAC	710	103	545	79	18.5	61.5
回火：705℃（1300℉），2h，AC	720	104	550	80	20.5	60.0

注：试样取至熔模铸锭，每个热处理工艺方法数据为四个试样的平均值。
① 每个工艺由 3 个过程组成。其中 AC 表示空冷；OQ 表示油淬火；FC 表示炉冷；FAC 表示鼓风冷却。
② AMS 5351-B。
③ MIL-S-16993。

致谢

本节改编于：

J. Douthett, Heat Treating of Stainless Steels, Heat Treating, Vol 4, *ASM Handbook*, ASM International, 1991, p 769-792.

并采用

M. F. McGuire, *Stainless Steels for Design Engineers*, ASM International, 2008.

参 考 文 献

1. M. F. McGuire *Stainless Steels for Design Engineers*, ASM International, 2008.

2. Bletton, *Aciers Inoxidables*, Les Editions de Physique les Ulis, Paris, 1993, p 481.

3. K. J. Irvine et al, *JISI*, Vol. 195, ISIJ International, 1960, p 386-405.

4.4 析出硬化型不锈钢和铁基超合金的热处理

作为一种强化机制，析出硬化最早在铝铜合金中发现，其后在各种合金体系，如镍基、钴基、钛基、铜基和铁基合金中陆续发现。很多钢都有析出硬化现象，其中包括低合金高强度（high-strength low alloy，HSLA）钢、烘烤硬化（bake-hardening，BH）钢和淬回火模具钢。每种材料的析出硬化强化机制相似，很容易理解。析出硬化为第二相在基体中共格析出，造成晶格畸变，通过阻碍位错运动，强化合金。通过固溶（得到过饱和固溶体）和随后的时效共格析出第二相，实现析出硬化。当析出相失去共格，会出现过时效，导致软化。

20 世纪 40 年代，就开发出了最早的析出硬化（PH）不锈钢。由美国钢铁公司开发的第一种析出硬化奥氏体不锈钢，牌号为 Stainless W（UNS S17600）。与最早的析出硬化不锈钢相比，新开发的析出硬化不锈钢合金去除了 δ 铁素体和残留奥氏体，组织更加均匀，合金设计和化学成分控制更合理。

析出硬化反应较为复杂，可以是几个单一元素，也以是几个元素共同参与复合反应。通常参与反应的元素包括铝、铜、钛和钼，而镍（铝/钛）造成析出硬化，铝、钛元素从钢的过饱和基体中析出，可能形成的化合物（见图 4-44）。钢中的铜也能产生析出硬化反应，含氮不锈钢可以通过析出 Cr_2N 进行强化。

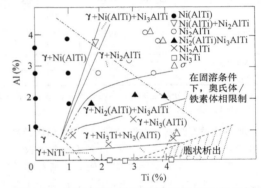

图 4-44　PH 不锈钢中可能出现的 AlTi 析出相

常见的五个 AISI 标准析出硬化（PH）不锈钢列于表 4-22。还有许多"非标准"的 PH 不锈钢列于（见表 4-23），这些 PH 不锈钢广泛应用于特殊专用场合。PH 不锈钢有三个基本类型：

1）奥氏体 PH 型不锈钢（如，A-286）。

2）半奥氏体 PH 型不锈钢（如，17-7 PH）。

3）马氏体型 PH 不锈钢（如，17-4 PH）。

表 4-22　部分 AISI 标准析出硬化不锈锻钢成分

牌号[2]	统一编号	合金元素(质量分数，%)[1]										
		C	S	P	Si	Cr	Ni	Cu	Al	Mn	Nb+Ta	其他
马氏体												
13-8PH(XM-13)	S13800	0.05	0.008	0.01	0.1	12.25~13.25	7.5~8.5	—	0.9~1.35	0.1	—	2.0~2.5Mo;0.01N
15-5PH(XM-12)	S15500	0.07	0.03	0.04	1.0	14.0~15.5	3.5~5.5	2.5~4.5	—	1.0	0.15~0.45	
17-4PH(Type 630)	S17400	0.07	0.03	0.04	1.0	15.0~17.0	3.0~5.0	3.0~0	—	1.0	0.15~0.45	
半奥氏体												
17-7PH(Type 631)	S17700	0.09	0.03	0.04	1.0	16.0~18.0	6.5~7.5		0.75~1.50	1.0		
15-7PH(Type 632)	S15700	—										
奥氏体												
A-286(Type 660)	S66286	0.05	—		0.5	15.0	26.0		0.2	1.3		0.015B;2.0Ti;1.3Mo

① 除非给出成分范围或指定为名义成分，单一数值为最大值。

② ASTM 牌号括号里为 AISI 牌号或 XM 名称。

表 4-23 非标准析出硬化不锈锻钢成分

牌号②	统一编号	合金元素（质量分数,%）①								
		C	S	P	Si	Cr	Ni	Mo	Mn	其他
奥氏体										
Discalloy	S66220	0.04	—	—	0.5	14	26	3	1.6	1.7Ti
17-10P	—	0.07	—	0.28	0.5	17.0	10.5	—	0.75	—
半奥氏体										
AM-350（Type 633）	S35000	0.07~0.11	0.03	0.04	0.5	16.0~17.0	4.0~5.0	2.5~3.25	0.5~1.25	0.07~0.13N
AM-355（Type 634）	S35500	0.10~0.15	0.03	0.04	0.5	15.0~16.0	4.0~5.0	2.5~3.25	0.5~1.25	—
PH15-7 Mo	S15700	0.09	0.03	0.04	1.0	14.0~16.0	6.5~7.75	2.0~3.0	1.0	0.75~1.5Al
马氏体										
Stainless W（obsolete）	S17600	0.08	0.03	0.04	1.0	16.0~17.5	6.0~5	—	1.0	0.4~1.2Ti; 0.4Al
AM-363	—	0.04			0.05	11.0(nom)	4.0(nom)		0.15	0.25Ti
Custom 450（XM-25）	S45000	0.05	0.03	0.03	1.0	14.0~16.0	5.0~7.0	0.5~1.0	1.0	8×%C min, Nb
Custom 455（XM-16）	S45500	0.05	0.03	0.04	0.5	11.0~12.5	7.5~9.5	0.5	0.5	1.5~2.5Cu; 0.8~1.4Ti; 0.1~0.5Nb
Custom 475	—	0	—	—	0.4	11(nom)	8(nom)	5(nom)	0.4	8.0Co,1.2Al
Ferrium S53	—	0.2	—	—	0.1	10(nom)	5.5(nom)	2(nom)	0.1	1W,0.3V,14Co

① 除非给出成分范围或指定为名义成分，单一数值为最大值。

② ASTM 牌号括号里为 XM 名称。

前两种类型为制作在温度高于 700℃ 仍保持高强度的航天航空工件。完全奥氏体型 PH 合金被用于制作需要具有奥氏体基体性能（例如，高热膨胀或无磁性）的工件，以及那些采用半奥氏体 PH 型不锈钢高温强度达不到要求的场合。

马氏体型 PH 不锈钢应用非常广泛，主要用于各种锻件场合（主要是锻件、棒材和其他热加工工件，还可用于冷轧板和带钢）。除锻材外，在马氏体型 PH 不锈钢中添加铜，产生析出硬化，也可以制作铸件（见表 4-24）。半奥氏体 PH 型不锈钢适合在硬化前进行加工成形（如板材、带钢和线材的生产）。其他牌号还包括两个半奥氏体 PH 铸造合金和一个粉末冶金（PM）马氏体合金（见表 4-24）。粉末冶金合金 410LCu 是在耐腐蚀铸造不锈钢 CA-15M（UNS J91151）的基础上添加铜，在马氏体基体上产生析出相的改进新型合金。

表 4-24 铸造和粉末冶金析出硬化不锈钢

型号①	统一编号	锻钢对应牌号②	ASTM牌号	最终使用状态常见组织	化学成分（质量分数,%）③					
					C	Mn	Si	Cr	Ni	其他④
ACI CB-7Cu-1	J92180	—	A747	马氏体，可时效强化	0.07	0.70	1.00	15.5~17.7	3.6~4.6	2.5~3.2Cu; 0.20~0.35Nb; 0.05N max
ACI CB-7Cu-2	J92110	—	A747	马氏体，可时效强化	0.07	0.70	1.00	14.0~15.5	4.5~5.5	2.5~3.2Cu; 0.20~0.35Nb; 0.05N max
ACI CD-4MCu	J93370	—	A351, A743, A744, A890	铁素体中有奥氏体，可时效强化	0.04	1.00	1.00	25.0~26.5	4.75~6.0	1.75~2.25Mo; 2.75~3.25Cu
PM 410LCu-F	—	—	—	马氏体+铁素体，可时效强化	0.15	0.06	0.7	13(nom)	1.0(nom)	3.0Cu(nom), 0.35Mo,0.008P max

① 美国铸造研究所（ACI）牌号；PM，粉末冶金。

② 列出的锻造合金牌号只为名义相应的铸造牌号。铸造合金成分范围与锻造合金不相同；铸造合金牌号只用于铸件。

③ 除非给出成分范围或指定为名义成分（nom），单一数值为最大值；其余成分为铁。

④ 除 CB-7Cu-1 和 -2 硫含量为 0.03%（max）外，所有牌号的硫含量为 0.04%。除 CB-7Cu-1 和 -2 磷含量为 0.035%（最大）外，所有牌号的磷含量为 0.04%（max）。

各种类型的 PH 不锈钢热处理差异很大,本节进行详细介绍。表 4-23 中的两个合金(Custom 475 和 Ferrium S53)钴含量高,类似于 AerMet 合金。另一类密切相关的合金包括 PH 铁基超合金,这类合金由奥氏体不锈钢演变而来,通过固溶淬火强化或析出硬化。本节还介绍 PH 铁基超合金的热处理。

4.4.1 析出硬化过程

析出硬化的基本原理是,某些元素的固溶度随温度降低而大大降低,因此,如在快速冷却下,形成过饱和固溶体。析出硬化过程由固溶加热、快速冷却和析出或时效强化三步组成。

固溶处理为将合金加热到相对很高的温度,使析出相溶解,形成过饱和固溶体。对大多数不锈钢,固溶处理温度范围为 980~1065℃ (1800~1950℉),该过程通常在热轧过程中进行。

固溶处理完成后,可采用在空气、水、油或其他冷却介质中冷却。冷却速率必须足够高,以保证形成过饱和固溶体。冷却速率对合金力学性能有明显的影响:慢速冷却得到粗晶粒,快速冷却得到细晶粒。

对析出硬化钢,有时在淬火冷却和析出过程之间增加一个合适的冷轧强化,以满足特殊的需求。如不出现过时效现象,增加冷加工的变形量能增加最终材料硬度。此外,随冷加工变形量增加,奥氏体不锈钢最佳时效温度降低。

此外,为防止开裂,建议对高碳牌号的合金或形状复杂零件,在奥氏体化加热时进行预热。常见的做法是在 790℃ (1455℉) 预热后再加热到奥氏体化温度。对大型和形状极为复杂零件,在 540℃ (1000℉) 增加一次预热。

4.4.2 热处理设备

(1) 热处理炉 与用于其他钢的热处理炉的要求基本相同。通常,炉温度控制精度为 ±15℃ (±25℉),最高工作温度 1315℃ (2400℉)。尽管广泛使用带式输送炉进行退火,但在相同的体积下,其密闭性不如辊道炉床炉。通常采用箱式炉进行分批加热退火和固溶加热。如箱式炉具有高温加热室,可以同时在箱式炉中进行除垢净化、预热和淬火。

如最终热处理后,不再对 PH 不锈钢工件进行加工,采用油炉和燃气炉进行热处理,则很难对燃烧污染物和火焰控制,避免对炉内工件的损伤,无法达到满意的效果。因此通常用电炉或燃气辐射管炉对 PH 不锈钢进行热处理。

可采用真空炉对合金进行热处理。真空炉采用分批式处理设计,通过电阻或感应元件加热,当工件完成加热工序后,在真空罐中通入加压惰性气体进行冷却。

(2) 夹具 在热处理过程中,支撑或限制加工零件或组合工件不变形为夹具。经过固溶加热后,合金须进行迅速冷却。在固溶和迅速冷却过程中,最好使用小型的夹具;在时效过程中,为防止工件变形,需使用限制变形夹具。

当工件不需要限制变形或自身不易变形时,使用支撑夹具。支撑夹具主要作用是便于热处理过程中操作和支撑工件自重。细长杆工件,如管状工件或螺栓,采用垂直悬挂夹具;具有大平面的工件,如环形工件、气缸、大梁等,应该采用平炉托盘;对略有不对称工件,应采用在平坦托盘组合安装专用支架。如采用焊接加工这些支撑夹具,在夹具使用前需进行消除应力处理。

对于不对称的工件,如涡轮叶片和不对称的管道,可采用多种方法支撑。一种方法是将工件放置在铺有沙子的托盘上,确保使工件大部分底面具有良好支撑,冲积石榴石沙子是最常用的支撑介质;另一种支撑方法是采用按工件形状加工成形的陶瓷铸件,但这种方法费用较高且工件大小受到限制。

与支撑夹具相比,限制变形夹具较为复杂,需要在夹具上加工沟槽、吊耳或夹子,以保证工件不产生变形。例如,为保证 A-286 合金框架组合工件在时效过程中对称性和圆度,该框架组合工件被安装在一个加工有沟槽的平板上。凹槽限制钢圈内环和外环,防止在热处理中变形;为防止中心毂相对于外环发生上升或下降变形,将中心毂和外环与沟槽夹紧固定。

有些工件的矫直可以用时效用的夹具,略微变形的工件可以通过夹具夹紧强制校正。在时效的同时还同时消除了残余应力。然而,因为在时效温度下,这些合金的蠕变强度高,采用夹具进行热定型不一定能成功。

如采用螺纹紧固件作为夹具夹紧工件,热处理后很难移除,因此不推荐。采用开楔形槽导杆约束工件是可取的。通常,夹具和工件的膨胀系数应该相差不大。然而,在某些特殊情况下,故意采用膨胀特性与工件不同的材料制作夹具。随着温度的增加,这种夹具给工件施加一定的压力,防止变形。

4.4.3 保护气氛

如果不允许工件出现严重氧化,退火或固溶处理需要采用保护气氛。如果允许工件出现氧化,如后续要进行切削加工，超合金或不锈钢可以在大气中进行固溶处理或者在正常大气和燃气炉混合气体中加热。可采用真空环境加热，在815℃（1500℉）以上温度加热，真空度一般要求不低于0.25Pa（2×10^{-3}托）。当处理的工件尺寸已达到或接近最终尺寸时，最好采用真空环境加热。

（1）惰性气体 如工件不允许出现氧化，在密封的反应罐或密封炉腔中，需强制使用干燥氩气，并要求其露点为-50℃（-90℉）或更低。工件在进炉前，建议至少采用十倍反应罐体积的清洗液进行清洗。在整个热处理过程中，直到工件冷却至室温，必须保持炉内氩气循环流动，以防止工件表面形成氧化膜。

含有稳定氧化物形成元素如铝和钛的合金，不论是否含有硼，必须在真空或惰性气体如氩气中进行光亮退火。在使用氩气时，必须保证氩气纯度、干燥和露点在-50℃（-90℉）或更低。如果氩气露点略高，但未超过-40℃（-73℉）通常在工件表面允许形成有限的氧化膜。

（2）氢气 与裂解氨相比，光亮退火采用露点为-50℃或更低的干燥氢气更好。如果是采用催化气体反应，而不是采用电解获取氢气，为防止出现增碳，残余碳氢化合物，如甲烷，应限于不大于50×10^{-4}%。如合金中含有大量形成稳定氧化物的元素（如铝和钛），形成的氧化物在常规热处理温度和露点条件下不会被还原，对于这些合金，不推荐采用氢进行光亮退火。对含有硼的合金，因为有形成硼氢化物，造成脱硼（deboronization）风险，不建议采用氢对这类合金进行退火或固溶处理。除此以外，合金也可能会形成钛氢化物。

（3）放热性气氛 稀释的放热气氛是相对安全和经济的。在这种气氛中表面形成氧化膜，可通过酸洗或盐浴除锈加酸洗去除。通过在大气中燃气的燃烧生成含大约85%的氮、10%的二氧化碳、1.5%的一氧化碳、1.5%的氢、2%水蒸气的放热性气氛，工件在该气氛中易产生富铬氧化膜。

（4）吸热性气氛 在催化剂的作用下，通过燃气与空气反应制备吸热性气氛。由于该气氛有潜在增碳的危险，建议不采用作为保护气氛。同样，由于有潜在渗氮的风险，也建议不采用裂解氨形成的氮和氢混合吸热性气氛作为保护气氛。

4.4.4 有关表面的问题

虽然不锈钢和超合金在高温服役中具有抗表面性能恶化的能力，热处理温度（特别是固溶处理温度）会降低表面性能。造成表面性能恶化的问题主要包括表面氧化、增碳、合金元素贫化和表面污染。

（1）氧化 根据具体合金，在正常服役温度范围和高于时效温度（典型温度范围760~980℃或1400~1800℉），PH不锈钢和超合金通常具有良好的抗氧化性能。为在其他服役条件下具有合适抗高温性能，需要进行涂层，如涡轮发动机和压缩机叶片合金。然而，在更高的工作温度，如采用固溶处理，这些合金易产生晶间氧化，由此影响材料的热疲劳性能。

通过添加铬、铝和其他元素，提高PH不锈钢的抗氧化性能。铬会形成一种氧化铬保护膜，在低于870℃（1600℉）温度和中等温度下，具有良好的表面保护性能。当铬钢中存在一定数量的铝，促使形成氧化铝保护膜，在温度高于870℃（1600℉）时，提供良好的表面保护。晶间腐蚀的基本模式是优先形成铬、铝、钛、锆和硼的氧化物。钼提高时效硬化合金晶间腐蚀的敏感性，铝和钛都为时效硬化元素，但在抗晶间氧化上，铝比钛要好，因为：

1）提高铝含量，减少从γ'相转变形成η相。

2）氧化铝提供了致密且不易穿透的保护膜。

3）密度低。

然而，致密光滑的氧化膜必须含有铬，低膨胀（Invar型）超合金，例如Incoloy903、Incoloy907、Incoloy909合金和Pyromet CTX-1、Pyromet CTX-3和Pyromet CTX-909合金。

（2）增碳 如在渗碳的气氛进行固溶处理，会出现增碳。例如，A-286表面的碳含量从原来0.05%增加至0.30%，出现增碳。表面出现增碳会形成稳定碳化物（TiC），从而导致固溶体中钛含量贫化，阻碍了表层正常的析出硬化。同理由于氮的污染，也可以形成TiN。

（3）合金成分贫化 除氧化外，接触高温环境工件表层的合金成分会产生变化。某些元素优先形成氧化层，使基体的合金成分贫化。此外，一些合金易受到脱硼的影响，这可能会影响到次表层的性能下降，造成严重问题。例如，薄板板材会出现这类问题。

（4）各种污染来源 应保持超合金工件暴露的所有表面不受到灰尘、指纹、油垢、油脂、化合物、润滑剂和氧化皮的污染。含硫化合物的润滑油或燃料对腐蚀和脆化金属表面危害极大，他们首先形成Cr_2S_3，然后进一步在645℃（1190℉）形成低熔点的$Ni-Ni_3S_2$共晶相。特别是在真空低压小于10^{-2}Pa（10^{-4}托）的条件下，造成对表面危害。

炉膛里的氧化皮和炉渣是另一个污染源。应该避免工件与钢的氧化皮、炉渣、炉膛剥落物接触，防止在金属表面形成低熔点相，引起腐蚀。

4.4.5 常规热处理过程

PH 不锈钢的热处理主要注意以下几点：

1）热处理前工件清洗。

2）炉内气氛。

3）时间-温度周期。

4）工艺参数的影响。

5）热处理后除垢。

（1）热处理前清洗　所有工件在热处理前必须彻底清洗。因为这些钢的化学成分达到了精确平衡，

如未能去除工件表面的润滑油、切削油或油脂，会导致热处理中表面增碳，产生不良反应。彻底清洁表面的另一个优点是在表面形成均匀的氧化膜，而这种均匀的氧化膜很容易被去除。

推荐的清洗过程包括，先采用温和磨料和碱性清洗剂机械擦拭，去除不溶性污垢，而后采用蒸汽脱脂或溶剂清洗。采用温水彻底冲洗去除所有工件表面的清洗残留物。

采用/湿喷砂工艺可以代替上述清洗过程。表4-25 给出了推荐的喷砂材料和工艺参数。经喷砂后，应彻底去除工件表面所有的喷砂残留物。

表 4-25　推荐用于 PH 不锈钢的喷砂材料和热处理前喷砂工艺

磨料/粒度	喷嘴尺寸角度/mm(in)	空气压力/kPa(psi)	清洗速度/(mm²/s)(in²/s)
氧化铝(干燥)/30	6.4(0.5) 45~60	170~655(25~95)①	130~215(12~20)
石榴石砂或氧化铝(干燥)/36	9.5(0.375) 60	240(35)	645(60)

注：热处理前必须对工件上所有研磨材料进行彻底清除。

① 根据金属厚度。

在某些应用场合，热处理前的清洗是通过严格控制在 45~60℃ （115~140℉），10% HNO₃-2% HF 水溶液中酸洗完成，清洗时间严格限制在 2~3min。对变形量大的成形加工工件和已进行过热处理零件，不推荐采用这个方法清洗。现已有专用的抑制除垢剂。

（2）炉内气氛　采用空气炉进行奥氏体调整处理和退火处理可以达到满意的效果。控制还原性气氛，如裂解氨气氛或光亮退火气氛，会引起潜在渗氮和渗碳危害，造成对材料力学性能的危害。

可以在露点为不高于-55℃ （-100℉）的氢气、氩气或氦气进行光亮退火，在静止空气中冷却。在温度高达 925~955℃ （1700~1750℉），在相同低的露点干燥氢气、氩气或氦气中进行奥氏体调整处理，固溶处理后得到无氧化的表面。

如选择较低的奥氏体调整处理温度加热，如在760℃ （1400℉）的干燥氢气、氩气或氦气中进行奥氏体固溶，很难得到无氧化表面。在该温度区间加热，通常使用空气炉。如想在较低的温度下加热，得到完全无氧化或无变色表面，必须采用真空炉。

最终对这些钢在相对低的温度下，采用空气炉进行时效硬化处理。

（3）不同 PH 不锈钢的热处理工艺　这些材料的主要优点是针对不同的用途，可采用不同的工艺。对于 PH 不锈钢，有些热处理为标准热处理，对于用于特殊用途和为获得不同的性能，可对这些材料采用不同的热处理。图 4-45~图 4-49 所示为不同的

工艺得到不同的力学性能曲线。

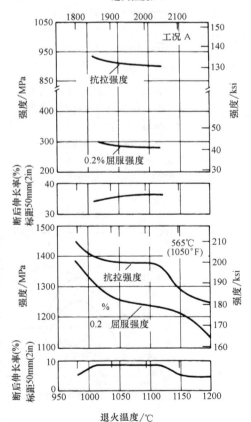

图 4-45　退火温度对 17-7PH 钢薄板、带材和板材典型力学性能的影响

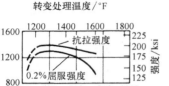

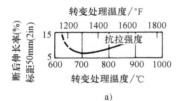

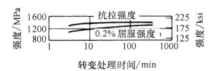

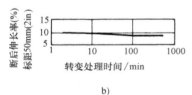

a)

b)

图 4-46 转变处理温度和时间对 17-7PH 钢
薄板、带材和板材典型力学性能的影响
　　a）为加热 90min，冷却到 15℃（60℉），
　　　　在 565℃（1050℉）时效硬化
　　b）加热至 760℃（1400℉），在 565℃
　　　　（1050℉）时效硬化 90min

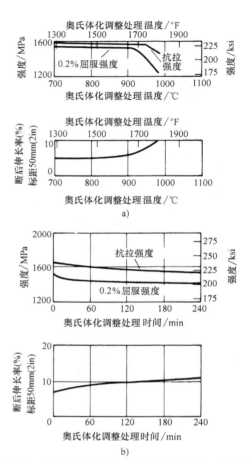

a)

b)

图 4-47 奥氏体调整处理温度和时间对 17-7PH 钢
薄板、带材和板材典型力学性能的影响
　　a）加热保温 10min，空冷，在 -75℃（-100℉）进行
　　　　冰冷处理 8h；在 510℃（950℉）时效硬化 1h
　　b）加热至 955℃（1750℉），空冷，在 -75℃（-100℉）
　　　　进行冰冷处理 8h；在 510℃（950℉）时效硬化 1h

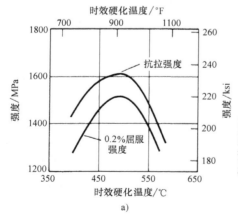

a)

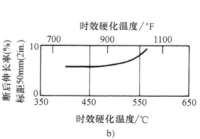

b)

图 4-48 淬火温度和时间对 17-7PH 钢薄板、带材和板材典型力学性能的影响
　　a）加热至 955℃（1750℉）保温 10min，空冷，在 -75℃（-100℉）进行冰冷处理 8h，时效硬化 1h。
　　b）加热至 760℃（1400℉）保温 90min，空冷至室温；水冷至 15℃（60℉）；进行时效硬化。

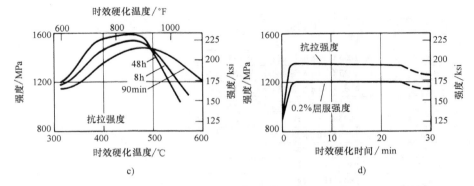

图 4-48　淬火温度和时间对 17-7PH 钢薄板、带材和板材典型力学性能的影响（续）

c）加热至 760℃（1400℉）保温 90min，空气冷却至室温；水冷至 15℃（60℉）；进行时效硬化

d）试棒加热至 1040℃（1900℉）保温 30min 固溶，空气冷却，在时效硬化温度保温 1h。

注：数据取至 4 炉试棒的平均值，试棒直径为 25～89mm（1～3.5in.）。

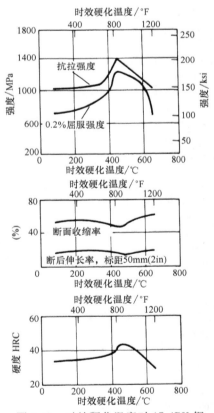

图 4-49　时效硬化温度对 17-4PH 钢
典型的室温性能的影响

表 4-26 为 PH 不锈钢推荐的典型固溶退火、奥氏体调整（austenite conditioning）、转变冷却（强化）和回火时效（析出硬化）工艺。其中包括为获得最高的韧性和耐蚀性，进行低温冷处理。标准 PH 不锈钢（见表 4-22）和部分铸造合金的其他特定的热处理和性能将在后面进行详细介绍。铸造合金的均匀化处理和奥氏体调整处理与锻造合金不同（铸件的这两种热处理温度高），参见本节中 4.4.9 "铸造析出硬化不锈钢" 内容。

（4）热处理后除垢　氧化垢数量和性质与工件的清洁程度、炉内气氛、热处理温度和时间有关。在以下的讨论中，假设所有的热处理采用空气炉进行。有多种除垢方法，可根据钢的种类和可用的设备进行选择。

采用 45～60℃（110～140℉）的 10%HNO₃-2%HF 水溶液，处理时间限制少于 3min，能有效去除均匀化和完全退火中产生的氧化垢。采用高压水和水蒸汽，能有效去除疏松的氧化皮。如处理后的工件为均匀的表面，则表明除垢效果良好。采用熔盐去除工件的氧化皮会受到温度限制，因为在（约 450℃，或 840℉）温度下，马氏体组织会产生时效硬化。

对奥氏体调整处理中产生的氧化皮，最好是通过机械方法去除。因为酸洗去除氧化皮可能会造成晶间腐蚀，因此应该避免。采用湿喷砂处理，能有效和彻底去除这些氧化皮的方法。

表 4-26　总结 PH 不锈钢的调整处理代码和名义热处理温度（请参阅文本中的合金详细信息）

合金牌号	调整处理代码①	固溶退火	调整处理	时效
马氏体				
13-8	A	925℃ 15min，油或空冷至 15℃	-75℃ 8h	
	RH*xxx*	925℃ 15min，油或空冷至 15℃	-75℃ 8h	*xxx*℉ 4h
	H*xxx*	925℃ 15min，油或空冷至 15℃	—	*xxx*℉ 4h

（续）

合金牌号	调整处理代码①	固溶退火	调整处理	时效
马氏体				
15-5	A	1035℃ 30min,油或空冷至15℃	—	
	Hxxx	1035℃ 30min,油或空冷至15℃	—	xxx℉ 4h
17-4	A	1035℃ 30min,油或空冷至15℃	—	
	Hxxx	1035℃ 30min,油或空冷至15℃	—	xxx℉ 4h
450	A	1035℃ 1h,水淬	—	
	Hxxx	1035℃ 1h,水淬	—	xxx℉ 4h
455	A	830℃ 1h,水淬	—	
	Hxxx	830℃ 1h,水淬	—	xxx℉ 4h
465,275	A	980℃ 1h,快冷	−75℃ 8h	
	Hxxx	980℃ 1h,快冷	−75℃ 8h	xxx℉ 4h
475	A	925℃ 1h,快冷	−75℃ 8h	
	Hxxx	925℃ 1h,快冷	−75℃ 8h	xxx℉ 4h
半奥氏体				
17-7, 15-7	A	1065℃保温 30min,空冷	—	—
	T	1065℃保温 30min,空冷	760℃（1400℉）90min,空冷至室温,在室温停留30min	
	C	1065℃保温 30min,空冷	降速冷却	—
	R	1065℃保温 30min,空冷	955℃（1750℉）10min,空冷至室温,急冷至−75℃停留 8h	
	THxxx	1065℃保温 30min,空冷	760℃（1400℉）90min,空冷至室温,在室温停留 30min	xxx° 4h
	CHxxx	1065℃保温 30min,空冷	降速冷却	xxx° 4h
	RHxxx	1065℃保温 30min,空冷	955℃（1750℉）10min,空冷至室温,急冷至−75℃停留 8h	xxx° 4h
AM-350	A	1010~1065℃	—	
	L(等同于 T)	1010~1065℃	930℃ for 90min,空冷	—
	SC(等同于 R)	1010~1065℃	930℃ for 90min,空冷至室温,至−75℃停留 180min	
	SCTxxx850℉或 1000℉	1010~1065℃	930℃ for 90min,空冷至室温,至−75℃停留 180min	xxx°180min
	DA(两次时效)	—	930℃ for 90min,空冷,730~760℃,180min	450~540℃ 180min
AM-355	A	1025~1040℃	—	
	L(等同于 T)		930℃ for 90min,空冷	—
	SC(等同于 R)		930℃ for 90min,空冷至室温,至−75℃停留 180min	
	SCTxxx850℉或 1000℉		930℃ for 90min,空冷至室温,至−75℃停留 180min	xxx°180min
	DA(两次时效)		930℃ for 90min,空冷,730~760℃,180min	440~470℃ 180min
			930℃ for 90min,空冷,730~760℃,180min	540~590℃ 180min
奥氏体				
A-286	ST1650	900℃ 120min,油/水淬火	—	—
	ST1650A	900℃ 120min,油/水淬火	—	730℃ 16 h
	ST1650DA	900℃ 120min,油/水淬火		730℃ 16 h,650℃ 8h
	ST1800	980℃ 120min,油/水淬火		
	ST1800A	980℃ 120min,油/水淬火		730℃ 16 h
	PH,析出硬化,RT,室温			

① 调整处理代码后缀 xxx 通常是指时效温度,用℉表示。

热处理最后一步（析出硬化）会产生回火变色，必须采用机械方法去除 17-7 PH、PH 15-7 Mo、AM-350 和 AM-355 合金的这种氧化膜。以前采用过 HNO_3-HF 水溶液去除这些合金的氧化膜，但需要极其小心，防止出现晶间腐蚀。对 17-4 PH 合金，采用这种酸洗水溶液能达到满意去除氧化膜的效果。很少有采用电解抛光方法去除析出硬化中最后一步产生的回火变色，现也可以采用专用清洁剂去除回火产生的变色。

4.4.6　马氏体析出硬化不锈钢

与碳含量相对较高的马氏体不锈钢相比，马氏体 PH 不锈钢碳含量低（小于 0.05%），硬度也相对较低。早期这类合金（17-7PH 和 17-4PH）具有 10%脉管状 δ 铁素体，这类合金从最早的合金 Stainless W 到最新的合金当 Custom 475，除消除了 δ 铁素体外，最主要的组织改进是在析出相的体积分数和消除残留奥氏体方面有了很大提高。合金设计师发现，在减少合金 δ 铁素体的同时也提高了奥氏体的稳定，也就降低了马氏体开始转变温度（Ms）。提高合金中钼含量，会降低在时效时形成二次奥氏体的趋势。降低 δ 铁素体数量，需要减少铬和钼含量，也就降低了合金的耐蚀性。因此，随着合金强度的提高，耐蚀性会下降。

该类合金具有最大强度潜力的牌号为 Custom465 和 Custom475，他们的铬含量在 11%左右，几乎已不在不锈钢的铬含量范围内。但是，从实用角度来看，这些合金的设计具有最高的力学性能和足够的耐蚀综合性能。通过计算机辅助设计的合金热力学计算，最新研发出了 Ferrium S53 合金。该合金旨在取代 300M、4340 和 AerMet 100 合金，在具有同等的力学性能基础上，还具有必要的耐蚀性，主要用于无需镀镉的飞机部件。从该合金中铬的成分看，似乎达不到"不锈"的要求，但该合金中的钴充分提高铬热力学活性，使合金的耐蚀性与不含钴的 12%铬合金相当。该合金通过析出 Mo_2C 强化相，在给定的强度水平，优化了合金的抗应力腐蚀开裂（SCC）性能。

这些牌号合金化特点是：

1）碳、氮、硅和锰含量低。因为这些合金元素降低 Ms 点，但对时效硬化没有贡献。

2）低铬。抑制形成 δ 铁素体。

3）镍含量足够高。抑制形成 δ 铁素体，提高析出相的数量，但不过分降低 Ms 点。

4）钼可补偿铬含量的降低对合金耐腐蚀性的损伤，提高了奥氏体形成温度。在合金中含有钴的情况下，形成新的析出强化相。

5）钴可稳定奥氏体，同时提高 Ms 点。

6）铝和钛与镍和铜以金属间化合物析出。

1. 热处理

（1）固溶处理　该类合金固溶加热的主要目的是得到完全奥氏体组织，合金中合金元素很容易溶解于奥氏体中，因此不需要采用过高的固溶温度和过长保温时间。过高的固溶温度和过长保温时间可能适得其反，导致形成铁素体或造成表面产生氧化，降低合金最终的力学性能。合金中允许一定数量范围的残留铁素体，这主要与合金成分有关。早期的牌号，如 17-4 合金和已淘汰了的 Stainless W 合金都含一些铁素体组织，新牌号的合金基本上不含有铁素体组织。大多数合金淬火至室温后，可能会保留部分残留奥氏体组织，在这种情况下，应在 24h 内进行低温冷处理，以避免残留奥氏体进一步稳定化。低温冷处理，消除残留奥氏体，提高尺寸稳定性，但同时也降低了合金的韧性，表 4-26 列出了所有 PH 牌号合金固溶处理工艺。

淬火状态称为调整处理工艺 A（condition A），这通常为钢材厂正常供货状态，材料硬度很低，易于加工和成形。如果需要材料硬度更低，采用 H-1150M 调整处理工艺，材料先加热至 760℃（1400°F）过时效温度，使部分奥氏体的成分发生调整。在随后时效过程中，过时效的马氏体中保留部分稳定的奥氏体，得到韧性极高的微观组织。

（2）时效　调整处理代码（见表 4-26）中的数字为华氏温度，表示热处理的时效温度（°F）。例如，TH900 表示转变为马氏体（T）在 900°F 时效。合金最终性能与时效的时间和温度有关，较低的时效温度会提高合金硬度，但降低合金的韧性。析出硬化相会引起工件尺寸略微变化，但这种变化是肉眼无法辨识。典型时效尺寸收缩在 0.013mm/mm（0.0005in/in）数量级别，这对采用调整工艺 A 处理加工到最终尺寸的工件，通常是允许的误差量级。所有时效温度均高于合金的回火脆性温度，在高于 350℃（660°F）温度服役，合金会产生脆性，因此应避免在该温度区间使用。如必须使用在该高温区间，应选择含有钼的合金牌号。

2. 17-4PH 合金（630 型）

17-4PH 合金（UNS S17400）是马氏体 PH 钢，以固溶处理状态供货，成形加工性能有限。由于该合金在固溶处理状态塑性相对较低，因此在固溶处理状态使用要尤其小心。在制造加工后，合金会产生加工硬化。

采用空气热处理炉处理 17-4PH 合金可以达到满意的效果。为避免渗碳或晶间腐蚀，不推荐该合金采用盐浴炉进行热处理。为防止工件表面发生渗氮，不要使为以裂解氨作为炉内气氛。

根据成分平衡情况，合金可能会存在有少量 δ 铁素体。合金在固溶退火冷却时，$Ms \sim Mf$ 温度范围为 30～130℃（90～270℉）。室温下的组织为低碳过饱和的低强度马氏体。重新加热至 470℃（875℉），析出细小难以辨认的铜化合物，产生二次硬化。

推荐的固溶退火工艺为 1040±15℃（1900±25℉）保温不少于 30min，工件尺寸每增加 25mm（1in），保温时间增加 30min。选择偏低的退火温度，由于奥氏体中溶解的碳和铜较少，导致强度降低。选择偏高的退火温度，奥氏体中溶解的碳过多，导

致在淬火后残留的奥氏体数量增多，同样也会导致屈服强度降低。17-4PH 合金的相变过程发生在空冷至室温的范围内。

工件截面尺寸小于 75mm（3in），应采用油淬火；为防止奥氏体-马氏体体积变化产生应变，导致开裂，截面尺寸 ≥75mm 时，应采用空冷或缓慢冷却。

采用 H-900 调整处理工艺（在 480℃（900℉），1h），17-4PH 合金达到最高强度。在 495～620℃（925～1150℉）经 4h 过时效，改善合金的塑性和冲击韧度，但会降低强度。

采用下面的时效硬化工艺，17-4 PH 锻造合金的抗拉强度（UTS）不低于下表所列：

调整处理工艺代码	抗拉强度/MPa(ksi)	时效温度/℃（℉）	时效时间/h
H-900	1310（190）	480±5（900±10）	1
H-925	1170（170）	495±5（925±10）	4
H-1030	1070（155）	555±5（1030±10）	4
H-1050	1030（150）	565±5（1050±10）	4
H-1075	1000（145）	580±5（1075±10）	4
H-1150	930（135）	620±5（1150±10）	4

如果硬度超过指定的最大值，重新加热至略高于上面温度保温不少于 30min。铸造合金的参照工艺如下：

抗拉强度/MPa(ksi)	时效温度/℃（℉），4h
1240（180）	480±5（900±10）
1170（170）	495±5（925±10）
1035（150）	540±5（1000±10）
895（130）	595±5（1100±10）

630 型合金（17-4 PH）典型力学性能见表 4-27。630 型合金具有较高的抗裂纹扩展性能，横向力学性能和耐蚀性通常优于传统马氏体不锈钢。该合金的时效温度为 480～620℃（900～1150℉），因为时效温度较低，几乎不会出现氧化和变形。因此，该合金可以在热处理之前进行精加工。

表 4-27 AISI 630 型合金不同调整处理的典型力学性能

调整处理代码	抗拉强度		屈服强度[1]		断后伸长率[2]（%）	断面收缩率（%）	硬度 HBW	冲击能量[3]	
	MPa	ksi	MPa	ksi				J	ft·lbf
H900	1365	198	1260	183	15	52	420	21	16
H1025	1160	168	1115	162	16	58	352	54	40
H1075	1130	164	1020	148	17	59	341	61	45
H1150	992	144	869	126	20	60	311	75	55
H1150M	848	123	600	87	22	66	377	136	100

[1] 0.2%屈服强度。

[2] 计量标距 50mm（2in）。

[3] 夏比 V 形缺口。

对固溶处理（调整处理工艺 A）的 630 型合金进行时效硬化（调整处理工艺 H900），产生的收缩为每 25mm 约 0.010～0.015mm（即每英寸 0.0004～0.0006in）。如对经调整处理工艺 A 的合金进行 H1150 调整处理，则产生的收缩为每 25mm 约 0.023～0.030mm（即每英寸 0.0009～0.0012in）。630 型合金的热加工温度为：

工艺	温度范围	
	℃	℉
始锻温度	1175～1230	2150～2250
终锻温度	1010min	1850min
固溶处理，调整处理工艺 A	1025～1050	1875～1925
时效硬化	480～620	900～1150

3. 15-5PH 合金

与 17-4 PH 一样，15-5 PH （UNS S15500）以固溶处理状态供货。由于该合金在固溶处理状态塑性相对较低，因此在固溶处理状态使用要尤其小心。

由于 15-5PH 合金降低了铬含量和略增加镍含量，在固溶退火温度下，微观组织中没有 δ 铁素体。该合金通过化学平衡，$Ms \sim Mf$ 温度高于室温。采用油淬和空冷，发生马氏体转变。重新加热至时效温度，析出亚微观铜化合物，显著增加合金的强度和硬度。

对 15-5PH 合金进行热处理，采用空气热处理炉可得到满意的效果。由于燃料炉的燃烧产物可能污染工件表面，因此应该避免采用。根据工件尺寸，固溶退火工艺为 1040±15℃ （1900±25°F），保温时间为 30~60min。通常，为实现调整处理工艺 A （固溶退火），建议在固溶退火温度保温 1h，而后采用空冷或油淬冷却。通过在 480℃ （900°F） 保温 1h 进行时效强化，合金得到最大抗拉强度。通过在 495~620℃ （925~1150°F） 保温 4h 进行过时效，提高了合金塑性和韧性，但降低了合金的强度。

合金加热至 480~620℃ （900~1150°F） 温度范围，保温 1~4 h 进行时效强化。具体时效工艺为：

1）调整处理工艺 H-900：900°F，1h。
2）调整处理工艺 H-925：925°F，4h。
3）调整处理工艺 H-1025：1025°F，4h。
4）调整处理工艺 H-1075：1075°F，4h。
5）调整处理工艺 H-1100：1100°F，4h。
6）调整处理工艺 H-1150：1150°F，4h。

通过以下时效温度处理，可得到的抗拉强度为：

| 抗拉强度 | | 温度 | | 空冷时间/h |
MPa	ksi	℃	°F	
1380	200	480±5	900±10	1
1170	170	550±5	1020±10	4
1000	145	620±5	1150±10	4

调整处理工艺 H-1150M （退火后） 包括下面过程：

1）760±8℃ （1400±15°F） 保温 2h 空冷。
2）加 620±5℃ （1150±10°F） 保温 4h 空冷。

经调整处理工艺 H-1150M 处理后，典型的抗拉强度为 860MPa （125ksi）。

S15500 合金典型力学性能见表 4-28，该合金使用状态通常为棒材和不需要大变形量的锻件，在固溶处理和各种时效硬化条件下均容易进行机加工。S15500 合金的可加工性与 302 和 304 型合金相同。随时效硬化温度提高，可加工性改善。S15500 合金的热加工温度为：

| 工艺 | 温度范围 | |
	℃	°F
始锻温度	1175~1205	2150~2200
终锻温度	1010min	1850min
固溶处理	1025~1050	1875~1925
时效硬化	480~620	900~1150

注：根据强度和韧性选择时效硬化温度。

表 4-28　AISI S15500 合金在中间位置的典型横向力学性能

| 调整处理代码 | 抗拉强度 | | 屈服强度[1] | | 断后伸长率[2]（%） | 断面收缩率（%） | 硬度 HBW | 冲击能量[3] | |
	MPa	ksi	MPa	ksi				J	ft·lbf
H900	1380	200	1275	185	10	30	420	10	7
H925	1310	190	1205	175	11	35	409	23	17
H1025	1170	170	1140	165	12	42	352	37	27
H1075	1140	165	1035	150	13	43	341	41	30
H1100	1035	150	930	135	14	44	332	41	30
H1150	1000	145	860	125	15	45	311	68	50
H1150M	860	125	585	85	18	50	277	136	100

① 0.2% 屈服强度。
② 计量标距 50min （2in）。
③ 夏比 V 形缺口。

4. 13-8Mo 合金 （13-8 PH）

13-8 Mo 合金 （UNS S13800） 通常以固溶状态供货，在 510~595℃ （950~1100°F） 温度范围时效硬化，达到高强度。固溶处理温度 925±8℃ （1700±15°F），根据工件断面尺寸，确定固溶时间。通常保温时间为 1h，随后空冷或油冷至室温。

PH13-8Mo 合金可采用在 995℃ （1825°F） 固溶处理，空冷至室温，根据工件性能要求，选择在 950~1100°F 温度进行时效。完全时效硬化调整处理工艺由字母 H 命名，字母后为以华氏温度表示的时效温度 （°F）。例如，H1150M 条件 （固溶退火后）：760±8℃ （1400±15°F） 2 h，空气冷却，随后在 620±5℃ （1150±10°F） 4 h，空气冷却。

通过以下时效硬化处理，可得到的典型抗拉强度为：

抗拉强度		温度		空冷时间/h
MPa	ksi	℃	℉	
1550	225	510±5	950±10	4
1310	190	565±5	1050±10	4
1000	145	620±5	1150±10	4

S13800 的典型力学性能见表 4-29，S13800 型合金具有良好的可加工性，可以通过简单的较低温加热进行时效硬化。时效前进行冷加工，特别是时效温度较低时，冷加工增加时效效果更加明显。

表 4-29　AISI S13800 合金典型纵向力学性能（中心或中间测试位置）

调整处理	抗拉强度		屈服强度[1]		断后伸长率[2]（%）	断面收缩率（%）	硬度 HRC	冲击能量[3]		弹性模量	
代码	MPa	ksi	MPa	ksi				J	ft·lbf	GPa	10⁶psi
RH950	1620	235	1480	215	12	45	48	27	20	—	—
H950	1550	225	1450	210	12	50	47	41	30	197	28.6
H1000	1480	215	1415	205	13	55	45	54	40	221	32.0
H1050	1310	190	1240	180	15	55	43	81	60	212	30.8
H1100	1105	160	1035	150	18	60	36	49	36	197	28.6
H1150	1000	145	725	105	20	63	33	—	—	230	33.3
H1150M	895	130	585	85	22	70	28	163	120	172	25.0

① 0.2%屈服强度。

② 计量标距 50mm（2in）。

③ 夏比 V 形缺口。

S13800 型合金可在固溶处理和各种时效硬化处理条件下进行机加工。该合金的可加工性指数为易切削 AISI 1212 钢的 35% ~ 40%。该合金可采用所有焊接方法进行焊接，不需要预热。焊接后，为达到与母材相当的性能，在时效硬化前需进行固溶处理。S13800 合金的热加工温度为：

工艺	温度范围	
	℃	℉
始锻温度	1175 ~ 1205	2150 ~ 2200
终锻温度	955min	1750min
固溶处理	915 ~ 935	1685 ~ 1715
时效硬化	510 ~ 620	950 ~ 1150

注：固溶处理时间取决于截面厚度和采用空气冷却或油淬火冷却至低于 15℃ （60℉）。min 为最低温度。

Braze-Cycle 热处理，采用目前用于半奥氏体型析出硬化不锈钢的 braze-cycle 热处理，PH13-8Mo 合金也可以获得满意的强度。该热处理工艺过程如下：

1）调整处理工艺 A：1825℉±25℉退火。

2）奥氏体调整处理：1700℉保温 15min，在 1h 内冷却至 1000℉，冷却至室温。

3）RH 处理：在-100℉保温 8h。

4）时效处理：加热至 950 或 1050℉保温 1h，空冷，调整处理 BCHT-950 或 1050。

Braze-cycle 热处理工艺被命名为调整处理 SRH-950，其热处理参数的变化，包括合金从 1700℉空冷到某温度，在-100℉冷处理和在 950℉时效。

5. Custom 450 合金

Custom450（UNS S45000）不锈钢通常以固溶状态供货，在很多应用场合，不需要进行热处理。在退火条件下，该合金很容易进行加工。简单进行一次时效硬化处理，就能获得高强度和良好的塑性和韧性。

固溶处理为在 1040℃±15℃ （1900℉±25℉）保温 1h。推荐在最低时效硬化温度 480℃ （900℉）进行时效硬化，可以获得良好的强度、塑性和韧性综合力学性能。在时效硬化温度达到至 620℃ （1150℉），提高塑性，但降低强度。通过下面时效处理，可获得抗拉强度：

抗拉强度		温度		保温空冷时间/h
MPa	ksi	℃	℉	
1345	195	480±5	900±10	4
1170	170	540±5	1000±10	4
1105	160	565±5	1050±10	4
965	140	620±5	1150±10	4

Custom 450 合金典型的力学性能见表 4-30。这种合金在退火条件下，屈服强度略大于 690MPa （100ksi），但很容易进行加工制作。采用单次时效处理能获得高强度和良好的塑性和韧性。

表 4-30　S45000 型合金棒材的典型的室温力学性能[1]

热处理工艺	抗拉强度		屈服强度[2]		缺口抗拉强度[3]		断后伸长率[4]（%）	断面收缩率（%）	硬度 HRC	冲击能量[5]	
	MPa	ksi	MPa	ksi	MPa	ksi				J	ft·lbf
固溶退火	986	143	814	118	1525	221	13.3	48.0	28.0	125,133,141	92,98,104
	972	141	814	118	1515	220	13.5	52.4	—	—	—

（续）

热处理工艺	抗拉强度		屈服强度②		缺口抗拉强度③		断后伸长率④（%）	断面收缩率（%）	硬度HRC	冲击能量⑤	
	MPa	ksi	MPa	ksi	MPa	ksi				J	ft·lbf
在 455℃（850℉）时效	1350	196	1280	188	2050	297	14.5	54.5	44.0	24,27,31	18,20,23
	1345	195	1260	183	2050	297	14.7	53.5	—	—	—
在 480℃（900℉）时效	1345	195	1280	186	2050	297	13.9	56.7	42.5	52,56,57	38,41,42
	1350	196	1305	189	2060	299	14.8	54.5	—	—	—
在 510℃（950℉）时效	1290	187	1270	184	1985	288	15.6	58.8	41.5	53,66,71	39,49,52
	1290	187	1270	184	1980	287	15.7	57.7	—	—	—
在 540℃（1000℉）时效	1195	173	1165	169	1890	274	16.8	61.7	39.0	68,71,71	50,52,52
	1185	172	1165	169	1870	271	17.7	64.6	—	—	—
在 565℃（1050℉）时效	1095	159	1050	152	1760	255	19.8	64.6	37.0	91,95	67,70
	1105	160	1050	152	1760	255	19.5	66.5	—	—	—
在 620℃（1150℉）时效	985	143	640	93	1425	207	22.6	69.0	28.0	122,130,141	90,96,104
	970	141	620	90	1450	210	24.1	69.9	—	—	—

① 直径 25mm（1.0in）圆棒。

② 0.2%屈服强度。

③ 应力集中系数，K_t 为 10。

④ 计量标距长度 4×试样的直径。

⑤ 夏比 V 形缺口。

S45000 合金的加工硬化率相对较低，允许不进行中间退火而进行大变形量冷轧。应该避免带急弯曲的深拉拔，产生局部伸长。该合金可以采用与硬度相当的其他马氏体不锈钢一样进行机加工。S45000 合金的热加工温度为：

工艺	温度范围	
	℃	℉
始锻温度	1150~1175	2100~2150
终锻温度	1040min	1900
固溶处理	1025~1050	1875~1925
时效硬化	480~565	900~1050
过时效	620max	1150max

6. Custom 455 合金

Custom455（UNS S45500）不锈钢相对硬度较低，在退火状态容易成形加工。Custom455 合金在高达 980℃（1800℉）温度退火，经调整其化学成分，保持奥氏体组织和无 δ 铁素体产生。该合金的 Ms~Mf 温度高于室温，如采用水淬火得到完全马氏体组织。合金中添加有铜和钛，在重新加热时效时，析出金属间化合物，提高强度。

Custom 455 合适在空气热处理炉进行热处理。如采用燃料炉、控制气氛炉或盐浴炉进行热处理，应注意观察，防止工件表面受到污染。如果淬火速率能满足要求，可以采用在惰性气体炉或真空炉中进行热处理。

固溶处理温度是 830±15℃（1525±25℉），固溶保温时间取决于工件断面尺寸。通常情况下，建议

保温 1h，根据断面尺寸，采用水淬或空气冷却到室温，在 480~565℃（900~1050℉）时效 4h。对于厚截面工件，在上述工序之前，在 980℃（1800℉）加热 1h 进行水淬处理，以改善横向力学性能。采用这种工艺的工件硬度很低，退火硬度大约 30HRC。推荐的热处理是：

1）980℃（1800℉）退火 1h，水淬。

2）815℃（1500℉）退火 30min，水淬或空气冷却。

3）480~565℃（900~1050℉）时效 4h，空气冷却。

经单步时效硬化处理得到非常高的屈服强度和良好的塑性和韧性。H1150M 调整处理工艺（退火后）包括：

1）760±8℃（1400±15℉）保温 2h，空冷。

2）加 620±5℃（1150±10℉）保温 4h，空冷。

通过下面时效处理，可获得抗拉强度：

抗拉强度		温度		保温空冷时间/h
MPa	ksi	℃	℉	
1725	250	480±5	900±10	4
1620	235	510±5	950±10	4
1450	210	540±5	1000±10	4
1310	190	565±5	1050±10	4

Custom455 合金的典型的力学性能见表 4-31，该合金在退火状态硬度相对较低，容易成形加工。通过单步时效硬化处理能获得高的屈服强度和良好的塑性与韧性。

表 4-31　S45500 型合金棒材的典型的室温力学性能

热处理工艺	圆棒直径		抗拉强度		屈服强度①		缺口抗拉强度②		断后伸长率③	断面收缩率	硬度HRC	冲击能量④	
	mm	in.	MPa	ksi	MPa	ksi	MPa	ksi	（％）	（％）		J	ft·lbf
815℃（1500℉）退火,保温 0.5h,淬水	100	4	965	140	795	115	—	—	12	50	31	—	—
	25	1	1000	145	795	115	1585	230	14	60	31	95	70
在 480℃（900℉）时效硬化 4h;空冷	100	4	—	—	—	—	—	—	—	—	—	—	—
	25	1	1725	250	1670	245	1795	260	10	45	49	12	9
在 510℃（950℉）时效硬化 4h;空冷	100	4	1585	230	1515	220	1725	250	10	45	48	11	8
	25	1	1620	235	1550	225	2070	300	12	50	48	19	14
在 540℃（1000℉）时效硬化 4h;空冷	100	4	1415	205	1345	195	1725	250	12	45	45	16	12
	25	1	1450	210	1340	200	2000	290	14	55	45	27	20
在 565℃（1050℉）时效硬化 4h;空冷	100	4	1415	190	1205	175	1725	250	14	50	40	34	25
	25	1	1310	190	1205	175	1795	260	15	55	40	47	35

① 0.2%屈服强度。
② 应力集中系数，K_t 为 10。
③ 计量标距长度 4×试样的直径。
④ 夏比 V 形缺口。

S45500 型合金在 650℃（1200℉）以下温度具有良好的抗氧化性能，建议在 425℃（800℉）以下温度服役。

S45500 型合金在退火条件下，进行冷拔、冷轧工序，无需进行中间退火。因为深拉或深冲会产生局部伸长，需要进行中间退火。该合金也容易进行冷镦和成型加工。S45500 型合金在退火状态下可进行机加工，可采用与其他不锈钢同样的焊接方法进行焊接。S45500 型合金热加工温度为：

工艺	温度范围	
	℃	℉
始锻温度	1040～1150	1900～2100
终锻温度	815～925	1500～1700
固溶处理	815～845	1500～1550
时效硬化	480～565	900～1050

4.4.7　半奥氏体型析出硬化不锈钢

在马氏体不锈钢中添加强奥氏体形成元素，进行合金化，在室温得到稳定的奥氏体组织。这种合金硬度低、易于加工制造，最为重要的是可生产冷轧薄板和带钢。如采用低温冷处理、冷加工或特殊热处理，使合金的奥氏体组织转变为马氏体，则合金可以像马氏体时效硬化合金一样进行时效强化。这就是所谓半奥氏体型时效硬化合金，其中"半"表示这些合金在室温下，奥氏体是亚稳相而不是稳定相。应该注意的是，这些半奥氏体型合金在退火后，除主要组织为奥氏体外，通常含一些 δ 铁素体组织。

由于采用特殊的冶金工艺，经完全固溶退火，这类合金在室温条件下奥氏体组织稳定。其原因为作为奥氏体稳定元素的碳，合金中固溶含量很高，

其数量随退火温度的提高而增加。采用调整处理 A 在 1050℃（1920℉）退火，也称轧后退火（mill anneal），将合金中所有的碳都固溶于基体中。合金的奥氏体组织的稳定性与 301 型合金相同，因此合金可以进行大变形量成形加工。

半奥氏体型时效硬化合金的工艺关键是，后续要进行一个低温退火，降低固溶体中的碳含量，形成 $M_{23}C_6$ 碳化物。形成了碳化物会引起合金敏化，但由于退火的温度较高，铬容易扩散，因此弥补了铬碳化物周围出现铬的贫化。形成碳化物降低了合金中固溶的碳和铬的含量，提高了 Ms 温度。因此可以通过选择退火温度，控制合金的 Ms 温度，将马氏体转变提高至室温或降低到需要进行低温冷处理的温度。图 4-50 为热处理工艺选择框图。

根据图 4-50，通过调整处理 T 工艺路线，降低马氏体的碳含量，合金得到较低的强度；采用调整处理 C 工艺路线，由于冷加工以及后续时效强化提高马氏体硬度的综合效果，合金得到最高的强度。

该类主要合金列于表 4-22 和 4-23。从表中可以看到，前两个合金通过析出 Ni_3Al 强化，而后两个合金没有明显的析出强化相。合金强化主要为通过回火马氏体析出，产生二次硬化，而不是金属间化合物引起析出硬化。对于 17-7PH 和 15-7PH 合金，由于钛优先与碳和氮结合，形成碳氮化物，造成合金出现碳和氮贫化，妨碍受控于碳的调整热处理的作用。因此合金中主要起析出强化作用的是铝，而不是钛。对于 AM350 和 AM355 合金，是马氏体组织中的 $(Cr,Fe)_2N$ 析出相引起时效强化。此外，合金含碳马氏体中的钼也是产生二次硬化的元素。这

两种早期的合金没有铜、钛或铝析出相的共同作用，因此硬化效果较低。

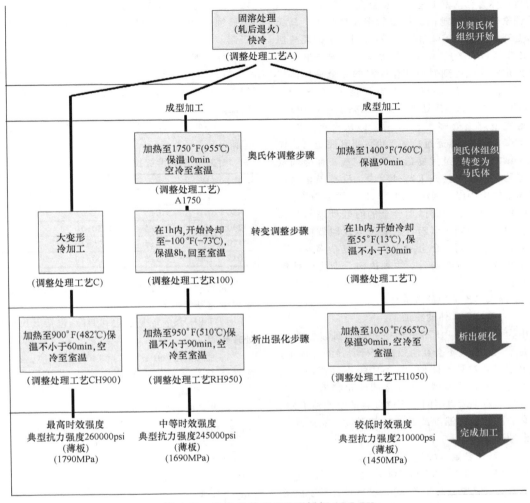

图 4-50　半奥氏体型 PH 不锈钢 15-7 PH
（S15700，632 型）热加工流程图

半奥氏体型时效硬化合金的力学性能与马氏体合金大体相同。与马氏体合金相比，该类合金的主要优点是在室温下成形加工更加方便。但不足的地方是在时效硬化前需要进行调整退火。如果耐腐蚀是主要考虑的问题，那么应该选择能获得最高铬固溶度的合金以及热处理。因此，调整工艺 CH 优于调整工艺 RH，而调整工艺 RH 优于调整工艺 TH。三种工艺的固溶退火温度按升序排序，而 Ms 温度按降序排序。

马氏体 PH 不锈钢中的马氏体组织均匀性高，含碳量低，因此强度更高。事实上半奥氏体合金通常为板材，在服役条件下对韧性要求不是太高。尽管 δ 铁素体对板材整个厚度的韧性会产生不利影响，但残留部分 δ 铁素体不会造成严重的后果。

1. 热处理

固溶处理和调整处理。半奥氏体时效硬化合金比马氏体 PH 合金更为复杂。根据该类合金设计，合金经固溶淬火得到奥氏体组织。该工艺称为调整处理工艺 A，固溶淬火后合金的可加工性非常好。得到稳定的奥氏体主要原因是合金含有较高的铬和碳含量。本质上这类合金用钼代替部分铬，类似于瘦身的 301 奥氏体合金。通过在通常认为的敏化以上温度 760℃（1400℉）析出含铬的碳化物，使之具有马氏体合金性能。碳化物在残留的少量铁素体界面和晶界处析出，降低了奥氏体基体的碳和铬的含量。使马氏体转变开始温度（Ms）从低于零下提高到 65～100℃（120～210℉），马氏体转变完成温度（Mf）提高到室温附近。这个工艺过程称为奥氏体调整，该热处理工艺称为调整工艺 A-1400。淬火至室温的材料称为在调整工艺 T 状态合金。

调整处理温度越高，析出的碳化物越少，马氏体转变开始温度（Ms）越低。如采用最高的调整温度 955℃（1750℉），则 Ms 非常低，必须要进行低温冷处理，才能得到时效硬化所需的完全马氏体组织。该工艺称为 A-1750 工艺。随后在 -75℃（-127℉）进行低温冷处理，称为调整工艺 R-100。

经完全调整处理工艺 A 后，即从温度 1065℃（1950℉）淬火，再通过冷加工也可得到完全马氏体组织。该冷加工通过大变形量冷轧完成，称为调整处理工艺 C。因为在该工艺过程中，没有碳化物从奥氏体基体中析出，因此得到的马氏体硬度最高。

时效处理。半奥氏体型合金的时效处理与马氏体合金的完全相同，但随合金成分以及时效前的形变热处理工艺不同，合金的力学性能复杂多变。除了析出相诱发应变影响外，主要决定合金力学性能的因素包括：

1）淬火马氏体中的碳含量。

2）时效前奥氏体的冷加工。

因为马氏体型 PH 不锈钢中的碳全部以固溶状态存在，而且合金不会在时效前进行明显的冷加工，因此上述因素对马氏体型 PH 不锈钢不起作用。随工艺不同，半奥氏体型 PH 合金的碳化物析出量不同，合金的铬含量也不同，造成合金的耐蚀性不同。选择高的固溶处理温度或低的时效温度，能提高合金的耐蚀性。

2. 17-7PH 合金（631 型）

17-7 PH 合金（UNS S17700）通常以固溶退火条件下供货（调整处理工艺 A），硬度低，易于成形加工。固溶处理工艺为 1065±15℃（1950±25℉）保温 30min（根据工件截面尺寸），随后空冷至室温。通过转变强化（transformation-hardened，TH）或冷处理强化（refrigeration-hardened，RH）工序完成热处理，如表 4-26 所示。通常是根据实施方便和满足用户要求，选择热处理方法和路线。进行明显变形加工的工件应采用 RH 950 热处理处理，否则可能产生软点。

该合金也可在冷轧条件下供货（调整处理工艺 C）。在冷轧过程中，合金发生相变，热处理工序减

少至简单的一步完成：在 480℃（900℉）时效 1h。虽然经过该工艺处理，大大提高了合金的强度和应力腐蚀抗力，但降低了塑性和成形性能受到了限制。

冷处理强化工序为：

1）奥氏体调整处理。在 955±15℃（1750±25℉）保温 1h。空冷至室温；在转变冷却前不要重新加热。

2）转变冷却。冷却至低于 -70℃（-127℉），停留 8h。

时效处理获得抗拉强度：

抗拉强度		温度		保温空冷时间/h
MPa	ksi	℃	℉	
1450	210	510±5	950±10	1
1240	180	565±5	1050±10	1
1170	170	580±5	1075±10	1
1035	150	595±5	1100±10	1

如果合金硬度超过指定的最高硬度，稍提高时效温度重新加热不少于 30min。

17-7 PH 合金转变强化（TH）包括奥氏体调整处理步骤：

1）加热至 760±15℃（1400±25℉），在 1h 内冷却至 15℃（60℉），但高于 0℃（30℉）。

2）在室温停留不小于 30min，再进行析出强化。

推荐的时效处理获得抗拉强度：

抗拉强度		温度		保温空冷时间/h
MPa	ksi	℃	℉	
1240	180	565±5	1050±10	1.5
1170	170	580±5	1075±10	1.5
1035	150	595±5	1100±10	1.5

如果合金硬度超过指定的最高硬度，稍提高时效温度重新加热不少于 30min。

17-7 PH 合金（631 型）典型力学性能见表 4-32。经热处理后，631 型合金在温度不高于 480℃（900℉）范围，具有良好的力学性能。经调整处理工艺 TH1050 和 RH950，合金的耐蚀性优于可硬化含铬型不锈钢，在某些服役环境下，与 302 和 304 型不锈钢相当。大变形冷加工生产的弹簧钢丝，可通过在较低温度下时效，简单一步完成热处理。

表 4-32　AISI 631 型合金典型力学性能

调整处理代码及工艺	抗拉强度		屈服强度①		断后伸长率②（%）	断面收缩率（%）	硬度
	MPa	ksi	MPa	ksi			
薄板							
固溶处理	895	130	275	40	35	—	85HRB
CH900	1825	265	1795	260	2	—	43HRC
TH1050	1380	200	—	—	—	—	—

（续）

调整处理 代码及工艺	抗拉强度		屈服强度①		断后伸长 率②（%）	断面收缩率 （%）	硬度
	MPa	ksi	MPa	ksi			
棒材和板材							
固溶处理	895	130	275	40	10	30	90HRB
RH950	1380	200	1205	175	10	30	44HRC
TH1050	1205	175	1070	155	12	34	42HRC

① 0.2%屈服强度。

② 测量标距 50mm（2in）。

经调整处理工艺 A（轧后退火）的 631 型合金，可以像 301 型不锈钢一样成型。该合金在成型过程中，迅速产生加工硬化，对拉伸成形或成型复杂的工件，需要进行中间退火。

631 型合金焊接性好，不需要进行预热和焊后退火，焊后可直接用于不锈钢的抗腐蚀环境。为避免熔焊中出现氧化铝，应采用惰性气体保护进行焊接。

631 型合金的可加工性与 302 型不锈钢类似，应遵循正常的材料加工硬度范围 275～400 HBW。

3. PH15-7Mo 合金（632 型）

PH15-7Mo 合金（UNS S15700），也称为 15-7 PH 合金，是在 17-7 PH 合金的基础上，进一步提高强度改进的合金。固溶退火和冷处理强化（RH）工艺与 17-7 PH 合金相同，推荐析出强化得到的抗拉强度：

抗拉强度		温度		时间/h
MPa	ksi	℃	℉	
1550	225	510±5	950±10	1
1310	190	565±5	1050±10	1

如果合金硬度超过指定的最高硬度，稍提高时效温度重新加热不少于 30min。

PH15-7Mo 合金的转变强化（TH）工艺过程为：

1）奥氏体调整处理：在 760±15℃（1400±25℉）保温 1.5h，在 1h 内冷却至 15℃（60℉），但高于 0℃（30℉）；在室温停留不小于 30min，再进行析出强化。

2）析出强化：在 565±5℃（1050±10℉）保温 1.5h，得到抗拉强度不小于 1310MPa（190ksi）。

如果合金硬度超过指定的最高硬度，稍提高时效温度重新加热不少于 30min。

PH15-7Mo 合金（632 型）典型力学性能见表 4-33。经热处理后，632 型不锈钢在使用温度不高于 480℃（900℉）范围，具有极优良的力学性能。合金的耐蚀性优于可硬化含铬型不锈钢，在某些服役环境下，与 304 型不锈钢相当。经 CH900 工艺处理后，632 型合金具有最高的抗应力腐蚀开裂性能。经 TH1050 工艺处理后，合金的耐蚀性比经 CH900 工艺处理差，但比经 RH950 工艺的耐应力腐蚀开裂性能好。

表 4-33 AISI 632 型合金典型力学性能

调整处理 代码	抗拉强度		屈服强度①		断后伸长 率②（%）	硬度
	MPa	ksi	MPa	ksi		
A	896	130	379	55	35	88HRB
T	1000	145	621	90	7	28HRC
TH1050	1448	210	1379	200	7	24HRC
A1750	1034	150	379	55	12	85HRB
R100	1241	180	862	125	7	40HRC
RH950	1655	240	1551	225	6	48HRC
C	1517	220	1310	190	5	45HRC
CH900	1827	265	1793	260	2	50HRC

① 0.2%屈服强度。

② 测量标距 50mm（2in）。

经调整处理工艺 A 后，632 型合金的成形性能相当于 301 型不锈钢。该合金在成形过程中迅速产生加工硬化，对深拉或形成复杂工件，需要进行中间退火。632 型合金的热处理温度为：

热处理工艺	温度	
	℃	℉
退火，调整处理工艺 A	1050～1080	1925～1975
奥氏体调整处理	745～775	1375～1425
时效硬化	510～565	950～1050

4. 633 型合金（AM-350 和 Pyromet 350）

633 型合金（UNS S35000）通常在固溶状态下供货。经大变形成形加工或冷加工后，需进行重新退火处理，锻造合金的退火温度范围选择至关重要。温度偏高会降低强度，偏低会影响成形性。AM-350 合金退火后，进行奥氏体调整处理和低温冷处理，随后在 455℃（850℉）保温 3h。经该工艺处理，合金获得最大强度。热处理过程为：

1）退火（仅用于锻造合金）：1065 ± 15℃（1950±25℉）3min，根据工件截面厚度，每 0.25mm（0.01in）增加 1min，空冷。

2）奥氏体调整处理：930±5℃（1705±10℉）10min，根据工件截面厚度，每 0.25mm（0.01in）增加 1min，空冷至室温；在转变冷却前不要重新热。

3）转变冷却：−75±5℃（−100±10℉）3h（最少）。

推荐的时效处理的抗拉强度：

抗拉强度		温度		时间/h
MPa	ksi	℃	℉	
1275	185	455±5	850±10	3
1170	170	510±5	950±10	3
1140	165	540±5	1000±10	3

如果合金硬度超过指定的最高硬度，稍提高时效温度，重新加热不少于 30min。在 480 ~ 540℃（900~1000℉）时效，合金得到最大的韧性。必须认真考虑推荐的冷处理温度，如冷却至非常低的温度，例如 −195℃（−320℉），会导致转变不完全。在推荐的温度如保温时间小于 3h，也会导致失效。

633 型合金典型的力学性能见表 4-34。如合金在双时效（double-aged）或在平衡和过回火（equalized and over tempered）状态下，因为有铬碳化物的析出，容易产生晶间腐蚀。如进行时效硬化和低温处理，则合金不产生晶间腐蚀。

表 4-34　AISI 633 型合金典型力学性能

处理工艺	抗拉强度		屈服强度①		断后伸长率②（%）	断面收缩率（%）	硬度
	MPa	ksi	MPa	ksi			
低温冷处理，在 455℃（850℉）回火	1365	198	1115	162	15	49	48HRC
低温冷处理，在 540℃（1000℉）回火	1125	163	1035	150	22	53	38HRC
双时效	1180	171	980	142	12	—	40HRC
退火	1105	160	415	60	30	—	95HRB

① 0.2%屈服强度。

② 测量标距 50mm（2in）。

在退火条件下，633 型合金的组织为奥氏体，具有与奥氏体不锈钢类似的冷成形性能。该合金加工硬化率高，冷成形会引起马氏体转变，其转变量与变形量成正比。在硬化状态，该合金有足够的塑性，可进行有限的成形或矫直。633 型合金的热加工温度为：

热加工工艺	温度	
	℃	℉
锻造和退火		
调整处理	1175max	2150max
终锻温度	925 ~ 980	1700 ~ 1800
退火	1010 ~ 1065	1850 ~ 1950
硬化		
冰冷处理，调整处理	920 ~ 945	1685 ~ 1735
冰冷处理，回火	455 或 540	850 或 1000
双时效	730 ~ 760	1350 ~ 1400
双时效，重新加热	440 ~ 470	825 ~ 875
平衡和过回火	745 ~ 800	1375 ~ 1475
	540 ~ 595	1000 ~ 1100

5. 634 型合金（AM-355 和 Pyromet 355）

634 型合金（UNS S35500）板材以固溶状态或固溶加冷轧状态供货。棒材通常以平衡和过回火状态供货，在该状态下就具有优良的可加工性。大多数铸件在铸态供货。

表 4-35 列出常用锻造和热处理温度。热处理包括：

1）固溶退火：固溶温度 1025 ± 15℃（1875 ± 25℉），工件截面直径每 25mm（1in）保温 1h，水淬。

2）提高可加工性处理：760 ± 15℃（1400 ± 25℉）保温 3h；空冷。在 −70℃（−90℉）进行低温冷处理，保温 3h。重新加热至 565 ± 15℃（1050 ± 25℉）保温 3h。

3）奥氏体调整处理：对铸件：980±15℃（1800±25℉）保温 2h，空冷（如工件尺寸超过 3mm，或 0.120in，采用淬油）。对锻件：930±15℃（1705±25℉），工件截面直径每 25mm（1in）保温 15min；空冷（如工件尺寸超过 3mm，或 0.120in，采用淬油）。

4）转变冷却处理：−75±5℃（−100±10℉）保温 3h。

表 4-35　AISI 634 型合金常用锻造和热处理温度

热加工工艺	温度	
	℃	℉
锻造和退火		
锻造预热	870	1600
调整处理	1175max	2150max
终锻温度	925～980	1700～1800
退火		
	1010～1040	1850～1900
硬化		
调整处理	930～955	1710～1750
冰冷处理	-75	-100
冰冷处理,回火	455～540	850～1000
双时效	730～760	1350～1400
平衡和过回火	745～800	1375～1475
	540～595	1000～1100

完全退火通常仅适用于板材。如需获得良好的可加工性，需要对合金进行提高可加工性处理。铸件的均匀化处理和奥氏体调整处理与锻材不一样（铸件的处理温度要高）。为得到最佳的韧度和耐蚀性，铸件和锻材必须进行低温冷处理。

锻材经 455℃（850℉）时效，得到最高强度，经 540℃（1000℉）时效，得到最佳塑性和韧性。常用的时效工艺为在 455℃（850℉）保温 2h。

经下面时效温度处理，锻材获得抗拉强度：

抗拉强度		温度		时间/h
MPa	ksi	℃	℉	
1310	190	455±5	850±10	3
1170	170	540±5	1000±10	3

对于铸件，在 455℃±5℃（850℉±10℉）时效 2h，获得抗拉强度不小于 1240MPa（180ksi）。如果合金硬度超过指定的最高硬度，稍提高时效温度，重新加热不少于 30min。

4.4.8　奥氏体析出硬化不锈钢（A-286）

奥氏体析出硬化不锈钢仅有一个重要的商用合金 A-286。该合金在固溶退火和时效硬化条件下均为完全稳定奥氏体组织，成型性好和无磁性。在 700℃（1290℉）析出温度，析出相在奥氏体基体中析出。这使合金可在 700℃高温附近服役，而不用担心发生过时效现象。奥氏体 PH 不锈钢通过析出强化相，强化奥氏体基体，它具有以下优点：

1）高塑性，因此在软化和未时效情况下成形性好。

2）在很宽的温度区间具有高韧性和高强度。

3）优良的抗蠕变和抗应力破坏性能。

4）优良的抗氧化、抗腐蚀和抗应力腐蚀性能。

该合金为铁基超合金，是后续开发的镍基和钴

基超合金的基础。由于镍基和钴基超合金具有比 A-286 合金更高的强度和更高的抗蠕变性能，因此有效地取代了奥氏体合金 PH 合金的进一步发展。与镍基 PH 合金相比，A-286 合金成本低，广泛用于航空航天和其他领域。

A-286 合金的强化机理为析出 Ni_3（Al，Ti）强化相。合金为奥氏体组织，即使在高温下，扩散速度也较慢，典型的时效时间为 16h。在时效前对合金进行冷加工，其力学性能可明显提高。

A-286 合金的典型的热加工工艺列于表 4-36。固溶处理工艺与常规奥氏体不锈钢的固溶退火相同，为在 900℃（1650℉）保温 2h（根据截面厚度），油淬冷却。

表 4-36　A-286 合金热加工温度

热加工工艺	温度	
	℃	℉
调整处理	1095～1175	2000～2150
终锻温度≥	925	1700
固溶处理	900 或 1010	1650 或 1800
时效硬化[①]	720	1325

① 该合金也可通过冷加工和时效获得很高的强度。

沉淀硬化。由于在奥氏体扩散慢，后续析出时效温度高和时间长。时效处理工艺为 720℃（1330℉）保温 16h，空冷。固溶处理后典型的抗拉强度为：

抗拉强度		温度		时间/h，油冷
MPa	ksi	℃	℉	
1070	156	980	1800	1
1100	160	900	1650	2

A-286 合金的双时效处理。增加第二次时效能改善性能，满足特殊性能需求。例如，两炉合金采用下面工艺处理，屈服强度的临界值（615～630MPa，或 89～91ksi）：

1）900℃（1650℉）保温 2h 固溶处理，淬油冷却。

2）705℃（1300℉）保温 16h 时效处理，空冷。

通过在 650℃（1200℉）进行第二次时效处理，屈服强度提高到 635～698MPa（92～101ksi）。

4.4.9　铸造析出硬化不锈钢

铸造析出硬化不锈钢铸件经过高温均匀化处理，减少合金偏析和获得更均匀的组织，以便于后续的热处理。即使是采用熔模铸造，从浇注温度缓慢冷却后具有较均匀的组织，也需要进行均匀化处理。17-4PH（S174000）和 AM-355（S35500）合金的推荐的均匀化处理工艺为：

1）17-4PH 铸件的均匀化处理：加热至 1175±

15℃（2150±25℉）保温 2h，按工件尺寸每 25mm（1in）增加 30min。

2）AM 355 PH 铸件的均匀化处理：加热至 1095±15℃（2000±25℉）保温 2h，空冷；当工件尺寸超过 50mm（2in）采用水淬冷却。

（1）17-4 PH 铸件　当 17-4 PH 铸件（ASTM CB-7Cu-1 和 CB-7Cu-2）在聚合物黏结的熔模壳中浇铸，由于黏结剂分解，使表面发生渗碳，增碳使其在热处理中铸件表面出现问题。为获得满意的热处理效果，在均匀化处理前要去除表面的增碳。

除均匀化处理外，17-4 PH 铸件的热处理还有固溶退火和析出硬化。最佳析出硬化温度范围是 480~595℃（900~1100℉）。采用不同的时效硬化温度，17-4 PH 铸件的力学性能见表 4-37。

通过在 17-4 PH 铸件中添加大约 0.25%钽和铌合金元素，提高铸件抗过时效的能力。在时效温度下的保温时间对含铌和不含铌的 17-4 PH 熔模铸件力学性能的影响见表 4-38。

表 4-37　时效温度对 17-4 PH 不锈钢熔模铸件力学性能的影响

时效温度[1]		抗拉强度		屈服强度		断后伸长率（%）标距 50mm（2in）	硬度 HRC
℃	℉	MPa	ksi	MPa	ksi		
添加 0.15%~0.4%Nb							
铸态	—	1055	153	770	112	3.5	—
480	900	1380	200	1055	153	15	44
510	950	1360	197	1082	157	13	42
540	1000	1130	164	970	141	14	39
565	1050	1125	163	1040	151	16	35
595	1100	1115	162	985	143	16	34
650	1200	1015	147	860	125	15	30
不添加 Nb							
铸态	—	1115	162	985	143	2.7	38
480	900	1365	198	1145	166	12	43
510	950	1255	182	1110	161	13	42
540	1000	1280	186	1095	159	14	38
565	1050	980	142	910	132	16	35
595	1100	1080	157	840	122	16	34
650	1200	1055	153	895	130	12	32

[1] 时效 1h，空冷。时效前的处理：1150℃（2100℉）保温 1h 均匀化，空冷；在 1040℃（1900℉）保温 0.5h 固溶退火，油冷；不进行低温冷处理。数据来自随炉浇铸试棒。

表 4-38　在 480℃（900℉）时效时间对 17-4 PH 不锈钢熔模铸件力学性能的影响

时效时间[1]/h	抗抗强度		屈服强度		断后伸长率（%）标距 50mm（2in）	硬度 HRC
	MPa	ksi	MPa	ksi		
添加 0.15%~0.4%Nb						
0.5	1385	201	1275	185	7	45
1	1380	200	1070	155	15	44
2	1340	194	1055	153	13	45
4	1295	188	1075	156	9	43
不添加 Nb						
0.5	1385	201	1075	156	10	43
1	1365	198	1130	164	12	43
2	1395	202	1080	157	12	44
4	1180	171	980	142	16	38
8	1130	164	970	141	14	37

[1] 时效前的处理：1150℃（2100℉）保温 1.5h 均匀化，空冷；在 1040℃（1900℉）保温 1h 固溶退火，油冷。

（2）AM-350 和 AM-355 铸件　虽然这类合金的熔模铸件不一定需要进行均匀化处理，但均匀化处理能得到更加均匀的组织，为后续热处理打下良好的基础。如 AM-355 合金的熔模和砂型铸件不进行均匀化处理，脆性极大；经在 1095℃（2000℉）保温不少于 2 h 均匀化处理后，铸件恢复塑性。不同热处理工艺和在 650℃（1200℉）以下回火对 AM-355 合金熔模铸件力学性能的影响见表 4-39。

AM-355 铸件焊接后热处理的力学性能见表 4-40。如焊接后要进行完整的热处理，焊接前的热处理对铸件性能的影响甚微。

表 4-39　不同热处理工艺和回火温度对 AM-355 不锈锻钢熔模铸件力学性能的影响

| 调整工艺[①] | 抗拉强度 | | 0.2%屈服强度 | | 断后伸长率（%） | 断面收缩率 |
	MPa	（ksi）	MPa	（ksi）	标距 50mm（2in）	（%）
退火	1290	187	485	70	6	3.5
低温冷处理	1400	203	965	140	6	2.5
在下面温度回火 3h，℃（℉）						
480（900）	1440	209	1170	170	20	9
540（1000）	1325	192	1095	159	34	13
595（1100）	1195	173	940	136	35	14
650（1200）	1015	147	595	86	33	15

① 回火前的处理：1095℃（2000℉）保温 1h，炉冷 1.5h 冷却至 980℃（1800℉），保温 1.5h，水冷；在 -85℃（-120℉）冰冷处理，保温 6h。

表 4-40　热处理和焊接顺序对 AM-355 析出硬化不锈钢铸件力学性能的影响

| 工艺过程[①] | 抗拉强度 | | 0.2%屈服强度 | | 断后伸长率（%） |
	MPa	ksi	MPa	ksi	标距 50mm（2in）
焊接后进行热处理					
A	1450	210	1105	160	15
B	1380	200	1115	162	12
C	1415	205	1070	155	12
D	1415	205	1105	160	8
焊接后不进行热处理					
E	1070	155	830	120	11

① 工序 A：1095℃（2000℉）保温 2h，空冷；1010℃（1850℉）保温 2h，水冷；-75℃（-100℉）冷处理 3h；在 455℃（850℉）保温 3h 回火，空冷；510℃（950℉）保温 3h 回火，空冷；氢气保护弧焊；重复进行热处理。工序 B：1095℃（2000℉）保温 2h，空冷；1010℃（1850℉）保温 2h，水冷；-75℃（-100℉）冷处理 3h；在 455℃（850℉）保温 3h 回火，空冷；510℃（950℉）保温 3h 回火，空冷；1010℃（1850℉）保温 2h，水冷；氢气保护弧焊；重复进行热处理。工序 C：氢气保护弧焊；1095℃（2000℉）保温 2h，空冷；1010℃（1850℉）保温 2h，水冷；-75℃（-100℉）冷处理 3h；在 455℃（850℉）保温 3h 回火，空冷；510℃（950℉）保温 3h 回火，空冷。工序 D：1095℃（2000℉）保温 2h，空冷；1010℃（1850℉）保温 2h，水冷；氢气保护弧焊；1095℃（2000℉）保温 2h，空冷；1010℃（1850℉）保温 2h，水冷；-75℃（-100℉）冷处理 3h；在 455℃（850℉）保温 3h 回火，空冷；510℃（950℉）保温 3h 回火，空冷。工序 E：1095℃（2000℉）保温 2h，空冷；1010℃（1850℉）保温 2h，水冷；-75℃（-100℉）冷处理 3h；在 455℃（850℉）保温 3h 回火，空冷；510℃（950℉）保温 3h 回火，空冷；氢气保护弧焊。

4.4.10　Fe-Ni 析出硬化超合金

如上所述，通常认为铁基超合金是从奥氏体不锈钢演变而来，A-286 析出硬化合金是铁镍超合金家族的一员见表 4-41。锻造铁-镍超合金分为固溶强化和析出强化合金。固溶强化的铁基、镍基和钴基超合金与析出强化超合金的区别主要是，固溶强化超合金析出相形成元素如铝、钛和铌的含量相对较低。但也有例外，特别是铌的含量。

析出强化超合金时效处理可采用有保护气氛或没有保护气氛，工作温度误差 ±14℃（±25℉）的箱式炉，温度在 650~900℃（1200~1650℉）范围进行。因为时效时间长，很少使用连续炉进行时效。为避免长时间在盐浴时效浸泡，引起氯化物与合金发生化学反应，不推荐采用盐浴炉进行时效。但采用盐浴炉进行固溶处理能获得令人满意的效果。

通常采用在大气环境下进行时效处理，处理后在成品工件表面形成光滑致密有益的氧化膜（对无铬、低膨胀超合金进行热处理除外）。然而，如果要求这种氧化膜非常薄，可采用稀薄放热气氛（大气：气氛比为 10:1）或采用真空炉进行处理。虽然这不会完全防止氧化，但形成的氧化膜会很薄。在温度低于 760℃（1400℉）下，氢和一氧化碳气氛有爆炸的危险，因此应避免采用这种气氛进行时效。

1. 合金的分类

根据合金的主要的强化相不同，析出硬化铁-镍超合金分为两类。第一类为采用 γ' 相作为主要强化相（见表 4-42）。该类合金包括有镍含量相对较低（25%~35%，质量分数）的 A-286 合金，镍含量相对较高（超过 40%，质量分数），γ'强化相数量较多的 Incoloy 901 和 Inconel X-750 合金，同样采用 γ'相强化的富铁高强度低线胀系数 Incoloy 903 和 909 铁-镍-钴合金。

表 4-41 锻造铁-镍超合金名义成分

合金牌号	合金元素(质量分数,%)										
	Cr	Ni	Co	Mo	W	Nb	Ti	Al	Fe	C	其他
固溶强化铁-镍超合金											
Alloy N-155(哈氏合金)	21.0	20.0	20.0	3.00	2.5	1.0	—	—	32.2	0.15	0.15 N,0.2 La,0.02 Zr
Haynes 556	22.0	21.0	20.0	3.0	2.5	0.1	—	0.3	29.0	0.10	0.50 Ta,0.02 La,0.002 Zr
19-9 DL	19.0	9.0	—	1.25	1.25	0.4	0.3	—	66.8	0.30	1.10 Mn,0.60 Si
Incoloy 800	21.0	32.5					0.38	0.38	45.7	0.05	—
Incoloy 800H	21.0	33.0							45.8	0.08	—
Incoloy 800HT	21.0	32.5					0.4	0.4	46.0	0.08	0.8 Mn,0.5 Si,0.4 Cu
Incoloy 801	20.5	32.0					1.13	—	46.3	0.05	—
Incoloy 802	21.0	32.5					0.75	0.58	44.8	0.35	—
析出强化铁-镍超合金											
A-286	15.0	26.0	—	1.25			2.0	0.2	55.2	0.04	0.005 B,0.3V
Discaloy	14.0	26.0		3.0			1.7	0.25	55.0	0.06	—
Incoloy 903	0.1max	38.0	15.0	0.1		3.0	1.4	0.7	41.0	0.04	—
Pyromet CTX-1	0.1max	37.7	16.0	0.1		3.0	1.7	1.0	39.0	0.03	—
Incoloy 907	—	38.4	13.0			4.7	1.5	0.03	42.0	0.01	0.15 Si
Incoloy 909	—	38.0	13.0	—		4.7	1.5	0.03	42.0	0.01	0.4 Si
Incoloy 925	20.5	44.0		2.8			2.1	0.2	29	0.01	1.8 Cu
V-57	14.8	27.0		1.25			3.0	0.2	48.6	0.08 max	0.01 B,0.5 max V
W-545	13.5	26.0		1.5			2.85	0.2	55.8	0.08 max	0.05B

第二类为镍-铁基合金,合金主要强化相为 γ'' 相。这些合金为富镍和为形成 γ'' 相添加了铌。代表合金为 Inconel 706 (N09706) 和 Inconel 718 (N07718)。其中 Inconel 718 合金特别重要,大部分的镍基和镍-铁超合金工件都由此合金生产。Inconel 706 和 Inconel 718 的镍含量(分别为41%和52%,质量分数)均超过了铁含量(分别为37%和18.5%,质量分数)。本文不对采用 γ'' 相强化的富镍 PH 超合金进行讨论,重点介绍的是采用 γ' 相强化的铁镍超合金,如 A-286。

镍基和镍-铁基析出强化超合金之间还有另一个重要区别,即除主要析出强化相(γ' 和/或 γ'')外,镍基合金还有可以析出许多金属间化合物(如 η、δ 和 Laves 相,见表4-42)。通过这些析出相和适当的热处理,可以控制镍-基基超合金的晶粒尺寸(参见下例子 A-286)。铁基超合金的主要强化相与镍合金的相同,但更容易出现 η 相,其原因是铁基合金中的 Ti:Al 比率通常比在镍基合金中的高。

示例: A-286 合金晶粒长大控制。当加热温度低于 η 相固溶线,A-286 合金中的 η 相阻止晶粒长大。A-286 合金的 γ' 相和 η 相的固溶度线温度大约分别为 855℃(1575℉)和 910℃(1675℉)。如加热温度高于 η 相的固溶度线,可以进行热加工和热处理;如加热温度高于 γ' 相的固溶度线,可以溶解部分 η

相,但仍保留细化晶粒的作用。将终锻温度控制在 η 相固溶度线附近,在低于 η 相固溶度线以下,但高于 γ' 相固溶度线固溶处理(例如,在 900℃,或 1650℉ 保温 2h,淬油),而后在 γ' 相固溶度线以下温度时效(例如,720℃,或 1325℉,保温 16h,空冷),A-286 合金能获得细晶粒。在 γ' 相固溶度线以上温度锻造或热处理,合金发生再结晶,通过 η 相控制晶粒长大。如果在 γ' 相固溶度线以上温度进行热处理(例如,980℃,或 1800℉,保温 1h,淬油),得到粗晶粒。表4-43 为 A-286 合金经不同热处理工艺得到的典型强度和应力持久断裂数据。合金得到细晶粒,具有更高的室温抗拉强度和材料持久塑性(包括缺口试样断裂韧度),但持久寿命较低。

2. 退火和固溶处理

(1)消除应力 超合金的消除应力需要考虑最大程度消除残余应力,同时还要考虑对高温性能及耐蚀性降低的不利影响。时效硬化前的完全固溶处理对消除应力是非常有效,因此通常锻造合金的消除应力是针对不进行时效强化的合金。此外,消除应力处理温度通常在时效硬化上限温度范围。

消除应力处理时间和温度选取范围很大,主要取决于合金的冶金特性,工件制造过程中产生的残余应力的种类和大小。消除应力温度通常低于退火或再结晶温度。

表 4-42　在铁-镍合金 PH 超合金中观察到的相组织

相	晶体结构	分子式	用途和说明
γ′	fcc（有序 L1₂）	Ni₃Al，Ni₃(Al Ti)	许多镍基,镍-铁基超合金的主要强化相；晶体点阵大小与奥氏体略有不同（0～0.5%）；形状变化从球形到立方形；大小尺寸与时效时间和温度有关。γ′相在铁-镍基合金和早期的镍基合金中是球形,如 Nimonic 80A 和 Waspaloy 合金。最近开发的镍基合金中,γ′相通常是立方体
η	hcp（DO₂₄）	Ni₃Ti(不固溶其他元素)	具有高的钛/铝比的铁基、钴基、镍基超合金经延长保温后,发现形成 η 相。通常会在晶间以胞状析出或晶内以针状片状魏氏组织形态析出
γ″	bct(有序 DO₂₂)	Ni₃Nb	Inconel 718 合金的主要强化相
δ	正交晶系（有序 Cu₃Ti）	Ni₃Nb	经 815～980℃（1500～1800℉）过时效,在 Inconel 718 合金中观察到针状形态 δ 相。在较低的温度时效,在晶内以胞状形态形成,在较高的温度时效,在晶间析出
Laves	六方晶系	Fe₂Nb,Fe₂Ti,Fe₂Mo,Co₂Ta,Co₂Ti,	铁基、钴基超合金最常见相,通常为形状不规则的球状和长条状存在,当延长保温后,可能以片状形态存在

表 4-43　热处理工艺对 A-286PH 奥氏体不锈钢性能的影响

热处理工艺	在 21℃（70℉）拉伸性能						在 650℃（1200℉）和 450MPa（65ksi）应力下的持久断裂数据		
	0.2%屈服强度		抗拉强度		伸长率（%）	断面收缩率（%）	寿命/h	断后伸长率（%）	断面收缩率（%）
	MPa	ksi	MPa	ksi					
980℃（1800℉）×1h,油淬 + 720℃（1325℉）×16h,空冷	690	100	1070	156	24	46	85	10	15
900℃（1650℉）×2h,油淬 + 720℃（1325℉）×16h,空冷	740	108	1100	160	25	46	64	15	20

（2）退火　超合金退火是指完全再结晶和最大程度降低硬度的完全退火,主要用于非硬化可锻造合金。大多数时效硬化合金的退火工艺与固溶工艺相同,但两个工艺的作用不相同。退火的主要作用包括降低合金硬度、提高塑性、便于成形或机加工、焊前预处理、焊后去应力、得到特定的微观组织和通过重溶时效硬化合金中的第二相,进一步降低硬度。固溶处理的主要作用包括为得到最大耐蚀性,溶解第二相和为时效硬化作组织准备。

大多数超合金都可以进行冷成形加工,但成形性能比奥氏体不锈钢差。如需要进行大变形量的冷成形,需要在变形中进行几次中间退火工序。完全退火必须采用快速冷却。

如时效硬化合金焊接制作的构件受到高约束应力,应进行焊后退火处理。如果材料是应变时效裂纹敏感合金,必须采用高加热速率。如果不允许对焊件构件进行退火,可采用不容易产生应变时效开裂的合金和采用时效处理,消除应力。

热加工过程中的重新加热类似于退火,目的是改善合金的成形性能。控制加热温度,就控制了再结晶程度和晶粒长大,这是控制合金性能的关键。加热或热加工的重新加热是完全退火步骤,在该过程中发生了再结晶和溶解了几乎所有的第二相。

（3）固溶处理和快冷（淬火）　通常超合金的第一步热处理是固溶处理。锻造合金的固溶处理温度取决于所需的合金性能。选择较高的固溶温度,有利于合金的蠕变持久断裂性能；选择较低的固溶温度,细化了晶粒,有利于合金的短时间高温拉伸性能提升,并提高疲劳强度和提高缺口断裂敏感性抗力。

提高固溶处理温度,引起晶粒长大和溶解的碳化物数量增多。其主要目标是将强化相和部分碳化物溶解于固溶体。时效后合金的微观组织为粗大晶粒中析出有主要时效相（γ′、γ″、η）以及晶界处大量的碳化物。降低固溶处理温度,能溶解主要的时效相,但不会造成晶粒粗大或明显碳化物溶解。

固溶后快冷（淬火）使析出相更加细小。淬火冷却通常可采用油淬、水淬以及在不同气氛中冷却。

对有些时效硬化合金，淬火产生的内应力还可以加速过时效产生。

3. γ′相强化

影响选择时效强化步骤和温度的因素包括：

1）可用析出强化相的类型和数量。

2）预期的服役温度。

3）析出强化相尺寸。

4）合金需要的强度和塑性综合性能和类似合金的热处理。

表 4-44 为锻造时效硬化铁-镍基超合金典型的热处理工艺。因为时效会引起工件尺寸变化，建议在时效后再进行精加工。

铁-镍基超合金通过 γ′相强化，通过热处理来控制晶粒尺寸和得到所需的相组织形态，相组织主要包括有以 γ′相为主，以及 η 相和 MC 碳化物。η 相的析出温度高于 γ′相的固溶度线，因此可以在热加工和热处理中，通过 η 相的析出，控制合金的晶粒长大。

表 4-44 锻造铁基超合金典型固溶处理和时效处理

合金牌号	固溶处理				时效			
	温度		时间/h	冷却方式	温度		时间/h	冷却方式
	℃	℉			℃	℉		
A-286	980	1800	1	油冷	720	1325	16	空冷
Discaloy	1010	1850	2	油冷	730	1350	20	空冷
					650	1200	20	空冷
N-155	1165~1190	2125~2175	1	水冷	815	1500	4	空冷
Incoloy 903	845	1550	1	水冷	720	1325	8	炉冷
					620	1150	8	空冷
Incoloy 907	980	1800	1	空冷	775	1425	12	炉冷
					620	1150	8	空冷
Incoloy 909	980	1800	1	空冷	720	1325	8	炉冷
					620	1150	8	空冷
Incoloy 925	1010	1850	1	空冷	730[①]	1350[①]	8	炉冷
					620	1150	8	空冷
					720	1325	8	炉冷
					620	1150	8	空冷
					620	1150	8	空冷

注：采用选择不同工艺改善所需特定的性能。

① 如果炉尺寸/负载不允许快速加热至最初温度，建议控制在 590~730℃ （1100~1350℉）。

对给定的合金或工件，通过一次固溶和时效处理实验，很难得到理想的力学性能。为得到所需的性能，可以通过改变和调整下面工艺参数：

1）调整固溶温度或时间。

2）调整时效温度。

3）增加一级高于最终时效温度的中间（稳定化）时效工艺。

4）增加第二个（最终）较低的时效处理温度。

5）在双时效工艺中调整一个或两个时效温度。

6）添加第三次时效处理。

7）延长时效时间。

表 4-45 为 A-286 合金的示例。表中为不同时效工艺对经过热处理的 A-286 合金缺口塑性的影响（即增加一次时效处理和通过提高时效温度）。虽然采用这两种工艺方法，合金都能达到需要的蠕变断裂性能，但提高时效温度（在不提高固溶温度的前提下）的工艺方法比增加一次时效处理更好。

表 4-45 不同时效工艺对 A-286 析出硬化合金断裂性能的影响

热处理工艺	蠕变断裂[①]		
	寿命/h	断后伸长率（%）标距50mm（2in）	失效部位
原热处理工艺[②] 900℃（1650℉）保温 2h，油冷；720℃（1325℉）保温 16h，空冷	7~69	—	缺口
改进后的热处理工艺[③] 原热处理工艺+650℃（1200℉）时效 12h，空冷	74~142	5.6~7.7	光滑试棒
900℃（1650℉）保温 2h，油冷；730℃（1350℉）保温 16h，空冷	24~82	4.9~7.7	光滑试棒

① 在温度 650℃ （1200℉） 和应力 450MPa （65ksi） 下蠕变断裂规范要求：寿命不低于 23h；有缺口情况下不允许失效。

② 采用十个试样检测。

③ 每个工艺采用五个试样检测。

如合金经高温退火（比如经过钎焊）产生了粗晶组织，这种时效处理工艺显得尤其重要。低膨胀超合金就正是这种情况，如低膨胀超合金产生了粗晶组织，为改善试棒的缺口断裂强度，必须提高初始的时效温度和延长时效时间。

析出相的尺寸大小和分布受时效温度的影响。选择高于最佳时效温度时效，由于产生过时效导致析出相粗化，合金的强度下降。如在该高温下长期停留，还会发生再固溶（resolution）。与低的时效温度相比，高的时效温度，析出粗化的 γ' 相，提高了合金的抗蠕变断裂性能。为使合金得到最佳的短时高温性能，我们希望得到细小弥散的 γ' 析出相。因此，与希望得到高的蠕变断裂性能相比，此时应选择较低的时效温度。不论 γ' 相以什么方式析出，必须保证碳化物均匀分布。

（1）双时效处理　当合金基体能析出多个相时，选择一个正确的时效温度（或双时效处理，在不同的温度下，产生不同大小和类型的析出相）是非常重要的，增加第二个时效处理可以进一步提高合金的性能。

常采用双时效处理工艺控制 γ' 和 γ'' 析出相的尺寸大小和分布。除主要控制 γ' 相和 γ'' 相的析出，双时效处理工艺另一个重要作用是控制晶界碳化物形态。对某些合金，如 Incoloy 901 和 A-286，MC 碳化物可能会出现以膜的形式沿着晶界形成，降低合金的塑性。

根据合金类型和设计的性能目标。选择和调整双时效处理或多步时效（multistep aging）处理工艺。对某些合金，第二次时效温度高达 850℃（1560℉）。

然而，对其他合金，时效可以采用在 850～1100℃（1560～2010℉）温度区间，保温时间可长达 24h。例如，采用一次或多次在较低温度进行时效。在 760℃（1400℉）时效 16h，完成 γ' 相的析出，在第二次时效处理中析出的细小的 γ' 相有利于提高合金的抗拉强度和断裂寿命。

（2）Incoloy 901 合金的热处理　Incoloy 901 合金的 γ' 相和 η 相的固溶度线温度大约分别为 940℃（1725℉）和 995℃（1825℉）。正如 A-286 合金（见示例 1）一样，为得到细晶粒组织（改善拉伸性能），选择固溶热处理温度高于 γ' 相固溶度线，但低于 η 相固溶度线；为得到较粗晶粒组织（改善抗蠕变性能），选择固溶热处理温度高于 η 相固溶度线。此外，在 Incoloy 901 合金时效之前，为得到理想的晶界碳化物形态，先进行一次稳定化处理。稳定化处理促使形成球状 MC 碳化物（主要是 TiC），而不是在晶界形成连续的碳化物膜。研究表明，合金低应力塑性破坏与连续的晶间 MC 碳化物膜有关，而球状 MC 碳化物形态提高了合金的断裂寿命和塑性。

Incoloy 901 合金采用下面的热处理工艺：

1）在 1080～1105℃（1975～2025℉）固溶保温 2h，空冷或采用更快冷却速率冷却。

2）在 775～800℃（1425～1475℉）稳定化处理 2～4h，空冷。

3）在 705～745℃（1300～1375℉）时效 24h，空冷。

得到组织为：ASTM 2～4 的粗晶，γ' 相强化的基体，碳化物晶间分布不连续。

通过锻造、降低固溶-稳定化温度和选择时效温度，保证得到细晶粒。得到细晶粒的热处理工艺为：

1）在 980～1040℃（1800～1900℉）固溶保温 1～2h，空冷或采用更快冷却速率冷却。

2）在 705～730℃（1300～1350℉）稳定化处理 6～20h，空冷或采用更快冷却速率冷却。

3）在 635～665℃（1175～1225℉）时效 12～20h，空冷。

合金采用这种工艺处理，产生动态再结晶，组织为：晶粒尺寸 ASTM 5～7，通过不连续的碳化物和部分 η 相强化晶界，基体由 γ' 相析出强化。采用上述两种热处理工艺，经锻造和热处理的 Incoloy 901 合金涡轮盘室温拉伸性能见表 4-46。降低固溶温度，提高合金的抗拉强度和塑性。

表 4-46　在两种热处理条件下 Incoloy 901 合金涡轮盘锻件不同部位的拉伸性能

热处理工艺	试验部位	屈服强度		极限抗拉强度		断后伸长率（%）标距 50mm(2in)	断面收缩率（%）
		MPa	ksi	MPa	ksi		
1095℃（2000℉）保温 2h，水冷 + 790℃（1450℉）保温 2h，水冷 + 730℃（1350℉）时效 24h，空冷	轮辋-径向-顶部	859	124.6	1178	170.8	15	16
	轮辋-径向-底部	907	131.6	1168	169.4	13	14
	轮辋-径向-中部	880	127.6	1179	171.0	15	17
	轮辋-轴向-中部	858	124.4	1054	152.9	—	—
	轮辋-切向-中部	883	128.0	1175	170.4	13	17
	盘孔-径向-顶部	874	126.8	1200	174.0	14	17
	盘孔-径向-底部	889	129.0	1131	164.0	—	—
	盘孔-径向-中部	869	126.0	1172	170.0	16	20

（续）

热处理工艺	试验部位	屈服强度		极限抗拉强度		断后伸长率（%）标距 50mm（2in）	断面收缩率（%）
		MPa	ksi	MPa	ksi		
	盘孔-轴向-中部	840	121.8	1154	167.4	—	—
	盘孔-孔向-顶部	859	124.6	1167	169.2	15	17
1010℃（1850℉）保温 2h，水冷+	轮辋-径向-顶部	924	134.0	1234	179.0	17	20
730℃（1350℉）保温 20h，水冷+	轮辋-径向-底部	952	138.0	1240	179.8	17	21
650℃（1200℉）时效 20h，空冷	轮辋-径向-中部	980	142.0	1258	182.4	19	29
	轮辋-轴向-中部	972	141.0	1255	182.0	21	31
	轮辋-切向-中部	986	143.0	1274	184.8	18	25
	盘孔-径向-顶部	978	141.9	1248	181.0	18	24
	盘孔-径向-底部	976	141.6	1255	182.0	20	31
	盘孔-径向-中部	968	140.4	1252	181.6	21	34
	盘孔-轴向-中部	940	136.4	1081	1556.8	5	9
	盘孔-径向-顶部	965	140.0	1253	181.8	20	31

值得注意的是，不仅热处理工艺会对合金的拉伸性能产生影响，热加工过程中对控制组织也是非常重要的因素。经温度 955~1095℃（1750~2000℉）固溶，分别得到不同晶粒尺寸（ASTM 12 到 ASTM 2）。图 4-51 为采用这种工艺处理的 Incoloy 901 合金在不同温度下拉伸性能。当晶粒尺寸从 ASTM 2 细化至 ASTM 12，Incoloy 901 合金的高周疲劳强度提高一倍（见表 4-47）。低周疲劳强度也随细化晶粒得到大大的提高（见表 4-48）。

表 4-47　晶粒尺寸对 Incoloy 901 合金高周疲劳性能的影响 455℃（850℉）

晶粒尺寸	10^7 周次的疲劳强度		疲劳比（FS/UTS）[1]
	MPa	ksi	
ASTM 2	315	46	0.32
ASTM 5	439	64	0.42
ASTM 12	624	91	0.55

① FS/UTS（疲劳强度/抗拉强度）

表 4-48　晶粒尺寸对 Incoloy 901 合金低周疲劳性能的影响 455℃（850℉）

晶粒尺寸	应力		温度		失效周次[1]
	MPa	ksi	℃	℉	×10³
ASTM 2	205±448	30±65	455	850	9
ASTM 5	205±448	30±65	455	850	26
ASTM 12	205±448	30±65	455	850	200+
ASTM 2	205±530	30±77	455	850	5
ASTM 5	205±530	30±77	455	850	16
ASTM 12	205±530	30±77	455	850	137

① 8 次试验的平均值。

表 4-49 为稳定化处理对 Incoloy 901 合金性能的影响。增加稳定化处理大大提高合金的高温断裂塑性，但会牺牲一些屈服强度和断裂寿命。

增加第二次时效处理可以选择性提高合金的某些性能。例如，Incoloy 901 合金先进行了在 1085℃（1985℉）固溶加热 2h+稳定化处理（水淬）。如采用在 720℃（1325℉）单次时效 24h 工艺，工件由于屈服强度不够，无法满足室温下抗拉强度的技术要求，导致失效；增加在 650℃（1200℉）保温 12h（风冷）第二次时效处理，提高了合金强度，满足了性能要求。表 4-50 为该合金采用两种时效工艺的性能数据。

Incoloy 901 合金的一个实例为，通过将稳定化处理（空冷）温度从 775℃（1425℉）提高到 790℃（1450℉），稳定化时间均为 2h，同时增加了第二次

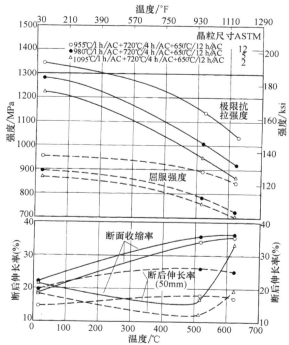

图 4-51　温度和晶粒尺寸对 Incoloy 901 锻件在固溶处理、稳定化处理和时效条件下拉伸性能的影响
注：AC=空冷

表 4-49　稳定化处理对 Incoloy 901 合金性能的影响

	极限抗拉强度		屈服强度		断后伸长率（%）标距 50mm（20in）	断面收缩率（%）	持久寿命/h
	MPa	ksi	MPa	ksi			
在 20℃（70℉）测试							
无中间时效①							
炉号 A	1050	（152）	790	（115）	12	13	—
炉号 B	1080	（157）	790	（114）	17	16	—
有中间时效②							
Heat A	1040	（151）	730	（106）	12	15	—
Heat B	1040	（151）	710	（103）	12	13	—
在 650℃（1200℉）测试							
无中间时效①							
炉号 A	—	—	—	—	1.0	—	76
炉号 B	—	—	—	—	1.5	—	118
有中间时效②							
炉号 A	—	—	—	—	11	—	45
炉号 B	—	—	—	—	7	—	54

① 热处理：在 1120℃（2050℉）保温 2h，水冷；在 745℃（1375℉）保温 24h，空冷。
② 热处理：在 1120℃（2050℉）保温 24h，水冷；在 815℃（1500℉）保温 4h，空冷；在 745℃（1375℉）保温 24h，空冷。

表 4-50　单次时效和双时效对 Incoloy 901 合金室温性能的影响

	极限抗拉强度		屈服强度		断后伸长率（%）标距 50mm（2in）	断面收缩率（%）
	MPa	ksi	MPa	ksi		
技术参数	1140	165	827	120	12	15
单次时效①	1150～1160	167～169	800～810	116～118	20～23	24～29
双时效②	1190～1210	173～175	830～890	121～129	18～22	24～29

注：单效时效和双时效数据反映 4 次试验结果。
① 固溶：在 1085℃（1985℉）保温 2h，水冷；时效：在 770℃（1450℉）保温 2h，空冷。
② 第二次时效：在 650℃（1200℉）保温 12h，空冷。

表 4-51　增加第三次时效对 Incoloy 901 合金性能的影响

极限抗拉强度		屈服强度		断后伸长率（%）标距 50mm（20in）	断面收缩率（%）	蠕变断裂伸长率①
MPa	ksi	MPa	ksi			
技术参数						
1140	165	830	120	12	15	在 23h,4%②
双时效③						
160～1210④	169～175④	810～900④	118～131④	22～23④	25～30④	在 31h,4.9%；85h,2.8%⑤
三次时效⑥						
1200～1240④	174～180④	850～930④	123～135④	18～20④	23～29④	在 64h,7%；74h,6.3%⑦

① 在 650℃（1200℉）温度下和在应力为 620MPa（90ksi）。
② 最低值。
③ 固溶：在 1085℃（1985℉）保温 2h，水冷；时效 1：在 775℃（1425℉）保温 2h，空冷；时效 2：在 720℃（1325℉）保温 24h，空冷。
④ 七次试验。
⑤ 三次试验。
⑥ 固溶：在 1085℃（1985℉）保温 2h，水冷；时效 1：在 790℃（1450℉）保温 2h，空冷；时效 2：在 720℃（1325℉）保温 24h，空冷。时效 3：在 650℃（1200℉）保温 12h，空冷。
⑦ 两次试验。

时效处理，很好地解决了 Incoloy 901 合金室温屈服强度和塑性偏低的问题。表 4-51 为采用原热处理工艺和改进后的热处理工艺的力学性能。

另一个例子为稳定化处理对 Incoloy 901 合金高温持久性能的影响，试验数据如表 4-52 所示。合金先经固溶加时效处理，工艺为在 1085℃（1985℉）固溶 2h（空冷）和在 720℃（1325℉）时效 24h（空冷）。通过增加一次在 810℃（1490℉）稳定化处理，除断裂寿命略有降低外，合金的断裂塑性显著提高。

表 4-52 改进时效处理对 Incoloy 901 合金蠕变断裂性能的影响

试验编号	蠕变断裂性能[①]			
	原工艺[②]		改进工艺[③]	
	寿命/h	断后伸长率（%）标距 50mm（2in）	寿命/h	断后伸长率（%）标距 50mm（2in）
1	72	4	74	13
2	126	4	115	12
3	161	4	160	13
4	111	4	110	9
5	127	4	84	9
6	76	4	84	8
7	127	4	98	9

① 在 650℃（1200℉）温度下和在应力为 552MPa（80ksi）的最低值为寿命，23h；伸长率，5%。
② 固溶：在 1085℃（1985℉）保温 2h，水冷；时效：在 720℃（1325℉）保温 24h，空冷。
③ 除第一次时效温度是 810℃（1490℉）外，其余条件由②相同。

（3）Inconel X-750 合金的热处理 根据所需的性能要求和具体应用，合金的热处理各有不同。采用下面热处理工艺，服役工作温度高于 595℃（1100℉）的棒材和锻件能获得最佳性能。

1）固溶处理：在 1150℃（2100℉）保温 2 ~ 4h，空冷。

2）稳定化处理：在 845℃（1550℉）保温 24h，空冷。

3）时效：在 705℃（1300℉）保温 20h，空冷。

通过该工艺处理，合金得到最高蠕变性能和断裂强度。

服役工作温度低于 595℃（1100℉）获得最佳性能的热处理为：

1）固溶处理：在 980℃（1800℉）保温 1h，空冷。

2）时效：在 730℃（1350℉）保温 8h，炉冷至 620℃（1150℉）。

3）在 620℃（1150℉）保温 18h，空冷。

通过该工艺处理，合金得到最佳拉伸性能。Inconel X-750 合金不同工件和产品的热处理总结于表 4-53。

表 4-53 析出强化 Inconel X-750 合金不同工件和产品典型热处理

不同工件和产品	所需具体性能要求	典型热处理
杆件、棒材和锻件	在 595℃（1100℉）以下温度获得高强度和最佳塑性	平衡处理：885℃（1625℉）保温 24h，空冷。时效处理：705℃（1300℉）保温 20h，空冷
	在 595℃（1100℉）以下温度获得最佳拉伸性能	固溶处理：980℃（1800℉），空冷。时效处理：730℃（1350℉）保温 8h，炉冷至 620℃（1150℉）保温 8h，空冷
	在 595℃（1100℉）以上温度最高蠕变强度	完全固溶：1150℃（2100℉）保温 2 ~ 4h，空冷。稳定化处理：845℃（1550℉）保温 24h，空冷。时效处理：705℃（1300℉）保温 20h，空冷
薄板、带钢和板材	在高温下高强度	退火；时效处理：705℃（1300℉）保温 20h，空冷
	高强度和在高达 705℃（1300℉）高温的强度	退火，炉冷。时效处理：730℃（1350℉）保温 8h，炉冷至 620℃（1150℉）保温 8h，空冷[①]
管材	在高温下高强度	退火；时效处理：705℃（1300℉）保温 20h，空冷
1 号回火线材	在 540℃（1000℉）以下温度服役	固溶 + 冷拉（拔）（15% ~ 20%）+ 730℃（1350℉）保温 16h，空冷
弹簧回火线材	在 370℃（700℉）以下温度服役	固溶 + 冷拉（拔）（30 ~ 65%）+ 650℃（1200℉）保温 4h，空冷
	在 480 ~ 650℃（900 ~ 1200℉）温度范围服役	冷拉（拔）（30 ~ 65%）+ 1150℃（2100℉）保温 2h，空冷 + 845℃（1550℉）保温 24h，空冷 + 705℃（1300℉）保温 20h，空冷

① 短时间等价性能可以由下面的析出强化工艺：760℃（1400℉）保温 1h，炉冷至 620℃（1150℉）保温 3h，空冷。

4. 冷加工的影响

时效硬化镍-铁基超合金的冷加工会对合金热处理产生影响。冷加工影响合金的再结晶过程，在后续固溶处理中晶粒长大，以及时效反应动力学。由于合金经固溶处理后强度低，塑性好，因此合金冷加工可在固溶处理后时效处理前进行（见表 4-54）。

表 4-54 时效对固溶处理耐热合金室温力学性能的影响

| 合金牌号 | 0.2%屈服强度 | | | | 断后伸长率(%) | |
| | 无时效 | | 时效 | | 标距 50mm(2in) | |
	MPa	ksi	MPa	ksi	无时效	时效
A-286	240	35	760	110	52	33
René 41	620	90	1100	160	45	15
X-750	410	60	650	92	45	24
Haynes alloy 25	480	69	480	70	55	45

（1）冷加工对固溶处理中晶粒长大的影响 大变形量的冷加工在固溶处理时会细化晶粒，但少量临界变形量的冷加工可导致晶粒粗化。不同冷加工变形量对 A-286 合金在固溶处理中晶粒长大的影响见图 4-52。未变形材料固溶处理后的最大晶粒尺寸为 ASTM 5。经变形量为 1%～5% 冷加工，使合金在后续 900℃（1650℉）固溶处理时引起过度的晶粒长大。变形量大于 5% 的冷加工，未发生临界晶粒长大，再结晶晶粒尺寸随冷加工量的增加而减小。过度的晶粒长大，特别是局部晶粒过度长大，会降低合金的拉伸性能。因此，对固溶处理前需进行冷加工或热加工工件，为避免异常大的晶粒长大，加工变形量必须超过临界变形量（根据合金不同，冷加工临界变形量约 1%～6%，热加工约 10%）。该规则适用于如冷镦螺栓、扭转或拉伸变形钢板，以及简单弯曲成形工件和产品。

（2）冷加工对时效的影响 冷加工会加速时效反应，导致在正常时效温度条件下，提前析出沉淀相。如合金的变形量大，在低于正常时效温度下，保持足够长的时间，也会析出沉淀相。换句话说，冷加工能使合金在正常时效温度条件下，更容易产生过时效。有时甚至少量的残余应变，也会导致低膨胀（Invar 型）超合金，如 Incoloy 907、909、Pyromet CTX-3 和 CTX-909 产生应变诱导过时效，这种效应会极度恶化合金的拉伸性能。因此，必须注意在进行时效前合金的组织应该是无应变（位错）的状态。然而，对适量的冷加工与时效反应的相关数据加以合理利用，可以缩短所需的时效时间并降低正常时效温度。冷加工和时效对 A-286 合金硬度的影响如图 4-53 所示。

随冷轧变形量增大，冷加工后时效前的硬度，以及时效硬化峰值明显提高。时效硬化峰值出现的

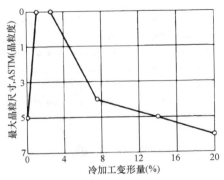

图 4-52 不同冷加工变形量对 A-286 析出硬化不锈钢 900℃（1650℉）固溶处理中晶粒尺寸的影响

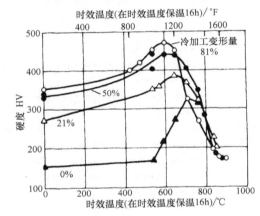

图 4-53 冷加工和时效对 A-286 析出硬化不锈钢硬度的影响

温度随变形量增加而降低，出现软化的温度也降低。例如在图 4-53 中，与未进行冷加工的合金时效前硬度相比，合金经 81% 冷加工，在 760℃（1400℉）时效 16h 后的硬度要低。

（3）双时效改善冷加工工件均匀性 如工件进行了不均匀冷加工，采用比正常时效温度高和比正常时效温度低的双时效工艺，可以得到均匀的性能。例如，不均匀变形的 A-286 合金冷加工工件，经在 760℃（1400℉）和 720℃（1300℉）双时效处理，工件的硬度、短时拉伸性能和蠕变断裂性能比在正常 720℃（1325℉）时效处理的一致性更好。提高了时效温度也提高了工件在服役条件下的组织稳定性。

致谢

本节改编于：

· J. Douthett, Heat Treating of Stainless Steels, *Heat Treating*, Vol 4, *ASM Handbook*, ASM International, 1991, p

769-792.

· M. F. McGuire, *Stainless Steels for Design Engineers*, ASM International, 2008. p137-146.

· D. A. DeAntonio, D. Duhl, T. Howson, and M. F. Rothman, Heat Treating of Superalloys, *Heat Treating*, Vol 4, *ASM Handbook*, ASM International, 1991, p 793-814.

· P. D. Harvey, Ed., *Engineering Properties of Steel*, American Society for Metals, 1982.

参 考 文 献

1. D. Peckner and I. M. Bernstein, *Handbook of Stainless Steel*, McGraw Hill, 1977, page 7-2.

2. F. B. Pickering, Physical Metallurgical Developments of Stainless Steel, *Stainless '84*, Goteborg, Sept. 1984, p 2-28.

3. M. F. McGuire, *Stainless Steels for Design Engineers*, ASM International, 2008, p 137-146.

4. P. D. Harvey (Ed.), *Engineering Properties of Steel*, American Society for Metals, 1982.

5. ATI Technical Data Sheet, Allegheny Technologies Inc., Pittsburgh, 2014.

6. H. Hucek (Ed.), *Aerospace Structural Metals Handbook*, MPDC, Battelle Columbus, 1990, Section 4107, p 5-8.

7. E. E. Brown, et al., Mini grain Processing of Nickel-Base Alloys, *Superalloys—Processing*, American Institute of Mechanical Engineers, 1972, section L.

4.5 不锈钢渗氮

不锈钢是现代工业文明必不可少的一种合金材料，具有很好的耐蚀性，广泛应用于化工、石化和食品行业。

按金相组织分类，不锈钢分为奥氏体不锈钢、铁素体不锈钢、双相不锈钢、马氏体不锈钢和析出硬化不锈钢。其中马氏体不锈钢和析出硬化不锈钢硬度高，其他类型的不锈钢，特别是应用为最为广泛奥氏体不锈钢，硬度和耐磨性低，主要是摩擦化学（tribochemical）类型。为解决不锈钢硬度和耐磨性低的问题，通常是在工件表面制备合适的涂层。为在不降低合金耐蚀性的前提下，改善其耐磨性能，人类针对如何在不锈钢表面制备高硬度耐磨层进行了不懈地研究，其中，渗氮和渗碳被证明为最为有效的工艺方法。

4.5.1 不锈钢

不锈钢是含有10.5%以上Cr的铁基合金。一些不锈钢Cr含量超过30%，或铁含量不到50%。通过在钢的表面形成一种看不见、致密度高和附着力强的富铬氧化膜，不锈钢实现不锈的性能。在有氧存在钢的表面，形成具有自修复功能的氧化膜。在钢中还添加有其他元素，如镍、钼、铜、钛、铝、硅、铌、氮、硫和硒，以改善不锈钢某些特殊性能。不锈钢的碳含量有低于0.03%的，也有高达1.0%以上的马氏体不锈钢牌号。

在给定应用工件的条件下，通常根据耐蚀性、可加工性、可获取性、在特定的温度下的力学性能以及产品成本，选择不锈钢。其中，耐蚀性和力学性能通常是最重要的选材性能指标。

1. 不锈钢的分类

通常不锈钢可分为马氏体不锈钢、铁素体不锈钢、奥氏体不锈钢、双相不锈钢（铁素体-奥氏体）和析出硬化不锈钢五类。表 4-55 为各类主要不锈钢的成分。

表 4-55 各类主要不锈钢的成分

合金类型	AISI	化学成分（质量分数，%）					
		C	Mn	Si	Cr	Ni	其他
奥氏体不锈钢	304	0.08	2.0	1.0	18.0~20.0	8.0~10.5	—
	316	0.08	2.0	1.0	16.0~18.0	10.0~14.0	2.0~3.0 Mo
铁素体不锈钢	409	0.08	1.0	1.0	10.5~11.7	0.5	6x%C-0.075max Ti
	430	0.12	1.0	1.0	16.0~18.0	—	
马氏体不锈钢	420	0.15min	1.0	1.0	12.0~14.0	—	
	440C	0.95~1.2	1.0	1.0	16.0~18.0	—	0.75 Mo
双相不锈钢	UNS S30205	0.03max	2.0max	1.0max	22.0~23.0	4.5~6.5	3.0~3.5 Mo 0.14~0.2 N
	UNS S32304	0.03max	2.5max	1.0max	21.5~24.5	3.0~3.5	0.05~0.6 Mo 0.05~2.0 N
析出硬化不锈钢	17-4PH	0.07	1.0	1.0	15.5~17.5	3.0~5.0	3.0~5.0 Cu 0.15~0.45 Nb
	PH 13-8	0.05	0.2	0.1	12.2~13.2	7.5~8.5	2.0~2.5 Mo 0.9~1.3 Al,0.01 N

（1）马氏体不锈钢　马氏体不锈钢实质上是含铬、碳的合金，在淬火硬化时，具有畸变的体心立方（bcc）晶体结构（马氏体）。马氏体不锈钢属铁磁性材料，可热处理淬火强化，在相对温和的环境中使用，具有耐蚀性。通常马氏体不锈钢中铬含量在 10.5%～18% 的范围，碳含量在 0.03%～0.08% 的范围，但个别合金的碳含量可能超过 1.2%。需保证钢中铬及碳的含量保持平衡，以确保淬火后得到马氏体组织。钢中存在有未溶碳化物，以提高钢的耐磨性或保持刀具刃口锋利；钢中添加其他元素，如铌、硅、钨和钒，提高钢的回火性能；钢中添加在少量的镍，可以改善在某些介质中耐蚀性和提高韧性。此外，某些牌号中添加硫和硒元素，改善可加工性。

（2）铁素体不锈钢　铁素体不锈钢是具有 bcc 晶体结构含铬的铁磁性合金，铬含量通常在 10.5%～30% 的范围。为获得某些特殊性能，有些牌号可能添加有钼、硅、铝、钛、铌。铁素体不锈钢具有良好的塑性和成型性能，但与奥氏体不锈钢相比，高温强度相对较差。在低温条件下和大截面工件，铁素体不锈钢的韧性可能受到限制。

（3）奥氏体不锈钢　通过在钢中添加扩大奥氏体化元素，如镍、锰和氮，获得面心立方（fcc）晶体结构的奥氏体组织。这类钢在退火条件为无磁性，仅能通过冷加工进行强化。奥氏体不锈钢通常具有极好的低温性能和良好的高温强度。钢的铬含量一般在 16%～26% 的范围，镍含量可达 35%，锰含量可达 15%。2xx 系列合金含有氮，4%～15.5% 锰和可达 7% 镍。3xx 系列合金含大量的镍和可达 2% 锰。为获得某些特殊性能，如抗点蚀性能和抗氧化性能，一些牌号添加有钼、铜、硅、铝、钛、铌。为改善合金的可加工性，某些牌号的合金可以添加硫和硒。

（4）双相不锈钢　双相不锈钢的组织为 bcc 晶体结构的铁素体和 fcc 晶体结构的奥氏体混合组织，各相组织的数量与合金的成分和热处理有关。在退火条件下，大多数的双相不锈钢设计为各相组织数量基本相同。合金的主加元素为铬和镍。为保持相组织平衡和获得某些耐蚀性，添加有氮、钼、铜、硅和钨等合金元素。

与合金含量相同的奥氏体不锈钢相比，双相不锈钢的耐蚀性与其相当，但具有更高的抗拉强度和屈服强度，具有更高的抗应力腐蚀开裂性能。双相不锈钢的韧性介于奥氏体不锈钢和铁素体不锈钢之间。

（5）析出硬化不锈钢　析出硬化不锈钢主加元素为铬和镍，添加析出硬化元素如铜、铝、钛。在

退火条件下，析出硬化不锈钢的组织可以是奥氏体或马氏体。通过调整热处理或冰冷处理，那些在退火条件下为奥氏体的可转变为马氏体。在大多数情况下，这类不锈钢通过在马氏体组织中析出强化相，实现高强度。

为实现不锈钢工件进行最佳选材，应该考虑以下因素：

1）耐腐蚀。

2）抗氧化和抗硫化。

3）在环境温度和服役条件下的强度和塑性。

4）适合制造加工技术。

5）是否适合的清洁工序。

6）在服役中性能的稳定性。

7）韧性。

8）抗磨蚀和耐蚀性。

9）耐擦伤磨损和刮伤。

10）表面粗糙度和/或反射率。

11）磁性。

12）热导率。

13）电阻率。

14）锋利程度（刀刃持久性）。

15）刚度。

局部腐蚀，如应力腐蚀开裂、在工件紧密接触或有沉积物处的缝隙腐蚀、点腐蚀、材料敏化处（如焊接热影响区的晶间腐蚀等），往往比均匀腐蚀危害更大。虽然在大多数的情况下，产生了局部腐蚀的工件结构未受影响，但有时会导致意想不到灾难性的失效。因此，在设计和选择适合的不锈钢牌号时，必须认真考虑。在有些介质中看似微小的杂质，有时甚至浓度在百万之几，也可能对腐蚀造成极大影响。很多因素都会引起和影响腐蚀，如钢或腐蚀介质的传热，不同金属材料间的接触，杂散电流和许多其他微妙难以预测的因素等。在提高温度下，气氛中可能影响氧化、硫化或增碳，这些微小因素的变化都可能显著加速腐蚀。

尽管腐蚀过程错综复杂，但根据实际经验或在钢的生产商帮助下，可为大多数工程应用的工件进行合理选材。前面列出的腐蚀性因素的微小变化，可能大大影响腐蚀过程，因此不锈钢的耐腐蚀实验室数据可能会对服役性能预测产生误导，即使是实际服役中的腐蚀数据也可能有局限性。对于服役条件复杂的工件，必须进行广泛深入的研究和数据比较，必要时还需要进行小规模中试或在役检测。

（6）力学性能　除要考虑服役温度条件下的力学性能，还必须考虑在其他温度下的性能。例如，尽管在北极服役产品稳态工作温度可能高于零度，

但必须要考虑工件在零下温度具有合适的性能。再例如，长期高温服役工件的室温性能也非常重要，如锅炉和喷气发动机，这些工件会间歇性停机关闭。

（7）加工制作和清洁 通常不锈钢工件的选材要考虑可加工性，如成型性和焊接性，甚至对工件的清洁工序的选择也必须进行要求。例如，焊件如在含氮氢氟酸介质中清洗，应该考虑到该介质对敏化不锈钢造成不利的影响，因此应该选择不会影响服役性能的，经稳定化处理的或低碳不锈钢。

2. 不锈钢的钝化膜

铬在不锈钢的表层会形成高致密度的高铬氧化膜，该氧化膜能有效保护基体，使其免受于进一步氧化，发生腐蚀过程。当该保护氧化膜被划伤，基体与氧直接接触，修复形成新的氧化膜。该氧化膜的一个重要特点是能够均匀完全覆盖合金表面。工件局部的任何差异都可能产生电位差，由此触发腐蚀发生。为防止表面发生腐蚀，必须要求铬均匀固溶在合金中。将合金加热到高温（1050℃或1920℉以上），保温一段时间，通过扩散达到成分均匀，而后快速固溶淬火，防止析出平衡相（主要是铬碳化物和铬氮化物），得到过饱和固溶体。通过固溶处理，可以溶解由于缓慢凝固形成的析出相。通常来说，如果合金元素不能均匀分散在整个固溶体中，合金的性能将会明显降低。

在正常情况下，合金的钝化保护膜主要是由铬氧化物、氢氧化物及铁/铁氧化物组成，厚度在1.5~2.5nm的范围。铬与氧强大的亲和力促进形成极为稳定的化合物（Cr_2O_3），抑制了其他化学反应，从而阻止腐蚀发生。钝化保护膜的化学稳定性取决于表面处理。与机械表面抛光相比，电化学抛光过程，如图4-54所示，增加铬的表面浓度，促进形成更厚、稳定性更高的钝化保护膜（见图4-55）。

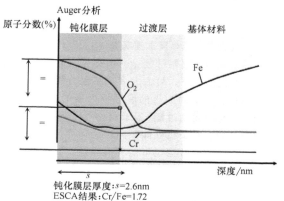

图 4-54 电化学抛光表层钝化膜的特点
化学分析电子光谱（ESCA）

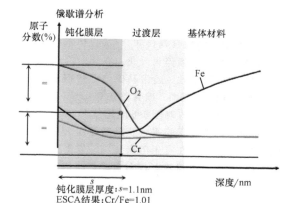

图 4-55 机械表面抛光表层钝化膜的特点
化学分析电子光谱（ESCA）

值得注意的是，经固溶热处理后，工件在高于一定温度下服役，可能导致平衡相的析出（当碳化铬析出，称为出现敏化），造成基体铬贫化，致使腐蚀易于发生。铬在合金固溶体中均匀分布，对形成有效的钝化保护膜尤为重要。

3. 不锈钢渗氮/渗碳的难点

除会遇到常用钢在表面处理中的问题外，不锈钢渗氮或渗碳处理的主要存在敏化温度和保护钝化膜问题。

首先，不锈钢的保护钝化膜能有效保护基体免于腐蚀，但它也同样会防止氮、碳原子扩散进入金属基体。其次，在比平衡相（氮化物和碳化物）析出温度低的温度保温，会带来了一系列问题：如何产生氮、碳原子，如何去除钝化膜以及如何在这样低的温度下（反应动力学能量低），最大限度提高氮、碳在金属中的扩散速率。为了保证渗氮工艺的可行性，必须面对和回答这些重要问题。因此，大多数在低于450℃（840℉）温度下渗氮的不锈钢，都采用不同的方法去除钝化膜和产生氮原子。固溶渗氮（solution nitriding）处理是一个例外，该处理温度高达（1050~1150℃，或1920~2100℉），类似于固溶处理。在这样高的温度下，炉内气氛中的N_2分解成原子氮，氮原子与金属表面接触并能渗透钝化膜。然而，完成固溶渗氮后，为了防止平衡相的析出，必须进行淬火冷却。这种工艺的缺点是工件变形较大和热处理炉设计复杂。

形成铬钝化膜需要高浓度铬，而合金中的铬对稳定氮或碳原子，形成适当的保护膜和形成晶格膨胀的奥氏体相（或S相）是非常重要的。与此同时，这也增加了合金的力学性能，耐磨性能和耐蚀性。

4.5.2 S相

不论在较低温度（低于450℃，或840℉）下进行等离子或气体渗氮，或进行高温固溶渗氮处理，是需要在无氮化铬和碳化物析出的前提下，在表层形成一种被称为 S 相的特殊相组织。高铬合金在较低的温度处理时会产生富氮-碳的间隙原子相，获得更好的性能。其原因为铬与氮（碳）原子的之间亲和力强，在较低的温度下，仅间隙原子扩散能力强，而置换原子（如铬）扩散能力弱，因此造成尽管置换原子铬与间隙原子有很强的结合趋势，但仍保留在固溶体中。在该过程中，只有间隙元素可以扩散，趋于达到平衡，这种准平衡（paraequilibrium）状态的氮和碳过饱和固溶体，被称为 S 相。

在 20 世纪 80 年代中期，Zhang、Bell 和 Ichii 首次在经低温（400℃，或 750℉）等离子渗氮的奥氏体不锈钢中发现 S 相，并采用 X 射线衍射谱（XRD）对其进行了深入分析。与 ASTM 谱线卡片比对，发现被检测到的衍射峰值中存在有与卡片无法对应的相，Ichii 将新发现的相命名为 S 相。

间隙氮原子无序占据在奥氏体面心立方晶格的八面体间隙位置，明显增大了晶格常数，大大提高了氮的含量（30% ~ 40%，体积分数）。间隙氮原子造成的晶格膨胀，在表层的奥氏体中产生了压缩晶格畸变，导致堆垛层错密度的增加。氮的过度饱和的另一个结果是与 S 相的晶体学有关，XRD 谱线分析出现了一个异常现象，与期望的奥氏体衍射峰值相比，存在有各衍射峰向低布拉格（Bragg）角度方向移动，并具有不均匀性，这表明在晶格中不同方向的膨胀具有不均匀性。例如，膨胀奥氏体晶格的 |200| 衍射峰高于 |111| 衍射峰。

假设气体混合物中的氮和固溶体中的氮（表面）局部达到了平衡，可采用提高渗氮的氮势，提高固溶体含氮量，进而增大晶格常数，造成衍射峰位移量增加。

在该新发现后，人们一直致力于对 S 相的结构、性能和应用进行深入研究。现在 S 相的定义为：该相是源自 fcc 晶体结构的准平衡相，是同时含有大量强氮、碳化物形成元素（如铬）和含有大量氮、碳的过饱和固溶体。该相在铁基、钴基和镍基合金中都可能出现。

图 4-56 所示为 AISI 316 不锈钢经 420℃（790℉）等离子渗氮（plasmA-nitrided，PN）和未进行渗氮处理的 XRD 谱线。与未进行渗氮处理的 γ 相相应衍射峰相比，随着钢的氮含量的增加，γ 相相对应的衍射峰向左边位移，并发生宽化。

图 4-57 所示为 AISI 316 不锈钢经低温 PN、等离子渗碳（plasmA-carburized，PC）和未经任何处理试样的 XRD 谱线。与未进行任何处理的 γ 相衍射峰相比，随着钢的氮或碳含量的增加，γ 相对应的衍射

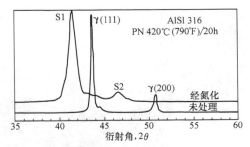

图 4-56 AISI 316 不锈钢低温等离子渗氮（PN）层 XRD 谱线

峰均向左边位移。采用 PC 工艺与采用 PN 工艺相比，γ 相的衍射峰位要小一些，这表明渗碳得到的 S 相晶格膨胀和变形要小一些。

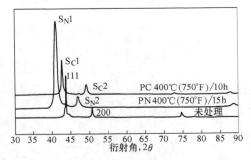

图 4-57 AISI 316 不锈钢等离子渗氮（PN）、等离子渗碳（PC）和未经任何处理试样的 S 相 XRD 谱线

奥氏体晶格的弹性变形加上很高的堆垛层错（见图 4-58）引起 XRD 谱线中衍射峰发生宽化和不对称，由此导致在相的体积分数非常小时，很难判别相组织的存在。例如，在奥氏体膨胀层晶格中形核的铬铁氮化物。这种晶体缺陷引起的另一个结果是增大氮的迁移速率，有利于间隙元素在奥氏体中的扩散。

采用 XRD 和透射电子显微镜（TEM），对在 450℃（840℉）等离子渗氮的 S31600 奥氏体不锈钢试样进行分析。只有 TEM 能够验证 CrN 析出相的存在，图 4-59 为 TEM 明场照片，图中为渗氮层表面的三个膨胀奥氏体晶粒以及和各自的选区电子衍射花样（SAED）。图中析出颗粒（晶粒 B 中白色箭头）为铁素体和立方氮化铬层状组织，其形成原因为渗氮中膨胀的奥氏体发生局部分解。在 450℃（840℉）温度下，这种分解可能受控于铬原子的扩散，因此显得非常缓慢。因此，只有富铬的区域能够发生 CrN 的析出转变，由于在这些区域 CrN 的析出，大大降低奥氏体的稳定性（氮被认为是强奥氏体形成元素）。在晶界上也观察和证实了膨胀的奥氏体发生了分解，如图 4-59 中白色箭头所示。

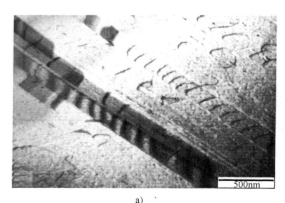

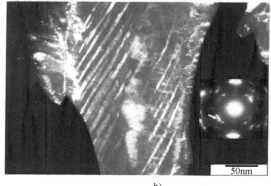

图 4-58 透射电子显微薄膜明场照片

a) 平面分布的位错 b) 采用选区（111）衍射揭示 UNS S31600 不锈钢中的束状堆积层错

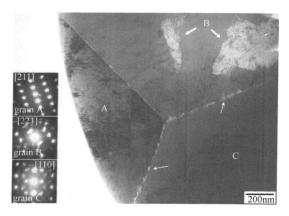

图 4-59 透射电子显微薄膜明场照片

注：晶粒 A、晶粒 B 和晶粒 C 三个膨胀奥氏体晶粒以及各自的选区电子衍射花样。图 4-59 中表明在晶粒 B 区域（白色箭头）和晶界发生相分解。

对不同区域的选区电子衍射花样 SAED 系统分析表明（见图 4-59），该衍射花样具有非常清晰的 fcc 奥氏体单晶斑点，其晶格参数与 XRD 检测结果非常接近（3.60Å）。

电子衍射分析表明，每个晶粒均为 fcc 结构，但具有不同晶轴。根据衍射花样计算，晶格参数的膨胀率估计高达 14.5%。大量的氮的引入，除了引起 SAED 衍射花样斑点出现漫射现象外，造成很高的弹性应变能和间隙原子过度饱和，由此在膨胀的奥氏体中诱发形成大量的孪晶。通常观察到具有一束束的特性，TEM 暗场像如图 4-60a 所示。由于选择了非常接近的物镜孔径衍射光束（白色箭头），造成图中 A-A 方向堆积层错的对比度较低。在渗氮层中的一些区域，发现有尺寸为 10~15 nm 的小圆形颗粒，如图 4-60b 所示。环形 SAED 花样表明，有大量产生

了衍射的颗粒，同时与基体有择优取向（织构）。衍射环指数表明，这些粒子具有立方氮化铬（CrN）晶体结构，其体积分数远小于 XRD 分析技术的检测极限。从这里也可以看出，XRD 分析技术不是研究这些相的首选技术。

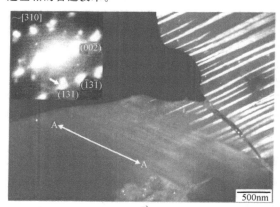

a)

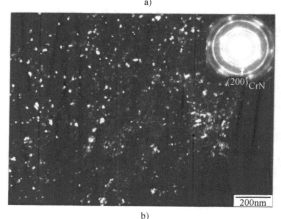

b)

图 4-60 透射电子显微薄膜暗场照片

a) 两束堆积层错 b) 暗场像和环形 SAED 花样

1. 奥氏体不锈钢中的 S 相表层

奥氏体不锈钢的 S 相表层是大量间隙原子过饱和的亚稳相，每 100 金属原子含有高达 65 ~ 80 氮原子的固溶体（32 ~ 40%，体积分数）（见图 4-61）。碳过饱和固溶的 S 相，碳含量相对较低，大约浓度为 12%（体积分数）。作为对比，实际高氮奥氏体不锈钢中氮的最高含量低于 1.4%（质量分数）。

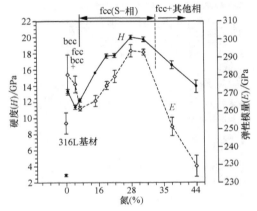

图 4-61 氮含量对含氮不锈钢硬化层力学性能
（硬度、弹性模量和韧性）的影响
fcc—面心立方 bcc—体心立方

因为铬与氮、碳的亲和力强以及较低的工艺温度，造就可能形成高浓度氮或碳过饱和固溶体。降低处理温度，会降低渗层厚度，但应确保无氮化物和碳化物析出（见图 4-62）。

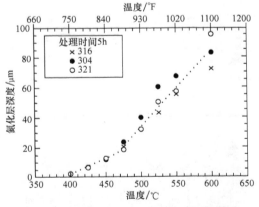

图 4-62 AISI 316、304 和 321 不锈钢等离
子渗氮温度与渗氮层厚度的关系

在 1100 ± 50℃（2010 ± 90℉）进行固溶渗氮处理，可将渗氮层深度增加到 2mm（0.08in），但会大大降低氮的浓度，得到渗层深、硬度低的渗氮层。如不考虑处理温度，铬能增加氮或碳在固溶体中的溶解度，铬也是形成 S 相的基本条件（见图 4-63 和

图 4-64）。其他促进氮溶解度的元素有钛、锆、钒、铌、锰和钼。

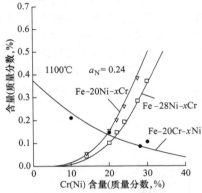

图 4-63 铬、镍分别对 20%（质量分数）和
28%Ni（质量分数）+20%Cr（质量分数）奥氏
体钢中在 1100℃（2010℉）氮溶解度的影响

随铬含量的提高氮浓度提高，而镍的作用则相反。

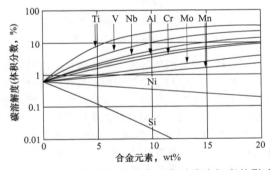

图 4-64 氮化物/碳化物形成元素对碳溶解度的影响

形成的 S 相需要铬含量高，其副作用是合金中氮的扩散速率低于纯铁，在温度一定的条件下，氮在奥氏体相中的扩散能力是在铁素体相的 1%。由于这些原因，在低温渗氮得到的 S 相表层，氮含量很高，但渗层浅。渗碳得到的 S 相层相对较深，但与高温传统渗碳层相比，渗层仍然较浅。

通过氮的扩散以及碳在一定低温条件下形成 S 相，不能按菲克定律（Fick's laws）处理。因为该定律的基本假定是，固溶体中溶剂（Fe-Cr 合金）与溶质（氮和/或碳）之间没有交互作用，不确定在该温度下，铬是否作为"陷阱"，锁定氮或一定程度上锁定碳。如前所述，铬与氮、碳之间的交互作用对形成 S 相至关重要。而在 1100 ± 50℃（2010 ± 90℉）进行高温固溶渗氮，其扩散行为更符合菲克定律。因为在该高温下，从热力学角度看，仅有均匀单相存在（如相图所示），析出相是不稳定的组织；也就是说，在该高温下，铬与氮和碳之间结合并没有明显优先权。结论是，不锈钢含铬高，在较低温进行渗氮处理（低于450℃，或840℉），并不遵循相图，最终的氮浓度可以是预期的平衡氮浓度的800倍。该浓度梯度呈阶梯状（steplike），可以使用两个互补的误差函数（erfc）进行描述，而不是传统菲克第二定律中采用一个误差补函数。图4-65所示为采用低温等离子体辅助渗氮处理 AISI 316L 典型的阶梯状氮浓度梯度。

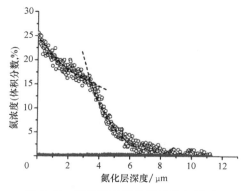

图 4-65　低温等离子体辅助渗氮处理
AISI 316 L 典型的阶梯状氮浓度梯度

固溶体中极高的氮浓度对奥氏体相组织引起极大的变化，虽然该相组织仍为面心结构，但由于氮原子造成晶格畸变，不再是立方晶体结构。而是为亚稳态面心正方晶体结构。与基体组织相比，根据氮（碳）浓度，晶格参数增加10%（见图4-66）。由于产生了畸变，在渗氮层中产生了很高的压应力，明显提高了合金的疲劳强度。

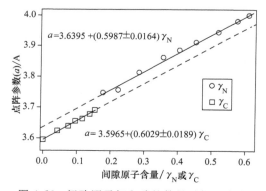

图 4-66　间隙原子氮和碳的数量对氮、碳稳
定的膨胀奥氏体（S相）晶格参数的影响

与合金基体或表面渗氮白亮硬化层相比，当表面形成了 S 相层，明显提高了力学性能、耐摩擦磨损性能和疲劳性能。采用典型的低温等离子渗氮，奥氏体不锈钢表面硬度可高达 1400HV。

表面形成的 S 相硬化层耐蚀性达到或超过奥氏体不锈钢基体。与基体材料相比，提高了在 NaCl 介质的点蚀电位。这表明在非常严苛的腐蚀性环境中，S 相层大大提高了合金的耐磨性，合金可用于磨损和腐蚀协同作用的工作环境。

图 4-67～图 4-70 所示为 AISI 316 钢经低温等离子渗氮或氮碳共渗显微组织中的 S 相层组织。

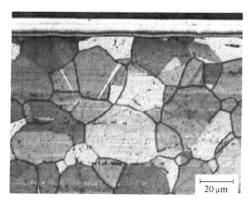

图 4-67　AISI 316 钢渗氮（673K，4h）显微照片
注：在奥氏体基体上有 S 相层。

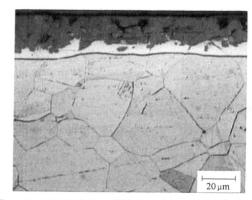

图 4-68　AISI 316 钢氮碳共渗（673K，4h）显微照片
注：在奥氏体基体上有 S 相层。

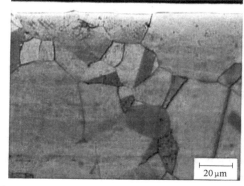

图 4-69　AISI 316 钢渗氮（773K，22h）显微照片
注：在奥氏体基体上有 S 相层，在 S 相层上有渗氮层。

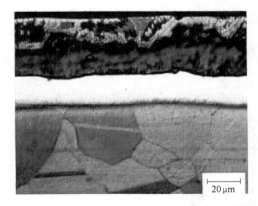

图 4-70 AISI 316 钢氮碳共渗（773K，22h）显微照片
在奥氏体基体上有 S 相层，在 S 相层上有氮碳共渗层。

图 4-71 所示为 AISI 316 钢经 20h 渗氮后渗氮层的电镜组织。400℃（750℉），500℃（930℉），550℃（1020℉）。

采用渗氮+渗碳或氮碳共渗化组合处理工艺，得到硬度和残余应力平滑过渡的硬化层。由于碳的扩散系数较大，采用该组合处理工艺，可提高工件的承载能力，提高渗氮层外层的稳定性，降低硬化层剥落倾向，从而更有利于提高工件的疲劳强度。

图 4-72 所示为 ASTM F138 奥氏体不锈钢在 425℃（800℉）分别采用 PN、PC 和等离子气体氮碳共渗（PNC）工艺的表层合金元素梯度分布。

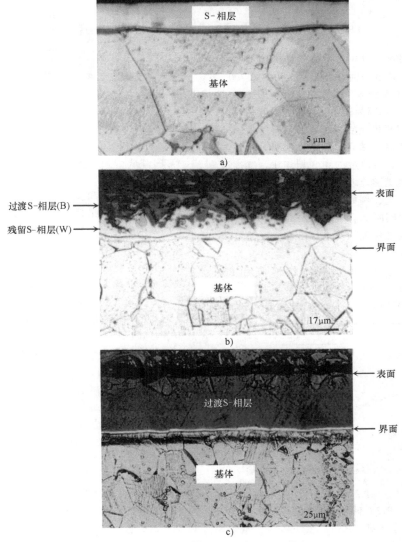

图 4-71 AISI 316 钢经 20h 渗氮后渗氮层的电镜组织
a）400℃（750℉） b）500℃（930℉） c）550℃（1020℉）

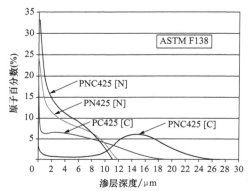

图 4-72　ASTM F138 奥氏体不锈钢在
425℃（800℉）分别采用等离子气体渗氮（PN）、
等离子气体渗碳（PC）和等离子气体氮碳共渗
（PNC）工艺的表层合金元素梯度分布

2. S 相的硬度

S 相的硬度很高，奥氏体不锈钢中的氮或碳过饱和 S 相的硬度值范围分别为 1300～1500HV 和 700～1000HV；而马氏体不锈钢和沉淀硬化合金的 S 相的硬度可高达 2000HV。因为碳和氮与铬的交互作用的性质不同，硬化层梯度也就不同。S 相硬度随固溶体中氮和碳含量增高而提高，但氮过饱和 S 相硬度更高，硬化层较浅。与碳过饱和 S 相相比，氮过饱和 S 相的硬度梯度更陡。缩小这种差别的简单方法是采用混合处理工艺，例如，采用低温气体氮碳共渗，这就使硬化层同时具有了渗氮层高硬度又具有渗碳层渐进 S 相硬度梯度的优点，使之适用于重载和耐磨性高的工件。

图 4-73 所示为 ASTM F138 不锈钢采用 PN（400℃，或 750℉），PC（450℃，或 840℉）和 PNC（400℃和 450℃）工艺的表层硬度梯度。

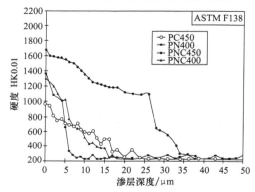

图 4-73　ASTM F138 不锈钢试样在（400℃，或 750℉）等离子渗氮（PN）、在（450℃，或 840℉）等离子渗碳（PC）和在（400℃和 450℃）等离子体氮碳共渗（PNC）的硬度梯度

3. S 相的耐磨性

S 相提高了合金表面硬度，也就有效地提高了工件耐磨性。

图 4-74 所示为 ASTM F1586 不锈钢等离子处理试样磨损试验的结果。

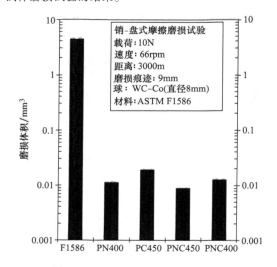

图 4-74　ASTM F1586 不锈钢等离子处理试样磨损试验的结果
PN—400℃或 750℉等离子渗氮　PC—450℃或 840℉等离子渗碳　PNC—400℃和 450℃等离子体氮碳共渗

4. S 相的疲劳和接触疲劳性能

接触疲劳是指工件受叠加交变拉应力，接触工件之间发生微振动，导致材料表面受到损伤，最终导致工件发展为疲劳裂纹。因为疲劳起源于表面，采用硬度高、耐磨好且有残余压应力硬化层是一种有效防止接触疲劳的方法，不锈钢表面形成 S 相高硬度层能满足这个要求。采用在 400℃（750℉）对 AISI 316 奥氏体不锈钢和 3Cr12 双相不锈钢进行典型等离子渗氮处理，分别提高了 10%～20% 的疲劳极限和 15%～50% 接触疲劳极限。室温大气环境中的低循环疲劳试验也表明，AISI 316L 奥氏体不锈钢经在 400℃（750℉）等离子渗氮，疲劳寿命显著得到提高。疲劳寿命的提高与残余压应力密切相关，根据实验推导出残余压应力约为 2～3GPa（0.3～0.4×10^6 psi）。最佳的疲劳寿命效果为经 3h 渗氮，这与得到最高压缩残余应力完全一致。

5. S 相的摩擦磨损性能

S 相硬化层非常有效地提高奥氏体不锈钢的耐磨性。图 4-75 所示为采用销-盘式摩擦磨损试验机，对 AISI 316 钢分别在 420 和 500℃（790 和 930℉）温度下等离子渗氮试样进行的磨损试验结果。在干滑动条件下，试样相对固定直径 8mm（0.3in）WC-

Co 球旋转。与未经处理的试样相比，磨损体积减少超过 2 个数量级。

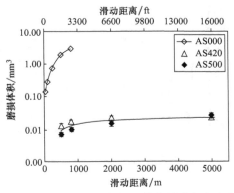

图 4-75 AISI 316 不锈钢经等离子渗氮和未经处理试样滑动距离与磨损体积的关系

未经处理的试样磨损严重，出现明显黏着、擦伤和严重的塑性变形，经等离子渗氮处理试样磨损轻微，以氧化磨损和微磨耗（microabrasion）为主。

图 4-76 和图 4-77 分别所示为 AISI 316 奥氏体不锈钢试样销-盘干摩擦磨损试验结果，试样分别相对固定钢球或铝球旋转。试样分别经 450℃（840°F）5h、500℃（930°F）5h 和 500℃（930°F）20h 等离子渗碳，得到无析出的硬化层厚度分别为 15、25 和 40μm。

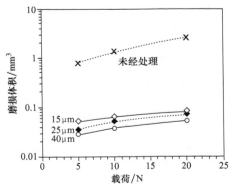

图 4-76 经各种工艺处理试样在不同载荷条件下磨损体积的变化

注：试样分别相对固定钢球旋转。

实验结果与所预料的完全一致，经这些工艺处理后，能有效防止试样表面的塑性变形，但在干滑动摩擦条件下，接触表面（试样和钢球或铝球）产生明显的黏着，其中硬化层厚比薄的黏着要轻。因此，磨损主要以微磨耗方式进行，试样磨损较轻。未经处理的试样磨损严重，表面出现明显塑性变形、黏着和擦伤。经处理的试样磨损率降低了一个数量级以上。表 4-56 为氮过饱和 S 相与碳过饱和 S 相性能之间的对比。

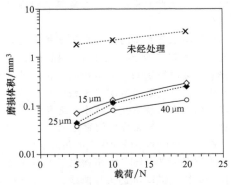

图 4-77 经各种工艺处理试样在不同载荷条件下磨损体积的变化

注：试样分别相对固定铝球旋转。

表 4-56 氮过饱和 S 相与碳过饱和 S 相性能之间的对比

性能	S_N 相	S_C 相
形成温度/℃（°F）	300~450（570~840）	400~550（750~1020）
表面间隙原子浓度（%，体积分数）	20~30（<30）	5~10（<15）
S 相层厚度/μm	10~20（<30）	20~40（<50）
表面硬度 HV0.05	1300~1500	800~1000
硬度梯度分布	突变	渐变
承载能力	低	高
塑性/韧性	差	好
残余应力	高，浅	低，深
疲劳性能	低	高
点蚀抗力	很好	好
干滑动磨损抗力	很好	好
在盐溶液腐蚀磨损	很好	好
在林格氏（Ringer）溶液微动磨损	很好	好
在二氧化硅/盐水泥浆中的冲蚀	很好	好
热稳定性	低	高
生物相容性	好	好

6. 耐蚀性

尽管奥氏体不锈钢是腐蚀环境中最常用结构合金，但在滑动接触表面工作条件下，表面的耐蚀性下降。磨损和腐蚀的协同作用，被称为腐蚀性磨损过程，导致严重的表面物质损失。如表面有高硬度高耐蚀性 S 相存在，能够很好地解决这个问题。

将渗氮试样浸入强金相腐蚀剂（50% HCl + 25% HNO_3 + 25% H_2O）可检验 S 相的耐蚀性。在光学金相显微镜下观察，经侵蚀的试样表面光亮，没有受到影响。这表明在混合酸中，渗氮层的耐蚀性明显优于基体。

奥氏体不锈钢表面的氮过饱和 S 相能显著提高耐蚀性，其机理是金属中的氮原子提升电子电位，由此提高了金属原子间的化学键结合，通过氮原子短程有序，提高了置换溶质原子铬的均匀分布，降低了表面局部铬出现贫化的概率，进而促进钝化膜更加稳定。同时，氮和合金元素之间强烈化学相互作用，提高了奥氏体不锈钢中氮的热力学稳定性。

图 4-78 所示为 AISI 316 不锈钢三种试样在 10% HCl 水溶液中浸泡 120h 的失重曲线，三种试样分别为未经处理、在 420℃（790℉）和 500℃（930℉）进行等离子渗氮。温度较高（500℃）等离子渗氮试样（AS500）比未经处理（AS000）和经较低温度等离子渗氮处理（AS420）试样失重要高。其原因是在较高温度下渗氮，渗氮层有铬氮化物析出，造成耐蚀性降低。

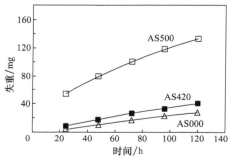

图 4-78　AISI 316 不锈钢三种试样在 10%
HCl 水溶液中浸泡 120h 的失重曲线

图 4-79 所示为在大气环境 5% NaCl 介质中不同工艺处理试样的极化对比曲线。AISI 316L 不锈钢试样经高温（>723K）渗氮处理，表面硬度得到明显提高，但从图中曲线可以看出，当有 CrN 相析出时，合金的耐蚀性降低。如经低温（<723K）渗氮处理，避免了 CrN 相的析出，在表层主要形成 S 相，合金表面的硬度高，而且具有很高的抗点蚀和抗缝隙腐蚀性能。当极化电位高于某个阈值时，未经处理试样具有典型钝化材料特点且对点蚀敏感。当介质中氯浓度高时，点蚀在阳极电位相对较低的条件下（约+100mV Ag/AgCl）出现。在极化电位很高时，阳极电流密度非常大，且只受限于浓差极化。对腐蚀试样的表面形貌分析表明，有许多尺寸较大和较深点蚀坑存在，这与极化曲线预测一致。图 4-79 还表明，除在 773K 渗氮试样外，所有经渗氮处理的试样，其耐蚀性优于未经处理试样或与未经处理相同。

在大气环境 10% NaCl 介质中，在 328 K 恒定温

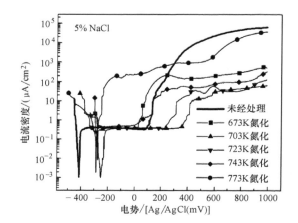

图 4-79　在大气环境 5% NaCl 介质中
不同工艺处理试样的极化对比曲线

度下，对渗氮和未经处理试样进行了 60 天缝隙腐蚀试验，试验结果如图 4-80 所示。在测试环境中，检测浸泡时间与产生缝隙的百分比关系，以分析腐蚀过程。实验结果表明，未经处理的试样对缝隙腐蚀敏感，而经 673 ~ 723K 温度渗氮的试样，即使浸泡60 天后，也未出现任何明显缝隙腐蚀的迹象。

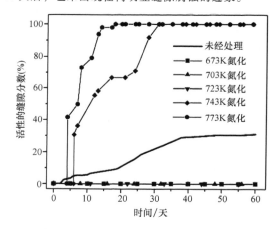

图 4-80　AISI 316L 奥氏体不锈钢在大
气环境 10% NaCl 介质中和 328K 恒定温度下，
缝隙腐蚀百分数与时间的关系

图 4-80 表明，经渗氮处理试样在大气环境 NaCl 介质中的腐蚀行为与渗氮温度有关。在 673K 温度渗氮试样比未经渗氮处理试样的抗缝隙腐蚀性能好，但形成的 S 相太薄，不能有效提高抗点蚀性能。经703 ~ 723K 温度范围渗氮的试样，具有很高的耐点蚀和耐缝隙腐蚀性能。此外，试样经 703K 渗氮后，合金达到最好耐蚀性，并且性能稳定可靠。与未经渗氮处理试样和经较低温度渗氮处理试样相比，经

743~773K 温度范围渗氮的试样易受到晶间腐蚀，抗局部腐蚀性能较低。辉光离子渗氮处理温度较低，是提高 AISI 316L 奥氏体不锈钢耐点蚀、耐缝隙腐蚀和表面硬度有效的技术工艺。

上述结果是按抗点蚀当量（pitting-resistance equivalent number，PREN）计算得到。抗点蚀当量是描述不锈钢抗点蚀性能的常用参数，根据钢中合金元素计算得到。最常见的抗点蚀当量计算公式如下：

$$PREN = \%Cr + 3.3 \times \%Mo + 16 \times \%N$$

增加钢中铬、钼和氮的浓度，提高 PREN 和点蚀电位。根据公式中氮前面系数最大（16），氮将大幅度提高合金的 PREN 和点蚀电位。

7. 腐蚀磨损过程

当工件受到磨损与腐蚀共同作用，称为腐蚀磨损。当出现失重时，通过高硬度改善合金耐腐蚀的作用会急剧下降。腐蚀磨损是磨损和腐蚀的协同作用，该过程与接触材料的耐磨性能和耐蚀性，以及磨损接触的环境有关，因此这是一个非常复杂的过程。腐蚀磨损过程通常发生在不能使用润滑油或选用润滑油不稳定的工况下，如接触腐蚀性水溶液的食品加工轴承、阀门和运动机械部件，海洋机械和生物医学设备。

为优化工件性能，降低腐蚀磨损，可采用以下三个方法：

1）保护在滑动接触表面的钝化膜。

2）降低原电池对基体的腐蚀，以避免在滑动接触时，涂层起皮和脱落。

3）降低原电池对配合端面材料腐蚀，以避免在随后的滑动接触中涂层磨损。

通过实验室磨损试验，在腐蚀性环境下，模拟腐蚀磨损过程（例如，销在盘上旋转运动或球在板上往复式运动）。在 3%NaCl 溶液腐蚀性环境下，球（Al_2O_3）在钢板（渗氮 AISI 316L）进行往复式运动进行模拟腐蚀磨损过程实验，图 4-81 所示为腐蚀磨损速率与氮在 S 相固溶体中关系的实验结果。

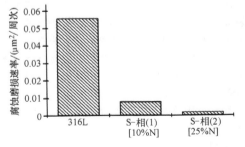

图 4-81　腐蚀磨损速率与氮在 S
相固溶体中关系的实验结果

8. 热稳定性

渗氮形成的 S 相是在工艺过程中大量氮富集于表面附近，导致形成了高氮的亚稳固溶体。随着使用温度的增加，当温度高于 450℃（840℉）时，渗氮形成的 S 相将转变为化合物层（根据合金成分，形成金属间氮化物，铁素体和奥氏体的混合物）。图 4-82 为转变 50% S 相温度与时间的关系曲线。

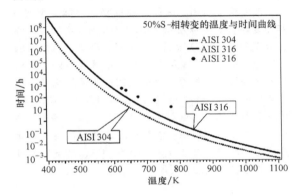

图 4-82　转变 50% S 相温
度与时间的关系曲线

图 4-83 所示为在 400℃（750℉）20h 等离子渗氮，并分别在 400℃（750℉）和 600℃（1110℉）退火的试样的 TEM 照片。在 600℃高温退火，S 相发生完全分解，形成由 CrN、α 相和 γ 相组成的层状组织。

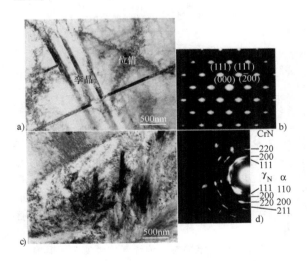

图 4-83　试样在 400℃（750℉）20h 等离子渗
氮并在不同温度下退火的 TEM 照片
a），b）400℃（750℉）退火
c），d）600℃（1110℉）退火

图 4-83 中表明，在 400℃ 低温退火，S 相层中无析出相，微观组织为高密度位错和微区孪晶（microtwins）（见图 4-83a）；在 600℃ 高温退火，S 相层发生完全分解，形成 CrN、α 相和 γ 相组成的层状组织（见图 4-83c）。

正如前面指出的，CrN 在渗氮层中析出对合金的耐蚀性非常有害。但有趣的是，如果 CrN 是通过物理气相沉积（PVD）方法制备，而不是在渗氮过程的渗氮层中析出，耐蚀性和抗磨蚀性能甚至比 S 相还要好。图 4-84 所示为 AISI 316 钢未经处理、渗氮处理和 CrN PVD 涂层三种试样，经腐蚀磨损实验的对比。显然，渗氮层中的 CrN 不具有很好的耐腐蚀和磨蚀抗性。两种硬化层之间的主要区别是，在渗氮层析出的 CrN 为层状结构的混合组织（CrN、铁素体和奥氏体）（见图 4-83c），而 PVD 制备的 CrN 涂层是连续单相组织。渗氮层的这种形貌差异和化学成分不均匀性是造成在高于 500℃（930℉）温度下，耐蚀性降低的主要原因。

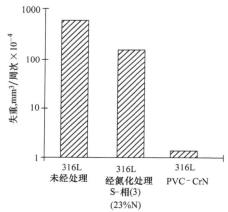

图 4-84　在 3% NaCl 腐蚀介质中，
WC-6%Co 球与在不同处理工艺
AISI 316 钢板上往复式无方向运
动模拟腐蚀磨损试验结果

4.5.3　渗氮处理的热化学

渗氮处理的热化学包括在适当的温度下，向工件金属表面提供氮原子，并进一步向内部扩散，得到理想的渗层。此外还可以进行渗碳或氮碳共渗处理，在工件的表面形成碳或氮单层或双层复合硬化层。

由于受到一定限制，传统气体渗氮工艺具有一定的局限性。其一，最低渗氮温度为 500℃（930℉），在渗层形成氮化铬，导致表层耐蚀性不如不锈钢基体。其二，在渗氮前需要进行预处理，去除表面钝化保护膜氧化铬（Cr_2O_3）。该保护膜虽能提高不锈钢耐蚀性，但也成为渗氮过程中氮原子渗入的障碍。

而在 350℃（660℉）以上温度就可以进行等离子或离子渗氮。处理中第一步通过溅射去钝化，此外，由于去钝化和渗氮/渗碳处理在同一工作室中完成，工件表面不会形成氧化膜，因此无须进行去氧化处理。由于以上特点，等离子或离子渗氮工艺现已成为不锈钢最常用的渗氮或渗碳工艺。

另一种渗氮工艺是在高温（1100±50℃，或 2010±90℉）进行气体渗氮。在该温度下，氮气自发热裂解，生成氮原子，氮原子进一步向工件内部扩散，从而完成渗氮处理工艺。

下面详细介绍这些不锈钢的渗氮处理工艺。

不论采用哪一种渗氮工艺，最终要求是一样的结果：得到 S 相（或膨胀奥氏体）的硬化层。质量控制检验必须要保证硬化层深度、硬度以及渗层中无铬氮化物和碳化物析出相。

1. 等离子辅助渗氮技术

（1）辉光放电　等离子渗氮是 20 世纪 80 年代中期发展起来的一种表面强化工艺。该工艺采用辉光放电技术，产生活性（原子）氮，在金属工件表面吸附，而后进入金属表面向内扩散。该工艺在真空室内完成，工件作为阴极（负电位），工作气氛为 100~1000Pa（0.015~0.15psi）氮气/氢气，金属工件与真空室壁之间的工作电压在 500~1000V 范围。在该条件下，形成的等离子体加速正氮离子，并对负偏压的工件进行轰击。这种离子轰击加热处理的工件，使之达到工艺处理温度（尽管在工业系统中，也常采用辐射加热工件）。通过溅射还清洁了表面，为渗氮过程提供了活性氮原子。

虽然现还没有对等离子辅助渗氮（主要是直流和脉冲处理）机制建立的模型（Kölbel 模型不适用于不锈钢），但已对等离子辅助渗氮进行了大量研究和开发工作，其工艺已在工业中广泛应用。

图 4-85 为等离子渗氮装置的示意图。因为电弧有损坏工件的危险，所以在工业生产中，最初的等离子渗氮工艺的发展缓慢。在过去的 30 年里，电气和电子工程领域得到了长足的进步，为有效控制灭弧，引入了控制晶闸管断路器。由此使等离子渗氮工艺在工业中得到广泛应用。2003 年，欧洲就大约有 500 个工业等离子渗氮装置。

图 4-86 所示为一个工业级等离子渗氮装置。渗氮室尺寸为直径 0.9m（3ft），高 1.6m（5.3ft），装载量达 2000kg（4400lb）。图 4-87 所示为渗氮前装载室的实例，可以看出，可同批处理不同几何形状的工件。

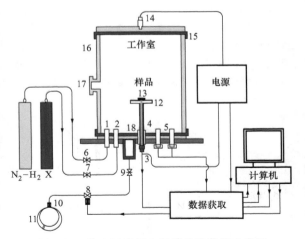

图 4-85　等离子渗氮和氮碳共渗装置示意图

1、2—气体引入　3—热电偶　4—阴极　5—压力传感器
6~8—针阀　9—给水调整阀　10—螺线管　11—真空泵
12—样品座　13—样品　14—阳极　15—密封圈
16—不锈钢管　17—窗口　18—绝缘子

图 4-86　工业级等离子渗氮装置

a)　　　　　　　　b)　　　　　　　　c)　　　　　　　　d)

图 4-87　渗氮前装载室的实例

　　如在等离子产生过程中，被处理的工件发生耦合现象，会造成某些缺陷。例如，离子轰击加热有不同面积/体积比的工件；与大尺寸工件相比，比表面积大的小工件加热速率更快，温度更高，该差别会影响离子渗氮处理的效果。当工件面积/体积比变化大时，被处理的工件也会发生同样的情况。通过辅助电阻加热炉壁，可以克服该缺点。因此，如是批处理工件，应避免工件尺寸大小剧烈变化。在进行等离子渗氮时，工件之间需要保持有最小间距，以保证等离子体顺利通过工件之间间隙，防止空心阴极效应（高密度的二次电子），造成局部温升过高。有空腔的工件也会发生同样的效果，这需要大量人力用于排列炉内工件。因此，大批量小尺寸零件可能并不适合采用这种工艺。同时，工件的支撑部位等离子体无法通过，因此该工件局部无法进行

渗氮。采用锥形体夹具支撑工件，使支撑区域降低到最小点支撑（见图 4-87a），可以解决这个问题。使用脉冲等离子体，可避免出现电弧放电问题，从而防止电荷在工件尖角和边缘处积累，造成电弧放电对工件局部的损伤。

　　（2）活性屏等离子体　最近一种称为活性屏等离子体（active screen plasma，ASP）渗氮技术得到了发展。其开发目的是为减少或避免常规等离子渗氮工艺中的不足和缺陷，例如边缘效应，即工件边缘附近渗氮效果与工件其余部位的不相同。传统的辉光放电过程，通过炉壁（正电位）与工件（负电位）之间的电压，产生等离子体。而在 ASP 过程中，是通过炉壁（正电位）与放置在被处理工件周围的屏（负电位）之间的电压，产生的等离子体。屏上产生的渗氮原子迁移，并沉积在工件上。通过

受控离子轰击活性屏，辐射加热工件至工艺处理温度。

ASP 过程有两种装置。其一，工件放置在电绝缘的悬浮电位（floating potential）工作台上。另一种装置称为混合系统，工件也承受 100~200V 的负电位（远小于传统的等离子渗氮）。

悬浮电位工艺过程的局限是工件与屏之间的距离，这取决于工件的位置和形状。在该工艺过程中，阴极屏产生渗氮活性物质，活性物质传递到工件表面并进行渗氮反应；随工件表面与屏之间的距离增加，这些活性氮化物质减少，这可能会对渗氮层性能产生影响。因此，如果工件被放置在悬浮电位中，必须要考虑屏和工件之间的距离。一些学者认为，对导入渗氮气体管子进行适当定位，可以解决该问题。然而，渗氮室内不同放置的工件之间仍然存在有不均匀气流问题，这仍会导致渗氮层不均匀。大多数相关发表的论文是基于实验室小型设备和对小尺寸工件的处理，在这种情况下，通常观察不到这些问题。到撰写本文为止（2014 年），为解决这些问题，已有开始使用混合系统进行工业试验（工件为负偏压）报道，但几乎还没有看到发表的相关论文。此外，即使采用具有大尺寸渗氮室的大型设备，试样尺寸也过于小。工件与加热屏之间距离以及放置相对位置不同，要考虑达到热平衡的时间也不同，这会对辐射加热过程产生重大影响，这也意味着会增加处理时间和增加非均匀性。因此，到目前位置，要达到工业应用要求，该工艺过程还需要进一步的深入研究。

图 4-88 所示为两种 ASP 工艺的装置示意图。

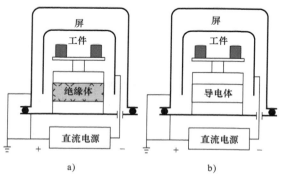

图 4-88　两种 ASP 工艺的装置示意图
a）悬浮电位　b）阳极电位

（3）射频等离子体　辉光放电等离子体渗氮是在 100~1000Pa（0.015~0.15psi）压力的氮、氢气氛下进行。当气氛压力低于 10Pa（0.0015psi）时，不能采用辉光放电技术，但采用射频（radio-frequency，RF）激励，微波能量或热灯丝产生电子方法，仍可得到和产生等离子体，如图 4-89 所示。这些低压等离子体在渗氮工作室内扩散，产生大量的活性物质，提高渗氮效率。工件上产生的非偶合等离子体，这将允许对单独进入基体表面的离子能量和通量进行控制，因此处理温度就可以保持在较低水平。

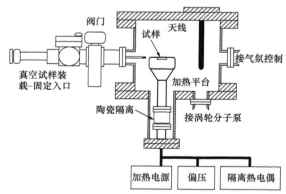

图 4-89　射频等离子装置原理图

（4）离子束注入　不锈钢渗氮的另一种技术是利用氮离子以足够的能量轰击并通过表面，渗入合金基体。该技术的商业开发利用受到一定限制，受限主要原因是该工艺过程需要高真空，此外由于离子射线直线运动（line-of-sight）效应，需要移动工件。

因为处理过程是通过离子束注，类似子弹发射，因此离子的动能是最重要的工艺参数，也是唯一提高工件氮浓度的参数。离子注入不需要进行扩散，因此处理温度可以很低。由此产生的结果是硬化层很浅，不适用于加工生产承载重负荷的工件。

（5）等离子体浸没离子注入　等离子体浸没离子注入（Plasma-Immersion Ion Implantation，PⅢ）与等离子渗氮（辉光放电）之间的根本区别在于，前者通过高能脉冲（高达 45kV），提升低能离子能量，注入工件。PⅢ 工艺仍达不到用于常规离子注入的能量（>100kV），它通过将工件温度和脉冲电压结合，实现所需表层注入浓度梯度。

PⅢ 工艺可视为改进了的等离子渗氮工艺，可通过控制单独的工作参数，提高等离子处理效率。大多数系统采用与常规射频等离子体处理工艺相同的所需低压气氛，使用 2.45GHz 频率的射频等离子体，产生氮微波等离子体。PⅢ 过程不依赖工件的温度和偏压，工件与一个约为 45kV 脉冲负电压连接。通过该处理过程中表面氮的热化学吸附反应，射频等离子体提高工件渗氮过程。在短时间内和负 45kV 脉冲作用下，等离子体中正离子以典型离子注入过程中极高的能量加速，轰击工件，提高等离子渗氮处理的效率。该工艺的缺点是增加了设备和操作成本。该工艺过程需要采用涡轮分子泵降低压力，虽然也可以使用传统脉冲直流等离子体单元，但最好有射频等离子发生器。图 4-90 所示为等离子体浸没离子注入装置原理图。

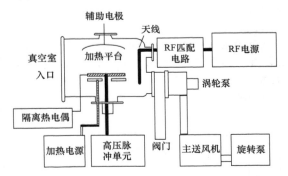

图 4-90 等离子体浸没离子注入装置原理图

该装置允许工件表层下得到高的氮浓度，通过控制温度，使氮进一步向内扩散。根据处理的材料不同，可采用 200~450℃（390~840℉）处理温度。为使工作温度与离子轰击分开，采用标准电阻进行辐射加热（采用加热炉壁）或传导加热（采用加热工作台）。

该工艺制备渗氮层性能取决于工艺参数的设置。通过高能脉冲，提高了最初表面溅射处理效果，减少了所需时间。该工艺过程是结合等离子渗氮和离子注入的混合工艺，如选择在等离子体渗氮处理温度（≈400℃，或 750℉）进行处理，采用短脉冲和低偏压（低能），制备得到的渗氮层与普通等离子体渗氮相似，具有 γ_N 相结构，硬化层深度在 10~20μm。

高电压会导致一些现实问题，因此不适合采用。高密度等离子体伴随气相金属会造成电弧放电，因此很困难对复杂形状工件和大批量工件进行均匀处理，同理也难以实现温度的均匀性。与其他任何等离子技术一样，对大量堆放工件和含有内孔的工件的处理也是困难的。

目前（2014 年），PIII 工艺主要是用于研究和开发的一种手段，能对特定材料采用特定参数达到理想的效果，而这些参数是其他工艺难以实现或无法完成。该工艺技术最大优势是，可独立地对工艺参数进行大范围的选择，而其他渗氮技术仅允许在一定程度上进行微调。PIII 工艺还有一个重要特点是，除了可以利用氮离子外，还可以采用其他离子，对其他材料进行处理，实现许多不同特性，用于制备不同性能要求的工业产品。

等离子辅助渗氮的优势包括：

1）工艺中使用的是氮气和氢气，无废气废水产生，是环境友好的工艺。

2）它安装紧凑，可以安装在生产线上。

3）不产生严重粉尘、噪音或热污染。

4）真空室仅使用少量氢，发生火灾的风险小。

5）工艺处理温度低（可低至 350℃，或 660℉），工件变形小。

6）工艺处理时间短。

7）试验结果重现性好。

8）可采用计算机控制工艺过程，自动化程度高。

9）减少了能耗和天然气消费，工艺成本低。

10）可精确控制渗氮层结构，例如仅得到扩散层，无化合物层，可方便用于复合处理（如，渗氮+PVD）。

11）通过提高残余压应力，提高抗疲劳性能。

12）通过屏蔽，可以对工件的局部进行处理。

13）可以不对等离子渗氮室安装基础进行改造，直接处理不锈钢工件。

2. 无等离子体辅助渗氮工艺过程

与等离子体辅助渗氮工艺相比，在无等离子体辅助渗氮工艺中，工件无需单独放置，主要优点是可对小尺寸和大批量工件进行处理。必须牢记，大工件渗氮时的夹持部位无法渗透（如同等离子处理一样）。对小尺寸和大批量工件进行处理时，为保证渗层均匀和使炉内气氛充分流通，必须使用旋转的工件载物台。

气体渗氮工艺过程对环境的影响远高于等离子体辅助渗氮过程。因为气体渗氮与直流等离子体的硬化层组织基本相同，直流等离子工艺与气体氮碳共渗等工艺对环境影响的对比见表 4-57。部分表面处理过程中产生的污染物和对环境的影响对比见表 4-58。

表 4-57 直流等离子工艺与气体氮碳共渗等工艺对环境影响的对比

氮碳共渗类型	等离子	气体	等离子/气体
用气量/(m³/h)	0.6	6.0	10
通过 CO/CO₂ 碳排放/(mg/m³)	506	137,253	272
NOₓ 气量总量/(mg/m³)	1.2	664	553
残留含碳气体输出/(mg/h)	302	823,518	2726
残留 NOₓ 气体输出/(mg/h)	0.72	3984	5533

表 4-58　部分表面处理过程中产生污染物和对环境的影响对比

工艺过程	污染物	存在问题
气体渗碳	CO_2,CO,CH	温室效应
氮碳共渗	$NaCN$、亚硝酸盐	废物处理、水质
铁素体气体碳氮共渗	NH_3	空气质量
喷砂	噪声	噪声
流态床处理	粉尘	空气质量
脱脂	三氯乙烯	平流层
电镀	镍、铜、铬（如，六价铬盐）、重金属	废水处理
等离子渗氮	无	—
物理气相沉积	无	—
真空处理（涂层、喷涂等）	无	—
酸洗	H_2SO_4,HNO_3	酸雨
淬火硬化	油	土壤污染

（1）低温气体渗氮　低温气体渗氮新工艺与普通气体渗氮类似，主要区别是处理温度较低，从而能够在表层形成 S 相（无析出相）。气体渗氮的主要优点是方便对小批量零件进行处理。虽然不需要向等离子体渗氮处理一样，严格放置炉内工件，但为提高渗氮均匀性，在渗氮过程中，必须要求工件载物台运动。在表面硬化过程中，氨热分解为氢和氮，通过保持合适温度的金属与含氮气氛接触，在合金的表层形成高氮浓度的 S 相。

通过干珩磨、湿喷砂和酸洗，可以去除表面的氧化铬层。随后将讨论采用适当的气氛中进行化学还原、浸入熔融盐中、溅射以及其他几种工艺去除表面的氧化物。不锈钢工件在进行渗氮前，表面必须完全清洁且无外来嵌入粒子。

1）低温气体渗氮去钝化。如前所述，不锈钢渗氮和/或渗碳的难题是必须在低温下，去除钝化氧化铬氧化膜。所谓低温，对渗氮和氮碳共渗，为低于450℃（840℉），对渗碳，为低于550℃（1020℉）。采用低温渗氮目的是为防止渗氮物和碳化物析出。低温渗氮在不锈钢高铬含量的前提下，在浅表层得到高浓度的氮或碳 S 相，或称为膨胀奥氏体，以提高耐磨性和耐蚀性。最近出现的低温气体渗氮（在不锈钢基体上制备 S 相），与常规的高温（550℃以上）气体渗氮（普通钢）不同，必须找到在低温气体渗氮条件下，去除钝化膜方法。不锈钢表面钝化膜形成速度很快，不论采用什么方法去除它，必须要保证不会形成新的氧化膜。这意味着去钝化的工件必须完全与氧化性气氛隔离开，而且最好是在同一工作室中进行下一步的处理。现已发布了以下几种有关用于低温渗氮去钝化专利：

① EP 0588458（1993）：本专利采用含氟气体作为活性剂进行预处理，将钝化氧化铬膜转换为氟化铬表面膜，使碳和氮原子能渗透表面，从而可进行下一步处理。该处理方法的缺点为费用昂贵，具有腐蚀性（它恶化工件表面质量，对炉体造成损伤）和环境不友好。

② U.S. 6165597A（1998）：本专利为在250℃（480℉）温度下，采用 HCl 进行活化的工艺过程，如图 4-91 所示。活化后可在 $CO+H_2+N_2$ 气氛中进行渗碳处理。

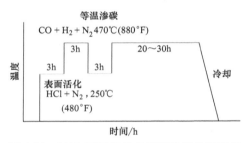

图 4-91　316L 不锈钢气相等温渗碳处理工艺

③ EP 0248431 B1（1987）、EP 1095170（1999）和 WO 2004/007789 A1（2003）：这些专利采用电沉积技术在不锈钢表面沉积除铬以外的金属（铁、镍、钌、钴、钯），将表面氧化铬膜转变为一种无铬的氧化物，使碳和氮原子能渗透表面，从而可进行下一步处理。因采用了电沉积技术，工艺成本昂贵且对环境不友好。

④ EP 1707646 B1（2005）：该专利为在高于300℃（570℉）温度的金属反应容器（由铁、镍、钴、铜、铬、钼、铌、钒、钛、锆金属制备）中，采用气态供碳化合物（如乙炔、乙烯、丙烷、丁烷和一氧化碳）与氨，通过催化作用生成 HCN。HCN将通过以下反应去除不锈钢表面钝化膜：

$$2NH_3+C_2H_2\longrightarrow 2HCN+3H_2$$
$$Cr_2O_3+6HCN\longrightarrow 2Cr(CN)_3+3H_2O$$

$2Cr(CN)_3$ 中的碳和氮向钢的内部扩散，形成碳氮表层，并保持表面清洁。在去钝化后，渗氮前，必须保持露点在 5℃（9℉）以下。这意味着必须使气体连续流动，排出在去钝化和氮渗共渗反应中形成的过多水分。在去钝化工序后，可采用在 $NH_3+H_2+N_2$ 气氛下，进行普通气体渗氮。在排放出口处，通过燃烧和分解，废气以氮和二氧化碳排出。

该项专利还讨论了丙酮的作用，商业上采用丙酮溶解和稳定乙炔。在使用乙炔时会有以下反应：

$$2(CH)_3CO\longrightarrow 2CH_3+CO$$
$$5Cr_2O_3+6CH_3\longrightarrow 10Cr+6CO+9H_2O$$

$$CO+NH_3 \longrightarrow HCN+H_2O$$

上式中可以看出，可用丙酮减少钝化氧化膜，也会产生 HCN。为保证露点低于 $5℃$（$9℉$）以下，必须排出反应容器中的水。图 4-92 所示为反应容器实现气体渗氮示意图。

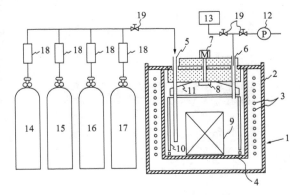

图 4-92 反应容器实现气体渗氮示意图

1—马弗炉 2—炉外壳 3—加热线圈 4—炉内壁（炉膛）
5—进气管 6—排气管 7—电机 8—风扇 9—金属夹具
10—天然气导向筒 11—倒漏斗 12—真空泵 13—废气
排出燃烧装置 14—碳复合气瓶 15—氢气瓶 16—氮
气瓶 17—氢气瓶 18—流量仪表 19—气体控制阀

⑤ EP 1712658 A1（2005）：本专利采用加热氨基树脂（如三聚氰胺、尿素、苯胺和福尔马林树脂），分解出碳、氮、氢、HCN 和 NO，与钝化膜反应并去除。该过程发生在加热至渗氮/渗碳温度期间，不需要将工件在特定温度下保温。当达到渗氮或渗碳温度，材料的表面已完成去钝化，可以进行渗氮和/或渗碳处理。可以将树脂涂在材料的表面（罩漆），然后放置炉内进行处理。也可以将材料和树脂同时放置炉内进行处理，而不需要将树脂涂在工件表面。

⑥ WO 2006/136166 A1（2006）：本专利为采用不饱和碳氢化合物气体（烯烃，C_nH_{2n}；或炔烃，C_nH_{2n-2}），如乙炔，利用不饱和烃的分解，去除钝化和进行渗碳处理。为防止处理的工件表面出现污染，降低渗碳效率，必须保持处理温度低。为抑制产生烟尘，必须限制在较低的处理温度，由此导致处理时间延长（14～72h）（WO 2011/009463 A1）。在去钝化完成后，根据具体要求，使用 NH_3+H_2 气氛进行渗氮（或混合烃类气氛氮碳共渗）。

⑦ WO 2011/009463 A1（2011）：本专利提出通过加热，使用氮碳化合物在工件表面去除钝化，使工件适用于进行渗氮或渗碳。工艺中未使用 HCN，但可以在工艺过程中形成（通过氮/碳化合物分解）。为防止渗氮物和碳化物的析出，处理温度应该低于

$500℃$（$930℉$）。该工艺可以用于处理铁基（不锈钢）、镍基、钴基、钛基合金。有趣的是，该专利要求工艺的最高渗氮或渗碳温度，其中渗氮和氮碳共渗应低于 $450℃$（$840℉$）；渗碳应低于 $500℃$（$930℉$）。但如氮/碳化合物为尿素，氮/碳的加热温度应低于 $250℃$（$480℉$），比渗氮/渗碳温度低。该工艺过程提高表面活化性，大大提高反应的动力学，从而在获得一定厚度渗层的情况下，减少所需处理的时间。

与其他大多数工业工艺过程一样，低温气体渗氮/渗碳过程已经历了很长的发展历史。U.S. 6165597A（1998）专利提出在低温渗碳过程中，采用盐酸去钝化，但成本高，有污染。EP 1707646 B1（2005）专利中采用的工艺与 EP 1712658 A1（2005）相似，在加热过程中，通过氨基树脂，如尿素活化工件表面，处理过程中产生出 HCN 去钝化并同时进行渗氮处理。两种工艺都会生成一些 HCN。通过燃烧可以去除废弃物，不会对环境造成任何不利的影响。其他去钝化工艺过程在此基础上进行了改进，但更有利于形成 S 相（或膨胀奥氏体），工艺过程更加可靠。还有一些非常新颖的工艺，使用电沉积将钝化氧化铬膜转变为其他允许氮和碳原子能够渗入的膜：EP 0248431 B1（1987）专利和 EP 1095170（1999）专利中采用的是铁，WO 2004/007789 A1（2003）专利使用的是镍、钌、钴、钯。这些工艺过程费用昂贵，同时电沉积会造成环境污染问题，但它仍然不失为是解决去钝化问题的一个选择。每个工艺过程都应该最终找到适合的应用场合。

上述去除钝化膜的方法必须要满足随后渗氮或渗碳工艺温度要求，并适用于在批量处理中，工件之间不接触。通常而言，与氰化物盐浴处理相比，气体渗氮和/或渗碳工艺对环境的影响很小；但与等离子辅助工艺相比，对环境的影响较大。此外，工艺中天然气和能源消耗高得多，必须注意工艺过程中的安全问题，防止避免产生爆炸的危险。

2）低温气体渗氮与乙炔表面活化 该工艺过程使用 C_2H_2、H_2、NH_3 和 N_2，提高在 370～430℃（700～805℉）温度下长达 20h 渗氮、渗碳和氮碳共渗效率。制备得到的硬化层性能类似于采用离子渗氮得到的碳或氮膨胀奥氏体硬化层。

这种工艺的最大优点是，不需要进行额外去钝化膜处理。在氮碳共渗、渗碳和渗氮处理中，高活性乙炔能减少氧化膜。其解释原因是，在低于550℃（1020℉）渗碳，或在低于450℃（840℉）渗氮和气体碳氮共渗，在这样低的温度下发生分解，碳原子之间的三键比单键更不稳定。工艺中发生的反应

如下：

$$C_2H_2+H_2 \longrightarrow [C]+1/2H_2$$
$$K_C=(p_{C_2H_2}/p_{H_2})$$

上式中 [C] 为溶入金属中和平衡气氛的碳，是产生高碳势的碳源。可以通过碳势（K_C），控制溶入钢中的数量。这里的碳原子有双重任务：首先，表面去钝化，第二，为渗碳提供碳源。到目前为止，表面去钝化的确切机制仍然未知，但有氢的存在对反应具有重要作用。第一步去钝化对渗氮和/或渗碳是非常重要的。为了防止烟灰在金属表面沉积，必须注意控制温度（降低温度），表面烟灰对处理是有害的物质。

与 CO-CO_2-H_2-H_2O 混合气氛相比，$C_2H_2+H_2$ 混合气氛的最大优势是，没有会使金属表面在处理过程中再次发生钝化的氧化物质。

在 NH_3-H_2 的气氛中渗氮，会发生下面反应：

$$1/2N_2 \longrightarrow [N]$$
$$NH_3 \longrightarrow 1/2N_2+3/2H_2$$

结果为：

$$NH_3 \longrightarrow [N]+3/2H_2$$

上式中 [N] 为活性氮，氮势为：

$$K_N=p_{NH_3}/p_{H_2}^{3/2}$$

通过氮势控制金属中的氮含量，如图 4-93 所示。

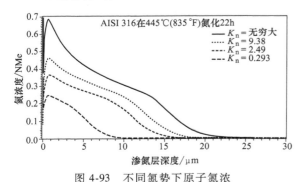

图 4-93　不同氮势下原子氮浓度与渗氮层深度的关系

图 4-94 为 AISI 316 钢在不同氮势下，渗氮 22h 的渗氮层结果。图 4-94a 和图 4-94b 分别为 K_N = 0.293bar$^{-1/2}$ 和 K_N = 2.49bar$^{-1/2}$渗氮层深度。图 4-95a 为 AISI 316 钢在 K_C = ∞ 和 773K 温度下渗碳 4h，随后在 K_N = ∞ 和 713K 温度下渗氮 18.5h 的碳氮层；图 4-95b 为在 10%Ar+54%NH₃+22%H₂+14%C₂H₂气氛下，在 693K 氮碳共渗 19h 得到复合氮碳共渗层的结果。

气体氮碳共渗和渗碳处理工艺过程的实例请参见相关参考文献。

从专利获取的信息微乎其微，这表明不锈钢低

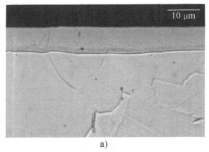

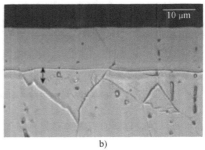

图 4-94　AISI 316 钢渗氮显微
照片（在 718K 渗氮 22h）
a）K_N = 0.293bar$^{-1/2}$　b）K_N = 2.49bar$^{-1/2}$

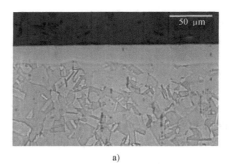

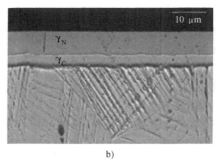

图 4-95　显微照片
a）AISI 316 钢渗碳加随后渗氮　b）AISI 304 钢氮碳共渗

温气体渗氮现仍处在工业生产初期阶段。需要有更多的科学文献，这将有助于更好地理解其工艺过程的适用性，以及在不同的情况下的重现性。

（2）高温气体渗氮-固溶渗氮 高温渗氮或固溶渗氮（1100±50℃，或 1100±90℉）是一种新的表面强化工艺，可以得到氮浓度在 0.4%~0.9%（质量分数）范围的硬化层。与低温等离子体渗氮处理的氮浓度（16.9%，质量分数）相比，得到的氮浓度低，但硬化层深度是低温等离子体渗氮处理的 100 倍以上（2mm，或 0.08in）。氮浓度低意味着硬化层硬度低（奥氏体钢固溶渗氮硬度 360HV）。马氏体不锈钢固溶渗氮的最高表面硬度达 700HV，而采用等离子体渗氮，硬度约为 900~2000HV。

为防止出现更稳定的 CrN 相溶解为亚稳态表层，为避免致敏反应（碳化铬的析出）以及防止形成其他成分相（奥氏体或铁素体），在渗氮后必须进行淬火处理。如在奥氏体或铁素体基体中析出其他相，会降低奥氏体不锈钢耐蚀性或降低马氏体不锈钢的马氏体组织性能。温度越高，氮扩散越容易，硬化层形成时间越短，但也会造成其他问题：

① 晶粒长大。尽管有报道，通过认真选材，可以减少该问题的出现。

② 淬火变形。这限制了几何形状复杂工件的应用。

③ 渗氮炉罐设计难度大。

因为工作温度高（1100±50℃，或 2010±90℉），氮气应力高达 2bars（200kPa）（为提高工艺效率和渗层氮浓度）。合金表面平衡氮原子浓度由下列方程给出：

$$\ln[N] = \ln p_{N_2}^{1/2} - \ln f_N^X - \Delta H^0/RT + S^0/R$$

式中，f_N^X 是合金的活度系数（常数）；ΔH^0 和 S^0 为 Cr-N 系统的标准自由焓和标准熵（根据 ΔG^0 标准吉布斯自由能）。

根据上式，氮浓度随 p_{N_2} 和 $-\Delta H^0$（为铬-氮溶解热）的提高而增加；但式中 $-\Delta H^0$ 除以了 T，表明提高温度降低平衡状态的氮浓度。为提高扩散速率，减少处理时间和防止渗氮物和碳化物析出，必须要提高工作温度。然而，为了保持氮的溶解度稳定在期望的水平，当提高温度时，必须增加氮的压力。增加炉的压力提高了热处理炉设计的难度，尤其在工作温度高达（1100±50℃，或 2010±90℉）时。

④ 在渗氮后必须进行淬火处理进一步提高了渗氮炉罐的设计复杂性，提高了设备制造、操作和维护的成本。这可能是与等离子渗氮室相比，这种渗氮炉罐体积较小的原因。图 4-96 所示为不锈钢中 CrN 相析出的时间-温度转换曲线，根据该曲线可以估计，为了避免 CrN 析出，温度从 1100℃（2010℉）冷却至低于 900℃（1650℉）必须在约 20s 内完成。只有少量薄壁工件（大的面积/体积比）能在这么短的时间内，避免通过时间-温度转换曲线。

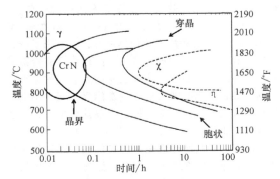

图 4-96 不锈钢中 CrN 相析出的时间-温度转换曲线

Berns 列出了许多成功应用案例。其中有马氏体钢制作的法兰、滚珠轴承、模具、叶轮；奥氏体钢制作的抗汽蚀工件叶轮和盘片等。现有的文献资料并没有对工艺过程中产生粗晶的原因，以及如何有效地减轻晶粒粗化进行详细的说明。还需要进一步对材料的韧性进行试验，验证该工艺的有效性。

（3）低温渗氮/渗碳工业工艺过程和不锈钢处理新进展 正如前面讨论的，在实验室的许多以扩散为基础工艺过程中，包括使用液态、气相、等离子处理和离子注入，均得到了 S 相。然而，除已经牢固确立的脉冲等离子体渗氮处理外，在过去由于技术、经济和环境等问题的约束，只有少数工业工艺过程得到了发展。表 4-59 列出了得到 S 相的工艺和专利持有者。

表 4-59 得到 S 相的工艺和持有者

厂商名称	工艺	持有者
Kolsterising	渗碳	Bodycote
Nivox	等离子渗碳	Nitruvid, France
Expanite	气体渗氮/渗碳	Expanite A/S, Denmark
NV-Pionite	气体渗碳	Air Water Ltd., Japan
Swagelok	气体渗碳	Swagelok, United States
Palsonite	盐浴渗氮	Nihon Parkerizing, Japan
Solnit	高温气体渗氮	Ipsen, Germany

（4）低温流态床渗氮 流态床反应罐以高热量和高质量传递系数为著称，可以提供高温和保证气氛成分均匀。正是由于这些高价值的品质，流态床在许多工业过程和渗氮介质中，通过氮的扩散，在保持工件变形最小的条件下，提高钢的表面硬度。

流态床反应罐是一个复杂分散系统，通常由分散颗粒固相（根据工作温度不同，可以是沙子或氧化铝）和产生固相流化的气态流体组成。该系统中固体颗粒悬浮在气态流体气垫上，像一个伪密度（pseudodensity）的流体，占据整个反应罐的体积，进行波传播和不断流动，俨然像一锅沸水。该系统可以采用多种方式进行加热：通过电加热器，通过燃烧进入流态床加热气体或在流态床内燃烧气体。通过自动控制，可以将温度精度控制在 ±3℃（±5.5℉）。像熔融盐浴炉加热一样，流态床系统的温度和成分均匀是最显著特性，但系统没有盐浴炉的环境污染和高温熔融盐或金属的安全问题。可以根据需要，制造不同大小的流态床反应罐，不会由于尺寸大造成性能下降。该系统隔热性能好，传质系数和传热系数高，能效高，因此处理时间短。

流态床渗氮处理炉是通过电加热。通过选择流态气体组分，提供最佳化学表面处理（通常碳氮共渗气氛为 NH_3+N_2 混合添加 CH_4 气体）。流态床中最基本的固体颗粒应是惰性的，它们不与处理的工件发生反应且具有优良的稳定性能。

到目前为止，该工艺的许多高效渗氮难题已得到了解决：与大多数竞争渗氮工艺相比，对温度和气氛成分均匀性的控制相同或更好，但对环境危害影响低，工件尺寸无限制和能效高。

这种渗氮方法的主要不足是，工件（不锈钢）在渗氮处理之前，必须进行去钝化处理，去除防止腐蚀也降低渗氮的 Cr_2O_3 膜。可以通过酸洗或喷砂去除 Cr_2O_3 膜。然而，这些方法都不如等离子渗氮前，在渗氮室内采用溅射去除氧化膜效率高。该溅射去除氧化膜方法完全隔离了 O_2，优化了金属表面，易于氮扩散渗入基体。正是由于这些原因，与等离子体渗氮相比，采用流态床渗氮对环境危害影响低，运营成本低的优势显得不明显。此外在渗氮时间相同的情况下，流态床渗氮制备的渗氮层比等离子体渗氮方法要浅。

不锈钢低温渗氮还会导致一些其他的效果，其一为会增加 Cr_2O_3 对渗氮的阻碍作用。为防止氮化铬和碳化铬析出（碳化铬在大约 500℃，或 930℉ 开始析出），处理温度应低于 450℃（840℉）。由于处理温度低，即使采用酸洗，仍会有部分氧化膜保留在金属表面，因此会对渗氮起阻碍作用。其二为扩散速率和氮势低（NH_3 分解较少，提供的氮原子数量少），如图 4-97 所示。通过改变气氛成分，可控制 NH_3 分解效果，这必须在更高的温度下，氧化膜才会发生分离或可以被渗透，但如提高温度，又会引起氮化物和碳化物的析出。

理想的处理温度应低于 430℃（805℉），通过在气氛中添加 H_2、N_2 和 CH_4（分解为碳和氢，也促进了氮碳共渗）的量，控制氨的分离，达到控制氮势的目的。根据下式，添加 H_2 和 CH_4 降低了 NH_3 的分解；添加 N_2，提高了 NH_3 的分解。

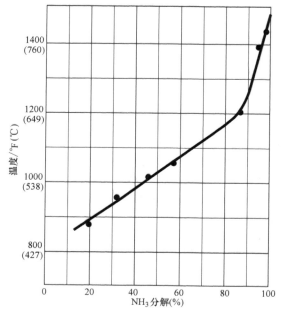

图 4-97　流态床渗氮炉中 NH_3 分解与温度的关系

$$\%N = k\left[p(NH_3)/p(H_2)^{3/2}\right]$$

式中，k 为平衡常数；p 是 NH_3 和 H_2 的分压。

经 8h 流态床渗氮处理，硬化层深度最厚处约 8μm，如图 4-98 所示。相比之下，316L 试样经 8h 等离子体渗氮处理，硬化层深度为 18~20μm。

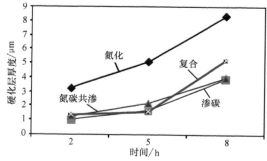

图 4-98　316 L 不锈钢试样经 8h 流态床渗氮处理硬化层深度

如像普通钢渗氮一样可以提高处理温度，其结果可能会更好。但在这一点上，采用流态床进行不锈钢渗氮的缺点比优点要更多。

（5）盐浴渗氮　经常在温度高于 550℃（1020℉），采用盐浴对碳钢和低合金钢进行碳氮共渗。近年开发出了在低温（低于 450℃，或 840℉）对不锈钢进行渗氮，具有一定的优势。现已发现，为防止铬氮化物和碳化物的析出，导致不锈钢产生腐蚀，不锈钢低温热化学处理显得非常重要。

盐浴具有许多金属加热和化学热处理所需特性

如下：热量和质量传递系数高，能确保加热均匀性和效率高，防止大气氧化，工件放置简单和具有适用于不同温度区间的熔盐成分。盐浴处理的主要缺点是使用了有毒的氰化物。低温氮碳共渗的性能与渗氮非常相似，但工件具有比仅进行渗氮处理更高的承载能力。因为氰酸更环保，在渗氮和氮碳共渗中代替了氰化物，因此对环境影响有了明显的改善。然而，对氰酸的控制更复杂，为保证工艺性能稳定，需要经常进行盐浴再生处理。

低温盐浴渗氮和氮碳共渗研究和发展现状如下：

1）在温度高于 500℃（930℉）进行处理，渗入动能很高，但是会导致铬氮化物和碳化物的析出。

2）相关参考文献报道了 AISI 304 不锈钢在低至 430℃（805℉）温度下，进行 4h 盐浴渗氮，得到 6μm 由 S 相组成的硬化层。进一步延长渗氮处理时间，引起析出量增多，应该尽量避免。这种处理工艺采用由 M_2CO_3（M = 钾、钠、锂）+$CO(NH_2)_2$+痕迹微量未指定化合物组成的复合盐浴。最终盐浴的 CNO^- 浓度高于 40%；据报道，它能够去除（减少）AISI304 不锈钢试样表层的 Cr_2O_3 氧化膜，从而促进渗氮处理。渗氮反应的氮原子来源于以下 CNO^- 离解反应：

$$4CNO^- \longrightarrow CO_3^{2-} + 2CN^- + CO + [N]$$

渗碳通过下列 CO 解离反应得到活性碳原子：

$$2CO \longrightarrow CO_2 + [C]$$

相比之下，AISI 304 试样在 430℃（805℉）温度下经 4h 等离子渗氮（软氮化），得到厚度为 10～20μm 的 S 相组织硬化层，硬化层无碳化物和氮化物析出。最后，如果需要，可延长处理时间，增加无析出物的渗碳层深度。

3）相关参考文献介绍了采用熔融 KNO_3+超纯 N_2 气氛作为渗氮介质在低温（450℃，或 840℉）渗氮。"加热的 KNO_3 发生热分解，在形成氮分子（N_2）前，释放得到活性氮原子，该活性氮原子通过扩散优先渗入钢中"。从某些角度看，该工艺违反了安全使用熔盐浴的方法，但该工艺规定要求：不允许硝酸熔盐工作温度超过 550℃（1022℉），当温度高于该温度，硝酸盐会分解释放出氧，可能造成严重爆炸。这里未对如何在较低的温度下控制硝酸盐分解进行介绍。

根据相关参考文献，采用与前面相同经抛光的试样，在 450℃（840℉）渗氮 3h 达到最佳效果。硬化层深度在 200～400nm 的范围，并提高了耐蚀性。抛光工序是非常重要的，它可以减少（虽然不能去除）钝化膜对氮扩散到金属晶格的阻碍。如采用 600℃（1110℉）处理温度，建议硬化层氮的浓度应

该控制在 0.07%（质量分数）左右。在该处理温度可能会析出铬碳化物和氮化物，造成材料的耐蚀性下降。在 450℃（840℉）渗氮，硬化层可采用更低的氮浓度。相比之下，AISI 304 钢采用低温等离子渗氮，可以得到约 16%（质量分数）氮浓度 S 相硬化层。未经抛光试样仅轻微改善了耐腐蚀，这表明基体材料的钝化膜具有强烈障碍渗氮的作用。无论如何，200～400nm 硬化层对提高工件耐磨性作用有限。

4）Tenifer 和 Tufftride 工业化生产工艺是基于盐浴的渗氮工艺。最初该工艺使用氰化物，但为避免环境污染问题，现在使用氰酸。氰酸浴的化学活性非常难以控制，但最终这些问题得到了解决。工具钢的渗氮过程（挤压模具）在温度低至 430℃（805℉）进行。随着铬含量的增加，Cr_2O_3 钝化膜成为主要的问题，现推荐有各种类型预处理工艺去除钝化膜方法。

对这些工艺过程的改进可在渗氮处理后增加两次氧化工序，并在氧化工序之间增加抛光工序。据说，采用改进的工艺过程，即使渗氮温度高于 450℃（840℉），有铬氮化物和碳化物析出，也能改善材料的耐蚀性。到撰写本文（2014 年）为止，不锈钢低温盐浴渗氮工艺仍处在发展阶段，现行工业化生产工艺多用于普通合金钢。几乎没有看到对不锈钢低温盐浴渗氮工艺机制的研究和对硬化层性能研究的报道和文献资料。为深入了解和控制其反应过程，将其发展成强大的工业化生产工艺过程，还需要进一步的研究和开发。

3. 小结

可以采用离子束注入、气体渗氮、等离子渗氮和 PVD 等表面处理技术，在不锈钢（以及镍-铬、钴-铬合金）基体表面上沉积 S 相。通过对多功能表面层设计，满足日益增长的性能需求，以提高工件使用寿命。采用这些工艺方法在优化摩擦化学性能和耐疲劳特性的同时，提高了合金表面耐摩擦磨损和耐蚀性，使之广泛应用在医疗健康、核电、化工、食品加工和一般工程等行业，并取得前所未有的成功。然而，只有当 S 相在科学理论上的问题，在工艺技术上的难得得到彻底解决，S 相在表面工程的全部潜力才可能充分实现。这些难题包括，S 相的原子结构的确定（即间隙原子与置换溶质原子之间的化学键和组态问题）；形成 S 相晶体结构的要求（例如，是否 fcc 晶体结构是形成 S 相必不可少的要素，如果不是，为什么不能形成非 fcc 晶体结构的合金）；探索是否 S 相仅在 3d 过渡金属，如铁、钴和镍金属中形成？为什么 S 相层最大厚度按铁、钴、

镍的顺序减少,是否与这些金属的外层电子结构 $3d_6 4s_2$,$3d_7 4s_2$ 和 $3d_8 4s_2$ 有关?

安全应用 S 亚稳相要求了解其等温转变图,而 S 相的等温转变图取决于间隙原子(碳和氮)和置换原子(铬、镍、钼等)的数量和种类。尽管已知 S 亚稳相在机械应力作用下可以分解为稳定相,但已知有关 S 相的机械稳定性的信息非常有限。虽然 S 相具有理想的综合性能,如高硬度和耐蚀性,但其层厚度比其他渗氮/渗碳渗氮钢所得到的要薄很多,因此其承载能力较低。高温固溶渗氮处理后加冷处理复合工艺是一个例外。这种复合处理工艺非常复杂,需要在高温固溶渗氮后进行淬火,以防止析出

氮化物和碳化物。这意味着该复合工艺会产生变形和微观组织转变。

到目前为止,根据大量的科技文献和研究者的报道,低温等离子辅助渗氮/渗碳已是一个工业成熟工艺,具有非常清晰的应用市场。通过脉冲等离子方法以及其发展,如 PIII 和 ASP,克服了其最初有关工艺的局限性。目前,低温气体渗氮在批量处理的小工件方面具有极大的优势,但还需进一步深入研究,以提高其适用性。本文中讨论的其他工艺过程仍处在发展的最初阶段,需要开展进一步研究工作,实现其工业化应用(见表4-60 和表 4-61)。

表 4-60 等离子渗氮和气体渗氮工艺优缺点对比

工艺	优 点	局 限
等离子渗氮	减少工艺处理时间,减少工艺处理所需天然气和能耗;减少对环境的影响	要求使用熟练工人放置工件,确定最合适的工作参数。需要消除电弧放电、空心阴极效应和边缘效应(如存在有这些问题,采用脉冲处理或活性屏工艺过程可以用来解决这些问题)
气体渗氮	高温:渗层厚	高工艺成本(气体和能耗);硬化层硬度较低,适用于特定场合(汽蚀、滚珠轴承、刀具);必须采用淬火冷却,限制处理具有合理比面积的工件;现有渗氮炉相对较小,无法工业实际应用(40cm×40cm×60cm,或 16in×16in×24in)
	低温:适用小工件批量处理(带有活动炉胆)	有关数据很少,主要是专利多科学文献少,不足以证明实验的重现性和技术可行性。为避免爆炸危险,工艺操作需小心谨慎;气体消耗高

表 4-61 不锈钢渗氮和/或渗碳处理工艺参数

工艺参数和性能	工艺过程						
	等离子氮化(PN),等离子渗碳(PC),等离子氮碳共渗(PNC)			气体		盐浴	流态床
	直流电流或脉冲	活性屏	等离子体浸没离子注入	低温	高温		
温度/℃(℉)	350~450 (660~840)	350~450 (660~840)	250~400 (480~750)	430~450 (805~840)	1050~1150 (1920~2100)	430(805)	450(840)
处理时间/h	5~20	5~20	5~20	4~22	4~24	4	8
电势/V	400~1000	400~1000	45kV 脉冲	—	—		
硬度 HV	PN = 1300~1500 PC = 700~1000 PNC = 1500	1100~1300	1300~1600	PN = 1200 PC = 800 PCN = 1350	马氏体 = 700 奥氏体 = 360	1200	1500
硬化层厚度/μm	PN = 2~20 PC = 5~40	2~20	3~6	PN = 17(3~5h) PC = 15(22h) PCN = 10(9h)	≤2000	6	8
气氛	PN = 75~80% H_2-20~25% N_2 PCN = 76%H_2-20% N_2~4% CF_4	PN = 75~80% H_2-20~25% N_2	PN = 75~80% H_2-20~25% N_2	NH_3+N_2+ H_2+C_2H_2	N_2	—	NH_3+N_2
压力/Pa	100~1000	100~1000	0.1~0.5	1atm	2atm	1atm	1atm
耗材成本	低	中等	低	中等	高	中等-高	中等

4.5.4 未来发展方向

为了对 S 相的性质深入了解，必须对 S 相进行进一步研究。其中包括 S 相的原子和电子结构、间隙原子和置换原子之间结合键、基体晶体结构作用对形成 S 相的影响、置换合金原子作用对过度饱和亚稳 S 相的影响。在此研究基础上，希望能对存在的问题进行改进和提高，进一步提高 S 相在表面处理中的应用。

参 考 文 献

1. *Properties and Selection：Irons, Steels, and High-Performance Alloys*, Vol 1, *Metals Handbook*, 10th ed., ASM International, 1990.

2. G. Henkel et al., "Information on Passivation Layer Phenomena for Austenitic Stainless Steel Alloys," Henkel Technical Bulletin, Essay 45/Rev. 00.

3. H. Berns, *Met. Sci. Heat Treat.*, Vol 49 (No. 11-12), 2007, p 578-580.

4. T. Bell, *Surf. Eng.*, Vol 18 (No. 6), 2002, p 415-422.

5. T. Bell, *Int. Heat Treat. Surf. Eng.*, Vol 1 (No. 4), 2007, p 146-151.

6. G. E. Totten et al., *J. ASTM Int.*, Vol 9 (No. 2), 2012, p 1-11.

7. H. J. Spies et al., *Surf. Eng.*, Vol 18 (No. 6), 2002, p 459-461.

8. K. L. Dahm et al., *Proc. Inst. Mech. Eng.*, Vol 214 (No. 4), 2000, p 181-198.

9. Y. Sun et al., *Heat Treat. Met.*, Vol 1, 1999, p 9-16.

10. H. Dong, *Int. Mater. Rev.*, Vol 56 (No. 2), 2010, p 65-98.

11. V. G. Gavriljuk et al., *High Nitrogen Steels*, Springer, 1999.

12. T. Czerwiec, *Plasma Process. Polym.*, Vol 6, 2009, p 401-409.

13. T. L. Christiansen et al., *Surf. Eng.*, Vol 26 (No. 4), 2010, p 242-247.

14. F. A. P. Fernandes et al., *Heat Treat. Prog.*, July/Aug 2008, p 41-43.

15. X. Y. Li et al., *Mater. Sci. Technol.*, Vol 19, 2003, p 1427-1434.

16. J. Buhagiar et al., *Surf. Eng.*, Vol 29 (No. 4), 2007, p 313-317.

17. C. Allen et al., *Wear*, Vol 254, 2003, p 1106-1112.

18. J. C. Stinville et al., *Surf. Coat. Technol.*, Vol 204, 2010, p 1947-1951.

19. C. X. Li et al., *Wear*, Vol 256, 2004, p 1144-1152.

20. Y. Sun et al., *Wear*, Vol 253, 2002, p 689-693.

21. P. A. Dearnley et al., *Wear*, Vol 256, 2004, p 491-499.

22. C. X. Li et al., *Corros. Sci.*, Vol 46, 2004, p 1527-1547.

23. V. G. Gavriljuk, *ISIJ Int.*, Vol 36, 1996, p 738-745.

24. A. Fossati et al., *Corros. Sci.*, Vol 48, 2005, p 1513-1527.

25. T. Christiansen et al., *Z. Metallkd.*, Vol 97, 2006, p 79-88.

26. *Heat Treating*, Vol 4, *ASM Handbook*, ASM International, 1991.

27. C. X. Li et al., *Heat Treat. Met.*, Vol 1, 2003, p 1-7.

28. C. X. Li et al., *Surf. Eng.*, Vol 18 (No. 3), 2002, p 174-181.

29. C. X. Li, *Surf. Eng.*, Vol 26 (No. 1-2), 2010, p 135-141.

30. C. Zhao et al., *Surf. Eng.*, Vol 24 (No. 3), 2008, p 188-192.

31. J. M. Priest et al., *Thin Solid Films*, Vol 345, 1999, p 113-118.

32. J. A. Garcia et al., *Vacuum*, Vol 85, 2011, p 1125-1129.

33. C. Blawert et al., *Surf. Coat. Technol.*, Vol 103-104, 1998, p 240-247.

34. G. A. Collins et al., *Surf. Coat. Technol.*, Vol 103-104, 1998, p 212-217.

35. D. Pye, *Practical Nitriding and Ferritic Nitrocarburizing*, ASM International, Materials Park, OH, 2003.

36. T. Bell et al., *Surf. Eng.*, Vol 10 (No. 2), 1994, p 123-128.

37. J. Baranowska et al., *Wear*, Vol 263, 2007, p 669-673.

38. Method of Nitriding Austenitic Stainless Steel, Patent EP 0588458, 1993.

39. Selective Case Hardening Processes at Low Temperature, U. S. Patent 6165597A, 1998.

40. C. Collins et al., *Adv. Mater. Process.*, Sept 2006, p 32-33.

41. Method of Producing Outer Coating Layers on Heat and Corrosion Resistant Austenitic Steels, Patent EP 0248431B1, 1987.

42. Low Temperature Case Hardening Processes, Patent EP 1095170, 1999.

43. Case Hardening of Stainless Steel, Patent WO 2004/007789 A1, 2003.

44. Method for Activating Surface of Metal Member, Patent EP 1707646 B1, 2005.

45. Method for Surface Treatment of Metal Material, Patent EP 1712658 A1, 2005.

46. Carburizing in Hydrocarbon Gas, Patent WO 2006/136166 A1, 2006.

47. A Method of Activating an Article of Passive Ferrous or Non-Ferrous Metal prior to Carburising, Nitriding and/or Nitrocarburizing, Patent WO 2011/009463 A1, 2011.

48. T. L. Christiansen et al., *Surf. Eng.*, Vol 27 (No. 8),

49. E. J. Mittemeijer et al., *Surf. Eng.*, Vol 12（No. 2），1996，p 152-162.

50. T. L. Christiansen et al., *Int. J. Mater. Res.*, Vol 100，2009，p 1361-1377.

51. T. L. Christiansen et al., *Struers J. Materialogr.*, Vol 9，2006.

52. F. Schmalt et al., *Proceedings from the First International Surface Engineering Congress and the 13th IFHTSE Congress*，Oct 7-10，2002（Columbus, OH）.

53. W. Liang, *Appl. Surf. Sci.*, Vol 211, 2003，p 308-314.

54. J. E. Japka, *Met. Prog.*, Vol 123（No. 2），1983，p 27-33.

55. A. Triwiyantoa et al., *Int. J. Mech. Mater. Eng.* (*IJMME*)，Vol 4（No. 2），2009，p 197-203.

56. J. Wang et al., *ISIJ Int.*, Vol 52（No. 6），2012，p 1118-1123.

57. A. S. Hamdya et al., *Mater. Chem. Phys.*, Vol 126, 2011，p 507-514.

58. "A Guide to the Safe Use of Molten Salt Baths," Park Thermal International Corp.，1996.

59. K. Funatani, *Met. Sci. Heat Treat.*, Vol 46（No. 7-8），2004，p 277-281.

60. T. Kumar et al., *International Symposium of Research Students on Materials Science and Engineering*，2002-2004.

4.6　不锈钢低温表面强化

不锈钢是一种被广泛使用的重要耐腐蚀材料。钢中合金元素铬和大气中的氧在表面形成了稳定性极高的钝化膜，使不锈钢具有耐蚀性。然而许多不锈钢工件在服役中受到磨损，这导致必须对原本作为最佳选择，强度和防腐性能兼顾的不锈钢进行改进，或采用更加昂贵的材料。表面工程为常用提高材料耐磨性的一种方法。表面工程中传统的化学热处理，例如渗氮、渗碳、氮碳共渗，在含碳或氮介质（常为气体）和在远高于773K（500℃，932℉）以上温度进行。这些化学热处理在表层形成硬化层，提高了材料的硬度和耐磨性。渗氮或碳氮共渗硬化层由化合物层或扩散层组成，而渗碳硬化层通过形成碳化物及马氏体相变得到。不锈钢表面处理面临两个挑战，首先，氮、碳原子难以穿过钝化膜；第二，氮、碳与铬反应形成氮化物/碳化物（见图4-99）。形成氮化物或碳化物致使固溶体中铬含量降低，导致合金的耐蚀性下降。使氮、碳原子固溶于不锈钢，而不形成铬氮化物和碳化物的方法有两种，其一选择高温处理，在高温下使氮化物或碳化物失去稳定性；其二是在较低温度下进行，在硬化层达

到足够厚度的条件下，使形成氮化物或碳化物的孕育期大于工艺处理时间（见图4-99）。

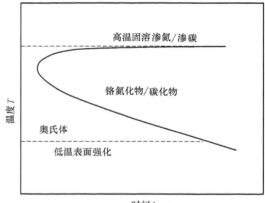

图4-99　高氮或高碳奥氏体时间-温度转变示意图
注：为了防止铬氮化物或碳化物的析出，应采用长时间冷处理，或选择采用高温处理（1050℃或1920℉以上）结合快速冷却。

在20世纪80年代中期，人们已证明，在低于约723K（450℃，842℉）温度是可以对不锈钢进行表面处理。在冷处理过程中，大量的氮或碳在不锈钢的表层富集，而铬仍保留在固溶体里。经该处理的不锈钢表面在保持耐蚀性不变的前提下，具有极高的耐磨性能。在该温度下和处理时间内，不锈钢表层没有形成氮化物或碳化物，置换溶质原子仍保留在固溶体里，仅发生了间隙原子的扩散，硬化层为过饱和固溶体。

本节先介绍低温表面强化的历程，随后对硬化层的物理冶金进行介绍。介绍内容主要为奥氏体不锈钢的气体渗氮、氮碳共渗一些应用实例。此外对其他类型的不锈钢的相关内容也进行简要介绍。

4.6.1　不锈钢低温表面强化历史回顾

1983年，Kolster（德）在某技术杂志上发表了一篇论文，提出一项在不降低不锈钢耐蚀性的前提下，提高耐磨性的新技术。图4-100中白色区域为不锈钢工件表层的显微照片。Kolster即没有给出如何获取此表面强化层的任何信息，也没有披露表层扩散物质的本质。因为由Kolster研发，该工艺被称为Kolsterized工艺，在首次介绍的几年后，才披露出表面白色区域是通过碳扩散渗入不锈钢得到的组织。但工艺中的细节问题，如处理温度、处理时间和供碳介质，直到现在才予以公开。尽管Kolsterizing工艺的细节未予公开，但Kolster很有可能是在观察液态金属快中子增殖反应堆（liquid-metal fast breeder reactors，LMFBR）中的腐蚀机理，找到了该工艺的灵感。在该反应中，液态钠（作为冷却剂）与 AISI 316 不锈钢之间的交互作用，出现了不锈钢增碳现象。Anderson 和 Sneesby 至 1960 年以来，对不锈钢在液态钠中行为的研究进行了大量关键性工作，他们发表了一篇题为"奥氏体不锈钢在液态钠中的渗碳"的研究报告，报道了在相对较低的温度下，获得高碳含量。这项工作启发了 Holcomb，他通过在 470℃、565℃ 和 605℃（880、1050 和 1120℉）液态钠介质中对 AISI 304 奥氏体不锈钢渗碳，以获得不同碳含量的表层。在此之后，又有一些文献报道了通过液态钠外部碳源，提高奥氏体不锈钢表层中的碳含量。在整个 20 世纪 70 年代，Kolster 一直从事相关研究工作，报道了与液态钠接触的不锈钢产生了碳渗入到不锈钢的现象。在 1975 年的一篇论文中，Kolster 研究并发现 AISI 316 不锈钢在 400～650℃（750～1200℉）温度范围，奥氏体出现碳过饱和现象。毫无疑问，此时他已认识到可以通过人工制备方法，得到碳过饱和的奥氏体不锈钢表层，在不降低耐蚀性前提下，改善不锈钢的耐磨性能。

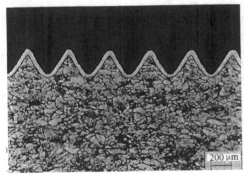

图 4-100　AISI 316 不锈钢 Kolsterized
工艺的电镜显微照片
注：表面可见膨胀奥氏体区。

在 Kolster 首次发表提高不锈钢耐磨性新技术两年后，Zhang 和 Bell 和 Ichii 等人发表了不锈钢低温等离子渗氮的论文。受到观察到低温渗氮不锈钢表面的 X 射线衍射谱线出现了"卫星"峰的启发，Ichii 和 Bell 将渗氮表面区域命名为 S 相。不锈钢等离子体渗氮和制备氮-膨胀奥氏体的研究历史并不是始于 Zhang，Bell 或 Ichii，早在 1972 年，Lebrun 等人就在高于 500℃（930℉）温度下，对 18-10 奥氏体不锈钢进行了等离子体渗氮研究。在 550℃（1020℉）或以下温度进行等离子渗氮，导致表面形成大量氮化物，但在未受影响奥氏体基体和化合层之间，观察到有过饱和奥氏体区域存在。Lebrun 也认识到过饱和奥氏体具有不降低耐蚀性，而能对奥

氏体不锈钢进行表面强化的商业价值。在 1985 年，几乎与 Zhang 和 Bell 和 Ichii 等人发表有关低温渗氮不锈钢研究的同时，Lebrun 建立了专业从事（特别）不锈钢低温等离子渗氮公司，命名为 Nitruvid。

Zhang 和 Bell 以及 Ichii 等人发表的研究成果，促进了对奥氏体不锈钢等离子（辅助）渗氮和高流量氮离子注入的深入研究。在这些研究中，在各种不同工艺参数条件下，都证实有 S 相的存在和有表面强化效果。发表了在特定的等离子体工艺参数下，获得稳定 S 相，而不是形成 CrN（偶尔也形成铬的碳化物）的工艺温度和时间限制的研究结果，此外还发表了分解形成 CrN 对合金腐蚀性能的影响。为强调其在表面工程中重要性，提出了 S 相表面工程（S-phase surface engineering）术语。但在随后，又认为所谓的该 S 相表面工程术语其实是不合适的定义。

在 1985 年至 2000 年期间，大量的低温表面强化研究工作主要集中在奥氏体不锈钢，仅有少量的研究工作是针对双相不锈钢、析出硬化（PH）不锈钢和马氏体不锈钢。在这些年里，商业化 Kolsterizing 工艺在占据了该市场的主导地位，除用于奥氏体不锈钢低温表面强化外，一般不推荐采用该工艺处理其他钢。Nitruvid 公司提供商业化不锈钢等离子处理工艺。

与等离子处理工艺相比，气体处理工艺的一个主要优势是，可以直接对气体成分控制和监控，允许采用低温表面强化对硬化层精确控制，而气体处理工艺的主要障碍是如何去除为不锈钢提供良好耐蚀性的钝化膜。如想试图取代低温等离子不锈钢表面强化方法，可采用将不锈钢钝化膜转化为可渗透的铁基氧化膜，或采用具有腐蚀性卤化物基气体如盐酸和 NF_3 去除钝化膜。20 世纪 90 年代末至 2000 年初，出现了采用金属膜取代钝化膜新技术。文献中分别介绍了渗碳前采用铁膜，渗氮和渗碳前采用镍膜进行转化钝化膜。这些技术被证明具有低温表面强化效果，并进行了广泛的研究，但与等离子处理工艺相比，还有很多理论解释不够清楚。当前最新研究热点为，在气体处理工艺中，同时气体成分活化不锈钢表面和提供活性碳或氮原子，进行表面强化。

4.6.2　膨胀奥氏体的物理冶金

通过低温气体化学热处理，最佳性能的微观组织是氮和/或碳过饱和奥氏体，以下称膨胀奥氏体（expanded austenite）。

1. 晶体学

自从 Zhang 和 Bell 以及 Ichii 等人第一次发表研究结果以来，有关膨胀奥氏体的晶体结构，特别是

含氮膨胀奥氏体，一直在争论之中。Fewell 和 Priest 对其晶体结构进行了评述。相关文献对不均匀膨胀奥氏体试样进行了研究，认为相对于未受影响的奥氏体基体，试样的膨胀奥氏体薄区成分、残余应力和堆垛层错密度呈梯度分布。在此基础上，对氮稳定膨胀奥氏体晶体结构给出不同的解释。而所有这些梯度会影响 X 衍射谱线上衍射峰位置，并有各种不同的解释。这些梯度的陡峭程度以及对衍射峰结果的影响与膨胀奥氏体区域的厚度和研究采用的 X 射线有关。通过气体渗氮调整氮浓度得到均匀氮-膨胀奥氏体，对该试样进行了研究表明，氮-膨胀奥氏体具有面心立方（fcc）晶体结构。与未受影响的奥氏体相比，相应的 hkl 晶面的衍射峰发生了位移，对其解释是存在有堆积层错。这也证明不适合定义膨胀奥氏体为"S相"，因为没有新相产生，而仅是一种扩散现象。在该扩散区域由于间隙原子过饱和固溶，造成奥氏体晶格膨胀。奥氏体点阵参数与氮稳定膨胀奥氏体氮含量（γ_N）和碳含量（γ_C）的关系如图 4-101 所示：

$$a = 3.6395 + (0.5987 \pm 0.0164)\gamma_N [\text{nm}]; 0.17 < \gamma_N < 0.61$$
$$a = 3.5965 + (0.6029 \pm 0.0189)\gamma_C [\text{nm}] \quad 0 < \gamma_C < 0.16$$

式中，γ_N 和 γ_C 分别为固溶体中氮、碳的含量，表示每 100 个金属原子对应间隙原子（氮或碳）的数量，或相当于氮或碳原子进入 fcc 晶格的八面体间隙的数量。图 4-101 中直线的斜率为增加间隙原子晶格的膨胀率，这与实验测得氮、碳含量的精度相当吻合。业已证明，氮含量 γ_N 相关的晶格参数增大与铬和氮原子强烈短程有序的笼形晶体结构有关。

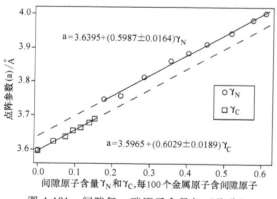

图 4-101 间隙氮、碳原子含量与（膨胀）奥氏体晶格参数之间的关系

采用 X 射线衍射对渗氮或渗碳金属薄箔的分析数据。

采用扩展 X 射线吸收精细结构（extended x-ray absorption fine structure, EXAFS）谱仪探测系统，对溶解有均匀高浓度氮、碳原子的膨胀奥氏体及其化

学环境进行了研究。对 AISI 316 不锈钢氮、碳稳定膨胀奥氏体的研究表明，间隙原子与铬呈现短程有序（short-range ordering, SRO），无氮化物和碳化物形成。碳-膨胀奥氏体的 SRO 度明显低于氮-膨胀奥氏体的。这与铬氮之间的结合能比铬碳之间的要强有关，直接反映的就是铬氮化物的热力学稳定比铬碳化物的更高。

2. 膨胀奥氏体中的氮、碳固溶度

到目前为止，还没有令人满意的描述碳、氮在膨胀奥氏体中固溶度的热力学模型。第一个尝试是采用由 Thermo-Calc 软件提供的亚规则溶液模型（subregular solution model），在抑制得到氮化物/碳化物的前提下，采用简单的外推热力学对含碳氮奥氏体进行描述。外推数据与实验数据比较一致性很差。这并不奇怪，因为亚规则溶液模型省略了与 SRO 有关的组态熵一项。而该项对间隙原子含量高的膨胀奥氏体是不可忽略的因素。此外，即使采用像 Wagner-McLellan 胞状模型一样复杂的热力学模型，也不能对膨胀奥氏体进行准确的描述。

在亚稳平衡条件下，为了评估氮的固溶度，采用已知气氛渗氮得到均匀成分一致的膨胀奥氏体。AISI 304 和 AISI 316 不锈钢等温条件下，氮的固溶度（γ_N）与氮活度 $\alpha_N = K(T) \cdot K$ 的关系如图 4-102 所示。其中 $K(T)$ 是与温度有关氮的分解平衡常数，$K = p_{NH_3}/p_{H_2}^{3/2}$ 为氮势。

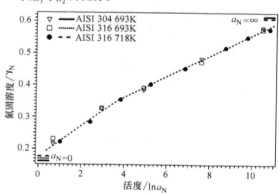

图 4-102 氮在膨胀奥氏体的固溶度（γ_N）与亚稳氮活度 α_N 的关系

注：气氛为 NH_3 和 H_2 混合物，不锈钢牌号和温度在图中标出。完全渗氮和脱氮条件分别用 $\alpha_N = \infty$ 和 $\alpha_N = 0$ 表示。在气氛氮活度 $\alpha_N = K(T) \cdot K$ 已知条件下，可用图中曲线估算表面氮含量。公式中 $K(T)$ 是与温度有关的氮分解平衡常数，$K = p_{NH_3}/p_{H_2}^{3/2}$ 为氮势。

AISI 304 和 AISI 316 不锈钢最小和最大氮含量分别由图中水平线 $\alpha_N = 0$ 和 $\alpha_N = \infty$ 表示。在氮活度

无限大时，对应于纯 NH_3 的氮围，可得到间隙原子占据位置 0.61，相当于 38%（体积分数）N 或 Cr：N=3.2：1。在 H_2 气氛（$\alpha_N = 0$）中，对膨胀奥氏体退氮（脱氮），合金中氮含量降低为 Cr：N $\approx$ 1：0.9，意味铬强烈捕获氮，与其结合，表现为短程有序（SRO）。铬俘获（Trapping）和去俘获（detrapping）氮原子，就是前面曾讨论涉及的膨胀奥氏体中氮间隙原子的扩散。

在均匀碳-膨胀奥氏体中，碳的均匀固溶范围尚未完全确定。最近的研究表明，Hägg 碳化物 M_5C_2，具有与合金成分相同的金属成分，形成时超过了临界碳含量 $\gamma_C \approx 0.2\%$，这为碳固溶度的上限。

3. 间隙原子（氮）扩散动力学

氮、碳通过膨胀奥氏体区的固态扩散对控制硬化层厚度起着主导作用。采用数种方法，通过膨胀奥氏体生长动力学或硬化层的成分梯度，确定氮或碳在膨胀奥氏体区的扩散系数。此外，提出了原子扩散模型，并对包括有氮原子存在的俘获（和去俘获）和（SRO）进行了介绍。大多数研究都是采用等离子渗氮或渗碳工艺。膨胀奥氏体生长动力学模型应该考虑间隙原子在膨胀奥氏体中扩散系数，该扩散系数与膨胀奥氏体中间隙原子浓度密切相关，与硬化层的浓度梯度以及（巨大的）残余压应力梯度有关。

在最初为完全渗氮均匀（无应力）膨胀奥氏体试样条件下，根据逐步脱氮动力学，计算出氮浓度为 γ_N 时的扩散系数。根据一系列狭窄成分区间的平均扩散系数，得到了与成分相关的氮的扩散系数见图 4-103。随氮含量提高，氮在膨胀奥氏体的扩散系数增加，当 $\gamma_N = 0.45$ 时达到最大，随后降低。出现该最大值出现的原因是，假定奥氏体中的氮原子是（优先）位于 fcc 晶体结构的八面体空隙中，在膨胀奥氏体中固溶更多的氮原子，也就是膨胀了 fcc 晶格，这意味着降低了从一个间隙位置到另一个间隙位置的活化能。因此，随氮含量增加，氮的扩散系数提高。当间隙位置占住率增加到一定程度，相邻空间间隙的数量减少，因此扩散系数也降低。因此在这些因素的共同作用下，氮在膨胀奥氏体中的扩散系数则存在有一个最大值。

4. 热稳定性和分解

膨胀奥氏体是亚稳态过饱和固溶体，在一定条件下会发生分解。氮-膨胀奥氏体会分解形成 CrN，而碳-膨胀奥氏体会分解出形成 $M_{23}C_6$ 和 M_7C_3 高铬碳化物，以及铁基碳化物 M_5C_2（Hägg 碳化物）。当析出铬氮化物或铬碳化物后，不可避免地会出现基体贫铬，降低材料的耐蚀性。

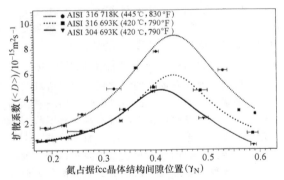

图 4-103　氮在膨胀奥氏体的扩散系数与氮占据 fcc 晶体结构间隙位置（译者注：氮含量）之间的关系

在氢和氮还原性气氛中，高氮 AISI 304L 和 AISI 316L 钢中氮-膨胀奥氏体的热稳定性如图 4-104 所示，在这两个合金中，均形成了 CrN 相。304L 钢中膨胀奥氏体发生了共析分解转变（$\gamma_N = \alpha + CrN$），而 316L 钢中发生了不连续分解转变（$\gamma_N = \gamma + CrN$）。其相变机制差别与铁素体向奥氏体转变温度有关。含钼 AISI 316L 钢的相变温度范围高于 AISI 304L 的，因此，304L 在发生分解转变时，出现了铁素体与 CrN 同时形成的情况。

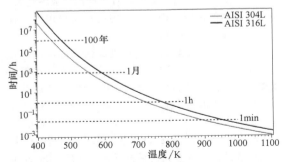

图 4-104　根据等温退火数据计算的 AISI 304L 和 AISI 316L 钢等温热稳定性曲线

注：图中时间为达到 50% 分解的时间。

采用定量相变动力学对薄箔试样等温退火进行预测分析，计算出合金的热稳定性（见图 4-104）。对热稳定性的研究表明，AISI 316L 钢的膨胀奥氏体的稳定性比 AISI 304L 的更高。显然，膨胀奥氏体不应加热至过高的温度。合金的服役工作上限温度应不高于 200~250℃（390~480℉），在该温度下，大约需要 100 年才会发生分解（见图 4-104）。

对碳-膨胀奥氏体的热稳定性也进行了研究。当增加渗碳时间，在高碳-膨胀奥氏体区域析出形成 χ 碳化物（M_5C_2）和 M_7C_3 碳化物（如，$\gamma_C \geqslant$ 0.12）。当碳含量相对较低时（$\gamma_C = 0.056$），主要形

成 $M_{23}C_6$ 碳化物，当碳含量相对较高时（$\gamma_C = 0.15$），主要形成 M_7C_3 碳化物。这些观察结果是按照预测的平衡碳化物得出的。

4.6.3 奥氏体不锈钢气体低温表面强化

不锈钢表面存有致密的钝化膜，阻碍传统气体渗氮、渗碳和氮碳共渗。长期以来，人们一直认为采用气体渗氮等表面强化方法对不锈钢是不可行的工艺。因此，在进行气体渗氮等表面强化前，必须先去除或转变不锈钢表面氧化膜。多年以来，现已开发出了各种表面活化工艺，用于不锈钢和类似自钝化（self-passivating）合金的活化。这些工艺过程大致可以分为非原位（ex situ）和原位（in situ）两种过程。

其中非原位活化方法是剥离钝化膜，在活化表面沉积一层（金属）薄膜，该薄膜会防止表面重新发生钝化（repassivation），并在随后的气体表面强化工艺中，在工件表面上提高催化分解的气体物质含量。当沉积（催化）膜后，可在常规气氛下，进行渗氮、渗碳或氮碳共渗。为防止形成氮化物或碳化物，工艺中尽可能采用足够低的温度。这工艺方法的优点是，在进行实际表面处理前，活化的不锈钢可以存放备用在大气环境下，形成的表层比较稳定。此外，该工艺方法优点是可以通过局部形成催化膜，选择性对局部进行表面强化。现已成功采用镍和铁在钢的表面形成（催化）膜。

原位活化是在炉内，进行表面强化之前或与表面强化同时进行。"经典"的方法是在渗氮、渗碳或氮碳共渗之前，分别采用含卤素化合物，如盐酸进行活化。这种的活化工艺包括有采用 NF_3 的 NV Pionite/NV Nitriding 工艺，Swagelok 公司使用盐酸的 Sat12 工艺。这些工艺在最初的卤素化合物活化后，采用传统的渗氮或渗碳气氛进行表面处理。Swagelok 公司的 Sat12 工艺，NV Pionit 工艺和 NV Nitriding 工艺分别适用于 CO-H_2-N_2 气氛、渗碳气氛和含氨气氛的活化。新开发的原位工艺采用同样化学物质进行活化，而后进行渗氮、渗碳或氮碳共渗。原则上，可采用氰化氢进行活化或碳氮共渗，但由于该物质剧毒，使用需采用安全保护措施，因此很少采用。使用高活性 C_2H_2/H_2（乙炔-氢）气氛可同时进行表面活化和渗碳。将不锈钢放置于高温乙炔和氢气混合气氛中，去除表面钝化膜，使碳原子渗入奥氏体基体。C_2H_2/H_2 混合气氛的碳势为：

$$K_C = \sqrt{p_{C_2H_2}/p_{H_2}}$$

因此一般来说，采用乙炔和氢气混合气氛，比在传统 $CO/H_2/H_2O$ 气氛的碳势容易调整。采用 C_2H_2，可以实现非常高的碳活度。

最近，已证明早先使用非气体化合物进行活化和后续表面处理的方法是可行的，并由 Expanite A/S 公司申请获得了专利。将尿素、甲酰胺、丙酮等化合物通入炉内，在适当的条件下，可以进行渗碳和碳氮共渗。在这些工艺过程中，引入的化合物分解的气体活化不锈钢表面，并释放活性氮或碳，渗入工件的表面。

以前列出的原位方法具体内容不是非常详尽，但指导原则是分解或转变气体化合物钝化膜，随后进行渗氮或渗碳。在本节的其余部分，介绍低温气体渗氮，氮碳共渗表面工程，而气体渗碳将在下一节中讨论。

1. 渗氮

根据一系列系统对奥氏体不锈钢渗氮实验，研究了不锈钢低温渗氮的影响。所有这些实验都采用典型的奥氏体不锈钢 AISI 316。渗氮在 445℃（830℉或718K）温度进行，在钢的表面得到氮-膨胀区域，如图 4-105 所示。这种膨胀奥氏体区域有一般层状形貌，层状形貌的区域具有陡峭的氮浓度的变化梯度，通过腐蚀剂侵蚀可以揭示微观组织。尽管该区域形貌没有很明显特色，但还观察到在膨胀奥氏体中奥氏体晶界连续，尤其是在该区域接近反应界面处，这些观察结果与形成膨胀奥氏体层仅是通过间隙原子固溶进入奥氏体晶粒是一致的。膨胀奥氏体区域的形貌明显受氮势的影响（见图 4-105）：相对较低氮势（0.294～2.49），得到没有明显特征的普通膨胀奥氏体区域形貌；提高氮势，会导致脆性的形貌：当氮势达到 9.38～∞，在近表层区域出现裂纹。当氮势很高时，这种现象尤其明显，晶粒似乎已经被挤出表面。高氮浓度造成脆性大的原因是成分诱发（composition-induced）高应力，即极高的屈服应力和低塑性。镜面抛光试样在低氮势下渗氮后，镜面保持如初（氮势为 0.294 和 2.49），而在高氮势下渗氮后，表面粗糙无光泽。

图 4-106 为在不同氮势条件下，吸收的氮原子与时间的关系。显然，在固态下，随氮势提高，氮的吸收量增加，渗氮中的氮势对吸收的氮原子起着重要作用（见图 4-105）。当 $K_N = \infty$ 时，在 445℃（830℉）温度下气体渗氮，可能吸收的氮含量最大。

图 4-107 为成分-深度分布图，在不同氮势下，从奥氏体"基体"开始，相对氮含量急剧增高，当接近表面，氮含量平稳提高。在提高氮势的条件下，氮含量的梯度在接近表面处再次增加。在很大程度上，出现该现象是因为氮的扩散系数与浓度密切相关（见图 4-103）。氮势对硬度-深度分布图也产生明

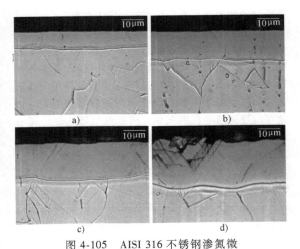

图 4-105　AISI 316 不锈钢渗氮微
观组织（445℃ 或 830℉×22h，
在 NH₃-H₂-N₂ 混合气氛；采用镍活化）

a) $K_N = 0.293$　b) $K_N = 2.49$　c) $K_N = 9.38$　d) $K_N = \infty$

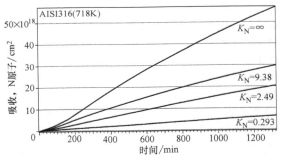

图 4-106　AISI 316 不锈钢在温度 445℃（830℉）下，
不同 NH₃-H₂ 混合气氛中渗氮的热重吸收曲线

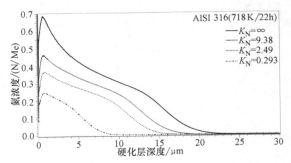

图 4-107　AISI 316 不锈钢渗氮成分-深度分布图

注：与其对应的显微照片和成分-深度分布图（采用辉
光放电发射光谱法（GDOES）确定）分别如图
4-105和图 4-107 所示。为进行对比，图中给出渗碳
硬度-深度分布曲线，曲线采用 S 形函数拟合。硬度
直接在表面测量（相同载荷下），对应于氮势 $K_N =$
2.49 和 $K_N = 0.293$，硬度分别为 1585HV
和 1417HV。

显的影响（见图 4-108）：硬度在表面附近平滑降低，
随后在接近 γ_N 与 γ 过渡区时急剧下降。氮-膨胀奥
氏体硬度非常高，从硬化层过渡到心部硬度的距离
大约仅有几微米。

采用辉光放电发射光谱法（GDOES）确定，参
阅图 4-105 和图 4-108。

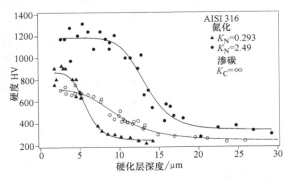

图 4-108　AISI 316 不锈钢渗氮硬度-深度分布图
注：渗碳采用 20% CO ～ 80% H₂ 气氛，在 515℃
（788K）5h。

X 射线衍射分析证实，在高氮势下进行渗氮的
试样含氮量明显要高（见图 4-109）。渗氮后（111）
衍射峰向低衍射角位移，当在高氮势下，这种位移
更加明显。衍射峰位移变化主要是由于氮溶入，导
致 fcc 晶格膨胀；此外残余应力和堆积层错也有一定
的贡献。在氮势 $K_N = 0.293$ 的试样谱线中还观察到
未膨胀奥氏体的衍射峰，这表明与采用高氮势渗氮
的试样相比，γ_N 区域厚度不一样（见图 4-105 中的
相应的显微照片和图 4-107 成分-深度分布图）。由于
氮含量随深度呈梯度分布，成分-诱发晶格应变，以
及其他微观结构缺陷，即堆积层错和位错，造成膨
胀奥氏体的衍射峰宽化。图 4-109 为渗氮试样与渗碳
试样的 X 射线衍射图对比，渗氮试样中氮-膨胀奥氏
体中间隙原子明显高于渗碳试样。这是符合氮在 γ
中的最大固溶度明显高于碳在 γ 中的最大固溶度，
（见图 4-101）。

图 4-110 为 AISI 316 奥氏体不锈钢渗氮层残余应
力分布。渗氮在 γ_N 层造成巨大的残余压应力（见图
4-110）。与硬度和成分分布图相同，当距表面距离
达到与基体的界面时，残余应力梯度突然下降。当
渗氮势高于 $K_N = 2.49$（60% 氨）时，在距表面某处
出现应力松弛现象，最大压应力出现在膨胀奥氏体
区域。造成应力松弛现象的原因是局部出现裂纹、
晶粒被挤出到表面和晶粒旋转导致织构变化。这些
现象表明，氮在奥氏体晶格固溶，引起体积膨胀和
在某种程度上产生相互适应。

通过 X 射线衍射方法，对渗氮试样进行有损检

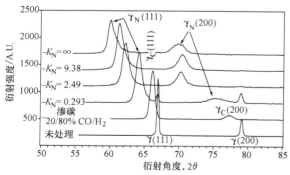

图 4-109 AISI 316 不锈钢渗氮
（和渗碳）X 射线衍射谱线

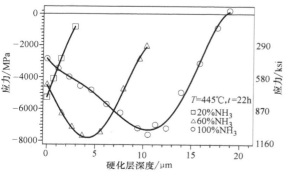

图 4-110 残余应力的分布图

测确定。渗氮条件（温度 T、时间 t 和氨-氢混合气氛中氨的含量）均在图注中给出（图 4-105 ~ 图 4-110）。在假设膨胀奥氏体与未受影响的奥氏体的弹性常数相同的条件下，计算残余应力值。因此，计

算值只表明表层具有非常高的压应力存在。

2. 氮碳共渗

气体氮碳共渗或连续渗碳加渗氮会产生两个单独扩散过渡区的硬化层；硬化层由外层区 γ_N 和内层区 γ_C 组成。γ_N 和 γ_C 的间隙原子含量和厚度与工艺采用的气体组分中氮、碳原子的活度直接有关。因此可以通过精确控制气氛，得到理想硬化层的碳或氮含量分布，从而定制材料表面性能。采用氮碳共渗工艺或连续渗碳加渗氮工艺得到的膨胀奥氏体区，该膨胀奥氏体区结合了渗氮层和渗碳层的以下优点：表层-心部有平滑硬度和残余应力过渡层，外层区硬度高，具有高耐磨性能。碳和氮的结合的膨胀奥氏体层使合金具有更高的承载能力，降低了硬化层"蛋壳"效应的风险。硬化层间隙原子浓度呈梯度分布，也有利于合金的抗疲劳特性。AISI 304 不锈钢氮碳共渗（冷加工）和 AISI316 不锈钢连续渗碳加渗氮显微照片如图 4-111 所示。图 4-111b 试样的残余应力深度分布曲线如图 4-112 所示。图 4-111a 中 AISI 304 氮碳共渗的氮-膨胀奥氏体区相对较厚，而碳-膨胀奥氏体区相对较薄，这与混合气氛中的氮、碳的活度有关。连续渗碳加渗氮处理得到的膨胀奥氏体硬化层厚度较厚，大约 $35 \sim 40\mu m$，如图 4-111b 所示。不论是采用连续渗碳加渗氮或氮碳共渗，典型的硬化层应力分布都比仅采用渗氮要平滑（见图 4-110 和图 4-112）。外层区 γ_N 与未受影响的奥氏体之间的内层区 γ_C 具有平滑的应力梯度，从本质上讲，连续渗碳加渗氮处理的硬化层（$\gamma_N + \gamma_C$）可以看成根据渗氮和渗碳硬化层叠加而成（见图 4-112）。

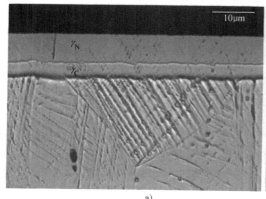
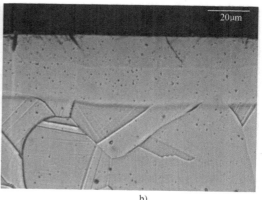

a) b)

图 4-111 不锈钢氮碳共渗和连续渗碳加渗氮显微组织照片

a）AISI 304 不锈钢氮碳共渗，（气氛 14%C_3H_6-54%NH_3-22%H_2-10%Ar，$K_N = 5.23$，$K_C = 0.0125$，

温度 420℃，或 790℉，共渗 19h） b）AISI316 不锈钢渗碳（气氛 30%CO-70% H_2，温度 520℃，

或 970℉，2h）而后渗氮（440℃，或 820℉，$K_N = 1.14$，渗氮23h）

注：图 4-111 中有明显氮-膨胀奥氏体和碳-膨胀奥氏体两个区域（非原位镍活化）。

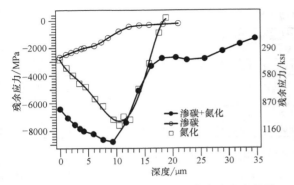

图 4-112 渗碳/渗氮 AISI 316 残余应力分布曲线

采用 X 射线衍射方法，对试样进行有损检测确定。渗碳/渗氮：在 520℃（970°F）温度下，30% CO-70% H$_2$ 混合气氛中处理 2h，随后进行渗氮（440℃ 或 820°F，在氮势 K$_N$ = 1.14 渗氮处理 23h；图 4-111b 为对应的金相照片）。为进行对比，图中还给出了渗碳（520℃，或 970°F，90% CO/10% H$_2$ 混合气氛，2.5h）和渗氮（445℃，或 830°F，100% NH$_3$，22h）试样的残余应力分布曲线。计算残余应力值时，假设膨胀奥氏体和未受影响奥氏体的弹性常数相同。因此，图 4-112 中给出的值仅表明存在有非常高的残余压应力。

在气体氮碳共渗的载气添加（最初固体）尿素，能提高增厚膨胀奥氏体区速率。炉内尿素气态分解产物活性很高，可同时对工件进行活化和氮碳共渗（见图 4-113）。直接对表面硬度测量，硬度高于 1300HV。很明显，膨胀奥氏体区由富氮和富碳两部分组成。近表面区为氮-膨胀奥氏体，碳-膨胀奥氏体区位于其后。两个硬化层的叠加得到一个表层至心部基体平滑的硬化层。

显然，通过氮碳共渗或连续渗碳加渗氮处理，得到结合的氮-膨胀奥氏体和碳-膨胀奥氏体硬化层。可以根据工件要求，设计硬化层梯度，达到材料性能要求（如，硬度和残余应力）。调整的重要工艺参数是混合气氛中碳势和氮势的比例。

4.6.4 其他不锈钢的低温渗氮和氮碳共渗

由于 AISI 316 和 304 奥氏体不锈钢应用最为广泛，自不锈钢低温表面强化工艺开发以来，主要是在这两个钢牌号中进行低温表面强化研究，而很少尝试将低温气体表面强化工艺用于其他不锈钢。本节主要介绍马氏体不锈钢、双相不锈钢和析出硬化不锈钢的低温表面强化。

1. 马氏体不锈钢

对马氏体不锈钢进行了低温渗氮和氮碳共渗，并已经获得成功，钼能稳定 AISI 420 型奥氏体不锈

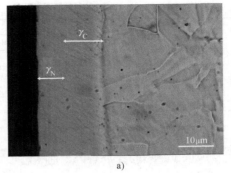

a)

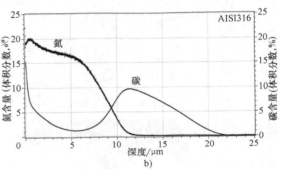

b)

图 4-113　AISI 316 奥氏体不锈钢低温氮碳共渗显微组织照片和浓度-深度分布曲线

a) AISI 316 奥氏体不锈钢低温氮碳共渗显微组织照片［低温氮碳共渗气氛（部分）由尿素分解（原位活化）。试样加热至 490℃（910°F）共渗 45min 后立即冷却］
b) AISI 316 奥氏体不锈钢低温氮碳共渗试样辉光放电发射光谱（GDOES）浓度-深度分布曲线。共渗参数与图 4-113a 相同

钢，7C27Mo2（在表 4-62 中给出其成分）为其中一实例。对该合金在不同的温度下，经 16h 渗氮和氮碳共渗，系统研究结果如在图 4-114 所示。该马氏体不锈钢经氮碳共渗后表层显微组织和硬度梯度如图 4-115 所示。从图 4-114 中的显微组织可以看出，硬化层主要为含氮固溶体，原有的碳原子发生了重新分配。在普通热处理钢中，也观察到渗氮/氮碳共渗中的碳原子重新分配现象。X 射线衍射分析表明，硬化层由膨胀奥氏体和膨胀马氏体（氮固溶于立方马氏体中，膨胀导致形成正方晶体，称为氮-膨胀马氏体（nitrogen-expanded martensite））组成，在硬化层近表层还存在有 ε 碳（氮）化物。通过对比图 4-115 中的硬度梯度曲线可以得出，与渗氮相比，氮碳共渗硬化层通常更厚，硬度也略高。

试样采用 Murakami's 侵蚀剂。含碳马氏体受到侵蚀，而奥氏体和无碳马氏体未侵蚀，为白色，碳化物侵蚀为黑色。

渗氮（实线）和氮碳共渗（点画线）16h。温度标在图 4-115 中，硬度梯度曲线采用 S 形曲线拟合。

表 4-62 不同类型不锈钢成分

牌号	化学成分(质量分数,%)										
	C	Cr	Ni	Mo	Mn	Si	V	Ti	Al	Cu	Fe
AISI 304	—	19.6	8.68	—	1.66	1.26	—	—	—	—	其余
AISI 316	—	19.11	12.7	1.4	1.74	1.45	—	—	—	—	其余
7C27Mo2	0.38	13.5	0.17	1.0	0.55	0.4	0.025	<0.005	<0.003	—	其余
Nanoflex	0.02	12.0	9.0	4.0	0.5	0.5		0.9	0.4	2.0	其余
A286	0.08	13.5~16	24~27	1.0~1.5	2.00	1.00	0.1~0.5	1.9~2.3	0.35		其余

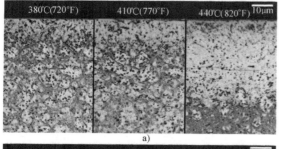

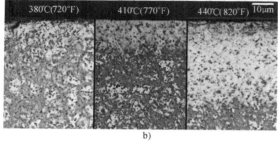

图 4-114 7C27Mo2(钼稳定 AISI 420 型)100μm
钢带在不同的温度下的显微组织
a)经 16h 渗氮 b)氮碳共渗

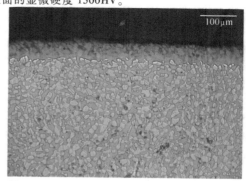

图 4-115 7C27Mo2(钼稳定 AISI 420 型)
100μm 钢带硬化层硬度分布

2. 双相不锈钢

双相不锈钢的组织由奥氏体晶粒分散分布于铁素体基体组成。在热处理中,由于铁素体形成元素和奥氏体形成元素的作用,将组织分为成分不同的奥氏体区域和铁素体区域。图 4-116 为 SAF 2507 双

相不锈钢渗氮的微观组织照片,形成了厚的 γ_N 硬化层包括有铁素体基体和奥氏体晶粒。氮为强奥氏体形成元素,可将铁素体区域转换成(膨胀)奥氏体。由于受到 γ_N 区域高压应力的诱发作用,奥氏体晶粒有产生明显塑性变形的迹象(滑移)。在该例子中,表面的显微硬度 1500HV。

图 4-116 SAF 2507 双相不锈钢渗氮[435℃
(815℉),17h,100% NH₃;采用镍活化]

3. 析出硬化不锈钢

为提高析出硬化不锈钢基体力学性能,对其进行退火处理,基体强化程度的提高取决于退火温度、时间和变形量。可以将低温表面强化的温度和时间与基体的析出硬化温度和时间结合起来,同时加以考虑,从而允许同时进行基体强化和表面强化。Sandvik 的 Nanoflex 合金渗氮的微观组织见图 4-117,

图 4-117 Nanoflex 合金渗氮微观组织照片
[在温度 425℃(800℉)渗氮 16h,$K_N = \infty$]
注:该钢属于马氏体析出硬化不锈钢。

其合金渗氮后，硬化层深度超过 20μm。该硬化层实际上由最外层氮-膨胀奥氏体（γ_N）和该相下面的氮-膨胀马氏体（α'_N）两相组成。高氮势有利于 γ_N 相的形成，而低氮势有利于 α'_N 相的形成。经在 425℃（800℉）渗氮 16h 后，Nanoflex 合金基体的硬度从 400HV 提高到 684HV，与此同时，表面硬度提高达到约 1500HV。

奥氏体析出硬化不锈钢 A286（见表 4-62）渗氮和氮碳共渗的显微组织照片如图 4-118 所示。该合金

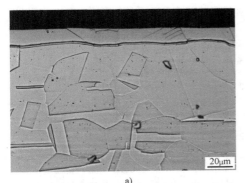

a)

b)

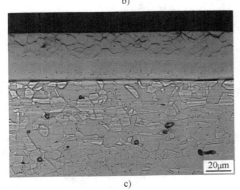

c)

图 4-118　A286 奥氏体析出硬化不锈钢在 500℃
（930℉）温度低温表面强化显微组织照片

a）气氛 4%NH₃-96% H₂，60h　b）气氛 17% NH₃-83% H₂，14h　c）气氛 40% NH₃-10% C₃H₆-50% H₂，12h

的析出硬化温度是 720℃（1330℉），远高于传统低温表面强化的温度范围。事实上，如在 720℃温度同时进行基体强化和表面强化，会在晶界上析出 CrN。合金中存在有比铬更强的氮化物形成元素，如钛、铝、钒，因为氮原子会优先与更强的氮化物形成元素结合，而不是与铬结合，这使该合金成为最有趣的材料。该合金在 500℃（930℉）温度，低氨产生的气氛中长时间渗氮，得到膨胀奥氏体硬化层，但晶界上却没有 CrN 析出。

当今，与传统渗氮、氮碳共渗和渗碳相比，不锈钢低温表面工程仍处在初级阶段。现已有成熟开发的传统渗氮和渗碳钢，通过化学热处理能实现最佳性能，但迄今为止，还没有开发出用于低温表面处理优化成分的不锈钢。多半情况为对商用钢或多或少采用标准化处理工艺。可以预期，采用开发适用的合金与进一步优化低温表面强化工艺并行，定会使该前途光明的表面处理分支得到迅速发展。其中气体渗氮等工艺灵活性高，是低温表面强化工艺的首选。

4.6.5　工业应用

当需要有优良的耐蚀性和耐磨损性能时，通常采用奥氏体不锈钢进行低温表面强化处理。此外，通过成分梯度诱发和优化残余应力梯度分布得到高硬度硬化层，提高疲劳性能。目前，通过低温表面强化，改善磨损和疲劳性能量化的数据还非常缺乏，现仅有少数公司掌握商业化这一工艺过程，形成重要的商业竞争能力。

因为低温表面强化成本很高，现采用该工艺的工业产品要考虑其高附加值。工业应用包括：

1）降低不锈钢工件磨损和减少食品加工相关的污染。

2）化工、石油和天然气工业的管配件接头。

3）核电工业控制棒和集管。

4）外观装饰和抗划伤（如手表）。

5）垫圈和紧固件。

Expanite A/S（丹麦）公司的实例，由位于美国俄亥俄州特温斯堡（Twinsburg, Ohio）的 SSP 配件制造公司（SSP Fittings Corporation）为该公司生产的套接环。因为在承受负荷时，套接环需要与不锈钢管咬合，因此该产品需要较高的表面硬度和优良的耐蚀性。为了测试耐蚀性，SSP 公司采用将套接环完全浸入 14%的次氯酸钠溶液，进行加速腐蚀试验。通常来说，在受到该应力条件下，次氯酸盐离子迅速（几分钟内）在不锈钢表面产生点蚀，因此不推荐将不锈钢工件与次氯酸盐溶液接触。不锈钢的抗点蚀性能可以用抗点蚀当量（pitting-resistance equivalent number，PREN）表示，PREN = % Cr + 3.3 ×%

Mo+16×%N。当 PREN>32 时，钢耐海水腐蚀。在 PREN 中除包含铬、钼元素外，最好还应包含镍。对奥氏体不锈钢，提出了在含氯化物溶液中抗局部腐蚀检测测量方法可采用合金耐腐蚀当量（measure of alloying for resistance to corrosion，MARC）表示，MARC=%Cr+3.3×%Mo+20×%N+20×%C-0.5×%Mn-0.25×%Ni。在 26℃（80°F）22%NaCl 溶液中，抗点蚀的标准是 MARC=26。显然，当碳、氮在不锈钢中固溶，形成膨胀奥氏体时，合金的抗点蚀性能显著提高。这已经被电化学检测所证实，膨胀奥氏体发生过钝化（出现点蚀必要条件）的电压明显高于具有相同金属成分，不含氮的奥氏体（见图 4-119 所示氮碳共渗 AISI 316 试样在 3.5%NaCl 溶液中的极化曲线）。不锈钢表面的膨胀奥氏体能提高抗点蚀性能，但潜在的危险是其自身并不具有抗点蚀性能，可能会引起不锈钢表层整个膨胀奥氏体下的区域出现腐蚀加速现象，因此，还是应该提高不锈钢自身基体的含氮量。另一个要考虑的问题是，应保证硬化层下面的基体具有足够高的硬度和承载能力。通过硬化层与基体硬度平滑过渡和强化基体，增强合金表面的承载能力。工业应用中，很多的工件都是通过冷加工变形强化，但不幸的是，严重的冷变形可能加速膨胀奥氏体区域形成铬氮化物，降低耐蚀性。通过合金化的方法，尤其是增加合金中氮等间隙原子含量，可以强化基体合金。因此，对于低温表面强化（low-temperature surface hardened，LTSH）

不锈钢，如在 LTSH 前，合金中就含有一定的氮有利于提高合金性能。其原因是提高了 PREN 或 MARC 数值和提高承载能力。为达到此目的，Expanite A/S 公司开发出了 SuperExpanite 工艺，其实质是在 LTSH 之前，进行高温固溶渗氮（high temperature solution nitriding，HTSN，参见图 4-99）和淬火处理。通过 HTSN 处理，对合金表层 1～2mm（0.04～0.08in）的深度范围进行氮合金化。分别对奥氏体不锈钢套接环在制造加工状态和进行了 HTSN 工艺之后进行 LTSH 处理，其结果如图 4-120 所示。显然，采用

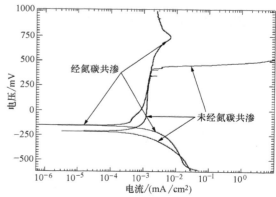

图 4-119　AISI 316 不锈钢未经和经过低温
氮碳共渗试样的极化曲线对比

注：在室温下的 3.5% NaCl 水溶液中测量。经氮碳共渗试样在过钝化区域出现再钝化现象，表明材料耐点蚀。

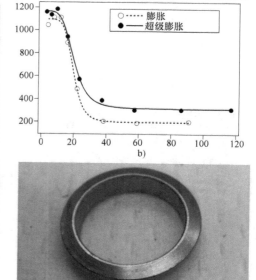

图 4-120　LTSH 处理结果

a）Expanite 处理套接环（SSP 配件公司）的显微组织照片　b）SuperExpanite 处理套接环（SSP 配件公司）的显微组织照片
c）硬度梯度分布（显示经高温固溶渗氮处理，提高了心部硬度，表面硬度略有提高）
d）在 14%（质量分数）次氯酸钠溶液中浸泡 120h 后，套接环没有产生腐蚀的迹象
注：在图 4-120a 和图 4-120b 中，γ_N 的和 γ_C 分离（参见图 4-111）。

SuperExpanite 工艺的试样具有更高的基体硬度，如图 4-120b 和图 4-120c 所示。在 14%（质量分数）次氯酸钠溶液中耐蚀性达到前所未有的高度，经过 120h，也没有观察到（点蚀）腐蚀。SuperExpanite 工艺应用的另一个例子是相关参考文献所介绍的锁紧垫圈。

参 考 文 献

1. B. H. Kolster, *VDI-Berichte*, Vol 506, 1983, p 107-113.

2. W. J. Anderson and G. V. Sneesby, "Carburization of Austenitic Stainless Steel in Liquid Sodium," NAA-SR-5282, Sept 1960.

3. W. F. Holcomb, *Nucl. Eng. Des.*, Vol 6, 1967, p 264-272.

4. F. B. Littonand A. E. Morris, J. *Less-Common Met.*, Vol 22, 1970, p 71-82.

5. R. B. Snyder, K. Natesan, and T. F. Kassner, *J. Nucl. Mater.*, Vol 50, 1974, p 259-274.

6. B. H. Kolster and A. J. Rogers, *Corrosion and Mass Transfer*, AIME, 1973, p 252-264.

7. Z. L. Zhang and T. Bell, *Surf. Eng.*, Vol 1（No. 2）, 1985, p 131-136.

8. K. Ichii, K. Fujimura, and T.Takase, *Technol. Reports Kansai Univ.*, Vol 27, March 1986, p 135-144.

9. J. -P. Lebrun, H. Michel, and M. Gantois, *Mém. Etud. Sci. Rev. Mét.*, Vol 10, 1972, p 727-738.

10. S. -P. Hannula, P. Nenonen, and J. -P. Hirvonen, *Thin Solid Films*, Vol 181, 1989, p 343-350.

11. Y. Sun, X. Y. Li, and T. Bell, *J. Mater. Sci.*, Vol 34, 1999, p 4793-4802.

12. Y. Sun, X. Li, and T. Bell, *Mater. Sci. Technol.*, Vol 15, 1999, p 1171-1178.

13. F. Bodart, Th. Briglia, C. Quaeyhaegens, J. D'Haen, and L. M. Stals, *Surf. Coat. Technol.*, Vol 65, 1994, p 137-141.

14. Y. Sun, T. Bell, Z. Kolosvary, and J. Flis, *Heat Treat. Met.*, Vol 1, 1999, p 9-16.

15. D. L. Williamson, O. Öztürk, R. Wei, and P. J. Wilbur, *Surf. Coat. Technol.*, Vol 65, 1994, p 15-23.

16. A. Matthews, *Surf. Coat. Technol.*, Vol 60（No. 1-3）, 1993, p 416-423.

17. E. Menthe, K. -T. Rie, J. W. Schultze, and S. Simson, *Surf. Coat. Technol.*, Vol 74-75, 1995, p 412-416.

18. M. Samandi, B. A. Shedden, D. I. Smith, G. A. Collins, R. Hutchings, and J. Tendys, *Surf. Coat. Technol.*, Vol 59, 1993, p 261-266.

19. G. A. Collins, R. Hutchings, K. T. Short, J. Tendys, X. Li, and M. Samandi, *Surf. Coat. Technol.*, Vol 74-75, 1995, p 417-424.

20. B. Larisch, U. Brusky, and H. -J. Spies, *Surf. Coat. Tech-nol.*, Vol 116-119, 1999, p 205-211.

21. M. E. Chabica, D. L. Williamson, R. Wei, and P. J. Wilbur, *Surf. Coat. Technol.*, Vol 51, 1992, p 24-29.

22. M. K. Lei, *J. Mater. Sci.*, Vol 34, 1999, p 5975-5982.

23. C. Blawert, B. L. Mordike, Y. Jirásková, and O. Schneeweiss, *Surf. Coat. Technol.*, Vol 116-119, 1999 p 189-198.

24. K. Marchev, C. V. Cooper, J. T. Blucher, and B. C. Giessen, *Surf. Coat. Technol.*, Vol 99, 1998, p 225-228.

25. S. Mändl and B. Rauschenbach, *J. Appl. Phys.*, Vol 88（No. 6）, 2000, p 3323-3329.

26. S. Parascandola, R. Günzel, R. Grötzschel, E. Richter, and W. Möller, *Nucl. Instrum. Meth. B*, Vol 136-138, 1998, p 1281-1285.

27. T. Bell and K. Akamatsu, Ed., *Stainless Steel 2000—Thermochemical Surface Engineering of Stainless Steel*, Maney Publishing, London, 2001.

28. X. Y. Li, Y. Sun, and T. Bell, *Z. Metallkd.*, Vol 90, 1999, p 901-907.

29. Y. Jirásková, C. Blawert, and O. Schneeweiss, *Phys. Status Solidi A*, Vol 175, 1999, p 537-548.

30. X. Y. Li and H. Dong, *Mater. Sci. Technol.*, Vol 19, 2003, p 1427-1434.

31. K. Ozbaysal and O. T. Inal, *J. Mater. Sci.*, Vol 21, 1986, p 4318-4326.

32. A. Leyland, D. B. Lewis, P. R. Stevenson, and A. Matthews, *Surf. Coat. Technol.*, Vol 62, 1993, p 608-617.

33. A. V. Byeli, V. A. Kukareko, O. V. Lobodaeva, S. K. Shykh, J. A. Davis, and P. J. Wilbur, *Surf. Coat. Technol.*, Vol 96, 1997, p 255-261.

34. K. Marchev, C. V. Cooper, and B. C. Giessen, *Surf. Coat. Technol.*, Vol 99（No. 3）, 1998, p 229-233.

35. L. Poirier, Y. Corre, and J. P. Lebrun, *Surf. Eng.*, Vol 18（No. 6）, 2002, p 439-442.

36. K. Gemma, H. Kawakami, and M. Hagiwara, *Mater. wiss. Werkst. tech.*, Vol 24, 1993, p 378-385.

37. K. Gemma, T. Tahara, and M. Kawakami, *J. Mater. Sci.*, Vol 31, 1996, p 2885-2892.

38. H. -J. Spies and F. Vogt, *HTM-J. Heat Treat. Mater.*, Vol 52（No. 6）, 1997, p 342-349.

39. S. Collins and P. Williams, *Adv. Mater. Process.*, Sept 2006, p 32-33.

40. K. Aoki, T. Shirahata, M. Tahara, and K. Kitano, *Stainless Steel 2000—Thermochemical Surface Engineering of Stainless Steel*, Maney Publishing, London, 2001, p 389-405.

41. P. C. Williams and S. V. Marx, Low Temperature Case Hardening Processes, European Patent EP 1095170 B1, 1998.

42. M. A. J. Somers, T. Christiansen, and P. Møller, Case-

Hardening of Stainless Steel, European Patent EP 1521861 B1, 2002.

43. M. A. J. Somers and T. Christiansen, Carburizing in Hydrocarbon Gas, PCT Patent Application WO2006136166 A1, 2005.

44. T. L. Christiansen, T. S. Hummelshøj, and M. A. J. Somers, A Method of Activating an Article of Passive Ferrous or Nonferrous Metal Prior to Carburising, Nitriding and/or Nitrocarburising, PCT Patent Application WO2011009463 A1, 2010.

45. M. P. Fewell and J. M. Priest, *Surf. Coat. Technol.*, Vol 202, 2008, p 1802-1815.

46. T. L. Christiansen, T. S. Hummelshøj, and M. A. J. Somers, *Surf. Eng.*, Vol 26 (No. 4), 2010, p 242-247.

47. T. Christiansen and M. A. J. Somers, *Scripta Mater.*, Vol 50, 2004, p 35-37.

48. T. Christiansen and M. A. J. Somers, *Metall. Mater. Trans. A*, Vol 37, 2006, p 675-682.

49. T. S. Hummelshøj, T. L. Christiansen, and M. A. J. Somers, *Scripta Mater.*, Vol 63, 2011, p 761.

50. J. Oddershede, T. L. Christiansen, K. Ståhl, M. A. J. Somers, *Scripta Mater.*, Vol 62, 2010, p 290-293.

51. J. Oddershede, T. L. Christiansen, K. Ståhl, and M. A. J. Somers, *Steel Res. Int.*, Vol 82 (No. 10), 2011, p 1248-1254.

52. J. Oddershede, T. L. Christiansen, K. Ståhl, and M. A. J. Somers, *Steel Res. Int.*, Vol 83 (No. 2), 2012, p 162-168.

53. T. Christiansen and M. A. J. Somers, *Surf. Eng.*, Vol 21, 2005, p 445-455.

54. Y. Cao, F. Ernst, and G. M. Michal, *Acta Mater.*, Vol 51, 2003, p 4171-4181.

55. T. Christiansen and M. A. J. Somers, *Metall. Mater. Trans. A*, Vol 37, 2006, p 675-682.

56. P. Maroevic and R. B. McLellan, *J. Phys. Chem. Solids*, 1997, Vol 58 (No. 3), p 403-412.

57. D. L. Williamson, J. A. Davis, P. J. Wilbur, J. J. Vajo, R. Wei, and J. N. Matossian, *Nucl. Instrum. Meth. B*, Vol 127/128, 1997, p 930-934.

58. S. Parascandola, W. Möller, D. L. Williamson, *Appl. Phys. Lett.*, Vol 76 (No. 16), 2000, p 2194-2196.

59. S. Mändl and B. Rauschenbach, *J. Appl. Phys.*, Vol 91 (No. 12), 2002, p 9737-9742.

60. F. Ernst, A. Avishai, H. Kahn, X. Gu, G. M. Michal, and A. H. Heuer, *Metall. Mater. Trans. A*, Vol 40A, 2009, p 1768-1780.

61. S. Parascandola, R. Günzel, R. Grötzschel, E. Richter, and W. Möller, *Nucl. Instrum. Meth. B*, Vol 136-138, 1998, p 1281-1285.

62. A. Martinavičius, G. Abrasonis, W. Möller, C. Templier, J. P. Rivière, A. Declémy, and Y. Chumlyakov, *J. Appl.*

63. T. L. Christiansen and M. A. J. Somers, *Int. J. Mater. Res.*, Vol 99 (No. 9), 2008, p 999-1005.

64. Y. Jirásková, C. Blawert, and O. Schneeweiss, *Phys. Status Solidi A*, Vol 175, 1999, p 537-548.

65. T. Christiansen and M. A. J. Somers, *Z. Metallkd.*, Vol 97, 2006, p 79.

66. Y. Cao, F. Ernst, and G. M. Michal, *Acta Mater.*, 2003, Vol 51, p 4171-4181.

67. F. Ernst, Y. Cao, and G. M. Michal, *Acta Mater.*, 2004, Vol 52, p 1469-1477.

68. K. Farrell, E. D. Specht, J. Pang, L. R. Walker, A. Rar, and J. R. Mayotte, *J. Nucl. Mater.*, Vol 343, 2005, p 123-133.

69. F. Ernst, Y. Cao, G. M. Michal, and A. H. Heuer, *Acta Mater.*, 2007, Vol 55, p 1895-1906.

70. G. A. Collins, R. Hutchings, K. T. Short, J. Tendys, X. Li, and M. Samandi, *Surf. Coat. Technol.*, Vol 74-75, 1995, p 417-424.

71. T. L. Christiansen, K. Ståhl, and M. A. J. Somers, On the Formation of Hägg Carbide in Low Temperature Carburized AISI 316 Stainless Steel and Carbon Solubility in Expanded Austenite, submitted for publication.

72. T. S. Hummelshøj, T. L. Christiansen, and M. A. J. Somers, in preparation; based on T. S. Hummelshøj, "Kinetics of Metal Dusting Corrosion," Ph. D. thesis, Technical University of Denmark, 2010.

73. M. A. J. Somers, T. Christiansen, and P. Møller, "Case Hardening of Stainless Steel," European Patent EP 1 521 861 B1, 2007.

74. S. V. Marx and P. C. Williams, Low Temperature Case Hardening Process, European Patent EP 1 095 170 B1, 2002.

75. M. Tahara, H. Senbokuya, K. Kitano, T. Hayashida, and T. Minato, Method of Nitriding Austenitic Stainless Steel, EP 0 588 458 B1, 2007.

76. M. Tahara, H. Senbokuya, K. Kitano, and T. Hayashida, Method of Carburizing Stainless Steel and Stainless Steel Products Obtained Thereby, EP 0 787 817 A2, 1997.

77. S. Collins and P. Williams, *Adv. Mater. Process.*, Vol 164, 2006, p 32-33.

78. Y. Kaniharu, Surface Hardening Treatment Method for Engine Valve, PCT Patent Application 232518 A, 2005.

79. T. L. Christiansen, T. S. Hummelshøj, and M. A. J. Somers, *Surf. Eng.*, Vol 27, 2011, p 602-608.

80. T. L. Christiansen, T. S. Hummelshøj, and M. A. J. Somers, A Method of Activating an Article of Passive Ferrous or Nonferrous Metal Prior to Carburizing, Nitriding and/or Nitrocarburising, WO 2011 009463 A1, 2011.

81. T. L. Christiansen, K. V. Dahl, and M. A. J. Somers,

Mater. Sci. Tech.，Vol 24，2008，p 159-167.

82. T. L. Christiansen，M. A. J. Somers，*Int. J. Mater. Sci.*，Vol 100，2009，p 1361-1377．

83. M. A. J. Somers and T. Christiansen，*J. Phase Equilib. Diff.*，Vol 26，2005，p 520-528.

84. C. Templier，J. C. Stinville，P. O. Renault，G. Abrasonis，P. Villechaisse，J. P. Rivière，and M. Drouet，*Scripta Mater.*，Vol 63，2010，p 496-499.

85. J. C. Stinville，P. Villechaisse，C. Templier，J. P. Rivière，and M. Drouet，*Acta Mater.*，Vol 58，2010，p 2814-2821.

86. R. Strand，T. L. Christiansen，and M. A. J. Somers，to be submitted to in preparation；based on R. Strand，"Thermomechanical Treatment of Martensitic Stainless Steel，" Technical University of Denmark，2012.

87. R. B. Frandsen，T. Christiansen，and M. A. J. Somers，*Surf. Coat. Technol.*，Vol 200，2006，p 5160-5169.

88. F. A. P. Fernandes，T. L. Christiansen，and M. A. J. Somers，Paper PP-14，presented at Int. Conf. on Heat Treatment & Surface Engineering（Chennai，India），ASM International Chennai Chapter，May 2013.

89. M. O. Speidel，*Mater. wiss. Werkst. tech.*，Vol 37，2006，p 875-880.

90. T. L. Christiansen，T. S. Hummelshøj，and M. A. J. Somers，Method for Solution Hardening of a Cold Deformed Workpiece of a Passive Alloy，and a Member Solution Hardened by the Method，WO2012146254 A1，2012.

4.7 奥氏体不锈钢的低温渗碳

低温渗碳是指在常压下的一种气体渗碳工艺，在该渗碳温度下，置换原子的扩散速率非常慢，间隙原子在奥氏体不锈钢表层形成无碳化物的扩散层。为使奥氏体不锈钢低温渗碳能顺利进行，须在渗碳前对钢表面进行活化改性处理，去除表面 Cr_2O_3 层（chromia layer）。典型低温渗碳的渗碳层碳含量大于 10at.%⊖，厚度在 $20\sim30\mu m$，因此该工艺适用于已完成最终尺寸加工的工件。低温渗碳性能的主要优点有：

1）提高表面硬度：表层显微硬度达到 1200HV，即大于 70HRC。

2）在表层产生压应力：X 衍射测量在表层压应力超过 2GPa（300ksi）。

3）保持塑性：用扫描电镜对拉伸断口表面分析表明，组织特征为典型无微观裂纹的形变奥氏体组织（即有交错滑移带）。

综合以上优点，低温渗碳工艺能改善工件在使用中耐磨性能、抗磨损腐蚀性能和抗疲劳性能。此外，由于低温渗碳使钢表层碳含量提高，有效钝化钢表面，显著提高钢在多种氯化物介质中的耐蚀性。

4.7.1 概述

在工业生产中，气体渗碳是一种广泛使用提高金属材料工件表面硬度的表面强化工艺，在此工艺中，工件在高温下与渗碳气氛直接接触，碳原子通过扩散渗入金属表面，在表面析出渗碳物，提高金属表面硬度。大多数钢的气体渗碳温度通常在 950℃（1700°F）或以上，因为在此温度下加热，基体组织形成易于碳原子扩散的高温奥氏体组织（面心立方，fcc）。与铁素体（体心立方，bcc）组织相比，奥氏体组织具有更高的扩散速率和更大的固溶度。

奥氏体不锈钢是钢铁材料中，具有的塑韧性最高和耐蚀性最强的材料，但与其他钢铁材料相比，由于它们的硬度偏低，限制了它们在很多领域的应用。典型的奥氏体不锈钢主要成分为 10%～18%Cr 和 8%～14%Ni，其中铬主要起提高钢的耐蚀性作用，而稳定奥氏体稳定化元素镍主要能使钢在室温下得到奥氏体组织，它们的合理配比使钢具有高的塑韧性和高耐蚀性。在很多应用领域，如能进一步提高奥氏体不锈钢的硬度，它们的使用性能、寿命和外观都能得到进一步改善。如采用常规高温渗碳工艺，会在奥氏体不锈钢中形成高铬的碳化物，造成钢基体的铬含量贫化，从而会严重降低奥氏体不锈钢的耐蚀性。此外，采用常规高温渗碳工艺，奥氏体不锈钢渗碳层硬度值约为 50～60HRC，组织为在贫化铬的基体上形成高铬的碳化物，这是以牺牲钢的耐蚀性为代价，有限提高钢表面硬度的方法。

对含铬奥氏体合金，特别是奥氏体不锈钢的低温渗碳表面强化工艺，包括活化金属表面和气体低温渗碳处理。为防止表层形成碳化物和易于碳的扩散，典型的低温渗碳工艺为，在 350～550℃（660～1020°F）温度下保温长达 20～60h。

对奥氏体不锈钢进行低温渗碳，能得到厚度为 10～40μm、均匀富碳、高碳浓度梯度的单相奥氏体渗碳层，渗层硬度高达 1200HV（超过 70HRC）。在低温渗碳的温度下，钢不会发生相变，因此工件变形和尺寸变化很小。经多种检验方法检测，经低温渗碳处理的 316 不锈钢表层碳浓度约为 12%～15%

⊖ 译者注：渗碳国内习惯用碳的质量百分数表示，如钢按 10at.%C（原子量 12）和其余为 Fe（原子量 55）进行估算；10at.%C 转换为 C%（质量分数）= 12 * 10%/（12 * 10%+55 * 90%）* 100% = 0.02368 * 100% = 2.36%。

（体积分数），对超级奥氏体不锈钢，表层碳浓度最高可达 20%（体积分数），但渗层仍为奥氏体组织，因此保持有高的塑韧性。该工艺可以用于处理大型工件和产量多的情况。

本节以 316 不锈钢为例子介绍工业应用中的低温渗碳，此外相关文献中还有大量有关超级奥氏体不锈钢、析出硬化不锈钢、双相奥氏体不锈钢，镍基合金和钴基合金低温渗碳工业应用的数据。

4.7.2 奥氏体不锈钢表面强化历史与现状（背景和各竞争工艺）

对不锈钢表面强化方法的研究可以追溯至 20 世纪 80 年代，其中包括液态钠和氰化物盐浴处理、等离子渗氮和渗碳、离子注入和气氛热处理等方法，这些方法会在不锈钢表面形成一层具有不同特性的扩散硬化层。但由于技术上的障碍，在大规模商业化生产中这些方法现已难以寻觅。例如，

液态钠会触发和加快碳原子渗入不锈钢，如按实验室比例扩大至工业化生产，会明显出现安全和费用方面等问题；等离子和离子注入方法是通过以离子直线视线运动（line-of-sight）的方式注入工件表面，他们虽然能高效活化工件表面，但对形状复杂工件，尤其在批量生产时，无法获得均匀的表面渗层。

相关文献对奥氏体不锈钢低温渗碳和低温渗氮工艺当今的最新发展进行了全面的回顾，近 20 年来世界各地也举办过多次有关不锈钢低温热化学表面处理的国际学术会议。表 4-63 为数家企业已商业化应用的不锈钢低温表面强化工艺，其中仅有两种低温气体渗碳工艺（SAT12 和 NV Pionite）是公开的，而另一种低温气体渗碳工艺（Kolsterising）为商业机密。本节仅对 Swagelok 公司的 SAT12 工艺进行介绍。

表 4-63 已商业化应用不锈钢低温渗碳和渗氮工艺

企业和单位名称	工艺名称	间隙强化原子	温度		工艺方法	应用	其他
			℃	℉			
University of Birmingham, U.K.	LIPN	N	<450	<842	等离子体	—	—
	LTPC	C	<550	<1022	等离子体	—	—
Bodycote, U.K.	Kolsterising	C	商业保密		商业保密	五金，表壳	—
	Nivox2	N	<400	<752	等离子体	原子能反应堆控制棒	鲍迪克公司（Bodycote）获得，称为 Nutrivid（2010 年法国）
	Nivox4 和 Nivox LH	C	<460	<860	等离子体		
Nihon Parkerizing, Japan	Palsonite	N+C	450~490	842~914	氮碳共渗盐浴	小口径武器零件	—
Airwater Ltd., Japan	NV Super Nitriding	N	300~400	572~752	气体	餐具，五金	氟化物活化
	NV Pionite	C	<500	<932	气体	五金，表壳	氟化物活化
Swagelok Company, U.S.A.	SAT12	C	380~550	716~1022	气体	管接头金属箍，五金	HCl 活化
Nitrex Metal Technologies, Canada	Nitreg-S	N	—	—	气体	活塞环，径节齿轮	—
Expanite A/S, Denmark	Expanite	N+C	—	—	气体		

自 1999 年以来，低温渗碳已在 Swagelok 公司生产的管接头金属箍得到应用，管接头金属箍如图 4-121 所示。Swagelok 公司每年承担数百万名义尺寸为 6mm 至 25.4mm（1in）的管接头金属箍的热处理生产任务，该公司的低温渗碳表面强化技术的开发与商业化应用，得到了 2006 年美国金属学的会国际工程材料成就奖（ASM International Engineering Materials Achievement Award）。低温渗碳工序中使用了干态氯化氢和 CO，因此该工艺须在密封的特殊可控气体渗碳炉中进行，低温渗碳井式炉如图 4-122 所示。

4.7.3 工艺过程

不锈钢和高铬合金的低温渗碳成功与否取决于低温渗碳工艺参数的确定和优化，其中包括选择合适的渗碳合金、渗碳合金表面活化、表面处理、渗碳温度和渗碳气氛等，图 4-123 所示为典型奥氏体循环低温渗碳工艺过程。

与典型的较短的热处理工艺相比，低温渗碳工艺过程长达 3 天。

1. 活化

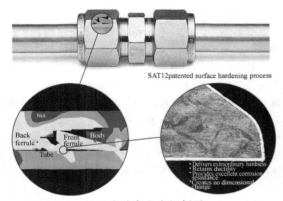

图 4-121　低温渗碳商业应用例子：Swagelok
公司生产的管接头金属箍

图 4-122　低温渗碳井式炉

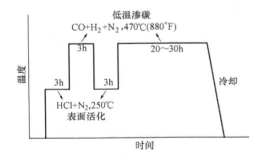

图 4-123　典型奥氏体循环低温渗碳工艺过程

不锈钢和含铬合金具有"不锈"性能是由于其表面形成了高铬的氧化物，当钢的新鲜表面与含氧介质，例如与大气接触，会在极短的时间内，形成这种高铬的氧化物层。一旦这种氧化物层形成，会阻止碳原子向钢表层内扩散，成为不锈钢低温渗碳的主要障碍。为使碳原子渗入不锈钢的表层，必须除去或尽可能改善该不锈钢表面的铬氧化物层，以易于碳原子的扩散与传输，该工艺步骤通常称为表面活化或去钝化。现已开发出几种不锈钢表面活化

或去钝化的方法。前面提到的等离子或液体钠不锈钢表面强化中的活化工艺，通常是采用溅射方法去除表面的氧化物，但在商业化生产工艺中，通常是采用向炉内通入卤化物混合气体活化不锈钢工件，例如，在常压下通入三氟化氮或氯化氢（氮）气体。对奥氏体不锈钢、625 和 825 等铬镍基合金来说，氯化氢气体均为有效的表面活化介质。

2. 工艺温度范围与准平衡概念

低温渗碳工艺温度通常在 350～550℃（660～1020℉）有限温度范围进行，如进一步降低渗碳温度，则耗时长且经济性差，如选择在上限温度渗碳，则难以避免在钢中形成碳化物，这与钢基体中对应的置换合金元素（例如铬）的热稳定性有关。通常，对获得同样的渗层厚度，越低的渗碳工艺温度意味着越长的渗碳时间。

为使间隙原子在钢中获得最大固溶度和最高的扩散速率，通常传统的渗碳工艺在高温下进行，在随后的冷却至室温的过程中，大部分溶质原子将会以碳化物形式析出。图 4-124 所示为一种常规碳含量的奥氏体不锈钢碳化物形成等温转变图。在高温（T>950℃，即 1700℉）渗碳时，钢中碳含量非常容易超过该温度下的极限固溶度，析出碳化物；渗碳后冷却时，只有在极快速的冷速下（见图 4-124 中的路径 A），才能避免碳化物析出，而典型的工业渗碳工艺（见图 4-124 中的路径 B），冷却曲线通常会通过碳化物析出曲线，此时会出现碳化物析出（同样问题也会在钢的渗氮工艺中出现）。图 4-124 中路径 C 低温渗碳为一种奥氏体不锈钢表面强化的新工艺，动力学分析表明，该工艺不形成会贫化基体铬含量，降低钢的耐蚀性的碳化物。由于低温渗碳工艺抑制了碳化物的析出，因此，与高温渗碳工艺相比，渗碳层的碳过饱和度更高。

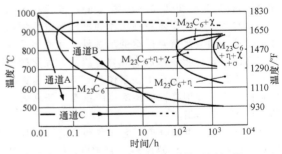

图 4-124　常规碳含量奥氏体不锈钢的
碳化物形成等温转变图

在低温渗碳工艺温度下，奥氏体钢中置换原子铬和镍的扩散速率远低于间隙原子碳。在 450～500℃（840～930℉）渗碳，铬的扩散速率为 10^{-21}

m^2/s，而碳的扩散速率为 $10^{-16} \sim 10^{-17} m^2/s$，扩散系数 $10^4 \sim 10^5$ 的差异和铬的扩散动力不足因素，无法形成富铬碳化物，因此碳在奥氏体钢（以及其他面心立方合金）基体中能均匀分布，即渗碳能在等温转变图（见图 4-124）中碳化物析出曲线下的温度进行。在该温度下，基体中各处的金属原子无法通过扩散达到化学位平衡，只有间隙原子能通过扩散使其化学位达到平衡。这种合金整体热力学体系无法达到完全平衡，仅部分合金成分达到平衡的金属系统称为准平衡系统。在准平衡系统的温度条件下，置换原子无法有效扩散，而间隙原子碳能在较短的时间内扩散相当远的距离，因此可使奥氏体不锈钢中碳的过饱和度极大增高。

3. 渗碳气氛

低温渗碳工艺温度下，包括有乙炔和一氧化碳等数种渗碳气体，它们提供的活性碳原子具有不同的渗碳效率。也见有固体低温渗碳的报道，但该工艺中高碳势所产生副产物的炭黑，须在工艺后采用水溶液进行清洗。

4. 低温渗碳适用合金

有数种商业用抗腐蚀合金适合采用低温渗碳工艺。其中，在 300 系列不锈钢中已经得到了验证，特别是 316 不锈钢应用效果良好；在单相面心立方合金或铬、镍含量高的奥氏体合金中现已获得了优化的低温渗碳工艺。研究表明，在准平衡条件下，碳化物形成元素铬能大大提高合金中的碳的极限固溶度，非碳化物形成元素镍能有效地抑制碳化物析出，提高合金基体中的碳浓度。

热加工不充分或均匀化处理未充分进行的奥氏体不锈钢，会残留部分铁素体组织，成形加工或机加工不当，合金表面会出现应变诱发马氏体组织。应该通过工艺控制，尽可能使奥氏体不锈钢中的铁素体（bcc）和应变诱发马氏体（bct）亚稳相不出现。如对残留有铁素体和马氏体的奥氏体进行低温渗碳处理，则会严重降低钢的耐蚀性，其原因是在钢表面的铁素体相中形成碳化物，因此，优化的低温渗碳工艺前须去除钢中铁素体相。可通过退火和电解抛光方法分别降低或消除钢中铁素体相和表面应变诱发马氏体相。

此外，低温渗碳处理工艺在其他合金，例如超级奥氏体不锈钢（AL6XN 和 254SMO），析出硬化型铁基高温合金（A286），镍基抗腐蚀合金（625 合金、718 合金、825 合金、哈斯特 C 合金），析出硬化型不锈钢（17-4PH，15-5PH，13-8Mo）和双相不锈钢（2205 和 2507）中的应用，也取得了不同程度上的成功。

5. 适用产品种类与表面条件

低温渗碳处理工艺已成功应用于金属板材、金属箔、机加工零件、铸件、锻件、粉体材料、粉末冶金材料以及金属注射模零件。低温渗碳处理前，为保证活化工序顺利进行，工件表面必须清洁，去除铁锈、油垢和其他残留物。通过处理后工件表面外观，可判断该表面是否能用于低温渗碳处理。采用不同目数的砂纸打磨得到不同表面粗糙度，通过循环极化检测方法测试不同工件表面粗糙度工件，来确定合适于低温渗碳处理表面。循环极化检测表明，用 120 目或更高目数的砂纸打磨（得到比通常机加工后更略为粗糙的表面），其表面对工件表面腐蚀的影响不大，但若是更粗糙的工件表面，会产生腐蚀麻点。

图 4-123 中表面活化的步骤安排在短时间渗碳周期之间，这种工艺能更好地活化工件的表面，得到更深和更均匀的渗碳层。对渗碳工件在废气中腐蚀研究表明，表面的炭黑能提高钝化表面的活性。如提高图 4-123 中第二个渗碳周期的碳势，能有效减少工件表面渗碳时形成的炭黑，得到渗层更深的高硬度渗碳层。

6. 工艺评价与质量检测方法

如低温渗碳工艺控制得当，处理前后工件的外观没有差异，可直接交付用户使用。在低温渗碳中，渗碳层仅有 $25\mu m$，因此须采用有损检测方法和光学显微镜分析方法才能对处理过的工件进行分析。现通常采用已标定的划痕硬度对照和浸入次氯酸钠溶液检测两种定性方法对低温渗碳层进行检测和评价。这些方法可用于判断工件渗碳层硬度的提高和在含氯化物介质中的耐蚀性，可区分出处理过和未进行处理的工件，因此，通常用于渗碳工件的筛选检测。为进一步评价渗碳层性能，采用增强空间分辨率的定量分析法具有更大优势。其中包括光学金相显微镜渗碳层截面分析，辉光放电发射光谱仪渗碳层（GD-OES）纳米或显微硬度梯度分析和成分梯度分析，以及采用标定的俄歇电子能谱仪（AES）进行扫描俄歇微区探针对渗碳层截面分析。这些有损检测方法虽然须破坏工件，但能得到用于渗碳层对比的定量分析数据。

4.7.4 低温渗碳层的组织

采用光学金相显微镜对经浸蚀的奥氏体不锈钢低温渗碳层进行分析，组织为具有碳浓度梯度，厚度约 $10 \sim 40\mu m$ 的抗蚀渗碳层。用 X 衍射对渗碳层的晶体结构分析结果为，晶格畸变的奥氏体组织，渗碳前后奥氏体晶格常数从 0.360nm 膨胀至 0.372nm。有关低温渗氮的研究者将这种类似组织称为 S 相，但实际上在低温渗碳中并没有发生相变，渗碳层也没有新相出现。当大量碳、氮原子（或碳、氮原子共同）渗入奥氏体不锈钢表层，但未析出为含铬的碳化物或氮化物时，就形成过饱和固溶体，造成奥氏体晶格畸变。用 X 衍射仪（XRD）对 316L 不锈钢渗碳层电解抛光剥层至不同渗碳厚度的点阵常数、残余应力和可能出现的碳化物进行了测定，结果如图 4-125a 所示。图 4-125a 中不同剥层的衍射峰 2θ 值发生位移，与表层未剥层的 2θ 值相比，位移越少

表明点阵常数膨胀越多（碳含量越高），衍射谱中并未发现碳化物的衍射峰。采用俄歇电子能谱（AES）和能谱（EDS）对渗碳层碳浓度分析表明，316L 不锈钢渗碳表层碳浓度超过 12%（体积分数），这是渗碳层点阵常数发生膨胀的又一佐证。图 4-125b 为对多个同炉 316L 不锈钢渗碳样品的显微硬度梯度曲线，渗层表面硬度高达 1200HV（超过 70HRC），距表层 25μm 处，硬度降至基体的硬度值 300HV（23HRC）。

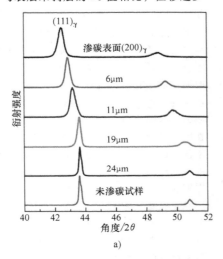

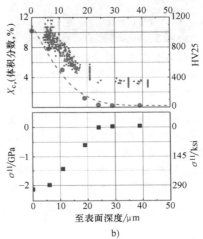

图 4-125　316L 低温渗碳不锈钢渗碳层组织分析结果

a）对渗碳层电解抛光剥层至不同渗碳厚度的 X 衍射（XRD）谱线。与未经低温渗碳处理的相比，
低温渗碳衍射峰向左移动

b）根据 X 衍射谱线得到的对多个同炉 316L 不锈钢渗碳样品的显微硬度梯度曲线。
渗层碳浓度梯度曲线（XC,%）和残留压应力梯度曲线（σ^{11}, GPa）

12at.% 含碳量是 316 不锈钢室温平衡碳浓度的 10^5 倍，根据 XRD 测量结果，渗碳层组织仍为具有高韧性的奥氏体，根据奥氏体晶格畸变和碳的浓度升高计算，奥氏体中的极高过饱和碳浓度会产生不

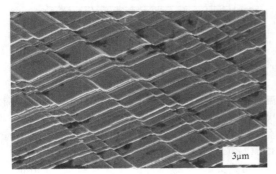

图 4-126　316 不锈钢低温渗碳拉伸试样塑性
变形表面的扫描电镜照片

注：经低温渗碳后仍保持为奥氏体组织，照片中的渗碳层交滑移带证明仍保持高塑性和韧性。

低于 2GPa（300ksi）的残留压应力。硬度梯度曲线和应力梯度曲线与采用 XRD 测量的不同渗碳层深度晶面间距计算的碳浓度梯度非常吻合。图 4-126 所示为 316 不锈钢低温渗碳拉伸试样塑性变形表面的扫描电镜照片，照片中可看到滑移带与渗碳层结合完好，由此证明渗碳层仍保持高塑性和韧性。传统的奥氏体不锈钢的表面强化方法通常会降低其塑性和耐蚀性，与通常高硬度材料应该塑性低脆性高的直觉正好相反，奥氏体不锈钢低温渗碳得到高硬度和高塑性的有机结合的渗碳层有效地提高了材料的失效抗力。

图 4-127 为采用对渗碳层组织不浸蚀，仅对心部组织浸蚀的 Kane 浸蚀液制备的低温渗碳金相照片，该照片证实了低温渗碳能提高材料的耐蚀性。该照片还说明了，气体渗碳工艺具有仿形特性，渗碳层也能在电解抛光预处理（电解抛光不是工艺中标准部分）时去除硫化锰而形成的不通孔中均匀形成，该特性也同样适用于各种曲面的外表面渗碳。

图 4-127 奥氏体不锈钢低温渗碳金相照片

注：采用 Kane 侵蚀液显示渗碳层均匀和具有仿形特性。可用于所有暴露的表面和不通孔为低温气体渗碳处理的一大优点。

晶格膨胀的奥氏体渗碳层为非平衡组织，在使用过程中，该组织是否稳定取决于工件使用的温度，如温度不当，渗碳层会发生脱碳反应。此外，如使用温度接近低温渗碳处理温度 350～550℃（660～1020℉），渗碳层过饱和固溶体中的碳原子会进一步向基体中扩散；当时间足够长后，该渗碳层将不复存在。

4.7.5　低温渗碳层的性能

在低温渗碳处理中，工件表层仅有 25μm 左右的组织发生改变。非常有意思的是，该低温渗碳处理对材料的拉伸性能有一定影响。图 4-128 为 316 不锈钢截面直径为 0.635mm（0.025in）标准拉伸试样的应力-应变曲线。经过低温渗碳试样与未经过低温渗碳处理的相比，屈服强度略有提高，分别为 650MPa 和 670MPa（即由 94ksi 提高至 97ksi）；最大抗拉极限有明显提高，分别为 690MPa 和 750MPa（即由 100ksi 提高至 109ksi）；而伸长率（strain-to-failure）略有降低，分别为 40% 和 45%，但仍均属于塑性材料。低温渗碳提高了表面硬度并产生表面压

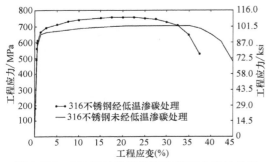

图 4-128　316 经过低温渗碳处理和未经过低温渗碳处理的不锈钢低应力-应变曲线

应力的综合效果改变了材料的抗拉强度，这对工件的使用性能，尤其是疲劳抗力、耐磨损性能和腐蚀磨损性能的改善都有显著的作用。

1. 抗疲劳性能

由低温渗碳产生的表面残余压应力比如喷丸强化等方法得到的表面压应力更高并且均匀，正如预期，极高的表面压应力［大于 2GPa（300ksi），即大于间隙固溶强化 316 不锈钢的屈服应力］大大提高了抗疲劳性能。图 4-129 为 316 不锈钢标准圆试样拉-压对称循环（R=-1）疲劳试验结果。图中采用不同符号表示三组试样的测试结果，其中三角形符号"△"表示为未经过低温渗碳处理的试样，正方形符号"□"表示为经过低温渗碳处理的试样。同时测试的还有经过伪低温渗碳工艺（即经过了低温渗碳温度加热工序但未渗碳）的试样。试验结果表明，伪低温渗碳工艺对疲劳性能没有明显的影响；在同等最大应力级别下，经过低温渗碳处理的 316 不锈钢试样的疲劳寿命（循环周次）较未经过低温渗碳处理的提高了 2 个数量级。此外，在疲劳寿命周期为 10^7 的最大应力从 200MPa 提高至 350MPa（28ksi 提高至 49ksi），提高了约 75%。在交变载荷下，经低温渗碳的工件能承受更高的应力载荷；如在同等应力水平下，经低温渗碳的工件的疲劳寿命与未经过低温渗碳处理的相比，提高了近 100 倍。

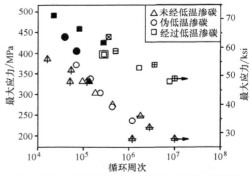

图 4-129　316 不锈钢标准圆试样拉-压对称循环（R=-1）疲劳试验结果

在最大应力为 350MPa（50ksi）条件下，经过低温渗碳处理的 316 不锈钢试样的疲劳寿命（循环周次）较未经过低温渗碳处理的提高了 2 个数量级。在疲劳寿命周期为 107 的最大应力从 200MPa 提高至 350MPa（28ksi 提高至 49ksi）。

相关文献[36]采用卧式疲劳实验机（horizontal fatigue apparatus）对 6 个加工有 V 型缺口的 316L 不锈钢试样进行疲劳试验，试验采用 10Hz 加载频率，在试样上生成 2.4mm（0.09in）长的疲劳裂纹，以研究低温渗碳处理对 316L 不锈钢疲劳裂纹萌生和生

长的影响。6 个试样中两个试样经过低温渗碳处理，两个试样未经过低温渗碳处理，另外两个为经过伪低温渗碳处理。图 4-130 为疲劳裂纹生长速率（da/dN，其中 a 表示裂纹长度，N 表示循环周次）与不同应力周期的应力强度因子（ΔK）的关系曲线图。经过低温渗碳处理试样的疲劳裂纹生长速率低于未经过低温渗碳处理试样和伪低温渗碳处理试样，其差别随 ΔK 降低而增大。因此，在典型工程应用中 ΔK 通常较小的情况下，低温渗碳处理工艺将大大提高工件的使用寿命。更重要的是，低温渗碳处理试样的疲劳裂纹生长门槛值（ΔK_{th}，定义为裂纹生长速率为 10^{-7} mm/周的 ΔK）从 8MP·m$^{1/2}$ 提高至 10MP·m$^{1/2}$。这意味着，在未经低温渗碳处理试样会产生疲劳裂纹萌生和生长的应力状态下，经低温渗碳处理试样疲劳裂纹不会萌生和生长。

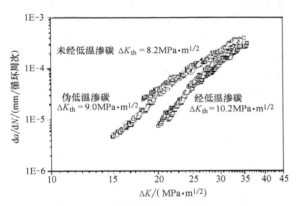

图 4-130 低温渗碳对 316L 不锈钢疲劳裂纹萌生和生长的影响

低温渗碳对降低了疲劳裂纹萌生和生长。图 4-130 中数据点和连线的斜率表明，需施加更大的力才能使经低温渗碳的试样上的疲劳裂纹萌生和生长。低温渗碳处理试样的疲劳裂纹生长门槛值 ΔK_{th} 也得到提高，这意味着经低温渗碳的试样上的疲劳裂纹萌生更加困难。

采用断裂韧度试验和紧凑断裂韧性试样评价 316 不锈钢中氢含量对经低温渗碳处理和未经过低温渗碳处理的影响。试验中采用柔度裂纹长度检测方法，对加载载荷（非周期）进行控制，观察含氢的渗碳层裂纹扩展。结果表明，经低温渗碳处理的试样断裂韧度仅略有降低，但仍为塑性材料。

2. 耐磨性

采用符合 ASTM 试验标准的万能微摩擦试验机对轴承极为重要的耐磨性能和摩擦特性进行研究。研究表明，低温渗碳处理对材料耐磨性能有显著的提高。采用销-盘磨损试验研究了低温渗碳对 316 奥氏体不锈钢的耐磨性的影响，往复滑动摩擦试验表明，与未经低温渗碳的相比，经低温渗碳的 316 奥氏体不锈钢（球和盘）摩擦副的磨损率降低了约 100 倍。ASTM 试验标准的连续循环磨损（旋转砂带磨损）试验表明，经低温渗碳的 316 奥氏体不锈钢的磨损量降低了约 30%。

采用 2～40N 不同接触载荷和 0.1～0.6m/s（4～24in/s）不同滑动速率与 Al$_2$O$_3$ 球进行了干滑动摩擦试验，滑动全长 1km（0.6 英里），实验结果绘制于磨损图（见图 4-131）。经低温渗碳处理试样的磨损量为 0～2.4mm^3，而未经低温渗碳处理试样的磨损量为 1.1～11mm^3。在该实验条件下，经低温渗碳处理试样的磨损量降为未经低温渗碳处理的 25% 以下。对磨损表面的磨损产物分析表明，未经低温渗碳处理的表面具有严重的塑性变形，而经低温渗碳处理试样的表面没有塑性变形。图 4-132 中未经低温渗碳处理的磨损产物呈大片状，磨损机制为黏着磨损和黏滑磨损，而经低温渗碳处理表面的磨损产物数量很少。

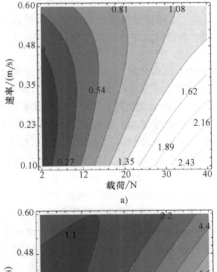

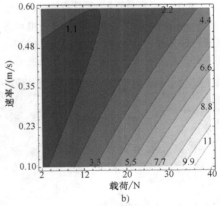

图 4-131 316 不锈钢试样的磨损图

a）316 不锈钢经低温渗碳处理试样的磨损图

b）未经低温渗碳处理试样磨损图

在相同滑动速率和相同载荷下，经低温渗碳处理试样的磨损率明显降低。

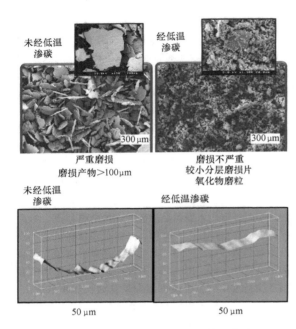

未经低温渗碳

经低温渗碳

严重磨损
磨损产物>100μm

磨损不严重
较小分层磨损片
氧化物磨粒

未经低温渗碳

经低温渗碳

图 4-132　未经低温渗碳处理和经低温渗碳处理
316 不锈钢试样的磨损产物和磨损痕迹

采用原子力显微镜（AFM）测量磨损痕迹，深的磨痕表明产生了更多的磨损产物。

采用 40N 接触载荷和 0.1m/s 滑动速率与 Al_2O_3 球进行干滑动摩擦试验，研究了 316L 奥氏体不锈钢的渗碳层对耐磨性的影响。试验采用电解抛光方法，分别从渗碳层为 30μm 的 316L 不锈钢试样表面剥层去掉 5μm、10μm、15μm 和 20μm。结果表明，所有具有渗碳层的试样均优于未进行渗碳的试样（渗碳层 = 0），而 15μm 和 20μm 渗碳层的试样略优于 25μm 和 30μm 渗碳层的试样。其原因是电解抛光没有明显降低表面硬度，而提高了试样表面的光洁度。

图 4-133 为用于生产纸浆 10 马力泵上的外径约

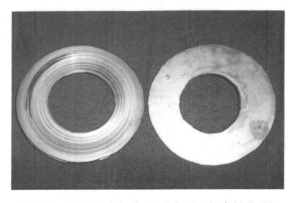

图 4-133　用于生产纸浆 10 马力泵上的磨耗增强板

为 25cm（10in）304 不锈钢磨耗增强板。在正常服役条件下，未进行渗碳处理的磨耗增强板通常 3 个月就发生磨损失效（左图），必须更换。而进行渗碳处理的磨耗增强板经 30 个月服役，仍未发现明显磨损（右图）。采用渗碳的磨耗增强板节约了开支、避免了不必要的更换、维护、维修，大大提高了泵的使用效率。

图 4-133 左边为未进行渗碳处理，3 个月就发生磨损失效，必须更换。右边为经渗碳处理的磨耗增强板，经过 30 个月服役，仍未发现明显磨损。

3. 抗磨损腐蚀性（Erosion Resistance）

低温渗碳高硬度和高塑性的结合是显著提高抗磨损腐蚀性的主要原因。图 4-134 为对 316 不锈钢经低温渗碳处理和未经低温渗碳处理试样的空泡试验（cavitation testing）对比结果，空泡试验在带振动发生装置的水银高密度液体介质中进行，持续时间 6h。空泡试验结果为，与未经低温渗碳处理试样相比，经低温渗碳处理试样表面的抗空泡腐蚀性能失重率减少约 8 倍。对其他合金和在其他液体介质的空泡试验中也得到类似同样结果。以上实验表明，在液体空泡腐蚀环境中，低温渗碳层具有优越的抗空泡腐蚀性能。

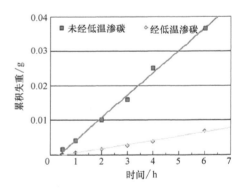

图 4-134　316 不锈钢经低温渗碳处理和未经低温
渗碳处理试样的空泡试验对比结果

4. 耐蚀性

316 不锈钢在氯化钠溶液中的电化学极化曲线显示，未经低温渗碳处理试样与经低温渗碳处理试样点蚀电位分别为 200～300mV 和 900～1000mV，即经低温渗碳处理试样点蚀电位增加了 600～800mV。通常认为，经低温渗碳处理的高碳浓度渗层和产生高压应力是提高表层耐蚀性两个主要原因。为排除低温渗碳处理试样表面残留压应力的影响，相关文献在拉伸断裂后试样标度范围有塑性变形处制备电化学极化试样，电化学极化曲线也显示，经低温渗碳处理试样具有更高的耐蚀性，由此证明表层高碳浓度是提高耐蚀性的主要原因。

图 4-135 为 316L 不锈钢经低温渗碳处理和未经低温渗碳处理试样在 0.6M NaCl 溶液和海水中循环极化扫描曲线。经低温渗碳处理的试样，未出现通常认为是 316L 不锈钢开始产生腐蚀的点蚀现象。在高电位下产生明显点蚀实际上是由于 NaCl 发生分解，产生氯气（Cl_2）的作用，对循环极化扫描试验后的试样进行金相检验，得到了进一步证实。

相关文献采用 ASTM G150 标准，对 316L 不锈钢进行临界点蚀温度（CPT）进行测试。未经低温渗碳处理试样的 CPT 为 16.9 ± 1.2℃（62.4 ± 2.2℉），经低温渗碳处理试样的 CPT 为 79.1 ± 6.6℃（174.4 ± 11.9℉），后者的 CPT 与更高抗腐蚀级别的合金非常接近。

相关文献在室温的海水中和 300mV 电位的实验条件下，对未经低温渗碳处理的 316 不锈钢、经低温渗碳处理的 316 不锈钢和 625 合金三种试样，进行持续一周的缝隙腐蚀（crevice corrosion）对比试验，试验结果见图 4-136。未经低温渗碳处理的 316 不锈钢和 625 合金分别在 1h 时和 60h 后，开始产生缝隙腐蚀，而经低温渗碳处理的 316 不锈钢在持续 160h 后，还没有出现缝隙腐蚀。持续一周后，未经低温渗碳处理的 316 不锈钢和 625 合金试样上缝隙腐蚀裂纹深度分别达到 $1270\mu m$（0.050in）和 $76.2\mu m$（0.003in），而经低温渗碳处理的 316 不锈钢试样出乎意外，仍没有出现 316 不锈钢典型失效形式的缝隙腐蚀迹象。

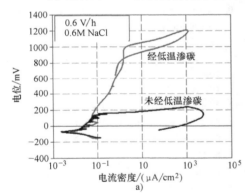 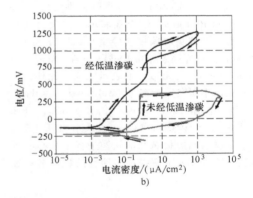

图 4-135 316L 不锈钢经低温渗碳处理和未经低温渗碳处理试样循环极化扫描曲线

a）0.6M NaCl 介质 b）海水介质

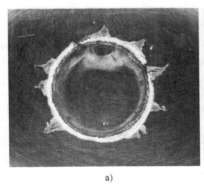 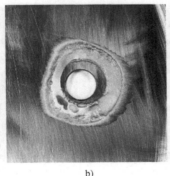 

图 4-136 室温海水中和 300 mV 电位的实验条件下，未经低温渗碳处理的 316 不锈钢、经低温渗碳处理的 316 不锈钢和 625 合金三个试样持续一周后的外观

a）625 合金 60h 后开始产生缝隙腐蚀裂纹，持续一周后，试样上缝隙腐蚀裂纹深度达到 $76.2\mu m$（0.003in） b）316 不锈钢未经低温渗碳处理的在未到达 1h 时就开始产生缝隙腐蚀裂纹，持续一周后，试样上缝隙腐蚀裂纹深度达到 $1270\mu m$（0.050in） c）经低温渗碳处理的 316 不锈钢在持续 160h 后，还没有出现缝隙腐蚀

致谢

作者感谢在世伟洛克公司（Swagelok）和凯斯西储大学（Case Western Reserve University, CWRU）的同事们提供的支持和持之以恒的努力研究工作。在过去的15多年建立动力学和热力学模型的研究中，CWRU 的 Gary Michal 投入了大量精力，他思维敏捷，起到了至关重要的作用并取得了坚实的成果。在本文的撰写中，得到了世伟洛克公司（Swagelok Company），未来计划能源工业材料部（Department of Energy Industrial Materials of the Future Program），美国国防部先进研究项目局，俄亥俄州第三发展前沿计划部（the Ohio Department of Development Third Frontier Program, DARPA）和海军研究办公室（the Office of Naval Research）等企业和单位的大力支持与帮助。作者对橡树岭国家实验室（Oak Ridge National Labs）的研究同事 Vinod Sikka，Peter Blau，Jun Qu 和 Dane Wilson 的无私帮助表示感谢。此外，作者还要对在海军研究实验室（Naval Research Laboratory）的研究同事 Farrel Martin，Paul Natishan，Bob Bayles，Roy Rayne 和 Diane Lysogorsk 表示感谢，是他们对早期的腐蚀和磨损腐蚀的问题进行了耐心的解答与核实，这对深入了解提高耐蚀性的机制具有极大的帮助。

参 考 文 献

1. H. Dong, S-Phase Surface Engineering of Fe-Cr, Co-Cr and Ni-Cr Alloys, *Int. Mater. Rev.*, Vol 55 (No. 2), 2010, p 65-98.

2. S. R. Collins, A. H. Heuer, and V. K. Sikka, "Low Temperature Surface Carburization of Stainless Steels," Technical Report DE-FC36-04GO14045, U. S. Department of Energy, Dec 2007, www.osti.gov/servlets/purl/920895-0kRFmv/ (accessed Dec 30, 2013).

3. J. Gentil, F. Ernst, G. Michal, and A. Heuer, The Effect of Colossal Carbon Supersaturation on Stainless Steels of the Type PH13-8Mo and AL6XN, *MS&T* 2006：*Proc. from the Materials Science & Technology Conf.*, Oct 15-19, 2006 (Cincinnati, OH), TMS, Warrendale, PA, 2006.

4. B. H. Kolster, Wear and Corrosion Resistant Coatings on Austenitic Steels, *VDIBerichte*（*Assn. of German Eng.*), Report 506, 1983, p 107-113, English translation from German edition.

5. U. Gramberg et al., Improvement of the Vibratory Fatigue Limit and of the Corrosion and Wear Resistance through Selectively Targeted Surface Treatments, *VDIBerichte*（*Assn. of German Eng.*), Report 506, 1983, p 1-13, English translation from German edition

6. D. B. Lewis et al., Metallurgical Study of Low-Temperature Plasma Carbon Diffusion Treatments for Stainless Steels, *Surf. Coat. Technol.*, Vol 60, 1993, p 416-423.

7. P. Stevenson et al., The Effect of Process Parameters on the Plasma Carbon Diffusion Treatment of Stainless Steels at Low Pressure, *Surf. Coat. Technol.*, Vol 63 (No. 3), 1994, p 135-143.

8. T. Bell, Surface Engineering of Austenitic Stainless Steel, *Surf. Eng.*, Vol 18 (No. 6), Dec 2002, p 415-422.

9. T. Bell, Ed., *Stainless Steel* 2000：*Proc. of an Int. Current Status Seminar on Thermochemical Surface Engineering of Stainless Steel*, Nov 2000 (Osaka, Japan), The Institute of Materials, London, 2001.

10. First Int. Symp. on Surface Hardening of Stainless Steels, Case Western Reserve University, Cleveland, OH, Oct 22-23, 2007.

11. Second Int. Symp. on Surface Hardening of Corrosion Resistant Alloys, Case Western Reserve University, Cleveland, OH, May 25-26, 2010.

12. Nitriding Symposium 2, Las Vegas, NV, Nov 18-19, 2010.

13. S. Collins and A. Heuer, The Surface Hardening of Stainless Steel, *Met. Trans.* A, Vol 40 (No. 8), 2009, p 1767.

14. S. Collins and P. Williams, Low-Temperature Colossal Supersaturation, *Adv. Mater. Process.*, Sept 2006, p 32-33.

15. Y. Ihara, K. Sakiyama, H. Ohgame, and K. Hashimoto, The Corrosion Behavior of Chromium in Hydrogen Chloride Gas and Gas Mixtures of Hydrogen Chloride and Oxygen at High Temperatures, *Corros. Sci.*, Vol 23 (No. 2), 1983, p 167-181.

16. P. C. Williams and S. V. Marx, Selective Case Hardening Processes at Low Temperature, U. S. Patent 6, 165, 597, Dec 26, 2000.

17. P. C. Williams and S. V. Marx, Low Temperature Case Hardening Processes, U. S. Patent 6, 093, 303, July 25, 2000.

18. P. C. Williams and S. V. Marx, Low Temperature Case Hardening Processes, U. S. Patent 6, 461, 448 B1, Oct 8, 2002.

19. P. C. Williams and S. V. Marx, Modified Low Temperature Case Hardening Processes, U. S. Patent 6, 547, 888 B1, April 15, 2003.

20. B. Weiss and R. Sticker, Phase Instabilities During High Temperature Exposure of 316 Austenitic Stainless Steel, *Met. Trans.* A, Vol 3 (No. 4), 1972, p 851-866.

21. A. W. Bowen and G. M. Leak, Solute Diffusion in Alpha- and Gamma-Iron, *Met. Trans.*, Vol 1 (No. 6), 1970, p 1695-1700.

22. C. Wells and R. F. Mehl, *Trans. Metal. Soc. AIME*, 1940,

Vol 140, p 279.

23. W. Batz, R. F. Mehl, and C. Wells, *Trans. Metal. Soc. AIME*, 1950, Vol 188, p 553-560.

24. W. J. Liu, J. K. Brimacombe, and E. B. Hawbolt, Influence of Composition on the Diffusivity of Carbon in Steels—I. Non-alloyed Austenite, *Acta Metall. Mater.*, Vol 39 (No. 10), Oct 1991, p 2373-2380.

25. G. M. Michal, F. Ernst, H. Kahn, Y. Cao, F. Oba, N. Agarwal, and A. H. Heuer, Carbon Supersaturation Due to Paraequilibrium Carburisation: Stainless Steels with Greatly Improved Mechanical Properties, *Acta Mater.*, Vol 54, 2006, p 1597-1606.

26. G. M. Michal, F. Ernst, and A. H. Heuer, Carbon Paraequilibrium in Austenitic Stainless Steel, *Metall. Mater. Trans. A*, Vol 36, 2006, p 1819-1824.

27. F. Ernst, Y. Cao, G. M. Michal, and A. H. Heuer, Carbide Precipitation in Austenitic Stainless Steel Carburized at Low Temperature, *Acta Mater.*, Vol 55, 2007, p 1895-1906.

28. F. J. Martin, E. J. Lemieux, T. M. Newbauer, R. A. Bayles, P. M. Natishan, A. Heuer, H. Kahn, G. M. Michal, and F. Ernst, Carburization-Induced Passivity of 316L Austenitic Stainless Steel, *Electrochem. Solid St.*, Vol 10, 2007, p C76-C78.

29. J. P. Millet et al., Corrosion Behavior of 316L Stainless Steel in a Chloride Medium in Contact with Active Carbon, *NACE Conf. Proc.*, NACE, Houston, TX, 1988, p 45-53.

30. Y. Cao, F. Ernst, and G. M. Michal, Colossal Carbon Supersaturation in Austenitic Stainless Steels Carburised at Low Temperature, *Acta Mater.*, Vol 51, 2003, p 4171.

31. Z. L. Zhang and T. Bell, Structure and Corrosion Resistance of Plasma-Nitrided AISI 316 Stainless Steel, *Heat Treatment, Shanghai'83: Proc. Third Int. Congress on Heat Treatment of Materials*, Nov 7-11, 1983 (Shanghai, China), The Metals Society, London, 1984.

32. Z. L. Zhang and T. Bell, Structure and Corrosion Resistance of Plasma Nitrided Stainless Steel, *Surf. Eng.*, Vol 1 (No. 2), 1985, p 131-136.

33. K. Ichii, K. Fujimura, and T. Takase, Structure of the ion-nitrided layer of 18-8 stainless steel, *Technol. Rep. Kansai Univ.*, Vol 27, 1986, p 135-144.

34. Y. Cao, "Surface Hardening of Austenitic Stainless Steels via Low-Temperature Colossal Supersaturation," Doctoral dissertation, Case Western Reserve University, 2003.

35. N. Agarwal, "Improvement of Fatigue Properties of Stainless Steel by Low Temperature Carburization," M. S. thesis, Case Western Reserve University, Jan 2002.

36. J.-P. Hsu, "Influence of Low-Temperature Carburization on Fatigue Crack Growth of Austenitic Stainless Steel 316L," M. S. thesis, Case Western Reserve University, 2008.

37. "Standard Test Method for Wear Testing with a Pin-on-Disk Apparatus," ASTM G99-05, *Annual Book of ASTM Standards*, ASTM, 2005.

38. "Standard Test Method for Measuring Abrasion Resistance of Materials by Abrasive Loop Contact," ASTM G174-04, *Annual Book of ASTM Standards*, ASTM, 2004.

39. J. Qu, P. J. Blau, and B. C. Jolly, Tribological Properties of Stainless Steels Treated by Colossal Carbon Supersaturation, Wear, Vol 263 (No. 1-6), Sept 2007, p 719-726.

40. L. J. O'Donnell, A. Heuer, G. M. Michal, F. Ernst, and H. Kahn, Wear Maps for Low Temperature Carburized 316L Austenitic Stainless Steel Sliding Against Alumina, *Surf. Eng.*, Vol 26 (No. 4), 2010, p 284-292.

41. L. J. O'Donnell, "Tribology of 316L Austenitic Stainless Steel Carburized at Low Temperature," M. S. thesis, Case Western Reserve University, 2010.

42. P. Natishan, F. Martin, A. Heuer, G. M. Michal, F. Ernst, and H. Kahn, Enhanced Corrosion Resistance of Stainless Steel Carburized at Low Temperature, *Met. Trans. A*, Vol 40 (No. 8), 2009, p 1805-1810.

43. H. Kahn, A. Heuer, G. M. Michal, and F. Ernst, Poisson Effects on X-Ray Diffraction Patterns in Low-Temperature-Carburized Austenitic Stainless Steel, *Met. Trans. A*, Vol 40 (No. 8), 2009, p 1799-1804.

44. H. Kahn, F. Ernst, G. M. Michal, A. Heuer, R. J. Rayne, F. J. Martin, and P. M. Natishan, Enhanced Passivity of Interstitially Hardened Austenitic Stainless Steel through Accelerated Passive Film Dissolution, *Acta Mater.*, Vol 58, 2010.

45. F. Martin et al., Crevice Corrosion of Alloy 625 in Natural Seawater, *Corrosion*, Vol 59 (No. 6), 2003, p 498-504.

扩展阅读

1. N. Agarwal, "Improvement of Fatigue Properties of Stainless Steel by Low Temperature Carburization," M. S. thesis, Case Western Reserve University, 2007.

2. N. Agarwal, H. Kahn, A. Avishai, A. Heuer, G. Michal, and F. Ernst, Enhanced Fatigue Resistance in 316L Austenitic Stainless Steel Due to Low-Temperature Paraequilibrium Carburization, *Acta Mater.*, Vol 55 (No. 16), 2007, p 5572-5580.

3. A. Avishai, D. Isheim, D. N. Seidman, F. Ernst, G. M. Michal, and A. H. Heuer, Local-Electrode Atom Probe (LEAP) Tomographic Microanalysis of Low-Temperature Gas-Carburized Austenitic Stainless Steel, *Proceedings: Microscopy and Microanalysis* 2007, Aug 5-9, 2007 (Ft. Lauderdale, FL), Cambridge University Press, 2007.

4. F. Ernst, Y. Cao, and G. M. Michal, Carbides in Low-Temperature-Carburized Stainless Steels, *Acta Mater.*, Vol 52,

2004, p 1469-1477.

5. F. Ernst, Y. Cao, G. M. Michal, and A. Heuer, Carbide Precipitation in Austenitic Stainless Steel Carburized at Low-Temperature, *Acta Mater.*, Vol 55（No. 6）, 2007, p 1895-1906.

6. F. Ernst, A. Heuer, A. Avishai, H. Kahn, X. Gu, and G. M. Michal, Enhanced Carbon Diffusion in Austenitic Stainless Steel Carburized at Low Temperature, *Met. Trans. A*, Vol 40（No. 8）, 2009, p 1768-1780.

7. F. Ernst, D. Li, H. Kahn, G. M. Michal, and A. H. Heuer, The Carbide M_7C_3 in Low-Temperature-Carburized Austenitic Stainless Steel, *Acta Mater.*, Vol 59（No. 6）, 2011, p 2268-2276.

8. F. Ernst, G. M. Michal, H. Kahn, andA. H. Heuer, Paraequilibrium Surface Alloying with Interstitial Solutes: A New Concept for Improving the Performance of Medical Devices, *Medical Device Materials III: Proc. of the Materials & Processes for Medical Devices Conf.*, R. Venugopalan and M. Wu, Ed., ASM International, 2006, p 27-33.

9. Y. Ge, "Study of High Cycle Fatigue Behavior of Carburized Stainless Steel and Ni Base Superalloy," M.S. thesis, Case Western Reserve University, 2009.

10. X. Gu, "Numerical Simulations of Concentration-Depth Profiles of Carbon and Nitrogen in Austenitic Stainless Steel Based upon Highly Concentration Dependent Diffusivities," Ph. D. dissertation, Case Western Reserve University, 2010.

11. A. H. Heuer, F. Ernst, H. Kahn, A. Avishai, G. M. Michal, D. J. Pitchure, and R. E. Ricker, Interstitial Defects in 316L Austenitic Stainless Steel Containing "Colossal" Carbon Concentrations: An Internal Friction Study, *Scripta Mater.*, Vol 56（No. 12）, 2007, p 1067-1070.

12. A. H. Heuer, H. Kahn, P. M. Natishan, F. J. Martin, and L. E. Cross, Electrostrictive Stresses and Breakdown of Thin Passive Films on Stainless Steel, *Electrochim. Acta*, Vol 58, 2011, p 157-160.

13. A. H. Heuer, J. Qu, and L. O' Donnell, Low Temperature Carburization, *Encyclopedia of Tribology*, Springer, 2010.

14. G. M. Michal, F. Ernst, and Y. Cao, Surface Hardening of Austenitic Steels by Low Temperature Colossal Supersaturation, *Materials Science & Technology* 2004, *Vol II: AIST/TMS Proceedings*, Sept 26-29, 2004（New Orleans, LA）, AIST/TMS, Warrendale, PA, 2004, p 347-353.

15. P. M. Natishan, W. E. O' Grady, F. J. Martin, R. J. Rayne, H. Kahn, and A. H. Heuer, Chloride Interactions with the Passive Films on Stainless Steel, *J. Electrochem. Soc.*, Vol 158（No. 2）, 2010, p C7-C10.

16. J. Qu et al., Tribological Properties of Stainless Steels Treated by Colossal Carbon Supersaturation, *Wear*, Vol 263（No. 1-6）, Sept 2007, p 719-726.

17. D. Wang, "Effect of Low Temperature Carburization on the Mechanical Behavior of Gaseous Hydrogen-Charged 316L Stainless Steel," M. S. thesis, Case Western Reserve University, 2010.

4.8　高镍-钴合金钢的热处理

在本章其他章节中，介绍和讨论了各类包括不锈钢在内的淬火加回火的高合金钢，这里主要介绍高强度和高韧性镍-钴合金钢系列的可硬化高合金钢（见表 4-64）。在 20 世纪 60 年代，联和钢铁公司（Republic Steel Corporation）开发了 9Ni-4Co（HP 9-4）合金系列，共计 4 个牌号。该合金系列经热处理到很高强度后，仍保持具有很高的断裂韧度。该合金系列中的其他合金包括 AF 1410 和 AerMet 合金（见表 4-64）。与该类其他合金一样，AerMet 合金中镍降低了马氏体转变开始温度（*Ms*）和提高断裂韧度，同时钴提高了 *Ms* 温度，从而允许钢中可以添加更多的镍。高合金镍-钴钢还包括具有优良强度和韧性的马氏体时效钢，该合金除形成马氏体强化外，还通过析出，进一步提高了合金的强度。

表 4-64　高断裂韧度镍-钴合金钢成分

牌号或商业名称	UNS	化学成分[①]（质量分数,%）							
		C	Mn	Si	Cr	Ni	Mo	V	Co
AF 1410	K92571	0.13~0.17	0.10max	0.10max	1.80~2.20	9.50~10.50	0.90~1.10	—	13.50~14.50
HP 9-4-20	K91283	0.16~0.23	0.20~0.40	0.20max	0.65~0.85	8.50~9.50	0.90~1.10	0.06~0.12	4.25~4.75
HP9-4-30	K91283	0.29~0.34	0.10~0.35	0.20max	0.90~1.10	7.0~8.0	0.90~1.10	0.06~0.12	4.25~4.75
AerMet 310	S20910	0.25	—	—	2.40	11.0	1.40	—	15
AerMet 100	K92580	0.23	—	—	3.10	11.10	1.20	—	13.40
AerMet 340	—	0.33	—	—	2.25	12.0	1.85	—	15.6

① 根据炼钢工艺不同，P 和 S 含量会发生改变。通常这些钢的 P≤0.035%，S≤0.040%，9Ni-4Co 钢和一流品质的 VAR 钢 P≤0.010%，S≤0.010%。

4.8.1　9Ni-4Co（HP 9-4）合金

在 20 世纪 60 年代，联和钢铁公司开发出的 4 个 9Ni-4Co（HP 9-4）合金，名义成分均为 9% 镍和 4% 钴，仅在碳含量上有所不同。4 个合金牌号为 HP9-4-20、HP9-4-25、HP9-4-30 和 HP9-4-45；含碳量分别为 0.20%、0.25%、0.30% 和 0.45%。随着碳含量增加，合金的强度增加，而相应的韧性和焊接性降低。在 4 个 9Ni-4Co（HP 9-4）合金系列中，HP 9-4-20 和 HP 9-4-30 合金 2 个牌号已批量生产。HP 9-4-20 合金具有良好的焊接性和断裂韧度，但可达到的屈服强度低于 HP 9-4-30 合金。

9Ni-4Co 合金中镍含量高达 9%，有效地提高了合金的淬透性（见表 4-65）、韧性和可进行固溶强化。合金中钴含量高达 4%，以防止经热处理的工件中残留奥氏体过多。如果合金只含很高的镍而不含钴，淬火后会残留大量的残留奥氏体，即使采用冰冷处理或回火处理，这些残留奥氏体也很难完全发生分解。钴能提高 Ms 温度，降低残留奥氏体数量。建议采用两次回火，以确保残留奥氏体完全转变。碳化物形成元素铬和钼也会提高淬透性，但为提高合金韧性，应保持在较低含量。通过调整这些碳化物形成元素的数量，得到没有明显二次回火硬化效应，而平坦的回火硬度曲线，以避免合金韧性降低。应尽可能降低合金中硅和其他合金元素含量。

表 4-65　9Ni-4Co 合金末端淬透性

顶端端淬距离，以 1.6mm(1/16in) 为单位	HP 9-4-20 硬度 HRC[①]	HP 9-4-30 硬度 HRC[①]
1	46	56
8	45	54
16	44	54
32	44	53

① 845℃（1550℉）加热淬火。

（1）HP 9-4-20 合金　HP 9-4-20 合金具有高屈服强度、高韧性和良好的焊接性能，是专为高综合性能要求的工件而设计和开发的。合金板厚度在不大于 100mm（4in）且屈服强度达到 1241MPa（180ksi）的同时，夏比 V 形缺口冲击吸收能量仍可达到 68J（50ft×lbf）。同等规范合金牌号包括 ASTM A605、AMS 6523、AMD-65CD 和 AMD-62CF。

由于合金碳含量相对较低并含有钴，Ms 温度大约为 313℃（595℉）。由于 Ms 温度足够高，合金在淬火冷却中的马氏体发生自回火（Q-tempering）。因此，合金淬火态马氏体具有良好的韧性和相对较高的屈服强度。该自回火特点是合金的焊接状态构件（as-deposited weldments）具有极高强度和韧性的关键。

根据合金的等温转变曲线（见图 4-137），贝氏体转变开始（Bs）和贝氏体转变完成（Bf）温度大约为 360℃ 和 330℃（675℉ 和 625℉）。典型的 9Ni-4Co 合金系列在 36h 内，不分解形成珠光体产物。

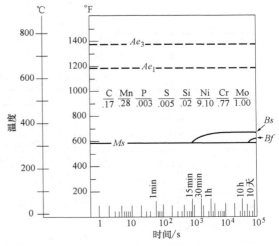

图 4-137　9Ni-4Co 合金（HP 9-4-20）
等温转变曲线

淬火态马氏体组织经回火后，析出合金碳化物，进一步提高合金的强度（屈服强度）。通过调整铬、钼碳化物形成元素，得到没有明显二次回火硬化效应而平坦的回火硬度曲线。这样也易避开在回火脆性区间回火，避免韧性降低。

表 4-66 中列出合金典型的力学性能。典型的热处理工艺为：

1）退火：加热至 620℃（1150℉）保温 24h；空冷。

2）正火：加热至 900±15℃（1650±25℉），根据工件尺寸，按 1h/25mm（1in）保温。最短不小于 1h；空冷。

3）奥氏体化：加热至 815±15℃（1500±25℉），根据工件尺寸，按 1h/25mm（1in）保温；水淬。

4）回火：在 550±15℃（1025±25℉）回火 4～8h。最短不小于 4h。

（2）HP 9-4-30 合金　HP 9-4-30 合金具有很高的淬透性，尺寸厚达 150 mm（6 in）的工件可以完全淬透为马氏体组织。HP 9-4-30 合金经两次回火的室温力学性能如表 4-67 所列。合金经两次在 540℃（1000℉）回火，力学性能较低；而在其他工艺条件下，得到的性能为典型的力学性能。经热处理的工件很容易进行焊接，在焊接前工件不用预热，焊后也不需要焊后热处理。焊接后，工件在约 540℃（1000℉）保温 24h，进行消除应力处理。

表 4-66 HP 9-4-20 合金典型室温力学性能[1]

硬度 HRC	39~44	断面收缩率(%)	55~65
抗拉强度/MPa(ksi)	1345~1480(195~215)	夏比冲击(V型缺口),J(ft×lbf)	60~80(45~60)
0.2%拉伸屈服强度/MPa(ksi)	1240~1345(180~195)	K_{1c}(缺口弯曲)/MPa$\sqrt{m}$(ksi$\sqrt{in}$)	165(150)
断后伸长率(2 in或4D)(%)	14~19	0.2%压缩屈服强度/MPa	1390(202)
疲劳强度[2](10^7周次)/MPa(ksi)			
无缺口	770(112)	缺口,$K_t = 3.1$	205(30)

① 淬火后在 550℃ （1025℉）回火。

② 在横向疲劳试样，其（拉伸）抗拉强度 1448MPa（210ksi）和屈服强度 1289MPa（187ksi）。

表 4-67 HP 9-4-30 合金室温力学性能

性能	典型两次回火		不小于[3]
	205℃（400℉）[1]	540℃（1000℉）[2]	
硬度	49~53HRC	44~48HRC	
抗拉强度	1650~1790MPa(240~260ksi)	1520~1650MPa(220~240ksi)	1520MPa(220ksi)
屈服强度	1380~1450MPa(200~210ksi)	1310~1380MPa(190~200ksi)	1310MPa(190ksi)
断后伸长率(4D)	8%~12%	12%~16%	10%
断面收缩率	25%~35%	35%~50%	35%
夏比冲击(V型缺口)	20~27J(15~20ft·lbf)	24~34J(18~25ft·lbf)	24J(18ft·lbf)
断裂韧性(K_{1c})	66~99MPa$\sqrt{m}$ (60~90ksi$\sqrt{in}$)	99~115MPa$\sqrt{m}$ (90~105ksi$\sqrt{in}$)	

① 从 845℃ （1550℉）油淬，在-73℃ （-100℉）进行冷处理，在 205℃ （400℉）进行两次回火。

② 除了两次回火处理温度为 540℃ （1000℉），其余与①热处理相同。

③ 对截面厚度为 75mm （3in）或更薄的工件（总横截面积小于 0.016m²，或 25in²），淬火得到马氏体后在 540℃ （1000℉）进行两次回火。

HP 9-4-30 合金典型的热处理工艺为：

1）正火：加热至 885~915℃ （1625~1675℉），根据工件尺寸，按 1h/25mm （1in）保温（最短不小于 1h）；空冷。

2）退火：加热至 620℃ （1150℉）并保温 24h；空冷。另一种退火工艺过程为 705℃ （1300℉）保温 2h，空冷至室温，再在 650℃ （1200℉）第二次退火 4h，随后空冷至室温。

3）淬火：在 800~860℃ （1475~1575℉）奥氏体化，根据工件尺寸，按 1h/25mm （1in）保温（最短不小于 1h）；水或油淬火。通过在 -87~-60℃ （-125~-75℉）冷处理，完成马氏体转变，而后回到室温。

4）回火：在 200~600℃ （400~1100℉）回火，根据所需的强度，优先选择两次回火。最广泛使用的工艺为在 540~575℃ （1000~1075℉）温度范围保温 2h 或更长。

5）消除应力：用于受约束的工件焊后处理。加热 540~575℃ （1000~1075℉）温度，保温 24h，空冷至室温。

4.8.2 AF 1410 合金

在 20 世纪 70 年代末，美国空军赞助了改进潜艇船体钢的研发工作，AF1410 合金为其中具有特别高断裂韧度的超高强度钢。AF1410 通常采用真空感应熔炼 （vacuum induction melting，VIM）加随后真空电弧重熔 （vacuum arc remelting，VAR），实现所需的低杂质含量，高纯净度的要求。为了能够细化晶粒，生产商通常推荐在 900℃ （1650℉）以下锻造，变形比为 40%。为合金具有良好的可加工性，通常是以正火和过时效条件供货。然后重新正火加奥氏体化或采用两次奥氏体化，空冷/淬火冷却；冷却至-75℃ （-100℉）而后时效达到最高性能。

AF1410 合金的显微组织由铁-镍板条马氏体基体加时效析出强化的碳化物组成。从奥氏体化温度淬火得到高位错密度的板条马氏体，夏比 V 形缺口冲击试验测量表明，合金具有高韧性。时效过程产生一系列复杂的强化碳化物结构的变化。在约 425℃ （800℉）时效，析出 Fe_3C 碳化物；在 455℃ （850℉）时效，析出高 Fe-Cr-Mo 的 M_2C 型碳化物；在 480℃ （900℉）时效，析出高 Mo-Cr 的 M_2C 碳化物。当时效温度提高到 510℃ （950℉），M_2C 碳化物将开始粗化；而当达到 540℃ （1000℉）M_2C 碳化物开始被 M_6C 取代，强化效果降低。

图 4-138 所示为时效温度与合金性能的关系，在 480℃ （900℉）时效 5h，产生二次硬化，得到最大抗拉强度，而在 425℃ （800℉）时效，冲击吸收能量最低。在 425~540℃ （800~1000℉）温度范围时效，冲击吸收能量值在 508℃ （947℉）

达到最大值，如图 4-139 所示。而在高于 540℃（1000℉）温度时效，抗拉强度和冲击吸收能量都迅速降低。

AF 1410 合金的热处理工艺为：加热至 900℃（1650℉）保温 1/2h，水淬；加热至 815℃（1500℉）保温 1/2h，水淬；在图中温度时效 5h，空气冷却。AQ 表示空气淬火状态。

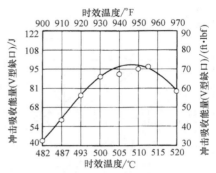

图 4-139 时效温度对 AF 1410 合金（VIM/VAR 工艺 15mm 或 5/8in 厚板材）冲击吸收能量的影响

采用 VIM/VAR 工艺生产的合金试棒，经不同奥氏体化和时效工艺的抗拉强度和冲击吸收能量性能如表 4-68 所示。在表 4-68 的基础上，采用 Larson-Miller 参数分析方法，通过图 4-140、图 4-141 和图 4-142 进一步评估了时效处理对性能的影响。采用 VIM/VAR 工艺生产的合金板材经分别在空气、水和蛭石（vermiculite）中冷却，抗拉强度和冲击吸收能量性能见表 4-69。不同热处理工艺对 15mm（5/8in）和 75mm（3in）VIM/VAR 合金板材的抗拉强度和冲击韧度都有影响。采用 VIM/VAR 生产的 50mm（2in）合金板材，在不同介质淬火加在 510℃（950℉）时效（预备加工热处理）的断裂韧度、抗拉强度和冲击吸收能量列于表 4-70。

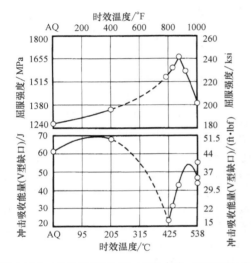

图 4-138 时效温度对 AF 1410 合金（VIM/VAR 工艺 15mm 或 5/8in 厚板材）冲击吸收能量和屈服强度的影响

表 4-68 两次奥氏体化和时效温度对 AF 1410 合金力学性能的影响

时效温度		时间/h	抗拉强度		屈服强度		断后伸长率（%）	断面收缩率（%）	夏比冲击能量（V 型缺口）	
℃	℉		MPa	ksi	MPa	ksi			J	ft·lbf
第二次奥氏体化温度 815℃（1500℉），保温 1h										
495	925	5	1806	262	1613	234	16	67	77	57
510	950	5	1730	251	1537	223	18	71	87	64
510	950	8	1606	233	1489	216	18	70	92	68
525	975	5	1579	229	1447	210	19	71	89	66
第二次奥氏体化温度 830℃（1525℉），保温 1h										
495	925	5	1847	268	1592	231	17	67	65	48
510	950	5	1716	249	1551	225	18	72	88	65
510	950	8	1620	235	1482	215	18	70	95	70
525	975	5	1599	232	1420	206	19	70	99	73
第二次奥氏体化温度 860℃（1575℉），保温 1h										
495	925	5	1813	263	1585	230	18	68	80	59
510	950	5	1709	248	1551	225	19	72	94	69
510	950	8	1620	235	1509	219	18	71	84	62
525	975	5	1572	223	1447	210	19	72	99	73

注：所有试样采用 900℃（1650℉）温度正火和 675℃（1250℉）过时效，随后在 900℃（1650℉）保温 1h，进行初始奥氏体化，空气中快速冷却；第二次奥氏体化温度在表中列出。所有数据都是取至不少于两个 115mm（4.5in）试棒的平均值。

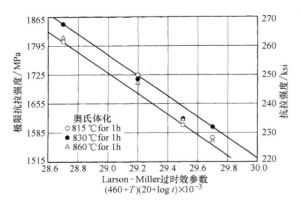

图 4-140　热处理对 AF 1410 合
金的抗拉强度的影响

注：Larson-Miller 参数中温度以 ℉ 为单位，时间以 h 为单位。

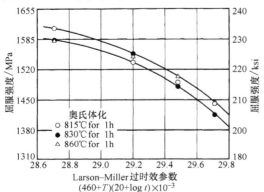

图 4-141　过时效热处理对 AF 1410
合金屈服强度的影响

注：Larson-Miller 参数中温度以 ℉ 为单位，时间以 h 为单位。

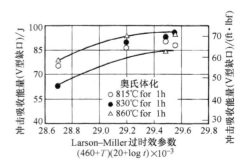

图 4-142　过时效热处理对 AF 1410 合金
冲击吸收能量的影响

注：Larson-Miller 参数中温度以 ℉
为单位，时间以 h 为单位。

合金在时效时，会发生奥氏体逆转变（austenite reversion）。在正常时效温度下，残留奥氏体体积百分数一般小于 1%。然而，在 540℃（1000℉）或更高温度下时效，会产生大量的奥氏体，这些奥氏体会削弱合金基体性能。最好的强度和塑性结合是选择在 480~510℃（900~950℉）时效。典型的 AF 1410 合金的热处理工艺如下：

1）正火和过时效：通常正火和过时效处理，合金具有最佳可加工性。加热至 880~910℃（1620~1675℉）温度范围，按厚度每 25mm（1in）保温 1h；空冷，在 675℃（1250℉）保温不小于 5h 进行过时效。

表 4-69　不同热处理工艺对钴-镍合金（VIM/VAR 板材 AF 1410 合金）的力学性能的影响

热处理①②	抗拉强度		屈服强度		断后伸长率（%）	断面收缩率（%）	夏比冲击能量（V 型缺口）	
	MPa	ksi	MPa	ksi			J	ft·lbf
15mm 或 5/8in 厚板材								
X+③+Z	1580	229	1515	220	16	60	91	67
X+④+Z	1650	239	1550	225	17	69	83	61
X+⑤+Z	1620	235	1490	216	17	70	84	62
X+⑥+Z	1660	241	1525	221	17	73	113	83
多炉次平均值								
热处理工艺⑦	1675	243	1590	231	—	—	92	68
75mm（3in）板材								
Y+③+Z	1585	230	1540	223	16	66	65	48
Y+④+Z	1680	244	1540	223	17	70	81	60
Y+⑤+Z	1480	215	1380	200	18	68	58	43
Y+⑥+Z	1670	242	1540	223	17	69	95	70

① 在 900℃（1650℉）或 815℃（1500℉）温度下的保温时间如下：15mm（3/8in）厚板材保温 1h，75mm（3in）厚板材保温 3h。
② 初始和最终热处理：X=900℃（1650℉）保温 1h 空冷，加 675℃（1250℉）保温 8h 空冷；Y=900℃（1650℉）保温 3h 空冷，加 675℃（1250℉）保温 8h 空冷；Z=510℃（950℉）保温 5h 空冷。
③ 815℃（1500℉）采用①中的保温时间，水淬。
④ 815℃（1500℉）采用①中的保温时间，空冷和在 -73℃（-100℉）进行冷处理。
⑤ 815℃（1500℉）采用①中的保温时间，在 -73℃（-100℉）进行冷处理。
⑥ 在 900℃（1650℉）采用①中的保温时间，空冷；而后在 815℃（1500℉）采用①中的时间保温，空冷；在 -73℃（-100℉）进行冷处理。
⑦ 在 900℃（1650℉）采用①中的时间保温，水淬，而后进行两次在 815℃（1500℉）采用①中的时间保温，水淬，和 510℃（950℉）保温 5h，空冷。

表 4-70 钴-镍合金 (AF 1410) 采用不同淬火冷却介质淬火的力学性能

淬火介质	抗拉强度		屈服强度		断后伸长率 (%)	断面收缩率 (%)	夏比冲击能量 (V 型缺口)		平面应变断裂韧性 (K_{1c})	
	MPa	ksi	MPa	ksi			J	ft·lbf	MPa$\sqrt{m}$	ksi$\sqrt{in}$
空气	1680	244	1475	214	16	69	69	51	174	158
油	1750	254	1545	224	16	69	65	48	154	140
水	1710	248	1570	228	16	70	65	48	160	146

注：试样为采用 VIM/VAR 制备的 50mm（2in）板材，热处理：675℃（1250℉）保温 8h，空冷：900℃（1650℉）保温 1h，淬火：830℃（1525℉）保温 1h，淬火：在 -73℃（-100℉）保温 1h 冷处理；510℃（950℉）时效 5h，空冷。

2）退火：通常使用正火和过时效处理降低合金硬度和消除应力。可以采用在 675℃（1250℉）消除机械应力。

3）奥氏体化加热：在 800~860℃（1475~1575℉）两次正火（Renormalize）和奥氏体化，按厚度每 25mm（1in）1h 保温；根据工件截面尺寸采用油冷、水冷或空冷。另一种采用两次奥氏体化（Reaustenitize）方法，可以提高合金的韧性，第一次奥氏体化在 870~900℃（1600~1650℉）加热，按厚度每 25mm（1in）保温 1h，然后采用油冷、水冷或空气冷却；再次奥氏体化与第一次奥氏体化处理相同。

4）淬火：当截面尺寸达到 75mm（3in）时，从奥氏体化温度采用空冷得到的抗拉强度、韧性、疲劳强度基本上与油冷或水淬火相同。大型锻件如果不进行冰冷处理，通常无法达到性能要求，可选择在 -73℃（-100℉）温度进行冰冷处理，冰冷处理目的是减少残留奥氏体的数量。

5）时效：在 480~510℃（900~950℉）保温 5~8h 进行时效，时效后通常采用空冷。

4.8.3 AerMet 合金

AerMet 合金（见表 4-64）是一种超高强度马氏体合金，经时效强化后，基体组织为低碳 Fe-Ni-Co 板条马氏体。该合金的微观组织与马氏体时效钢的相似，但 AerMet 合金的析出强化相与马氏体时效钢不同（见表 4-71）。18Ni 马氏体时效钢通过析出金属间化合物，主要是 Ni_3Mo，Ni_3Ti，$Ni_3（Ti，Mo）$ 进行强化；而 AerMet 合金通过析出 $（Mo，Cr）_2C$ 碳化物强化。

表 4-71 超高强度、高韧性合金的组织和热处理

	18Ni 马氏体时效钢系列	AerMet 合金系列
组织		
典型组织	析出硬化	析出硬化
基体	低碳 Fe-Ni 板条马氏体	低碳 Fe-Ni 板条马氏体
强化机制	Ni_3Mo，Ni_3Ti，$Ni_3（Mo，Ti）$；FeMo，FeTi，Fe（Mo，Ti）析出	$（Mo，Cr）_2C$ 碳化物
热处理		
淬火或固溶温度	815℃（1500℉）	885~970℃（1625~1775℉）
淬火冷却	空气	空气或油
冷处理	无	-73℃（-100℉），1h
时效	480℃（900℉），3~8h	440~495℃（825~925℉），3~8h

合金碳化物提高合金硬度的能力与碳化物的体积分数和碳化物弥散程度有关。析出碳化物的体积分数取决于在奥氏体化加热时，碳化物形成元素在奥氏体中的固溶度。通过提高镍和钴的含量，增加固溶强化，进一步提高析出强化的硬度。镍降低了 AerMet 合金的 M_s 温度，提高断裂韧度，但钴提高 M_s 温度，从而允许可以在合金中添加更多的镍。

在回火的第 4 阶段回火，即 450~600℃（850~1100℉）温度范围回火，合金析出碳化物，提高硬度。在 450℃ 以上温度，置换固溶的碳化物形成元素，如铬、钒、钼，的扩散效果显得重要。在第 4 回火阶段回火，渗碳体发生溶解（Fe_3C），基体中析出更加细小弥散的合金碳化物，这意味着碳化物形成元素的扩散距离大致与合金碳化物形核大小相同（20~50Å）。

通过原位转变或单独形核和长大，渗碳体转变为合金碳化物。在原位转变中，合金碳化物在铁素

体-渗碳体界面处形核和长大，直到渗碳体消失。另外，合金碳化物也可以非均匀在铁素体基体的位错、板条界面和原奥氏体晶界处形核，而后碳化物长大，渗碳体溶解。

AerMet 合金系列具有良好高强度和高韧度的综合力学性能，在航天航空工业中具有很大的应用前景。合金的比强度（抗拉强度/密度）优于马氏体时效钢和钛合金（见表 4-72）。尤其是合金抗拉强度和屈服强度之间的差距表明，在比强度一定的条件下，具有更好的延展性和韧性（见图 4-143），这使得 AerMet 合金非常适合应用于高韧度和高疲劳强度同时又要求高强度的场合。

表 4-72　AerMet 合金与马氏体时效钢和钛合金的力学性能对比

性能	AerMet100		AerMet 310	AerMet 340	Marage 250	Marage 300	Marage 350	Ti-6Al-4V	Ti-10V-2Fe-3A
	480℃（900℉）	470℃（875℉）							
抗拉强度/MPa（ksi）	1979（287.0）	2082（302.0）	2172（315.0）	2427（352.0）	1783（258.6）	2006（291.0）	2369（343.6）	1196（173.5）	1276（185.0）
屈服强度/MPa（ksi）	1696（246.0）	1779（258.0）	1896（275.0）	2165（314.0）	1723（249.9）	1942（281.6）	2319（336.4）	1117（162.0）	1203（174.5）
断后伸长率（%）	16.0	14.0	14.5	11.0	10.7	8.6	6.1	12.5	8.5
断面收缩率（%）	67.0	64.0	63.0	55.0	51.1	40.8	22.2	52.0	17.5
夏比冲击（V 型缺口）/J（ft×lbf）	47.5（35.0）	40.7（30.0）	27.1（20.0）	14.9（11.0）	27.8（20.5）	25.1（18.5）	13.6（10.0）	25.1（18.5）	29.8（22.0）
断裂韧度 K_{IC}/ksi·in$^{1/2}$	120.0	99.0	65.0	32.0	91.5	67.7	38.5	39.1	49.6
密度/lb/in^3	0.285	0.285	0.288	0.284	0.289	0.289	0.292	0.16	0.168
疲劳强度，10^7 周次/ksi	137	137	150	143	110	128	112	102	120
比强度，抗拉强度/密度/m×10^3	1007	1060	1094	1239	895	1007	1177	1084	1101

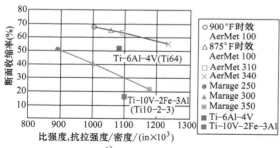

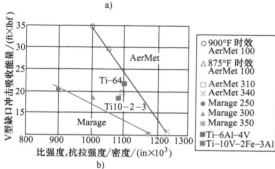

图 4-143　AerMet 合金与马氏体时效钢对比
a）塑性与比强度　　b）V 型缺口冲击韧度与比强度

（1）AerMet 100 合金　AerMet 100 合金是应麦克唐纳-道格拉斯公司和美国海军对材料提出更高性能要求而开发的合金，用于生产制造 F/A 18E/F 战斗机起落架。海军部门提出开发断裂韧度是 300M 两倍，用于替代 300M 的合金。AerMet100 合金能满足海军要求的抗拉强度［1930MPa（280ksi）］和断裂韧度［110MPa$\sqrt{m}$（100ksi$\sqrt{in}$）］的要求，合金 AerMet 100 牌号中的"100"表示断裂韧度为 100ksi$\sqrt{in}$。AerMet 100 合金采用双真空处理工艺专利，将杂质元素降到极低的水平。此外，在 HY 180 和 AF 1410 合金中都存在的硅和锰元素，在 AerMet 100 合金中降低到低于 0.01%（质量分数）的水平。这种合金不受与 AF1410 合金一样的限制，因此可以替代 AF1410 合金。

像其他含碳的高强度合金，为防止脱碳，该合金应采用中性气氛炉、盐浴炉或真空炉进行热处理。时效温度对硬度的影响总结于表 4-73。典型的热处理工艺为：

1）正火。正火是加热至 900℃（1650℉），保温 1h 后空冷至室温。通过在正火后进行过时效退火（overage anneal），得到最优机加工硬度。

2）退火/过时效。加热至 675℃（1250℉）保温 16h 降低合金硬度。通过退火，得到最佳硬度不大于 40HRC。

3）固溶处理。固溶处理是加热至 885±14℃（1625±25℉）温度范围，保温 1h。必须通过与工件接触的热电偶，监控固溶处理温度。

4）淬火。不推荐采用水淬火，对 AerMet 100 合金采用合适的淬火工艺是至关重要。合金应该在 1～2 h 时间范围内，从固溶处理温度冷却到 65℃（150℉），以获得最佳性能。为保证在 1～2h 时间范围内冷却到 65℃（150℉）温度，直径大于 50mm（2in）或板厚大于 25mm（1in）的工件必须采用油淬火。必须通过热电偶与工件温度最高处接触，监控炉内工件冷却速度，以保证工件在 2h 冷却到 65℃。

5）冷处理。在工件冷却到室温后，为获得最佳的韧性，将 AerMet 100 合金冷却至 -73℃（-100℉）保温 1h，而后将工件回到室温。

6）矫直处理。AerMet 100 合金在热处理中变形很小；然而，对于某些零件，必须采用机械矫直，弥补热处理变形。工件在冷处理后，矫直处理前，在 175～200℃（350～400℉）温度下保温 5h 消除应力。通过消除应力，工件的塑性和屈服强度达到最佳组合，有利于矫直处理。

7）时效。AerMet 100 合金标准时效处理为在 482±6℃（900±10℉）温度下，保温 5h。AerMet 100 合金工件的时效温度不能低于 470℃（875℉）。

表 4-73　时效工艺对 AerMet 100 合金硬度的影响[①]

时效工艺	硬度 HRC
固溶态	51.0/53.0
468℃（875℉）5h	54.5/55.5
482℃（900℉）5h	53.0/54.0
496℃（925℉）5h	51.0/52.5

① 试样采用 885℃（1625℉）固溶保温 1h，空冷。在 -73℃（-100℉）保温 1h 冷处理。

（2）AerMet310 合金　AerMet 310 合金是比 AerMet100 合金强度更高的合金。如在 470℃（875℉）时效，AerMet 310 合金最低抗拉强度达到 2137MPa（310ksi），比 AerMet 100 合金具有更高的硬度和强度，同时也有极佳的塑性和韧性。像其他含碳高强度合金一样，该合金应采用中性气氛炉、盐浴炉或真空炉进行热处理。

1）正火。正火是加热至 970℃（1775℉），保温 1h 后空冷至室温。通过在正火后进行过时效退火（overage anneal），得到最优机加工硬度。

2）退火/过时效。加热至 675℃（1250℉）保温 16h 降低合金硬度。通过退火，得到最佳硬度不大于 37～42HRC。

3）固溶处理。固溶处理是加热至 914±14℃

（1675±25℉）温度范围，保温 1h。必须通过与工件接触的热电偶，监控固溶处理温度。

4）淬火。不推荐采用水淬火。对 AerMet 310 合金采用合适的淬火工艺是至关重要。合金应该在 1～2h 时间范围内，从固溶处理温度冷却到 65℃（150℉），以获得最佳性能。为保证在 1～2h 时间范围内冷却到 65℃（150℉）温度，直径大于 50mm（2in）或板厚大于 25mm（1in）的工件必须采用油淬火。必须通过热电偶与工件温度最高处接触，监控炉内工件冷却速度，以保证工件在 2h 冷却到 65℃。

5）冷处理。在工件冷却到室温后，为获得最佳的韧性，将 AerMet 310 合金冷却至 -73℃（-100℉）保温 1h，而后将工件回到室温。

6）矫直处理。AerMet 310 合金在热处理中变形很小；然而，对于某些零件，必须采用机械矫直，弥补热处理变形。工件在冷处理后，矫直处理前，在 175～200℃（350～400℉）温度下保温 5h 消除应力。通过消除应力，工件的塑性和屈服强度达到最佳组合，有利于机械矫直处理。

7）时效。AerMet 310 合金标准时效处理为在 482±6℃（900±10℉）温度下，保温 3～8h。AerMet 310 合金工件的时效温度不能低于 470℃（875℉）。

（3）AerMet 340　AerMet 340 合金的强度和韧性与 Marage 350 合金相当，但塑性和疲劳强度有大幅度的提高。AerMet 340 的强度高于 AerMet310，主要应用于制备结构管架、结构构件、驱动轴、弹簧、连杆和曲轴。

1）正火。正火是加热至 970℃（1775℉），保温 1h 后空冷至室温。通过 970℃正火，而后在 677℃（1250℉）保温 16h 进行过时效退火，得到最优机加工硬度。

2）退火/过时效。将 AerMet340 合金加热至 675℃（1250℉）保温 16h 降低合金硬度。通过退火，得到最佳加工硬度不大于 37～42HRC。

3）固溶处理。固溶处理是加热至 970±14℃（1775±25℉）温度范围，保温 1h。必须通过与工件接触的热电偶，监控固溶处理温度。

4）淬火。不推荐采用水淬火。合金应该在 1～2h 时间范围内，从固溶处理温度冷却到 65℃（150℉），以获得最佳性能。为保证在 1～2h 时间范围内冷却到 65℃（150℉）温度，直径大于 50mm（2in）或板厚大于 25 mm（1in）的工件必须采用油淬火。必须通过热电偶与工件温度最高处接触，监控炉内工件冷速度，以保证工件在 2h 冷却到 65℃。

5）冷处理。在工件冷却到室温后，为获得最佳的韧性，将合金冷却至−73℃（−100℉）保温1h，而后将工件回到室温。

6）矫直处理。合金在热处理中变形很小；然而，对于某些零件，必须采用机械矫直，弥补热处理变形。工件在冷处理后，矫直处理前，在175～200℃（350～400℉）温度下保温5h消除应力。通过消除应力，工件的塑性和屈服强度达到最佳组合。

7）时效。合金标准时效处理为在482±6℃（900±10℉）温度下，保温3～8h，而后冷至室温。合金工件的时效温度不能低于470℃（875℉）。此外，可以采用在两次时效中间进行一次冷处理的工艺。

参考文献

1. J. H. Graves, "Effect of Heat Treatment on the Microstructure and Properties of AerMet6 100 Steel," Army Research Laboratory, AD-A284 387, ARL-TR-507, Aug 1994.

2. *Alloy Digest*, ASM International.

3. W. F. Brown, Jr., *Aerospace Structural Metals Handbook*, Code 1224, Metals and Ceramics Information Center, 1989, p 1-30.

4. J. M. Moyer, "Effect of Heat Treatment on the Properties of AF 1410," Technical Report, Teledyne AllVac, Oct 1987.

5. P. M. Novatny and G. Maurer, Ultra High Strength Steels vs. Titanium Alloys, *Adv. Mater. Process.*, Nov 2007, p 37-40.

6. P. G. Shewmon, *Transformations in Metals*, McGraw Hill, 1969, p 351.

7. G. R. Speich, D. S. Dabkowski, and L. F. Porter, Strength and Toughness of Fe-1ONi Alloys Containing C, Co, Mo, and Cr, *Metall. Trans.*, Vol 4, Jan 1973, p 303-315.

8. G. R. Speich, Secondary Hardening Ultrahigh Strength Steels, *Innovations in Ultrahigh-Strength Steel Technology*, *Proceedings of the 34th Sagamore Army Materials Research Conference*, U.S. Army Materials Technology Laboratory, Watertown, MA, March 1990, p 94.

9. D. A. Porter and K. E. Easterling, *Phase Transformations/ Metals and Alloys*, Van Nostrand Reinhold Co. Ltd, 1981, p 423.

4.9 马氏体时效钢的热处理

4.9.1 简介

马氏体时效钢的组织为高合金低碳铁镍马氏体，具有良好的强度和韧性配合，其性能优于大多数碳强化的钢（见图4-144）。因此在高强度、高韧性和塑性要求的关键重要应用场合，马氏体时效钢成为替代碳强化钢的选择。碳强化的钢是通过相变强化

（如形成马氏体和贝氏体）和随后回火的过程中析出碳化物获得强度。相比之下，马氏体时效钢通过形成含碳极低，高强度、高韧性铁镍合金马氏体，随后通过时效，析出金属间化合物，进一步提高合金的强度。

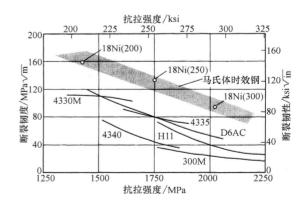

图4-144　18Ni马氏体时效钢与传统高强度碳钢的强度及韧性对比

"Marage"一词是根据马氏体和时效强化复合而成。马氏体时效硬化或马氏体时效是根据相变中出现热滞（thermal hysteresis）现象，即在重新加热到更高温度范围时，在冷却中不形成马氏体，而发生马氏体逆转变为奥氏体组织。在马氏体组织时效时，理想组织是得到在马氏体基体中析出均匀细小且弥散的金属间化合物，强化马氏体基体。

马氏体时效钢时效的另一个基本目的是，消除或减少将亚稳的马氏体组织转变为奥氏体和铁素体组织。幸运的是，由于析出反应动力因素，使铁镍马氏体时效钢产生极大析出强化效果，硬度提高约20HRC（1035MPa，或150ksi），而后才开始产生奥氏体和铁素体逆转变组织。铁镍马氏体时效钢相变中的热滞现象也进一步阻止了时效过程中马氏体相奥氏体的逆转变。热滞现象和相组织行为见图4-145中的Fe-Ni二元相图富铁端。图4-145a为亚稳相图，表明出在冷却过程中，奥氏体转变为马氏体，加热时马氏体逆转变为奥氏体。图4-145b相图，表明在高镍含量范围，在较低的温度下，平衡组织为奥氏体和铁素体。

采用新的微观分析技术，如先进的电子显微镜、原子力显微镜、电子背散射衍射、原子探针断层技术和X射线衍射的方法，人们加深了对马氏体时效钢时效机制的理解，提高了马氏体时效钢的性能。为在时效强化过程中，激发奥氏体向马氏体转变时，析出细小稳定纳米尺度的金属间化合物，开发研究

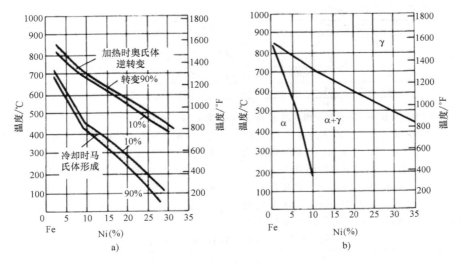

图 4-145　Fe-Ni 二元系统相组织关系
a）亚稳相图　b）平衡相图

了新的机械和热加工工艺过程。研究开发包括在时效过程中，采用相变诱导塑性和合金优化控制，以实现得到 Ti（C，N）纳米粒子，强化马氏体。通过采用真空感应熔炼或重熔技术，去除夹杂物，提高合金的强度和韧性。

4.9.2　合金的发展

早在 1927 年，人们已观察到铁镍合金的热滞现象，但直到 20 世纪 50 年代末，国际镍公司（目前为国际镍业有限公司）才首次对其进行深入研究，开发出商用铁镍马氏体时效钢，最终开发出含镍为 20% 和 25% 的两种马氏体时效钢牌号。除含镍外，这两种合金还含有 0.3% 的铝，1.4% 的钛和 0.4% 的铌。合金中的这些元素主要作用是在 425～425℃（800～950℉）时效时，在低碳马氏体基体中产生析出强化。据报道，两种合金在硬度水平为 53～56HRC 时，均具有良好的强度和韧性综合力学性能。但据 Hall 的报道，这两种合金在极高强度水平时，由于脆性过大，已被淘汰了。

Decker 等人对铁镍合金体系的后续研究工作揭示，通过在 Fe-Ni 二元合金中添加钴和钼，能有效提高合金的强化效果。在该合金体系中，当镍含量大于 18% 时，淬火后保留有过多的残留奥氏体，因此选择合金的镍含量为 18%。20 世纪 60 年代初，开发出了基于 Fe-18Ni-Co-Mo 四元合金系统的三种新的马氏体时效钢，逐步淘汰了最早开发的含镍为 20% 和 25% 的马氏体时效钢。

三种 18Ni 马氏体时效钢的名义成分见表 4-74。它们的共同组织特点为高韧性，高塑性低碳铁镍马氏体（见表 4-75），可以通过时效析出金属间化合物，进一步提高合金的强度。18Ni 马氏体时效钢的 Marage 200，250 和 300 三种合金在保证具有良好塑性和韧性的同时，屈服强度能分别达到 1380、1725 和 2000MPa（200、250 和 200ksi）。一般来说，这些合金的强度水平取决于合金中的钴、钼和钛含量。

表 4-74　标准商用马氏体时效钢的名义成分

牌号	化学成分[1]（质量分数，%）				
	Ni	Mo	Co	Ti	Al
18Ni Marage 200	18	3.3	8.5	0.2	0.1
18Ni Marage 250	18	5.0	7.75	0.4	0.1
18Ni Marage 300	18	5.0	9.0	0.65	0.1
18Ni Marage 350	18	4.2[2]	12.5	1.6[2]	0.1
18Ni Marage Cast	17	4.6	10.0	0.3	0.1

[1] 所有牌号的合金碳含量是限制为不大于 0.03%。

[2] 一些生产商牌号名义成分中含 4.8% Mo 和 1.4% Ti。

表 4-75 18Ni 型马氏体时效钢固溶退火（815℃或 1500℉保温 1h，空冷）后，未时效典型的力学性能

	屈服强度		抗拉强度		断后伸长率	断面收缩率	硬度
	MPa	ksi	MPa	ksi	（%）	（%）	HRC
18Ni Marage 200	760~807	110~117	965~1000	140~145	17~18	72~79	28~30
18Ni Marage 250	725~895	105~130	1000~1140	145~165	8~16	55~70	28~35
18Ni Marage 300	760~895	110~130	1000~1170	145~170	6~15	45~60	30~37

基于 18Ni 系列中 Marage200、250 和 300 合金优良性能，1963 年成功开发出用于铸造的改进 18Ni 型 Marage 250 合金。在 20 世纪 60 年代中后期，国际镍业有限公司（Inco Ltd）开始着手开发强度级别超过 2100MPa（300ksi）的马氏体时效钢，并成功开发出 18Ni 型 Marage 350 合金。由于其高强度，该合金被定义为超高强度马氏体时效钢。从合金的成分（见表 4-74）可以看出，18Ni 型 Marage 350 合金实际上为 Marage300 合金的改进型合金，是在 Marage300 合金的基础上，提高了钴和钛含量，稍微降低钼含量。由于钴的短缺和价格上涨，在 20 世纪 70 年代末和 80 年代初，开发出了许多无钴马氏体时效钢和低钴马氏体时效钢（见表 4-76）。

表 4-76 无钴和低钴商用马氏体时效钢名义成分

牌号	化学成分[①]（质量分数,%）					
	Ni	Mo	Co	Ti	Al	Nb
无钴 18Ni Marage 200	18.5	3.0	—	0.7	0.1	—
无钴 18Ni Marage 250	18.5	3.0	—	1.4	0.1	—
低钴 18Ni Marage 250	18.5	2.6	2.0	1.2	0.1	0.1
无钴 18Ni Marage 300	18.5	4.0	—	1.85	0.1	—

① 所有牌号的合金碳含量是限制为不大于 0.03%。

（1）合金的进一步发展 自 1991 年发表有关的马氏体时效钢的热处理文章以来，纵观新的研究文献综述，可以看到，在该研究领域新的研发进展有限。大多数研究主要集中在采用新的分析技术，深入研究马氏体时效钢强化机制，进一步提高合金强度、塑性和韧性。

合金文摘（Alloy Digest）对 2007 年以前相关文献中列出基本成分相同，以及进行了少量成分调整的合金采用表格形式进行了总结，见表 4-77 所列。改进的合金主要降低了镍的含量，通过合金化和结合新的处理技术，提高合金的力学性能。在 1974 年和 1992 年，分别开发出了 Unimar CR-1 和 Thyrotherm 2799 合金，这两种合金降低了镍的含量，提高了耐蚀性和抗热震性能。此外，还进行了添加少量的锆和硼，例如开发的 Unimar 250 合金，该合金具有优良的韧性和低温性能。

（2）去除过剩夹杂物，提高力学性能 通过冶炼方法，去除夹杂物，改善马氏体时效钢性能。Hoseini 等人发现，采用真空感应熔炼（VIM）或氩气感应熔炼（AIM）后再进行真空电弧重熔，去除了金属夹杂物，显著提高了 C300 马氏体时效钢的力学性能。

在 AIM 工艺后采用真空电弧重熔（VAR），塑性提高 38% 和冲击韧度提高 40%，而硬度和强度只略有降低。这是由于真空电弧重熔，降低了原 VIM 和 AIM 工艺钢中 30% 的夹杂物含量，以及 40% 的 N_2 和 O_2 含量。VIM 为正压，而 VAR 为低的负压，因此 VAR 脱气性好，有利于夹杂物分解，因此能有效降低合金中夹杂物数量。在 VIM 工艺后再进行 VAR，塑性能提高 30% 和冲击韧度提高 47%，减少合金中 12% 气体含量，对硬度和强度没有太大的改变。

4.9.3 马氏体形成

马氏体时效钢的组织为低碳、高位错密度、体心立方（bcc）板条马氏体，马氏体中没有孪晶。可以用图 4-145a 亚稳相图来说明马氏体时效钢从固溶退火（奥氏体化温度）冷却过程中的典型行为。从高温固溶退火冷却过程中，通过无扩散，剪切应变，不分解为平衡组织的相变，从高温面心立方（fcc）奥氏体组织转变体心立方（bcc）马氏体组织。直到冷却至马氏体开始温度（M_s），合金才发生奥氏体向马氏体的转变。合金的 M_s 温度必须足够高，这样当温度冷却到室温时，合金才可能完全转变为马氏体。大多数牌号马氏体时效钢的 M_s 温度大约在 200~300℃（390~570℉）左右，当温度冷却到室温，马氏体转变完成。马氏体时效钢的马氏体组织具有强度高、韧性好（见表 4-75）。

合金元素会明显改变 M_s 温度，但不改变相变的特点，这与冷却速率基本无关。当马氏体时效钢大截面工件加热至固溶退火温度，即使采用非常缓慢冷却速率冷却，也能形成完全马氏体结构。因此，

表 4-77　各家马氏体时效钢的商业名称

（单位：%）

马氏体时效钢牌号	供应商	文章来源为ASM	时间	申请代码	Ni	Mo	Co	Ti	Al	Si	Mn	C max	Cr	S	P	Nb	Zr max	B	Ca max	Fe	备注
Unimar CR-1	Universal Cyclops	×	1974	SS-302	10.5	—	—	0.40	1.20	0.3	0.25	0.02	11.75	—	—	—	—	—	—	其余	极高的耐蚀性，良好的强度和韧性
Thyrotherm 2799	Thyssen Specialy Steels	×	1992	TS-511	12.0	8.0	8.0	0.50	—	—	—	0.02	—	—	—	—	—	—	—	其余	真空电弧冶炼；高耐热热性
18Ni Marage 200	—	√	1990	—	18.0	3.3	8.5	0.20	0.10	—	—	0.03	—	—	—	—	—	—	—	其余	—
18Ni Marage 200 无钴	—	√	1990	—	18.5	3.0	—	0.70	0.10	—	—	0.03	—	—	—	—	—	—	—	其余	—
VascoMax T-200 无钴	Teledyne Vasco	×	1986	SA-422	18.5	3.0	—	0.70	0.10	—	—	0.03	—	—	—	—	—	—	—	其余	无钴牌号；为得到最佳力学性能，两次真空熔炼
VascoMax C-200	Teledyne Vasco	×	2005	SA-547	18.5	3.3	8.5	0.20	0.10	0.10	0.10	0.03	—	0.01	0.01	—	0.01	0.003	—	其余	含钴牌号
18Ni Marage 250	—	√	1990	—	18.0	5.0	7.8	0.40	0.10	—	—	0.03	—	—	—	—	—	—	—	其余	—
18Ni Marage 250 低钴	—	√	1990	—	18.5	2.6	2.0	1.20	0.10	—	—	0.03	—	—	—	0.10	—	—	—	其余	无钴牌号；1725MPa（250ksi）抗拉强度，高塑性和高韧性
VascoMax T-250	Teledyne Vasco	×	1982	SA-387	18.5	3.0	—	1.40	0.10	—	—	0.03	—	—	—	—	—	—	—	其余	—
VascoMax C-250	Teledyne Vasco	×	1982	SA-387	18.5	4.8	7.5	0.40	0.10	—	—	0.03	—	—	—	—	0.01	0.003	—	其余	含钴牌号
Unimar 250	Universal Cyclops	×	1974	SA-304	18.5	4.9	7.8	0.40	0.10	—	0.10	0.03	—	0.01	0.10	—	0.02	0.003	0.05	其余	高缺口韧性；优良的低温性能

（续）

马氏体时效钢牌号	供应商	文章来源为ASM	时间	申请代码	Ni	Mo	Co	Ti	Al	Si	Mn	C max	Cr	S	P	Nb	Zr max	B	Ca max	Fe	备注
Nimark 250	Carpenter Tech	×	1986	SA-417	18.5	4.9	7.5	0.40	0.10	0.1	0.10	0.03	—	0.01	0.01	—	0.03 max	0.003 max	0.050	其余	—
18Ni Marage300	—	√	1990	—	18.0	5.0	9.0	0.65	0.10	0.10	—	0.03	—	—	—	—	—	—	—	其余	—
18Ni Marage300 无钴	—	√	1990	—	18.5	4.0	2.0	1.85	0.10	—	—	0.03	—	—	—	—	—	—	—	其余	—
VascoMax T-300 无钴	Teledyne Vasco	×	1990	SA-454	18.5	4.0	—	1.85	0.10	0.1	0.10	0.03	—	0.01	—	—	—	—	—	其余	抗拉强度2100MPa（300ksi）；感应熔炼/真空电弧冶炼
Nimark 300	Carpenter Tech.	×	1970	SA-254	18.5	4.9	8.8	0.65	0.05~1.5	0.1	0.10	0.03	—	—	—	—	0.03	—	0.050	其余	真空电弧冶炼；屈服强度1860MPa（270ksi）
Phyime	Metalimphy Precision Alloys	×	2007	Fe-141	18.0	0.5	16.5	—	—	—	—	—	—	—	—	—	—	—	—	其余	抗拉强度2100MPa（300ksi）；高于Durimphy合金的抗疲劳性能
Durimphy	Metalimphy Precision Alloys	×	2007	Fe-140	18.0	5.0	9.0	0.65	—	—	—	—	—	—	—	—	—	—	—	其余	高抗拉强度和屈服强度
18Ni（350）	—	√	1990	—	18.5	4.8	12.0	1.40	0.10	0.1	0.10	0.03	—	0.01	0.01	—	—	0.003	—	其余	—
VascoMax 350 CVM	Teledyne Vasco	×	1970	SA-251	18.0	4.5	11.8	1.32	0.10	0.1	0.10	0.03	—	0.01	0.01	—	—	—	—	其余	缺口韧性和塑性优良屈服强度高于2345MPa（340ksi）

马氏体时效钢不存在有淬透性不足的问题。图 4-146 为 18Ni Marage 200、250、300 和 350 合金的连续冷却转变图，该图可以很好地对马氏体时效钢的淬透性进行说明。从图中可以看到，在 18Ni 马氏体时效钢冷却过程中，不出现受控于扩散的贝氏体和珠光体转变，而这些转变通常在传统碳强化的马氏体钢中出现。

在 845℃（1550℉）保温 20min，固溶处理。

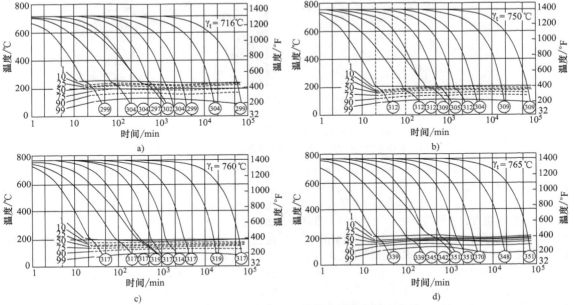

图 4-146　18 Ni 马氏体时效合金连续冷却转变曲线
a）18Ni Marage 200 合金　b）18 Ni Marage 250 合金　c）18Ni Marage 300 合金　d）18Ni Marage 350 合金

（1）马氏体形态　根据合金的镍含量，铁镍合金体系存在有两种类型的马氏体。在冷却速率足够高，合金镍含量 5% ~ 10%，或镍含量超过 10%，需降低冷却速率，以保证能完全形成马氏体组织。在这种条件下形成的马氏体称为板条马氏体，在合金的镍含量不大于 25% 时，均形成这类马氏体。当合金镍含量达到 25% 以上，将不形成板条马氏体，而形成孪晶马氏体。马氏体时效钢通常从固溶退火温度 815℃（1500℉）淬火冷却后，奥氏体转变为体心立方板条马氏体。对不同镍含量的 Fe-7Co-5Mo-0.4Ti 系列马氏体时效合金（18Ni Marage 250）的研究表明，镍含量高达 23%，还可以得到板条马氏体组织；然而，当镍含量超过 23%，就形成孪晶马氏体。一般来说，马氏体时效钢希望得到板条马氏体组织，因为进行时效后，板条马氏体组织比孪晶马氏体韧性高。

板条马氏体包括三种亚晶结构，其中两种是可以用标准的光学金相技术观察，而另一种需要透射电子显微镜（TEM）进行分析。马氏体时效钢的板条马氏体结构是在原奥氏体晶粒中有多束马氏体组成，每束或块具有同一方向，并相互平行。板条束是板条马氏体的主要形貌，除此外还有块结构，形貌为离散区域内有束状。通过光学金相技术，可以观察到这些微观组织结构特性。18Ni Marage 250 合金典型的束或块结构如图 4-147a 所示。每块板条马氏体亚结构为一列列精细平行的板条，如 TEM 照片图 4-147b。这些马氏体板条的特点是一个高密度缠结的位错。在 18Ni 马氏体时效钢中，板条束与原奥氏体之间的取向关系确认为符合 Kurdjumov-Sachs 关系：$(111)_\gamma //(011)_M$，$[111]_\gamma //[110]_M$。

马氏体板条中高密度缠结的位错为金属间化合物提供了大量优先析出形核位置，因此提高了马氏体时效钢的时效强化效果。此外位错还提供优先扩散通道，提高了溶质原子的扩散速率。这两个因素共同作用，促进形成了均匀细小弥散的析出相。

（2）合金元素对 Ms 和马氏体形貌的影响　合金元素对 Ms 温度有显著影响，马氏体时效钢中大部分添加的合金元素（除钴外），都是降低 Ms 温度。大多数牌号马氏体时效钢的 Ms 温度在 200 ~ 300℃（390 ~ 570℉），在室温下，可以得到完全马氏体组织。较高的马氏体形成温度有利于形成理想的板条状马氏体。

在马氏体时效钢中，如过度添加降低 Ms 温度的合金元素（如镍、钼、钛），会促进形成孪晶马氏

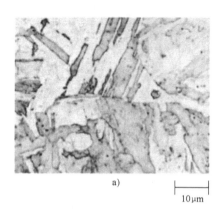
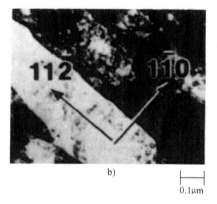

图 4-147　18Ni Marage 250 合金中板条束/块和板条亚结构显微组织照片

a) 板条束/块结构光学照片　b) 板条亚结构透射电镜照片

体，因此添加时需小心。然而，由于合金中的镍、钼、钛还起时效强化作用，因此钴成为马氏体时效钢中的重要合金元素。马氏体时效钢中钴的作用之一是提高 Ms 温度，这样可以在合金中添加大量其他合金元素（即降低 Ms 温度的钛、钼，）的情况下，合金在冷却至室温时，能形成完全马氏体组织。在设计强度水平超过 2100MPa（300ksi）的马氏体时效钢时，为保证添加较多其他合金元素的条件下，合金的 Ms 温度还保持足够高，需要添加中等水平的钴（6% ~ 8%）。马氏体时效钢中钴对合金时效强化也起到极其重要的作用。

合金中如不含钴，必须维持或降低其他元素，如镍、钼、钛的含量水平，以确保 Ms 温度足够高。镍可以降低合金的 Ms 温度（见图 4-145a），当合金中镍含量超过 17.5% 时，这种效应更加明显。这也是马氏体时效钢中，镍含量不超过 18% 的原因。钼会明显降低 Ms 温度，铬也会降低马氏体时效钢的 Ms 温度，但其降低的效果不如镍和钼强烈。在 Fe-18Ni-8Co-5Mo 马氏体时效钢中，钛也降低 Ms 温度。添加不大于 0.2% 的铝，会略提高合金的 Ms 温度，但继续提高铝含量，效果不明显。由于铝有提高 Ms 温度的作用，加之铝具有脱氧能力，在大多数马氏体时效钢中，铝含量大约在 0.1% 左右。

（3）残留奥氏体　大多数商用马氏体时效钢通常不存在残留奥氏体问题，因此时效前不需要进行冷处理。然而，如合金的局部区域含有较多可降低 Ms 温度的合金元素，如镍、钼、铬、钛，则可能会出现残留奥氏体问题。这种显微组织通常伴随有偏析或出现在严重带状区域。合金中不允许存在有残留奥氏体，因为这可能会显著改变合金的抗拉强度、塑性和韧性。

4.9.4　马氏体的时效

马氏体时效钢时效加热时，根据加热温度不同，马氏体组织会产生两种变化。如果加热温度高于合金的奥氏体开始转变（As）温度，原形成的马氏体将通过无扩散型剪切应变转变为成分相同的奥氏体。如果加热温度低于合金的奥氏体开始转变（As）温度，马氏体最初将发生时效硬化，随后分解（逆转变）为平衡的铁素体和奥氏体组织。该逆转变速度取决于合金被加热的温度，在 455 ~ 510℃（850 ~ 950℉）温度范围加热，逆转变速度相当的缓慢，在逆转变占主导地位前，合金已析出大量强化相，达到析出强度的效果。这种迟缓的奥氏体逆转变现象，加上快速时效强化是马氏体时效钢时效热处理的基础。

马氏体时效钢的时效强化有两种不同的机制。第一种机制为含钴固溶体中的短程有序，第二种机制为在板条马氏体基体上析出富镍金属间化合物。虽然这两种机制单独发生，但他们彼此密切相关。根据相关文献，短程有序机制发生在先，但对随后的析出影响非常大。

1. 有序反应

人们对马氏体时效钢的有序反应已经进行了广泛研究。对马氏体时效钢 Fe-22.7Ni-19.3Co 进行中子衍射实验，研究表明，合金在时效时，产生 B2 型长程有序。对降低镍和降低钴含量的马氏体时效钢（Fe-18Ni-8 和不大于 12% Co）进行了类似的试验，但未发现合金中有这种长程有序的结构存在。然而，对 18Ni Marage 350 合金（Fe-18Ni-12Co-4.2Mo-0.1Al-1.5Ti）进行中子衍射试验研究，在 510℃（950℉）温度经 3h 时效后，合金存在有高度的短程有序。根据这项研究，假设该短程有序现象是导致产生形成铁区域、富钴区域和富镍区域的原因。

根据时效过程中，马氏体时效钢有益的析出相是富镍金属间化合物，析出的镍-钼和镍-钛化合物主要出现在短程有序的富镍区域，Rack 和 Kalish 认为，短程有序反应对随后的析出强化有明显的影响。此外，因为铁原子和钴原子间强烈吸引，抑制了铁原子向富镍区域扩散，形成了铁区域、富钴区域和富镍区域，并有形成稳定析出相的倾向，从而进一步延迟了平衡富铁相代替亚稳富镍析出相。

Rack 和 Kalish 的马氏体时效钢的时效反应理论很有逻辑性。必须提高时效温度或延长时间，才能用平衡富铁相取代亚稳的富镍相。单独或同时提高时效温度及延长时间，将提供铁向富镍区域扩散必要的驱动力，在该区域有亚稳态的镍-钼相和镍-钛析出相。

2. 析出反应

马氏体时效钢中的析出反应相当复杂，人们一直致力于对该现象进行深入研究。根据马氏体时效钢中析出反应所涉及的合金元素，可以被分为以下三大类：

1）铍和钛为强析出强化元素。

2）铝、铌、锰、钼、硅、钽、钨、钒为温和的析出强化元素。

3）钴、铜、锆为弱析出强化元素。

然而，在这 13 个元素中，仅有 3 个元素用于商用马氏体时效钢。其中钼和钛元素形成析出相；以外虽然钴不形成析出相，但能通过所谓钴/钼交互作用，间接地参与时效强化反应。在时效过程中，合金中析出的含钛和含钼相通常在位错处和板条界面上非均匀形核，导致这些析出相均匀细小弥散分布在基体中。一般来说，这些析出相与基体共格，没有发现该类合金出现无析出区和在粗晶粒间析出。

（1）含钼析出相　通常在 18Ni Marage 200、250、300 和 350 合金中，出现亚稳斜方晶系的 Ni₃Mo 含钼析出相。在硬化峰值温度长时间时效，该析出相通常为宽 25Å 长 500Å 的棒状，长轴平行于 bcc 板条马氏体基体的 <111> 方向。通过 Ni₃Mo 析出相对基体造成畸变，强化基体，如图 4-148 所示。

钼的另一个重要作用是，通过降低其他元素在固溶体中扩散系数，减少在局部晶界上析出。如局部晶界上产生析出，会严重损害大多数无钼铁基合金的韧性。Schmidt 的研究表明，在无钼 18Ni Marage 300 合金的奥氏体晶界和亚晶界上，也存在有少量析出。理论上讲，这些晶界和亚晶界上的析出会导致贫镍区，在局部区域降低无钼 18Ni Marage 300 合金的韧性和塑性。

（2）含钛析出相　在 18Ni Marage 200、250 和 300 合金中，会析出含钛的析出相。当合金中钛含量超过约 1.2%，通常导致合金时效前和时效后塑性和韧性下降，因此，钛只作为辅助强化元素。

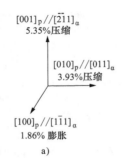

a)

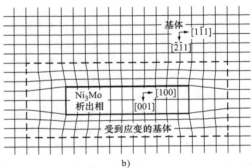

b)

图 4-148　Ni₃Mo 析出相对基体造成畸变

a）原子沿着 Ni₃Mo 析出相（p）晶轴方向错配

b）Ni3Mo 造成 18Ni 马氏体时效钢体心立方基体畸变

Vasudevan 等人研究表明，在 18Ni Marage 250 合金和无钴 18Ni Marage 250 合金中发现了富钛析出相；此外，Vanderwalker 在 18Ni Marage300 合金和无钴 18Ni Marage 300 合金中也发现了存在有富钛析出相。η-Ni₃Ti 相为 DO₂₄ 有序六角结构，与 Ni₃Mo 不同，Ni₃Ti 是稳定相。该含钛析出相对 bcc 马氏体基体造成畸变，其实现畸变的方式与含钼析出相 Ni₃Mo 相同。

（3）形核率　通常观察到马氏体时效钢析出反应没有孕育期，从图 4-149 中可以得到证实。从图 4-149 中看出，在很短的时效时间内（不超过 1min），就出现了明显的时效强化效果。没有孕育期意味着

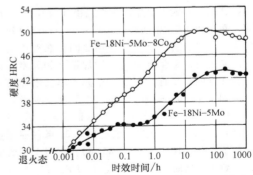

图 4-149　Fe-18Ni-5Mo 和 Fe-18Ni-5Mo-8Co 马氏体时效钢在 455℃（850℉）温度下时效硬度与时效时间的关系

该合金形核时没有自由能势垒。Peters 和 Cupp 将该合金形核时没有自由能势垒归因于以下两个因素：即高度的溶质原子过饱和以及位错处非均匀形核。Cahn 证实，这两个因素均可以有效地降低形核自由能势垒。Floreen 从理论上证明，A_3B 析出相与 bcc 马氏体基体之间具有良好的结构配合，这也是 18% Ni 马氏体时效析出形核时没有自由能势垒和低激活能的原因。

图 4-149 和图 4-150 均表明，时效时间会对马氏体时效钢的时效产生影响。例如，图 4-150 为随时效时间增加至 100h，马氏体时效钢的电阻率不断降低。因为电阻率直接与固溶体中的合金数量有关，时效过程中析出的化合物，因此会影响到合金的电阻率。当时效时间超过 100h，电阻率增加。同理，时效时间对合金硬度也会产生影响（见图 4-149）。随时效时间增加至 100h，Fe-18Ni-5Mo-8Co 和 Fe-18Ni-5Mo 马氏体时效钢的硬度增加，随时间进一步延长，硬度下降。这种现象被称为奥氏体的逆转变，并同时伴随已产生过时效的马氏体时效钢中平衡相的形成。

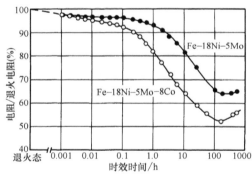

图 4-150 Fe-18Ni-5Mo 和 Fe-18Ni-5Mo-8Co 马氏体时效钢在 455℃（850℉）温度下电阻（与退火电阻的百分比）与时效时间的关系

3. 钴/钼交互作用

钴自己不形成析出相，并不直接参与时效反应。然而，间接通过钴/钼间的交互作用，钴提高时效反应效果。许多学者表示，钴和钼之间存在有协同效应。研究表明，在合金中同时添加钴和钼元素，提高合金强度的效果远大于这两个元素单独添加的效果。例如，由 Floreen 和 Speich 完成的一项研究表明，添加 8%Co 至 Fe-8Ni-X（X＝铝、铍、锰、铌、硅、钛）三元合金，该四元合金的 0.2% 条件屈服强度增加了 140～310MPa（20～45ksi），相当于钴的固溶强化效果。然而，当添加 8%Co 至 Fe-18Ni-5Mo 三元马氏体时效合金，与原三元合金相比，该四元合金的屈服强度提高了 515MPa（75ksi）。

钴的协同效应对含钼马氏体时效钢具有提高强

度作用，其原因是钴降低了钼在 bcc 基体中的固溶度，提高 Ni_3Mo 的析出。因此，当合金中添加钴，Ni_3Mo 析出相更加均匀细小。该理论由 Peters 和 Cupp 提出，并采用电阻率实验测量到电阻率提高和 TEM 分析得到证实。图 4-150 表明，在时效硬化反应过程中，不含钴合金固溶体中钼的含量小于添加了 8% Co 合金的钼含量。Miller 和 Mitchell 和 Floreen 和 Speich 采用透射电子显微镜对含钼马氏体时效钢进行了研究。研究表明，添加钴促进 Ni_3Mo 析出更加均匀细小弥散分布，由此减少析出相间距，增加合金的屈服强度。

4. 奥氏体的逆转变

马氏体时效钢的奥氏体逆转变是由 bcc 基体中镍出现富集而引起。属斜方晶系的 Cu_3Ti 型结构的 Ni_3Mo 是马氏体时效钢时效硬化反应中主要的析出强化相。形成 Ni_3Mo 亚稳相会消耗基体中大量的镍，根据化学计量学计算，该相为每三镍原子消耗一个钼原子。因为该相与 bcc 马氏体基体能更好匹配，在形成 Fe_2Mo 前，优先形成 Ni_3Mo。随斜方晶系的 Ni_3Mo 析出相长大，析出相与基体之间的共格应变也随之增加。最终当共格应变增加至一定程度，Ni_3Mo 稳定性降低，此时 Ni_3Mo 发生溶解，Fe_2Mo 相取而代之。由 Miller 和 Mitchell 和 Fleetwood 等人采用 TEM 和显微探针对萃取复型试样进行了分析，证实在过时效的马氏体时效钢中存在有 Fe_2Mo 相。因此，当亚稳 Ni_3Mo 析出相溶解于基体时，基体变得富镍；Fe_2Mo 相成核和长大消耗基体的铁，会进一步提高镍的富集。

因为马氏体时效钢在固溶退火过程中形成的马氏体是亚稳态，通过受扩散控制的相变，合金会向平衡的奥氏体和铁素体组织转变。因此，如在 As 以下温度长时间加热，不可能完全消除马氏体时效钢中奥氏体发生逆转变现象。但是，可以通过调整合金成分范围，控制这种逆转变的速度。

Peters 对 Fe-18Ni-X（X＝钼、钴、钛）三元合金在时效过程中，不同含量的钼、钴、钛合金元素对逆转变奥氏体体积百分数的影响进行大量的研究。当钼添加量超过大约 1%，会加速形成逆转变奥氏体。其原因是 Ni_3Mo 相的增加，促进了 Fe_2Mo 相的形成，进而随后增加基体中镍富集。相反，合金中添加钴达到约 8%，推迟逆转变发生，但如进一步增加钴的含量，则有加速逆转变奥氏体的形成。这种现象归因于：

1）中等钴含量（6%～8%）会提高合金的 Ms 温度。

2）当钴含量超过 8% 会降低合金的 Ms 温度。

虽然相关推迟奥氏体逆转变的机制是截然不同，

但与添加适量的钴相同，添加适量的钛，有推迟马氏体时效钢的奥氏体逆转变。钛形成非常稳定含有大量镍的析出相（即 Ni_3Ti），导致基体出现贫镍。

根据前面的讨论，必须防止高合金马氏体时效钢出现成分偏析的现象。例如，Schmidt 观察到了 Fe-18.5Ni-9.1Co-6.75Mo-0.65Ti-0.11Al 马氏体时效钢组织中有带状奥氏体，显微探针分析表明，带状奥氏体富含钴和钼，该偏析区域的奥氏体为残留奥氏体和逆转变奥氏体混合组织。该试样只在 480℃（900℉）时效了 8h，合金中残留奥氏体和逆转变奥氏体会严重降低合金力学性能和物理性能，为降低合金中这种混合组织，应尽可能降低合金中成分偏析，尤其是钴和钼元素的偏析。

4.9.5 固溶退火

通过固溶退火（Solution annealing），马氏体时效钢得到马氏体基体，为其后时效强化做组织准备。固溶退火需要将合金加热远高于奥氏体形成完全温度，保持足够长的时间，使合金元素充分固溶，而后冷却到室温。18Ni Marage 200、250 和 300 合金最常见的固溶退火工艺为加热到 815℃（1500℉）保温 1h，随后空冷。

马氏体时效钢通常以固溶退火条件供货，购买后无需再次退火，直接进行机加工。锻件产品通常以未退火条件供货，因为需进行锻造加热，可以不考虑之前是否进行过退火。建议固溶退火后进行机加工，如果固溶退火必须在最终机加工后进行，为减少表面损伤，需采用真空加热炉、带循环的气氛控制加热炉、中性的盐浴或流态床炉进行加热。

通常，采用带循环的吸热和气氛控制加热炉进行固溶退火处理。如果采用真空炉对马氏体时效钢进行固溶退火，为降低合金元素在低真空可能的损失，炉内需采用微正压的惰性气体（如氮气或氩气）。此外，采用中性流态气体与流态床炉，对合金表面的损伤最低。在对马氏体时效钢薄板和带材进行固溶退火处理时，为保证工件表面质量，需在干态氢或热分解氨气氛中进行。

当马氏体时效钢工件尺寸很长，有高平直度要求时，可采用两次固溶退火处理，在两次固溶退火处理中间进行矫直工序。这些处理需保证工件垂直吊挂放置，以防止工件变形。第一次固溶退火温度通常在 815~980℃（1500~1800℉）范围，在该温度下，充分消除了工件中的残余应力，而后工件冷却至室温进行矫直。第二次固溶退火温度选择较低，通常在 790~815℃（1450~1500℉）范围，在该工序中工件垂直吊挂，消除矫直应力降低变形。低碳铁-镍板条马氏体具有形状记忆效应，如果工件在退火后再进行矫直，工件可能在时效处理过程中，返回到未矫直（out-of-straightness）前的状况。

（1）铸件 通常需对铸件进行预处理，预处理工艺为加热 1150℃（2100℉）温度保温 1h，随后空冷（均匀化）；而后加热到 595℃（1100℉）温度 1h，随后空冷（过时效）。这种预处理是固溶退火前的均匀化退火。在预处理中 595℃（1100℉）温度，形成逆转变奥氏体，为固溶退火中再结晶提供形核地点。预处理之后的固溶退火处理与锻件处理工艺类似。

（2）退火时间和温度对时效性能的影响 从图 4-151 中可以看出，固溶退火温度对 Marage250 和 300 合金强度影响很小。固溶退火处理对 18 Ni Marage 300 合金时效后性能的影响见表 4-78。数据显示，在 800~815℃（1475~1500℉）固溶退火，得到最高强度值；在 760~980℃（1400~1800℉）温度范围进行固溶退火，合金的强度下降的波动有 135MPa（20ksi）。固溶退火温度从 760℃（1400℉）提高到 815℃（1500℉），拉伸塑性略有增加；而再提高固溶退火温度至 980℃（1800℉），拉伸塑性基本保持不变。表 4-78 中数据还表明，减少退火时间，可以得到更高的强度。

在图 4-151 中温度下固溶退火 1/2h，空冷，然后在 480℃（900℉）时效 3h。

表 4-78 固溶退火处理对 18 Ni Marage 300 合金时效后性能的影响

热处理工艺	时效后强度[1]						时效后拉伸塑性[1]	
	0.2%屈服强度		抗拉强度		剪切强度[2]		断后伸长率	断面收缩率
	MPa	ksi	MPa	ksi	MPa	ksi	25mm（1in）（%）	（%）
815℃（1500℉）保温 15min	2080	302	2095	304	1160	168	9.1	56
871℃（1600℉）保温 15min	2000	290	2027	294	1117	162	9.2	55
927℃（1700℉）保温 15min	1965	285	2005	291	1103	160	8.8	54
815℃（1500℉）保温 1h	2000	290	2040	296	1117	162	9.4	56
927℃（1700℉）保温 1h	1805	262	1827	265	1027	149	8.6	52

① 所有试样固溶处理后，在温度 480℃（900℉）进行 3h 时效。

② 双剪切型测试。

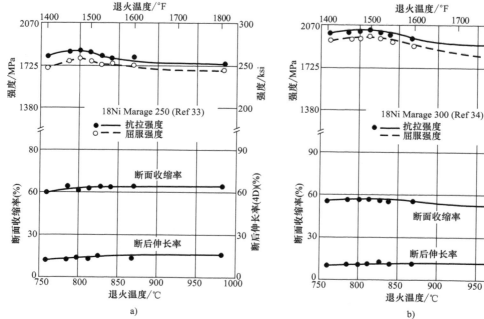

图 4-151　固溶退火温度对自耗真空熔炼
合金时效后拉伸性能的影响
a) 18Ni Marage 250　b) 18Ni Marage 300

在 760~800℃（1400~1475℉）温度范围固溶，合金强度和塑性低，其原因是析出强化元素未完全固溶于基体；在 815℃（1500℉）以上温度固溶，合金强度低的原因是晶粒/束亚结构发生粗化。当合金硼含量在 0.001%~0.003% 之间，由晶粒长大对合金强度降低的影响最小。

通常马氏体时效钢的固溶退火是在给定温度下退火 1h。表 4-78 表明，缩短固溶退火时间，有利于合金强度提高；但必须确保在固溶退火中，析出强化元素完全固溶于基体。因此，固溶退火时间通常采用 1h，不建议采用过长的固溶退火时间。甚至含硼马氏体时效钢在 955℃（1750℉）退火超过 6h，也出现了晶粒粗化的现象。

（3）冷却速率　马氏体时效钢固溶后冷却速率对微观组织的影响很小，因此对其力学性能没有什么影响（见表 4-79）。然而，重要的是必须要将工件冷却至室温后再进行时效强化。如工件未完全冷却至室温就进行时效，会有未转变的组织或残留奥氏体存在，可能导致硬度和强度比预期的低。由于 bcc 板条马氏体具有极高的塑性，马氏体时效钢在固溶后可采用淬火至室温，合金对淬火开裂不敏感。

（4）马氏体时效钢的脆性　如果在奥氏体晶界上析出 TiC 或甚至 Ti（C，N）膜，马氏体时效钢出现脆性。如采用适当的热处理，这一热脆现象很容易避免，因此相当罕见。热脆发生于将马氏体时效钢加热到超过 1175℃（2150℉），碳固溶于固溶体，随后在 750~1090℃（1380~2000℉）温度范围缓慢冷却，碳在晶界处以 TiC 膜形式再次析出。

表 4-79　18Ni Marage250 固溶后采用不同冷却介质冷却的拉伸性能

冷却介质	拉伸性能[①]					
	0.2%屈服强度		抗拉强度		断后伸长率	断面收缩率
	MPa	ksi	MPa	ksi	（4D）（%）	（%）
盐水	1855	269	1895	275	10.7	50.2
空气	1835	266	1875	272	10.6	50.8
蛭石	1835	266	1882	273	10.7	49.1

① 数据采用横向和 1/4 半径（midradius）试样，试样取至于 181mm（7.125in）双八边形钢坯（double-octagon）；热处理工艺为在 955℃（1750℉）保温 1h，淬火冷却至室温；在 790℃（1450℉）保温 1h 淬火冷却至室温；在 455℃（850℉）保温 9h，空冷至室温。

当加热到超过 1175℃（2150℉）时，可采用快冷或在 750~1090℃（1380~2000℉）温度范围进行热加工，防止马氏体时效钢出现脆性。前者是不给碳化物在晶界析出的时间，后者是通过动态再结晶，不断改变晶界位置。当合金加热超过 1175℃（2150℉），而后冷却到室温，再次加热至 750~1090℃（1380~2000℉）温度范围，不会出现热脆问题。因为碳化物和碳、氮化物会以弥散形式析出，而在之前冷却稳定的碳化物，在再次加热时不会以碳化物膜的形式再次析出。一般来说，除最初原材料生产外，没有理由将马氏体时效钢加热超过 1175℃（2150℉），因此，不会是最终用户的原因导致热脆。

时效后也可能发生脆化。其原因可能是沿原奥氏体晶界形成不连续的晶粒粗化。Nili-Ahmadabadi 等人研究了 18%Ni 马氏体时效钢在时效后发生脆化的问题。通过添加锰替代镍，降低合金镍含量，以及大变形冷加工等方法组合，可以减少晶粒粗化。通过将原合金成分从 Fe-18Ni 调整为 Fe-10Ni-7Mn，并采用变形量超过 60%进行加工，提高了合金的塑性和得到了超细晶粒，克服时效后脆化问题。

4.9.6 循环热处理细化晶粒

通过在马氏体完成（Mf）温度与超过固溶退火温度之间进行热处理循环，可以将粗晶马氏体时效钢的晶粒细化。例如，Saul 等人通过室温至 1025℃（1880℉）之间三次热循环，在将 18Ni Marage 300 合金原晶粒尺寸 ASTM 00~1 细化为 ASTM6~7。在热循环处理过程中，非扩散切变马氏体向奥氏体转变产生的应变以及奥氏体向马氏体转变的应变提供了再结晶的驱动力。不能通过热循环过程进一步细化晶粒尺寸为 ASTM 6~7 的合金，当起始晶粒较细

小时，热循环过程细化晶粒变得并不那么有效。

采用热循环方法能细化奥氏体晶粒尺寸，其细化程度与循环的温度、循环次数、原 18Ni Marage 250 和 Marage 300 马氏体时效钢的应变有关。研究表明，循环处理温度与合金牌号有关。在 815℃（1500℉）保温 1h 进行固溶退火，热循环显著细化奥氏体晶粒尺寸，晶粒尺寸从原来 ASTM 2 细化到 ASTM 7。虽然该合金在 480℃（900℉）时效处理了 3h，但不清楚这里的晶粒尺寸数据为时效后还是原有的奥氏体晶粒。

采用 18Ni Marage 250 马氏体时效钢，先加热至 925~1100℃（1700~2000℉）温度范围保温 1~12h，使晶粒粗化。该合金的最佳细化晶粒热循环处理工艺为，从 360℃（675℉）加热至 925℃（1700℉），冷却至室温，循环处理 5 次。晶粒尺寸从 ASTM 1 细化到 ASTM 7（见图 4-152 和图 4-153）。18Ni Marage 300 马氏体时效钢在 1200℃（2200℉）进行粗化晶粒后，采用最佳热循环处理工艺细化晶粒，从 1025℃（1880℉）冷却至室温，循环处理不少于 3 次。晶粒尺寸从 ASTM 1 细化到 ASTM 5。冷却温度必须低于 Mf（90℃，或 200℉）温度，否则不会发生晶粒细化；冷却至 Mf 与 Ms 温度之间，仅能部分细化晶粒。在 870℃（1600℉）高温拉伸试验表示，合金高温拉伸性能受应变速率的影响。

4.9.7 时效强化

典型的固溶退火后时效处理工艺为，将合金加热到 455~510℃（850~950℉）温度范围，保温 3~12h，然后空冷至室温。具体来说，18Ni Marage 200、250 和 300 合金典型的时效处理工艺为加热到 480℃（900℉）温度，保温 3~8h；而 18Ni Marage 350 合

a)   b)   c)

图 4-152　通过热循环细化 18Ni（300）型马氏体时效钢奥氏体微观组织　140×

a) 加热 1150℃（2100℉）保温 1h，然后水淬火，粗化原始试样晶粒，ASTM 晶粒度：1.5　b) 通过将试样 a) 加热到 1025℃（1880℉）保温 10min，然后水淬火，细化晶粒，ASTM 晶粒度：4　c) 通过将试样 a) 加热到 1025℃（1880℉）而后冷却至室温，循环该过程 3 次，ASTM 晶粒度：7

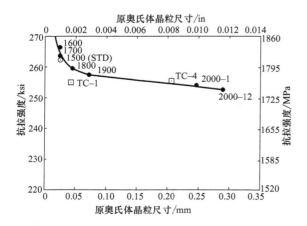

图 4-153 原奥氏体晶粒尺寸对 18Ni Marage 250
马氏体时效钢抗拉强度的影响

金时效处理工艺为加热到 480℃ （900℉） 温度，保温 6 ~ 12h；18Ni Marage 350 合金也可以在 495 ~ 510℃ （825~950℉） 温度范围，保温 3 ~ 6h 进行时效。为保证采用马氏体时效钢制作压铸模具得到更高的热稳定性，通常选择约 530℃ （985℉） 较高的时效温度，得到热稳定性高的过时效组织。

标准 18 Ni 马氏体时效钢时效后的典型力学性能见表 4-80；标准、无钴和低钴 18Ni Marage 250 合金的纵向室温力学性能对比见表 4-81。表 4-80 中列出的标准时效处理使 18Ni Marage 200 合金和 18Ni Marage 250 合金产生收缩率分别为 0.04% 和 0.06%；而 18Ni Marage 300 和 350 两个合金的收缩率为 0.08%。由于马氏体时效钢在时效过程中尺寸变化非常小，因此许多马氏体时效钢工件可以在退火条件进行精加工，而后进行时效强化。当工件尺寸要求精度高，允许有收缩误差时，可在时效后进行精加工。

表 4-80　标准 18 Ni 马氏体时效钢在时效后的典型的力学性能

牌号	热处理工艺[1]	屈服强度		抗拉强度		断后伸长率 25mm（1in）（%）	断面收缩率（%）	断裂韧性	
		MPa	ksi	MPa	ksi			MPa$\sqrt{m}$	ksi$\sqrt{in}$
18Ni Marage 200	A	1400	203	1500	218	10	60	155 ~ 240	140 ~ 220
18Ni Marage 250	A	1700	247	1800	260	8	55	120	110
18Ni Marage 300	A	2000	290	2050	297	7	40	80	73
18Ni Marage 350	B	2400	348	2450	355	6	25	35 ~ 50	32 ~ 45
18Ni Marage Cast	C	1650	240	1750	255	8	35	105	95

① 热处理工艺：A，815℃ （1500℉） 保温 1h+480℃ （900℉） 保温 3h；B，815℃ （1500℉） 保温 1h+480℃ （900℉） 保温 12h；C，1150℃ （2100℉） 保温 1h+595℃ （1100℉） 保温 1h+815℃ （1500℉） 保温 1h+480℃ （900℉） 保温 3h。

表 4-81　标准、无钴和低钴 18 Ni Marage 250 合金的纵向室温力学性能对比

试样牌号[1]	0.2%屈服强度		抗拉强度		断后伸长率 25mm（1in）（%）	断面收缩率（%）	夏比冲击（V 型缺口）		L-T 平面应变断裂韧性（K_{Ic}[2]）	
	MPa	ksi	MPa	ksi			J	ft·lbf	MPa$\sqrt{m}$	ksi$\sqrt{in}$
18Ni Marage 250	1825	265	1870	271	12	64.5	37	27	138	125
无钴 18Ni Marage 250	1825	265	1895	275	11.5	58.5	34	25	127	115
低钴 18Ni Marage 250	1780	258	1835	266	11	63.5	43	32	149	135

① 在真空感应熔炼/真空感应重熔 200mm （8.0in） 圆棒钢锭取出 63.5×88.9 （2.50×3.50in） 坯料，进行性能检测。热处理：815℃ （1500℉） 保温 1h，空冷+480℃ （900℉） 保温 5h，空冷。

② 纵-横 （L-T） 取向，即拉伸沿纵轴加载，裂纹沿短横轴方向扩展。

（1）时效温度和时间　时效温度和时间对马氏体时效钢的性能影响重大。图 4-154 所示为时效温度和时间对 18Ni Marage 250 合金力学性能的影响。从图 4-154 中可以看出，最初时效强化速度快，硬度和抗拉强度在时效硬化温度下，仅几分钟后就发生大幅增加；随着时效时间的增加，达到最高值；随后，由于析出相粗化和逆转变奥氏体的形成，硬度和强度开始下降。在原奥氏体晶界和板条马氏体束边界

上，逆转变奥氏体通常以极小颗粒开始形成。通常过时效开始时间与温度有关，并遵循已知的时间/温度动力学关系，如 Larson-Miller 参数，如图 4-154a 和 4-154b 所示。图 4-154a 还表明，18Ni 马氏体时效钢通过在低于正常温度以下，长时间时效，强化硬度可显著进一步提高。不幸的是，在 400 ~ 425℃ （750~800℉） 温度范围时效，时效时间约在 300~1000h，这在商业化生产中，通常是不可行的。

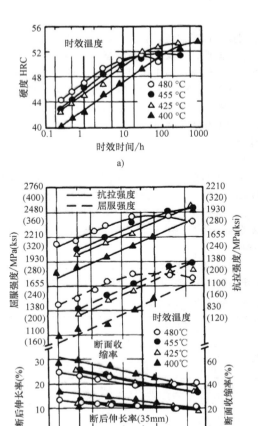

图 4-154 时效温度和时间对 18Ni Marage
250 合金力学性能的影响

a) 时效硬度 b) 纵向拉伸性能

注: 热处理工艺: 固溶处理 815℃ (1500℉)
保温 1h, 空冷, 时效。

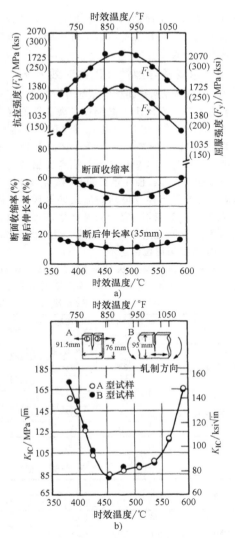

图 4-155 时效温度对 18Ni Marage 250 合金
自耗真空熔炼板材性能的影响

a) 纵向抗拉强度 b) 的平面应变
断裂韧度 (L-T 取向) 的影响

注: 热处理工艺: 解决热处理 815℃ (1500℉)
保温 1h, 空冷, 和在图中所示温度时效 6h。

（2）过时效 人们一直致力于努力研究过时效马氏体时效钢的性能。通常认为, 由于过时效的微观组织强度低和细小分布的奥氏体颗粒对钝化裂纹能力, 合金应具有良好的抗断裂和抗应力腐蚀开裂性能。在许多情况下, 情况的确如此, 令人印象深刻的是过时效组织提高了平面应变断裂韧度 (K_{Ic}) 或应力腐蚀临界应力强度因子 (K_{Iscc}), 而屈服强度值略有下降 (见图 4-155)。不幸的是, 对各炉次 (heat-to-heat) 合金使用过时效热处理时, 数据差别较大。为减少这种差别, 要求降低成分变化和工艺处理变化。即使是看上去非常均匀的组织结构, 也包含有微区合金偏析, 表现形式为合金元素富化 (alloy-rich) 带和合金元素贫化 (alloy-lean) 带。与合金元素贫化带相比, 合金元素富化带会在更短的

时间发生过时效。因此, 很难推荐具体的过时效热处理工艺, 得到均匀一致的力学性能。一般来说, 如果要求工件具有特定的屈服强度, 最好是选择一个能达到所需强度的马氏体时效钢牌号, 采用传统时效工艺, 而不是选择更高强度的合金, 采用过时效工艺。

（3）冷加工和时效 在时效前, 对固溶退火合金进行 50% 冷加工, 马氏体时效钢的屈服强度和抗拉强度可以增加 15% (见表 4-82), 但与此同时塑性和韧性下降。经冷加工的合金的性能还具有一定的

方向性，在垂直于冷加工方向，塑性下降稍微大一些。冷加工变形量超过 50%，工件可能发生分层现象，应予以避免。

4.9.8 相变诱导塑性马氏体时效方法

Raabe 和马克斯普朗克研究所的同事进行了开创性的研究工作，开发出了高强度、高塑性低镍马氏体时效钢。他们的方法是结合相变诱导塑性（TRIP）与马氏体时效，提高马氏体时效钢的加工硬化能力。通过 15% 机械变形，模拟变温和不受吸热放热影响的相变，使亚稳态的 fcc 结构奥氏体转变成 bcc 结构的马氏体，得到高应变的马氏体，激活 TRIP 的效果。对变形-应变的马氏体进行时效，诱导纳米级金属间化合物颗粒析出，通过 Orowan 和 Fine-Kelly 机制阻碍位错运动。

相变诱导塑性与马氏体时效（TRIP-maraging）结合的方法好处是，提高传统马氏体时效钢性能，

降低昂贵的合金含量。通过合金和工艺流程设计，采用控制锰添加量，克服了提高合金强度会降低合金塑性问题，开发出了最佳强度和塑性综合性能的低碳（0.01%）马氏体时效钢。去除了合金中钴含量，降低了镍含量。典型合金为 9%～12% Mn，1%～2% Ni，1% Ti，0.1% Al 和 1% Mo。这类合金抗拉强度高达 1500MPa（217ksi），同时总伸长率达到 15%～20%。

Rabbe 等人发现，当合金在不含钴、锰含量在 9%～12% 的条件下，合金的强度和塑性显著提高。与标准 17Ni-11Co 马氏体时效钢相比，虽然这类合金的抗拉强度下降了 26%，但塑性提高了 5～6 倍。这类合金的成分和性能测试结果列在表 4-83 和表 4-84。

（1）12% 锰合金 12% 锰合金有其独特性，根据高分辨率电子背散射衍射（EBSD）分析，在 17Ni-11Co

表 4-82 冷加工对 Marage 250 合金紧固件性能的影响

合金	冷加工变形量（%）	屈服强度		抗拉强度		剪切强度[①]		断后伸长率 25mm（1in）（%）	断面收缩率（%）
		MPa	ksi	MPa	ksi	MPa	ksi		
18Ni Marage 250	0	1800	261	1820	264	1025	149	8.6	57
	25	1875	272	1910	277	1070	155	6.5	49
	50	2020	293	2055	298	1140	165	5.2	44
20Ni Marage 250	0	1750	254	1850	268	1040	151	9.2	56
	25	1903	276	1937	281	1062	154	6.7	48
	50	2055	298	2075	301	1145	166	5.3	42

① 双剪切型试验

表 4-83 相变诱导塑性与马氏体时效钢成分

合金	化学成分（质量分数，%）												
	C	Ni	Mo	Co	Ti	Si	Al	S	P	O	N	Mn	Fe
17Ni-11Co	0.024	17.20	3.890	11.4	1.55	0.078	0.176	0.0030	<0.001	<0.003	0.0010	0.227	其余
9Mn	0.007	2.00	1.070	—	1.04	0.047	0.086	0.0023	<0.001	<0.002	0.0006	8.860	其余
12Mn	0.010	2.06	1.120	—	1.09	0.057	0.116	0.0101	<0.001	<0.002	0.0012	11.900	其余
15Mn	0.006	2.06	1.100	—	1.03	0.078	0.095	0.0046	<0.001	<0.002	0.0009	14.700	其余

表 4-84 相变诱导塑性与马氏体时效钢性能

性能	淬火态	（450℃，或 840℉，48h）时效	15%轧制（450℃，或 840℉，48h）时效	淬火态残留奥氏体
17Ni-11Co				
极限抗拉强度，MPa（ksi）	1000（145）	2300（333.6）	2050（297.3）	无
总伸长率（%）	7	2	2	
9Mn（无 Co）				
极限抗拉强度，MPa（ksi）	810（117.5）	1000（145）	1000（145）	无
总伸长率（%）	6	15	12	
12Mn（无 Co）				
极限抗拉强度，MPa（ksi）	980（142.1）	1300（188.5）	1500（217.6）	有
总伸长率（%）	16	21	10	
15Mn（无 Co）				
极限抗拉强度，MPa（ksi）	800（116.0）	700（101.5）	1300（188.5）	有
总伸长率（%）	42	33	3	

和 9Mn（无钴）马氏体时效钢中，均没有发现淬火态亚稳态残留奥氏体，因此不出现 TRIP 现象。这些合金为完全 α 马氏体，这表明没有残留奥氏体可以进行 TRIP 相变。在含锰 12% 和含锰 15% 的钢中发现有残留奥氏体，在进行 15% 变形后，存在的残留奥氏体发生 TRIP 效应，随后进行时效，进一步提高强度。

尽管 15% 锰合金有 TRIP 效应，但由于会显著降低塑性，因此认为是不合适的合金比例。含锰 12% 的合金伸长率 10%，而含锰 15% 的合金伸长率下降至 3%。根据 EBSD 分析，尽管含锰 9% 的合金没有 TRIP 效应，但重要的是提高了抗拉强度和塑性。这种合金仍作为可行的候选合金。

（2）钼元素的影响　与传统 17Ni-11Co 马氏体时效钢相比，在相变诱导塑性马氏体时效钢中添加锰，提高了塑性，其原因的是，在马氏体时效处理过程中，在马氏体晶界形成了新的奥氏体组织。在时效后，高锰含量降低了铁素体和奥氏体之间的平衡转变温度。

原子探针断层扫描显示，在原马氏体界面发生无析出奥氏体相变。在奥氏体-马氏体界面，由高含量锰层分开。由于高锰层流动性低，浓度大约在 27%，宽度为 20nm。高锰层由马氏体界面处向新形成的奥氏体一侧生长，由此提高了合金的塑性。

（3）残留奥氏体的必要性　Ooi 等人在此研究基础上，也进行了相关研究。他们发现马氏体时效钢在拉伸测试中的非典型应力-应变行为，表明合金的加工硬化能力差。他们得出的结论是，残留奥氏体可以提高加工硬化效果。

4.9.9　其他处理

（1）渗氮　通过对马氏体时效钢在分解氨的气氛中进行渗氮，可显著提高合金的表面硬度。在 455℃（850℉）温度下，渗氮 24~48h，硬化层可达到 0.15mm（0.006in），硬度相当于 65~70HRC。在该温度进行渗氮，可结合时效硬化同时考虑。合金在 540℃（1000℉）温度，盐浴渗氮 90min，也获得了成功。然而，必须注意，在渗氮工艺中，应避免出现过时效现象。通过渗氮，马氏体时效钢的疲劳强度和耐磨性都得到了提高。

（2）焊后热处理　焊接使母材受到温度的影响，温度影响范围从焊接熔融金属区到距焊缝一段距离处。焊缝附近的区域为高温热影响区，组织往往是粗晶；在距离焊缝远一些地方，工件被加热至 595~745℃（1100~1375℉），在该区域则有过时效倾向。通过再次时效，可以恢复工件大部分的力学性能。这应该被认为是最低要求，如果对工件再次进行固

溶退火和时效，可以获得更高的力学性能。然而，这可能会导致工件变形，工程中最常见的做法就是焊后再次时效（reage）。

（3）烘烤（Baking）　烘烤是在 150~200℃（300~400℉）范围，进行去氢低温热处理。当马氏体时效钢进行电化学镀等处理后，可能出现氢脆。因为工件中的氢很难探测，如工件在这种环境中放置，应该进行 3~10h 烘烤处理。除某些受氢脆影响的性能外，合金的其他性能不会受烘烤处理影响。

（4）表面处理　喷砂处理是最有效去除热处理氧化的方法。马氏体时效钢可采用硫酸酸洗，或先在盐酸酸洗，然后在硝酸和氢氟酸中酸洗。与传统的钢一样，必须避免过度酸洗。为减少裂纹形成，应避免采用氢化钠清洁马氏体时效钢。可以采用三氯乙烷型清洗溶液去除油脂和油污。

参 考 文 献

1. J. C. Hamaker and A. M. Bayer, *Cobalt*, No. 38, 1968, p 3.
2. F. H. Lang and N. Kenyon, *Bull.* 159, Welding Research Council, 1971.
3. K. Honda and S. Mirna, *Sci. Rep. Tokoku Univ.*, Vol 27, 1927, p 745.
4. C. G. Bieber, *Met. Prog.*, Vol 78（No. 5）, 1960, p 99.
5. C. G. Bieber, 20 and 25% Nickel Maraging Steels, in "Seminar on Maraging Steels," International Nickel Company, 1962, p 10.
6. A. M. Hall, *Cobalt*, No. 24, 1964, p 138.
7. R. F. Decker, J. T. Eash, and A. J. Goldman, *Trans. ASM*, Vol 55, 1962, p 58.
8. E. D. Sadowski and R. F. Decker, *Mod. Cast.*, Vol 42（No. 2）, 1963, p 26.
9. G. W. Tuffnell and R. L. Cairns, *Trans. ASM*, Vol 61, 1968, p 798.
10. M. Schmidt and K. Rohrbach, Heat Treating of Maraging Steels, *Heat Treating*, Vol 4, *ASM Handbook*, ASM International, 1991, p 219-228.
11. S. R. Elmi Hoseini, H. Arabi, and H. Razavizadeh, Improvement in Mechanical Properties of C300 Maraging Steel by Application of VAR Process, Vacuum, Vol 82（No. 5）, Jan 8, 2008, p 521-528.
12. W. W. Cias, *Metall. Met. Form.*, Dec 1971.
13. W. D. Swanson and J. G. Parr, *J. Iron Steel Inst.*, Vol 202, 1964, p 104.
14. G. P. Miller and W. I. Mitchell, *J. Iron Steel Inst.*, Vol 203, 1965, p 895.
15. S. Floreen, *Metall. Rev.*, Vol 13, 1968, p 115.
16. M. D. Parker, *Metall. Sci. Heat Treat.*, No. 7, 1970,

p 558.

17. R. B. G. Yeo, *Trans. Am. Inst. Min. Metall. Pet. Eng.*, Vol 227, 1963, p 884.

18. C. M. Hammond, *Cobalt*, No. 25, 1964, p 195.

19. J. R. Mihalisin, *Trans. ASM*, Vol 59, 1966, p 60.

20. B. G. Reisdorf and A. J. Baker, Air Force Materials Laboratory Technical Report 64-390, 1965.

21. S. Spooner, H. J. Rack, and D. Kalish, *Met. Trans.*, Vol 2, 1971, p 2306.

22. H. J. Rack and D. Kalish, *Met. Trans.*, Vol 2, 1971, p 3011.

23. K. Shimizu and H. Okamoto, *Trans. Jpn. Inst. Met.*, Vol 12, 1971, p 273.

24. M. L. Schmidt, in *Maraging Steels: Recent Developments and Applications*, The Minerals, Metals and Materials Society, 1988, p 213-235.

25. V. K. Vasudevan, S. J. Kim, and C. M. Wayman, in *Maraging Steels: Recent Developments and Applications*, The Minerals, Metals and Materials Society, 1988, p 283-293.

26. D. M. Vanderwalker, in *Maraging Steels: Recent Developments and Applications*, The Minerals, Metals and Materials Society, 1988, p 255-268.

27. W. B. Pearson, *Handbook of Lattice Spacings and Structure of Metals and Alloys*, Vol 1, Pergamon Press, 1958.

28. D. T. Peters and C. R. Cupp, *Trans. Am. Inst. Min. Metall. Pet. Eng.*, Vol 236, 1966, p 1420.

29. J. W. Chan, *Acta Metall.*, Vol 5, 1957, p 169.

30. S. Floreen and G. R. Speich, *Trans. ASM*, Vol 57, 1964, p 714.

31. B. R. Banerjee, J. J. Hauser, and J. M. Capinos, *J. Met. Sci.*, Vol 2, 1968, p 76.

32. G. P. Miller and W. I. Mitchell, *J. Iron Steel Inst.*, Vol 203, 1965, p 899.

33. B. R. Banerjee and J. J. Hauser, Technical Report 66-166, Air Force Materials Laboratory, 1966.

34. M. J. Fleetwood, G. M. Higginson, and G. P. Miller, *Br. J. Appl. Phys.*, Vol 16, 1965, p 645.

35. D. T. Peters, *Trans. ASM*, Vol 61, 1968, p 62.

36. M. Nili-Ahmadabadi, H. Shirazi, A. Fatehi, and S. Hossein-Nedjad, *Int. J. Mod. Phys. B*, Vol 22, 2008, p 2814.

37. G. Saul, J. A. Roberson, and A. M. Adair, in *Source Book on Maraging Steels*, American Society for Metals, 1979, p 52-56.

38. J. E. Srawley, *Proceedings of the Second International Conference on Fracture*, Chapman and Hall, Ltd., 1969.

39. D. Raabe, D. Ponge, O. Dmitrieva, and B. Sander, Designing Ultrahigh Strength Steels with Good Ductility by Combining Transformation Induced Plasticity and Martensite Aging, *Adv. Eng. Mater.*, Vol 11 (No. 7), 2009, p 547-555.

40. S. W. Ooi, P. Hill, M. Rawson, and H. K. D. H. Bhadeshia, *Mater. Sci. Eng. A*, Vol 564, 2013, p 485-492.

第5章

铸铁的热处理

5.1 铸铁热处理简介

与钢相同，铸铁也属铁-碳合金。所不同的是，铸铁的碳含量比钢高，所以铸铁可以利用二元铁-碳相图中的共晶反应进行凝固（见图5-1）。通常，铸铁定义为碳含量>2%和硅含量≥1%的铁基合金。当

碳含量超过2%以上，会发生共晶反应。但应该注意的是，硅和其他合金元素可能大大改变碳在奥氏体中的最大溶解度。因此，在特殊情况下，碳含量不到2%的合金，在凝固组织中有共晶组织，这种合金仍属于铸铁范围。尽管如此，大多数商用铸铁中碳含量在2.5%~4.0%范围，此外还含有其他重要合金元素，最重要的是硅和锰。

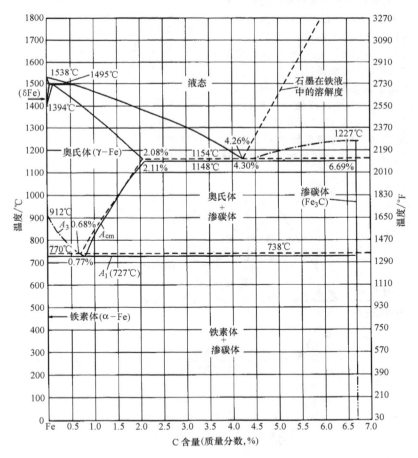

图 5-1 二元铁-碳相图

注：图5-1中实线代表Fe-Fe₃C亚稳体系，虚线代表Fe-G（石墨）稳定系统。

通过铸铁的冶炼工艺设计，在熔化的铁-碳凝固过程中，可以形成稳定的石墨或亚稳的渗碳体

（Fe₃C）。在凝固过程中，根据熔炼和铸造工艺，石墨相可以形成各种组织形态。铸铁中石墨的组织形

态对性能具有重要影响。通过热处理，可以进一步扩展铸铁件的应用范围和提升铸铁的性能。虽然热处理在固态进行加热，通常不能改变铸铁的石墨形态，但渗碳体是一种亚稳相，可以像钢一样，通过热处理改变。本节介绍铸铁件热处理的一般原理及应用，并在后续章节对各种类型铸铁的热处理进行介绍。

5.1.1 铸铁类型

如上所述，在铸造凝固中，铸铁中的碳可以凝固成不同形状的石墨。可根据凝固过程中石墨形状，对铸铁进行分类。有三种基本类型的铸铁，各具有不同的石墨形态。

1）灰铸铁。灰铸铁中碳以片状石墨形式存在。因为开裂沿石墨片（片状）进行，断口呈灰色。

2）球墨铸铁。石墨以球球形式存在，石墨球由薄片石墨组成（如卷心菜一样）。以延性铸铁命名，是因为在铸态，该铸铁具有很高的塑性。

3）蠕墨铸铁。石墨以厚、短、粗片的形式存在。其力学性能在灰铸铁和球墨铸铁之间。

铸铁中的石墨形态对性能起重要的影响，也很容易分辨。例如，当用锤子敲击球墨铸铁铸件时，有一定的声音，但不像敲击钢件声音清脆，敲击灰铸铁铸件有阻尼的声音。贴近球墨铸铁新鲜表面（锉、磨削或加工），可闻到乙炔气的味道，这是由

于潮湿水分与镁化合物反应释放的结果。

铸铁还可以分为以下三类：

1）白口铸铁。白口铸铁中基本没有石墨，大部分的碳存在于分散高硬度的 Fe_3C 里。由于断裂延碳化物发生，结晶断口表面呈白色。通常只进行消除应力处理，或进行渗碳体分解成为石墨的热处理。

2）可锻铸铁。石墨呈团絮状（compact nodules of graphite flakes）。通过对合适成分的白口铸铁进行长时间退火形成得到，因此也被称为二次石墨（temper carbon）。

3）高合金（特殊）铸铁。合金含量超过 3% 的铸铁。根据商业需求进行分类为，耐磨白口铸铁、奥氏体高合金铸铁和自硬型合金铸铁。除进行析出强化、消除应力或表面强化外，通常特殊铸铁不进行热处理。

通过对铸铁的冶炼处理工艺进行控制，控制石墨的类型、数量和形态，以达到所需的力学性能。铸铁的类型以及获得它们所需的处理工艺总结于图 5-2。在凝固期间，形成稳定的石墨或亚稳渗碳体（Fe_3C）与很多因素有关，例如与液体的形核潜力、化学成分和冷却速度有关。前两个因素决定了铸铁的石墨化能力，石墨化能力高，铸铁中的碳将以石墨富碳相析出；石墨化能力低，铸铁中的碳将形成碳化物。各种熔炼工艺也可能会影响到石墨的形态。

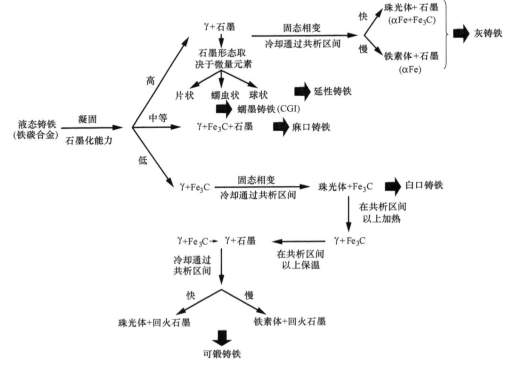

图 5-2　普通商用铸铁基本微观组织和处理工艺

在冷却过程中，石墨的形态取决于铁液的温度和硅的含量。高碳和高硅提高铸铁石墨化能力，也是提高铸造性能的主要合金元素。图 5-3 所示为普通铸铁和钢的碳和硅含量的大致范围。硅含量越高，奥氏体中碳的溶解度越低，在缓冷的条件下，碳更容易以石墨的形式析出。

即使是以非常缓慢的冷却速率通过临界温度范围，锰、铬、锡和未形成化合的硫等元素，促进碳保留在基体里，形成渗碳体。通常铸铁中存在有一定数量的磷、硫微量元素见表 5-1 所示。为保证凝固性能和力学性能，必须对铸铁中的磷、锰和硫等微量元素进行控制。低质量铸铁中，这些元素含量可控制在不大于 0.15%，而在高质量铸铁中，如球墨铸铁或蠕墨铸铁，这些元素含量必须控制在很低的水平。

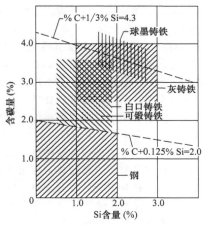

图 5-3　普通铸铁和钢的碳和硅含量的大致范围

表 5-1　四种元素对铸铁临界温度范围的影响

元素	范围(%)	上临界温度		影响趋势	下临界温度		影响趋势
		℃	℉		℃	℉	
Si	0.3~3.5	37	67	提高	29	52	提高
P	0~0.2	220	400	提高	220	400	提高
Mn	0~1.0	37	67	降低	130	235	降低
Ni	0~1.0	17	31	降低	24	43	降低

在铸铁中添加磷能改善铁液的流动性，但由于在凝固过程中形成磷共晶，会增大铸铁的收缩率。硫影响石墨的形核，因此用添加锰加以平衡。铸铁中如不含锰，容易在晶界上形成不受欢迎的硫化铁（FeS）。如硫与锰形成硫化锰（MnS），在晶内随机分布，则对铸铁的性能不造成损害。

由于铸铁中含有硅，铸铁的临界温度不同于碳钢。必须对铸铁类型进行深入了解，才能确保热处理成功。确定合适的热处理工艺必须要了解铸铁的牌号、铸铁硅含量以及合金元素含量。只有对这些情况进行了解，加上对铸件尺寸大小、重量和铸件复杂性进行考虑，才能确定出适当的热处理温度和时间。

5.1.2　临界温度范围

铸铁中硅提高相变温度范围，因此铸铁的临界温度，即奥氏体转变为铁素体和珠光体，以及铁素体和珠光体转变奥氏体，不同于碳钢。此外，铸铁中的硅会降低奥氏体中碳的溶解度，易造成渗碳体分解。因此，铸铁中珠光体的碳的质量分数明显低于普通碳钢和低合金钢。根据硅含量和冷却速率，铸铁中珠光体的碳含量会发生变化。在硅的质量分数为 2.5% 时，碳的质量分数可低至 0.50%。

通过下面公式，可以估计铸铁的下临界温度：

$$临界温度(℉) = 1350 + 50(\%Si) - 45(\%Mn)$$

$$临界温度(℃) = 730 + 28(\%Si) - 25(\%Mn)$$

图 5-4 为在冷却速率为 5℃/h（9℉/h）条件下，硅含量对可锻铸铁、灰铸铁、球墨铸铁临界温度的影响。从图 5-4 中可以看出，在冷却中，铁素体开始在上临界温度形成；奥氏体在下临界温度完全转变。采用同样速率加热，加热过程中的临界温度是在冷却过程中的临界温度加上 33℃（60℉）。四种元素对铸铁临界温度范围的影响见表 5-1。请注意，铸铁中总碳含量和化合碳含量对临界温度的影响不显著。

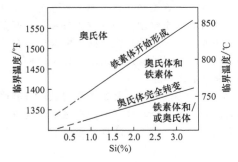

图 5-4　硅含量对可锻铸铁、灰铸铁、球墨铸铁临界温度的影响

5.1.3　通常考虑

为了充分发挥铸铁性能，需要对铸造和热处理进行全盘考虑。铸造业显然按铸态条件规范生产铸

件，但有时需要对铸件进行热处理，才能达到规范要求的微观结构和力学性能。在 20 世纪 90 年代末，据估计最多只有 5% 的铸铁件需要进行热处理。

如上所述，在凝固过程中形成的石墨类型，决定了铸铁的类型。一旦石墨形成，不可能通过热处理改变石墨的形态。然而，通过热处理，可以方便地改变含有石墨且像钢一样的基体组织，包括基体的微观组织和碳含量。铸铁中的石墨，不论是片状、团絮状或球状都可以作为碳库。加热高于临界温度以上温度，碳很容易溶解于奥氏体，直至达到在该温度和该合金含量条件下碳的饱和含量。以适中的冷却速度冷却，这种奥氏体会转变为完全珠光体基体组织，碳以渗碳体形式存在。然而，以缓慢冷却速度冷却通过临界温度，碳完全以石墨的形成析出，基体组织为完全铁素体。

虽然铸铁热处理过程和相关术语与钢热处理的非常像似，但有以下 6 个重要的区别。

（1）硅含量　碳含量是钢选择奥氏体化温度最重要的参数，但是对于铸铁，选择和确定奥氏体化温度，还要考虑铸铁中通常含有大量的硅。如上所述，与碳钢相比，硅显著提高了铸铁的临界温度范围，因此在铸铁热处理奥氏体加热时，为得到完全奥氏体组织，必须选择更高的奥氏体化温度。

（2）基体的碳含量　铸铁的奥氏体基体的碳含量取决于奥氏体化温度和奥氏体与石墨之间的热力学平衡。提高奥氏体化温度，意味着提高基体的碳含量。

（3）淬火　铸铁奥氏体基体成分为高碳和高硅，常还伴有一定含量的锰和其他合金元素，因此，铸铁具有相对较高的淬透性，通常不采用水淬，而采用空气、油或聚合物作为淬火冷却介质。

（4）加热、保温和加热速率　复杂形状铸铁件的热处理具有一定难度。与薄壁工件相比，厚壁工件或有内部型腔的工件，在热处理中温度很难达到均匀。因此，必须调整升温速率和保温时间，以适应复杂铸件的热处理。

（5）冷却温度均匀　复杂形状铸铁件具有严重的残余应力，甚至会导致开裂。快速冷却后应及时进行回火，回火应在满足硬度要求的前提下，尽可能降低铸件的残余应力。

（6）表面清洁　在某种程度上，铸铁件受表面氧化和脱碳的影响。当采用中性气氛（氮）电炉或辐射管加热炉对铸件进行热处理，大部分铸铁件可以自身生成保护气氛。然而，如采用直接燃料炉进行热处理，很容易发生脱碳和氧化。严重氧化的铸件会造成表面难以清洁问题，因为铸铁件表面形成

的氧化层具有很强的黏着力，切削加工时会对刀具造成严重磨损，铸件上的氧化物很难彻底清理干净。

5.1.4　热处理工艺

在很多工艺流程中，铸铁的热处理是与钢相似的。铸铁件的热处理炉和热处理设备与用于传统钢工件的基本一样。有间歇批处理炉、连续炉或专业处理设备。在有些特殊情况下，使用真空炉。

当铸态铸件不能满足性能规格要求时，采用热处理手段能有效提高铁铸件的使用性能：

1）消除内部残余应力。

2）改善切削加工性能。

3）增加韧性和塑性。

4）提高强度和耐磨性。

5）实现生产过程中的一个必要环节。例如，灰铸铁或球墨铸铁的等温淬火，可锻造、浇铸工件热处理或铸铁在模具中退火。

铸铁的基本热处理类型包括：

1）消除应力：使用特殊的加热/冷却工艺，消除由于铸件各个部分温度差异引起的残余应力。

2）退火：缓慢冷却奥氏体组织，降低硬度和提高切削加工性能。

3）正火：铸件在空气中冷却，提高硬度和强度。

4）整体淬火：通过加热、淬火和回火，尽可能提高硬度和强度。

5）表面淬火：火焰、感应或激光加热铸件表面，以提高耐磨性。

本节概述铸铁的这些热处理过程。不同类型铸铁的消除应力处理非常相似，本节作为重点介绍。不同类型铸铁的其他热处理过程将在本卷其他章节中详细介绍。

应该注意每个热处理工艺的基体作用。例如，"正火"工艺既不是用于铸铁件的应力消除，也不是"标准"的工艺过程。某些类型的铁铸件将热处理作为常规生产过程的一部分，例如，可锻铸铁铸件通常要进行韧化处理；高塑性牌号的球墨铸铁经常进行退火处理；金属型铸造灰铸铁通常进行退火或正火处理；珠光体可锻铸铁和高强度等级的球墨铸铁采用空气和液体淬火加回火，以得到所需的强度和硬度。

5.1.5　温度控制

在铸铁件的热处理中，准确和有效地进行温度控制是极为重要的。如热处理产生过热，优质铸件可能产生不可逆转的损坏；如热处理产生欠热，在服役中会因性能指标不达要求而失效。与钢进行相同的热处理，铸铁的热处理温度控制通常需要更

加准确。因此，温度控制系统的设计、适当的维护和操作是极为重要的事情。

实际上热处理温度控制涉及两个紧密相关的因素。第一个因素是为达到并保持在所需的温度范围，必须保证温度调节的准确性。为保证炉内的温度准确性和一致性，按照 SAE AMS2750 要求，定期对炉温均匀度进行检查。第二个重要因素是，在热处理温度下，铸件自身温度的均匀性。

因为存在有众多变量会改变炉内传热和热分布，因此在商业热处理中，第二个因素比第一个因素更加难以控制。例如，采用强制循环和常规控制仪表，可以保证空载炉达到满意的温度精度和温度分布。而在该炉中装载了大型铸件，这时改变了炉内传热模式，干扰了空气循环，则难以保证温度分布的均匀度。即使炉内控制的热电偶达到所需的温度，但会出现实际温度分布不均匀问题。热电偶附近的铸件将达到或接近控制温度，而炉内偏远区域的其他铸件，可能高于或低于这个温度几百摄氏度。

如果不采取适当的措施，保证相对均匀的温度分布，有些铸件可能无法达到所需的温度，或可能产生严重过热。经这种热处理的铸件显然无法满足使用要求。有许多铸件性能达不到要求，将原因归咎于冶金或铸件成分不合格，但实际上的原因是炉内温度分布不均匀所造成的后果。

连续生产线上的热处理炉也可能产生不规则的温度变化。在工件通过热处理炉时，应加强对温度均匀度监测。

在铸件热处理炉的正常负载条件下，为保证达到满意的温度分布，通常要求以下几点：

1) 不超载。保证铸件之间有足够的空间，以确保炉内气氛自由流通。

2) 保证铸件间的空气流通通道大体相同，保证炉内所有工件间空气流通均匀。

3) 不将厚壁和薄壁铸件在同炉混装。理想状态是同炉所有工件重量和截面都相同，或铸件有类似的重量与面积比。

4) 在装载后的炉中各关键点安装热电偶，记录炉内工作时温度分布。通过记录的温度分布，调整炉内燃烧喷嘴或重新安排炉内载荷，保证温度均匀。

5.1.6　气氛控制

在热处理温度下，铸铁件可与炉内气氛迅速发生反应，如炉内气氛不进行控制，热处理炉内气氛为氧化性气氛，会在铸铁件表面形成氧化铁，与接触的石墨发生反应，形成一氧化碳。

通过扩散和碳氧反应，在金属表面逐渐形成氧化物和脱碳层。随氧化进一步发展，金属表层的硅

会发生氧化，形成氧化硅，这对机加工中的刀具极为有害。如表层的硅含量降低，铸件表面会形成高硬度的珠光体层，退火后形成铁素体。在扩散过程中，石墨片或石墨球会逐步消失，消失后的孔隙处形成氧化铁。因此，为减少出现这类问题，应尽可能选择低的热处理温度和缩短热处理时间。

虽然通过砂轮和喷丸清理，很容易去除表面氧化膜和氧化皮，但很难去除铸铁中形成的内层氧化和次表层氧化，这会对机械加工造成严重危害。需采用酸洗或使用熔盐浴去除不通孔中的氧化物，具体方法可参见相关文献中的讨论。

铸件热处理后采用砂轮和喷丸清理，可能会再次在表面造成残余应力。当铸件表面状况要求很高时，即使热处理后，还要进行表面机加工，则应该采用保护气氛进行热处理。对有过多氧化物表面的铸件进行机加工，会降低刀具寿命。

铸铁件含有多余的碳，因此对气氛控制不必要像钢淬火要求的那么严格。装载有合理铸铁件量的密封炉内，铸铁件可以产生高达 60% CO 气氛，即自身能生成部分保护气氛。该方法不能防止在铸件表面形成薄的氧化膜，但能避免在表面形成厚的氧化皮和表层出现铁素体脱碳层。

采用盐浴炉加热铸件，是精确温度控制与防止氧化的有效方法。通常在热处理温度下，铸铁饱和含碳量非常高，因此，还原或渗碳气氛对铸铁件的影响甚微。如铸铁不含有特殊合金元素，对大多数热处理工艺来说，氮的渗入速度太慢。在未达到平衡的还原性气氛中，可能表层会出现脱碳层，但不会形成铁的氧化物。采用氮气作为中性气氛，已成功利用连续退火电炉对可锻铸铁进行退火。必须保持氮气的低露点，以避免出现工艺困难。

5.1.7　消除应力

铸件，特别是形状复杂的铸件，易存在残余应力。严重的残余应力会导致铸件变形或翘曲，这在进行机加工时可以观察得非常清楚。如果对具有残余应力金属进行机加工，残余应力重新分布，会使铸件形状发生改变。在进行机加工或磨削加工时，卡盘夹紧力或切削力也会引起铸件变形。

然而，绝大多数的商业铸铁产品都不需要进行消除应力处理，因为它们残余应力较小或已进行了消除应力热处理。

1. 残余应力产生的原因

(1) 冷却速率的变化　在铸件落砂后或在其他热加工艺后，铸件的加热或冷却不均匀会造成残余应力。产生应力的原因可能是铸件内部不同地方的膨胀率或收缩率不相同或工件截面差异造成各处冷

却速率不同。一个工件在冷却过程中，工件的两个主要部分之间的残余应力（σ）有以下简单近似关系：

$$\sigma = \alpha E \Delta T_{cr}(1-A)$$

式中，α 是线胀系数（11×10^{-6}）；E 是弹性模量（灰铸铁 14×10^{-6}，球墨铸铁和可锻铸铁 24×10^{-6}）；ΔT_{cr} 为在临界温度时，铸件上两个主要部分之间的温差；A 为取决于材料塑性的一个常数（灰铸铁为零）。

临界温度按绝对温度约是熔化温度的一半，也可表述为材料从弹性转变到塑性的温度。该温度也与材料的再结晶温度有关。

从上面方程可以得出，不管是什么原因（断面尺寸差异或落砂温度改变等），两个连续部分之间的温差越大，产生的残余应力就越大（σ）。图 5-5 所示为灰铸铁制动盘，通过测量帽盖和制动磨板之间的温差（ΔT_{cr}），计算出灰铸铁盘式制动器的残余应力。通过计算，证明这种关系是相当准确的。

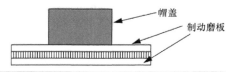

灰铸铁铸件工艺	ΔT_{cr}（帽盖和制动磨板之间测量值）		σ（磨板周边应力）			
			根据Pribyl方程预测		测量值	
	℃	°F	MPa	psi	MPa	psi
空冷在～980℃（～1800°F）落砂	36	97	−39.6	−5750	−43.4～−26.2	−6300～−3800
砂型模冷却	6	43	−10.3	−1500	−9.6	−1400

图 5-5　灰铸铁制动盘

注：对 11kg（24lb）灰铸铁铸件进行了测量，其中一件在～980℃（～1800°F）落砂，其余采用砂型冷却。

冷却速率的变化会增大残余应力，因为在不同截面上有不同的冷却速率，造成奥氏体转变量不同。例如，中合金铸铁在快速冷却的截面处，可能发生奥氏体向硬度高和脆性大的马氏体组织转变，产生不同于珠光体或贝氏体的体积膨胀。

在冷却过程中，造成了膨胀率的差别，原因为相变转变产物不同，加上不同截面收缩率的差异。典型各处冷却速率不同的铸件，如图 5-6a、图 5-6b 所示。

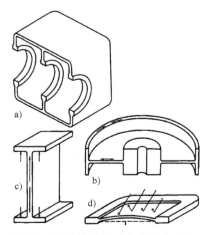

图 5-6　不同铸件相对应的残余应力
a）由于形状，冷却速率的差异　b）不均匀的金属截面
c）机械模约束　d）用喷砂清理表面

（2）模具的机械约束　如果铸件设计或模具材料等原因，限制或约束了正常凝固和金属冷却的热收缩，即使是均匀截面铸件也可能造成很高的残余应力。

在固态冷却中，由于刚性模具约束，模具中工字钢铸件的残余应力如图 5-6c 所示。在固态冷却期间，刚性模具中工字钢的垂直部分 I 倾向于收缩，而工字钢的上下水平部分限制收缩，于是造成在垂直部分产生拉应力。

从模具中取出工字钢铸件会消除应力，但由于在冷却过程中，正常的热收缩受到模型的机械约束，铸件会有残余应力存在。由于铸件的刚性几何形状，在尖角和其他应力集中处，会产生不同程度的残余应力。

（3）清理表面喷丸　用金属球形颗粒或砂，以高速冲击金属表面进行清理，会造成工件表面产生压应力。通常这种残余应力不会对工件造成损伤，往往是有益的。但在某些情况下，这种表面喷丸会导致工件变形。对大工件或薄壁处进行不对等喷丸，会造成工件变形（见图 5-6d）。随后采用机加工或研磨工艺去除喷丸变形表面，会造成应力不平衡而导致变形。

（4）后续处理　铸铁件在熔盐中进行清洗、采用钎焊进行装配、表面强化或热处理淬火都有可能会引起明显的残余应力。如果该后续处理很重要，铸件应采用热处理消除应力。

矫直和压模也会产生残余应力，但这些一般不会影响工件的性能。机加工中工件被夹紧或加热造成的变形是暂时的现象，但可能导致加工后尺寸不符。机加工中大切削量进刀、高机加工速率和中断切削都可能造成变形和残余应力。

2. 无残余应力的铸态铸件

砂型铸件在砂型模中冷却，因为砂型具有良好的隔热效果，不论工件形状的复杂性或截面尺寸，残余应力都很小。这种处理工艺有效地降低了铸件不同部分之间的温度差异 ΔT_{cr}，因此，有效降低了残余应力。这在图 5-5 中灰铸铁盘式制动器已经很好地进行了说明。

可以将铸件从砂型中取出，放入保温箱中，使铸件各处温度均匀，而后均匀冷却，避免产生残余应力。为达到满意的结果，应对保温设备进行专门设计和谨慎使用，可以在保温箱中安装热电偶，为关键重要铸件指示平衡温度和冷却速率。

3. 残余应力测试

根据铸件的设计、生产过程和使用要求，铸件是否出现的残余应力，残余应力大小是不同的。大截面铸件和厚实的铸件通常已发生退火，无残余应力。而大型薄壁铸件和形状复杂的铸件通常有残余应力。

铸件应力的有损检测方法为：在可疑区域制备一个锯痕，或切削去除认为有应力的部分，证明残余应力的存在。当锯痕宽度变化或铸件变形，表明残余应力严重。当铸件进行机加工后，尺寸发生变化或出现裂纹，通常证明存在有残余应力。

4. 消除应力

通过加热消除应力所涉及的基本原理与蠕变的概念密切相关。在退火过程中，热能使微观缺陷（位错）发生运动。随铸件的温度提高，这些缺陷运动到能量较低的位置或发生湮灭。此时，铸造的应力得到消除，宏观表现为硬度降低和强度略微下降。该工序的目标是在不降低所需铸件基本性能的条件下，消除应力。

随着温度的进一步提高，铸件将开始进一步降低硬度和强度。如果铸件有明显的残余应力，当加热到适当的温度，通常在 480 ～ 650℃（900 ～ 1200℉）范围，能消除残余应力，其屈服强度也只是略有降低。

通常消除应力的温度不会改变铸件的铸态组织。当消除应力后，铸件的各部分都均匀地冷却到室温，铸件没有残余应力，但保持了原有的强度。

消除应力的程度取决于几个因素，其中包括，

初始残余应力大小，消除应力处理的温度和时间，加热/冷却工艺以及铸件的化学和金相组织。

图 5-7 为消除应力温度与消除应力之间的关系，在同等条件下，高初始残余应力比低残余应力消除的更快。例如，在 500℃（930℉）经过 1h，具有 200 MPa（30000 psi）残余应力灰铸铁，残余应力减少了 50%，而残余应力为 100 MPa（15ksi）同等牌号的铸铁，采用相同的消除应力工艺，残余应力只减少了 40%（见图 5-7）。

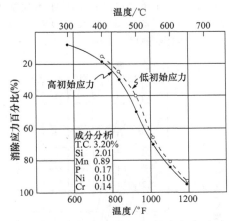

图 5-7　消除应力温度和初始应力水平对在该温度保温 1h，消除的应力百分比

如图 5-8 所示，在消除应力工艺中，时间与温度关系是重要的控制因素。图中显示了合金灰铸铁在

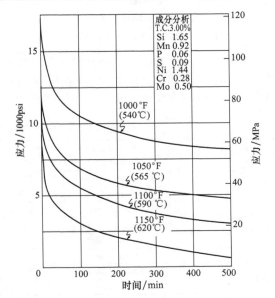

图 5-8　消除应力温度和在该温度保温时间对高强度灰合金铸铁残余应力的影响

注：合金灰铸铁含有提供高温强度的合金元素。

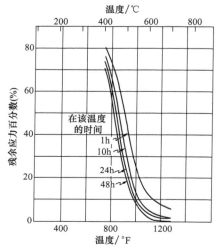

图 5-9 普通灰铸铁在不同温度、
不同保温时间条件下消除的应力

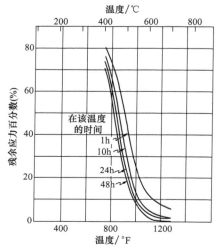

图 5-9 普通灰铸铁在不同温度、不同保温时间条件下消除的应力

540℃、565℃、590℃ 和 620℃（1000°F、1050°F、1100°F和1150°F），消除应力处理速率。达到同样消除应力水平，普通灰铸铁消除应力所需的时间更短。

在一定温度下所用时间，影响热处理炉的经济成本。因此从消除应力成本考虑，总是希望选择更高的温度和更短时间。图 5-9 所示为普通灰铸铁在不同温度、不同保温时间条件下消除的应力。在540℃（1000°F）保温 1h，消除了 75% 的应力，而在430℃（800°F）保温 1h，仅消除了 25% 应力。在540℃（1000°F）下，将保温时间从 1h 增加至 48h，消除了 92% 应力，而在 650℃（1200°F）温度下，仅需要 1h 就能达到同样的效果。

很明显，温度从 540℃ 提高到 650℃ 并保温 1h 的成本，远小于在该温度下保温 48h 的成本。但应该指出，较高的温度会影响去应力处理后铸件的力学性能。

因此，如铸铁件有明显的残余应力，加热至480~565℃（900~1200°F）之间适当的温度，消除了应力，其屈服强度略有降低。但采用超过565℃至高达 650℃（1050°F至高达 1200°F）温度消除应力，尤其是进行长时间保温，会导致普通灰铸铁性能严重下降。

最初铸件中出现的残余应力就是工件非均匀冷却，内外热收缩不一致引起的后果，因此消除应力处理后的冷却速度也很重要。消除应力后采用快速冷却，会再次引起残余应力。因此，在铸件消除应力处理后应尽可能采用均匀冷却。

通常，为避免或减少再次引起明显的残余应力，采用炉内冷却至足够低的温度而后出炉。在大多数情况下，消除应力后炉内冷却到约 430℃（800°F），能达到满意的效果。对于极其复杂的铸件，需要最大程度地去除应力，建议炉内冷却到 150℃（300°F）以后出炉。

消除应力过程中的加热也很重要，塑性较低的铸件在快速加热时，也可能造成开裂。

铸铁适当的消除应力温度-时间选择，要求既要充分消除应力，又要求避免过多地降低工件力学性能。在消除应力热处理中，通常认为硬度略微降低，是达到最有效的处理时间和温度的组合。铸件淬火后通过回火，在很大程度上能消除应力。

铸铁加热降低硬度或消除应力的能力主要与其合金成分有关。合金元素，特别是锰、铬、钼，提高铸铁的高温强度。因此，与普通铸铁相比，合金铸铁需要采用更高的消除应力温度。

表 5-2 推荐了部分消除应力的实例。从表中可以看出，普通铸铁消除应力的温度不高于650℃（1200°F）。从微观上看，消除应力过程金属发生少量相对运动，这可能会导致铸件尺寸发生变化。

表 5-2 灰铸铁和球墨铸铁铸件消除应力处理实例

类型和铸件级别	截面厚度范围	推荐消除应力工艺[1]
普通灰铸铁，级别 20 和 30	<50mm(2in)	565~579℃(1050~1075°F)，保温 2h
	50~100mm(2~4in)	565~579℃(1050~1075°F)，按截面厚度，每 2.54 cm(1in) 保温 1.5h
	>100mm(4in)	565~579℃(1050~1075°F)，保温 6h
高强度低合金灰铸铁，级别 40~60	<50mm(2in)	565~595℃(1050~1100°F)，保温 2h
	50~100mm(2~4in)	565~595℃(1050~1100°F)，按截面厚度，每 2.54 cm(1in) 保温 1.5h
	>100mm(4in)	565~595℃(1050~1100°F)，保温 6h
球墨铸铁，高合金铸铁	<50mm(2in)	595~649℃(1100~1200°F)，保温 2h
	50~100mm(2~4in)	595~649℃(1100~1200°F)，按截面厚度，每 2.54 cm(1in) 保温 1.5h
	>100mm(4in)	595~649℃(1100~1200°F)，保温 6h

[1] 所有温度为实际铸件温度。

有时通过铸件在炉中的定位，对于铸件进行固定，可以避免令人烦恼的变形。当铸件精度要求极高时，可在粗加工和精加工之间增加一次消除应力处理。

当然，除在后续处理中又引入了应力，退火铸件不需要进行消除应力处理。如果有必要，推荐的去应力温度应该不引起任何退火铸件的硬度变化。

5. 其他消除应力的方法

（1）自然时效　将铸件在大气环境中存放几个月，能达到降低应力的目的。在有铸件清理机之前，常用该方法在铸铁件上形成铁锈，粘除铸铁件上的型砂和硬垢。这既提高了机加工中刀具寿命，也提高铸件尺寸的稳定性。然而，该方法最多能消除10%的残余应力，所以这种方法现已很少使用。

（2）振动　采用振动调节方法，能改善工件结构的尺寸稳定性，特别是工件进行了机加工后。但采用该方法，在控制的条件下，达到实际效果的已有数据很少，用振动调节方法去除铸铁件应力还有很长的路要走。对于大多数铸件形状复杂或刚性的设计，开发合适振幅的振动装置，用于消除各种有应力铸件中的应力，看起来似乎不切实际，用于精密机械行业中的高阻尼铸铁尤其如此。

5.1.8　退火

铸铁的退火是从奥氏体相区缓慢冷却，通过其临界温度范围，降低材料硬度的工艺过程，其目的是为了得到铁素体加石墨的平衡组织。铸铁退火与钢退火不一样的地方为，基体的碳含量（化合碳）可以通过缓慢冷却，逐渐降低到零，最终组织只有铁素体和石墨。铸铁中存在大量的硅，促进了碳以石墨的形式析出。

可采用几种类型的退火，降低铸铁的硬度。这些退火工艺也可以用来降低球墨铸铁的强度，提高塑性和韧性。如果采用缓慢冷却速度冷却到足够低的温度，退火可以用来减轻铸件的残余应力。对于某些牌号的球墨铸铁，必须进行退火工艺。

5.1.9　正火

正火是将铁铸或钢从高于临界范围温度，在空气中冷却。这个词来自锻钢工业，在空气中冷却是锻钢常规的冷却过程。

通常铸铁件正火热处理，能获得比铸态或退火状态更高的硬度和强度。铸件在空气中的冷却速度，通常比在砂型中要快，其组织为细小珠光体基体，具有良好的耐磨性能和可加工性能。如冷却速度足够快，工件截面淬透性足够高，正火组织能很好地进行感应淬火或火焰淬火处理。

铸铁件可按下列方式进行正火：

1）当在砂型中冷却，硬度偏低时，可采用正火在空气中冷却，提高铸件的硬度。

2）高温热处理后，用于去除多余碳化物（游离渗碳体）。空气中冷却得到硬度高的珠光体组织，而不是炉冷得到硬度低的铁素体组织。

3）铸件凝固后，在冷却到临界温度以上温度范围时，将铸件从铸型中移出清砂，在空气中冷却。这样冷却速率更快，提高了铸件的硬度。但对于复杂铸件，需要随后进行消除应力处理。

复杂铸件在低于 540℃ （1000℉） 温度加热，如升温速率过快，会造成铸件温差大，导致变形或开裂。除此以外，正火的升温速率并不重要。在正火温度下，碳在铁中的扩散速率很快，因此在热处理炉中保温时间不需过长，使铸铁件各处温度分布均匀即可。正火温度大约是高于临界温度 50℃ （100℉） 范围。对高强度灰铸铁，临界温度范围为 810~870℃ （1500~1600℉）；对低强度灰铸铁，临界温度范围为 840~900℃ （1550~1650℉）；对球墨铸铁，临界温度范围为 870~900℃ （1600~1650℉）。

因为增加硅含量会提高临界温度范围，所以铸铁中硅含量起决定性的作用。使用大排量风扇可以增加静止空气冷却速率。

大型厚壁铸件需要采用更快的冷却速率冷却，同时也需要均匀冷却，所以铸件在空气冷却期间必须分离。一些大型、复杂铸件可能不适合采用正火处理。与普通铸铁相比，合金铸铁和高锰铸铁在珠光体转变范围具有较高的淬透性，可以采用较慢冷却的正火。较大截面的合金铸铁件，采用正火可以得到令人满意效果。

截面差别大形状复杂铸件和空心铸件内壁与外壁处，由于冷却速率差别很大，会导致铸件各处硬度差异很大，造成高的残余应力。

5.1.10　整体淬火

（1）奥氏体化　需淬火的铸件在高于上临界点 28~55℃ （50~100℉） 的温度进行奥氏体化。根据铸件的大小和复杂程度，按截面厚度每 25.4mm （1in）保温 2min~1h。

炉内保温时间主要要求铸件温度达到均匀，而从金相组织方面的考虑要少一些。加热应该循序渐进，在较低的温度范围加热，应缓慢升温，以降低热应力和防止开裂。对复杂铸件或空心铸件奥氏体化加热，加热速率尤为重要，应尽可能降低温度梯度，以防止加热过程中变形和翘曲。当加热温度超过 550℃ （1000℉） 以上，可采用快速加热至奥氏体化温度。应注意避免过热，因为过热会降低力学性能、造成氧化和变形，此外应尽可能保证炉内不同位置之间的温度差异最小。

在该温度下，以石墨为碳源，碳迅速扩散到奥氏体中。根据石墨间距、奥氏体化温度和合金元素含量，奥氏体中固溶足够的碳，实现完全淬硬，可能需要几秒到几分钟时间。

（2）淬火 在淬火过程中，由于马氏体形成体积膨胀和冷却造成热收缩的相互作用，引起严重的内应力，造成翘曲、变形和开裂。因此，应在淬火冷却过程中，在超过临界冷却速率的前提下，尽可能采用缓慢冷却速度冷却。分级淬火（Hot quenching）是一种特殊的技术，能最大限度地减少出现存在严重内应力的问题。高碳和高硅铸铁会导致淬火开裂和淬火后残留奥氏体数量增多。不同铸铁的淬火马氏体硬度是不同的，可采用传统的洛氏硬度或布氏硬度进行测试。

（3）回火 回火通过马氏体转变为 α + Fe₃C，降低淬火态钢或铸铁的硬度。正火铸铁通过回火，粗化组织中渗碳体，降低珠光体组织硬度。为降低残余应力、减少开裂和减少残留奥氏体数量，应立即对淬火态铸铁进行回火处理。

当希望得到高的回火硬度，采用 150～200℃（300～400℉）温度回火。回火涉及碳扩散，尽管回火温度比时间更重要，但回火过程与温度和时间都有关。如在回火温度保温时间至少 2 倍于铸件加热至回火温度所需时间，则回火的均匀性得到改善。达到所需硬度的适合回火温度受铸铁的成分、球墨粒数或石墨片大小的影响。

合金铸铁和那些高淬透性的铸铁需要采用较高的回火温度，才能达到与普通铸铁相同的最终硬度。与中间转变组织（奥-贝混合组织，ausferrite）相比，完全淬硬马氏体组织应在较低温度下回火。与正火铸件的细珠光体组织相比，如要求达到同样的回火硬度，淬火硬化铸件的回火温度比正火铸件的要低一些。

5.1.11 表面强化

铸铁件的表面淬火（表面强化）是一种有效和经济提高耐磨性的方法。如对高应力区域进行淬火，表面强化也可提高工件的强度。表面淬火铸铁不仅提高了强度，而且在淬火过程中，会使金属表面产生压应力，从而降残余拉应力的峰值。

含碳量高的铸铁件在表面淬火强化中，具有良好的效果。除白口铸铁和高合金铸铁外，所有类型铸铁都可以进行火焰、感应或激光加热淬火。可以采用急冷铸铁，在铸件表面形成白口，这种工艺方法在某些应用中具有优势。急冷铸铁具有特定的冶金和铸造形状限制，应与铸造行业结合讨论它的工程应用。

可对商业铸铁件进行扩散强化。由于铸铁含有足够的碳，不需要进行渗碳处理，但可以进行渗氮，提高表面耐磨性、疲劳强度、抗磨损和抗擦伤性能。

铬和其他金属的扩散在特殊铸铁一节中介绍。

1. 金相组织方面要求

表面强化的铸铁对基体组织有一定要求，在表面强化前，基体组织应该是珠光体或回火马氏体。如铁素体周边有石墨存在，少量的铁素体不会影响表面强化效果。然而，表面强化加热到临界范围时间太短，碳则无法通过扩散完全固溶进入铁素体基体中。

因为相邻基体金属冷却协同淬火效果，普通铸铁的淬透性完全能满足表面强化的需要。事实上，使用高淬透性合金铸铁还不利于进行表面淬火。加热和冷却时，合金元素推迟相变，所以为达到满意的表面淬火效果，合金铸铁需要更长的加热时间。

含合金元素的铸铁在淬火后，可以残留较多的奥氏体组织，这可能会增加淬火金属的残余应力。为得到珠光体组织，如果必须添加合金元素，应优先考虑添加锡或铜。

铸铁表面淬火的温度控制是非常重要的因素。虽然在淬火温度的时间非常短，但需要严密控制。铸铁的临界温度高于钢，但过烧温度低于钢，因此必须仔细监控加热铸铁各处的最高温度，实现精确温度控制。

因为珠光体可锻铸铁之前热处理的原因，以及低硅（较低的临界温度）、低合金含量，因此，珠光体可锻铸铁是最容易进行表面淬火的铸铁。球墨铸铁硅含量高（高临界温度），同时含有合金元素，因此球墨铸铁表面淬火要特别精确对温度进行控制。

表面淬火的显微组织通常没有典型马氏体组织特征。珠光体组织铸铁经快速表面淬火，试样经抛光和侵蚀，组织可能不太清晰。其原因是组织中残留有部分原珠光体组织（remaining ghosts of the pearlite）。高放大倍数显微组织照片表明，该组织为马氏体和残留珠光体碳化物。

采用回弹硬度试验方法，可方便地确定铸铁表面是否已经淬火，但这种方法无法准确测定表面硬度值。回弹硬度试验的结果受到表面粗糙度、铸件质量和金属弹性滞后性的影响。在试验条件相同的情况下，可以用经验回弹硬度标度与标准硬度值对应关系检测铸铁件表面硬度。

2. 表面淬火方法

在实践中，通过控制加热热量输入和控制加热时间，控制表面淬火硬化层深度和梯度。在连续淬火过程中，加热的时间取决于移动速度，根据每种加热方法，控制这些变量。与常规热处理炉加热相比，表面淬火方法加热速度非常快，因此必须要确保基体中含有足够的化合碳，以达到所需的基体硬度。

表面淬火有三种方法，分别为：定点淬火（spot hardening）、旋转淬火（spin hardening）和逐行扫描淬火（progressive hardening）。

（1）定点淬火 定点淬火使用一个静态装置。在整个淬火区域，必须保证热量输入均匀分布。自动定时加热后立即喷雾淬火。该方法用于对内燃机中气门摇臂上的推动垫进行淬火。

（2）旋转淬火 通常用于工件外观有回转形状的部分，淬火面为圆周面。铸件在旋转中被加热，以确保均匀加热。经过一段时间加热，铸件喷雾淬火或浸入淬火液淬火，其中后一种方法允许淬油。该工艺方法主要用于小型直齿和锥齿轮或类似工件的淬火。

（3）逐行扫描淬火 逐行扫描淬火主要用于较大区域淬火。热源在加热工件表面来回移动，随后立即喷雾淬火。该工艺过程主要用于轧辊工作面淬火。可以对每个大齿轮上的轮齿单独逐个加热和淬火。

3. 表面淬火加热方法

表面淬火或局部淬火加热方法有以下四种：火焰加热、感应加热、激光加热和浸没加热。

（1）火焰加热 火焰加热使用氧乙炔焰加热铸件表面。也可以使用其他火焰温度较低的气体，但由于所需加热时间长，会导致硬化层过深。通常采用水冷式火焰烧嘴，有时也用冷却水淬火。虽然该工艺方法简单方便，但不能单独对淬火进行控制或不允许使用可溶性油淬。

热量输入速度和加热时间或在通过式淬火装载的移动速率决定了淬硬层深度。为达到合适的淬火温度和获得更深的淬火硬化层，较低的热量输入速度需要更长的时间。在通过式淬火装置中，为实现均匀淬火和达到理想的硬化层深度，必须采用两行或多行交错烧嘴。如采用单行烧嘴，通过速度显得非常重要，很难掌握加热过程既不欠热也不过烧，达到理想淬火要求。

火焰淬火设备是通用的。可以容易地对各种类型淬火方法进行设置，但是火焰淬火也是最难实施的工艺。用视觉控制工艺过程，需要很高的技能。典型的气体焊接与切割设备通常不能提供足够均匀热源，进行表面淬火。

（2）感应加热 感应加热使用带高频交流电水冷铜线圈，产生感应能和热量，加热金属表面。最容易通过感应淬火的是圆形工件的外表面。然而，也可实现对平面、不规则的形状工件甚至孔的内部进行感应加热。通常，每个感应线圈为每个具体工件设计。有些感应线圈是由铜管简单加工而成，而有些则相当复杂，通过多件装配而成。

感应淬火使用不同频率的电能加热。低频加热得到的硬化层深，高频加热得到的硬化层浅。常用 9600 Hz 频率电源，感应加热深度约为 1mm（0.04in），采用该频率加热，最低淬硬深度约是 1.3mm（0.05in）。在输入功率低的情况下，通过延长加热时间，容易得到更深的硬化层。但想得到浅的硬化层，必须采用高频加热。

这种淬火方法在表面产生残余压应力，在心部与硬化层界面心部一侧产生残余拉应力。提高硬化层深度会突出这些应力，由此可能导致龟裂或开裂。

（3）激光加热 激光加热采用极强光或激光进行加热。激光将电能转换成电磁能——形成很容易通过空气的光束，集中聚焦淬火区域。工件表面以热量方式吸收能量，当激光束加热铸铁后，由于铸铁具有足够的淬透性，加热层发生自淬火（auto-quenches）现象，即通过辐射和传导将热量迅速传导至基体冷金属，在没有使用淬火冷却介质的情况下进行了淬火。通过控制激光输出功率、光束大小和停留时间，实现对最高加热温度和淬火深度自动控制。

这种方法的优点主要有消除外界淬火过程，减少了变形和精确控制淬火深度。通常光学定向光束，能处理常规处理方法无法处理的区域。

（4）浸没加热 浸没加热方法相对简单，但其应用受到一定限制。将工件需淬火部分浸入或旋转进入超过临界温度的盐浴或金属浴，当淬火部分加热到温度，将工件淬入油或水中。浸没加热方法尤其适合用于试验工作和小批量加工。由于该方法所需设备成本低，现也在生产中使用。

4. 扩散强化

合金元素通过扩散渗入金属的表面，改变表层成分和微观组织，进行强化。采用这种方法改善了材料的性能，与整体淬火强化效果有很大的不同。采用渗氮、氮碳共渗，可提高铸铁件的耐磨性能、疲劳强度、抗磨损和抗擦伤性能。

因为铸铁的含碳量已经很高，渗碳工艺除用于对铸件表面脱碳层进行增碳，一般没有商用价值。传统渗氮工艺采用无水氨气作为氮的载体介质，反应相对缓慢，一般不用于铁铸表面处理。氮碳共渗，采用熔盐浴作为碳和氮的载体来源，可以有效地应用于灰铸铁、可锻铸铁和球墨铸铁表面处理。

该工艺过程有时也称为催渗渗氮（activated nitriding），具有处理时间短（1~2h）和渗氮温度低（540~600℃，或 1000~1100℉）的优势。该工艺能明显改善磨损和疲劳性能，是有效的铸铁表面强化方法。在某些情况下，对工件进行液体淬火及回火热处理，或表面硬化前进行正火处理。

盐浴氮碳共渗改善耐磨损、耐蚀性，提高了疲劳强度，包括热疲劳强度。通过在氰化物和氰酸酯化合物熔盐浴中，将铸铁表面加热至 566~571℃（1050~1060℉），化合物释放碳和氮，渗入工件，实现了表面强化。

在该工艺过程中，活性更高的氮，扩散到工件表层约 1.14mm（0.045in）深度；而活性较低的碳渗入深度较浅，一般小于 0.015mm（0.0006in）。其结果为硬化层由两层组成：外层主要是含碳氮化铁（carbon-bearing iron nitride），内层主要是氮的固溶体。形成由两层组成硬化层的原因是在亚临界温度下，氮的扩散速率比碳更快。

碳仅渗入铸铁的浅表层，作为含碳氮化铁的形核剂。该复合化合物具有较高的韧性和塑性，与传统渗碳或渗氮零件相比，采用该工艺大大改善了工件的表面韧性。从熔盐释放出的氮扩散渗入相对较深的表层，在复合化合物层下，形成了氮的固溶强化区域。该固溶强化区域强化了基体，阻碍了裂纹扩展，因此有效地提高了工件的疲劳强度。

5.1.12　硬度检测

对热处理工艺效果的主要评判手段是硬度检测。铸铁的硬度检测，其中包括标准和规范，主要是布氏硬度检测方法。但对硬度较高的铸铁件，在能正确评判铸件性能的前提下，也可采用洛氏硬度进行检测。为保证检测的洛氏硬度值可信，铸件的检测面和支撑面都需要加工后进行硬度检测。

为避免微观组织中石墨的影响，应采用数次硬度测量的平均值。由于石墨的存在，平均值也会受到影响，但为准确测量硬度，必须考虑平均效应。通过显微硬度测试实际基体组织硬度，有效性明显高于标准洛氏硬度检测。如测量点为石墨，硬度很低，可能会产生误导。

有人认为高碳灰铸铁淬火后，硬度 45HRC 是可进行机械加工，但实际上不行。采用显微硬度测试基体硬度，经转换后硬度为洛氏硬度为 66 HRC 硬度。通常认为完全得到马氏体组织的高碳钢，硬度为 63 HRC（随碳含量变化）。

基体组织中的石墨会降低铸铁的硬度，当得到马氏体时，球墨铸铁和可锻铸铁的硬度在 53~58HRC；根据片状石墨数量，灰铸铁在完全淬火的条件下，硬度为 48~55HRC。在基体硬度较低时，石墨对降低基体硬度的影响较小，但总是会有作用。

在考虑铸铁硬度指标时，应考虑硬度、可加工性、耐磨性或其他性能之间的关系。

致谢

经美国铸造学会（AFS）许可，本节改编于：George M. Goodrich 编写的《铸铁工程手册》第 10A 章，"铸铁件的热处理"。该书由美国铸造学会（www.afsinc.org）2006 年编辑出版。

参 考 文 献

1. G. M. Goodrich, Introduction to Cast Irons, *Casting*, Vol 15, *ASM Handbook*, *ASM International*, 2008, p 785-811.

2. J. E. Rehder, Critical Temperature Heat Treatment of Cast Irons, *Foundry*, June 1965, p 65-67.

3. Coatings and Surface Engineering for Iron Castings, *Iron Castings Engineering Handbook*, American Foundry Society, 2006.

4. T. E. Ferguson, What to Expect from Continuous Electric Anneal, *AFS Trans.*, Vol 84, 1976, p 543-550.

5. C. H. Reese and K. B. Rundman, Residual Stresses in Gray Cast Iron Brake Rotors, *AFS Trans.*, Vol 105, 1998.

6. M. M. Hallet and P. D. Wing, Stress Relief Heat Treatment of Alloy Cast Iron, *Foundry Trade* J., Vol 87, Aug 11, 1949, p 177-183.

7. J. H. Schaum, Stress Relief of Gray Cast Iron, *AFS Trans.*, Vol 56, 1948, p 265-277.

8. G. N. J. Gilbert, The Relief by Heat Treatment of Externally Applied Stresses to Cast Iron, British Cast Iron Research Association, *J. Res. Dev.*, Vol 3, Aug 1950, p 449-514.

5.2　灰铸铁热处理

5.2.1　概述

与球墨铸铁球状石墨形态形成对比，灰铸铁在凝固后，基体上分布着片状石墨，其微观组织取决于其成分和热处理。通常灰铸铁的微观组织是珠光体基体加分散片状石墨。灰铸铁通常有 2.5%~4% 的碳含量，根据希望得到的微观组织，添加 1%~3% Mn（如添加 0.1% Mn 为铁素体灰铸铁，添加 1.2% Mn 为珠光体灰铸铁）。灰铸铁中其他合金元素包括镍、铜、钼和铬。

通过热处理，可以显著改变灰铸铁基体组织，但热处理对凝固过程形成的石墨大小和形状几乎没有影响。根据不同的热处理，灰铸铁的基体组织可以是铁素体-珠光体到回火马氏体。尽管灰铸铁可以通过高温淬火硬化，但一般工程中，不采用热处理提高灰铸铁的整体强度。因为可以通过降低灰铸铁硅和碳的含量，或通过添加合金元素，以较低的成本，提高铸态灰铸铁的强度。

最常见的灰铸铁热处理是退火和消除应力处理。灰铸铁淬火加回火处理，通常是为了得到高硬度的马氏体基体上嵌入石墨的组织，以提高铸铁的耐磨性和耐磨损性能。通常采用火焰和感应加热对灰铸铁进行表面淬火。在某些应用场合，为了降低成本，也可以对合金铸铁或急冷铸铁采用局部火焰或感应淬火等热处理。当急冷工艺方法不可行时，如复杂形状铸件，大型铸件或必须通过机加工，才可达到或接近公差时，则采用热处理方法。

虽然灰铸铁组织中石墨片大小不受热处理的影响，但其大小显著影响在热处理中碳的动力学。与粗片状石墨相比，细片状石墨的碳扩散路径短，铸件铁素体化和正火能在更短的时间内完成。细片状石墨铸件不仅热处理更容易，力学性能也具有明显的优势。

化学成分是另一个重要影响灰铸铁热处理的因素。例如，硅会降低碳的溶解度，增加碳在奥氏体中的扩散速度，在热处理过程中，通常可加速各种反应。硅还会大大提高奥氏体化温度，降低化合碳含量（渗碳体体积分数）。相比之下，锰降低奥氏体化温度，增加淬透性；锰还增加碳的溶解性，减缓碳在奥氏体扩散，并提高化合碳含量。此外，锰稳定珠光体中的碳化物，提高珠光体百分数，降低珠光体层片间距。因此锰通常有延长热处理过程的作用。

5.2.2　灰铸铁的分类

在 ASTM A 48/A 48M 标准中，简捷和方便对灰铸铁进行分级。在该标准中，按单个铸铁试棒最小抗拉强度，分别以 ksi 和 MPa 为单位进行分级。按传统单位，牌号从 class 20（最小抗拉强度 20 ksi）到 class 60（最小抗拉强度 60 ksi）；按公制单位，牌号从 class 150（最小抗拉强度 150 MPa）到 class 400（最小抗拉强度 400 MPa）。在牌号中，还区分了铸铁试棒的尺寸（A，B，C 和 S）。

同样，在国际分类标准 ISO 185 中，根据单个铸铁试棒的最小抗拉强度（MPa），从 100 MPa 到 350 MPa，对灰铸铁进行命名。标准还允许商家和买家双方协议，使用附体（cast-on）试样和硬度值作为判据。这些附体试样值与铸件壁厚有关。

牌号中的强度值高，绝不意味着性能具有优势。在许多应用过程中，强度不是主要选择铸铁牌号的标准。例如，离合器盘和制动鼓，抗热裂纹是重要的性能要求，而低强度级别牌号的铸铁具有明显的优势。

同样，对热震性能要求高的钢锭模或生铁模，如采用 class 60 牌号铸铁，很快就会失效，而采用 class 25 牌号铸铁，则能很好地满足性能要求。再例如，对机床和其他受到振动工件，选择低强度、高阻尼铸铁具有明显的优势。

一般来说，随灰铸铁的抗拉强度提高，即从 class 20 到 class 60，或 class150 到 class 400，下面的性能也提高：

1）所有强度指标，包括在高温条件下的强度。

2）从粗加工到精加工的能力。

3）弹性模量。

4）耐磨性。

另一方面，随灰铸铁的抗拉强度提高，下面的性能降低。所以，当这些性能指标是重要的考核指标时，选择强度低的铸铁，往往具有更大的优势。

1）可加工性。

2）抗热冲击性能。

3）阻尼性能。

4）薄壁铸造性能。

根据 SAE J431 标准，对用于汽车和相关行业用灰铸铁砂型铸件进行了分类。在该标准中，根据试棒抗拉强度与布氏硬度之比定义铸铁等级，根据强度定义硬度等级。将铸铁等级，硬度等级和铸件特殊要求进行组合，则构成了灰铸铁铸造等级。

5.2.3　消除应力

几乎不可能生产一个完全没有残余应力的铸件，但在大多数情况下，这些应力并不十分明显。当铸铁在铸型中冷却，因为铸件不同截面的冷却（收缩）速率不一样。大部分的凝固应力已被消除，这有助于减少铸件的残余应力。

然而，有时残余应力的影响可能非常重要。有时会明显降低强度、导致变形，在极端情况下，甚至导致失效或开裂。在铸态条件下，引起残余应力的原因有：

1）由于横截面不同或在型模中位置不同，铸件各部分冷却速度不同。

2）冷却过程中铸件收缩受到模具的约束力。

3）表面高能冲击（如喷砂），可以引起压应力。有灰铸铁轮的残余应力高达 220 MPa（32 ksi）的报道；在其他灰铸铁件局部区域，也曾被观察到 170 MPa（25 ksi）的应力。

这些铸造应力的大小取决于铸件形状、截面尺寸、铸造工艺和铸造材料的成分和性能。如果应力导致弹性变形，铸造应力将保留在铸件中。如果发生塑性变形，铸造应力会逐步释放。

消除应力方法之一是自然时效，即将铸件在室外长期放置（有时长达数月），通过大气温度的波动，消除应力。这在长期生产实践中，已经证明是能有效改善尺寸稳定性的方法。但由于消除应力是通过塑性变形，所以这种方法只能影响峰值应力，而对不到最大拉伸强度三分之一的主要铸造应力影响甚微[1]。现在更多的是采用热处理方法消除应力，这可以在几个小时内完成。

只有少部分铸件，主要包括那些有特殊尺寸精度要求的，高应力、应力不均匀且截面刚度低或尺寸突变的工件，在机加工前需要进行消除应力处理。class 40、class 50 和 class 60 牌号的铸件的残余应力通常要高一些。所有尺寸稳定性要求非常高的铸件，应该施加高于服役应力几倍的应力，保持数小时后再进行最终机加工。

通常，消除应力温度远低于珠光体向奥氏体转变的温度范围。在高于 620～650℃（1150～1200℉）的温度长时间保温，组织可能会产生轻微变化，抗拉强度会有所降低。如在 620℃ 以下温度消除应力，抗拉强度没有明显的变化。

图 5-10 所示为消除应力处理对灰铸铁抗拉强度和硬度的影响。图中表明，消除应力处理对 class 25 铸铁的影响，明显超过 class 35 和 class 50 铸铁。图 5-11 所示为消除应力处理温度对普通灰铸铁和合金灰铸铁硬度的影响。

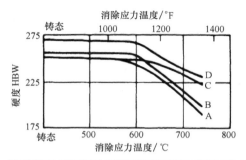

铸铁编号	成分(%)					
	TC①	CC②	Si	Cr	Ni	Mo
A	3.20	0.80	2.43	0.13	0.05	0.17
B	3.29	0.79	2.58	0.24	0.10	0.55
C	3.23	0.70	2.55	0.58	0.06	0.12
D	3.02	0.75	2.38	0.40	0.07	0.43

① 铸铁碳含量。
② 基体碳含量。

图 5-11　消除应力处理温度对普通灰
铸铁和合金灰铸铁硬度的影响

注：灰铸铁试棒直径为 30mm（1.2in），在消除应力处
理温度下保温 1h，而后空冷。

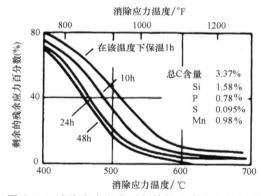

图 5-12　消除应力温度对灰铸铁残余应力的影响

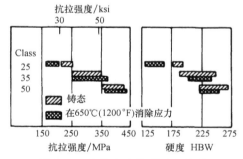

图 5-10　消除应力处理对灰铸铁
抗拉强度和硬度的影响

注：灰铸铁试棒直径为 30mm（1.2in），在尺寸
约为 13m×4m×3m（42ft×13ft×9ft）台车式
电阻炉内，650℃（1200℉）温度下进行了
6h 消除应力处理。炉内总时间为 43.75h。

普通灰铸铁在碳化物分解最少条件下，最大程度消除应力的温度范围为 540～565℃（1000～1050℉）。图 5-12 表明，在该温度范围内保温 1h，残余应力可以消除 75%～85%。其他研究参见图 5-13 表明，图 5-12 中的曲线适用于大多数成分的灰铸铁。

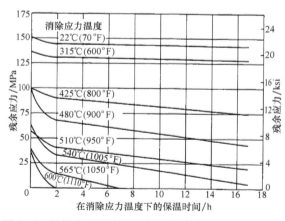

图 5-13　消除应力温度和时间对灰铸铁残余应力的影响
铸铁成分：2.72%C，1.97%Si，
0.141%P，0.080%S，0.51% Mn。

当普通灰铸铁要求进行完全消除应力（>85%）处理，最低的处理温度应采用 595℃（1100℉）；然而，这可能会牺牲一些强度、硬度和耐磨性。幸运的是，碳当量高、硬度低的铸铁，残余应力和蠕变强度较低，有助于消除应力。事实上，碳当量高的铸铁，选择下限消除应力温度进行处理，例如大约在 510℃（950℉），可以达到满意效果。通常，低合金灰铸铁要求在更高的温度，大约在 595～650℃（1100～1200℉），进行消除应力处理，具体温度取

决于铸铁的合金含量。

很缺乏合金元素对最佳消除应力温度影响的有关定量数据，然而，有报道在 3.20C-2.01Si 铸铁中添加 0.14% Cr，该铸铁在约 650℃（1200℉）温度下，进行 1h 保温消除应力，室温抗拉强度没有降低。图 5-14 为消除应力温度和时间对 7 种低合金铸铁的影响。图中的表格表明，根据落砂时间，铸铁在 620℃（1150℉）保温 8h，进行消除应力处理，对铸铁硬度没有不良的影响。

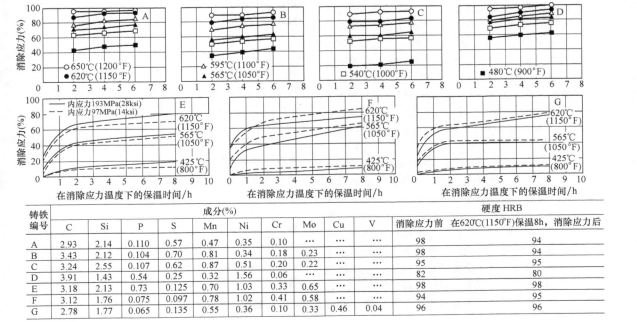

铸铁编号	成分(%)										硬度 HRB	
	C	Si	P	S	Mn	Ni	Cr	Mo	Cu	V	消除应力前	在620℃(1150℉)保温8h,消除应力后
A	2.93	2.14	0.110	0.57	0.47	0.35	0.10	⋯	⋯	⋯	98	94
B	3.43	2.12	0.104	0.70	0.81	0.34	0.18	0.23	⋯	⋯	98	94
C	3.24	2.55	0.107	0.62	0.87	0.51	0.20	0.22	⋯	⋯	95	95
D	3.91	1.43	0.54	0.25	0.32	1.56	0.06	⋯	⋯	⋯	82	80
E	3.18	2.13	0.73	0.125	0.70	1.03	0.33	0.65	⋯	⋯	98	98
F	3.12	1.76	0.075	0.097	0.78	1.02	0.41	0.58	⋯	⋯	94	95
G	2.78	1.77	0.065	0.135	0.55	0.36	0.10	0.33	0.46	0.04	96	96

图 5-14　消除应力温度和时间对低合金铸铁消除应力的影响

注：图 5-14 中表格数据表明，成分和可忽略的最大程度消除应力的条件对硬度的影响。

基于铸造正常落砂时间，推荐消除应力的温度是：

铸铁	温度	
	℃	℉
普通铸铁,或不含 Cr 的合金铸铁	510～565	950～1050
0.15%～0.30% Cr	595～620	1100～1150
>0.30% Cr	620～650	1150～1200

如果服役要求铸件的残余应力特别低，可采用高于上表中温度大约 30℃（50℉）进行处理，但建议对消除应力后的铸件进行硬度检测，以防铸件的硬度和强度达不到性能要求。

1）加热速率。在消除应力处理中，必须确保足够缓慢的加热速率，以避免重新产生热应力。灰铸铁铸件消除应力处理的加热速率取决于加热工件的形状和大小，但除极为复杂形状的铸件，一般不是

特别重要。采用间歇式炉加热时，必须保证装载时炉温度不能超过 95℃（200℉），因为当装载后，升温速率可能会相当高。常见的做法是，用大约 3h 加热到 620℃（1150℉），保温 1h，炉内缓冷 4h 至 315℃（600℉），而后在空气中冷却。为避免铸件引起额外的热应力，这些工艺也适用于各温度区间可控的连续热处理炉。必须防止铸件受到火焰直接加热，这可能会导致铸件硬度不均匀。

2）冷却速率。如果铸件从消除应力温度迅速冷却到室温，可能会产生新的应力，无法实现最大程度消除应力的目标。出于这个原因，从消除应力处理温度，至少在高温范围，缓慢冷却。这是消除应力工艺中的重要组成部分。

一般建议将消除应力铸件炉冷却到 315℃（600℉）或更低温度，而后才允许空冷；对形状复

杂的铸件，建议一直炉冷至约 95℃（200℉），而后进行空冷。大多数商用热处理炉的冷却速率都能满足需求。

5.2.4 消除应力实例

下面实例说明如何利用消除应力处理，消除铸件变形和防止开裂。其他需要消除应力的铸件有，泵涡螺壳、卷轴和外壳。这些工件需要进行两次消除应力处理：第一次在铸态，目的为减少机加工变形；第二次在粗加工后，再进行一次消除应力处理，目的为减少最终机加工变形。

实例1：铸造态离合器盘，机加工后平面度公差无法保证在 0.1mm（0.004in）。该工件由 3.40% C（基体碳含量 0.70%～0.90%），1.30%～1.80% Si，0.25%～0.40% Cr，0.30%～0.40% Mo 的灰铸铁生产。按要求添加 Ni 和 Cu，以保证铸铁的抗拉强度不低于 275 MPa（40ksi），硬度为 207～255HBW。在 620℃（1150℉）进行 2h 消除应力后，离合器盘公差达到要求。

实例2：根据紧急订单需要，将原在型模中缓慢冷却工艺过程改变为快速落砂，导致铸造变速器产生高残余应力。该工件灰铸铁材料成分为 3.10%～3.40%C，2.15%～2.35%Si 和 0.20%～0.40%Cr。第一批改变工艺过程的铸件在进行机加工后，出现 1.3mm（0.050in）宽的裂纹；其他铸件尽管机加工后虽然没有开裂，但在后面的热清洗工序中出现裂纹。将这批剩余的产品在 620℃（1150℉）进行 2h

消除应力后，解决了出现裂纹的问题。在后续订单中，恢复采用原冷却和落砂工艺，为消除出现裂纹的问题，必须进行消除应力。

实例3：铸态套圈出现热裂纹、不圆及环平面在机加工中发生附加变形问题。改变的方法是通过控制铸件温差，控制收缩均匀，从而消除热裂纹和铸态变形。通过在 370℃（700℉）进行 2h 消除应力，消除机加工中发生附加变形问题。

实例4：表 5-3 列出了采用不同的冷却方法和消除应力处理工艺，对 225kg（500lb）柴油机缸体的残余应力的影响。缸体灰铸铁成分 3.25% C，2.20% Si，0.30% Cr，抗拉强度 240MPa（35ksi）。

落砂后，在每个缸体的端面刻划两条垂线。沿气缸体端面至第一缸膛垂直锯开（平行于刻划的垂线），测量锯开前后的两垂线间的距离。测量锯后两垂线的接近量，该接近量与残余应力大小有对应关系。

试验结果（见表5-3）表明，与铸件留在铸型中缓慢冷却效果相同，完全落砂（包括心部），允许工件内部更快冷却，实质上是降低了残余应力。而如工件的质量足以保持整个工件表面在 620℃（1150℉）或更高温度，工件内部和外部温度达到平衡，将铸件留在铸型中缓慢冷却的过程能有效地降低铸件的应力。表中数据表明，在 620℃（1150℉）消除应力的效果明显好于在 540℃（1000℉）的效果。

表 5-3 落砂和消除应力工艺对 225kg（500lb）柴油机气缸体残余应力的影响

工艺	接近量		消除应力（%）
	mm	in	
1. 在型模中冷却 6h 后工件表面落砂,芯部保持不落砂,直至冷却到 27℃(80℉);总共用时 16h	4.1	0.160	参照对比基础
2. 除心部在 6h 后也落砂外,其余同工艺1	1.9	0.076	52
3. 在铸型中冷却 16h 后落砂	1.6	0.064	60
4. 工艺 1 后在 540℃(1000℉)保温 2h 消除应力,炉冷至 370℃(700℉)	1.5～1.9	0.060～0.076	52～62
5. 工艺 1 后在 620℃(1150℉)保温 2h 消除应力,炉冷至 370℃(700℉)	0.3～0.4	0.012～0.015	91

5.2.5 退火

除消除应力处理外，灰铸铁最常进行的热处理是退火处理。退火处理主要目的是降低硬度和分解珠光体组织。普通铸铁的临界温度（α 相转变为 γ 相）通常为 750～850℃（1380～1560℉），在低于该温度，珠光体也会发生分解，但当温度高于 600℃（1110℉），珠光体分解速度明显加快。

如灰铸铁选择高的退火温度，可以消除或减少大量块状共晶碳化物，降低铸铁硬度，改善可加工性，但与此同时，也降低铸铁的强度等级。例如，class 40 灰铸铁（最低抗拉强度 275MPa，或 40ksi）

将降低为 class 30 灰铸铁。图 5-15 所示为完全退火对 class 30 灰铸铁抗拉强度的影响。退火降低性能的程度取决于退火温度、在退火温度的保温时间以及铸铁的成分。灰铸铁退火通常有铁素体化退火、中间（或完全）退火和石墨化退火三种不同的退火工艺，每种的退火温度各不相同。

（1）铁素体化退火 当仅希望将珠光体中的碳化物转变为铁素体和石墨，改善可加工性，通常不需要将普通铸铁或低合金铸铁工件加热至相变温度以上。加热至约 595℃（1100℉）短时间保温，对灰铸铁的组织影响不大；当加热温度超过 595℃

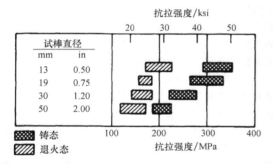

图 5-15　完全退火对 class 30 灰铸铁抗拉强度的影响

试棒取自于 31 炉。试棒在 925℃（1700℉）退火 2h，
当截面直径超过 25mm，按每 25mm（1in）增加 1h 进行
保温；以 160℃/h（285℉/h）冷速从 925℃（1700℉）冷却
至 565℃（1050℉）；再以 130℃/h（230℉/h）冷速冷却至
200℃（390℉）；最后空冷至室温。

（1100℉），渗碳体分解为铁素体和石墨的速率明显
加快，当达到最低相变温度（普通铸铁或低合金铸
铁约为 760℃，或 1400℉），分解速率达到最大。图
5-16 所示为普通灰铸铁组织，其中图 5-16a 为铸态组
织，图 5-16b 在 760℃（1400℉），按截面直径每
25mm（1in）保温 1h 的组织。加热至更高的温度，
保温相同的时间，可能导致部分或完全向奥氏体组
织转变，不利于退火过程。

 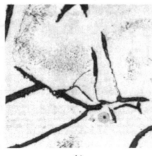

a)　　　　　　　　　　b)

图 5-16　普通灰铸铁组织　500×

a）铸态组织；硬度 180 HBW　b）在 760℃
（1400℉）退火保温 1h；硬度 120 HBW

对大多数灰铸铁，推荐的铁素体化退火温度为
700~760℃（1300~1400℉），具体的温度应根据铸
铁的成分而定。炉温曲线的设置必须保证铸件达到
所设定的温度。当可加工性是重要的性能指标时，
建议在 700~760℃（1300~1400℉）温度区间选择
几个不同的温度进行试验，以确定最低硬度的退火
温度。

必须在退火温度保温足够长的时间，铸件的石
墨化过程才能充分完成。当温度低于 700℃

（1300℉），需要极长的保温时间；当温度在 700~
760℃（1300~1400℉）之间，根据铸铁化学成分，
保温时间各异。例如，普通铸铁仅需要 10min。如采
用极慢的冷却速率，保温时间可能会有所降低。

尽管退火过程中，冷却速率本身并不重要，但
为降低残余应力，还是建议采用慢速冷却。除极复
杂铸件外，冷却速率从 110℃/h（200℉/h）到
200℃/h（550℉/h），都能达到满意的效果。

（2）中间（完全）退火　中间（完全）退火温
度通常在 790~900℃（1450~1650℉）。当铸铁合金
含量高，铁素体化退火无法达到要求，采用该退火
工艺。建议先在 760℃（1400℉）或以下温度进行
试验，而后确定采用合适的退火温度。

退火保温时间与铁素体化退火基本相同。当采
用高的温度进行中间（完全）退火，铸件必须缓慢
冷却通过相变温度范围 790~675℃（1450~
1250℉）。

（3）石墨化退火　如果灰铸铁的显微组织含有
大量块状碳化物，必须采用更高温度的石墨化退火。
石墨化退火可用来将大量块状碳化物转变为珠光体
和石墨，尽管有些应用场合希望能进行铁素体化退
火处理，以便有效改善可加工性。

除管件和金属型铸件外，必须采用退火消除铸
件中的游离碳化物。游离碳化物的产生通常是由于
孕育处理不当，或存在有过多的碳化物形成元素，
这些因素抑制正常的石墨化过程。因此，石墨化退
火不是正常生产工艺的一部分。

以合理的速度，分解大量碳化物的温度应不低
于 870℃（1600℉）。保温温度每提高 55℃
（100℉），碳化物分解的速率将提高一倍。因此，通
常选择保温温度为 900~955℃（1650~1750℉）。然
而，含 0.10% P 以上的铸铁，如选择 925℃
（1700℉）或以上温度，可能会出现磷共晶熔化
现象。

在退火温度保温的时间可能从几分钟到几小时。
可以通过在 940℃（1720℉）保温 15min，消除高
硅、高碳铸铁急冷后形成的碳化物（白口铸铁）。因
为在高温下，如炉内存在有含氧气氛，灰铸铁容易
产生氧化皮，因此除非使用了可控气氛炉，在所有
情况下，应尽可能缩短在退火温度下的保温时间。

冷却速率的选择取决于铸铁的最终用途。如
果处理的主要目标是分解碳化物，同时希望能保持
具有高强度和耐磨性，铸件应该采用从退火温度空
冷至约 540℃（1000℉），形成更多的珠光体组织。
如果处理的主要目标是改善可加工性，铸件应该采
用炉冷至约 540℃（1000℉），并采用特殊手段，确

保在通过相变温度时缓慢冷却。在这两个例子中，为降低残余应力，建议以不超过 110℃/h（200℉/h）的冷却速率，从 540℃ 冷却至约 290℃（550℉）。

（4）合金含量对退火时间的影响　某些元素（如碳和硅）在退火温度下会加快珠光体和块状碳化物的分解。因此，如铸铁中这些元素含量足够高，退火时间将明显减少。对含 1.93% 和 2.68% 硅的铸铁在不同温度下珠光体的分解进行了研究，研究表明，高硅含量或在更高温度下退火的铸铁，珠光体分解更快。例如，在 750℃（1380℉）退火的高硅含量铸铁，在 10min 内珠光体就完全发生了分解，而低硅含量铸铁需要 45min。这表明硅会显著提高铸铁中碳的扩散能力。

另一方面，珠光体稳定元素（锑、锡、钒、铬、锰、磷、镍、铜）延迟珠光体分解。下面五个元素每添加 0.10%，增加珠光体分解时间的百分比为：

元素	增加分解时间（%）
锰	60
镍	30
铜	30
铬	200
磷	30

锡也能促进珠光体的形成。添加 0.05%~0.10% Sn，约有添加 0.20% Cr 在退火中稳定珠光体的效果。

5.2.6　正火

灰铸铁的正火，是加热到高于相变转变范围温度，在该温度保温时间以最大截面厚度，按每 25mm（1in）保温 1h 计算，而后在静止空气中冷却到室温。可以用正火工艺来提高铸件的力学性能，如硬度和抗拉强度，或用以恢复由于其他加热过程，如石墨化或预热，焊后热处理改变的铸态性能。

灰铸铁正火温度范围是大约 885~925℃（1625~1700℉）。奥氏体化温度对显微组织和力学性能，如硬度和抗拉强度，有显著影响。灰铸铁正火的抗拉强度和硬度取决于以下参数：

1）基体的碳含量。

2）珠光体片间距（渗碳体片之间的距离）。

3）石墨形态。

正火不会明显改变石墨形态，正火中石墨对硬度和抗拉强度的影响可忽略。

1）基体的碳含量。正火后基体的碳含量取决于正火（奥氏体化）温度和铸件的化学成分。提高正火温度、增加奥氏体中碳的固溶度（即珠光体中的渗碳体积分数）及提高的渗碳体体积分数均会增

加铸件的硬度和抗拉强度。灰铸铁的合金成分也会影响碳在奥氏体中的固溶度。有些元素会增加碳的固溶度，有些会减少，还有些对此没有影响。基体中的碳含量取决于合金元素的复合影响。

2）珠光体片间距。另一个影响灰铸铁正火后硬度和抗拉强度的参数是珠光体片间距。珠光体片间距取决于铸件奥氏体化后的冷却速率和合金成分。快速冷却，珠光体片间距小，导致高的抗拉强度和高硬度。但冷却速率过高，可能会导致部分或全部转变为马氏体组织。采用高的正火温度和快的冷却速率结合能促进形成马氏体，得到马氏体组织不利于机械加工。添加合金元素可能会明显改变铸铁的硬度和抗拉强度。然而，这些改变除合金元素自身的作用外，主要是由于合金元素改变了碳的动力学。

（1）部分硬度控制　通过对正火铸件，炉冷至低于正火温度，可以部分控制铸件的硬度。灰铸铁环工件加热到 955℃（1750℉），炉冷到不同的温度后出炉，然后在空气中冷却。空冷开始温度对灰铸铁环正火硬度的影响如图 5-17 所示。这些数据还表明，可以将铸件冷炉 650℃（1200℉），然后空冷进行退火。然而，如果希望得到无应力铸件，应该炉冷至低于 455℃（850℉），而后出炉。

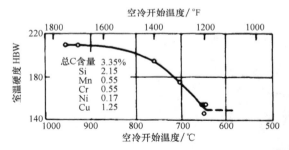

图 5-17　空冷开始温度对灰铸铁环正火硬度的影响
环外径 120mm（4.75in），环内径
95mm（3.75in），环高度 38mm（1.5in）。

（2）合金含量和碳当量对正火的附加影响　表 5-4 为合金含量和碳当量对正火的附加影响。试棒 1、3、4、6 和 7 除有残存元素外，不含合金元素。试棒 1 和 3 的特点是铸态强度高和碳当量低。经 900℃（1650℉）加热，保温 1.5h 正火空冷，再经 540℃（1000℉）消除应力处理，试棒几乎恢复到铸态强度。采用同样工艺，降低了试棒 4、6 和 7 的强度，这些均为相对碳当量高，锰含量较低试棒。试棒 2 含有钼、镍和锰元素，具有高稳定作用，表现具有高的强度。尽管试棒 5 的碳当量高，但由于含有锰、铬、钼、镍元素，明显超过了铸态的强度。

表 5-4 合金含量和碳当量对灰铸铁正火前后典型性能的影响

试样编号	化学成分（质量分数，%）									碳当量（%）	铸态			正火		
	C	Si	P	S	Mn	Cr	Ni	Mo	Cu		抗拉强度		硬度	抗拉强度		硬度
											MPa	ksi	HBW	MPa	ksi	HBW
1	2.71	2.00	0.13	0.031	0.46	0.076	0.061	0.059	—	3.37	405	59	241	380	55	241
2	3.25	2.03	0.02	0.031	0.67	0.085	0.80	0.30	0.22	3.93	380	55	241	425	62	255
3	2.66	1.90	0.03	0.018	0.63	0.063	0.092	0.042	—	3.27	400	58	255	385	56	241
4	3.15	2.20	0.38	0.018	0.44	0.074	0.071	0.071	0.39	3.88	295	43	229	235	34.3	179
5	3.45	2.16	0.09	0.077	0.84	0.39	1.21	0.50	0.10	4.17	250	36	248	405	59	311
6	3.31	2.10	0.39	0.070	0.41	0.069	0.08	0.055	0.44	4.01	275	40	212	200	29	163
7	3.42	2.44	0.42	0.058	0.56	0.063	0.058	0.057	0.108	4.23	215	31	187	180	26	143

注：试样直径 30mm（1.2in），在 900℃（1650°F）正火，而后在 540℃（1000°F）进行消除应力处理。

图 5-18 所示为合金含量对两种不同碳当量镍铬合金铸件正火硬度的影响。从图中可以看出，合金含量在石墨化退火中，具有稳定作用，当在 790～980℃（1450～1800°F）温度范围进行奥氏体化，合金含量可提高铸件的硬度。因此可以得出结论，对灰铸铁正火有恢复铸态性能的作用。如果碳当量相当低，有时甚至会超过铸态性能。铬、钼、镍合金元素具有提高正火的强化效果。

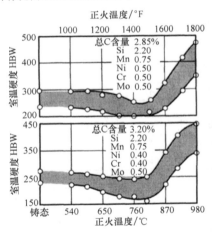

图 5-18 两种不同灰铸铁正火后室温硬度
在正火温度按工件每 25mm（1in）厚度
保温 1h 加热，在金属丝筛网上空冷却。

5.2.7 相变强化

如上所述，通常生产实践中不采用热处理提高灰铸铁铸件的整体强度，而是通过成本更低的减少硅和总碳含量的方法，或通过添加合金元素的方法提高灰铸铁的强度。通常，通过淬火加回火提高灰铸铁的耐磨性能。淬火加回火后，灰铸铁的耐磨性能比珠光体灰铸铁提高了约 5 倍。

如灰铸铁淬火前的组织和成分均匀，则淬火所引起的尺寸变化非常均匀，并可预测。由于尺寸变化均匀，可以在热处理前对铸件进行机加工。复杂

形状或截面不均匀的铸件，由于铸造残余应力释放或淬火冷却速率差别大，或两者共同作用，可能产生变形。如上所述，铸造产生的残余应力可以在机加工前，通过在 565～590℃（1050～1100°F）进行消除应力处理去除。淬火冷却速率差别造成的残余应力，可以通过马氏体分级淬火（marquenching）或贝氏体等温淬火（austempering）降低。采用这两种淬火工艺对圆度有严格要求的气缸套进行淬火，采用整体淬火工艺对齿轮、链轮、轮毂轴承，离合器等工件进行淬火。

可以使用传统的感应淬火和火焰淬火对有局部硬度要求的工件进行淬火。与感应淬火或火焰淬火相比，采用热处理炉，盐浴炉对各种灰铸铁进行淬火更为广泛。因为火焰和感应淬火需在极短时间内，在奥氏体中固溶碳，因此必须要求基体中化合的碳含量较高。而热处理炉或盐浴加热过程中，铸件在相变以上温度，可根据需要选择保温时间，因此，即使最初铸铁基体中不含化合的碳，也可以进行淬火处理。

1. 淬透性

与钢淬透性测试相同，铸铁的淬透性可以使用标准的顶端淬火试验方法测量。因为铸铁硅含量高，碳含量为 0.60% 的普通灰铸铁淬透性高于相同碳含量的碳钢。锰、镍、铜和钼等合金元素提高灰铸铁的淬透性，适量添加这类元素，灰铸铁可以在空气中淬硬。虽然铬自身并不影响灰铸铁的淬透性，但铬有显著稳定碳化物的作用，在灰铸铁采用火焰淬火时，影响效果明显。

Angus 认为：当保持普通铸铁中碳、硅含量合理低，例如，总碳含量 2.8%～3.2%，硅 1.3%～2.1%；磷含量尽可能低，以确保无脆性和开裂，无热裂；锰含量 ≥ 0.3%，与硫含量达到平衡（1.7×S%+0.3%）。在这种条件下，普通铸铁的淬硬性最佳。

当铸铁中锰含量大约为 1.50%，截面厚度 38mm

（1.5in）的铸件，在油中可以整体淬透硬化，截面厚度65mm（2.5in）的铸件，在水中可以整体淬透硬化。添加1%～2%镍或铜，对提高淬硬层深度尤为有效。

Angus认为，大截面铸件，特别适用添加镍或铜。铬和钼是常添加的合金元素，但均为强碳化物形成元素，只要最初组织中有游离渗碳体的存在，复杂截面铸件淬火开裂的风险则大大增加。对于复杂结构含钼的铸件，为避免出现碳化物或磷化物，产生复杂截面开裂的风险，磷含量应该控制在0.08%以下。简单的工件，如气缸套、活塞环等，通常不易出现开裂，因此为提高它们的耐磨性，添加钼、铬，形成钼和铬碳化物则是很常见的方法。

部分普通灰铸铁和合金灰铸铁的典型淬透性数据见表5-5，表5-6这些铸铁的成分。合金元素对灰铸铁的淬透性的影响如图5-19所示，表5-7为图5-19中铸铁的成分。

表5-5 部分普通灰铸铁和合金灰铸铁的典型淬透性数据

端淬距离		硬度 HRC					
mm	以 1/16in 为单位	普通铸铁	Mo（A）	Mo（B）	Ni-Mo	Cr-Mo	Cr-Ni-Mo
3.2	2	54	56	53	54	56	55
6.4	4	53	56	52	54	55	55
9.5	6	50	56	52	53	56	54
12.7	8	43	54	51	53	55	54
15.9	10	37	52	50	52	55	53
19.0	12	31	51	49	52	54	53
22.2	14	26	51	46	52	54	52
25.4	16	26	49	45	52	54	53
28.6	18	25	46	45	52	53	52
31.8	20	23	46	44	51	50	51
34.9	22	22	45	43	47	50	50
38.1	24	22	43	44	47	49	50
41.3	26	21	43	44	47	47	49
44.4	28	20	40	41	45	47	48
47.6	30	19	39	40	45	44	50
50.8	32	17	39	40	45	41	47
54.0	34	18	36	41	44	38	46
57.2	36	18	40	40	45	36	45
60.3	38	19	38	37	45	34	46
63.5	40	22	38	36	42	35	46
66.7	42	20	35	35	42	32	45

注：淬火加热温度为855℃（1575℉）。

表5-6 表5-5中铸铁的成分

铸铁类型	化学成分（质量分数，%）									
	TC[1]	CC[2]	GC[3]	Mn	Si	Cr	Ni	Mo	P	S
普通铸铁	3.19	0.69	2.50	0.76	1.70	0.03	—	0.013	0.216	0.097
Mo（A）	3.22	0.65	2.57	0.75	1.73	0.03	—	0.47	0.212	0.089
Mo（B）	3.20	0.58	2.62	0.64	1.76	0.005	—	0.48	0.187	0.054
Ni-Mo	3.22	0.53	2.69	0.66	2.02	0.02	1.21	0.52	0.114	0.067
Cr-Mo	3.21	0.60	2.61	0.67	2.24	0.50	0.06	0.52	0.114	0.071
Cr-Ni-Mo	3.36	0.61	2.75	0.74	1.96	0.35	0.52	0.47	0.158	0.070

① TC 表示总 C 含量。

② CC 表示基体 C 含量。

③ GC 表示石墨 C 含量。

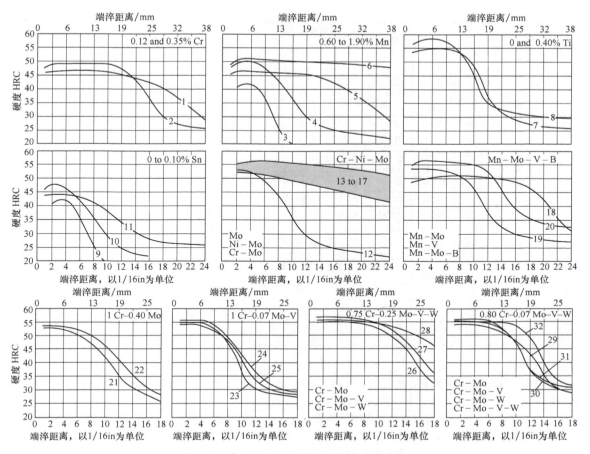

图 5-19　合金元素对灰铸铁的淬透性的影响

1 号至 20 号铸铁采用感应炉熔化和浇注入直径 30mm（1.2in）的标准干砂型。21 号至 32 号铸铁被添加到 205kg
（450lb）的浇包，而后浇注入汽车凸轮轴产品铸型。从这些铸件中加工标准顶端淬透性试样，
在图中标出的奥氏体温度加热保温 1h，然后淬水处理。

表 5-7　图 5-19 中铸铁的成分

编号	化学成分（质量分数,%）										奥氏体化温度	
	总碳含量	Si	P	S	Mn	Cr	Ni	Mo	V	其他	℃	℉
1	3.30	1.40	0.116	0.10	1.47	0.12	—	—	—	—	840	1540
2	3.30	1.90	0.116	0.10	1.43	0.35	—	—	—	—	840	1540
3	3.15	2.05	0.124	0.112	0.60	0.06	—	—	—	—	840	1540
4	2.97	2.31	0.116	0.116	0.92	0.06	—	—	—	—	840	1540
5	3.42	1.90	0.116	0.100	1.47	0.12	—	—	—	—	840	1540
6	3.13	2.29	0.116	0.018	1.90	0.08	—	—	—	—	840	1540
7	3.00	2.00	0.15	0.10	1.25	—	—	—	—	—	840	1540
8	3.00	2.00	0.15	0.10	1.25	—	—	—	—	0.40 Ti	840	1540
9	3.15	2.05	0.124	0.112	0.60	—	—	—	—	—	840	1540
10	3.10	2.25	0.120	0.160	0.65	—	—	—	—	0.05 Sn	840	1540
11	3.10	2.25	0.120	0.160	0.65	—	—	—	—	0.10 Sn	840	1540
12	3.19	1.70	0.216	0.097	0.76	0.03	—	0.013	—	—	855	1575
13	3.22	1.73	0.212	0.089	0.75	0.03	—	0.47	—	—	855	1575
14	3.20	1.76	0.187	0.054	0.64	0.005	极微量	0.48	—	—	855	1575

（续）

| 编号 | 化学成分（质量分数，%） | | | | | | | | | | 奥氏体化温度 | |
	总碳含量	Si	P	S	Mn	Cr	Ni	Mo	V	其他	℃	℉
15	3.22	2.02	0.114	0.067	0.66	0.02	1.21	0.52	—	—	855	1575
16	3.21	2.24	0.114	0.071	0.67	0.50	0.06	0.52	—	—	855	1575
17	3.36	1.96	0.158	0.070	0.74	0.35	0.52	0.47	—	—	855	1575
18	3.21	2.01	0.15	0.10	1.53	0.40	—	0.13	—	—	840	1540
19	3.20	2.00	0.15	0.10	1.25	0.40	—	—	0.05	—	840	1540
20	3.10	2.09	0.15	0.10	1.46	0.44	—	0.14	—	0.095 B	840	1540
21	3.22	2.10	0.108	0.088	0.68	0.97	—	0.40	—	—	845	1550
22	3.20	2.15	0.108	0.093	0.70	1.00	—	0.41	—	—	845	1550
23	3.19	2.55	0.092	0.090	0.71	0.96	—	0.054	0.16	—	845	1550
24	3.17	2.20	0.094	0.092	0.66	0.95	—	0.069	0.081	—	845	1550
25	3.19	2.20	0.092	0.092	0.68	0.93	—	0.075	0.27	—	845	1550
26	3.17	1.90	0.080	0.094	0.65	0.73	—	0.19	—	—	845	1550
27	3.25	1.85	0.074	0.092	0.65	0.77	—	0.30	0.13	—	845	1550
28	3.21	1.90	0.069	0.100	0.70	0.75	—	0.28	—	0.40 W	845	1550
29	3.20	2.20	0.096	0.090	0.68	0.94	—	0.047	0.13	0.75 W	845	1550
30	3.12	1.80	0.074	0.090	0.69	0.75	—	0.064	—	—	845	1550
31	3.18	1.80	0.073	0.090	0.68	0.77	—	0.091	0.12	—	845	1550
32	3.14	1.70	0.079	0.090	0.69	0.77	—	0.071	—	0.37 W	845	1550

2. 奥氏体化

灰铸铁合适的淬火温度主要不取决碳含量，而取决于硅含量。尽管提高硅含量，会增加淬透性，但硅也会提高临界温度，降低碳在奥氏体的固溶度。为达到相同的淬火硬度，硅含量较高的普通铸铁需要采用更高的奥氏体化温度。含碳量低的普通灰铸铁必须延长奥氏体化长时间，以得到饱和碳奥氏体。随着时间的增加，更多碳溶入奥氏体，提高淬火后硬度。图5-20所示为奥氏体化时间对淬火灰铸铁试样室温硬度的影响。

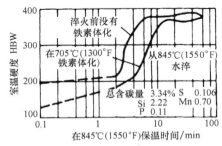

图 5-20 奥氏体化时间对淬火
灰铸铁试样室温硬度的影响

注：试样直径 32mm（1.25in），厚度 19mm（0.75in）。

珠光体铸铁热处理效果比退火铸铁或铁素体铸铁好。因为在珠光体铸铁中，碳已经以珠光体形式分散在基体中，已做好了 α 向 γ 转变的组织准备；而在铁素体铸铁中，碳必须从石墨片扩散到基体。

除非在高于临界温度 60～100℃（110～180℉）保温足够长的时间，否则奥氏体区域的固溶碳含量过低，铸铁的淬火效果差。

正如相关文献中所介绍：石墨的形式对性能有显著的影响。与粗石墨片相比，在铁素体铸铁中，尤其是在过冷状态下，细石墨片中的碳更容易固溶。然而，过冷石墨组织力学性能很低，因此基体中所有石墨以中等和细小片状石墨随机分布，是最理想的组织。已经进行了完全退火的铸件，在热处理之前的基体组织为铁素体。正如前面所给出的理由，与完全珠光体铸件相比，热处理效果不明显。当对复杂的工件进行热处理，最好将铸件先在 600～650℃ 预热，而后加热至淬火温度 840～880℃。这样确保了铸件在临界分解温度（约 700℃）范围的时间最短，同时也大大降低了升温时热冲击造成开裂的风险。应将铸件留在炉内，在最终加热温度保温 1h，或者保证铸件的颜色与炉内的颜色完全一致。截面尺寸不大于 13mm（1/2in）或重量不超过 0.45～0.90kg（1～2lb）的小型铸件，可以从 620℃ 的炉中转移到另一炉温为 840℃ 的炉中，但由于该转移过程，会造成碳扩散不足，因此应该在该温度保温不少于 0.5h。

在普通灰铸铁的加热淬火中，基体的石墨化常在 600～650℃（1100～1200℉）温度范围开始，在 730～760℃（1350～1400℉）温度范围完成，而后一温度范围能最大程度降低铸铁的硬度。普通灰铸铁和合金灰铸铁在淬火态，基体固溶碳含量和硬度的变化见表 5-8。通常，灰铸铁淬火加热温度为 860～870℃（1575～1600℉），在淬火状态，基体固溶碳大约 0.7%，硬度大约为 45～52HRC（415～514HBW）。马氏体基体的实际硬度应是 62～67HRC，但由于有石墨的存在，导致测得的硬度较低（见表 5-9）。不能采用远高于该温度加热淬火，因为会出现残留奥氏体，降低淬火硬度。

表 5-8　灰铸铁试样淬火硬度

处理条件	普通铸铁		Cr-Ni-Mo 合金铸铁	
	基体化合碳（%）	硬度 HBW	基体化合碳（%）	硬度 HBW
铸态	0.69	217	0.70	255
经下面温度淬火，℃（℉）				
650（1200）	0.54	207	0.65	250
675（1250）	0.38	187	0.63	241
705（1300）	0.09	170	0.59	229
730（1350）	0.09	143	0.47	217
760（1400）	Nil	137	0.45	197
790（1450）	0.05	143	0.42	207
815（1500）	0.47	269	0.60	444
845（1550）	0.59	444	0.69	514
870（1600）	0.76	477	0.76	601

注：试样为直径 30.5mm，长 51mm 棒材（直径 1.2in，长 2in），按表中温度油淬。

表 5-9　石墨类型和分布对淬火灰铸铁硬度的影响

石墨类型	总碳含量（%）	复合硬度[1] HRC	基体硬度[2] HRC
A	3.06	45.2[3]	61.5
A	3.53	43.1	61.0
A	4.00	32.0	62.0
D	3.30	54.0	62.5
D	3.60	48.7	60.5

[1] 采用传统洛氏 C 硬度测试方法测量。
[2] 基体硬度采用表面硬度计测量，转换为洛氏 C 硬度值。
[3] 尽管该值采用特定方法测试，它不是典型 3.06%C 灰口铸铁的硬度。通常，这些铸铁硬度是 48～50 HRC。

铸件加热温度取决于该灰铸铁的相变转变温度。最常用普通灰铸铁铸件的成分是 1.8%～2.5%Si 和 3.0%～3.5%总碳含量，相变温度大约是 760～845℃（1400～1550℉）。为得到淬硬铸铁，加热温度必须超过该温度，奥氏体化温度通常高于 A_1（相变开始温度）55℃（100℉）。可以用下面公式近似确定普通灰铸铁的 A_1 温度：

$$A_1(℃) = 730 + 28.0(\% \ Si) - 25.0(\% Mn)$$
$$A_1(℉) = 1345 + 50.4(\% \ Si) - 45.0(\% Mn)$$

铬提高灰铸铁的临界转变温度。在高镍、高硅铸铁中，例如，每提高 1% 铬含量，提高转变温度范围约 10～15℃（20～30℉）。而镍，降低临界转变范围。含镍 4%～5% 的灰铸铁，转变温度上限约 710℃（1310℉）。

在不超过推荐限制温度的前提下，铸件的加热高于转变温度越多，碳溶入奥氏体中数量越多（见图 5-21），铸件的淬火后硬度越高（见表 5-10）。实践中，为确保完全奥氏体化，通常加热温度高于计算 A_1 温度 95℃（175℉）。然而，应该避免加热温度过高，因为过高的加热温度，增加铸铁，尤其是合金铸铁，淬火变形和开裂的风险，并增多残留奥氏体的数量。

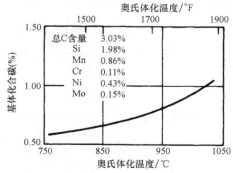

图 5-21　随灰铸铁奥氏体化温度
提高，基体化合碳增加
注：试样热处理采用水冷淬火

表 5-10　奥氏体化温度对各种灰铸铁油淬火硬度的影响

TC[1]	化学成分（质量分数，%）								淬火态硬度 HBW	经下面温度油淬硬度 HBW			
	CC[2]	Si	P	S	Mn	Cr	Ni	Mo		790℃（1450℉）	815℃（1500℉）	845℃（1550℉）	870℃（1600℉）
3.19	0.69	1.70	0.216	0.097	0.76	0.03	—	0.013	217	159	269	444	477
3.10	0.70	2.05	—	—	0.80	0.27	0.37	0.45	255	207	444	514	601
3.20	0.58	1.76	0.187	0.054	0.64	0.005	—	0.48	223	311	477	486	529
3.22	0.53	2.02	0.114	0.067	0.66	0.02	1.21	0.52	241	355	469	486	460
3.21	0.60	2.24	0.114	0.071	0.67	0.50	0.06	0.52	235	208	487	520	512
3.36	0.61	1.96	0.158	0.070	0.74	0.35	0.52	0.47	235	370	477	480	465

[1] TC 表示总 C 含量。
[2] CC 表示基体化合碳含量。

为了避免开裂，铸件在加热通过较低的温度范围时，应采用缓慢加热。在高于595~650℃（1100~1200°F）温度，即高于消除应力加热温度范围，根据需要，加热速率可以快一些。事实上，如铸件在一个炉里缓慢加热到约650℃（1200°F），然后将铸件转移到另一个炉内快速奥氏体化升温，所需时间更短。根据铸件截面尺寸，按每25mm（1in）保温20 min 时间就足够了。

3. 淬火冷却

采用熔盐和油作为淬火冷却介质，灰铸铁的产生变形和出现淬火裂纹风险最小。整体淬火通常采用油作为淬火冷却介质，有时也采用热油和熔盐作为淬火冷却介质。

加热保温后，铸件应迅速转移到淬火油槽冷却，工件需完全浸入油中，如不是循环油槽，应进行连续搅拌。铸件出油温度约为 150~200℃（300~390°F）时，容易出现裂纹，应立即转移到回火炉中。在 250℃（480°F）的回火温度下，按铸件截面直径，每25mm（1in）保温1~2h时间，能在不明显降低硬度的前提下，消除大部分淬火应力。

除非铸件截面很大并均匀，否则采用水作为淬

火冷却介质过于剧烈，可能造成变形和开裂。最近，开发出了便利的水溶性聚合物淬火冷却介质，可以方便溶于水，以较低的冷却速度淬火，降低热冲击。通常采用水作为淬火冷却介质，对火焰加热或感应加热工件进行表面淬火。

空气是最不剧烈的淬火冷却介质。在空冷的冷速下，普通或低合金灰铸铁铸件不能形成马氏体，因此通常铸铁不在空气中淬火。然而，对于高合金铸铁，最理想和最常用的冷却方法是高压气体淬火。

对于截面非均匀的铸件，应采用先将厚截面部分浸入淬火槽的淬火工艺。在淬火过程中，通过搅拌，确保淬火槽中温度分布均匀，以提高淬火效率。在室温下，淬火态铸件易产生裂纹，当铸件温度大约冷却到150℃（300°F）时，应尽快从淬火槽中取出并立即回火。

5.2.8 淬火加回火

淬火态灰铸铁的脆性很高。淬火后，铸件通常在远低于转变温度下回火，根据工件截面大小，回火时间按25mm（1in）回火1h。淬火及回火后性能的变化如图 5-22 和图 5-23 所示。

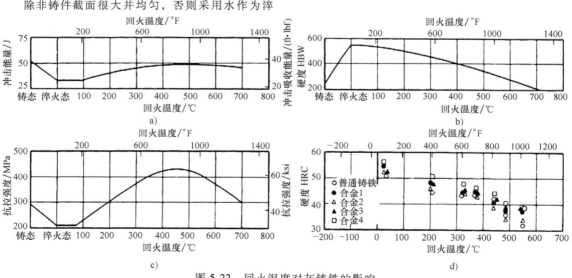

图 5-22 回火温度对灰铸铁的影响

a) ~c) 回火温度对淬火低硅普通灰铸铁力学性能的影响 d) 灰铸铁试样采用870℃（1600°F）淬油和

注：回火后硬度图 5-22d 中合金的成分见表 5-11，每点均为五次硬度试验的平均值。

表 5-11 图 5-22d 中灰铸铁成分

铸铁编号	化学成分（质量分数，%）					
	TC[①]	CC[②]	Si	Cr	Ni	Mo
普通铸铁	3.20	0.80	2.43	0.13	0.05	0.17
合金 1	3.23	0.70	2.55	0.58	0.06	0.12
合金 2	3.21	0.83	1.90	0.08	0.78	0.27
合金 3	3.29	0.79	2.58	0.24	0.10	0.55
合金 4	3.02	0.75	2.38	0.40	0.07	0.43

① TC 表示总 C 含量。
② CC 表示基体化合碳含量。

淬火态铸件回火后，硬度降低，强度和韧性提高。在经大约370℃（700°F）温度回火，韧性（冲击强度）可达到铸态水平，抗拉强度比铸态提高35%~45%。通过淬火加回火，虽然可大大提高抗拉强度，但对疲劳性能改善很少。

达到铸件最高强度的回火温度，取决于化学成分和添加的合金元素数量。普通和合金灰铸铁达到

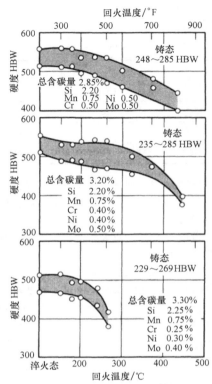

图 5-23 合金含量对淬火加回火灰
铸铁试验铸件硬度的影响

注: 铸件经正火达到同样硬度, 而后采用
850℃ (1560℉) 奥氏体化加热淬油。

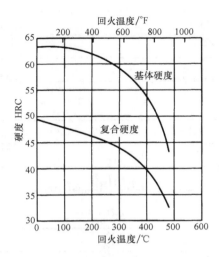

图 5-24 回火温度对灰铸铁淬火
硬度的影响 (3.30% C, 2.35% Si)

高强度的回火范围大约是 370 ~ 510℃ (700 ~ 950℉)。低硅普通灰铸铁达到最大冲击强度的回火范围在 370℃附近 (见图 5-22)。如果铸铁含有较多的合金元素, 则可能需要选择较高的回火温度。

灰铸铁淬火加回火硬度 (采用布氏硬度试验机和洛氏 C 试验机测量) 是一种复合硬度 (composite hardness), 受石墨类型、大小和分布以及金属基体硬度叠加的影响。采用显微硬度测试的是基体真实硬度 (true hardness of the matrix), 通常比采用传统洛氏 C 试验机测得的硬度高 8 ~ 10HRC, 如图 5-24 所示。在该图中, 比较了灰铸铁的复合硬度和基体硬度, 其中复合硬度采用传统洛氏 C 试验机测得, 基体硬度采用载荷为 200g (0.5 lb) 的维氏硬度计测得, 并转换为洛氏硬度。随回火温度的变化, 基体的硬度的变化与含 0.7%C 的合金钢回火的硬度基本相同。

在 370℃回火后, 铸铁达到最大韧性, 金属基体的硬度大约为 50HRC。如铸件不需要很高的韧性, 可在 150 ~ 260℃ (300 ~ 500℉) 温度回火, 基体的硬度相当于 55 ~ 60HRC。在某些应用场合下, 例如, 农用机械齿轮、链轮、柴油机气缸套和汽车凸轮轴,

带有石墨的高基体硬度表面具有良好的耐磨性。下面对四种灰铸铁工件的淬火及回火温度, 所得到的性能进行讨论。

实例 1: 普通灰铸铁气门导管。该气门导管在 885℃ (1625℉) 气氛控制炉加热保温 1h, 淬入 60℃ (140℉) 油中。淬火硬度 45 ~ 50 HRC。而后在 480℃ (900℉) 回火, 硬度为 30 ~ 34HRC。

实例 2: 合金灰铸铁气门导管。合金灰铸铁成分 3.40%C, 2.40%Si, 0.21%Cr 和 0.50%Cu; 该气门导管加热到 870℃ (1600℉) 保温 1h, 淬油后在 495℃ (925℉) 回火 1h。淬火和回火后, 25 个气门导管硬度分布如图 5-25a 所示。

实例 3: 合金灰铸铁汽车气门挺杆。合金灰铸铁成分为 3.10% ~ 3.30% C, 2.10% ~ 2.40% Si, 1.00% ~ 1.25% Cr, 0.40% ~ 0.70% Ni, 0.50% ~ 0.70%Mo。该气门挺杆采用燃气辐射管式炉加热, 为防止加工表面脱碳, 炉内采用吸热式气氛。铸件加热至 855℃ (1570℉) 保温 45min, 淬入 55℃ (130℉) 油中, 在 150℃ (300℉) 回火 3h, 硬度为 55 ~ 61HRC。硬度值在偏离挺杆表面中心 1.6mm (1/16in) 处测得。25 炉次铸件硬度值分布如图 5-25b 所示。

实例 4: 圆环铸件。该铸件环外径 65mm (2.5in), 环高 20mm (0.75in), 环壁厚 6.4 ~ 13mm (0.25 ~ 0.5in)。铸件采用可硬化灰铸铁, 分组取样进行热处理, 热处理工艺为在 850℃ (1560℉) 加热保温 30min, 然后油淬。硬度数据根据 40 炉次中的 20 连续批次测得, 如图 5-25c 所示。每个铸件硬度在圆环两端进行检测。

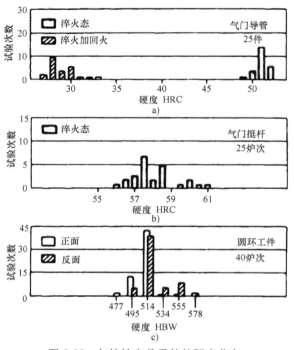

图 5-25 灰铸铁产品零件的硬度分布

1. 弹性模量

低合金灰铸铁（1.32% Ni，0.44% Cr）经淬火和回火后，能适度提高其弹性模量：

状态	弹性模量	
	GPa	ksi
铸态	122	17700
油淬	112	16200
300℃（570℉）回火	131	19000

采用较高的温度回火，铸态的弹性模量明显提高，此外，横向断裂载荷和抗弯性能也有类似的提高。含 4.5% Ni 和 1.5% Cr 的合金铸铁，即使采用 200℃（400℉）的低温回火温度回火，横向断裂载荷也有明显增加。

2. 普通灰铸铁淬火后的耐蚀性

根据 Piwowarsky 的试验，普通灰铸铁淬火后的耐蚀性能低于铸态灰铸铁。经 350～550℃（660～1020℉）回火，腐蚀速率增加，而在 700℃（1290℉）回火，腐蚀速率几乎与铸态合金相同（见表 5-12）。

表 5-12 热处理对普通灰铸铁在 HCl（N/5）中耐蚀性能的影响[①]

处理工艺	铸态	850℃（1560℉）油淬	油淬后在 350℃（660℉）回火	油淬后在 700℃（1290℉）回火
失重，g/m² · 天	100	300	680	110

① 普通灰铸铁，直径 30mm（1.2in）砂型铸棒。成分为 3.01%C 和 1.71% Si。

5.2.9 贝氏体等温淬火

灰铸铁在贝氏体等温淬火中，最终的基体显微组织是在珠光体转变温度以下，马氏体转变温度以上的温度范围，形成针状贝氏体铁素体加残留奥氏体组织，根据转变温度不同，残留奥氏体数量不同。铸铁淬入马氏体转变以上温度，具有一定温度的淬火槽中，并保持恒温，直至贝氏体等温淬火转变完成。

在所有热浴淬火过程中，铸件的奥氏体化加热温度和保温时间与传统的相同，也就是说，在 840～900℃（1550～1650℉）温度范围进行奥氏体化加热，根据铸铁的成分和截面尺寸确定保温时间。通常，灰铸铁采用盐浴、油或采用 230～425℃（450～800℉）铅浴，进行贝氏体等温淬火。当需要得到高硬度和高耐磨性铸件时，淬火槽的温度通常选择 230～290℃（450～550℉）。

为达到最大的相变转变量，根据淬火槽的温度和铸铁成分，确定在淬火槽的保温时间。铸铁成分对在淬火槽的保温时间影响很大，铸铁中添加有如镍、铬、钼等合金元素，增加转变所需的保温时间。

图 5-26 所示为两种铸铁奥氏体化加热至 845℃（1550℉）保温 20min 的等温转变图，与该等温转变图相关的硬度曲线如 5-27 所示。

铸件淬火的冷速必须足够快，以防止在淬火过程中，铸件达到淬火槽温度前，发生组织转变。根据铸件截面厚度和形状，确定添加增加淬透性元素（镍、铜、钼）的添加量。含有合金元素铬、镍、钼、铜的灰铸铁气缸套，其合金元素总量不小于 1.5%，大约选择在 260℃（500℉）进行等温淬火。

5.2.10 马氏体分级淬火

马氏体分级淬火是从淬火加热温度淬入盐浴、油或铅浴并停留，直至达到与热浴槽温度相同后，移出冷却到室温，其等温温度略高于马氏体形成温度（普通铸铁为 200～260℃或 400～500℉）。与传统马氏体淬火相比，马氏体分级淬火主要特点是得到马氏体组织，但淬火组织应力低，淬火变形小。虽然灰铸铁经马氏体分级淬火后，铸件几乎已进行了回火，但得到的马氏体仍具有脆性。

下面用实例说明马氏体分级淬火。如果需要得到完全马氏体组织，铸件必须在淬火槽中停留足够

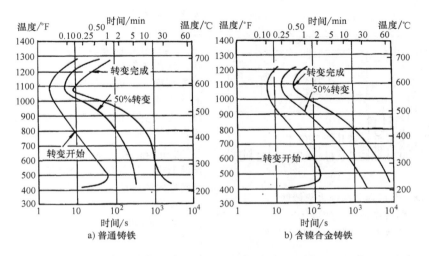

图 5-26　两种铸铁奥氏体化加热至 845℃（1550°F）保温 20min 的等温转变图

　　　　a）普通铸铁，化学成分（%，质量分数）：总碳量（TC）3.63%，

　　　　结合碳（CC）0.71%，1.75%Si，0.53%Mn，0.1%S，0.56%P

　　　　b）镍合金铸铁，化学成分（%，质量分数）：总碳量（TC）3.6%，

结合碳（CC）1.12%，1.20%Si，2.03%Ni，0.37%Mn，0.11%S 和 0.28%P

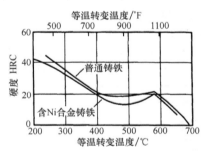

图 5-27　等温转变温度对贝氏体等温淬火灰铸铁

硬度的影响（等温保温时间足够转变完成）

长的时间，使其达到与热浴槽相同的温度。因此，

铸件的尺寸和形状决定了马氏体分级淬火的停留时间。

　　实例 1：柴油机和重型汽油发动机缸套。该气缸套采用成分为 3.25% ~ 3.50%C，2.00% ~ 2.25%Si，0.25%，P（max），0.12%S（max），0.55% ~ 0.80%Mn 和 0.30% ~ 0.40%Cr 的灰铸铁制造。铸件在 870℃（1600°F）温度完全退火，进行粗加工，在中性气氛中加热至 870℃（1600°F）奥氏体化保温 1h，而后进行马氏体分级淬火，即工件淬入 245℃（475°F）硝酸盐-亚硝酸盐熔盐，停留 1min 后，空气冷却 30min（见表 5-13 和图 5-28）。清洗附着盐渍后，铸件在 200℃（400°F）温度回火 2h。

表 5-13　铸铁缸套马氏体分级淬火设备

生产要求	数值	马氏体分级淬火炉要求	数值
单件工件质量/kg（lb）	3.8（8.3）	盐浴槽 1.83m×1.98m×1.83m（72in×78in×72in）浸入加热	6.6m³（234ft³）[1]
每次推进工件数量	16	盐浴种类	硝酸盐-亚硝酸盐[2]
每小时推进工件数量	11	盐浴工作温度℃（°F）	245（475）
空托架质量/kg（lb）	32（70）	搅拌，叶轮直径 230mm（9in）[3]	7.5hp 变速发动机
每小时热处理工件质量/kg（lb）	1010（2231）	冷却系统	3 个 0.5hp 风扇[4]

注：气缸套在有 27 个 U 形辐射管，每次循环可容纳 13 个炉盘的燃气单排推杆式炉中进行奥氏体化加热。每个炉盘尺寸 610mm×710mm（24in×28in），奥氏体化温度 870℃（1600°F）。采用奥萨特（Orsat）气体分析 0.2% ~ 0.4% CO₂，控制 34m³/h（1200ft³/h）吸热的气氛发生器。

① 盐浴槽可容纳 13t 熔盐，由 24 个浸没加热棒加热，每只棒 5kW。

② 盐的熔点是 145℃（290°F）。因为工件采用可控气氛控制炉，转移到盐浴淬火炉，因此不需要氯分离室。

③ 叶轮在直径 255mm（10in）的管中与淬火烟道连接。

④ 风扇强力驱使室外空气通过炉墙风道。

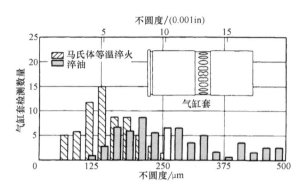

图 5-28 马氏体分级淬火灰铸铁
气缸套与传统油淬火变形比较
注：在测量之前，气缸套在 200℃ （400℉） 回火 2h。

马氏体分级淬火的奥氏体化加热，在推杆式连续炉中完成。每个炉盘装载 16 个缸套，并按次序放置在料架上。出炉淬火时，淬火升降机将传送带上装有工件的料架推入盐浴中，进行等温淬火，并保证炉盘没有与熔盐接触。缸套和料架自动从盐浴中移出，并去除残盐，而后工件在传送带上缓慢移动 30min，进行冷却。冷却后的缸套转移到清洗输送机进行清洗，而后移送回火炉输送机构进行回火。设备详细说明归纳于表 5-13 中。

铸态缸套的石墨主要为 4~6 级 A 型片状石墨。在淬火工艺中，基体固溶约 0.70%C。淬火后得到马氏体组织，硬度范围是 45~50HRC，基体显微硬度超过 60HRC。

在该例中，采用马氏体分级淬火取代传统的油淬火具有一定优势。为保证不变形，油淬时在每个缸套中塞置心棒。尽管油淬使用心棒，油淬火的圆度和尺寸变化大约是等温淬火的两倍（见图 5-28）。马氏体分级淬火还减少了缸套开裂百分数，减少了研磨剂用量和磨削加工量。

（1）尺寸精度和变形 如果马氏体分级淬火零件的最终尺寸精度很重要，热处理前必须要留有尺寸增长余量。要求的余量和尺寸膨胀的一致性，取决于铸铁淬火前的组织。实例 1 中讨论的缸套，在马氏体分级淬火前，采用 870℃ （1600℉） 炉冷退火，缸套线性增长为 0.0010 ~ 0.0015mm/mm （0.0010~0.0015in/in），是采用铸态组织或正火珠光体组织进行马氏体分级淬火增长量的一半。在奥氏体化加热中，铁素体基体比珠光体基体固溶更多的碳，因此其膨胀量更大。

与膨胀不同，有些变形发生在马氏体分级淬火过程中。造成过度变形的原因主要有，铸造残余应力、机加工应力或预先前热处理冷速过快，在奥氏

体化温度保温时间不够，铸件从淬火槽移出后，在空气冷却后速率过快。

（2）贝氏体等温淬火和马氏体分级淬火 通常，贝氏体等温淬火最高硬度小于马氏体分级淬火的硬度，但这种差异可能被马氏体分级淬火后的回火处理所抵消。贝氏体等温淬火和马氏体分级淬火的变形和其膨胀量，都低于常规油淬火加回火。

实例 2：高强度低硅铸铁，在 260℃ （500℉） 保温 1min，进行马氏体分级淬火，硬度为 555 HBW。而同样的铸铁在 275℃ （530℉） 经 30min 贝氏体等温淬火，硬度只有 444 HB。马氏体分级淬火的铸铁在 390℃ （730℉） 回火 30min 后，硬度与贝氏体等温淬火基本相同，但其夏比冲击功，采用 15mm （0.6in） 方形截面试样，刃口距离 70mm （2.75in），只有 14.2J （10.5ft·lbf），而贝氏体等温淬火铸铁是 23.7J （17.5ft·lbf）。铸态铸铁的冲击功 19.7J （14.5ft·lbf），硬度为 255 HBW。

实例 3：柴油机缸套淬入 95℃ （200℉） 油后，在 290℃ （550℉） 回火，平均变形为 0.26mm （0.0101in），偶尔出现裂纹。采用贝氏体等温淬火，同样缸套平均变形为 0.066mm （0.0026in），而当采用马氏体分级淬火，平均变形为 0.060mm （0.0025in）。这些缸套的平均最大增长如下：

热处理	平均最大增长	
	mm	in
油淬+回火	0.71	0.0279
贝氏体等温淬火	0.25	0.0099
马氏体分级淬火	0.23	0.0089

贝氏体等温淬火工艺是 650℃ （1200℉） 预热 5min，加热至 870℃ （1600℉） 奥氏体化 8min，淬入 250℃ （480℉） 冷却介质中保温 20min，而后空冷。马氏体分级淬火工艺是 650℃ （1200℉） 预热 5min，加热至 855℃ （1575℉） 奥氏体化 8min，淬入 345℃ （650℉） 搅拌盐浴 1min 后，在空气中冷却至少 1h，而后在 175℃ （350℉） 回火。

5.2.11 火焰淬火

火焰淬火是常用的灰铸铁表面强化方法。火焰淬火后，灰铸铁铸件由表层硬度高、耐磨性好的马氏体，心部为硬度低的灰铸铁组成。在火焰淬火中，普通灰铸铁硬化层下的未硬化层甚至可能被火焰加热到一定程度，发生部分退火。

为得到最大硬度，建议采用总碳含量低（对块状合金分析）、致密且无开裂风险的铸件。因为火焰加热易产生过烧现象，得到疏松无法使用的工件表

面，因此应该避免对典型高碳、粗片石墨铸铁采用火焰淬火。

需要进行火焰淬火的灰铸铁表面，应该尽可能避免疏松和粘砂等外来异物，因为疏松，甚至很小的夹杂外来异物都可能产生粗糙表面，造成淬火开裂。在火焰淬火时，表面氧化皮或表面异物会起到隔热作用，降低火焰淬火效率，因此在火焰淬火热处理之前，应采用喷砂或喷丸对毛坯粗糙铸件表面进行清理。

普通铸铁和合金灰铸铁都可以进行火焰淬火热处理，然而，某些合金铸铁效果更好。铸铁最重要的考虑因素是化合碳含量。虽然 0.40% 化合碳含量的铸铁也可以进行火焰淬火热处理，但最佳的化合碳含量应在 0.50% ~ 0.70% 的范围。一般来说，不建议对化合碳含量超过 0.80% 的铸铁进行火焰淬火，因为对这种铸铁（麻口铸铁或白口铸铁）进行火焰淬火，可能在表面产生淬火裂纹。

硅促进形成石墨化和降低化合碳含量，因此选择硅含量相对较低的铸铁是明智的方法。有多个用户报道，虽然成功地对含 2.4%Si 的合金铸铁进行了火焰淬火，但一般火焰淬火的铸铁，硅含量不应超过 2%。锰提高碳在奥氏体固溶度，其含量应该在 0.80% ~ 1.00% 的范围。下面几段引用于相关参考文献：

如普通铸铁的碳当量值低于 4.1，硅含量低于 2.2%，则表面淬火能达到良好效果。尽管对碳当量值低于 4.1，磷含量 0.9% 的铸铁成功进行了表面淬火，但为降低表面麻点或开裂的危险，采用火焰淬火处理铸铁工件的磷含量应低于 0.4%。如对铸铁有最大淬硬层深度的要求，磷含量最好能控制低于 0.2%。添加镍或铜不增加淬硬层深度，因为除了提高淬火速度外，最主要控制淬硬层深度的因素是，高于临界温度层的表面深度和在淬火前该层温度的停留时间。

当对含 0.4% ~ 0.5%Mn，1.0% ~ 1.6%Si 的低磷铸铁进行火焰淬火，得到最高的表面硬度，维氏硬度在 540 ~ 600HV。当对磷含量为 0.2% ~ 0.8% 的铸铁进行火焰淬火，硬度范围为 490 ~ 596HV。将锰含量从 0.5% 提高到 1.0%，或将镍含量从 0.5% 提高到 2.4%，会降低铸铁最大淬火硬度；例如，通常硅含量的铸铁，此时硬度只有 470HV。将硅含量提高 2% 以上，也有降低最大淬火硬度的倾向，添加铜有与添加镍同样的效果。

通常来说，上面介绍的情况硬化层深度数量级为 1.5 ~ 2.1mm（0.06 ~ 0.083in），在该硬化层深度，未观察到磷共晶的熔化。而硬化层深度达到或

大于 2.5mm（0.1in），因为表面温度可能超过 1000℃，尤其是高磷铸铁，有明显磷共晶熔化的倾向。在这种情况下，磷共晶熔入邻近的石墨，有偏析倾向，最终在表面形成麻点。当硬化层深度在 2.5 ~ 3.2mm（0.1 ~ 0.125in）范围时，这种情况特别容易发生。

铸铁火焰淬火有产生麻点倾向不仅是磷含量高的原因，还与石墨大小有关。粗片石墨铸铁比细片石墨铸铁更容易产生麻点。如要避免粗片石墨铸铁出现麻点，至关重要的是适度控制火焰和表面最高温度。

为实现有效表面淬火，基体组织必须要求完全珠光体。如铸铁组织铁素体数量过多，不论是在铸态或完全退火，为确保基体达到理想的碳固溶度，则需要石墨片中的碳溶解于基体，因此铸件表面必须达到更高温度和进一步延长淬火加热时间，铁素体铸铁表面淬火效果比珠光体铸铁的要差。因为游离碳化物增加了开裂的风险，应避免其出现。

在进行表面淬火工艺中，与珠光体基体铸铁相比，铁素体基体铸铁可能需要 2 ~ 4 倍加热时间。即使与石墨相邻的碳在奥氏体中的扩散速率相当快，对铁素体基体来说，根据铁素体成分，奥氏体化温度和石墨分布和间距，达到能够完全淬硬的碳浓度可能需要 1 ~ 10min 或更长时间。

对用于火焰淬火铸铁，为稳定渗碳体，防止出现石墨化，通常希望在铸铁中添加少量的铬或钼合金。有碳化物析出的显微组织稳定性高，决定了火焰淬火铸铁的硬度。有用户观察到，通过对在 845℃（1550℉）退火试样的硬度检测，判断有化合碳显微组织的稳定性。四种不同来源珠光体铸铁的成分为：最大碳含量 3.30%，1.40% ~ 1.60% Si，0.80% ~ 1.10% Mn，0.15% ~ 0.20% Cr。对该四个铸铁件检测结果如下：

铸铁编号	硬度 HBW		硬度① HRC
	铸态	退火态	
A	220	200	47 ~ 50
B	190	180	47 ~ 50
C	200	140	35 ~ 38
D	200	120	20 ~ 25

① 铸态铸铁火焰淬火

（1）合金元素的影响　一般来说，由于合金灰铸铁的淬透性更高，因此比普通灰铸铁更加容易进行火焰淬火。添加合金元素铸铁的最终硬度也更高。总碳量 3%，1.7% Si，0.60% ~ 0.80% Mn 的普通灰

铸铁，火焰淬火的最高硬度范围为 400～500HBW。这是因为灰铸铁布氏硬度值是基体和较软石墨片的平均硬度。实际上，起主要耐磨作用的基体硬度约600HBW。添加 2.5%Ni 和 0.5%Cr 的铸铁，平均表面硬度可达到550HBW。通过添加 1.0%～1.5%Ni 和 0.25%Mo，可以达到相同的效果。为防止铸铁硬度偏低，和保证奥氏体化淬火中，基体中有足够高的化合碳，添加少量铬能起到很好的效果。汽车凸轮轴，采用含有 1%Cr，0.50%Mo，0.80%Mn 铸铁，通过火焰淬火，很容易在要求硬化层深度达到 52HRC 的硬度，这些工件没有进行回火或消除应力处理。

（2）消除应力 不论是从实际上考虑，还是经济上考虑，火焰淬火铸件应在 150～200℃（300～400℉）进行消除应力处理。消除应力处理可采用热处理炉、热油或者通过火焰加热表面硬化层，通过消除应力处理，减少变形或开裂，提高硬化层的韧性。

经150℃（300℉）保温 7h 应力消除，能去除火焰淬火铸件 25%～40% 的残余应力，同时降低表面的硬度 2～5HRA。尽管消除应力处理是可取的措施，但如工件可安全使用，通常可以省略。

（3）硬度 火焰淬火灰铸铁表面的硬度通常略比表层下的要低见图 5-29。表面硬度较表层下硬度低的原因是，表面保留有相对软的残留奥氏体。通过加热至 195～250℃（380～480℉），通常可以提高表面硬度。

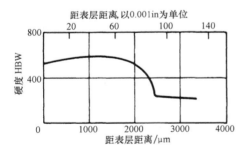

图 5-29 灰铸铁火焰淬火典型硬度梯度

除了淬火加热温度外，硬化层的深度和微观组织取决于两个因素：火焰表面淬火时，固溶体中碳和合金元素的含量和淬火的效率。如组织中有残留奥氏体组织，将工件在 -40℃ 进行 1h 冷处理，转变残留奥氏体，提高表面硬度。

（4）疲劳强度 因为表面淬火在表面产生压应力，因此，表面淬火通常提高疲劳强度。例如，火焰或感应加热之后水淬，在曲轴的圆角处表面产生很高的压应力（>205MPa，或 30ksi）；然而，如果

使用自淬火（self-quenching）代替水淬火，可能导致产生不良的表面拉应力。火焰淬火提高疲劳强度的程度不可能通过整体淬火达到。

（5）淬火 各种火焰淬火的方法影响淬火冷却介质的选择。当淬硬层深度浅时，可用水作淬火冷却介质，将工件逐步加热和淬火。当对局部很小的区域进行淬火时，可以将工件投入油中淬火。

在连续渐进的方法中，只能使用不易燃的冷却介质，如水、可溶性油混合物和聚乙烯醇水溶液。因为有火灾隐患，不能使用传统的油作为淬火冷却介质。局部淬火或旋转工艺淬火，在淬火前，工件移出火焰，浸入热油淬火。

当采用水进行淬火时，约 30℃（90℉）水温能达到最好的淬火结果。可以采用 5%～15% 可溶性油混合物，压缩空气，或者压缩空气和低压水等方法，降低淬火速率，防止开裂。高合金铸铁容易出现淬火开裂，尤其适合采用空气淬火。

5.2.12 感应淬火

如果需要进行表面淬火的灰铸铁铸件数量足够多，可采用设备成本较高，需要制备特殊感应圈的感应加热表面淬火工艺。因为铸铁的化合碳变化很大，因此铸铁表面淬火后硬度差别很大。感应淬火铸铁的最低化合碳含量建议为 0.40%～0.50%，在该碳含量得到珠光体，可使加热时间缩短，满足感应加热工艺要求。加热较低化和碳（基体的碳含量）的铸件至更高淬火温度或延长时间，可以溶解部分自由石墨，但该工艺过程可能会粗化表面晶粒，在次表层增多不希望得到的残留奥氏体数量。推荐最低的灰铸铁感应淬火温度为 870～925℃（1600～1700℉）。

（1）表面硬度 当采用传统洛氏硬度进行测量时，灰铸铁感应淬火的表面硬度受碳当量（%C+1/3%Si）的影响。显微组织中石墨数量越多，表面淬火后硬度越低。表 5-14 为碳当量从 3.63% 到 4.23% 的各种灰铸铁铸件，进行表面感应淬火的硬度。这些铸件以同样的方式浇注和相同冷速冷却，随碳当量增加，微观组织中石墨片变得更粗大。由此导致了表面淬火后，硬度明显降低，但基体硬度保持在 57～61HRC（从显微硬度转换）。

（2）变形 感应淬火变形低于整体淬火处理。560mm（22in）长的棒材经感应淬火后，最大翘曲为 0.03mm（0.0015in），而同样的棒材经热处理炉加热淬火，最大翘曲为 0.17～0.25mm（0.007～0.010in）。对于薄壁圆筒，除非淬火层的厚度超过壁厚的 20%，在感应淬火中不会出现变形问题。

表 5-14　碳当量对灰铸铁感应淬火表面硬度的影响

化学成分（质量分数,%）[①]		碳当量（%）[②]	硬度 HRC		
C	Si		直读	洛氏表面30-N	显微硬度
3.13	1.50	3.63	50	50	61
3.14	1.68	3.70	49	50	57
3.19	1.64	3.74	48	50	61
3.34	1.59	3.87	47	49	58
3.42	1.80	4.02	46	47	61
3.46	2.00	4.13	43	45	59
3.52	2.14	4.23	36	38	61

① 铸铁含 0.50%~0.90% Mn，0.35%~0.55% Ni，0.08%~0.15% Cr，0.15%~0.30% Mo。

② 碳当量 = %C+%Si

局部淬火，局部区域或通过扫描，深度达到 3.8mm（0.150in）的硬化层，可安全使用水进行淬火。然而，对键槽、交叉钻孔或极薄壁进行淬火，为防止过度变形或开裂，可能需要使用油作为淬火冷却介质。

实例：打包机铸造机座。名义成分为 3.30%~3.50% C，0.50%~0.70% Mn，0.30%~0.40% P，≤0.15% S，2.40%~2.60% Si。机座截面尺寸为 10.9mm（7/16in）。采用 10kHz，14kW 发夹形改进型感应加热装置加热 12s 后，水淬 4s，硬度约为 45 HRC（不代表真实的基体硬度，真实基体硬度可达到 61 HRC 或更高）。

5.2.13　其他表面强化方法

灰铸铁最常见的表面强化方法是火焰淬火和感应淬火。渗氮是另一种表面强化方法，主要用于含铬和铝的特殊铸铁。除了这类特殊铸铁，普通灰铸铁一般不采用渗氮工艺。另一个工程应用是减少灰铸铁冲压模具剥落问题。通过对工具接触表面进行镀铬或渗氮，可以消除灰铸铁模具表面剥落问题。为了进一步提高耐磨性，现已经在工业应用中，采用激光表面改性技术。

致谢

本节中的部分内容摘录至 1976 年 Butterworths 出版社出版的绝版出版物 H. T. Angus，Cast Iron：Physical and Engineering Properties，2nd ed。

参 考 文 献

1. H. T. Angus, *Cast Iron：Physical and Engineering Properties*, 2nd ed., Butterworths, 1976

2. "Standard Specification for Gray Iron Castings," A 48/A 48M-03, *Annual Book of ASTM Standards*, 01.02, ASTM International, 2005

3. "Grey Cast Irons—Classification," 2nd ed., ISO 185：2005, International Standards Institute, 2005

4. "Automotive Gray Iron Castings," J431, *SAE Ferrous Materials Standards Manual*, SAE International, 2004

5. G. A. Timmons, V. A. Crosby, and A. J. Herzig, *AFS Trans.*, Vol 49, 1941, p 397

6. E. Piwowarsky, *Giesserei*, Vol 24, Feb 1937, p 97-106

5.3　球墨铸铁热处理与性能

球墨铸铁（也称为韧性铸铁）热处理的作用，主要是通过改善铸态基体组织，获得理想的力学性能。根据断面尺寸和合金成分，铸态基体组织通常由铁素体、珠光体或铁素体加珠光体混合组织。本节主要目的是讨论球墨铸铁的热处理。

球墨铸铁最重要的热处理方法和目的是：

1) 应力消除。通过在较低的温度下加热，消除铸件内部残余应力。

2) 退火。改善塑性和韧性，降低硬度，消除碳化物。

3) 正火。提高强度和保证具有一定的塑性。

4) 淬火和回火。提高硬度或提高强度和屈强比。

5) 贝氏体等温淬火。得到高强度微观组织，具有一定的塑性和良好的耐磨性。

6) 表面强化。通过感应、火焰或激光加热，得到局部具有耐磨高硬度表面。

正火、淬火和贝氏体等温淬火，均包含有奥氏体化加热，而后通过控制冷却、等温冷却转变，或控制冷却结合等温冷却转变，得到各种不同的微观组织，提高球墨铸铁的力学性能。这些微观组织可以分为两大类别：

1) 热力学稳定的体心立方（铁素体）基体相组织。

2) 亚稳态面心立方（奥氏体）基体相组织。

前者通常是通过退火、正火、正火和回火、淬火及回火或马氏体分级淬火工艺得到。后者是由贝氏体等温淬火，即等温转变过程产生，称为奥-贝球墨铸铁（austempered ductile iron，ADI）。

工业中常见的其他热处理包括去应力退火和表面淬火热处理。去应力退火不涉及主要的显微组织转变，而表面淬火热处理（如火焰和感应淬火），仅涉及了铸件表面显微组织转变。

5.3.1　球墨铸铁热处理标准

通常，用户根据标准检验的最低力学性能要求，购买球墨铸铁。国际上有关球墨铸铁的标准由 ASTM、ISO 和 SAE 提供，见表 5-15。标准中提供了有关各级别球墨铸铁的典型微观组织。为材料能满足指定的最低性能要求，在上述标准中，还包括有退火、正火（是否加回火）和淬火加回火热处理工艺。SAE要求，如买方使用该标准中的材料，必须同意其采用的热处理工艺。

ASTM、ISO、SAE标准中将奥-贝球墨铸铁（ADI）与普通的球墨铸铁分开。与普通的球墨铸铁相同，用户也是根据材料的最低力学性能，购买奥-贝球墨铸铁，但ADI的标准对基体组织有更为具体的显微组织规定。所有ADI标准中，要求热处理后的基体组织为奥-贝（ausferrite）组织。在不影响最终力学性能的情况下，根据厂商和用户间的协议，可以允许基体中有少量的珠光体、马氏体或碳化物组织。

表 5-15　各工业和国际标准中球墨铸铁的性能

牌号	抗拉强度		0.2%屈服强度		断后伸长率（%）不小于	冲击能量[1]				硬度 HBW	组织
						均值		单值			
	MPa	ksi	MPa	ksi		J	ft·lbf	J	ft·lbf		
ISO 标准 1083[2]											
350-22/S	350	51	220	32	22	17	12	14	10	<160	铁素体
400-18/S	400	58	240	35	18	14	10	11	8.1	130~180	铁素体
500~7/S	500	73	320	46	7	—	—	—	—	170~230	铁素体+珠光体
550-5/S	550	80	350	51	5	—	—	—	—	180~250	铁素体+珠光体
600-3/S	600	87	370	54	3	—	—	—	—	190~270	珠光体+铁素体
700-2/S	700	102	420	61	2	—	—	—	—	225~305	珠光体
800-2/S	800	116	480	70	2	—	—	—	—	245~335	珠光体或回火马氏体
900-2/S	900	130	600	87	2	—	—	—	—	270~360	珠光体或回火马氏体
ASTM A536（美国）[3]											
60-40-18	414	60	276	40	18	—	—	—	—	—	—
60-42-10	415	60	290	42	10	—	—	—	—	—	—
65-45-12	448	65	310	45	12	—	—	—	—	—	—
	485	70	345	50	5	—	—	—	—	—	—
80-55-06	552	80	379	55	6	—	—	—	—	—	—
80-60-03	555	80	415	60	3	—	—	—	—	—	—
100-70-03	689	100	483	70	3	—	—	—	—	—	—
120-90-02	827	120	621	90	2	—	—	—	—	—	—
SAE J434（美国）[4]											
D400（D4018）	400	58	250~275	40	18	—	—	120	90	143~170	铁素体
D450（D4512）	450	65	285~310	45	12	—	—	80	60	156~217	铁素体+珠光体
D500（D5506）	500	73	320~345	50	6	—	—	54	40	187~229	铁素体+珠光体
D550（D5504）	550	80	350~380	55	4	—	—	40	30	217~269	铁素体+珠光体
D700（D7003）	700	102	425~450	65	3	—	—	27	20	241~302	珠光体
D800	800	116	455~480	70	2	—	—	—	—	255~311	珠光体或回火马氏体
DQ&T[5]	—	—	—	—	—	—	—	—	—	根据协议	回火马氏体

① ISO为采用三次测试的平均值。室温下（RT）对分别铸造V型缺口试样进行测量。SAE J434标准是在室温下（RT）测量，采用典型单件无缺口夏比试样数据。

② 以简化格式列出牌号，具体牌号参见文字说明。旧单位供参考。力学性能试样来源于不同壁厚的试样。

③ 旧单位是主要单位，常规牌号中的国际标准单位（SI）因转换略有不同，特殊应用牌号参见相关参考文献。

④ 相关参考文献同时列出了两种单位的牌号。SI单位国际标准单位是主要，旧单位根据换算得到。屈服强度采用SI单位，在给出壁厚范围随壁厚变化。列出的硬度值为参考指南。

⑤ 淬火加回火的牌号；最低性能是生产商和买家协商决定。

5.3.2　基本特点

得到铁素体和奥氏体级别铸铁的主要区别可以用图5-30和图5-31进行说明。图5-30所示为有炉冷、空冷和淬火冷却三条不同冷却曲线的连续冷却转变图。从图5-30可以看到，缓慢炉冷，得到铁素体基体（退火得到的产物）；而空冷，或称为正火，

得到珠光体基体；淬火冷却，得到马氏体为主和部分残留奥氏体组织。通过回火，降低正火或淬火的硬度，得到铁素体基体加渗碳体小颗粒（或二次碳化物）。图5-32所示为球墨铸铁的光学显微组织照片。根据合金含量和之前的组织，实际退火工艺往往不仅是简单炉冷。这在下一节中，详细介绍这些过程。

图5-31所示为球墨铸铁等温转变图，结合热处

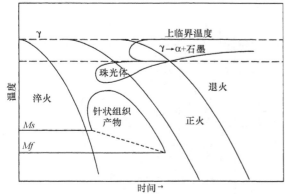

图 5-30 有炉冷、空冷和淬火冷却三条不同
冷却曲线的连续冷却转变图

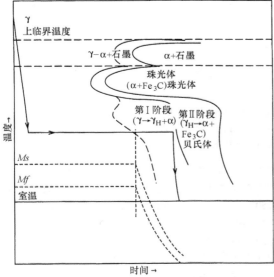

图 5-31 球墨铸铁等温转变图
在第 I 阶段，当 γ 富碳，马氏体的 Ms 和 Mf 降低。

理工艺一起用于 ADI 的生产。在该处理过程中，铸铁奥氏体化后，快速淬火（通常淬入熔盐中）至某个中间温度范围，保温一段时间，使亚稳奥氏体富碳（~2%C）基体（γ_H）发生转变。根据奥氏体化温度的等温淬火温度和时间，同时成核和生长转变为片状铁素体（α）或铁素体+碳化物组织。该贝氏体等温淬火反应直到整个基体完全转变为亚稳产物（见图 5-31 中的第 I 阶段）；然后，该产物在出现真正的贝氏体铁素体+碳化物之前（见图 5-31 中的第 II 阶段），快速冷却到室温。球墨铸铁中含有 2%~3%Si，防止快速形成渗碳体（Fe_3C）。在第 I 阶段铁素体形成中，排出的碳进入奥氏体基体，使其富碳，并保持高热稳定，防止在随后的冷却中，形成马氏体组织。图 5-31 中工艺过程表明，贝氏体等温淬火反应在第 II 阶段开始前终止。由于在第 I 阶段

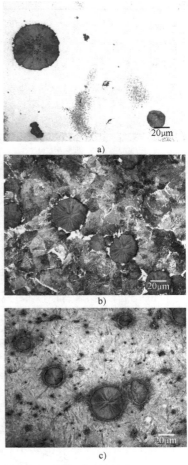

图 5-32 球墨铸铁的光学显微组织照片
a）铁素体基体组织［在两相区 732℃（1350 ℉）奥氏体化保温 5h，按 10℃（50 ℉）/h 冷速冷却到 538℃（1000 ℉），然后空冷］ b）细珠光体组织［球墨铸铁正火，在 899℃（1650 ℉）奥氏体化，然后空冷］ c）马氏体基体组织［在 885℃（1625 ℉）奥氏体化，水淬］
用 5%硝酸浸蚀液浸蚀。

形成了 γ_H，降低马氏体开始转变温度（Ms）和马氏体转变完成温度（Mf）。第 I 阶段和第 II 阶段的动力学在相关文献已有详细描述。典型的贝氏体等温淬火时间范围为 1~4h。如果工件贝氏体等温淬火时间过长，会形成不利的贝氏体组织。与钢不一样，铸铁组织中出现贝氏体，会降低韧性和塑性。

1. 拉伸性能

图 5-33a 为 ASTM、ISO 和 SAE 标准中给出的最低抗拉强度值与伸长率之间的关系。图 5-33b 为 ASTM 标准中奥-贝球墨铸铁牌号的最低值与其他类型球墨铸铁之间差异的对比。不同牌号的高质量球墨铸铁的实际性能覆盖范围广，能满足不同的需求，如图 5-33c 和图 5-34 所示。

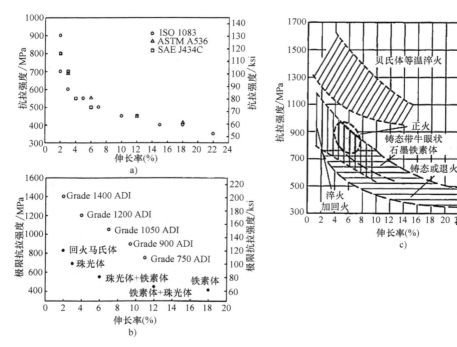

图 5-33　球墨铸铁的抗拉强度与伸长率的关系
a）各种标准中给出的最小值　b）ASTM A897/897M 标准中的奥-贝球墨铸铁的最低值
c）不同热处理工艺的抗拉强度和伸长率值的范围

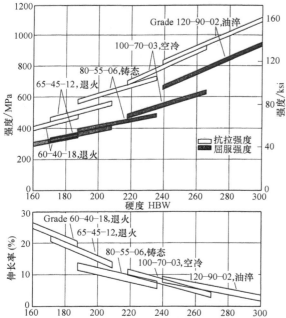

图 5-34　球墨铸铁强度和韧性与硬度的关系

2. 奥-贝球墨铸铁

从图 5-33b、c 中可以明显看出，ADI 是一个独特的铸铁材料，由于组织为亚稳奥氏体基体（γ_H）和细小铁素体，具有很高的拉伸性能。如前所述，等温淬火是将铸件加热到奥氏体化温度范围（通常 815～925℃，或 1500～1700℉）内，保温一段时间，而后将饱和奥氏体快速冷却，避免形成珠光体或其他混合组织，在 Ms 以上温度进行等温淬火，形成优化的针状铁素体和富碳奥氏体组织。在某些情况下，奥氏体化也可在双相区完成，这部分内容在下面讨论。

通过改变等温淬火温度，可以改变 ADI 的性能。较低的转变温度（260℃ 或 500℉），得到细化的组织，强度高、耐磨性好（见图 5-35a）；较高的转变温度（370℃，或 700℉），得到较粗的组织，疲劳强度高、塑性好（见图 5-35b）。在 ASTM A897/897M-06 标准中，认证了各种 ADI 牌号（在 2011 年重新审核）（见表 5-16）。表 5-17 中列出了 ADI 的国际标准、日本 JIS G5503 标准和欧洲 EN 1564 标准。

5.3.3　球墨铸铁的奥氏体化

奥氏体化目的是在热处理过程中，尽可能得到碳含量均匀的奥氏体基体组织。图 5-36 是 2%Si 的 Fe-C-Si 伪二元相图。对于典型的过共晶球墨铸铁，奥氏体化温度必须超过上临界温度，即在两相区（奥氏体和石墨）加热。该温度随合金含量不同，会有所改变。在相关文献中，可采用方程来预测不同化学成分的球墨铸铁的上临界温度。

 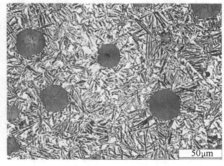

a)　　　　　　　　　　　　　　　　　　b)

图 5-35　采用不同贝氏体等温淬火温度得到的球墨铸铁的显微组织照片　500×

a) 球墨铸铁在 260℃（500℉）贝氏体等温淬火，得到细针状组织，典型的力学性能：抗拉强度，1585MPa（230ksi）；
屈服强度 1380MPa（200ksi）；伸长率，3%；无缺口冲击吸收能量，54J（40ft·lbf）；硬度，475HBW

b) 同样材料在 370℃（700℉）贝氏体等温淬火，得到粗针状组织，典型的力学性能：抗拉强度，1035MPa（150ksi）；
屈服强度，825MPa（120ksi）；伸长率，11%；无缺口冲击吸收能量，130J（95ft·lbf）；硬度，321HBW
均采用 5%硝酸浸蚀液浸蚀。

表 5-16　ASTM A897/897M-06（2011）标准中奥贝球墨铸铁牌号的硬度、韧性和室温拉伸性能

牌号	抗拉强度不小于		屈服强度不小于		伸长率不小于（%）	无缺口夏氏冲击吸收能量		典型硬度 HBW
	MPa	ksi	MPa	ksi		J	ft·lbf	
750-500-11 110-70-11	750	110	500	70	11	110	80	241~302
900-650-09 130-90-09	900	130	650	90	9	100	75	269~341
1050-750-07 150-110-07	1050	150	750	110	7	80	60	302~375
1200-850-04 175-125-04	1200	175	850	125	4	60	45	341~444
1400-1100-02 200-155-02	1400	200	1100	155	2	35	25	388~477
1600-1300-01 230-185-01	1600	230	1300	185	1	20	15	402~512

表 5-17　各种工业和国际标准中的奥贝球墨铸铁的性能

牌号	抗拉强度		0.2%屈服强度		伸长率不小于（%）	冲击吸收能量[1]		硬度 HBW[2]
	MPa	ksi	MPa	ksi		J	ft·lbf	
JIS G 5503-1995(Japan)								
FCAD 900-4	900	—	600	—	4	—	—	—
FCAD 900-8	900	—	600	—	8	—	—	—
FCAD 1000-5	1000	—	700	—	5	—	—	—
FCAD 1200-2	1200	—	900	—	2	—	—	341
FCAD 1400-1	—	1100	—	1	—	401		
EN 1564:1997								
EN-GJS-800-8	800	—	500	—	8	—	—	260~320
EN-GJS-1000-5	1000	—	700	—	5	—	—	300~360
EN-GJS-1200-2	1200	—	850	—	2	—	—	340~440
EN-GJS-1400-1	1400	—	1100	—	1	—	—	380~480

① 无缺口夏比冲击试样。在室温下测试，4 个试样取 3 个最高值的平均。
② 硬度采用布氏硬度计碳化钨球压头。

从图 5-36 可以清楚看到，随奥氏体化温度的提高，与石墨处于平衡的"平衡"奥氏体碳含量也随之提高。这样可以通过在工艺过程中控制奥氏体化温度，在一定范围内，选择控制基体的奥氏体碳含量。这对贝氏体等温淬火非常重要。因为淬透性（或贝氏体淬火能力）在很大程度上，取决于基体的碳含量。

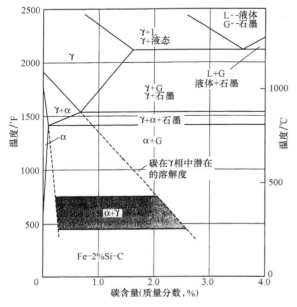

图 5-36 Fe-C-2% Si 的相图中 α+γ 两相亚稳态投影到贝氏体转变温度范围

表 5-16 中，牌号 750-500-11 奥-贝球墨铸铁（ADI）的奥氏体化温度是一个例外。该合金的奥氏体化温度是在两相区区间，相区为（γ+α+石墨），如图 5-36 所示。在该温度下保温足够长的时间，得到均匀碳含量的奥氏体与先共析铁素体+石墨达到平衡的组织。先共析铁素体的数量取决于所选的奥氏体化温度，随选择的奥氏体化温度降低，先共析铁素体的数量增多。根据对图 5-36 中 γ+α+石墨区域分析表明，如果与上临界温度以上温度进行奥氏体化相比，在该区域的奥氏体碳含量较低。碳含量低会降低铸铁的贝氏体淬火能力，这必须通过增加铸铁中合金含量来解决。

一般来说，根据合金含量、初始微观组织和断面尺寸确定奥氏体化加热保温时间。以下在退火、正火、淬火和回火，等温淬火各节中，讨论所涉及的奥氏体化问题。

当加热温度高于 650℃（1200℉）时，球墨铸铁表面将迅速出现氧化皮（严重氧化）和发生脱碳。为了防止这种情况发生，在球墨铸铁奥氏体化时，应该采用气氛保护。此外，为防止贝氏体等温淬火中脱碳，当从奥氏体化温度转移淬火时，也需要进行气氛保护。

有几种类型的气氛（包括吸热式气氛、氮-甲醇和氮气），可用于奥氏体化加热保护。因为放热式气氛对高碳材料有脱碳倾向，因此不适合用于铸铁的气氛保护。

吸热式气氛和氮-甲醇气氛相似，其载气均由氮气、一氧化碳和氢气构成，最终目的需要吸热（吸热的过程）。然而，它们的产生过程不同。吸热式气氛产生过程是，当在高温下，由于吸热发生器中镍催化剂作用，空气和天然气发生裂解，产生吸热式气氛。而通过氮-甲醇气氛是可以在炉内或通过发生器产生。甲醇裂解产生一氧化碳和氢气，与氮气混合产生保护气氛。本节不对产生保护气氛进行深入分析，如需进一步了解，请参见本手册 4B 分卷《钢的热处理技术》中的"热处理系统和控制"一文。

氮气是一种惰性气体，本身就提供保护。但必须注意，气氛中露点或水蒸气含量必须低，因为水蒸气的存在会导致脱碳。还应该注意的是，如果氮气中存在有少量的空气，也会导致脱碳。相比之下，因为生成吸热式气体时还需输入部分空气，吸热式气氛中允许有少量空气。

并不是球墨铸铁所有的奥氏体化热处理过程都需要气氛保护。在某些情况下，如贝氏体等温淬火过程，工件可以在熔盐中进行奥氏体化加热，亚临界退火可在无保护气氛中进行。当所需的最终微观组织是铁素体，脱碳不会影响最终工件性能时，均可不采用保护气氛。

5.3.4 球墨铸铁的退火

当铸铁韧性和可加工性是主要的性能指标，而高强度不是主要的性能指标时，可对球墨铸铁铸件采用完全铁素体化退火。得到铁素体微观组织，多余的碳扩散沉积于石墨球（见图 5-32a），其性能同 ASTM 牌号 60-40-18 的球墨铸铁。如果需要优良的可加工性，应降低铸铁中锰、磷含量，降低合金元素铬和钼等含量，因为这些元素会推迟退火过程。

对不同合金含量，存在有或无共晶碳化物的球墨铸铁铸件，推荐的退火工艺过程如下。

1）普通无共晶碳化物，2%～3%Si 球墨铸铁完全退火 加热至 870～900℃（1600～1650℉），按工件截面每 25.4mm（1in）保温 1h。以 55℃/h（100℉/h）冷速炉冷至 345℃（650℉），而后空冷。

2）有共晶碳化物球墨铸铁完全退火 加热至 900～925℃（1650～1700℉），保温不小于 2h，如大截面工件，进一步延长保温时间。以 110℃/h（200℉/h）冷速炉冷至 700℃（1300℉），在 700℃（1300℉）保温 2h。以 55℃/h（100℉/h）冷速炉冷至 345℃（650℉），而后空冷。

3）将珠光体转变为铁素体的亚临界退火　加热至 705～720℃（1300～1330℉），按工件截面每 25.4mm（1in）保温 1h。以 55℃/h（100℉/h）冷速炉冷至 345℃（650℉），而后空冷。图 5-37 为四种球墨铸铁在 705℃（1300℉）亚临界退火不同时间对硬度的影响。如铸铁中含有合金元素，需控制冷却通过临界温度范围至 400℃（750℉）温度的冷却速率低于 55℃/h（100℉/h）。

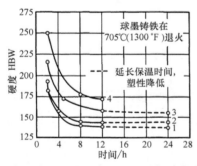

图 5-37　在亚临界退火温度下退火时间对硬度的影响

图 5-38 为 6mm（0.25in）板材铸件在不同温度下，一次碳化物（Fe₃C）分解所需时间。从图 5-38 可以看出，这些渗碳体非常容易分解，在 900℃（1650℉）温度下，大约需要 2.5h 发生分解。然而，某些碳化物形成元素，主要是铬，如形成主要碳化物，则分解非常困难。例如，碳化物中含有 0.25% Cr，该一次碳化物在 925℃（1700℉）保温 2～20h，

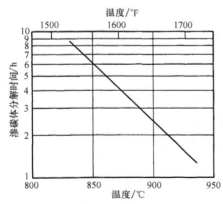

图 5-38　在退火温度的保温时间对一次碳化物（Fe₃C）分解的影响

注：图 5-38 中铸铁成分：3.15% 总碳量和 2.66% Si，该碳、硅含量范围不在工业球墨铸铁成分内。

还未完全发生分解，其结果是导致珠光体分解后的组织为铁素体中残存有碳化物，伸长率只有 5%。其他稳定碳化物的元素，如钼含量大于 0.3%，钒和钨含量超过 0.05%，都有推迟分解的作用。

5.3.5　球墨铸铁的淬透性

对球墨铸铁正火、淬火加回火、马氏体分级淬火或贝氏体等温淬火，其淬透性是一个重要的参数。通常采用端淬试样进行淬透性测试。将直径 25.4mm（1in），长度 101mm（4in）的标准试样奥氏体化，采用水进行端淬。冷却速率的变化导致微观组织变化，测量并记录硬度的变化。根据钢的端淬曲线，可以很容易地对钢的理想直径（D_I）计算和估计，但对于球墨铸铁，此方法不可行。其主要原因是，铸铁的奥氏体碳含量取决于奥氏体化加热温度，而钢的奥氏体的碳含量就是钢的碳含量。

图 5-39 所示为普通球墨铸铁（3.9% C，2.2% Si，0.04% Mg，且含有少量 Mn、Ni、Cu、Cr、V、Ti）在 870～925℃（1600～1700℉）奥氏体化的端淬曲线。提高奥氏体化温度，增加基体的碳含量，其结果是增加淬透性（端淬曲线离端淬距离更远）和提高淬火硬度。为提高球墨铸铁淬透性，主要方法是添加合金元素。图 5-40 为含有不同合金元素的球墨铸铁端淬曲线。从图 5-39 中可以明显看出，锰和钼是比镍或铜更有效提高淬透性的合金元素。与在钢中复合添加合金元素相同，如铜和镍的复合添加，或铜、镍和锰的复合添加，对淬透性影响大于单个元素添加的效果。图 5-41 为球墨铸铁中复合添加合金元素对端淬曲线的影响，a）铜和镍的复合添加，b）钼、铜和镍的复合添加。因此，大截面铸件，如需要整体淬透或进行贝氏体等温淬火，通常会复合添加这些合金元素。硅除影响基体的碳含量外，对淬透性影响不大。

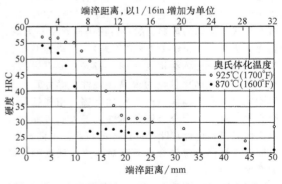

图 5-39　球墨铸铁在 870～925℃（1600～1700℉）奥氏体化加热端淬曲线

此外，为保证合金元素对球墨铸铁淬透性的作

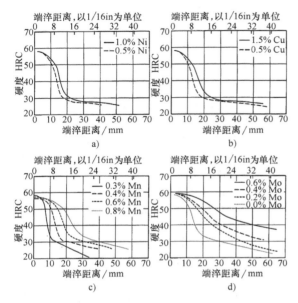

图 5-40　含不同合金元素的球墨铸铁端淬曲线

a）含 Ni　b）含 Cu　c）含 Mn　d）含 Mo

在 870℃（1600℉）奥氏体化加热。

用，必须保证合金元素溶入基体中。例如，如果钼或锰形成碳化物，则不会提高淬透性。因此，当球墨铸铁中添加了合金元素，在奥氏体加热淬火时，必须保证不形成碳化物，希望铸铁中球状石墨粒数越多越好。如合金元素出现严重的偏析，会降低球墨铸铁的淬透性。

5.3.6　球墨铸铁的正火

正火能大大提高球墨铸铁的抗拉强度，该工艺可用于生产牌号为 ASTM 100-70-03 的球墨铸铁，（见图 5-34）。正火的微观组织取决于铸件的成分和冷却速度，铸件的成分决定了其的淬透性，也就是连续冷却转变图中的各相的相对位置。冷却速率取决于铸件的质量，但它也会受到冷却过程中环境温度和空气的运动的影响。如果铸铁中硅含量不太高，锰含量适中（0.3%～0.5%或更高），正火通常得到均匀细小的珠光体结构（见图 5-32b）。要求进行正火处理的大截面铸件，为提高淬透性，确保正火后得到完全珠光体组织，通常添加有镍、钼和锰等合金元素。对于小型合金铸铁铸件，正火后可能得到马氏体或得到包含有针状贝氏体的组织。不同壁厚，不同镍含量以及添加合金元素对正火后硬度的影响如图 5-42 所示。

正火温度通常是在 870～940℃（1600～1725℉）范围。标准正火时间是在正火温度下，按截面厚度每英寸 1h 或正火时间不小于 1h，通常能得到满意的效果。如铸铁含有合金元素，可能会延缓碳在奥氏体

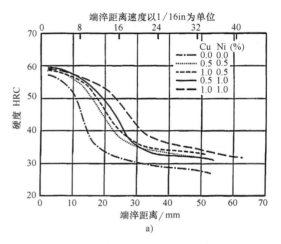

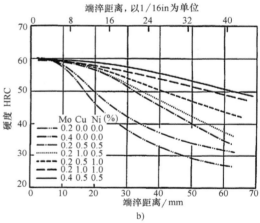

图 5-41　球墨铸铁中复合添加合金元素对端淬曲线的影响

a）Cu 和 Ni 复合添加　b）Mo，Cu 和 Ni 复合添加

在 870℃（1600℉）奥氏体化加热。

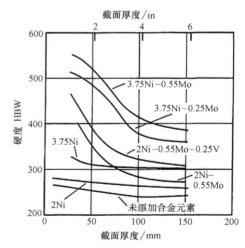

图 5-42　合金元素含量和壁厚对正火后硬度的影响

中的扩散，因此可能会延长正火保温时间。例如，锡和锑向石墨球偏析，能有效地防止石墨球中碳的溶解。

有时正火后需要进行回火，以达到所需的硬度。由于铸件各部分截面大小不同，导致冷却速率不同，通过正火后的回火，可以降低由空冷时产生的残余应力。也可以通过正火后回火提铸件的韧性和抗冲击性能。回火对铸件硬度和拉伸性能的影响取决于铸铁成分和正火后硬度。回火通常是加热至 425～650℃（800～1200℉）温度范围，根据工件要求，在所需的温度下，按截面直径每英寸保温 1h。图 5-43 所示为正火球墨铸铁在不同温度回火的硬度。

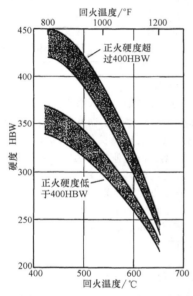

图 5-43　正火球墨铸铁在不同温度回火的硬度

5.3.7　球墨铸铁的淬火和回火

工业铸件通常选择 845～925℃（1550～1700℉）温度范围进行奥氏体化淬火加热。为降低应力，防止淬火开裂，通常首选油作为淬火冷却介质，但如形状简单，也可以采用水或盐水作为淬火冷却介质。为防止复杂铸件淬火开裂，可采用 80～100℃（180～210℉）的油作为淬火冷却介质。

图 5-44 为奥氏体化温度对边长尺寸为 13mm（0.5in）立方体的球墨铸铁淬水硬度的影响。图 5-44 中数据表明，当奥氏体化温度在 845～870℃（1550～1600℉）范围，可得到最高的硬度（55～57HRC）；当温度超过 870℃，基体的碳含量过高，导致残留奥氏体数量增多，因此硬度降低。

铸件淬火后应立即进行回火，消除淬火应力。铸件的回火硬度取决于淬态硬度、合金含量以及回火温度和时间。在 425～600℃（800～1100℉）温度

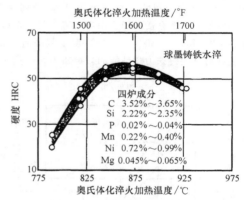

图 5-44　奥氏体化温度对球墨铸铁硬度的影响
注：每个值为三个硬度读数的平均值。试样是边长为 13mm（0.5in）的立方体，在空气加热保温 1h，水淬。

范围，随回火温度提高，硬度下降，其下降的大小取决于合金含量、初始硬度和时间。图 5-45 所示为两种淬火后球墨铸铁在不同回火温度下，维氏硬度（10kg 载荷）与回火时间的关系。在该温度范围回火，球墨铸铁组织变化为两阶段。第一阶段与钢的回火过程相似，主要是碳化物的析出。第二阶段（图 5-45 中随时间延长，硬度下降）包括碳化物发生分解，形成细小的二次石墨。伴随二次石墨的产生，硬度下降，拉伸强度和疲劳强度也同时下降。

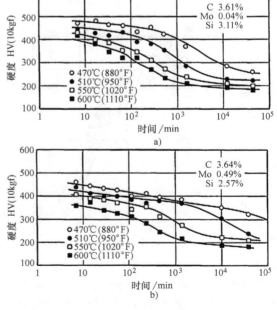

图 5-45　两种淬火后球墨铸铁在不同回火温度下，
维氏硬度（10kg 载荷）与回火时间的关系
a）合金成分 3.61%C，3.11% Si，0.04% Mo
b）合金成分 3.64% C，2.57% Si，0.49% Mo

因为合金元素含量影响二次石墨化过程，因此每种球墨铸铁都有一个合适的回火温度范围。某合金球墨铸铁在425~700℃（800~1300℉）温度范围回火2h，回火温度对球墨铸铁力学性能的影响如图5-46所示。

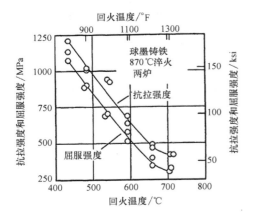

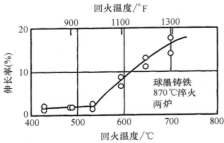

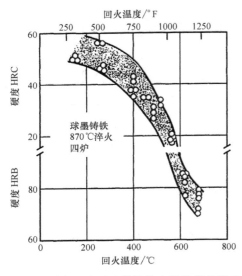

图 5-46　回火温度对球墨铸铁力学性能的影响

注：870℃（1600℉）淬火和在不同温度回火2h。铸铁成分范围：3.52%~3.68%C，2.28%~2.35%Si，0.02%~0.04%P，0.22%~0.41%Mn，0.69%~0.99%Ni，0.045%~0.065%Mg。抗拉强度、屈服强度和伸长率数据是根据含0.91%和0.99%Ni的铸铁（四炉铸铁中的两炉）测得。

5.3.8　球墨铸铁的马氏体分级淬火

马氏体分级淬火为从奥氏体化温度淬火至略高于马氏体开始转变温度停留，使工件整体内外温度达到平衡，而后淬至低于马氏体开始转变温度。必须注意中间等温停留时间不要过长，否则会产生针状组织产物。与传统的淬火和回火过程相比，短时等温停留使表面和心部的组织转变更加均匀。改进马氏体分级淬火为从奥氏体化温度淬火至略低于马氏体开始转变温度停留，发生少量马氏体转变，而后继续进行淬火冷却。改进马氏体分级淬火的优点是，在马氏体开始转变以下温度停留时间，可以比在马氏体开始转变温度以上停留时间长。在 Ms 以下温度停留，出现转变为非马氏体组织的可能性要小得多。

马氏体分级淬火的淬火温度高于标准的淬火和回火过程，淬火冷却介质可以使用热油或熔盐。在淬火和回火工艺过程中，回火应在淬火后立即进行，降低淬火残余应力。

5.3.9　球墨铸铁的贝氏体等温淬火

当铸件需要最佳强度韧性配合时，可以通过贝氏体等温淬火，获得奥氏体和铁素体贝氏体组织。图 5-33 中表明，与其他类别的球墨铸铁相比，贝氏体等温淬火的组织具有更高的抗拉强度与塑性比。得到这种理想的性能，需要非常注意工件的断面尺寸、奥氏体化保温时间和等温淬火时间。

1. 截面尺寸和合金含量

随着断面尺寸的增加，奥氏体化温度和贝氏体等温淬火温度之间的冷却速率降低。淬火和贝氏体等温淬火技术包括热油淬火（≤240℃，或460℉）；硝酸/亚硝酸盐淬火；流态床淬火（薄壁小工件）；而对工具类型，采用铅浴淬火。

为了避免出现高温相变产物（如在较大尺寸工件出现珠光体），可通过增加水淬火，提高盐浴淬火的冷却或在铸铁中添加合金元素（如铜、镍、锰、钼）提高基体淬透性。重要的是要清楚认识到，这些合金元素往往在凝固时会产生偏析，导致出现非均匀的基体组织。这对贝氏体等温淬火有潜在的不利影响，会严重降低材料的塑性和冲击韧性。在ASTM 和 SAE 的 ADI 标准中，均推荐了最低球状石墨粒数。

锰、钼对珠光体淬透性有明显的影响，但也容易在铸件凝固时产生偏析，促进形成共晶碳化物。而镍和铜提高淬透性，但它们偏析于球状石墨表面处，不形成有害的碳化物。如合理复合添加这些元素，则可能出现相反的情况，可根据它们之间对淬透性的交互作用，进行选择添加的合金元素。各种主要元素对 ADI 贝氏体等温淬火的影响归纳于表 5-18。

表 5-18　贝氏体等温淬火球墨铸铁中推荐添加合金元素目的和控制范围

合金元素	推荐范围	说　明
C	3.60%±0.20 %	得到无缺陷的铸件,C 应控制在推荐范围内。如果 C 含量过高,会出现 C 浮在铁液表面,明显降低 ADI 的强度
Si	2.50%±0.20 %	Si 促进石墨的形成,降低碳在奥氏体中的溶解度,提高共析温度,抑制贝氏体中的碳化物形成,因此 Si 是 ADI 最重要的合金元素之一。过高的 Si 含量会通过稳定铁素体,在局部抑制奥-贝组织形成
Mg	(% S×0.76)+0.025%± 0.005%	Mg 促进球状石墨形成。Mg 含量过高,促进碳化物形成;Mg 过低,形成非球状石墨
Mn	0.35%±0.05%	不建议 Mn 添加量高于推荐范围。因为 Mn 易偏析至铸件最后凝固区域。如球状石墨颗粒数量不足,难以通过 Mn 易偏析区域,则 Mn 会推迟形成奥-贝组织。工件截面达到 3mm(0.5in),由于高球状石墨颗粒数量,Mn 的目标含量可达 0.60%。工件截面超过 3mm(0.5in),或有 Mo 或其他碳化物形成元素存在,Mn 的目标含量减少到 0.35% 或更低,以减少晶界脆性碳化物的形成。形成晶界脆性碳化物会降低铸件的可加工性和塑性
Cu	≤0.80%,±0.05%（仅需要时添加）	添加不大于 0.80% Cu,提高 ADI 淬透性。但 Cu 含量高于这个水平,在石墨球周围形成扩散屏障,从而在奥氏体化时,抑制碳扩散
Ni	≤2.0%,±0.10%（仅需要时添加）	ADI 添加不大于 2.0% Ni,提高 ADI 淬透性。由于 Ni 的成本高,增加 Ni 的添加量,会明显通过铸铁的成本
Mo	≤0.30%,±0.03%（仅需要时添加）	在 ADI 中,Mo 是最有效提高淬透性的元素。在重型大截面铸件中,必须添加一定的 Mo,防止珠光体的形成。当 Mo 含量超过淬透性需要时,随着 Mo 含量增加,抗拉强度和塑性均降低。其原因可能是 Mo 出现偏析,形成晶界脆性碳化物。在大截面铸件中,限制 Mo 不超过 0.30%

2. 奥氏体化温度和时间

图 5-36 相图示意图表明,随着奥氏体化温度的提高,基体的碳含量增加;基体的实际碳含量取决于合金元素种类、数量和在基体中的位置（偏析）等多个复杂因素。

球墨铸铁中决定基体碳含量最重要的因素是硅含量;在奥氏体化温度一定的条件下,随硅含量的增加,基体中的碳含量减少。常用的奥氏体化温度在 845～925℃（1550～1700℉）范围。奥氏体化保温时间主要取决于工件截面厚度,在某种程度上也与合金含量有关。图 5-39 为通过奥氏体化温度对基体碳含量的影响,对淬透性的影响。奥氏体化温度越高,基体的碳含量高,提高铸铁的淬透性,降低等温奥氏体转变的速度。在图 5-47 等温转变图中,可以通过开始转变时间,计算出奥氏体转变的速率。

3. 贝氏体等温淬火温度和时间

贝氏体等温淬火温度对最终微观组织起主要决定作用,同时也决定了奥-贝球铁的硬度和强度。随着等温淬火温度的提高,强度和冲击韧性发生改变。图 5-48 为贝氏体等温淬火温度对两个不同锰含量球墨铸铁性能的影响。在给定等温淬火温度条件下,球墨铸铁最高塑性是时间的敏感函数,如图 5-49 所示。在等温的第Ⅰ阶段（见图 5-31）,伸长率最初逐步提高,当奥氏体分数达到最大时,伸长率达到峰值;再继续等温,在第Ⅱ阶段分解出现贝氏体的平衡产物,导致伸长率降低。典型贝氏体等温淬火时间为 1～4h。ASTM 牌号为 1600-1300-1 和 900-650-09

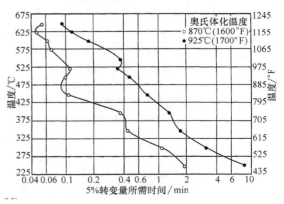

图 5-47　低合金球墨铸铁在 870～925℃
（1600～1700℉）奥氏体化加热的等温转变图

（见表 5-16）的 ADI 显微照片分别如图 5-35a、图 5-35b 所示。

4. 两相区奥氏体化

多年来,ADI 都是采用加热至上临界以上温度,进行完全奥氏体化。ASTM 标准中按 ADI 最低性能数据,采用广泛使用的 1 到 5 级,将 ADI 分为 5 个等级。为了应对 ADI 工件热处理后的加工难问题,开发出了先共析铁素体和奥-贝混合组织的材料。牌号 750-500-11（见表 5-16）的铸铁是在两相区进行奥氏体化加热,在该区域（γ+α+石墨）处于平衡状态（见图 5-36）。选择等温淬火温度,得到典型 900-650-09 和 1050-750-07 球墨铸铁。这种等级的 ADI 的显微组织如图 5-50 所示。

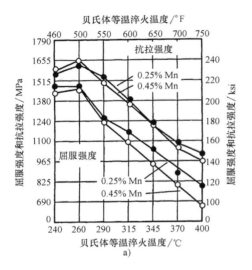

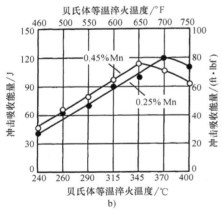

图 5-48 贝氏体等温淬火温度对两个不同锰
含量球墨铸铁性能的影响

a) 对屈服强度和抗拉强度的影响 b) 对冲击强度的影响

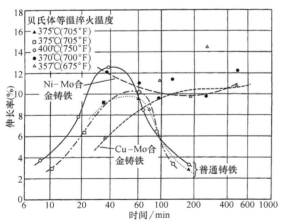

图 5-49 几种球墨铸铁贝氏体等温淬火时间
与伸长率的关系

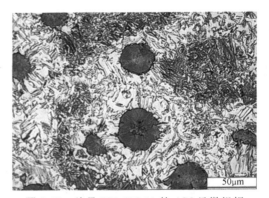

图 5-50 牌号 750-500-11 的 ADI 显微组织

注：经两相区奥氏体化加热，在 370℃（700℉）进行贝氏体等温淬火，得到先共析铁素体和奥-贝混合组织。采用 5%硝酸浸蚀液浸蚀。

5. 碳化物耐磨奥-贝球墨铸铁（Carbidic ADI）

一般来说，球墨铸铁进行贝氏体等温淬火，碳化物体积分数应小于 1%，否则无法达到表 5-16 中最低力学性能的要求。当耐磨性能是主要的性能时，对碳化物耐磨奥-贝球墨铸铁（Carbidic ADI），采用传统的贝氏体等温淬火工艺，碳化物数量可高达 40%。碳化物耐磨奥-贝球墨铸铁的的显微组织如图 5-51 所示。应该注意的是，该铸铁为特种材料，在

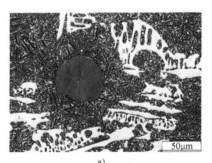

a)

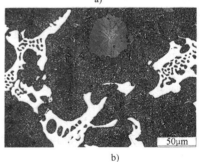

b)

图 5-51 不同等温淬火温度淬火的碳化物耐磨奥-
贝球墨铸铁的显微组织

a）18%碳化物高耐磨球墨铸铁在 370℃（700℉）贝氏体等温淬火

b）材料同图 5-51a，在 260℃（500℉）贝氏体等温淬火
用 5%硝酸浸蚀液浸蚀。

国际标准中没有该种材料。

5.3.10 球墨铸铁的表面强化

采用火焰表面淬火，感应淬火或激光淬火，很容易对球墨铸铁进行表面强化。由于这些工艺过程的加热时间短，珠光体型球墨铸铁，如 ASTM 80-55-06 和 80-55-06 是首选的表面强化铸铁。采用火焰或感应短时间加热淬火，无游离铁素体组织的铸铁能完全淬硬。

适量的游离铁素体，表面淬火可得到满意的效果，但如果是高塑性牌号，完全铁素体基体的铸铁，需要在 870℃ （1600℉） 奥氏体化加热几分钟，才能淬硬。而通过正火得到的细珠光体组织，很快就可以加热进行表面淬火，此外正火组织提供了优良的基体强度和硬度。

通过适当的工艺和对在 845～900℃ （1550～1650℉） 加热温度范围进行控制，工业中不同基体的球墨铸铁表面淬火硬度的范围为：

1）完全退火（铁素体）球墨铸铁，火焰或感应加热后，淬水。硬度为 35～45HRC。

2）铁素体为主（部分珠光体）球墨铸铁，消除应力后加热，自淬火。硬度为 40～45HRC。

3）铁素体为主（部分珠光体）球墨铸铁，消除应力后加热，淬水。硬度为 50～55HRC。

4）珠光体球墨铸铁，消除应力后加热，水淬。硬度为 58～62HRC。

加热时间和温度、碳溶解量、断面尺寸和淬火速率影响表面淬火的最终硬度。为减少铸件淬火开裂和尺寸变形，通常采用可溶性油或聚合物作为淬火冷却介质。

现已采用火焰或感应淬火的球墨铸铁铸件，用于生产重负荷加工工件。例如，钛冷加工的衬箔，造纸轧机环形驱动齿轮，曲轴，以及链传动装置大型链轮。火焰淬火在 5.1 节 "铸铁热处理简介" 中已进行了讨论，下面主要讨论感应淬火。

1. 感应淬火

（1）淬火前微观组织　球墨铸铁感应淬火的效果取决于铸态、正火和正火加回火等淬火前基体中珠光体的数量。在淬火加回火球墨铸铁中，回火过程中形成二次石墨与基体的碳一起，能提供足够的感应加热时，基体重新固溶所需的碳。

1）铸态条件。要想在 955～980℃ （1750～1800℉）加热 3.5s 进行感应淬火并达到满意的效果，铸态组织至少要有 50% 珠光体。由于铁素体碳含量低，获得碳的唯一方法是石墨球中碳扩散进入铁素体，这对感应加热可能无法实现，因此铁素体铸铁不适合进行感应淬火。可以通过提高感应加热温度，对有少量珠光体的组织进行感应淬火，但与此同时，可能会产生过多残留奥氏体，形成莱氏体，产生熔化和损伤表面的风险。如基体组织中珠光体超过 50%，淬火温度可降低到 900～925℃（1650～1700℉）的范围。

2）正火条件。在 955～980℃ （1750～1800℉）加热 3.5s 进行感应淬火，作为感应淬火的预备正火组织至少要有 50% 珠光体。经正火加回火的铸铁，当珠光体数量较低时，由于基体贫碳，感应淬火效果不好。在回火过程中，碳从珠光体基体迁移到石墨球处，在感应加热过程中，碳再次扩散固溶于基体中，但由于感应加热时间短，没有足够的扩散时间。另一个影响球墨铸铁感应淬火的因素是石墨球数量，单位面积上的石墨球数量越多，感应淬火的硬化层越深。这种效应随着铁素体的比例增加而愈发明显（见图 5-52）。

3）淬火加回火。作为感应淬火预备组织，球墨铸铁淬火加回火组织在铁素体组织高达 95% 很大的范围内，都具有良好的感应淬火效果。作为前处理，淬火加回火的优势是允许铸件的硬度较低，但缺点是有淬火开裂和变形的风险。

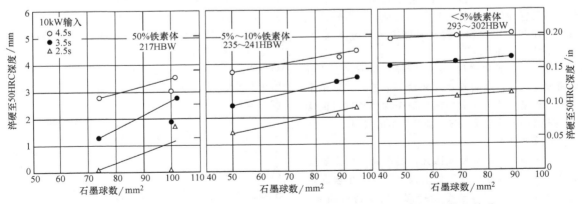

图 5-52　经正火和回火的球墨铸铁感应淬火至 50HRC 深度与石墨球数的关系

（2）感应淬火系统　从历史上看，有许多不同的感应淬火系统。它们包括：

1）整体自淬火：工件要求的硬化层浅。工件的质量足够大，能快速吸收感应加热的热量。

2）浸泡搅拌淬火：工件在感应线圈加热后，手动或自动移至淬火槽淬火。

3）喷淋淬火：工件在感应线圈加热后，对工件表面采用淬火冷却介质喷淋淬火。

在上述方法中，喷淋淬火是最常用的。为进行合适的淬火，必须在工件淬火的区域均匀且充分地去除热量。喷淋的角度以及随后淬火冷却介质的回收也很重要。

采用的淬火冷却介质必须有连续的清洗作用，以防止蒸汽膜形成。必须完全淬火冷却（去除热量）至 M_f 温度，防止心部的热量对表面进行回火。淬火冷却介质主要是油或聚合物，其中喷淋淬火系统更普遍使用聚合物淬火冷却介质。

实例：对淬火加回火的球墨铸铁进行表面感应淬火。采用在 900℃（1650℉）淬油，加 620℃（1150℉）回火 1h 的组织具有良好表面感应淬火效果。淬火加回火的硬度为 262HBW，如果有必要，可以通过提高回火温度到 675℃（1250℉），进一步降低硬度。通过感应加热的硬化层深度为 4.7mm（0.184in），表面硬度达到 54～56HRC，在 4.2mm（0.164in）深度处，硬度为 50HRC。

2. 渗氮

渗氮是在 550～600℃（1020～1110℉）温度范围，将氮原子扩散进入工件表面的表面强化工艺。通常，氨是渗氮工艺的氮源，渗氮层约 0.1mm（0.004in）深，表面硬度接近 1100HV。表层通常是白亮层，侵蚀后组织无明显变化，但在该白亮层下可看到针状氮化物。可以通过添加合金元素，提高表面硬度。其中添加 0.5%～1% 的 Al、Ni 和 Mo，具有良好的提高表面硬度效果。除了提高硬度外，氮化层还具有高的耐磨性和抗划伤性能，具有较高的疲劳寿命和高耐蚀性。渗氮典型应用是制造缸套、轴承销和小型轴。

可以采用氰化物盐，进行液体盐浴渗氮。盐浴渗氮温度较低，表面硬化层较浅。最近，开发出了等离子渗氮工艺，并成功地应用于球墨铸铁，但这一工艺过程可能会受特殊设备和成本的限制。

3. 重熔强化

采用等离子体喷枪或激光，实现局部极高温度加热，可以使球墨铸铁工件上很小区域发生表面熔化。然后，该区域迅速重新凝固，由于铸件质量，产生自淬火。发生熔化和重新凝固区的组织为无

石墨的白口铸铁，因此具有很高的硬度和耐磨性。由于 2kW 的激光熔化区域很小，通常直径为 1.5mm（0.06in），深度为 0.5～2mm（0.02～0.08in），重熔强化后硬度约 900HV，无裂纹。采用该方法，来回在铸件表面扫描，可以实现在较大的区域进行强化，现主要工程应用有挺杆、凸轮和其他受滑动磨损的小工件。图 5-53 所示为珠光体铸铁采用 1.5kW 的激光，以 456mm/s（18.25in/s）速率扫描得到的重熔强化组织。

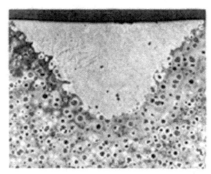

图 5-53　珠光体铸铁采用 1.5kW 的激光，
以 456mm/s（18.25in/s）速率扫描
得到的重熔强化区组织　50×
注：采用苦味酸浸蚀液浸蚀

5.3.11　球墨铸铁的消除应力处理

如复杂工程球墨铸铁铸件不进行其他的热处理，可能需在 510～675℃（950～1250℉）温度区间进行消除应力处理。对大多数工程铸件，在该温度区间的低温端，能达到满意的去应力效果；在该温度区间的高温端，将几乎消除所有的残余应力（见图 5-54），但会降低硬度和抗拉强度。推荐各种类型的球墨铸铁消除应力的温度范围如下：

1）普通球墨铸铁：510～565℃（950～1050℉）。
2）低合金球墨铸铁：565～595℃（1050～1100℉）。
3）高合金球墨铸铁：595～650℃（1100～1200℉）。
4）奥氏体球墨铸铁：620～675℃（1150～1250℉）。

消除应力所需的时间与采用的温度、铸造的复杂性以及希望消除应力的程度有关（见图 5-54），通常推荐消除应力时间为，以 1h 为基础加工件截面厚度每增加 2.5mm（1in）增加 1h。

消除应力应采用均匀冷却，以避免重新产生应力。铸件应炉冷到 290℃（550℉）后，才可以采用空冷。在大多数情况下，奥氏体铸铁可以直接从消除应力温度均匀空冷。

5.3.12　热处理对疲劳强度的影响

为确保最大程度改善球墨铸铁的疲劳性能，必

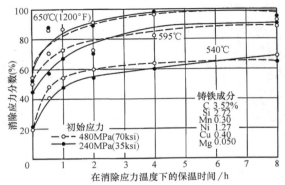

图 5-54　球墨铸铁在三个温度保温
0.5～8h 进行消除应力处理

注：最初硬度分别是 102～103HRB。在 540℃、540℃ 和
650℃（1000℉、1100℉ 和 1200℉）温度保温 8h 后，硬
度分别是 102～104HRB，101～103HRB 和 90～93HRB。

须选择适当的铸铁成分和热处理温度工艺，得到最
佳质量铸件微观组织（即，石墨球数量多，球化率
好，无缺陷）。例如，淬火加回火球墨铸铁疲劳强度
低的一个原因是，在回火过程中，二次石墨在基体
析出量多。随二次石墨析出量增多，硬度下降，使
球墨铸铁的疲劳强度降低（见图 5-45）。可以用过控
制的成分（主要是碳和硅）和回火温度（随温度提
高，二次石墨的析出增加）控制二次石墨析出量。
当然，随着碳的数量增加，二次石墨的数量也将增
加。提高硅含量会增加二次石墨的析出速率。

通过热处理，可以显著提高铸态球墨铸铁的疲
劳性能，但不会以相同比例提高静态拉伸性能。通
过热处理提高基体的硬度，提高 20×10^6 周次疲劳强
度（旋转弯曲），铸铁的疲劳强度从退火状态的
170～200MPa（25～30ksi）提高到贝氏体等温淬火或
淬火加回火状态的 310～345MPa（45～50ksi）。有报
道贝氏体等温淬火球墨铸铁旋转弯曲疲劳强度（20×10^6 周次）达到 480MPa（70ksi）。通过贝氏体等温
淬火加喷丸处理，疲劳强度达到 690MPa（100ksi）。
当然，如基体组织均匀和没有缺陷，能明显提高铸
铁的疲劳强度。有缺陷的微观组织，例如，石墨球
尺寸过大、显微疏松、共晶碳化物和有炉渣或其他
夹杂物存在，会降低疲劳强度。这些缺陷组织在大
截面铸件较为明显和严重。

致谢

本节根据 1991 年材料信息学会出版的 ASM 手
册第 4A 卷《热处理》p 682-692 中 K. B. Rundman
"球墨铸铁的热处理"一文修订。

参 考 文 献

1. "Standard Specification for Ductile Iron Castings," ASTM A536-84（2009），*Annual Book of ASTM Standards*，ASTM，2009

2. "Spheroidal Graphite Cast Irons—Classification," ISO 1083：2004，International Organization for Standardization，2004

3. "Automotive Ductile（Nodular）Iron Castings," SAE J434_200402，SAE International，2004

4. "Specification for Austempered Ductile Iron Castings," ASTM A897/897M-06（2011），*Annual Book of ASTM Standards*，ASTM，2011

5. "Founding—Ausferritic Spheroidal Graphite Cast Irons—Classification," ISO 17804：2005，International Organization for Standardization，2005

6. "Automotive Austempered Ductile（Nodular）Iron Castings（ADI），" SAE J2477_200405，SAE International，2004.

7. M. Johansson，Austenitic-Bainitic Ductile Iron，*Trans. AFS*，Vol 85，1977，p 117-122

8. T. Shiokawa，"On the Austempering of Ductile Cast Iron，Their Mechanical Properties and Some Practical Applications," paper presented at 59th Japan Ductile Cast Iron Associations License Conference，1978

9. E. Dorazil，B. Barta，E. Munsterova，L. Stransky，and A. Huvar，High Strength Bainitic Ductile Iron，*Int. Cast Met J*，June 1982，p 52-62

10. T. N. Rouns and K. B. Rundman，Constitution of Austempered Ductile Iron and Kinetics of Austempering，*Trans. AFS*，Vol 95，1987，p 851-874

11. "Austempered Spheroidal Graphite Iron Castings," JIS G5503，Japanese Standards Association，1995

12. "Founding. Austempered Ductile Cast Irons," BS EN 1564，British Standards Institution，1997

13. K. L. Hayrynen，J. R. Keough，and B. V. Kovacs，"The Effects of Alloying Elements on the Critical Temperaturesin Ductile Cast Iron," DIS Report # 22，Ductile Iron Society，1997

14. H. Chandler，*Heat Treater's Guide：Practices and Procedures for Irons and Steels*，2nd ed.，ASM International，1995

15. D. J. Moore，B. S. Shugart，K. L. Hayrynen，and K. B. Rundman，A Microstructural Determination of Isothermal Transformation Diagramsin a Low Alloy Ductile Iron，*Trans. AFS*，Vol 98，1990，p 519-526

16. Y. H. Lee and R. C. Voigt，The Hardenability of Ductile Irons，*Trans. AFS*，Vol 97，1989，p 915-938

17. B. V. Kovacs，Pearlite Stabilization in Cast Irons，*Trans. AFS*，Vol 89，1981，p 79-96

18. K. B. Rundman and T. N. Rouns，On the Effects of Molyb-

denum on the Kinetics of Secondary Graphitization in Quenched and Tempered Ductile Irons, *Trans. AFS*, Vol 90, 1982, p 487-497

19. J. A. Lincoln, Austempered Ductile Iron, *First International Conference on Austempered Ductile Iron*: *Your Means to Improved Performance, Productivity and Casting*, American Society for Metals, 1984, p 167-184

20. B. V. Kovacs, Austempered Ductile Iron: Fact and Fiction, *Modern Casting*, March 1990, p 38-41

21. R. B. Gundlach and J. F. Janowak, Austempered Ductile Iron Combines Strength with Toughness and Ductility, *Met. Prog.*, July 1985, p 19-26

22. K. L. Hayrynen and K. B. Brandenberg, Carbidic Austempered Ductile Iron (CADI): The New Wear Material, *Trans. AFS*, Vol 111, 2003, p 845-850

23. T. L. Burkland and A. H. Rauch, Prior Structure Effect on Ductile Iron Response to Induction Hardening, *Trans. AFS*, Vol 70, 1962, p 896-908

24. D. E. Novorsky, A Guide to Quenching Factors for Induction Heat Treating, *Heat Treat.*, Vol 13 (No. 10), 1981, p 39-40

25. M. Sofue, S. Okada, and T. Sasaki, High Quality Ductile Cast Iron with Improved Fatigue Strength, *Trans. AFS*, Vol 86, 1978, p 173-182

26. D. Krishnaraj, K. Rao, and S. Seshan, Influence of Matrix Structure on the Fatigue Behavior of Ductile Iron, *Trans AFS*, Vol 97, 1989, p 345-350

5.4 可锻铸铁和蠕墨铸铁热处理

根据石墨的形态,可锻铸铁和蠕墨铸铁(compacted-graphite irons, CGI)中石墨的形貌介于灰铸铁中片状石墨和球墨铸铁中球状石墨之间,其塑性和韧性也介于灰铸铁和球墨铸铁之间。可锻铸铁和蠕墨铸铁中石墨的形态和形成机制也各有不同。

可锻铸铁,是通过对不含石墨、但有大量渗碳体的白口铸铁进行热处理,形成石墨的中间形式(称为二次石墨, temper carbon)。因为铸造仅能生产截面厚度约100mm(4in)的白口铸铁件,因此可锻铸铁的截面大小是有限制的。在得到白口铸铁件后,下一步是进行退火得到二次石墨。当白口铸铁持续在960℃(1760℉)温度加热一段时间(约60h),渗碳体分解成奥氏体和石墨。其最终组织为基体上分布着石墨,根据退火后的冷却速率,基体组织可以有珠光体、珠光体加铁素体和铁素体3种。二次石墨不是完整的球形(如球墨铸铁),为形状不规则团絮状,如图5-55所示。采用该工艺生产的大部分可锻铸铁称为黑心可锻铸铁,有些欧洲生产的可锻铸铁(称为白心可锻铸铁),是通过对白口铸铁进行脱碳而得到。

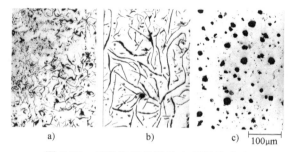

图 5-55 三种类型的铸铁中石墨的形式
a) 可锻铸铁 b) 灰铸铁 c) 球墨铸铁

相比之下,蠕墨铸铁的石墨在铸造过程中形成,多为相互连接粗短片状和少量球状(见图5-56)。这种在凝固过程中形成的石墨形态,能更好地与基体结合,其屈服强度和塑性高于片状石墨的灰铸铁。与灰铸铁相比,蠕墨铸铁具有更高的强度、刚度和疲劳强度;与球墨铸铁相比,具有更好的导热性和可加工性。它也不需要像球墨铸铁一样,需要高的合金含量。由于兼有上述比灰铸铁和球墨铸铁更好的性能,蠕墨铸铁是制作同时需要良好力学性能和承受热冲击载荷工件的理想材料,如气缸体和气缸盖。

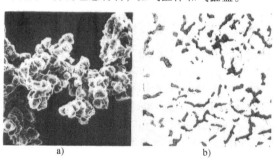

图 5-56 蠕墨铸铁的石墨形态
a) 深侵蚀的扫描电镜照片 200× b) 光学显微照片

由于生产可锻铸铁热处理退火时间长(和厚截面工件冷却速率难以产生白口铸铁),在很大程度上现有很多应用场合,已被球墨铸铁所取代。但由于可锻铸铁的特殊性能,主要用于生产薄壁铸件,要求最大的可加工性和耐磨性铸件。蠕墨铸铁仍为介于灰铸铁和球墨铸铁之间的一种选择。

除消除应力和退火热处理外,大多数蠕墨铸铁件都在铸态下使用。相比之下,可锻铸铁的热处理显得至关重要。因此,本节的重点是介绍铁素体和珠光体可锻铸铁的热处理工艺。与灰铸铁和球墨铸铁相同,可以对可锻铸铁和蠕墨铸铁进行感应淬火和火焰淬火表面强化,表面强化需要完全珠光体基体。

5.4.1　蠕墨铸铁

蠕墨铸铁的力学性能和物理性能取决于石墨形状和珠光体和铁素体比例。与球墨铸铁相同，通过添加镁对铁液脱硫，生产得到蠕墨铸铁。然而，如果镁添加量不足，或者如果铁液中镁的作用衰退，则铸件可能出现片状石墨，造成20%～30%的强度和刚度降低。生产蠕墨铸铁，稳定的镁添加量在大约0.008%左右，大约是球墨铸铁添加量的五分之一。如镁添加量范围偏低，为0.001%Mg，蠕墨铸铁会突然转变为灰铸铁。虽然通过先进的铸造过程控制技术，蠕墨铸铁的生产已切实可行，但这仍然是生产蠕墨铸铁的难点。

随珠光体含量增加，蠕墨铸铁的硬度和强度线性变化。例如，当珠光体含量从25%提高到90%，硬度从160 HBW提高到245 HBW，极限抗拉强度从290MPa（42ksi）提高到475MPa（69ksi）。典型铸铁的性能如表5-19所示。蠕墨铸铁的热处理通常是消除应力处理。随蠕墨铸铁的应用不断增加，现表面强化越来越普遍。

表 5-19　珠光体灰铸铁、蠕墨铸铁和球墨铸铁的典型性能

性能	灰铸铁	蠕墨铸铁	球墨铸铁
抗拉强度/MPa	250	450	750
弹性模量/GPa	105	145	160
伸长率（%）	0	1.5	5
热导率/（W/mK）	48	37	28
相对阻尼性能	1	0.35	0.22
硬度（BHN 10/3000）	179～202	217～241	217～255
R-B 疲劳/MPa	110	200	250

5.4.2　可锻铸铁

（1）白口铸铁退火生产可锻铸铁　在含氮、氢（1.5%）和一氧化碳（1.5%）的可控气氛炉中，通过对白口铸铁退火，生产可锻铸铁。该混合气氛的露点应在-40～-7℃之间。这些条件可以消除铸件表层下脱碳现象和保留二次石墨。

退火处理包括三个重要步骤。步骤一是二次石墨形核，当加热至高温和保温的早期，该阶段就已经开始。步骤二为在900～970℃（1650～1780℉）保温，该阶段又被称为第一阶段石墨化（FSG）。在第一阶段石墨化期间，基体中大量的碳化物发生分解。长时间在955℃（1750℉）保温，降低铸铁中氮的溶解度（这应该保持在80～120×10⁻⁴%），从而降低铸铁的力学性能。应牢记该过程需要很长的保温时间。当碳化物分解后，铸铁迅速冷却到740℃（1365℉），而后进入第二阶段石墨化。退火的第三

个步为，从铸铁的同素异构转变温度范围缓慢冷却，这一阶段也被称为第二阶段石墨化（SSG）。在第二阶段石墨化过程中，当冷却速度为2～28℃/h（3～50℉/h），可得到无珠光体和无碳化物的完全铁素体基体组织。虽然铁素体和珠光体铸铁之间成分有一些差异，但主要区别还在热处理工艺。在第二阶段石墨化过程中，以3～10℃/h（5～18℉/h）通过共析转变温度范围，发生了完全奥氏体转变为铁素体相变，得到铁素体组织。典型的铁素体黑心可锻铸铁热处理工艺曲线如图5-57所示。如采用如图5-58所示不同的退火工艺，则得到珠光体铸铁，该工艺的目标是通过共析转变，实现奥氏体向珠光体转变。在少数情况下，可锻铸铁也采用淬火加回火热处理工艺。图5-59所示为珠光体可锻铸铁二次石墨的微观形貌。

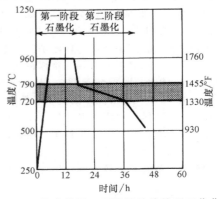

图 5-57　铁素体黑心可锻铸铁热处理工艺曲线

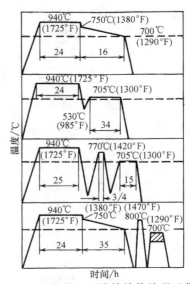

图 5-58　珠光体黑心可锻铸铁热处理工艺曲线

图5-60所示为铁素体可锻铸铁的显微组织。根据铸铁中硅的含量和二次石墨粒数，当从900℃

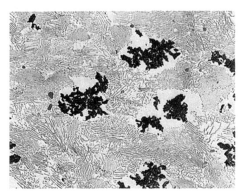

图 5-59　典型的珠光体可锻铸铁二次石墨的微观形貌

注：采用 4% 苦味酸浸蚀液浸蚀，250×。

（1650℉）温度空冷且冷却速率提高到 85℃/min（150℉/min）时，形成珠光体基体。如从 900℃（1650℉）温度采用油淬，得到马氏体基体组织。然而，在油淬之前，必须采用将铸件随炉冷，降温至 845℃（1550℉），保温不少于 4h（根据铸件截面厚度每增加 1in 增加 1h）；然后提高温度到 900℃（1650℉），保温 4h（根据铸件截面厚度每增加 1in 增加 1h）。只有这样，才能实现均匀油淬，得到均匀化合碳的基体组织。如产生不均匀的组织，则会降低铸件的可加工性。如果采用延长回火时间降低硬度，得到的组织在局部淬火时，很难达到良好的效果。

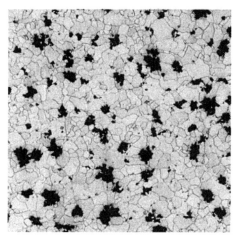

图 5-60　铁素体可锻铸铁的显微组织　750×

注：采用 2% 硝酸浸蚀液浸蚀

（2）可锻铸铁的淬火和回火　典型的珠光体可锻铸铁强化工艺为，第一步，铸件在第一阶段石墨化退火后进行空冷淬火，使基体保留 0.75% 的化合碳；第二步，重新奥氏体化加热至 885℃（1625℉）保温 1h，使化合碳和基体组织均匀；而后淬入 50～

55℃（120～130℉）搅拌热油，得到不含贝氏体、完全为马氏体的组织，硬度为（555～627）HBW。图5-61所示为奥氏体化温度和淬火冷却介质对铁素体和珠光体可锻铸铁硬度的影响。珠光体可锻铸铁和铁素体可锻铸铁适当的奥氏体化温度分别为 885℃（1625℉）和 900℃（1650℉）。如果直接采用油淬火，必须注意铸铁中的化合碳含量，如化合碳含量高，可能会引起开裂。

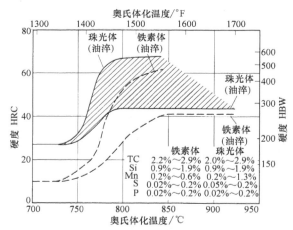

图 5-61　奥氏体化温度和淬火冷却介质对铁素体和珠光体可锻铸铁硬度的影响

注：在实践中，锰含量 0.2%～0.45%，为铁素体可锻铸铁；Mn 含量小于 0.6%，为珠光体可锻铸铁。

图 5-62 为不同热处理工艺处理珠光体可锻铸铁的显微组织。空冷淬火加回火珠光体可锻铸铁的基体组织由二次石墨周围有铁素体环（较低的屈服强度）和部分破碎片珠光体组成。残留的片状珠光体降低切削加工性能，可以加工的硬度为 241HBW。油冷淬火加回火的珠光体可锻铸铁为回火马氏体和完全球化了的化合碳基体组织，组织中二次石墨周围完全没有铁素体环。该组织具有更高的屈服强度，可以加工的硬度为 321HBW。

增加奥氏体化时间和提高奥氏体化温度，增加溶解碳的数量，这可以通过分析淬火至室温的基体组织中化合碳得到。在 900～930℃（1650～1700℉）温度进行奥氏体化加热，得到更均匀的奥氏体，淬火后得到更均匀的马氏体组织，但提高温度会导致更大的变形或有开裂的倾向。图 5-63 所示为珠光体可锻铸铁在不同温度下达到所需硬度的回火时间曲线。珠光体的回火与时间和温度有关；马氏体的回火主要与温度有关，时间是次要因素。

通过热处理，完全退火铁素体可锻铸铁也可以得到调质的珠光体可锻铸铁。铁素体可锻铸铁基体基本无碳，在 900～930℃（1650～1700℉）保温足够

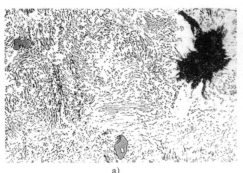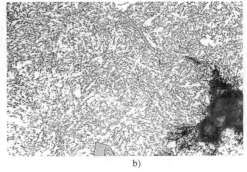

图 5-62　珠光体可锻铸铁的显微组织

a）中断退火（Arrested anneal）（第一阶段石墨化），空冷淬火加回火，硬度 212HBW，750×

b）中断退火（第一阶段石墨化），空冷淬火，重新加热油淬加回火，硬度 255HBW，750×

注：采用 2% 硝酸浸蚀液浸蚀。

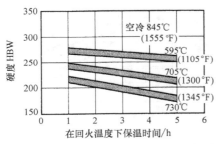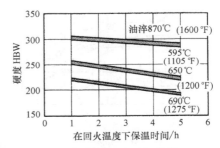

图 5-63　珠光体可锻铸铁在不同温度下达到所需硬度的回火时间曲线

注：化学成分（%，质量分数）：2.35~2.45C，1.45~1.55Si，0.03P，0.06~0.15S，0.38~0.50Mn，<0.003Cr。

长时间，石墨发生溶解，奥氏体基体溶入均匀的碳含量。与直接从 900℃（1650℉）空冷淬火的珠光体可锻铸铁的碳含量相比，该工艺过程通常得到基体的碳含量略低，因此，得到特定硬度，采用的回火温度也要略低一些（见图 5-64）。

为保证工件性能的均匀性，回火处理为在回火温度下保温不少于 2h。回火时间还必须根据工件的截面尺寸和淬火组织进行调整。细珠光体和贝氏体

需要的回火时间比马氏体更长。一般来说，最终硬度的回火工艺过程与中碳钢和高碳钢的热处理大致相同。当工件的最终硬度规范要求为 241~321HBW 时，尤其如此。

图 5-65 所示为 80002 级珠光体可锻铸铁套筒轭铸件调质控制的室温硬度分布。套筒轭加热至 870℃（1600℉）保温 30min，淬入 65℃（150℉）热油，并在 650℃（1200℉）回火 2h。

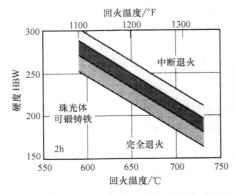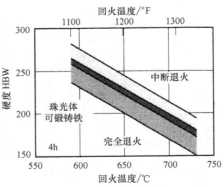

图 5-64　由中断退火和完全铁素体退火和再淬火的珠光体可锻铸铁回火室温硬度

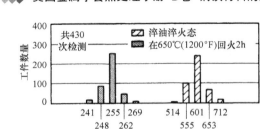

图 5-65　80002 级珠光体可锻铸铁套筒轭
铸件调质控制的室温硬度分布

注：期望回火后的硬度范围是 241~269HBW。

回火对普通可锻铸铁和合金可锻铸铁硬度的影响如图 5-66 和表 5-20 所示。这些数据表明，合金元素对高温淬火状态的硬度和稳定具有有利的影响。在所有回火处理期间，碳化物趋于分解，导致在原有二次石墨处出现石墨沉积。这种趋势在低温回火或合金元素适量的珠光体可锻铸铁中极少出现。

（3）马氏体分级淬火　与传统的油淬火和回火相同，马氏体分级淬火和回火能提高力学性能：典型的抗拉强度 860MPa（125ksi）；屈服强度 760MPa（110ksi）；硬度 300HBW。珠光体可锻铸铁铸件，采

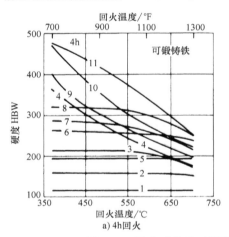

a) 4h回火

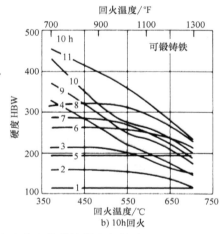

b) 10h回火

图 5-66　回火对普通可锻铸铁和合金可锻铸铁硬度的影响

注：材料和工艺条件参见表 5-20。

表 5-20　铁素体和珠光体可锻铸铁在供货状态和重新加热淬火工艺条件

图 5-66 中编号	材　料	化学成分（质量分数，%）					合金化和前热处理	硬度 HBW
		TC	Si	S	Mn	Mo		
1	标准（铁素体）牌号 32510	2.40	1.80	0.072	0.30	—	无合金元素,完全可锻化退火	116
2	珠光体可锻铸铁,牌号 45007	2.40	1.80	0.072	0.30	—	无合金元素,从 925℃（1700℉）空冷淬火,在 695℃（1280℉）回火 8h	156
3	珠光体可锻铸铁,牌号 60003	2.40	1.80	0.072	0.30	—	无合金元素,从 870℃（1600℉）油淬,在 650℃（1200℉）回火 3h	212
4	淬油可锻铸铁	2.40	1.80	0.072	0.30	—	无合金元素,从 870℃（1600℉）油淬,不回火	444
5	珠光体可锻铸铁,牌号 45010	2.40	1.80	0.076	0.90	—	添加 Mn 合金化,从 940℃（1720℉）空冷淬火,在 715℃（1320℉）回火 34h	192
6	珠光体可锻铸铁,牌号 80002	2.40	1.80	0.072	0.90	0.45	添加 Mn 和 Mo 合金化,从 940℃（1720℉）空冷淬火,在 620℃（1150℉）回火 12h	262
7	空冷淬火合金可锻铸铁	2.40	1.80	0.079	0.90	—	添加 Mn 合金化,从 925℃（1700℉）空冷淬火,不回火	285
8	空冷淬火合金可锻铸铁	2.40	1.80	0.076	1.10	—	添加 Mn 合金化,从 925℃（1700℉）空冷淬火,不回火	321
9	淬油合金可锻铸铁	2.40	1.80	0.079	0.90	—	添加 Mn 合金化,从 830℃（1525℉）油冷淬火,不回火	514
10	淬油合金可锻铸铁	2.40	1.80	0.076	1.10	—	添加 Mn 合金化,从 830℃（1525℉）油冷淬火,不回火	578
11	空冷淬火合金可锻铸铁	2.40	1.80	0.072	0.90	0.45	添加 Mn 和 Mo 合金化,从 940℃（1720℉）空冷淬火,不回火	514

用淬入（40~95℃，或 100~200℉）热油时，容易出现开裂，但可以从奥氏体化温度安全淬约 200℃（400℉）盐浴或油中。现有采用马氏体分级淬火，成功处理长度为 0.3~0.45m（12~18in）的珠光体可锻铸铁凸轮轴，和不同大小的链传动耐磨组件应用的例子。

（4）珠光体可锻铸铁的贝氏体热处理　通过热处理，珠光体可锻铸铁可得到上贝氏体或下贝氏体，明显提高抗拉强度和硬度，但会降低塑性。珠光体可锻铸铁（2.6C-1.4Si-0.5Mn-0.11S），在 930℃（1700℉）退火 16h 空冷，而后在 680℃（1250℉）回火 4h。得到极限抗拉强度 650MPa（94.2ksi），屈服强度 460MPa（66.5ksi），硬度 217HBW 和延伸率 3.4%。同样材料采用熔盐奥氏体化加热至 900℃（1650℉），保温 1h，淬入 295℃（560℉）熔盐，保温 3h，而后空冷。极限抗拉强度 995MPa（144.2ksi），屈服强度 920MPa（133.4ksi），硬度为 388HBW 伸长率为 1%。

（5）珠光体可锻铸铁的表面强化　进行表面强化的铸铁要求有完全珠光体基体。完全珠光体可锻铸铁可以通过感应淬火或火焰淬火进行表面强化。无脱碳的珠光体和铁素体可锻铸铁铸件还可以通过激光和电子束技术进行局部表面强化。表面强化达到的硬度为 55~60HRC，硬化层深度受加热速率和工件的表面加热温度所控制。通过对感应淬火中的输出功率、工作频率、加热时间以及铸铁的合金含量进行的密切监控，达到理想的表面硬度和硬化层深度。

经过正确淬火，工件基体的最高硬度可达 67HRC，然而，由于二次石墨的作用，传统硬度测量方法检测的是平均硬度，不是真正的基体硬度。一般来说，铸造基体为显微硬度 67HRC 时，平均硬度约 62HRC。

摇臂和离合器等汽车零部件通常是典型采用感应表面强化的工件。如采用火焰淬火，为避免变形影响正常使用，需要严格控制。下面两个为成功应用感应和火焰淬火产生工件的实例。

实例 1：珠光体可锻铸铁卷边口工具的局部淬火。采用 45010 级珠光体可锻铸铁制作电动连接卷边工具。原设计该工具的卷边口采用镶入淬火工具钢制作。采用熔模铸造工艺和进行热处理将铸件处理为珠光体可锻铸铁。采用上述工艺，使具有复杂轮廓卷边口的工具能整体成形，而后仅对卷边口采用感应加热和淬水，得到了所需的耐磨性，而 45010 级可锻铸铁的强度和韧性能满足工件柄臂性能要求。

实例 2：可锻铸铁齿轮间距器的火焰淬火。齿轮间距器采用珠光体可锻铸铁制作，采用火焰淬火进行处理，有效地支撑保持器和滚子轴承。通过火焰淬火，使间距器端部锉刀硬度达到 58HRC 或更高，硬化层深度约 2.4mm（3/32in）。采用该处理工艺能有效防止服役时失效。

参 考 文 献

1. S. Dawson and T. Schroeder, Compacted Graphite Iron：A Viable Alternative，*Engineered Casting Solutions*，American Foundry Society，Spring 2000

2. M. McKimpson, Induction Hardening Off Road Machinery Components，*Induction Heating and Heat Treatment*，Volume 4C，*ASM Handbook*，*ASM International*，2014，p 211-221

3. T. Slatter, R. Lewis, and A. H. Jones, Theinfluence ofinduction hardening on the impact wear resistance of compacted graphite iron（CGI），*Wear*，Vol 270（No. 3-4），2011，p. 302

4. R. Elliot，*Cast Iron Technology*，Butterworths，1988

5. L. R. Jenkins, Heat Treating of Malleable Irons，*Heat Treating*，Vol 4，*ASM Handbook*，ASM International，1991，p 693-696.

5.5　高合金白口铸铁热处理

高合金白口铸铁是重要的一类铸铁材料，与普通类型的铸铁相比，其生产必须单独分开考虑。在这些铸铁合金中，合金含量远高于 4%，不能通过浇包添加合金元素，得到标准的铸铁成分。通常在铸造厂中，采用特殊设备生产高合金铸铁。铸造生产的白口铸铁工件最大厚度约为 100mm（4in）。这些铸铁合金通常采用电炉，尤其是采用电弧炉、感应炉，通过对成分和温度的精确控制进行熔炼。铸造厂通常有专用的热处理设备，对这些合金进行热处理。

为防止凝固过程中形成石墨和确保碳化物稳定，所有高合金白口铸铁含一定的铬。除含铬外，大多数高合金白口铸铁还添加有镍、钼、铜或复合添加这些合金元素，以防止组织中形成珠光体。低合金珠光体白口铸铁铸件硬度范围为 350~550HBW，高合金白口铸铁硬度范围为 450~800HBW。此外，一些牌号含有共晶合金碳化物（M_7C_3 铬碳化物），这类碳化物远比低合金铸铁中的碳化物硬度高。对于许多应用场合，价格更高的高合金白口铸铁具有更高的耐磨性，显著提高了工件的磨损寿命，使它们具有更高的性价比。

高合金白口铸铁主要是用于生产耐磨工件，很容易铸造加工成用于破碎、磨削和研磨矿石等材料的机械零件。高合金白口铸铁具有大量一次或共晶碳化物的微观组织，具有高硬度，能满足破碎和研磨其他材料的要求，此外合金中的铬也同时增强了耐蚀性。通过调整合金含量和采用合适的热处理工艺，得到金属基体上有大量碳化物的相组织，满足高抗磨损和承受多次冲击载荷所需的韧性的要求。

在碱性环境和在耐磨应用场合，高合金白口铸铁能在 pH 超过 7 的条件下使用。在酸性环境中，在稀的酸性硫酸盐条件下，推荐使用镍-铬白口铸铁；在稀的酸性氯化物条件下，推荐使用高铬白口铸铁。

5.5.1 合金类型和性能

高合金白口铸铁可分为以下三大类：

1）低铬白口铸铁。铸铁的铬含量低，含 3%～5%Ni 和 1%～4%Cr，其中改进合金的铬含量为 7%～11%。Ni-Cr 铸铁也通常冠以商标名 Ni-Hard，有型号 1 到型号 4 四个牌号。

2）Cr-Mo 铸铁。含 11%～23% Cr，含不大于 3%的 Mo，此外该合金通常添加镍或铜。

3）含 25% Cr 或 28%Cr 的白口铸铁，此外可能添加其他合金元素钼或镍，添加量不大于 1.5%。

三大类白口铸铁的力学性能如图 5-67 所示。奥氏体基体铸铁的性能为铸态性能；马氏体基体铸铁的性能为热处理后的性能。通过热处理，所有马氏体基体铸铁的性能都有所提高。

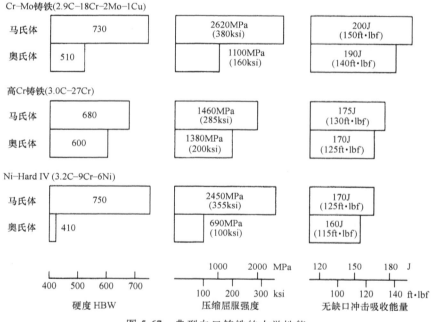

图 5-67 典型白口铸铁的力学性能

高铬白口铸铁的显微组织由大量 M_7C_3 型的一次及共晶碳化物加硬度较低的基体组成。在铸态，得到奥氏体为主的基体组织，如改用空冷淬火，可以得到马氏体为主的基体组织。

在高铬白口铸铁的生产过程中，必须严格控制合金元素。如合金含量低，往往会造成铸铁淬透性异常低，导致耐磨性变差。在大截面工件生产中，需添加更多如 Cu、Ni 和 Mo 的合金元素，以确保铸件在空冷条件下，具有良好的淬透性。

5.5.2 镍-铬白口铸铁

镍-铬白口铸铁，也称 Ni-Hard 铸铁，是历史最悠久，同时也是最重要的工业高合金铸铁。该合金已生产应用了 50 多年，是性价比非常高的破碎和研磨加工材料。在这些白口马氏体铸铁中，主加 3%～

5%合金元素镍，能有效地抑制奥氏体基体的转变为珠光体组织；在砂型模冷却过程中，转变为硬度高的马氏体组织（通常含大量的残留奥氏体）。该铸铁还含有 1.4%～4%的铬，以确保在铸铁凝固过程中，抵消镍的石墨化作用，形成碳化物。典型的镍-铬白口铸铁微观组织如图 5-68 所示。

1. 成分选择和控制

根据服役性能要求和铸件的尺寸与重量，确定镍-铬白口铸铁的最佳成分。铸铁的耐磨性通常与微观组织中的块状碳化物数量和硬度有关。当耐磨性是主要性能指标，而耐冲击性能是次要性能指标时，推荐采用 ASTM A532 class IA 型（Ni-Hard 1）合金铸铁。当工件承受反复冲击载荷时，由于低碳合金碳化物数量少，韧性高，因此推荐采用低碳 class IB

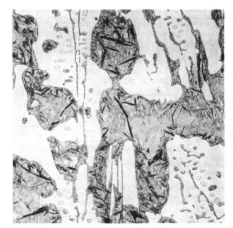

图 5-68 class IA 型（Ni-Hard 1）合金白口
铸铁典型组织 340×

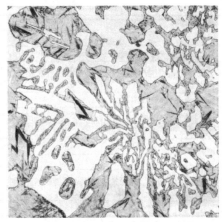

图 5-69 class ID 型高铬白口铸铁典型组织 340×

型（Ni-Hard 2）合金铸铁。class IC 型合金为开发出的特殊牌号，用于生产磨球和喷丸球。该合金对镍-铬合金成分进行了调整，适用于急冷铸铁件和专门砂型铸造工艺。

class ID 型（Ni-Hard 4）合金铸铁是经改进的镍-铬合金铸铁，该合金含有 7%～11% 的铬，并将镍含量提高到 5%～7%。在低合金镍-铬铸铁中，共晶碳化物为连续网状 M_3C（渗碳体），而 class ID 型高铬合金中，共晶碳化物为不连续网状 M_7C_3 铬碳化物（见图 5-69）。由于改进了共晶碳化物分布，明显地改善铸铁的抗冲击断裂性能。此外，高合金含量也改善了铸铁的耐蚀性，特别适用于制作处理腐蚀性料浆的工具。

（1）碳 根据铸件服役性能要求，对铸铁中的碳进行调整。当耐磨性是主要的性能要求时，碳含量选择在 3.2%～3.6% 范围；当冲击荷载是主要的性能要求时，碳含量应该在 2.7%～3.2% 的范围。

（2）镍 为抑制珠光体转变，随工件断面尺寸增大或冷却时间延长，需提高镍的含量。厚度为 1.5～2in 的铸件，镍含量为 3.4%～4.2% 时，就足以在铸型中冷却条件下，抑制珠光体的形成。为防止大截面尺寸工件中形成珠光体，镍含量需达到 5.5%。但限制镍的含量也很重要，因为镍含量过高，残留奥氏体的数量增多，硬度降低。

（3）硅 硅的主要作用有两点。少量的硅改善流动性和有利造渣；此外，硅的另一个作用是，影响铸态铸件的硬度。提高硅的含量至 1%～1.5% 的范围，提高马氏体数量和提高铸件的硬度，后期添加 0.2% 的 75% 硅铁，提高铸件的韧性。此外要注意的是高硅会促进珠光体形成，可能需求添加更多的镍，以满足工件性能要求。

（4）铬 铬是主加合金元素，添加范围为 1.1%～4.0%。对 class IA、B 和 C 合金（见表 5-21），铬主要作用是抵消镍和硅的石墨化影响。随工件尺寸增加，铬的含量必须提高。在 class ID 型合金中，铬含量为 7%～11%（通常是 9%），其目的是形成硬度高且对韧性危害小的 M_7C_3 共晶碳化物。

表 5-21 ASTM A532-82 标准抗磨铸铁成分和性能要求

级别	种类	UNS 编号	名称	化学成分（质量分数，%）					
				C	Mn	Si	Ni	Cr	Mo
I	A	F45000	Ni-Cr-HC	3.0～3.6	1.3max	0.8max	3.3～5.0	1.4～4.0	1.0max[①]
I	B	F45001	Ni-Cr-LC	2.5～3.0	1.3max	0.8max	3.3～5.0	1.4～4.0	1.0max[①]
I	C	F45002	Ni-Cr-GB	2.9～3.7	1.3max	0.8max	2.7～4.0	1.1～1.5	1.0max[①]
I	D	F45003	Ni-Hi Cr	2.5～3.6	1.3max	1.0～2.2	5.0～7.0	7.0～11.0	1.0max[②]
II	A	F45004	12% Cr	2.4～2.8	0.5～1.5	1.0max	0.5max	11.0～14.0	0.5～1.0[③]
II	B	F45005	15% Cr-Mo-LC	2.4～2.8	0.5～1.5	1.0max	0.5max	14.0～18.0	1.0～3.0[③]
II	C	F45006	15% Cr-Mo-HC	2.8～3.6	0.5～1.5	1.0max	0.5max	14.0～18.0	2.3～3.5[③]
II	D	F45007	20% Cr-Mo-LC	2.0～2.6	0.5～1.5	1.0max	1.5max	18.0～23.0	1.5max[③]
II	E	F45008	20% Cr-Mo-HC	2.6～3.2	0.5～1.5	1.0max	1.5max	18.0～23.0	1.0～2.0[③]
III	A	F45009	25% Cr	2.3～3.0	0.5～1.5	1.0max	1.5max	23.0～28.0	1.5max[③]

（续）

级别	种类	名称	力学性能要求					
			硬度 HBW				典型截面厚度 不大于	
			砂铸,不小于	急冷,不小于	淬火,不小于	退火,不小于	mm	in
I	A	Ni-Cr-HC	550	600	—	—	200	8
I	B	Ni-Cr-LC	550	600	—	—	200	8
I	C	Ni-Cr-GB	550	600	—	—	直径75球	直径3球
I	D	Ni-Hi Cr	550	500	600	400	300	12
II	A	12% Cr	550	—	600	400	直径25球	直径1球
II	B	15% Cr-Mo-LC	450	—	600	400	100	4
II	C	15% Cr-Mo-HC	550	—	600	400	75	3
II	D	20% Cr-Mo-LC	450	—	600	400	200	8
II	E	20% Cr-Mo-HC	450	—	600	400	300	12
III	A	25% Cr	450	—	600	400	200	8

ASTM A532-87 数据略有改变。
① 不大于：0.30% P，0.15% S。
② 不大于：0.10% P，0.15% S。
③ 不大于：0.10% P，0.06% S，1.2%Cu。

（5）锰 锰含量通常不超过0.8%。虽然锰提高淬透性，避免形成珠光体，但锰也是强奥氏体稳定化元素，比镍的稳定效果更大，因此锰的含量过高，会增大残留奥氏体数量，降低铸态硬度。提高铸铁中锰含量是不可取的方法。为防止在铸件中出现珠光体，在考虑所需镍含量的时候，还要同时考虑锰的含量影响。

（6）铜 铜提高淬透性和增大残留奥氏体数量，因此，与锰一样，必须要加以对铜的控制和限制。为抑制铸件中出现珠光体，计算所需的镍含量，铜可以作为镍的替代品，减少镍的添加量。

（7）钼 钼是一种有效提高淬透性的合金元素。在重型大铸件，钼显著增加淬透性和抑制珠光体产生。

2. 镍-铬白口铸铁的热处理

镍-铬白口铸铁铸态组织为马氏体基体，因此需要进行消除应力处理。回火工艺为在205～260℃（400～450℉）保温不少于4h。通过回火，得到回火马氏体组织，消除了部分相变应力，提高强度和约50%～80%冲击韧度。在回火冷却过程中，可能形成少量马氏体组织。消除应力回火不会降低铸件的硬度和耐磨性。

在白口铸铁的热处理中，必须注意防止热冲击产生开裂；一定不要将铸件热装炉或进行快速加热或冷却。当铸件形状复杂和截面厚度较大时，铸件开裂的风险较大。

（1）高温热处理 如class ID型，或 Ni-Hard 4合金铸态硬度不够，过去常采用超过临界温度进行热处理。奥氏体化加热至750～790℃（1380～1450℉）温度范围，保温8h，而后以不超过30℃/h

（50℉/h）的冷却速率空冷或炉冷。随后进行回火消除应力处理。现在也常采用冷处理修复弥补铸件硬度低的问题。

（2）冷处理 铸态得到奥氏体-马氏体组织，马氏体含量至少有60%以上，硬度才可达到550HBW。当马氏体百分数达到80%～90%，硬度超过650HBW。采用冷处理，可以减少残留奥氏体的数量，以形成更多的马氏体组织。在温度-180～-70℃（-300～-100℉）进行0.5～1h冷处理，硬度值通常会提高100HBW。冷处理后通常需进行消除应力热处理。典型的冷处理的镍-铬铸铁显微组织如图5-70所示。

图 5-70 class ID 型镍-铬白口铸铁冷处理组织 340×

3. 特殊镍-铬白口铸铁

已经开发出轧钢工业专用A型合金铸铁。这些合金经过成分调整，组织为麻口铸铁组织加部分石墨。据报道，合金中的石墨能提高抗热裂性能。这些"无限急冷（indefinite chill）"的轧辊铸件，通过浇注入厚壁灰铸铁冷却模具,其轧辊直径达 1000mm (40in) 或更大。通过调整硅-铬比和采用硅铁孕育处理,严格控制石墨的数量和分布。轧辊可以以灰铸铁为辊心,进行两次浇注而成。通过添加合金元素钼,提高淬透性改性,使急冷铸铁的外壳基体为马氏体组织。也有设计出进行正火热处理改性的贝氏体组织轧辊合金。

5.5.3　高铬白口铸铁

最早商业开发的高铬白口铸铁为 28%Cr 白口铸铁,该白口铸铁具有极好的耐磨性和耐磨蚀性能,能高效地应用于泥浆泵、制砖模具、煤破碎机械、轧钢轧辊、喷丸设备、采石设备和硬岩采矿等。在有些应用场合,白口铸铁工件还必须能够承受大的冲击荷载。在白口铸铁中,这类合金白口铸铁具有最佳韧性和耐磨综合性能。

如同大多数抗磨材料一样,高铬铸铁也在耐磨性和韧性之间进行权衡。通过调整成分和热处理工艺,调整性能,以满足大多数工程中耐磨材料的需求。

高铬铸铁为一类特殊铸铁,主要特点是硬度高。低铬铸铁组织中的碳化物为硬度较低,连续 M_3C 共晶碳化物,与低铬铸铁相比,高铬铸铁中的碳化物为硬度相对高,不连续 M_7C_3 共晶碳化物。除了少数例外,这些合金通常为亚共晶成分。

1. 高铬铸铁分类

ASTM A532 标准按成分和硬度将高铬铸铁分为两类 (见表 5-21)。许多铸件均按该标准进行订货,但也有很多铸件是根据具体工程中要求,进行成分调整。最理想的状况是,由设计师、冶金专家和铸造技术人员共同确定高铬铸铁的成分、热处理、铸造工艺,开发出用于特殊场合的铸造合金和铸造工艺。

Cr-Mo 铸铁 (ASTM A532 标准中的 class II 型铸铁) 含 11%~23% 的铬和不超过 3% 的钼,以铸态奥氏体或奥氏体-马氏体基体或热处理状态马氏体基体供货,当组织为热处理状态马氏体时,具有最高的耐磨性和韧性。在所有白口铸铁牌号中,这类铸铁通常被认为是硬度最高的铸铁。与低合金镍-铬白口铸铁相比,其共晶碳化物硬度高,通过热处理可以进一步提高合金铸件的硬度。为防止形成珠光体和保证得到最大硬度,添加钼,如需要,还可添加镍和铜。

高铬铸铁 (ASTM A532 标准中的 class III 型铸铁),为最早高铬铸铁,其最早专利可以追溯到 1917 年。这些通用型铸铁,也称 25Cr 和 28Cr 铸铁,含 23%~28% 的 Cr 和 1.5%Mo。为防止产生珠光体和达

到最高硬度,除薄截面铸件外,均添加钼。铸铁中还添加达 1% 镍和铜。虽然该型号铸铁的最高硬度不如 class II Cr-Mo 铸铁,但如希望得到高的耐蚀性,选择这类合金能达到良好的效果。

(1) 特殊高耐蚀高铬铸铁　用于制作粉煤灰输送泵的高耐腐蚀合金,其合金化特点为高铬 (26%~28% Cr) 和低碳 (1.6%~2.0% C),以保证了基体的最大铬含量。为进一步提高在氯化物环境下的耐蚀性,建议添加 2% 的钼。在使用工作环境下,基体为完全奥氏体,具有最佳的耐蚀性,但会降低抗磨蚀性能。铸件通常在铸态下供货。

(2) 特殊耐高温高铬铸铁　特殊耐高温高铬铸铁含有 12%~39%Cr。与不锈钢相比,高铬铸铁具有铸造性能和成本优势,因此常用以制作形状复杂的高温工件。合金在铸件表面形成致密度高,附着力强,富铬氧化膜,在温度高达 1040℃ (1900℉) 的条件下,具有高的抗氧化不起皮效果。根据基体组织,特殊耐高温高铬铸铁分为以下三类:

1) 含 12%~28% 铬的马氏体合金铸铁。

2) 含 30%~34% 铬的铁素体合金铸铁。

3) 含 15%~30% 铬和为稳定奥氏体添加 10%~15% 镍的奥氏体合金铸铁。

这些合金碳含量为 1%~2%。为防止在中间温度形成 σ 相,同时为避免在热循环中,铁素体向奥氏体转变,导致变形和开裂,选择正确的合金成分显得至关重要。特殊耐高温高铬铸铁典型应用主要有,换热器管、断路器杆、烧结炉托盘、壁炉、燃烧器喷嘴以及其他炉配件、玻璃模具、内燃机和阀座等。

2. 高铬铸铁的硬度

表 5-22 为高铬铸铁不同基体组织的硬度范围。表 5-23 为抗磨铸铁显微组织和硬度范围以及需破碎矿物的硬度。很明显,在矿业和石油钻探工业中,碳化物和马氏体是有效抗磨损基体组织。

表 5-22　高铬铸铁不同基体组织的硬度范围

基体组织	硬度 HBW
珠光体	320~500
奥氏体	420~500
马氏体 (铸态)	550~650
马氏体 (热处理)	650~850

某成分高铬铸铁采用不同热处理工艺,得到奥氏体或马氏体为主的组织,其硬度与磨损量如图 5-71 所示。选择较高的奥氏体化温度加热 (如图 5-71 中数据点 9、11、15 和 43),采用空冷淬火得到马氏体组织,具有最高的抗磨损性能,即磨损实验失重最低。随后的处理,如冷处理或低温回火,对耐磨性没有显著提高。

表 5-23　抗磨铸铁显微组织和硬度范围以及需破碎矿物的硬度

矿石	硬度		材料或组织	硬度	
	努普[①]	HV		努普[①]	HV
滑石	20	—	铁素体	235	70~200
碳	35	—	珠光体,无合金化		250~320
石膏	40	36	珠光体,合金化		300~460
方解石	130	140	奥氏体,12% Mn	305	170~230
萤石	175	190	奥氏体,低合金		250~350
磷灰石	335	540	奥氏体,高 Cr 铸铁		300~600
玻璃	455	500	马氏体	500~800	500~1010
长石	550	600~750	渗碳体(Fe_3C)	1025	840~1100
磁铁矿	575	—	Cr 碳化物($(Fe,Cr)_7C_3$)	1735	1200~1600
正长石	620	—	Mo 碳化物(Mo_2C)	1800	1500
燧石	820	950	W 碳化物(WC)	1800	2400
石英	840	900~1280	V 碳化物(VC)	2660	2800
黄玉	1330	1430	Ti 碳化物(TiC)	2470	3200
石榴石	1360	—	B 碳化物(B_4C)	2800	3700
金刚砂	1400	—	—	—	—
刚玉(氧化铝)	2020	1800	—	—	—
碳化硅	2585	2600	—	—	—
钻石	7575	10000	—	—	—

①典型值。

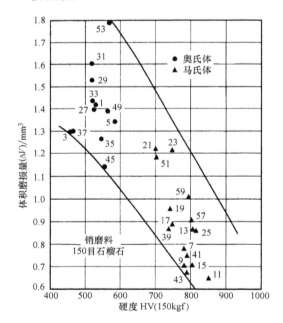

图 5-71　销盘磨损试验体积磨损量与硬度的关系
注：化学成分（质量分数,%）：2.9C，19Cr，2.4Mo，0.9Cu。铸铁经过各种热处理。

3. 断裂韧性和耐磨性的优化

对含有不同碳化物和基体组织的一系列高合金白口铸铁进行了耐磨性和断裂韧度测试。其中某铸铁采用不同热处理工艺得到不同组织后，其耐磨蚀性与断裂韧度的关系如图 5-72 所示。得到奥氏体基体组织具有较高的断裂韧度，得到马氏体基体组织具有更好的耐磨损性。但如精选热处理工艺（例如数据点 17 和 51），则可得到良好的耐磨性和合理的断裂韧度的配合。这些热处理采用了高温奥氏体化加热，空冷淬火，随后在 200℃（390℉）回火。

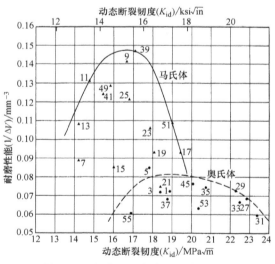

图 5-72　耐磨蚀性与断裂韧度的关系
注：化学成分（质量分数,%）：2.9C，19Cr，2.4Mo，0.9Cu。铸铁经过各种热处理。耐磨性能以为体积磨损量的倒数（$1/\Delta V$）表示。

对高铬白口铸铁剥落的研究数据表明，认真控制热处理工艺，有利于改善抗剥落性能。通过高温回火或奥氏体化加热淬火加回火热处理工艺，可以提高铸铁的抗剥落性能。

4. 高铬白口铸铁的微观组织

（1）最佳的金属基体　在很大程度上，高铬铸铁中金属基体具有工具钢的特征。可以通过热处理提高韧性，增加耐冲击荷载；或进行淬火，提高耐磨损性能，但一般会牺牲部分韧性。基体组织可以是珠光体、奥氏体或马氏体，或它们的混合组织。

Maratray 和 Poulalion 对高铬白口铸铁的微观组织进行了深入的研究，并由 Dodd 和 Parks 对这项研究工作以及其他有关高铬铸铁组织研究工作进行了总结。与钢一样，当铸铁组织为完全马氏体时，具有最高耐磨性能。虽然铸态奥氏体铸铁硬度相对较低，但在服役中能产生明显的加工硬化，因此在许多磨损应用场合具有令人满意的性能表现。当铸件的基体组织为完全奥氏体时，其阻碍裂纹扩展能力最大。经回火减少了残留奥氏体的回火马氏体组织，在受到反复冲击载荷的条件下，具有很高的抗剥落能力。

珠光体基体组织具有适中的耐磨性和低的韧性，因此不能满足性能要求。当铸铁的合金元素含量降低，通常难以抑制珠光体形成。铸铁中大部分的铬都形成了铬碳化物，因此，还需要添加其他合金元素，保证铸件具有足够的淬透性。

（2）高铬铸铁中的碳化物　高铬铸铁中的碳化物硬度非常高，具有很高的耐磨性，但脆性也很大。一般提高碳化物的数量（增加碳含量），有助于提高耐磨性；而增加金属基体（减少碳含量）比例，提高韧性。高铬白口铸铁的显微组织如 5-73 所示。

当碳含量超过共晶碳含量，会形成大块长条状碳化物（见图 5-73c）。这些一次铬碳化物在共晶凝固前形成，对冲击韧度危害非常大，对服役中受冲击载荷的铸件，应该避免出现一次碳化物。共晶碳含量与合金的铬含量成反比。高铬白口铸铁铬含量和碳含量对共晶成分的影响如图 5-74 所示。

（3）铸态奥氏体组织　亚共晶合金凝固形成树枝状先共晶奥氏体，随后发生 M_7C_3 铬碳化物和奥氏体共晶反应。在平衡条件下，在共晶温度至临界温度，约 760℃（1400℉）的冷却过程中，过剩的铬碳化物将从奥氏体中析出，并在随后的冷却中，转变为铁素体和碳化物。但在大多数工业铸件非平衡冷却条件下，奥氏体为碳和铬过高饱和奥氏体。由于碳和铬含量高，在珠光体和贝氏体转变受到抑制的情况下，得到亚稳态奥氏体铸铁（见图 5-75）。如铸铁含有足够的钼、锰、镍、铜合金元素，几乎任何截面的铸件中都能完全抑制珠光体转变。

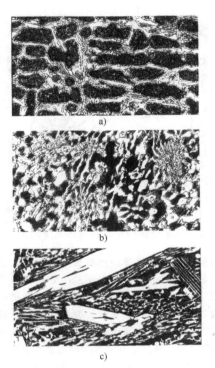

图 5-73　高铬白口铸铁的显微组织　75×
a）低碳（亚共晶）　b）共晶　c）高碳（过共晶）

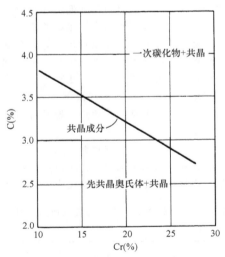

图 5-74　高铬白口铸铁铬含量和碳含量
对共晶成分的影响

（4）铸态马氏体组织　大截面铸件在砂型中缓慢冷却，得到马氏体组织。在缓慢冷却速率下，奥氏体的稳定化不完全，将有部分奥氏体转变为马氏体组织。在这些铸件中，组织为马氏体混合大量的残留奥氏体（见图 5-76a），因此，硬度低于经热处理的马氏体铸件。这类铸件必须要有足够的合金元

图 5-75　高铬铸铁的铸态奥氏体基体组织　500×

素，以抑制在冷却过程中形成珠光体组织。已开发出了一些高硅成分的合金，通过冷处理促进马氏体的形成。通常采用亚临界退火的方法降低奥氏体数量，增加铸件的硬度和韧性。为了获得最高的硬度和耐磨性，必须经热处理处理得到马氏体基体组织（见图 5-76b）。铸件必须含足够的合金元素，以避免淬火冷却过程中，形成珠光体。

（5）铸态珠光体组织　对需进行热处理的铸件，往往希望在砂型冷却得到珠光体组织。这种硬度较低的组织将易于去除浇冒口，降低引起开裂的相变应力和热应力。此外得到珠光体组织所需热处理时间较短。合金成分进行精心设计的铸铁，在砂型铸造冷却过程中，能确保得到珠光体为主的组织；同时合金还有足够的淬透性，以防止在淬火冷却过程中，形成珠光体组织。当铸件温度达到暗红色时，该合金成分的大截面珠光体铸件，通常可以从铸模中取出冷却。

（6）根据所需的组织选择铸铁的成分　许多复杂截面的铸件，如泥浆泵组件，为避免热处理开裂和变形，通常在铸态奥氏体或马氏体条件使用。为

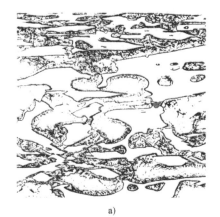

a)

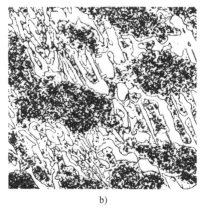

b)

图 5-76　高铬铸铁微观组织　500×
a）铸态奥氏体-马氏体基体组织
b）经热处理的马氏体组织

避免在铸件砂型冷却中形成珠光体，必须添加合金。随着碳含量的增加，会形成更多的碳化物，需消耗更多的铬，因此，需要添加更多的合金元素。

为防止出现珠光体组织，各类铸态铸铁的合金元素添加量指南列入表 5-24。表 5-25 为不同截面尺寸空冷淬火合金铸件的合金元素添加指南。

表 5-24　以有效断面尺寸（板厚度或圆棒半径）表示的避免砂型冷却铸件出现珠光体的最低合金含量

（单位：%）

ASTM A532	Cr[①]	C[①]	板厚度或圆棒半径		
			25mm(1in)	50mm(2in)	100mm(4in)
class IIB,C	14~18	2.0	1.0 Mo	1.5 Mo	1.5 Mo+1.0(Ni+Cu)
		3.5	2.0 Mo	2.5 Mo	2.5 Mo+1.0(Ni+Cu)
class IID,E	18~23	2.0	0.5 Mo	1.0 Mo	1.0 Mo+1.0(Ni+Cu)
		3.2	1.5 Mo	2.0 Mo	2.0 Mo+1.0(Ni+Cu)
class IIIA	23~28	2.0	—	0.5 Mo	1.0 Mo
		3.0	1.0 Mo	1.5 Mo	1.5 Mo+1.0(Ni+Cu)

① 原状态含有 0.6% Si 和 0.8% Mn。

表 5-25　以有效断面尺寸（板厚度或圆棒半径）表示的避免铸件热处理出现珠光体的最低合金含量

（单位:%）

ASTM A532	Cr[1]	C[1]	板厚度或圆棒半径		
			50mm(2in)	125mm(5in)	150～255mm(6～10in)
class IIB，C	14～18	2.0	1.5 Mo	1.5 Mo+0.5(Ni+Cu)	2.0 Mo+1.0(Ni+Cu)
		3.5	3.0 Mo	2.0 Mo+1.0(Ni+Cu)	2.5 Mo+1.2(Ni+Cu)[2]
class IID，E	18～23	2.0	1.0 Mo	2.0 Mo	2.0 Mo+0.5(Ni+Cu)
		3.2	1.5 Mo	2.0 Mo+0.7(Ni+Cu)	2.0 Mo+1.2(Ni+Cu)[2]
class IIIA	23～28	2.0	0.5 Mo	1.5 Mo	1.5 Mo+0.5(Ni+Cu)
		3.0	1.5 Mo	1.5 Mo+0.6(Ni+Cu)	1.5 Mo+1.2(Ni+Cu)[2]

① 原状态含有 0.6% Si 和 0.8% Mn。

② Ni 和 Cu 能促进形成残留奥氏体，其合金含量总体应该限制不大于 1.2%，Mn 的作用基本与 Ni 和 Cu 类似，应该限制不大于 1.0%。

Maratray 和 Cias 广泛地研究了高铬铸铁的淬透性。在这些研究中，采用膨胀法方法确定连续冷却转变图。不论是铸态还是加热到高于 1100℃（2010℉）奥氏体化淬火的奥氏体铸铁，加热到 1000℃（1830℉）保温 20min，随后以对应圆棒直径范围为 5～1000mm（0.2～39in）的表面空冷。除了连续冷却转变图外，还有空冷淬火不形成珠光体的最大直径（mm）表达式：

$$\log_{10}(空冷淬火最大直径) = 0.32 + 0.158(\%Cr/\%C) + 0.385(\%Mo)$$

Cias 研究了合金元素钼、锰、铜和镍对 2.9%C-17.5%Cr 铸铁的连续冷却转变动力学的影响。该铸铁先在 955℃（1750℉）经 4h 保温，降低奥氏体的稳定性后淬火。在热膨胀仪在 955℃ 加热 20min，而后以 0.7～48℃/min（1～85℉/min）冷却速率冷却。试验结果得到连续冷却转变图，如图 5-77 所示。锰含量和冷却速率对硬度和 Ms 温度的影响如图 5-78 所示。

通过多元线性回归分析，对连续冷却转变动力学研究的数据进行研究，确定了合金元素对奥氏体向珠光体转变的推迟影响，分析结果列在表 5-26。

classes II 和 classes III 铸铁中三种常见牌号的典型连续冷却转变图及淬透性如图 5-79 所示。

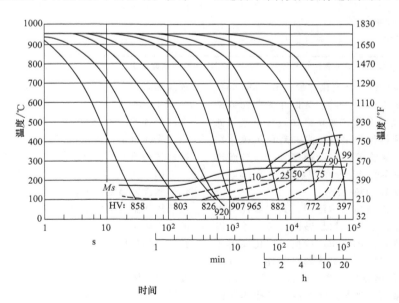

图 5-77　合金含量（质量分数）为 2.90%C、17.4%Cr、1.43%Mo、0.61%Ni 铸铁的连续冷却转变图
　　　　　注：铸铁先在 955℃（1750℉）经 4h 保温，降低奥氏体的稳定性后淬火。在热膨
　　　　　胀仪在 955℃ 再次奥氏体加热 20min，而后以不同的自然和线性冷却速率冷却。

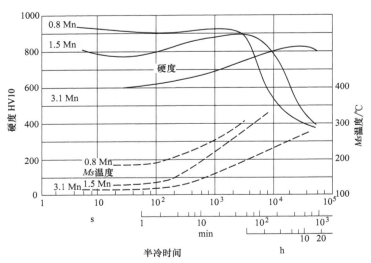

图 5-78 锰含量和冷却速率对硬度和 Ms 温度的影响

注：铸铁成分（质量分数）为 2.9%C，17.5%Cr，1.5%Mo。

表 5-26 对连续冷却转变数据的线性回归分析结果

测量成分范围(%,质量分数)	测量组数	回归方程,log 珠光体时间[①]/s
C 1.95~4.31 Cr 10.8~25.8 Mo 0.02~3.80	42	2.90−0.51(% C)+0.05(% Cr)+0.38(% Mo)
C 2.88~2.96 Cr 16.9~17.6 Si 0.52~0.61 Mn 0.75~3.08 Mo 0.04~2.89 Ni 0.0~2.07 Cu 0.0~1.95	14	2.24+0.58(% Mn)+0.41(% Mo)+0.84(% Ni)+0.46(% Cu)

① 珠光体鼻尖（最大转变速率）转变时间，位于 CCT 图中时间指标轴上的位置。

应该指出，应该避免合金化过量（over-alloying）或合金化不足（under-alloying）。为防止大截面铸件在淬火冷却中形成珠光体，如果添加过量的锰、镍或铜，则会在薄壁铸件中出现过多的残留奥氏体组织。因此，会出现薄壁铸件空冷硬度偏低，进而造成耐磨性能和抗剥落性能降低的现象。

5. 高铬白口铸铁的热处理

通常经热处理得到马氏体组织，具有最优的力学性能。如前所述，必须添加足够的合金元素，以确保热处理不出现珠光体组织。从奥氏体化温度冷却需采用空冷淬火，如采用更快的冷却速率，可能会由于相变应力和热应力，造成铸件开裂。因此，铸铁中的合金元素的添加量，既要满足空冷淬透性要求，也要防止锰、镍、铜合金元素过高，产生过多的残留奥氏体，降低耐磨损和抗剥落性能。

通常经热处理得到的马氏体组织，具有良好的韧性和耐磨性能。图 5-80 中工艺曲线表明，在热处理加热时，为避免开裂，必须冷炉装载，缓慢加热至 650℃（1200 ℉）。对于复杂形状的铸件，推荐最大加热速率采用 30℃/h（50 ℉/h）。简单形状和完全珠光体组织铸件，可以采用更快的加热速度。当铸件被加热至红色温度以上，可以提高加热速度。

（1）奥氏体化 根据铸铁的合金成分，采用优化的奥氏体温度，可以达到最高硬度（见图 5-81）。奥氏体化温度决定了奥氏体基体中固溶的碳。过高的奥氏体化温度，会提高奥氏体的稳定性，增加残留奥氏体数量和降低铸件硬度；过低的奥氏体化温度，会导致马氏体的含碳量偏低，降低硬度和耐磨性。由于铸铁对奥氏体化温度敏感，必须对炉内温度进行精确控温，保证炉内温度准确和均匀。正确的热处理过程是，通过细小的二次 M_7C_3 碳化物在基体中析出，降低奥氏体的稳定性，其显微组织如图 5-82 所示。

Class II 铸铁含有 12%～20%Cr，奥氏体化温度

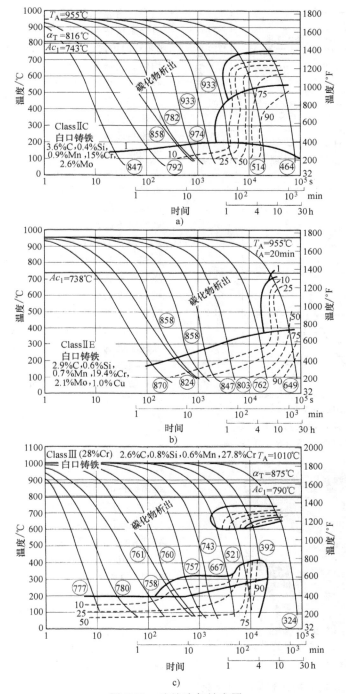

图 5-79　连续冷却转变图

a）Class ⅡC 白口铸铁，铸铁成分（质量分数）：3.6%C，0.4%Si，0.9%Mn，15%Cr，2.6%Mo

b）Class ⅡE 白口铸铁，铸铁成分（质量分数）：2.9%C，0.6%Si，0.7%Mn，19.4% Cr，2.1%Mo，1.0%Cu

c）Class Ⅲ（28%Cr）白口铸铁，铸铁成分（质量分数）：2.6%C，0.8%Si，0.6%Mn，27.8%Cr

范围 950~1010℃（1750~1850℉）。Class Ⅲ 铸铁含有 23~28% Cr，奥氏体化温度范围 1010~1090℃（1850~2000℉）。对大截面铸件，通常需要进一步

提高奥氏体化温度。

　　铸件需在奥氏体化温度保温足够长的时间，使铬碳化物发生平衡分解，固溶于奥氏体中，以确保

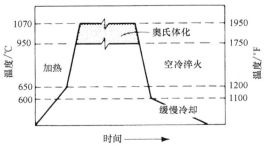

图 5-80　高铬铸铁淬火热处理工艺曲线

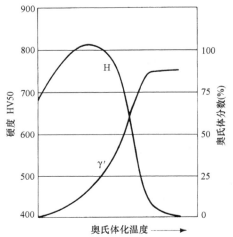

图 5-81　奥氏体化温度对高铬铸铁
硬度（H）和残留奥氏体（γ′）的影响

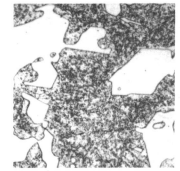

图 5-82　高铬铸铁经热处理的马氏体的
显微组织照片　680×

达到淬火效果。最低保温时间需达到 4h。对大截面铸件，通常根据截面厚度，按每 25mm（1in）保温 1h。如铸件奥氏体化之前的组织为完全珠光体，保温时间可适当缩短。

（2）淬火　强烈推荐采用空冷淬火（风扇强制风冷），将铸件从奥氏体化温度冷却至低于珠光体的温度范围（550~600℃，或 1020~1110℉）；在随后的冷却过程中，为尽可能减少应力，应该降低冷却速率，通常采用静止空气，甚至炉冷至环境温度。对复杂铸件和大截面铸件，通常将其重新放回 550~600℃ 的炉内，停留足够长的时间，使铸件温度达到均匀。当铸件温度达到平衡均匀后，采用炉冷或在静止空气中冷却至环境温度。

（3）回火　可以不对铸件进行回火或亚临界热处理，直接在淬火（冷却）状态下服役使用；但为恢复马氏体基体的部分韧性，降低残余应力，建议在 200~230℃（400~450℉）温度范围回火 2~4h。淬火后的组织总是有 10%~30% 残留奥氏体。部分残留奥氏体会在低温回火后发生转变，但如果工件出现剥落问题，则应选择更高的亚临界温度回火，降低残留奥氏体数量。

（4）亚临界热处理　有时需进行亚临界回火热处理，尤其是对大截面经热处理的马氏体铸件，为降低残留奥氏体数量，提高抗剥落性能，需要进行较高温度的回火。由于残留奥氏体对回火温度和时间非常敏感，要消除残留奥氏体，必须根据铸件成分和之前的热处理工艺确定回火参数。典型的回火温度范围为 480~540℃（900~1000℉），时间范围为 8~12h。过长时间或过高温度会导致铸件硬度下降和耐磨性大幅减小；而回火不足，又会导致不能完全消除残留奥氏体。通过金相方法不能很好确定残留奥氏体的数量；而根据热处理实践经验开发出的专业磁残留奥氏体检测仪，能很好确定回火后残留奥氏体的数量。

（5）退火　通过亚临界退火或完全退火，可以提高铸件的可加工性能。亚临界退火是通过 690~705℃（1280~1300℉）这一很窄的温度范围保温4~12h，进行珠光体化（pearlitizing），使硬度达到 400~450HBW 范围。采用完全退火工艺，即将铸件加热到 955~1010℃（1750~1850℉）温度范围，然后缓慢冷却到 760℃（1400℉），并根据铸件成分，在该温度保温 10~50h。通过完全退火工艺可以得到更低硬度的铸件。退火不影响一次碳化物，也不影响后续的淬火工艺；退火铸件也可以采用铸态铸件的淬火指南。

（6）消除应力　有关回火对消除应力的影响的研究很少。热处理铸件产生的应力主要原因是，伴随奥氏体向马氏体转变产生的体积变化。在 200~230℃（400~450℉）温度范围低温回火，得到回火马氏体组织，断裂韧度得到明显的提高，约可提高 20%。在明显消除应力温度范围回火（即超过 540℃，或 1000℉），铸件的耐磨性能大大降低。因此，可取方法是控制通过马氏体转变温度范围（260℃，或 500℉）的冷却速率，降低温度梯度和铸件中不同截面处的相变差异，降低相变应力。

参 考 文 献

1. R. Gundlach and J. L. Parks, Influence of Abrasive Hardness on Wear Resistance of High-Chromium Irons, *Wear*, Vol 46, 1978, p 97

2. K. -H. Zum Gahr and D. V. Doane, Optimizing Fracture Toughness and Abrasion Resistance in White Cast Irons, *Metall. Trans. A*, Vol 11A, 1980, p 613-620

3. R. Blickensderfer, J. H. Tylczek, and J. Dodd, The Effect of Heat Treatment on Spalling of a Cr-Mo White Iron, *Wear of Materials*, American Society of Mechanical Engineers, 1983, p 471-476

4. F. Maratray and A. Poulalion, "Study of the Hardness of the Martensitic Structures in High-Chromium Ferrous Alloys and the Control and Transformation of Retained Austenite," Publication M-399E, Climax Molybdenum Company, 1984

5. J. Dodd and J. L. Parks, "Factors Affecting the Production and Performance of Thick Section High Chromium-Molybdenum Alloy Iron Castings," Climax Molybdenum Company, Metals Forum, 1980, 3: 3-26

6. F. Maratray and R. Usseglio-Nanot, *Transformation Characteristics of Chromium and Chromium-molybdenum White Irons*, Climax Molybdenum Co., 1970

7. W. W. Cias, Austenite Transformation Kinetics and Hardenability of Heat Treated 17. 5% Cr White Cast Irons, *Trans. AFS*, American Foundry Society, 1974, p 317-328

8. F. Maratray, *Trans. AFS.*, American Foundry Society, 1971, Vol 79, p 121

扩展阅读

· "Abrasion Resistant Castings for Handling Coal," Publication 1267, Nickel Development Institute, The International Nickel Company, Inc.

· "Chrome-Moly White Cast Irons," Publication M-630, AMAX.

· "Engineering Properties and Applications of Ni-Hard," Publication 70, Nickel Development Institute, The International Nickel Company, Inc.

· W. Fairhurst and K. Rohrig, Abrasion Resistant High-Chromium White Cast Irons, Foundry Trade J. , 30 May 1974.

5.6 高合金石墨铸铁的热处理

高合金铸铁是重要的一类铸铁材料，与普通类型的铸铁相比，其生产必须单独分开考虑。在这些铸铁合金中，合金含量远高于 4%，因此他们不能通过浇包添加合金元素，得到标准的铸铁成分。通常

在铸造厂中，采用特殊设备生产高合金铸铁。这些铸铁合金通常采用电炉，通过对成分和温度的精确控制进行熔炼。铸造厂通常有专用的热处理设备，对这些合金进行热处理。

高合金铸铁包括高合金石墨铸铁和高合金白口铸铁。高合金石墨铸铁中的石墨形态有片状石墨和球状石墨，合金铸铁主要有以下类型：

1）奥氏体灰铸铁和球墨铸铁。

2）高硅耐热铸铁。

3）高硅耐蚀铸铁。

高合金石墨铸铁熔炼工艺与传统灰铸铁和球墨铸铁生产相同。与传统灰铸铁和球墨铸铁类似，高合金石墨铸铁的生产也必须注意控制冷却，孕育处理和采用镁球化处理的条件。高合金成分影响铸铁的共晶碳含量，因此，这类合金的碳含量较低。在许多情况下，因为高碳更易造成石墨上浮，易在截面直径大于 25mm（1in）的铸件中，出现石墨化衰退现象，因此应避免球墨铸铁中出现过共晶成分（高碳含量）。

高合金石墨铸铁主要应用于耐腐蚀条件或高温、高强度且需抗氧化的条件。除了片状石墨或球状石墨外，基体微观组织以及应用主要有：

基体组织	成 分	应 用
铁素体	5% Si 铸铁（Silal）	耐热
铁素体	高 Si 铸铁（15Si）	耐腐蚀 ASTM A518，A518M
奥氏体	18% Ni（Ni-Resist）	耐腐蚀和耐热 ASTM A439
奥氏体	18% Ni，5%Si（Nicrosilal）	耐腐蚀 ASTM A439

耐腐蚀工程应用的合金铸铁有，高镍（13%~36%Ni）灰铸铁和球墨铸铁（也称 Ni-Resist 合金铸铁）和高硅（15%Si）灰铸铁。用于高温服役条件的合金铸铁有，奥氏体型铸铁，镍合金灰铸铁和球墨铸铁，高硅灰铸铁和球墨铸铁以及铝合金灰铸铁和球墨铸铁。其中铝合金铸铁根据铝的含量，分为1%~7%Al 铸铁和 18%~25%Al 铸铁两大类。高硅铸铁和铝合金铸铁均未列入 ASTM 标准。虽然铝合金铸铁具有很高的抗氧化性能，但其熔炼和铸造问题难度很高，工业生产罕见，有关合金的热处理信息非常有限。

高合金含量除影响铸铁的相组织构成，也影响凝固过程中的第三相的形成和/或二次共晶。因此，许多合金通常在铸态组织中有枝晶间碳化物或含硅碳化物。往往在热处理后，这些相组成仍保存，成为最终组织的一部分。

5.6.1 镍合金奥氏体石墨铸铁

用于耐腐蚀和高温服役的镍合金奥氏体铸铁有

灰铸铁和球墨铸铁。奥氏体灰铸铁的历史可以追溯到 20 世纪 30 年代，当时仅作为一种不重要的特种材料；而当开发出球墨铸铁之后，奥氏体球墨铸铁也得到了发展。镍合金奥氏体铸铁在耐腐蚀、耐磨性、高温稳定性和强度应用领域得到了广泛的应用，此外，该合金铸铁还具有低的热膨胀系数、无磁性和高的低温韧性等优点。镍合金奥氏体球墨铸铁的生产工艺过程和热处理过程与镍合金奥氏体灰铸铁（片状石墨）相同。

（1）奥氏体灰铸铁 奥氏体灰铸铁具有以下性能特点：

1）耐碱、酸、盐、油和食物的腐蚀。

2）高温抗氧化性能。

3）高电阻率。

4）无磁性。

5）耐磨料磨损性能。

6）均匀的热膨胀率。

7）适中的强度和韧性。

由于铸铁含有合金元素，使高温奥氏体相稳定保留到室温，以及碳化物均匀分散在基体，许多铸铁同时具有以上几种性能特点。片状石墨耐蚀奥氏体铸铁的成分列于表 5-27，典型力学性能列于表 5-28。

在机加工中，这些合金铸铁很容易产生加工硬化，因此在铸造和随后的热处理工艺中需要谨慎操作，尽量减少初始应力和机加工中的加工硬化。对没有进行热处理的铸件进行机加工，工件可能会产生跳动现象。

ASTM 的 A436 标准中定义了 8 种型号的奥氏体合金灰铸铁，其中 4 种型号是被设计应用于高温工况（见表 5-27 中的 2 型、2b 型、3 型和 5 型），另外 4 种型号主要用于需要耐腐蚀的工况见表 5-27 中的 1 型、1b 型、4 型和 6 型。镍提高奥氏体组织的稳定性，提高耐蚀性，同时提高高温强度。在镍合金铸铁中添加铬和硅，提高铸铁的耐磨性能和高温抗氧化性能。

1 型和 1b 型是专为耐腐蚀应用场合设计，含 13.5% ~ 17.5% Ni 和 6.5% Cu。1 型 Ni-Resist 铸铁的铸态组织由奥氏体基体和 10% 以下细小分散的碳化物和细片状石墨组成。当进行均匀化降低硬度热处理时，小部分碳化物发生分解（石墨化）而大部分剩余碳化物发生球化。1 型 Ni-Resist 铸铁均匀化降低硬度热处理工艺为，加热至 980 ~ 1040℃（1800 ~ 1900℉）温度，保温 0.5 ~ 5h，而后空冷。采用该工艺处理对铸铁的强度没有损伤。

2b 型、3 型和 5 型合金铸铁主要用于高温服役，这类铸铁的合金含量范围为 18% ~ 36% Ni，1% ~

2.8% Si，0 ~ 6% Cr。4 型铸铁的合金含量为 29% ~ 32% Ni，5% ~ 6% Si，4.5% ~ 5.5% Cr，建议用于抗污性服役条件。

（2）奥氏体球铁 ASTM 的 A439 标准中定义了 9 种奥氏体球墨铸铁型号，其合金成分列于表 5-29。奥氏体球墨铸铁与奥氏体灰铸铁成分相似，差别是通过镁对石墨进行球化。在奥氏体球墨铸铁型号中，除 1 型外，其他型号铸铁均可供货。1 型铸铁无法供货的原因是，该型号铸铁含铜量高，这与球状石墨的生产工艺无法兼容。奥氏体球墨铸铁除具有奥氏体灰铸铁的性能外，具有更高的强度和塑性。他们具有高的抗摩擦磨损性能、耐蚀性、高温强度和抗氧化性能，无磁性特征，某些合金在环境温度下，还具有较低的热膨胀系数。

部分奥氏体球墨铸铁的力学性能列于表 5-30。图 5-83 为了奥氏体球墨铸铁典型的显微组织。各种类型奥氏体球墨铸铁有以下特点：

1）D-2 型（20% Ni-2% Cr）。该型号铸铁推荐用于耐腐蚀、耐侵蚀、摩擦磨损性能要高以及需加热到 1400℉ 的服役工况。同时该型号铸铁具有高的热膨胀系数。

2）D-2B 型（20% Ni-3% Cr）。该型号铸铁推荐用于要求极高在中性和还原性盐中耐蚀性。在耐侵蚀和抗氧化方面，具有比 D-2 型更佳的性能表现。

3）D-2C 型（22% Ni-0% Cr）。推荐用于在耐热性能和腐蚀性能没有那么严苛要求，但要求具有高塑性，如焊接条件和低温性能等要求高的场合。

4）D-3 型（30% Ni-3% Cr）。该型号铸铁推荐用于热冲击服役工况和要求热膨胀系数与铁素体不锈钢匹配工况。该型号铸铁除了极好的高温性能外，在湿蒸汽环境和腐蚀性料浆等环境下，具有高的抗侵蚀性能。

5）D-3A 型（30% Ni-1% Cr）。推荐用于摩擦磨损要求高，并具有中等热膨胀系数要求。

6）D-4 型（30% Ni-5% Cr-5% Si）。推荐用于比 D-2 型或 D-3 型具有更高抗腐蚀、侵蚀、和氧化服役工况要求。

7）D-5 型 "Minovar"（34% ~ 36% Ni-0Cr）。推荐用于低的热膨胀系数工况。在降低热应力方面，优于其他类型的 Ni-Resist 合金铸铁。

8）D-5B 型（34% ~ 36% Ni-3% Cr）。推荐用于极低的热膨胀系数工况。此外，该类型合金铸铁具有高抗氧化性能以及良好的高温力学性能。

（3）应用 镍合金铸铁，或 Ni-Resist 铸铁广泛应用于化工设备产生行业，如压缩机和风机、冷凝器部件、磷酸盐炉零件、管道、阀门和管件、坩锅和反应釜和泵壳和泵轮等。同样镍合金铸铁也广泛用于制作各种食品处理设备，其中包括灌装饮料和酿酒设备、罐头机械、酒厂设备、螺杆送料机、绞肉机和盐过滤器。在高温工程应用中，主要用于制作气缸衬垫、排气歧管、气门导管、燃气轮机外壳、涡轮增压器外壳、喷嘴环、在铝活塞中的活塞环支架。

表 5-27 ASTM A436-84 标准中奥氏体片状石墨铸铁成分

型号	UNS 编号	化学成分（质量分数，%）					
		TC,max[1]	Si	Mn	Ni	Cu	Cr
1[2]	F41000	3.00	1.00~2.80	0.50~1.50	13.50~17.50	5.50~7.50	1.50~2.50
1b	F41001	3.00	1.00~2.80	0.50~1.50	13.50~17.50	5.50~7.50	2.50~3.50
2[3]	F41002	3.00	1.00~2.80	0.50~1.50	18.00~22.00	0.50 max	1.50~2.50
2b	F41003	3.00	1.00~2.80	0.50~1.50	18.00~22.00	0.50 max	3.00~6.00[4]
3	F41004	2.60	1.00~2.00	0.50~1.50	28.00~32.00	0.50 max	2.50~3.50
4	F41005	2.60	5.00~6.00	0.50~1.50	29.00~32.00	0.50 max	4.50~5.50
5	F41006	2.40	1.00~2.00	0.50~1.50	34.00~36.00	0.50 max	0.10 max[5]
6[6]	F41007	3.00	1.50~2.50	0.50~1.50	18.00~22.00	3.50~5.50	1.00~2.00

① 总碳量。
② 1 型铸铁，推荐应用于有铜存在场合，具有高耐腐蚀性能。
③ 2 型铸铁，推荐应用于不允许铜污染的场合，例如食物或腐蚀剂处理。
④ 需要进行机加工，推荐添加 3.0%~4.0%Cr。
⑤ 希望提高硬度、强度和耐热性能，而允许提高膨胀系数场合，Cr 可增加至 2.5%~3.0%。
⑥ 6 型含有 1.0%Mo。

表 5-28 ASTM A436-84 标准中奥氏体片状石墨铸铁典型力学性能

型号	抗拉强度[1]		硬度 HBW[2]	型号	抗拉强度[1]		硬度 HBW[2]
	MPa	ksi			MPa	ksi	
1	170	25	131~183	3	170	25	118~159
1b	205	30	149~212	4	170	25	149~212
2	170	25	118~174	5	140	20	99~124
2b	205	30	171~248	6	170	25	124~174

① 不小于。
② 载重为 3000kg。

表 5-29 ASTM A439 标准中的奥氏体球墨铸铁成分

型号	UNS 编号	化学成分（质量分数，%）					
		TC,max[1]	Si	Mn	P,max	Ni	Cr
D-2	F43000	3.00	1.50~3.00	0.70~1.25	0.08	18.0~22.0	1.75~2.75
D-2b	F43001	3.00	1.50~3.00	0.70~1.25	0.08	18.0~22.0	2.75~4.00
D-2c	F43002	2.90	1.00~3.00	1.80~2.40	0.08	21.0~24.0	0.50 max
D-3	F43003	2.60	1.00~2.80	1.00 max	0.08	28.0~32.0	2.50~3.50
D-3a	F43004	2.60	1.00~2.80	1.00 max	0.08	28.0~32.0	1.00~1.50
D-4	F43005	2.60	5.00~6.00	1.00 max	0.08	28.0~32.0	4.50~5.50
D-5	F43006	2.60	1.00~2.80	1.00 max	0.08	34.0~36.0	0.10 max
D-5b	F43007	2.40	1.00~2.80	1.00 max	0.08	34.0~36.0	2.00~3.00
D-5S	—	2.30	4.9~5.5	1.00 max	0.08	34.0~37.0	1.75~2.25

① 总碳量。

表 5-30 ASTM A439-83 标准中的奥氏体球墨铸铁典型力学性能

型号	抗拉强度不小于		屈服强度不小于		延伸率不小于[1]（%）	硬度 HBW
	MPa	ksi	MPa	ksi		
D-2	400	58	205	30	8	139~202
D-2b	400	58	205	30	7	148~211
D-3	380	55	205	30	6	139~202
D-4	415	60	—	—	—	202~273
D-5	380	55	205	30	20	131~185

① 标距为 50mm（2in）。

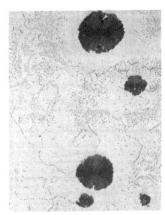

图 5-83　D5S Ni-Resist 耐蚀镍合金球墨
铸铁铸态球墨铸铁组织　400×

5.6.2　奥氏体球墨铸铁的热处理

镍合金奥氏体铸铁的热处理与球墨铸铁或灰铸铁类似，其主要作用是降低残余应力、稳定微观组织和提高性能。

（1）消除应力　对于大多数奥氏体铸铁铸件，推荐消除应力的温度为 620～675℃（1150～1250℉），根据铸件截面直径，按每 25mm（1in）保温 1h，消除铸造和机加工产生的残余应力。工件在粗加工后，尤其是经焊接或在高应力下服役的铸件，为满足尺寸公差要求，必须进行消除应力处理。

将铸件在 480℃（900℉）温度，按截面直径，每 25mm（1in）保温 1h 消除应力，约可消除 60% 的应力；而在 675℃（1250℉）温度保温 1h，约可消除 95% 的应力。炉冷的消除应力效果最好，但通常做法是将铸件在空气中，按截面厚度，以每 25mm 冷却 1～2h 的冷却速度消除应力。消除应力不影响铸件的抗拉强度、硬度和塑性。

对尺寸大、截面相对薄的铸件，建议采用在砂型模中冷却至低于 315℃（600℉）落砂，而不是进行消除应力热处理。

（2）球化退火　除含有 4% 或以上铬的合金，当铸件的硬度高于 190HBW 时，需加热至 980～1040℃（1800～1900℉）温度，保温 0.5～5h。薄壁铸件如冷却速率过快，可能产生过多的网状碳化物，造成硬度过高。退火过程能溶解或球化碳化物，虽然球化退火降低硬度，但对强度没有不利的影响。

（3）高温稳定化处理　除了不推荐 1 型合金（见表 5-27）铸件的服役温度超过 430℃（800℉）外，不论用于静态或循环载荷状态，在 480℃（900℃）或以上温度服役的铸件，均应该进行稳定化热处理。稳定化处理工艺为在 760℃（1400℉）温度至少保温 4h；或在 870℃（1600℉）温度至少保温 2h，然后炉冷到 540℃（1000℉）后，出炉在空气中冷却。经稳定化处理后，铸件组织稳定，避免在使用过程中产生变形和翘曲。稳定化处理可以降低基体的碳含量，同时可能会产生尺寸增长和变形。因此，该工序通常应安排在最后的机加工之前进行。

（4）尺寸稳定处理　该处理工艺通常限制用于需精确尺寸稳定的铸件，例如精密机械或科学仪器。该工艺不适用于处理 1 型合金铸铁。其他合金可采用以下工艺进行尺寸稳定处理：

1）加热至 870℃（1600℉），保温不小于 2h，再按截面厚度每 25mm（1in），增加 1h。

2）按最大冷却速度不超过 50℃/h（100℉/h）炉冷到 540℃（1000℉）后出炉。

3）在 540℃（1000℉）温度，按截面厚度每 25mm（1in）保温 1h，然后在空气中冷却均匀。

4）粗加工后，再加热至 455～480℃（850～900℉），按截面厚度每 25mm（1in）保温 1h，然后在空气中冷却均匀。

5）精加工后再加热至 260～315℃（500～600℉），在空气中冷却均匀。

（5）固溶处理　虽然这种工艺很少使用，但通过高温碳的固溶和快速冷却防止碳化物析出，铸铁能得到高于正常的强度水平和略高的硬度。该工艺为加热至 925～1010℃（1700～1850℉），而后油淬或水淬。因为没有发生相变，开裂的可能性很小。

（6）冷处理和重新奥氏体化热处理　该工艺用于 D2 型铸铁，增加屈服强度见表 5-29 所列。铸铁加热至 925℃（1700℉），固溶冷却后，在 -195℃（-320℉）进行深冷处理，随后再加热至 650～760℃（1200～1400℉）。采用该工艺可明显提高工件屈服强度，但对材料磁性或在海水或在稀硫酸中的耐蚀性没有实质性影响。

5.6.3　高硅耐高温铸铁

高硅耐高温铸铁含有 4%～6% Si，该合金的成本低，在许多高温应用场合，具有良好的性能。不论是高硅灰铸铁还是高硅球墨铸铁，均能提供良好的抗氧化性能，当温度不超过 815℃（1500℉）的相变温度，其铁素体基体组织具有高的稳定性。在普通铸铁的基础上，提高硅含量的高硅合金铸铁，在表面形成致密，附着力强的硅酸铁氧化膜，降低了高温下的氧化速率。随硅添加量进一步的增加，该层氧化膜阻氧渗透的能力进一步提高。

（1）高硅灰铸铁　在 20 世纪 30 年代，高硅灰铸铁由英国铸铁研究所开发，被称为"Silal"。Silal

高硅灰铸铁具有高临界温度（A_1），稳定的铁素体基体和细小过冷 D 型石墨等一系列优点，使铸铁具有良好的抗氧化能力。在铸铁中添加铬，随添加量增加达到 2%，铸铁的抗氧化性能进一步提高。开发出牌号为 Nicrosilal 的镍铬硅奥氏体铸铁，但现已被 Ni-Resist 耐蚀镍合金铸铁取代。采用亚临界退火热处理工艺，可提高铸铁的组织和尺寸稳定性。

（2）高硅球墨铸铁　在球墨铸铁出现的基础上，开发出了高硅球墨铸铁，目前是这类铸铁中产量最大的铸铁。通过球化处理，将共晶网状片状石墨转变为球状石墨，进一步提高了铸铁的抗氧化性能。具有更高强度和塑性的高硅球墨铸铁，可用于更严苛的服役条件。

高硅球墨铸铁进一步提高了铁素体球墨铸铁服役温度范围，可在 900℃（1650℉）温度下使用。当该铸铁的硅含量提高到 4% Si，A_1 温度为 815℃（1500℉）；而当硅含量提高到 5% Si，A_1 温度为 871℃（1600℉）。当该铸铁的硅含量在低端（4%～4.5% Si）范围，其力学性能与标准的铁素体球墨铸铁相当；而当硅含量达到 5%～6%，随铸铁的临界温度提高，铸铁的抗氧化性能改善，但室温的脆性增大。高硅含量铸铁的冲击韧脆转变温度高于室温，而且冲击上平均能量下降。当温度超过 430℃（800℉），铸铁的塑性提高。

对于大多数应用场合，添加 0.5%～1% Mo，可提高高温强度和抗蠕变性能。当需要铸铁达到更高的高温强度时，可进一步提高钼的含量。当钼添加量>1% 时，形成的 M_2C 型碳化物有生成枝晶的倾向。即使进行退火，该枝晶碳化物仍会保存下来，导致铸件的室温韧性和塑性降低。

硅降低了共晶碳含量。为避免石墨出现上浮，必须控制共晶碳含量。含 4% Si 的铸铁，根据断面尺寸，碳含量应该控制在 3.2%～3.5% 的范围；含 5% Si 的铸铁，碳含量应该控制在 2.9%左右。

（3）应用　高硅灰铸铁的室温脆性很大，而在温度高于 260℃（500℉）时具有适度的韧性。因此已成功地用于制作热处理炉和链条炉配件、燃烧器喷嘴以及热处理托盘。

目前，高硅和 Si-Mo 球墨铸铁主要用于生产货车和汽车排气导管和涡轮增压器外壳。此外，还用于生产热处理托架。

（4）高硅耐高温铸铁的热处理　高硅灰铸铁和球墨铸铁铸态组织主要是铁素体基体，但如存在碳化物稳定化元素，将会有一定数量的珠光体和共晶碳化物。与标准牌号的铸铁相比，由于这类合金热导率低，高温强度高，因此本质上脆性更大，内应

力更高。在对这类合金进行热处理时，应该考虑这些因素。

为保证高硅球墨铸铁铸件尺寸的稳定，在所有情况下，建议对珠光体组织铸铁进行高温退火热处理。当铸铁中存在不期望数量的碳化物时，建议加热至奥氏体化温度范围，进行正常的石墨化（完全）退火。对含硅 4%～5% 的铸铁，需要至少加热到 900℃（1650℉）保温数小时，而后缓慢冷却到低于 700℃（1300℉）。对硅含量>5% 的高硅铸铁，铸件的碳化物容易分解，相对碳化物数量较少，可采用亚临界温度退火，即在 720～790℃（1325～1450℉）保温 4h，得到铁素体基体。与完全退火相比，亚临界退火铸件具有更高的强度，但塑性和韧性会有所降低。图 5-84 为 4Si-Mo 球墨铸铁铸件完全退火的微观组织。

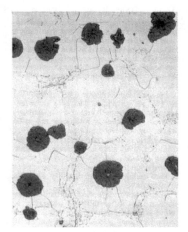

图 5-84　4Si-Mo 球墨铸铁铸件亚
临界退火显微照片　400×

5.6.4　耐蚀高硅铸铁

耐蚀高硅（14.5% Si）铸铁是一类独特的铁素体耐蚀铸铁，在化学工业中，广泛应用于运输和储存高腐蚀性液体，特别适合用于处理硫酸和硝酸。耐蚀高硅铸铁常见的合金牌号列于 ASTM 的 A518M 标准中（见表 5-31）。该标准中的三个合金均含有 14.2%～14.75% Si 和 0.7%～1.15% C，其中 Grade2 和 Grade3 还添加了 3.25%～5% Cr，Grade2 还添加了 0.4%～0.6% Mo。也有硅含量高达 17% Si 其他的商业生产耐蚀高硅铸铁。高硅铸铁铸件在服役前，通常需要进行消除应力热处理。

（1）应用　耐蚀高硅铸铁广泛应用于硫酸和硝酸的生产设备、污水处理和水处理，用于处理炼油工业、化肥工业、纺织行业和炸药生产中处理无机酸。特定的组件包括化学实验室中的泵转子、搅拌

器、坩埚和管件。

（2）耐蚀高硅铸铁热处理 因为耐蚀高硅铸铁脆性大，铸件通常在砂型内冷却到环境温度后再落砂。然而，一些铸件几何形状需要采用热落砂，为防止这类铸件开裂，必须落砂后立即进行消除应力处理和采用炉冷。

表 5-31 耐蚀高硅合金铸铁成分

型号	化学成分(质量分数,%)					
	C	Mn,max	Si	Cr	Mo	Cu,max
Grade 1	0.70~1.10	1.50	14.20~14.75	0.50 max	0.50 max	0.50
Grade 2	0.75~1.15	1.50	14.20~14.75	3.25~5.00	0.40~0.60	0.50
Grade 3	0.70~1.10	1.50	14.20~14.75	3.25~5.00	0.20 max	0.50

致谢

本节改编于：

R. B. Gundlach and D. V. Doane, Heat Treating of High-Alloy Irons, Heat Treating, Vol 4, ASM Handbook, ASM International, 1991, p 697-708.

参 考 文 献

"Standard Specification for Corrosion-Resistant High-Silicon Iron Castings," ASTM A518-86, *Annual Book of ASTM Standards*, ASTM

第**6**章

参 考 资 料

6.1 铁碳相图

铁碳相图如图 6-1 和图 6-2 所示。

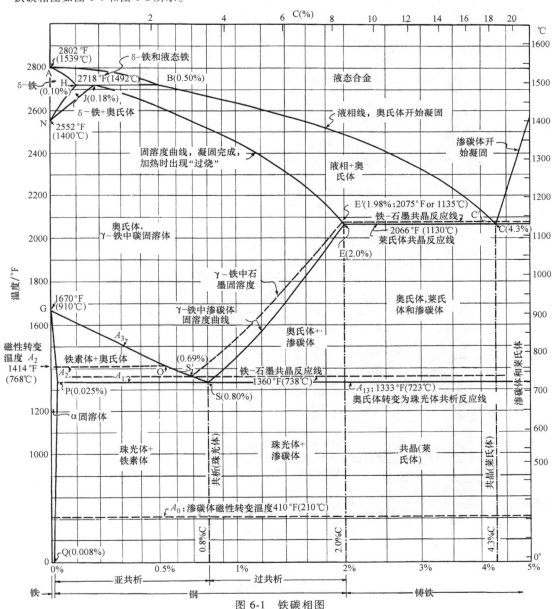

图 6-1 铁碳相图

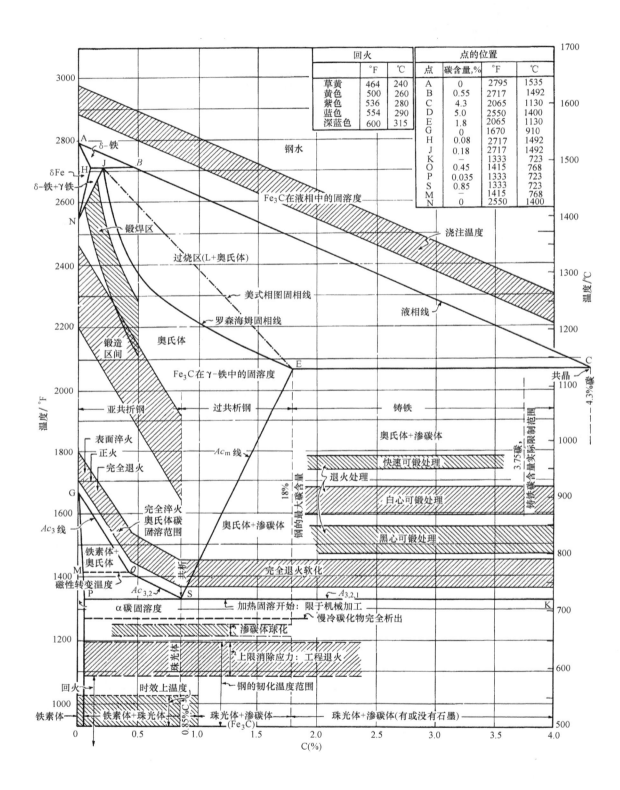

图 6-2 修改后的铁碳相图

6.2 钢的奥氏体化和典型热处理温度

碳钢和低合金钢的奥氏体化加热温度见表 6-1 和表 6-2。其中，表 6-1 列出了碳钢和合金钢直接淬火奥氏体化加热温度；表 6-2 列出了渗碳碳钢和合金钢重新加热淬火的奥氏体化加热温度，表 6-2 中的数据适用于经渗碳后缓慢从渗碳温度冷却，而后重新奥氏体化加热淬火。不同渗碳时间和温度的渗碳层深度见表 6-3。碳钢表面强化的典型热处理工艺见表 6-4。渗碳合金钢的典型热处理工艺见表 6-5。碳钢和合金钢直接淬火的热处理工艺见表 6-6 和表 6-7。

如与整体工件最高奥氏体化加热温度，温度的均匀性、保温时间以及冷却速度等因素相比，在大多数工程的淬火过程中，加热到奥氏体化温度的加热速度相对不是最重要的参数。很多因素，如钢的热导率、炉内气氛性质（出现氧化或不出现氧化）、工件截面厚度、装载（按规定间隔放置或直接堆放）方法和炉内气氛的流通程度，均会影响工件的加热速率，请根据工件的奥氏体化加热温度，从表 6-1 和表 6-2 中进行选择合适的参数。

工件不同部位厚薄截面的温度差异是热处理过程中的一个主要难题。当要求热处理中工件各截面温度均匀，则缓慢加热比快速加热更加安全。此外，奥氏体化加热的最高温度，不应超过要求达到碳化物溶解程度的温度。表 6-1 和表 6-2 中列出的温度符合这个要求。当加热时，如工件不同截面的温度明显变化，则应制定缓慢加热规范，减少热应力和变形。

表 6-1 碳钢和低合金钢直接淬火奥氏体化加热温度（SAE）

钢牌号	温度		钢牌号	温度	
	℃	℉		℃	℉
碳钢			1146	800~845	1475~1550
1025	855~900	1575~1650	1151	800~845	1475~1550
1030	845~870	1550~1600	1536	815~845	1500~1550
1035	830~855	1525~1575	1541	815~845	1500~1550
1037	830~855	1525~1575	1548	815~845	1500~1550
1038①	830~855	1525~1575	1552	815~845	1500~1550
1039①	830~855	1525~1575	1566	855~885	1575~1625
1040①	830~855	1525~1575	合金钢		
1042	800~845	1475~1550	1330	830~855	1525~1575
1043①	800~845	1475~1550	1335	815~845	1500~1550
1045①	800~845	1475~1550	1340	815~845	1500~1550
1046①	800~845	1475~1550	1345	815~845	1500~1550
1050①	800~845	1475~1550	3140	815~845	1500~1550
1055	800~845	1475~1550	4037	830~855	1525~1575
1060	800~845	1475~1550	4042	830~855	1525~1575
1065	800~845	1475~1550	4047	815~855	1500~1575
1070	800~845	1475~1550	4063	800~845	1475~1550
1074	800~845	1475~1550	4130	815~870	1500~1600
1078	790~815	1450~1500	4135	845~870	1550~1600
1080	790~815	1450~1500	4137	845~870	1550~1600
1084	790~815	1450~1500	4140	845~870	1550~1600
1085	790~815	1450~1500	4142	845~870	1550~1600
1086	790~815	1450~1500	4145	815~845	1500~1550
1090	790~815	1450~1500	4147	815~845	1500~1550
1095	790~815①	1450~1500②	4150	815~845	1500~1550
易切削碳钢			4161	815~845	1500~1550
1137	830~855	1525~1575	4337	815~845	1500~1550
1138	815~845	1500~1550	4340	815~845	1500~1550
1140	815~845	1500~1550	50B40	815~845	1500~1550
1141	800~845	1475~1550	50B44	815~845	1500~1550
1144	800~845	1475~1550	5046	815~845	1500~1550
1145	800~845	1475~1550	50B46	815~845	1500~1550

（续）

钢牌号	温度		钢牌号	温度	
	℃	℉		℃	℉
合金钢			8630	830~870	1525~1600
50B50	800~845	1475~1550	8637	830~855	1525~1575
50B60	800~845	1475~1550	8640	830~855	1525~1575
5130	830~855	1525~1575	8642	815~855	1500~1575
5132	830~855	1525~1575	8645	815~855	1500~1575
5135	815~845	1500~1550	86B45	815~855	1500~1575
5140	815~845	1500~1550	8650	815~855	1500~1575
5145	815~845	1500~1550	8655	800~845	1475~1550
5147	800~845	1475~1550	8660	800~845	1475~1550
5150	800~845	1475~1550	8740	830~855	1525~1575
5155	800~845	1475~1550	8742	830~855	1525~1575
5160	800~845	1475~1550	9254	815~900	1500~1650
51B60	800~845	1475~1550	9255	815~900	1500~1650
50100	775~800[3]	1425~1475[3]	9260	815~900	1500~1650
51100	775~800[3]	1425~1475[3]	94B30	845~885	1550~1625
52100	775~800[3]	1425~1475[3]	94B40	845~885	1550~1625
6150	845~885	1550~1625	9840	830~855	1525~1575
81B45	815~855	1500~1575			

① 常用零件采用感应淬火。SAE1030 牌号以上的所有钢均可采用感应淬火工艺。

② 1095 钢可以采用该温度范围淬火，淬火介质可以是水、盐水。如采用油作为淬火介质，1095 钢可采用 815~870℃（1500~1600℉）温度范围进行奥氏体化加热。

③ 该温度范围建议采用水淬。如采用油作为淬火介质，可采用 815~870℃（1500~1600℉）温度范围进行奥氏体化加热。

表 6-2　渗碳碳钢和合金钢重新加热淬火的奥氏体化加热温度（SAE）

钢牌号	温度		钢牌号	温度	
	℃	℉		℃	℉
碳钢			合金钢		
1010	760~790	1400~1450	3310	790~830	1450~1525
1012	760~790	1400~1450	4320	830~845	1525~1550
1015	760~790	1400~1450	4615	815~845	1500~1550
1016	760~790	1400~1450	4617	815~845	1500~1550
1017	760~790	1400~1450	4620	815~845	1500~1550
1018	760~790	1400~1450	4621	815~845	1500~1550
1019	760~790	1400~1450	4626	815~845	1500~1550
1020	760~790	1400~1450	4718	815~845	1500~1550
1022	760~790	1400~1450	4720	815~845	1500~1550
1513	760~790	1400~1450	4815	800~830	1475~1525
1518	760~790	1400~1450	4817	800~830	1475~1525
1522	760~790	1400~1450	4820	800~830	1475~1525
1524	760~790	1400~1450	8115	845~870	1550~1600
1525	760~790	1400~1450	8615	845~870	1550~1600
1526	760~790	1400~1450	8617	845~870	1550~1600
1527	760~790	1400~1450	8620	845~870	1550~1600
易切削碳钢			8622	845~870	1550~1600
			8625	845~870	1550~1600
1109	760~790	1400~1450	8627	845~870	1550~1600
1115	760~790	1400~1450	8720	845~870	1550~1600
1117	760~790	1400~1450	8822	845~870	1550~1600
1118	760~790	1400~1450	9310	790~830	1450~1525

注：渗碳采用在 900~925℃（1650~1700℉）温度进行，渗碳后缓慢冷却，而后重新将钢加热至奥氏体化温度。

表 6-3 不同渗碳时间和温度的渗碳层深度

时间/h	温度/℃（℉）									
	760(1400)	790(1450)	815(1500)	845(1550)	870(1600)	900(1650)	925(1700)	955(1750)	980(1800)	1010(1850)
1	0.008	0.010	0.012	0.015	0.018	0.021	0.025	0.029	0.034	0.040
2	0.011	0.014	0.017	0.021	0.025	0.030	0.035	0.041	0.048	0.056
3	0.014	0.017	0.021	0.025	0.031	0.037	0.043	0.051	0.059	0.069
4	0.016	0.020	0.024	0.029	0.035	0.042	0.050	0.059	0.069	0.079
5	0.018	0.022	0.027	0.033	0.040	0.047	0.056	0.066	0.077	0.089
6	0.019	0.024	0.030	0.036	0.043	0.052	0.061	0.072	0.084	0.097
7	0.021	0.026	0.032	0.039	0.047	0.056	0.066	0.078	0.091	0.105
8	0.022	0.028	0.034	0.041	0.050	0.060	0.071	0.083	0.097	0.112
9	0.024	0.029	0.036	0.044	0.053	0.063	0.075	0.088	0.103	0.119
10	0.025	0.031	0.038	0.046	0.056	0.067	0.079	0.093	0.108	0.126
11	0.026	0.033	0.040	0.048	0.059	0.070	0.083	0.097	0.113	0.132
12	0.027	0.034	0.042	0.051	0.061	0.073	0.087	0.102	0.119	0.138
13	0.028	0.035	0.043	0.053	0.064	0.076	0.090	0.106	0.123	0.143
14	0.029	0.037	0.045	0.055	0.066	0.079	0.094	0.110	0.128	0.149
15	0.031	0.039	0.047	0.057	0.068	0.082	0.097	0.114	0.133	0.154
16	0.032	0.039	0.048	0.059	0.071	0.084	0.100	0.117	0.137	0.159
17	0.033	0.040	0.050	0.060	0.073	0.087	0.103	0.121	0.141	0.164
18	0.033	0.042	0.051	0.062	0.075	0.090	0.106	0.125	0.145	0.169
19	0.034	0.043	0.053	0.064	0.077	0.092	0.109	0.128	0.149	0.173
20	0.035	0.044	0.054	0.066	0.079	0.094	0.112	0.131	0.153	0.178
21	0.036	0.045	0.055	0.067	0.081	0.097	0.114	0.134	0.157	0.182
22	0.037	0.046	0.056	0.069	0.083	0.099	0.117	0.138	0.161	0.186
23	0.038	0.047	0.058	0.070	0.085	0.101	0.120	0.141	0.164	0.190
24	0.039	0.048	0.059	0.072	0.086	0.103	0.122	0.144	0.168	0.195
25	0.039	0.049	0.060	0.073	0.088	0.106	0.125	0.147	0.171	0.199
26	0.040	0.050	0.061	0.075	0.090	0.108	0.127	0.150	0.175	0.203
27	0.041	0.051	0.063	0.076	0.092	0.110	0.130	0.153	0.178	0.206
28	0.042	0.052	0.064	0.078	0.094	0.112	0.132	0.155	0.181	0.210
29	0.042	0.053	0.065	0.079	0.095	0.114	0.134	0.158	0.185	0.214
30	0.043	0.054	0.066	0.080	0.097	0.116	0.137	0.161	0.188	0.217

例如：4320 钢在 925℃（1700℉）温度渗碳 11h，渗碳层深度为 2.1mm（0.083in）。如渗碳层深度要求达到 2.54mm（0.1in），则需要 16h。

表 6-4 碳钢表面强化的典型热处理工艺

SAE 钢[①]	渗碳温度		冷却介质	重新加热温度		冷却介质	碳氮共渗温度[②]		冷却介质	回火温度[③]	
	℃	℉		℃	℉		℃	℉		℃	℉
1010	—	—	—	—	—	—	790~900	1450~1650	油	120~205	250~400
1015	—	—	—	—	—	—	790~900	1450~1650	油	120~205	250~400
1016	900~925	1650~1700	水或3%氢氧化钠溶液	—	—	—	790~900	1450~1650	油	120~205	250~400
1018	900~925	1650~1700	水或3%氢氧化钠溶液	790	1450	水或3%氢氧化钠溶液[④]	790~900	1450~1650	油	120~205	250~400
1019	900~925	1650~1700	水或3%氢氧化钠溶液	790	1450	水或3%氢氧化钠溶液[④]	790~900	1450~1650	油	120~205	250~400
1020	900~925	1650~1700	水或3%氢氧化钠溶液	790	1450	水或3%氢氧化钠溶液[④]	790~900	1450~1650	油	120~205	250~400
1022	900~925	1650~1700	水或3%氢氧化钠溶液	790	1450	水或3%氢氧化钠溶液[④]	790~900	1450~1650	油	120~205	250~400

（续）

SAE钢①	渗碳温度		冷却介质	重新加温度		冷却介质	碳氮共渗温度②		冷却介质	回火温度③	
	℃	℉		℃	℉		℃	℉		℃	℉
1026	900~925	1650~1700	水或3%氢氧化钠溶液	790	1450	水或3%氢氧化钠溶液④	790~900	1450~1650	油	120~205	250~400
1030	900~925	1650~1700	水或3%氢氧化钠溶液	790	1450	水或3%氢氧化钠溶液④	790~900	1450~1650	油	120~205	250~400
1109	900~925	1650~1700	水或油	760~790	1400~1450	水或3%氢氧化钠溶液④	—	—	—	120~205	250~400
1117	900~925	1650~1700	水或油	790~870	1450~1600	水或3%氢氧化钠溶液④	790~900	1450~1650	油	120~205	250~400
1118	900~925	1650~1700	油	790~870	1450~1600	油	—	—	—	120~205	250~400
1513	900~925	1650~1700	油	790	1450	油	—	—	—	120~205	250~400
1518	—		—	—		—	—		—	—	
1522	900~925	1650~1700	油	790	1450	油	—	—	—	120~925	250~400
1524 (1024)	900~925	1650~1700	油	790	1450	油	—	—	—	120~205	250~400
1525	900~925	1650~1700	油	790	1450	油	—	—	—	120~205	250~400
1526	900~925	1650~1700	油	790	1450	油	—	—	—	120~205	250~400
1527 (1027)	900~925	1650~1700	油	790	1450	油	—	—	—	120~205	250~400

① 一般来说，不一定对表中碳钢牌号进行正火，才能以达到满足尺寸稳定要求或切削加工性能的要求。但如有严格尺寸稳定要求，采用比渗碳温度高至少50℉，进行正火处理。

② 锰含量较高的钢，如1118钢和1500系列钢，通常不进行碳氮共渗处理。如果进行碳氮共渗处理，必须注意限制钢中氮的含量，因为高氮含量有增大残留奥氏体数量的倾向。

③ 推荐在回火温度进行回火，但在许多情况下，不强制进行回火。通常采用回火，消除残余应力，提高磨削开裂抗力。如成品工件硬度能达到规范要求，可采用更高的温度回火。

④ 3%的氢氧化钠溶液。

表 6-5　渗碳合金钢的典型热处理工艺

SAE钢①	预先热处理			渗碳温度⑤		冷却方法	重新加热温度		淬火介质	回火温度⑥	
	正火②	正火和回火③	退火④	℃	℉		℃	℉		℃	℉
4012	是	—	—	900~925	1650~1700	—	—	—	—	—	—
4023	是	—	—	900~925	1650~1700	—	—	—	—	—	—
4024	是	—	—	900~925	1650~1700	—	—	—	—	—	—
4027	是	—	—	900~925	1650~1700	油淬⑦	—	—	—	120~175	250~350
4028	是	—	—	900~925	1650~1700	—	—	—	—	—	—
4032	是	—	—	900~925	1650~1700	—	—	—	—	—	—
4118	是	—	—	900~925	1650~1700	油淬⑦	—	—	—	120~175	250~350
4320	是	—	是	900~925	1650~1700	油淬⑦	—	—	—	—	—
—	—	—	—	900~925	1650~1700	慢冷	830~845	1525~1550⑨	油	120~175	250~350
4419	是	—	是	900~925	1650~1700	—	—	—	—	—	—
4422	是	—	是	900~925	1650~1700	油淬⑦	—	—	—	120~175	250~350
4427	是	—	是	900~925	1650~1700	—	—	—	—	—	—
4615	是	—	是	900~925	1650~1700	—	—	—	—	—	—
4617	是	—	是	900~925	1650~1700	油淬⑦	—	—	—	120~175	250~350
4620	是	—	是	900~925	1650~1700	慢冷	830~845	1525~1550⑨	油	120~175	250~350
4621	是	—	是	900~925	1650~1700	油淬	830~845	1525~1550⑧	油	120~175	250~350
4626	是	—	是	900~925	1650~1700	—	—	—	—	—	—
4718	是	—	是	900~925	1650~1700	—	—	—	—	—	—
4720	是	—	是	900~925	1650~1700	油淬	830~845	1500~1550⑧	油	120~175	250~350
4815	—	是	是	900~925	1650~1700	油淬⑦	—	—	—	120~175	250~325

（续）

SAE 钢[①]	预先热处理			渗碳温度[⑤]		冷却方法	重新加热温度		淬火介质	回火温度[⑥]	
	正火[②]	正火和回火[③]	退火[④]	℃	℉		℃	℉		℃	℉
4817	—	是	是	900~925	1650~1700	慢冷	800~830	1475~1525	油	120~175	250~325
4820	—	是	是	900~925	1650~1700	油淬	800~830	1475~1525	油	120~175	250~325
5015	是	—	是	900~925	1650~1700		—	—	—	—	—
5115	是	—	是	900~925	1650~1700	油淬[⑦]	—	—	—	120~175	250~350
5120	是	—	是	900~925	1650~1700	—	—	—	—	—	—
6118	是	—	—	900~925	1650	油淬[⑦]	—	—	—	165	325
8115	是	—	—	900~925	1650~1700	—	—	—	—	—	—
8615	是	—	—	900~925	1650~1700	—	—	—	—	—	—
8617	是	—	—	900~925	1650~1700	—	—	—	—	—	—
8620	是	—	—	900~925	1650~1700	油淬[⑦]	—	—	—	120~175	250~350
8622	是	—	—	900~925	1650~1700	慢冷	815~870	1500~1600[⑨]	油	120~175	250~350
8625	是	—	—	900~925	1650~1700	油淬	815~870	1500~1600[⑧]	油	120~175	250~350
8627	是	—	—	900~925	1650~1700		—	—	—	—	—
8720	是	—	—	900~925	1650~1700		—	—	—	—	—
8822	是	—	—	900~925	1650~1700		—	—	—	—	—
9310	—	是	—	900~925	1600~1700	油淬	790~830	1450~1525[⑧]	—	—	—
—	—	—	—	—	—	慢冷	790~830	1450~1525[⑨]	油	120~175	250~325
94B15	是	—	—	900~925	1650~1700	油淬[⑦]	—	—	—	120~175	250~350
94B17	是	—	—	900~925	1650~1700	油淬[⑦]	—	—	—	120~175	250~350

① 这些钢为细晶粒钢。不需要采用热处理进一步细化晶粒。

② 正火温度至少应与渗碳温度一样高，正火采用空冷。

③ 正火后，重新加热至 1100~1200℉ 温度，按工件截面厚度，每英寸保温约 1h 或保温不小于 4h。

④ 如需要进行退火、加热温度至少应与渗碳温度一样高，保温使工件温度达到均匀，快冷至 1000~1250℉，保温 1~3h 然后空冷或炉冷，得到合适的机加工和精加工组织。

⑤ 为减少淬火变形和降低残留奥氏体数量，将渗碳温度降低到约 1550℉，而后淬火。对 4800 系列钢，将渗碳温度降低到约 1500℉，而后淬火。

⑥ 可根据需要，选择回火处理。通常采用回火消除局部应力和提高磨削开裂抗力。在有些情况下，根据需要可采用高于表中温度。

⑦ 通常采用该工艺，其变形最小。

⑧ 采用该工艺可达到最大程度地细化晶粒，或该工艺用于随后进行磨削至临界尺寸的工件。该处理工艺可以达到良好的硬化层和心部综合性能，但变形略大于渗碳后直接淬火处理。

⑨ 工件采用该工艺，最好在保护气氛下慢慢冷却。工件重新加热和采用油淬火。根据要求，淬火后进行回火。如机加工必须在渗碳和淬火之间进行，或渗碳后不适合采用直接淬火时，采用该处理工艺。变形至少与渗碳后直接淬火相同，如⑤中所述。

表 6-6 碳钢和合金钢直接淬火的热处理工艺

SAE 钢	正火温度		退火温度		淬火温度		淬火介质
	℃	℉	℃	℉	℃	℉	
1030	—	—	—	—	855~870	1575~1600	水或 3%氢氧化钠溶液
1035	—	—	—	—	845~870	1550~1600	水或 3%氢氧化钠溶液
1037	—	—	—	—	830~855	1525~1575	水或 3%氢氧化钠溶液
1038[①]	—	—	—	—	830~855	1525~1575	水或 3%氢氧化钠溶液
1039[①]	—	—	—	—	830~855	1525~1575	水或 3%氢氧化钠溶液
1040[①]	—	—	—	—	830~855	1525~1575	水或 3%氢氧化钠溶液
1042	—	—	—	—	815~845	1500~1550	水或 3%氢氧化钠溶液
1043[①]	—	—	—	—	815~845	1500~1550	水或 3%氢氧化钠溶液
1045[①]	—	—	—	—	815~845	1500~1550	水或 3%氢氧化钠溶液
1046[①]	—	—	—	—	815~855	1500~1550	水或 3%氢氧化钠溶液
1050[①]	870~925	1600~1700	—	—	815~845	1500~1550	水或 3%氢氧化钠溶液
1053	870~925	1600~1700	—	—	815~845	1500~1550	水或 3%氢氧化钠溶液

（续）

SAE 钢	正火温度		退火温度		淬火温度		淬火介质
	℃	℉	℃	℉	℃	℉	
1060	870~925	1600~1700	760~815	1400~1500	855~885	1575~1625	油
1074	845~900	1550~1650	760~815	1400~1500	855~885	1575~1625	油
1080	845~900	1550~1650	760~815	1400~1500[②]	855~885	1575~1625	油[③]
1084	845~900	1550~1650	760~815	1400~1500[②]	855~885	1575~1625	油[③]
1085	845~900	1550~1650	760~815	1400~1500[②]	855~885	1575~1625	油[③]
1090	845~900	1550~1650	760~815	1400~1500[②]	855~885	1575~1625	油[③]
1095	845~900	1550~1650	760~815	1400~1500[②]	855~885	1575~1625	水或油
1137	—	—	—	—	845~870	1550~1600	油
1141	—	—	760~815	1400~1500	815~845	1500~1550	油
1144	870~925	1600~1700	760~815	1400~1500	815~845	1500~1550	油
1145	—	—	—	—	800~815	1475~1500	水或油
1146	—	—	—	—	800~815	1475~1500	水或油
1151	870~925	1600~1700	—	—	800~815	1475~1500	水或油
1536	870~925	1600~1700	—	—	815~845	1500~1550	水或油
1541(1041)	870~925	1600~1700	760~815	1400~1500	815~845	1500~1550	水或油
1548(1048)	870~925	1600~1700	—	—	815~845	1500~1550	油
1552(1052)	870~925	1600~1700	—	—	815~845	1500~1550	油
1566(1066)	870~925	1600~1700	—	—	855~885	1575~1625	油

① 常用与感应淬火零件。然而，SAE 1030 牌号以上所有钢均可以采用感应淬火工艺。

② 为达到理想的机加工目的，经常采用球化退火组织，球化退火应采用缓慢冷却或等温转变为理想的组织。

③ 可以采用特殊的水或盐水淬火技术，如部分浸没或淬火后计时移出淬火介质；否则工件可能出现淬火开裂。

表 6-7　合金钢直接淬火的热处理工艺

SAE 钢[①]	正火温度[②]		退火温度[③]		淬火温度[④]		淬火介质
	℃	℉	℃	℉	℃	℉	
1330	870~925	1600~1700	845~900	1550~1650	830~855	1525~1575	水或油
1335	870~925	1600~1700	845~900	1550~1650	815~845	1500~1550	油
1340	870~925	1600~1700	845~900	1550~1650	815~845	1500~1550	油
1345	870~925	1600~1700	845~900	1550~1650	815~845	1500~1550	油
4037	—	—	815~855	1500~1575	830~855	1525~1575	油
4042	—	—	815~855	1500~1575	830~855	1525~1575	油
4047	—	—	790~845	1450~1550	—	1500~1575	油
4130	870~925	1600~1700	790~845	1450~1550	845~900	1500~1600	水或油
4135	—	—	790~845	1450~1550	845~870	1550~1600	油
4137	—	—	790~845	1450~1550	845~870	1550~1600	油
4140	—	—	790~845	1450~1550	845~870	1550~1600	油
4142	—	—	790~845	1450~1550	845~870	1550~1600	油
4145	—	—	790~845	1450~1550	815~845	1500~1550	油
4147	—	—	790~845	1450~1550	815~845	1500~1550	油
4150	—	—	790~845	1450~1550	815~845	1500~1550	油
4161	—	—	790~845	1450~1550	815~845	1500~1550	油
4340	870~925	1600~1700	790~845	1450~1550	815~845	1500~1550	油
50B40	870~925	1600~1700	815~870	1500~1600	815~845	1500~1550	油
50B44	870~925	1600~1700	815~870	1500~1600	815~845	1500~1550	油
5046	870~925	1600~1700	815~870	1500~1600	815~845	1500~1550	油
50B46	870~925	1600~1700	815~870	1500~1600	815~845	1500~1550	油
50B50	870~925	1600~1700	815~870	1500~1600	800~845	1475~1550	油
5060	870~925	1600~1700	815~870	1500~1600	800~845	1475~1550	油
50B60	870~925	1600~1700	815~870	1500~1600	800~845	1475~1550	油
5130	870~925	1600~1700	790~845	1450~1550	830~855	1525~1575	水,3%氢氧化钠溶液或油

（续）

SAE 钢[①]	正火温度[②]		退火温度[③]		淬火温度[④]		淬火介质
	℃	℉	℃	℉	℃	℉	
5132	870~925	1600~1700	790~845	1450~1550	830~855	1525~1575	水,3%氢氧化钠溶液或油
5135	870~925	1600~1700	815~870	1500~1600	815~845	1500~1550	油
5140	870~925	1600~1700	815~870	1500~1600	815~845	1500~1550	油
5147	870~925	1600~1700	815~870	1500~1600	800~845	1475~1550	油
5150	870~925	1600~1700	815~870	1500~1600	800~845	1475~1550	油
5155	870~925	1600~1700	815~870	1500~1600	800~845	1475~1550	油
5160	870~925	1600~1700	815~870	1500~1600	800~845	1475~1550	油
51B60	870~925	1600~1700	815~870	1500~1600	800~845	1475~1550	油
50100	—	—	730~790	1350~1450	775~800	1425~1475	水
51100	—	—	730~790	1350~1450	845~900	1500~1600	油
52100	—	—	730~790	1350~1450	—	—	—
6150	—	—	845~900	1550~1650	845~885	1550~1625	油
61B45	870~925	1600~1700	845~900	1550~1650	815~855	1500~1575	油
8630	870~925	1600~1700	790~845	1450~1550	830~870	1525~1600	水或油
8637	—	—	815~870	1500~1600	830~855	1525~1575	油
8640	—	—	815~870	1500~1600	830~855	1525~1575	油
8642	—	—	815~870	1500~1600	815~855	1500~1575	油
8645	—	—	815~870	1500~1600	815~855	1500~1575	油
86B45	—	—	815~870	1500~1600	815~855	1500~1575	油
8650	—	—	815~870	1500~1600	815~855	1500~1575	油
8655	—	—	815~870	1500~1600	800~845	1475~1550	油
8660	—	—	815~870	1500~1600	800~845	1475~1550	油
8740	—	—	815~870	1500~1600	830~855	1525~1575	油
9254	—	—	—	—	815~900	1500~1650	油
9260	—	—	—	—	815~900	1500~1650	油
94B30	870~925	1600~1700	790~845	1450~1550	845~885	1550~1625	油

① 除非另有说明，这些牌号为细晶粒钢。
② 为达到最佳的切削加工性能，这些钢应该进行正火或退火处理。
③ 根据钢的合金含量，后续机加工和所需的表面粗糙度，选择特定退火工艺。
④ 除 4340 钢，50100 钢，51100 钢和 52100 钢外，这些钢通常不进行预先热处理，而采用淬火加回火达到最终的加工硬度。

参 考 文 献

Metal Progress, August 1943.

6.3 钢的回火色

长期以来，人们在生产实践中得到，金属在空气中回火温度范围进行加热，在表面会形成呈不同回火颜色的薄氧化膜。例如，1948 年的 ASM 金属手册给出下面回火温度与回火色关系：

加热温度/℉	颜色
400	淡草黄
440	草黄
475	深草黄
520	古铜色
540	孔雀蓝
590	碧蓝
640	浅蓝

如氧化发生在连续式炉的前端，钢的氧化使表面失去金属光泽，导致无光泽的表面。如在高温下形成的氧化为黑色氧化物，通常易从钢的表面剥落。如果氧化发生在连续炉的冷却区，使用下面测试方法来确定氧化的原因：

1) 铜片/钢片/不锈钢片测试。

2) 将连续式炉内通入气氛改变为 100%氮。

3) 确保炉内每个区间温度低于 1040℃（1900℉），以防止铜熔化。

4) 将一块抛光铜试片，一个抛光碳钢试片和一个抛光的不锈钢钢试片并排放置炉的传送带上，让它们通过连续炉。

使用表格来确定氧化来源，使用颜色图表来确定它的位置：

试样表面外观			结论
铜试片	碳钢试片	不锈钢试片	
氧化	氧化	氧化	漏气
光亮	氧化	氧化	漏水
光亮	光亮	氧化	非常少量漏气或漏水

时间—温度的影响。伊利诺斯理工学院通过一项研究，获得详细有关普通碳钢的时间和温度与回火颜色的关系。实验采用 SAE1035 钢的直径为 16mm（5/8in）热轧棒料。试样从棒料截取 50mm（2in）长，精加工得到光亮的试样表面。然后试样在循环空气加热炉内加热至不同的温度，温度控制精度为 ±3℃（±5℉）。研究结果如图 6-3 所示。其他加热温度与工件表面颜色资料见表 6-8 和表 6-9。

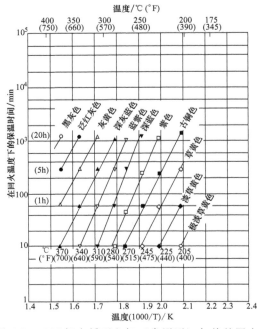

图 6-3　1035 钢在循环空气（常压下）加热的回火色

表 6-8　淬火加热颜色

加热温度/℃	加热温度/℉	加热颜色
400	752	在黑暗中可见红色
474	885	在黄昏时可见红色
525	975	在白天可见红色
581	1077	在阳光下可见红色
700	1292	暗红
800	1472	旋转时樱桃色
900	1652	樱桃色
1000	1832	亮樱桃色
1100	2012	橙红色
1200	2192	橙黄色
1300	2372	白色
1400	2552	亮白色
1500	2732	耀眼白
1600	2912	青白色

表 6-9　回火加热颜色

温度（保温 1h）		氧化色	温度（保温 8min）	
℉	℃		℉	℃
370	188	浅黄	460	238
390	199	亮草黄	510	265
410	210	深草黄	560	293
430	221	褐色	610	321
450	232	紫色	640	337
490	254	深蓝	660	349
510	265	浅蓝	710	376

参 考 文 献

Heat Treating Data Book，10th ed.，SECO/Warwick Corporation，2011.

6.4　合金钢的淬透性带

钢在奥氏体化温度加热淬火后的硬化层深度和硬度分布是钢的一种性能，淬透性是用来确定该性能的参数。淬火态钢的表面硬度主要与钢的碳含量和冷却速率有关，而淬火的硬化层深度与淬透性有关。钢的淬透性主要与钢中合金元素、奥氏体晶粒尺寸、奥氏体化温度和保温时间以及原始组织密切相关。

当钢的成分一定时，钢的淬透性也就确定了，但钢的硬度随冷却速率而变化。对于给定成分钢的工件，不同位置的硬度不仅取决于钢的碳含量和淬透性，还与工件的尺寸和形状、淬火冷却介质和淬火条件有关。

末端淬火试验是一种常用的淬透性测试方法。该方法沿端淬试样不同位置，可重现不同的冷却速率（见图 6-4）。因此，在不同淬火条件下，不同截面的冷却速率可以与等效末端淬透性冷却速率建立起联系（见图 6-4～图 6-6）。通过测量沿末端淬透性试样硬度，得到淬透性曲线，定量测量钢的淬透性。

为满足特定的工程载荷应力的需求，根据淬透性要求，选择满足性能要求的碳钢或合金钢。通常做法是，在满足所需性能的前提下，选择价格最低牌号的钢。例如，当碳素结构钢的硬化层能满足要求时，选择碳钢是成本最低。图 6-7 为碳含量范围为 0.37%～0.80%，2210 炉 11 个牌号加硫碳钢的端淬淬透性带。图中数据是根据标准末端淬火试验方法

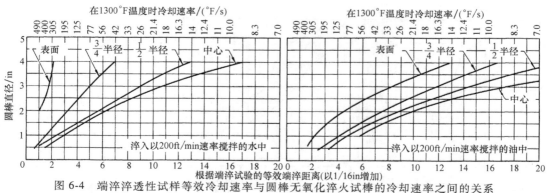

图 6-4　端淬淬透性试样等效冷却速率与圆棒无氧化淬火试棒的冷却速率之间的关系

注：表面硬度数据是在淬火冷却介质采用"温和搅拌"下得到，其他位置数据是淬火冷却介质采用 200ft/min 流动速率下测得。

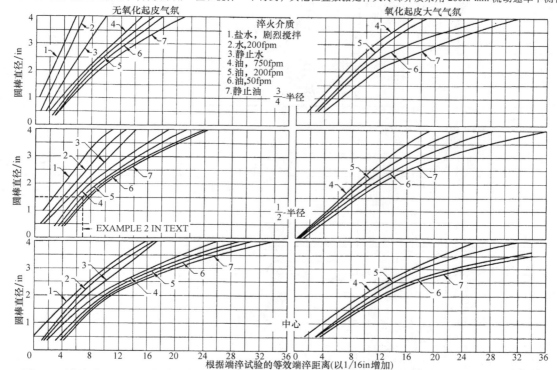

图 6-5　端淬淬透性试样等效冷却速率与圆棒试样采用淬油、淬水和淬盐水的冷却速率之间的关系

淬入400°F的盐浴

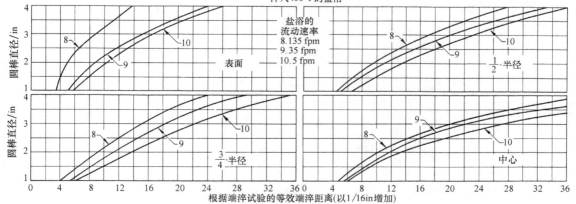

图 6-6　端淬淬透性试样等效冷却速率与采用圆棒试样淬入 400℉ 盐浴的冷却速率之间的关系

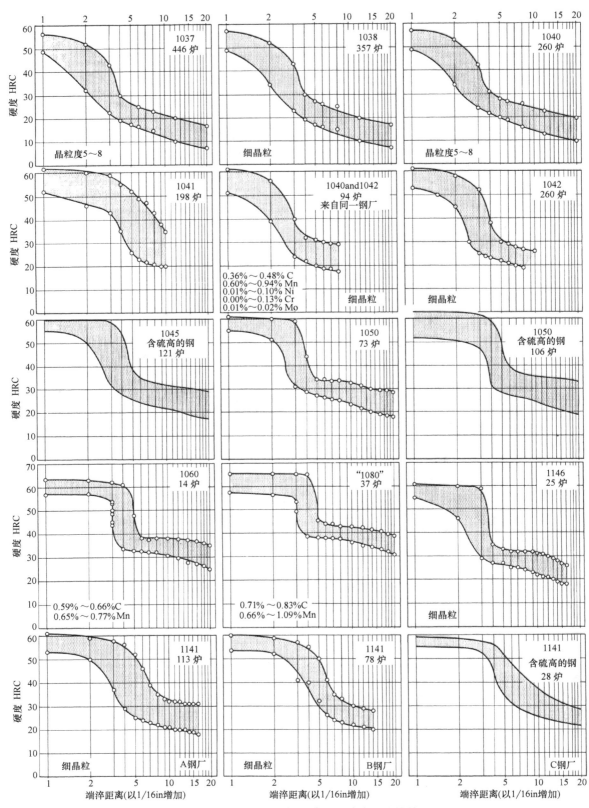

图 6-7 普通碳钢和加硫碳钢的端淬试验结果

测得，为便于检查曲线的陡峭部分，横坐标采用对数坐标。图 6-8 为不同牌号的碳钢，以理想临界直径表示的淬透性。有些用户喜欢采用 SAC（表面至心部硬度）方法评估碳钢的淬透性。

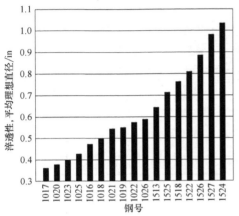

图 6-8　根据晶粒度 7 级和钢的平均碳和锰含量进行计算碳钢的相对钢淬透性

H 钢是由供应商提供的保证淬透性钢，其化学成分在特定的范围，满足淬透性限制要求的。保证淬透性钢与其他相同牌号的普通钢相比，其成分限制范围不同，由此淬透性带的差别不同。

生产商在提供保证淬透性钢时，需在保证淬透性钢的相关文件中或以其他方式提供钢的淬透性特点。可采用指定参考点的硬度值方式，或根据端淬试样不同距离的硬度值，来提供钢的淬透性数据。距端淬试样距离分别为 1/16in，1/8in，1/4in，1/2in，3/4in，1in，1¼in，1½in 和 1¾in 和 2in。不记录试样硬度低于 20HRC 的数据。可采用铸造或锻造端淬试样进行淬透性测试。

表 6-10 中的图表显示了各种 H 钢的成分限制范围和合金的淬透性带。为方便评估距端淬试样不同位置硬度值，为方便对不同保证淬透性钢牌号之间的淬透性比较，以图形方式给出了保证淬透性钢的淬透性带。然而，在产品规范文件中，不采用图表进行说明。

表 6-10　合金钢的淬透性带

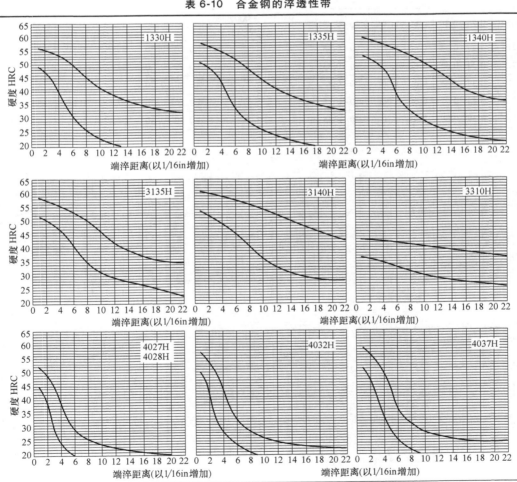

（续）

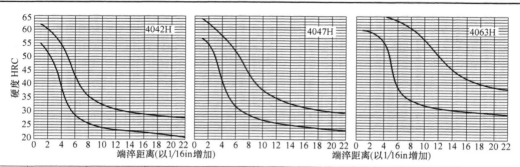

AISI-SAE	C（%）	Mn（%）	Si（%）	Ni（%）	Cr（%）	Mo（%）	温度			
							正火		奥氏体化温度	
							℃	℉	℃	℉
1330H	0.27~0.33	1.45~2.05	0.20~0.35	—	—	—	898	1650	843	1650
1335H	0.32~0.38	1.45~2.05	0.20~0.35	—	—	—	871	1600	843	1550
1340H	0.37~0.44	1.45~2.05	0.20~0.35	—	—	—	871	1600	843	1550
3135H	0.32~0.38	0.50~0.90	0.20~0.35	1.00~1.45	0.45~0.85	—	871	1600	843	1550
3140H	0.37~0.44	0.60~1.00	0.20~0.35	1.00~1.45	0.45~0.85	—	871	1600	843	1550
3310H	0.07~0.13	0.30~0.70	0.20~0.35	3.20~3.80	1.30~1.80	—	926	1700	843	1550
4027-28H	0.24~0.30	0.60~1.70	0.20~0.35	（0.035%~0.050% S in 4028H）		0.20~0.30	898	1650	871	1600
4032H	0.29~0.35	0.60~1.00	0.20~0.35	—	—	0.20~0.30	898	1650	871	1600
4037H	0.34~0.41	0.60~1.00	0.20~0.35	—	—	0.20~0.30	871	1600	843	1550
4042H	0.39~0.46	0.60~1.00	0.20~0.35	—	—	0.20~0.30	871	1600	843	1550
4047H	0.44~0.51	0.60~1.00	0.20~0.35	—	—	0.20~0.30	871	1600	843	1550
4063H	0.59~0.69	0.65~1.10	0.20~0.35	—	—	0.20~0.30	871	1600	843	1550

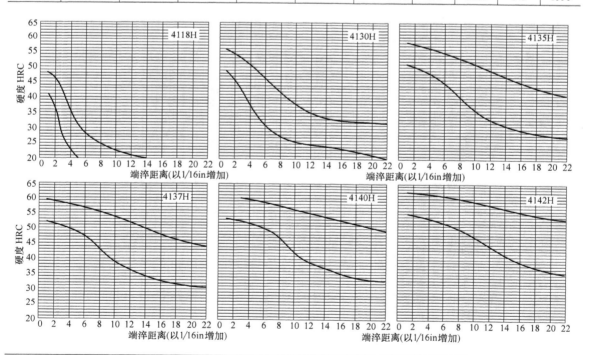

（续）

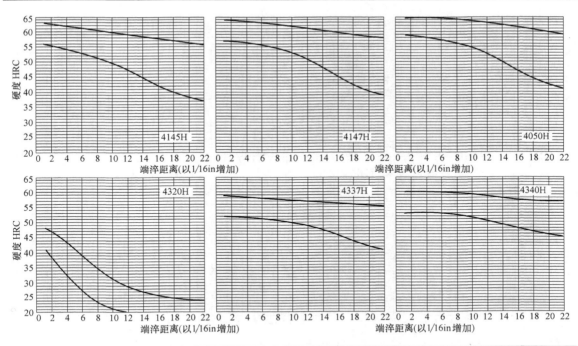

AISI-SAE	C（%）	Mn（%）	Si（%）	Ni（%）	Cr（%）	Mo（%）	温度			
							正火		奥氏体化温度	
							℃	℉	℃	℉
4118H	0.17~0.23	0.60~1.00	0.20~0.35	—	0.30~0.70	0.08~0.15	926	1700	926	1700
4130H	0.27~0.33	0.30~0.70	0.20~0.35	—	0.75~1.20	0.15~0.25	898	1650	871	1600
4135H	0.32~0.38	0.60~1.00	0.20~0.35	—	0.75~1.20	0.15~0.25	871	1600	843	1550
4137H	0.34~0.41	0.60~1.00	0.20~0.35	—	0.75~1.20	0.15~0.25	871	1600	843	1550
4140H	0.37~0.44	0.65~1.10	0.20~0.35	—	0.75~1.20	0.15~0.25	871	1600	843	1550
4142H	0.39~0.46	0.65~1.10	0.20~0.35	—	0.75~1.20	0.15~0.25	871	1600	843	1550
4145H	0.42~0.49	0.65~1.10	0.20~0.35	—	0.75~1.20	0.15~0.25	871	1600	843	1600
4147H	0.44~0.51	0.65~1.10	0.20~0.35	—	0.75~1.20	0.15~0.25	871	1600	843	1550
4150H	0.47~0.54	0.65~1.10	0.20~0.35	—	0.75~1.20	0.15~0.25	871	1600	843	1550
4320H	0.17~0.23	0.40~0.70	0.20~0.35	1.55~2.00	0.35~0.65	0.20~0.30	926	1700	926	1700
4337H	0.34~0.41	0.55~0.90	0.20~0.35	1.55~2.00	0.65~0.95	0.20~0.30	871	1600	843	1550
4340H	0.37~0.44	0.55~0.90	0.20~0.35	1.55~2.00	0.65~0.95	0.20~0.30	871	1600	843	1550

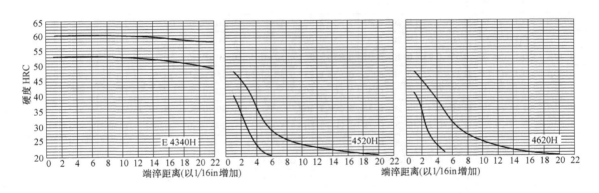

（续）

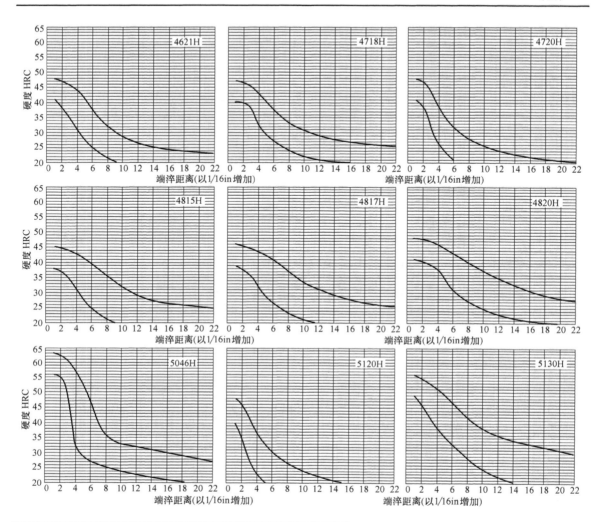

AISI-SAE	C（%）	Mn（%）	Si（%）	Ni（%）	Cr（%）	Mo（%）	温度			
							正火		奥氏体化温度	
							℃	℉	℃	℉
E4340H	0.37~0.44	0.60~0.95	0.20~0.35	1.55~2.00	0.65~0.95	0.20~0.30	871	1600	843	1550
4520H	0.17~0.23	0.35~0.75	0.20~0.35	—	—	0.45~0.60	926	1700	926	1700
4620H	0.17~0.23	0.30~0.75	0.20~0.35	1.55~2.00	—	0.20~0.30	926	1700	926	1700
4621H	0.17~0.23	0.60~1.00	0.20~0.35	1.55~2.00	—	0.20~0.30	926	1700	926	1700
4718H	0.15~0.21	0.60~0.95	0.20~0.35	0.85~1.25	0.30~0.60	0.30~0.40	926	1700	926	1700
4720H	0.17~0.23	0.45~0.75	0.20~0.35	0.85~1.25	0.30~0.60	0.15~0.25	926	1700	926	1700
4815H	0.12~0.18	0.30~0.70	0.20~0.35	3.20~3.80	—	0.20~0.30	926	1700	843	1550
4817H	0.14~0.20	0.30~0.70	0.20~0.35	3.20~3.80	—	0.20~0.30	926	1700	843	1550
4820H	0.17~0.23	0.40~0.80	0.20~0.35	3.20~3.80	—	0.20~0.30	926	1700	843	1550
5046H	0.43~0.50	0.65~1.10	0.20~0.35	—	0.13~0.43	—	871	1600	843	1550
5120H	0.17~0.23	0.60~1.00	0.20~0.35	—	0.60~1.00	—	926	1700	926	1700
5130H	0.27~0.33	0.60~1.00	0.20~0.35	—	0.75~1.20	—	898	1650	871	1600

（续）

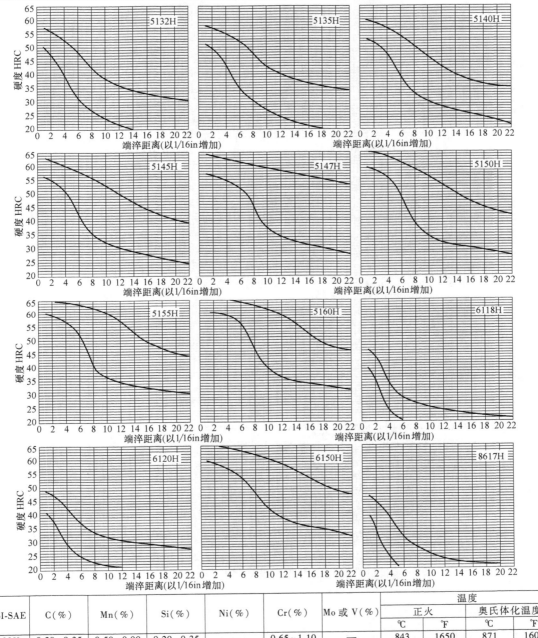

AISI-SAE	C（%）	Mn（%）	Si（%）	Ni（%）	Cr（%）	Mo 或 V（%）	温度			
							正火		奥氏体化温度	
							℃	℉	℃	℉
5132H	0.29~0.35	0.50~0.90	0.20~0.35	—	0.65~1.10	—	843	1650	871	1600
5135H	0.32~0.38	0.50~0.90	0.20~0.35	—	0.70~1.15	—	871	1600	843	1550
5140H	0.37~0.44	0.60~1.00	0.20~0.35	—	0.60~1.00	—	871	1600	843	1550
5145H	0.42~0.49	0.60~1.00	0.20~0.35	—	0.60~1.00	—	871	1600	843	1550
5147H	0.45~0.52	0.60~1.05	0.20~0.35	—	0.80~1.25	—	871	1600	843	1550
5150H	0.47~0.54	0.60~1.00	0.20~0.35	—	0.60~1.00	—	871	1600	843	1550
5155H	0.50~0.60	0.60~1.00	0.20~0.35	—	0.60~1.00	—	871	1600	843	1550
5160H	0.55~0.65	0.65~1.10	0.20~0.35	—	0.60~1.00	—	871	1600	843	1550
6118H	0.15~0.21	0.40~0.80	0.20~0.35	—	0.40~1.80	0.10~0.15V	926	1700	926	1700
6120H	0.17~0.23	0.60~1.00	0.20~0.35	—	0.60~1.00	0.10 min V	926	1700	926	1700
6150H	0.47~0.54	0.60~1.00	0.20~0.35	—	0.75~1.20	0.15 min V	843	1650	871	1600
8617H	0.14~0.20	0.60~0.95	0.20~0.35	0.35~0.75	0.35~0.65	0.15~0.25 Mo	926	1700	926	1700

（续）

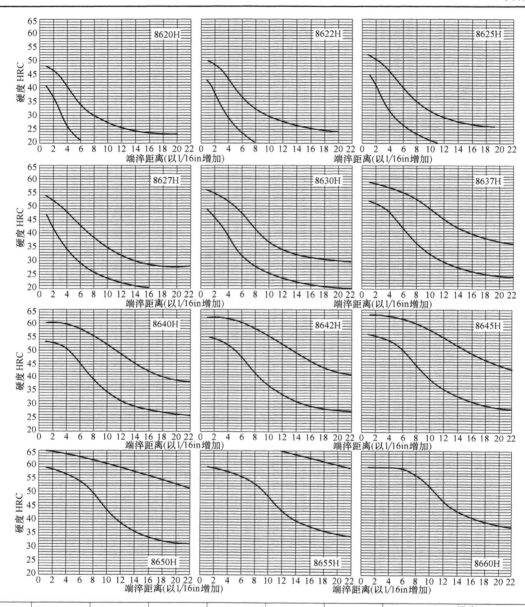

AISI-SAE	C(%)	Mn(%)	Si(%)	Ni(%)	Cr(%)	Mo(%)	温度			
							正火		奥氏体化温度	
							℃	℉	℃	℉
8620H	0.17~0.23	0.60~0.95	0.20~0.35	0.35~0.75	0.35~0.65	0.15~0.25	926	1700	926	1700
8622H	0.19~0.25	0.60~0.95	0.20~0.35	0.35~0.75	0.35~0.65	0.15~0.25	926	1700	926	1700
8625H	0.22~0.28	0.60~0.95	0.20~0.35	0.35~0.75	0.35~0.65	0.15~0.25	898	1650	871	1600
8627H	0.24~0.30	0.60~0.95	0.20~0.35	0.35~0.75	0.35~0.65	0.15~0.25	898	1650	871	1600
8630H	0.27~0.33	0.60~0.95	0.20~0.35	0.35~0.75	0.35~0.65	0.15~0.25	871	1600	904	1660
8637H	0.34~0.41	0.70~1.05	0.20~0.35	0.35~0.75	0.35~0.65	0.15~0.25	871	1600	843	1550
8640H	0.37~0.44	0.70~1.05	0.20~0.35	0.35~0.75	0.35~0.65	0.15~0.25	871	1600	843	1550
8642H	0.39~0.46	0.70~1.05	0.20~0.35	0.35~0.75	0.35~0.65	0.15~0.25	871	1600	843	1550
8645H	0.42~0.49	0.70~1.05	0.20~0.35	0.35~0.75	0.35~0.65	0.15~0.25	871	1600	843	1550
8650H	0.47~0.54	0.70~1.05	0.20~0.35	0.35~0.75	0.35~0.65	0.15~0.25	871	1600	843	1550
8655H	0.50~0.60	0.70~1.05	0.20~0.35	0.35~0.75	0.35~0.65	0.15~0.25	871	1600	843	1550
8660H	0.55~0.65	0.70~1.05	0.20~0.35	0.35~0.75	0.35~0.65	0.15~0.25	871	1600	843	1550

（续）

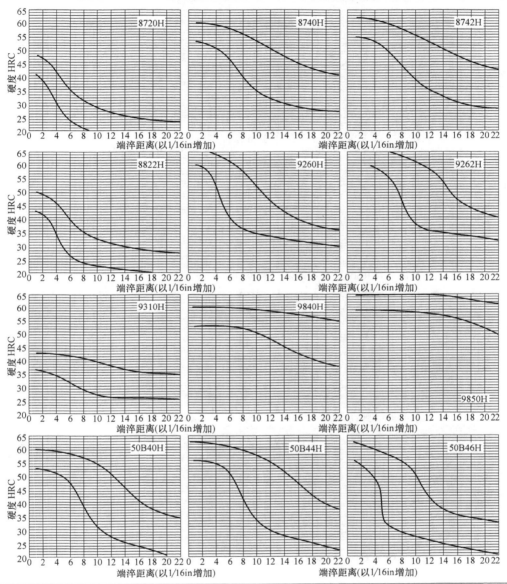

AISI-SAE	C（%）	Mn（%）	Si（%）	Ni（%）	Cr（%）	Mo（%）	温度			
							正火		奥氏体化温度	
							℃	℉	℃	℉
8720H	0.17~0.23	0.60~0.95	0.20~0.35	0.35~0.75	0.35~0.65	0.20~0.30	926	1700	926	1700
8740H	0.37~0.44	0.70~1.05	0.20~0.35	0.35~0.75	0.35~0.65	0.20~0.30	871	1600	843	1550
8742H	0.39~0.46	0.70~1.05	0.20~0.35	0.35~0.75	0.35~0.65	0.20~0.30	871	1600	843	1550
8822H	0.19~0.25	0.70~1.05	0.20~0.35	0.35~0.75	0.35~0.65	0.30~0.40	926	1700	926	1700
9260H	0.55~0.65	0.65~1.10	1.70~2.20	—	—	—	898	1650	871	1600
9262H	0.55~0.65	0.65~1.10	1.70~2.20	—	0.20~0.50	—	898	1650	871	1600
9310H	0.07~0.13	0.40~0.70	0.20~0.35	2.95~3.55	1.00~1.45	0.08~0.15	926	1700	843	1550
9840H	0.37~0.44	0.60~0.95	0.20~0.35	0.80~1.20	0.65~0.95	0.20~0.30	871	1600	843	1550
9850H	0.47~0.54	0.60~0.95	0.20~0.35	0.80~1.20	0.65~0.95	0.20~0.30	871	1600	843	1550
50B40H	0.37~0.44	0.65~1.10	0.20~0.35	—	0.30~0.70	—	871	1600	843	1550
50B44H	0.42~0.49	0.65~1.10	0.20~0.35	—	0.30~0.70	—	871	1600	843	1550
50B46H	0.43~0.50	0.65~1.10	0.20~0.35	—	0.13~0.43	—	871	1600	843	1550

（续）

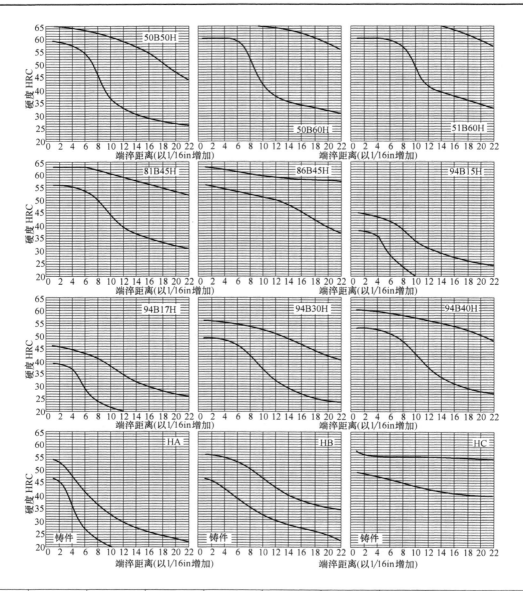

AISI-SAE	C(%)	Mn(%)	Si(%)	Ni(%)	Cr(%)	Mo(%)	温度			
							正火		奥氏体化温度	
							℃	℉	℃	℉
50B50H	0.47~0.54	0.65~1.10	0.20~0.35	—	0.30~0.70	—	871	1600	843	1550
50B60H	0.55~0.65	0.65~1.10	0.20~0.35	—	0.30~0.70	—	871	1600	843	1550
51B60H	0.55~0.65	0.65~1.10	0.20~0.35	—	0.60~1.00	—	871	1600	843	1550
81B45H	0.42~0.49	0.70~1.05	0.20~0.35	0.15~0.45	0.30~0.60	0.08~0.15	871	1600	843	1550
86B45H	0.42~0.49	0.70~1.05	0.20~0.35	0.35~0.75	0.35~0.65	0.15~0.25	871	1600	843	1550
94B15H	0.12~0.18	0.70~1.05	0.20~0.35	0.25~0.65	0.25~0.55	0.08~0.15	926	1700	926	1700
94B17H	0.14~0.20	0.70~1.05	0.20~0.35	0.25~0.65	0.25~0.55	0.08~0.15	926	1700	926	1700
94B30H	0.27~0.33	0.70~1.05	0.20~0.35	0.25~0.65	0.25~0.55	0.08~0.15	898	1650	871	1600
94B30H	0.37~0.44	0.70~1.05	0.20~0.35	0.25~0.65	0.25~0.55	0.08~0.15	871	1600	843	1550
HA	0.25~0.34	其他合金元素根据铸造要求进行选择					898	1650	871	1600
HB	0.25~0.34	其他合金元素根据铸造要求进行选择					898	1650	871	1600
HC	0.25~0.34	其他合金元素根据铸造要求进行选择					871	1600	843	1550

在产品规范文件中，采用最小和最大硬度 HRC 值数据表。在产品规范文件中，采用 H 钢的淬透性数据表，并建议选择两个点为指定淬透性。请参考图 6-9，采用下列方法之一确定淬透性的两个点：

1）在要求的距离处，规定最小和最大硬度值。该方法用未进行编号图中 A-A 点进行说明，即在 J4（以 1/16in 为单位。J4 即在端淬试样上的距离为 4/16in）距离处，规定最小和最大硬度值为 38HRC 和 51HRC。显然，该距离是用户指定要求的端淬火试样对应距离。

2）在要求得到硬度值，规定最小和最大距离。该方法用图中 B-B 点进行说明，即在要求得到 42HRC 的条件下，最小和最大距离分别为 J3 和 J8。

3）在两个要求的距离处，规定最大的硬度值。该方法用图中 C-C 点进行说明。即指定在 J5 处和 J12 处，最大硬度分别为 50HRC（max）和 34HRC（max）。

4）在两个要求的距离处，规定最小的硬度值。该方法用图中 D-D 点进行说明。即指定在 J5 处和 J16 处，硬度分别为 35HRC（min）和 21HRC（min）。

5）任何位置最低硬度值+最大硬度值。

除指定的两个淬透性点位置外，根据要求，可在 1/16in 位置处，增加最大和最小硬度限制范围。当有必要在淬透性带上指定超过两点（不包括在 1/16in 位置处增加的最大和最小硬度限制范围），允许略高于曲线（除了在 1/16in 位置）两点洛氏硬度（HRC）的误差。

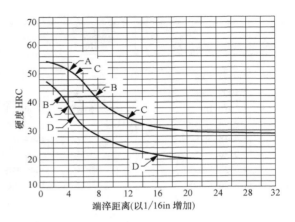

图 6-9　确定端淬实验淬透性的方法说明

参 考 文 献

1. SAE *Handbook*, Society of Automotive Engineers, 1956.
2. NDRC Report OSRD 3743.
3. E. W. Weinman, R. F. Thomson, and A. L. Boegehold, Correlation of End-Quenched Test Bars and Rounds, *Trans ASM*, 44, 803, 1952.
4. J. L Lamont, *Iron Age*, October 14, 1943.
5. *Heat Treating Data Book*, 10th ed., SECO/Warwick Corporation, 2011.

6.5　SAE 与其他国家的钢牌号对照表

按化学成分 SAE 与其他国家的钢牌号对照见表 6-11。

表 6-11　按化学成分 SAE 与其他国家的钢牌号对照

美国 （SAE）	德国 （DIN）	日本 （JIS）	英国 （BS）	法国 （AFNOR NF）	意大利 （UNI）	瑞典 （SS₁₄）
碳钢						
1005	1.0288，D5-2 1.0303，QSt32-2 1.0312，D5-1 1.0314，D6-2 1.0393，ED3 1.0394，ED4 1.1012，RFe120	—	970 015A03	—	5598 3CD5	1160
1006	1.0311，D7-1 1.0313，D8-2 1.0317，RSD4 1.0321，St23 1.0334，StW23 1.0335，StW24 1.0354，St14Cu3 1.0391，EK2	—	970 030A04 970 040A04 970 050A04	A35-564 XC6FF	5598 3CD6 5771 C8	1147 1225

（续）

美国 （SAE）	德国 （DIN）	日本 （JIS）	英国 （BS）	法国 （AFNOR NF）	意大利 （UNI）	瑞典 （SS14）
碳钢						
1006	1.0392,EK4					
	1.1009,Ck7					
1008	1.0010,D9	G34445 STKM11A （11A）	1449 3CR	A35-551 XC10	5598 3CD8	1142
	1.0318,St28		1449 3CS	XC6		1146
	1.0320,St22		1449 3HR	XC6FF		
	1.0322,USD8		1449 3HS			
	1.0326,RSt28		1717 ERW101			
	1.0330,St2,St12		3606 261			
	1.0333,St3,St13					
	1.0331,RoSt2					
	1.0332,StW22					
	1.0336,Ust4,Ust14					
	1.0337,RoSt14					
	1.0344,St12Cu3					
	1.0347,RRSt13					
	1.0357,USt28					
	1.0359,RRSt23					
	1.0375,Feinstblech T57, T61,T65,T70					
	1.0385,Weissblech T57, T61,T65,T70					
	1.0744,6P10					
	1.0746,6P20					
	1.1116,USD6					
1010	1.0204,UQSt36	G4051 S10C	1449 40F30,43F35, 46F40,50F45,60F55, 68F62,75F70 （available in HR, HS,CS conditions）	A33-101 AF34	5331 C10	1232
	1.0301,C10	G4051 S9Ck		CC10	6403 C10	1265
	1.0328,USD10			C10	7065 C10	1311
	1.0349,RSD9				7846 C10	
	1.1121,Ck10				5598 1CD10	
	1.1122,Cq10		1449 4HR,4HS,4CR,4CS		5598 3CD12	
			970 040A10（En2A, En2A/1,En2B）		5771 C12	
			970 045A10,045M10 （En32A）		7356 CB10FF, CB10FU	
			970 050A10			
			970 060A10			
			980 CEW1			
1012	1.0439,RSD13	G4051 S12C	1449 12HS,12CS	A33-101 AF37	—	1332
			1501 141-360	A-35 551 XC12		1431
			970 040A12（En2A, En2A/1,En2B）	C12		
			970 050A12			
			970 060A12			

（续）

美国 （SAE）	德国 （DIN）	日本 （JIS）	英国 （BS）	法国 （AFNOR NF）	意大利 （UNI）	瑞典 （SS₁₄）
碳钢						
1013	1.0036，USt37-2 1.0037，St37-2 1.0038，RSt37-2 1.0055，Ust34-1 1.0057，RSt34-1 1.0116，St37-3 1.0218，RSt41-2 1.0219，St41-3 1.0307，StE210-7 1.0309，St35.4 1.0315，St37.8 1.0319，RRStE210.7 1.0356，TTSt35 1.0417 1.0457，StE240.7	—	3059 360 3061 360 3603 360	A35-551 XC12 CC12	5869 Fe360-1KG， Fe360-2KW 6403 Fe35-2 7070 Fe34CFN 7091 Fe34	1233 1234 1330
1015	1.0401，C15 1.1132，CQ15 1.1135，Ck16A1 1.1140，Cm15 1.1141，Ck15 1.1144 1.1148，Ck15A1	G4051 F15Ck G4051 S15C	970 040A15 970 050A15 970 060A15 970 080A15，080M15 970 173H16	XC15	5331 C16 7065 C16 7356 CB15 7846 C15	1370
1016	1.0419，RSt44.2 1.0467，15Mn3 1.0468，15Mn3A1 1.1142，GS-Ck16	—	3059 440 3606 440 970 080A15，080M15 970 170H15 970 17H16	—	—	1370 2101
1017		G4051 S17C	1449 17HS，17CS 970 040A17 970 050A17 970 060A17	A35-551 XC18 A35-552 XC18 A35-566 XC18 A35-553 XC18S A35-554 XC18S		1312
1018	1.0453，C16.8	—	970 080A17	A33-101 AF42 C20	—	—
1019	—	—	—	—	—	—
1020	1.0402，C22 1.0414，D20-2 1.0427，C22.3 1.0460，C22.8 1.1149，Cm22 1.1151，Ck22	G4051 S20C G4051 S20CK	970 040A20 970 050A20（En2C，En2D） 970 060A20	A35-551 XC18 A35-552 XC18 A35-566 XC18 A35-553 C20 A35-553 XC18S A35-554 XC18S CC20	5598 1CD20 5598 3CD20 6922 C21 7356 CB20FF	1450
1021	—	—	970 070M20 970 080A20	A35-551 21B3 A35-552 21B3 A35-553 21B3 A35-557 21B3 A35-566 21B3	5332 C20 7065 C20	—

（续）

美国 （SAE）	德国 （DIN）	日本 （JIS）	英国 （BS）	法国 （AFNOR NF）	意大利 （UNI）	瑞典 （SS₁₄）
碳钢						
1022	1.0432,C21 1.0469,21Mn4 1.0482,19Mn5 1.1133,20Mn5,GS-20Mn5 1.1134,Ck19	—	3111 Type 9 970 120M19 970 170H20	A35-551 20MB5 A35-552 20MB5 A35-553 20MB5 A35-556 20MB5 A35-557 20MB5 A35-566 20MB5 A35-566 20M5	5771 20Mn4	—
1023	1.1150,Ck22.8 1.1152,Cq22	G4051 S22C	1449 2HS,22CS 970 040A22(En2C,En2D) 970 050A22 970 060A22 970 080A22	—	5332 C20 7065 C20	—
1025	1.0406,C25 1.0415,D25-2,D26-2 1.1158,Ck25	G4051 S25C	—	A35-552 XC25 A35-566 XC25	5598 1CD25 5598 3CD25	—
1026	1.1155,GS-Ck25 1.1156,GS-Ck24	—	970 070M26 970 080A25 970 080A27	—	7845 C25 7847 C25	—
1029	1.0562,28Mn4	G3445 STKM15A (15A),STKM15C (15C) G4051 S28C	970 060A27 970 080A27(En5A)	A33-101 AF50 CC28 C30	—	—
1030	1.0528,C30 1.0530,D30-2 1.1178,Ck30 1.1179,Cm30 1.1811,G-31Mn4	G4051 S30C	1449 30HS,30CS 970 060A30 970 080A30(En5B) 970 080M30(En5)	A35-552 XC32 A35-553 XC32	5332 C30 6403 C30 7065 C30 7845 C30 7874 C30 5598 3CD30 6783 Fe50-3 7065 C31	—
1035	1.0501,C35 1.0516,D35-2 1.1172,Cq35 1.1173,Ck34 1.1180,Cm35 1.1181,Ck35	G4051 S35C	1717 CDS105/106 970 060A35 970 080A32(En5C) 970 080A35(En8A) 980 CFS6	A33-101 AF55 A35-553 C35 A35-553 XC38 A35-554 XC38 XC35 XC38TS C35	5333 C33 5598 1CD35 5598 3CD35 7065 C35 7065 C36 7847 C36 7356 CB35	1550 1572
1037	1.0520,31Mn4 1.0561,36Mn4	G4051 S35C	3111 type 10 970 080M36 970 170H36	—	—	—
1038	无国际同等牌号					
1039	1.1190,Ck42A1	—	970 060A40 970 080A40(En8C) 970 080M40(En8) 970 170H41	40M5 A35-552 XC38H2 A35-553 38MB5 A35-556 38MB5 A35-557 38MB5	—	—

（续）

美国 （SAE）	德国 （DIN）	日本 （JIS）	英国 （BS）	法国 （AFNOR NF）	意大利 （UNI）	瑞典 （SS₁₄）
碳钢						
1039				A35-557 XC38H2 XC42,XC42TS		
1040	1.0511,C40 1.0541,D40-2 1.1186,Ck40 1.1189,Cm40	G4051,S40C	1287 1449 40HS,40CS 3146 Class 1 Grade C 3146 Class 8 970 060A40 970 080A40(En8C) 970 080M40(En8)	A33-101 AF60 C40	5598 1CD40 5598 3CD40 6783 Fe60-3 6923 C40 7065 C40 7065 C41	—
1042	1.0517,D45-2	G4051 S43C	970 060A42 970 080A42（En8D）	A35-552 XC42H1 A35-553 C40 CC45 XC42,XC42TS	—	—
1043	1.0558,GS-60.3	G4051 S43C	970 060A42 970 080A42(En8D) 970 080M46	A35-552 XC42H2	7847 C43	—
1044	1.0517,D45-2	—	—	—	—	—
1045	1.0503,C45 1.1184,Ck46 1.1191,Ck45, 　GS-Ck45 1.1192,Cq45 1.1194,Cq45 1.1201,Cm45 1.1193,Cf45	G4051 S45C G5111 SCC5	970 060A47 970 080A47 970 080M46	A33-101 AF65 A35-552 XC48H1 A35-553 XC45 A35-554 XC48 XC48TS C45	3545 C45 5332 C45 7065 C45 7845 C45 7874 C45 5598 1CD45 5598 3CD45 7065 C46 7847 C46	1672
1046	1.0503,C45 1.0519,45MnA1 1.1159,GS-46Mn4	—	3100 AW2 970 080M46	45M4TS A35-552 XC48H1 A35-552 XC48H2 XC48TS	—	—
1049	—	G3445 STKM17A 　（17A） G3445 STKM17C 　（17C）	970 060A47 970 080A47	A35-552 XC48H1 A35-554 XC48 XC48TS	6403 C48 7847 C48	—
1050	1.0540,C50 1.1202,D53-3 1.1206,Ck50 1.1210,Ck53 1.1213,Cf53 1.1219,Cf54 1.1241,Cm50	G4051 S50C G4051 S53C	1549 50HS 1549 50CS 970 060A52 970 080A52(En43C) 970 080M50(En43A)	A35-553 XC50	5332 C50 7065 C50 7065 C51 7845 C50 7874 C50 5598 1CD50 5598 3CD50 6783 Fe70-3 7847 C53	1674
1053	1.1210 Ck53 1.1213 Cf53 1.1219 Cf54	G4051 S53C	970 080A52(En43C)	52M4TS A35-553 XC54	7847 C53	1674

（续）

美国 （SAE）	德国 （DIN）	日本 （JIS）	英国 （BS）	法国 （AFNOR NF）	意大利 （UNI）	瑞典 （SS₁₄）
碳钢						
1055	1.0518,D55-2 1.0535,C35 1.1202,D53-3 1.1203,Ck55 1.1209,Cm55 1.1210,Ck53 1.1213,Cf53 1.1219,Cf54 1.1220,D55-3 1.1820,C55W	G4051 S53C G4051 S55C	3100 AW3 970 060A57 970 070M55 970 080A52(En43C) 970 080A57	A33-101 AF70 A35-552 XC55H1 A35-552 XC55H2 A35-553 XC54 XC55 C55	5598 3CD55 7065 C55 7845 C55 7874 C55 7065 C56 7847 C53	—
1059	1.0609,D58-2 1.0610,D60-2 1.0611,D63-2 1.1212,D58-3 1.1222,D63-3 1.1228,D60-3	—	970 060A62	A35-553 XC60	—	—
1060	1.0601,C60 1.0642,60Mn3 1.1221,Ck60 1.1223,Cm60 1.1740,C60W	G4051 S58C	1449 60HS 1449 60CS 970 060A57 970 080A57	A35-553 XC60	3545 C60 7064 C60 7065 C60 7845 C60 7874 C60 5598 3CD60 7065 C61	1678
1064	1.0611,D63-2 1.0612,D65-2 1.0613,D68-2 1.1222,D63-3 1.1236,D65-3	—	970 060A62 970 080A62(En43D)	—	5598 3CD65	—
1065	1.0627,C68 1.0640,64Mn3 1.1230,Federstahldraht FD 1.1233 1.1240,65Mn4 1.1250,Federstahldraht VD 1.1260,66Mn4	—	970 060A67 970 080A67(En43E)	XC65	—	—
1069	1.0615,D70-2 1.0617,D73-2 1.0627,C68 1.1232,D68-3 1.1237 1.1249,Cf70 1.1251,D70-3 1.1520,C70W1 1.1620,C70W2	—	—	A35-553 XC68 XC70	—	—
1070	1.0603,C67 1.0643,70Mn3 1.1231,Ck67	—	1449 70HS,70CS 970 060A72 970 070A72(En42) 970 080A72	XC70	3545 C70	1770

（续）

美国 （SAE）	德国 （DIN）	日本 （JIS）	英国 （BS）	法国 （AFNOR NF）	意大利 （UNI）	瑞典 （SS₁₄）
碳钢						
1074	1.0605,C75 1.0645,76Mn3 1.0655,C74 1.122,D73-3	—	970 070A72（En42） 970 080A72	A35-553 XC75 XC70	3545 C75 7064 C75	1774
1075	1.0614,D75-2 1.0617,D73-2 1.0620,D78-2 1.1242,D73-3 1.1252,D78-3 1.1253,D75-3	—	—	A35-553 XC75 XC70	3545 C75 7064 C75 5598 3CD70 5598 3CD75	—
1078	1.0620,D78-2 1.0622,D80-2 1.0626,D83-2 1.1252,D78-3 1.1253,D75-3 1.1255,D80-3 1.1262,D83-3 1.1525,C80W1	G4801 SUP3	970 060A78	XC80	5598 3CD80	
1080	1.1259 80Mn4 1.1265 D85-2	—	1449 80HS,80CS 970 060A78 970 060A83 970 070A78 970 080A78 970 080A83	XC80	5598 3CD80 5598 3CD85	—
1084	1.1830,C85W	—	970 060A86 970 080A86	XC85 —	— —	—
1085	1.0647,85Mn3 1.1273,90Mn4 1.1819,90Mn4	—	970 080A83			
1086	1.0616,C85,D85-2 1.0626,D83-2 1.0628,D88-2 1.1262,D83-3 1.1265,D85-3 1.1269,Ck85 1.1272,D88-3	—	970 050A86	A35-553 XC90	5598 3CD85 5598 3CD90	
1090	1.1273,90Mn4 1.1819,90Mn4 1.1282,D95S3	—	1449 95HS 1449 95CS 970 060A96	—	3545 C90 7064 C90 5598 3CD95	—
1095	1.0618,D95-2 1.1274,Ck101 1.1275,Ck100 1.1282,D95S3 1.1291,MK97 1.1545,C105W1 1.1645,C105W2	G4801 SUP4	1449 95HS 1449 95CS 970 060A99	A35-553 XC100	3545 C100 7064 C100	1870
1513	1.0424,Schiffbaustahl CS;DS	—	1449 40/30 HR	12M5	—	—

（续）

美国 （SAE）	德国 （DIN）	日本 （JIS）	英国 （BS）	法国 （AFNOR NF）	意大利 （UNI）	瑞典 （SS₁₄）
碳钢						
1513	1.0479,13Mn6		1449 40/30 HS	A33-101 AF50-S		
	1.0496,12Mn6		1449 40/30 CS	A35-501 E35-4		
	1.0513,Schiffbaustahl A32		1453 A2	A35-501 E36-2		
	1.0514,Schiffbaustahl B32		2772 150M12	A35-501 E36-3		
	1.0515,Schiffbaustahl E32		970 125A15			
	1.0549		970 130M15			
	1.0579		970 130M15（En201）			
	1.0583,Schiffbaustahl A36					
	1.0584,Schiffbaustahl D36					
	1.0589,Schiffbaustahl E36					
	1.0599					
	1.8941,QStE260N					
	1.8945,QStE340N					
	1.8950,QStE380N					
1522	1.0471,21MnS15	G4106 SMn21	1503 221-460	A35-551 20MB5	4010 FeG52	2165
	1.0529,StE350-Z2		1503 223-409	A35-552 20M5	6930 20Mn6	2168
	1.1120,GS-20Mn5		1503 224-490	A35-556 20M5	7660 Fe510	
	1.1138,GS-21Mn5		3146 CLA2	A35-552 20MB5		
	1.1169,20Mn6		980 CFS7	A35-553 20MB5		
	1.8970,StE385.7			A35-556 20MB5		
	1.8972,StE415.7			A35-557 20MB5		
	1.8978			A35-566 20MB5		
	1.8979					
1524	1.0499,21Mn6A1	G4106 SMn21	1456 Grade A	—	—	—
	1.1133,20Mn5,GS-20Mn5	G5111 SCMn1	970 150M19（En14A， En14B）			
	1.1160,22Mn6		970 175H23			
			980 CDS9，CDS10			
1526	—	—	970 120M28	A35-566 25MS5		2130
1527	1.0412,27MnSi5	G5111 SCMn2	1453 A3	—	4010 FeG60	—
	1.1161,26Mn5		1456 Grade B1，Grade B2		7874 C28Mn	
	1.1165,30Mn5		3100 A5			
	1.1165,GS-30Mn5		3100 A6			
	1.1170,28Mn6		970 150M28（En14A， En14B）			
1536	1.0561,36Mn4	G4052 SMn1H	1045	A35-552 32M5	4010 FeG60	—
	1.1165,30Mn5	G4052 SMn433H	3100 A5，A6	A35-552 38MB5		
	1.1165,GS-30Mn5	G4106 SMn1	970 120M36（En15B）	A35-553 38MB5		
	1.1166,34Mn5	G4106 SMn433	970 150M36（En15）	A35-556 38MB5		
	1.1167,36Mn5,GS-36Mn5	G5111 SCMn2		A35-557 38MB5		
	1.1813,G-35Mn5	G5111 SCMn3				
1541	1.0563,E	G4106 SMn2， SMn438	970 135M44	40M5	—	2120
	1.0564,N-80	G4052 SMn2H， SMn438H	970 150M40	45M5		2128
	1.1127,36Mn6	G4106 SMn3， SMn443		A35-552 40M6		

（续）

美国 （SAE）	德国 （DIN）	日本 （JIS）	英国 （BS）	法国 （AFNOR NF）	意大利 （UNI）	瑞典 （SS₁₄）
碳钢						
1541	1.1168，GS-40Mn5	G4052 SMn3H， SMn443H G5111 SCMn5				
1548	1.1128，46Mn5 1.1159，GS-46Mn4	—	—	—	—	—
1551	1.0542，StSch80	—	—	24M4TS	—	—
1552	1.0624，StSch90B 1.1226，52Mn5	—	—	55M5	—	—
1561	1.0908，60SiMn5	—	—	—	—	—
1566	1.1233 1.1240，65Mn4 1.1260，66Mn7	—	—	—	—	—
加硫碳钢						
1108	1.0700，U7S10 1.0702，U10S10	G4804 SUM12	—	A35-562 10F1	—	—
1110	1.0703，R10S10	G4804 SUM11	—	—	—	—
1117	—	G4804 SUM31	970 210A15 970 210M17（En32M） 970 214A15 970 214M15（En202）	—	—	—
1118	—	—	970 214M15（En201）	—	—	—
1137	—	G4804 SUM41	970 212M36（En8M） 970 216M36（En15AM） 970 225M36	35MF4 A35-562 35MF6	4838 CF35SMn10	—
1139	1.0726，35S20	—	970 212A37（En8BM） 970 212M36（En8M） 970 216M36（En15AM） 970 225M36	35MF4 A35-562 35MF6	—	1957
1140	无国际同等牌号					
1141	—	G4804 SUM42	970 212A42（En8DM） 970 216A42	A35-562 45MF4	—	—
1144	1.0727，45S20	G4804 SUM43	970 212A42（En8DM） 970 212M44 970 216M44 970 225M44 970 226M44	A35-562 45MF6	4838 CF44SMn28	1973
1146	1.0727，45S20	—	970 212M44	45MF4	—	—
1151	1.0728，60S20 1.0729，70S20	—	—	—	—	1973
加硫/磷碳钢						
1211	无国际同等牌号					
1212	1.0711，9S20 1.0721，10S20 1.1011，RFe160K	G4804 SUM21	—	10F2 12MF4 S200	4838 10S20 4838 10S22 4838 CF9S22	—
1213	1.0715，9SMn28 1.0736，9SMn36 1.0740，9SMn40	G4804 SUM22	970 220M07（En1A） 970 230M07 970 240M07（En1A）	A35-561 S250 S250	4838 CF9SMn28 4838 CF9SMn32	1912
1215	1.0736，9SMn36	G4804 SUM23	970 240M07（En1B）	A35-561 S300	4838 CF9SMn32	—

（续）

美国 （SAE）	德国 （DIN）	日本 （JIS）	英国 （BS）	法国 （AFNOR NF）	意大利 （UNI）	瑞典 （SS₁₄）
加硫/磷碳钢						
1215					4838 CF9SMn36	
121.14	无国际同等牌号					
合金钢						
1330	无国际同等牌号					
1335	1.5069，36Mn7	—	—	—	—	—
1340	1.5223，42MnV7	—	—	—	—	—
1345	1.0625，StSch90C 1.0912，46Mn7 1.0913，50Mn7 1.0915，50MnV7 1.5085，51Mn7 1.5225，51MnV7	—		—	—	—
4023	1.5416，20Mo3	—	—	—	—	—
4024	1.5416，20Mo3	—	—	—	—	—
4027	1.5419，22Mo4	—	—	—	—	—
4028	—	—	970 605M30	—	—	—
4032	1.5411	G5111 SCMnM3	970 605A32 970 605H32 970 605M30 970 605M36（En16）	—	—	—
4037	1.2382，43MnSiMo4 1.5412，GS-40MnMo4 3 1.5432，42MnMo7	—	3111 Type 2/1 3111 Type 2/2 970 605A37 970 605H37	—	—	—
4042	1.2382，43MnSiMo4 1.5432，42MnMo7	—	—	—	—	—
4047	无国际同等牌号					
4118	1.721，23CrMoB4 1.7264，20CrMo5	G4052 SCM15H G4105 SCM21H G4052 SCM418H G4105 SCM418H	970 708H20 970 708M20	—	7846 18CrMo4	—
4130	—	G4105 SCM1 G4105 SCM432 G4105 SCM2 G4105 SCM430 G4106 SCM2	1717 CDS110 970 708A30	A35-552 30CD4 A35-556 30CD4 A35-557 30CD4	30CrMo4 6929 35CrMo4F 7356 34CrMo4KB 7845 30CrMo4 7874 30CrMo4	2233
4135	1.2330，35CrMo4 1.7220，34CrMo4 1.7220，GS-34CrMo4 1.7226，34CrMoS4 1.7231，33CrMo4	G4054 SCM3H G4054 SCM435H G4105 SCM1 G4105 SCM432 G4105 SCM3 G4105 SCM435	970 708H37 970 708H37	35CD4 A35-552 35CD4 A35-553 35CD4 A35-556 35CD4 A35-557 34CD4	5332 35CrMo4 6929 35CrMo4F 7356 34CrMo4KB 7845 35CrMo4 7874 35CrMo4	2234
4137	1.7225，GS-42CrMo4	G4052 SCM4H G4052 SCM440H G4105 SCM4	3100 type 5 970 708A37 970 708H37 970 709A37	40CD4 42CD4 A35-552 38CD4 A35-557 38CD4	5532 40CrMo4 5333 38CrMo4 7356 38CrMo4KB	—
4140	1.3563，43CrMo4 1.7223，41CrMo4	G4052 SCM4H G4052 SCM440H	3100 Type 5 4670 711M40	40CD4 A35-552 42CD4， 42CDTS	3160 G40CrMo4 5332 40CrMo4	2244

（续）

美国 （SAE）	德国 （DIN）	日本 （JIS）	英国 （BS）	法国 （AFNOR NF）	意大利 （UNI）	瑞典 （SS$_{14}$）
合金钢						
4140	1.7225,42CrMo4	G4103 SNCM4	970 708A40	A35-553 42CD4, 42CDTS	7845 42CrMo4	
	1.7225,GS-42CrMo4	G4105 SCM4	970 708A42（En19C）	A35-556 42CD4, 42CDTS	7847 41CrMo4	
	1.7227,42CrMoS4	G4105 SCM440	970 708H42	A35-557 42CD4, 42CDTS	7874 42CrMo4	
			970 708M40			
			970 709A40			
			970 709M40			
4142	1.3563,43CrMo4	—	970 708A42（En19C）	40CD4	7845 42CrMo4	2244
	1.7223,41CrMo4		970 708H42	A35-552 42CD4, 42CDTS	7874 42CrMo4	
			970 709A42	A35-553 42CD4, 42CDTS		
				A35-556 42CD4, 42CDTS		
				A35-557 42CD4, 42CDTS		
4145	1.2332,47CrMo4	G4052 SCM5H	970 708H45	A35-552 45SCD6	—	—
		G4052 SCM445H		A35-553 45SCD6		
		G4105 SCM5,SCM445				
4147	1.2332,47CrMo4	G4052 SCM5H	970 708A47	A35-552 45SCD6	—	—
	1.3565,48CrMo4	G4052 SCM445H		A35-553 45SCD6		
	1.7228,50CrMo4	G4105 SCM5, SCM445		A35-571 50SCD6		
	1.7228,GS-50CrMo4					
	1.7230,50CrMoPb4					
	1.7238,49CrMo4					
4150	1.3565,48CrMo4	—	—	A35-571 50SCD6	—	—
	1.7228,50CrMo4					
	1.7228,GS-50CrMo4					
	1.7230,50CrMoPb4					
	1.7238,49CrMo4					
4161	1.7229,61CrMo4	G4801 SUP13	3100 BW4	—	—	
	1.7266,GS-58CrMnMo4 4 3		3146 CLA12 Grade C			
4320	—	G4103 SNCM23	—	20NCD7	3097 20NiCrMo7	2523
		G4103 SNCM420		A35-565 18NCD4	5331 18NiCrMo7	2523-02
		G4103 SNCM420H		A35-565 20NCD7	7846 18NiCrMo7	
4340	1.6565,40NiCrMo6	G4103 SNCM8	4670 818M40	—	5332 40NiCrMo7	—
		G4103 SNCM439	970 2S.119		6926 40NiCrMo7	
		G4108 SNB23-1-5			7845 40NiCrMo7	
		G4108 SNB24-1-5			7874 40NiCrMo7	
					7356 40NiCrMo7KB	
E4340	1.6562,40NiCrMo7 3	—	970 2S.119	—	—	—
4422	1.5419,22Mo	—	—	23D5	3608 G20Mo5	
4427	无国际同等牌号					
4615	—	—	—	15ND8	—	—
4617	—	—	970 665A17	—	—	—

（续）

美国 （SAE）	德国 （DIN）	日本 （JIS）	英国 （BS）	法国 （AFNOR NF）	意大利 （UNI）	瑞典 （SS₁₄）
合金钢						
4617			970 665H17 970 665M17（En34）			
4620	—	—	970 665A19 970 665H20 970 665M20	2ND8	—	—
4626	—	—	970 665A24（E35B）	—	—	—
4718	无国际同等牌号					
4720	—	—	—	18NCD4	—	—
4815	无国际同等牌号					
4817	无国际同等牌号					
4820	无国际同等牌号					
50B40	1.7003，38Cr2 1.7023，28CrS2	G4052 SMnC3H G4052 SMnC443H G4106 SMnC3 G4106 SMnC443 G5111 SCMnCr4	—	A35-552 38C2 A35-556 38C2 A35-557 38C2 A35-552 42C2 A35-556 42C2 A35-557 42C2	7356 41Cr2KB	
50B44	—	—	—	45C2	7847 45Cr2	—
5046	1.3561，44Cr2	—	—	—	—	—
50B46	无国际同等牌号					
50B50	1.7138，52MnCrB3	—	—	55C2	—	—
5060	1.2101，62SiMnCr4	—	970 526M60（En11）	61SC7 A35-552 60SC7	—	—
5115	1.7131，16MnCr5， 　GS-16MnCr5 1.7139，16MnCrS5 1.7142，16MnCrPb5 1.7160，16MnCrB5	G4052 SCr21H G4052 SCr415H G4104 SCr21 G4104 SCr415	970 527A17 970 527H17 970 527M17	16MC5 A35-551 16MCS	7846 16MnCr5	2127
5117	1.3521，17MnCr5 1.7016，17Cr3 1.7131，16MnCr5， 　GS-16MnCr5 1.7139，16MnCrS5 1.7142，16MnCrPb5 1.7168，18MnCrB5	—	—	18Cr4 A35-551 16MC5	—	—
5120	1.2162，21MnCr5 1.3523，19MnCr5 1.7027，20Cr4 1.7028，20Cr5 4 1.7121，20CrMnS3 3 1.7146，20MnCrPb5 1.7147，GS-20MnCr5 1.7149，20MnCrS5	G4052 SCr22H G4052 SCr420H G4052 SMn21H G4052 SMn421H G4104 SCr22 G4104 SCr420	—	A35-551 20MC5 A35-552 20MC5	7846 20MnCr5	—
5130	1.8401，30MnCrTi4	G4052 SCr2H G4052 SCr430H G4104 SCr2 G4104 SCr430	970 530A30（En18A） 970 530H30	28C4	—	—
5132	1.7033，34Cr4	G4104 SCr3	970 530A32（En18B）	A35-552 32C4	7356 34Cr4KB	—

（续）

美国 （SAE）	德国 （DIN）	日本 （JIS）	英国 （BS）	法国 （AFNOR NF）	意大利 （UNI）	瑞典 （SS14）
合金钢						
5132	1.7037,34CrS4	G4104 SCr435	970 530A36(En18C) 970 530H32	A35-553 32C4 A35-556 32C4 A35-557 32C4	7874 34Cr4	
5135	1.7034,37Cr4 1.7038,37CrS4 1.7043,38Cr4	G4052 SCr3H G4052 SCr435H	3111 Type 3 970 530A36(En18C) 970 530H36	38C4 A35-552-38C4 A35-553 38C4 A35-556 38C4 A35-557 38C4	5332 35CrMn5 6403 35CrMn5 5333 36CrMn4 7847 36CrMn4 7356 38Cr4KB 7845 36CrMn5 7874 36CrMn5 7847 38Cr4	—
5140	1.7035,41Cr4 1.7039,41CrS4 1.7045,42Cr4	G4052 SCr4H G4052 SCr440H G4104 SCr4 G4104 SCr440	3111 Type 3 970 2S.117 970 530A40(En18D) 970 530H40 970 530M40	A35-552 42C4 A35-557 42C4 A35-556 42C4	5332 40Cr4 7356 41Cr4KB 7845 41Cr4 7874 41Cr4	2245
5147	1.7145,GS-50CrMn4 4	—	3100 BW2,BW3 3146 CLA 12 Grade A 3146 CLA 12 Grade B	50C4	—	—
5150	1.7145,GS-50CrMn4 4 1.8404,60MnCrTi4	—	3100 BW2 3100 BW3 3146 CLA 12 Grade A 3146 CLA 12 Grade B	—	—	2230
5155	1.7176,55Cr3	G4801 SUP11 G4801 SUP9	—	A35-571 55C3	—	—
5160	1.2125,65MnCr4	G4801 SUP9A	970 527A60(En48) 970 527H60	—	—	—
51B60	无国际同等牌号					
E50100	1.2018,95Cr1 1.3501,100Cr2	—	—	A35-565 100C2		—
E51100	1.2057,105Cr4 1.2109,125CrSi5 1.2127,105MnCr4 1.3503,105Cr4	—	—		3160 G90Cr4	—
E52100	1.2059,120Cr5 1.2060,105Cr5 1.2067,100Cr6 1.3505,100Cr6 1.3503,105Cr4 1.3514,101Cr6 1.3520,100CrMn6	—	970 534A99(En31) 970 535A99(En31)	—	100C6 3097 100Cr6	2258
6118	无国际同等牌号					
6150	1.8159,GS-50CrV4	G4801 SUP10	970 735A50(En47) 970 S.204	A35-552 50CV4 A35-553 50CV4 A35-571 50CV4	3545 50CrV4 7065 50CrV4 7845 50CrV4 7874 50CrV4	2230
8115	无国际同等牌号					
81B45	无国际同等牌号					

（续）

美国 （SAE）	德国 （DIN）	日本 （JIS）	英国 （BS）	法国 （AFNOR NF）	意大利 （UNI）	瑞典 （SS₁₄）
合金钢						
8615	—	—	—	15NCD2 15NCD4	3097 16NiCrMo2 5331 16NiCrMo2 7846 16NiCrMo2	—
8617	—	—	970 805A17 970 805H17 970 805M17（En361）	18NCD4 18NCD6		—
8620	1.6522,20NiCrMo2 1.6523,21NiCrMo2 1.6526,21NiCrMoS2 1.6543,21NiCrMo2 2	G4052 SNCM21H G4052 SNCM220H G4103 SNCM21 G4103 SNCM220	2772 806M20 970 805A20 970 805H20 970 805M20（En362）	18NCD4 20NCD2 A35-551 19NCDB2 A35-552 19NCDB2 A35-551 20NCD2 A35-553 20NCD2 A35-565 20NCD2 A35-566 20NCD2	5331 20NiCrMo2 6403 20NiCrMo2 7846 20NiCrMo2	2506-03 2506-08
8622	1.6541,23MnNiCrMo5 2	—	2772 806M22 970 805A22 970 805H22 970 805M22	23NCDB4 A35-556 23MNCD5 A35-556 23NCDB2 A35-566 22NCD2	—	—
8625			970 805H25 970 805M25	25NCD4 A35-556 25MNCD6 A35-566 25MNDC6	—	—
8627	无国际同等牌号					
8630	1.6545,30NiCrMo2 2	—	—	30NCD2	7356 30NiCrMo2KB	—
8637	—	—	970 945M38（En100）	40NCD3	5332 38NiCrMo4 7356 38NiCrMo4KB 7845 39NiCrMo3 7874 39NiCrMo3	—
8640	1.6546,40NiCrMo2 2	—	3111 Type 7,2S,147 970 945A40（En100C）	40NCD2 40NCD2TS 40NCD3TS 40NCD3	5333 40NiCrMo4 7356 40NiCrMo2KB 7845 40NiCrMo2 7874 40NiCrMo2 7847 40NiCrMo3	—
8642	无国际同等牌号					
8645	无国际同等牌号					
86B45	无国际同等牌号					
8650	无国际同等牌号					
8655	无国际同等牌号					
8660	—	—	970 805A60 970 805H60	—	—	—
8720	无国际同等牌号					
8740	1.6546,40NiCrMo2 2	—	3111 Type 7,2S,147	40NCD2 40NCD2TS 40NCD3TS	7356 40NiCrMo2KB 7845 40NiCrMo2 7874 40NiCrMo2	
8822	无国际同等牌号					
9254	无国际同等牌号					
9260	—	G4801 SUP7	970 250A58（En45A） 970 250A61（En45A）	60S7 61S7	—	—
E9310	1.6657,14NiCrMo13 4	—	970 832H13 970 832M13（En36C） S.157	16NCD13	6932 15NiCrMo13 9335 10NiCrMo13	—
94B15	无国际同等牌号					
94B17	无国际同等牌号					
94B30	无国际同等牌号					

6.6　其他国家与 AISI 的钢牌号对照表

其他国家与 AISI 的钢牌号对照见表 6-12～表 6-17。

表 6-12　法国与 AISI/SAE 的钢牌号对照

法国 AFNOR	AISI	法国 AFNOR	AISI	法国 AFNOR	AISI
20 MC 5	5120	55 S 7	9255	Z 6 CNU 17.04	431
20 MC 5	5120H	55 WC 20	S1	Z 8 C 17	430
20 NCD 2	8617	60 S 7	9260	Z 8 CD 17.01	434
20 NCD 2	8617H	60 S 7	9260H	Z 10 C 13	410
20 NCD 2	8620	61 SC 7	9260	Z 10 C 14	410
20 NCD 2	8620H	61 SC 7	9260H	Z 10 CF 17	430F
22 NCD 2	8617	90 MV 8	O2	Z 10 CNF 18.09	303
22 NCD 2	8617H	100 C 6	E52100	Z 12 C 13	410
22 NCD 2	8620	CC 20	1020	Z 12 C 13 M	403
22 NCD 2	8620H	CC 35	1035	Z 12 CN 17.08	301
25 CD 4 (S)	4130	CC 55	1060	Z 12 CNS 25.20	310
25 CD 4 (S)	4130H	XC 10	1010	Z 12 CNS 25.20	314
32 C 4	5130H	XC 15	1015	Z 15 CN 16.02	431
32 C 4	5132	XC 15	1017	Z 15 CN 24.13	309S
32 DCV 28	H10	XC 18	1015	Z 18 N 5	A2515
35 CD 4	4135	XC 18	1017	Z 20 C 13	420
35 CD 4	4135H	XC 18 S	1023	Z 30 WCV 9	H21
35 CD 4 TS	4135	XC 25	1023	Z 38 CDV 5	H11
35 CD 4 TS	4135H	XC 32	1034	Z 40 COV 5	H13
35 M 5	1039	XC 35	1034	Z 80 WCV 18-04-01	
38 C 4	5132H	XC 38	1034		T1
38 C 4	5135	XC 38 TS	1038	Z 80 WKCV 18-05-04-01	
40 CD 4	4137	XC 38 TS	1038H		T4
40 CD 4	4137H	XC 42	1045	Z 85 DCWV 08-04-02-01	
40 CD 4	4140	XC 42	1045H		H41
40 CD 4	4140H	XC 42 TS	1045	Z 85 DCWV 08-04-02-01	
40 M 5	1335	XC 42 TS	1045H		M1
40 M 5	1335H	XC 45	1045	Z 85 WDCV 06-05-04-02	
42 C 2	5140H	XC 45	1045H		M2
42 C 2	5150	XC 48	1045	Z 90 WDCV 06-05-04-02	
42 C 4	5135H	XC 48	1045H		M3 (Class 1)
42 C 4	5140	XC 60	1064	Z 100 CDV 5	A2
42 CD 4	4137	XC 65	1064	Z 110 WKCDV 07-05-04-04-02	
42 CD 4	4137H	XC 68	1070		M41
42 CD 4	4140	XC 90	1086	Z 110 WKCDV 07-05-04-04-02	
42 CD 4	4140H	Z 2 CND 17.12	316L		M42
45 C 2	5140H	Z 2 CND 19.15	317L	Z 120 WDCV 06-05-04-03	
45 C 2	5150	Z 6 CA 13	405		M3 (Class 2)
50 CV 4	6150	Z 6 CN 18.09	304	Z 130 WDCV 06-05-04-04	
50 CV 4	6150H	Z 6 CND 17.11	316		M3 (Class 2)
55 C 3	5155	Z 6 CNN6 18.10	347	Z 200 C 12	D3
55 C 3	5155H	Z 6 CNT 18.10	321		

表 6-13　德国与 AISI/SAE 的钢牌号对照

德国 DIN	AISI	德国 DIN	AISI	德国 DIN	AISI
1.0204	1008	1.3246	M41	1.6511	9840
1.0402	1020	1.3246	M42	1.6523	8617
1.0419	1016	1.3249	M33	1.6523	8617H
1.0501	1035	1.3249	M34	1.6523	8620
1.0601	1060	1.3255	T4	1.6523	8620H
1.0700	1108	1.3265	T5	1.6543	8622
1.0702	1109	1.3342	M3（Class1）	1.6543	8622H
1.0711	1212	1.3343	M2	1.6543	8720
1.0715	1213	1.3344	M3（Class2）	1.6543	8720H
1.0718	12L13	1.3346	H41	1.6543	8822
1.0718	12L14	1.3346	M1	1.6543	8822H
1.0904	9255	1.3348	M7	1.6545	8630
1.0909	9260	1.3355	T1	1.6545	8630H
1.0909	9260H	1.3501	E50100	1.6546	8640
1.0912	1345	1.3503	E51100	1.6546	8640H
1.0912	1345H	1.3505	E52100	1.6546	8740
1.1121	1010	1.4001	410S	1.6546	8740H
1.1133	1022	1.4002	405	1.6562	E4340
1.1141	1015	1.4005	416	1.6562	E4340H
1.1141	1017	1.4006	410	1.6565	4340
1.1151	1023	1.4016	430	1.6565	4340H
1.1157	1039	1.4021	420	1.6755	4718
1.1158	1025	1.4024	403	1.6755	4718H
1.1165	1330	1.4057	431	1.7006	5140H
1.1165	1330H	1.4104	430F	1.7006	5150
1.1167	1335	1.4112	440B	1.7007	50B40
1.1167	1335H	1.4113	434	1.7007	50B40H
1.1172	1030	1.4125	440C	1.7030	5130
1.1176	1038	1.4301	304	1.7033	5130H
1.1176	1038H	1.4303	305	1.7033	5132
1.1181	1034	1.4303	308	1.7034	5132H
1.1186	1040	1.4305	303	1.7034	5135
1.1191	1045	1.4306	304L	1.7035	5135H
1.1191	1045H	1.4310	301	1.7035	5140
1.1209	1055	1.4401	316	1.7138	50B50
1.1210	1050	1.4404	316L	1.7138	50B50H
1.1221	1064	1.4438	317L	1.7147	5120
1.1226	1548	1.4449	317	1.7147	5120H
1.1230	1065	1.4510	430Ti	1.7176	5155
1.1231	1070	1.4512	409	1.7176	5155H
1.1269	1086	1.4532	632	1.7218	4130
1.1273	1090	1.4541	321	1.7218	4130H
1.1274	1095	1.4546	348	1.7220	4135
1.2080	D3	1.4550	347	1.7220	4135H
1.2330	P20	1.4568	631	1.7223	4142H
1.2341	P4	1.4828	309	1.7225	4137
1.2343	H11	1.4833	309S	1.7225	4137H
1.2344	H13	1.4841	310	1.7225	4140
1.2363	A2	1.4841	314	1.7225	4140H
1.2365	H10	1.4935	422	1.7228	4147
1.2379	D2	1.4971	661	1.7228	4147H
1.2510	O1	1.4980	660	1.7228	4150
1.2550	S1	1.5069	1340H	1.7228	4150H
1.2581	H21	1.5419	4419	1.7362	501
1.2606	H12	1.5419	4419H	1.7511	6118
1.2625	H23	1.5419	4422	1.7511	6118H
1.2735	P6	1.5680	A2515	1.8159	6150
1.2842	O2	1.5711	3140	1.8159	6150H
1.3202	T15				

表 6-14　意大利与 AISI/SAE 的钢牌号对照

意大利 UNI	AISI	意大利 UNI	AISI	意大利 UNI	AISI
9 SMn 23	1213	40 NiCrMo 7	E4340H	X 6 CrNiTi 18 11 KW	
9 SMnPb 23	12L13	40 NiCrMo 7 KB	E4340		321
9 SMnPb 23	12L14	40 NiCrMo 7 KB	E4340H	X 8 Cr 17	430
10 S 20	1212	41 Cr 4 KB	5135H	X 8 CrMo 17	434
20 NiCrMo	8617H	41 Cr 4 KB	5140	X 8 CrNi 19 10	305
20 NiCrMo 2	8617	50 CrV 4	6150	8 CrNi 19 10	308
20 NiCrMo 2	8620	50 CrV 4	6150H	X 8 CrNiNb 18 11	347
20 NiCrMo 2	8620H	55 Si 8	9255	X 10 CrNiS 18 09	303
25 CrMo 4	4130	58 WCr 9 KU	S1	X 10 CrS 17	430F
25 CrMo 4	4130H	88 MnV 8 KU	O2	X 12 Cr 13	410
25 CrMo 4 KB	4130	100 Cr 6	E52100	X 12 CrNi 17 07	301
25 CrMo 4 KB	4130H	C 20	1020	X 12 CrS 13	416
30 NiCrMo 2 KB	8630	C 35	1035	X 16 CrNi 16	431
30 NiCrMo 2 KB	8630H	C 60	1060	X 16 CrNi 23 14	309
34 Cr 4 KB	5130H	CB 10 FU	1008	X 16 CrNiSi 25 20	310
34 Cr 4 KB	5132	CB 35	1030	X 16 CrNiSi 25 20	314
34 CrMo 4 KB	4135	G 22 Mn 3	1022	X 20 Cr 13	420
34 CrMo 4 KB	4135H	G 22 Mo 5	4419	X 22 CrNi 25 20	310
35 CrMo 4	4135	G 22 Mo 5	4419H	X 22 CrNi 25 20	314
35 CrMo 4	4135H	G 22 Mo 5	4422	X 28 W 09 KU	H21
35 CrMo 4 F	4135	G 40 CrMo 4	4137	X 35 CrMo 05 KU	
35 CrMo 4 F	4135H	G 40 CrMo 4	4137H		H11
38 Cr 4 KB	5132H	G 40 CrMo 4	4140	X 35 CrMoV 05 KU	
38 Cr 4 KB	5135	G 40 CrMo 4	4140H		H13
38 CrB 1 KB	50B40	ICL 472 T	321	X 35 CrMoW 05 KU	
38 CrB 1 KB	50B40H	X 2 CrNi 18 11	304L		H12
38 CrMo 4	4142H	X 2 CrNi 18 11 KG		X 75 W 18 KU	T1
38 CrMo 4 KB	4137		304L	X 78 WCo 1805 KU	
38 CrMo 4 KB	4137H	X 2 CrNi 18 11 KW			T4
38 CrMo 4 KB	4140		304L	X 80 WCo 1810 KU	
38 CrMo 4 KB	4140H	X 2 CrNiMo 17 12	316L		T5
38 NiCrMo 4	9840	X 3 Cr Ni 18 11	304L	X 82 MoW 09 KU	H41
40 Cr 4	5135H	X 5 CrNi 18 10	304	X 82 MoW 09 KU	M1
40 Cr 4	5140	X 5 CrNiMo 17 12	316	X 82 WMo 0605 KU	
40 CrMo 4	4137	X 5 CrNiMo 18 15	317		M2
40 CrMo 4	4137H	X 6 CrAl 13	405	X 150 CrMo 12 KU	
40 CrMo 4	4140	X 6 CrNi 23 14	309S		D2
40 CrMo 4	4140H	X 6 CrNiTi 18 11	321	X 150 WCoV 130505 KU	
40 NiCrMo 2 KB	8640	X 6 CrNiTi 18 11 KG			T15
40 NiCrMo 2 KB	8640H		321	X 210 Cr 13 KU	D3
40 NiCrMo 2 KB	8740	X 6 CrNiTi 18 11 KT			
40 NiCrMo 2 KB	8740H		321		
40 NiCrMo 7	E4340				

表 6-15　日本与 AISI/SAE 的钢牌号对照

日本 JIS	AISI	日本 JIS	AISI	日本 JIS	AISI
S 9 CK	1010	SCMn 2	1330	SUH 310	316L
S 10 C	1010	SCMn 2	1330H	SUH 409	409
S 12 C	1010	SCMn 3	1335	SUH 616	422
S 15 C	1015	SCMn 3	1335H	SUM 11	1109
S 15 C	1017	SCPH 11	4419	SUM 12	1109
S 15 CK	1015	SCPH 11	4419H	SUM 21	1212
S 15 CK	1017	SCPH 11	4422	SUM 22	1213
S 17 C	1015	SCr 2	5130H	SUM 22 L	12L13
S 17 C	1017	SCr 2	5132	SUM 22 L	12L14
S 20 C	1023	SCr 2H	5130H	SUM 23 L	12L13
S 20 CK	1023	SCr 2H	5132	SUM 24 L	12L13
S 22 C	1023	SCr 3 H	5132H	SUM 24 L	12L14
S 25 C	1025	SCr 3 H	5135	SUP 4	1095
S 28 C	1025	SCr 4 H	5135H	SUP 10	6150
S 38 C	1034	SCr 4 H	5140	SUP 10	6150H
S 40 C	1040	SCS 19	304L	SUP 11	50B50
S 45 C	1045	SKD 1	D3	SUP 11	50B50H
S 45 C	1045H	SKD 5	H21	SUS 301	301
S 48 C	1045	SKD 6	H11	SUS 303	303
S 48 C	1045H	SKD 12	A2	SUS 304	304
S 53 C	1050	SKD 61	H13	SUS 304 L	304L
S 55 C	1050	SKD 62	H12	SUS 305	305
SCCrM 1	4130	SKH 2	T1	SUS 305	308
SCCrM 1	4130H	SKH 3	T4	SUS 305 J1	305
SCCrM 3	4315	SKH 4A	T5	SUS 305 J1	308
SCCrM 3	4135H	SKH 9	M2	SUS 316	316
SCM 1	4135	SKH 52	M3(Class 2)	SUS 316 L	316L
SCM 1	4135H	SKH 53	M3(Class 2)	SUS 317	317
SCM 2	4130	SMn 1 H	1330	SUS 321	321
SCM 2	4130H	SMn 1 H	1330H	SUS 347	347
SCM 4	4137	SMn 2	1335	SUS 403	403
SCM 4	4137H	SMn 2	1335H	SUS 405	405
SCM 4	4140	SMn 2 H	1335	SUS 410	410
SCM 4	4140H	SMn 2 H	1335H	SUS 410S	410S
SCM 4H	4137	SMnC 21	1022	SUS 416	403
SCM 4H	4137H	SNCM 8	4340	SUS 420 J1	420
SCM 4H	4140	SNCM 8	4340H	SUS 430	430
SCM 4H	4140H	SNCM 21	8617	SUS 430	430F
SCM 5	4147	SNCM 21	8617H	SUS 431	431
SCM 5	4147H	SNCM 21	8620	SUS 434	434
SCM 5	4150	SNCM 21	8620H	SUS 440 B	440B
SCM 5	4150H	SNCM 21 H	8617	SUS 440 C	440C
SCM 5 H	4147	SNCM 21 H	8617H	SUS Y 310	310
SCM 5 H	4147H	SNCM 21 H	8620	SUS Y 310	314
SCM 5 H	4150	SNCM 21 H	8620H	SUS Y 316	316
SCM 5 H	4150H	SUH 309	316		

表 6-16　瑞典与 AISI/SAE 的钢牌号对照

瑞典 SS_{14}	AISI	瑞典 SS_{14}	AISI	瑞典 SS_{14}	AISI
1370	1015	2120	1335	2302	410
1370	1017	2120	1335H	2303	420
1450	1020	2225	4130	2320	430
1550	1035	2225	4130H	2325	434
1665	1064	2230	6150	2332	304
1672	1045	2230	6150H	2337	321
1672	1045H	2234	4135	2338	347
1678	1064	2234	4135H	2346	303
1770	1070	2242	H13	2347	316
1778	1070	2244	4137	2348	316L
1870	1095	2244	4137H	2352	304L
1914	12L13	2244	4140	2367	317L
1914	12L14	2244	4140H	2383	430F
2090	9255	2260	A2	2722	M2

表 6-17　英国与 AISI/SAE 的钢牌号对照

英国 B. S.	AISI	英国 B. S.	AISI	英国 B. S.	AISI
040 A 20	1020	304 S 15	304	321 S 87	321
060 A 35	1035	304 S 16	304	347 S 17	347
060 A 62	1060	304 S 18	304	347 S 17	348
060 A 96	1095	304 S 22	304L	347 S 18	348
070 M 20	1020	304 S 25	304	347 S 40	348
080 A 32	1035	304 S 40	304	403 S 17	410S
080 A 35	1035	310 S 24	310	405 S 17	405
080 A 37	1035	310 S 24	314	409 S 17	409
080 A 40	1040	316 S 12	316L	410 S 21	410
080 M 36	1035	316 S 14	316L	416 S 21	416
2 S 93	1040	316 S 16	316	420 S 29	403
2 S 117	5135H	316 S 18	316	420 S 37	420
2 S 117	5140	316 S 22	316L	430 S 15	430
2 S 119	4340	316 S 24	316L	431 S 29	431
2 S 119	4340H	316 S 25	316	434 S 19	434
2 S 130	348	316 S 26	316	530 A 30	5130
2 S 516	1345	316 S 29	316L	530 A 32	5130H
2 S 516	1345H	316 S 30	316	530 A 32	5132
2 S 517	1345	316 S 30	316L	530 A 36	5132H
2 S 517	1345H	316 S 31	316L	530 A 36	5135
3 S 95	4340	316 S 37	316L	530 A 40	5135H
3 S 95	4340H	316 S 40	316	530 A 40	5140
5 S 80	431	316 S 41	316	530 H 30	5130
120 M 36	1039	316 S 82	316L	530 H 32	5130H
150 M 36	1039	317 S 12	317L	530 H 32	5132
220 MO7	1213	321 S 12	321	530 H 36	5132H
250 A 53	9255	321 S 18	321	530 H 36	5135
250 A 58	9260	321 S 22	321	530 H 40	5135H
250 A 58	9260H	321 S 27	321	530 H 40	5140
302 S 17	304	321 S 40	321	530 M 40	5135H
303 S 21	303	321 S 49	321	530 M 40	5140
304 S 12	304L	321 S 50	321	534 A 99	E52100
304 S 14	304L	321 S 59	321	535 A 99	E52100

（续）

英国 B. S.	AISI	英国 B. S.	AISI	英国 B. S.	AISI
640 M 40	3140	805 M 20	8620	CDS 105/106	1039
708 A 37	4135	805 M 20	8620H	CDS 110	4130
708 A 37	4135H	816 M 40	9840	CDS 110	4130H
708 A 42	4137	817 M 40	4340	En. 44 B	1095
708 A 42	4137H	817 M 40	4340H	En. 47	6150
708 A 42	4140	3111 Type 6	4340	En. 47	6150H
708 A 42	4140H	3111 Type 6	4340H	En. 56 A	410
708 M 40	4137	ANC 1 Grade A	410	En. 56 B	403
708 M 40	4137H	ANC 3 Grade B	347	En. 58 B	321
708 M 40	4140	BA 2	A2	En. 58 C	321
708 M 40	4140H	BD 2	D2	En. 58 E	304
708 A 40	4137H	BD 3	D3	En. 58 F	347
709 M 40	4137	BH 11	H11	En. 58 G	347
709 M 40	4140	BH 12	H12	En. 58 H	316
709 M 40	4140H	BH 13	H13	S. 139	E4340
735 A 50	6150	BH 21	H21	S. 139	E4340H
735 A 50	6150H	BM 1	H41	S. 525	348
805 A 20	8622	BM 1	M1	S. 527	348
805 A 20	8622H	BM 2	M2	S. 536	304L
805 A 20	8720	BM 34	M33	S. 537	316L
805 A 20	8720H	BM 34	M34	Type 3	5132H
805 A 20	8822	BO 1	O1	Type 3	5135
805 A 20	8822H	BO 2	O2	Type 7	8640
805 H 20	8617	BT 1	T1	Type 7	8640H
805 H 20	8617H	BT 4	T4	Type 7	8740
805 H 20	8620	BT 5	T5	Type 7	8740H
805 H 20	8620H	BT 15	T15	Type 8	E4340
805 M 20	8617	CDS-18	420	Type 8	E4340H
805 M 20	8617H	CDS-20	321		

6.7 钢的硬度转换

硬度试验并不能代替材料其他有明确定义的性能测试，很多检测方法的依据各不相同，因此，虽然硬度之间通用的转换尚未完全成熟，但不同硬度之间的转换却是非常重要和实用的。现硬度转换是根据经验公式，并局限于特定类别材料的硬度之间换算表。也就是说，不同弹性模量或加工硬化性能的材料，硬度换算表也有很大差别和相同。

硬度较低的金属在压痕硬度试验中，会受到应变强化的影响，而该应变强化又会受到硬度试验之前的加工硬化影响。因此，当钢的硬度大于240HBW时，硬度转换数据可信度较高。在钢的硬度较高时，弹性模量被证明对硬度转换有影响。在硬度较低时，如进行压痕深度测量的硬度与压痕直径测量的硬度之间的转换，同样受到不同弹性模量的影响。

SAE J417 的"硬度测试和硬度转换"标准，ISO 4964 的"钢的硬度转换"标准和 ASTM E140 的"金属标准硬度转换表"对硬度转换进行了规范和总结。在 ASTM E140 标准中，有用于镍和高镍合金、弹壳黄铜、奥氏体不锈钢薄板和厚板以及铜合金的硬度转换表。近年来，基于 ASTM E140 标准中的硬度转换表，ASTME-28 委员会给出了压痕硬度的数学转换公式，这些公式可以代替硬度转换表格使用。计算机技术的发展使硬度转换变得更加快捷方便。

有其他有关各种材料硬度换算公式的报道，这些硬度转换公式列于表 6-18 中。在转换的硬度值后，以括号给出相应测试的硬度值和硬度单位，例如451HBW（48HRC）。此外，对转换的方法（表、公式或其他）也应该进行定义和说明。

当进行硬度之间的相互转换，请参考 ASTM E140 标准。根据 ASTM E140 标准，得到了表 6-19～表 6-22，对应了经热处理的碳钢和合金钢洛氏硬度、布氏硬度和维氏硬度之间的硬度转换。这些表适用于几乎所有锻造态、退火态、正火态和调质的结构　　合金钢、工具钢，硬度转变也以图形总结于图 6-10。

表 6-18　部分发表的硬度转换公式

钢　　　材		钢　　　材	
$HB = \dfrac{7300}{130-HRB}$	（40~100HRB）	碳化物 $HRC = 117.35 - \left(\dfrac{2.43\times10^6}{HV}\right)^{1/2}$	（900~1800 HV）
$HB = \dfrac{3710}{130-HRE}$	（30~100HRE）	$HRA = \dfrac{211 - \left(\dfrac{2.43\times10^6}{HV}\right)^{1/2}}{1.885}$	（900~1800 HV）
$HB = \dfrac{1,520,000-4500HRC}{(100-HRC)^2}$	（<40HRC）	努氏硬度转变为洛氏硬度（钢） $HRC = 64.934 \log HK - 140.38$	（15 gf）
$HB = \dfrac{25,000-10(57-HRC)^2}{100-HRC}$	（40~70HRC）	$HRC = 67.353 \log HK - 144.32$	（25 gf）
$HRB = 134 - \dfrac{6700}{HB}$	（±7HRB，95% CL）	$HRC = 71.983 \log HK - 154.28$	（50 gf）
$HRC = 119.0 - \left(\dfrac{2.43\times10^6}{HV}\right)^{1/2}$	（240~1040HV）	$HRC = 76.572 \log HK - 163.89$	（100 gf）
$HRA = 112.3 - \left(\dfrac{6.85\times10^5}{HV}\right)^{1/2}$	（240~1040HV）	$HRC = 79.758 \log HK - 170.92$	（200 gf）
$HR15N = 117.94 - \left(\dfrac{5.53\times10^5}{HV}\right)^{1/2}$	（240~1040HV）	$HRC = 82.283 \log HK - 176.92$	（300 gf）
$HR30N = 129.52 - \left(\dfrac{1.88\times10^6}{HV}\right)^{1/2}$	（240~1040HV）	$HRC = 83.58 \log HK - 179.30$	（500 gf）
$HR45N = 133.51 - \left(\dfrac{3.132\times10^6}{HV}\right)^{1/2}$	（240~1040HV）	$HRC = 85.848 \log HK - 184.55$	（1000 gf）
$HB = 0.951HV$	（钢球，200~400HV）	白口铸铁 $HB = 0.363(HRC)^2 - 22.515(HRC) + 717.8$ $HV = 0.343(HRC)^2 - 18.132(HRC) + 595.3$ $HV = 1.136(HB)^2 - 26.0$	
$HB = 0.941HV$	（碳化钨球，200~700HV）	奥氏体不锈钢 $\dfrac{1}{HB} = 0.0001304(130-HRB)$	（60~90 HRB，110~192 HB）
		稳定的 α-β 钛合金 $HRC = 0.078HV + 8.1$	

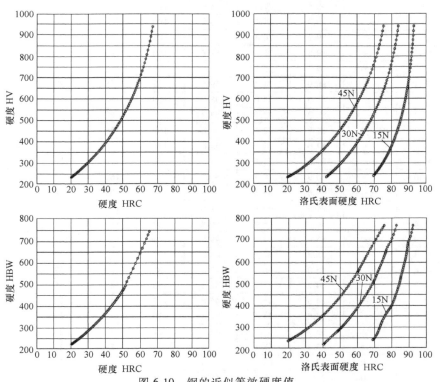

图 6-10　钢的近似等效硬度值

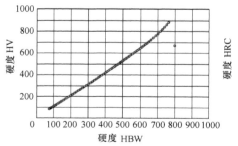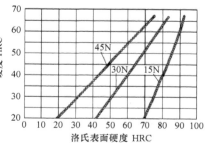

图 6-10　钢的近似等效硬度值（续）

注：图 6-10 中点为硬度转换表中数据。

表 6-19　非奥氏体钢近似洛氏 B 硬度转换

洛氏			表面洛氏							
HRB,100kgf,直径 1/6in 的球	HRA,60kgf,金刚石	HRE,100kgf,直径 1/6in 的球	HR15T,15kgf,直径 1/6in 的球	HR30T,30kgf,直径 1/6in 的球	HR45T,45kgf,直径 1/6in 的球	HV	HK,500gf 或更大	HBW,3000kgf,直径 10mm 的球	抗拉强度 MPa(ksi)	HBW,500kgf,直径 10mm 的球
100	61.5	—	93.1	83.1	72.9	240	251	240	800(116)	201
99	60.9	—	92.8	82.5	71.9	234	246	234	787(114)	195
98	60.2	—	92.5	81.8	70.9	228	241	228	752(109)	189
97	59.5	—	92.1	81.1	69.9	222	236	222	724(105)	184
96	58.9	—	91.8	80.4	68.9	216	231	216	704(102)	179
95	58.3	—	91.5	79.8	67.9	210	226	210	690(100)	175
94	57.6	—	91.2	79.1	66.9	205	221	205	676(98)	171
93	57.0	—	90.8	78.4	65.9	200	216	200	648(94)	167
92	56.4	—	90.5	77.8	64.8	195	211	195	634(92)	163
91	55.8	—	90.2	77.1	63.8	190	206	190	620(90)	160
90	55.2	—	89.9	76.4	62.8	185	201	185	614(89)	157
89	54.6	—	89.5	75.8	61.8	180	196	180	607(88)	154
88	54.0	—	89.2	75.1	60.8	176	192	176	593(86)	151
87	53.4	—	88.9	74.4	59.8	172	188	172	579(84)	148
86	52.8	—	88.6	73.8	58.8	169	184	169	572(83)	145
85	52.3	—	88.2	73.1	57.8	165	180	165	565(82)	142
84	51.7	—	87.9	72.4	56.8	162	176	162	558(81)	140
83	51.1	—	87.6	71.8	55.8	159	173	159	552(80)	137
82	50.6	—	87.3	71.1	54.8	156	170	156	524(76)	135
81	50.0	—	86.9	70.4	53.8	153	167	153	503(73)	133
80	49.5	—	86.6	69.7	52.8	150	164	150	496(72)	130
79	48.9	—	86.3	69.1	51.8	147	161	147	482(70)	128
78	48.4	—	86.0	68.4	50.8	144	158	144	475(69)	126
77	47.9	—	85.6	67.7	49.8	141	155	141	469(68)	124
76	47.3	—	85.3	67.1	48.8	139	152	139	462(67)	122
75	46.8	—	85.0	66.4	47.8	137	150	137	455(66)	120
74	46.3	—	84.7	65.7	46.8	135	147	135	448(65)	118
73	45.8	—	84.3	65.1	45.8	132	145	132	441(64)	116
72	45.3	—	84.0	64.4	44.8	130	143	130	434(63)	114
71	44.8	100	83.7	63.7	43.8	127	141	127	427(62)	112
70	44.3	99.5	83.4	63.1	42.8	125	139	125	421(61)	110
69	43.8	99.0	83.0	62.4	41.8	123	137	123	414(60)	109
68	43.3	98.0	82.7	61.7	40.8	121	135	121	407(59)	108

（续）

洛氏			表面洛氏			HV	HK,500gf 或更大	HBW, 3000kgf, 直径 10mm 的球	抗拉强度 MPa(ksi)	HBW, 500kgf, 直径 10mm 的球
HRB, 100kgf, 直径 1/6in 的球	HRA, 60kgf, 金刚石	HRE, 100kgf 直径 1/6in 的球	HR15T, 15kgf 直径 1/6in 的球	HR30T, 30kgf 直径 1/6in 的球	HR45T, 45kgf, 直径 1/6in 的球					
67	42.8	97.5	82.4	61.0	39.8	119	133	119	400(58)	106
66	42.3	97.0	82.1	60.4	38.7	117	131	117	393(57)	104
65	41.8	96.0	81.8	59.7	37.7	116	129	116	386(56)	102
64	41.4	95.5	81.4	59.0	36.7	114	127	114	—	100
63	40.9	95.0	81.1	58.4	35.7	112	125	112	—	99
62	40.4	94.5	80.8	57.7	34.7	110	124	110	—	98
61	40.0	93.5	80.5	57.0	33.7	108	122	108	—	96
60	39.5	93.0	80.1	56.4	32.7	107	120	107	—	95
59	39.0	92.5	79.8	55.7	31.7	106	118	106	—	94
58	38.6	92.0	79.5	55.0	30.7	104	117	104	—	92
57	38.1	91.0	79.2	54.4	29.7	103	115	103	—	91
56	37.7	90.5	78.8	53.7	28.7	101	114	101	—	90
55	37.2	90.0	78.5	53.0	27.7	100	112	100	—	89
54	36.8	89.5	78.2	52.4	26.7	—	111	—	—	87
53	36.3	89.0	77.9	51.7	25.7	—	110	—	—	86
52	35.9	88.0	77.5	51.0	24.7	—	109	—	—	85
51	35.5	87.5	77.2	50.3	23.7	—	108	—	—	84
50	35.0	87.0	76.9	49.7	22.7	—	107	—	—	83
49	34.6	86.5	76.6	49.0	21.7	—	106	—	—	82
48	34.1	85.5	76.2	48.3	20.7	—	105	—	—	81
47	33.7	85.0	75.9	47.7	19.7	—	104	—	—	80
46	33.3	84.5	75.6	47.0	18.7	—	103	—	—	80
45	32.9	84.0	75.3	46.3	17.7	—	102	—	—	79
44	32.4	83.5	74.9	45.7	16.7	—	101	—	—	78

注：仅适用于退火、正火和调质条件碳钢和低合金钢的硬度近似转换；如用于冷加工条件和奥氏体钢，准确度较低。

表 6-20　根据 ASTM E140 的非奥氏体钢近似洛氏 C 硬度转换

HRC, 150kgf, 金刚石	HRA, 60kgf, 金刚石	HRD, 100kgf, 金刚石	HR15N, 15kgf, 金刚石	HR30N, 30kgf, 金刚石	HR45N, 45kgf, 金刚石	HV	HK, 500gf 或更大	HBW, 3000kgf, 10mm 球	抗拉强度/ MPa(ksi)
68	85.6	76.9	93.2	84.4	75.4	940	920	—	—
67	85.0	76.1	92.9	83.6	74.2	900	895	—	—
66	84.5	75.4	92.5	82.8	73.3	865	870	—	—
65	83.9	74.5	92.2	81.9	72.0	832	846	739[①]	—
64	83.4	73.8	91.8	81.1	71.0	800	822	722[①]	—
63	82.8	73.0	91.4	80.1	69.9	772	799	705[①]	—
62	82.3	72.2	91.1	79.3	68.8	746	776	688[①]	—
61	81.8	71.5	90.7	78.4	67.7	720	754	670[①]	—
60	81.2	70.7	90.2	77.5	66.6	697	732	654[①]	—
59	80.7	69.9	89.8	76.6	65.5	674	710	634[①]	2420(351)
58	80.1	69.2	89.3	75.7	64.3	653	690	615	2330(338)
57	79.6	68.5	88.9	74.8	63.2	633	670	595	2240(325)
56	79.0	67.7	88.3	73.9	62.0	613	650	577	2158(313)
55	78.5	66.9	87.9	73.0	60.9	595	630	560	2075(301)
54	78.0	66.1	87.4	72.0	59.8	577	612	543	2013(292)

（续）

HRC, 150kgf, 金刚石	HRA, 60kgf, 金刚石	HRD, 100kgf, 金刚石	HR15N, 15kgf, 金刚石	HR30N, 30kgf, 金刚石	HR45N, 45kgf, 金刚石	HV	HK, 500gf 或更大	HBW, 3000kgf, 10mm 球	抗拉强度/ MPa(ksi)
53	77.4	65.4	86.9	71.2	58.6	560	594	525	1951(283)
52	76.8	64.6	86.4	70.2	57.4	544	576	512	1882(273)
51	76.3	63.8	85.9	69.4	56.1	528	558	496	1820(264)
50	75.9	63.1	85.5	68.5	55.0	513	542	481	1758(255)
49	75.2	62.1	85.0	67.6	53.8	498	526	469	1696(246)
48	74.7	61.4	84.5	66.7	52.5	484	510	455	1634(237)
47	74.1	60.8	83.9	65.8	51.4	471	495	443	1579(229)
46	73.6	60.0	83.5	64.8	50.3	458	480	432	1524(221)
45	73.1	59.2	83.0	64.0	49.0	446	466	421	1482(215)
44	72.5	58.5	82.5	63.1	47.8	434	452	409	1434(208)
43	72.0	57.7	82.0	62.2	46.7	423	438	400	1386(201)
42	71.5	56.9	81.5	61.3	45.5	412	426	390	1344(195)
41	70.9	56.2	80.9	60.4	44.3	402	414	381	1296(188)
40	70.4	55.4	80.4	59.5	43.1	392	402	371	1254(182)
39	69.9	54.6	79.9	58.6	41.9	382	391	362	1220(177)
38	69.4	53.8	79.4	57.7	40.8	372	380	353	1179(171)
37	68.9	53.1	78.8	56.8	39.6	363	370	344	1137(166)
36	68.4	52.3	78.3	55.9	38.4	354	360	336	1110(161)
35	67.9	51.5	77.7	55.0	37.2	345	351	327	1075(156)
34	67.4	50.8	77.2	54.2	36.1	336	342	319	1048(152)
33	66.8	50.0	76.6	53.3	34.9	327	334	311	1027(149)
32	66.3	49.2	76.1	52.1	33.7	318	326	301	1006(146)
31	65.8	48.4	75.6	51.3	32.5	310	318	294	972(141)
30	65.3	47.7	75.0	50.4	31.3	302	311	286	951(138)
29	64.8	47.0	74.5	49.5	30.1	294	304	279	930(135)
28	64.3	46.1	73.9	48.6	28.9	286	297	271	903(131)
27	63.8	45.2	73.3	47.7	27.8	279	290	264	882(128)
26	63.3	44.6	72.8	46.8	26.7	272	284	258	861(125)
25	62.8	43.8	72.2	45.9	25.5	266	278	253	848(123)
24	62.4	43.1	71.6	45.0	24.3	260	272	247	820(119)
23	62.0	42.1	71.0	44.0	23.1	254	266	243	806(117)
22	61.5	41.6	70.5	43.2	22.0	248	261	237	792(115)
21	61.0	40.9	69.9	42.3	20.7	243	256	231	772(112)
20	60.5	40.1	69.4	41.5	19.6	238	251	226	758(110)

注：仅适用于退火，正火和调质条件碳钢和低合金钢的硬度近似转换；如用于冷加工条件和奥氏体钢，准确度较低。
① 根据 ASTM E10，硬度值在推荐布氏硬度测试范围以外。

表 6-21　钢的近似等效布氏硬度值

布氏压 痕直径/ mm	布氏硬度值（HBW）， 3000kgf，直径 10mm 的球①		维氏硬 度值	洛氏硬度值				表面洛氏硬度值， 金刚石			HK，500gf 或更大	肖氏硬 度值
	标准钢球	碳化钨球		HRA， 60kgf， 金刚石	HRB， 100kgf， 直径 1/6in 的球	HRC， 150kgf， 金刚石	HRD， 100kgf， 金刚石	HR15N， 15kgf	HR30N， 30kgf	HR45N， 45kgf		
2.25	—	(745)	840	84.1	—	65.3	74.8	92.3	82.2	72.2	852	91
2.30	—	(712)	783	83.1	—	63.4	73.4	91.6	80.5	70.4	808	—
2.35	—	(682)	737	82.2	—	61.7	72.0	91.0	79.0	68.5	768	84
2.40	—	(653)	697	81.2	—	60.0	70.7	90.2	77.5	66.5	732	81
2.45	—	627	667	80.5	—	58.7	69.7	89.6	76.3	65.1	703	79
2.50	—	601	640	79.8	—	57.3	68.7	89.0	75.1	63.5	677	77
2.55	—	578	615	79.1	—	56.0	67.7	88.4	73.9	62.1	652	75

（续）

布氏压痕直径/mm	布氏硬度值(HBW), 3000kgf,直径 10mm 的球[1]		维氏硬度值	洛氏硬度值				表面洛氏硬度值,金刚石			HK,500gf 或更大	肖氏硬度值
	标准钢球	碳化钨球		HRA, 60kgf, 金刚石	HRB, 100kgf, 直径 1/6in 的球	HRC, 150kgf, 金刚石	HRD, 100kgf, 金刚石	HR15N, 15kgf	HR30N, 30kgf	HR45N, 45kgf		
2.60	—	555	591	78.4	—	54.7	66.7	87.8	72.7	60.6	626	73
2.65	—	534	569	77.8	—	53.5	65.8	87.2	71.6	59.2	604	71
2.70	—	514	547	76.9	—	52.1	64.7	86.5	70.3	57.6	579	70
2.75	(495)	—	539	76.7	—	51.6	64.3	86.3	69.9	56.9	571	—
	—	495	528	76.3	—	51.0	63.8	85.9	69.4	56.1	558	68
2.80	(477)	—	516	75.9	—	50.3	63.2	85.6	68.7	55.2	545	—
	—	477	508	75.6	—	49.6	62.7	85.3	68.2	54.5	537	66
2.85	(461)	—	495	75.1	—	48.8	61.9	84.9	67.4	53.5	523	—
	—	461	491	74.9	—	48.5	61.7	84.7	67.2	53.2	518	65
2.90	444	—	474	74.3	—	47.2	61.0	84.1	66.0	51.7	499	—
	—	444	472	74.2	—	47.1	60.8	84.0	65.8	51.5	496	63
2.95	429	429	455	73.4	—	45.7	59.7	83.4	64.6	49.9	476	61
3.00	415	415	440	72.8	—	44.5	58.8	82.8	63.5	48.4	459	59
3.05	401	401	425	72.0	—	43.1	57.8	82.0	62.3	46.9	441	58
3.10	388	388	410	71.4	—	41.8	56.8	81.4	61.1	45.3	423	56
3.15	375	375	396	70.6	—	40.4	55.7	80.6	59.9	43.6	407	54
3.20	363	363	383	70.0	—	39.1	54.6	80.0	58.7	42.0	392	52
3.25	352	352	372	69.3	(110.0)	37.9	53.8	79.3	57.6	40.5	379	51
3.30	341	341	360	68.7	(109.0)	36.6	52.8	78.6	56.4	39.1	367	50
3.35	331	331	350	68.1	(108.5)	35.5	51.9	78.0	55.4	37.8	356	48
3.40	321	321	339	67.5	(108.0)	34.3	51.0	77.3	54.3	36.4	345	47
3.45	311	311	328	66.9	(107.5)	33.1	50.0	76.7	53.3	34.4	336	46
3.50	302	302	319	66.3	(107.0)	32.1	49.3	76.1	52.2	33.8	327	45
3.55	293	293	309	65.7	(106.0)	30.9	48.3	75.5	51.2	32.4	318	43
3.60	285	285	301	65.3	(105.5)	29.9	47.6	75.0	50.3	31.2	310	42
3.65	277	277	292	64.6	(104.5)	28.8	46.7	74.4	49.3	29.9	302	41
3.70	269	269	284	64.1	(104.0)	27.6	45.9	73.7	48.3	28.5	294	40
3.75	262	262	276	63.6	(103.0)	26.6	45.0	73.1	47.3	27.3	286	39
3.80	255	255	269	63.0	(102.0)	25.4	44.2	72.5	46.2	26.0	279	38
3.85	248	248	261	62.5	(101.0)	24.2	43.2	71.7	45.1	24.5	272	37
3.90	241	241	253	61.8	100.0	22.8	42.0	70.9	43.9	22.8	265	36
3.95	235	235	247	61.4	99.0	21.7	41.4	70.3	42.9	21.5	259	35
4.00	229	229	241	60.8	98.2	20.5	40.5	69.7	41.9	20.1	253	34
4.05	223	223	234	—	97.3	(19.0)	—	—	—	—	247	—
4.10	217	217	228	—	96.4	(17.7)	—	—	—	—	242	33
4.15	212	212	222	—	95.5	(16.4)	—	—	—	—	237	32
4.20	207	207	218	—	94.6	(15.2)	—	—	—	—	232	31
4.25	201	201	212	—	93.7	(13.8)	—	—	—	—	227	—
4.30	197	197	207	—	92.8	(12.7)	—	—	—	—	222	30
4.35	192	192	202	—	91.9	(11.5)	—	—	—	—	217	29
4.40	187	187	196	—	90.9	(10.2)	—	—	—	—	212	—
4.45	183	183	192	—	90.0	(9.0)	—	—	—	—	207	28
4.50	179	179	188	—	89.0	(8.0)	—	—	—	—	202	27
4.55	174	174	182	—	88.0	(6.7)	—	—	—	—	198	—
4.60	170	170	178	—	87.0	(5.4)	—	—	—	—	194	26
4.65	167	167	175	—	86.0	(4.4)	—	—	—	—	190	—

（续）

布氏压痕直径，mm	布氏硬度值（HBW），3000kgf，直径 10mm 的球①		维氏硬度值	洛氏硬度值				表面洛氏硬度值，金刚石			HK，500gf或更大	肖氏硬度值
	标准钢球	碳化钨球		HRA，60kgf，金刚石	HRB，100kgf，直径 1/6的球	HRC，150kgf，金刚石	HRD，100kgf，金刚石	HR15N，15kgf	HR30N，30kgf	HR45N，45kgf		
4.70	163	163	171	—	85.0	(3.3)	—	—	—	—	186	25
4.75	159	159	167	—	83.9	(2.0)	—	—	—	—	182	—
4.80	156	156	163	—	82.9	(0.9)	—	—	—	—	178	24
4.85	152	152	159	—	81.9	—	—	—	—	—	174	—
4.90	149	149	156	—	80.8	—	—	—	—	—	170	23
4.95	146	146	153	—	79.7	—	—	—	—	—	166	—
5.00	143	143	150	—	78.6	—	—	—	—	—	163	22
5.10	137	137	143	—	76.4	—	—	—	—	—	157	21
5.20	131	131	137	—	74.2	—	—	—	—	—	151	—
5.30	126	126	132	—	72.0	—	—	—	—	—	145	20
5.40	121	121	127	—	69.8	—	—	—	—	—	140	19
5.50	116	116	122	—	67.6	—	—	—	—	—	135	18
5.60	111	111	117	—	65.4	—	—	—	—	—	131	17

注：如括号中的值超出正常范围，该数据仅供参考。数据仅适用于退火、正火和调质条件碳钢和低合金钢的硬度近似转换；如用于冷加工条件和奥氏体钢，准确度较低。

① 布氏硬度数据是基于压痕直径得出。如果在测试过程中球变形（扁平），根据变形程度，布氏硬度数据与维氏测量硬度数据会发生较大的误差。洛氏硬度金刚石压头或其他硬度计压头不易产生变形。因此，在检测高硬度范围时，布氏硬度与维氏硬度或各种洛氏硬度之间的关系会受到检测使用球类型的影响。标准钢球比碳化钨球易产生扁平，压痕较大，因此采用钢球测得的布氏硬度值低于采用碳化钨球测得。例如，硬度为 539~547HV 的试样，采用标准钢球，压痕直径为 2.75mm（495HB）；采用碳化钨球，压痕直径为 2.70mm（514HB）。相反，如采用标准钢球和碳化钨球两种球进行检测，得到完全相同的压痕直径，对应的维氏和洛氏硬度值是不同的。例如，如果在两个不同的试样，硬度试验压痕直径均为 2.75mm（495HB），采用标准球测的试样的维氏硬度为 539HV，而采用碳化钨球测试的试样的维氏硬度为 528HV。

表 6-22　钢的维氏（金刚石锥体）硬度近似等效硬度值

维氏硬度值	布氏硬度值 HBW，3000kgf，直径 10mm 的球		洛氏硬度值				表面洛氏硬度值，金刚石			HK，500gf或更大	肖氏硬度值
	标准钢球	碳化钨球	HRA，60kgf，金刚石	HRB，100kgf，直径 1/6in 的球	HRC，150kgf，金刚石	HRD，100kgf，金刚石	HR15N，15kgf	HR30N，30kgf	HR45N，45kgf		
940	—	—	85.6	—	68.0	76.9	93.2	84.4	75.4	920	97
920	—	—	85.3	—	67.5	76.5	93.0	84.0	74.8	908	96
900	—	—	85.0	—	67.0	76.1	92.9	83.6	74.2	895	95
880	—	(767)	84.7	—	66.4	75.7	92.7	83.1	73.6	882	93
860	—	(757)	84.4	—	65.9	75.3	92.5	82.7	73.1	867	92
840	—	(745)	84.1	—	65.3	74.8	92.3	82.2	72.2	852	91
820	—	(733)	83.8	—	64.7	74.3	92.1	81.7	71.8	837	90
800	—	(722)	83.4	—	64.0	73.8	91.8	81.1	71.0	822	88
780	—	(710)	83.0	—	63.3	73.3	91.5	80.4	70.2	806	87
760	—	(698)	82.6	—	62.5	72.6	91.2	79.7	69.4	788	86
740	—	(684)	82.2	—	61.8	72.1	91.0	79.1	68.6	772	84
720	—	(670)	81.8	—	61.0	71.5	90.7	78.4	67.7	754	83
700	—	(656)	81.3	—	60.1	70.8	90.3	77.6	66.7	735	81
690	—	(647)	81.1	—	59.7	70.5	90.1	77.2	66.2	725	—
680	—	(638)	80.8	—	59.2	70.1	89.8	76.8	65.7	716	80
670	—	(630)	80.6	—	58.8	69.8	89.7	76.4	65.3	706	—
660	—	620	80.3	—	58.3	69.4	89.5	75.9	64.7	697	79

（续）

维氏硬度值	布氏硬度值 HBW, 3000kgf, 直径 10mm 的球		洛氏硬度值				表面洛氏硬度值, 金刚石			HK, 500gf 或更大	肖氏硬度值
	标准钢球	碳化钨球	HRA, 60kgf, 金刚石	HRB, 100kgf, 直径 1/6in 的球	HRC, 150kgf, 金刚石	HRD, 100kgf, 金刚石	HR15N, 15kgf	HR30N, 30kgf	HR45N, 45kgf		
650	—	611	80.0	—	57.8	69.0	89.2	75.5	64.1	687	78
640	—	601	79.8	—	57.3	68.7	89.0	75.1	63.5	677	77
630	—	591	79.5	—	56.8	68.3	88.8	74.6	63.0	667	76
620	—	582	79.2	—	56.3	67.9	88.5	74.2	62.4	657	75
610	—	573	78.9	—	55.7	67.5	88.2	73.6	61.7	646	—
600	—	564	78.6	—	55.2	67.0	88.0	73.2	61.2	636	74
590	—	554	78.4	—	54.7	66.7	87.8	72.7	60.5	625	73
580	—	545	78.0	—	54.1	66.2	87.5	72.1	59.9	615	72
570	—	535	77.8	—	53.6	65.8	87.2	71.7	59.3	604	—
560	—	525	77.4	—	53.0	65.4	86.9	71.2	58.6	594	71
550	(505)	517	77.0	—	52.3	64.8	86.6	70.5	57.8	583	70
540	(496)	507	76.7	—	51.7	64.4	86.3	70.0	57.0	572	69
530	(488)	497	76.4	—	51.1	63.9	86.0	69.5	56.2	561	68
520	(480)	488	76.1	—	50.5	63.5	85.7	69.0	55.6	550	67
510	(473)	479	75.7	—	49.8	62.9	85.4	68.3	54.7	539	—
500	(465)	471	75.3	—	49.1	62.2	85.0	67.7	53.9	528	66
490	(456)	460	74.9	—	48.4	61.6	84.7	67.1	53.1	517	65
480	(448)	452	74.5	—	47.7	61.3	84.3	66.4	52.2	505	64
470	441	442	74.1	—	46.9	60.7	83.9	65.7	51.3	494	—
460	433	433	73.6	—	46.1	60.1	83.6	64.9	50.4	482	62
450	425	425	73.3	—	45.3	59.4	83.2	64.3	49.4	471	—
440	415	415	72.8	—	44.5	58.8	82.8	63.5	48.4	459	59
430	405	405	72.3	—	43.6	58.2	82.3	62.7	47.4	447	58
420	397	397	71.8	—	42.7	57.5	81.8	61.9	46.4	435	57
410	388	388	71.4	—	41.8	56.8	81.4	61.1	45.3	423	56
400	379	379	70.8	—	40.8	56.0	80.8	60.2	44.1	412	55
390	369	369	70.3	—	39.8	55.2	80.3	59.3	42.9	400	—
380	360	360	69.8	(110.0)	38.8	54.4	79.8	58.4	41.7	389	52
370	350	350	69.2	—	37.7	53.6	79.2	57.4	40.4	378	51
360	341	341	68.7	(109.0)	36.6	52.8	78.6	56.4	39.1	367	50
350	331	331	68.1	—	35.5	51.9	78.0	55.4	37.8	356	48
340	322	322	67.6	(108.0)	34.4	51.1	77.4	54.4	36.5	346	47
330	313	313	67.0	—	33.3	50.2	76.8	53.6	35.2	337	46
320	303	303	66.4	(107.0)	32.2	49.4	76.2	52.3	33.9	328	45
310	294	294	65.8	—	31.0	48.4	75.6	51.3	32.5	318	—
300	284	284	65.2	(105.5)	29.8	47.5	74.9	50.2	31.1	309	42
295	280	280	64.8	—	29.2	47.1	74.6	49.7	30.4	305	—
290	275	275	64.5	(104.5)	28.5	46.5	74.2	49.0	29.5	300	41
285	270	270	64.2	—	27.8	46.0	73.8	48.4	28.7	296	—
280	265	265	63.8	(103.5)	27.1	45.3	73.4	47.8	27.9	291	40
275	261	261	63.5	—	26.4	44.9	73.0	47.2	27.1	286	39
270	256	256	63.1	(102.0)	25.6	44.3	72.6	46.4	26.2	282	38
265	252	252	62.7	—	24.8	43.7	72.1	45.7	25.2	277	—
260	247	247	62.4	(101.0)	24.0	43.1	71.6	45.0	24.3	272	37
255	243	243	62.0	—	23.1	42.2	71.1	44.2	23.2	267	—

（续）

维氏硬度值	布氏硬度值 HBW，3000kgf，直径 10mm 的球		洛氏硬度值				表面洛氏硬度值，金刚石			HK，500gf 或更大	肖氏硬度值
	标准钢球	碳化钨球	HRA，60kgf，金刚石	HRB，100kgf，直径 1/6in 的球	HRC，150kgf，金刚石	HRD，100kgf，金刚石	HR15N，15kgf	HR30N，30kgf	HR45N，45kgf		
250	238	238	61.6	99.5	22.2	41.7	70.6	43.4	22.2	262	36
245	233	233	61.2	—	21.3	41.1	70.1	42.5	21.1	258	35
240	228	228	60.7	98.1	20.3	40.3	69.6	41.7	19.9	253	34
230	219	219	—	96.7	(18.0)	—	—	—	—	243	33
220	209	209	—	95.0	(15.7)	—	—	—	—	234	32
210	200	200	—	93.4	(13.4)	—	—	—	—	226	30
200	190	190	—	91.5	(11.0)	—	—	—	—	216	29
190	181	181	—	89.5	(8.5)	—	—	—	—	206	28
180	171	171	—	87.1	(6.0)	—	—	—	—	196	26
170	162	162	—	85.0	(3.0)	—	—	—	—	185	25
160	152	152	—	81.7	(0.0)	—	—	—	—	175	23
150	143	143	—	78.7	—	—	—	—	—	164	22
140	133	133	—	75.0	—	—	—	—	—	154	21
130	124	124	—	71.2	—	—	—	—	—	143	20
120	114	114	—	66.7	—	—	—	—	—	133	18
110	105	105	—	62.3	—	—	—	—	—	123	
100	95	95	—	56.2	—	—	—	—	—	112	
95	90	90	—	52.0	—	—	—	—	—	107	
90	86	86	—	48.0	—	—	—	—	—	102	
85	81	81	—	41.0	—	—	—	—	—	97	—

注：如括号中的值超出正常范围，该数据仅供参考。数据仅适用于退火、正火和调质条件碳钢和低合金钢的硬度近似转换；如用于冷加工条件和奥氏体钢，准确度较低。

6.8 碳钢和低合金钢的物理性能

碳钢和低合金钢的相关物理性能见表 6-23 ~ 表 6-25 所列。

表 6-23 碳钢和低合金钢的平均线胀系数

AISI-SAE 牌号	处理工艺条件	平均膨胀系数/[μm/(m·K)]［温度℃（℉）］[1]						
		20~100 (68~212)	20~200 (68~392)	20~300 (68~572)	20~400 (68~752)	20~500 (68~932)	20~600 (68~1112)	20~700 (68~1292)
1008	退火	12.6[2]	13.1[2]	13.5[2]	13.8[2]	14.2[2]	14.6[2]	15.0[2]
1008	退火	11.6	12.5	13.0	13.6	14.2	14.6	15.0
1010	退火	12.2[2]	13.0[2]	13.5[2]	13.9[2]	14.3[2]	14.7[2]	15.0[2]
1010	未知	11.9[3]	12.6	13.3	13.8	14.3	14.7	14.9
1010	未知	—	—	—	15.1[4]	—	—	—
1015	轧制	11.9[2]	12.5[2]	13.0[2]	13.6[2]	14.2[2]	—	—
1015	退火	12.2[2]	—	13.0[2]	13.4[2]	—	14.2[2]	—
1016	退火	12.0[2]	—	—	13.5[2]	—	14.4[2]	—
1017	未知	12.2[2]	—	—	13.5[2]	—	14.5[2]	—
1018	退火	12.0[2]	—	—	13.5[2]	—	14.4[2]	—
1019	未知	12.2[2]	—	—	13.5[2]	—	14.7[2]	—
1020	退火	11.7	12.1	12.8	13.4	13.9	14.4	14.8
1020	未知	12.2[2]	—	—	13.5[2]	—	14.2[2]	—
1021	未知	12.0[2]	—	—	13.5[2]	—	14.3[2]	—
1022	退火	12.2[2]	12.7[2]	13.1[2]	13.5[2]	13.9[2]	14.4[2]	14.9[2]

（续）

AISI-SAE 牌号	处理工艺条件	平均膨胀系数/[μm/(m·K)][温度℃(℉)][1]						
		20~100 (68~212)	20~200 (68~392)	20~300 (68~572)	20~400 (68~752)	20~500 (68~932)	20~600 (68~1112)	20~700 (68~1292)
1023	未知	12.2[2]	—	—	13.5[2]	—	14.4[2]	—
1025	退火	12.0[2]	—	—	13.5[2]	—	14.4[2]	—
1026	退火	12.0[2]	—	—	13.5[2]	—	14.4[2]	—
1029	退火	12.0[2]	—	—	13.5[2]	—	14.4[2]	—
1030	退火	11.7[2]	—	—	13.5[2]	—	14.4[2]	—
1035	退火	11.1	11.9	12.7	13.4	14.0	14.4	14.8
1037	退火	11.1[2]	—	—	13.5[2]	—	14.6[2]	—
1039	退火	11.1[2]	—	—	13.5[2]	—	14.6[2]	—
1040	退火	11.3	12.0	12.5	13.3	13.9	14.4	14.8
1043	退火	11.3[2]	—	—	13.5[2]	—	14.6[2]	—
1044	退火	11.1[2]	12.0[2]	—	13.3[2]	—	—	—
1045	退火	11.6[2]	12.3[2]	13.1[2]	13.7[2]	14.2[2]	14.7[2]	15.1[2]
1045	退火	11.2[5]	11.9[5]	12.7[5]	13.5[5]	14.1[5]	14.5[5]	14.8[5]
1046	未知	11.1[2]	—	—	13.5[2]	—	—	—
1050	退火	11.1[2]	12.0[2]	—	13.5[2]	—	—	—
1052	退火	11.3[5]	11.8[5]	12.7[5]	13.7[5]	14.5[5]	14.7[5]	15.0[5]
1053	未知	11.1[2]	—	—	13.5[2]	—	—	—
1055	退火	11.0	11.8	12.6	13.4	14.0	14.5	14.8
1060	退火	11.1[5]	11.9[5]	12.9[5]	13.5[5]	14.1[5]	14.6[5]	14.9[5]
1064	未知	11.1[2]	—	—	13.5[2]	—	—	—
1065	未知	11.1[2]	—	—	13.5[2]	—	—	—
1070	未知	11.5[2]	—	—	13.3[2]	—	—	—
1078	未知	11.3[2]	—	—	13.3	—	—	—
1080	退火	11.0	11.6	12.4	13.2	13.8	14.2	14.7
1080	未知	11.7[2]	12.2[2]	—	—	—	—	—
1085	退火	11.1[2]	11.7[2]	12.5[2]	13.2[2]	13.6[2]	14.2[2]	14.7
1086	未知	11.1[2]	—	—	13.1[2]	—	—	—
1095	未知	—	—	—	—	—	—	14.6[1]
1095	退火	11.4	—	—	—	—	—	—
1095	淬硬	13.0[2]	—	—	—	—	—	—
1117	未知	12.2[6]	—	—	13.1[7]	—	—	—
1118	未知	12.2[6]	—	—	13.3[7]	—	—	—
1132	未知	12.6[6]	—	—	—	—	—	—
1137	未知	12.8	—	—	—	—	—	—
1139	未知	12.6[6]	—	—	—	—	—	—
1140	未知	12.6[6]	—	—	—	—	—	—
1141	未知	—	12.6[2]	—	—	—	—	—
1144	未知	13.3	—	—	—	—	—	—
1145	退火	11.2[2]	12.1[2]	13.0[2]	13.6[2]	14.0[2]	14.6[2]	14.8[2]
1145	退火	11.6[2]	12.3[2]	13.1[2]	13.7[2]	14.2[2]	14.7[2]	15.1[2]
1146	未知	12.8	—	—	—	—	—	—
1151	未知	—	12.6[2]	—	—	—	—	—
1330	未知	12.0	12.8	13.3	—	—	—	—
1335	未知	12.2	12.8	13.3	—	—	—	—
1345	未知	12.0	12.6	13.3	—	—	—	—
1522	退火	12.0[2]	—	—	13.5[2]	—	14.4[2]	—
1524	未知	11.9	12.7	—	13.9	—	14.7	—
1524	退火	12.0[2]	—	—	13.5[2]	—	14.4[2]	—

（续）

AISI-SAE 牌号	处理工艺条件	平均膨胀系数/[μm/(m·K)][温度℃(℉)]①						
		20~100 (68~212)	20~200 (68~392)	20~300 (68~572)	20~400 (68~752)	20~500 (68~932)	20~600 (68~1112)	20~700 (68~1292)
1526	退火	12.0②	—	—	13.5②	—	14.4②	—
1541	退火	12.0②	—	—	13.5②	—	14.4②	—
1548	未知	11.9②	—	—	13.3②	—	14.6②	—
1551	退火	11.7②	—	—	13.5②	—	14.6②	—
1552	未知	11.1②	—	—	13.5②	—	—	—
1561	退火	11.1②	—	—	13.5②	—	14.6②	—
1566	退火	11.5②	—	—	13.5②	—	14.7②	—
2330	退火	10.9⑤	11.2⑤	12.1⑤	12.9⑤	13.4⑤	13.8⑤	—
2515	未知	10.9⑥⑧	—	12.6⑨	—	13.5⑩	—	—
3120	未知	11.3⑪	—	—	—	—	—	14.6⑫
3130	未知	11.3⑪	—	—	—	—	—	14.6⑫
3140	未知	11.3⑪	—	—	—	—	—	14.6⑫
3150	未知	11.3⑪	—	—	—	—	—	14.6⑫
4023	未知	11.7⑪	—	—	—	—	—	—
4027	未知	11.7⑪	—	—	—	—	—	—
4028	未知	11.9	12.4	12.9	—	—	—	—
4032	未知	11.9	12.4	12.9	—	—	—	—
4042	未知	11.9	12.4	12.9	—	—	—	—
4047	未知	11.9	12.4	12.9	—	—	—	—
4130	未知	12.2	—	—	13.7	—	14.6	—
4135	未知	11.7	12.2	12.8	—	—	—	—
4137	未知	11.7	12.2	12.8	—	—	—	—
4140	油淬加回火	12.3	12.7	—	13.7	—	14.5	—
4142	未知	11.7	12.2	12.8	—	—	—	—
4145	油淬加回火	11.7	12.2	12.8	—	—	—	—
4147	未知	11.7	12.2	12.8	—	—	—	—
4161	未知	11.5	12.2	12.9	—	—	—	—
4320	未知	11.3⑪	—	—	—	—	—	14.6⑫
4337	未知	11.3⑪	—	—	—	—	—	14.6⑫
4340	油淬加600℃回火(1110℉)	12.3	12.7	—	13.7	—	14.5	—
4340	油淬加630℃回火(1170℉)	—⑬	12.4	—	13.6	—	14.3	—
4422	未知	11.7⑪	—	—	—	—	—	—
4427	未知	12.6	—	13.8	—	—	15.1	—
4615	未知	11.5	12.1	12.7	13.2	13.7	14.1	—
4617	渗碳加淬火	12.5	13.1	—	—	—	—	—
4626	正火加淬火	11.70⑥	—	12.6⑨	—	—	13.8⑩	—
4718	未知	11.3	12.2	13.1	—	—	—	—
4815	未知	11.5⑥	12.2⑭	13.1⑮	—	—	—	—
4820	未知	11.3⑥	12.2⑭	12.9⑮	—	—	—	—
5046	未知	11.9	12.4	12.9	—	—	—	—
50B60	未知	11.9	12.4	12.9	—	—	—	—
5117	未知	12.0	12.8	13.5	—	—	—	—
5120	未知	12.0	12.8	13.5	—	—	—	—
5130	未知	12.2	12.9	13.5	—	—	—	—
5132	未知	12.2	12.9	13.5	—	—	—	—
5135	未知	12.0	12.8	13.5	—	—	—	—

（续）

AISI-SAE 牌号	处理工艺条件	平均膨胀系数/[μm/(m·K)][温度℃(℉)][1]						
		20～100 (68～212)	20～200 (68～392)	20～300 (68～572)	20～400 (68～752)	20～500 (68～932)	20～600 (68～1112)	20～700 (68～1292)
5140	退火	—	12.6	13.4	13.9	14.3	14.6	15.0
5145	未知	12.2	—	13.1[16]	—	—	—	—
5150	未知	12.8	—	13.7[16]	—	—	—	—
5155	未知	12.2	—	13.1[17]	—	—	—	—
52100	退火	11.9[2]	—	—	—	—	—	—
52100	淬硬	12.6[2]	—	—	—	—	—	—
6150	退火	12.2	12.7	12.3	13.7	14.1	14.4	
6150	淬火加205℃回火（400℉）	12.0	12.5	12.9	13.0	13.3	13.7	—
6150	退火	12.4[5]	12.6[5]	13.3[5]	13.8[5]	14.2[5]	14.5[5]	14.7[5]
8115	未知	11.9	12.6	13.3	—	—	—	—
81B45	未知	11.9	12.6	13.3	—	—	—	—
8617	未知	11.9[11]	—	12.8[18]	—	—	14.0[19]	—
8622	未知	11.1	12.2	12.9	—	—	—	—
8625	未知	11.1	12.2	12.9	—	—	—	—
8627	未知	11.3	12.2	12.9	—	—	—	—
8630	未知	11.3[11]	—	—	—	—	—	14.6[12]
8637	未知	11.3	12.2	12.8	—	—	—	—
8645	淬油加回火	11.7	12.2	12.8	—	—	—	—
8650	淬油加回火	11.7	12.2	12.8	—	—	—	—
8655	淬油加回火	11.7	12.2	12.8	—	—	—	—
8720	未知	11.3[11]	—	—	—	—	—	14.6[12]
8822	未知	11.3	12.2	12.9	—	—	—	—

① 获得以 μin/in·℉ 为单位的平均线胀系数，乘以 0.556。

② 标注的值代表 0℃（32℉）与标明温度之间的平均线胀系数。

③ 10.3μm/m·K 为 -100℃ 至 20℃（-140℉ 至 68℉）的平均线胀系数；9.8μm/m·K 为 -150℃ 至 20℃（-238℉ 至 68℉）的平均线胀系数。

④ 标注的值代表 20～650℃（68～1200℉）之间的平均线胀系数。

⑤ 标注的值代表 25℃（75℉）与标明温度之间的平均线胀系数。

⑥ 标注的值代表 20～95℃（68～200℉）之间的平均线胀系数。

⑦ 标注的值代表 20～370℃（68～700℉）之间的平均线胀系数。

⑧ 8.6μm/m·K 为 -195℃ 至 20℃（-320℉ 至 68℉）的平均线胀系数；10.0μm/m·K 为 -130℃ 至 20℃（-200℉ 至 68℉）的平均线胀系数。

⑨ 标注的值代表 20～260℃（68～500℉）之间的平均线胀系数。

⑩ 标注的值代表 20～540℃（68～1000℉）之间的平均线胀系数。

⑪ 标注的值代表 -18～95℃（0～200℉）之间的平均线胀系数。

⑫ 标注的值代表 -18～650℃（0～1200℉）之间的平均线胀系数。

⑬ 11.2μm/m·K 为 -100℃ 至 20℃（-148℉ 至 68℉）的平均线胀系数；10.4μm/m·K 为 -150℃ 至 20℃（-238℉ 至 68℉）的平均线胀系数。

⑭ 标注的值代表 20～205℃（68～400℉）之间的平均线胀系数。

⑮ 标注的值代表 20～315℃（68～600℉）之间的平均线胀系数。

⑯ 标注的值代表 25～270℃（77～518℉）之间的平均线胀系数。

⑰ 标注的值代表 20～275℃（68～525℉）之间的平均线胀系数。

⑱ 标注的值代表 -18～260℃（0～500℉）之间的平均线胀系数。

⑲ 标注的值代表 -18～540℃（0～1000℉）之间的平均线胀系数。

表 6-24 碳钢和低合金钢的热导率

AISI-SAE 牌号	处理工艺条件	热导率/[W/(m·K)][温度℃(℉)][1]										
		0 (32)	100 (212)	200 (392)	300 (572)	400 (752)	500 (932)	600 (1112)	700 (1292)	800 (1472)	1000 (1832)	1200 (2192)
1008	未知	59.5	57.8	53.2	49.4	45.6	41.0	36.8	33.1	28.5	27.6	29.7
	退火	65.3(b)	60.3	54.9		45.2		36.4		28.5	27.6	

（续）

AISI-SAE 牌号	处理工艺 条件	热导率/[W/(m·K)] [温度℃(℉)][1]										
		0 (32)	100 (212)	200 (392)	300 (572)	400 (752)	500 (932)	600 (1112)	700 (1292)	800 (1472)	1000 (1832)	1200 (2192)
1010	未知	—	46.7	—	—	—	—	—	—	—	—	—
1015	退火	51.9	51.0	48.9	—	—	—	—	—	—	—	—
1016	退火	51.9	50.2	47.6	—	—	—	—	—	—	—	—
1018	退火	51.9	50.8	48.9	—	—	—	—	—	—	—	—
1020	未知	51.9	51.0	48.9	—	—	—	—	—	—	—	—
1022	退火	51.9	50.8	48.8	—	—	—	—	—	—	—	—
1025	退火	51.9	51.1	49.0	46.1	42.7	39.4	35.6	31.8	26.0	27.2	29.7
1026	退火	51.9	50.1	48.4	—	—	—	—	—	—	—	—
1029	退火	51.9	50.1	48.4	—	—	—	—	—	—	—	—
1030	退火	—	51.0	—	—	—	—	—	—	—	—	—
1035	退火	—	50.8	—	—	—	—	—	—	—	—	—
1037	退火	—	51.0	—	—	—	—	—	—	—	—	—
1039	退火	0	50.7	—	—	—	—	—	—	—	—	—
1040	退火	—	50.7	—	—	—	—	—	—	—	—	—
1042	退火	51.9	50.7	48.2	45.6	41.9	38.1	33.9	30.1	24.7	26.8	29.7
1043	退火	—	50.8	—	—	—	—	—	—	—	—	—
1044	退火	—	50.8	—	—	—	—	—	—	—	—	—
1045	退火	—	50.8	—	—	—	—	—	—	—	—	—
1046	未知	51.2	49.7	—	—	—	—	—	—	—	—	—
1050	退火	51.2	49.7	46.8	—	—	—	—	—	—	—	—
1055	未知	51.2	49.7	—	—	—	—	—	—	—	—	—
1060	未知	50.5	—	46.8	—	—	—	—	—	—	—	—
1064	未知	51.2	49.7	—	—	—	—	—	—	—	—	—
1070	未知	49.9	48.4	—	—	—	—	—	—	—	—	—
1078	退火	47.8	48.2	45.2	41.4	38.1	35.2	32.7	30.1	24.3	26.8	30.1
1078	未知	49.6	48.1	—	—	—	—	—	—	—	—	—
1080	未知	50.5	—	46.8	—	—	—	—	—	—	—	—
1086	未知	49.9	48.4	—	—	—	—	—	—	—	—	—
1095	未知	—	46.7	—	—	—	—	—	—	—	—	—
1117	未知	51.9[2]	—	—	—	—	—	—	—	—	—	—
1118	未知	51.5[2]	—	—	—	—	—	—	—	—	—	—
1141	未知	—	50.5	47.6	—	—	—	—	—	—	—	—
1151	未知	—	50.5	47.6	—	—	—	—	—	—	—	—
1522	退火	51.9	50.1	48.4	—	—	—	—	—	—	—	—
1524	退火	51.9	50.1	48.4	—	—	—	—	—	—	—	—
1526	退火	51.9	50.1	48.4	—	—	—	—	—	—	—	—
1541	退火	51.9	50.1	48.4	—	—	—	—	—	—	—	—
1548	未知	50.5	49.0	48.3	—	—	—	—	—	—	—	—
1551	退火	50.7	49.3	48.4	—	—	—	—	—	—	—	—
1561	退火	51.2	49.7	—	—	—	—	—	—	—	—	—
1566	退火	51.2	49.7	—	—	—	—	—	—	—	—	—
2515	未知	34.3[2]	—	—	38.2[3]	—	—	—	—	—	—	—
4037	淬火加回火	—	48.2	45.6	—	39.4	—	33.9	—	—	—	—
4130	淬火加回火	—	42.7	—	40.6	—	37.3	—	31.0	—	28.1	30.1
4140	淬火加回火	—	42.7	42.3	—	37.7	—	33.1	—	—	—	—
4145	淬火加回火	41.8[2]	—	—	—	—	—	—	—	—	—	—
4161	淬火加回火	42.7[2]	—	—	—	—	—	—	—	—	—	—
4427	未知	36.8[2]	—	—	—	—	—	—	—	—	—	—

（续）

AISI-SAE 牌号	处理工艺 条件	热导率/[W/(m·K)] [温度℃(℉)][1]										
		0 (32)	100 (212)	200 (392)	300 (572)	400 (752)	500 (932)	600 (1112)	700 (1292)	800 (1472)	1000 (1832)	1200 (2192)
4626	未知	—	44.1	—	—	—	—	—	—	—	—	—
5132	未知	48.6	46.5	44.4	42.3	38.5	35.6	31.8	28.9	26.0	28.1	30.1
5140	淬火加回火	—	44.8	43.5	—	37.7	—	31.4	—	—	—	—
8617	未知	—	43.3	—	—	—	—	—	—	—	—	—
8622	未知	—	37.5[4]	—	—	—	—	—	—	—	—	—
8627	未知	—	37.5[4]	—	—	—	—	—	—	—	—	—
8637	未知	—	37.5[4]	—	—	—	—	—	—	—	—	—
8822	未知	—	37.5[4]	—	—	—	—	—	—	—	—	—

① 获得以 Btu/ft·h·℉ 为单位的热导率，用表中数据乘以 0.5777893；获得以 Btu·in/ft²·h·℉ 为单位的热导率，乘以 6,933472；获得以 cal/cm·s·℃ 为单位的热导率，乘以 0.0023884。

② 在 20℃（68℉）的热导率。

③ 导热系数为 260℃（500℉）的热导率。

④ 在 50℃（120℉）的热导率。

表 6-25　碳钢和低合金钢的比热容

AISI- SAE 牌号	处理 工艺 条件	比热容/[J/(kg·K)] [温度℃(℉)]											
		50~100 (122~ 212)	150~200 (302~ 392)	200~250 (392~ 482)	250~300 (482~ 572)	300~350 (572~ 662)	350~400 (662~ 752)	450~500 (842~ 932)	550~600 (1022~ 1112)	650~700 (1202~ 1292)	700~750 (1292~ 1382)	750~800 (1382~ 1472)	850~900 (1562~ 1652)
1008	退火	481	519	536	553	574	595	662	754	867	1105	875	846
1010	未知	450	500	520	535	565	590	650	730	825	—	—	—
1015	退火	486	519	—	—	—	599	—	—	—	—	—	—
1016	退火	481	515	—	—	—	595	—	—	—	—	—	—
1017	未知	481[1]	—	—	—	—	—	—	—	—	—	—	—
1018	退火	486	519	—	—	—	599	—	—	—	—	—	—
1020	未知	486	519	—	—	—	599	—	—	—	—	—	—
1025	退火	486	519	532	557	574	599	662	749	846	1432	950	—
1030	退火	486	519	—	—	—	599	—	—	—	—	—	—
1035	退火	486	519	—	—	—	586	—	—	—	—	—	—
1040	退火	486	519	—	—	—	586	—	—	—	—	—	—
1042	退火	486	515	528	548	569	586	649	708	770	1583	624	548
1045	退火	486	519	—	—	—	586	—	—	—	—	—	—
1050	退火	486	519	—	—	—	590	—	—	—	—	—	—
1060	未知	502	544	—	—	—	—	—	—	—	—	—	—
1070	未知	490	532	—	—	—	—	—	—	—	—	—	—
1078	退火	490	532	548	565	586	607	670	712	770	2081	615	—
1086	未知	500	532	—	—	—	—	—	—	—	—	—	—
1095	未知	461[2]	—	—	—	—	—	—	—	—	—	—	—
1117	未知	481	—	—	—	—	—	—	—	—	—	—	—
1140	未知	461[2]	—	—	—	—	—	—	—	—	—	—	—
1151	未知	502[2]	—	—	—	—	—	—	—	—	—	—	—
1522	退火	486	519	—	—	—	599	—	—	—	—	—	—
1524	退火	477	511	528	544	565	590	649	741	837	1449	821	536
1561	退火	486	519	—	—	—	—	—	—	—	—	—	—
4032	未知	—	461[3]	—	—	—	—	—	—	—	—	—	—

（续）

AISI-SAE 牌号	处理工艺条件	比热容/[J/(kg·K)] [温度℃(℉)]											
		50~100 (122~212)	150~200 (302~392)	200~250 (392~482)	250~300 (482~572)	300~350 (572~662)	350~400 (662~752)	450~500 (842~932)	550~600 (1022~1112)	650~700 (1202~1292)	700~750 (1292~1382)	750~800 (1382~1472)	850~900 (1562~1652)
4130	淬火加回火	477	515	—	544	—	595	657	737	825	—	833	—
4140	淬火加回火	—	473④	—	—	—	519④	—	561④	—	—	—	—
4142	未知	—	502③	—	—	—	—	—	—	—	—	—	—
4626	正火加回火	335⑤	—	—	—	—	—	—	—	615⑥	—	—	—
4815	未知	481②	—	—	—	—	—	—	—	—	—	—	—
5132	未知	494	523	536	553	574	595	657	741	837	1499	934	574
5140	淬火加回火	452④	473④	—	—	—	519④	—	561④	—	—	—	—
8115	未知	461②	—	—	—	—	—	—	—	—	—	—	—
8617	未知	481①	—	—	—	—	—	—	—	—	—	—	—
8637	未知	—	502③	—	—	—	—	—	—	—	—	—	—

① 在 25~95℃（75~200℉）的比热容。
② 在 20~100℃（68~212℉）的比热容。
③ 在 20~200℃（68~392℉）的比热容。
④ 20℃（68℉）至所引用更高的温度之间比热容的平均值。
⑤ 在 10~25℃（50~80℉）的比热容。
⑥ 在 25~540℃（80~1000℉）平均比热容。